www.kuhminsa.com

한발 앞서는 출판사 구민사

KUH
MIN
SA

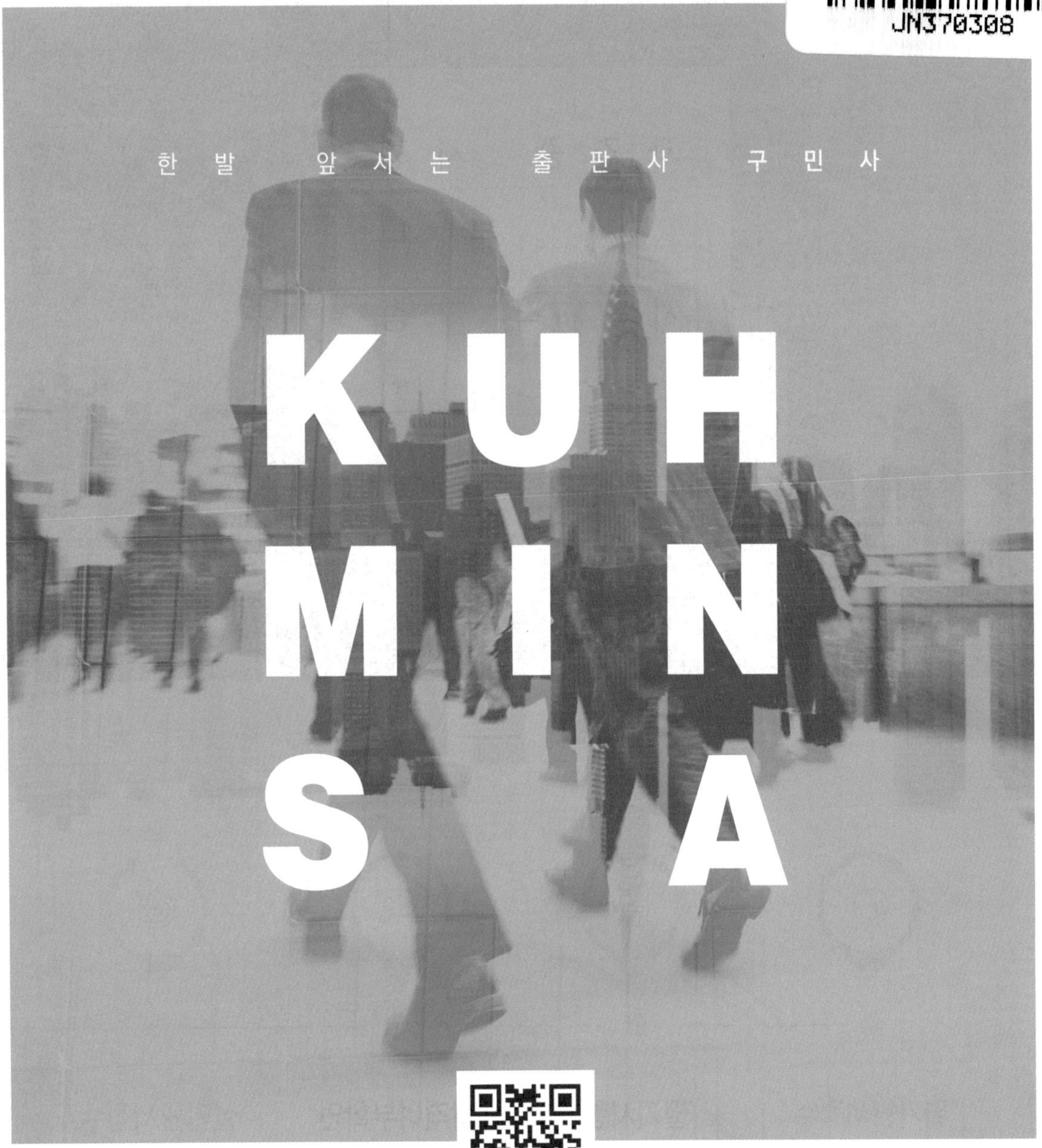

#604, Mullaebuk-ro 116, Yeongdeungpo-gu
Seoul, Republic of Korea

T. 02 701 7421
F. 02 3273 9642

Email kuhminsa@kuhminsa.co.kr

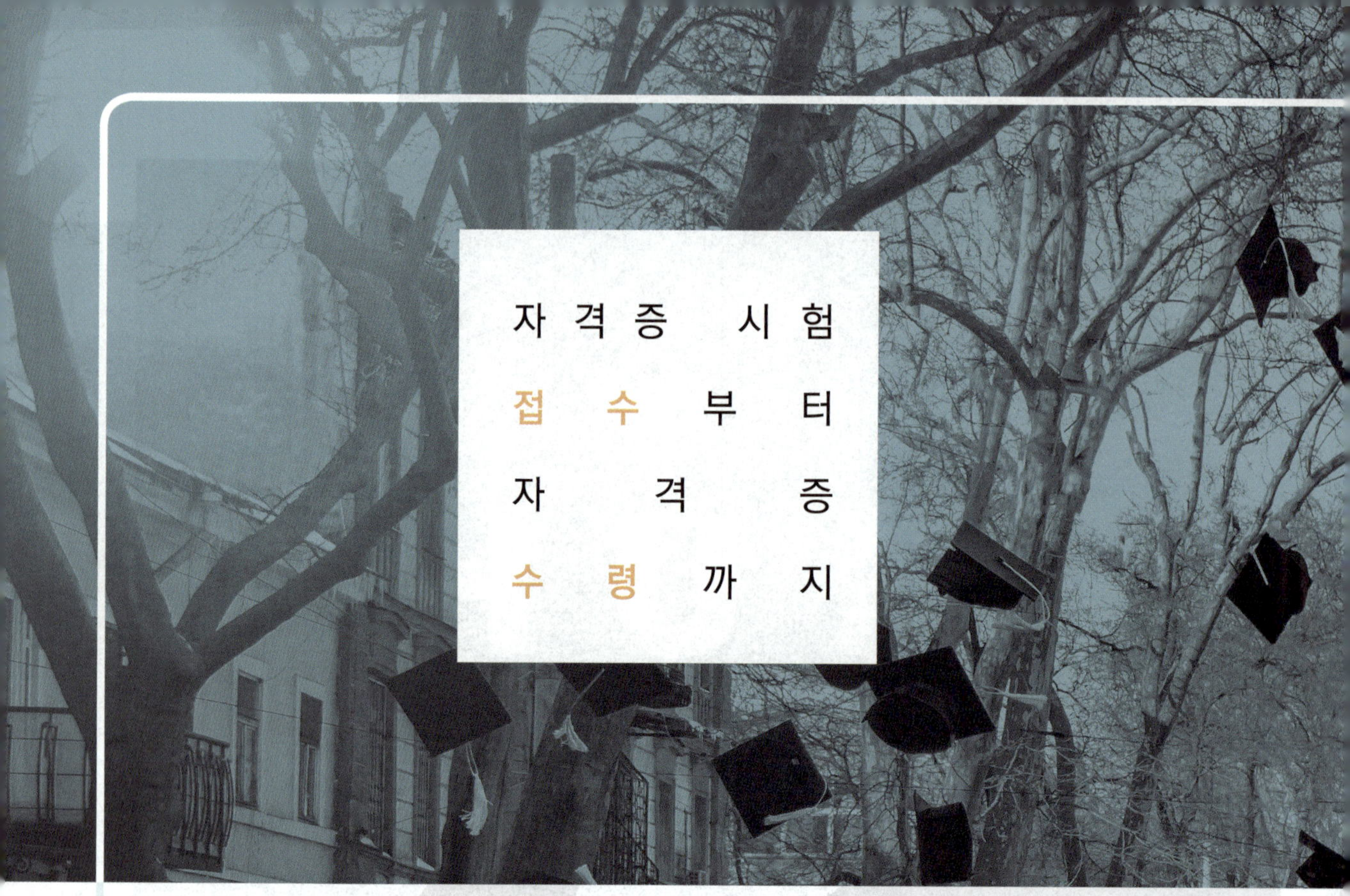

자격증 시험
접 수 부 터
자 격 증
수 령 까 지

필기원서접수

큐넷 회원 가입 후
(www.q-net.or.kr)
인터넷 접수만 가능
사진 파일, 접수비
(인터넷 결제) 필요
응시자격 요건
반드시 확인할것

필기시험

입실 시간 미준수 시
시험 응시 불가
준비물 : 수험표,
신분증, 필기구 지참

합격여부확인

큐넷 사이트에서 확인
(www.q-net.or.kr)

실기원서접수

큐넷 회원 가입 후
(www.q-net.or.kr)
응시 자격 서류는
실기시험 접수기간
(4일 내) 에 제출
해야만 접수 가능

합격

한 발 앞서나가는 출판사
구민사에서 시작하세요!

실기시험

필답형과 작업형으로 분류. 원서 접수 시 선택한 장소와 시간에 맞게 시험을 봅니다.
준비물 : 수험표, 신분증, 필기구 지참!

합격여부확인

큐넷 사이트에서 확인
(www.q-net.or.kr)

자격증신청

방문 or 인터넷 신청 가능. 방문 신청 시 **신분증, 발급 수수료** 지참할 것

자격증수령

방문 or 등기 우편 수령 가능. 등기비용을 추가하면 우편으로 받을 수 있습니다.

산업위생특강
카페 이용방법

STEP 01 무료 동영상+핸드북까지 주는 최쌤의 산업위생 필기책을 구입한다

STEP 02 최쌤과 함께하는 [산업위생특강] 네이버 카페에 가입한다

STEP 03 카페에서 도서인증 후 무료동영상을 마음껏 시청한다

STEP 04 궁금한 점은 [산업위생특강] 네이버 카페를 통해 질의응답 한다

STEP 05 시험장을 갈 때에는 꼭 핸드북을 가져가도록 한다

cafe.naver.com/sanupanjeon

40 DAY PLAN

D-27

3과목 작업환경 관리 대책(6일)
- 반복 3회

- **D-32** 3과목 작업환경 관리 대책(본문 공부 후 핸드북으로 복습)
- **D-31** 3과목 작업환경 관리 대책(본문 공부 후 핸드북으로 복습)
- **D-30** 3과목 작업환경 관리 대책(본문 공부 후 핸드북으로 복습)
- **D-29** 3과목 작업환경 관리 대책- 핸드북으로 복습(암기형)
- **D-28** 3과목 작업환경 관리 대책- 핸드북으로 복습(계산형)
- **D-27** 3과목 작업환경 관리 대책- 핸드북으로 복습(계산형)

D-37

1과목 산업위생학 개론(3일)
– 반복 3회

- **D-39** 1과목 산업위생학 개론(본문 공부 후 핸드북으로 복습)
- **D-38** 1과목 산업위생학 개론(본문 공부 후 핸드북으로 복습)
- **D-37** 1과목 산업위생학 개론– 핸드북으로 복습

D-33

2과목 작업위생 측정 및 평가(4일)
– 반복 3회

- **D-36** 2과목 작업위생 측정 및 평가(본문 공부 후 핸드북으로 복습)
- **D-35** 2과목 작업위생 측정 및 평가(본문 공부 후 핸드북으로 복습)
- **D-34** 2과목 작업위생 측정 및 평가– 핸드북으로 복습(암기형)
- **D-33** 2과목 작업위생 측정 및 평가– 핸드북으로 복습(계산형)

D-24

4과목 물리적 유해인자 관리(3일)
– 반복 3회

- **D-26** 4과목 물리적 유해인자 관리(본문 공부 후 핸드북으로 복습)
- **D-25** 4과목 물리적 유해인자 관리(본문 공부 후 핸드북으로 복습)
- **D-24** 4과목 물리적 유해인자 관리– 핸드북으로 복습

D-21

5과목 산업 독성학(2일)
– 반복 3회

- **D-23** 5과목 산업 독성학(본문 공부 후 핸드북으로 복습)
- **D-22** 5과목 산업 독성학– 핸드북으로 복습
- **D-21** 1과목 산업위생학 개론(1일)– 반복 4회

  1과목 산업위생학 개론– 핸드북으로 복습

40 DAY PLAN

D-18

2과목 작업위생 측정 및 평가(3일)
– 반복 4회

- **D-20** 2과목 작업위생 측정 및 평가– 핸드북으로 복습(암기형)
- **D-19** 2과목 작업위생 측정 및 평가– 핸드북으로 복습(계산형)
- **D-18** 2과목 작업위생 측정 및 평가– 핸드북으로 복습(계산형)

D-11

5과목 산업 독성학(1일)
– 반복 4회

- **D-11** 5과목 산업 독성학– 핸드북으로 복습

D-13

3과목 작업환경 관리 대책(5일)
- 반복 4회

- **D-17** 3과목 작업환경 관리 대책- 핸드북으로 복습(암기형)
- **D-16** 3과목 작업환경 관리 대책- 핸드북으로 복습(암기형)
- **D-15** 3과목 작업환경 관리 대책- 핸드북으로 복습(계산형)
- **D-14** 3과목 작업환경 관리 대책- 핸드북으로 복습(계산형)
- **D-13** 3과목 작업환경 관리 대책- 핸드북으로 복습(계산형)

D-12

4과목 물리적 유해인자 관리(1일)
- 반복 4회

- **D-12** 4과목 물리적 유해인자 관리- 핸드북으로 복습

D-4

11개년 과년도 기출문제 풀이(7일)
- 반복 6회

- **D-10** 과년도 기출문제 풀이(2012~2013년)- 풀이 후 채점
- **D-9** 과년도 기출문제 풀이(2014~2015년)- 풀이 후 채점
- **D-8** 과년도 기출문제 풀이(2016~2017년)- 풀이 후 채점
- **D-7** 과년도 기출문제 풀이(2018~2019년)- 풀이 후 채점
- **D-6** 과년도 기출문제 풀이(2020~2021년)- 풀이 후 채점
- **D-5** 과년도 기출문제 풀이(2021~2022년)- 풀이 후 채점
- **D-4** 과년도 기출문제 풀이(2022~2024년)- 풀이 후 채점

D-DAY

최종 마무리(4일)
- 반복 7회

- **D-3** 핸드북으로 최종 정리(암기형)
- **D-2** 핸드북으로 최종 정리(암기형)
- **D-1** 핸드북으로 최종 정리(계산형)
- **D-DAY** 핸드북으로 최종 정리(계산형)

PREFACE

산업위생관리(기사·산업기사)를 준비하시는 수험생 여러분 안녕하세요.
저자 최윤정입니다.

필기 합격 후 실기시험까지는 대략 1달~1달 반 정도의 기간입니다. 한 번에 실기에 합격하기 위해서는 산업위생 실기 시험을 잘 분석하고 공부 계획을 세우는 것이 무엇보다 중요합니다. 최쌤과 함께하는 산업위생 실기 합격 비결을 알려드립니다.

◆이 책의 주요 특징◆

1. **산업위생은 계산문제의 비중이 높은 자격증(60% 이상)입니다.**

    시험이 다가오고 마음이 조급해지면 계산문제 풀이에 대한 기본이 되어있지 않은 경우 계산문제를 포기하게 됩니다. 필기에서 계산문제에 대한 이해가 부족했다면 구민사에서 제공하는 무료 강의 중 "실기 핵심 계산문제 풀이" 강의를 통하여 자주 출제되는 계산문제에 대한 이해를 실기 공부 초반에 잡아두는 것이 좋습니다.

2. **산업위생 실기 과목 중 실기에서 비중이 가장 높은 과목은 "작업환경 관리 대책(산업환기)"으로**

    출제 비중이 60~70% 이상 된다고 할 수 있습니다. 특히 계산형 문제의 비중이 높은 과목으로 공부 계획 수립 시 가장 많은 시간을 계획하여야 합니다. 교재에 수록된 "40일 완성 계획표"를 따라 자신에게 맞는 공부 계획을 수립하세요.

3. 계산문제 공부의 시작은 공식과 단위 암기입니다.

   실기 핸드북의 "계산형 문제"를 통하여 암기해야 할 공식과 단위부터 암기하세요. 그러나 이해 없이 단순 암기만 한 경우 문제가 조금만 변형되어도 풀이를 할 수 없습니다. 실기 핸드북의 "계산형 문제"는 출제된 다양한 유형의 문제를 모아서 정리하였습니다. "계산형 문제" 풀이를 통하여 단위 등 응용 능력을 갖추는 것이 필요합니다.

4. 계산문제에만 치중하다 보면 자칫 나머지 암기형 문제(대략 40%)를 소홀히 할 수 있습니다.

   하루 중 자투리 시간에는 핸드북 "암기형 문제"를 반복하여 계산형과 암기형 문제를 함께 공부하는 것이 중요합니다.
   수년간 온라인을 통해 산업위생을 강의한 경험을 바탕으로 합격하기 쉬운 교재를 만들기 위해 수험생의 입장에서 한 번 더 생각하였습니다.
   앞으로도 독자 여러분의 소중한 의견을 귀담아 듣겠습니다.

5. 짧은 시간에 계산형과 암기형을 함께하는 것이 쉽지는 않습니다.

   특히 필기 과정에서 기본내용에 대한 이해가 부족하다면 한 번에 실기를 합격하기는 더욱 어렵습니다. 그러나 최쌤과 함께라면 가능합니다. "무료 동영상 강의"를 통하여 짧은 시간에 중요 내용에 대한 개념과 쉽게 계산하는 방법을 익힐 수 있습니다.

수험생 여러분들의 합격을 위하여 더 좋은 교재와 강의를 제공하기 위하여 항상 노력하겠습니다.

마지막으로 교재 출판을 위해 적극적으로 후원해 주신 도서출판 구민사 조규백 대표님과 직원 여러분께 깊은 감사를 드립니다.

CONTENTS

PART 01 산업위생학 개론

제1장 산업위생 • 2
  1. 정의 및 목적 • 2
  2. 역사 • 4
  3. 산업위생 윤리강령 • 11

제2장 인간과 작업환경 • 13
  1. 인간공학 • 13
  2. 산업피로 • 31
  3. 산업심리 • 42
  4. 직업성 질환 • 43

제3장 실내환경 • 47
  1. 실내오염의 원인 • 47
  2. 실내오염의 건강장해 • 50
  3. 실내오염 평가 및 관리 • 52

제4장 관련 법규 • 57
  1. 산업안전보건법 • 57
  2. 산업위생 관련 고시에 관한 사항 • 123

제5장 산업재해 • 148
  1. 산업재해 발생원인 및 분석 • 148
  2. 산입재해 발생형태(재해 발생의 매커니즘) • 155
  3. 재해통계방법 • 156
  4. 산업재해 대책 • 157

PART
02 작업위생측정 및 평가

제1장 측정 및 분석 • 162
    1. 시료채취계획 • 162
    2. 시료분석기술 • 188

제2장 유해인자 측정 • 200
    1. 노출기준 • 200
    2. 물리적 유해인자의 노출기준 • 205
    3. 화학적 유해인자 측정 • 208
    4. 입자상 물질의 측정 • 216
    5. 가스 및 증기상 물질의 측정 • 244
    6. 생물학적 유해인자 측정 • 250

제3장 평가 및 통계 • 253
    1. 자료의 분포 • 253
    2. 산업위생 통계 • 255
    3. 측정치의 오차 • 260
    4. 측정자료 평가 및 해석 • 264

PART 03 작업환경 측정

제1장 산업환기 • 270
    1. 환기 원리 • 270
    2. 전체환기 • 294
    3. 국소환기 • 328

제2장 작업 공정 관리 및 개인 보호구 • 451
    1. 작업 공정 관리 • 451
    2. 개인 보호구 • 456

PART 04 물리적 유해인자 관리

제1장 온열조건 • 472
    1. 고온 • 472
    2. 저온 • 483

제2장 이상기압 • 485
    1. 이상기압 • 485
    2. 산소결핍 • 489

제3장 소음·진동 • 493
    1. 소음 • 493
    2. 진동 • 523

제4장 방사선 • 527
    1. 전리방사선 • 527
    2. 비전리방사선 • 531
    3. 조명 • 536

PART 05 산업독성학

제1장 입자상 물질 • 542
1. 입자상 물질의 종류 및 특성 • 542
2. 인체 내 축적 및 제거 • 545
3. 진폐증 • 547
4. 석면에 의한 건강장해 • 550
5. 인체 방어기전 • 554

제2장 유해화학물질 • 555
1. 유해물질의 종류 • 555
2. 유해물질의 물리, 화학적 특성 • 556
3. 인체 내 축적 및 제거 • 556
4. 유해화학 물질에 의한 건강장해 • 557
5. 감작물질과 피부질환 • 562
6. 독성물질의 생체작용 • 564
7. 표적장기 독성 • 571

제3장 중금속 • 572
1. 인체 내 축적 및 제거 • 572
2. 중금속에 의한 건강장해 및 표적장기 • 573

제4장 인체구조 및 대사 • 581
1. 유해물질의 흡수경로, 분포작용, 대사기전 • 581
2. 화학반응의 용량-반응 • 582
3. 유해물질 해독작용 • 584
4. 생물학적 모니터링 • 585
5. 산업역학 • 593

PART 06 과년도 기출문제

2012
- 1회 • 600
- 2회 • 609
- 3회 • 616

2013
- 1회 • 624
- 2회 • 635

2014
- 1회 • 645
- 2회 • 655
- 3회 • 664

2015
- 1회 • 673
- 2회 • 681
- 3회 • 688

2016
- 1회 • 696
- 2회 • 704
- 3회 • 713

2017
- 1회 • 721
- 2회 • 730
- 3회 • 737

2018
- 1회 • 746
- 2회 • 754
- 3회 • 763

2019
- 1회 • 771
- 2회 • 780
- 3회 • 788

2020
- 1회 • 794
- 2회 • 803
- 3회 • 813
- 4회 • 823

2021
- 1회 • 831
- 2회 • 841
- 3회 • 848

2022
- 1회 • 856
- 2회 • 864
- 3회 • 871

2023
- 1회 • 879
- 2회 • 886
- 3회 • 893

2024
- 1회 • 900
- 2회 • 909
- 3회 • 918

PART 07 핵심 계산문제 풀이

핵심 계산문제 풀이 • 925

별책 산업위생 주요과목 핸드북

· INSTRUCTION MANUAL ·

이 책의 **사용설명서**

◆ INSTRUCTION MANUAL ◆

01 공학용 계산기 사용법 + 요점이 보이는 본문

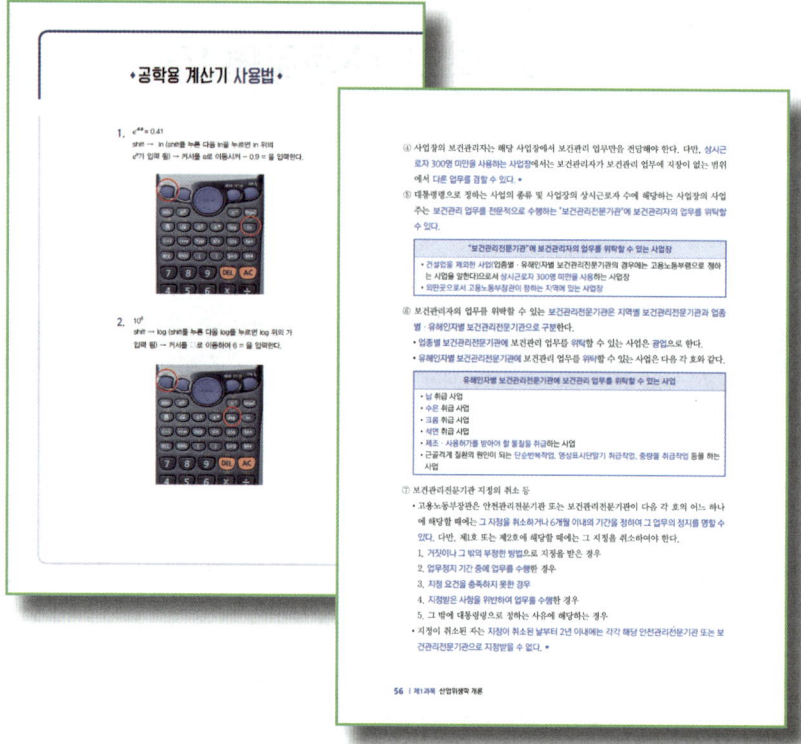

산업위생관리 공부에 필요한 **주요 내용을 수록**하였습니다. 계산식을 어려워하시는 분들을 위해 사용법을 수록하였습니다. 산업위생관리 기사 실기는 산업안전보건법을 기준으로 하였으며, **반드시 알아야 할 법규내용만을 정리**하여 편하고 알기 쉽게 설명하였습니다.

02 디테일한 구성

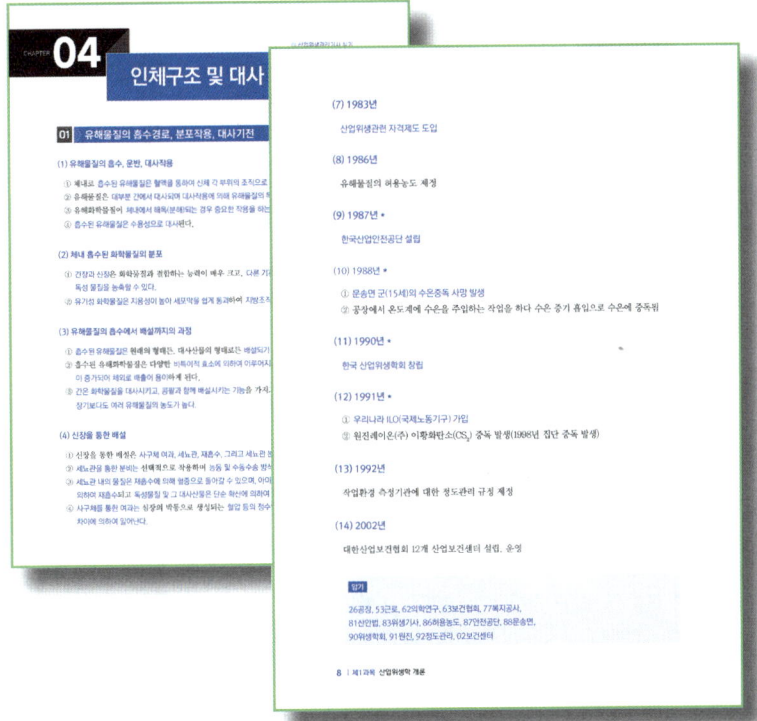

독자의 개념정리와 이해를 돕기 위하여 내용의 **중요도에 따라**(★★★) 표시를 표기하였습니다.
이론을 중심으로 이해도와 암기법등을 제시하고, 보다 쉽게 공부하실 수 있습니다.

03 기출문제 수록

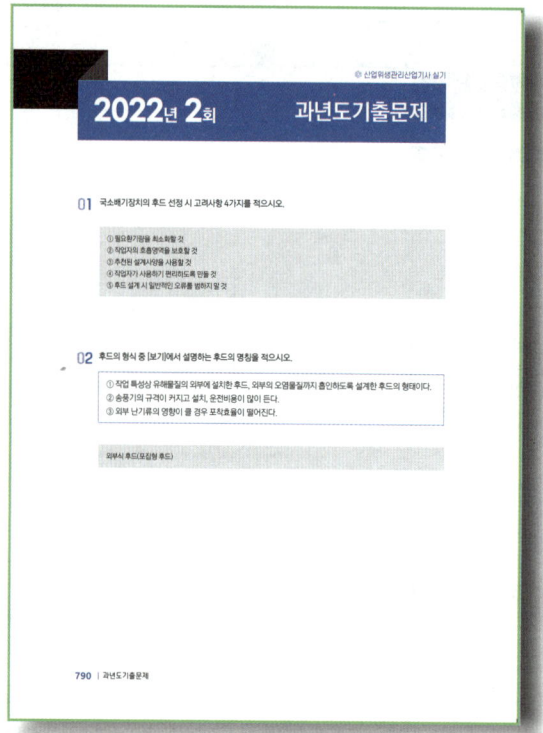

이론과 예상문제가 충분히 숙지 되셨다면 시험보시기 전 기출문제를 풀어봄으로써 **실기시험에 충분히 대비할 수 있도록 체계적으로 수록**하였습니다.

04 핸드북 수록

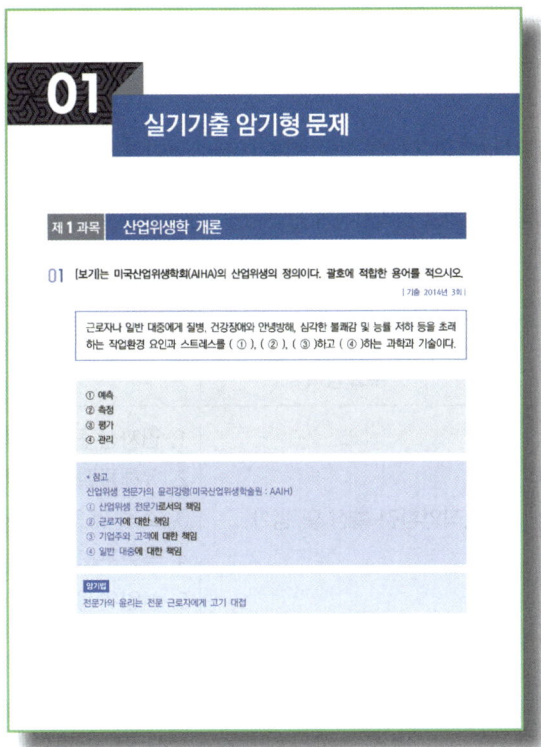

실용적인 **핸드북**을 수록함으로써 무엇보다 **시간 절약을 위해 실기시험에 대비**하시기 바랍니다. 필기부터 실기를 대비한 공부를 하지 않고는 광범위한 내용을 실기에서 주관식으로 서술하기가 쉽지 않습니다. 보다 효율적인 공부법으로 합격을 응원합니다.

◆ 산업위생관리 산업기사 출제기준 ◆

직무 분야	안전관리	중직무 분야	안전관리	자격 종목	산업위생관리 산업기사	적용 기간	2025.01.01. ~ 2029.12.31

직무내용

작업장 및 실내 환경의 쾌적한 환경 조성과 근로자의 건강 보호와 증진을 위하여 작업장 및 실내 환경 내에서 발생되는 화학적, 물리적, 생물학적, 그리고 기타 유해요인에 관한 환경 측정, 시료분석 및 평가(작업환경 및 실내 환경)를 통하여 유해 요인의 노출 정도를 분석·평가하고, 그에 따른 대책을 제시하며, 산업 환기 점검, 보호구 관리, 공정별 유해 인자 파악 및 유해 물질 관리 등을 실시하며, 보건 교육 훈련, 근로자의 보건 관리 업무를 통하여 환경시설에 대한 보건 진단 및 개인에 대한 건강 진단 관리, 건강증진, 개인위생 관리 업무를 수행하는 직무이다.

수행준거

1. 분진측정기, 소음측정기, 진동측정기 등의 각종 측정기기를 사용하여 사업장내 유해위험과 작업환경을 측정할 수 있다.
2. 제반 문제점을 개선, 개량, 감독하고 작업자에게 산업위생보건에 관한 지도 및 교육을 실시하는 업무를 수행할 수 있다.

실기검정방법	필답형	시험시간	2시간30분

실기과목명	주요항목	세부항목
작업환경 관리실무	1. 작업환경 측정 및 평가	1. 입자상 물질을 측정, 평가하기 2. 유해물질을 측정, 평가하기 3. 소음 및 진동을 측정, 평가하기 4. 극한온도 등 유해인자를 측정, 평가하기 5. 산업위생통계에 대하여 기술하기
	2. 작업환경 관리	1. 입자상 물질의 관리 및 대책을 수립하기 2. 유해화학물질의 관리 및 평가하기
	3. 환기 일반	1. 환기량 및 환기방법에 대하여 기술하기 2. 기온, 기습, 압력에 대하여 기술하기
	4. 전체 환기	1. 전체 환기에 대하여 기술하기 2. 전체 환기 시스템 설계, 점검 및 유지관리하기
	5. 국소배기	1. 후드에 대하여 기술하기 2. 닥트에 대하여 기술하기 3. 송풍기에 대하여 기술하기 4. 국소환기 시스템 점검 및 유지관리하기 5. 공기 정화에 대하여 기술하기

실기과목명	주요항목	세부항목
작업환경 관리실무	6. 보건관리계획수립평가	1. 안전보건활동 계획수립하기
	7. 안전보건관리체제 확립	1. 산업안전보건위원회 활동하기 2. 관리감독자 지도·조언하기
	8. 산업보건정보관리	1. 산업안전보건법에 따른 기록 관리하기 2. 업무수행기록 관리하기 3. 자료보관 활용하기
	9. 위험성 평가	1. 위험성평가 체계 구축하기 2. 위험성평가 과정 관리하기 3. 위험성평가 결과 적용하기
	10. 작업관리	1. 작업부하관리하기 2. 교대제 관리하기 3. 보호구 관리하기 4. 근골격계 질환예방관리프로그램 운영하기
	11. 건강관리	1. 건강진단 계획하기 2. 건강진단 실시하기 3. 건강진단 사후관리하기
	12. 사업장보건교육	1. 보건교육 계획하기 2. 보건교육 실시하기

※ 출제기준의 세세항목은 한국산업인력공단 홈페이지(http://www.q-net.or.kr/) 자료실에서 확인하실 수 있습니다.

◆ 산업위생관리 산업기사 시험정보 안내 ◆

수수료
필기 : 19400 원 / 실기 : 20800 원

출제경향
필기시험의 내용은 고객만족〉자료실의 출제기준을 참고바랍니다. 실기시험은 필답형으로 시행되며 고객만족〉자료실의 출제기준을 참고바랍니다.

출제기준
2025년부터는 산업위생관리산업기사 출제기준(2025.1.1 ~ 2029.12.31.) 파일을 참고하시기 바랍니다. 메뉴상단 고객지원–자료실–출제기준 에서도 보실 수 있습니다.

취득방법	
시행처	한국산업인력공단
관련학과	대학 및 전문대학의 보건관리학, 보건위생학 관련학과
시험과목	· 필기 : 1. 산업위생학개론 2. 작업위생측정 및 평가 3. 작업환경관리 4. 산업환기 · 실기 : 작업환경관리 실무
검정방법	· 필기 : 객관식 4지 택일형 과목당 20문항(과목당 30분) · 실기 : 필답형(2시간 30분, 100점)
합격기준	· 필기 : 100점을 만점으로 하여 과목당 40점 이상, 전과목 평균 60점 이상 · 실기 : 100점을 만점으로 하여 60점 이상

♦ 산업위생관리 산업기사 기본정보 ♦

개요

업무상 취급하는 원료, 부산물 또는 제품자체의 독성과 작업장의 소음, 먼지, 고열, 가스등에 의해서 난청, 진폐증, 만성중독증 등의 직업병이 발생할 수 있는 작업환경이 늘어나면서 근로자들의 인권보호와 생존권 보호차원에서 작업장의 환경측정 및 개선에 관한 전문적인 지식을 소유한 인력을 양성하고자 자격제도 제정

실시기관 홈페이지

http://www.q-net.or.kr

실시기관명

한국산업인력공단

진로 및 전망

환경 및 보건관련 공무원, 각 산업체의 보건관리자, 작업환경 측정업체 등으로 진출 할 수 있다. – 종래 직업병 발생 등 사회문제가 야기된 후에야 수습대책을 모색하는 사후관리차원 에서 벗어나 사전의 근본적 관리제도를 도입, 산업안전보건사항에 대한 국제적 규제 움직임에 대응하기 위해 안전인증제도의 정착, 질병발생의 원인을 찾아내기 위하여 역학조사를 실시할 수 있는 근거(「산업안전보건법」 제6차 개정)를 신설, 산업인구 의 중·고령화와 과중한 업무 및 스트레스 증가 등 작업조건의 변화에 의하여 신체부 담작업 관련 뇌·심혈관계질환 등 작업관련성 질병이 점차 증가, 물론 유기용제 등 유해 화학물질 사용 증가에 따른 신종직업병 발생에 대한 예방대책이 필요하는 등 증가 요인으로 인하여 산업위생관리기술사 자격취득자의 고용은 증가할 예정이나 사업주 에 대한 안전·보건관련 행정규제를 폐지하거나 완화를 인하여 공공부문 보다 민간부 문에서 인력수요를 증가할 것이다.

◆ 종목별 검정현황 ◆

종목명	연도	필기			실기		
		응시	합격	합격률(%)	응시	합격	합격률(%)
산업위생관리산업기사	2024	2,144	791	36.9%	1,081	458	42.4%
산업위생관리산업기사	2023	2,445	868	35.5%	930	571	61.4%
산업위생관리산업기사	2022	2,168	732	33.8%	902	555	61.5%
산업위생관리산업기사	2021	2,032	743	36.6%	890	514	57.8%
산업위생관리산업기사	2020	1,655	736	44.5%	1,010	594	58.8%
산업위생관리산업기사	2019	1,862	775	41.6%	1,288	466	36.2%
산업위생관리산업기사	2018	1,826	763	41.8%	1,308	518	39.6%
산업위생관리산업기사	2017	1,837	805	43.8%	1,289	355	27.5%
산업위생관리산업기사	2016	1,666	688	41.3%	1,029	265	25.8%
산업위생관리산업기사	2015	1,485	519	34.9%	855	229	26.8%

◆공학용 계산기 사용법◆

1. $e^{-0.9} = 0.41$

   shift → ln (shift를 누른 다음 ln을 누르면 ln 위의 $e^{\square}$가 입력 됨) → 커서를 a로 이동시켜 − 0.9 = 을 입력한다.

2. 10^6

   shift → log (shift를 누른 다음 log를 누르면 log 위의 가 입력 됨) → 커서를 □로 이동하여 6 = 을 입력한다.

3. 2^5

$x^\square \to x$에 2입력 → 커서를위의 □로이동 → 5 = 을 입력한다.

4. $2^{\frac{3}{10}}$

$x^\square \to x$에 2입력 → 커서를위의□로이동 → (3÷10) = 을 입력한다.

5. $\log\left(\frac{1}{0.5}\right)$

$\log_\square\square$ → 커서를 아래쪽 네모로 이동 → 아래쪽 네모에 2를 입력
→ 커서를 위의 네모로 이동 → (1÷0.5) = 을 입력한다. " $\log_\square\square \to \log_2(1 \div 0.5)$ "

화살표를 이용하여 커서를 이동한다.

6. $10\log(10^{\frac{86}{10}} + 10^{\frac{89}{10}})$

10 × log를 누른다. → 괄호 →10☐(shift를 누른 다음 log를 누르면 log 위의 10☐가 입력됨)를 누르면 커서가 위의 ☐ 에 있다. ☐ 에 8.6 을 입력 → + → 10☐(shift를 누른 다음 log를 누르면 log 위의 10☐가 입력 됨)를 누르면 커서가 위의 ☐ 에 있다. ☐ 에 8.9 을 입력한다. → 괄호 = 을 입력한다.

" 10 × → log → (10☐8.6 + 10☐8.9) = "

7. $\dfrac{1.2 - 1.0}{\sqrt{\dfrac{1.0}{120{,}000} \times 1{,}000{,}000}}$

분자, 분모의 값을 괄호로 구분하고, 루트 안에 포함되는 값도 괄호로 구분한다.
"(1.2 − 1.0) ÷ (√(1.0 ÷120,000×1,000,000)) "를 차례로 입력한다.

8. $\ln\left(\dfrac{10}{50}\right)$

"ln(10÷50)="을 차례로 입력한다.

9. $-\dfrac{3{,}000}{56.6} \times \left[\ln \dfrac{600-339.60}{600}\right] = 44.24$

"−3,000÷56.6×(ln((600−339.60)÷600)) =" 을 차례로 입력한다.

산업위생관리산업기사 실기

01

제1과목 산업위생학 개론

CHAPTER 01 산업위생
CHAPTER 02 인간과 작업환경
CHAPTER 03 실내환경
CHAPTER 04 관련 법규
CHAPTER 05 산업재해

산업위생관리산업기사 실기

산업위생

01 정의 및 목적

1 산업위생의 정의

(1) 산업보건

1) 정의 ★

① 작업조건으로 인한 건강장해로부터 근로자를 보호한다.
② 모든 직업에 종사하는 근로자들의 육체적, 정신적, 사회적 건강을 유지 · 증진한다.
③ 작업조건으로 인한 질병 예방 및 건강에 유해한 취업을 방지한다.
④ 근로자를 생리적, 심리적으로 적합한 작업환경에 배치한다.
⑤ 작업이 인간에게, 또 일하는 사람이 그 직무에 적합하도록 마련하는 것(사람에 대한 작업의 적응과 그 작업에 대한 각자의 적응을 목표로 한다.)

(2) 미국산업위생학회(AIHA)의 산업위생의 정의 ★★

근로자나 일반 대중에게 질병, 건강장애와 안녕방해, 심각한 불쾌감 및 능률 저하 등을 초래하는 작업환경 요인과 스트레스를 예측, 측정, 평가, 관리하는 과학과 기술이다.

비교	산업위생의 정의
	• 사회적 건강 유지 및 증진 • 육체적, 정신적 건강 유지 및 증진 • 생리적, 심리적으로 적합한 작업환경에 배치

> **예제 01**
>
> [보기]는 미국산업위생학회(AIHA)의 산업위생의 정의이다. 괄호에 적합한 용어를 적으시오.
>
> | 기사 2014년 3회 / 산업 2014년 3회 |
>
> 근로자나 일반 대중에게 질병, 건강장애와 안녕방해, 심각한 불쾌감 및 능률 저하 등을 초래하는 작업환경 요인과 스트레스를 (①), (②), (③)하고 (④)하는 과학과 기술이다.
>
> **해설**
> ① 예측, ② 측정, ③ 평가, ④ 관리

2 산업위생의 활동

(1) 산업위생의 주요 활동 ★★

예측 → (인지) → 측정 → 평가 → 관리

1) 예측(anticipation)

① 산업위생활동에서 처음으로 요구되는 활동
② 기존의 작업환경측정 및 조건뿐만 아니라 새로운 물질, 공정 및 새로운 기계의 도입, 새로운 제품의 생산 및 부산물로 인한 근로자들의 건강장애와 영향을 사전에 예측한다.

2) 인지(recognition)

① 현존 상황에서 존재 또는 잠재하고 있는 유해인자(물리, 화학, 생물, 인간공학, 공기역학적 인자)를 파악한다.
② 유해인자의 특성을 파악하는 것으로 위험평가(Risk Assessment)가 이루어져야 한다.

3) 측정(measurement)

① 작업환경이나 조건의 유해 정도를 구체적으로 정성적, 정량적으로 계측하는 활동이다.
② 기계조작에 의한 직독식 방법에서 고도의 기술이 요구되는 기기분석까지 다양한 방법이 있다.
③ 기본적인 화학, 물리, 미생물학적인 지식이 요구된다.
④ 공기 중 유해화학물질의 측정에 있어서는 정확한 공기시료의 채취가 급선무이다.

4) 평가(evaluation)

① 유해인자에 대한 양, 정도가 근로자들의 건강에 어떠한 영향을 미칠 것인가를 판단하는 의사결정 단계에 해당한다.
② 넓은 의미에서는 측정도 포함시킨다.
③ 유해정도의 평가는 관찰, 인터뷰, 측정에 의해 이루어지며, 측정 값을 노동부의 노출기준 고시, 미국의 허용기준 등 기타 문헌의 값들과 비교한다.

5) 관리(control)

① 유해인자로부터 근로자를 보호하는 모든 수단을 말한다.
② 공학적 관리, 행정적 관리, 개인보호구에 의한 관리가 있다.
  - 공학적 관리 : 대체, 격리, 포위, 환기
  - 행정적 관리 : 작업시간, 작업배치의 조정, 교육 등
  - 개인보호구에 의한 관리 : 호흡용 보호구, 보호장갑 등

02 역사

1 외국의 산업위생 역사

(1) Hippocrates(B.C. 4세기)

① 광산의 납중독 기술(최초의 직업병 : 납중독) ★
② 직업병 발생과 질병의 관계를 제시함

> **참고**
>
> 우리나라에서 학계에 처음으로 보고된 직업병 : 진폐증

(2) Pliny the Elder(A.D. 1세기)

① 황, 아연의 건강 유해성을 주장함
② 먼지 마스크로 동물의 방광막 사용을 주장함 ★

(3) Galen(A.D. 2세기)

구리광산에서의 산 증기(mist)의 유해성 주장 ★

(4) Ulrich Ellenbog(1473년)

납, 수은 중독 증상 및 예방법을 제시

(5) Philippus Paracelsus(1493~1541년)

① 독성학의 아버지 ★
② "모든 화학 물질은 독물이며 독물이 아닌 화학 물질은 없다."

(6) Georgius Agricola(1494~1555년)

① 저서 "광물에 대하여"에서 광부들의 사고 및 질병, 예방법 등에 대하여 기록 ★
② 광산에서의 규폐증의 유해성 언급 ★
③ 광산의 환기 및 근로자 마스크 착용을 권장

(7) Bernardino Ramazzini(1633~1714년)

① 산업보건의 시조, 산업의학의 아버지 ★
② 저서 "직업인의 질병(De Morbis Artificum Diatriba)"에서 수공업자의 질병을 집대성함
③ Ramazzini가 주장한 직업병의 원인
   • 근로자들의 과격한 동작 및 불안전한 작업자세
   • 작업장에서 사용하는 유해물질

(8) Sir George Baker(18세기)

사이다 공장에서 납에 의한 복통 발견

(9) Percivall Pott(18세기) ★★

① 영국의 외과의사, 굴뚝청소부에게서 최초의 직업성 암인 "음낭암"을 발견
② 암의 원인 물질은 "검댕"(다핵방향족 화합물 PAH)
③ "굴뚝 청소부법" 제정하는 계기가 됨

(10) Alice Hamilton(20세기)

① 미국의 여의사, 미국 최초의 산업보건학자, 산업의학자 ★
② 최초의 산업위생전문가(최초 산업의학자)
③ 납, 수은, 이황화탄소 중독 및 직업성 질환과의 관계 규명

(11) Bismark

독일에서 근로자 질병보험법과 공장재해보험법 제정 ★

(12) Rudolf Virchow

근대 병리학의 기초 확립

(13) 공장법(1833년) ★

① 영국에서 여성과 아동의 노동시간을 규제하는 내용으로 제정한 법령
② 산업보건에 관한 최초의 법률로서 실제로 효과를 거둔 최초의 법이다.

> **요약** 공장법(factory act)의 주요 내용 ★
>
> ① 감독관을 임명하여 공장을 감독한다.
> ② 근로자에게 교육을 시키도록 의무화한다.
> ③ 18세 미만 근로자의 야간작업을 금지한다.
> ④ 작업할 수 있는 연령을 13세 이상으로 제한한다.
> ⑤ 주간 작업시간을 48시간으로 제한한다.

(14) Loriga(1911년)

진동 공구에 의한 수지의 레이노드(Raynaud) 현상을 보고 ★

> **암기**
>
> 1. 납먹은 하마(Hippocrates)의 방광이 풀리니(Pliny) 산 증인(산 증기) 갈렌이 독뭍은 파라솔(Paracelsus)에서 콜라(Agricola)는 광물이다 라고 했다.
> 2. 아 멋진(Ramazzini) 보건시조는 사이다 굽다(Baker) 납 나오면 굴뚝있는 커피포트(Percivall Pott) 로 빼낸다.
> 3. 해맑은(Hamilton) 최초학자는 비쩍마른(Bismark) 공장 근로자인 루돌프(Rudolf Virchow)가 병났다(병리학)고 레이노(Raynaud)씨 부인 로리가(Loriga)에게 말했다.

2 한국의 산업위생 역사

(1) 1926년
공장보건위생법 제정

(2) 1953년 ★
우리나라 산업위생에 관한 최초의 법령인 근로기준법 제정 공포

> **요약 근로기준법의 주요 내용**
> ① 근로조건의 최저 기준을 규정한 노동보호법(근로보호법)
> ② 안전, 위생에 관한 규정 및 산업재해 방지를 위한 사업주의 의무 부여
> ③ 1962년 위험관리에 관한 규정을 포함한 근로기준법 시행령 제정

(3) 1962년
① 가톨릭의대 산업의학연구소 설립
② 근로기준법 시행령 제정

(4) 1963년
① 대한산업보건협회 창립
② 노동 행정 사무를 나누어 처리했던 노정국을 노동청으로 승격

(5) 1977년
① 근로복지공사 설립, 근로복지공사 부속병원 개설
② 국립노동과학연구소 설립

(6) 1981년 ★
① 산업안전보건법 제정 공포(산업안전보건법의 시행일 : 1982년 7월 1일)
② 노동청을 노동부로 승격

(7) 1983년

산업위생 관련 자격제도 도입

(8) 1986년

유해물질의 허용농도 제정

(9) 1987년 ★

한국산업안전공단 설립

(10) 1988년 ★

① 문송면 군(15세)의 수은중독 사망 발생
② 공장에서 온도계에 수은을 주입하는 작업을 하다 수은 증기 흡입으로 수은에 중독됨

(11) 1990년 ★

한국산업위생학회 창립

(12) 1991년 ★

① 우리나라 ILO(국제노동기구) 가입
② 원진레이온(주) 이황화탄소(CS_2) 중독 발생(1998년 집단 중독 발생)

(13) 1992년

작업환경 측정기관에 대한 정도관리 규정 제정

(14) 2002년

대한산업보건협회 12개 산업보건센터 설립, 운영

암기

26공장, 53근로, 62의학연구, 63보건협회, 77복지공사,
81산안법, 83위생기사, 86허용농도, 87안전공단, 88문송면,
90위생학회, 91원진, 92정도관리, 02보건센터

3 산업위생 관련 기관 ★

① 미국정부산업위생전문가협의회 : ACGIH
  (American Conference of Governmental Industrial Hygienists)
② 미국산업위생학회 : AIHA(American Industrial Hygiene Association)
③ 미국산업안전보건청 : OSHA(Occupational Safety and Health Administration)
④ 국립산업안전보건연구원 : NIOSH(National Institute for Occupational Safety and Health)
⑤ 국제암연구소 : IARC(International Agency for Research on Cancer)
⑥ 영국산업위생학회 : BOHS(British Occupational Hygiene Society)
⑦ 영국산업안전보건청 : HSE(Health Safety Executive)
⑧ 한국산업안전보건공단 : KOSHA(Korea Occupational Safety & Health Agency)

암기

ACGIH
A(American 미국) C(Conference 협의회) G(Governmental 정부) IH(Industrial Hygienists 산업위생)
AIHA
A(American 미국) IH(Industrial Hygiene 산업위생) A(Association 학회)
OSHA
OSH(Occupational Safety and Health 산업안전보건) A(Administration 청)
NIOSH
N(Nationa 국립) I(Institute 연구원) OSH(Occupational Safety and Health 산업안전보건)
BOHS
B(British 영국) OH(Occupational Hygiene 산업위생) S(Society 학회)

예제 02

다음에 제시한 용어를 영문으로 적고, 그 명칭을 한글로 번역하시오. | 기사 2016년 2회 |

(1) ACGIH :
(2) NIOSH :
(3) TLV :

해설
(1) ACGIH(American Conference of Governmental Industrial Hygienists) : 미국정부산업위생전문가협의회
(2) NIOSH(National Institute for Occupational Safety and Health) : 국립산업안전보건연구원(미국)
(3) TLV(Threshold Limit Value) : 허용기준

4 국가별 산업보건 허용기준 ★

(1) 미국정부산업위생전문가협의회(ACGIH)

① TLVs(Threshold Limit Values): 허용기준
② 생물학적 노출지수(BEIs : Biological Exposure Indices)

(2) 미국산업안전보건청(OSHA)

PEL(Permissible Exposure Limits) 기준

(3) 미국국립산업안전보건연구원(NIOSH)

REL(Recommended Exposure Limits) 기준

(4) 미국산업위생학회(AIHA)

WEEL(Workplace Environmental Exposure Level) 기준

(5) 독일

MAK(Maximum Concentration Values) 기준

(6) 한국

화학물질 및 물리적 인자의 노출기준

(7) 영국산업보건안전청(HSE: Health and Safety Executive)

WEL 기준(Workplace Exposure Limits)

(8) 스웨덴

OEL(Occupational Exposure Limit) 기준

> **암기**
>
> ACT, O펠, N렐, A월, H웰, 독M, 스O, 한노

예제 03

산업위생 관련 기관별 사용하는 허용기준을 적으시오.　　　| 기사 2017년 2회 |

(1) OSHA :
(2) ACGIH :
(3) NIOSH :

해설

(1) OSHA : PEL 기준
(2) ACGIH : TLVs 기준
(3) NIOSH : REL 기준

---

03 산업위생 윤리강령

1 산업위생 전문가의 윤리강령(미국산업위생학술원 : AAIH) ★★★

(1) 산업위생 전문가로서의 책임

① 성실성과 학문적 실력 면에서 최고 수준을 유지한다.
② 과학적 방법의 적용과 자료의 해석에서 객관성을 유지한다.
③ 전문 분야로서의 산업위생을 학문적으로 발전시킨다.
④ 근로자, 사회 및 전문 직종의 이익을 위해 과학적 지식을 공개하고 발표한다.
⑤ 기업체의 기밀은 누설하지 않는다.
⑥ 전문적 판단이 타협에 의하여 좌우될 수 있거나 이해관계가 있는 상황에는 개입하지 않는다.

(2) 근로자에 대한 책임

① 근로자의 건강보호가 산업위생전문가의 1차적 책임이라는 것을 인지한다.
② 위험 요인의 측정, 평가 및 관리에 있어서 외부압력에 굴하지 않고 중립적 태도를 취한다.
③ 위험요소와 예방조치에 대해 근로자와 상담한다.

(3) 기업주와 고객에 대한 책임

① 결과 및 결론을 뒷받침할 수 있도록 정확한 기록을 유지하고 산업위생사업을 전문가답게 전문부서들을 운영·관리한다.
② 궁극적 책임은 기업주와 고객보다는 근로자의 건강보호에 있다.
③ 쾌적한 작업환경을 조성하기 위하여 책임있게 행동한다.
④ 신뢰를 바탕으로 정직하게 권고하고 결과와 개선점 및 권고사항을 정확히 보고한다.

(4) 일반 대중에 대한 책임

① 일반 대중에 관한 사항은 정직하게 발표한다.
② 적절하고도 확실한 사실을 근거로 전문적인 견해를 발표한다.

암기

전문가의 윤리는 전문 근로자에게 고기(기업주와 고객) 대접(대중)
1. 전문가는 기밀누설, 이해관계 개입 없이/ 최고수준 자료 해석/ 객관적, 학문적, 과학적 발표
2. 근로자의 1차적 책임은 중립적 태도로 위험예방 상담
3. 고기 정확히 기록하는 전문부서 운영하여 궁극적으로 근로자 보호/책임있게 행동/정직하게 보고
4. 대중에게 정직하게 전문적으로 발표

인간과 작업환경

01 인간공학

1 인간공학의 정의 및 목적

(1) 인간공학의 정의

① 인간의 특성과 한계능력을 공학적으로 분석, 평가하여 이를 복잡한 체계의 설계에 응용함으로써 효율을 최대로 활용할 수 있도록 하는 학문 분야
② 인간공학은 기계와 그 기계조작 및 환경조건을 인간의 특성에 맞추어 설계하기 위한 수단을 연구하는 학문이다.

(2) 인간공학의 연구목적

가장 궁극적인 목적은 안전성 제고와 능률의 향상이다.

① 안전성의 향상과 사고 방지
② 기계조작의 능률성과 생산성의 향상
③ 쾌적성

(3) 인체계측자료의 응용 3원칙 ★

① 최대치수와 최소치수 설계(극단치 설계) : 최대치수 또는 최소치수를 기준으로 하여 설계한다.

최대치수 설계의 예	최소치수 설계의 예
• 위험구역의 울타리 높이 • 출입문의 높이 • 그네줄의 인장강도	• 물건을 올리는 선반의 높이 • 조정장치를 조정하는 힘 • 조정장치까지의 조정거리

② 조절(조정)범위(조절식 설계)
- 체격이 다른 여러 사람에 맞도록 설계한다.
- 예) 침대, 의자 높낮이 조절, 자동차의 운전석 위치조정

③ 평균치를 기준으로 한 설계
- 최대치수나 최소치수, 조절식으로 하기가 곤란할 때 평균치를 기준으로 하여 설계한다.
- 예) 은행의 창구 높이

2 들기작업(NIOSH 들기작업 지침) ★

(1) NIOSH 들기작업 지침 적용기준 ★

① 보통속도로 반드시 두 손으로 들어 올리는 작업이어야 한다. 한손으로 들어 올리는 작업은 해당되지 않는다.
② 물체의 폭이 75cm 이하로 두 손을 적당히 벌리고 작업할 수 있어야 한다.
③ 물체를 들어 올리는 데 자연스러워야 한다.
④ 신발이 작업장에 닿을 때 미끄럽지 않아야 하며, 손으로 물건을 잡을 때 불편이 없어야 한다.
⑤ 작업장의 온도가 적절해야 한다.

> **예제 01**
>
> NIOSH의 들기작업 지침 적용기준 2가지를 적으시오.　　　　　　　　　　| 기사 2016년 3회 |
>
> **해설**
> ① 보통속도로 반드시 두 손으로 들어 올리는 작업이어야 한다. 한 손으로 들어 올리는 작업은 해당되지 않는다.
> ② 물체의 폭이 75cm 이하로 두 손을 적당히 벌리고 작업할 수 있어야 한다.
> ③ 물체를 들어 올리는데 자연스러워야 한다.
> ④ 신발이 작업장에 닿을 때 미끄럽지 않아야 하며, 손으로 물건을 잡을 때 불편이 없어야 한다.
> ⑤ 작업장의 온도가 적절해야 한다.

(2) NIOSH 들기작업 지침의 감시기준(AL) ★

AL(Action Limit)은 안전작업 무게로서 다음 기준에 의해 설정되었다.

① 남자의 99%, 여자의 75%가 작업가능하다.
② 작업강도, 즉 에너지 소비량이 3.5kcal/min이다.

③ 5번 요추와 1번 천추에 미치는 압력이 3,400N의 부하이다.

$$AL(kg) = 40\left(\frac{15}{H}\right)(1 - 0.004 \mid V - 75 \mid)\left(0.7 + \frac{7.5}{D}\right)\left(1 - \frac{F}{F_{\max}}\right)$$

H : 대상물체의 수평거리
V : 대상물체의 수직거리(바닥으로부터 물체 중심까지의 거리, 즉 들어올리기 전 물체의 위치)
D : 대상물체의 이동거리
F : 중량물 취급작업의 빈도(AL에 가장 큰 영향 줌)

> **예제 02**
>
> 근로자로부터 40cm 떨어진 물체(9kg)를 바닥으로부터 150cm 들어 올리는 작업을 1분에 5회씩 1일 8시간 실시하였을 때 감시기준(AL, action limit)은 얼마인가?
>
> $$AL(kg) = 40\left(\frac{15}{H}\right)(1 - 0.004 \mid V - 75 \mid)\left(0.7 + \frac{7.5}{D}\right)\left(1 - \frac{F}{F_{\max}}\right)$$
>
> (단, H는 수평거리, V는 수직거리, D는 이동거리. F는 작업빈도계수이다.)
>
> **해설**
>
> $$AL(kg) = 40 \times \left(\frac{15}{40}\right)(1 - 0.004|0 - 75|)\left(0.7 + \frac{7.5}{150}\right)\left(1 - \frac{5}{12}\right) = 4.59(kg)$$
>
> * 1. F_{max} (8시간 작업 기준)
>   · $V > 75cm$: 15회
>   · $V \leq 75cm$: 12회
> * 바닥에 있는 물체를 들어올리는 경우 $V = 0$이 된다.

(3) NIOSH 들기작업 지침의 최대허용기준(MPL)

MPL(Maximum Permissible Limit)은 다음 기준을 가진다.
① MPL을 초과하는 작업에서는 대부분의 근로자들에게 근육·골격 장해가 발생한다.
② MPL에 해당되는 작업에서 디스크에 L_5/S_1 디스크에 640kg(6,400N) 정도의 압력이 초과되어 대부분의 근로자에게 장해가 나타난다.(대부분의 근로자들이 압력에 견디지 못함)
③ L_5/S_1 디스크에서 추간판 탈출증이 주로 발생한다.
④ MPL에 해당하는 작업이 요구하는 에너지대사량은 5.0kcal/min를 초과한다.
⑤ 남성 근로자의 25% 미만과 여성 근로자의 1% 미만에서만 MPL수준의 작업수행이 가능하다.
⑥ MPL을 초과하는 경우 공학적 방법을 적용하여 중량물 취급작업을 다시 설계해야 한다.

$$\text{MPL(최대허용기준)} = 3 \times \text{AL(감시기준)} \ \bigstar$$

(4) 권장무게한계(RWL : Recommended Weight Limit)

권장무게한계란 건강한 작업자가 특정한 들기작업에서 실제 작업시간 동안 허리에 무리를 주지 않고 요통의 위험 없이 들 수 있는 무게의 한계를 말한다. RWL은 여러 작업 변수들에 의해 결정된다.

$$RWL(kg) = LC(23) \times HM \times VM \times DM \times AM \times FM \times CM \text{ ★}$$

	Item
LC	중량상수(Load Constant) : 23kg
HM	수평 계수(Horizontal Multiplier)
VM	수직 계수(Vertical Multiplier)
DM	거리 계수(Distance Multiplier)
AM	비대칭 계수(Asymmetric Multiplier)
FM	빈도 계수(Frequency Multiplier)
CM	커플링 계수(Coupling Multiplier)

예제 03

권장무게한계(RW : Recommended Weight Limit)의 관계식을 적고 각 인자를 설명하시오.　　| 기사 2020년 3회 |

해설

$RWL(kg) = LC \times HM \times VM \times DM \times AM \times FM \times CM$
- LC : 중량상수(Load constant) : 23kg
- HM : 수평 계수(Horizontal Multiplier)
- VM : 수직 계수(Vertical Multiplier)
- DM : 거리 계수(Distance Multiplier)
- AM : 비대칭 계수(Asymmetric Multiplier)
- FM : 빈도 계수(Frequency Multiplier)
- CM : 커플링 계수(Coupling Multiplier)

---

(5) 들기 지수, 중량물 취급지수(LI : Lifting Index)

LI는 실제 작업물의 무게와 RWL의 비(ratio)이며 특정 작업에서의 육체적 스트레스의 상대적인 양을 나타낸다. 즉 LI가 1.0보다 크면 작업 부하가 권장치보다 크다고 할 수 있다.

$$LI = \frac{\text{실제작업무게(L)}}{\text{권장무게한계(RWL)}} \text{ ★}$$

예제 04

무게 8kg의 물건을 근로자가 들어 올리는 작업을 하려고 한다. 해당 작업조건의 권장무게 한계(RWL)가 5kg이고, 이동거리가 20cm일 때에 들기지수(LI : Lifting Index)는 얼마인가? (단, 근로자는 10분씩 2회, 1일 8시간 작업한다.)

해설

$LI = \dfrac{8}{5} = 1.6$

(6) 인력 운반작업 한계 허용중량(Action Limit)

$$한계허용중량 = 40 \times \dfrac{15}{H} \times (1 - 0.004 \times |V - 75|) \times \left(0.7 + \dfrac{7.5}{D}\right) \times \left(1 - \dfrac{F}{F_m}\right)$$

H : 화물의 중심에서 두 발목의 중간 지점까지의 거리(cm)
V : 바닥에서 물체 중심까지의 거리(cm)
D : 화물을 들어 올리는 높이(cm)
F : 들어 올리는 빈도(횟수)
F_m : 화물 높이에 따른 보정계수

참고

작업시간	F_m	
	$V > 75cm$	$V \leq 75cm$
1시간	18	15
8시간	15	12

(7) 사업주는 근로자가 5킬로그램 이상의 중량물을 들어 올리는 작업을 하는 경우에 다음 각 호의 조치를 해야 한다. ★

① 주로 취급하는 물품에 대하여 근로자가 쉽게 알 수 있도록 물품의 중량과 무게중심에 대하여 작업장 주변에 안내표시를 할 것
② 취급하기 곤란한 물품은 손잡이를 붙이거나 갈고리, 진공빨판 등 적절한 보조도구를 활용할 것

(8) 작업시간과 휴식시간의 배분

사업주는 근로자가 중량물을 인력으로 들어올리거나 운반하는 작업을 하는 경우에 근로자가 취급하는 물품의 중량 · 취급빈도 · 운반거리 · 운반속도 등 인체에 부담을 주는 작업의 조건에 따라 작업시간과 휴식시간 등을 적정하게 배분해야 한다.

3 단순 및 반복작업

(1) 수평 작업대 ★

1) 정상 작업역

① 상완을 자연스럽게 늘어뜨린 채 전완만으로 뻗어 파악 할 수 있는 구역(팔을 가볍게 몸체에 붙이고 팔꿈치를 구부린 상태에서 자유롭게 손이 닿는 영역)
② 움직이지 않고 전박(前膊)과 손으로 조작할 수 있는 범위

2) 최대 작업역

① 전완과 상완을 곧게 펴서 파악할 수 있는 구역(양팔을 곧게 폈을 때 도달할 수 있는 최대 영역)
② 움직이지 않고 상지(上肢)를 뻗어서 닿는 범위

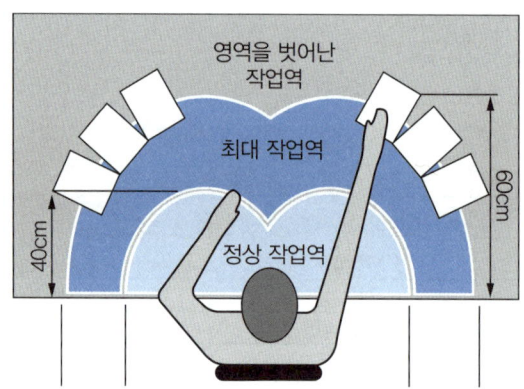

(2) 인체계측 방법

1) 정적 인체계측(구조적 인체치수)

① 정지 상태에서의 신체를 계측하는 방법으로 표준자세에서 움직이지 않는 피 측정자를 인체측정기로 측정한 것이다.
② 골격 치수(팔꿈치와 손목 사이아 같은 관절 중 심기리 등)와 외곽치수(머리둘레 등)로 구성된다.
③ 일반적으로 표(table)의 형태로 제시된다.
④ 동적인 치수에 비하여 데이터가 많다.

2) 동적 인체계측(기능적 인체치수)

각 신체부위가 신체적 기능을 수행(특정 작업 수행)할 때 독립적으로 움직이는 것이 아니라 조화를 이루어 움직이는 신체치수를 측정한 것이다.

(3) VDT 증후군

1) 영상표시단말기 작업으로 인한 관련 증상(VDT 증후군)

"영상표시단말기 작업으로 인한 관련 증상(VDT 증후군)"이란 영상 표시단말기를 취급하는 작업으로 인하여 발생되는 경견완증후군 및 기타 근골격계 증상·눈의 피로·피부증상·정신신경계증상 등을 말한다.

① 근골격계 증상
  - 목, 어깨, 팔꿈치, 손목 및 손가락 등에 나타나는 통증과 저림, 쑤심 등의 증상

② 눈의 피로

③ 피부 증상
  - 날씨가 건조할 때 화면에서 발생되는 정전기에 의해 민감한 피부반응이 나타나는 경우가 있다.

④ 정신적 스트레스
  - 정서적 불편(초조, 근심, 착란, 긴장, 무기력감)과 생리적 반응(혈압상승, 소화불량, 심박수 증가, 아드레날린 분비 촉진, 두통) 등의 증상

⑤ 전자파 장해
  - 컴퓨터 화면으로부터 발생되는 전자기파(EMF)에 의한 장해

2) 컴퓨터 단말기 조작업무에 대한 조치

① 실내는 명암의 차이가 심하지 않도록 하고 직사광선이 들어오지 않는 구조로 할 것
② 저 휘도형(低輝度型)의 조명기구를 사용하고 창·벽면 등은 반사되지 않는 재질을 사용할 것
③ 컴퓨터 단말기와 키보드를 설치하는 책상과 의자는 작업에 종사하는 근로자에 따라 그 높낮이를 조절할 수 있는 구조로 할 것
④ 연속적으로 컴퓨터 단말기 작업에 종사하는 근로자에 대하여 작업시간 중에 적절한 휴식시간을 부여할 것

4 노동생리

(1) 근육운동(노동)에 필요한 에너지원(근육의 대사과정) ★★

혐기성 대사(Anaerobic metabolism)	호기성 대사(Aerobic metabolism)
• 근육에 저장된 화학적 에너지 • 혐기성 대사 순서 ★ 　ATP(아데노신 삼인산) → CP(크레아틴 인산) → 　Glycogen(글리코겐) or Glucose(포도당)	• 대사과정(구연산 회로)을 거쳐 생성된 에너지 • 호기성 대사 과정 　포도당 　단백질　+　산소　→　에너지원 　지방

> **참고**
>
> • 혐기성 대사 에너지원 : ATP, CP, 글리코겐
> • 호기성 대사 에너지원 : 포도당, 단백질, 지방
> • 포도당은 초기 분해단계에서는 산소를 필요치 않는 혐기성 분해를 하며, 산소가 충분한 경우 산화되어 이산화탄소와 물로 분해되는 호기성 분해를 한다.

예제 05

근육운동에 필요한 에너지원의 대사과정 중 혐기성 대사 과정을 순서대로 설명시오.

| 기사 2014년 1회 / 산업 2014년 1회 |

해설

ATP(아데노신 삼인산) → CP(크레아틴 인산) → Glycogen(글리코겐) or Glucose(포도당)

(2) 영양소 종류와 그 작용

① 체내에서 산화연소하여 에너지를 공급 : 탄수화물 · 단백질 · 지방(3대 영양소)
② 에너지원은 아니며, 여러 영양소의 영양적 작용의 매개가 되고 생활기능을 조절 : 비타민, 무기질, 물
③ 체내조직을 구성하고, 분해 · 소비되는 물질의 공급원으로 작용 : 단백질, 무기질, 물
④ 치아와 골격을 구성 : 칼슘
⑤ 작업강도가 높은 근로자의 근육에 호기적 산화를 촉진시켜 근육의 열량공급을 원활히 해주는 비타민(근육노동 시 특히 주의하여 보급해야 할 비타민) : 비타민 B1(Thiamine)

(3) 영양소 부족에 의한 결핍증

① 비타민 A : 야맹증
② 비타민 B1 : 각기병
③ 비타민 D : 구루병
④ 비타민 K : 혈액응고 지연반응
⑤ 단백질 : 전신 부종, 피부 반점

(4) 산소 소비량

1) 산소 소비량

① 휴식 중 산소소비량 : 0.25L/min
② 운동 중 산소소비량(성인 남자 기준) : 5L/min
③ 산소 1L의 에너지 : 5kcal
④ 산소소비량은 작업부하가 증가하면 일정한 비율로 계속 증가하나 작업부하가 일정한계를 초과하면 산소소비량은 더 이상 증가하지 않는다.

2) 산소부채(oxygen debt) 현상 ★

① 작업부하 수준이 최대 산소소비량 수준보다 높아지게 되면, 젖산의 제거속도가 생성속도에 못 미치게 된다.
② 작업이 끝난 후에 남아 있는 젖산을 제거하기 위하여 산소가 더 필요하며, 이때 동원되는 산소소비량을 산소부채(oxygen debt)라 한다.
③ 작업이 끝난 후에도 맥박과 호흡수가 작업개시 수준으로 즉시 돌아오지 않고 서서히 감소하는 산소부채의 보상현상이 발생한다.

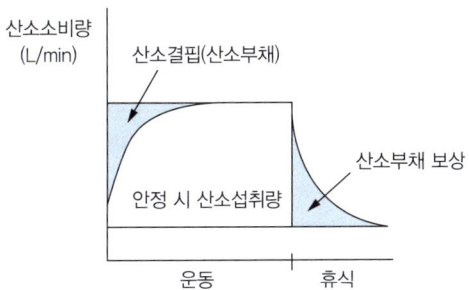

> **예제 06**
>
> 산소부채(Oxygen debt) 현상을 설명하시오. | 기사 2017년 3회, 2015년 1회 |
>
> **해설**
>
> 격렬한 작업이나 운동을 할 때에는 산소 섭취량이 산소 소모량보다 부족하게 되어 산소량이 산소부채(산소 빚)를 일으키는 현상을 말한다.

5 근골격계 질환

(1) 근골격계 질환(누적외상성질환, CTDs)의 발생요인 ★

① 반복적인 동작
② 부적절한 작업 자세
③ 무리한 힘의 사용
④ 날카로운 면과의 신체접촉
⑤ 진동 및 온도(저온)

> **참고**
>
> **영상표시단말기 작업의 작업자세**
>
> 영상표시단말기 취급근로자는 다음 각 호의 요령에 따라 의자의 높이를 조절하고 화면·키보드·서류받침대 등의 위치를 조정하도록 한다.
> 1. 영상표시단말기 취급근로자의 시선은 화면상단과 눈높이가 일치할 정도로 하고 작업 화면상의 시야는 수평선상으로부터 아래로 10도 이상 15도 이하에 오도록 하며 화면과 근로자의 눈과의 거리(시거리 : Eye-Screen Distance)는 40센티미터 이상을 확보할 것

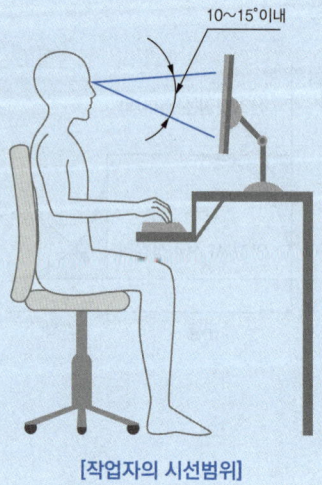

[작업자의 시선범위]

2. 위팔(Upper Arm)은 자연스럽게 늘어뜨리고, 작업자의 어깨가 들리지 않아야 하며, 팔꿈치의 내각은 90도 이상이 되어야 하고, 아래팔(Forearm)은 손등과 수평을 유지하여 키보드를 조작할 것, 아래팔은 손등과 일직선을 유지하여 손목이 꺾이지 않도록 한다.

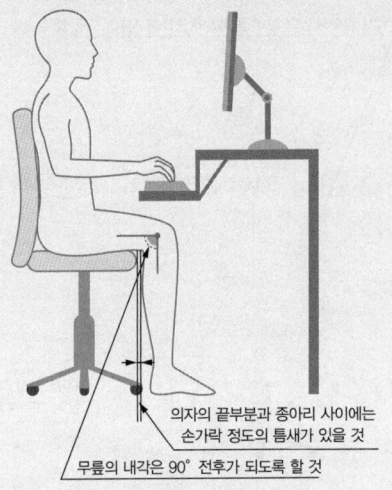

의자의 끝부분과 종아리 사이에는 손가락 정도의 틈새가 있을 것
무릎의 내각은 90° 전후가 되도록 할 것

[팔꿈치 내각 및 키보드 높이]

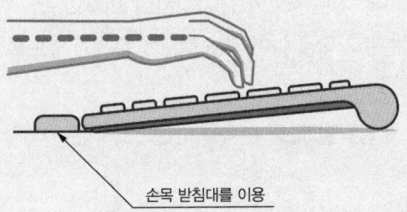

손목 받침대를 이용

[아래팔과 손등은 수평을 유지]

3. 연속적인 자료의 입력 작업 시에는 서류받침대(Document Holder)를 사용하도록 하고, 서류받침대는 높이·거리·각도 등을 조절하여 화면과 동일한 높이 및 거리에 두어 작업할 것

서류받침대는 거리, 각도, 높이 조절이 용이한 것을 사용하여 화면과 동일한 높이에 두고 사용할 것

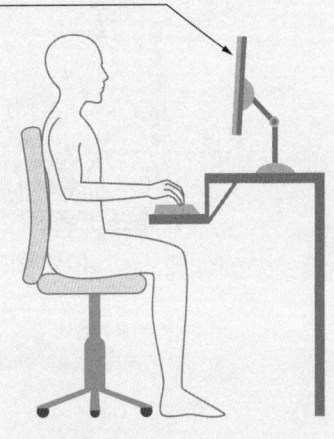

[서류받침대 사용]

4. 의자에 앉을 때는 의자 깊숙히 앉아 의자등받이에 등이 충분히 지지되도록 할 것

5. 영상표시단말기 취급근로자의 발바닥 전면이 바닥면에 닿는 자세를 기본으로 하되, 그러하지 못할 때에는 발 받침대(Foot Rest)를 조건에 맞는 높이와 각도로 설치할 것

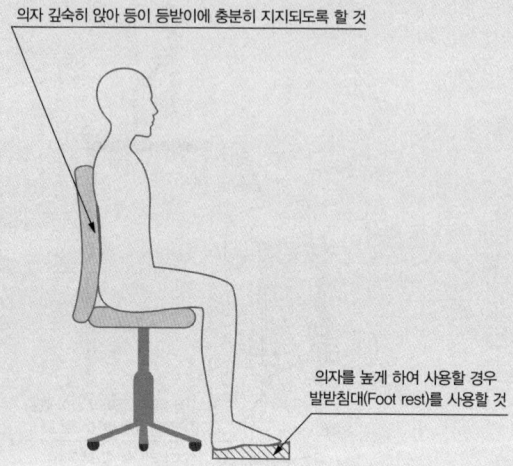

6. 무릎의 내각(Knee Angle)은 90도 전후가 되도록 하되, 의자의 앉는 면의 앞부분과 영상표시단말기 취급근로자의 종아리 사이에는 손가락을 밀어 넣을 정도의 틈새가 있도록 하여 종아리와 대퇴부에 무리한 압력이 가해지지 않도록 할 것 ★

7. 키보드를 조작하여 자료를 입력할 때 양 손목을 바깥으로 꺾은 자세가 오래 지속되지 않도록 주의할 것

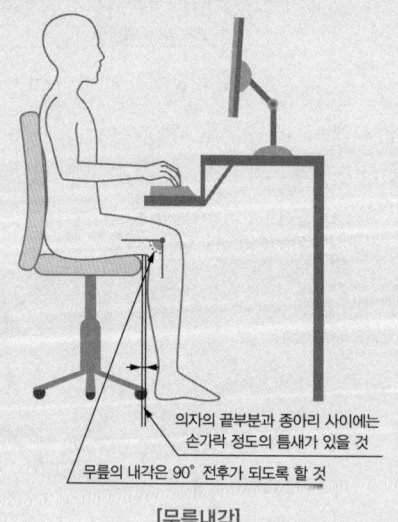

[무릎내각]

예제 07

근골격계질환을 유발하는 요인 4가지를 적으시오. | 기사 2012년 1회 |

해설

① 반복적인 동작
② 부적절한 작업 자세
③ 무리한 힘의 사용
④ 날카로운 면과의 신체접촉
⑤ 진동 및 온도(저온)

예제 08

VDT작업(영상표시단말기 취급작업)의 올바른 자세에 관한 다음 물음에 답하시오. | 산업 2017년 1회 |

(1) 화면과 근로자의 눈과의 거리(시거리) :
(2) 팔꿈치의 내각 :

해설

(1) 40센티미터 이상
(2) 90도 이상

[참고]
(1) 영상표시단말기 취급근로자의 시선은 화면상단과 눈높이가 일치할 정도로 하고 작업 화면상의 시야는 수평선상으로부터 아래로 10도 이상 15도 이하에 오도록 하며 화면과 근로자의 눈과의 거리(시거리: Eye-Screen Distance)는 40센티미터 이상을 확보할 것
(2) 위팔(Upper Arm)은 자연스럽게 늘어뜨리고, 작업자의 어깨가 들리지 않아야 하며, 팔꿈치의 내각은 90도 이상이 되어야 하고, 아래팔(Forearm)은 손등과 수평을 유지하여 키보드를 조작할 것, 아래팔은 손등과 일직선을 유지하여 손목이 꺾이지 않도록 한다.

(2) 근골격계 질환의 특징

① 노동력 손실에 따른 경제적 피해가 크다.
② 근골격계 질환의 최우선 관리목표는 발생의 최소화이다.
③ 자각증상으로 시작되며 환자발생이 집단적이다.
④ 손상의 정도 측정이 어렵다.
⑤ 단편적인 작업환경개선으로 좋아지지 않는다.
⑥ 회복과 악화가 반복된다.(한번 악화되어도 회복은 가능하다.)

(3) 근골격계 부담작업 ★

"근골격계 부담작업"이라 함은 다음 각 호의 1에 해당하는 작업을 말한다. 다만, 단기간 작업 또는 간헐적인 작업은 제외한다.

① 하루에 4시간 이상 집중적으로 자료입력 등을 위해 키보드 또는 마우스를 조작하는 작업
② 하루에 총 2시간 이상 목, 어깨, 팔꿈치, 손목 또는 손을 사용하여 같은 동작을 반복하는 작업
③ 하루에 총 2시간 이상 머리 위에 손이 있거나, 팔꿈치가 어깨 위에 있거나, 팔꿈치를 몸통으로부터 들거나, 팔꿈치를 몸통 뒤쪽에 위치하도록 하는 상태에서 이루어지는 작업
④ 지지되지 않은 상태이거나 임의로 자세를 바꿀 수 없는 조건에서, 하루에 총 2시간 이상 목이나 허리를 구부리거나 비트는 상태에서 이루어지는 작업
⑤ 하루에 총 2시간 이상 쪼그리고 앉거나 무릎을 굽힌 자세에서 이루어지는 작업
⑥ 하루에 총 2시간 이상 지지되지 않은 상태에서 1kg 이상의 물건을 한손의 손가락으로 집어 옮기거나, 2kg 이상에 상응하는 힘을 가하여 한손의 손가락으로 물건을 쥐는 작업
⑦ 하루에 총 2시간 이상 지지되지 않은 상태에서 4.5kg 이상의 물건을 한손으로 들거나 동일한 힘으로 쥐는 작업
⑧ 하루에 10회 이상 25kg 이상의 물체를 드는 작업
⑨ 하루에 25회 이상 10kg 이상의 물체를 무릎 아래에서 들거나, 어깨 위에서 들거나, 팔을 뻗은 상태에서 드는 작업
⑩ 하루에 총 2시간 이상, 분당 2회 이상 4.5kg 이상의 물체를 드는 작업
⑪ 하루에 총 2시간 이상 시간당 10회 이상 손 또는 무릎을 사용하여 반복적으로 충격을 가하는 작업

> **암기**
> - 키보드 입력 4시간, 나머지 2시간
> - 2시간,4.5kg 한손 쥐기/ 2시간,1kg, 손가락 집어 옮기기, 2kg 손가락 쥐기/10회 25kg/ 25회 10kg 무릎 아래/ 2시간, 분당 2회, 4.5kg/ 2시간, 시간당 10회, 손·무릎반복 충격

(4) 근골격계 질환 유해요인 조사

1) 상시근로자 1인 이상의 근로자를 사용하는 사업주는 근로자가 근골격계 부담작업을 하는 경우에 3년마다 다음 각 호의 사항에 대한 유해요인 조사를 하여야 한다. 다만, 신설되는 사업장의 경우에는 신설일로부터 1년 이내에 최초의 유해요인 조사를 하여야 한다. ★

① 설비 · 작업공정 · 작업량 · 작업속도 등 작업장 상황

② 작업시간 · 작업자세 · 작업방법 등 작업조건
③ 작업과 관련된 근골격계 질환 징후와 증상 유무 등

2) 사업주는 다음 각 호의 어느 하나에 해당하는 사유가 발생하였을 경우에 1개월 이내에 조사대상 및 조사방법 등을 검토하여 유해요인 조사를 해야 한다. 다만, 근골격계질환에 대하여 최근 1년 이내에 유해요인 조사를 하고 그 결과를 반영하여 작업환경 개선에 필요한 조치를 한 경우는 제외한다.

① 임시건강진단 등에서 근골격계질환자가 발생하였거나 근로자가 근골격계질환으로 업무상 질병으로 인정받은 경우(근골격계부담작업이 아닌 작업에서 근골격계질환자가 발생하였거나 근골격계부담작업이 아닌 작업에서 발생한 근골격계질환에 대해 업무상 질병으로 인정 받은 경우를 포함한다)
② 근골격계부담작업에 해당하는 새로운 작업 · 설비를 도입한 경우
③ 근골격계부담작업에 해당하는 업무의 양과 작업공정 등 작업환경을 변경한 경우

3) 사업주는 유해요인 조사에 근로자 대표 또는 해당 작업 근로자를 참여시켜야 한다.

4) 유해성 등의 주지

근로자가 근골격계 부담작업을 하는 경우에 다음 각 호의 사항을 근로자에게 알려야 한다.
① 근골격계 부담작업의 유해요인
② 근골격계 질환의 징후와 증상
③ 근골격계 질환 발생 시의 대처요령
④ 올바른 작업자세와 작업도구, 작업시설의 올바른 사용방법
⑤ 그 밖에 근골격계 질환 예방에 필요한 사항

(5) 근골격계 질환 예방관리 프로그램 시행

1) 다음 각 호의 어느 하나에 해당하는 경우에 근골격계 질환 예방관리 프로그램을 수립하여 시행하여야 한다. ★

① 근골격계 질환으로 업무상 질병으로 인정받은 근로자가 연간 10명 이상 발생한 사업장 또는 5명 이상 발생한 사업장으로서 발생 비율이 그 사업장 근로자 수의 10퍼센트 이상인 경우
② 근골격계 질환 예방과 관련하여 노사 간 이견(異見)이 지속되는 사업장으로서 고용노동부장관이 필요하다고 인정하여 근골격계 질환 예방관리 프로그램을 수립하여 시행할 것을 명령한 경우

2) 사업주는 근골격계 질환 예방관리 프로그램을 작성·시행할 경우에 노사협의를 거쳐야 한다.

3) 사업주는 근골격계 질환 예방관리 프로그램을 작성·시행할 경우에 인간공학·산업의학·산업위생·산업간호 등 분야별 전문가로부터 필요한 지도·조언을 받을 수 있다.

예제 09

[보기]는 산업안전보건법에 의한 근골격계질환 유해요인 조사에 관한 내용이다. (1) 괄호 안에 적합한 숫자를 적으시오. (2) 유해요인 조사를 하여야 하는 사항 3가지를 적으시오. | 기사 2022년 2회 |

> 상시근로자 1인 이상의 근로자를 사용하는 사업주는 근로자가 근골격계 부담작업을 하는 경우에 (①)마다 작업장 상황, 작업조건, 작업과 관련된 근골격계질환 징후와 증상 유무 등에 대한 유해요인 조사를 하여야 한다. 다만, 신설되는 사업장의 경우에는 신설일로 부터 (②) 이내에 최초의 유해요인 조사를 하여야 한다.

해설

(1) ① 3년 ② 1년
(2) ① 설비·작업공정·작업량·작업속도 등 작업장 상황
    ② 작업시간·작업자세·작업방법 등 작업조건
    ③ 작업과 관련된 근골격계질환 징후와 증상 유무 등

예제 10

[보기]는 산업안전보건법에 의하여 근골격계질환 예방관리 프로그램을 수립·시행하여야 하는 경우를 설명하고 있다. 괄호 안에 적합한 숫자를 적으시오. | 기사 2022년 2회 |

> 근골격계질환으로 업무상 질병으로 인정받은 근로자가 연간 (①) 이상 발생한 사업장 또는 (②) 이상 발생한 사업장으로서 발생 비율이 그 사업장 근로자 수의 (③) 이상인 경우는 근골격계질환 예방관리 프로그램을 수립하여 시행하여야 한다.

해설

① 10명
② 5명
③ 10%

(6) 근골격계 질환(누적외상성 질환)의 유해요인 평가기법

평가도구명 (Analysis Tools)	평가되는 위해요인	관련된 신체부위	적용대상 작업 종류	한계점
REBA (Rapid Entire Body Assessment)	반복성, 힘, 불편한 자세	손목, 팔, 어깨, 목, 상체, 허리, 다리	간호사, 청소부 주부 등 작업이 비고정적인 형태의 서비스업 계통	반복성 미고려
OWAS (Ovaco Working Posture Analysing System)	자세, 힘, 노출시간	상체, 허리, 하체	중량물취급	중량물작업 한정 반복성 미고려
JSI(작업 긴장도지수) (Job Strain index) ★	반복성, 힘, 불편한 자세	손, 손목	경조립작업, 검사, 육류가공, 포장, 자료입력, 세탁	손, 손목부위 작업 한정, 평가의 객관성
RULA (Rapid Upper Limb Assessment)	반복성, 힘, 불편한 자세	손목, 팔, 팔꿈치, 어깨, 목, 상체	조립작업, 목공작업, 정비작업, 육류가공, 교환대, 치과	반복성과 정적자세의 고려가 다소 미흡, 전문성 요구
Revised NIOSH Lifting Equation (NIOSH 들기작업지침)	반복성, 힘, 불편한 자세	허리	물자취급(운반, 정리), 음료수운반, 4kg 이상의 중량물취급, 과도한 힘을 요하는 작업, 고정된 들기작업	전문성 요구

예제 11

근골격계 질환을 유발하는 요인 중 인적요인과 환경요인을 각각 2가지씩 적으시오. | 기사 2023년 1회 |

해설

(1) 인적 요인(작업자 요인)
   ① 작업습관
   ② 신체조건
   ③ 과거 병력
   ④ 나이
(2) 환경요인
   ① 온도
   ② 진동

[참고]
작업 요인 : 작업자세, 반복성
작업장 요인 : 부적절한 작업공구, 부적절한 작업장, 부적절한 키보드, 부적절한 모니터 등

예제 12

산업안전보건법에 의하여 근로자가 근골격계 부담작업을 하는 경우에 근로자에게 유해성 등의 주지사항(알려야 하는 사항) 3가지를 적으시오.

| 기사 2023년 1회 |

해설

① 근골격계부담작업의 유해요인
② 근골격계질환의 징후와 증상
③ 근골격계질환 발생 시의 대처요령
④ 올바른 작업자세와 작업도구, 작업시설의 올바른 사용방법
⑤ 그 밖에 근골격계질환 예방에 필요한 사항

예제 13

다음 [보기]는 산업안전보건법령상의 근골격계 부담작업에 대한 내용이다. 빈칸을 채우시오.

| 기사 2024년 2회, 2023년 3회 |

1. 하루에 (①) 이상 집중적으로 자료입력 등을 위해 키보드 또는 마우스를 조작하는 작업
2. 하루에 총 (②) 이상 목, 어깨, 팔꿈치, 손목 또는 손을 사용하여 같은 동작을 반복하는 작업
3. 하루에 (③) 이상 (④) 이상의 물체를 드는 작업
4. 하루에 총 (⑤)시간 이상 쪼그리고 앉거나 무릎을 굽힌 자세에서 이루어지는 작업
5. 하루에 총 2시간 이상 지지되지 않은 상태에서 (⑥) 이상의 물건을 한손으로 들거나 동일한 힘으로 쥐는 작업

해설

① 4시간 ② 2시간 ③ 10 ④ 25kg ⑤ 2 ⑥ 4.5kg

예제 14

부품 조립작업, 포장, 세탁업무 등 주로 손목을 많이 사용하는 근로자의 근골격계 유해요인을 평가하는데 사용되는 평가도구를 적으시오.

해설

JSI

02 산업피로

1 피로의 정의 및 발생단계

(1) 피로의 특징

① 피로는 질병이 아니며 원래 가역적인 생체반응이고 건강장해에 대한 경고적 반응이다.
② 정신피로는 주로 중추신경계의 피로를, 근육피로는 말초신경계의 피로를 의미한다.
③ 정신피로와 신체피로는 보통 함께 나타나 구별하기 어렵다.(정신피로나 신체피로가 각각 단독으로 나타나는 경우는 매우 희박하다.)
④ 육체적, 정신적 노동부하에 반응하는 생체의 태도이다.(노동수명(turn over ratio)으로서 피로를 판정할 수 있다.)
⑤ 산업피로는 건강장해에 대한 경고반응이라고 할 수 있다.
⑥ 피로 현상은 개인차가 심하므로 작업에 대한 개체의 반응을 수치로 나타내기 어렵다.(객관적 판단이 어렵다)
⑦ 산업피로는 생산성의 저하뿐만 아니라 재해와 질병의 원인이 된다.
⑧ 피로조사는 피로도를 판가름하는데 그치지 않고 작업방법과 교대제 등을 과학적으로 검토할 필요가 있다.
⑨ 작업시간이 등차 급수적으로 늘어나면 피로회복에 요하는 시간은 등비 급수적으로 증가한다.
⑩ 피로의 자각증상은 피로의 정도와 반드시 일치하지는 않는다.
⑪ 자율신경계의 조절기능이 주간은 교감신경, 야간은 부교감신경의 긴장강화로 주간 수면은 야간 수면에 비해 효과가 떨어진다.

(2) 피로의 3단계 ★

1단계 : 보통피로	• 하룻밤 자고나면 완전히 회복된다.
2단계 : 과로	• 다음날까지도 피로 상태가 지속되며 단기간 휴식으로 회복될 수 있는 단계로 발병단계는 아니다.
3단계 : 곤비	• 과로의 축적으로 단기간 휴식을 통해서는 회복될 수 없는 발병단계 • 심한 노동 후의 피로현상으로 병적인 상태

2 피로의 원인 및 증상

(1) 피로의 발생기전 ★

① 산소와 영양소 등의 에너지원의 소모
② 물질대사에 의한 노폐물의 축적(피로물질의 축적)
③ 체내의 항상성 상실(체내 생리대사의 물리·화학적 변화)
④ 생체 내 조절기능의 저하

(2) 피로의 발생원인 ★

① 작업 공간, 작업방식, 작업강도
② 작업환경조건(조명, 환기, 소음·진동 등의 물리적 조건)
③ 작업시간과 작업편성
④ 생활조건
⑤ 개인조건(적응능력, 기초체력, 작업숙련도 등)
* 피로에 가장 큰 영향을 미치는 요소 : 작업강도(에너지 소비량)

예제 15

산업피로를 발생시키는 요인 3가지를 적으시오. | 기사 2014년 2회 |

해설
① 작업강도
② 작업환경조건
③ 작업시간과 작업편성

---

(3) 전신피로(산업피로)의 생리학적 원인 ★

① 산소공급 부족
② 혈중 포도당(글루코오스)농도 저하(가장 큰 원인)
③ 근육 내 글리코겐 양의 감소
④ 혈중 젖산농도의 증가

(4) 피로의 증상 ★

① 순환기능 : 맥박이 빨라지고 회복 시까지 시간이 걸린다.
② 혈압 : 혈압은 초기에는 높아지나 피로가 진행되면서 낮아진다.
③ 호흡기능 : 호흡이 얕고 빨라지며 체온이 상승하여 호흡중추를 흥분시키고 혈액 중 이산화탄소량의 증가로 심할 때는 호흡곤란을 일으킨다.
④ 신경기능 : 지각기능이 둔해지고, 반사기능이 낮아지며 판단력 저하, 권태감, 졸음이 발생한다.
⑤ 혈액 : 혈당치가 낮아지고 젖산과 탄산량이 증가하여 산혈증이 발생한다. ★
⑥ 소변 : 소변양이 줄고 단백질 또는 교질물질의 배설량이 증가한다. ★
⑦ 체온 : 체온이 높아지나 피로정도가 심해지면 낮아진다.(체온조절장해, 에너지 소모량 증가)

예제 16

산업피로 증상에서 혈액과 소변의 변화를 2가지씩 쓰시오. | 기사 2019년 1회, 2016년 1회 |

해설

1. 혈액
   ① 혈당치가 낮아진다.
   ② 젖산과 탄산량이 증가하여 산혈증이 발생한다.
2. 소변
   ① 소변양이 줄어든다.
   ② 단백질 또는 교질물질의 배설량이 증가한다.

예제 17

전신피로(산업피로)의 생리학적 원인 3가지를 적으시오. | 산업 2015년 3회, 2022년 1회 |

해설

① 산소공급 부족
② 혈중 포도당(글루코오스)농도 저하(가장 큰 원인)
③ 근육 내 글리코겐 양의 감소
④ 혈중 젖산농도의 증가

(5) 피로의 평가

1) 전신피로의 평가

작업종료 후 회복기 심박수(heart rate)를 측정하여 평가한다.

심한 전신피로 상태 ★
$HR_{30~60}$이 110를 초과하고 $HR_{150~180}$와 $HR_{60~90}$의 차이가 10 미만인 경우 • $HR_{30~60}$: 작업 종료 후 30~60초 사이의 평균 맥박수 • $HR_{60~90}$: 작업 종료 후 60~90초 사이의 평균 맥박수 • $HR_{150~180}$: 작업 종료 후 150~180초 사이의 평균 맥박수

2) 국소피로의 평가

① 국소피로를 평가하는 객관적인 방법으로 근전도(EMG)를 가장 많이 이용한다.
② 근육이 위치한 부위 피부표면에 2개의 전극을 부착하여 측정한다.

국소피로의 평가(피로한 근육에서 측정된 현상) ★
① 저주파수(0~40Hz)에서 힘의 증가 ② 고주파수(40~200Hz)에서 힘의 감소 ③ 평균주파수의 감소 ④ 총 전압의 증가

3) 피로의 측정방법

생리학적 측정법	생화학적 측정법	심리학적 측정법
① EMG(근전도) : 근력 및 근육활동 전위차의 기록 ② ECG(심전도) : 심장근활동 전위차의 기록 ③ EEG(뇌전도) : 대뇌의 신경활동 전위차의 기록 ④ 산소소비량(호흡순환 기능) ⑤ 점멸 융합 주파수(플리커테스트)	① 혈액의 농도 측정 ② 혈액의 수분 측정 ③ 소변의 전해질 측정 ④ 소변의 단백질 측정	① 동작분석 ② 연속반응시간 ③ 집중력

3 에너지 소비량

(1) 산소 소비량

① 휴식 중 산소소비량 : 0.25L/min
② 운동 중 산소소비량(성인 남자 기준) : 5L/min(산소 1L의 에너지 : 5kcal) ★

(2) 육체적 작업능력(PWC)

1) 피로를 느끼지 않고 하루에 4분간 계속할 수 있는 작업강도를 말한다.

$$\text{하루 8시간의 작업강도} = PWC \times \frac{1}{3} \, \star$$

2) 육체적 작업능력(PWC)에 영향을 미치는 요소

① 작업특징 : 강도, 시간, 위치, 계획 등
② 육체적 조건 : 연령, 체격, 성별 등
③ 환경적 요소 : 온도, 압력, 소음 등
④ 정신적 요소 : 동기, 태도

4 작업강도

(1) 에너지 대사율(RMR) ★

① 작업강도는 에너지 대사율(작업 대사율)로 나타낸다.

$$\text{RMR} = \frac{\text{작업(노동)대사량}}{\text{기초대사량}}$$

$$= \frac{\text{작업 시의 소비에너지} - \text{안정 시의 소비 에너지}}{\text{기초대사량}}$$

$$= \frac{\text{작업 시의 산소소비량} - \text{안정 시의 산소소비량}}{\text{기초대사량}}$$

② 작업 시의 소비에너지는 작업 중에 소비한 산소의 소모량으로 측정한다.
③ 안정 시의 소비에너지는 의자에 앉아서 호흡하는 동안에 소비한 산소의 소모량으로 측정한다.

예제 18

기초대사량이 60kcal/h인 근로자가 시간당 300kcal가 소비되는 작업을 실시할 경우 작업대사율은 약 얼마인가? (단, 안정 시 소비되는 에너지는 기초대사량의 1.5배이다.)

해설

$$RMR = \frac{\text{작업시의 소비 에너지} - \text{안정시 소비 에너지}}{\text{기초대사량}} = \frac{300 - (60 \times 1.5)}{60} = 3.5$$

(2) 미국정부 산업위생전문가협의회(ACGIH)에서 구분한 작업강도 ★

① 경작업 : 200kcal/hr 이하
② 중등작업 : 200 ~ 350kcal/hr
③ 중작업 : 350 ~ 500kcal/hr 이상

(3) RMR에 의한 작업강도 구분 ★

RMR	작업강도	실노동률(%)	비고
0 ~ 1	경작업	80 이상	• 독서, 사무작업 등 앉아서 하는 일
1 ~ 2	중등작업	80 ~ 76	• 지적작업, 6시간 이상 쉬지 않고 하는 작업
2 ~ 4	강작업	76 ~ 67	• 전형적인 지속작업(계속작업한계는 RMR 4) • RMR 4 이상이면 휴식 필요
4 ~ 7	중작업	67 ~ 50	• 휴식이 필요한 작업(계속작업한계는 RMR 7) • RMR 7 이상이면 수시 휴식 필요 ★
7 이상	격심작업	50 이하	• 격심한 근육작업

(4) 실동률의 계산(사이또 오시마 공식) ★

$$\text{실노동률(실동률)}(\%) = 85 - (5 \times RMR)$$

RMR : 에너지 대사율(작업대사율)

예제 19

기초대사량이 80kcal/h, 작업대사량이 240kcal/h인 육체적 작업을 할 때 이 작업의 실동률(%)은 약 얼마인가? (단, 사이또 오시마 식을 적용한다.)

해설

1. RMR = $\dfrac{작업(노동)대사량}{기초대사량} = \dfrac{240}{80} = 3$
2. 실노동율 = $85 - (5 \times RMR) = 85 - (5 \times 3) = 70(\%)$

예제 20

작업대사율(RMR=5)인 작업을 수행하는 경우 작업의 실동률(%)을 계산하시오. (단, 사이또(齋藤)와 오지마(大島)의 경험식을 적용한다.) | 기사 2022년 3회,

해설

실노동율 = $85 - (5 \times RMR) = 85 - (5 \times 5) = 60(\%)$

(5) 작업강도(% MS)의 계산 ★

작업강도가 10% 미만인 경우 **국소피로는 발생하지 않는다.**

$$작업강도(\%MS) = \dfrac{RF}{MS} \times 100$$

RF : 작업 시 요구되는 힘(한 손에 요구되는 힘)
MS : 근로자가 가지고 있는 약한 손의 최대 힘

예제 21

왼손을 주로 사용하는 근로자의 오른손 평균 힘은 40kP이고, 왼손의 평균 힘은 50kP이다. 이 근로자가 무게 4kg인 상자를 두 손으로 들어 올릴 경우 작업강도(%MS)는 얼마인가?

해설

작업강도 = $\dfrac{RF}{MS} \times 100 = \dfrac{2}{40} \times 100 = 5(\%MS)$

* 4kg을 두 손으로 들어올림 → 한 손에 요구되는 힘은 2kg

5 작업시간과 휴식

(1) 작업강도에 따른 허용작업시간 ★★

$$\log T_{end} = 3.720 - 0.1949\,E$$
$$E = \frac{PWC}{3}$$

E : 작업대사량(kcal/min)
T_{end} : 허용작업시간(min)

예제 22

육체적 작업능력(PWC)이 16kcal/min인 근로자가 1일 8시간 동안 물체 운반작업을 하고 있다. 이때의 작업대사량이 7kcal/min이라면, 이 사람이 쉬지 않고 계속 일을 할 수 있는 최대허용시간은 약 얼마인가? (단, $\log T_{end}$= 3.720 - 0.1949 · E이다.)

해설

$\log T_{end} = 3.720 - 0.1949\,E = 3.720 - 0.1949 \times 7 = 2.3557$
$T_{end} = 10^{2.3557} = 226.83$(분)

(2) 적정작업시간(sec)의 계산 ★

$$\text{적정작업시간(sec)} = 671.120 \times \%MS^{-2.222}$$

$\%MS$: 작업강도(근로자의 근력이 좌우함)

예제 23

운반 작업을 하는 젊은 근로자의 약한 손(오른손잡이의 경우 왼 손)의 힘은 40kp이다. 이 근로자가 무게 10kg인 상자를 두 손으로 들어 올릴 경우 적정 작업시간은 약 몇 분인가? (단, 공식은 671,120×작업강도$^{-2.222}$를 적용한다.)

해설

1. 작업강도 = $\frac{5}{40} \times 100 = 12.5(\%MS)$
2. 적정작업시간(sec) = $671120 \times 12.5^{-2.222} = 2451.69(\text{sec}) \div 60 = 40.86(\text{분})$

(3) 계속작업 한계시간(CWT) ★

$$\log(\text{CWT}) = 3.724 - 3.25\log(\text{RMR})$$

RMR : 에너지 대사율
CWT : 계속작업 한계시간(분)

예제 24

다음 중 RMR이 10인 격심한 작업을 하는 근로자의 실동률과 계속작업의 한계시간으로 옳은 것은? (단, 실동률은 사이토-오시마 식을 적용한다.)

해설

1. 실노동율 = $85 - (5 \times \text{RMR}) = 85 - (5 \times 10) = 35(\%)$
2. $\log(CWT) = 3.724 - 3.25 \times \log(10) = 0.474$
   $CWT = 10^{0.474} = 2.98(분)$

예제 25

기초대사량이 75kcal/hr이고, 작업대사량이 4kcal/min인 작업을 계속하여 수행하고자 할 때, 다음 식을 참고할 경우 계속작업 한계시간은 약 얼마인가? (단, $\log T_{end}$는 계속작업 한계시간, RMR은 작업대사율을 의미한다.)

$$\log T_{end} = 3.724 - 3.25 \times \log \text{RMR}$$

해설

1. $\text{RMR} = \dfrac{\text{작업(노동)대사량}}{\text{기초대사량}} = \dfrac{4 \times 60}{75} = 3.2$
2. $\log(CWT) = 3.724 - 3.25 \times \log(3.2) = 2.08$
   $CWT = 10^{2.08} = 120.23(분) = 2시간$

(4) 피로예방을 위한 적정 휴식시간비(Hertig식) ★★

- $T_{rest}(\%) = \left[\dfrac{E_{\max} - E_{task}}{E_{rest} - E_{task}} \right] \times 100$
- 작업시간 = 60분 - 휴식시간

$T_{rest}(\%)$: 피로예방을 위한 적정 휴식시간 비(60분을 기준하여 산정)
$E_{\max}$: 1일 8시간 작업에 적합한 작업대사량[육체적 작업능력(PWC)의 1/3]
E_{rest} : 휴식 중 소모 대사량
E_{task} : 해당 작업의 작업대사량

> **예제 26**
>
> 1일 8시간 동안 물체를 운반하는 작업자의 육체적 작업능력(PWC)이 15kcal/min이다. 작업대사량이 10kcal/min, 휴식 시의 대사량이 1.4kcal/min일 경우 이 작업자의 휴식시간과 작업시간을 계산하시오. (단, Hertig식 적용)
>
> | 기사 2014년 1회 |
>
> **해설**
>
> 1. $T_{test} = \dfrac{E_{max} - E_{task}}{E_{rest} - E_{task}} \times 100 = \left[\dfrac{5-10}{1.4-10}\right] \times 100 = 58.14(\%)$
>
> $(E_{max} = \dfrac{PWC}{3} = \dfrac{15}{3} = 5\,\text{kcal/min})$
> 2. 휴식시간 = 60 × 0.5814 = 34.88(분)
> 3. 작업시간 = 60 − 34.88 = 25.12(분)

6 교대 작업

(1) 교대근무제 관리원칙(바람직한 교대제) ★

① 1일 8시간 근무가 바람직하다.(특히, 야간 근무시간은 근무시간 중 간이 수면시간을 포함하여 8시간 이내가 바람직함)
② 3조 3교대 근무나 4조 3교대 근무가 바람직하다.(1일 2교대 근무가 불가피한 경우는 연속 2~3일을 초과하지 말아야 함)
③ 야간근무의 연속일수는 2~3일로 한다.(연속 3일 이상 야간근무를 하는 것은 피하고, 야간근무 후에는 1~2일 정도 휴식을 취하는 것이 바람직함)
④ 야간근무 후 다른 근무조로 가기 전에 최소한 48시간 이상의 휴식을 두어야 한다.
⑤ 야간근무 교대시간은 자정 이전으로 하고, 아침 교대시간은 밤잠이 모자랄 5~6시를 피한다.
⑥ 야간근무 시 가면은 반드시 필요하며 보통 2~4시간(1시간 30분 이상)이 적합하다.
⑦ 중노동, 정신적 노동, 지루한 일 등은 주간에 배치하고, 이른 아침이나 한밤중에는 과도하고 위험한 일이 배치되지 않도록 해야 하며 근무시간이 긴 근무 조는 가벼운 일을 하도록 하는 등 업무내용 및 업무량을 조정해야 한다.
⑧ 근무시간표는 순차적으로 편성하는 것이 바람직하다(정교대가 좋다.)
  예) 주간 근무조 → 서녁 근무조 → 야간 근무조 → 주간 근무조 …

(2) Flex Time제 ★

종업원이 자유로운 시간에 출퇴근이 가능하도록 전 근로자가 일하는 중추시간(core time)을 제외하고 출퇴근 시간을 융통성 있게 운영하는 제도를 말한다.

예제 27

교대작업시 야간근무자를 위한 교대근무제 관리원칙(바람직한 교대제) 4가지를 적으시오. | 기사 2022년 2회 |

해설

① 야간 근무시간은 간이수면시간을 포함하여 8시간 이내가 바람직하다.
② 야간근무의 연속일수는 2~3일로 한다.
③ 야간근무 후 다른 근무조로 가기 전에 최소한 48시간 이상의 휴식을 둔다.
④ 야간근무 중 2~4시간의 가면시간을 둔다.

예제 28

교대근무의 형태 중 Flex Time제를 설명하시오. | 기사 2018년 2회 |

해설

종업원이 자유로운 시간에 출퇴근이 가능하도록 전 근로자가 일하는 중추시간(core time)을 제외하고 출퇴근 시간을 융통성 있게 운영하는 제도를 말한다.

예제 29

교대근무와 서캐디안 리듬(circadian rhythm)의 관계(미치는 영향)를 설명하시오. | 산업 2016년 1회 |

해설

서캐디안 리듬(circadian rhythm)은 하루 24시간을 주기로 반복되는 생체리듬을 뜻하며 교대근무에서는 서캐디안 리듬의 교란이 발생되어 수면장해 등 건강에 나쁜 영향을 줄 수 있다.

> **예제 30**
>
> 야간근무자에게서 나타날 수 있는 생리적 현상(생체리듬의 변화) 4가지를 적으시오. | 기사 2023년 1회 |
>
> **해설**
> ① 야간에는 체중이 감소한다.
> ② 야간에는 말초운동 기능이 저하된다.
> ③ 야간에는 체온, 혈압, 맥박수가 감소한다.
> ④ 야간에는 혈액의 수분과 염분량이 증가한다.
> ⑤ 야간작업은 수면 부족 및 식사시간의 불규칙으로 위장장애를 유발한다.
> ⑥ 야간작업은 주간 근무에 비하여 피로를 쉽게 느낀다.
>
> **암기**
> 야간에는 피로해서 위장장애 유발, 체중 감소, 말초운동 기능 저하된다.

03 산업심리

1 직업과 적성

(1) 적성검사의 분류 및 특성 ★

생리학적 적성검사	심리학적 적성검사	신체검사
① 감각기능검사 ② 심폐기능검사 ③ 체력검사	① 지능검사 : 언어, 기억, 추리에 대한 검사 ② 지각동작검사 : 수족협조, 운동속도, 형태지각검사 ③ 인성검사 : 성격, 태도, 정신상태 검사 ④ 기능검사 : 직무에 관한 기본지식과 숙련도, 사고력 등의 검사	① 체격검사

04 직업성 질환

1 직업성 질환의 정의와 분류

(1) 직업성 질환(작업 관련성 질환)의 정의

① 직업성 질환이란 작업에 의하여 악화되거나 작업과 관련하여 높은 발병률을 보이는 질병을 말한다.
② 직무로 인한 유해성 인자가 몸에 장·단기간 축적되어 발생하는 질환을 총칭하며 직업관련성 근골격계 질환, 직업관련성 뇌, 심혈관 질환 등이 있다.
③ 직업성 질환(작업 관련성 질환)은 작업환경과 업무수행상의 요인들이 다른 위험요인과 함께 질병 발생의 복합적 요인으로서 기여한다.

(2) 업무상 질병의 종류(산업재해보상보험법)

① 재해성 질병 : 업무상 부상이 원인이 되어 발생한 질병
② 직업성 질병 : 업무수행 과정에서 물리적 인자, 화학물질, 분진, 병원체, 신체에 부담을 주는 업무 등 근로자의 건강에 장해를 일으킬 수 있는 요인을 취급하거나 그에 노출되어 발생한 질병
③ 직장 내 괴롭힘, 고객의 폭언 등으로 인한 업무상 정신적 스트레스가 원인이 되어 발생한 질병
④ 그 밖에 업무와 관련하여 발생한 질병

(3) 직업성 질환의 범위 ★

① 직업상 업무에 기인하여 1차적으로 발생하는 원발성 질환은 포함한다.
② 원발성 질환과 합병 작용하여 제2의 질환(속발성 질환)을 유발하는 경우를 포함한다.
③ 합병증이 원발성 질환과 불가분의 관계를 가지는 경우를 포함한다.(합병증은 원발성 질환에서 떨어진 다른 부위에 같은 원인에 의한 제2의 질환을 일으키는 경우를 의미한다.)
④ 원발성 질환에 떨어진 다른 부위에 같은 원인에 의한 제2의 질환을 일으키는 경우를 포함한다.

(4) 국내 직업병의 발생현황

1) "문송면"군의 수은 중독(1988년) ★

온도계 제조회사에 입사한 지 3개월 만에 15살 "문송면"군이 수은에 중독되어 사망하였다.

2) 원진레이온의 이황화탄소 중독(1989~90년 우리나라 대표적 직업병) ★

레이온(인조견사) 합성에 사용하는 이황화탄소 중독으로 사망, 정신이상, 뇌경색, 협심증 등을 유발하였다.

3) 1994년까지는 직업병 유소견자 현황에 진폐증이 차지하는 비율이 66~80% 정도로 가장 높았고, 여기에 소음성 난청을 합치면 대략 90%가 넘어 직업병 유소견자의 대부분은 진폐증과 소음성 난청이었다.

4) 솔벤트 중독(1995년)

국내의 모 전자부품 업체에서 솔벤트라는 유기용제에 노출되어 생리 중단과 '재생불량성 빈혈'이라는 건강상 장해가 일어나 사회문제가 되었다.

5) 노르말헥산 중독(2004년) ★

경기도 화성시의 노트북 컴퓨터의 부품 중 프레임을 생산하는 회사에서 태국노동자 8명이 노르말헥산을 이용해 부품의 얼룩 등 이물질을 제거하는 일을 하던 중 노르말헥산에 중독되어 팔다리가 마비되면서 걷지 못하는 "말초신경병증"을 진단받았다.

2 직업성 질환의 원인

(1) 직업성 질환의 발생요인

직접원인	① 환경요인 • 물리적 요인 : 진동현상, 대기조건의 변화, 방사선 등 • 화학적 요인 : 화학물질의 취급 또는 발생 ③ 작업요인 : 격렬한 근육운동, 단순 반복작업 등
간접원인	① 작업요인 • 작업강도와 작업시간 모두 직업병 발생의 중요한 요인이다. • 작업의 종류가 같더라도 작업방법에 따라서 해당 직장에서 발생하는 질병의 종류와 발생빈도는 달라질 수 있다. ② 환경요인 : 작업장의 환경은 직업병의 발생과 증세의 악화를 조장하는 원인이 될 수 있다. ③ 인적요인(개체요인) • 일반적으로 연소자의 직업병 발병률이 성인보다 높게 나타난다. • 유기인의 중독에서는 여성층이 높은 감수성을 가진다. • 공복 시에 화학물질의 흡수가 빠르다.

(2) 작업의 종류에 따른 직업병 및 질환의 발생요인

① 잠수부 : 잠함병
② 도료공 : 빈혈
③ 전기용접공 : 백내장
④ 제빙작업 : 한랭장해
⑤ 도금작업 : 크롬중독(비중격천공증)
⑥ 인쇄작업 : 유기용제 중독
⑦ 제강, 요업, 용광로 작업 : 고온장해(열사병 등)
⑧ 제강공 : 구내염, 피부염
⑨ 채석작업(채석광, 채광부) : 규폐증
⑩ 타이핑작업 : 경견완증후군
⑪ 피혁제조, 축산, 제분 : 탄저병, 파상풍
⑫ 갱내 착암작업 : 규폐증, 산소결핍
⑬ 샌드블라스팅(sand blasting) : 규폐증, 폐암

(3) 유해요인별 중독증세 ★

① 수은중독 : 미나마타병
② 크롬중독 : 비중격천공증, 비강암, 폐암
③ 카드뮴중독 : 이타이이타이병
④ 납중독 : 조혈장해, 말초신경장해
⑤ 벤젠중독 : 빈혈, 백혈병, 조혈장해
⑥ 석면 : 악성중피종, 석면폐증, 폐암
⑦ 망간 : 파킨슨증후군, 신장염, 신경염
⑧ 이상기압 : 잠함병, 폐수종
⑨ 국소진동 : 레이노 현상(레이노드씨 병)

> **암기**
>
> 코(비중격천공증, 비강암)흘리는 크롬아 카드(카드뮴)놀이 이따(이따이이따이)하고 수(수은)미나 마(미나마타)타라, 납조, 벤빈, 석중, 망파

3 직업성 질환의 진단과 인정 방법

(1) 직업병의 인정요건

① 업무수행 과정에서 유해요인을 취급하거나 이에 폭로된 경력 있을 것
② 작업환경과 그 작업에 종사한 기간 또는 유해 작업의 정도
③ 같은 작업장에서 비슷한 증상을 나타내는 환자의 발생 유무
④ 의학상 특징적으로 나타나는 예상되는 임상검사 소견의 유무
⑤ 의학적인 요양의 필요성이나 보험급여 지급사유가 있다고 인정될 것

(2) 직업병을 판단할 때 참고자료

① 업무내용과 종사시간(노출의 추정)
② 발병 이전의 신체이상과 과거력(과거 질병의 유무)
③ 작업환경 측정 자료와 취급물질의 유해성 자료
④ 생물학적 모니터링
⑤ 중독 등 해당 직업병의 특유한 증상과 임상소견의 유무

실내환경

01 실내오염의 원인

1 물리적, 화학적, 생물학적 요인

(1) 일산화탄소(CO) ★

① 석탄, 목재, 종이, 기름, 유류, 가스 등과 같은 유기성 물질의 불완전 연소에 의하여 일산화탄소(CO)가 생성된다.
② 일산화탄소(CO)는 체내에 산소를 운반하는 역할을 하는 혈액 중의 헤모글로빈(Hb)과 결합하여 일산화탄소-헤모글로빈(COHb)을 만들어 혈액의 산소운반 능력을 저하시켜 그 농도에 따라 사망에 이를 수 있다.

(2) 이산화탄소(CO_2)

① 대기의 구성성분이며 탄소나 그 화합물의 완전연소, 인간이나 동물의 대사작용, 발효 과정에서 생성되며 무색, 무미, 무취의 기체이다.
② 독성은 없지만 호흡하는 데 소용이 없을 뿐 아니라 혈액 속에 녹아 있는 이산화탄소 양이 증가하면 폐에서 사라지지 않게 되어 생명이 위험해질 수 있다.
③ 집중력 저하, 졸음, 호흡률 증가 등으로 0.1%는 호흡기, 순환기, 대뇌 등의 기능에 영향을 미치며 8~10%가 되면 의식혼탁, 경련 등을 일으키고 20%는 중추장해를 일으켜 생명이 위험하게 된다.
④ 실내의 공기질을 관리하는 근거로서 사용된다. ★
⑤ 그 자체는 건강에 큰 영향을 주는 물질이 아니며, 측정하기 어려운 다른 실내오염물질에 대한 지표물질로 사용된다.

(3) 오존(O_3)

① 대기 중에서 약 0.02ppm 정도로 존재하며 가스상 2ppm 미만에서는 냄새가 나쁘지 않지만 농도가 높아지면 자극적인 냄새가 난다.
② 실내에서는 복사기, 인쇄기, 정전식 공기청정기 등 생활용품과 전기 아크, 연무 등에서 발생된다.
③ 공기나 물의 소독, 직물, 유지 및 왁스류 표백, 유기합성에 사용되며 강력한 산화제이다.
④ 폐를 침해하는 자극물질로 점막조직, 폐포 및 호흡기능에 영향을 미쳐 기침, 출혈, 부종, 천식 등을 일으키고 만성호흡기계 질환을 악화시킬 수 있다.

(4) 석면 ★

① 건축물의 단열재, 절연재, 흡음재 등에 사용되며 청석면, 갈석면 및 백석면으로 구분된다.
② 일반적으로 사용되는 석면 중 독성의 정도는 크로시도라이트(Crocidolite, 청석면), 아모사이트(Amosite, 갈석면), 사문석계열의 크리소타일(Chysolite, 백석면) 순이다.
③ 석면에 노출되면 피부질환, 호흡기 질환은 물론 10~30년의 잠복기를 거쳐 폐암, 중피종, 석면폐 등을 일으킨다.

(5) 포름알데히드 ★

① 물에 잘 녹으며 37% 이상의 포름알데히드 수용액이 포르말린으로 살균제 · 방부제로 이용된다.
② 자극성 강한 냄새를 가지는 가연성 무색 기체로 인화점이 낮아 폭발 위험성이 있다.
③ 페놀수지의 원료로서 자극취가 있는 무색의 수용성 가스로 건축물에 사용되는 각종 합판, 칩보드, 가구, 단열재와 섬유 옷감에서 주로 발생되고, 눈과 코, 목을 자극하며 동물실험결과 발암성이 있는 것으로 나타났다.

(6) 이산화질소(NO_2)

① 자극성 냄새를 가진 적갈색 기체로 취사용 가스 연소, 흡연, 실내 건축자재, 난방용 연료, 가스엔진 또는 디젤엔진 배기가스 등에서 발생된다.
② 일산화질소 가스는 배출 후 산화되어 이산화질소가 되며 대기 중에서 식물의 조직파괴, 괴사, 낙엽 현상을 일으킨다.
③ 눈, 호흡기계 및 점막 자극작용을 하며 호흡 시 체내로 침입해서 폐포까지 도달하여 헤모글로빈의 산소운반능력을 저하시키고 수 시간 내 호흡곤란을 수반한 폐수종 염증을 일으킨다.

(7) 라돈 ★

① 라돈은 우라늄(238U)과 토륨(232Th)의 방사성 붕괴에 의해서 만들어진 라듐(226Ra)이 붕괴했을 때에 생성되며, 붕괴를 거치면서 알파, 베타, 감마선이 방출되어 폐암을 유발한다.
② 라돈(Rn-222)은 지각 중의 토양, 모래, 암석, 광물질 및 이들을 재료로 하는 건축자재 등에 미량으로 함유되어 있으며 건축자재로부터 방출되기도 하고, 토양으로부터 벽의 틈새 및 방바닥의 갈라진 부분, 하수도 등을 통해서 실내로 유입되기도 한다.
③ 라돈은 무색, 무미, 무취한 가스상의 물질로 인간의 감각에 의해 감지할 수 없다.
④ 방사성 기체로 폐암 발생의 원인이 되는 실내공기 중 오염물질에 해당한다.

(8) 생물학적 요인

바이러스, 곰팡이, 세균, 진균, 선충류, 아메바, 식물포자, 비듬, 꽃가루(pollen), 진드기 등이 있다.

1) 생물학적 유해인자

① 생물체 또는 생물체로부터 방출된 입자, 휘발성분에 의해 건강장해를 유발하는 물질을 말한다.
② 생물학적 유해요인에 노출되면 세균 및 병원성 바이러스에 감염되어 레지오넬라증과 같은 감염증을 일으키거나 과민성 질환(과민성폐렴, 가습기열, 알레르기성 비염 등) 같은 알레르기 반응 또는 독성반응을 일으킬 수 있다.

2) 레지오넬라균 ★

① 주로 여름과 초가을에 흔히 발생되고 강제기류 난방장치 등 공기를 순환시키는 장치들과 냉각탑 등에 기생하여 실내외로 확산되어 호흡기 질환을 유발시킨다.
② 레지오넬라 질환은 주요 호흡기 질병의 원인균 중 하나로서 1년까지도 물속에서 생존할 수 있다.

3) 생물학적 인자의 분류기준

혈액매개 감염인자	후천성면역결핍바이러스, B형·C형간염바이러스, 매독바이러스 등 혈액을 매개로 다른 사람에게 전염되어 질병을 유발하는 인자를 말한다.
공기매개 감염인자	결핵·수두·홍역 등 공기 또는 비말감염 등을 매개로 호흡기를 통하여 전염되는 인자를 말한다.
곤충 및 동물매개 감염인자	쯔쯔가무시증, 렙토스피라증, 유행성출혈열 등 동물의 배설물 등에 의하여 전염되는 인자 및 탄저병, 브루셀라병 등 가축 또는 야생동물로부터 사람에게 감염되는 인자를 말한다.

> **예제 01**
>
> 실내오염의 원인 중 생물학적 요인 5가지를 적으시오. | 산업 2016년 3회 |
>
> **해설**
> ① 바이러스
> ② 세균
> ③ 곰팡이
> ④ 바퀴벌레
> ⑤ 꽃가루
> ⑥ 진드기

02 실내오염의 건강장해

1 빌딩증후군(Sick Building Syndrome)

① 빌딩으로 둘러싸인 밀폐된 공간에서 **오염된 공기로 인하여 두통, 피부발진, 눈, 코 등의 점막자극증상, 호흡기 장해 등의 증상**을 일으킨다.
③ 특정 오염물질이나 낮은 농도의 오염물질에 대한 개인의 민감성에 영향을 받고 **증상은 재실기간과 관련이 있으나 사무실을 떠나면 사라진다.**
④ 점유자들이 건물에서 보내는 시간과 관계하여 **특별한 증상 없이 건강과 편안함에 영향을 받는 것**을 말한다.

2 복합 화학물질 민감 증후군(MCS : Multiple Chemical Sensitivity)

① 오염물질이 많은 건물에서 살다가 **몸에 화학물질이 축적된 사람이 다른 곳에서 그와 유사한 물질에 노출만 되어도 심각한 반응을 나타내는 경우**이며, 화학물질 과민증이라고도 한다.
② 어느 정도 양의 **화학물질에 노출되고, 일단 과민성이 되면 이후 극미량의 화학물질에 노출되기만 해도** 두통, 불면 등과 같은 신체 이상을 나타내는 **증상을 일으킨다.**

3 실내오염 관련 질환

(1) 새집증후군(SHS : Sick House Syndrome)

① 건축물 등의 신축 시 사용하는 건축자재나 벽지 등에서 나오는 유해물질로 인해 거주자들이 느끼는 건강상 문제 및 불쾌감을 이르는 용어이다.
② **주요 원인 물질**은 마감재나 건축자재에서 배출되는 휘발성 유기화합물(VOCs) 중 **포름알데히드(HCHO)와 벤젠, 톨루엔, 클로로포름, 아세톤, 스티렌** 등이 있다.
③ 오염물질에 **짧은 기간 노출이 되면 두통, 눈·코·목의 자극, 기침, 가려움증, 현기증, 피로감, 집중력 저하** 등의 증상이 생길 수 있고, **장기간 노출이 되면 호흡기질환, 심장병, 암** 등을 일으킬 수도 있다.

(2) 헌집증후군(SHS : Sick House Syndrome)

① 지은 지 오래된 집이 사람들의 건강에 나쁜 영향을 끼치는 현상을 말한다.
② 습기 찬 벽지 등의 곰팡이, 배수관에서 새어 나오는 각종 유해가스, 인테리어 공사 뒤 발생할 수 있는 휘발성 유기화합물 등이 원인이 되며 이들 물질은 거주자들에게 건강에 나쁜 영향을 끼치게 된다.

03 실내오염 평가 및 관리

1 유해인자 조사 및 평가

(1) 사무실 공기질의 측정 등 ★★

오염물질	측정횟수 (측정시기)	시료채취시간
미세먼지 (PM10)	연 1회 이상	업무시간 동안 (6시간 이상 연속 측정)
초미세먼지 (PM2.5)	연 1회 이상	업무시간 동안 (6시간 이상 연속 측정)
이산화탄소 (CO_2)	연 1회 이상	업무시작 후 2시간 전후 및 종료 전 2시간 전후(각각 10분간 측정)
일산화탄소 (CO)	연 1회 이상	업무시작 후 1시간 전후 및 종료 전 1시간 전후(각각 10분간 측정)
이산화질소 (NO_2)	연 1회 이상	업무시작 후 1시간~종료 1시간 전 (1시간 측정)
포름알데히드 (HCHO)	연 1회 이상 및 신축 (대수선 포함)건물 입주 전	업무시작 후 1시간~종료 1시간 전 (30분간 2회 측정)
총휘발성유기화합물 (TVOC)	연 1회 이상 및 신축 (대수선 포함)건물 입주 전	업무시작 후 1시간~종료 1시간 전 (30분간 2회 측정)
라돈 (Radon)	연 1회 이상	3일 이상~3개월 이내 연속 측정
총부유세균	연 1회 이상	업무시작 후 1시간~종료 1시간 전 (최고 실내온도에서 1회 측정)
곰팡이	연 1회 이상	업무시작 후 1시간~종료 1시간 전 (최고 실내온도에서 1회 측정)

> **암기**
>
> 일(일산화탄소) 1, 1, 10 / 이(이산화탄소) 2, 2, 10/ 포름알(포름알데히드), 휘유 (총휘발성유기화합물) 1, 1, 30, 2회 / 부유(총부유세균).곰팡이 1, 1, 최고1 / 이질(이산화탄소) 1, 1, 1시간 / 라돈 3일, 3월/ 초먼(초미세먼지).미먼(미세먼지) 업무 6시간

(2) 시료채취 및 분석방법 ★★

오염물질	시료채취방법	분석방법
미세먼지 (PM10)	PM10샘플러(sampler)를 장착한 고용량 시료채취기에 의한 채취	중량분석 (천칭의 해독도 : 10 g 이상)
초미세먼지 (PM2.5)	PM2.5샘플러(sampler)를 장착한 고용량 시료채취기에 의한 채취	중량분석 (천칭의 해독도 : 10 g 이상)
이산화탄소 (CO_2)	비분산적외선검출기에 의한 채취	검출기의 연속 측정에 의한 직독식 분석
일산화탄소 (CO)	비분산적외선검출기 또는 전기화학검출기에 의한 채취	검출기의 연속 측정에 의한 직독식 분석
이산화질소 (NO_2)	고체흡착관에 의한 시료채취	분광광도계로 분석
포름알데히드 (HCHO)	2,4-DNPH(2,4-Dinitrophenyl hydrazine)가 코팅된 실리카겔관(silicagel tube)이 장착된 시료채취기에 의한 채취	2,4-DNPH-포름알데히드 유도체를 HPLC UVD(High Performance Liquid Chromatography-Ultraviolet Detector) 또는 GC-NPD(Gas Chromato graphy-Nitrgen Phosphorous Detector)로 분석
총휘발성 유기화합물 (TVOC)	고체흡착관 또는 캐니스터(canister)로 채취	고체흡착열탈착법 또는 고체흡착용매추출법을 이용한 GC로 분석, 캐니스터를 이용한 GC 분석
라돈 (Radon)	라돈연속검출기(자동형), 알파트랙(수동형), 충전막 전리함(수동형)측정 등	3일 이상 3개월 이내 연속 측정 후 방사능 감지를 통한 분석
총부유세균	충돌법을 이용한 부유세균채취기 (bioair sampler)로 채취	채취 · 배양된 균주를 세어 공기 체적당 균주 수로 산출
곰팡이	충돌법을 이용한 부유진균채취기 (bioair sampler)로 채취	채취 · 배양된 균주를 세어 공기 체적당 균주 수로 산출

> **암기**
>
> 일(일산화탄소)비분산 · 전기 / 이(이산화탄소) 비분산 / 이질(이산화질소) 고체흡착 / 휘유 캐니스터 · 고체흡착 / 포름알 실리카겔 / 미먼 PM10 시료채취 / 초먼 PM2.5 시료채취 / 라돈 라돈연속, 알파충전 / 부유 부유세균 / 곰팡이 부유진균

(3) 시료채취 및 측정지점 ★★

공기의 측정시료는 사무실 안에서 공기의 질이 가장 나쁠 것으로 예상되는 2곳 이상에서 채취하고, 측정은 사무실 바닥면으로부터 0.9m 이상 1.5m 이하의 높이에서 한다. 다만, 사무실 면적이 500m^2를 초과하는 경우에는 500m^2당 1곳씩 추가하여 채취한다.

(4) 측정결과의 평가 ★★

사무실 공기질의 측정결과는 측정치 전체에 대한 평균값을 오염물질별 관리기준과 비교하여 평가한다. 다만, 이산화탄소는 각 지점에서 측정한 측정치 중 최고 값을 기준으로 비교·평가한다.

예제 02

사무실 공기관리 지침에 관한 다음 내용 중 ( ) 안에 알맞은 내용을 적으시오.

| 기사 2020년 1회, 2020년 3회, 2018년 3회 |

(1) 공기정화시설을 갖춘 사무실에서의 환기횟수는 시간당 ( )회 이상으로 한다.
(2) 공기의 측정시료는 사무실 내에서 공기질이 가장 나쁠 것으로 예상되는 ( )곳 이상에서 채취하고, 측정은 사무실 바닥으로부터 0.9 ~ 1.5m 높이에서 한다.
(3) 일산화탄소 측정 시 시료채취시간은 업무시작 후 1시간 전후 및 종료 전 1시간 전후에 각각 ( )분간 측정한다.

해설
(1) 4
(2) 2
(3) 10

예제 03

다음 [보기]는 「사무실 공기관리지침」의 내용이다. 내용이 틀린 부분을 찾아 번호를 적고 바르게 고쳐 적으시오.

| 기사 2015년 1회 |

① 공기정화시설을 갖춘 사무실에서의 환기횟수는 시간당 4회 이상으로 한다.
② 사무실 오염물질 관리기준은 8시간 시간가중 평균농도로 한다.
③ 공기의 측정시료는 사무실 내에서 공기 질이 가장 나쁠 것으로 예상되는 한곳 이상에서 채취한다.
④ 사무실 공기의 측정결과는 측정치 전체에 대한 최대값을 오염물질별 관리기준과 비교하여 평가한다.
⑤ 일산화탄소는 연 1회 이상, 업무시작 후 1시간 이내 및 업무종료 후 1시간 이내에 각각 10분간 측정한다.

해설
③ 공기의 측정시료는 사무실 내에서 공기 질이 가장 나쁠 것으로 예상되는 2곳 이상에서 채취한다.
④ 사무실 공기의 측정결과는 측정치 전체에 대한 평균값을 오염물질별 관리기준과 비교하여 평가한다.
⑤ 일산화탄소는 연 1회 이상, 업무시작 후 1시간 전후 및 종료 전 1시간 전후에 각각 10분간 측정한다.

> **예제 04**
>
> 다음 [보기]는 「사무실 공기관리지침」의 내용이다. 괄호에 적합한 내용을 적으시오. | 산업 2017년 2회 |
>
> > 사무실 공기질의 측정결과는 측정치 전체에 대한 (①)을 오염물질별 관리기준과 비교하여 평가한다. 다만, 이산화탄소는 각 지점에서 측정한 측정치 중 (②)을 기준으로 비교 · 평가한다.
>
> **해설**
> ① 평균값
> ② 최고값

2 실내오염 관리기준

(1) 사무실 공기관리지침의 오염물질 관리기준 ★★★

사업주는 쾌적한 사무실 공기를 유지하기 위해 사무실 오염물질은 다음 기준에 따라 관리한다.

오염물질	관리기준
미세먼지(PM10)	100 g/m³
초미세먼지(PM2.5)	50 g/m³
이산화탄소(CO_2)	1,000ppm
일산화탄소(CO)	10ppm
이산화질소(NO_2)	0.1ppm
포름알데히드(HCHO)	100 g/m³
총휘발성유기화합물(TVOC)	500 g/m³
라돈(radon)	148Bq/m³
총부유세균	800CFU/m³
곰팡이	500CFU/m³

암기

이질 0.1, 일탄 10/ 초먼 50, 포름알 · 미먼 100/ 라돈 148, 휘유, 곰팡이 500/ 부유 800, 이탄 1000(라돈 Bq/m³, 부유 CFU/m³, 초먼, 미먼 · 포름알 · 휘유 μg/m³, 나머지 ppm)

예제 05

다음 표는 쾌적한 사무실 공기를 유지하기 위한 사무실 오염물질의 관리기준을 나타낸다. 괄호에 적합한 내용을 적으시오.
| 기사 2016년 3회 |

오염물질	관리기준
이산화탄소(CO_2)	(①)
일산화탄소(CO)	(②)
이산화질소(NO_2)	(③)
라돈(radon)	(④)

해설

① 1,000ppm ② 10ppm ③ 0.1ppm ④ 148 Bq/m^3

예제 06

다음은 사무실 공기관리지침의 오염물질 관리기준을 나타내고 있다. 관리기준에 적합한 오염물질의 종류를 적으시오.
| 기사 2015년 2회 |

(1) 10ppm 이하 :
(2) 100 g/m^3 이하 :
(3) 148Bq/m^3 이하 :

해설

(1) 일산화탄소(CO)
(2) 미세먼지(PM10), 포름알데히드(HCHO)
(3) 라돈

예제 07

다음 표는 쾌적한 사무실 공기를 유지하기 위한 사무실 오염물질의 관리기준을 나타낸다. 괄호에 적합한 관리기준을 적으시오.
| 산업 2020년 3회 |

오염물질	관리기준
미세먼지(PM10)	(①)
일산화탄소(CO)	(②)
총 휘발성 유기화합물	(③)

해설

① 100 $\mu g/m^3$
② 10ppm
③ 500 $\mu g/m^3$

CHAPTER 04 관련 법규

01 산업안전보건법

1 산업안전보건법, 시행령, 시행규칙에 관한 사항

(1) 용어 정의

1) 산업재해

노무를 제공하는 자가 업무에 관계되는 건설물·설비·원재료·가스·증기·분진 등에 의하거나 작업 또는 그 밖의 업무로 인하여 사망 또는 부상하거나 질병에 걸리는 것을 말한다.

2) 근로자

직업의 종류와 관계없이 임금을 목적으로 사업이나 사업장에 근로를 제공하는 자를 말한다.

3) 사업주

근로자를 사용하여 사업을 하는 자를 말한다.

4) 근로자대표

근로자의 과반수로 조직된 노동조합이 있는 경우에는 그 노동조합을, 근로자의 과반수로 조직된 노동조합이 없는 경우에는 근로자의 과반수를 대표하는 자를 말한다.

5) 작업환경측정

작업환경 실태를 파악하기 위하여 해당 근로자 또는 작업장에 대하여 사업주가 유해인자에 대한 측정계획을 수립한 후 시료(試料)를 채취하고 분석·평가하는 것을 말한다. ★

6) 안전·보건진단

산업재해를 예방하기 위하여 잠재적 위험성을 발견하고 그 개선대책을 수립할 목적으로 조사·평가하는 것을 말한다. ★

7) 중대재해

산업재해 중 사망 등 재해 정도가 심하거나 다수의 재해자가 발생한 경우로서 고용노동부령으로 정하는 재해를 말한다. ★★

① 사망자가 1인 이상 발생한 재해
② 3개월 이상 요양을 요하는 부상자가 동시에 2인 이상 발생한 재해
③ 부상자 또는 직업성 질병자가 동시에 10인 이상 발생한 재해

예제 01

산업안전보건법에 의하여 중대재해에 해당하는 3가지 기준(중대재해의 정의)을 적으시오. | 기사 2023년 3회 |

해설

① 사망자가 1인 이상 발생한 재해
② 3개월 이상 요양을 요하는 부상자가 동시에 2인 이상 발생한 재해
③ 부상자 또는 직업성 질병자가 동시에 10인 이상 발생한 재해

---

(2) 재해발생 시 조치사항

1) 사업주는 산업재해가 발생하였을 때에는 그 발생 사실을 은폐해서는 아니 된다.

2) 사업주는 고용노동부령으로 정하는 산업재해에 대해서는 그 발생 개요·원인 및 보고 시기, 재발방지 계획 등을 고용노동부령으로정하는 바에 따라 고용노동부장관에게 보고하여야 한다.

   ① 사업주는 산업재해로 사망자가 발생하거나 3일 이상의 휴업이 필요한 부상 또는 질병에 걸린 자가 발생 시 산업재해가 발생한 날부터 1개월 이내에 산업재해조사표를 작성, 관할 지방고용노동관서장에게 제출하여야 한다.
   ② 산업재해조사표에 근로자대표의 확인을 받아야 하며, 그 기재 내용에 대하여 근로자대표의 이견이 있는 경우에는 그 내용을 첨부하여야 한다. 다만, 근로자대표가 없는 경우에는 재해자 본인의 확인을 받아 제출할 수 있다.

3) 사업주는 산업재해가 발생한 때에는 다음 각 호의 사항을 기록·보존하여야 한다.

산업재해 발생 시 기록·보존 사항 ★
① 사업장의 개요 및 근로자의 인적사항
② 재해 발생의 일시 및 장소
③ 재해 발생의 원인 및 과정
④ 재해 재발방지 계획

4) 중대재해 발생 시 사업주의 조치

① 사업주는 **중대재해가 발생**하였을 때에는 **즉시 해당 작업을 중지시키고 근로자를 작업장소에서 대피**시키는 등 안전 및 보건에 관하여 필요한 조치를 하여야 한다.

② 사업주는 **중대재해가 발생한 사실**을 알게 된 경우에는 고용노동부령으로 정하는 바에 따라 **지체 없이 고용노동부장관에게 보고**하여야 한다. 다만, **천재지변 등 부득이한 사유가 발생**한 경우에는 **그 사유가 소멸되면 지체 없이 보고**하여야 한다.

③ 사업주는 "**중대재해**"가 발생한 때는 **지체 없이** 다음 각 호의 사항을 관할 지방고용 노동관서의 장에게 전화·팩스, 또는 그 밖에 적절한 방법으로 보고하여야 한다.

중대재해 발생 시 보고사항 ★
• 발생 개요 및 피해 상황
• 조치 및 전망
• 그 밖의 중요한 사항

(3) 산업안전보건법상 안전보건 조직 체계

1) 안전보건관리책임자

사업주는 **사업장에 안전보건관리책임자**("관리책임자")를 두어 업무를 총괄 관리하도록 하여야 한다.

안전보건관리책임자를 두어야 할 사업의 종류 및 규모

사업의 종류	규모
1. 토사석 광업 2. 식료품 제조업, 음료 제조업 3. 목재 및 나무제품 제조업;가구 제외 4. 펄프, 종이 및 종이제품 제조업 5. 코크스, 연탄 및 석유정제품 제조업 6. 화학물질 및 화학제품 제조업;의약품 제외 7. 의료용 물질 및 의약품 제조업 8. 고무 및 플라스틱제품 제조업 9. 비금속 광물제품 제조업 10. 1차 금속 제조업 11. 금속가공제품 제조업;기계 및 가구 제외 12. 전자부품, 컴퓨터, 영상, 음향 및 통신장비 제조업 13. 의료, 정밀, 광학기기 및 시계 제조업 14. 전기장비 제조업 15. 기타 기계 및 장비 제조업 16. 자동차 및 트레일러 제조업 17. 기타 운송장비 제조업 18. 가구 제조업 19. 기타 제품 제조업 20. 서적, 잡지 및 기타 인쇄물 출판업 21. 해체, 선별 및 원료 재생업 22. 자동차 종합 수리업, 자동차 전문 수리업	상시 근로자 50명 이상

안전보건관리책임자를 두어야 할 사업의 종류 및 규모

사업의 종류	규모
23. 농업 24. 어업 25. 소프트웨어 개발 및 공급업 26. 컴퓨터 프로그래밍, 시스템 통합 및 관리업 26의2. 영상 · 오디오물 제공 서비스업 27. 정보서비스업 28. 금융 및 보험업 29. 임대업;부동산 제외 30. 전문, 과학 및 기술 서비스업(연구개발업은 제외한다) 31. 사업지원 서비스업 32. 사회복지 서비스업	상시 근로자 300명 이상
33. 건설업	공사금액 20억원 이상
34. 제1호부터 제26호까지, 제26호의2 및 제27호부터 제33호까지의 사업을 제외한 사업	상시 근로자 100명 이상

2) 안전보건총괄책임자

도급인은 관계수급인 근로자가 도급인의 사업장에서 작업을 하는 경우에는 그 사업장의 안전보건관리책임자를 도급인의 근로자와 관계수급인 근로자의 산업재해를 예방하기 위한 업무를 총괄하여 관리하는 안전보건총괄책임자로 지정하여야 한다. 이 경우 안전보건관리책임자를 두지 아니하여도 되는 사업장에서는 그 사업장에서 사업을 총괄하여 관리하는 사람을 안전보건총괄책임자로 지정하여야 한다.

안전보건총괄책임자 지정대상 사업

- 관계수급인에게 고용된 근로자를 포함한 상시 근로자가 100명(선박 및 보트 건조업, 1차 금속 제조업 및 토사석 광업의 경우에는 50명)이상인 사업
- 관계수급인의 공사금액을 포함한 해당 공사의 총 공사금액이 20억원 이상인 건설업

3) 산업보건의

① 사업주는 근로자의 건강관리나 그 밖에 보건관리자의 업무를 지도하기 위하여 사업장에 산업보건의를 두어야 한다. 다만, 「의료법」에 따른 의사를 보건관리자로 둔 경우에는 그러하지 아니하다.

② 산업보건의를 두어야 하는 사업의 종류와 사업장은 보건관리자를 두어야 하는 사업으로서 상시 근로자 수가 50명 이상인 사업장으로 한다.

산업보건의를 선임하지 않아도 되는 경우
• 의사를 보건관리자로 선임한 경우 • 보건관리전문기관에 보건관리자의 업무를 위탁한 경우

③ 산업보건의는 외부에서 위촉할 수 있다. 산업보건의를 선임하거나 위촉했을 때에는 고용노동부령으로 정하는 바에 따라 선임하거나 위촉한 날부터 14일 이내에 고용노동부장관에게 그 사실을 증명할 수 있는 서류를 제출해야 한다. ★

4) 보건관리자

① 사업주는 사업장의 보건에 관한 기술적인 사항에 관하여 사업주 또는 안전보건관리책임자를 보좌하고 관리감독자에게 지도·조언하는 업무를 수행하는 사람("보건관리자")을 두어야 한다.

② 보건관리자의 자격 ★★

보건관리자는 다음 각 호의 어느 하나에 해당하는 사람으로 한다.

- 산업보건지도사 자격을 가진 사람
- 「의료법」에 따른 의사
- 「의료법」에 따른 간호사
- 「국가기술자격법」에 따른 산업위생관리산업기사 또는 대기환경산업기사 이상의 자격을 취득한 사람
- 「국가기술자격법」에 따른 인간공학기사 이상의 자격을 취득한 사람
- 「고등교육법」에 따른 전문대학 이상의 학교에서 산업보건 또는 산업위생 분야의 학위를 취득한 사람(법령에 따라 이와 같은 수준 이상의 학력이 있다고 인정되는 사람을 포함한다)

③ 보건관리자를 두어야 하는 사업의 종류, 사업장의 상시근로자 수, 보건관리자의 수 및 선임방법

사업의 종류	사업장의 상시근로자 수	보건 관리자의 수	보건관리자의 선임방법
1. 광업(광업 지원 서비스업은 제외한다) 2. 섬유제품 염색, 정리 및 마무리 가공업 3. 모피제품 제조업	상시근로자 50명 이상 500명 미만	1명 이상	보건관리자의 자격을 가진 어느 하나에 해당하는 사람을 선임해야 한다.
4. 그 외 기타 의복액세서리 제조업(모피 액세서리에 한정한다) 5. 모피 및 가죽 제조업(원피가공 및 가죽 제조업은 제외한다) 6. 신발 및 신발부분품 제조업 7. 코크스, 연탄 및 석유정제품 제조업	상시근로자 500명 이상 2천명 미만	2명 이상	보건관리자의 자격을 가진 어느 하나에 해당하는 사람을 선임해야 한다.
8. 화학물질 및 화학제품 제조업 ; 의약품 제외 9. 의료용 물질 및 의약품 제조업 10. 고무 및 플라스틱제품 제조업 11. 비금속 광물제품 제조업 12. 1차 금속 제조업 13. 금속가공제품 제조업 ; 기계 및 가구 제외 14. 기타 기계 및 장비 제조업 15. 전자부품, 컴퓨터, 영상, 음향 및 통신장비 제조업 16. 전기장비 제조업 17. 자동차 및 트레일러 제조업 18. 기타 운송장비 제조업 19. 가구 제조업 20. 해체, 선별 및 원료 재생업 21. 자동차 종합 수리업, 자동차 전문 수리업 22. 제88조 각 호의 어느 하나에 해당하는 유해물질을 제조하는 사업과 그 유해물질을 사용하는 사업 중 고용노동부장관이 특히 보건관리를 할 필요가 있다고 인정하여 고시하는 사업	상시근로자 2천명 이상	2명 이상	보건관리자의 자격을 가진 어느 하나에 해당하는 사람을 선임하되, 의사 또는 간호사에 해당하는 사람이 1명 이상 포함되어야 한다.
23. 제2호부터 제22호까지의 사업을 제외한 제조업	상시근로자 50명 이상 1천명 미만	1명 이상	보건관리자의 자격을 가진 어느 하나에 해당하는 사람을 선임해야 한다.
	상시근로자 1천명 이상 3천명 미만	2명 이상	보건관리자의 자격을 가진 어느 하나에 해당하는 사람을 선임해야 한다.
	상시근로자 3천명 이상	2명 이상	보건관리자의 자격을 가진 어느 하나에 해당하는 사람을 선임하되, 의사 또는 간호사에 해당하는 사람이 1명 이상 포함되어야 한다.

사업의 종류	사업장의 상시근로자 수	보건 관리자의 수	보건관리자의 선임방법
24. 농업, 임업 및 어업 25. 전기, 가스, 증기 및 공기조절공급업 26. 수도, 하수 및 폐기물 처리, 원료 재생업(제20호에 해당하는 사업은 제외한다) 27. 운수 및 창고업 28. 도매 및 소매업 29. 숙박 및 음식점업 30. 서적, 잡지 및 기타 인쇄물 출판업 31. 방송업 32. 우편 및 통신업 33. 부동산업 34. 연구개발업 35. 사진 처리업 36. 사업시설 관리 및 조경 서비스업 37. 공공행정(청소, 시설관리, 조리 등 현업업무에 종사하는 사람으로서 고용노동부장관이 정하여 고시하는 사람으로 한정한다) 38. 교육서비스업 중 초등·중등·고등 교육기관, 특수학교·외국인학교 및 대안학교(청소, 시설관리, 조리 등 현업업무에 종사하는 사람으로서 고용노동부장관이 정하여 고시하는 사람으로 한정한다) 39. 청소년 수련시설 운영업 40. 보건업 41. 골프장 운영업 42. 개인 및 소비용품수리업(제21호에 해당하는 사업은 제외한다) 43. 세탁업	상시근로자 50명 이상 5천명 미만. (다만, 제35호의 경우에는 상시근로자 100명 이상 5천명 미만으로 한다.)	1명 이상	보건관리자의 자격을 가진 어느 하나에 해당하는 사람을 선임해야 한다.
	상시 근로자 5천명 이상	2명 이상	보건관리자의 자격을 가진 어느 하나에 해당하는 사람을 선임하되, 의사 또는 간호사에 해당하는 사람이 1명 이상 포함되어야 한다.
44. 건설업	공사금액 800억원 이상 (「건설산업기본법 시행령」 별표 1의 종합공사를 시공하는 업종의 건설업종란 제1호에 따른 토목공사업에 속하는 공사의 경우에는 1천억 이상) 또는 상시 근로자 600명 이상	1명 이상 [공사금액 800억원 (「건설산업기본법 시행령」 별표 1의 종합공사를 시공하는 업종의 건설업종란 제1호에 따른 토목공사업은 1천억원)을 기준으로 1,400억원이 증가할 때마다 또는 상시 근로자 600명을 기준으로 600명이 추가될 때마다 1명씩 추가한다]	보건관리자의 자격을 가진 어느 하나에 해당하는 사람을 선임해야 한다.

> **요약** ★★

위험성이 높은 제조업 1. 광업(광업 지원 서비스업은 제외) 2. 섬유제품 염색, 정리 및 마무리 가공업 3. 모피제품 제조업 4. 신발 및 신발부분품 제조업 5. 코크스, 연탄 및 석유정제품 제조업 6. 화학물질 및 화학제품 제조업 ; 의약품 제외 7. 고무 및 플라스틱제품 제조업 8. 비금속 광물제품 제조업 9. 1차 금속 제조업 10. 금속가공제품 제조업 ; 기계 및 가구 제외 등	• 상시근로자 50명 이상 500명 미만 : 1명 이상 • 상시근로자 500명 이상 2천명 미만 : 2명 이상 • 상시근로자 2천명 이상 : 2명 이상(의사 또는 간호사 중 1명 이상 포함)
그밖의 제조업	• 상시근로자 50명 이상 1천명 미만 : 1명 이상 • 상시근로자 1천명 이상 3천명 미만 : 2명 이상 • 상시근로자 3천명 이상 : 2명 이상 (의사 또는 간호사 중 1명 이상 포함)
1. 농업, 임업 및 어업 2. 수도, 하수 및 폐기물 처리, 원료 재생업 3. 운수 및 창고업 4. 도매 및 소매업 5. 숙박 및 음식점업 6. 서적, 잡지 및 기타 인쇄물 출판업 7. 우편 및 통신업 8. 공공행정 9. 교육서비스업 중 초등·중등·고등 교육기관, 특수학교·외국인학교 및 대안학교 등	• 상시근로자 50명 이상 5천명 미만 : 1명 이상 (다만, 사진 처리업은 상시근로자 100명 이상 5천명 미만) • 상시 근로자 5천명 이상: 2명 이상(의사 또는 간호사 중 1명 이상 포함)
건설업	• 공사금액 800억원 이상(토목공사업 : 1천억 이상) 또는 상시 근로자 600명 이상 : 1명 이상 • 공사금액 800억원(토목공사업 : 1천억원)을 기준으로 1,400억원이 증가할 때마다 또는 상시 근로자 600명을 기준으로 600명이 추가될 때마다 1명씩 추가

④ 사업장의 보건관리자는 해당 사업장에서 보건관리 업무만을 전담해야 한다. 다만, **상시근로자 300명 미만을 사용하는 사업장**에서는 보건관리자가 보건관리 업무에 지장이 없는 범위에서 **다른 업무를 겸할 수 있다.** ★
⑤ 대통령령으로 정하는 사업의 종류 및 사업장의 상시근로자 수에 해당하는 사업장의 사업주는 **보건관리 업무를 전문적으로 수행하는 "보건관리전문기관"에 보건관리자의 업무를 위탁할 수 있다.**

"보건관리전문기관"에 보건관리자의 업무를 위탁할 수 있는 사업장
• 건설업을 제외한 사업(업종별·유해인자별 보건관리전문기관의 경우에는 고용노동부령으로 정하는 사업을 말한다)으로서 상시근로자 300명 미만을 사용하는 사업장 • 외딴곳으로서 고용노동부장관이 정하는 지역에 있는 사업장

⑥ 보건관리자의 업무를 위탁할 수 있는 보건관리전문기관은 지역별 보건관리전문기관과 업종별·유해인자별 보건관리전문기관으로 구분한다.
- 업종별 보건관리전문기관에 보건관리 업무를 위탁할 수 있는 사업은 광업으로 한다.
- 유해인자별 보건관리전문기관에 보건관리 업무를 위탁할 수 있는 사업은 다음 각 호와 같다.

유해인자별 보건관리전문기관에 보건관리 업무를 위탁할 수 있는 사업
• 납 취급 사업 • 수은 취급 사업 • 크롬 취급 사업 • 석면 취급 사업 • 제조·사용허가를 받아야 할 물질을 취급하는 사업 • 근골격계 질환의 원인이 되는 단순반복작업, 영상표시단말기 취급작업, 중량물 취급작업 등을 하는 사업

⑦ 보건관리전문기관 지정의 취소 등
- 고용노동부장관은 안전관리전문기관 또는 보건관리전문기관이 다음 각 호의 어느 하나에 해당할 때에는 그 지정을 취소하거나 6개월 이내의 기간을 정하여 그 업무의 정지를 명할 수 있다. 다만, 제1호 또는 제2호에 해당할 때에는 그 지정을 취소하여야 한다.
  1. 거짓이나 그 밖의 부정한 방법으로 지정을 받은 경우
  2. 업무정지 기간 중에 업무를 수행한 경우
  3. 지정 요건을 충족하지 못한 경우
  4. 지정받은 사항을 위반하여 업무를 수행한 경우
  5. 그 밖에 대통령령으로 정하는 사유에 해당하는 경우
- 지정이 취소된 자는 지정이 취소된 날부터 2년 이내에는 각각 해당 안전관리전문기관 또는 보건관리전문기관으로 지정받을 수 없다. ★

4) 안전관리자

사업주는 사업장에 안전에 관한 기술적인 사항에 관하여 사업주 또는 안전보건관리책임자를 보좌하고 관리감독자에게 지도·조언하는 업무를 수행하는 사람인 "안전관리자"를 두어야 한다.

5) 안전보건관리담당자★

① 사업주는 사업장에 안전 및 보건에 관하여 사업주를 보좌하고 관리감독자에게 지도·조언하는 업무를 수행하는 사람("안전보건관리담당자")을 두어야 한다. 다만, 안전관리자 또는 보건관리자가 있거나 이를 두어야 하는 경우에는 그러하지 아니하다.
② 사업주는 상시근로자 20명 이상 50명 미만인 사업장에 안전보건관리담당자를 1명 이상 선임하여야 한다.

상시근로자 20명 이상 50명 미만에서 안전보건관리담당자를 선임하여야 하는 사업
• 제조업 • 임업 • 하수, 폐수 및 분뇨 처리업 • 폐기물 수집, 운반, 처리 및 원료 재생업 • 환경 정화 및 복원업

암기

제임!(재 임용하자.)
하.폐수, 분뇨 폐기하고 원료 재생하여 환경 정화.복원 담당자(안전보건관리 담당자)

6) 관리감독자

① 사업주는 사업장의 생산과 관련되는 업무와 그 소속 직원을 직접 지휘·감독하는 직위에 있는 사람("관리감독자")에게 산업안전 및 보건에 관한 업무로서 대통령령으로 정하는 업무를 수행하도록 하여야 한다.
② 관리감독자가 있는 경우에는 「건설기술진흥법」에 따른 안전관리책임자 및 안전관리담당자를 각각 둔 것으로 본다.

7) 산업안전보건위원회

① 사업주는 산업안전·보건에 관한 중요 사항을 심의·의결하기 위하여 근로자와 사용자가 같은 수로 구성되는 산업안전보건위원회를 설치·운영하여야 한다.
② 산업안전보건위원회를 설치·운영해야 할 사업의 종류 및 규모

사업의 종류	규모
1. 토사석 광업 2. 목재 및 나무제품 제조업 ; 가구제외 3. 화학물질 및 화학제품 제조업 ; 의약품 제외(세제, 화장품 및 광택제 제조업과 화학섬유 제조업은 제외한다) 4. 비금속 광물제품 제조업 5. 1차 금속 제조업 6. 금속가공제품 제조업 ; 기계 및 가구 제외 7. 자동차 및 트레일러 제조업 8. 기타 기계 및 장비 제조업(사무용 기계 및 장비 제조업은 제외한다) 9. 기타 운송장비 제조업(전투용 차량 제조업은 제외한다) **암기법** 토사석 광업에서 캔 1차금속으로 금속가공제품, 비금속 광물제품 제조하여 나무, 화학물질 섞어서 기계장비, 자동차 트레일러 만들어 운송장비 위원회(산업안전보건위원회) 열자.	상시 근로자 50명 이상
10. 농업 11. 어업 12. 소프트웨어 개발 및 공급업 13. 컴퓨터 프로그래밍, 시스템 통합 및 관리업 13의2. 영상 · 오디오물 제공 서비스업 14. 정보서비스업 15. 금융 및 보험업 16. 임대업;부동산 제외 17. 전문, 과학 및 기술 서비스업(연구개발업은 제외한다) 18. 사업지원 서비스업 19. 사회복지 서비스업	상시 근로자 300명 이상
20. 건설업	공사금액 120억원 이상 (토목공사업 : 150억원 이상)
21. 제1호부터 제20호까지의 사업을 제외한 사업	상시 근로자 100명 이상

③ 산업안전보건위원회의 구성 ★

근로자위원	• 근로자대표 • 근로자대표가 지명하는 1명 이상의 명예산업안전감독관 • 근로자대표가 지명하는 9명 이내의 해당 사업장의 근로자
사용자위원	• 해당 사업의 대표자 • 안전관리자 1명 • 보건관리자 1명 • 산업보건의 • 사업의 대표자가 지명하는 9명 이내의 해당 사업장 부서의 장

8) 안전 및 보건에 관한 협의체 등의 구성·운영(노사협의체)

대통령령으로 정하는 규모의 건설공사의 건설공사 도급인은 해당 건설공사 현장에 근로자위원과 사용자위원이 같은 수로 구성되는 안전 및 보건에 관한 협의체("노사협의체")를 대통령령으로 정하는 바에 따라 구성·운영할 수 있다.

노사협의체의 설치 대상
공사금액이 120억원(「건설산업기본법 시행령」에 따른 토목공사업은 150억원) 이상인 건설업

• 노사협의체의 구성

근로자위원	사용자위원
• 도급 또는 하도급 사업을 포함한 전체 사업의 근로자대표 • 근로자대표가 지명하는 명예산업안전감독관 1명(다만, 명예산업안전감독관이 위촉되어 있지 아니한 경우에는 근로자대표가 지명하는 해당 사업장 근로자 1명) • 공사금액이 20억원 이상인 공사의 관계수급인의 근로자대표	• 도급 또는 하도급 사업을 포함한 전체 사업의 대표자 • 안전관리자 1명 • 보건관리자 1명(보건관리자 선임대상 건설업으로 한정) • 공사금액이 20억원 이상인 공사의 관계수급인의 사업주

요약	선임대상

보건관리자(전담)	① 상시근로자 300인 이상 사업장 ② 건설업 : 공사금액 800억원 이상(토목공사업 1천억 이상) 또는 상시 근로자 600명 이상인 사업장
산업안전보건위원회	① 상시근로자 50인 이상 사업장 ② 건설업: 공사금액 120억원(토목공사: 150억원) 이상인사업장
노사협의체	공사금액 120억원(토목공사: 150억원) 이상인 건설업(도급사업인 경우)
안전보건관리책임자	① 상시근로자 50인 이상 사업장 ② 총공사금액 20억원 이상인 건설업
안전보건관리담당자	상시근로자 20명 이상 50명 미만인 사업장 ① 제조업 ② 임업 ③ 하수, 폐수 및 분뇨 처리업 ④ 폐기물 수집, 운반, 처리 및 원료 재생업 ⑤ 환경 정화 및 복원업 **암기** 제임!(재 임용하자.) 하.폐수, 분뇨 폐기하고 원료 재생하여 환경 정화.복원 담당자(안전보건 관리 담당자)

예제 02

고무 및 플라스틱제품 제조업에 종사하는 근로자의 수가 500명인 경우 선임하여야 하는 보건관리자의 숫자를 적으시오.

| 산업 기사 2022년 2회 |

해설

상시근로자 수가 500명 이상 2천명 미만에 해당하므로 : 2명 이상 선임

예제 03

산업안전보건법령상 보건관리자의 자격기준 3가지를 적으시오.

| 기사 2023년 3회 |

해설

① 산업보건지도사 자격을 가진 사람
② 「의료법」에 따른 의사
③ 「의료법」에 따른 간호사
④ 「국가기술자격법」에 따른 산업위생관리산업기사 또는 대기환경산업기사 이상의 자격을 취득한 사람
⑤ 「국가기술자격법」에 따른 인간공학기사 이상의 자격을 취득한 사람
⑥ 「고등교육법」에 따른 전문대학 이상의 학교에서 산업보건 또는 산업위생 분야의 학위를 취득한 사람(법령에 따라 이와 같은 수준 이상의 학력이 있다고 인정되는 사람을 포함한다)

예제 04

[보기]는 산업안전보건법에 의한 안전관리자 자격기준을 설명하고 있다. 올바른 내용의 기호를 적으시오.

| 기사 2023년 2회 |

(ㄱ) 「국가기술자격법」에 따른 산업안전산업기사 이상의 자격을 취득한 사람
(ㄴ) 「국가기술자격법」에 따른 건설안전산업기사 이상의 자격을 취득한 사람
(ㄷ) 「고등교육법」에 따른 4년제 대학 이상의 학교에서 산업안전 관련 학위를 취득한 사람
(ㄹ) 「고등교육법」에 따른 전문대학 또는 이와 같은 수준 이상의 학교에서 산업보건 관련 학위를 취득한 사람

해설

(ㄱ), (ㄴ), (ㄷ)

[참고]
안전관리자의 자격
안전관리자는 다음 각 호의 어느 하나에 해당하는 사람으로 한다.

1. 산업안전지도사 자격을 가진 사람
2. 「국가기술자격법」에 따른 산업안전산업기사 이상의 자격을 취득한 사람
3. 「국가기술자격법」에 따른 건설안전산업기사 이상의 자격을 취득한 사람
4. 「고등교육법」에 따른 4년제 대학 이상의 학교에서 산업안전 관련 학위를 취득한 사람 또는 이와 같은 수준 이상의 학력을 가진 사람
5. 「고등교육법」에 따른 전문대학 또는 이와 같은 수준 이상의 학교에서 산업안전 관련 학위를 취득한 사람
6. 「고등교육법」에 따른 이공계 전문대학 또는 이와 같은 수준 이상의 학교에서 학위를 취득하고, 해당 사업의 관리감독자로서의 업무(건설업의 경우는 시공실무경력)를 3년(4년제 이공계 대학 학위 취득자는 1년) 이상 담당한 후 고용노동부장관이 지정하는 기관이 실시하는 교육(1998년 12월 31일까지의 교육만 해당한다)을 받고 정해진 시험에 합격한 사람. 다만, 관리감독자로 종사한 사업과 같은 업종(한국표준산업분류에 따른 대분류를 기준으로 한다)의 사업장이면서, 건설업의 경우를 제외하고는 상시근로자 300명 미만인 사업장에서만 안전관리자가 될 수 있다.
7. 「초·중등교육법」에 따른 공업계 고등학교 또는 이와 같은 수준 이상의 학교를 졸업하고, 해당 사업의 관리감독자로서의 업무(건설업의 경우는 시공실무경력)를 5년 이상 담당한 후 고용노동부장관이 지정하는 기관이 실시하는 교육(1998년 12월 31일까지의 교육만 해당한다)을 받고 정해진 시험에 합격한 사람. 다만, 관리감독자로 종사한 사업과 같은 종류인 업종(한국표준산업분류에 따른 대분류를 기준으로 한다)의 사업장이면서, 건설업의 경우를 제외하고는 별표 3 제28호 또는 제33호의 사업을 하는 사업장(상시근로자 50명 이상 1천명 미만인 경우만 해당한다)에서만 안전관리자가 될 수 있다.

예제 05
산업안전보건법에 의하여 관리감독자에게 지도·조언하는 업무를 수행하는 자격을 가진 자 2명을 적으시오.

| 기사 2024년 1회 |

해설
① 안전관리자   ② 보건관리자   ③ 안전보건관리담당자

(3) 안전보건 조직의 안전직무

1) 사업주의 안전 직무

① 산업재해 예방을 위한 기준을 따를 것
② 근로자의 신체적 피로와 정신적 스트레스 등을 줄일 수 있는 쾌적한 작업환경의 조성 및 근로조건 개선
③ 해당 사업장의 안전·보건에 관한 정보를 근로자에게 제공

2) 안전보건총괄책임자의 직무

① 산업재해가 발생할 급박한 위험이 있을 때 및 중대재해가 발생하였을 때의 작업의 중지
② 도급 시의 안전·보건 조치
③ 산업안전보건관리비의 관계수급인 간의 사용에 관한 협의·조정 및 그 집행의 감독
④ 안전인증대상 기계 등과 자율안전확인대상 기계 등의 사용 여부 확인
⑤ 위험성평가의 실시에 관한 사항

3) 안전보건관리책임자 직무 ★

① 산업재해 예방계획의 수립에 관한 사항
② 안전보건관리규정의 작성 및 변경에 관한 사항
③ 근로자의 안전·보건교육에 관한 사항
④ 작업환경 측정 등 작업환경의 점검 및 개선에 관한 사항
⑤ 근로자의 건강진단 등 건강관리에 관한 사항
⑥ 산업재해의 원인 조사 및 재발 방지대책 수립에 관한 사항
⑦ 산업재해에 관한 통계의 기록 및 유지에 관한 사항
⑧ 안전장치 및 보호구 구입 시 적격품 여부 확인에 관한 사항
⑨ 위험성평가의 실시에 관한 사항
⑩ 근로자의 위험 또는 건강장해의 방지에 관한 사항

> **암기**
>
> 안전보건교육, 건강진단 등 건강관리, 재해원인 조사 및 재발방지 대책 수립, 재해통계 기록, 위험성 평가

4) 산업보건의의 직무 ★★

① 건강진단 결과의 검토 및 그 결과에 따른 작업 배치, 작업 전환 또는 근로시간의 단축 등 근로자의 건강보호 조치
② 근로자의 건강장해의 원인 조사와 재발 방지를 위한 의학적 조치
③ 그 밖에 근로자의 건강 유지 및 증진을 위하여 필요한 의학적 조치에 관하여 고용노동부장관이 정하는 사항

5) 보건관리자의 직무 ★★

① 산업안전보건위원회 또는 노사협의체에서 심의·의결한 업무와 안전보건관리규정 및 취업규칙에서 정한 업무
② 안전인증대상기계 등과 자율안전확인대상기계 등 중 보건과 관련된 보호구(保護具) 구입 시 적격품 선정에 관한 보좌 및 지도·조언
③ 위험성평가에 관한 보좌 및 지도·조언
④ 물질안전보건자료의 게시 또는 비치에 관한 보좌 및 지도·조언
⑤ 산업보건의의 직무(보건관리자가 의사인 경우로 한정한다)
⑥ 해당 사업장 보건교육계획의 수립 및 보건교육 실시에 관한 보좌 및 지도·조언
⑦ 해당 사업장의 근로자를 보호하기 위한 다음 각 목의 조치에 해당하는 의료행위(보건관리자가 간호사에 해당하는 경우로 한정한다)
  - 자주 발생하는 가벼운 부상에 대한 치료
  - 응급처치가 필요한 사람에 대한 처치
  - 부상·질병의 악화를 방지하기 위한 처치
  - 건강진단 결과 발견된 질병자의 요양 지도 및 관리
  - 위 항의 의료행위에 따르는 의약품의 투여
⑧ 작업장 내에서 사용되는 전체 환기장치 및 국소배기장치 등에 관한 설비의 점검과 작업방법의 공학적 개선에 관한 보좌 및 지도·조언
⑨ 사업장 순회점검, 지도 및 조치 건의
⑩ 산업재해 발생의 원인·조사·분석 및 재발 방지를 위한 기술적 보좌 및 지도·조언
⑪ 산업재해에 관한 통계의 유지·관리·분석을 위한 보좌 및 지도·조언
⑫ 법 또는 법에 따른 명령으로 정한 보건에 관한 사항의 이행에 관한 보좌 및 지도·조언
⑬ 업무 수행 내용의 기록·유지
⑭ 그 밖에 보건과 관련된 작업관리 및 작업환경관리에 관한 사항으로서 고용노동부장관이 정하는 사항

> **암기**
>
> 1. 보건교육계획 수립 및 실시
> 2. 위험성평가
> 3. 물질안전보건자료
> 4. 보호구 구입 시 적격품 선정
> 5. 사업장 점검
> 6. 환기장치, 국소배기장치 점검

7. 재해 원인조사
8. 재해통계
9. 근로자 보호위한 의료행위
10. 취업규칙에서 정한 직무
11. 업무 기록

6) 안전관리자의 직무 ★

① 사업장 안전교육계획의 수립 및 안전교육 실시에 관한 보좌 및 조언·지도
② 사업장 순회점검·지도 및 조치의 건의
③ 산업재해 발생의 원인 조사·분석 및 재발 방지를 위한 기술적 보좌 및 조언·지도
④ 산업재해에 관한 통계의 유지·관리·분석을 위한 보좌 및 조언·지도
⑤ 안전인증대상 기계·기구 등과 자율안전확인대상 기계·기구 등 구입 시 적격품의 선정에 관한 보좌 및 조언·지도
⑥ 위험성평가에 관한 보좌 및 조언·지도
⑦ 안전에 관한 사항의 이행에 관한 보좌 및 조언·지도
⑧ 산업안전보건위원회 또는 노사협의체, 안전보건관리규정 및 취업규칙에서 정한 직무
⑨ 업무수행 내용의 기록. 유지
⑩ 그 밖에 안전에 관한 사항으로서 노동부장관이 정하는 사항

> **암기**
>
> 안전교육, 사업장 점검, 재해 원인조사, 재해통계 관리, 적격품 선정, 위험성평가, 업무내용 기록

7) 안전보건관리담당자의 직무 ★

① 안전 · 보건교육 실시에 관한 보좌 및 조언 · 지도
② 위험성평가에 관한 보좌 및 조언 · 지도
③ 작업환경측정 및 개선에 관한 보좌 및 조언 · 지도
④ 건강진단에 관한 보좌 및 조언 · 지도
⑤ 산업재해 발생의 원인 조사, 산업재해 통계의 기록 및 유지를 위한 보좌 및 조언 · 지도
⑥ 산업안전 · 보건과 관련된 안전장치 및 보호구 구입 시 적격품 선정에 관한 보좌 및 조언 · 지도

> **암기**
>
> 안전교육, 건강진단, 재해 원인조사 및 재해통계 관리, 적격품 선정, 위험성평가

8) 관리감독자의 직무 ★

① 기계 · 기구 또는 설비의 안전 · 보건 점검 및 이상 유무의 확인
② 근로자의 **작업복 · 보호구 및 방호장치의 점검과 그 착용 · 사용에 관한 교육 · 지도**
③ **산업재해에 관한 보고 및 이에 대한 응급조치**
④ **작업장 정리 · 정돈 및 통로확보에 대한 확인 · 감독**
⑤ **산업보건의, 안전관리자**(안전관리전문기관의 해당 사업장 담당자) **및 보건관리자**(보건관리전문기관의 해당 사업장 담당자), **안전보건관리담당자**(안전관리전문기관 또는 보건관리전문기관의 해당 사업장 담당자)**의 지도 · 조언에 대한 협조**
⑥ 위험성평가를 위한 유해 · 위험요인의 파악 및 개선조치의 시행에 대한 참여
⑦ 그 밖에 해당 작업의 안전 · 보건에 관한 사항으로서 고용노동부령으로 정하는 사항

> **암기**
>
> 기계 · 기구 · 설비 점검, 작업복.보호구.방호장치 점검, 정리정돈 및 통로확보, 안전관리자.보건관리자 등 협조

9) 산업보건지도사의 직무

① 작업환경의 평가 및 개선 지도
② 작업환경 개선과 관련된 계획서 및 보고서의 작성
③ 산업보건에 관한 조사 · 연구
④ 안전보건개선계획서의 작성
⑤ 위험성평가의 지도
⑥ 직업성 질병 진단(의사인 산업보건지도사만 해당) 및 예방 지도
⑦ 그 밖에 산업보건에 관한 사항의 자문에 대한 응답 및 조언

> **예제 06**
>
> 산업안전보건법의 안전보건관리체제에 관한 내용이다. 설명을 읽고 괄호에 적합한 내용을 적으시오.
>
> | 기사 2024년 3회, 2024년 1회 |
>
> 사업주는 사업장의 안전 및 보건에 관한 중요 사항을 심의 · 의결하기 위하여 사업장에 근로자위원과 사용자위원이 같은 수로 구성되는 (   )를 구성 · 운영하여야 한다.
>
> **해설**
>
> 산업안전보건위원회

> [참고]
> 노사협의체
> 공사금액이 120억원(토목공사업은 150억원) 이상인 건설공사도급인은 해당 건설공사 현장에 근로자위원과 사용자위원이 같은 수로 구성되는 안전 및 보건에 관한 협의체(노사협의체)를 구성 · 운영할 수 있다.

예제 07

산업안전보건법에 의한 보건관리자의 직무 5가지를 적으시오. (단, 그 밖에 보건과 관련된 작업관리 및 작업환경관리에 관한 사항으로서 고용노동부장관이 정하는 사항은 제외할 것) | 기사 2022년 2회, 2014년 2회 / 산업 2014년 3회 |

해설

① 해당 사업장 보건교육계획의 수립 및 보건교육 실시에 관한 보좌 및 지도 · 조언
② 위험성평가에 관한 보좌 및 지도 · 조언
③ 물질안전보건자료의 게시 또는 비치에 관한 보좌 및 지도 · 조언
④ 사업장 순회점검, 지도 및 조치 건의
⑤ 산업재해 발생의 원인 조사 · 분석 및 재발 방지를 위한 기술적 보좌 및 지도 · 조언
⑥ 산업재해에 관한 통계의 유지 · 관리 · 분석을 위한 보좌 및 지도 · 조언
⑦ 업무 수행 내용의 기록 · 유지

암기

1. 보건교육계획 수립 및 실시
2. 위험성평가
3. 물질안전보건자료
4. 사업장 점검
5. 재해 원인조사
6. 재해통계
7. 업무기록

예제 08

신너를 사용하고 있는 작업장이지만 기록일지에는 신너의 유해성과 배출량이 기록되어 있지 않았다. 본인이 보건관리자로 해당 작업장에 처음 출근을 하였다면 가장 먼저 수행하여야 할 업무는 무엇인지 3가지를 적으시오.
 | 기사 2015년 2회 |

해설

① 작업장에서 노출 가능한 유해인자 및 유해인자의 유해성 확인
② 작업장 유해인자의 농도 측정
③ 노출기준과 측정 농도의 비교

> **예제 09**
>
> 산업안전보건법에 의하여 사업장의 안전·보건 업무를 총괄 관리하는 안전보건관리책임자의 직무사항 5가지를 적으시오.
>
> | 기사 2023년 1회 |
>
> **해설**
> ① 산업재해 예방계획의 수립에 관한 사항
> ② 안전보건관리규정의 작성 및 변경에 관한 사항
> ③ 근로자의 안전·보건교육에 관한 사항
> ④ 작업환경 측정 등 작업환경의 점검 및 개선에 관한 사항
> ⑤ 근로자의 건강진단 등 건강관리에 관한 사항
> ⑥ 산업재해의 원인 조사 및 재발 방지대책 수립에 관한 사항
> ⑦ 산업재해에 관한 통계의 기록 및 유지에 관한 사항
> ⑧ 안전장치 및 보호구 구입 시 적격품 여부 확인에 관한 사항
> ⑨ 위험성평가의 실시에 관한 사항
> ⑩ 근로자의 위험 또는 건강장해의 방지에 관한 사항
>
> **암기**
> 안전보건교육, 건강진단 등 건강관리, 재해원인 조사 및 재발방지 대책 수립, 재해통계 기록, 위험성 평가

(4) 안전보건관리규정의 작성

1) 안전보건관리규정을 작성하여야 할 사업은 상시 근로자 100명 이상을 사용하는 사업으로 한다.

- 안전보건관리규정을 작성하여야 할 사업의 종류 및 규모

사업의 종류	규모
1. 농업 2. 어업 3. 소프트웨어 개발 및 공급업 4. 컴퓨터 프로그래밍, 시스템 통합 및 관리업 4의2. 영상 · 오디오물 제공 서비스업 5. 정보서비스업 6. 금융 및 보험업 7. 임대업;부동산 제외 8. 전문, 과학 및 기술 서비스업(연구개발업은 제외한다) 9. 사업지원 서비스업 10. 사회복지 서비스업	상시 근로자 300명 이상을 사용하는 사업장
11. 제1호부터 제4호까지, 제4호의2 및 제5호부터 제10호까지의 사업을 제외한 사업	상시 근로자 100명 이상을 사용하는 사업장

2) 사업주는 안전보건관리규정을 작성하여야 할 사유가 발생한 날부터 30일 이내에 안전보건관리규정을 작성하여야 한다.

3) **안전보건관리규정의 포함사항** ★

사업주는 사업장의 안전·보건을 유지하기 위하여 다음 각 호의 사항이 포함된 안전보건관리규정을 작성하여야 한다.

① 안전·보건 관리조직과 그 직무에 관한 사항
② 안전·보건교육에 관한 사항
③ 작업장의 안전 및 보건관리에 관한 사항
④ 사고 조사 및 대책 수립에 관한 사항
⑤ 그 밖에 안전·보건에 관한 사항

4) 사업주는 안전보건관리규정을 작성하거나 변경할 때에는 산업안전보건위원회의 심의·의결을 거쳐야 한다. 다만, 산업안전보건위원회가 설치되어 있지 아니한 사업장의 경우에는 근로자대표의 동의를 받아야 한다. ★

(5) 안전보건 개선계획

고용노동부장관은 다음 각 호의 어느 하나에 해당하는 사업장으로서 산업재해 예방을 위하여 종합적인 개선조치를 할 필요가 있다고 인정되는 사업장의 사업주에게 고용노동부령으로 정하는 바에 따라 그 사업장, 시설, 그 밖의 사항에 관한 안전보건개선계획을 수립하여 시행할 것을 명할 수 있다.

안전보건 개선계획 작성대상 사업장 ★

① 산업재해율이 같은 업종의 규모별 평균 산업재해율보다 높은 사업장
② 사업주가 안전·보건조치의무를 이행하지 아니하여 중대재해가 발생한 사업장
③ 직업성 질병자가 연간 2명 이상 발생한 사업장
④ 유해인자의 노출기준을 초과한 사업장

암기

평균보다 높으면 개선계획! 중대재해 발생하면 개선계획!
직업성 질병자 2명 노출기준 초과하면 개선계획!

비교	안전·보건진단을 받아 안전보건개선계획을 수립·제출하도록 명할 수 있는 사업장 ★

1. 산업재해율이 같은 업종 평균 산업재해율의 2배 이상인 사업장
2. 사업주가 필요한 안전조치 또는 보건조치를 이행하지 아니하여 중대재해가 발생한 사업장
3. 직업성 질병자가 연간 2명 이상(상시근로자 1천명 이상 사업장의 경우 3명 이상) 발생한 사업장
4. 그 밖에 작업환경 불량, 화재·폭발 또는 누출 사고 등으로 사업장 주변까지 피해가 확산된 사업장으로서 고용노동부령으로 정하는 사업장

암기

평균의 2배 이상, 직업성 질병 2명 이상(1000명 이상 3명) 진단받아 개선!
중대재해 발생하면 진단받아 개선!

1) 안전보건개선계획서에 포함사항

① 시설
② 안전·보건관리체제
③ 안전·보건교육
④ 산업재해예방 및 작업환경의 개선을 위하여 필요한 사항

2) 사업주는 안전보건개선계획을 수립할 때에는 산업안전보건위원회의 심의를 거쳐야 한다. 다만, 산업안전보건위원회가 설치되어 있지 아니한 사업장의 경우에는 근로자대표의 의견을 들어야 한다. ★

3) 안전보건개선계획서의 제출

① 안전보건개선계획서를 제출해야 하는 사업주는 안전보건개선계획서 수립·시행 명령을 받은 날부터 60일 이내에 관할 지방고용노동관서의 장에게 해당 계획서를 제출(전자문서로 제출하는 것을 포함한다)해야 한다.
② 지방고용노동관서의 장이 안전보건개선계획서를 접수한 경우에는 접수일부터 15일 이내에 심사하여 사업주에게 그 결과를 알려야 한다.
③ 사업주와 근로자는 심사를 받은 안전보건개선계획서를 준수하여야 한다.

(6) 안전관리자 등의 증원 · 교체임명 명령

지방고용노동관서의 장은 다음 각 호의 어느 하나에 해당하는 사유가 발생한 경우에는 사업주에게 안전관리자나 보건관리자 또는 안전보건관리담당자를 정수 이상으로 증원하게 하거나 교체하여 임명할 것을 명할 수 있다.

> **안전관리자의 증원 · 교체임명 명령 대상 사업장 ★**
> ① 해당 사업장의 연간 재해율이 같은 업종의 평균재해율의 2배 이상인 경우
> ② 중대재해가 연간 2건 이상 발생한 경우(다만, 해당 사업장의 전년도 사망만인율이 같은 업종의 평균 사망만인율 이하인 경우는 제외)
> ③ 관리자가 질병이나 그 밖의 사유로 3개월 이상 직무를 수행할 수 없게 된 경우
> ④ 화학적 인자로 인한 직업성질병자가 연간 3명 이상 발생한 경우
>
> **암기**
> 평균의 2배 이상, 중대재해2건 이상 증원!
> 직업성질병 3건 이상, 3개월 이상 일안하면 교체!

(7) 사업장의 산업재해 발생건수 등 공표

고용노동부장관은 산업재해를 예방하기 위하여 대통령령으로 정하는 사업장의 산업재해 발생건수, 재해율 또는 그 순위 등을 공표하여야 한다.

> **재해발생 건수 등 재해율 공표 대상 사업장 ★**
> ① 사망재해자가 연간 2명 이상 발생한 사업장
> ② 사망만인율(사망재해자 수를 연간 상시근로자 1만명당 발생하는 사망재해자 수로 환산한 것)이 규모별 같은 업종의 평균 사망만인율 이상인 사업장
> ③ 중대산업사고가 발생한 사업장
> ④ 산업재해 발생 사실을 은폐한 사업장
> ⑤ 산업재해의 발생에 관한 보고를 최근 3년 이내 2회 이상 하지 않은 사업장
>
> **암기**
> 사망자 2명, 평균 사망만인율 이상 공표!
> 중대산업사고 발생하면 공표!
> 재해은폐, 재해보고 3년동안 2번이상 안하면 공표!

예제 10

고용노동부장관은 산업재해 예방을 위하여 종합적인 개선조치를 할 필요가 있다고 인정되는 사업장의 사업주에게 안전보건개선계획을 수립하여 시행할 것을 명할 수 있다. [보기] 중 안전보건 개선계획 작성대상 사업장을 골라 그 번호를 적으시오. | 기사 2023년 2회 |

① 산업재해율이 같은 업종의 규모별 평균 산업재해율 보다 높은 사업장
② 사업주가 안전·보건조치의무를 이행하지 아니하여 중대재해가 발생한 사업장
③ 직업성 질병자가 연간 2명 이상 발생한 사업장
④ 유해인자의 노출기준을 초과한 사업장

해설

①, ②, ③, ④

암기

평균보다 높으면 개선계획! 중대재해 발생하면 개선계획!
직업성 질병자 2명 노출기준 초과하면 개선계획!

(8) 신규화학물질의 유해성·위험성 조사보고서

1) 대통령령으로 정하는 화학물질 외의 화학물질("신규화학물질")을 제조하거나 수입하려는 자는 신규화학물질에 의한 근로자의 건강장해를 예방하기 위하여 그 신규화학물질의 유해성·위험성을 조사하고 그 조사보고서를 고용노동부장관에게 제출하여야 한다. 다만, 다음 각 호의 어느 하나에 해당하는 경우에는 그러하지 아니하다.

유해성·위험성 조사 제외 화학물질 ★

1. 원소
2. 천연으로 산출된 화학물질
3. 「건강기능식품에 관한 법률」에 따른 건강기능식품
4. 「군수품관리법」 및 「방위사업법」에 따른 군수품 [「군수품관리법」 제3조에 따른 통상품(痛常品)은 제외한다]
5. 「농약관리법」에 따른 농약 및 원제
6. 「마약류 관리에 관한 법률」에 따른 마약류
7. 「비료관리법」에 따른 비료
8. 「사료관리법」에 따른 사료
9. 「생활화학제품 및 살생물제의 안전관리에 관한 법률」에 따른 살생물 물질 및 살생물 제품

10. 「식품위생법」에 따른 식품 및 식품첨가물
11. 「약사법」에 따른 의약품 및 의약외품(醫藥外品)
12. 「원자력안전법」에 따른 방사성물질
13. 「위생용품 관리법」에 따른 위생용품
14. 「의료기기법」에 따른 의료기기
15. 「총포·도검·화약류 등의 안전관리에 관한 법률」에 따른 화약류
16. 「화장품법」에 따른 화장품과 화장품에 사용하는 원료
17. 고용노동부장관이 명칭, 유해성·위험성, 근로자의 건강장해 예방을 위한 조치 사항 및 연간 제조량·수입량을 공표한 물질로서 공표된 연간 제조량·수입량 이하로 제조하거나 수입한 물질
18. 고용노동부장관이 환경부장관과 협의하여 고시하는 화학물질 목록에 기록되어 있는 물질

> **암기**
>
> 비료로 농사지은 식품, 건강식품, 군수품, 위생용품에서 화약, 방사성물질 나와서 의료기기, 의약품, 마약, 화장품으로 치료했더니 천연 원소인 살생물의 위험조사 제외됐다.

2) 신규화학물질을 제조하거나 수입하려는 자는 제조하거나 수입하려는 날 30일(연간 제조하거나 수입하려는 양이 100킬로그램 이상 1톤 미만인 경우에는 14일) 전까지 신규화학물질 유해성·위험성 조사보고서를 첨부하여 고용노동부장관에게 제출하여야 한다.(다만, 그 신규화학물질을 「화학물질의 등록 및 평가 등에 관한 법률」에 따라 환경부장관에게 등록한 경우에는 고용노동부장관에게 유해성·위험성 조사보고서를 제출한 것으로 본다)

(9) 유해위험방지계획서

1) 유해·위험방지계획서의 작성·제출

사업주는 다음 각 호의 어느 하나에 해당하는 경우에는 유해위험방지계획서를 작성하여 고용노동부령으로 정하는 바에 따라 고용노동부장관에게 제출하고 심사를 받아야 한다. 다만, 사업주 중 산업재해발생률 등을 고려하여 고용노동부령으로 정하는 기준에 해당하는 사업주는 유해위험방지계획서를 스스로 심사하고, 그 심사 결과서를 작성하여 고용노동부장관에게 제출하여야 한다.

① 대통령령으로 정하는 사업의 종류 및 규모에 해당하는 사업으로서 해당 제품의 생산 공정과 직접적으로 관련된 건설물·기계·기구 및 설비 등 일체를 설치·이전하거나 그 주요 구조부분을 변경하려는 경우
② 유해하거나 위험한 작업 또는 장소에서 사용하거나 건강장해를 방지하기 위하여 사용하는 기계·기구 및 설비로서 대통령령으로 정하는 기계·기구 및 설비를 설치·이전하거나 그 주요 구조부분을 변경하려는 경우

③ 대통령령으로 정하는 크기, 높이 등에 해당하는 건설공사를 착공하려는 경우

유해위험 방지계획서 심사 결과의 구분 ★
① 적정 : 근로자의 안전과 보건을 위하여 필요한 조치가 구체적으로 확보되었다고 인정되는 경우 ② 조건부 적정 : 근로자의 안전과 보건을 확보하기 위하여 일부 개선이 필요하다고 인정되는 경우 ③ 부적정 : 기계·설비 또는 건설물이 심사기준에 위반되어 공사착공 시 중대한 위험발생의 우려가 있거나 계획에 근본적 결함이 있다고 인정되는 경우

2) 유해 · 위험방지 계획서 작성대상 사업 ★

"대통령령으로 정하는 업종 및 규모에 해당하는 사업"이란 다음 각 호의 어느 하나에 해당하는 사업으로서 전기사용설비의 정격용량의 합이 300킬로와트 이상인 사업을 말한다.

유해위험방지계획서 작성 대상 제조업 ★
① 금속가공제품(기계 및 가구는 제외한다) 제조업 ② 비금속 광물제품 제조업 ③ 기타 기계 및 장비 제조업 ④ 자동차 및 트레일러 제조업 ⑤ 식료품 제조업 ⑥ 고무제품 및 플라스틱 제품 제조업 ⑦ 목재 및 나무제품 제조업 ⑧ 기타 제품 제조업 ⑨ 1차 금속 제조업 ⑩ 가구 제조업 ⑪ 화학물질 및 화학제품 제조업 ⑫ 반도체 제조업 ⑬ 전자부품 제조업 **암기** 1차금속으로 금속가공제품, 비금속 광물제품 제조하여 나무, 화학물질 섞어서 기계장비, 자동차 트레일러 만들고, 고무풀(고무 및 플라스틱)로 기타 식료품 만들었더니 도대체(반도체)가(가구) 전부(전자부품) 유해.위험(유해.위험방지계획서)하다.

유해위험방지계획서 작성 대상 기계 · 기구 및 설비 ★

① 금속이나 그 밖의 광물의 용해로
② 화학설비
③ 건조설비
④ 가스집합 용접장치
⑤ 근로자의 건강에 상당한 장해를 일으킬 우려가 있는 물질로서 고용노동부령으로 정하는 물질의 밀폐 · 환기 · 배기를 위한 설비

유해위험방지계획서 작성 대상 건설공사

1. 다음 각 목의 어느 하나에 해당하는 건축물 또는 시설 등의 건설·개조 또는 해체공사
   가. 지상높이가 31미터 이상인 건축물 또는 인공구조물
   나. 연면적 3만제곱미터 이상인 건축물
   다. 연면적 5천제곱미터 이상인 시설로서 다음의 어느 하나에 해당하는 시설
      1) 문화 및 집회시설(전시장 및 동물원·식물원은 제외한다)
      2) 판매시설, 운수시설(고속철도의 역사 및 집배송시설은 제외한다)
      3) 종교시설
      4) 의료시설 중 종합병원
      5) 숙박시설 중 관광숙박시설
      6) 지하도상가
      7) 냉동·냉장 창고시설
2. 연면적 5천제곱미터 이상의 냉동 · 냉장창고시설의 설비공사 및 단열공사
3. 최대 지간길이(다리의 기둥과 기둥의 중심사이의 거리)가 50미터 이상인 교량 건설 등 공사
4. 터널 건설 등의 공사
5. 다목적댐, 발전용댐, 저수용량 2천만톤 이상의 용수 전용 댐, 지방상수도 전용 댐 건설 등의 공사
6. 깊이 10미터 이상인 굴착공사

> **암기**
> 지상높이 31m, 연면적 3만m², 사람 많은 시설 연면적 5000m²
> 연면적 5000m² 냉동냉장 창고
> 최대 지간길이가 50미터 이상 교량
> 터널
> 저수용량 2천만톤 이상 댐
> 10미터 이상인 굴착

3) 제출서류

사업주가 제조업 대상 사업, 대상 기계·기구 설비에 해당하는 유해·위험방지계획서를 제출하려면 다음 각 호의 서류를 첨부하여 해당 작업 시작 15일 전까지 공단에 2부를 제출하여야 한다.

유해·위험방지계획서 제출서류 (제조업, 대상기계·기구 설비)	
제조업 대상 사업 첨부서류	① 건축물 각층의 평면도 ② 기계.설비의 개요를 나타내는 서류 ③ 기계.설비의 배치도면 ④ 원재료 및 제품의 취급, 제조 등의 작업방법의 개요 ⑤ 그밖에 고용노동부장관이 정하는 도면 및 서류
대상 기계·기구설비 첨부서류	① 건축물 각층의 평면도 ② 기계.설비의 개요를 나타내는 서류 ③ 기계.설비의 배치도면 ④ 원재료 및 제품의 취급, 제조 등의 작업방법의 개요 ⑤ 그밖에 고용노동부장관이 정하는 도면 및 서류

(10) 공정안전보고서

1) 공정안전보고서의 작성·제출

사업주는 사업장에 대통령령으로 정하는 유해하거나 위험한 설비가 있는 경우 그 설비로부터의 위험물질 누출, 화재 및 폭발 등으로 인하여 사업장 내의 근로자에게 즉시 피해를 주거나 사업장 인근 지역에 피해를 줄 수 있는 사고로서 대통령령으로 정하는 사고("중대산업사고")를 예방하기 위하여 대통령령으로 정하는 바에 따라 **공정안전보고서를 작성하고 고용노동부장관에게 제출하여 심사를 받아야 한다.** 이 경우 공정안전보고서의 내용이 중대산업사고를 예방하기 위하여 **적합하다고 통보받기 전에는** 관련된 유해하거나 위험한 설비를 가동해서는 아니 된다.

공정안전보고서의 제출 대상 ★
① 원유 정제처리업 ② 기타 석유정제물 재처리업 ③ 석유화학계 기초화학물 제조업 또는 합성수지 및 기타 플라스틱물질 제조업. ④ 질소 화합물, 질소·인산 및 칼리질 화학비료 제조업 중 질소질 비료 제조 ⑤ 복합비료 및 기타 화학비료 제조업 중 복합비료 제조(단순혼합 또는 배합에 의한 경우는 제외한다) ⑥ 화학 살균·살충제 및 농업용 약제 제조업[농약 원제(原劑) 제조만 해당한다] ⑦ 화약 및 불꽃제품 제조업 **암기** 화재·폭발 – 원유, 석유정제물, 화약 및 불꽃제품 중독·질식 – 농약, 비료(복합비료, 질소질 비료)

공정안전보고서의 내용 ★
① 공정안전자료 ② 공정위험성 평가서 ③ 안전운전계획 ④ 비상조치계획 ⑤ 그 밖에 공정상의 안전과 관련하여 노동부장관이 필요하다고 인정하여 고시하는 사항

2) 사업주는 공정안전보고서를 작성할 때 산업안전보건위원회의 심의를 거쳐야 한다. 다만, 산업안전보건위원회가 설치되어 있지 아니한 사업장의 경우에는 근로자대표의 의견을 들어야 한다. ★

3) 공정안전보고서의 제출 시기

사업주는 유해하거나 위험한 설비의 설치·이전 또는 주요 구조부분의 변경공사의 착공일(기존 설비의 제조·취급·저장 물질이 변경되거나 제조량·취급량·저장량이 증가하여 유해·위험물질 규정량에 해당하게 된 경우에는 그 해당일을 말한다) 30일 전까지 공정안전보고서를 2부 작성하여 공단에 제출해야 한다.

4) 공정안전보고서의 심사

① 공단은 공정안전보고서를 제출받은 경우에는 제출받은 날부터 30일 이내에 심사하여 1부를 사업주에게 송부하고, 그 내용을 지방고용노동관서의 장에게 보고해야 한다.

② 심사결과 구분 ★

적정	보고서의 심사기준을 충족시킨 경우
조건부 적정	보고서의 심사기준을 대부분 충족하고 있으나 부분적인 보완이 필요 하다고 판단할 경우
부적정	보고서의 심사기준을 충족시키지 못한 경우

5) 공정안전보고서의 확인

① 공정안전보고서를 제출하여 심사를 받은 사업주는 다음 각 호의 시기별로 공단의 확인을 받아야 한다. 다만, 화공안전 분야 산업안전지도사 또는 대학에서 조교수 이상으로 재직하고 있는 사람으로서 화공 관련 교과를 담당하고 있는 사람, 그 밖에 자격 및 관련 업무 경력 등을 고려하여 고용노동부장관이 정하여 고시하는 요건을 갖춘 사람에게 자체감사를 하게 하고 그 결과를 공단에 제출한 경우에는 공단은 확인을 하지 아니할 수 있다.(안전보건진단을 받은 사업장 등 고용노동부장관이 정하여 고시하는 사업장의 경우에는 공단의 확인을 생략할 수 있다)

② 공정안전보고서의 확인 시기

신규로 설치될 유해·위험설비	설치 과정 및 설치 완료 후 시운전단계 각 1회
기존에 설치되어 사용 중인 유해·위험설비	심사 완료 후 3개월 이내
유해·위험설비와 관련한 공정의 중대한 변경의 경우	변경 완료 후 1개월 이내
유해·위험설비 또는 이와 관련된 공정에 중대한 사고 또는 결함이 발생한 경우	1개월 이내

6) 공정안전보고서 이행상태 평가

① 고용노동부장관은 공정안전보고서의 확인(신규로 설치되는 유해·위험설비의 경우에는 설치완료 후 시운전 단계에서의 확인을 말한다) 후 1년이 지난 날 부터 2년 이내에 공정안전보고서 이행상태평가를 하여야 한다.

② 고용노동부장관은 이행상태평가 후 4년마다 이행상태평가를 하여야 한다. 다만, 다음 각 호의 어느 하나에 해당하는 경우에는 1년 또는 2년마다 실시할 수 있다.
  - 이행상태평가 후 사업주가 이행상태평가를 요청하는 경우
  - 사업장에 출입하여 검사 및 안전·보건점검 등을 실시한 결과 변경요소 관리계획 미준수로 공정안전보고서 이행상태가 불량한 것으로 인정되는 경우 등 고용노동부장관이 정하여 고시하는 경우

(11) 휴게시설의 설치

1) 사업주는 근로자(관계수급인의 근로자를 포함)가 신체적 피로와 정신적 스트레스를 해소할 수 있도록 휴식시간에 이용할 수 있는 휴게시설을 갖추어야 한다.

휴게시설 설치·관리기준 준수 대상 사업장
1. 상시근로자(관계수급인의 근로자를 포함) 20명 이상을 사용하는 사업장(건설업의 경우에는 관계수급인의 공사금액을 포함한 해당 공사의 총 공사금액이 20억원 이상인 사업장으로 한정)

2. 다음 각 목의 어느 하나에 해당하는 직종의 상시근로자가 2명 이상인 사업장으로서 상시근로자 10명 이상 20명 미만을 사용하는 사업장(건설업은 제외)
  가. 전화 상담원
  나. 돌봄 서비스 종사원
  다. 텔레마케터
  라. 배달원
  마. 청소원 및 환경미화원
  바. 아파트 경비원
  사. 건물 경비원

2) 휴게시설 설치, 관리 기준

1. 크기

① 휴게시설의 최소 바닥면적은 6제곱미터로 한다. 다만, 둘 이상의 사업장의 근로자가 공동으로 같은 휴게시설(공동휴게시설)을 사용하게 하는 경우 공동휴게시설의 바닥면적은 6제곱미터에 사업장의 개수를 곱한 면적 이상으로 한다.
② 휴게시설의 바닥에서 천장까지의 높이는 2.1미터 이상으로 한다.
③ 근로자의 휴식 주기, 이용자 성별, 동시 사용인원 등을 고려하여 최소면적을 근로자대표와 협의하여 6제곱미터가 넘는 면적으로 정한 경우에는 근로자대표와 협의한 면적을 최소 바닥면적으로 한다.
④ 근로자의 휴식 주기, 이용자 성별, 동시 사용인원 등을 고려하여 공동휴게시설의 바닥면적을 근로자대표와 협의하여 정한 경우에는 근로자대표와 협의한 면적을 공동휴게시설의 최소 바닥면적으로 한다.

2. 위치 : 다음 각 목의 요건을 모두 갖춰야 한다.

① 근로자가 이용하기 편리하고 가까운 곳에 있어야 한다. 이 경우 공동휴게시설은 각 사업장에서 휴게시설까지의 왕복 이동에 걸리는 시간이 휴식시간의 20퍼센트를 넘지 않는 곳에 있어야 한다.

② 다음의 모든 장소에서 떨어진 곳에 있어야 한다.
- 화재·폭발 등의 위험이 있는 장소
- 유해물질을 취급하는 장소
- 인체에 해로운 분진 등을 발산하거나 소음에 노출되어 휴식을 취하기 어려운 장소

3. 온도
적정한 온도(18℃ ~ 28℃)를 유지할 수 있는 냉난방 기능이 갖춰져 있어야 한다.

4. 습도
적정한 습도(50% ~ 55%. 다만, 일시적으로 대기 중 상대습도가 현저히 높거나 낮아 적정한 습도를 유지하기 어렵다고 고용노동부장관이 인정하는 경우는 제외한다)를 유지할 수 있는 습도 조절 기능이 갖춰져 있어야 한다.

5. 조명
적정한 밝기(100럭스 ~ 200럭스)를 유지할 수 있는 조명 조절 기능이 갖춰져 있어야 한다.

6. 창문 등을 통하여 환기가 가능해야 한다.

7. 의자 등 휴식에 필요한 비품이 갖춰져 있어야 한다.

8. 마실 수 있는 물이나 식수 설비가 갖춰져 있어야 한다.

9. 휴게시설임을 알 수 있는 표지가 휴게시설 외부에 부착돼 있어야 한다.

10. 휴게시설의 청소·관리 등을 하는 담당자가 지정돼 있어야 한다. 이 경우 공동휴게시설은 사업장마다 각각 담당자가 지정돼 있어야 한다.

11. 물품 보관 등 휴게시설 목적 외의 용도로 사용하지 않도록 한다.

> **예제 11**
>
> 산업안전보건법령상 다음 보기는 휴게시설 설치, 관리 기준으로 틀린 것을 고르시오. | 기사 2023년 3회 |
>
> ① 휴게시설의 바닥에서 천장까지의 높이는 2.1미터 이상으로 한다.
> ② 근로자가 이용하기 편리하고 가까운 곳에 있어야 한다. 이 경우 공동휴게시설은 각 사업장에서 휴게시설까지의 왕복 이동에 걸리는 시간이 휴식시간의 20퍼센트를 넘지 않는 곳에 있어야 한다.
> ③ 적정한 온도(18℃~28℃)를 유지할 수 있는 냉난방 기능이 갖춰져 있어야 한다.
> ④ 적정한 밝기(50~100Lux)를 유지할 수 있는 조명조절 기능이 갖춰져 있어야 한다.
> ⑤ 의자 등 휴식에 필요한 비품이 갖춰져 있어야 한다.
>
> **해설**
>
> ④
> 적정한 밝기(100~200Lux)를 유지할 수 있는 조명조절 기능이 갖춰져 있어야 한다.

(12) 안전보건교육

1) 안전보건관리책임자 등에 대한 직무교육 ★

다음 각 호의 어느 하나에 해당하는 사람은 **해당 직위에 선임(위촉의 경우를 포함)되거나 채용된 후 3개월(보건관리자가 의사인 경우는 1년) 이내에 직무를 수행하는 데 필요한 신규교육을 받아야 하며, 신규교육을 이수한 후 매 2년이 되는 날을 기준으로 전후 6개월 사이에 고용노동부장관이 실시하는 안전보건에 관한 보수교육**을 받아야 한다.

① 안전보건관리책임자
② 안전관리자(「기업활동 규제완화에 관한 특별조치법」 제30조제3항에 따라 안전관리자로 채용된 것으로 보는 사람을 포함한다)
③ 보건관리자
④ 안전보건관리담당자
⑤ 안전관리전문기관 또는 보건관리전문기관에서 안전관리자 또는 보건관리자의 위탁 업무를 수행하는 사람
⑥ 건설재해예방전문지도기관에서 지도업무를 수행하는 사람
⑦ 안전검사기관에서 검사업무를 수행하는 사람
⑧ 자율안전검사기관에서 검사업무를 수행하는 사람
⑨ 석면조사기관에서 석면조사 업무를 수행하는 사람

2) 사업주가 근로자에게 실시해야 하는 안전보건교육의 교육시간 ★

가. 근로자 안전보건교육

교육과정	교육대상		교육시간
가. 정기교육	1) 사무직 종사 근로자		매반기 6시간 이상
	2) 그 밖의 근로자	가) 판매업무에 직접 종사하는 근로자	매반기 6시간 이상
		나) 판매업무에 직접 종사하는 근로자 외의 근로자	매반기 12시간 이상
나. 채용 시의 교육	1) 일용근로자 및 근로계약기간이 1주일 이하인 기간제근로자		8시간 이상
	2) 근로계약기간이 1주일 초과 1개월 이하인 기간제근로자		1시간 이상
	3) 그 밖의 근로자		2시간 이상
다. 작업내용 변경 시의 교육	1) 일용근로자 및 근로계약기간이 1주일 이하인 기간제근로자		1시간 이상
	2) 그 밖의 근로자		2시간 이상
라. 특별교육	1) 일용근로자 및 근로계약기간이 1주일 이하인 기간제 근로자(타워크레인신호작업에 종사하는 근로자 제외)		2시간 이상
	2) 일용근로자 및 근로계약기간이 1주일 이하인 기간제 근로자 중 타워크레인신호작업에 종사하는 근로자		8시간 이상
	3) 일용근로자 및 근로계약기간이 1주일 이하인 기간제 근로자를 제외한 근로자		가) 16시간 이상(최초 작업에 종사하기 전 4시간 이상 실시하고 12시간은 3개월 이내에서 분할하여 실시 가능) 나) 단기간 작업 또는 간헐적 작업인 경우에는 2시간 이상
마. 건설업 기초 안전·보건교육	건설 일용근로자		4시간 이상

나. 관리감독자 안전보건교육

교육과정	교육시간
가. 정기교육	연간 16시간 이상
나. 채용 시 교육	8시간 이상
다. 작업내용 변경 시 교육	2시간 이상
라. 특별교육	16시간 이상(최초 작업에 종사하기 전 4시간 이상 실시하고, 12시간은 3개월 이내에서 분할하여 실시 가능)
	단기간 작업 또는 간헐적 작업인 경우에는 2시간 이상

다. 안전보건관리책임자 등에 대한 교육(직무교육)

교육대상	교육시간	
	신규교육	보수교육
가. 안전보건관리책임자	6시간 이상	6시간 이상
나. 안전관리자, 안전관리전문기관의 종사자	34시간 이상	24시간 이상
다. 보건관리자, 보건관리전문기관의 종사자	34시간 이상	24시간 이상
라. 건설재해예방 전문지도기관의 종사자	34시간 이상	24시간 이상
마. 석면조사기관의 종사자	34시간 이상	24시간 이상
바. 안전보건관리담당자	-	8시간 이상
사. 안전검사기관, 자율안전검사기관의 종사자	34시간 이상	24시간 이상

라. 특수형태근로종사자에 대한 안전보건교육

교육과정	교육시간
가. 최초 노무제공 시 교육	2시간 이상(단기간 작업 또는 간헐적 작업에 노무를 제공하는 경우에는 1시간 이상 실시하고, 특별교육을 실시한 경우는 면제)
나. 특별교육	16시간 이상(최초 작업에 종사하기 전 4시간 이상 실시하고 12시간은 3개월 이내에서 분할하여 실시가능)
	단기간 작업 또는 간헐적 작업인 경우에는 2시간 이상

마. 검사원 성능검사 교육

교육과정	교육대상	교육시간
성능검사 교육	-	28시간 이상

3) 사업 내 안전·보건교육의 대상별 교육내용

가. 근로자 정기안전 · 보건교육 ★★★

근로자 정기안전 · 보건교육 내용

- 산업안전 및 사고 예방에 관한 사항
- 산업보건 및 직업병 예방에 관한 사항
- 건강증진 및 질병 예방에 관한 사항
- 유해 · 위험 작업환경 관리에 관한 사항
- 산업안전보건법령 및 산업재해보상보험 제도에 관한 사항
- 직무스트레스 예방 및 관리에 관한 사항
- 직장 내 괴롭힘, 고객의 폭언 등으로 인한 건강장해 예방 및 관리에 관한 사항
- 건강증진 및 질병 예방에 관한 사항
- 위험성 평가에 관한 사항

암기법

공통 내용(관리감독자, 근로자)
1. 근로자는 법, 산재보상제도를 알자!
2. 근로자는 건강을 보존(산업보건)하고 직업병, 스트레스, 괴롭힘·폭언 예방하자!
3. 근로자는 유해위험 환경을 관리해서 안전하고 사고예방하자!
4. 근로자는 위험성을 평가하자!

근로자 정기교육의 특징
1. 근로자는 건강증진하고 질병예방하자!

근로자 채용 시 교육 및 작업내용 변경 시 교육내용

- 산업안전 및 사고 예방에 관한 사항
- 산업보건 및 직업병 예방에 관한 사항
- 산업안전보건법령 및 산업재해보상보험제도에 관한 사항
- 직무스트레스 예방 및 관리에 관한 사항
- 직장 내 괴롭힘, 고객의 폭언 등으로 인한 건강장해 예방 및 관리에 관한 사항
- 기계·기구의 위험성과 작업의 순서 및 동선에 관한 사항
- 물질안전보건자료에 관한 사항
- 작업 개시 전 점검에 관한 사항
- 정리정돈 및 청소에 관한 사항
- 사고 발생 시 긴급조치에 관한 사항
- 위험성 평가에 관한 사항

> **암기법**
>
> 공통 내용(관리감독자, 근로자)
> 1. 신규자는 법, 산재보상제도를 알자!
> 2. 신규자는 건강을 보존(산업보건)하고 직업병, 스트레스, 괴롭힘.폭언 예방하자!
> 3. 신규자는 안전하고 사고예방하자!
> 4. 신규자는 위험성을 평가하자!
>
> 신규채용자는 회사에 처음입사해서 처음 일을 하는 근로자, 안전하게 일하기 위한 기본내용을 교육한다.
> 1. 신규자는 기계기구 위험성, 작업순서, 동선를 알자!
> 2. 신규자는 취급물질의 위험성(물질안전보건자료)을 알자!
> 3. 신규자는 작업 전 점검하자!
> 4. 신규자는 항상 정리정돈 청소하자!
> 5. 신규자는 사고시 조치를 알자!

나. 관리감독자의 정기안전 · 보건교육 ★★★

관리감독자 정기안전 · 보건교육 내용
• 산업안전 및 사고 예방에 관한 사항 • 산업보건 및 직업병 예방에 관한 사항 • 유해 · 위험 작업환경 관리에 관한 사항 • 산업안전보건법령 및 산업재해보상보험 제도에 관한 사항 • 직무스트레스 예방 및 관리에 관한 사항 • 직장 내 괴롭힘, 고객의 폭언 등으로 인한 건강장해 예방 및 관리에 관한 사항 • 위험성평가에 관한 사항 • 작업공정의 유해 · 위험과 재해 예방대책에 관한 사항 • 표준안전 작업방법 결정 및 지도 · 감독 요령에 관한 사항 • 비상시 또는 재해 발생 시 긴급조치에 관한 사항 • 사업장 내 안전보건관리체제 및 안전 · 보건조치 현황에 관한 사항 • 현장근로자와의 의사소통능력 및 강의능력 등 안전보건교육 능력 배양에 관한 사항 • 그 밖의 관리감독자의 직무에 관한 사항

암기법

공통 내용(관리감독자, 근로자)
1. 관리자는 법, 산재보상제도를 알자!
2. 관리자는 건강을 보존(산업보건)하고 직업병, 스트레스, 괴롭힘 · 폭언 예방하자!
3. 관리자는 유해위험 환경을 관리해서 안전하고 사고예방하자!
4. 관리자는 위험성을 평가하자!

관리감독자 정기교육의 특징
1. 관리자는 유해위험의 재해예방대책 세우자!
2. 관리자는 안전 작업방법 결정해서 감독하자!
3. 관리자는 재해발생 시 긴급조치하자!
4. 관리자는 안전보건 조치하자!
5. 관리자는 안전보건교육 능력 배양하자!

> **관리감독자의 채용 시 교육 및 작업내용 변경 시 교육내용**
>
> - 산업안전 및 사고 예방에 관한 사항
> - 산업보건 및 직업병 예방에 관한 사항
> - 산업안전보건법령 및 산업재해보상보험 제도에 관한 사항
> - 직무스트레스 예방 및 관리에 관한 사항
> - 직장 내 괴롭힘, 고객의 폭언 등으로 인한 건강장해 예방 및 관리에 관한 사항
> - 위험성평가에 관한 사항
> - 기계 · 기구의 위험성과 작업의 순서 및 동선에 관한 사항
> - 작업 개시 전 점검에 관한 사항
> - 물질안전보건자료에 관한 사항
> - 사업장 내 안전보건관리체제 및 안전 · 보건조치 현황에 관한 사항
> - 표준안전 작업방법 결정 및 지도 · 감독 요령에 관한 사항
> - 비상시 또는 재해 발생 시 긴급조치에 관한 사항
> - 그 밖의 관리감독자의 직무에 관한 사항

> [암기법]
>
> 공통 내용
> 1. 신규자는 법, 산재보상제도를 알자!
> 2. 신규자는 건강을 보존(산업보건)하고 직업병, 스트레스, 괴롭힘·폭언 예방하자!
> 3. 신규 관리자는 안전하고 사고예방하자!
> 4. 신규 관리자는 위험성을 평가하자!
>
> 채용시 근로자 교육 중 "정리정돈 청소"제외
> 1. 신규 관리자는 기계기구 위험성, 작업순서, 동선를 알자!
> 2. 신규 관리자는 취급물질의 위험성(물질안전보건자료)을 알자!
> 3. 신규 관리자는 작업 전 점검하자!
>
> 신규 관리자 내용 추가
> 1. 신규 관리자는 안전보건 조치하자!
> 2. 신규 관리자는 안전 작업방법 결정해서 감독하자!
> 3. 신규 관리자는 재해시 긴급조치하자!

다. 건설업 기초안전 · 보건교육에 대한 내용 및 시간 ★

교육 내용	시간
1. 건설공사의 종류(건축, 토목 등) 및 시공 절차	1시간
2. 산업재해 유형별 위험요인 및 안전보건조치	2시간
3. 안전보건관리체제 현황 및 산업안전보건 관련 근로자 권리·의무	1시간

라. 특수형태근로종사자에 대한 안전보건교육(최초 노무제공 시 교육)

교육내용
아래의 내용 중 **특수형태근로종사자의 직무에 적합한 내용을 교육**해야 한다. • **교통안전 및 운전안전**에 관한 사항 • **보호구 착용**에 대한 사항 • 산업안전 및 사고 예방에 관한 사항 • 산업보건 및 직업병 예방에 관한 사항 • 건강증진 및 질병 예방에 관한 사항 • 유해ㆍ위험 작업환경 관리에 관한 사항 • 기계ㆍ기구의 위험성과 작업의 순서 및 동선에 관한 사항 • 작업 개시 전 점검에 관한 사항 • 정리정돈 및 청소에 관한 사항 • 사고 발생 시 긴급조치에 관한 사항 • 물질안전보건자료에 관한 사항 • 직무스트레스 예방 및 관리에 관한 사항 • 직장 내 괴롭힘, 고객의 폭언 등으로 인한 건강장해 예방 및 관리에 관한 사항 • 산업안전보건법령 및 산업재해보상보험 제도에 관한 사항 `암기법` **채용시교육 내용 + 근로자 정기교육 내용 + 보호구 + 교통,운전안전(위험성평가 제외)**

마. 물질안전보건자료에 관한 교육내용 ★

• 대상화학물질의 명칭(또는 제품명) • 물리적 위험성 및 건강 유해성 • 취급상의 주의사항 • 적절한 보호구 • 응급조치 요령 및 사고 시 대처방법 • 물질안전보건자료 및 경고표지를 이해하는 방법

예제 12

산업안전보건법에 의하여 해당 직무를 수행하는 데 필요한 안전보건에 관한 신규교육 및 보수교육을 받아야 하는 직무교육 대상자를 [보기]에서 모두 고르시오. | 기사 2024년 2회 |

[보기]

① 사업주
② 안전관리자
③ 보건관리자
④ 안전보건관리담당자

해설

②, ③, ④

참고

안전보건관리책임자 등에 대한 교육(직무교육)

교육대상	교육시간	
	신규교육	보수교육
가. 안전보건관리책임자	6시간 이상	6시간 이상
나. 안전관리자, 안전관리전문기관의 종사자	34시간 이상	24시간 이상
다. 보건관리자, 보건관리전문기관의 종사자	34시간 이상	24시간 이상
라. 건설재해예방전문지도기관의 종사자	34시간 이상	24시간 이상
마. 석면조사기관의 종사자	34시간 이상	24시간 이상
바. 안전보건관리담당자	-	8시간 이상
사. 안전검사기관, 자율안전검사기관의 종사자	34시간 이상	24시간 이상

(13) 안전보건표지의 종류 및 형태 ★

1. 금지표지	101 출입금지	102 보행금지	103 차량통행금지	104 사용금지
	105 탑승금지	106 금연	107 화기금지	108 물체이동금지

2. 경고표지	201 인화성물질 경고	202 산화성물질 경고	203 폭발성물질 경고	204 급성독성물질 경고	205 부식성물질 경고
	206 방사성물질 경고	207 고압전기 경고	208 매달린 물체 경고	209 낙하물 경고	210 고온 경고
	211 저온 경고	212 몸균형 상실 경고	213 레이저광선 경고	214 발암성·변이원성·생식독성·전신독성·호흡기과민성 물질 경고	215 위험장소 경고

3. 지시표지	301 보안경 착용	302 방독마스크 착용	303 방진마스크 착용	304 보안면 착용	305 안전모 착용
	306 귀마개 착용	307 안전화 착용	308 안전장갑 착용	309 안전복 착용	

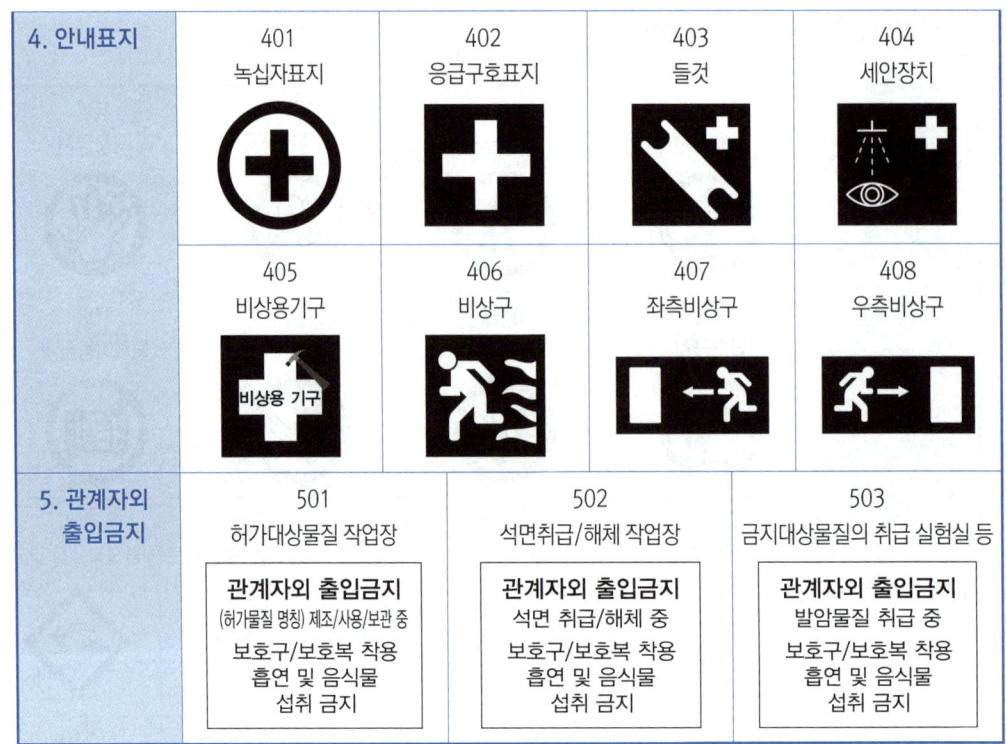

예제 13

다음 그림은 산업안전보건법의 경고표지이다. 표지의 명칭과 그림을 알맞게 골라 번호를 적으시오.

| 기사 2016년 1회, 2012년 3회 |

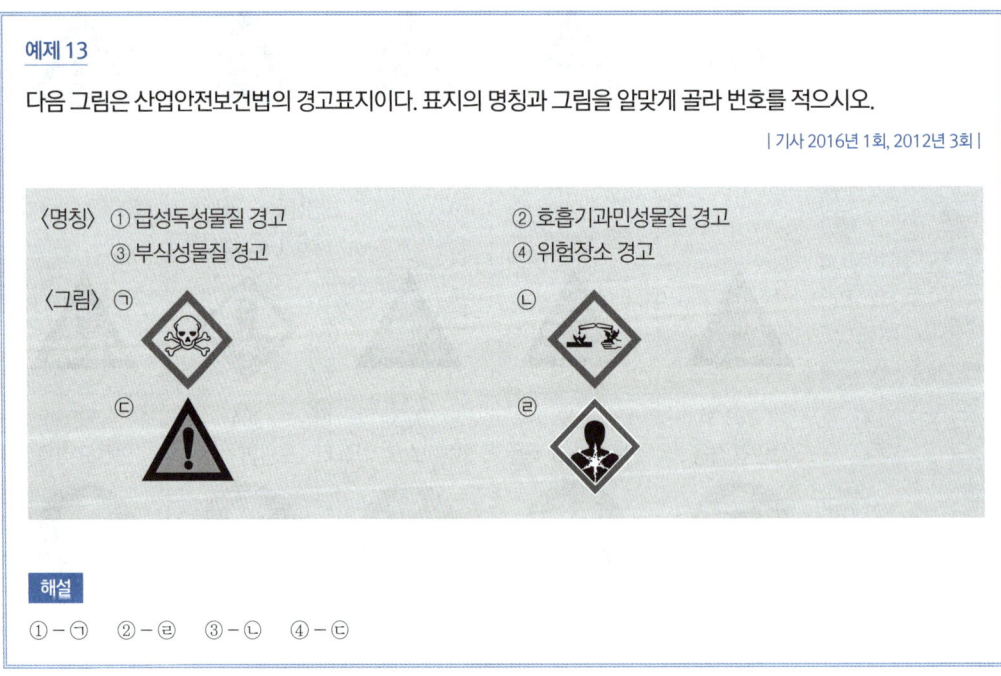

해설

① – ㉠   ② – ㉢   ③ – ㉡   ④ – ㉢

(14) 건강진단

1) 건강진단에 관한 사업주의 의무

① 사업주는 건강진단을 실시하는 경우 근로자대표가 요구하면 근로자대표를 참석시켜야 한다.
② 사업주는 산업안전보건위원회 또는 근로자대표가 요구할 때에는 직접 또는 건강진단을 한 건강진단기관에 건강진단 결과에 대하여 설명하도록 하여야 한다. 다만, 개별 근로자의 건강진단 결과는 본인의 동의 없이 공개해서는 아니 된다.
③ 사업주는 건강진단의 결과를 근로자의 건강 보호 및 유지 외의 목적으로 사용해서는 아니 된다.
④ 사업주는 건강진단의 결과 근로자의 건강을 유지하기 위하여 필요하다고 인정할 때에는 작업장소 변경, 작업 전환, 근로시간 단축, 야간근로(오후 10시부터 다음 날 오전 6시까지 사이의 근로를 말한다)의 제한, 작업환경측정 또는 시설·설비의 설치·개선 등 고용노동부령으로 정하는 바에 따라 적절한 조치를 하여야 한다.★

2) 건강진단에 관한 근로자의 의무

근로자는 사업주가 실시하는 건강진단을 받아야 한다. 다만, 사업주가 지정한 건강진단기관이 아닌 건강진단기관으로부터 이에 상응하는 건강진단을 받아 그 결과를 증명하는 서류를 사업주에게 제출하는 경우에는 사업주가 실시하는 건강진단을 받은 것으로 본다.

3) 건강진단기관 등의 결과 보고 의무

건강진단기관은 건강진단을 실시한 때에는 고용노동부령으로 정하는 바에 따라 그 결과를 근로자 및 사업주에게 통보하고 고용노동부장관에게 보고하여야 한다.
① 건강진단기관이 건강진단을 실시하였을 때에는 그 결과를 고용노동부장관이 정하는 건강진단 개인표에 기록하고, 건강진단 실시일부터 30일 이내에 근로자에게 송부하여야 한다.
② 건강진단기관은 건강진단을 실시한 결과 질병 유소견자가 발견된 경우에는 건강진단을 실시한 날부터 30일 이내에 해당 근로자에게 의학적 소견 및 사후관리에 필요한 사항과 업무수행의 적합성 여부(특수건강진단기관인 경우에만 해당한다)를 설명하여야 한다. 다만, 해당 근로자가 소속한 사업장의 의사인 보건관리자에게 이를 설명한 경우에는 그렇지 않다.
③ 건강진단기관은 건강진단을 실시한 날부터 30일 이내에 다음 각 호의 구분에 따라 건강진단 결과표를 사업주에게 송부해야 한다.
- 일반건강진단을 실시한 경우: 일반건강진단 결과표
- 특수건강진단·배치전건강진단·수시건강진단 및 임시건강진단을 실시한 경우: 특수·배치전·수시·임시건강진단 결과표

④ **특수건강진단기관은** 특수건강진단·수시건강진단 또는 임시건강진단을 실시한 경우에는 건강진단을 실시한 날부터 30일 이내에 건강진단 결과표를 지방고용노동관서의 장에게 제출해야 한다. 다만, 건강진단개인표 전산입력자료를 고용노동부장관이 정하는 바에 따라 공단에 송부한 경우에는 그렇지 않다.
⑤ 건강진단을 한 기관은 사업주가 근로자의 건강보호를 위하여 건강진단 결과를 요청하는 경우 일반건강진단 결과표를 사업주에게 송부해야 한다.
⑥ 일반건강진단을 실시한 기관은 사업주가 근로자의 건강보호를 위하여 건강진단 결과를 요청하는 경우 일반건강진단 결과표 사업주에게 통보하여야 한다.

4) 건강진단의 종류 및 정의 ★

① "**일반건강진단**"이란 상시 사용하는 근로자의 건강관리를 위하여 사업주가 주기적으로 실시하는 건강진단을 말한다.

일반건강진단 실시시기
• 사무직 종사 근로자(판매업무 종사하는 근로자 제외) : 2년에 1회 이상 • 그 밖의 근로자 : 1년에 1회 이상

② "**특수건강진단**"이란 다음 각 목의 어느 하나에 해당하는 근로자의 건강관리를 위하여 사업주가 실시하는 건강진단을 말한다.

특수건강진단 실시대상
• 특수건강진단 대상 업무에 종사하는 근로자 • 건강진단 실시 결과 직업병 소견이 있는 근로자로 판정받아 작업 전환을 하거나 작업 장소를 변경하여 해당 판정의 원인이 된 특수건강진단 대상 업무에 종사하지 아니하는 사람으로서 해당 유해인자에 대한 건강진단이 필요하다는 의사의 소견이 있는 근로자

③ "**배치전건강진단**"이란 특수건강진단 대상업무에 종사할 근로자에 대하여 배치예정업무에 대한 적합성 평가를 위하여 사업주가 실시하는 건강진단을 말한다.
④ "**수시건강진단**"이란 특수건강진단 대상업무에 따른 유해인자로 인한 것이라고 의심되는 건강장해 증상을 보이거나 의학적 소견이 있는 근로자 중 보건관리자 등이 사업주에게 건강진단 실시를 건의하는 등 고용노동부령으로 정하는 근로자에 대하여 실시하는 건강진단을 말한다.
⑤ "**임시건강진단**"이란 같은 유해인자에 노출되는 근로자들에게 유사한 질병의 증상이 발생한 경우 등 고용노동부령으로 정하는 경우에 근로자의 건강을 보호하기 위하여 사업주가 특정 근로자에 대하여 실시하는 건강진단을 말한다.

임시건강진단을 실시하여야 하는 경우
• 같은 부서에 근무하는 근로자 또는 같은 유해인자에 노출되는 근로자에게 유사한 질병의 자각·타각 증상이 발생한 경우 • 직업병 유소견자가 발생하거나 여러 명이 발생할 우려가 있는 경우 • 그 밖에 지방고용노동관서의 장이 필요하다고 판단하는 경우

2) 특수건강진단의 시기 및 주기

구분	대상 유해인자	시기(배치 후 첫 번째 특수 건강진단)	주기
1	N,N-디메틸아세트아미드 디메틸포름아미드	1개월 이내	6개월
2	벤젠	2개월 이내	6개월
3	1,1,2,2-테트라클로로에탄 사염화탄소 아크릴로니트릴 염화비닐	3개월 이내	6개월
4	석면, 면 분진	12개월 이내	12개월
5	광물성 분진 목재 분진 소음 및 충격소음	12개월 이내	24개월
6	제1호부터 제5호까지의 대상 유해인자를 제외한 별표 22의 모든 대상 유해인자	6개월 이내	

3) 건강진단 결과 건강관리 구분 ★

건강관리 구분		건강관리 구분내용
A		건강관리상 사후관리가 필요 없는 근로자(건강한 근로자)
C	C_1	직업성 질병으로 진전될 우려가 있어 추적검사 등 관찰이 필요한 근로자 (직업병 요관찰자)
	C_2	일반질병으로 진전될 우려가 있어 추적관찰이 필요한 근로자 (일반질병 요관찰자)
D_1		직업성 질병의 소견을 보여 사후관리가 필요한 근로자(직업병 유소견자)
D_2		일반질병의 소견을 보여 사후관리가 필요한 근로자(일반질병 유소견자)
R		건강진단 1차 검사결과 건강수준의 평가가 곤란하거나 질병이 의심되는 근로자(제2차 건강진단 대상자)

※ "U"는 2차 건강진단 대상임을 통보하고 10일을 경과하여 해당 검사가 이루어지지 않아 건강관리구분을 판정할 수 없는 근로자 "U"로 분류한 경우에는 해당 근로자의 퇴직, 기한 내 미실시 등 2차 건강진단의 해당 검사가 이루어지지 않은 사유를 건강진단결과표의 사후관리소견서 검진 소견란에 기재하여야 함

예제 14

산업안전보건법에 의한 건강진단에 관한 내용이다. 설명을 읽고 괄호에 적합한 건강진단의 명칭을 적으시오.

| 기사 2024년 1회,

(1) (①)이란 특수건강진단 대상업무에 종사할 근로자에 대하여 배치예정업무에 대한 적합성 평가를 위하여 사업주가 실시하는 건강진단을 말한다.

(2) (②)이란 특수건강진단 대상업무에 따른 유해인자로 인한 것이라고 의심되는 건강장해 증상을 보이거나 의학적 소견이 있는 근로자 중 보건관리자 등이 사업주에게 건강진단 실시를 건의하는 등 고용노동부령으로 정하는 근로자에 대하여 실시하는 건강진단을 말한다.

(3) (③)이란 같은 유해인자에 노출되는 근로자들에게 유사한 질병의 증상이 발생한 경우 등 근로자의 건강을 보호하기 위하여 사업주가 특정 근로자에 대하여 실시하는 건강진단을 말한다.

해설

① 배치전건강진단 ② 수시건강진단 ③ 임시건강진단

예제 15

건강진단 실시 결과에 따른 건강진단 결과를 구분하여 설명하시오. | 산업 2019년 2회, 2015년 1회, 2012년 2회 |

해설

① A : 건강관리상 사후관리가 필요 없는 근로자(건강한 근로자)
② C_1 : 직업성 질병으로 진전될 우려가 있어 추적검사 등 관찰이 필요한 근로자(직업병 요관찰자)
③ C_2 : 일반질병으로 진전될 우려가 있어 추적관찰이 필요한 근로자(일반질병 요관찰자)
④ D_1 : 직업성 질병의 소견을 보여 사후관리가 필요한 근로자(직업병 유소견자)
⑤ D_2 : 일반질병의 소견을 보여 사후관리가 필요한 근로자(일반질병 유소견자)
⑥ R : 질병이 의심되는 근로자(제2차 건강진단 대상자)

예제 16

산업안전보건법에 의하여 아세트알데히드를 취급하는 작업에 종사하는 근로자가 받아야 하는 건강진단의 명칭을 적으시오. | 기사 2024년 3회 |

해설

특수건강진단

예제 17

상시 사용하는 근로자의 건강관리를 위하여 실시하는 일반 건강진단 실시 시기를 적으시오.

| 산업기사 기출 2022년 3회 |

① 사무직 종사 근로자(판매업무 종사하는 근로자 제외) :

② 그 밖의 근로자 :

해설

① 사무직 종사 근로자(판매업무 종사하는 근로자 제외) : 2년에 1회 이상
② 그 밖의 근로자 : 1년에 1회 이상

예제 18

다음 표는 특수건강진단 실시 시기 및 주기에 관한 내용이다. 괄호 안에 적합한 내용을 적으시오.

| 기사 2022년 3회 |

구분	대상 유해인자	시기(배치 후 첫 번째 특수 건강진단)	주기
1	N,N-디메틸아세트아미드 디메틸포름아미드	(①)	6개월
2	벤젠	2개월 이내	(②)
3	1,1,2,2-테트라클로로에탄 사염화탄소 아크릴로니트릴 염화비닐	3개월 이내	6개월
4	석면, 면 분진	(③)	12개월
5	광물성 분진 목재 분진 소음 및 충격소음	12개월 이내	24개월
6	제1호부터 제5호까지의 대상 유해인자를 제외한 별표22의 모든 대상 유해인자	6개월 이내	12개월

해설

① 1개월 이내 ② 6개월 ③ 12개월 이내

예제 19

[보기]는 산업안전보건법에 의한 근로자 건강진단 실시에 관한 사업주의 의무를 설명하고 있다. 올바른 설명의 기호를 적으시오.

| 기사 2022년 3회 |

> ① 사업주는 건강진단을 실시하는 경우 근로자대표의 요구가 있더라도 근로자대표를 참석시켜서는 아니 된다.
> ② 사업주는 산업안전보건위원회 또는 근로자대표가 요구할 때에는 직접 또는 건강진단을 한 건강진단기관에 건강진단 결과에 대하여 설명하도록 하여야 한다. 다만, 개별 근로자의 건강진단 결과는 본인의 동의 없이 공개해도 괜찮다.
> ③ 건강진단의 결과를 근로자의 건강 보호 및 유지 외의 목적으로 사용해서는 아니 된다.
> ④ 사업주는 건강진단의 결과 근로자의 건강을 유지하기 위하여 필요하다고 인정할 때에는 작업장소 변경, 작업전환, 근로시간 단축, 야간근로(오후 10시부터 다음 날 오전 6시까지 사이의 근로를 말한다)의 제한, 작업환경측정 또는 시설·설비의 설치·개선 등 고용노동부령으로 정하는 바에 따라 적절한 조치를 하여야 한다.
> ⑤ ④항에 따라 적절한 조치를 하여야 하는 사업주로서 고용노동부령으로 정하는 사업주는 그 조치 결과를 고용노동부령으로 정하는 바에 따라 고용노동부장관에게 제출하여야 한다.

해설

③, ④, ⑤

[참고]
① 사업주는 건강진단을 실시하는 경우 **근로자대표가 요구하면 근로자대표를 참석시켜야 한다**.
② 사업주는 산업안전보건위원회 또는 근로자대표가 요구할 때에는 직접 또는 건강진단을 한 건강진단기관에 건강진단 결과에 대하여 설명하도록 하여야 한다. 다만, **개별 근로자의 건강진단 결과는 본인의 동의 없이 공개해서는 아니 된다**.

예제 20

[보기]는 산업안전보건법에 의한 근로자 건강진단 실시에 관한 설명이다. 괄호에 적합한 내용을 적으시오.

| 기사 2024년 3회 |

[보기]

사업주는 건강진단의 결과 근로자의 건강을 유지하기 위하여 필요하다고 인정할 때에는 (①), 작업 전환, (②), 야간근로(오후 10시부터 다음 날 오전 6시까지 사이의 근로를 말한다)의 제한, 작업환경측정 또는 시설·설비의 설치·개선 등 고용노동부령으로 정하는 바에 따라 적절한 조치를 하여야 한다.

해설

① 작업장소 변경
② 근로시간 단축

(15) 석면에 대한 조치

1) 석면조사

① 건축물이나 설비를 철거하거나 해체하려는 경우에 해당 건축물이나 설비의 소유주 또는 임차인 등은 다음 각 호의 사항을 고용노동부령으로 정하는 바에 따라 "일반석면조사"를 한 후 그 결과를 기록하여 보존하여야 한다.
  - 해당 건축물이나 설비에 석면이 함유되어 있는지 여부
  - 해당 건축물이나 설비 중 석면이 함유된 자재의 종류, 위치 및 면적

② 건축물이나 설비 중 대통령령으로 정하는 규모 이상의 건축물·설비소유주 등은 석면조사기관에 "기관석면조사"를 하도록 한 후 그 결과를 기록하여 보존하여야 한다. (다만, 석면함유 여부가 명백한 경우 등 대통령령으로 정하는 사유에 해당하여 고용노동부령으로 정하는 절차에 따라 확인을 받은 경우에는 기관석면조사를 생략할 수 있다.)
  - 제1항 각 호의 사항
  - 해당 건축물이나 설비에 함유된 석면의 종류 및 함유량

2) 기관석면 조사방법

① 건축도면, 설비제작도면 또는 사용자재의 이력 등을 통하여 석면 함유 여부에 대한 예비조사를 할 것
② 건축물이나 설비의 해체·제거할 자재 등에 대하여 성질과 상태가 다른 부분들을 각각 구분할 것
③ 시료채취는 구분된 부분들 각각에 대하여 그 크기를 고려하여 채취 수를 달리하여 조사를 할 것

3) 기관석면조사 결과의 판정

구분된 부분들 각각에서 크기를 고려하여 1개만 고형시료를 채취·분석하는 경우에는 그 1개의 결과를 기준으로 해당 부분의 석면 함유 여부를 판정해야 하며, 2개 이상의 고형시료를 채취·분석하는 경우에는 석면 함유율이 가장 높은 결과를 기준으로 해당 부분의 석면 함유 여부를 판정해야 한다.

4) 석면의 해체·제거

① 기관석면조사 대상인 건축물이나 설비에 대통령령으로 정하는 함유량과 면적 이상의 석면이 함유되어 있는 경우 해당 건축물·설비소유주 등은 석면해체·제거업자로 하여금 그 석면을 해체·제거하도록 하여야 한다. 다만, 건축물·설비소유주 등이 인력·장비 등에서 석면해체·제거업자와 동등한 능력을 갖추고 있는 경우 등 대통령령으로 정하는 사유에 해당할 경우에는 스스로 석면을 해체·제거할 수 있다.

> **석면해체·제거업자를 통한 석면해체·제거 대상 ★**
> - 철거·해체하려는 벽체재료, 바닥재, 천장재 및 지붕재 등의 자재에 석면이 중량비율 1퍼센트를 초과하여 함유되어 있고 그 자재의 면적의 합이 50제곱미터 이상인 경우
> - 석면이 중량비율 1퍼센트가 넘게 포함된 분무재 또는 내화피복재를 사용한 경우
> - 석면이 중량비율 1퍼센트가 넘게 포함된 자재의 면적의 합이 15제곱미터 이상 또는 그 부피의 합이 1세제곱미터 이상인 경우
> - 파이프에 사용된 보온재에서 석면이 중량비율 1퍼센트가 넘게 포함되어 있고 그 보온재 길이의 합이 80미터 이상인 경우

② 석면해체·제거작업 완료 후의 석면농도기준 ★

"고용노동부령으로 정하는 기준"이란 1 세제곱센티미터당 0.01개를 말한다.(0.01개/cm³)

5) 석면 해체·제거작업 계획 수립

① 사업주는 석면해체·제거작업을 하기 전에 일반석면조사 또는 기관석면조사 결과를 확인한 후 다음 각 호의 사항이 포함된 석면해체·제거작업 계획을 수립하고, 이에 따라 작업을 수행하여야 한다.

> **석면 해체·제거작업 계획 수립에 포함하여야 할 사항 ★**
> - 석면 해체·제거작업의 절차와 방법
> - 석면 흩날림 방지 및 폐기방법
> - 근로자 보호조치

② 사업주는 석면해체·제거작업 계획을 수립한 경우에 이를 해당 근로자에게 알려야 하며, 작업장에 대한 석면조사 방법 및 종료일자, 석면조사 결과의 요지를 해당 근로자가 보기 쉬운 장소에 게시하여야 한다.

예제 21

산업안전보건법에 의하여 석면 해체·제거작업 계획 수립에 포함하여야 할 사항 3가지를 적으시오.

| 기사 2020년 1회 |

해설
① 석면 해체·제거작업의 절차와 방법
② 석면 흩날림 방지 및 폐기방법
③ 근로자 보호조치

(16) 위험성평가

1) 용어정의

① "위험성평가"란 사업주가 스스로 유해·위험요인을 파악하고 해당 유해·위험요인의 위험성 수준을 결정하여, 위험성을 낮추기 위한 적절한 조치를 마련하고 실행하는 과정을 말한다.
② "유해·위험요인"이란 유해·위험을 일으킬 잠재적 가능성이 있는 것의 고유한 특징이나 속성을 말한다.
③ "위험성"이란 유해·위험요인이 사망, 부상 또는 질병으로 이어질 수 있는 가능성과 중대성 등을 고려한 위험의 정도를 말한다.

2) 사업주는 건설물, 기계·기구·설비, 원재료, 가스, 증기, 분진, 근로자의 작업행동 또는 그 밖의 업무로 인한 유해·위험 요인을 찾아내어 부상 및 질병으로 이어질 수 있는 위험성의 크기가 허용 가능한 범위인지를 평가하여야 하고, 그 결과에 따라 법에 따른 명령에 따른 조치를 하여야 하며, 근로자에 대한 위험 또는 건강장해를 방지하기 위하여 필요한 경우에는 추가적인 조치를 하여야 한다.

3) 위험성평가의 실시 시기

① 사업주는 사업이 성립된 날(사업 개시일을 말하며, 건설업의 경우 실착공일을 말한다)로 부터 1개월이 되는 날까지 위험성평가의 대상이 되는 유해·위험요인에 대한 최초 위험성평가의 실시에 착수하여야 한다. 다만, 1개월 미만의 기간 동안 이루어지는 작업 또는 공사의 경우에는 특별한 사정이 없는 한 작업 또는 공사 개시 후 지체 없이 최초 위험성평가를 실시하여야 한다.
② 사업주는 다음 각 호의 어느 하나에 해당하여 추가적인 유해·위험요인이 생기는 경우에는 해당 유해·위험요인에 대한 수시 위험성평가를 실시하여야 한다. 다만, 제 5호에 해당하는 경우에는 재해발생 작업을 대상으로 작업을 재개하기 전에 실시하여야 한다.

수시평가를 하여야 하는 경우
① 사업장 건설물의 설치·이전·변경 또는 해체
② 기계·기구, 설비, 원재료 등의 신규 도입 또는 변경
③ 건설물, 기계·기구, 설비 등의 정비 또는 보수(주기적·반복적 작업으로서 이미 위험성평가를 실시한 경우에는 제외)
④ 작업방법 또는 작업절차의 신규 도입 또는 변경
⑤ 중대 산업사고 또는 산업재해(휴업 이상의 요양을 요하는 경우에 한정한다) 발생
⑥ 그 밖에 사업주가 필요하다고 판단한 경우

4) 위험성평가의 대상

① 위험성평가의 대상이 되는 유해·위험요인은 업무 중 근로자에게 노출된 것이 확인되었거나 노출될 것이 합리적으로 예견 가능한 모든 유해·위험요인이다. 다만, 매우 경미한 부상 및 질병만을 초래할 것으로 명백히 예상되는 유해·위험요인은 평가 대상에서 제외할 수 있다.
② 사업주는 사업장 내 부상 또는 질병으로 이어질 가능성이 있었던 상황("아차사고")을 확인한 경우에는 해당 사고를 일으킨 유해·위험요인을 위험성평가의 대상에 포함시켜야 한다.
③ 사업주는 사업장 내에서 중대재해가 발생한 때에는 지체 없이 중대재해의 원인이 되는 유해·위험요인에 대해 위험성평가를 실시하고, 그 밖의 사업장 내 유해·위험요인에 대해서는 위험성평가 재검토를 실시하여야 한다.

> **암기**
>
> 노출된 것이 확인되었거나 노출될 것으로 예견 가능한 모든 유해·위험요인(매우 경미한 부상 및 질병만을 초래할 것으로 예상되는 유해·위험요인은 제외), 아차사고를 일으킨 유해·위험요인, 중대재해 원인(지체 없이 위험성평가 실시)

5) 근로자 참여 ★

사업주는 위험성평가를 실시할 때 다음 각 호에 해당하는 경우 해당 작업에 종사하는 근로자를 참여시켜야 한다.
① 유해·위험요인의 위험성 수준을 판단하는 기준을 마련하고, 유해·위험요인별로 허용 가능한 위험성 수준을 정하거나 변경하는 경우
② 해당 사업장의 유해·위험요인을 파악하는 경우
③ 유해·위험요인의 위험성이 허용 가능한 수준인지 여부를 결정하는 경우
④ 위험성 감소대책을 수립하여 실행하는 경우
⑤ 위험성 감소대책 실행 여부를 확인하는 경우

6) 사업장 위험성평가의 방법

① 안전보건관리책임자 등 해당 사업장에서 사업의 실시를 총괄 관리하는 사람에게 위험성평가의 실시를 총괄 관리하게 할 것
② 사업장의 안전관리자, 보건관리자 등이 위험성평가의 실시에 관하여 안전보건관리책임자를 보좌하고 지도·조언하게 할 것
③ 유해·위험요인을 파악하고 그 결과에 따른 개선조치를 시행할 것
④ 기계·기구, 설비 등과 관련된 위험성평가에는 해당 기계·기구, 설비 등에 전문 지식을 갖춘 사람을 참여하게 할 것

⑤ 안전·보건관리자의 선임의무가 없는 경우에는 업무를 수행할 사람을 지정하는 등 그 밖에 위험성평가를 위한 체제를 구축할 것

7) 사업주는 사업장의 규모와 특성 등을 고려하여 다음 각 호의 위험성평가 방법 중 한 가지 이상을 선정하여 위험성평가를 실시할 수 있다.

위험성평가 실시방법 ★
① 위험 가능성과 중대성을 조합한 빈도·강도법 ② 체크리스트(Checklist)법 ③ 위험성 수준 3단계(저·중·고) 판단법 ④ 핵심요인 기술(One Point Sheet)법 ⑤ 그 외 공정위험성평가 기법

8) 위험성평가의 절차 ★

사업주는 위험성평가를 다음의 절차에 따라 실시하여야 한다. 다만, 상시근로자 5인 미만 사업장(건설공사의 경우 1억원 미만)의 경우 제1호의 절차를 생략할 수 있다.

① 사전준비
② 유해·위험요인 파악
③ 위험성 결정
④ 위험성 감소대책 수립 및 실행
⑤ 위험성평가 실시내용 및 결과에 관한 기록 및 보존

9) 유해·위험요인의 파악

사업주는 다음 각 호의 방법 중 어느 하나 이상의 방법을 사용하되, 특별한 사정이 없으면 제1호에 의한 방법을 포함하여야 한다.

유해·위험요인을 파악하는 방법 ★
① 사업장 순회점검에 의한 방법 ② 근로자들의 상시적 제안에 의한 방법 ③ 설문조사·인터뷰 등 청취조사에 의한 방법 ④ 물질안전보건자료, 작업환경측정결과, 특수건강진단결과 등 안전보건 자료에 의한 방법 ⑤ 안전보건 체크리스트에 의한 방법 ⑥ 그 밖에 사업장의 특성에 적합한 방법

10) 위험성 감소대책 수립 및 실행

사업주는 허용 가능한 위험성이 아니라고 판단한 경우에는 위험성의 수준, 영향을 받는 근로자 수 및 다음 각 호의 순서를 고려하여 위험성 감소를 위한 대책을 수립하여 실행하여야 한다. 이 경우 법령에서 정하는 사항과 그 밖에 근로자의 위험 또는 건강장해를 방지하기 위하여 필요한 조치를 반영하여야 한다.

위험성 감소대책 수립 순서 ★
① 위험한 작업의 폐지·변경, 유해·위험물질 대체 등의 조치 또는 설계나 계획 단계에서 위험성을 제거 또는 저감하는 조치 ② 연동장치, 환기장치 설치 등의 공학적 대책 ③ 사업장 작업절차서 정비 등의 관리적 대책 ④ 개인용 보호구의 사용

11) 기록 및 보존

① 위험성평가의 결과와 조치사항을 기록·보존할 때에는 다음 각 호의 사항이 포함되어야 한다. ★

위험성평가 기록에 포함사항
① 위험성평가 대상의 유해·위험요인 ② 위험성 결정의 내용 ③ 위험성 결정에 따른 조치의 내용 ④ 위험성평가를 위해 사전조사 한 안전보건정보 ⑤ 그 밖에 사업장에서 필요하다고 정한 사항

② 사업주는 제1항에 따른 자료를 3년간 보존해야 한다. ★

예제 22

사업주는 산업안전보건법에 따라 실시한 사업장의 위험성평가 결과와 조치사항을 고용노동부령으로 정하는 바에 따라 기록하여 보존하여야 한다. (1) 위험성평가 기록에 포함하여야 하는 사항 3가지를 적으시오. (2) 위험성평가에 따른 자료를 보존하여야 하는 기간을 적으시오. | 기사 2022년 2회, 3회 |

해설

(1) 위험성평가 기록에 포함하여야 하는 사항
   ① 위험성평가 대상의 유해·위험요인
   ② 위험성 결정의 내용
   ③ 위험성 결정에 따른 조치의 내용
   ④ 위험성평가를 위해 사전조사 한 안전보건정보
   ⑤ 그 밖에 사업장에서 필요하다고 정한 사항
(2) 자료를 보존 기간 : 3년

예제 23

[보기]의 설명에 해당하는 용어를 적으시오. | 기사 2023년 1회 |

사업주가 스스로 유해·위험요인을 파악하고 해당 유해·위험요인의 위험성 수준을 결정하여, 위험성을 낮추기 위한 적절한 조치를 마련하고 실행하는 과정을 말한다.

해설

위험성평가

예제 24

[보기]는 위험성 평가 후 실시하는 위험성 감소대책 수립에 관한 내용이다. 위험성 감소대책 수립의 순서대로 번호를 나열하시오. | 기사 2024년 1회 |

[보기]
(1) 공학적 대책
(2) 개인용 보호구의 사용
(3) 위험성을 제거 또는 저감하는 조치
(4) 관리적 대책

해설

(3) → (1) → (4) → (2)

> **예제 25**
>
> 산업안전보건법에 의하여 사업주는 위험성평가를 실시할 때 해당 작업에 종사하는 근로자를 참여시켜야 한다. 위험성평가 시에 근로자를 참여시켜야 하는 경우 3가지를 적으시오.. | 기사 2024년 1회 |
>
> **해설**
> ① 유해 · 위험요인의 위험성 수준을 판단하는 기준을 마련하고, 유해 · 위험요인별로 허용 가능한 위험성 수준을 정하거나 변경하는 경우
> ② 해당 사업장의 유해 · 위험요인을 파악하는 경우
> ③ 유해 · 위험요인의 위험성이 허용 가능한 수준인지 여부를 결정하는 경우
> ④ 위험성 감소대책을 수립하여 실행하는 경우
> ⑤ 위험성 감소대책 실행 여부를 확인하는 경우

2 산업보건기준에 관한 사항

(1) 특별관리 물질

1. 2-니트로톨루엔
2. 디니트로톨루엔
3. N,N-디메틸아세트아미드
4. 디메틸포름아미드
5. 디부틸 프탈레이트
6. 1,2-디클로로에탄
7. 1,2-디클로로프로판
8. 2-메톡시에탄올
9. 2-메톡시에틸아세테이트
10. 벤젠
11. 벤조(a)피렌
12. 1,3-부타디엔
13. 1-브로모프로판
14. 2-브로모프로판
15. 사염화탄소
16. 아크릴로니트릴
17. 아크릴아미드
18. 2-에톡시에탄올
19. 2-에톡시에틸아세테이트
20. 에틸렌이민
21. 2,3-에폭시-1-프로판올
22. 1,2-에폭시프로판
23. 에피클로로히드린
24. 와파린
25. 산화에틸렌

26. 1,2,3-트리클로로프로판
27. 트리클로로에틸렌
28. 퍼클로로에틸렌
29. **페놀**
30. 포름아미드
31. **포름알데히드**
32. 프로필렌이민
33. 황산 디메틸
34. 히드라진 및 그 수화물
35. 납 및 그 무기화합물
36. 니켈 및 그 화합물, 니켈 카르보닐(불용성화합물만 특별관리물질)
37. 산화붕소
38. 수은 및 그 화합물(다만, 아릴화합물 및 알킬화합물은 특별관리물질에서 제외한다)
39. 카드뮴 및 그 화합물
40. 크롬 및 그 화합물(**6가크롬 화합물**만 특별관리물질)
41. 사붕소산 나트륨(무수물, 오수화물)
42. 황산(pH 2.0 이하인 강산은 특별관리물질)

예제 26

산업안전보건법에 의한 특별관리 물질의 종류 4가지를 적으시오. | 기사 2012년 3회 |

해설

① 벤젠
② 사염화탄소
③ 페놀
④ 포름알데히드
⑤ 6가크롬

(2) 제조 등이 금지되는 유해물질 ★

① β-나프틸아민[91-59-8]과 그 염(β-Naphthylamine and its salts)
② 4-니트로디페닐[92-93-3]과 그 염(4-Nitrodiphenyl and its salts)
③ 백연[1319-46-6]을 포함한 페인트(포함된 중량의 비율이 2퍼센트 이하인 것은 제외한다)
④ 벤젠[71-43-2]을 포함하는 고무풀(포함된 중량의 비율이 5퍼센트 이하인 것은 제외한다)
⑤ 석면(Asbestos; 1332-21-4 등)
⑥ 폴리클로리네이티드 터페닐(Polychlorinated terphenyls; 61788-33-8 등)
⑦ 황린(黃燐)[12185-10-3] 성냥(Yellow phosphorus match)
⑧ 제1호, 제2호, 제5호 또는 제6호에 해당하는 물질을 포함한 혼합물(포함된 중량의 비율이 1퍼센트 이하인 것은 제외한다)
⑨ 「화학물질관리법」에 따른 금지물질(같은 법 제3조제1항제1호부터 제12호까지의 규정에 해당하는 화학물질은 제외한다)
⑩ 그 밖에 보건상 해로운 물질로서 산업재해보상보험및 예 방심의위원회의 심의를 거쳐 고용노동부장관이 정하는 유해물질

(3) 허가대상 유해물질 및 관리대상 유해물질

1) 명칭 등의 게시

사업주는 허가대상 유해물질 및 관리대상 유해물질을 제조하거나 사용하는 작업장에 다음 각 호의 사항을 보기 쉬운 장소에 게시하여야 한다.

① 유해물질의 명칭
② 인체에 미치는 영향
③ 취급상의 주의사항
④ 착용하여야 할 보호구
⑤ 응급처치와 긴급 방재 요령

2) 유해성 등의 주지 ★

사업주는 근로자가 허가대상 유해물질을 제조하거나 사용하는 경우에 다음 각 호의 사항을 근로자에게 알려야 한다.

① 물리적·화학적 특성
② 발암성 등 인체에 미치는 영향과 증상

③ 취급상의 주의사항
④ 착용하여야 할 보호구와 착용방법
⑤ 위급상황 시의 대처방법과 응급조치 요령
⑥ 그 밖에 근로자의 건강장해 예방에 관한 사항

> **비교**
>
> 사업주는 관리대상 유해물질을 취급하는 작업에 근로자를 종사하도록 하는 경우에 근로자를 작업에 배치하기 전에 다음 각 호의 사항을 근로자에게 알려야 한다.
> - 관리대상 유해물질의 명칭 및 물리적·화학적 특성
> - 인체에 미치는 영향과 증상
> - 취급상의 주의사항
> - 착용하여야 할 보호구와 착용방법
> - 위급상황 시의 대처방법과 응급조치 요령
> - 그 밖에 근로자의 건강장해 예방에 관한 사항

3) 허가대상 유해물질의 제조·사용 시 적어야 하는 사항 ★

근로자가 허가대상 유해물질을 제조·사용하는 경우 다음 각 호의 사항을 적은 서류를 3년간 보관하여야 한다.

① 근로자의 이름
② 허가대상 유해물질의 명칭
③ 제조량 또는 사용량
④ 작업내용
⑤ 작업 시 착용한 보호구
⑥ 누출, 오염, 흡입 등의 사고가 발생한 경우 피해 내용 및 조치 사항

> **암기법**
>
> 누가(이름) 무엇을(물질의 명칭) 얼마나(사용량) 작업했다.(작업내용)

예제 27

산업안전보건법에 의하여 관리대상 유해물질을 취급하는 작업에 근로자를 종사하도록 하는 경우 근로자를 작업에 배치하기 전에 근로자에게 알려야 하는 사항 3가지를 적으시오. | 기사 2018년 3회 |

해설
① 관리대상 유해물질의 명칭 및 물리적·화학적 특성
② 인체에 미치는 영향과 증상
③ 취급상의 주의사항
④ 착용하여야 할 보호구와 착용방법
⑤ 위급상황 시의 대처방법과 응급조치 요령
⑥ 그 밖에 근로자의 건강장해 예방에 관한 사항

예제 28

관리대상 유해물질(또는 허가대상 유해물질)을 취급하는 작업장의 보기 쉬운 장소에 게시하여야 하는 사항 3가지를 적으시오.(단, 작업공정별 관리요령을 게시한 경우는 제외) | 기사 2023년 2회 |

해설
① 유해물질의 명칭
② 인체에 미치는 영향
③ 취급상 주의사항
④ 착용하여야 할 보호구
⑤ 응급조치와 긴급 방재 요령

예제 29

사업주는 안전조치 및 보건조치에 관한 사항으로서 고용노동부령으로 정하는 사항을 적은 서류는 3년간 보관하여야 한다. 산업안전보건법에 의하여 허가대상 유해물질의 제조·사용 시 안전조치 및 보건조치에 관한 사항으로서 적어야 하는 사항 3가지를 적으시오. | 기사 2024년 1회 |

해설
① 근로자의 이름
② 허가대상 유해물질의 명칭
③ 제조량 또는 사용량
④ 작업내용
⑤ 작업 시 착용한 보호구
⑥ 누출, 오염, 흡입 등의 사고가 발생한 경우 피해 내용 및 조치 사항

암기법
누가(이름) 무엇을(물질의 명칭) 얼마나(사용량) 작업했다.(작업내용)

(4) 밀폐공간에서의 건강장해 예방

1) "**산소결핍**"이란 공기 중의 **산소농도가 18퍼센트 미만인** 상태를 말한다. ★

2) 작업장의 적정공기 수준 ★★

① 산소농도의 범위가 18% 이상 23.5% 미만
② 탄산가스의 농도가 1.5% 미만
③ 일산화탄소의 농도가 30ppm 미만
④ 황화수소의 농도가 10ppm 미만

예제 30

산업안전보건법에 의한 작업장의 적정공기 수준 4가지를 적으시오. | 기사 2014년 3회 |

해설

① 산소농도의 범위가 18% 이상 23.5% 미만
② 탄산가스의 농도가 1.5% 미만
③ 일산화탄소의 농도가 30ppm 미만
④ 황화수소의 농도가 10ppm 미만

예제 31

다음 [보기]는 산업안전보건법의 기준에 의한 작업장의 적정공기 수준에 관한 설명이다. 괄호에 알맞은 내용을 적으시오. | 기사 2019년 3회 |

> 적정공기라 함은 산소농도의 범위가 (①)% 이상 (②)% 미만, 탄산가스 농도가 (③)% 미만, 일산화탄소 농도가 (④)ppm미만, 황화수소 농도가 (⑤)ppm 미만인 공기를 말한다.

해설

① 18
② 23.5
③ 1.5
④ 30
⑤ 10

---

3) 밀폐공간 작업 프로그램의 수립 · 시행

사업주는 밀폐공간에 근로자를 종사하도록 하는 경우에 다음 각 호의 내용이 포함된 밀폐공간 작업 프로그램을 수립하여 시행하여야 한다.

밀폐공간 작업 프로그램 내용 ★
① 사업장 내 밀폐공간의 위치 파악 및 관리 방안
② 밀폐공간 내 질식·중독 등을 일으킬 수 있는 유해·위험 요인의 파악 및 관리 방안
③ 밀폐공간 작업 시 사전 확인이 필요한 사항에 대한 확인 절차
④ 안전보건교육 및 훈련
⑤ 그 밖에 밀폐공간 작업 근로자의 건강장해 예방에 관한 사항

4) 사업주는 근로자가 밀폐공간에서 작업을 하는 경우에 작업을 시작할 때마다 사전에 다음 각 호의 사항을 작업근로자(감시인을 포함한다)에게 알려야 한다.

① 산소 및 유해가스농도 측정에 관한 사항
② 환기설비의 가동 등 안전한 작업방법에 관한 사항
③ 보호구의 착용과 사용방법에 관한 사항
④ 사고 시의 응급조치 요령
⑤ 구조요청을 할 수 있는 비상연락처, 구조용 장비의 사용 등 비상시 구출에 관한 사항

5) 산소 및 유해가스 농도의 측정

① 사업주는 밀폐공간에서 근로자에게 작업을 하도록 하는 경우 작업을 시작(작업을 일시 중단하였다가 다시 시작하는 경우를 포함한다)하기 전에 밀폐공간의 산소 및 유해가스 농도의 측정 및 평가에 관한 지식과 실무경험이 있는 자를 지정하여 그로 하여금 해당 밀폐공간의 산소 및 유해가스 농도를 측정하여 적정공기가 유지되고 있는지를 평가하도록 해야 한다.
② 밀폐공간의 산소 및 유해가스 농도를 측정 및 평가하는 자에 대하여 밀폐공간에서 작업을 시작하기 전에 다음 각 호의 사항의 숙지여부를 확인하고 필요한 교육을 실시해야 한다.

산소 및 유해가스 농도를 측정 및 평가하는 자에 대한 교육 내용
• 밀폐공간의 위험성
• 측정장비의 이상 유무 확인 및 조작 방법
• 밀폐공간 내에서의 산소 및 유해가스 농도 측정방법
• 적정공기의 기준과 평가 방법

③ 사업주는 산소 및 유해가스 농도를 측정한 결과 적정공기가 유지되고 있지 아니하다고 평가된 경우에는 작업장을 환기시키거나, 근로자에게 공기호흡기 또는 송기마스크를 지급하여 착용하도록 하는 등 근로자의 건강장해 예방을 위하여 필요한 조치를 하여야 한다.

(5) 환기장치의 설치기준

후드	• 유해물질이 발생하는 곳마다 설치할 것 • 유해인자의 발생형태와 비중, 작업방법 등을 고려하여 해당 분진 등의 발산원(發散源)을 제어할 수 있는 구조로 설치할 것 • 후드(hood) 형식은 가능하면 포위식 또는 부스식 후드를 설치할 것 • 외부식 또는 리시버식 후드는 해당 분진 등의 발산원에 가장 가까운 위치에 설치할 것
덕트	• 가능하면 길이는 짧게 하고 굴곡부의 수는 적게 할 것 • 접속부의 안쪽은 돌출된 부분이 없도록 할 것 • 청소구를 설치하는 등 청소하기 쉬운 구조로 할 것 • 덕트 내부에 오염물질이 쌓이지 않도록 이송속도를 유지할 것 • 연결 부위 등은 외부 공기가 들어오지 않도록 할 것
배풍기	국소배기장치에 공기정화장치를 설치하는 경우 정화 후의 공기가 통하는 위치에 배풍기(排風機)를 설치하여야 한다. 다만, 빨아들여진 물질로 인하여 폭발할 우려가 없고 배풍기의 날개가 부식될 우려가 없는 경우에는 정화 전의 공기가 통하는 위치에 배풍기를 설치할 수 있다.
배기구	분진 등을 배출하기 위하여 설치하는 국소배기장치(공기정화장치가 설치된 이동식 국소배기장치는 제외한다)의 배기구를 직접 외부로 향하도록 개방하여 실외에 설치하는 등 배출되는 분진 등이 작업장으로 재유입되지 않는 구조로 하여야 한다.
공기정화장치	분진 등을 배출하는 장치나 설비에는 그 분진 등으로 인하여 근로자의 건강에 장해가 발생하지 않도록 흡수·연소·집진(集塵) 또는 그 밖의 적절한 방식에 의한 공기정화장치를 설치하여야 한다.

(6) 건강장해 예방조치

사업주는 사업을 할 때 다음 각 호의 위험 및 건강장해를 예방하기 위하여 필요한 조치를 하여야 한다.

안전조치	보건조치 ★
• 기계·기구, 그 밖의 설비에 의한 위험 • 폭발성, 발화성 및 인화성 물질 등에 의한 위험 • 전기, 열, 그 밖의 에너지에 의한 위험	• 원재료·가스·증기·분진·흄(fume)·미스트(mist)·산소결핍·병원체 등에 의한 건강장해 • 방사선·유해광선·고온·저온·초음파·소음·진동·이상기압 등에 의한 건강장해 • 사업장에서 배출되는 기체·액체 또는 찌꺼기 등에 의한 건강장해 • 계측감시(計測監視), 컴퓨터 단말기 조작, 정밀공작 등의 작업에 의한 건강장해 • 단순반복작업 또는 인체에 과도한 부담을 주는 작업에 의한 건강장해 • 환기·채광·조명·보온·방습·청결 등의 적정기준을 유지하지 아니하여 발생하는 건강장해

(7) 서류의 보존

사업주는 다음 각 호의 서류를 3년(②경우 2년을 말한다) 동안 보존하여야 한다. 다만, 고용노동부령으로 정하는 바에 따라 보존기간을 연장할 수 있다.

3년 동안 보존하여야 하는 서류(②경우 2년 보존)

① 안전보건관리책임자·안전관리자·보건관리자·안전보건관리담당자 및 산업보건의의 선임에 관한 서류
② 산업안전보건위원회 회의록(2년 보관)
③ 안전조치 및 보건조치에 관한 사항으로서 고용노동부령으로 정하는 사항을 적은 서류
④ 산업재해의 발생 원인 등 기록
⑤ 화학물질의 유해성·위험성 조사에 관한 서류
⑥ 작업환경측정에 관한 서류(작업환경측정 결과를 기록한 서류 5년, 고용노동부장관이 고시하는 물질 30년)
⑦ 건강진단에 관한 서류(건강진단 결과를 증명하는 서류 5년, 고용노동부장관이 고시하는 물질 30년)

예제 32

산업안전보건법에 의하여 작업환경측정 결과를 기록한 서류(전자적 방법으로 하는 보존을 포함한다)의 보존기간을 적으시오.

해설
5년

02 산업위생 관련 고시에 관한 사항

1 노출기준 고시

"노출기준"이란 근로자가 유해인자에 노출되는 경우 노출기준 이하 수준에서는 거의 모든 근로자에게 건강상 나쁜 영향을 미치지 아니하는 기준을 말하며, 1일 작업시간동안의 시간가중평균노출기준(Time Weighted Average, TWA), 단시간노출기준(Short Term Exposure Limit, STEL) 또는 최고노출기준(Ceiling, C)으로 표시한다.

(1) 노출기준의 종류 및 정의 ★★

1) 시간가중평균노출기준(TWA)

① 1일 8시간 작업을 기준으로 하여 유해인자의 측정치에 발생시간을 곱하여 8시간으로 나눈 값을 말하며, 다음 식에 따라 산출한다.
② 1일 8시간 및 1주일 40시간 동안의 평균 농도로서, 모든 근로자가 나쁜 영향을 받지 않고 노출될 수 있는 농도이다.

$$TWA 환산값 = \frac{C_1 \cdot T_1 + C_2 \cdot T_2 + \cdots + C_n \cdot T_n}{8} \ \star$$

C : 유해인자의 측정치(단위 : ppm, mg/m³ 또는 개/cm³)
T : 유해인자의 발생시간(단위 : 시간)

예제 33

어떤 물질에 대한 작업환경을 측정한 결과 다음과 같은 TWA 결과 값을 얻었다. 환산된 TWA는 약 얼마인가?

농도(ppm)	100	150	250	300
발생시간(분)	120	240	60	60

해설

$$TWA 환산값 = \frac{100 \times \left(\frac{120}{60}\right) + 150 \times \left(\frac{240}{60}\right) + 250 \times \left(\frac{60}{60}\right) + 300 \times \left(\frac{60}{60}\right)}{8} = 168.75 (ppm)$$

예제 34

노출기준 고시의 노출기준의 정의를 적으시오. | 산업 2015년 3회 |

해설

근로자가 유해인자에 노출되는 경우 노출기준 이하 수준에서는 거의 모든 근로자에게 건강상 나쁜 영향을 미치지 아니하는 기준을 말한다.

2) 단시간노출기준(STEL) ★

① 15분간의 시간가중평균노출 값(근로자가 1회에 15분간 유해인자에 노출되는 경우의 기준)
② 노출농도가 시간가중평균노출기준(TWA)을 초과하고 단시간노출기준(STEL) 이하인 경우에는 1회 노출 지속시간이 15분 미만이어야 하고, 이러한 상태가 1일 4회 이하로 발생하여야 하며, 각 노출의 간격은 60분 이상이어야 한다. ★★

비교 ACGIH의 허용농도 상한치(TLV-Excursion, Excursion Limits) ★★

① 독성자료가 부족하여 TLV-STEL이 설정되어 있지 않는 물질에 대해서 TLV-TWA 외에 적절한 단시간 상한치를 적용하고 있다.
② TLV-TWA 농도의 3배인 경우 30분 이하, 5배인 경우 잠시라도 노출되어서는 안 되도록 규정하고 있다.

3) 최고노출기준(C) ★

① 근로자가 1일 작업시간 동안 잠시라도 노출되어서는 아니 되는 기준을 말한다.
② 노출기준 앞에 "C"를 붙여 표시한다.

예제 35

노출기준의 종류인 TLV-TWA, TLV-STEL, TLV-C를 각각 설명하시오.

| 기사 2020년 통합1·2회, 2020년 4회 / 산업 2018년 3회, 2016년 1회 |

(1) TLV-TWA
(2) TLV-STEL
(3) TLV-C

해설

(1) 시간가중평균노출기준 : 1일 8시간 및 1주일 40시간 동안의 평균 농도로서, 모든 근로자가 나쁜 영향을 받지 않고 노출 될 수 있는 농도이다.
(2) 단시간노출기준 : 15분간의 시간가중평균노출 값(근로자가 1회에 15분간 유해인자에 노출되는 경우의 기준)을 말한다.
(3) 최고노출기준 : 근로자가 1일 작업시간동안 잠시라도 노출되어서는 아니 되는 기준을 말한다.

예제 36

노출기준 중 TLV-STEL(단시간노출기준)을 설명하시오. | 기사 2019년 2회 |

해설

15분간의 시간가중평균노출 값(근로자가 1회에 15분간 유해인자에 노출되는 경우의 기준)을 말한다.

예제 37

다음 [보기]의 ( )에 적합한 내용을 적으시오. | 기사 2020년 2회 |

> 단시간노출기준(STEL)이라 함은 근로자가 1회에 (①)분간 유해인자에 노출되는 경우의 기준을 말하며, 단시간노출기준(STEL) 이하에서는 1회 노출간격이 60분 이상인 경우 1일 작업시간 동안 (②) 회까지 노출이 허용될 수 있는 기준을 말한다.

해설

① 15분, ② 4

예제 38

ACGIH에서는 독성자료가 부족하여 TLV-STEL이 설정되어 있지 않는 물질에 대해서 TLV-TWA 외에 적절한 단시간 상한치를 적용하고 있다. 노출농도와 노출시간 규정사항 2가지를 적으시오. | 기사 2016년 1회 / 산업 2016년 2회 |

해설

① TLV-TWA농도의 3배인 경우 30분 이하로 노출
② TLV-TWA농도의 5배인 경우 잠시라도 노출되어서는 안 된다.

(2) 노출기준 사용상의 유의사항 ★

① 각 유해인자의 노출기준은 해당 유해인자가 단독으로 존재하는 경우의 노출기준을 말하며, 2종 또는 그 이상의 유해인자가 혼재하는 경우에는 각 유해인자의 상가작용으로 유해성이 증가할 수 있으므로 산출하는 노출기준을 사용하여야 한다.
② 노출기준은 1일 8시간 작업을 기준으로 하여 제정된 것이므로 이를 이용할 경우에는 근로시간, 작업의 강도, 온열조건, 이상기압 등이 노출기준 적용에 영향을 미칠 수 있으므로 이와 같은 제반요인을 특별히 고려하여야 한다.
③ 유해인자에 대한 감수성은 개인에 따라 차이가 있고, 노출기준 이하의 작업환경에서도 직업성 질병에 이환되는 경우가 있으므로 노출기준은 직업병진단에 사용하거나 노출기준 이하의 작업환경이라는 이유만으로 직업성 질병의 이환을 부정하는 근거 또는 반증자료로 사용하여서는 아니 된다.

④ 노출기준은 대기오염의 평가 또는 관리상의 지표로 사용하여서는 아니 된다.

> **비교** ACGIH(미국정부산업위생전문가 협의회)의 허용 농도(TLV) 적용상 주의 사항 ★★
>
> ① 대기오염평가 및 지표(관리)에 적용할 수 없다.
> ② 24시간 노출 또는 정상 작업시간을 초과한 노출에 대한 독성 평가에는 적용할 수 없다.
> ③ 기존의 질병이나 신체적 조건을 판단(증명 또는 반응자료)하기 위한 척도로 사용될 수 없다.
> ④ 작업조건이 다른 나라에서 ACGIH-TLV를 그대로 사용할 수 없다.
> ⑤ 안전농도와 위험농도를 정확히 구분하는 경계선이 아니다.
> ⑥ 독성의 강도를 비교할 수 있는 지표는 아니다.
> ⑦ 반드시 산업보건(위생) 전문가에 의하여 설명(해석), 적용되어야 한다.
> ⑧ 피부로 흡수되는 양은 고려하지 않은 기준이다.
> ⑨ 산업장의 유해조건을 평가하기 위한 지침이며 건강장해를 예방하기 위한 지침이다.
>
> **암기**
> 1. 대기오염, 정상작업 초과, 질병 판단에 사용 ×
> 2. 안전·위험농도 구분, 독성강도 비교 ×
> 3. 산업보건전문가에 의해 적용

(3) 노출기준의 적용범위

① 노출기준은 작업장의 유해인자에 대한 작업환경 개선기준과 작업환경측정 결과의 평가기준으로 사용할 수 있다.
② 유해인자의 노출기준이 규정되지 아니하였다는 이유로 법, 영, 규칙 및 안전보건규칙의 적용이 배제되지 아니하며, 이와 같은 유해인자의 노출기준은 미국산업위생전문가협회(American Conference of Governmental Industrial Hygienists, ACGIH)에서 매년 채택하는 노출기준(TLVs)을 준용한다.

> **확인** ACGIH에서 TLV 설정, 개정 시에 이용되는 자료(노출기준 설정의 이론적 배경, 설정근거) ★
>
> ① 화학구조상의 유사성과 연계하여 설정 : 기타 자료(동물실험, 인체실험, 산업장 역학조사)가 부족할 때 이용, 유사한 화학구조라도 독성의 구조가 다른 경우가 많은 것이 한계점
> ② 동물실험 자료를 근거로 설정 : 인체실험, 산업장 역학조사 자료가 부족할 때 적용
> ③ 인체실험 자료를 근거로 설정
> ④ 산업장 역학조사 자료를 근거로 설정 : 허용농도 설정에 있어서 가장 중요한 자료

예제 39

ACGIH에서 TLV 설정, 개정 시에 이용되는 자료(노출기준 설정의 이론적 배경, 설정근거) 3가지를 적으시오.

| 산업 2020년 1회, 2014년 2회 |

해설

① 화학구조상의 유사성 자료
② 동물실험 자료
③ 인체실험 자료
④ 산업장 역학조사 자료

[참고]
ACGIH에서 노출기준(TLV) 설정의 이론적 배경, 설정근거 3가지
 1. 화학구조상의 유사성과 연계하여 설정
 2. 동물실험 자료를 근거로 설정
 3. 인체실험 자료를 근거로 설정
 4. 산업장 역학조사 자료를 근거로 설정

예제 40

ACGIH(미국정부산업위생전문가 협의회)의 허용농도(TLV) 적용시의 주의사항 5가지를 적으시오.

| 기사 2019년 3회, 2015년 2회, 2013년 2회, 2012년 1회 / 산업 2017년 1회, 2013년 1회 |

해설

① 대기오염평가 및 지표에 적용할 수 없다.
② 24시간 노출 또는 정상 작업시간을 초과한 노출에 대한 독성 평가에는 적용할 수 없다.
③ 기존의 질병이나 신체적 조건을 판단하기 위한 척도로 사용될 수 없다.
④ 작업조건이 다른 나라에서 ACGIH-TLV를 그대로 사용할 수 없다.
⑤ 안전농도와 위험농도를 정확히 구분하는 경계선이 아니다.
⑥ 독성의 강도를 비교할 수 있는 지표는 아니다.
⑦ 반드시 산업보건(위생) 전문가에 의하여 설명, 적용되어야 한다.

[암기]
 1. 대기오염, 정상작업 초과, 질병 판단에 사용×
 2. 안전·위험농도 구분, 독성강도 비교 ×
 3. 산업보건전문가에 의해 적용

(4) 혼합물의 노출기준

1) 화학물질이 2종 이상 혼재하는 경우에 혼재하는 물질 간에 유해성이 인체의 서로 다른 부위에 작용한다는 증거가 없는 한 유해작용은 가중되므로 **노출기준은 다음 식에 따라 산출하되, 산출되는 수치가 1을 초과하지 아니하는 것으로 한다.**

① 노출지수 ★★★

$$노출지수(EI) = \frac{C_1}{T_1} + \frac{C_2}{T_2} + \cdots + \frac{C_n}{T_n}$$

C : 화학물질 각각의 측정치
T : 화학물질 각각의 노출기준

② 평가 ★★★

- $EI > 1$: 노출기준을 초과함
- $EI < 1$: 노출기준을 초과하지 않음

③ 혼합물의 TLV-TWA ★★★

$$TLV - TWA = \frac{C_1 + C_2 + \cdots + C_n}{EI}$$

2) 혼재하는 물질 간에 유해성이 인체의 서로 다른 부위에 유해작용을 하는 경우에 유해성이 각각 작용하므로 **혼재하는 물질 중 어느 한 가지라도 노출기준을 넘는 경우 노출기준을 초과하는 것으로 한다.**

예제 41

작업장 공기 중에 carbon tetrachloride(TLV = 10ppm) 8ppm, 1,2-dichlorethane(TLV = 50ppm) 12ppm, 1,2-dibromoethane(TLV = 20ppm) 11ppm이 존재하고 있다. 해당 작업장 공기 중 혼합물의 노출기준을 계산하고 노출기준 초과여부를 평가하시오. (단, 혼합물은 서로 상가작용을 한다.) | 기사 2020년 1회 / 산업 2013년 1회 |

해설

1. 노출지수 $EI = \frac{C_1}{T_1} + \frac{C_2}{T_2} + \cdots + \frac{C_n}{T_n} = \frac{8}{10} + \frac{12}{50} + \frac{11}{20} = 1.59$

   $EI > 1$이므로 노출기준을 초과함

2. $TLV - TWA = \frac{8 + 12 + 11}{1.59} = 19.50(\text{ppm})$

예제 42

헥산(TLV = 50ppm)을 취급하는 작업장에서 1일 8시간 작업하는 동안 실제 헥산에 노출된 시간은 오전 4시간(노출량 48ppm), 오후 3시간(노출량 40ppm)이었다. 이 작업장의 TWA를 계산하고, 노출기준 초과여부를 평가하시오. | 기사 2020년 2회 |

해설

1. TWA 환산값 $= \dfrac{C_1 T_1 + C_2 T_2 + \ldots + C_n T_n}{8} = \dfrac{(4 \times 48) + (3 \times 40)}{8} = 39\,(\text{ppm})$
2. 노출지수$(EI) = \dfrac{C(TWA)}{TLV} = \dfrac{39}{50} = 0.78$
   $EI < 1$이므로 노출기준을 초과하지 않음

예제 43

벤젠 0.4ppm(TLV : 0.5ppm), 톨루엔 55ppm(TLV : 50ppm), 크실렌 85ppm(TLV : 100ppm)이 발생되는 작업장이 있다. 혼합공기의 노출기준(ppm)을 계산하고 노출기준 초과여부를 평가하시오. (단, 세 물질은 서로 상가 작용을 한다.) | 기사 2020년 4회, 2018년 1회, 2018년 3회, 2016년 1회 / 산업 2018년 2회, 2013년 1회 |

해설

1. 노출지수 $EI = \dfrac{0.4}{0.5} + \dfrac{55}{50} + \dfrac{85}{100} = 2.75$
2. 혼합물의 노출기준 $= \dfrac{0.4 + 55 + 85}{2.75} = 51.05\,(\text{ppm})$
3. 노출기준 초과여부 : $EI > 1$이므로 노출기준을 초과함

예제 44

금속제품의 탈지 및 포장과정에서 근로자가 트리클로로에틸렌(TLV 50ppm) 65ppm과 아세톤(TLV 50ppm) 75ppm을 사용하였다. 두 물질이 상가작용을 할 경우 (1) 노출지수를 계산하고 노출기준 초과 여부를 설명하시오. (2) 혼합공기의 허용농도를 계산하시오. | 기사 2013년 3회 / 산업 2013년 2회, 2012년 1회 |

해설

(1) 노출지수 $EI = \dfrac{65}{50} + \dfrac{75}{50} = 2.80$, 노출기준 초과여부 : $EI > 1$이므로 노출기준을 초과함
(2) 혼합물의 노출기준 $= \dfrac{65 + 75}{2.80} = 50\,(\text{ppm})$

예제 45

작업장 공기 중에 A물질 25ppm(TLV : 10ppm), B물질 60ppm(TLV : 150ppm), C물질 30ppm(TLV : 100ppm)이 발생되고 있다. 세 물질이 서로 상가 작용을 할 경우 혼합공기의 노출기준(ppm)을 계산하고 노출기준 초과여부를 평가하시오.

| 기사 2014년 2회 / 산업 2021년 1회 |

해설

1. 노출지수 $EI = \dfrac{25}{10} + \dfrac{60}{150} + \dfrac{30}{100} = 3.20$
2. 혼합물의 노출기준 $= \dfrac{25+60+30}{3.20} = 35.94 \text{(ppm)}$
3. 노출기준 초과여부 : $EI > 1$이므로 노출기준을 초과함

3) 액체 혼합물의 노출기준 ★★

$$\text{혼합물의 노출기준(mg/m}^3) = \dfrac{1}{\dfrac{f_a}{TLV_a} + \dfrac{f_b}{TLV_b} + \cdots\cdots + \dfrac{f_n}{TLV_n}}$$

여기서, f_a, f_b, f_n : 액체 혼합물에서의 각 성분 무게(중량) 구성비
TLV_a, TLV_b, TLV_n : 해당 물질의 노출기준(mg/m^3)

또는

$$\text{혼합물의 노출기준(mg/m}^3) = \dfrac{100}{\dfrac{f_a}{TLV_a} + \dfrac{f_b}{TLV_b} + \cdots\cdots + \dfrac{f_n}{TLV_n}}$$

여기서, f_a, f_b, f_n : 액체 혼합물에서의 각 성분 무게(중량) 구성비(%)
TLV_a, TLV_b, TLV_n : 해당 물질의 노출기준(mg/m^3)

예제 46

공기 중에 파라티온(TLV : 0.1mg/m³)과 EPN(TLV : 0.5mg/m³)이 1 : 5의 비율로 존재하는 경우 혼합 분진의 TLV(mg/m³)를 계산하시오. (단, 두 분진은 서로 상가작용을 한다고 가정한다.)

| 기사 2015년 1회 / 산업 2013년 2회 |

해설

풀이 1.

혼합분진의 노출기준 $= \dfrac{1}{\dfrac{\frac{1}{6}}{0.1} + \dfrac{\frac{5}{6}}{0.5}} = 0.30 \,(\text{mg/m}^3)$

풀이 2.

혼합분진의 노출기준 $= \dfrac{1}{\dfrac{0.1667}{0.1} + \dfrac{0.8333}{0.5}} = 0.30 \,(\text{mg/m}^3)$

또는

혼합분진의 노출기준 $= \dfrac{100}{\dfrac{16.67}{0.1} + \dfrac{83.33}{0.5}} = 0.30 \,(\text{mg/m}^3)$

$\left[\begin{array}{l} \bullet\ \text{파라티온의 중량비} = \dfrac{1}{6} \times 100 = 16.67(\%) \\ \bullet\ EPND\text{의 중량비비} = \dfrac{5}{6} \times 100 = 83.33(\%) \end{array}\right]$

예제 47

공기 중에 A(TLV : 10mg/m³), B(TLV : 25mg/m³), C(TLV : 0.5mg/m³) 3가지 오염물질이 1 : 2 : 4의 비율로 혼합되어 발생하고 있다. 혼합된 오염물질의 농도(mg/m³)를 계산하시오.

| 산업 2013년 1회 |

해설

풀이 1.

혼합분진의 노출기준 $= \dfrac{1}{\dfrac{\frac{1}{7}}{10} + \dfrac{\frac{2}{7}}{25} + \dfrac{\frac{4}{7}}{0.5}} = 0.86 \,(\text{mg/m}^3)$

풀이 2.

혼합분진의 노출기준 $= \dfrac{1}{\dfrac{0.1429}{10} + \dfrac{0.2857}{25} + \dfrac{0.5714}{0.5}} = 0.86 \,(\text{mg/m}^3)$

또는

혼합분진의 노출기준 $= \dfrac{100}{\dfrac{14.29}{10} + \dfrac{28.57}{25} + \dfrac{57.14}{0.5}} = 0.86 \,(\text{mg/m}^3)$

$\left[\begin{array}{l} \bullet\ A : \dfrac{1}{7} \times 100 = 14.29\% \\ \bullet\ B : \dfrac{2}{7} \times 100 = 28.57\% \\ \bullet\ C : \dfrac{4}{7} \times 100 = 57.14\% \end{array}\right]$

예제 48

공기 중에 3가지 혼합물의 구성 비율이 [보기]와 같을 경우 혼합된 오염물질의 농도(mg/m³)를 계산하시오.

| 산업 2012년 1회 |

- A(TLV : 150mg/m³, 공기 중 구성비율 30%)
- B(TLV : 250mg/m³, 공기 중 구성비율 30%)
- C(TLV : 750mg/m³, 공기 중 구성비율 40%)

해설

혼합분진의 노출기준 = $\dfrac{1}{\dfrac{0.3}{150} + \dfrac{0.3}{250} + \dfrac{0.4}{750}} = 267.86 (\text{mg/m}^3)$

또는

혼합분진의 노출기준 = $\dfrac{100}{\dfrac{30}{150} + \dfrac{30}{250} + \dfrac{40}{750}} = 267.86 (\text{mg/m}^3)$

4) 비정상 작업시간에 대한 허용농도 보정

① **OSHA의 보정방법** ★★

- 급성중독을 일으키는 물질

$$\text{보정된 노출기준} = 8\text{시간 노출기준} \times \dfrac{8\text{시간}}{\text{노출시간/일}}$$

- 만성중독을 일으키는 물질

$$\text{보정된 노출기준} = 8\text{시간 노출기준} \times \dfrac{40\text{시간}}{\text{노출시간/주}}$$

- OSHA에 의한 보정을 생략할 수 있는 경우 ★

① 천정 값(C)으로 되어있는 노출기준
② 가벼운 자극(만성중독을 야기하지 않는 경우)을 유발하는 물질에 대한 노출기준
③ 기술적으로 타당성이 없는 노출기준

② Brief와 Scala의 보정방법 ★★★

- $RF = \left(\dfrac{8}{H}\right) \times \dfrac{24-H}{16}$
- [일주일 ; $RF = \left(\dfrac{40}{H}\right) \times \dfrac{168-H}{128}$]
- 보정된 노출기준 = RF × 노출기준(허용농도)

H : 비정상적인 작업시간(노출시간/일); 노출시간/주
16 : 휴식시간 의미(128; 일주일 휴식시간 의미)

예제 49

작업 중에 유해물질(TLV-TWA : 65ppm)을 1일 9시간 취급하고 있다. Brief and Scala의 보정법을 적용하여 보정된 허용기준을 계산하시오. | 기사 2019년 2회 / 산업 2016년 3회 |

해설

1. $RF = \left(\dfrac{8}{H}\right) \times \dfrac{24-H}{16} = \left(\dfrac{8}{9}\right) \times \dfrac{24-9}{16} = 0.83$
2. 보정된 노출기준 = RF × 허용농도 = 0.83 × 65 = 53.95(ppm)

예제 50

유해물질(TLV = 190ppm)이 존재하는 작업환경에서 작업시간이 1일 10시간일 경우 보정된 허용농도를 계산하시오. (단, Brief와 Scala의 보정방법을 적용한다.) | 기사 2016년 3회, 2012년 3회, 2020년 3회 / 산업 2017년 1회, 2021년 3회 |

해설

1. $RF = \left(\dfrac{8}{H}\right) \times \dfrac{24-H}{16} = \left(\dfrac{8}{10}\right) \times \dfrac{24-10}{16} = 0.7$
2. 보정된 노출기준 = RF × 허용농도 = 0.7 × 190 = 133(ppm)

예제 51

작업시간이 8시간을 초과하는 비정상작업의 경우 허용농도 보정을 하여야 한다. 그러나 OSHA에서는 보정을 생략할 수 있는 경우를 제시하고 있다. OSHA에 의한 보정을 생략할 수 있는 3가지 기준을 적으시오. | 기사 2016년 3회 |

해설

① 천정 값(C)으로 되어있는 노출기준
② 가벼운 자극(만성중독을 야기하지 않는 경우)을 유발하는 물질에 대한 노출기준
③ 기술적으로 타당성이 없는 노출기준

예제 52

트리클로로에틸렌(TLV = 50ppm)이 존재하는 작업환경에서 작업시간이 1일 10시간일 경우 보정된 허용농도를 계산하시오.(단, Brief와 Scala의 보정방법을 적용한다.) | 기사 2015년 3회 / 산업 2013년 2회 |

해설

1. $RF = \left(\dfrac{8}{H}\right) \times \dfrac{24-H}{16} = \left(\dfrac{8}{10}\right) \times \dfrac{24-10}{16} = 0.7$
2. 보정된 노출기준 = RF × 허용농도 = 0.7 × 50 = 35(ppm)

예제 53

작업 중에 유해물질(TLV-TWA: 100ppm)을 1일 12시간 취급하고 있다. Brief and Scala의 보정법을 적용하여 (1) 보정계수를 계산하고 (2) 보정된 허용기준을 계산하시오. | 산업 2021년 1회 |

해설

1. $RF = \left(\dfrac{8}{H}\right) \times \dfrac{24-H}{16} = \left(\dfrac{8}{12}\right) \times \dfrac{24-12}{16} = 0.50$
2. 보정된 노출기준 = RF × 허용농도 = 0.50 × 100 = 50(ppm)

(5) 소음의 노출기준

1) 소음의 노출기준(충격소음제외) ★★

1일 노출시간(hr)	소음강도 dB(A)
8	90
4	95
2	100
1	105
1/2	110
1/4	115

주 : 115dB(A)를 초과하는 소음 수준에 노출되어서는 안 됨

2) 충격소음의 노출기준 ★

1일 노출회수	충격소음의 강도 dB(A)
100	140
1,000	130
10,000	120

주 : 1. 최대 음압수준이 140dB(A)를 초과하는 충격소음에 노출되어서는 안됨
    2. 충격소음이라 함은 최대음압수준에 120dB(A) 이상인 소음이 1초 이상의 간격으로 발생하는 것을 말함 ★

(6) 고온의 노출기준

1) 작업강도에 따른 노출기준 ★

(단위 : ℃, WBGT)

작업휴식시간비 \ 작업강도	경작업	중등작업	중작업
계속 작업	30.0	26.7	25.0
매시간 75% 작업, 25% 휴식	30.6	28.0	25.9
매시간 50% 작업, 50% 휴식	31.4	29.4	27.9
매시간 25% 작업, 75% 휴식	32.2	31.1	30.0

주 : 1. 경작업 : 200kcal까지의 열량이 소요되는 작업을 말하며, 앉아서 또는 서서 기계의 조정을 하기 위하여 손 또는 팔을 가볍게 쓰는 일 등을 뜻함
    2. 중등작업 : 시간당 200~350kcal의 열량이 소요되는 작업을 말하며, 물체를 들거나 밀면서 걸어다니는 일 등을 뜻함
    3. 중작업 : 시간당 350~500kcal의 열량이 소요되는 작업을 말하며, 곡괭이질 또는 삽질하는 일 등을 뜻함

2) 고온의 노출기준의 산출 ★★★

① 태양광선이 내리쬐는 옥외 장소

$$\text{WBGT}(℃) = 0.7 \times \text{자연습구온도} + 0.2 \times \text{흑구온도} + 0.1 \times \text{건구온도}$$

② 태양광선이 내리쬐지 않는 옥내 또는 옥외 장소

$$\text{WBGT}(℃) = 0.7 \times \text{자연습구온도} + 0.3 \times \text{흑구온도}$$

(7) 라돈의 노출기준 ★★

작업장 농도 : 600(Bq/m³)

(8) 우리나라 화학물질의 노출기준

1) "Skin" 표시 물질은 점막과 눈 그리고 경피로 흡수되어 전신 영향을 일으킬 수 있는 물질을 말한다. (피부자극성을 뜻하는 것이 아님) ★

> **확인** 노출기준에 피부(Skin)표시를 하여야 하는 물질 ★★
>
> - 손이나 팔에 의한 흡수가 몸 전체 흡수에 지대한 영향을 주는 물질
> - 반복하여 피부에 도포했을 때 전신작용을 일으키는 물질
> - 급성동물실험 결과 피부 흡수에 의한 치사량이 비교적 낮은 물질
> - 옥탄올-물 분배계수가 높아 피부 흡수가 용이한 물질
> - 피부 흡수가 전신작용에 중요한 역할을 하는 물질

예제 54

우리나라 화학물질의 노출기준에서 피부(Skin)표시를 하여야 하는 물질의 특성을 3가지 적으시오.

| 기사 2013년 1회 |

해설

① 손이나 팔에 의한 흡수가 몸 전체 흡수에 지대한 영향을 주는 물질
② 반복하여 피부에 도포했을 때 전신작용을 일으키는 물질
③ 급성동물실험 결과 피부 흡수에 의한 치사량이 비교적 낮은 물질
④ 옥탄올-물 분배계수가 높아 피부 흡수가 용이한 물질
⑤ 피부 흡수가 전신작용에 중요한 역할을 하는 물질

2) 발암성 정보물질의 표기(화학물질의 분류 · 표시 및 물질안전보건자료에 관한 기준) ★★

① 1A : 사람에게 충분한 발암성 증거가 있는 물질
② 1B : 시험동물에서 발암성 증거가 충분히 있거나, 시험동물과 사람 모두에서 제한된 발암성 증거가 있는 물질
③ 2 : 사람이나 동물에서 제한된 증거가 있지만, 구분1로 분류하기에는 증거가 충분하지 않은 물질

ACGIH의 발암성 물질 구분 ★★★	• A1: 인체발암성 확인물질 • A2: 인체발암성 의심물질(추정물질) • A3: 동물발암성 확인물질, 인체발암성 모름 • A4 : 인체발암성 미분류(인체 발암 가능성이 있으나 자료가 부족) 물질 • A5 : 인체발암성 미의심 물질 **암기** 미국(ACGIH)에서 인체 확인(인체발암성 확인)하니 발암의심(인체발암성 의심), 동물확인으론 인체 모름, 인체 자료 부족(미분류)하면, 미의심
국제암연구위원회(IARC)의 발암물질 구분 ★★	Group 1 : 인체 발암성 물질 • 인간 발암성에 대해 충분한 증거가 있는 물질 Group 2A : 인체 발암성 추정물질 • 인간 발암성에 대한 제한된 증거와 동물실험에서 충분한 증거가 있는 물질 Group 2B : 인체 발암성 가능 물질 • 인간 발암성에 대한 증거가 제한적이고 동물실험에서 불충분한 증거가 있는 물질 Group 3 : 인체 발암성 미분류물질 • 인간 발암성에 대한 증거가 부적당하고 동물실험에서는 부적당 하거나 제한된 증거가 있는 물질 Group 4 : 인체 비발암성 추정물질 • 인간과 동물실험에서 발암성이 없다는 증거가 있는 물질 **암기** 암연구(국제암연구위원회)해서 발암 추(추정)가(가능)하고 미분류물질은 비발암 추정

예제 55

국제암연구위원회(IARC)의 발암물질을 구분하고 설명하시오.　　　　　　　　| 기사 2014년 2회 |

해설

Group 1 : 인체 발암성 물질
- 인간 발암성에 대해 충분한 증거가 있는 물질

Group 2A : 인체 발암성 추정물질
- 인간 발암성에 대한 제한된 증거와 동물실험에서 충분한 증거가 있는 물질

Group 2B : 인체 발암성 가능 물질
- 인간 발암성에 대한 증거가 제한적이고 동물실험에서 불충분한 증거가 있는 물질

Group 3 : 인체 발암성 미분류물질
- 인간 발암성에 대한 증거가 부적당하고 동물실험에서는 부적당 하거나 제한된 증거가 있는 물질

Group 4 : 인체 비발암성 추정물질
- 인간과 동물실험에서 발암성이 없다는 증거가 있는 물질

암기

암연구(국제암연구위원회)해서 발암 추(추정) 가(가능)하고 미분류물질은 비발암 추정

예제 56

화학물질의 노출기준에 관한 다음 물음에 답하시오　　　　　　　　　　　　| 산업 2018년 2회 |

(1) 우리나라 화학물질의 노출기준 중 "SKIN"표시물질의 의미를 적으시오.
(2) 노출기준에 피부(Skin)표시를 하여야 하는 물질 3가지를 적으시오.

해설

(1) "Skin" 표시 물질은 점막과 눈 그리고 경피로 흡수되어 전신 영향을 일으킬 수 있는 물질을 말한다.
(2) ① 손이나 팔에 의한 흡수가 몸 전체 흡수에 지대한 영향을 주는 물질
　　② 반복하여 피부에 도포했을 때 전신작용을 일으키는 물질
　　③ 급성동물실험 결과 피부 흡수에 의한 치사량이 비교적 낮은 물질
　　④ 옥탄올–물 분배계수가 높아 피부 흡수가 용이한 물질
　　⑤ 피부 흡수가 전신작용에 중요한 역할을 하는 물질

2 작업환경측정 및 지정측정기관 평가 등에 관한 고시

(1) 작업환경측정 대상 작업장

1) 작업환경측정대상 작업장이란 작업환경측정 대상 유해인자에 노출되는 근로자가 있는 작업장을 말한다. 다만, 다음 각 호의 어느 하나에 해당하는 경우에는 작업환경측정을 하지 않을 수 있다.

> **작업환경측정을 하지 않을 수 있는 경우 ★**
> ① 관리대상 유해물질의 허용소비량을 초과하지 않는 작업장(그 관리대상 유해물질에 관한 작업환경측정만 해당한다)
> ② 임시 작업 및 단시간 작업을 하는 작업장(고용노동부장관이 정하여 고시하는 물질을 취급하는 작업을 하는 경우는 제외한다)
> ③ 분진작업의 적용 제외 작업장(분진에 관한 작업환경측정만 해당한다)
> ④ 그 밖에 작업환경측정 대상 유해인자의 노출 수준이 노출기준에 비하여 현저히 낮은 경우로서 고용노동부장관이 정하여 고시하는 작업장

2) 안전보건진단기관이 안전보건진단을 실시하는 경우에 작업장의 유해인자 전체에 대하여 고용노동부장관이 정하는 방법에 따라 작업환경을 측정하였을 때에는 사업주는 해당 측정주기에 실시해야 할 해당 작업장의 작업환경측정을 하지 않을 수 있다.

> **참고** 작업환경측정 대상 유해인자
>
> 1. 화학적 인자
>   가. 유기화합물(114종)
>   나. 금속류(24종)
>   다. 산 및 알칼리류(17종)
>   라. 가스 상태 물질류(15종)
>   마. 허가 대상 유해물질(12종)
>   바. 금속가공유(Metal working fluids, 1종)
> 2. 물리적 인자(2종)
>   가. 8시간 시간가중평균 80dB 이상의 소음
>   나. 고열
> 3. 분진(7종)
>   가. 광물성 분진(Mineral dust)
>   나. 곡물 분진(Grain dust)
>   다. 면 분진(Cotton dust)
>   라. 목재 분진(Wood dust)

마. 석면 분진(Asbestos dusts; 1332-21-4 등)
　　바. 용접 흄(Welding fume)
　　사. 유리섬유(Glass fiber dust)
4. 그 밖에 고용노동부장관이 정하여 고시하는 인체에 해로운 유해인자

(2) 작업환경 측정 횟수 ★

1) 사업주는 작업장 또는 작업공정이 신규로 가동되거나 변경되는 등으로 작업환경측정 대상 작업장이 된 경우에는 그 날부터 30일 이내에 작업환경측정을 하고, 그 후 반기(半期)에 1회 이상 정기적으로 작업환경을 측정해야 한다. 다만, 작업환경측정 결과가 다음 각 호의 어느 하나에 해당하는 작업장 또는 작업공정은 해당 유해인자에 대하여 그 측정일 부터 3개월에 1회 이상 작업환경측정을 해야 한다.

> **3개월에 1회 이상 작업환경측정을 하여야 하는 경우 ★**
> ① 화학적 인자(고용노동부장관이 정하여 고시하는 물질만 해당한다)의 측정치가 노출기준을 초과하는 경우
> ② 화학적 인자(고용노동부장관이 정하여 고시하는 물질은 제외한다)의 측정치가 노출기준을 2배 이상 초과하는 경우

예제 57

어느 작업장에서 벤젠의 작업환경측정 결과가 노출기준을 초과하였을 경우 몇 개월이 지난 후에 재측정을 하여야 하는가?
| 기사 2018년 2회 |

해설

3개월

예제 58

산업안전보건법에 의한 작업환경 측정 대상 유해인자 중 분진의 종류를 7가지 적으시오.
| 기사 2022년 2회, 2023년 3회 |

해설

① 광물성 분진(Mineral dust)
② 곡물 분진(Grain dust)
③ 면 분진(Cotton dust)
④ 목재 분진(Wood dust)
⑤ 석면 분진(Asbestos dusts)
⑥ 용접 흄(Welding fume)
⑦ 유리섬유(Glass fiber dust)

2) 사업주는 최근 1년간 작업공정에서 공정 설비의 변경, 작업방법의 변경, 설비의 이전, 사용 화학물질의 변경 등으로 작업환경측정 결과에 영향을 주는 변화가 없는 경우로서 다음 각 호의 어느 하나에 해당하는 경우에는 해당 유해인자에 대한 작업환경측정을 1년에 1회 이상 할 수 있다. 다만, 고용노동부장관이 정하여 고시하는 물질을 취급하는 작업공정은 그러하지 아니하다.

1년 1회 이상 작업환경측정을 할 수 있는 경우 ★
① 작업공정 내 소음의 작업환경측정 결과가 최근 2회 연속 85데시벨(dB) 미만인 경우
② 작업공정 내 소음 외의 다른 모든 인자의 작업환경측정 결과가 최근 2회 연속 노출기준 미만인 경우

(3) 작업환경 측정 방법

사업주는 작업환경측정을 할 때에는 다음 각 호의 사항을 지켜야 한다.
① 작업환경측정을 하기 전에 예비조사를 할 것
② 작업이 정상적으로 이루어져 작업시간과 유해인자에 대한 근로자의 노출 정도를 정확히 평가할 수 있을 때 실시할 것
③ 모든 측정은 개인시료채취방법으로 하되, 개인시료채취방법이 곤란한 경우에는 지역시료채취방법으로 실시할 것 ★

(4) 노출기준의 종류별 측정시간

1) 「화학물질 및 물리적 인자의 노출기준」에 시간가중평균기준(TWA)이 설정되어 있는 대상물질을 측정하는 경우에는 1일 작업시간 동안 6시간 이상 연속 측정하거나 작업시간을 등간격으로 나누어 6시간 이상 연속분리하여 측정하여야 한다. 다만, 다음 각 호의 어느 하나에 해당하는 경우에는 대상물질의 발생시간 동안 측정할 수 있다. ★

대상물질의 발생시간 동안 측정하여야 하는 경우 ★
① 대상물질의 발생시간이 6시간 이하인 경우
② 불규칙작업으로 6시간 이하의 작업
③ 발생원에서의 발생시간이 간헐적인 경우

2) 노출기준 고시에 단시간 노출기준(STEL)이 설정되어 있는 물질로서 노출이 균일하지 않은 작업특성으로 인하여 단시간 노출평가가 필요하다고 자격자(작업환경측정자의 자격을 가진 자) 또는 작업환경측정기관이 판단하는 경우에는 단시간 측정을 할 수 있다. 이 경우 1회에 15분간 측정하되 유해인자 노출특성을 고려하여 측정횟수를 정할 수 있다.

3) 노출기준 고시에 **최고노출기준(Ceiling, C)이 설정되어 있는 대상물질을 측정하는 경우에는 최고노출 수준을 평가할 수 있는 최소한의 시간 동안 측정**하여야 한다. 다만 시간가중평균기준(TWA)이 함께 설정되어 있는 경우에는 1)에 따른 측정을 병행하여야 한다.

(5) 시료채취 근로자수 ★★★

1) 단위작업 장소에서 **최고 노출근로자 2명 이상**에 대하여 동시에 **개인 시료채취 방법으로 측정**하되, 단위작업 장소에 근로자가 1명인 경우에는 그러하지 아니하며, 동일 작업근로자수가 10명을 초과하는 경우에는 매 5명당 1명 이상 추가하여 측정하여야 한다. 다만, 동일 작업근로자수가 100명을 초과하는 경우에는 최대 시료채취 근로자수를 20명으로 조정할 수 있다.

2) 지역 시료채취 방법으로 측정을 하는 경우 단위작업장소 내에서 2개 이상의 지점에 대하여 동시에 측정하여야 한다. 다만, 단위작업 장소의 넓이가 50평방미터 이상인 경우에는 매 30평방미터마다 1개 지점 이상을 추가로 측정하여야 한다.

(6) 단위 ★★★

1) 화학적 인자의 **가스, 증기, 분진, 흄(fume), 미스트(mist) 등의 농도는 피피엠(ppm) 또는 세제곱미터당 밀리그램(mg/m^3)으로 표시**한다. 다만, 석면의 농도 표시는 세제곱센티미터당 섬유개수(개/cm^3)로 표시한다.

2) 소음수준의 측정단위는 **데시벨[dB(A)]로 표시**한다.

3) **고열(복사열 포함)**의 측정단위는 **습구·흑구 온도지수(WBGT)를 구하여 섭씨온도(℃)로 표시**한다.

(7) 작업환경측정 신뢰성 평가

1) 공단은 다음 각 호의 어느 하나에 해당하는 경우에는 **작업환경측정 신뢰성평가를 할 수 있다.**
  ① **작업환경측정 결과가 노출기준 미만인데도 직업병 유소견자가 발생한 경우**
  ② 공정설비, 작업방법 또는 사용 화학물질의 변경 등 **작업 조건의 변화가 없는데도 유해인자 노출수준이 현저히 달라진 경우**
  ③ **작업환경측정방법을 위반하여 작업환경측정을 한 경우** 등 신뢰성평가의 필요성이 인정되는 경우

2) **공단이 신뢰성평가를 할 때에는** 작업환경측정 결과와 작업환경측정 서류를 검토하고, **해당 작업공정 또는 사업장에 대하여 작업환경측정을 해야 하며, 그 결과를** 해당 사업장의 소재지를 관할하는 **지방고용노동관서의 장에게 보고해야 한다.**

3) 지방고용노동관서의 장은 **작업환경측정 결과 노출기준을 초과한 경우에는 사업주로 하여금 해당 시설·설비의 설치·개선 또는 건강진단의 실시 등 적절한 조치를 하도록 해야 한다.**

예제 59

[보기]는 작업환경측정시의 시료채취 근로자 수에 관한 내용이다. 괄호에 적합한 숫자를 적으시오.

| 기사 2012년 1회 |

> 단위작업 장소에서 최고 노출근로자 (①)명 이상에 대하여 동시에 개인 시료채취 방법으로 측정하되, 단위작업 장소에 근로자가 1명인 경우에는 그러하지 아니하며, 동일 작업근로자수가 (②)명을 초과하는 경우에는 매 (③)명당 (④)명 이상 추가하여 측정하여야 한다. 다만, 동일 작업근로자수가 (⑤)명을 초과하는 경우에는 최대 시료채취 근로자수를 (⑥)명으로 조정할 수 있다.

해설

① 2   ② 10   ③ 5   ④ 1   ⑤ 100   ⑥ 20

예제 60

단위작업 장소에서의 근로자수가 28명인 식품제조업에서 작업환경측정을 실시하는 경우 시료채취 근로자 수를 계산하시오.

| 산업기사 2023년 3회 |

해설

1. 10명까지 : 2명
2. 10명을 초과하는 경우 매 5명당 1명 추가이므로
   11~15명 : 2+1 = 3명
   16~20명 : 3+1 = 4명
   21~25명 : 4+1 = 5명
   26~30명 : 5+1 = 6명
3. 근로자수가 28명이므로 시료채취 근로자수는 6명이 된다.

3 물질안전보건자료(MSDS)에 관한 고시

(1) 물질안전보건자료의 작성 및 제출

1) 물질안전보건자료에 적어야 하는 사항 ★

① 제품명
② 물질안전보건자료 대상물질을 구성하는 화학물질 중 유해인자의 분류기준에 해당하는 화학물질의 명칭 및 함유량

③ 안전 및 보건상의 취급 주의 사항
④ 건강 및 환경에 대한 유해성, 물리적 위험성
⑤ 물리 · 화학적 특성 등 고용노동부령으로 정하는 사항
  - 물리 · 화학적 특성
  - 독성에 관한 정보
  - 폭발 · 화재 시의 대처방법
  - 응급조치 요령
  - 그 밖에 고용노동부장관이 정하는 사항

비교	물질안전보건자료의 작성항목(Data Sheet 16가지 항목) ★
	1. 화학제품과 회사에 관한 정보
	2. 유해 · 위험성
	3. 구성성분의 명칭 및 함유량
	4. 응급조치요령
	5. 폭발 · 화재 시 대처방법
	6. 누출사고 시 대처방법
	7. 취급 및 저장방법
	8. 노출방지 및 개인보호구
	9. 물리화학적 특성
	10. 안정성 및 반응성
	11. 독성에 관한 정보
	12. 환경에 미치는 영향
	13. 폐기 시 주의사항
	14. 운송에 필요한 정보
	15. 법적규제 현황
	16. 기타 참고사항

2) 물질안전보건자료 작성 제외대상

1. 「건강기능식품에 관한 법률」에 따른 건강기능식품
2. 「농약관리법」에 따른 농약
3. 「마약류 관리에 관한 법률」에 따른 마약 및 향정신성의약품
4. 「비료관리법」에 따른 비료
5. 「사료관리법」에 따른 사료
6. 「생활주변방사선 안전관리법」에 따른 원료물질

7. 「생활화학제품 및 살생물제의 안전관리에 관한 법률」에 따른 안전확인대상 생활화학제품 및 살생물제품 중 일반소비자의 생활용으로 제공되는 제품
8. 「식품위생법」에 따른 식품 및 식품첨가물
9. 「약사법」에 따른 의약품 및 의약외품
10. 「원자력안전법」에 따른 방사성물질
11. 「위생용품 관리법」에 따른 위생용품
12. 「의료기기법」에 따른 의료기기
12의.2 「첨단재생의료 및 첨단바이오의약품 안전 및 지원에 관한 법률」에 따른 첨단바이오의약품
13. 「총포·도검·화약류 등의 안전관리에 관한 법률」에 따른 화약류
14. 「폐기물관리법」에 따른 폐기물
15. 「화장품법」에 따른 화장품
16. 제1호부터 제15호까지의 규정 외의 화학물질 또는 혼합물로서 일반소비자의 생활용으로 제공되는 것(일반소비자의 생활용으로 제공되는 화학물질 또는 혼합물이 사업장 내에서 취급되는 경우를 포함한다)
17. 고용노동부장관이 정하여 고시하는 연구·개발용 화학물질 또는 화학제품. 이 경우 법 제110조제1항부터 제3항까지의 규정에 따른 자료의 제출만 제외된다.
18. 그 밖에 고용노동부장관이 독성·폭발성 등으로 인한 위해의 정도가 적다고 인정하여 고시하는 화학물질

> **암기**
>
> 비료로 농 사지은 식품, 건강식품, 위생용품 폐기물에서 화약, 방사성 원료물질 나와서 소비자용 의료기기, 첨단의약품, 마약, 화장품으로 치료했다.

> **예제 61**
>
> 산업안전보건법에 의하여 물질안전보건자료 작성에서 제외되는 대상 5가지를 적으시오. | 기사 2013년 1회 |
>
> **해설**
> ① 「비료관리법」에 따른 비료
> ② 「농약관리법」에 따른 농약
> ③ 「사료관리법」에 따른 사료
> ④ 「식품위생법」에 따른 식품 및 식품첨가물
> ⑤ 「건강기능식품에 관한 법률」에 따른 건강기능식품
> ⑥ 「위생용품 관리법」에 따른 위생용품
> ⑦ 「폐기물관리법」에 따른 폐기물
>
> **암기**
> 비료로 농 사지은 식품,건강식품, 위생용품, 폐기물

3) 물질안전보건자료의 게시 및 교육

① 물질안전보건자료대상물질을 취급하는 사업주는 다음 각 호의 어느 하나에 해당하는 장소 또는 전산장비에 항상 물질안전보건자료를 게시하거나 갖추어 두어야 한다. 다만, 장비에 게시하거나 갖추어 두는 경우에는 고용노동부장관이 정하는 조치를 해야 한다.

> **물질안전보건자료를 게시 또는 비치하여야 하는 장소 ★**
>
> - 물질안전보건자료대상물질을 취급하는 작업공정이 있는 장소
> - 작업장 내 근로자가 가장 보기 쉬운 장소
> - 근로자가 작업 중 쉽게 접근할 수 있는 장소에 설치된 전산장비

② 사업주는 물질안전보건자료 대상물질을 취급하는 작업공정별로 고용노동부령으로 정하는 바에 따라 물질안전보건자료 대상물질의 관리요령을 게시하여야 한다.(작업공정별 관리 요령은 유해성·위험성이 유사한 물질안전보건자료대상물질의 그룹별로 작성하여 게시할 수 있다.)

> **물질안전보건자료대상물질의 작업공정별 관리요령에 포함사항 ★**
>
> - 제품명
> - 건강 및 환경에 대한 유해성, 물리적 위험성
> - 안전 및 보건상의 취급 주의사항
> - 적절한 보호구
> - 응급조치 요령 및 사고 시 대처방법

③ **사업주**는 다음 각 호의 어느 하나에 해당하는 경우에는 작업장에서 취급하는 **물질안전보건자료대상물질의 내용을 근로자에게 교육**하고 교육을 실시하였을 때에는 **교육시간 및 내용 등을 기록하여 보존**해야 한다. 이 경우 교육받은 근로자에 대해서는 해당 교육 시간만큼 안전·보건교육을 실시한 것으로 본다.(유해성·위험성이 유사한 물질안전보건자료대상물질을 그룹별로 분류하여 교육할 수 있다)

> **물질안전보건자료대상물질의 내용을 근로자에게 교육하여야 하는 경우 ★**
> - 물질안전보건자료대상물질을 제조·사용·운반 또는 저장하는 작업에 근로자를 배치하게 된 경우
> - 새로운 물질안전보건자료대상물질이 도입된 경우
> - 유해성·위험성 정보가 변경된 경우

> **물질안전보건자료에 관한 교육내용 ★**
> - 대상화학물질의 명칭(또는 제품명)
> - 물리적 위험성 및 건강 유해성
> - 취급상의 주의사항
> - 적절한 보호구
> - 응급조치 요령 및 사고시 대처방법
> - 물질안전보건자료 및 경고표지를 이해하는 방법

비교 공통내용 ★★

물질안전보건자료에 적어야 하는 사항	① 제품명 ② 취급 주의사항 ③ 건강·환경에 대한 유해성, 물리적 위험성 ④ 응급조치 요령
물질안전보건자료 관리요령에 포함사항	① 제품명 ② 취급 주의사항 ③ 건강·환경에 대한 유해성, 물리적 위험성 ④ 응급조치 요령, 사고시 대처방법
물질안전보건자료 교육내용	① 제품명 ② 취급 주의사항 ③ 물리적 위험성, 건강 유해성 ④ 응급조치 요령, 사고시 대처방법

산업재해

01 산업재해 발생원인 및 분석

1 산업재해의 분석

(1) 인간에러(휴먼 에러)의 배후요인(4M) ★

① Man(인간) : 본인외의 사람, 직장의 인간관계 등
② Machine(기계) : 기계, 장치 등의 물적 요인
③ Media(매체) : 작업정보, 작업방법 등
④ Management(관리) : 작업관리, 법규준수, 단속, 점검 등

(2) 하인리히(H. W. Heinrich)의 사고발생 도미노 5단계 ★

① 1단계 : 선천적 결함(사회, 환경, 유전적 결함)
② 2단계 : 개인적 결함
③ 3단계 : 불안전 행동(인적결함), 불안전한 상태(물적결함)
④ 4단계 : 사고
⑤ 5단계 : 재해(상해)

(3) 사고방지 이론(하인리히의 사고방지 5단계) ★

1단계 : 안전조직	• 안전목표 설정 • 안전관리자의 선임 • 안전조직 구성 • 안전활동 방침 및 계획수립 • 조직을 통한 안전 활동 전개
2단계 : 사실의 발견	• 작업분석 • 점검 • 사고조사 • 안전진단

3단계 : 분석	• 사고원인 및 경향성 분석 • 작업공정 분석 • 사고기록 및 관계자료 분석 • 인적 · 물적 환경 조건 분석
4단계 : 시정방법 선정	• 기술적 개선 • 안전운동 전개 • 교육훈련 분석 • 안전행정의 개선 • 배치 조정 • 규칙 및 수칙 등 제도의 개선
5단계 : 시정책 적용(3E적용)	• 안전교육(Education) • 안전기술(Engineering) • 안전독려(Enforcement)

(4) 사고빈도법칙

1) 하인리히의 사고빈도법칙(1 : 29 : 300의 법칙)

총 330건의 사고를 분석했을 때

① 중상 또는 사망 : 1건
② 경상해 : 29건
③ 무상해사고 : 300건이 발생함을 의미한다.

2) 버드의 사고빈도법칙(1 : 10 : 30 : 600의 법칙)

총 641건의 사고를 분석했을 때

① 중상 또는 폐질 : 1건
② 경상해 : 10건
③ 무상해사고(물적 손실) : 30건
④ 무상해, 무사고(위험 순간) : 600건이 발생함을 의미한다.

(5) 재해율의 계산

1) 연천인율 ★

근로자 1,000 명 중 재해자수 비율(1년간)을 말한다.

> 1. 연천인율 = $\dfrac{\text{연간재해자 수}}{\text{연평균 근로자 수}} \times 1,000$
> 2. 연천인율 = 도수율 × 2.4

예제 01

연평균 근로자수가 5,000명인 A 사업장에서 1년 동안에 125건의 재해로 인하여 250명의 사상자가 발생하였다면 이 사업장의 연천인율은 얼마인가?

해설

연천인율 = $\dfrac{\text{연간재해자 수}}{\text{연평균 근로자수}} \times 1,000 = \dfrac{250}{5,000} \times 1,000 = 50$

2) 도수율(빈도율 F.R) ★

100만 근로시간당 요양재해발생 건수의 비율을 말한다.

> 도수율(빈도율) = $\dfrac{\text{재해 건수}}{\text{연 근로 시간 수}} \times 10^6$

- 근로자 1인의 1년간 총 근로시간수 계산

> 8시간 × 300일 = 2,400시간

- 1일 근로시간 8시간
- 1년 근로일수 300일

예제 02

50명의 근로자가 작업하는 사업장에서 1년 동안 3건의 재해로 인하여 15일의 근로손실일수가 발생하였다면 이 사업장의 도수율은 얼마인가? (단 근로자는 1일 8시간씩 연간 300일 근무하였다.)

해설

도수율 = $\dfrac{\text{재 해 건 수}}{\text{연 근 로 시 간 수}} \times 10^6 = \dfrac{3}{50 \times 8 \times 300} \times 10^6 = 25$

3) 강도율(S.R) ★

1,000 근로시간당 요양재해로 인한 근로손실일수 비율을 말한다.

$$강도율 = \frac{총요양근로손실일수}{연 근로 시간 수} \times 1,000$$

$$(근로손실일수 = 휴업일수, 요양일수, 입원일수 \times \frac{300(실제근로일수)}{365})$$

신체 장해등급	사망, 1,2,3급	4급	5급	6급	7급	8급	9급	10급	11급	12급	13급	14급
손실일수	7,500일	5,500일	4,000일	3,000일	2,200일	1,500일	1,000일	600일	400일	200일	100일	50일

예제 03

연간 총근로시간수가 100,000시간인 사업장에서 1년 동안 재해가 50건 발생하였으며, 손실된 근로일수가 100일이었다. 이 사업장의 강도율은 얼마인가?

해설

$$강도율 = \frac{총 요양근로 손실 일수}{연근로시간수} \times 1,000 = \frac{100}{100,000} \times 1,000 = 1$$

4) 종합재해지수 ★

재해의 빈도와 상해의 강약도를 혼합하는 지표로 사용된다.

$$FSI = \sqrt{FR \times SR} = \sqrt{도수율 \times 강도율}$$

5) 환산 강도율(S) ★

일평생 근로하는 동안의 근로손실일수를 말한다.

1. 환산 강도율(S) = $\frac{총요양근로손실일수}{연 근로 시간 수} \times$ 평생근로시간수(100,000)
2. 환산 강도율 = 강도율 × 100

6) 환산 도수율(F) ★

일평생 근로하는 동안의 재해건수를 말한다.

1. 환산 도수율(F) = $\dfrac{재해건수}{연\ 근로\ 시간\ 수} \times 평생근로시간수(100,000)$
2. 환산 도수율 = 도수율 ÷ 10

7) 평균 강도율

① 재해 1건의 평균 강하기를 말한다.
② 평균강도율 = $\dfrac{강도율}{도수율} \times 1000$

8) 안전활동율

① 100만 시간당 안전 활동건수를 나타낸다.
② 안전활동률 = $\dfrac{안전활동\ 건수}{연\ 근로시간\ 수 \square 평균\ 근로자\ 수}$

9) Safe-T-Score(세이프 티 스코어)

① 과거와 현재의 안전을 성적내어 비교, 평가하는 기법이다.
② Safe-T-Score = $\dfrac{현재빈도율 - 과거빈도율}{\sqrt{\dfrac{과거빈도율}{(현재)총근로시간수} \times 1,000,000}}$

③ 판정
- 계산 값이 -2이하 : 과거보다 안전이 좋아졌다.
- 계산 값이 -2 ~ +2 사이 : 과거와 큰차이 없다.
- 계산 값이 +2 이상 : 과거보다 안전이 심각하게 나빠졌다.

10) 사망 만인율

- 산재보험적용 근로자수 10,000명당 발생하는 사망자수의 비율을 말한다.
- 사망만인율 = $\dfrac{사망자\ 수}{산재보험적용근로자\ 수} \times 10,000$

11) 재해율

- 산재보험적용 근로자수 100명당 발생하는 재해자수의 비율을 말한다.
- 재해율 = $\dfrac{재해자\ 수}{산재보험\ 적용\ 근로자수} \times 100$

12) 휴업 재해율

- 임금 근로자수 100명당 발생하는 휴업 재해자수의 비율을 말한다.
- 휴업 재해율 $= \dfrac{\text{휴업재해자수}}{\text{임금근로자수}} \times 100$

13) 건설업체의 산업재해발생률

다음의 계산식에 따른 사고사망 만인율로 산출하되, 소수점 셋째자리에서 반올림한다.

$$\text{사고사망만인율}(‰) = \dfrac{\text{사고사망자수}}{\text{상시 근로자 수}} \times 10{,}000$$

$$\text{상시 근로자 수} = \dfrac{\text{연간 국내공사 실적액} \times \text{노무비율}}{\text{건설업 월평균임금} \times 12}$$

2 산업재해의 원인

(1) 직접원인 ★

① 인적 원인(불안전한 행동)
② 물적 원인(불안전한 상태)

인적원인(불안전한 행동)	물적원인(불안전한 상태)
• 위험장소 접근 • 안전장치의 기능제거 • 복장, 보호구의 잘못 사용 • 기계기구 잘못 사용 • 운전 중인 기계장치의 손질 • 불안전한 속도 조작 • 위험물 취급 부주의 • 불안전한 상태 방치 • 불안전한 자세·동작 • 감독 및 연락 불충분	• 물 자체의 결함 • 안전 방호장치의 결함 • 복장, 보호구의 결함 • 물의 배치 및 작업장소 불량 • 작업환경의 결함 • 생산공정의 결함 • 경계표시, 설비의 결함

(2) 간접원인 ★

① 기술적 원인
② 교육적 원인
③ 신체적 원인
④ 정신적 원인
⑤ 작업관리상 원인

기술적 원인	• 건물 기계장치 설계불량 • 구조 재료의 부적합 • 생산방법의 부적당 • 점검 정비 보존 불량
교육적 원인	• 안전지식의 부족 • 안전수칙의 오해 • 경험 훈련의 부족 • 작업 방법의 교육 불충분 • 유해 위험 작업의 교육 불충분
물질안전보건자료 작업관리상 원인	• 안전관리 조직 결함 • 안전수칙 미제정 • 작업준비 불충분 • 인원 배치 부적당 • 작업지시 부적당

02 산업재해 발생형태(재해 발생의 매커니즘)

(1) 단순자극형(집중형)

상호 자극에 의하여 순간적으로 재해가 발생하는 유형으로 **재해가 일어난 장소에, 그 시기에 일시적으로 요인이 집중한다**는 유형이다.

(2) 연쇄형

하나의 사고 요인이 또 다른 요인을 발생시키면서 재해가 발생하는 유형이다.

(3) 복합형

단순 자극형과 연쇄형의 복합적인 발생유형이다.

[재해(⊗)의 발생 형태 3가지]

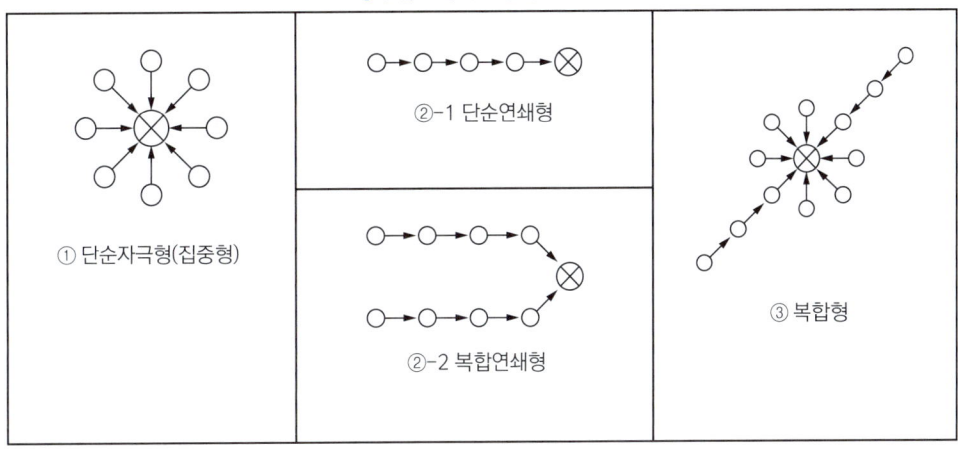

03 재해통계방법 ★

(1) 파레토도(Pareto Diagram)

사고 유형, 기인물 등 데이터를 분류하여 그 항목 값이 큰 순서대로 정리하여 막대그래프로 나타낸다.

(2) 특성요인도(Characteristic Diagram)

재해와 그 요인의 관계를 어골 상으로 세분화하여 나타낸다.

(3) 크로스(cross) 분석

2가지 또는 2개 항목 이상의 요인이 상호관계를 유지할 때 문제를 분석하는데 사용된다.

(4) 관리도(Control Chart)

시간 경과에 따른 재해 발생 건수 등 대략적인 추이 파악에 사용된다.

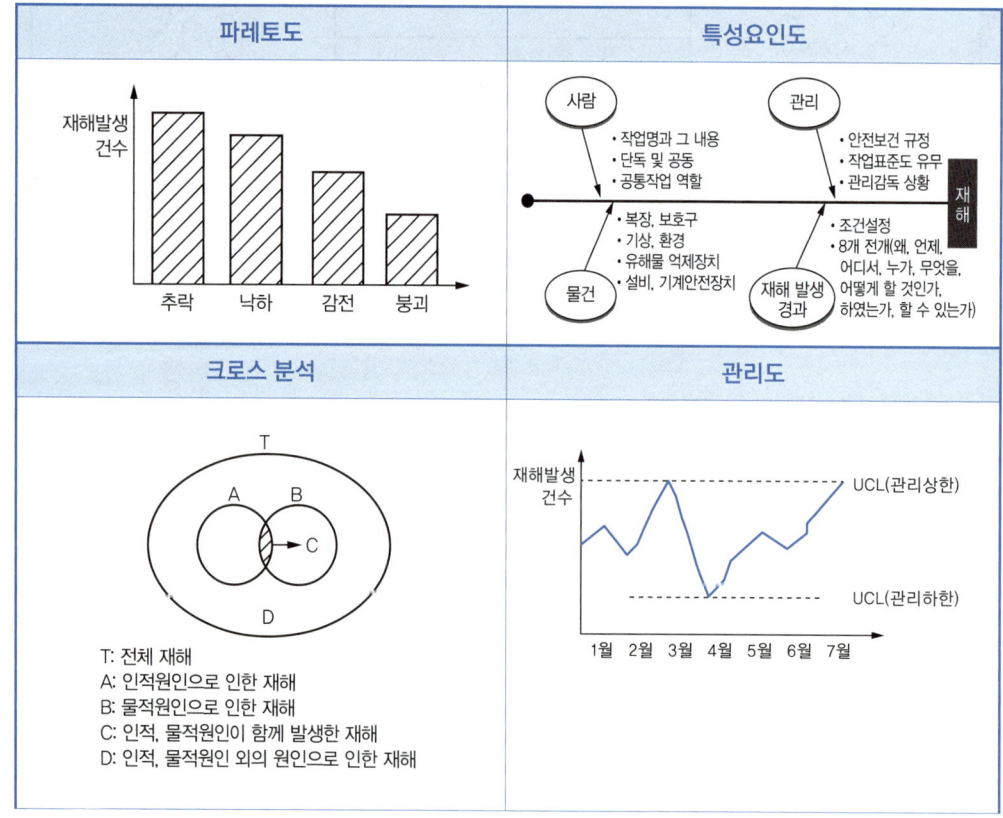

04 산업재해 대책

1 산업재해의 보상

(1) 재해손실비의 종류 및 계산

하인리히 방식	총 재해비용 = 직접비 + 간접비 (1 : 4) **직접비** • 치료비 • 휴업급여 • 요양급여 • 유족급여 • 장해급여 • 간병급여 • 직업재활급여 • 상병(傷病)보상연금 • 장의비 등 **간접비** • 인적 손실비 • 물적 손실비 • 생산 손실비 • 기계 · 기구 손실비 등
시몬즈의 방식	총 재해코스트 = 보험코스트 + 비보험코스트 총 재해코스트 = 산재보험료 + [(A × 휴업상해 건수) 　　　　　　　　　+ (B × 통원상해 건수) 　　　　　　　　　+ (C × 구급조치상해 건수) 　　　　　　　　　+ (D × 무상해 사고 건수)] * A, B, C, D : 상수(각 재해에 대한 평균 비보험코스트) ① 보험코스트 = 산재보험료 ② 비보험코스트 　• 휴업상해　　　　• 통원상해 　• 구급조치상해　　• 무상해 사고

> **예제 04**
>
> 산업재해로 인한 직접손실비용이 300만원 발생하였다면, 총 재해손실비는 얼마로 추정되는가? (단, 하인리히의 재해손실비 산출기준을 따른다.)
>
> **해설**
>
> 하인리히의 재해손실비용
>
> ```
> 총 재해비용 = 직접비 + 간접비
>              (  1  :  4  )
> ```
>
> 총 재해비용 = 직접비 + 간접비 = 300 + (300 × 4) = 1,500만원

(2) 산업재해 예방의 4원칙 ★

① **예방 가능의 원칙** : 재해는 원칙적으로 원인만 제거되면 예방이 가능하다.
② **손실 우연의 원칙** : 사고의 결과 생기는 상해의 종류와 정도는 사고 발생 시 사고대상의 조건에 따라 우연히 발생한다.
③ **대책 선정의 원칙** : 사고의 원인에 대한 적합한 대책이 선정되어야 한다.
④ **원인 연계의 원칙** : 재해는 직접원인과 간접원인이 연계되어 일어난다.

2 재해발생 시 조치사항

(1) 산업재해 발생 은폐 금지 및 보고

1) 사업주는 산업재해가 발생하였을 때에는 그 발생 사실을 은폐해서는 아니 된다.
2) 사업주는 고용노동부령으로 정하는 산업재해에 대해서는 그 발생 개요·원인 및 보고 시기, 재발방지 계획 등을 고용노동부령으로정하는 바에 따라 고용노동부장관에게 보고하여야 한다.
  ① 사업주는 산업재해로 사망자가 발생하거나 3일 이상의 휴업이 필요한 부상 또는 질병에 걸린 자가 발생 시 산업재해가 발생한 날부터 1개월 이내에 산업재해조사표를 작성, 관할 지방고용노동관서장에게 제출하여야 한다.
  ② 산업재해소사표에 근로자대표의 확인을 받아야 하며, 그 기재 내용에 대하여 근로자대표의 이견이 있는 경우에는 그 내용을 첨부하여야 한다. 다만, 근로자대표가 없는 경우에는 재해자 본인의 확인을 받아 제출할 수 있다.

3) 사업주는 산업재해가 발생한 때에는 다음 각 호의 사항을 기록·보존하여야 한다. ★
① 사업장의 개요 및 근로자의 인적사항
② 재해 발생의 일시 및 장소
③ 재해 발생의 원인 및 과정
④ 재해 재발방지 계획

(2) 중대재해 발생 시 사업주의 조치 ★

1) 사업주는 중대재해가 발생하였을 때에는 즉시 해당 작업을 중지시키고 근로자를 작업장소에서 대피시키는 등 안전 및 보건에 관하여 필요한 조치를 하여야한다.
2) 사업주는 중대재해가 발생한 사실을 알게 된 경우에는 고용노동부령으로 정하는 바에 따라 지체 없이 고용노동부장관에게 보고하여야 한다. 다만, 천재지변 등 부득이한 사유가 발생한 경우에는 그 사유가 소멸되면 지체 없이 보고하여야 한다.
3) 사업주는 "중대재해"가 발생한 때는 지체 없이 다음 각 호의 사항을 관할 지방고용 노동관서의 장에게 전화·팩스, 또는 그 밖에 적절한 방법으로 보고하여야 한다.

중대재해 발생시 보고사항 ★
① 발생 개요 및 피해 상황
② 조치 및 전망
③ 그 밖의 중요한 사항

(3) 중대재해 발생 시 고용노동부장관의 작업중지 조치

① 고용노동부장관은 중대재해가 발생하였을 때 다음 각 호의 어느 하나에 해당하는 작업으로 인하여 해당 사업장에 산업재해가 다시 발생할 급박한 위험이 있다고 판단되는 경우에는 그 작업의 중지를 명할 수 있다.
  • 중대재해가 발생한 해당 작업
  • 중대재해가 발생한 작업과 동일한 작업
② 고용노동부장관은 토사·구축물의 붕괴, 화재·폭발, 유해하거나 위험한 물질의 누출 등으로 인하여 중대재해가 발생하여 그 재해가 발생한 장소 주변으로 산업재해가 확산될 수 있다고 판단되는 등 불가피한 경우에는 해당 사업장의 작업을 중지할 수 있다.
③ 작업중지를 명하는 경우에는 작업중지명령서를 발부해야 한다.
④ 사업주가 작업중지의 해제를 요청할 경우에는 작업중지명령 해제신청서를 작성하여 사업장의 소재지를 관할하는 지방고용노동관서의 장에게 제출해야 한다.

⑤ 사업주가 작업중지명령 해제신청서를 제출하는 경우에는 미리 유해·위험요인 개선내용에 대하여 중대재해가 발생한 해당 작업 근로자의 의견을 들어야 한다. ★

③ 지방고용노동관서의 장은 작업중지명령 해제를 요청받은 경우에는 근로감독관으로 하여금 안전·보건을 위하여 필요한 조치를 확인하도록 하고, 천재지변 등 불가피한 경우를 제외하고는 해제요청일 다음 날부터 4일 이내(토요일과 공휴일을 포함하되, 토요일과 공휴일이 연속하는 경우에는 3일까지만 포함한다)에 작업중지해제 심의위원회를 개최하여 심의한 후 해당조치가 완료되었다고 판단될 경우에는 즉시 작업중지명령을 해제해야 한다. ★

예제 05

산업안전보건법에 의하여 산업재해 발생 시에 사업주가 기록·보존하여야 하는 사항 3가지를 적으시오.

| 기사 2024년 2회 |

해설

① 사업장의 개요 및 근로자의 인적사항
② 재해 발생의 일시 및 장소
③ 재해 발생의 원인 및 과정
④ 재해 재발방지 계획

※ 산업위생관리산업기사 실기

02

제2과목 작업위생측정 및 평가

CHAPTER 01 측정 및 분석
CHAPTER 02 유해인자 측정
CHAPTER 03 평가 및 통계

CHAPTER 01 측정 및 분석

01 시료채취계획

1 측정의 정의

(1) 산업안전보건법상의 용어정의

1) 시료의 채취방법 ★★

① "액체채취방법"이란 시료공기를 액체 중에 통과시키거나 액체의 표면과 접촉시켜 용해 · 반응 · 흡수 · 충돌 등을 일으키게 하여 해당 액체에 작업환경측정을 하려는 물질을 채취하는 방법을 말한다.

② "고체채취방법"이란 시료공기를 고체의 입자층을 통해 흡입, 흡착하여 해당 고체입자에 측정하려는 물질을 채취하는 방법을 말한다.

③ "직접채취방법"이란 시료공기를 흡수, 흡착 등의 과정을 거치지 아니하고 직접채취대 또는 진공채취병 등의 채취용기에 물질을 채취하는 방법을 말한다.

④ "냉각응축채취방법"이란 시료공기를 냉각된 관 등에 접촉 · 응축시켜 측정하려는 물질을 채취하는 방법을 말한다.

⑤ "여과채취방법"이란 시료공기를 여과재를 통하여 흡인함으로써 해당 여과재에 측정하려는 물질을 채취하는 방법을 말한다.

예제 01

산업안전보건법에 의한 작업환경측정 시에 사용되는 시료의 채취방법 5가지를 적으시오.

| 기사 2020년 4회, 2019년 1회 / 산업 2020년 3회, 2013년 2회 |

해설

① 액체채취방법
② 고체채취방법
③ 직접채취방법
④ 냉각응축채취방법
⑤ 여과채취방법

> **예제 02**
>
> 「작업환경측정 및 정도관리에 관한 고시」에 의한 시료채취방법 중 가스상 물질의 채취에 적합한 시료채취 방법 4가지를 적으시오. | 기사 2021년 1회 |
>
> **해설**
> ① 액체채취방법
> ② 고체채취방법
> ③ 직접채취방법
> ④ 냉각응축채취방법

⑥ "개인시료채취"란 개인시료채취기를 이용하여 가스·증기·분진·흄(fume)·미스트(mist) 등을 근로자의 호흡위치(호흡기를 중심으로 반경 30cm인 반구)에서 채취하는 것을 말한다. ★★

⑦ "지역시료채취"란 시료채취기를 이용하여 가스·증기·분진·흄(fume)·미스트(mist) 등을 근로자의 작업행동 범위에서 호흡기 높이에 고정하여 채취하는 것을 말한다. ★

> **예제 03**
>
> 작업환경 측정에 관한 다음 용어를 정의하시오. | 기사 2014년 2회 / 산업 2016년 1회, 2014년 3회 |
>
> (1) 개인시료채취 :
> (2) 지역시료채취 :
>
> **해설**
> (1) 개인시료채취기를 이용하여 가스·증기·분진·흄(fume)·미스트(mist) 등을 근로자의 호흡위치(호흡기를 중심으로 반경 30cm인 반구)에서 채취하는 것을 말한다.
> (2) 시료채취기를 이용하여 가스·증기·분진·흄(fume)·미스트(mist) 등을 근로자의 작업행동 범위에서 호흡기 높이에 고정하여 채취하는 것을 말한다.

⑧ "노출기준"이란 산업안전보건법에서 정한 작업환경 평가기준을 말한다.

⑨ "최고노출근로자"란 작업환경측정대상 유해인자의 발생 및 취급원에서 가장 가까운 위치의 근로자이거나 작업환경측정대상 유해인자에 가장 많이 노출될 것으로 간주되는 근로자를 말한다.

⑩ "단위작업장소"란 작업환경측정대상이 되는 작업장 또는 공정에서 정상적인 작업을 수행하는 동일 노출집단의 근로자가 작업을 하는 장소를 말한다. ★

⑪ "호흡성분진"이란 호흡기를 통하여 폐포에 축적될 수 있는 크기의 분진을 말한다.

⑫ "흡입성분진"이란 호흡기의 어느 부위에 침착하더라도 독성을 일으키는 분진을 말한다.

⑬ "입자상 물질"이란 화학적 인자가 공기 중으로 분진·흄(fume)·미스트(mist) 등의 형태로 발생되는 물질을 말한다.

⑭ "**가스상 물질**"이란 화학적 인자가 공기 중으로 **가스·증기의 형태로 발생되는 물질**을 말한다.
⑮ "**정도관리**"란 작업환경측정·분석치에 대한 정확성과 정밀도를 확보하기 위하여 **지정측정기관의 작업환경측정·분석능력을 평가**하고, 그 결과에 따라 지도·교육 그 밖에 **측정·분석능력 향상**을 위하여 행하는 모든 관리적 수단을 말한다.
⑯ "**정확도**"란 분석치가 참값에 얼마나 접근하였는가 하는 수치상의 표현을 말한다. ★★
⑰ "**정밀도**"란 일정한 물질에 대해 **반복측정·분석을 했을 때** 나타나는 **자료 분석치의 변동크기가 얼마나 작은가** 하는 수치상의 표현을 말한다. ★★

예제 04

다음 용어를 간단히 설명하시오. | 기사 2020년 3회, 2016년 1회, 2014년 1회 / 산업 2013년 1회, 2012년 3회 |

(1) 단위작업장소
(2) 정확도
(3) 정밀도

해설

(1) 작업환경측정대상이 되는 작업장 또는 공정에서 정상적인 작업을 수행하는 **동일 노출집단의 근로자가 작업을 하는 장소**를 말한다.
(2) 분석치가 참값에 얼마나 접근하였는가 하는 수치상의 표현을 말한다.
(3) 일정한 물질에 대해 **반복측정·분석을 했을 때** 나타나는 **자료 분석치의 변동크기가 얼마나 작은가**하는 수치상의 표현을 말한다.

예제 05

다음 용어의 정의를 적으시오. | 기사 2017년 3회 / 산업 2020년 3회 |

(1) 단위작업장소 :
(2) 정확도 :
(3) 정밀도 :
(4) 개인시료채취 :
(5) 지역시료채취 :
(6) 정도관리 :

해설

(1) 작업환경측정대상이 되는 작업장 또는 공정에서 정상적인 작업을 수행하는 **동일 노출집단의 근로자가 작업을 하는 장소**를 말한다.
(2) 분석치가 참값에 얼마나 접근하였는가 하는 수치상의 표현을 말한다.
(3) 일정한 물질에 대해 **반복측정·분석을 했을 때** 나타나는 **자료 분석치의 변동크기가 얼마나 작은가**하는 수치상의 표현을 말한다.

(4) 개인시료채취기를 이용하여 가스·증기·분진·흄(fume)·미스트(mist) 등을 근로자의 호흡위치(호흡기를 중심으로 반경 30cm인 반구)에서 채취하는 것을 말한다.
(5) 시료채취기를 이용하여 가스·증기·분진·흄(fume)·미스트(mist) 등을 근로자의 작업행동 범위에서 호흡기 높이에 고정하여 채취하는 것을 말한다.
(6) 작업환경측정·분석치에 대한 정확성과 정밀도를 확보하기 위하여 지정측정기관의 작업환경측정·분석능력을 평가하고, 그 결과에 따라 지도·교육 그 밖에 측정·분석능력 향상을 위하여 행하는 모든 관리적 수단을 말한다.

(2) 작업환경측정 대상 작업장

작업환경측정 대상 작업장이란 작업환경측정 대상 유해인자에 노출되는 근로자가 있는 작업장을 말한다.

> **참고** 작업환경측정 대상 유해인자
>
> 1. 화학적 인자
>   - 유기화합물(114종)
>   - 금속류(24종)
>   - 산 및 알칼리류(17종)
>   - 가스 상태 물질류(15종)
>   - 허가 대상 유해물질(12종)
>   - 금속가공유(Metal working fluids, 1종)
> 2. 물리적 인자(2종)
>   - 8시간 시간가중평균 80dB 이상의 소음
>   - 고열
> 3. 분진(7종) ★
>   - 광물성 분진(Mineral dust)
>   - 곡물 분진(Grain dust)
>   - 면 분진(Cotton dust)
>   - 목재 분진(Wood dust)
>   - 석면 분진(Asbestos dusts; 1332-21-4 등)
>   - 용접 흄(Welding fume)
>   - 유리섬유(Glass fiber dust)
> 4. 그 밖에 고용노동부장관이 정하여 고시하는 인체에 해로운 유해인자

> **예제 06**
>
> 작업환경 측정 대상 유해인자 중 분진의 종류를 7가지 적으시오. | 기사 2022년 2회 / 산업 2019년 2회, 2022년 2회 |
>
> **해설**
>
> ① 광물성 분진(Mineral dust)
> ② 곡물 분진(Grain dust)
> ③ 면 분진(Cotton dust)
> ④ 목재 분진(Wood dust)
> ⑤ 석면 분진(Asbestos dusts)
> ⑥ 용접 흄(Welding fume)
> ⑦ 유리섬유(Glass fiber dust)

(3) 작업환경측정 제외 대상 작업장

1) 다음 각 호의 어느 하나에 해당하는 경우에는 작업환경측정을 하지 아니할 수 있다.

① 임시 작업 및 단시간 작업을 하는 작업장(고용노동부장관이 정하여 고시하는 물질을 취급하는 작업은 제외한다)
② 관리대상 유해물질의 허용소비량을 초과하지 아니하는 작업장(그 관리대상 유해물질에 관한 작업환경측정만 해당한다)
③ 분진작업의 적용 제외 작업장(분진에 관한 작업환경측정만 해당한다)
④ 그 밖에 작업환경측정 대상 유해인자의 노출 수준이 노출기준에 비하여 현저히 낮은 경우로서 고용노동부장관이 정하여 고시하는 작업장(「석유 및 석유대체연료 사업법 시행령」에 따른 주유소)

(4) 작업환경 측정 횟수

① 사업주는 작업장 또는 작업공정이 신규로 가동되거나 변경되는 등으로 작업환경측정 대상 작업장이 된 경우에는 그 날부터 30일 이내에 작업환경측정을 하고, 그 후 반기(半期)에 1회 이상 정기적으로 작업환경을 측정해야 한다. 다만, 작업환경측정 결과가 다음 각 호의 어느 하나에 해당하는 작업장 또는 작업공정은 해당 유해인자에 대하여 그 측정일부터 3개월에 1회 이상 작업환경측정을 해야 한다. ★

> **3개월에 1회 이상 작업환경측정을 하여야 하는 경우 ★★**
>
> • 화학적 인자(고용노동부장관이 정하여 고시하는 물질만 해당한다)의 측정치가 노출기준을 초과하는 경우
> • 화학적 인자(고용노동부장관이 정하여 고시하는 물질은 제외한다)의 측정치가 노출기준의 2배 이상 초과하는 경우

예제 07

어느 작업장에서 벤젠의 작업환경측정 결과가 노출기준을 초과하였을 경우 몇 개월이 지난 후에 재측정을 하여야 하는가?

| 기사 2020년 4회, 2018년 2회 |

해설

3개월

예제 08

산업안전보건법에 의한 작업환경 측정 횟수에 관한 내용이다. 괄호에 적합한 내용을 적으시오.

| 산업 2020년 1·2회, 2021년 2회 |

사업주는 작업장 또는 작업공정이 신규로 가동되거나 변경되는 등으로 작업환경측정 대상 작업장이 된 경우에는 그 날부터 (①) 이내에 작업환경측정을 하고, 그 후 반기(半期)에 (②) 이상 정기적으로 작업환경을 측정해야 한다. 다만, 작업환경측정 결과가 다음 각 호의 어느 하나에 해당하는 작업장 또는 작업공정은 해당 유해인자에 대하여 그 측정일 부터 (③)에 (④) 이상 작업환경측정을 해야 한다.
1. 화학적 인자(고용노동부장관이 정하여 고시하는 물질만 해당한다)의 측정치가 노출기준을 초과하는 경우
2. 화학적 인자(고용노동부장관이 정하여 고시하는 물질은 제외한다)의 측정치가 노출기준을 2배 이상 초과하는 경우

해설

① 30일, ② 1회, ③ 3개월, ④ 1회

② 사업주는 최근 1년간 작업공정에서 공정 설비의 변경, 작업방법의 변경, 설비의 이전, 사용 화학물질의 변경 등으로 작업환경측정 결과에 영향을 주는 변화가 없는 경우로서 다음 각 호의 어느 하나에 해당하는 경우에는 해당 유해인자에 대한 작업환경측정을 1년에 1회 이상 할 수 있다. 다만, 고용노동부장관이 정하여 고시하는 물질을 취급하는 작업공정은 그러하지 아니하다.

1년 1회 이상 작업환경측정을 할 수 있는 경우 ★★
- 작업공정 내 소음의 작업환경측정 결과가 최근 2회 연속 85데시벨(dB) 미만인 경우
- 작업공정 내 소음 외의 다른 모든 인자의 작업환경측정 결과가 최근 2회 연속 노출기준 미만인 경우

③ 측정 시기는 전회(前回)측정을 완료한 날부터 다음 각 호에서 정하는 간격을 두어야 한다.

측정 시기 ★
- 측정 횟수가 6개월에 1회 이상인 경우 3개월 이상
- 측정 횟수가 3개월에 1회 이상인 경우 45일 이상
- 측정 횟수가 1년에 1회 이상인 경우 6개월 이상

④ 작업환경 측정 결과의 보고 ★
- 사업주는 작업환경측정을 한 경우에는 작업환경측정 결과보고서에 작업환경측정 결과표를 첨부하여 시료채취를 마친 날부터 30일 이내에 관할 지방고용노동관서의 장에게 제출하여야 한다. 다만, 시료분석 및 평가에 상당한 시간이 걸려 시료채취를 마친 날부터 30일 이내에 보고하는 것이 어려운 사업장의 사업주는 고용노동부장관이 정하여 고시하는 바에 따라 그 사실을 증명하여 지방고용노동관서의 장에게 신고하면 30일의 범위에서 제출기간을 연장할 수 있다.
- 사업주는 작업환경측정 결과 노출기준을 초과한 작업공정이 있는 경우에는 해당 시설·설비의 설치·개선 또는 건강진단의 실시 등 적절한 조치를 하고 시료채취를 마친 날부터 60일 이내에 해당 작업공정의 개선을 증명할 수 있는 서류 또는 개선 계획을 관할 지방고용노동관서의 장에게 제출하여야 한다.

(5) 작업환경측정 신뢰성 평가 ★

공단은 다음 각 호의 어느 하나에 해당하는 경우에는 작업환경측정 신뢰성평가를 할 수 있다.
① 작업환경측정 결과가 노출기준 미만인데도 직업병 유소견자가 발생한 경우
② 공정설비, 작업방법 또는 사용 화학물질의 변경 등 작업 조건의 변화가 없는데도 유해인자 노출수준이 현저히 달라진 경우
③ 작업환경측정방법을 위반하여 작업환경측정을 한 경우 등 신뢰성 평가의 필요성이 인정되는 경우

(6) 정도관리의 구분 및 실시시기

정기정도관리	분석자의 분석능력을 평가하기 위해 실시하는 정도관리로서 연 1회 이상 실시한다.
특별정도관리	다음 각 목의 어느 하나에 해당하는 경우 실시한다. • 작업환경측정기관으로 지정받고자 하는 경우 • 직전 정기정도관리에 불합격한 경우 • 대상기관이 부실측정과 관련한 민원을 야기하는 등 운영위원회에서 특별정도관리가 필요하다고 인정하는 경우

2 작업환경 측정의 목적

(1) 작업환경 측정의 목표 ★

① 유해인자에 대한 근로자의 노출정도 파악(허용기준 초과여부를 결정)
  - 근로자 노출수준 파악을 위한 간접방법이며 직접방법은 아니다.
② 환기시설 성능 평가
  - 환기시설 가동 전과 후의 공기 중 유해물질 농도를 측정하여 환기시설의 성능을 평가한다.
③ 역학조사 시 근로자의 노출량 파악
  - 역학조사 시 근로자의 노출량을 파악하여 노출량과 반응과의 관계를 평가한다.
④ 정부 노출기준과의 비교
  - 근로자의 노출 정도가 법적 노출기준을 초과하는지 여부를 판단한다.
⑤ 최소의 오차범위 내에서 최소의 시료수를 가지고 최대의 근로자를 보호한다.
⑥ 작업공정, 물질, 노출 요인의 변경으로 인해 근로자에 대한 과대한 노출의 가능성을 최소화한다.
⑦ 과거의 노출농도가 타당한가를 확인한다.
⑧ 노출기준을 초과하는 상황에 근로자가 더 이상 노출되지 않게 보호한다.
⑨ ①~⑧ 중에 가장 큰 목적은 근로자의 노출 정도를 알아내는 것으로 질병에 대한 질병 원인을 규명하는 것은 아니며, 근로자의 노출 수준을 간접적 방법으로 파악하는 것이다.

> **암기**
> 측정 목표는 노출정도, 노출량 파악하고 노출기준과 비교하여 환기 성능 평가

예제 09

작업환경 측정의 목표(목적) 3가지를 적으시오. | 기사 2016년 1회 |

해설

① 유해인자에 대한 근로자의 노출정도 파악(허용기준 초과여부를 결정)
② 환기시설 성능 평가
③ 역학조사 시 근로자의 노출량 파악
④ 정부 노출기준과의 비교
⑤ 최소의 오차범위 내에서 최소의 시료수를 가지고 최대의 근로자를 보호한다.
⑥ 작업공정, 물질, 노출 요인의 변경으로 인해 근로자에 대한 과대한 노출의 가능성을 최소화한다.
⑦ 과거의 노출농도가 타당한가를 확인한다.
⑧ 노출기준을 초과하는 상황에 근로자가 더 이상 노출되지 않게 보호한다.

(2) 미국산업위생학회(AIHA)의 작업환경측정의 목적

① 근로자 노출에 대한 기초자료 확보를 위한 측정
② 진단을 위한 측정
③ 법적인 노출기준 초과여부를 판단하기 위한 측정

3 작업환경 측정의 종류

(1) 채취위치에 따른 구분

1) 개인시료채취

① 개인시료 채취기를 이용하여 가스·증기, 흄, 미스트 등을 근로자 호흡위치(호흡기를 중심으로 반경 30cm인 반구)에서 채취하는 것을 말한다. ★★
② 작업환경측정에서는 개인시료 채취를 원칙으로 하며 개인시료 채취가 곤란한 경우 지역시료 채취를 할 수 있다.
③ 작업자에게 노출되는 정도를 알 수 있다.(유해인자의 노출 양, 강도를 간접적으로 측정하는 방법)

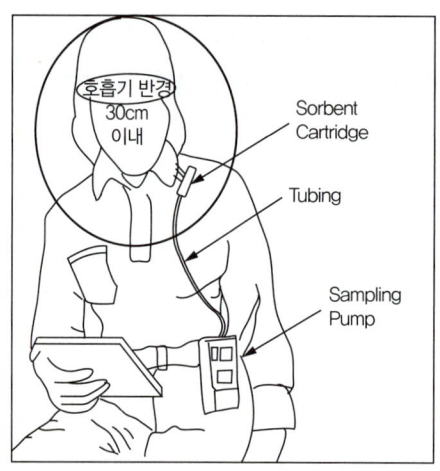

| 확인 | 호흡위치 기준 ★★ |

- 우리나라 : 호흡기를 중심으로 반경 30cm인 반구
- OSHA : 어깨 전방으로 직경 6~9inch인 반구

> **예제 10**
>
> 작업환경 측정 방법 중 개인시료 채취의 정의를 적고 개인시료 채취시의 측정위치를 적으시오.
>
> | 산업 2020년 3회, 2017년 3회, 2016년 3회, 2015년 1회 |
>
> (1) 개인시료 채취의 정의
> (2) 측정위치
>
> **해설**
> (1) 개인시료 채취기를 이용하여 가스·증기·분진·흄(fume)·미스트(mist) 등을 근로자의 호흡위치에서 채취하는 것을 말한다.
> (2) 호흡기를 중심으로 반경 30cm인 반구

2) 지역시료채취

① 시료채취기를 이용하여 가스·증기, 분진, 흄, 미스트 등을 근로자의 정상 작업위치 또는 작업행동 범위에서 호흡기 높이에 고정하여 채취하는 것을 말한다. ★
② 특정 공정의 농도분포의 변화 및 환기장치의 효율성 변화 등을 알 수 있다.
③ 특정 공정의 계절별 농도변화 및 공정의 주기별 농도변화 등의 분석이 가능하다.
④ 측정결과를 통해서 근로자에게 노출되는 유해인자의 배경농도와 시간별 변화 등을 평가할 수 있다.
⑤ 지역시료채취는 개인시료 채취를 대신할 수 없으며 근로자의 노출정도를 평가할 수 없다.(개인시료 채취가 곤란한 경우 보조적으로 사용)

(2) 채취방식에 따른 구분

1) 능동적 시료채취

① 시료를 채취할 때 전원장치와 같은 에너지를 필요로 하는 것을 의미한다.
② 배터리가 내장된 공기채취펌프를 사용한 채취가 해당된다.

2) 수동식 시료채취

① 공기시료 채취장치의 작동에 전기에너지나 인력을 필요로 하지 않고 채취하는 방식을 말한다.
② 펌프 없이 가스나 증기가 고농도에서 저농도로 이동, 확산, 투과하는 현상을 이용 또는 입자상 물질의 침강을 이용한 채취로 채취를 위해 공기를 움직일 필요 없다.

3) 수동식 시료채취기의 장·단점 ★

장점	단점
• 취급방법이 편리하고 시료채취가 간편하다.	• 저농도 시 시료채취에 많은 시간이 소요된다. • 정확도와 정밀도가 낮다.

예제 11

가스상 물질의 확산원리를 이용한 수동식 시료채취기의 장·단점을 각각 1가지씩 적으시오. |기사 2019년 1회|

해설

1. 장점
   • 취급방법이 편리하고 시료채취가 간편하다.
2. 단점
   • 저농도 시 시료채취에 많은 시간이 소요된다.
   • 정확도와 정밀도가 낮다.

---

3 작업환경 측정

(1) 작업환경 측정 순서(절차) ★

예비조사 → 작업환경 측정계획 및 준비 → 측정 → 시료운반 및 저장 → 시료분석 → 시료평가 → 보고서 작성

1) 예비조사의 목적 ★

① 동일노출그룹[유사노출그룹 : HEG(Homogeneous Exposure Group)]의 설정
② 정확한 시료채취 전략 수립

예제 12

작업환경측정 시에 실시하는 예비조사의 목적 2가지를 적으시오. |기사 2016년 1회|

해설

① 동일노출그룹[유사노출그룹 : HEG(Homogeneous Exposure Group)]의 설정
② 정확한 시료채취 전략 수립

2) 예비조사의 순서 ★

예비조사 계획수립 → 채취전략 → 채취 전 보정 → 채취 및 보정 → 분석 및 처리 → 평가

예제 13

[보기]는 작업환경측정의 예비조사 과정을 나열하였다. 예비조사의 순서에 맞게 나타내시오.　　| 기사 2012년 1회 |

- 예비조사 계획수립
- 채취 및 보정
- 평가
- 분석 및 처리
- 채취전략
- 채취 전 보정

해설

예비조사 계획수립 → 채취전략 → 채취 전 보정 → 채취 및 보정 → 분석 및 처리 → 평가

---

3) 예비조사 및 측정계획서의 작성 ★

① 예비조사를 하는 경우에는 **다음 각 호의 내용이 포함된 측정계획서를 작성**하여야 한다.
- 원재료의 투입과정부터 최종 제품 생산 공정까지의 **주요공정 도식**
- 해당 공정별 작업내용 및 화학물질 사용실태, 그 밖에 **작업방법·운전조건 등을 고려한 유해인자 노출 가능성**
- 측정대상 **공정**, 측정대상 **유해인자 및 발생주기**, 측정대상 공정의 **종사 근로자 현황**
- 유해인자별 **측정방법 및 측정 소요기간** 등 작업환경측정에 필요한 사항

② 측정기관이 **전회에 측정을 실시한 사업장으로서 공정 및 취급인자 변동이 없는 경우에는 서류상의 예비조사를 할 수 있다.**

예제 14

작업환경측정의 예비조사에서 작성하여야 하는 측정계획서에 포함하여야 하는 내용(측정계획서에서 시행하는 내용) 3가지를 적으시오.　　| 산업 2019년 2회, 2018년 3회, 2017년 2회, 2021년 3회, 2022년 2회 |

해설

① 원재료의 투입과정부터 최종 제품 생산 공정까지의 **주요공정 도식**
② 해당 공정별 작업내용 및 화학물질 사용실태, 그 밖에 **작업방법·운전조건 등을 고려한 유해인자 노출 가능성**
③ **측정대상 공정**, 측정대상 **유해인자 및 발생주기**, 측정 대상 공정의 **종사 근로자 현황**
④ 유해인자별 **측정방법 및 측정 소요기간** 등 작업환경측정에 필요한 사항

4) 동일노출그룹(유사노출그룹 : HEG)

① 유사노출그룹은 **노출되는 유해인자의 농도와 특성이 유사하거나 동일한 근로자 그룹**을 말하며 **유해인자의 특성이 동일하다는 것은 노출되는 유해인자가 동일하고 농도가 일정한 변이 내에서 통계적으로 유사하다는** 의미이다.

② 역학조사를 수행할 때 **사건이 발생된 근로자가 속한 유사노출그룹의 노출농도를 근거로 노출원인 및 농도를 추정할 수 있다.**

③ 유사노출그룹은 **모든 근로자의 노출 상태를 측정하는 효과를** 가진다.

동일노출그룹(유사노출그룹) 설정 목적 ★★

- 시료채취 수를 경제적으로 하기 위함이다.
- 모든 근로자를 유사한 노출그룹별로 구분하고 그룹별로 대표적인 근로자를 선택하여 측정하면 측정하지 않은 근로자의 노출농도까지도 추정할 수 있다.(모든 근로자의 노출 정도를 추정하고자 하는데 있다.)
- 해당근로자가 속한 동일노출그룹의 노출농도를 근거로 노출원인 및 농도를 추정할 수 있다.
- 작업장에서 모니터링하고 관리해야 할 우선적인 그룹을 결정하기 위함이다.

암기

동일 그룹은 / 경제적으로 / 모든 근로자 노출 추정하여 / 모니터링 우선 그룹 결정

---

④ 유사 노출군의 설정방법

「조직 → 공정 → 작업범주 → 작업내용(유해인자) → 업무」별로 세분하여 분류한다.

예제 15

작업환경측정을 수행하는 경우 동일노출그룹(유사노출그룹 : HEG)을 설정하는 목적 3가지를 적으시오.

| 기사 2015년 3회, 2013년 3회, 2012년 3회 / 산업 2015년 3회, 2012년 1회 |

해설

① 시료채취 수를 경제적으로 하기 위함이다.
② 모든 근로자를 유사한 노출그룹별로 구분하고 그룹별로 대표적인 근로자를 선택하여 측정하면 측정하지 않은 근로자의 노출농도까지도 추정할 수 있다.(모든 근로자의 노출 정도를 추정하고자 하는 데 있다.)
③ 해당 근로자가 속한 동일노출그룹의 노출농도를 근거로 노출원인 및 농도를 추정할 수 있다.
④ 작업장에서 모니터링하고 관리해야 할 우선적인 그룹을 결정하기 위함이다.

(2) 작업환경 측정시간 ★★

① 「화학물질 및 물리적 인자의 노출기준」에 시간가중평균기준(TWA)이 설정되어 있는 대상물질을 측정하는 경우에는 1일 작업시간 동안 6시간 이상 연속 측정하거나 작업시간을 등간격으로 나누어 6시간 이상 연속 분리하여 측정하여야 한다. 다만, 다음 각 호의 어느 하나에 해당하는 경우에는 대상물질의 발생시간 동안 측정할 수 있다.

> **대상물질의 발생시간 동안 측정하여야 하는 경우 ★★**
> - 대상물질의 발생시간이 6시간 이하인 경우
> - 불규칙작업으로 6시간 이하의 작업
> - 발생원에서의 발생시간이 간헐적인 경우

예제 16

다음은 「화학물질 및 물리적 인자의 노출기준」에 의한 작업환경 측정 시간에 관한 내용이다. 괄호에 적합한 숫자를 적으시오.

| 기사 2014년 3회 / 산업 2014년 1회 |

> 시간가중평균기준(TWA)이 설정되어 있는 대상물질을 측정하는 경우에는 1일 작업시간 동안 (①) 시간 이상 연속 측정하거나 작업시간을 등간격으로 나누어 (②)시간 이상 연속 분리하여 측정하여야 한다.

해설

① 6, ② 6

예제 17

작업환경 측정 시에 시간가중평균기준(TWA)이 설정되어 있는 대상물질을 측정하는 경우에는 1일 작업시간동안 6시간 이상 연속 측정하거나 작업시간을 등간격으로 나누어 6시간 이상 연속 분리하여 측정하여야 한다. 예외 규정으로 대상물질의 발생시간 동안 측정하여야 하는 경우 3가지를 적으시오.

| 산업 2017년 3회, 2015년 1회, 2021년 2회 |

해설

① 대상물질의 발생시간이 6시간 이하인 경우
② 불규칙작업으로 6시간 이하의 작업
③ 발생원에서의 발생시간이 간헐적인 경우

② 노출기준 고시에 **단시간 노출기준(STEL)이 설정되어 있는 물질로서 노출이 균일하지 않은 작업 특성으로 인하여 단시간 노출평가가 필요하다고** 자격자(작업환경측정자의 자격을 가진 자) 또는 작업환경측정기관이 **판단하는 경우에는 단시간 측정을 할 수 있다.** 이 경우 **1회에 15분간 측정**하되 유해인자 노출특성을 고려하여 측정횟수를 정할 수 있다.

③ 노출기준 고시에 **최고노출기준(Ceiling, C)이 설정되어 있는 대상물질을 측정하는 경우에는 최고노출 수준을 평가할 수 있는 최소한의 시간동안 측정**하여야 한다. 다만 시간가중평균기준(TWA)이 함께 설정되어 있는 경우에는 ①에 따른 측정을 병행하여야 한다.

(3) 시료채취 근로자수

1) 단위작업장소 ★

작업환경측정 대상이 되는 작업장 또는 공정에서 **정상적인 작업을 수행하는 동일 노출집단의 근로자가 작업을 행하는 장소**를 말한다.

2) 시료채취 근로자 수 ★★★

① 단위작업 장소에서 **최고 노출근로자 2명 이상**에 대하여 동시에 **개인 시료채취 방법으로 측정**하되, 단위작업 장소에 근로자가 1명인 경우에는 그러하지 아니하며, **동일 작업근로자수가 10명을 초과하는 경우에는 매 5명당 1명 이상 추가하여 측정**하여야 한다. 다만, **동일 작업 근로자수가 100명을 초과하는 경우에는 최대 시료채취 근로자수를 20명으로 조정**할 수 있다.

② **지역 시료채취 방법으로 측정을 하는 경우 단위작업장소 내에서 2개 이상의 지점에 대하여 동시에 측정**하여야 한다. 다만, **단위작업 장소의 넓이가 50평방미터 이상인 경우에는 매 30평방미터마다 1개 지점 이상을 추가로 측정**하여야 한다.

예제 18

[보기는 작업환경측정시의 시료채취 근로자 수에 관한 내용이다. 괄호에 적합한 숫자를 적으시오.

| 기사 2022년 2회, 2012년 1회 / 산업 2015년 2회 |

단위작업 장소에서 최고 노출근로자 (①)명 이상에 대하여 동시에 개인 시료채취 방법으로 측정하되, 단위작업 장소에 근로자가 1명인 경우에는 그러하지 아니하며, 동일 작업근로자수가 (②)명을 초과하는 경우에는 매 (③)명당 (④)명 이상 추가하여 측정하여야 한다. 다만, 동일 작업근로자수가 (⑤)명을 초과하는 경우에는 최대 시료채취 근로자수를 (⑥)명으로 조정할 수 있다.

해설

① 2, ② 10, ③ 5, ④ 1, ⑤ 100, ⑥ 20

예제 19

「화학물질 및 물리적 인자의 노출기준」고시에서 정하는 작업환경 측정에 관한 내용이다. 물음에 답하시오.

| 산업 2017년 1회 |

(1) 시간가중평균기준(TWA)이 설정되어 있는 대상물질을 측정하는 경우의 작업환경 측정 시간을 설명하시오. (단, 대상물질의 발생시간 동안 측정하는 경우 제외)
(2) 시료채취방법을 설명하시오. (단, 지역 시료채취 방법으로 측정하는 경우 제외)
(3) 동일 작업 근로자수가 10명인 경우 시료채취 근로자수를 적고, 산출근거를 설명시오.

해설

(1) 1일 작업시간동안 6시간 이상 연속 측정하거나 작업시간을 등간격으로 나누어 6시간 이상 연속 분리하여 측정하여야 한다.
(2) 단위작업 장소에서 최고 노출근로자 2명 이상에 대하여 동시에 개인 시료채취 방법으로 측정한다.
(3) • 시료채취 근로자수 : 2명
 • 산출근거 : 동일 작업근로자수가 10명을 초과하는 경우에는 매 5명당 1명 이상 추가하여 측정하여야 한다.

(4) 작업환경 측정 단위 ★★

① 화학적 인자의 가스, 증기, 분진, 흄(fume), 미스트(mist) 등의 농도는 피피엠(ppm) 또는 세제곱미터당 밀리그램(mg/m³)으로 표시한다. 다만, 석면의 농도 표시는 세제곱센티미터당 섬유개수(개/cm³)로 표시한다.

② 피피엠(ppm)과 세제곱미터당 밀리그램(mg/m³) 간의 상호 농도변환은 다음 계산식과 같다.

ppm과 mg/m³의 상호 농도변환 ★★★

• 0℃, 1기압의 경우

$$노출기준(mg/m^3) = \frac{노출기준(ppm) \times 그램분자량}{22.4}$$

• 21℃, 1기압의 경우

$$노출기준(mg/m^3) = \frac{노출기준(ppm) \times 그램분자량}{24.1}$$

• 25℃, 1기압의 경우

$$노출기준(mg/m^3) = \frac{노출기준(ppm) \times 그램분자량}{24.45}$$

③ 소음수준의 측정단위는 데시벨[dB(A)]로 표시한다.
④ 고열(복사열 포함)의 측정단위는 습구·흑구 온도지수(WBGT)를 구하여 섭씨온도(℃)로 표시한다.

> **암기**
>
> **작업환경 측정의 단위 표시** ★★
> - 석면 : 개/cm³(세제곱센티미터당 섬유개수)
> - 가스, 증기, 분진, 흄, 미스트 : mg/m³ 또는 ppm
> - 고열(복사열 포함) : 습구·흑구온도지수를 구하여 ℃로 표시
> - 소음 : [dB(A)]

예제 20

다음 작업환경 측정 인자의 단위 표시 기준을 적으시오. | 기사 2014년 3회 / 산업 2014년 2회, 2012년 1회 |

(1) 석면 :
(2) 가스, 증기, 분진, 흄, 미스트 :
(3) 고열(복사열 포함) :
(4) 소음 :

해설

(1) 개/cm³(세제곱센티미터당 섬유개수)
(2) mg/m³ 또는 ppm
(3) 습구·흑구온도지수를 구하여 ℃로 표시
(4) [dB(A)]

예제 21

MEK(분자량 : 72)의 농도가 30ppm일 때 mg/m³ 단위로 환산된 농도를 계산하시오. (단, 25℃ 1기압 기준)
| 산업 2018년 1회, 2014년 2회 |

해설

ppm과 mg/m³의 상호 농도변환

1. 0℃, 1기압의 경우

$$노출기준(mg/m^3) = \frac{노출기준(ppm) \times 그램분자량}{22.4}$$

2. 21℃, 1기압의 경우

$$노출기준(mg/m^3) = \frac{노출기준(ppm) \times 그램분자량}{24.1}$$

3. 25℃, 1기압의 경우

$$노출기준(mg/m^3) = \frac{노출기준(ppm) \times 그램분자량}{24.45}$$

$$노출기준 = \frac{30 \times 72}{24.45} = 88.34(mg/m^3)$$

> **예제 22**
>
> 작업장 내 오염물질의 농도가 45ppm이었다. mg/m³ 단위로 환산된 농도를 계산하시오. (단, 오염물질의 분자량 72, 21℃ 1기압 기준)
>
> | 산업 2013년 1회, 2012년 2회 |
>
> **해설**
>
> $$\text{노출기준}(mg/m^3) = \frac{ppm \times 분자량}{24.1} = \frac{45 \times 72}{24.1} = 134.44(mg/m^3)$$
>
> **예제 23**
>
> 부피가 15,000m³인 작업장에서 톨루엔 3L가 증발하였다. 작업장 내의 톨루엔 농도(ppm)를 계산하시오. (단, 톨루엔의 분자량 92.14, 비중 0.879, 21℃ 1기압 기준)
>
> | 산업 2012년 3회 |
>
> **해설**
>
> 1. $mg/m^3 = \dfrac{(3 \times 10^6 \times 0.879)mg}{15,000m^3} = 175.80(mg/m^3)$
>
> $\begin{bmatrix} L \times 비중 = kg, \ (3 \times 0.879)kg = (3 \times 0.879 \times 10^6)mg \\ kg = 10^3 g = 10^6 mg \end{bmatrix}$
>
> 2. $mg/m^3 = \dfrac{노출기준(ppm) \times 그램분자량}{24.1}$
>
> $ppm = \dfrac{mg/m^3 \times 24.1}{분자량} = \dfrac{175.80 \times 24.1}{92.14} = 45.98(ppm)$

(5) 소음의 측정방법

1) 소음측정 기기 ★★

① 소음측정에 사용되는 기기는 누적소음 노출량측정기, 적분형소음계 또는 이와 동등 이상의 성능이 있는 것으로 하되 개인 시료채취 방법이 불가능한 경우에는 지시소음계를 사용할 수 있으며, 발생시간을 고려한 등가소음레벨 방법으로 측정할 것. 다만, 소음발생 간격이 1초 미만을 유지하면서 계속적으로 발생되는 소음("연속음")을 지시소음계 또는 이와 동등 이상의 성능이 있는 기기로 측정할 경우에는 그러하지 아니할 수 있다.

② 소음계의 청감보정회로는 A특성으로 할 것

③ 소음측정은 다음과 같이 할 것
  • 소음계 지시침의 동작은 느린(Slow) 상태로 한다.
  • 소음계의 지시치가 변동하지 않는 경우에는 해당 지시치를 그 측정점에서의 소음수준으로 한다.

④ 누적소음노출량 측정기로 소음을 측정하는 경우에는 Criteria는 90dB, Exchange Rate는 5dB, Threshold는 80dB로 기기를 설정할 것

⑤ 소음이 1초 이상의 간격을 유지하면서 최대음압수준이 120dB(A) 이상의 소음인 경우에는 소음 수준에 따른 1분 동안의 발생횟수를 측정할 것

2) 측정위치 ★

① 개인 시료채취 방법으로 측정하는 경우에는 소음측정기의 센서 부분을 작업 근로자의 귀 위치(귀를 중심으로 반경 30cm인 반구)에 장착하여야 한다.
② 지역 시료채취 방법으로 측정하는 경우에는 소음측정기를 측정대상이 되는 근로자의 주 작업행동 범위 내에서 작업근로자 귀 높이에 설치하여야 한다.

3) 소음 측정시간 ★★

① 단위작업 장소에서 소음수준은 규정된 측정위치 및 지점에서 1일 작업시간 동안 6시간 이상 연속 측정하거나 작업시간을 1시간 간격으로 나누어 6회 이상 측정하여야 한다. 다만, 소음의 발생특성이 연속음으로서 측정치가 변동이 없다고 자격자 또는 지정측정기관이 판단한 경우에는 1시간 동안을 등간격으로 나누어 3회 이상 측정할 수 있다.
② 단위작업 장소에서의 소음발생시간이 6시간 이내인 경우나 소음발생원에서의 발생시간이 간헐적인 경우에는 발생시간 동안 연속 측정하거나 등간격으로 나누어 4회 이상 측정하여야 한다.

(6) 고열의 측정방법

1) 고열 측정기기

고열은 습구흑구온도지수(WBGT)를 측정할 수 있는 기기 또는 이와 동등 이상의 성능을 가진 기기를 사용한다.

2) 고열 측정방법 ★★

① 측정은 단위작업 장소에서 측정대상이 되는 근로자의 주 작업 위치에서 측정한다.
② 측정기의 위치는 바닥면으로부터 50센티미터 이상, 150센티미터 이하의 위치에서 측정한다.
③ 측정기를 설치한 후 충분히 안정화시킨 상태에서 1일 작업시간 중 가장 높은 고열에 노출되는 1시간을 10분 간격으로 연속하여 측정한다.

3) 습구흑구온도지수(WBGT)의 산출 ★★★

① 옥외(태양광선이 내리쬐는 장소)

$$\text{WBGT}(℃) = 0.7 \times 자연습구온도 + 0.2 \times 흑구온도 + 0.1 \times 건구온도$$

② 옥내 또는 옥외(태양광선이 내리쬐지 않는 장소)

$$\text{WBGT}(℃) = 0.7 \times 자연습구온도 + 0.3 \times 흑구온도$$

③ 평균 WBGT

$$평균\ \text{WBGT}(℃) = \frac{\text{WBGT}_1 \times t_1 + \text{WBGT}_2 \times t_2 + \cdots + \text{WBGT}_n \times t_n}{t_1 + t_2 + \cdots + t_n}$$

WBGT_n : 각 습구흑구온도지수의 측정치(℃)
t_n : 각 습구흑구온도지수의 측정시간(분)

예제 24

건구온도가 26℃, 자연습구온도가 18℃, 흑구온도가 28℃인 실내 작업장의 습구흑구 온도지수를 계산하시오.

| 기사 2015년 3회 / 산업 2015년 3회 |

해설

$\text{WBGT}(℃) = 0.7 \times 자연습구온도 + 0.3 \times 흑구온도 = 0.7 \times 18 + 0.3 \times 28 = 21(℃)$

예제 25

태양광선이 내리쬐지 않는 옥외작업장의 건구온도가 40℃이고, 자연습구온도가 32℃이며 흑구온도가 40℃인 경우 습구흑구온도지수(WBGT)를 계산하시오.

| 기사 2012년 1회 |

해설

$\text{WBGT}(℃) = 0.7 \times 자연습구온도 + 0.3 \times 흑구온도 = 0.7 \times 32 + 0.3 \times 40 = 34.40(℃)$

예제 26

다음 물음에 답하시오.

| 기사 2013년 3회 |

(1) 실효온도를 설명하시오.
(2) 습구흑구온도지수의 계산 공식을 설명하시오.(단, 옥내와 옥외를 구분하여 설명할 것)

> 해설

(1) 실효온도는 기온(온도), 기습(습도), 기류(대류, 공기유동)의 조건에 따라 결정되는 체감온도(감각온도)를 말한다.
(2) 습구흑구온도지수의 계산 공식

> 1. 옥외(태양광선이 내리쬐는 장소)
>   WBGT(℃) = 0.7×자연습구온도 + 0.2×흑구온도 + 0.1×건구온도
> 2. 옥내 또는 옥외(태양광선이 내리쬐지 않는 장소)
>   WBGT(℃) = 0.7×자연습구온도 + 0.3×흑구온도

예제 27

건구온도가 26℃, 자연습구온도가 20℃, 흑구온도가 28℃이었다. | 산업 2012년 2회 |

(1) 옥내의 습구흑구 온도지수를 계산하시오.
(2) 옥외(태양광선이 내리쬐는 장소)의 습구흑구 온도지수를 계산하시오.
(3) 작업장 고온의 영향 평가를 위하여 고열을 측정하는 경우 측정기의 위치를 적으시오.

> 해설

(1) WBGT(℃) = 0.7×자연습구온도 + 0.3×흑구온도 = 0.7×20 + 0.3×28 = 22.40(℃)
(2) WBGT(℃) = 0.7×자연습구온도 + 0.2×흑구온도 + 0.1×건구온도 = 0.7×20 + 0.2×28 + 0.1×26 = 22.20(℃)
(3) 바닥 면으로부터 50센티미터 이상, 150센티미터 이하의 위치에서 측정한다.

예제 28

어느 작업자가 8시간 작업하는 동안 습구흑구온도지수(WBGT)가 3시간 동안 31℃, 4시간 동안 28℃, 1시간 동안 26℃이었다면 평균 WBGT를 계산하시오. | 산업 2018년 1회 |

> 해설

$$\text{평균 } WBGT(℃) = \frac{WBGT_1 \times t_1 + \cdots + WBGT_n \times t_n}{t_1 + \cdots + t_n}$$

$WBGT_n$: 각 습구흑구온도지수의 측정치(℃)
T_n : 각 습구흑구온도지수치의 발생시간(분)

$$\text{평균 } WBGT(℃) = \frac{WBGT_1 \times t_1 + \cdots + WBGT_n \times t_n}{t_1 + \cdots + t_n} = \frac{(3 \times 31 + 4 \times 28 + 1 \times 26)}{8} = 28.88(℃)$$

(7) 라돈의 측정방법

1) 사업장 내 라돈 농도 측정주기

사업주는 다음 주기에 따라 라돈농도를 측정하여야 한다. 다만, **라돈농도에 현저한 변화가 있을 만한 상황이 발생한 경우에는 1개월 이내에 측정을 실시하여야 한다.**

등급	라돈농도	측정주기
Ⅰ (관심)	100Bq/m³	5년 주기
Ⅱ (주의)	300Bq/m³	2년 주기
Ⅲ (위험)	600Bq/m³	1년 주기

* 라돈 발생 물질을 직접 취급하는 사업장은 농도에 관계없이 1년 주기로 측정 ★
* 100Bq/m³ 이하인 경우에는 10년 주기로 측정 ★

2) 측정방법

단기측정	• 2~90일의 기간 동안 라돈농도를 측정하는 경우를 말한다. • 단기측정방법으로 측정한 결과가 300Bq/m³을 초과하는 경우에는 장기측정방법으로 추가 측정을 실시한다. • 라돈 발생 물질 취급 작업장은 2~7일 동안 측정
장기측정	• 짧게는 90일에서 길게는 1년간 측정하는 경우를 말한다.

3) 측정기기의 선택

단기측정	'충전막 전리함 측정기(E-Perm, Electret-Passive Environmental Radon Monitor)' 또는 이와 동등한 측정기기를 이용하여 측정한다.
장기측정	'알파비적검출기(ATD, Alpha Track Detector)' 또는 이와 동등한 측정기기로 측정

4) 시료채취 수

시료채취 수	중복 측정	공시료
작업장소별 2개 이상	전체 시료수의 10% (최소 1개 이상, 최대 50개 이내)	전체 시료수의 5% (최소 1개 이상, 최대 25개 이내)

5) 측정 시 유의사항

- 측정 시에는 습도, 온도, 환기조건 등을 기록한다.
- 측정기기의 위치는 바닥으로부터 1.2~1.5m 위치에 설치하고 실내의 대상물체로부터 10cm 이상 떨어진 곳에 설치한다.
- 측정 장소에는 "측정 중"이라는 주의 표지를 부착한다.
- 측정기기별로 권장하는 측정기간을 준수한다.

6) 라돈 농도수준에 따른 관리

① 가능한 낮은 수준의 라돈 관리 : 라돈 농도가 100Bq/m³ 이하로 유지되도록 사업주는 기술적 또는 경제적으로 가능한 범위 내에서 작업장을 관리한다.
② 발생원 밀폐 : 라돈 발생 원료물질, 공정부산물 등 취급·보관 장소에는 밀폐장치 등을 설치하여 발생원을 차단한다.
③ 유입원 차단 : 라돈 주요 유입원(배수구, 바닥의 틈, 건물의 갈라진 틈 등)에 대하여 밀폐, 보강 등의 조치를 통해 라돈 유입을 막는다.
④ 환기
- 전체환기 : 라돈 농도를 낮추기 위하여 공기유입 장치, 자연환기 등을 통해 외부의 신선한 공기를 내부로 유입될 수 있도록 전체환기를 관리한다.
- 국소환기 : 고농도 라돈 발생장소, 원료물질 또는 공정부산물이 공기 중에 흩날릴 수 있는 장소 중 밀폐하기 곤란한 장소에 대해서는 국소배기장치 등을 설치하여 라돈 확산을 방지하고 공기 중 라돈 농도를 제어한다.
⑤ 흡연 등 금지 : 라돈이 발생하는 작업장 내에서는 흡연을 금지한다.
⑥ 안전보건교육 : 근로자에게 라돈의 유해성 및 안전보건 조치사항 등을 교육한다.

(8) 가스상 물질의 측정방법

1) 검지관방식의 측정

검지관방식으로 측정할 수 있는 경우 ★★
• 예비조사 목적인 경우 • 검지관방식 외에 다른 측정방법이 없는 경우 • 발생하는 가스상 물질이 단일물질인 경우(다만, 자격자가 측정하는 사업장에 한정한다.)

① 자격자가 해당 사업장에 대하여 검지관방식으로 측정하는 경우 사업주는 2년에 1회 이상 사업장 위탁측정기관에 의뢰하여 측정하여야 한다.

② 검지관방식으로 측정하는 경우에는 해당 작업근로자의 호흡기 및 가스상 물질 발생원에 근접한 위치 또는 근로자 작업행동 범위의 주 작업 위치에서의 근로자 호흡기 높이에서 측정하여야 한다. ★★

③ 검지관방식으로 측정하는 경우에는 1일 작업시간 동안 1시간 간격으로 6회 이상 측정하되 측정시간마다 2회 이상 반복 측정하여 평균값을 산출하여야 한다. 다만, 가스상 물질의 발생시간이 6시간 이내일 때에는 작업시간 동안 1시간 간격으로 나누어 측정하여야 한다. ★★

예제 29

가스상 물질의 측정방법 중 검지관을 사용하여 측정할 경우 측정위치 3가지를 적으시오.

| 기사 2014년 1회 / 산업 2016년 3회 |

해설
① 해당 작업근로자의 호흡기
② 가스상 물질 발생원에 근접한 위치
③ 근로자 작업행동 범위의 주 작업 위치에서의 근로자 호흡기 높이

예제 30

가스상 물질을 측정하는 경우 검지관방식으로 측정할 수 있는 경우 3가지를 적으시오.

| 기사 2012년 3회 / 산업 2019년 3회, 2014년 1회 |

해설
① 예비조사 목적인 경우
② 검지관방식 외에 다른 측정방법이 없는 경우
③ 발생하는 가스상 물질이 단일물질인 경우[다만, 자격자가 측정하는 사업장에 한정한다.]

(9) 입자상 물질의 측정방법 ★★

1) 측정방법

① 석면의 농도는 여과채취방법으로 측정하고 계수방법 또는 이와 동등 이상의 분석방법으로 분석할 것 ★★
② 광물성분진은 여과채취방법으로 측정하고 석영, 크리스토바라이트, 트리디마이트를 분석할 수 있는 적합한 방법으로 분석할 것(다만, 규산염과 그 밖의 광물성분진은 중량분석방법으로 분석한다.)
③ 용접 흄은 여과채취방법으로 측정하되 용접보안면을 착용한 경우에는 그 내부에서 시료를 채취하고 중량분석방법과 원자흡광광도계 또는 유도결합플라스마를 이용한 방법으로 분석할 것 ★★
④ 석면, 광물성분진 및 용접 흄을 제외한 입자상 물질은 여과채취방법으로 측정한 후 중량분석방법이나 유해물질 종류에 따른 적합한 방법으로 분석할 것
⑤ 호흡성분진은 호흡성분진용 분립장치 또는 호흡성분진을 채취할 수 있는 기기를 이용한 여과채취방법으로 측정할 것
⑥ 흡입성분진은 흡입성분진용 분립장치 또는 흡입성분진을 채취할 수 있는 기기를 이용한 여과채취방법으로 측정할 것

예제 31

다음은 입자상물질의 작업환경 측정방법을 설명하고 있다. (   )에 알맞은 용어를 적으시오.
| 기사 2018년 3회, 2013년 3회 / 산업 2013년 1회 |

용접 흄은 (①) 방법으로 측정하되, 용접보안면을 착용한 경우에는 그 내부에서 채취하고 중량분석방법과 원자흡광광도계 또는 (②)를 이용한 방법으로 분석한다.

해설
① 여과채취, ② 유도결합플라스마

예제 32

입자상물질의 측정방법 중 입자상물질의 크기를 측정하는 방법 2가지를 적으시오. | 산업 2019년 1회, 2022년 2회 |

해설
① 현미경 측정법
② 체분석법(표준체 측정법 : standard sieving analysis)
③ 관성충돌법

> **예제 33**
>
> [보기]에서 제시하는 물질에 적합한 시료채취방법 및 분석방법을 적으시오.　　　| 산업 2016년 2회 |
>
> (1) 호흡성분진
> (2) 입자상물질(석면, 광물성분진 및 용접 흄을 제외)
> (3) 용접 흄
> (4) 석면
>
> **해설**
> (1) • 시료채취방법 : 여과채취방법
> 　　• 분석방법 : 중량분석방법
> (2) • 시료채취방법 : 여과채취방법
> 　　• 분석방법 : 중량분석방법
> (3) • 시료채취방법 : 여과채취방법
> 　　• 분석방법 : 중량분석방법, 원자흡광광도계, 유도결합프라스마
> (4) • 시료채취방법 : 여과채취방법
> 　　• 분석방법 : 계수방법

2) 측정위치

① 개인 시료채취 방법으로 측정하는 경우에는 측정기기를 작업 근로자의 호흡기 위치에 장착하여야 한다.
② 지역 시료채취 방법으로 측정하는 경우에는 측정기기를 발생원의 근접한 위치 또는 작업근로자의 주 작업행동 범위 내에서 작업근로자 호흡기 높이에 설치하여야 한다.

02 시료분석기술

1 보정

(1) 보정

측정 및 분석과정에서의 오차를 줄이기 위해 특정조건에서의 표준 값과 측정기구 값 사이의 상관관계를 설정하는 것을 말한다.

(2) 1차 표준기구(primary standard)와 2차 표준기구(2ndary standard)

① 1차 표준기구(primary standard)는 물리적 차원인 공간의 부피를 직접 측정할 수 있는 표준기준(직접 공기량을 측정하는 유량계)을 말한다.

[1차 표준기구의 종류] ★★★

표준기구	일반사용범위	정확도	사용처
비누거품미터 (Soap bubble meter)	1mL/분 ~ 30L/분	±1%	현장, 실험실
폐활량계 (Spirometer)	100 ~ 600L	±1%	현장, 실험실
가스치환병 (Mariotte bottle)	10 ~ 500mL/분	±0.05 ~ 0.25%	실험실
유리피스톤미터 (Glass piston meter)	10 ~ 200mL/분	±2%	현장, 실험실
흑연피스톤미터 (Frictionless meter)	1mL/분 ~ 50L/분	±1 ~ 2%	현장, 실험실
피토튜브 (Pitot tube)	15mL/분 이하	±1%	현장

암기

1차 비누로 폐활량 재고, 가스치환하여, 유리.흑연 먹였더니 피토했다.

② 2차 표준기구(2ndary standard)는 공간의 부피를 직접 측정할 수 없으며 주기적으로 1차 표준기구를 기준으로 보정해서 사용해야 하는 기구들을 말한다.

[2차 표준기구의 종류] ★★★

표준기구	일반사용범위	정확도	사용처
로타미터 (Rotameter)	1mL/분 이하	±1~25%	현장
습식 테스트미터 (Wet-test-meter)	0.5~230L/분	±0.5%	실험실
건식 가스미터 (Dry-gas-meter)	10~150L/분	±1%	현장
오리피스미터 (Orifice meter)	직경에 따라 다양	±0.5%	현장, 실험실
열선기류계 (Thermo anemometer)	0.05~40.6m/초	±0.1~0.2%	현장

> **암기**
>
> 2열로 걸어가는 습관 테스트하는 오리
> 2(2차기구) 열(열선기류계)로(로타미터) 걸어가는(건식가스미터) 습관 테스트(습식테스트미터)하는 오리(오리피스미터)

예제 34

유량 및 용량을 보정하는 데 사용되는 장치 중 2차 표준기구의 종류 4가지를 적으시오. | 기사 2020년 2회 |

해설

① 로타미터
② 습식 테스트미터
③ 건식 가스미터
④ 오리피스미터
⑤ 열선기류계

예제 35

유량 및 용량을 보정하는 데 사용되는 장치 중 1차 표준기구의 종류 4가지를 적으시오. | 산업 2019년 1회, 2012년 1회 |

해설

① 비누거품미터
② 폐활량계
③ 가스치환병
④ 유리피스톤미터
⑤ 흑연피스톤미터
⑥ 피토튜브

암기

1차 비누로 폐활량 재고, 가스치환하여, 유리.흑연 먹였더니 피토했다.

예제 36

유량 및 용량을 보정하는데 사용되는 1차 표준기구 및 2차 표준기구의 정의와 정확도를 설명하시오.

| 기사 2012년 1회 / 산업 2018년 1회 |

해설

1. 1차 표준기구(primary standard)
   - 물리적 차원인 공간의 부피를 직접 측정할 수 있는 기구를 말한다. (직접 공기량을 측정하는 유량계)
   - 정확도 : ±1% 이내
2. 2차 표준기구(2ndary standard)
   - 공간의 부피를 직접 측정할 수 없으며 1차 표준 기구를 기준으로 보정해서 사용해야 하는 기구들을 말한다.
   - 정확도 : ±5% 이내

예제 37

유량 및 용량을 보정하는 데 사용되는 장치 중 1차 표준기구와 2차 표준기구의 종류를 1가지씩 적고 정확도를 적으시오.

| 기출 2012년 3회 |

해설

- 1차 표준기구 : 피토튜브(정확도 : ±1%)
- 2차 표준기구 : 건식 가스미터(정확도 : ±1%)

③ 비누거품미터

$$유량(L/min) = \frac{비누거품이\ 통과한\ 용량(L)}{비누거품이\ 통과한\ 시간(min)}$$

예제 38

비누거품미터로 보정한 결과 1,200cc의 공간에서 비누거품이 도달하는 시간을 측정하였다. 4번 측정한 결과가 23.4초, 22.1초, 24.4초, 24.1초인 경우 펌프의 평균유량(L/min)을 계산하시오.

| 기사 2015년 2회 / 산업 2019년 2회, 2021년 3회 |

해설

$$유량(L/min) = \frac{비누거품이\ 통과한\ 용량(L)}{비누거품이\ 통과한\ 시간(min)}$$

1. 소요되는 평균시간

$$평균시간 = \frac{23.4+22.1+24.4+24.1}{4} = 23.50\,(sec)$$

2. 유량 $= \dfrac{비누거품이\ 통과한\ 용량(L)}{비누거품이\ 통과한\ 시간(min)} = \dfrac{1.2L}{23.50 \times \dfrac{1}{60}\,min} = 3.06\,(L/min)$

(1000cc=1L, ∴ 1200cc=1.2L)

2 화학 및 기기 분석법

(1) 용어

① "항량이 될 때까지 건조한다 또는 강열한다"란 규정된 건조온도에서 1시간 더 건조 또는 강열할 때 전후 무게의 차가 매 g당 0.3mg 이하일 때를 말한다.
② 시험조작 중 "즉시"란 30초 이내에 표시된 조작을 하는 것을 말한다.
③ "감압 또는 진공"이란 따로 규정이 없는 한 15mmHg 이하를 뜻한다.
④ "이상", "초과", "이하", "미만"이라고 기재하였을 때 이(以)자가 쓰여진 쪽은 어느 것이나 기산점(起算點) 또는 기준점(基準點)인 숫자를 포함하며, "미만" 또는 "초과"는 기산점 또는 기준점의 숫자를 포함하지 않는다. 또 "a ~ b"라 표시한 것은 a 이상 b 이하를 말한다.
⑤ "바탕시험(空試驗)을 하여 보정한다"란 시료에 대한 처리 및 측정을 할 때, 시료를 사용하지 않고 같은 방법으로 조작한 측정치를 빼는 것을 말한다.
⑥ 중량을 "정확하게 단다"란 지시된 수치의 중량을 그 자릿수까지 단다는 것을 말한다.

⑦ "약"이란 그 무게 또는 부피에 대하여 ±10% 이상의 차가 있지 아니한 것을 말한다.

⑧ "검출한계"란 분석기기가 검출할 수 있는 가장 작은 양을 말한다. ★★

- 공시료에 대한 분석기기의 반응과 평균과 분산으로부터 구하는 방법
  검출한계 = 3.143 × 표준편차
- 검량선(calibration graph) 식으로부터 구하는 방법
  검량선에서 구한 방정식의 표준오차를 기울기로 나누어 3배를 해준 값이다.

$$LOD = \frac{3 \times SD}{b}$$

SD : Standard error
b : slope

⑨ "정량한계"란 분석기기가 정량할 수 있는 가장 작은 양을 말한다. ★★

- 정량한계 = 검출한계 × 3 또는 3.3
- 정량한계 = 표준편차 × 10

⑩ "회수율"이란 여과지에 채취된 성분을 추출과정을 거쳐 분석 시 실제 검출되는 비율을 말한다. ★

$$회수율(RE, recovery\ efficiency) = \frac{검출량}{첨가량}$$

$$회수율(\%) = \frac{검출량}{첨가량} \times 100$$

⑪ "탈착효율"이란 흡착제에 흡착된 성분을 추출과정을 거쳐 분석 시 실제 검출되는 비율을 말한다. ★

$$탈착효율(DE, desorption\ efficiency) = \frac{검출량}{주입량}$$

$$탈착효율(\%) = \frac{검출량}{주입량} \times 100$$

12) 공시료(Blank sample)

① 채취하고자 하는 공기에 노출되지 않은 시료를 말한다.
② 공기 중의 유해물질 등을 측정 시에 시료를 채취하지 않고 측정오차를 보정하기 위하여 사용하는 시료를 말한다. ★

③ 공시료에서 어떠한 물질이 검출되었다면 측정매체의 오염인지, 시료취급과정에서의 오염인지 그 원인을 파악하고 교정하여야 한다.
④ 현장시료와 동일한 방법으로 취급, 운반, 분석하여야 한다.

예제 39

킬레이트 적정법의 종류를 4가지 적으시오. | 기사 2020년 1회, 2018년 1회 |

해설

① 치환적정법
② 역적정법
③ 직접적정법
④ 간접적정법

[참고]
1. 적정 : 농도를 알고 있는 표준 용액을 이용하여 농도를 모르는 용액 속에 존재하는 용질과 완전히 반응하는데 소모된 표준 용액의 양을 측정하여 농도를 결정하는 방법을 말한다.
2. 킬레이트 적정법 : 금속이온이 킬레이트시약과의 반응에 의하여 킬레이트 화합물이 생성되는 원리를 이용하는 정량법을 말한다.

예제 40

작업환경측정 시에 공시료를 채취하는 목적을 1가지 적으시오. | 산업 2015년 2회 |

해설

유해물질 등을 측정 시에 측정오차를 보정하기 위하여 채취한다.

예제 41

화학분석에 관한 일반사항 중 [보기]의 내용을 간단히 설명하시오. | 산업 2013년 2회 |

(1) 시험조작 중 "즉시"란?
(2) "감압 또는 진공"이란?
(3) "약"이란?

해설

(1) 30초 이내에 표시된 조작을 하는 것을 말한다.
(2) 15mmHg 이하를 뜻한다.
(3) 무게 또는 부피에 대하여 ±10% 이상의 차가 있지 아니한 것을 말한다.

(2) 온도 표시

① 온도의 표시는 셀시우스(Celcius) 법에 따라 아라비아 숫자의 오른쪽에 ℃를 붙인다. 절대 온도는 °K로 표시하고 절대온도 0°K는 −273℃로 한다.
② 상온은 15 ~ 25℃, 실온은 1 ~ 35℃, 미온은 30 ~ 40℃로 하고, 찬 곳은 따로 규정이 없는 한 0 ~ 15℃의 곳을 말한다.
③ 냉수(冷水)는 15℃ 이하, 온수(溫水)는 60 ~ 70℃, 열수(熱水)는 약 100℃를 말한다.

(3) 농도 표시

① 중량백분율을 표시할 때에는 %의 기호를 사용한다.
② 액체단위부피, 또는 기체단위부피 중의 성분질량(g)을 표시할 때에는 %(W/V)의 기호를 사용한다.
③ 액체단위부피, 또는 기체단위부피 중의 성분용량을 표시할 때에는 %(V/V)의 기호를 사용한다.
④ 백만분율(Parts Per Million)을 표시할 때에는 ppm을 사용하며 따로 표시가 없으면, 기체인 경우에는 용량 대 용량(V/V)을 액체인 경우에는 중량 대 중량(W/W)을 의미한다.
⑤ 10억분율(Parts Per Billion)을 표시할 때에는 ppb를 사용하며 따로 표시가 없으면, 기체인 경우에는 용량 대 용량(V/V)을 액체인 경우에는 중량 대 중량(W/W)을 의미한다.
⑥ 공기 중의 농도를 mg/m^3로 표시했을 때는 25℃, 1기압 상태의 농도를 말한다.

(4) 용기

① 밀폐용기(密閉容器)란 물질을 취급 또는 보관하는 동안에 이물(異物)이 들어가거나 내용물이 손실되지 않도록 보호하는 용기를 말한다.
② 기밀용기(機密容器)란 물질을 취급하거나 보관하는 동안에 외부로부터의 공기 또는 다른 기체가 침입하지 않도록 내용물을 보호하는 용기를 말한다.
③ 밀봉용기(密封容器)란 물질을 취급 또는 보관하는 동안에 기체 또는 미생물이 침입하지 않도록 내용물을 보호하는 용기를 말한다.
④ 차광용기(遮光容器)란 광선이 투과되지 않는 갈색용기 또는 투과하지 않도록 포장한 용기로서 취급 또는 보관하는 동안에 내용물의 광화학적 변화를 방지할 수 있는 용기를 말한다.

> **암기**
>
> 이물질 밀폐, 공기 기밀, 미생물 밀봉, 광선 차광

(5) 유해물질의 분석법

1) 현미경 분석

위상차현미경	• 공기 중 석면을 막여과지에 채취한 후 전처리하여 분석하는 방법 • 다른 방법에 비하여 간편하나 석면의 감별에 어려움이 있다. • 석면 측정에 가장 많이 사용된다.
전자현미경	• 공기 중 석면시료 분석에 가장 정확한 방법이다. • 석면의 성분 분석(감별분석)이 가능하다. • 위상차현미경으로 볼 수 없는 매우 가는 섬유도 관찰할 수 있다. • 분석시간이 길고 값이 비싸다.
편광현미경	• 석면을 감별 분석할 수 있다. • 석면광물의 빛의 편광성을 이용한다.
X-선 회절법	• 값이 비싸고 조작이 복잡하다. • 고형시료 중 크리소타일 분석에 사용한다. • 토석, 암석 및 광물성 분진(석면분진 제외) 중의 유리규산(SiO_2) 함유율 분석에 사용한다. • 석면 포함 물질을 은막 여과지에 놓고 X선을 조사한다.

> **예제 42**
>
> 위상차현미경을 이용하여 작업장의 석면 시료를 분석하였다. 분석 값을 이용하여 작업장 공기 중의 석면농도 (개/cc)를 계산하시오. | 기사 2016년 1회 |
>
> 1. 25mm 여과지(유효직경 22.14mm)를 이용하여 2.4L/min의 pump로 2시간 채취함
> 2. 시료 1시야당 3.1개, 공시료 1시야당 0.05개가 분석됨
> 3. 시야당 계수면적은 0.00785mm²을 적용한다.

해설

$$C = \frac{A \times (N_1 - N_2)}{a \times V \times n} \times \frac{1}{1,000}$$

C : 공기 중 석면(섬유상 먼지)의 농도(개/cc)
A : 유효 포집면적
N_1 : 위상차현미경으로 계측한 시료의 총 섬유수(개)
N_2 : 위상차현미경으로 계측한 바탕시료의 총 섬유수(개)#
a : 현미경으로 계측한 1시야의 면적
V : 환산한 채취 공기량(25℃, 1기압 기준)
n : 계수한 시야의 총수(개)

$$C = \frac{A \times (N_1 - N_2)}{a \times V \times n} \times \frac{1}{1,000} = \frac{384.99 \times 3.05}{0.00785 \times 288 \times 1} \times \frac{1}{1,000} = 0.52(개/cc)$$

$$\begin{bmatrix} \cdot\ A = \pi r^2 = \pi \times (\frac{22.14}{2})^2 = 384.99 (\text{mm}^2) \\ \cdot\ N_1 - N_2 = 3.1 - 0.05 = 3.05 (\text{개/시야}) \\ \cdot\ a = 0.00785 (\text{mm}^2) \\ \cdot\ V = \frac{2.4L}{\min} \times (2 \times 60) \min = 288 (L) \\ \cdot\ n : 1 (\text{1시야}) \end{bmatrix}$$

2) 흡광광도법(분광광도계)

물질에 흡수되는 빛의 양(흡광도)이 그 물질의 농도에 따라 다른 원리를 이용하여 일정한 파장에서 시료용액의 흡광도를 측정하여 그 파장에서 빛을 흡수하는 물질의 양을 정량하는 분석기기이다.

- 흡광도(A) ★

$$A = \log \frac{1}{\text{투과율}}$$

- Lambert-Beer의 식

$$A = \log(\frac{I_0}{I}) = \epsilon \times c \times d$$

I_0 : 물체에 입사하는 빛의 세기
I : 물체를 투과한 빛의 세기
ϵ : 분자흡광계수
c : 몰농도
d : 흡수층의 두께

- 흡광도는 빛이 지나가는 시료의 두께에 비례하고 빛이 지나가는 시료의 농도에 비례한다.
- 흡광도는 물질의 농도에 비례하므로 흡광도를 측정하면 농도를 모르는 물질의 농도를 알아낼 수 있다.

예제 43

흡광도 측정에서 최초광의 70%가 흡수될 경우 흡광도는 약 얼마인가?

해설

흡광도$(A) = \log \frac{1}{\text{투과율}} = \log(\frac{1}{0.3}) = 0.52$
(투과율 = 1 − 흡수율 = 1 − 0.7 = 0.3)

예제 44

흡광광도법(분광광도계)에 사용되는 흡수셀 재질 3가지와 사용할 수 있는 파장범위를 적으시오. | 산업 2019년 2회 |

해설

① 유리 : 가시부 및 근적외부 파장범위   ② 석영 : 자외부 파장범위   ③ 플라스틱제 : 근적외부 파장 범위

예제 45

흡광광도법(분광광도계)에 적용되는 Lambert-Beer의 법칙을 설명하시오. | 산업 2014년 3회 |

해설

흡광도는 빛이 지나가는 시료의 두께에 비례하고 빛이 지나가는 시료의 농도에 비례한다.

예제 46

[보기]의 설명에 해당하는 분석기기의 명칭을 적으시오. | 산업 218년 3회 |

> 물질에 흡수되는 빛의 양(흡광도)이 그 물질의 농도에 따라 다른 원리를 이용하여 일정한 파장에서 시료용액의 흡광도를 측정하여 그 파장에서 빛을 흡수하는 물질의 양을 정량하는 분석기기를 말한다.

해설

분광광도계(흡광광도계)

3) 원자흡광광도법

분석대상 원소에 특정파장의 빛을 투과시킨 후 원자가 흡수하는 빛의 세기를 측정하는 분석기기로서 구리, 산화철, 카드뮴 등의 금속 및 중금속의 분석 방법에 적용한다.(램버트 비어(Lambert-Beer) 법칙 적용)

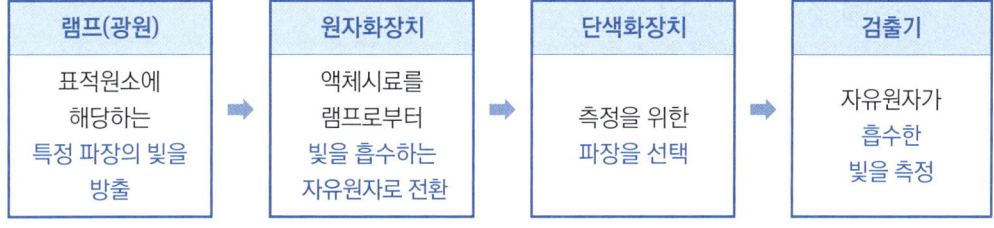

4) 유도결합플라즈마(원자발광분석기, ICP)

원자가 가장 낮은 에너지 상태인 바닥에서 에너지를 흡수하면 들뜬 상태가 되고 들뜬 상태의 원자들이 낮은 에너지 상태로 돌아올 때 에너지를 방출하게 된다. 이 때 금속마다 고유한 방출 스펙트럼을 갖고 있으며 이를 측정하여 중금속을 분석하는 데 이용한다.

장점 ★	단점
• 분석의 정밀도가 높다.(원자흡광광도계보다 더 좋거나 적어도 같은 정밀도를 갖는다.) • 검량선의 직선성 범위가 넓다. • 적은 양의 시료로 한꺼번에 많은 금속을 분석할 수 있다 • 동시에 여러 성분의 분석이 가능하다. • 비금속을 포함한 대부분의 금속을 측정할 수 있다. • 화학물질에 의한 방해로부터 거의 영향을 받지 않는다.	• 원자들은 높은 온도에서 많은 복사선을 방출하므로 분광학적 방해 영향이 있을 수 있다. • 아르곤 가스를 소비하기 때문에 유지비용이 많이 들고, 기기구입 가격이 높다. • 컴퓨터 처리과정에서 교정을 요한다. • 이온화 에너지가 낮은 원소들은 검출한계가 높으며 다른 금속의 이온화에 방해를 준다.

> **암기**
>
> 플라즈마는 정밀도 높고, 직선성 넓고, 한꺼번에 많은 금속, 동시에 여러 성분 분석한다.

5) 크로마토그래피

크로마토그래피는 서로 혼합되지 않는 이동상과 고정상의 두 개의 상으로 이루어져 있으며, 시료 중의 성분이 고정상과 그 사이를 통과해서 흐르는 이동상의 서로 다른 비율로 분배되면 성분마다 고정상을 이동하는 속도에 차이가 생겨 분리된다.

① 크로마토그램(chromatogram) : 크로마토그래피에 의해 분리되어 나오는 물질의 변화를 시간에 따라 나타낸 그래프를 말한다.

② 분해능(Resolution) : 아주 작은 차이를 분별해 낼 수 있는(얼마나 세밀한 분석을 할 수 있는지를 나타내는) 분석기기의 능력을 말한다.

③ 분리관(Column) : 시료 혼합물이 단일 성분으로 분리되어지는 곳으로 기체 크로마토그래피에서 가장 중요한 부분이다.

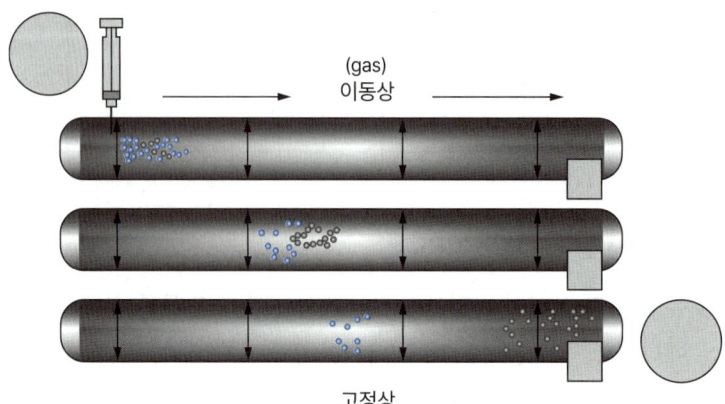

① **크로마토그래피의 분리 기전**
- 이온 교환(Ion-exchange)
- 분배(Partition)
- 흡착(Adsorption)
- 친화(Affinity)
- 크기배제(Size-exclusion)

② **크로마토그래피의 종류**
- 기체 크로마토그래피(Gas Chromatography, GC) : 이동상으로 기체를 사용한다.
- 액체 크로마토그래피(Liquid Chromatography, LC) : 이동상으로 액체를 사용한다.

예제 47
크로마토그래피 분석에 사용되는 용어 중 다음을 설명하시오. | 산업 2017년 2회 |

(1) 크로마토그램
(2) 분해능

해설
(1) 크로마토그램(chromatogram) : 크로마토그래피에 의해 분리되어 나오는 물질의 변화를 시간에 따라 나타낸 그래프를 말한다.
(2) 분해능(Resolution) : 아주 작은 차이를 분별해 낼 수 있는(얼마나 세밀한 분석을 할 수 있는지를 나타내는) 분석기기의 능력을 말한다.

예제 48
원자흡광광도계에서 바닥상태의 원자를 들뜬상태의 원자로 만드는 방법(시료의 원자화 방법) 3가지를 적으시오. | 산업 2012년 2회 |

해설
① 불꽃 원자화법
② 전열 원자화법
③ 글로우 방전 원자화법
④ 수소화물 생성 원자화법
⑤ 찬-증기 원자화법

유해인자 측정

01 노출기준

1 노출기준의 정의 및 종류

"노출기준"이란 근로자가 유해인자에 노출되는 경우 노출기준 이하 수준에서는 거의 모든 근로자에게 건강상 나쁜 영향을 미치지 아니하는 기준을 말하며, 1일 작업시간동안의 시간가중평균노출기준(Time Weighted Average, TWA), 단시간노출기준(Short Term Exposure Limit, STEL) 또는 최고노출기준(Ceiling, C)으로 표시한다.

(1) 시간가중평균노출기준(TWA) ★★

① 1일 8시간 작업을 기준으로 하여 유해인자의 측정치에 발생시간을 곱하여 8시간으로 나눈 값을 말하며, 다음 식에 따라 산출한다.

$$TWA 환산값 = \frac{C_1 \cdot T_1 + C_2 \cdot T_2 + \cdots + C_n \cdot T_n}{8}$$

C : 유해인자의 측정치(단위 : ppm, mg/m³ 또는 개/cm³)
T : 유해인자의 발생시간(단위 : 시간)

② 1일 8시간 및 1주일 40시간 동안의 평균 농도로서, 모든 근로자가 나쁜 영향을 받지 않고 노출될 수 있는 농도이다.

(2) 단시간노출기준(STEL) ★★

① 15분간의 시간가중평균노출 값(근로자가 1회에 15분간 유해인자에 노출되는 경우의 기준)을 말한다.
② 노출농도가 시간가중평균노출기준(TWA)을 초과하고 단시간노출기준(STEL) 이하인 경우에는 1회 노출 지속시간이 15분 미만이어야 하고, 이러한 상태가 1일 4회 이하로 발생하여야 하며, 각 노출의 간격은 60분 이상이어야 한다.

| 비교 | ACGIH의 허용농도 상한치(TLV-Excursion, Excursion Limits) ★★ |

① 독성자료가 부족하여 TLV-STEL이 설정되어 있지 않는 물질에 대해서 TLV-TWA 외에 적절한 단시간 상한치를 적용하고 있다.
② TLV-TWA농도의 3배인 경우 30분 이하, 5배인 경우 잠시라도 노출되어서는 안 되도록 규정하고 있다.

(3) 최고노출기준(C) ★★

근로자가 1일 작업시간동안 잠시라도 노출되어서는 아니 되는 기준을 말한다.

예제 01

노출기준 고시의 노출기준의 정의를 적으시오. | 산업 2015년 3회 |

해설

근로자가 유해인자에 노출되는 경우 노출기준 이하 수준에서는 거의 모든 근로자에게 건강상 나쁜 영향을 미치지 아니하는 기준을 말한다.

예제 02

노출기준의 종류인 TLV-TWA, TLV-STEL, TLV-C를 각각 설명하시오. | 산업 2020년 1·2회, 2020년 4회, 2018년 3회 |

(1) TLV-TWA
(2) TLV-STEL
(3) TLV-C(최고노출기준)

해설

(1) TLV-TWA(시간가중평균노출기준) : 1일 8시간 및 1주일 40시간 동안의 평균 농도로서, 모든 근로자가 나쁜 영향을 받지 않고 노출될 수 있는 농도이다.
(2) TLV-STEL(단시간노출기준) : 15분간의 시간가중평균노출 값(근로자가 1회에 15분간 유해인자에 노출되는 경우의 기준)을 말한다.
(3) TLV-C(최고노출기준) : 근로자가 1일 작업시간동안 잠시라도 노출되어서는 아니 되는 기준을 말한다.

예제 03

다음 [보기]의 ( )에 적합한 내용을 적으시오. | 기사 2020년 2회 |

> 단시간노출기준(STEL)이라 함은 근로자가 1회에 (①)분간 유해인자에 노출되는 경우의 기준을 말하며, 단시간노출기준(STEL) 이하에서는 1회 노출간격이 60분 이상인 경우 1일 작업시간 동안 (②) 회까지 노출이 허용될 수 있는 기준을 말한다.

해설

① 15분, ② 4

예제 04

ACGIH에서는 독성자료가 부족하여 TLV-STEL이 설정되어 있지 않는 물질에 대해서 TLV-TWA 외에 적절한 단시간 상한치를 적용하고 있다. 노출농도와 노출시간 규정사항 2가지를 적으시오. | 기사 2016년 1회 / 산업 2016년 2회 |

해설

① TLV-TWA농도의 3배인 경우 30분 이하로 노출
② TLV-TWA농도의 5배인 경우 잠시라도 노출되어서는 안 된다.

예제 05

노출기준의 종류 중 TLV-C에 대하여 설명하시오. | 기사 2017년 2회 |

해설

근로자가 1일 작업시간동안 잠시라도 노출되어서는 아니 되는 기준을 말한다.

2 혼합물의 노출기준 ★★★

1) 화학물질이 2종 이상 혼재하는 경우에 혼재하는 물질 간에 유해성이 인체의 서로 다른 부위에 작용한다는 증거가 없는 한 유해작용은 가중되므로 노출기준은 다음 식에 따라 산출하되, 산출되는 수치가 1을 초과하지 아니하는 것으로 한다.

- 노출지수

$$노출지수(EI) = \frac{C_1}{T_1} + \frac{C_2}{T_2} + \cdots + \frac{C_n}{T_n}$$

C : 화학물질 각각의 측정치
T : 화학물질 각각의 노출기준
판정 : $EI > 1$인 경우 노출기준을 초과함

- 혼합물의 TLV-TWA

$$TLV - TWA = \frac{C_1 + C_2 + \ldots + C_n}{EI}$$

- 액체 혼합물의 구성성분(%)을 알 때 혼합물의 허용농도(노출기준)

$$\text{혼합물의 노출기준}(mg/m^3) = \frac{1}{\frac{f_a}{TLV_a} + \frac{f_b}{TLV_b} + \ldots + \frac{f_n}{TLV_n}}$$

여기서, f_a, f_b, f_n : 액체 혼합물에서의 각 성분 무게(중량) 구성비
TLV_a, TLV_b, TLV_n : 해당 물질의 노출기준(mg/m^3)

또는

$$\text{혼합물의 노출기준}(mg/m^3) = \frac{100}{\frac{f_a}{TLV_a} + \frac{f_b}{TLV_b} + \ldots + \frac{f_n}{TLV_n}}$$

여기서, f_a, f_b, f_n : 액체 혼합물에서의 각 성분 무게(중량) 구성비(%)
TLV_a, TLV_b, TLV_n : 해당 물질의 노출기준(mg/m^3)

2) 혼재하는 물질 간에 유해성이 인체의 서로 다른 부위에 유해작용을 하는 경우에 유해성이 각각 작용하므로 **혼재하는 물질 중 어느 한 가지라도 노출기준을 넘는 경우 노출기준을 초과하는 것으로 한다.**

예제 06

작업공정 중에 유해물질을 1일 8시간 취급하는 작업장에서 작업자들은 실제 오전 2시간, 오후 5시간 작업하였다. 노출량이 오전 40ppm, 오후 75ppm일 경우 TWA를 구하고, 노출기준 초과여부를 판정하시오. (단, 유해물질의 TLV는 50ppm이다.)

| 기사 2013년 2회 |

해설

1. TWA 환산값 $= \frac{C_1 T_1 + C_2 T_2 + \ldots + C_n T_n}{8} = \frac{(2 \times 40) + (5 \times 75)}{8} = 56.88 \text{(ppm)}$

2. 노출지수$(EI) = \frac{C(TWA)}{TLV} = \frac{56.88}{50} = 1.14$

   $EI > 1$이므로 노출기준을 초과함

예제 07

작업장 공기 중에 혼합된 3가지 물질의 구성비율과 노출기준이 [보기]와 같을 때 혼합물의 노출기준(mg/m^3)을 계산하시오.

| 산업 2020년 3회 |

물질명	구성비율(%)	노출기준(mg/m^3)
A	20	760
B	30	1,200
C	50	950

해설

$$노출기준 = \frac{1}{\frac{0.2}{760} + \frac{0.3}{1,200} + \frac{0.5}{950}} = 962.03 (mg/m^3)$$

또는

$$노출기준 = \frac{100}{\frac{20}{760} + \frac{30}{1,200} + \frac{50}{950}} = 962.03 (mg/m^3)$$

예제 08

작업장 공기 중에 acetone 300ppm(TLV : 500ppm), heptane 250ppm(TLV : 400ppm), methyl ethyl ketone 100ppm(TLV : 200ppm)이 완전 혼합되었다고 가정할 때 혼합물질의 노출기준을 계산하고 노출기준 초과여부를 평가하시오. (단, 각각의 물질은 서로 상가작용을 한다.)

| 산업 2020년 4회, 2019년 1회, 2014년 3회 |

해설

1. $EI = \frac{300}{500} + \frac{250}{400} + \frac{100}{200} = 1.73$
2. $EI > 1$ 이므로 노출기준을 초과함
3. 혼합물의 노출기준

$$TLV - TWA = \frac{300 + 250 + 100}{1.73} = 375.72 (ppm)$$

02 물리적 유해인자의 노출기준

1 고온의 노출기준 ★

(단위 : ℃, WBGT)

작업휴식시간비 \ 작업강도	경작업	중등작업	중작업
계속 작업	30.0	26.7	25.0
매시간 75% 작업, 25% 휴식	30.6	28.0	25.9
매시간 50% 작업, 50% 휴식	31.4	29.4	27.9
매시간 25% 작업, 75% 휴식	32.2	31.1	30.0

주 : 1. 경작업 : 200kcal까지의 열량이 소요되는 작업을 말하며, 앉아서 또는 서서 기계의 조정을 하기 위하여 손 또는 팔을 가볍게 쓰는 일 등을 뜻함
2. 중등작업 : 시간당 200~350kcal의 열량이 소요되는 작업을 말하며, 물체를 들거나 밀면서 걸어다니는 일 등을 뜻함
3. 중작업 : 시간당 350~500kcal의 열량이 소요되는 작업을 말하며, 곡괭이질 또는 삽질하는 일 등을 뜻함

2 소음의 노출기준

(1) 소음의 노출기준(충격소음제외) ★★

1일 노출시간(hr)	소음강도[dB(A)]
8	90
4	95
2	100
1	105
1/2	110
1/4	115

주 : 115dB(A)를 초과하는 소음 수준에 노출되어서는 안됨

(2) 충격소음의 노출기준 ★★

1일 노출회수	충격소음의 강도[dB(A)]
100	140
1,000	130
10,000	120

주 : 1. 최대 음압수준이 140dB(A)를 초과하는 충격소음에 노출되어서는 안 됨
    2. 충격소음이라 함은 최대음압수준에 120dB(A) 이상인 소음이 1초 이상의 간격으로 발생하는 것을 말함

예제 09

어느 작업장에서 작업 중 소음이 90dB에서 2시간, 95dB에서 2시간, 100dB에서 1시간 발생하였다. 소음의 노출지수를 계산하고 허용기준 초과여부를 판단하시오. | 기사 2012년 3회 |

해설

소음의 노출정도 평가

1. 노출지수$(EI) = \dfrac{C_1}{T_1} + \dfrac{C_2}{T_2} + \cdots + \dfrac{C_n}{T_n}$

   C : 소음의 측정치
   T : 소음의 노출기준

2. 평가
- $EI > 1$: 노출기준을 초과함
- $EI < 1$: 노출기준을 초과하지 않음

1. 노출지수$(EI) = \dfrac{2}{8} + \dfrac{2}{4} + \dfrac{1}{2} = 1.25$
2. $EI > 1$: 노출기준을 초과함

[참고]
소음의 노출기준

1일 노출시간(hr)	소음강도 dB(A)
8	90
4	95
2	100
1	105
1/2	110
1/4	115

예제 10

작업공정 중에 소음을 90dB에서 4시간, 105dB에서 2시간 작업하였다. 소음 노출지수를 계산하시오.

| 산업 2016년 2회 |

해설

$$노출지수(EI) = \frac{C_1}{T_1} + \frac{C_2}{T_2} + \cdots + \frac{C_n}{T_n} = \frac{4}{8} + \frac{2}{1} = 2.50$$

3 라돈의 노출기준

작업장 농도(Bq/m³)
600

주 : 1. 단위환산(농도) : 600 Bq/m³ = 16pCi/L(※ 1pCi/L = 37.46 Bq/m³)
    2. 단위환산(노출량) : 600 Bq/m³인 작업장에서 연 2,000시간 근무하고, 방사평형인자(Feq) 값을 0.4로 할 경우 9.2mSv/y 또는 0.77WLM/y에 해당
    (※ 800 Bq/m³(2,000시간 근무, Feq = 0.4) = 1WLM = 12mSv)

03 화학적 유해인자 측정

1 액체포집방법

1) 시료 공기를 액체 속으로 통과시키거나 또는 액체의 표면과 접촉시켜 용해, 반응, 흡수, 충돌 등을 일으키게 하여 당해 액체에 측정하고자 하는 물질을 포집하는 방법을 말한다.

2) 활성탄관이나 실리카겔로 흡착이 되지 않는 증기, 산 등을 채취하며 임핀저, 버블러를 이용한다.

3) 흡수용액을 이용하여 시료를 포집할 때 흡수효율을 높이는 방법 ★
   ① 포집용액의 온도를 낮추어 오염물질의 휘발성을 제한한다.(증기압을 감소시킨다.)
   ② 흡수액의 양을 늘인다.
   ③ 두 개 이상의 버블러를 연속적으로 연결(직렬연결)하여 용액의 양을 늘린다.
   ④ 시료채취속도를 낮춘다.(기포의 체류시간을 길게 한다.)
   ⑤ 가는 구멍이 많은 Fritted 버블러 등 채취효율이 좋은 기구를 사용한다.(기포와 액체의 접촉면적을 크게 한다.)
   ⑥ 액체의 교반을 강하게 한다.
   ⑦ 시료채취 유량을 낮춘다.

> **암기**
>
> 온도 낮게, 유량 낮게, 속도 느리게, 흡수액 양 늘리면 흡수효율 좋아짐

4) 흡수액의 구비조건 ★
   ① 용해도가 클 것
   ② 휘발성이 적을 것
   ③ 독성이 없고 화학적으로 안정될 것
   ④ 부식이 없을 것

예제 11

임핀저, 버블러 등의 흡수용액을 이용하여 시료를 포집(액체포집방법)할 때 흡수효율을 높이는 방법 3가지를 적으시오.
| 기사 2013년 3회, 2021년 1회 / 산업 2018년 2회, 2017년 1회 |

해설
① 포집용액의 온도를 낮추어 오염물질의 휘발성을 제한한다.
② 흡수액의 양을 늘린다.
③ 두 개 이상의 버블러를 직렬연결한다.
④ 시료채취속도를 낮춘다.(기포의 체류시간을 길게 한다.)
⑤ 가는 구멍이 많은 Fritted 버블러 등 채취효율이 좋은 기구를 사용한다.(기포와 액체의 접촉면적을 크게 한다.)
⑥ 액체의 교반을 강하게 한다.
⑦ 시료채취 유량을 낮춘다.

예제 12

유해가스 흡수 처리 시에 사용하는 흡수액의 구비조건 4가지를 적으시오.
| 산업 2021년 1회 |

해설
① 용해도가 클 것
② 휘발성이 적을 것
③ 독성이 없고 화학적으로 안정될 것
④ 부식이 없을 것

2 고체포집방법

시료공기를 흡착력이 강한 고체의 작은 입자층을 통과시켜 포집하는 방법이다.

(1) 고체흡착관(활성탄관, 실리카겔관) 이용 시 고려사항 ★

① 오염물질이 흡착농도 이상 포집(파과)되면 더 이상 흡착되지 않으므로 농도를 과소 평가할 우려가 있다.
② 흡착관은 앞 층이 100mg, 뒷 층이 50mg으로 구성, 오염물질에 따라 다른 크기의 흡착제를 사용한다.
③ 대게 극성 오염물질에는 극성 흡착제를, 비극성 오염물질에는 비극성 흡착제를 사용한다.

(2) 흡착제 이용하여 시료 채취 시의 특징

① 흡착제의 크기 : 입자의 크기가 작을수록 표면적이 증가하여 채취효율이 증가하나 압력강하가 심하다.
② 흡착관의 크기(튜브의 내경) : 흡착제 양이 많아지면 채취용량이 증가한다.
③ 습도 : 극성 흡착제 사용 시 수증기를 흡착하여 흡착능력 떨어진다.(파과가 일어나기 쉽다.)
④ 온도 : 온도가 높을수록 흡착능력 떨어진다.(흡착대상 물질간 반응속도가 증가하여 흡착능력 떨어지며 파과되기 쉽다.)
⑤ 혼합물 : 혼합기체의 경우 단독성분보다 흡착량이 적어진다.(혼합물 중 흡착제와 결합을 하는 물질에 의하여 치환반응이 일어난다.)
⑥ 오염물질 농도 : 공기 중 오염물질 농도가 높을수록 파과 용량(흡착제에 흡착된 오염물질량)은 증가하나 파과 공기량(파과가 일어날 때까지 채취공기량)은 감소한다.
⑦ 시료채취 속도 : 시료채취 속도가 빠르고 코팅된 흡착제일수록 파과되기 쉽다.
⑧ 시료채취 유량 : 시료채취 유량이 높을수록, 코팅된 흡착제일수록 파괴되기 쉽다.

(3) 파과 ★

① 파과 : 공기 중 오염물질이 시료채취 매체에 포함되지 않고 빠져나가는 것으로 오염물질이 흡착관의 앞 층에 포함된 다음 뒤 층에 흡착되기 시작되어 기류를 따라 흡착관을 빠져나가는 현상을 말한다.
② 보통 앞 층의 1/10 이상이 뒤 층으로 넘어갈 경우 파과가 일어났다고 본다.
③ 파과에 영향을 미치는 요인
- 포집을 끝마친 후부터 분석까지의 시간
- 유속(시료채취유량) : 시료채취 유량이 높고 코팅된 흡착제일수록 파괴되기 쉽다.
- 시료의 농도(오염물질의 농도) : 공기 중 오염물질의 농도가 높을수록 파과공기량은 감소한다.
- 작업장의 온도 : 고온일수록 흡착대상 오염물질과 흡착제의 표면 사이 또는 2종 이상의 흡착 대상 물질간 반응속도가 증가하여 흡착성질이 감소하여 파과되기 쉽다.
- 작업장의 습도 : 습도가 높을수록 파과되기 쉽다.
- 포집된 오염물질의 종류
- 극성의 흡착제를 사용할 경우 파과되기 쉽다.

> **참고** 고체흡착관 중 Tenax관의 파과현상
>
> 고체흡착관 2개를 직렬 연결하여 뒤쪽 흡착관에 채취된 양이 전체 채취된 양의 5%를 넘으면 파과가 일어난 것으로 본다.

(4) 흡착제를 사용하는 흡착장치 설계 시 고려사항 ★

① 오염물질의 체류시간(체류시간이 길 것)
② 흡착능력 또는 흡착제의 표면적(흡착능력이 클 것)
③ 압력손실(압력손실이 적을 것)
④ 불순물 제거(흡착제에 해를 끼치는 불순물을 전처리에 의해 제거할 수 있을 것)

(5) 유해가스를 처리하기 위한 흡착법 중 물리적 흡착법과 화학적 흡착법의 특징

물리적 흡착법	화학적 흡착법
① 가스와 흡착제가 반데르발스 결합력(분자간의 인력)으로 약하게 결합되어 있다. ② 가역반응으로 흡착제의 재생과 회수가 용이하다. ③ 흡착열이 낮다. ④ 다 분자 흡착이다.	① 가스와 흡착제가 화학적 반응을 하므로 결합력은 물리적 흡착보다 크다. ② 비가역반응이므로 흡착제의 재생 및 오염가스 회수가 불가능하다. ③ 반응열을 수반하여 흡착열이 높다. ④ 단 분자 흡착이다.

예제 13

유해물질이 고체흡착관의 앞 층에 포화된 다음 뒤 층에 흡착되기 시작하며 기류를 따라 흡착관을 빠져나가는 현상을 무엇이라고 하는지 쓰시오.
| 기사 2020년 1회, 2018년 1회 |

해설

파과

예제 14

다음 [보기]는 시료채취 과정의 파과현상에 관한 설명이다. 해당 설명 중 틀린 설명을 찾아 바르게 설명하시오.
| 기사 2017년 2회 |

① 작업환경측정 시 많이 사용하는 흡착관은 유리관 안에 앞 층 100mg, 뒤 층 50mg의 두 활성탄을 충전하였다.
② 파과현상으로 인한 오염물질의 과소평가를 방지하기 위한 목적으로 흡착관의 앞 층과 뒤 층으로 구분되어 있다.
③ 보통 앞 층의 5/10 이상이 뒤 층으로 넘어갈 경우 파과가 일어났다고 본다.
④ 파과가 일어났다는 것은 시료채취가 잘 이루어진 것을 뜻한다.
⑤ 비극성 흡착제의 경우 파과와 관련이 있고 극성 흡착제의 경우 관련이 없다.

해설

③ 보통 앞 층의 1/10 이상이 뒤 층으로 넘어갈 경우 파과가 일어났다고 본다.
④ 파과가 일어나면 유해물질 농도를 과소평가할 우려가 있다.(시료채취가 잘못된 것이다.)
⑤ 극성 흡착제를 사용할 경우 파과되기 쉽다.

예제 15
고체흡착관에서 파과를 판단하는 기준을 설명하시오.　　| 산업 2014년 3회 |

해설
보통 앞 층의 1/10 이상이 뒤 층으로 넘어갈 경우 파과가 일어났다고 본다.

예제 16
고체흡착관 중 Tenax관의 파과현상을 판단하는 기준을 적으시오.　　| 기사 2016년 1회 |

해설
고체흡착관 2개를 직렬 연결하여 뒤쪽 흡착관에 채취된 양이 전체 채취된 양의 5%를 넘으면 파과가 일어난 것으로 본다.

예제 17
흡착제를 사용하는 흡착장치 설계 시 고려사항 3가지를 쓰시오.
| 기사 2020년 2회, 2017년 3회, 2015년 1·2회 / 산업 2017년 3회 |

해설
① 오염물질의 체류시간이 길 것
② 흡착능력(흡착제의 표면적)이 클 것
③ 압력손실이 적을 것
④ 흡착제에 해를 끼치는 가스 중의 불순물을 전처리에 의해 제거할 수 있을 것

예제 18
유해인자의 포집방법 중 흡착법과 흡수법을 적용할 수 있는 물질과 채취기구를 적으시오.　　| 산업 2015년 2회 |

(1) 흡착법　　　(2) 흡수법

해설
(1) ① 적용물질 : 유기용제, 알코올류, 아민류 등
　　② 채취기구 : 고체흡착관(활성탄관, 실리카겔관)
(2) ① 적용물질 : 고체흡착관(활성탄관, 실리카겔관)으로 흡착이 되지 않는 증기, 산 등
　　② 채취기구 : 임핀저, 버블러

예제 19
유해가스를 처리하기 위한 흡착법 중 물리적 흡착법의 특징 3가지를 적으시오.　　| 기사 2023년 3회 |

해설
① 가스와 흡착제가 반데르발스 결합력(분자간의 인력)으로 약하게 결합되어 있다.
② 가역반응으로 흡착제의 재생과 회수가 용이하다.
③ 흡착열이 낮다.
④ 다 분자 흡착이다.

(5) 활성탄관(charcoal tube)과 실리카겔관(Silcagel tube)

활성탄관(charcoal tube) ★★	실리카겔관(Silcagel tube) ★★
① 유리관 안에 앞 층(공기입구 쪽) 100mg, 뒤 층 50mg의 두 개 층으로 활성탄을 충전하였다. ② 탈착용매로 이황화탄소(CS_2)가 사용된다. ★★ ③ 공기 중 가스상 물질의 고체포집법으로 이용된다. ④ 비극성 유기용제, 방향족 유기용제(방향족 탄화수소류), 할로겐화 지방족 유기용제(할로겐화 탄화수소류), 에스테르류, 알코올류 등의 포집에 사용된다. ★★ **암기** 비극성인 알(알코올)에(에스테르) 할로겐 탄(할로겐화탄화수소) 지방(지방족 유기용제) 방유(방향족 유기용제)하니 활성(활성탄)됐다.	① 실리카겔은 극성을 띠고 흡수성이 강하여 습도가 높을수록 파과되기 쉽고 파과용량이 감소한다. ② 극성의 유기용제, 산(무기산: 불산, 염산), 방향족 아민류, 지방족 아민류, 아닐린, 아미노에탄올, 아마이드류, 니트로벤젠류, 페놀류 등의 포집에 사용된다. **암기** 극성(극성 유기용제)스런 산(산)아(아민, 아닐린, 아마이드)는 페(페놀)서 니트럭(니트로벤젠)에 실리까(실리카겔관)? ③ 실리카겔의 친화력(극성이 강한 순서) ★ 물 > 알코올류 > 알데하이드류 > 케톤류 > 에스테르류 > 방향족탄화수소류 > 올레핀류 > 파라핀류 **암기** 실(실리카겔)물 알콜 하드 ks 방탄 올핀 파핀
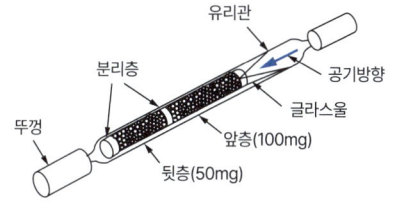	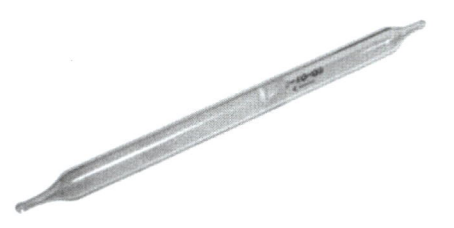

(6) 실리카겔관의 장·단점

장점 ★	단점 ★
• 극성물질을 채취한 경우 물, 메탄올 등 다양한 용매로 쉽게 탈착된다. • 추출액이 화학분석이나 기기분석에 방해물질로 작용하는 경우가 많지 않다. • 활성탄으로 채취가 어려운 아닐린, 오르쏘-톨루이딘 등의 아민류나 몇몇 무기물질의 채취가 가능하다. • 매우 유독한 이황화탄소를 탈착 용매로 사용하지 않는다.	• 수분을 잘 흡수(친수성)하여 습도의 증가에 따라 흡착용량이 감소된다.

예제 20

고체포집법의 흡착제인 활성탄과 실리카겔에 대한 다음 물음에 답하시오. | 기사 2019년 1회 |

(1) 활성탄과 실리카겔의 유기용제 포집특성을 적으시오.
(2) 시료채취 과정에서 주의하여야 할 사항 2가지를 적으시오.

해설
(1) 활성탄은 비극성 유기용제의 포집에 사용되고 실리카겔은 극성 유기용제 포집에 사용된다.
(2) ① 파과되지 않도록 주의한다.
    ② 온도, 습도, 시료채취 속도, 시료채취 유량에 주의한다.

예제 21

염소 (Cl_2)가스나 이산화질소(NO_2)가스와 같이 흡수제에 쉽게 흡수되지 않는 물질(흡착제에 쉽게 용해되는 물질)의 시료채취에 사용되는 시료채취 매체와 시료채취 매체를 사용하여야 하는 이유를 설명하시오. | 기사 2019년 1회 |

(1) 시료채취 매체
(2) 이유

해설
(1) 시료채취 매체 : 고체흡착관
(2) 이유 : 염소 가스는 실리카겔에 흡착되며, 이산화질소 가스는 활성탄에 흡착(물리적 흡착)된다.

예제 22

염화수소(HCl), 불화수소(HF), 아황산가스(SO_2) 등 흡착제에 쉽게 흡착되는 가스의 시료채취에 사용되는 시료채취 매체와 시료채취 매체를 사용하여야 하는 이유를 설명하시오. | 산업 2019년 1회 |

(1) 시료채취 매체
(2) 이유

해설
(1) 시료채취 매체 : 고체흡착관
(2) 이유 : 염화수소(HCl), 불화수소(HF)는 실리카겔에 흡착되며, 아황산가스(SO_2)는 활성탄에 흡착(물리적 흡착)된다.

예제 23

활성탄과 비교한 실리카겔의 장점 3가지를 적으시오. | 산업 2016년 2회 |

해설
① 매우 유독한 이황화탄소를 탈착 용매로 사용하지 않는다.
② 극성물질을 채취한 경우 물, 메탄올 등 다양한 용매로 쉽게 탈착된다.
③ 추출액이 화학분석이나 기기분석에 방해물질로 작용하는 경우가 많지 않다.
④ 활성탄으로 채취가 어려운 아닐린, 오르쏘-톨루이딘 등의 아민류나 몇몇 무기물질의 채취가 가능하다.

예제 24

(1) 그림에서 보여주는 흡착관의 명칭을 적으시오.
(2) 흡착관의 구조 중 괄호에 적합한 재료의 명칭을 적으시오. | 산업 2024년 1회, 2014년 2회 |

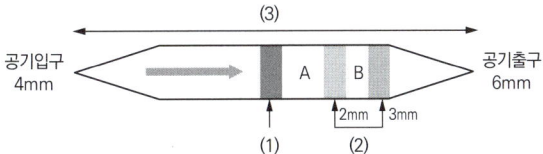

해설
(1) 흡착관의 명칭: 활성탄관
(2) ① 유리섬유 ② 우레탄 폼 ③ 유리관

3 직접포집방법

시료공기를 흡수, 흡착(기체상의 물질이 고체에 붙는 것 : 성애) 등의 과정을 거치지 않고, 직접 포집대 또는 진공 포집병 등의 포집용기에 포집하는 방법을 말한다.

4 냉각응축 포집방법

시료공기를 냉각된 관 등에 접촉·응축시켜 측정하고자 하는 물질을 포집하는 방법을 말한다.

5 여과포집방법

시료공기를 여과재($0.3\mu m$의 입자를 95% 이상 포집할 수 있는 성능을 가진 것)를 통하여 흡인함으로써 당해 여과재에 측정하고자 하는 물질을 포집하는 방법을 말한다.

04 입자상 물질의 측정

1 ACGIH의 입자상 물질의 입자 크기별 분류 ★★★

흡입성 분진 (IPM : Inspirable Particulates Mass)	• 호흡기 어느 부위에 침착하더라도 독성을 일으키는 분진(물질) • 평균입경 : 100 m(입경범위 : 0 ~ 100 m)
흉곽성 분진 (TPM : Thoracic Particulates Mass)	• 기도나 하기도 또는 폐포나 폐기도에 침착하여 독성을 나타내는 분진(물질) • 평균입경 : 10 m
호흡성 분진 (RPM : Respirable Particulates Mass)	• 호흡기를 통하여 폐포에 축적될 수 있는 크기의 분진[폐포(가스교환 부위)에 침착하여 독성을 나타내는 분진] • 평균입경 : 4 m • 측정목적 : 진폐증, 폐암 등을 일으키는 근로자의 호흡성 분진 노출정도를 파악하기 위함이다. • 호흡성 분진의 채취기구 : 10mm nylon cyclone

---

예제 25

ACGIH의 입자상 물질의 크기를 3가지로 분류하고 각각의 평균입경을 적으시오.

| 기사 2022년 2회, 2019년 1회, 2018년 2회, 2016년 1회, 2014년 2회 / 산업 2018년 2회, 2014년 3회, 2021년 2회 |

해설

① 흡입성 분진 : 평균입경 100 m
② 흉곽성 분진 : 평균 입경 10 m
③ 호흡성 분진 : 평균 입경 : 4 m

예제 26

입자상 물질의 분류 중 (1) 호흡성 분진을 설명하시오. (2) 호흡성 분진의 평균입경을 적으시오. (3) 호흡성 분진의 채취기구를 적으시오.
| 기사 2013년 3회 |

해설

(1) 호흡기를 통하여 폐포에 축적될 수 있는 크기의 분진[폐포(가스교환 부위)에 침착하여 하여 독성을 나타내는 분진]
(2) 4 m
(3) 10mm nylon cyclone

예제 27

ACGIH의 입자상 물질의 입자 크기별 분류 중 (1) 호흡성 분진의 정의와 평균 입경을 적고 (2) 호흡성 분진의 측정목적을 설명하시오. | 기사 2017년 1회/ 산업 2012년 3회 |

해설

(1) • 정의 : 호흡기를 통하여 폐포에 축적될 수 있는 크기의 분진[폐포(가스교환 부위)에 침착하여 독성을 나타내는 분진]
   • 평균입경 : 4 m
(2) 진폐증, 폐암 등을 일으키는 근로자의 호흡성 분진 노출정도를 파악하기 위함이다.

예제 28

ACGIH의 구분에 의한 입자상물질 중 호흡성분진(RPM)의 침착기전을 설명하시오. | 기사 2016년 1회 |

해설

호흡기를 통하여 폐포에 축적될 수 있는 크기의 분진[폐포(가스교환 부위)에 침착하여 독성을 나타내는 분진]

2 입자상 물질의 크기 결정방법

(1) 가상직경 ★★★

공기역학적 직경 (aero-dynamic diameter)	대상 입자와 침강속도가 같고 밀도가 1g/cm^{3}이며, 구형인 먼지의 직경으로 환산한 직경
질량 중위 직경 (mass median diameter)	입자 크기별로 농도를 측정하여 50%의 누적분포에 해당하는 입자크기를 말한다.

암기

가상 공기는 밀도1 구형이며, 질량중위는 50% 입자크기

(2) 기하학적(물리적) 직경 ★★★

구분	설명
마틴직경 (martin diameter)	• 입자의 면적을 2등분하는 선의 길이로 나타내는 직경 • 과소 평가될 수 있다.
페렛직경 (feret diameter)	• 입자의 가장자리를 이등분한 직경(먼지의 한쪽 끝 가장자리에서 다른 쪽 끝 가장자리까지의 거리로 나타내는 직경) • 과대 평가될 수 있다.
등면적직경 (projected area diameter)	• 입자의 면적과 동일한 면적을 가진 원의 직경으로 환산한 직경 • 가장 정확한 직경이다.

암기

기하학적 2(2등분) 마, 페가(가장자리), 등면적 동원(동일한 면적의 원)

예제 29

입자상 물질의 크기를 결정하는 방법 중 기하학적 직경(물리적 직경)의 종류 3가지를 적으시오.

| 기사 2020년 1회, 2013년 1회, 2012년 1회 / 산업 2021년 2회 |

해설

① 마틴직경　　② 페렛직경　　③ 등면적직경

예제 30

입자상 물질의 크기를 결정하는 방법 중 기하학적(물리적) 직경 측정방법 3가지를 설명하시오.

| 기사 2020년 3회, 2019년 1회, 2017년 3회, 2021년 1회 |

해설

① 마틴직경(martin diameter) : 입자의 면적을 2등분하는 선의 길이로 나타내는 직경
② 페렛직경(feret diameter) : 입자의 가장자리를 이등분한 직경(먼지의 한쪽 끝 가장자리에서 다른 쪽 끝 가장자리까지의 거리로 나타내는 직경)
③ 등면적직경(projected area diameter) : 입자의 면적과 동일한 면적을 가진 원의 직경으로 환산한 직경

암기

기하학적 2(2등분)마, 페가(가장자리 ~ 다음 가장자리), 등면적 동원(동일한 면적을 가진 원)

예제 31

먼지의 가상직경 중 공기역학적 직경을 설명하시오.

| 기사 2019년 3회, 2018년 3회, 2018년 1회, 2014년 2회 / 산업 2015년 1회, 2014년 2회, 2013년 1회 |

해설

공기역학적 직경(aero-dynamic diameter) : 대상 입자와 침강속도가 같고 밀도가 $1g/cm^3$이며, 구형인 먼지의 직경으로 환산한 직경

[참고]
질량 중위 직경(mass median diameter) : 입자 크기별로 농도를 측정하여 50%의 누적분포에 해당하는 입자의 크기

암기
가상 공기는 밀도1, 구형이며 질량중위는 50% 입자농도

예제 32

다음 설명에 해당하는 가상직경의 종류를 적으시오.

| 기사 2016년 1회 / 산업 2019년 3회, 2015년 1회 |

① 대상 입자와 침강속도가 같고 밀도가 $1g/cm^3$이며, 구형인 먼지의 직경으로 환산한 직경을 말한다.
② 입자의 역학적 특성(침강속도, 종단속도)에 의해 측정되는 먼지 크기이다.
③ 직경분립충돌기(cascade impactor)를 이용하여 입자의 크기 및 형태 등을 분리한다.

해설

공기역학적 직경

예제 33

공기역학적 직경을 설명할 수 있는 이론을 적으시오.

| 산업 2015년 2회 |

해설

stoke의 법칙

[참고]
공기역학적 직경은 입자의 침강속도(stoke의 법칙)에 의해 측정되는 먼지 크기이다.

3 여과포집 원리

1) 여과포집 원리(채취기전) ★★★

① **직접차단(간섭 : interception)** : 기체유선에 벗어나지 않는 크기의 미세입자가 섬유와 접촉에 의해서 포집되는 원리이다.
② **관성충돌(intertial impaction)** : 공기의 흐름방향이 바뀔 때 입자상물질은 계속 같은 방향으로 유지하려는 원리이다.
③ **확산(diffusion)** : 유속이 느릴 때 미세입자의 불규칙적인 운동(브라운 운동)에 의한 포집원리이다.
④ **중력침강(gravitional settling)** : 입경이 비교적 크고 비중이 큰 입자가 저속기류 중에서 중력에 의하여 침강되어 포집되는 원리이다.
⑤ **정전기 침강(electrostatic settling)** : 입자가 정전기를 띠는 경우 이용되는 기전이나 정량화하기가 어렵다.
⑥ **체질(sieving)**

2) 여과포집원리(채취기전)의 영향인자

여과포집원리(채취기전)	영향인자	
간섭	① 입자의 크기 ③ 섬유의 직경	② 여과지의 기공 크기 ④ 여과지의 고형성
관성충돌	① 입자의 크기 ③ 여과지의 기공 크기	② 입자의 밀도 ④ 섬유의 직경
확산	① 입자의 크기 ③ 여과지의 기공 크기	② 입자의 농도차이 ④ 섬유의 직경

2) 입자크기별 여과기전 ★

① 입경 0.1 m 미만 입자 : 확산
② 입경 0.1 ~ 0.5 m : 확산, 직접차단(간섭)
③ 입경 0.5 m 이상 : 관성충돌, 직접차단(간섭)
④ 가장 낮은 채집효율을 가지는 입경 : 0.3 m

예제 34

시료채취의 방법 중 여과포집에 기여하는 6가지 기전(여과포집 원리)을 적으시오.

| 기사 2022년 2회, 2020년 1·2회, 2020년 3회, 2019년 1회, 2018년 1회, 2012년 1회 / 산업 2022년 2회, 2021년 1회, 2020년 1회, 2013년 1·2회, |

해설

① 직접차단(간섭 : interception)
② 관성충돌(intertial impaction)
③ 확산(diffusion)
④ 중력침강(gravitional settling)
⑤ 정전기 침강(electrostatic settling)
⑥ 체질(sieving)

예제 35

그림을 참고하여 입자 직경에 적합한 포집기전을 적으시오.

| 기사 2024년 3회, 2018년 3회, 2014년 1회, 2013년 3회 / 산업 2013년 2회 |

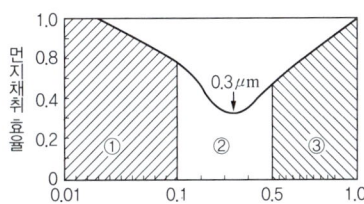

해설

① 확산
② 확산, 직접차단
③ 관성충돌, 직접차단

예제 36

여과포집원리(채취기전)에 따른 영향인자를 각각 2가지씩 적으시오. | 기사 2023년 3회 |

(1) 직접차단(간섭) :

(2) 관성충돌 :

(3) 확산 :

해설

여과포집원리(채취기전)	영향인자
간섭	① 입자의 크기 ② 여과지의 기공 크기 ③ 섬유의 직경 ④ 여과지의 고형성
관성충돌	① 입자의 크기 ② 입자의 밀도 ③ 여과지의 기공 크기 ④ 섬유의 직경
확산	① 입자의 크기 ② 입자의 농도차이 ③ 여과지의 기공 크기 ④ 섬유의 직경

4 입자상 물질의 채취 기구

(1) 카세트

① 카세트에 장착된 여과지에 의해 여과한다.
② 총 분진, 금속성 입자상 물질을 측정할 때 이용된다.

(2) 사이클론(10mm nylon cyclon)

① 원심력을 이용하여 호흡성 입자상물질을 측정한다.
② 장점 ★
- 사용이 간편하고 경제적이다.
- 호흡성 먼지에 대한 자료를 쉽게 얻을 수 있다.
- 시료의 되튐으로 인한 손실이 없다.
- 매체의 코팅과 같은 별도의 특별한 처리가 필요 없다.

> **암기**
> 사이클은 간편하고 경제적이며 호흡성먼지가 되튀지 않아 특별처리 ×

(3) 입경분립충돌기(직경분립충돌기 : Cascade impactor, Anderson impactor) ★

① 흡입성 물질, 흉곽성 물질, 호흡성 물질의 크기별로 측정하는 기구로 입자가 관성력에 의해 시료 채취표면에 충돌하여 채취하는 방법이다.

② 장·단점 ★

장점	단점
• 호흡기에 부분별로 침착된 입자크기의 자료를 추정할 수 있다. • 흡입성, 흉곽성, 호흡성 입자의 크기별 분포와 농도를 계산할 수 있다. • 입자의 질량크기 분포를 얻을 수 있다.	• 시료채취가 까다롭다.(경험이 있는 전문가가 철저한 준비를 통해 측정하여야 한다.) • 시료 채취 준비시간이 길고 비용이 많이 든다. • 되튐으로 인한 시료의 손실이 있다. • 공기가 옆에서 유입되지 않도록 각 충돌기의 철저한 조립과 장착이 필요하다.

암기

- 충돌기로 충돌시켜 농도, 질량, 크기별로 분류 가능
- 전문가 시간과 돈 들여 까다롭게 채취해도 되튐 생김

예제 37

입자상 물질의 채취 기구 중 직경분립충돌기(Cascade impactor)의 장, 단점을 2가지씩 적으시오.

| 기사 2013년 2회 |

해설

장점	단점
① 호흡기에 부분별로 침착된 입자크기의 자료를 추정할 수 있다. ② 흡입성, 흉곽성, 호흡성 입자의 크기별 분포와 농도를 계산할 수 있다. ③ 입자의 질량크기 분포를 얻을 수 있다.	① 시료채취가 까다롭다.(경험이 있는 전문가가 철저한 준비를 통해 측정하여야 한다.) ② 시료 채취 준비시간이 길고 비용이 많이 든다. ③ 되튐으로 인한 시료의 손실이 있다. ④ 공기가 옆에서 유입되지 않도록 각 충돌기의 철저한 조립과 장착이 필요하다.

예제 38

입경분립충돌기(직경분립충돌기: Cascade impactor)를 이용하여 시료채취를 하는 경우 마일러여과지(Mylar substrate)에 그리스를 뿌리는 이유를 설명하시오.

| 산업 2020년 3회, 2015년 3회 |

해설

시료의 되튐현상을 방지한다.

> **예제 39**
>
> 입자상물질의 측정방법 중 입자상물질의 크기를 측정하는 방법 2가지를 적으시오. | 산업 2019년 1회 |
>
> **해설**
> ① 현미경 측정법
> ② 체분석법(표준체 측정법 : standard sieving analysis)
> ③ 관성충돌법

5 여과지를 이용한 채취

(1) 여과지(여과재) 선정 시 고려사항(구비조건) ★

① 채취효율 : 포집효율(채취효율)이 높을 것(입경 0.3 m의 입자를 95% 이상 포집할 것)
② 압력손실 : 압력손실이 낮을 것(포집 시의 흡인저항(흡입저항)은 낮을 것)
③ 기계적인 강도 : 접거나 구부리더라도 파손되지 않고 찢어지지 않을 것
④ 흡습성 : 흡습률이 낮을 것
⑤ 가볍고 1매당 무게의 불균형이 적을 것
⑥ 측정대상 물질의 분석상 방해가 되는 불순물을 함유하지 않을 것

> **암기**
>
> 여과지는 효율 좋고, 압력손실 흡습률 낮고, 찢어지지 않을 것

> **예제 40**
>
> 여과포집방법에서 여과지 선정 시 구비조건 5가지를 적으시오. | 기사 2020년 1회, 2015년 1회 / 산업 2020년 3회, 2015년 3회 |
>
> **해설**
> ① 포집효율(채취효율)이 높을 것(입경 0.3 m의 입자를 95% 이상 포집할 것)
> ② 압력손실이 낮을 것(포집 시의 흡인저항이 낮을 것)
> ③ 파손되지 않고 잘 찢어지지 않을 것
> ④ 흡습률이 낮을 것
> ⑤ 가볍고 1매당 무게의 차이가 적을 것
> ⑥ 분석상 방해가 되는 물질을 함유하지 않을 것

(2) 막 여과지(membrane filter)와 섬유상 여과지의 특성

막 여과지	섬유상 여과지
• 셀룰로스에스테르, PVC, 니트로아크릴 같은 중합체를 일정한 조건에서 침착시켜 만든 다공성의 얇은 막 형태이다. • 막 여과지에서 유해물질은 여과지 표면이나 그 근처에서 채취된다. • 여과지 표면에 채취된 입자들이 이탈되는 경향이 있다. • 섬유상 여과지에 비하여 채취입자상 물질이 적다. • 섬유상 여과지에 비하여 공기저항이 심하다.	• 20 m 이하의 직경을 가진 섬유를 압착 제조한 것으로 막 여과지에 비하여 가격이 비싸다. • 막여과지에 비해 물리적 강도가 약하다. • 막여과지에 비해 흡습성이 낮다. • 막 여과지에 비해 열에 강하고 과부하에서도 채취효율이 높다. • 여과지 표면뿐 아니라 단면 깊게 입자상 물질이 들어가므로 더 많은 입자상 물질을 채취할 수 있다.

(3) 막여과지의 종류

1) MCE 막 여과지(Mixed Cellulose Ester Membrane Filter) ★

① 산에 쉽게 용해되므로 입자상 물질 중의 금속을 채취하여 원자흡광광도법으로 분석하는 데 적당하다.
② 유해물질이 여과지의 표면에 주로 침착되어 석면 등 현미경 분석을 위한 시료채취에 유리하다.
③ MCE여과지의 원료인 셀룰로오스는 수분을 흡수하는 특성을 가지고 있다.(흡습성이 높아 오차를 유발할 수 있어 중량분석에 적합하지 못함)
④ 중금속, 석면, 살충제, 산·알칼리미스트, 불소화합물 및 기타 무기물질 채취에 이용된다.

> **암기**
>
> MC(MCE막여과지) 중(중금속)석(석면)은 산에 약하고 수분 흡수하여 중량분석 못함

예제 41

작업장 공기 중의 납 농도 측정에 사용되는 (1) 시료채취용 여과지 및 사용되는 분석기기의 종류를 한 가지씩 적으시오. (2) 해당 여과지를 금속 흄 채취에 사용할 수 있는 이유를 2가지 적으시오.

| 기사 2024년 2회, 2018년 3회, 2013년 2회 / 산업 2013년 1회 |

해설

(1) ① 사용되는 시료채취용 여과지 : MCE 막 여과지
　　② 분석기기의 종류 : 원자흡광광도계
(2) 이유
　　① 산에 쉽게 용해되므로 입자상 물질 중의 금속을 채취하여 원자흡광 광도법으로 분석하는데 적당하다.
　　② 유해물질이 여과지의 표면에 주로 침착되어 석면 등 현미경 분석을 위한 시료채취에 유리하다.

예제 42

여과지 중 MCE 막 여과지(Mixed cellulose ester membrane filter)를 금속 흄 채취에 사용할 수 있는 이유를 2가지 적으시오. | 산업 2014년 2회 |

해설
① 산에 쉽게 용해되므로 입자상 물질 중의 금속을 채취하여 원자흡광광도법으로 분석하는데 적당하다.
② 유해물질이 여과지의 표면에 주로 침착되어 석면 등 현미경 분석을 위한 시료채취에 유리하다.

예제 43

석면의 시료채취에서 open face를 설명하고 open face를 사용하는 목적을 설명하시오. | 산업 2017년 3회, 2015년 1회 |

(1) open face
(2) open face 사용목적

해설
(1) 3단 카세트의 상단부 뚜껑을 열어(open face) 카세트의 열린 면이 작업장 바닥 쪽을 향하도록 시료를 채취하는 것을 말한다.
(2) 여과지에 골고루 석면을 포집하기 위한 목적이다.

예제 44

석면 시료채취에 사용할 수 있는 여과지의 종류, 공극의 크기, 직경을 적으시오. | 산업 2017년 3회 |

(1) 여과지의 종류
(2) 공극의 크기
(3) 직경

해설
(1) MCE 막 여과지
(2) $0.45 \sim 1.2 \mu m$
(3) 25mm

2) PVC 막 여과지(Polyvinyl Chloride Membrane Filter) ★

① 수분의 영향이 크지 않고 가벼워 공해성 먼지, 총 먼지 등의 중량분석을 위한 측정에 이용된다. (흡습성이 낮아 분진의 중량분석에 사용)
② 유리규산을 채취하여 X-선 회절법으로 분석하는 데 적절하고 6가 크롬, 산화아연(아연산화물)의 채취에 이용된다.

③ 채취 시에 입자를 반발하여 채취효율을 떨어뜨리는 단점이 있어 채취 전 필터를 세정용액으로 세정하여 오차를 줄일 수 있다.

> **암기**
>
> TV(PVC막여과지)에 "사내아이(산아)(산화아연) 6명(6가크롬) 먼저(먼지) 유괴(유리규산)"라고 나옴

3) PTFE 막 여과지(테프론 : Polytetrafluroethylene Membrane Filter) ★

① 열, 화학물질, 압력 등에 강한 특성을 가지고 있다.
② 압력에 강하여 석탄건류나 증류 등의 고열공정에서 발생되는 다핵방향족탄화수소(PAHs)를 채취하는 데 이용된다.
③ 농약, 알칼리성 먼지, 콜타르피치 등을 채취하며 $1\mu m$, $2\mu m$, $3\mu m$의 구멍크기를 가지고 있다.

> **암기**
>
> PTF(PTFE막여과지) 다방(다핵방향족탄화수소)을 알면(알칼리성 먼지) 농약(농약)탄 코피(콜타르피치)를 주문해라.

4) 은막 여과지(Silver Membrane Filter) ★

① 금속은을 소결하여 만든 것으로 열적, 화학적 안정성이 있다.
② 코크스 제조공정에서 발생되는 코크스 오븐 배출물질 또는 다핵방향족탄화수소(PAHs) 등을 채취하는 데 사용한다.
③ 결합제나 섬유가 포함되어 있지 않다.

> **암기**
>
> 금속은(은막 여과지) 소결하여 다 탄(다핵방향족탄화수소) 코크스오븐 채취

5) nucleopore 여과지

① 폴리카보네이트 재질에 레이저빔을 쏘아 만들며 막 여과지처럼 여과지 구멍이 겹치는 것이 아니고 체(sieve)처럼 구멍(공극)이 일직선으로 되어 있다.
② TEM(전자현미경)분석을 위한 석면의 채취에 이용된다.
③ 화학물질과 열에 안정적이다.

(4) 섬유상 여과지의 종류

유리섬유 여과지 (Glass Fiber Filter)	• 흡습성이 낮고 열에 강하다. • 부식성 가스에 강하다. • 높은 포집용량과 낮은 압력강하 성질을 가지고 있다. • 다량의 공기시료 채취에 적합하다. • 농약류(벤지딘, 머캅탄류), 다핵방향족탄화수소 화합물 등의 유기화합물 채취에 사용된다. • 부서지기 쉬운 단점이 있어 중량분석에 사용되지 않는다. • 유해물질이 여과지의 안층에도 채취된다. • 결합제 첨가형과 결합제 비첨가형이 있다.

셀룰로오스섬유
여과지 ★
	• 작업환경측정보다는 실험실 분석에 많이 사용한다.
	• 셀룰로오스 펌프로 조재하고 친수성이며 습식회화가 용이하다.
	• 장점
	  - 산에 쉽게 용해된다.
	  - 유해물질이 여과지의 표면에 주로 침착되어 현미경 분석을 위한 시료채취에 유리하다.
	  - 중금속의 채취가 가능하다.
	• 단점
	  - 흡습성이 높다.
	  - 오차를 유발할 수 있다.
	  - 중량분석에 적합하지 않다.

예제 45

셀룰로오스 여과지의 장·단점을 각각 3가지씩 적으시오. | 기사 2020년 1회 |

해설

장점	단점
① 산에 쉽게 용해된다. ② 유해물질이 여과지의 표면에 주로 침착되어 현미경 분석을 위한 시료채취에 유리하다. ③ 중금속의 채취가 가능하다.	① 흡습성이 높다. ② 오차를 유발할 수 있다. ③ 중량분석에 적합하지 않다.

예제 46

시료채취를 위한 여과지 중 막 여과지의 종류를 3가지 적으시오. | 산업 2019년 3회 |

해설

① MCE 막 여과지
② PVC 막 여과지
③ PTFE 막 여과지
④ 은막 여과지
⑤ nucleopore 여과지

예제 47

PVC 막 여과지(Polyvinyl Chloride membrane filter)를 총 먼지 등의 중량분석에 사용할 수 있는 가장 큰 이유를 설명하시오.　　　　　　　　　　　　　　　　　　　　　　　　　　　　　　　　　　　| 산업 2015년 3회 |

해설

흡습성이 낮아 분진의 중량분석에 사용할 수 있다.

예제 48

유리규산을 채취하여 X-선 회절법으로 분석하는데 적절하고 6가 크롬, 산화아연 등의 채취에 이용되며, 총 먼지 등의 중량분석을 위한 측정에 이용되는 여과지의 명칭을 적으시오　　　　　　　　| 산업 2021년 1회 |

해설

PVC 막 여과지

예제 49

6가 크롬 채취에 사용되는 시료채취용 여과지(시료채취 매체)와 분석기기의 종류를 한가지씩 적으시오.
　　| 기사 2024년 1회 |

해설

(1) 시료채취용 여과지(시료채취매체) : PVC 여과지
(2) 분석기기의 종류 : 이온크로마토그래프(Ion Chromatograph, IC), 전도도검출기(Conductivity Detector, CD), 분광검출기(UV Detector)

6 입자상 물질의 농도계산 ★★★

$$C(\mathrm{mg/m^3}) = \frac{(W' - W) - (B' - B)}{V}$$

C : 농도(mg/m³)
W' : 시료채취 후 여과지 무게(g)
W : 시료채취 전 여과지 무게(g)
B' : 시료채취 후 공여과지 평균무게(g)
B : 시료채취 전 공여과지 평균무게(g)
V : 공기채취량 ⇒ pump 평균유량(L/min) × 시료채취 시간(min)

예제 50

고체흡착관으로 측정한 벤젠을 비누거품미터로 유량을 보정하였더니 45cc를 통과하는 데 시료채취 전 10.8초, 시료채취 후 12.7초가 걸렸다. 작업장의 벤젠을 2시 10분부터 3시 45분까지 측정한 결과 흡착관의 앞 층에서 3.25mg, 뒤 층에서 0.11mg이 검출되었으며 공시료의 평균 분석량은 0.02mg이다. 작업장 공기 중 벤젠의 농도(ppm)를 계산하시오. (단, 25℃, 1기압 기준) | 기사 2020년 1회 |

해설

25℃, 1기압일 때

- 노출기준$(mg/m^3) = \dfrac{ppm \times 분자량}{24.45}$

- $ppm = mg/m^3 \times \dfrac{24.45}{분자량}$

1. $\dfrac{mg}{m^3} = \dfrac{(3.25+0.11)-0.02\,mg}{\dfrac{0.23 \times 10^{-3} m^3}{min} \times 95\,min} = 152.86\,(mg/m^3)$

  $\left[\begin{array}{l} \bullet\ 1cc = 1mL = 10^{-3}L \\ \bullet\ 유량 = \dfrac{(45 \times 10^{-3})L}{\left(\dfrac{10.8+12.7}{2}\right)sec} = 0.0038(L/sec) \times 60 = 0.23(L/min) \\ \bullet\ 2시 10분 \sim 3시 45분까지 \to 1시간\ 35분 = 95분 \end{array}\right]$

2. $ppm = \dfrac{mg/m^3 \times 24.45}{MW} = \dfrac{152.86 \times 24.45}{78} = 47.92\,(ppm)$

  $\left[벤젠(C_6H_6)의\ 분자량 = 12 \times 6 + 1 \times 6 = 78(g)\right]$

예제 51

금속제품의 탈지공정에서 사용하는 TCE의 노출농도가 65ppm이다. 활성탄관을 이용하여 분당 0.2L씩 채취할 경우 채취에 소요되는 최소채취시간(min)을 계산하시오. (단, 25℃, 1기압이며, TCE의 분자량은 131.39, LOQ는 0.5mg이다.) | 기사 2020년 2회, 2018년 1회 |

해설

1. 노출기준$(mg/m^3) = \dfrac{ppm \times 분자량}{24.45} = \dfrac{65 \times 131.39}{24.45} = 349.30\,(mg/m^3)$

2. 분당 0.2L씩 채취 → 0.2L/min → $0.2 \times 10^{-3} m^3/min$

  $349.30(mg/m^3) = \dfrac{0.5\,mg}{\dfrac{0.2 \times 10^{-3} m^3}{min} \times x\,min}$

  $0.5 = 349.30 \times 0.2 \times 10^{-3} \times x$

  $x = \dfrac{0.5}{349.30 \times 0.2 \times 10^{-3}} = 7.16\,(min)$

예제 52

작업장 내의 분진을 여과지로 채취한 값이 30.25mg이며, 분진포집 전의 여과지를 측정한 값이 12.72mg이었다. 분진 포집유량이 3.8L/min, 포집시간이 80min일 경우 이 작업장 공기 중의 분진농도(mg/m³)을 계산하시오.

| 기사 2020년 4회, 2018년 1회 / 산업 2020년 3회 |

해설

$$mg/m^3 = \frac{(30.25-12.72)mg}{\frac{3.8 \times 10^{-3} m^3}{min} \times 80 min} = 57.66(mg/m^3)$$

$(L = 10^{-3} m^3)$

예제 53

활성탄관을 이용하여 톨루엔(MW : 92.14)을 0.3L/min으로 220분 동안 측정한 후 분석한 양이 활성탄관의 앞 층에서 4.23mg, 뒤 층에서 0.18mg이 검출되었다. 탈착효율이 98%라고 할 때 활성탄관의 파과여부와 공기 중 톨루엔의 농도(ppm)를 계산하시오. (단, 25℃, 1기압 기준)

| 기사 2019년 1회 |

해설

> **25℃, 1기압일 때**
>
> - $mg/m^3 = \dfrac{ppm \times 분자량}{24.45}$
>
> - $ppm = mg/m^3 \times \dfrac{24.45(L)}{분자량}$

1. 파과여부

   $\dfrac{뒤층의\ 검출량}{앞층의\ 검출량} = \dfrac{0.18}{4.23} \times 100 = 4.26(\%)$

   → 10%를 초과하지 않았으므로 파과 되지 않음

2. - $mg/m^3 = \dfrac{(4.23+0.18)mg}{\dfrac{(0.3 \times 10^{-3})m^3}{min} \times 220min} = 66.82(mg/m^3)$

   - $ppm = mg/m^3 \times \dfrac{24.45}{분자량} = 66.82 \times \dfrac{24.45}{92.14} = 17.73(ppm)$

3. 탈착효율 $= \dfrac{검출량}{주입량}$

   주입량 $= \dfrac{검출량}{탈착효율} = \dfrac{17.73}{0.98} = 18.09(ppm)$

또는

$\begin{bmatrix} 98\%일\ 때의\ 농도가\ 17.73ppm이므로\ 100\%일\ 때의\ 농도 \\ 0.98 : 17.73 = 1 : x \\ 0.98x = 17.73 \\ x = \dfrac{17.73}{0.98} = 18.09(ppm) \end{bmatrix}$

예제 54

작업장의 공기 중 오염물질을 여과지로 포집한 후 분석한 결과 시료채취 후 여과지에서는 36.4 g, 공시료 여과지에서는 2.2 g이 검출되었다. 시료포집 pump의 유량 1.5L/min로 하여 오전 9시부터 오후 3시까지 채취할 경우 공기 중 오염물질의 농도(g/m³)를 계산하시오. (단, 회수율은 99%이다.) | 기사 2019년 3회 / 산업 2013년 1회 |

해설

1. $C(\mu g/m^3) = \dfrac{(36.4-2.2)\mu g}{\dfrac{1.5\times 10^{-3} m^3}{min}\times (6\times 60)min} = 63.33(\mu g/m^3)$

2. 회수율(탈착효율) = $\dfrac{검출량}{주입량}$

   주입량 = $\dfrac{검출량}{회수율} = \dfrac{63.33}{0.99} = 63.97(\mu g/m^3)$

또는

$\left[\begin{array}{l} 99\%\text{일 때의 농도가 } 63.33(\mu g/m^3)\text{이므로 } 100\%\text{일 때의 농도} \\ 0.99 : 63.33 = 1 : x \\ 0.99x = 63.33 \\ x = \dfrac{63.33}{0.99} = 63.97(\mu g/m^3) \end{array}\right]$

예제 55

분진을 포집하는 여과필터의 분진 포집 전의 질량이 9.06mg이었다. 동일한 여과필터로 분당 35L의 공기가 흐르는 상태에서 25분 동안 분진을 포집한 후의 질량은 24.05g이었다. 공기 중 분진의 농도(mg/m³)를 계산하시오. | 기사 2019년 3회 |

해설

$mg/m^3 = \dfrac{(24.05-9.06)mg}{\dfrac{35\times 10^{-3} m^3}{min}\times 25min} = 17.13(mg/m^3)$

예제 56

분진이 발생되는 작업장의 공기 600L를 채취하여 여과지로 분진 농도를 측정하였다. 시료 채취 전 여과지의 무게는 3.04mg이었으며, 시료채취 후 여과지의 무게는 18.06mg이었다. 이 작업장의 분진 농도(mg/m³)를 계산하시오. | 기사 2018년 2회 / 산업 2021년 3회 |

해설

$mg/m^3 = \dfrac{(18.06-3.04)mg}{600\times 10^{-3} m^3} = 25.03(mg/m^3)$

$(L = 10^{-3} m^3)$

예제 57

온도가 16℃, 압력이 1기압인 어느 작업장에서 톨루엔(분자량 : 92.13, 허용기준 : 188mg/m³)을 시간당 210g 사용하고 있다. 해당 작업장에 전체환기를 적용할 경우 톨루엔의 시간당 발생률(L/hr)을 계산하시오.

| 기사 2018년 3회 |

해설

- 21℃(t_1)에서의 부피 24.1L를 16℃(t_2)로 보정

$$V_2 = V_1 \times \frac{(273+t_2)(P_1)}{(273+t_1)(P_2)}$$

$$= 24.1 \times \frac{273+16}{273+21} = 23.69(L)$$

- 톨루엔의 분자량은 92.13g/mol, 1몰의 부피는 23.69L이므로 210g의 부피는

$92.13g : 23.69L = 210g : xL$

$92.13x = 23.69 \times 210$

$x = \dfrac{23.69 \times 210}{92.13} = 54(L)$

- 시간당 발생률(L/hr) = 54L/hr

예제 58

어느 작업장에서 톨루엔(분자량 92.13, 허용기준 : 188mg/m³)을 분당 20g 사용하고 있다. 톨루엔의 시간당 발생률(L/hr)을 계산하시오. (단, 25℃, 1기압 기준)

| 산업 2021년 1회 |

해설

- 톨루엔의 분자량은 92.13g/mol, 25℃, 1기압에서 기체 1몰의 부피는 24.45L이므로 톨루엔 20g의 부피는

$92.13g : 24.45L = 20g : xL$

$92.13x = 24.45 \times 20$

$x = \dfrac{24.45 \times 20}{92.13} = 5.31(L)$

- 분당 발생률(L/min) = 5.31L/min

- 시간당 발생률(L/min) = $\dfrac{5.31L}{\frac{1}{60}\text{hr}}$ = 318.60(L/hr)

예제 59

어느 용접 작업장에서 공기 104L를 시료채취 한 결과 0.32mg의 아연(원자량 : 65)이 분석되었다. 작업장에서 작업한 근로자에게 노출된 산화아연(ZnO)흄의 농도(mg/m³)를 계산하시오.　　　| 기사 2018년 3회 |

해설

$$\frac{\mathrm{mg}}{\mathrm{m}^3} = \frac{0.32\mathrm{mg} \times \frac{81\mathrm{g}}{65\mathrm{g}}}{104 \times 10^{-3}\mathrm{m}^3} = 3.83(\mathrm{mg/m^3})$$

⎡ 아연의 분석량이 0.32mg일 때 산화아연의 양
- ZnO의 분자량 $= 65 + 16 = 81\mathrm{g}$
- $81\mathrm{g} : 65\mathrm{g} = x : 0.32\mathrm{mg}$
  $81 \times 0.32 = 65 \times x$
  $x = 0.32\mathrm{mg} \times \frac{81\mathrm{g}}{65\mathrm{g}}$ ⎦

$(L = 10^{-3}\mathrm{m}^3)$

예제 60

25℃, 1기압인 어느 작업장의 벤젠농도를 고체흡착관으로 측정하였다. 비누거품미터로 유량을 보정한 결과 25cc를 통과하는데 시료채취 전 10.21초, 시료채취 후 13.01초가 걸렸다. 오전 10시 20분에서 오후 2시 40분까지 채취한 벤젠을 GC를 이용하여 분석한 결과 활성탄관의 앞 층에서 3.2mg, 뒤 층에서 0.2mg이 검출되었으며 공시료의 평균 분석량은 0.02mg이었다. 해당 작업장의 공기 중 벤젠의 농도(ppm)를 계산하시오.　　　| 기사 2022년 2회, 2017년 2회 |

해설

1. $C(\mathrm{mg/m^3}) = \dfrac{[(3.2+0.2)-0.02]\mathrm{mg}}{\dfrac{(0.13 \times 10^{-3})\mathrm{m}^3}{\mathrm{min}} \times 260\mathrm{min}} = 100(\mathrm{mg/m^3})$

   (10시 20분 ~ 2시 40분 = 4시간 20분 = 260분)

   ⎡ 펌프의 평균유량 $= \dfrac{(25 \times 10^{-3})L}{(\dfrac{10.21+13.01}{2} \times \dfrac{1}{60})\mathrm{min}} = 0.13(L/\mathrm{min})$

   $(cc = 10^{-3}L, \sec = \dfrac{1}{60}\mathrm{min})$ ⎦

2. $\mathrm{ppm} = \mathrm{mg/m^3} \times \dfrac{24.45}{MW} = 100 \times \dfrac{24.45}{78} = 31.35(\mathrm{ppm})$

   [벤젠(C_6H_6)의 분자량 $= (12 \times 6) + (1 \times 6) = 78(\mathrm{g})$]

예제 61

무게가 0.3mg인 유리섬유 필터를 이용하여 작업장 분진을 채취하고자 한다. 개인 시료채취기를 이용하여 150분간 채취한 후 분석한 필터의 무게가 2.8mg이었다. 분진의 농도(mg/m³)를 계산하시오.(단, 유량은 1.5L/min이다.)

| 기사 2016년 3회, 2021년 1회 |

해설

$$mg/m^3 = \frac{(2.8-0.3)mg}{\frac{1.5\times 10^{-3}m^3}{min}\times 150min} = 11.11(mg/m^3)$$

예제 62

활성탄 2000kg을 이용하여 톨루엔(MW : 92.14) 증기 250ppm을 함유한 공기 350m³/min을 흡착하려고 한다. 흡착에 필요한 시간을 계산하시오. (단, 활성탄의 톨루엔 흡착률 0.2kg/kg(활성탄), 활성탄의 톨루엔 증기 흡착률 90%, 온도 25℃ 기준)

| 산업 2014년 1회 |

해설

1. 톨루엔 250ppm → mg/m³

$$mg/m^3 = \frac{ppm\times 분자량}{24.45} = \frac{250\times 92.14}{24.45} = 942.13(mg/m^3)$$

2. 톨루엔의 흡착량(kg/hr)

> **25℃, 1기압일 때**
> - $mg/m^3 = \dfrac{ppm\times 분자량}{24.45}$
> - $ppm = mg/m^3 \times \dfrac{24.45(L)}{분자량}$

- $\dfrac{350m^3}{min}\times \dfrac{942.13\times 10^{-6}kg}{m^3}\times 60 = 19.78(kg/hr)$

  (942.13mg = 942.13×10⁻⁶kg)

- 톨루엔 증기 흡착률이 90%이므로

  $100 : 19.78 = 90 : x$

  $100x = 19.78\times 90$

  $x = \dfrac{19.78\times 90}{100} = 17.80(kg/hr)$

3. 활성탄 2000kg이 흡착할 수 있는 톨루엔의 양

  $\dfrac{0.2kg}{kg}\times 2000kg = 400(kg)$

4. 활성탄 2000kg으로 톨루엔을 흡착하는데 걸리는 시간

  17.80(kg/hr) → 1시간에 톨루엔 17.80kg을 흡착함

  톨루엔 400kg 흡착 → x 시간

  $17.80 : 1 = 400 : x$

  $17.80x = 400$

  $x = \dfrac{400}{17.80} = 22.47(hr)$

예제 63

저용량 에어 샘플러(low volume air sampler)로 공기 중의 납을 시료채취 한 결과 총 흡인유량이 350L일 때 납의 정량치는 15μg이었다. 공기 중 납의 농도(mg/m³)를 계산하시오. (단, 회수율은 95%이다.)

| 산업 2020년 1 · 2회 |

해설

1. $\dfrac{mg}{m^3} = \dfrac{15 \times 10^{-3} mg}{350 \times 10^{-3} m^3} = 0.0429 (mg/m^3)$

   $\left[\begin{array}{l} \bullet\ \mu g = 10^{-3} mg \\ \bullet\ L = 10^{-3} m^3 \end{array}\right]$

2. 회수율이 95%이므로 100%일 때의 농도
   $0.95 : 0.0429 = 1 : x$
   $0.95x = 0.0429$

2. $x = \dfrac{0.0429}{0.95} = 0.05 (mg/m^3)$

[참고]
mg/m³을 0.04로 대입할 경우 회수율 95%와 회수율 100%의 값이 0.04로 동일하여 중간 값을 0.0429로 소수 넷째자리까지 나타냄

예제 64

저유량 펌프로 작업장 공기 0.6m³ 중의 납을 채취한 후 20mL의 10% 질산에 용해시켰다. 원자흡광광도계로 분석한 납의 농도가 48μg/mL인 경우 작업장 공기 중의 납의 농도(mg/m³)를 계산하시오.

| 산업 2019년 3회, 2012년 2회 |

해설

$mg/m^3 = \dfrac{\text{분석농도} \times \text{용해 부피}}{\text{채취한 공기량}} = \dfrac{\dfrac{48 \times 10^{-3} mg}{mL} \times 20 mL}{0.6 m^3} = 1.60 (mg/m^3)$

$(\mu g = 10^{-3} mg)$

예제 65

활성탄관을 이용하여 벤젠을 0.25L/min의 유량으로 2시간 동안 채취하여 분석 한 값이 2.5mg이다. 작업장 공기 중 벤젠의 농도(ppm)를 계산하시오. (단, 25℃, 1기압을 기준으로 하며, 벤젠의 분자량은 78.1이다.)

| 기사 2015년 2회 |

해설

$ppm = mg/m^3 \times \dfrac{24.45}{\text{분자량}}$

$ppm = \dfrac{2.5 mg}{\dfrac{(0.25 \times 10^{-3}) m^3}{min} \times (2 \times 60) min} \times \dfrac{24.45}{78.1} = 26.09 (ppm)$

예제 66

활성탄관을 이용하여 톨루엔(MW : 92.13)을 측정하여 분석한 결과 반응 피크면적이 1,126,952이었다. 작업장 온도는 21℃이며, 공기채취량이 23L일 경우 톨루엔의 농도(ppm)를 계산하시오. [단, Y(가스크로마토그래피 반응 피크면적) = 8,723×톨루엔량(g) + 816.2식을 적용한다.] | 기사 2014년 1회 |

해설

$$\text{ppm} = \text{mg/m}^3 \times \frac{24.1(\text{L})}{\text{분자량}}$$

$$\text{ppm} = \frac{0.13\text{mg}}{23 \times 10^{-3}\text{m}^3} \times \frac{24.1}{92.13} = 1.48(\text{ppm})$$

$(L = 10^{-3}\text{m}^3)$

- $Y = 8,723 \times \mu g + 816.2$
- $8,723 \times \mu g = Y - 816.2$
- $\mu g = \frac{Y - 816.2}{8,723} = \frac{1,126,952 - 816.2}{8,723} = 129.10 \mu g \times 10^{-3} = 0.13 \text{mg}$

예제 67

시료채취 전의 여과지 무게가 2.225g, 유량이 3.5L/min인 고유량 시료채취기(High-volume Sampler)를 이용하여 오전 8시부터 오후 5시까지 작업장 입자상 물질의 농도를 측정하였다. 시료채취를 한 결과 여과지의 무게가 2.260g이었을 경우 입자상 물질의 평균농도(mg/m³)를 계산하시오. | 기사 2013년 1회 |

해설

$$\text{mg/m}^3 = \frac{(2.260 - 2.225) \times 10^3 \text{mg}}{\frac{3.5 \times 10^{-3}\text{m}^3}{\text{min}} \times (9 \times 60)\text{min}} = 18.52(\text{mg/m}^3)$$

$(1g = 10^3 \text{mg}, \ 1L = 10^{-3}\text{m}^3)$
(오전 8시~오후 9시: 9hr)

예제 68

메타크릴산메틸($C_5H_8O_2$, 분자량 100) 55mg은 60℃, 900mmHg 조건에서 부피가 485L이었다. 21℃, 1기압에서의 농도(ppm)를 계산하시오.
| 기사 2013년 2회 |

해설

풀이1
1. 60℃, 900mmHg 에서의 mg/m^3

$$\frac{mg}{m^3} = \frac{55mg}{485 \times 10^{-3} m^3} = 113.40 (mg/m^3)$$

$(485L = 485 \times 10^{-3} m^3)$

2. 60℃(t_1), 900mmHg(P_1)의 농도 113.40(mg/m^3)을 21℃(t_2), 1기압(760mmHg)(P_2)로 보정

$$보정 후의 농도 = 보정 전의 농도 \times \frac{(273+t_1)(P_2)}{(273+t_2)(P_1)}$$

$$보정 후의 농도 = 113.40 \times \frac{(273+60)(760)}{(273+21)(900)} = 108.46 (L)$$

3. $mg/m^3 \to ppm$으로 변환

$$ppm = mg/m^3 \times \frac{24.1}{분자량} = 108.46 \times \frac{24.1}{100} = 26.14 (ppm)$$

풀이2
1. 60℃(t_1), 900mmHg(P_1) 에서의 부피 485L를 21℃(t_2), 1기압(760mmHg)(P_2)로 보정

$$V_2 = V_1 \times \frac{T_2 P_1}{T_1 P_2} = 485 \times \frac{(273+21)(900)}{(273+60)(760)} = 507.08 (L)$$

2. 21℃, 1기압(760mmHg)에서의 mg/m^3

$$\frac{mg}{m^3} = \frac{55 mg}{507.08 \times 10^{-3} m^3} = 108.46 (mg/m^3)$$

$(507.08L = 507.08 \times 10^{-3} m^3)$

3. $mg/m^3 \to ppm$으로 변환

$$ppm = mg/m^3 \times \frac{24.1}{분자량} = 108.46 \times \frac{24.1}{100} = 26.14 (ppm)$$

예제 69

어느 작업장에서 측정한 공기 중 분진의 공기역학적 직경이 평균 2.3 m이었다. 해당 분진를 흡입성 분진채취기로 채취하였다고 가정할 경우 채취효율(%)을 계산하시오. (단, 채취효율을 계산하는 공식은 $SI(dp) = 50\% \times (1 + e^{-0.06dp})$을 이용한다.)
| 기사 2019년 2회 |

해설

$$SI(dp) = 50\% \times (1 + e^{-0.06dp}) = 50 \times (1 + e^{-0.06 \times 2.3}) = 93.55 (\%)$$

예제 70

50℃, 680mmHg에서 668L인 $C_5H_8O_2$가 68.2mg이 있다. 21℃, 1기압에서의 농도(ppm)를 계산하시오.

| 기사 2019년 3회 |

해설

1. 50℃(t_1), 680mmHg(P_1) 에서의 부피 668L를 21℃(t_2), 1기압(760mmHg)(P_2)로 보정

$$V_2 = V_1 \times \frac{(273+t_2)(P_1)}{(273+t_1)(P_2)}$$

$$= 668 \times \frac{(273+21) \times 680}{(273+50) \times 760} = 544.02(L)$$

2. $ppm = mg \times m^3 \times \dfrac{24.1}{분자량} = \dfrac{68.2mg}{544.02 \times 10^{-3} m^3} \times \dfrac{24.1}{100} = 30.21(ppm)$

   ($C_5H_8O_2$의 분자량 = $12 \times 5 + 1 \times 8 + 16 \times 2 = 100g$)

예제 71

유량이 3.6L/min인 저유량 공기시료채취기로 180분 동안 분진농도를 측정하였다. 시료채취 전의 여과지 무게는 15.4mg, 시료채취 후의 무게는 98.6mg일 경우 작업장 분진의 농도(mg/m³)를 계산하시오.

| 기사 2013년 1회 |

해설

$$mg/m^3 = \frac{(98.6-15.4)mg}{\dfrac{3.6 \times 10^{-3} m^3}{min} \times 180min} = 128.40(m^3/min)$$

예제 72

작업공정에서 A(증기압 : 18.45mmHg, TLV : 100ppm), B(증기압 : 22.25mmHg, TLV : 200ppm) 2가지 종류의 유기용제를 사용하고 있다.

| 기사 2014년 1회 |

(1) 두 가지 유기용제 중 어느 것을 선택하는 것이 바람직한지 그 이유를 설명하시오.
(2) 증기 위험도지수(VHI)를 설명하시오.

해설

$$VHI = \log\left(\frac{C}{TLV}\right)$$

TLV : 허용농도
C : 포화농도

(1) A유기용제의 $VHI = \log(\dfrac{C}{TLV}) = \log(\dfrac{\frac{18.45}{760} \times 10^6}{100}) = 2.39$

   B유기용제의 $VHI = \log(\dfrac{C}{TLV}) = \log(\dfrac{\frac{22.25}{760} \times 10^6}{200}) = 2.17$

   → 두 가지 유기용제 중 VHI가 낮은 B 유기용제를 사용하는 것이 더 유리하다.

(2) 물질의 분자가 공기 중에 포화되었을 경우 허용농도의 몇 배가 되는지를 나타낸다.

예제 73

수은의 증기압이 0.025mmHg인 경우 포화농도(ppb)를 구하고 그 값을 g/m³으로 환산하시오. (단, 수은의 원자량 : 200.59) (21℃, 1기압 기준) | 산업 2016년 2회 |

해설

21℃, 1기압의 경우

- 노출기준(mg/m^3) = $\dfrac{노출기준(ppm) \times 그램분자량}{24.1}$
- 노출기준($\mu g/m^3$) = $\dfrac{노출기준(ppb) \times 그램분자량}{24.1}$

1. 포화농도(ppb) = $\dfrac{물질의\ 증기압(mmHg)}{대기압(760mmHg)} \times 10^9 = \dfrac{0.025}{760} \times 10^9 = 32894.74\,(ppb)$

2. 노출기준($\mu g/m^3$) = $\dfrac{노출기준(ppb) \times 그램분자량}{24.1} = \dfrac{32894.74 \times 200.59}{24.1} = 273790.70\,(\mu g/m^3)$

[참고]
- $ppm = 10^{-6}$, $ppb = 10^{-9}$ ∴ $ppb = 10^{-3}\,ppm$
- $mg = 10^{-3}g$, $\mu g = 10^{-6}g$ ∴ $\mu g = 10^{-3}\,mg$

예제 74

작업장에서 측정한 톨루엔을 분석하기 위해서 검량선을 [보기]와 같이 구했다. 시료를 분석한 결과 면적이 32,345였고 공시료는 0이었다. 채취된 톨루엔의 농도($\mu g/mL$)을 계산하시오. | 산업 2017년 2회 |

$$Y(면적) = 78{,}723 \times 농도 + 816.2$$

해설

$Y(면적) = 78{,}723 \times 농도(\mu g/mL) + 816.2$

$Y - 816.2 = 78{,}723 \times 농도$

농도 = $\dfrac{Y - 816.2}{78{,}723} = \dfrac{32{,}345 - 816.2}{78{,}723} = 0.40\,(\mu g/mL)$

예제 75

0.001N-NaOH의 pH를 계산하시오. | 산업 2016년 2회, 2014년 3회 |

해설

1. NaOH → Na$^+$ + OH$^-$
   NaOH는 OH$^-$가 1가의 이온이므로
   0.001N NaOH = 0.001M NaOH가 된다.

2. pOH = $\log(\frac{1}{OH^-}) = \log(\frac{1}{0.001}) = 3$
   pH = 14 − (3) = 11

[참고]

1. pH = $\log(\frac{1}{H^+}) = -\log(H^+)$
2. pOH = $\log(\frac{1}{OH^-}) = -\log(OH^-)$
3. pH + OH = 14

7 침강속도 ★★

1) 스토크(stokes)법칙에 의한 침강속도

$$V(\text{cm/sec}) = \frac{g \cdot d^2(\rho_1 - \rho)}{18\mu}$$

V : 침강속도(cm/sec)
g : 중력가속도(980cm/sec^2)
d : 입자직경(cm)
ρ_1 : 입자 밀도(g/cm^3)
ρ : 공기밀도(0.0012g/cm^3)
μ : 공기점성계수 (20℃ : 1.81×10^{-4}g/cm·sec, 25℃ : 1.85×10^{-4}g/cm·sec)

2) Lippman식에 의한 침강속도(입자크기가 1~50 m 경우 적용)

$$V(\text{cm/sec}) = 0.003 \times \rho \times d^2$$

V : 침강속도(cm/sec), ρ : 입자 밀도(비중)(g/cm^3), d : 입자직경(μm)

예제 76

비중이 5.4g/cm^3, 입경이 2.8 m인 산화 흄의 침강속도(cm/sec)를 계산하시오. | 기사 2019년 2회 |

해설

Lippman식에 의한 침강속도(입자크기가 1~50 m 경우 적용)

$$V(cm/\text{sec}) = 0.003 \times \rho \times d^2$$

V : 침강속도(cm/sec)
ρ : 입자 밀도(비중)(g/cm^3)
d : 입자직경(m)

$V(cm/\text{sec}) = 0.003 \times \rho \times d^2 = 0.003 \times 5.4 \times 2.8^2 = 0.13(cm/\text{sec})$

예제 77

입경이 0.002cm, 밀도 1.6g/cm³인 먼지의 침강속도(cm/sec)를 Lippman식을 이용하여 계산하시오.

| 기사 2015년 3회 |

해설

$$V(cm/\sec) = 0.003 \times \rho \times d^2 = 0.003 \times 1.6 \times (0.002 \times 10^4)^2 = 1.92 \, (cm/\sec)$$

- $\mu m = 10^{-6} m, \, cm = 10^{-2} m$
- $\therefore cm = 10^4 \mu m$

예제 78

입경이 20 ㎛, 밀도가 1.6g/cm³인 입자의 침강속도(cm/sec)를 계산하시오. (단, 공기의 점성계수는 1.78×10⁻⁴g/cm·sec, 중력가속도는 980cm/sec², 공기밀도는 1.293kg/m³)

| 기사 2019년 2회 |

해설

$$V(cm/\sec) = \frac{gd^2(\rho_1 - \rho)}{18\mu} = \frac{980 \times (20 \times 10^{-4})^2 \times (1.6 - 0.001293)}{18 \times 1.78 \times 10^{-4}} = 1.96 \, (cm/\sec)$$

- $\mu m = 10^{-6} m, \, cm = 10^{-2} m, \, \therefore \mu m = 10^{-4} cm$
- $\dfrac{1.293 kg}{m^3} = \dfrac{1.293 \times 10^3 g}{(100 cm)^3} = 0.001293 \, (g/cm^3)$

예제 79

어느 분진입자의 입경이 20 ㎛, 밀도가 3.5g/cm³인 입자의 침강속도(cm/sec)를 계산하시오. (단, 공기밀도는 0.001293g/cm³, 공기점성계수는 1.78×10⁻⁴g/cm·sec, 중력가속도는 980cm/sec²라고 가정한다.)

| 기사 2016년 3회 |

해설

$$V(cm/\sec) = \frac{gd^2(\rho_1 - \rho)}{18\mu} = \frac{980 \times (20 \times 10^{-4})^2 \times (3.5 - 0.001293)}{18 \times 1.78 \times 10^{-4}} = 4.28 \, (cm/\sec)$$

- $\mu m = 10^{-6} m, \, cm = 10^{-2} m$
- $\therefore \mu m = 10^{-4} cm$

> **예제 80**
> 작업장의 높이가 5m인 어느 작업장에서 입자의 직경이 2.6 m, 비중이 1.8인 입자상 물질이 발생되고 있다. 모든 입자상물질이 바닥에 가라앉은 후 청소를 시작하려고 한다. 몇 분이 지난 후에 시작하여야 하는지를 계산하시오.
>
> | 기사 2016년 3회 |
>
> **해설**
> 1. 침강속도 $(V) = 0.003 \times \rho \times d^2 = 0.003 \times 1.8 \times 2.6^2 = 0.04 (cm/sec)$
> 2. 높이가 5m(500cm)이고, 초당 0.04cm 가라앉으므로
> $1초 : 0.04cm = x초 : 500cm$
> $0.04x = 500$
> $x = \dfrac{500}{0.04} = 12{,}500(초) \div 60 = 208.33(분)$

05 가스 및 증기상 물질의 측정

1 연속시료채취

(1) 연속시료채취를 하여야 하는 경우 ★

① 오염물질의 농도가 시간에 따라 변할 때
② 공기 중 오염물질의 농도가 낮을 때
③ 시간가중평균치를 구하고자 할 때

(2) 연속시료채취법의 종류

능동식 시료채취법	수동식 시료채취법

• 능동시료채취는 공기 시료채취펌프를 이용하여 흡착튜브, 전처리된 여과지, 임핀저와 같은 시료채취미디어를 통해 공기와 오염물질을 모으는 방법을 말한다.
• 흡착관을 사용한 능동식 시료채취방법의 일반적 시료 채취 유량 기준 : 0.2L/분 이하
• 흡수액을 사용한 능동식 시료채취방법의 일반적 시료 채취 유량 기준 : 1.0L/min 이하
	• 가스상 물질의 확산원리를 이용(Fick의 제1법칙 적용)
	• 수동식 시료채취기로 시료를 채취하는 방법(펌프 이용하지 않음)을 말한다.
	• 포집원리
	  – 확산
	  – 투과
	  – 흡착 등
	• 결핍(starvation)현상 ★
	  – 수동식 시료채취기 사용 시 최소한의 기류가 있어야 하는 데, 최소기류가 없을 경우 표면에서 오염물질이 제거되어 농도가 없어지거나 감소하는 현상을 말한다.
	  – 결핍현상을 방지하기 위하여 최소한의 기류속도 0.05~0.1m/sec를 유지하여야 한다.
	• 수동식 시료채취기의 장·단점 ★
	  – 장점 : 취급방법이 편리하고 시료채취가 간편하다.
	  – 단점 : 저농도 시 시료채취에 많은 시간이 소요된다. 정확도와 정밀도가 낮다.

예제 81

가스상 물질의 확산원리를 이용한 수동식 시료채취기의 장·단점을 각각 1가지씩 적으시오. | 기사 2014년 3회 |

해설

① 장점
 • 취급방법이 편리하고 시료채취가 간편하다.
② 단점
 • 저농도 시 시료채취에 많은 시간이 소요된다.
 • 정확도와 정밀도가 낮다.

예제 82

수동식 확산 흡착배지를 시료채취펌프 대신 사용할 수 있는 법칙의 명칭을 적으시오. | 산업 2015년 3회 |

해설

픽스의(Fick's) 확산 제1법칙

[참고]
수동식 시료채취는 Fick's 확산 제1법칙에 의하여 농도 차에 대한 오염물질의 이동(확산) 속도로 공기 중 가스와 증기를 포집한다.

2 순간시료채취(Grab Sampling)

(1) 순간시료채취를 하여야 하는 경우 ★

① 미지의 가스상 물질의 동정을 알고자 할 때
② 간헐적 공정에서의 순간농도 변화를 알고자 할 때
③ 오염발생원 확인을 하고자 할 때
④ 직접 포집해야 되는 메탄, 일산화탄소, 산소 측정에 사용

(2) 검지관의 장·단점 ★

장점	단점
• 사용이 간편하다. • 반응시간이 빨라서 빠른 시간에 측정결과를 알 수 있다.(빠른 측정이 요구될 때 사용) • 숙련된 산업위생전문가가 아니더라도 어느 정도만 숙지하면 사용할 수 있다. • 맨홀, 밀폐공간에서의 산소가 부족하거나 폭발성 가스로 인하여 안전이 문제가 될 때 유용하게 사용될 수 있다.	• 민감도가 낮으며 비교적 고농도에 적용이 가능하다. • 특이도가 낮다.(다른 방해물질의 영향을 받기 쉬워 오차가 크다.) • 단시간 측정만 가능하다. • 미리 측정 대상물질의 동정이 되어 있어야 측정이 가능하다. • 색이 시간에 따라 변화하므로 제조자가 정한 시간에 읽어야 한다. • 한 검지관으로 단일 물질만을 측정할 수 있어 각 오염물질에 맞는 검지관을 선정해야 한다. • 색변화가 선명하지 않아 주관적으로 읽을 수 있어 판독자에 따라 변이가 심하다.

예제 83

공기 중의 가스 및 증기상 유해물질의 채취에 사용되는 검지관의 장·단점을 2가지씩 적으시오.

| 기사 2024년 3회, 2021년 1회, 2018년 3회 |

해설

장점	단점
① 사용이 간편하다. ② 반응시간이 빨라서 빠른 시간에 측정결과를 알 수 있다.(빠른 측정이 요구될 때 사용) ③ 숙련된 산업위생전문가가 아니더라도 어느 정도만 숙지하면 사용할 수 있다. ④ 맨홀, 밀폐공간에서의 산소가 부족하거나 폭발성 가스로 인하여 안전이 문제가 될 때 유용하게 사용될 수 있다.	① 민감도가 낮으며 비교적 고농도에 적용이 가능하다. ② 특이도가 낮다.(다른 방해물질의 영향을 받기 쉬워 오차가 크다.) ③ 단시간 측정만 가능하다. ④ 미리 측정 대상물질의 동정이 되어 있어야 측정이 가능하다. ⑤ 색이 시간에 따라 변화하므로 제조자가 정한 시간에 읽어야 한다. ⑥ 한 검지관으로 단일 물질만을 측정할 수 있어 각 오염물질에 맞는 검지관을 선정해야 한다. ⑦ 색변화가 선명하지 않아 주관적으로 읽을 수 있어 판독자에 따라 변이가 심하다.

암기

장점 : 간편하고 빠르고 재현되고 안전해서 전문가 아니라도 사용 가능
단점 : 민감도, 특이도가 낮고 단시간 측정만 가능

예제 84

검지관으로 측정 가능한 유해물질의 농도범위가 AL(감시기준)~PEL(노출 허용기준)인 경우 검지관의 정확도를 적으시오.

| 산업 2017년 1회 |

해설

± 35%

[참고]
검지관의 정확도

PEL(노출 허용기준) 이상	± 25%
AL(감시기준) 초과 PEL(노출 허용기준) 미만	± 35%
AL(감시기준) 이하	± 50%

3 연소법 ★

(1) 직접연소(불꽃연소)

① 가연성 가스를 직접 불꽃 중에서 연소시키는 방법을 말한다.
② 온도가 높아서 연료 비용이 많이 소모된다.

(2) 간접연소(가열연소)

가연성 물질의 농도가 낮아 직접 연소가 불가능할 때 사용되는 방법을 말한다.

(3) 촉매연소

가스 중의 가연성 성분을 Pt, Co, Ni 등의 촉매를 사용하여 300 ~ 400℃ 정도의 저온에서 산화 제거하는 방법을 말한다.

① 가스 중의 가연성 성분을 촉매를 사용하여 저온에서 산화 제거하는 방법이다.
② 불꽃연소법에 비해 낮은 온도에서도 가능하며 체류시간이 짧아도 가능하다.
③ 분자량이 큰 탄화수소류 가스제거에 적합하다.

예제 85

공기 중 휘발성 유기 화합물 (VOCs)의 처리방법 중 불꽃연소법과 촉매연소법의 특징을 2가지씩 적으시오.

| 기사 2018년 3회, 2021년 1회 |

해설

불꽃연소법	촉매연소법
① 가연성 가스를 직접 불꽃 중에서 연소시키는 방법이다. ② 온도가 높아서 연료 비용이 많이 소모된다.	① 가스 중의 가연성 성분을 촉매를 사용하여 저온에서 산화 제거하는 방법이다. ② 불꽃연소법에 비해 낮은 온도에서도 가능하며 체류시간이 짧아도 가능하다. ③ 분자량이 큰 탄화수소류 가스제거에 적합하다.

예제 86

가스상 물질 중 휘발성 유기화합물(VOC)의 처리방법 2가지를 설명하시오.

| 기사 2015년 3회 / 산업 2015년 3회, 2014년 3회 |

해설

① 직접연소(불꽃연소)법 : 가연성 가스를 직접 불꽃 중에서 연소시키는 방법
② 촉매연소 : 가스 중의 가연성성분을 촉매를 사용하여 300 ~ 400℃ 정도의 저온에서 산화 제거하는 방법

> **예제 87**
>
> 가스상 물질의 처리방법 중 연소법의 종류 3가지를 적으시오. | 산업 2019년 3회 |
>
> **해설**
> ① 직접연소(불꽃연소)
> ② 간접연소(가열연소)
> ③ 촉매연소

06 생물학적 유해인자 측정

1 생물학적 유해인자의 구분

혈액매개 감염인자	인간면역결핍바이러스, B형·C형간염바이러스, 매독바이러스 등 혈액을 매개로 다른 사람에게 전염되어 질병을 유발하는 인자
공기매개 감염인자	결핵·수두·홍역 등 공기 또는 비말감염 등을 매개로 호흡기를 통하여 전염되는 인자
곤충 및 동물매개 감염인자	쯔쯔가무시증, 렙토스피라증, 유행성출혈열 등 동물의 배설물 등에 의하여 전염되는 인자 및 탄저병, 브루셀라병 등 가축 또는 야생동물로부터 사람에게 감염되는 인자

2 생물학적 유해인자의 종류 ★

① 바이러스
② 세균
③ 곰팡이
④ 바퀴벌레
⑤ 꽃가루
⑥ 진드기
⑦ 침액(saliva) 등

3 바이오에어로졸 ★

생물학적 유해인자 중에서 공기 중에 퍼져있는 생물체와 관련한 입자(각종 미생물, 동물단편, 독성물질 등) 및 액체상 물질을 말한다.

> **예제 88**
> 바이오에어로졸의 정의 및 생물학적 유해인자 3가지를 적으시오. | 기사 2014년 3회 |
>
> **해설**
> 1. 바이오에어로졸의 정의
>   생물학적 유해인자 중에서 공기 중에 퍼져있는 생물체와 관련한 입자(각종 미생물, 동물단편, 독성물질 등) 및 액체상 물질을 말한다.
> 2. 생물학적 유해인자의 종류
>   ① 바이러스
>   ② 세균
>   ③ 곰팡이
>   ④ 바퀴벌레
>   ⑤ 꽃가루
>   ⑥ 진드기

4 혈액노출 조사

(1) 혈액 노출 예방 조치

사업주는 근로자가 혈액노출의 위험이 있는 작업을 하는 경우에 다음 각 호의 조치를 하여야 한다.

① 혈액 노출의 가능성이 있는 장소에서는 음식물을 먹거나 담배를 피우는 행위, 화장 및 콘택트렌즈의 교환 등을 금지할 것
② 혈액 또는 환자의 혈액으로 오염된 가검물, 주사침, 각종 의료 기구, 솜 등의 혈액 오염물이 보관되어 있는 냉장고 등에 음식물 보관을 금지할 것
③ 혈액 등으로 오염된 장소나 혈액 오염물은 적절한 방법으로 소독할 것
④ 혈액 오염물은 별도로 표기된 용기에 담아서 운반할 것
⑤ 혈액 노출 근로자는 즉시 소독약품이 포함된 세척제로 접촉 부위를 씻도록 할 것

(2) 혈액노출 조사 등 ★

사업주는 혈액노출과 관련된 사고가 발생한 경우에 즉시 다음 각 호의 사항을 조사하고 이를 기록하여 보존하여야 한다.

① 노출자의 인적사항
② 노출 현황
③ 노출 원인 제공자(환자)의 상태
④ 노출자의 처치 내용
⑤ 노출자의 검사 결과

예제 89

산업안전보건법에 의하여 근로자가 곤충 및 동물매개 감염병 고 위험작업을 하는 경우에 사업주가 하여야 할 조치사항 4가지를 적으시오.　　　　　　　　　　　　　　　　　　　　　　　　　　| 기사 2018년 3회 |

해설
① 긴 소매의 옷과 긴 바지의 작업복을 착용하도록 할 것
② 곤충 및 동물매개 감염병 발생 우려가 있는 장소에서는 음식물 섭취 등을 제한할 것
③ 작업 장소와 인접한 곳에 오염원과 격리된 식사 및 휴식 장소를 제공할 것
④ 작업 후 목욕을 하도록 지도할 것
⑤ 곤충이나 동물에 물렸는지를 확인하고 이상증상 발생 시 의사의 진료를 받도록 할 것

예제 90

산업안전보건법에 의하여 사업주는 혈액 노출과 관련된 사고가 발생한 경우 즉시 조사하고 기록·보존하여야 한다. 이 경우 기록·보존하여야 하는 사항 3가지를 적으시오.　　　　　　　　　　　　　　| 기사 2024년 1회 |

해설
① 노출자의 인적사항
② 노출 현황
③ 노출 원인 제공자(환자)의 상태
④ 노출자의 처치 내용
⑤ 노출자의 검사 결과

CHAPTER 03 평가 및 통계

01 자료의 분포

1 자료의 분포

(1) 산포도

① 측정치가 평균 가까이에 분포하고 있는지, 흩어져 분포하는지를 나타낸다.
② 표준편차가 클수록 평균에서 떨어진 값이 많이 있음을 나타낸다.
③ 표준편차가 0일 경우 측정치 모두가 같은 크기임을 나타낸다.

(2) 대표치

자료의 중심을 나타내는 값을 말한다.

① 산술평균 : 노출 대수정규분포에서 평균 노출을 가장 잘 나타내는 대푯값
② 가중평균
③ 기하평균
④ 중앙치(중앙값)
⑤ 최빈치(유행치)

(3) 중앙치(중앙값)

① N개의 측정치를 크기순서로 배열하였을 때 중앙에 위치하는 값을 말한다.
② 값이 짝수일 때는 중앙에 위치하는 두 개의 값을 평균 내어 중앙 값으로 한다.

예제 01

어느 작업장에서 A물질의 농도를 측정 한 결과가 각각 23.9ppm, 21.6ppm, 22.4ppm, 24.1ppm, 22.7ppm, 25.4ppm을 얻었다. 측정 결과에서 중앙값(median)은 몇 ppm인가?

해설

1. 측정치를 크기순서로 배열하면
   21.6, 22.4, 22.7, 23.9, 24.1, 25.4
2. 중앙에 위치하는 두 개의 값인 22.7과 23.9의 평균값이 중앙값이 된다.
   $$\frac{22.7+23.9}{2} = 23.3$$

예제 02

어느 가구공장의 소음을 측정한 결과 측정치가 다음과 같았다면 이 공장소음의 중앙값(median)은?

82dB(A), 90dB(A), 69dB(A), 84dB(A), 91dB(A), 85dB(A), 93dB(A), 89dB(A), 95dB(A)

해설

1. 값을 크기순서대로 나타내면
   69, 82, 84, 85, 89, 90, 91, 93, 95
2. 중앙에 위치하는 값 89dB(A)이 중앙 값이 된다.

(4) 최빈치(유행치)

측정치 중에서 **도수가 가장 큰 값**을 말한다.

02 산업위생 통계

1 평균

(1) 산술평균(M or $\overline{M}$)

측정치들의 합의 평균 ★

$$M = \frac{X_1 + X_2 + X_3 + \cdots + X_n}{N}$$

M : 산술평균
X_n : 측정치
N : 측정치 개수

(2) 가중평균($\overline{X}$)

자료 값의 중요도나 영향을 고려하여 가중치를 반영한 평균

$$\overline{X} = \frac{X_1 N_1 + X_2 N_2 + X_3 N_3 + \cdots + X_n N_k}{N_1 + N_2 + N_3 + \cdots + N_k}$$

$\overline{X}$: 가중평균
X_n : 측정치
k개의 측정치에 대한 각각의 크기를 $N_1,\ N_2 \cdots N_k$

(3) 기하평균(GM) ★★

① 곱셈을 사용하여 계산하는 측정치의 평균(n개의 양수가 있을 때, 이들 수의 곱의 n 제곱근의 값)
② 산업위생분야에서는 **작업환경 측정결과가 대수정규분포를 이루는 경우 대푯값으로 기하평균**을, **산포도로서 기하표준편차를 사용**한다.

$$\cdot \log(GM) = \frac{\log X_1 + \log X_2 + \cdots + \log X_n}{N}$$

$$\cdot G.M = \sqrt[N]{X_1 \cdot X_2 \cdots X_n}$$

X_n : 측정치
N : 측정치 개수

예제 03

유기용제 작업장에서 측정한 톨루엔 농도가 65, 150, 175, 63, 83, 112, 58, 49, 205, 178 ppm일 때 산술평균과 기하평균값은 약 몇 ppm인지 계산하시오.

| 기사 2014년 3회 / 산업 2014년 1회 |

해설

1. 산술평균

$$M = \frac{X_1 + X_2 + X_3 + \cdots + X_n}{N}$$

M : 산술평균
X_n : 측정치
N : 측정치 개수

2. 기하평균(GM)

- $\log(GM) = \dfrac{\log X_1 + \log X_2 + \cdots + \log X_n}{N}$
- $G.M = \sqrt[N]{X_1 \cdot X_2 \cdots X_n}$

X_n : 측정치
N : 측정치 개수

1. 산술평균

$$M = \frac{65 + 150 + 175 + 63 + 83 + 112 + 58 + 49 + 205 + 178}{10} = 113.80(\text{ppm})$$

2. 기하평균

$$G.M = \sqrt[10]{(65 \times 150 \times 175 \times 63 \times 83 \times 112 \times 58 \times 49 \times 205 \times 178)} = 100.36(\text{ppm})$$

예제 04

지하철 역에서 측정한 미세먼지의 농도이다. 기하평균을 계산하시오.

| 기사 2013년 1회 |

120, 85, 77, 108, 130, 98, 67, 95, 98, 112   (단위 : g/m³)

해설

$$G.M = \sqrt[10]{(120 \times 85 \times 77 \times 108 \times 130 \times 98 \times 67 \times 95 \times 98 \times 112)} = 97.23(\mu g/m^3)$$

예제 05

작업장에서 9회 측정한 화학물질의 농도는 다음과 같다. 기하평균을 계산하시오.

| 기사 2018년 1회 |

22, 26, 24, 29, 31, 37, 40, 42, 56   (단위 : mg/m³)

해설

$$G.M = \sqrt[9]{(22 \times 26 \times 24 \times 29 \times 31 \times 37 \times 40 \times 42 \times 56)} = 32.72(\text{mg/m}^3)$$

2 표준편차(SD)

(1) 표준편차 ★

$$SD = \sqrt{\frac{\sum_{i=1}^{N}(X_i - \overline{X})^2}{N-1}}$$

SD : 표준편차
X_i : 측정치
$\overline{X}$: 측정치의 산술평균치
N : 측정치의 수

$$\text{측정횟수 } N \text{이 클 경우 } SD = \sqrt{\frac{\sum_{i=1}^{N}(X_i - \overline{X})^2}{N}}$$

(2) 기하표준편차(GSD) ★★

1) 그래프를 이용하는 방법

$$GSD = \frac{84.1\%\text{에 해당하는 값}}{50\%\text{에 해당하는 값}} \text{ 또는 } \frac{50\%\text{에 해당하는 값}}{15.9\%\text{에 해당하는 값}}$$

2) 계산에 의한 방법

모든 자료를 대수로 변환하여 표준편차를 구한 값을 역대수 취해 구한다.

$$\log(GSD) = \left[\frac{(\log X_1 - \log GM)^2 + (\log X_2 - \log GM)^2 + \cdots + (\log X_N - \log GM)^2}{N-1}\right]^{0.5}$$

GSD : 기하표준편차
GM : 기하평균
N : 측정치의 수
X_i : 측정치

예제 06

[보기]의 측정치를 이용하여 기하표준편차(GSD)를 계산하시오. | 기사 2018년 2회 / 산업 2012년 3회 |

$$16, 24, 30.6, 55.4$$

해설

1. 기하평균

$$G.M = \sqrt[N]{X_1 \cdot X_2 \cdots X_n} = \sqrt[4]{16 \times 24 \times 30.6 \times 55.4} = 28.40$$

2. 기하표준편차

$$\log(GSD) = \left[\frac{(\log X_1 - \log GM)^2 + (\log X_2 - \log GM)^2 + \cdots + (\log X_N - \log GM)^2}{N-1}\right]^{0.5}$$

$$= \left[\frac{(\log 16 - \log 28.40)^2 + (\log 24 - \log 28.40)^2 + (\log 30.6 - \log 28.40)^2 + (\log 55.4 - \log 28.40)^2}{4-1}\right]^{0.5} = 0.23$$

$$GSD = 10^{0.23} = 1.70$$

예제 07

다음 데이터를 이용하여 기하평균 및 기하표준편차를 계산하시오.

| 산업 2015년 3회 |

누적 분포	해당 데이터
15.9%	0.4
50%	0.8
84.1%	1.6

해설

1. 기하평균
   누적분포 50%에 해당하는 값 = 0.8
2. 기하표준편차

$$GSD = \frac{84.1\%\text{에 해당하는 값}}{50\%\text{에 해당하는 값}} \quad \text{또는} \quad \frac{50\%\text{에 해당하는 값}}{15.9\%\text{에 해당하는 값}} = \frac{1.6}{0.8} \text{ 또는 } \frac{0.8}{0.4} = 2$$

예제 08

기하표준편차와 기하평균을 계산하는 방법 중 그래프를 이용하는 방법을 설명하시오.

| 기사 2014년 3회 / 산업 2013년 1회 |

> **해설**
>
> 1. 기하표준편차
>
> $$GSD = \frac{84.1\%\text{에 해당하는 값}}{50\%\text{에 해당하는 값}} \quad \text{또는} \quad \frac{50\%\text{에 해당하는 값}}{15.9\%\text{에 해당하는 값}}$$
>
> 2. 기하평균 : 누적분포에서 50%에 해당하는 값

> **예제 09**
>
> 기하표준편차를 계산하는 두 가지 방법을 설명하시오. | 기사 2013년 2회 |
>
> **해설**
>
> 1. 그래프를 이용하는 방법
>
> $$GSD = \frac{84.1\%\text{에 해당하는 값}}{50\%\text{에 해당하는 값}} \quad \text{또는} \quad \frac{50\%\text{에 해당하는 값}}{15.9\%\text{에 해당하는 값}}$$
>
> 2. 계산에 의한 방법 : 모든 자료를 대수로 변환하여 표준편차를 구한 값을 역대수 취해 구한다.

(3) 평균편차

$$\text{평균편차} = \frac{\sum_{i=1}^{n}|x_i - \overline{x}|}{n}$$

x_i : 측정치
$\overline{x}$: 산술평균
n : 측정치의 수

3 변이계수(CV)

① 통계집단의 **측정값들에 대한 균일성, 정밀성 정도**를 표현한다. (산업위생통계에서 **측정방법의 정밀도는 변이계수로 나타낸다.**)
② 평균값의 크기가 **0에 가까울수록 변이계수의 의의는 작아진다.**
③ 측정단위와 무관하게 **독립적으로 산출되며 백분율로 나타낸다.**
④ 단위가 서로 다른 집단이나 **특성 값의 상호 산포도를 비교하는 데 이용될 수 있다.**

$$CV(\%) = \frac{\text{표준편차}}{\text{산술평균}} \times 100 \ \star$$

예제 10

측정값이 1, 7, 5, 3, 9일 때, 변이 계수는 약 몇 %인가?

해설

1. 산술평균

$$M = \frac{1+7+5+3+9}{5} = 5$$

2. 표준편차

$$SD = \sqrt{\frac{(1-5)^2 + (7-5)^2 + (5-5)^2 + (3-5)^2 + (9-5)^2}{5-1}} = 3.16$$

3. 변이계수

$$CV = \frac{3.16}{5} \times 100 = 63.20(\%)$$

예제 11

변이계수(CV)의 정의를 적고 공식을 설명하시오. | 산업 2014년 2회 |

(1) 정의
(2) 공식

해설

(1) 통계집단의 측정값들에 대한 **균일성, 정밀성 정도**를 표현한다.

(2) $CV(\%) = \dfrac{\text{표준편차}}{\text{산술평균}} \times 100$

03 측정치의 오차

1 계통오차

(1) 계통오차의 특징 ★

① 변이의 원인을 찾을 수 있는 오차이다.
② 크기와 부호를 추정할 수 있고 보정이 가능한 오차이다.
③ 계통오차가 작을 때는 측정 값이 정확하다고 할 수 있다.

(2) 계통오차의 원인 ★

① 부적절한 표준액의 제조
② 시약의 오염
③ 분석물질의 낮은 회수율

(3) 계통오차의 종류 ★

① 외계오차(환경오차) : 측정 및 분석 시 온도나 습도와 같이 알려진 외계의 영향으로 생기는 오차
② 기계오차(기기오차) : 측정 및 분석 기기의 부정확성으로 발생된 오차
③ 개인오차 : 측정하는 개인의 습관이나 선입관으로 발생된 오차

2 우발오차(임의오차, 확률오차)

① 한 가지 실험을 반복할 때 측정 값의 변동으로 발생하는 오차를 말한다.
② 보정이 힘들다.

예제 12

산업위생 통계에 적용되는 계통오차와 우발오차에 대하여 각각 설명하시오. | 기사 2019년 3회 |

해설

1. 계통오차
   ① 변이의 원인을 찾을 수 있는 오차이다.
   ② 크기와 부호를 추정할 수 있고 보정이 가능한 오차이다.
2. 우발오차(임의오차, 확률오차)
   ① 한 가지 실험을 반복할 때 측정값의 변동으로 발생하는 오차를 말한다.
   ② 보정이 힘들다.

예제 13

산업위생 통계에 적용되는 계통오차를 설명하고 계통오차의 종류를 3가지 적으시오. | 기사 2013년 1회 |

해설

1. 계통오차
   ① 변이의 원인을 찾을 수 있는 오차이다.
   ② 크기와 부호를 추정할 수 있고 보정이 가능한 오차이다.
2. 계통오차의 종류
   ① 외계오차(환경오차)
   ② 기계오차(기기오차)
   ③ 개인오차

3 상대오차

① 측정오차를 참값으로 나눈 값이다.
② 상대오차의 계산

$$\text{상대오차} = \frac{\text{측정 값} - \text{참값}}{\text{참값}}$$

4 누적오차

① 여러 가지 요소에 의해 **발생한 오차의 합**을 말한다.
② **누적오차의 계산** ★

$$\text{누적오차}(E_c) = \sqrt{E_1^2 + E_2^2 + E_3^2 + \cdots + E_n^2}$$

E_c : 누적오차(%)
$E_1, E_2, E_3 \sim E_n$: 각각 요소의 오차율(%)

예제 14

시료채취, 측정시간, 회수율, 시료분석 등에 의한 오차가 각각 10%, 5%, 11%, -4%이다. | 산업 2014년 3회 |

(1) 누적오차를 계산하시오.
(2) 시료채취, 측정시간, 회수율, 시료분석 중 오차를 최소화하기 위하여 최우선으로 개선하여야 하는 항목의 명칭을 적으시오.

해설

$$\text{누적오차}(E_c) = \sqrt{E_1^2 + E_2^2 + E_3^2 + \cdots + E_n^2}$$

E_c : 누적오차(%)
$E_1, E_2, E_3 \sim E_n$: 각각 요소의 오차율(%)

(1) 누적오차 $(E_c) = \sqrt{10^2 + 5^2 + 11^2 + (-4)^2} = 16.19(\%)$

(2) 회수율

[참고]
오차의 절대 값이 가장 큰 항목부터 우선적으로 개선하여야 오차를 줄일 수 있다.

예제 15

공기흡입유량, 측정시간, 회수율 및 시료분석 등에 의한 오차가 각각 10%, 5%, 11%, 4%에서 일 때 공기흡입유량에 대한 오차를 10% 감소시킨 경우 누적오차가 얼마나 감소하였는지(%)를 계산하시오. | 산업 2019년 2회 |

해설

1. 공기흡입유량에 대한 오차를 감소시키기 전의 누적오차

   누적오차$(E_c) = \sqrt{10^2 + 5^2 + 11^2 + 4^2} = 16.19(\%)$

2. 공기흡입유량에 대한 오차를 10% 감소시킨 후의 누적오차

   누적오차$(E_c) = \sqrt{9^2 + 5^2 + 11^2 + 4^2} = 15.59(\%)$

   [공기유량에 대한 오차를 10% 감소시킴 : $10 - (10 \times 0.1) = 9(\%)$]

3. 감소된 누적오차

   $16.19 - 15.59 = 0.60(\%)$

5 표준오차(σ)

① 각 **측정치들의 평균과 전체평균과의 차**를 알 수 있다.
② 표준오차의 계산

$$\sigma = \frac{SD}{\sqrt{N}}$$

σ : 표준오차
SD : 표준편차
N : 자료의 수

04 측정자료 평가 및 해석

1 측정 결과에 대한 평가

(1) 입자상 물질 및 가스상 물질의 농도 평가

① 측정한 입자상 물질 농도는 8시간 작업 시의 평균농도로 한다. 다만, 6시간 이상 연속 측정한 경우에 있어 측정하지 아니한 나머지 작업시간 동안의 입자상 물질 발생이 측정기간보다 현저하게 낮거나 입자상 물질이 발생하지 않은 경우에는 측정시간 동안의 농도를 8시간 시간가중 평균하여 8시간 작업 시의 평균농도로 한다.

② 1일 작업시간 동안 6시간 이내 측정한 경우의 입자상 물질 농도는 측정시간 동안의 시간가중 평균치를 산출하여 그 기간 동안의 평균농도로 하고 이를 8시간 시간가중평균하여 8시간 작업 시의 평균농도로 한다.

③ 단시간 노출기준(STEL)이 설정되어 있는 물질의 단시간 측정 및 최고노출기준(Ceiling, C)이 설정되어 있는 대상물질의 최고노출 수준을 평가할 수 있는 최소한의 시간 동안 측정을 한 경우에는 측정시간 동안의 농도를 해당 노출기준과 직접 비교 평가하여야 한다. 다만 2회 이상 측정한 단시간 노출농도 값이 단시간 노출기준과 시간가중평균 기준 값 사이의 경우로서 다음 각 호의 어느 하나의 경우에는 노출기준 초과로 평가하여야 한다.

> **2회 이상 측정한 단시간 노출농도 값이 단시간 노출기준과**
> **시간가중평균 기준 값 사이의 경우 노출기준 초과로 평가할 수 있는 경우**
>
> - 15분 이상 연속 노출되는 경우
> - 노출과 노출 사이의 간격이 1시간 미만인 경우
> - 1일 4회를 초과하는 경우

(2) 소음수준의 평가

① 1일 작업시간 동안 연속 측정하거나 작업시간을 1시간 간격으로 나누어 6회 이상 소음수준을 측정한 경우에는 이를 평균하여 8시간 작업 시의 평균소음수준으로 한다. 다만, 1시간 동안을 등간격으로 나누어 3회 이상 측정한 경우에는 이를 평균하여 8시간 작업 시의 평균소음 수준으로 한다.

② 발생시간 동안 연속 측정하거나 등간격으로 나누어 4회 이상 측정한 경우에는 이를 평균하여 그 기간 동안의 평균소음수준으로 하고 이를 1일 노출시간과 소음강도를 측정하여 등가소음레벨 방법으로 평가한다.

③ **지시소음계로 측정하여 등가소음레벨방법을 적용할 경우**에는 다음 계산식에 따라 산출한 값을 기준으로 평가한다.

• **등가소음레벨(등가소음도 Leq)의 계산** ★

$$\text{leq}[dB(A)] = 16.61 \times \log \frac{n_1 \times 10^{\frac{LA_1}{16.61}} + n_2 \times 10^{\frac{LA_2}{16.61}} + \cdots + n_N \times 10^{\frac{LA_N}{16.61}}}{각\ 소음레벨\ 측정치의\ 발생시간\ 합}$$

LA : 각 소음레벨의 측정치[dB(A)]
n : 각 소음레벨 측정치의 발생시간(분)

④ 단위작업장소에서 **소음의 강도가 불규칙적으로 변동하는 소음 등을 누적소음 노출량측정기로 측정**하여 노출량으로 산출되었을 경우에는 **시간가중평균 소음수준으로 환산하여야 한다.** 다만, 누적소음 노출량측정기에 따른 노출량 산출치가 주어진 값보다 작거나 크면 시간가중평균소음은 다음 계산식에 따라 산출한 값을 기준으로 평가할 수 있다.

• **시간가중 평균 소음수준[dB(A)]의 계산** ★★

$$TWA[dB(A)] = 16.61 \times \log\left(\frac{D}{100}\right) + 90$$

TWA : 시간가중평균소음수준[dB(A)]
D : 누적소음노출량(%)

$$D(\%) = \left(\frac{C_1}{T_1} + \frac{C_2}{T_2} + \cdots + \frac{C_n}{T_n}\right) \times 100$$

D : 누적소음 폭로량
C : 각각의 소음도에 노출되는 시간(hr)
T : 각각의 소음도에 노출될 수 있는 허용노출시간(hr)

예제 16

어느 작업장에서 190분 동안 측정한 누적소음폭로량이 50%였다면 시간가중 평균소음수준[dB(A)]은 얼마인지 계산하시오. | 기사 2019년 3회 |

해설

$$TWA = 16.61 \times \log\left[\frac{D(\%)}{12.5 \times T}\right] + 90 = 16.61 \times \log\left[\frac{50}{12.5 \times 3.17}\right] + 90 = 91.68\ [dB(A)]$$

(190분 = 3.17시간)

(3) 고열 수준의 평가

고열 수준은 작업환경 측정의 방법에 따라 측정하여 평가하여야 한다.

2 노출기준의 보정

(1) 1일 작업시간이 8시간을 초과하는 경우에는 보정노출기준을 산출한 후 측정농도와 비교하여 평가하여야 한다.

1) 보정 노출기준

① 급성중독 물질인 경우(고용노동부고시 기준)

$$\text{보정노출기준(1일간 기준)} = 8\text{시간 노출기준} \times \frac{8}{h}$$

h : 노출시간/일

② 만성중독 물질인 경우

$$\text{보정노출기준(1주간 기준)} = 8\text{시간 노출기준} \times \frac{40}{h}$$

h : 작업시간/주

예제 17

1일 12시간 작업할 때 톨루엔(TLV-100ppm)의 보정노출기준은 약 몇 ppm인가? (단, 고용노동부 고시를 기준으로 한다.) | 기사 2013년 1회 |

해설

$$\text{보정노출기준} = 8\text{시간 노출기준} \times \frac{8}{h} = 100 \times \frac{8}{12} = 66.67(\text{ppm})$$

참고 **Brief와 Scala의 보정방법**

- $RF = \left(\dfrac{8}{H}\right) \times \dfrac{24-H}{16}$ [일주일 ; $RF = \left(\dfrac{40}{H}\right) \times \dfrac{168-H}{128}$]
- 보정된 노출기준 = RF × 노출기준(허용농도)

H : 비정상적인 작업시간(노출시간/일) ; 노출시간/주
16 : 휴식시간 의미(128 ; 일주일 휴식시간 의미)

> **예제 18**
>
> 허용농도가 50ppm인 트리클로로에틸렌을 취급하는 작업장에 하루 10시간 근무한다면 그 조건에서의 허용농도치는? (단, Brief-Scala보정방법 기준)
>
> **해설**
>
> $$RF = \left(\frac{8}{10}\right) \times \frac{24-10}{16} = 0.7$$
>
> 보정된 노출기준 = $0.7 \times 50 = 35 \, (\text{ppm})$

(2) 1일 작업시간이 8시간을 초과하는 경우에는 다음 계산식에 따라 보정노출기준을 산출한 후 측정치와 비교하여 평가하여야 한다.

$$\text{소음의 보정노출기준}[dB(A)] = 16.61 \times \log\left(\frac{100}{12.5 \times h}\right) + 90$$

h : 노출시간/일

3 작업환경 유해위험성 평가

(1) 측정한 유해인자의 시간가중평균값 및 단시간 노출 값을 구한다.

① X_1(시간가중평균값)

$$X_1 = \frac{C_1 \cdot T_1 + C_2 \cdot T_2 + \cdots + C_n \cdot T_n}{8}$$

C : 유해인자의 측정농도(단위 : ppm, mg/m³ 또는 개/cm³)
T : 유해인자의 발생시간(단위 : 시간)

② X_2(단시간 노출 값)

STEL 허용기준이 설정되어 있는 유해인자가 작업시간 내 간헐적(단시간)으로 노출되는 경우에는 15분간씩 측정하여 단시간 노출 값을 구한다.

※ 단, 시료채취시간(유해인자의 발생시간)은 8시간으로 한다.

(2) $X_1(X_2)$을 허용기준으로 나누어 Y(표준화 값)를 구한다.

$$Y(표준화\ 값) = \frac{TWA\ 또는\ STEL}{허용기준}$$

(3) 95%의 신뢰도를 가진 하한치를 계산한다.

$$하한치 = Y - 시료채취\ 분석오차$$

(4) 허용기준 초과여부 판정

① 하한치 > 1일 때 허용기준을 초과한 것으로 판정한다.
② 값을 구한 경우 이 값이 허용기준 TWA를 초과하고 허용기준 STEL 이하인 때에는 다음 어느 하나 이상에 해당되면 허용기준을 초과한 것으로 판정한다.
  • 1회 노출지속시간이 15분 이상인 경우
  • 1일 4회를 초과하여 노출되는 경우

예제 19

제관 공장에서 오염물질 A를 측정한 결과가 다음과 같다면, 노출농도에 대한 설명으로 옳은 것은?

- 오염물질 A의 측정값 : 5.9mg/m³
- 오염물질 A의 노출기준 : 5.0mg/m³
- SAE(시료채취 분석오차) : 0.12

해설

1. $Y(표준화\ 값) = \dfrac{TWA\ 또는\ STEL}{허용기준}$
2. 95%의 신뢰도를 가진 하한치를 계산
   하한치 = Y − 시료채취 분석오차
3. 허용기준 초과여부 판정
   하한치 > 1일 때 허용기준을 초과

1. $Y(표준화\ 값) = \dfrac{5.9}{5.0} = 1.18$
2. 하한치 = 1.18 − 0.12 = 1.06
3. 하한치 > 1이므로 허용기준을 초과함

산업위생관리산업기사 실기

03

제3과목 작업환경 측정

CHAPTER 01 산업환기
CHAPTER 02 작업 공정 관리 및 개인 보호구

CHAPTER 01 산업환기

01 환기 원리

1 산업 환기의 목적과 원리

(1) 산업환기의 목적(실내환기시설을 설치하는 통상적인 목적) ★

① 유해물질의 농도를 허용농도 이하로 낮춘다.(오염물질로 부터 건강 보호)
② 온도와 습도를 조절한다.(불필요한 고열 제거)
③ 화재나 폭발을 방지한다.
④ 작업생산능률을 향상시킨다.

(2) 환기시스템

1) 환기시스템의 구분 ★

① 전체환기
  - 자연환기
  - 강제환기
② 국소배기

2) 효율적인 운영을 위해 보충공기(Replacement) 또는 make-up air를 공급하는 시스템이 필요하다.

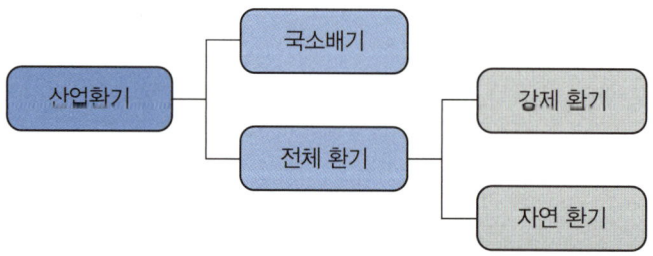

> **예제 01**
>
> 전체 환기 시설을 목적에 따라 2가지로 분류하시오.
>
> **해설**
> ① 자연환기
> ② 강제환기(기계환기)

(3) 전체 환기(희석 환기)

1) 정의 ★

① 작업장 전체를 환기시키는 방식(공기를 희석하여 유해인자의 농도를 낮춘다.) 을 말한다.
② 작업장의 개구부를 통하여 바람 및 작업장 내외의 온도, 압력 차이에 의한 대류작업으로 행해지는 환기를 말한다.

2) 자연환기와 강제환기의 비교 ★

자연환기	강제 환기(기계 환기)
• 실내외의 온도차와 바람에 의한 자연 통풍 방식 • 기계환기에 비해 소음·진동이 적다. • 운전에 따른 에너지 비용이 없다. • 냉방비 절감효과를 가진다. • 계절, 온도, 압력 등의 기상조건, 작업장 내부조건 등에 따라 환기량 변화가 크다. • 실내외 온도차가 높을수록 환기효율은 증가한다. • 건물이 높을수록 환기효율이 증가한다. • 환기량 예측 자료를 구하기 어렵다.	• 송풍기(fan)를 사용하여 강제적으로 환기하는 방식 • 외부 조건에 관계없이 작업환경을 일정하게 유지할 수 있다. • 소음·진동의 발생과 운전에 따른 에너지 비용이 소요된다.

(4) 국소 환기(국소 배기)

발생된 유해물질이 공기 중에 확산되기 전에 국소적으로 공기를 흡입하고 처리하는 방법을 말한다.

2 유체흐름의 기본개념

(1) 온도

① 섭씨온도(℃)
- 표준대기압 상태에서 물의 어는점을 0℃로 하고 물의 끓는점을 100℃로 하여 그 사이를 100등분한 것을 1℃로 정한 온도

② 화씨온도(℉)
- 표준대기압 상태에서 물의 어는점을 32℉로 하고 물의 끓는점을 212℉로 정하여 그 사이를 180등분하고 한 눈금을 1℉로 정한 온도

③ 절대온도(K)
- 열역학 제2법칙에 의해 정해진 온도
- 이론상 가능한 최저온도를 0K, 물의 삼중점을 273.16K로 정한 온도

④ 랭킨온도(°R)
- 절대온도를 화씨온도로 바꾼 단위

$$\text{섭씨온도(℃)} = \frac{5}{9}[\text{화씨온도(℉)} - 32]$$

$$\text{화씨온도(℉)} = \left[\frac{9}{5} \times \text{섭씨온도(℃)}\right] + 32$$

$$\text{절대온도}(K) = 273 + \text{섭씨온도(℃)}$$

$$\text{랭킨온도(°R)} = 460 + \text{화씨온도(℉)}$$

(2) 압력 ★

단위면적에 작용하는 수직방향의 힘을 말한다.

$$1\text{기압(atm)} = 760\text{mmHg} = 10332.2676\text{mmH}_2\text{O}$$
$$= 101325\text{Pa}(101.325\text{kPa}) = 1013.25\text{밀리바(mb)}$$
$$= 1.033227\text{kg}_f/\text{cm}^2$$

(3) 밀도(Density : ρ)

단위체적당 유체의 질량을 말한다.

$$\text{밀도}(\rho) = \frac{\text{질량}}{\text{부피}} (\text{g/cm}^3,\ \text{kg/m}^3)$$

- 0℃, 1기압에서의 공기 밀도 : 1.293kg/m³
- 21℃, 1기압에서의 공기밀도 : 1.203kg/m³

(4) 비중량(specific weight ; γ)

단위체적당 유체의 중량을 말한다.

$$\text{비중량}(\gamma) = \frac{\text{중량}}{\text{부피}} (\text{g}_f/\text{cm}^3,\ \text{kg}_f/\text{m}^3)$$

0℃ 1기압에서의 공기 비중량 : 1.293kg$_f$/m³

> **참고**
>
> 비중량과 밀도는 단위가 동일하나 비중량(g$_f$/cm³, kg$_f$/m³)은 중력가속도를 고려한 값이며, 밀도(g/cm³, kg/m³)는 중력가속도를 고려하지 않은 값이다.

밀도 및 비중량의 보정

1. 밀도(비중량)보정계수 $= \dfrac{(273+t_1)(P_2)}{(273+t_2)(P_1)}$

2. 보정된 밀도(비중량) = 보정 전의 밀도(비중량) $\times \dfrac{(273+t_1)(P_2)}{(273+t_2)(P_1)}$

t_1 : 처음 온도(℃)
t_2 : 나중 온도(℃)
P_1 : 처음 압력
P_2 : 나중 압력

예제 02

1기압, 69.8°F의 조건에서 공기의 밀도는 1.2kg/m³이다. 온도가 93.5°F로 변화되었을 경우 공기밀도(kg/m³)를 계산하시오.
| 기사 2014년 1회 |

해설

1. 섭씨온도(℃) = $\frac{5}{9}$[화씨온도(°F) − 32]
    - 69.8(°F)의 섭씨온도

    ℃ = $\frac{5}{9}$ × (69.8 − 32) = 21(℃)

    - 93.5(°F)의 섭씨온도

    ℃ = $\frac{5}{9}$ × (93.5 − 32) = 34.17(℃)

2. 21℃(t_1)의 밀도 1.2(kg/m³)를 34.17℃(t_2)로 보정

    보정후의 밀도 = 보정전의 밀도 × $\frac{(273 + t_1)(P_2)}{(273 + t_2)(P_1)}$

    = 1.293 × $\frac{(273+21)}{(273+34.17)}$ = 1.15(kg/m³)

예제 03

1기압, 0℃에서 공기밀도는 1.293kg/m³이다. 1기압, 50℃에서의 공기밀도(kg/m³)를 계산하시오.
| 기사 2019년 1회 / 산업 2020년 1회, 2019년 3회, 2015년 3회 |

해설

0℃(t_1)에서의 밀도 1.293(kg/m³)을 50℃(t_2)로 보정

보정후의 밀도 = 보정전의 밀도 × $\frac{(273 + t_1)(P_2)}{(273 + t_2)(P_1)}$

= 1.293 × $\frac{(273+0) \times 1}{(273+50) \times 1}$ = 1.09(kg/m³)

예제 04

작업장 공기의 조성비가 다음 [보기]와 같다. 25℃, 1기압 조건에서의 공기밀도(kg/m³)를 계산하시오.
| 기사 2020년 2회, 2016년 3회 |

질소(분자량 28g) 78%, 산소(분자량 32g) 21%, 아르곤(분자량40g) 0.9%,
이산화탄소(분자량44g) 0.03%, 수증기(분자량18g) 0.07%

해설

공기밀도$(kg/m^3) = \dfrac{28.95g}{24.45L} = \dfrac{28.95 \times 10^{-3}kg}{24.45 \times 10^{-3}m^3} = 1.18(kg/m^3)$

{공기의 분자량 = $(28 \times 0.78) + (32 \times 0.21) + (40 \times 0.009) + (44 \times 0.0003) + (18 \times 0.0007) = 28.95(g)$}

예제 05

21℃, 1atm에서의 공기밀도는 1.2kg/m³이다. 온도가 30℃, 압력이 740mmHg일 경우 밀도보정계수와 공기밀도를 계산하시오. | 기사 2019년 3회 / 산업 2020년 1·3회, 2013년 1회 |

(1) 밀도보정계수
(2) 공기밀도(kg/m³)

해설

1.

밀도보정계수 = $\dfrac{(273+t_1)(P_2)}{(273+t_2)(P_1)} = \dfrac{(273+21)(740)}{(273+30)(760)} = 0.94$

2. 21℃(t_1), 1atm(760mmHg)(P_1)에서의 밀도 1.2kg/m³를 30℃(t_2), 740mmHg(P_2)로 보정

보정후의 밀도 = 보정전의 밀도 × $\dfrac{(273+t_1)(P_2)}{(273+t_2)(P_1)}$

$= 1.2 \times \dfrac{(273+21) \times 740}{(273+30) \times 760} = 1.13(kg/m^3)$

[보정후의 밀도 = 보정 전의 밀도 × 밀도보정계수 = 1.2 × 0.94 = 1.13]

예제 06

작업장 공기의 조성비가 다음과 같다. 0℃, 1기압 조건에서의 공기밀도(kg/m³)를 계산하시오. | 기사 2017년 3회 |

질소 78%, 산소 21%, 수증기 0.5%, 이산화탄소 0.5%

해설

공기밀도$(kg/m^3) = \dfrac{28.87g}{22.4L} = \dfrac{28.87 \times 10^{-3}kg}{22.4 \times 10^{-3}m^3} = 1.29(kg/m^3)$

공기의 분자량 = $(28 \times 0.78) + (32 \times 0.21) + (18 \times 0.005) + (44 \times 0.005) = 28.87(g)$

- 질소(N_2)의 분자량 = $14 \times 2 = 28g$
- 산소(O_2)의 분자량 = $16 \times 2 = 32g$,
- 수증기(H_2O)의 분자량 = $1 \times 2 + 16 = 18g$
- 이산화탄소(CO_2)의 분자량 = $12 + 16 \times 2 = 44g$

예제 07

1기압에서의 공기의 조성비가 다음과 같을 때 각각 기체의 분압을 계산하시오. (단, 단위 : mmHg)

| 기사 2013년 3회 |

(1) 질소(분자량 28) 78%
(2) 산소(분자량 32) 21%
(3) 아르곤(분자량 39.95) 0.5%
(4) 이산화탄소(분자량 44) 0.5%

해설

(1) $760 \times 0.78 = 592.80$ (mmHg)
(2) $760 \times 0.21 = 159.60$ (mmHg)
(3) $760 \times 0.005 = 3.80$ (mmHg)
(4) $760 \times 0.005 = 3.80$ (mmHg)

[참고]
1기압 = 760mmHg

예제 08

[보기]는 압력에 대한 단위를 나타내고 있다. 괄호에 적합한 숫자를 적으시오.

| 산업 2015년 1회 |

1기압(atm) = (①)mmHg = (②)mmH$_2$O = (③)kPa = (④)밀리바(mb) = 1.0332kgf/cm^2

해설

① 760 ② 10332 ③ 101.325 ④ 1013.25

(5) 비중(specific gravity ; S)

① 표준물질의 밀도와 실제 물질에 대한 밀도의 비
② 표준물질과 비교한 질량의 비

$$\text{비중}(S) = \frac{\text{어떤 대상물질의 밀도}}{\text{표준물질의 밀도}}$$

- 기체 : 0℃, 1기압의 공기밀도(1.293kg/m^3)를 기준
- 고체, 액체 : 4℃, 1기압의 물의 밀도(1,000kg/m^3)를 표준물질로 한다.

$$\text{비중}(S) = \frac{\text{어떤 대상물질의 분자량}}{\text{표준물질의 분자량}}$$

- 공기의 분자량 : 28.96g

(6) 비체적(specific volume ; V_s)

단위질량이 갖는 유체의 체적(단위 질량당 부피)을 말한다.

$$비체적(V_s) = \frac{1}{\rho} (\text{m}^3/\text{kg, cm}^3/\text{g})$$

ρ : 밀도(kg/m³)

부피보정 ★★

- 보일-샤를의 법칙

$$\frac{P_1 V_1}{T_1} = \frac{P_2 V_2}{T_2}$$

$$P_1 V_1 T_2 = P_2 V_2 T_1$$

$$V_2 = V_1 \times \frac{T_2 P_1}{T_1 P_2}$$

1. $22.4 \times \dfrac{(273+t_2)(P_1)}{(273+0)(P_2)}$ [0℃, 1기압(760mmHg)기준]

2. $24.1 \times \dfrac{(273+t_2)(P_1)}{(273+21)(P_2)}$ [21℃, 1기압(760mmHg)기준]

3. $24.45 \times \dfrac{(273+t_2)(P_1)}{(273+25)(P_2)}$ [25℃, 1기압(760mmHg)기준]

V_1 : 처음 부피(보정 전 부피) V_2 : 나중 부피(보정 후의 부피)
T_1 (K) : 처음온도(273+t_1) T_2 (K) : 나중 온도(273+t_2)
P_1 : 처음 압력 P_2 : 나중 압력

(7) 유량(Flow Rate: Q)

단면적을 단위시간 동안 흐르는 유체의 양(m^3/hr, m^3/min, m^3/sec)

- 유량 보정 ★★

$$Q_2 = Q_1 \times \frac{(273+t_2)(P_2)}{(273+t_1)(P_1)}$$

- Q_1 : 보정 전의 유량
- Q_2 : 보정 후의 유량
- t_1 : 처음온도
- t_2 : 나중온도
- P_1 : 처음압력
- P_2 : 나중압력

예제 09

액체 상태의 벤젠 2L가 공기 중으로 모두 증발했다고 가정하였을 경우 벤젠 증기의 용량(L)을 계산하시오. (단, 25℃ 1기압이며, 비중 0.879, 분자량 78.11이다.) | 기사 2020년 4회 |

해설

$$부피(L) = \frac{(2 \times 1{,}000 \times 0.879)g \times 24.45L}{78.11g} = 550.29(L)$$

- $L \times$ 비중 = kg, (2×0.879)kg = $(2 \times 1000 \times 0.879)$g
- 25℃ 1기압 기체 1몰의 부피 : 24.45L

또는

$24.45L : 78.11g = x : (2 \times 1{,}000 \times 0.879)g$

$78.11 \times x = 24.45 \times 2 \times 1{,}000 \times 0.879$

$$x = \frac{24.45 \times 2 \times 1{,}000 \times 0.879}{78.11} = 550.29(L)$$

예제 10

온도 170℃, 압력 550mmHg 상태인 관내로 50m^3/min의 유량이 흐르고 있다. 0℃, 1atm에서의 유량(m^3/min)을 계산하시오. | 기사 2020년 3회 / 산업 2019년 3회, 2016년 2회, 2021년 3회 |

해설

170℃(t_1), 550mmHg(P_1) 에서의 유량 50(m^3/min)을 0℃(t_2), 1atm(760mmHg)(P_2)로 보정

$$Q_2 = Q_1 \times \frac{(273+t_2)(P_1)}{(273+t_1)(P_2)}$$

$$= 50 \times \frac{(273+0) \times 550}{(273+170) \times 760} = 22.30 \, (m^3/min)$$

예제 11

액체 상태의 벤젠 3.2L가 공기 중으로 모두 증발했다고 가정하였을 경우 벤젠 증기의 용량(L)을 계산하시오. (단, 25℃ 1기압이며, 비중 0.879, 분자량 78.11이다.) | 기사 2020년 2회 / 산업 2013년 2회 |

해설

$$부피(L) = \frac{(3.2 \times 1000 \times 0.879)g \times 24.45L}{78.11g} = 880.46(L)$$

- $L \times 비중 = kg$, $3.2L = (3.2 \times 0.879)kg = (3.2 \times 1000 \times 0.879)g$
- 25℃ 1기압 기체 1몰의 부피 : 24.45L

또는

$24.45L : 78.11g = x : (3.2 \times 1,000 \times 0.879)g$

$78.11 \times x = 24.45 \times 3.2 \times 1,000 \times 0.879$

$x = \dfrac{24.45 \times 3.2 \times 1,000 \times 0.879}{78.11} = 880.46(L)$

예제 12

액체 상태의 벤젠 1L가 공기 중으로 모두 증발했다고 가정하였을 경우 벤젠 증기의 용량(L)을 계산하시오. (단, 25℃ 1기압이며, 비중 0.879, 분자량 78.11이다.) | 기사 2016년 3회 / 산업 2022년 2회 |

해설

$$부피(L) = \frac{(1,000 \times 0.879)g \times 24.45L}{78.11g} = 275.14(L)$$

- $L \times 비중 = kg$, $1L = (1 \times 0.879)kg = (1000 \times 0.879)g$
- 25℃ 1기압 기체 1몰의 부피 : 24.45L

예제 13

벤젠을 취급하던 근로자가 실수로 벤젠 2L를 바닥에 흘렸다. 공기 중으로 증발한 벤젠의 증기용량(L)를 계산하시오. (단, 작업장은 0℃, 1기압이며, 벤젠의 비중 0.879, 분자량 78.11이다.) | 산업 2015년 2회, 2021년 2회 |

해설

$$부피(L) = \frac{(2 \times 1,000 \times 0.879)g \times 22.4L}{78.11g} = 504.15(L)$$

- $L \times 비중 = kg$, $2L = (2 \times 0.879)kg = (2 \times 1000 \times 0.879)g$
- 0℃ 1기압 기체 1몰의 부피 : 22.4L

예제 14

벤젠을 시간당 2L를 사용하는 작업장에서 공기 중으로 벤젠이 증발하고 있다. 21℃ 1기압에서의 벤젠 증발량(L/hr)을 계산하시오. (단, 벤젠의 비중 0.879, 분자량 78.11이다.) | 산업 202018년 3회, 2016년 1회 |

해설

$$부피(L) = \frac{(2 \times 1{,}000 \times 0.879)g \times 24.1L}{78.11g} = 542.41(L/hr)$$

- $L \times$ 비중 = kg, $2L = (2 \times 0.879)$kg = $(2 \times 1000 \times 0.879)$g
- 21℃ 1기압 기체 1몰의 부피 : 24.1L

예제 15

21℃, 1기압의 상태에서 부피가 1,000m³인 공간에 벤젠(비중 0.88, 분자량 78) 4L가 모두 증발하였다고 가정하였을 경우 공기 중에 벤젠의 농도(ppm)을 계산하시오. | 기사 2016년 3회 |

해설

1. $부피(L) = \dfrac{(4 \times 1{,}000 \times 0.88)g \times 24.1L}{78g} = 1087.59(L)$

   - $L \times$ 비중 = kg, $4L = (4 \times 0.88)$kg = $(4 \times 1000 \times 0.88)$g
   - 21℃ 1기압 기체 1몰의 부피 : 24.1L

2. 공기 중에 벤젠의 농도

   $$\frac{1087.59 \times 10^{-3} m^3}{1{,}000 m^3} \times 10^6 = 1087.59(ppm)$$

   $(L = 10^{-3} m^3)$

예제 16

170℃, 650mmHg 조건에서 어떤 가스의 부피가 120m³일 경우 21℃, 760mmHg 조건에서의 해당 가스의 부피(m³)를 계산하시오. | 기사 2017년 2회 / 산업 2019년 1회, 2017년 3회, 2014년 3회 |

해설

170℃(t_1), 650mmHg(P_1) 에서의 부피 120m³을 21℃(t_2), 760mmHg(P_2)로 보정

$$V_2 = V_1 \times \frac{(273 + t_2)(P_1)}{(273 + t_1)(P_2)}$$

$$= 120 \times \frac{(273 + 21) \times 650}{(273 + 170) \times 760} = 68.11 (m^3)$$

[참고]

보일-샤를의 법칙

$$\frac{P_1 V_1}{T_1} = \frac{P_2 V_2}{T_2} \qquad T_1 P_2 V_2 = T_2 P_1 V_1 \qquad V_2 = V_1 \times \frac{T_2 P_1}{T_1 P_2}$$

예제 17

0℃, 2기압 조건에서 어떤 가스의 부피가 100m³일 경우 293K, 680mmHg 조건에서의 해당 가스의 부피(m³)를 계산하시오.

| 산업 2017년 1회, 2012년 1회 |

해설

0℃(t_1), 2기압(P_1)의 부피 100m³을 293K(T_2), 680mmHg(P_2)으로 보정

$$V_2 = V_1 \times \frac{T_2 P_1}{T_1 P_2} = V_1 \times \frac{(273+t_2) \times P_1}{(273+t_1) \times P_2}$$

$$V_2 = 100 \times \frac{293 \times (2 \times 760)}{(273+0) \times 680} = 239.91 \, (\text{m}^3)$$

(1기압 = 760mmHg, $K = 273 + ℃$)

예제 18

93.5℉, 770mmHg의 조건에서 어느 가스의 부피는 3.8m³이다. 표준상태에서의 부피로 환산하시오.

| 산업 2014년 2회 |

해설

$$\text{섭씨온도}(℃) = \frac{5}{9}[\text{화씨온도}(℉) - 32]$$

1. 93.5(℉)의 섭씨온도

$$℃ = \frac{5}{9} \times (93.5 - 32) = 34.17(℃)$$

2. 34.17℃(t_1), 770mmHg(P_1)의 부피 3.8m³을 21℃(t_2), 760mmHg(P_2)으로 보정

$$V_2 = V_1 \times \frac{(273+t_2) \times P_1}{(273+t_1) \times P_2}$$

$$= 3.8 \times \frac{(273+21) \times 770}{(273+34.17) \times 760} = 3.68 (\text{m}^3)$$

예제 19

180℃, 700mmHg 조건에서 어떤 가스의 부피가 155m³일 경우 산업환기 표준상태에서의 해당 가스의 부피(m³)를 계산하시오.

| 기사 2014년 1회 / 산업 2014년 1회 |

해설

180℃(t_1), 700mmHg(P_1) 에서의 부피 155m³을 21℃(t_2), 1기압(760mmHg)(P_2)로 보정

$$V_2 = V_1 \times \frac{(273+t_2)(P_1)}{(273+t_1)(P_2)}$$

$$= 155 \times \frac{(273+21) \times 700}{(273+180) \times 760} = 92.65 (\text{m}^3)$$

> [참고]
> 1. 보일-샤를의 법칙
> $$\frac{P_1 V_1}{T_1} = \frac{P_2 V_2}{T_2}$$
> $$T_1 P_2 V_2 = T_2 P_1 V_1$$
> $$V_2 = V_1 \times \frac{T_2 P_1}{T_1 P_2}$$
> 2. 산업환기 표준상태 : 21℃, 1기압(760mmHg)

예제 20

온도 90℃, 압력 750mmHg 상태인 관내로 200m³/min의 유량이 흐르고 있다. 0℃, 1atm에서의 유량(m³/min)을 계산하시오. | 기사 2014년 3회 / 산업 2013년 2회 |

해설

90℃(t_1), 750mmHg(P_1)에서의 유량 200m³/min을 0℃(t_2), 1기압(760mmHg)(P_2)로 보정

$$Q_2 = Q_1 \times \frac{(273+t_2)(P_1)}{(273+t_1)(P_2)}$$

$$= 200 \times \frac{(273+0) \times 750}{(273+90) \times 760} = 148.43 (\text{m}^3/\text{min})$$

(1atm = 760mmHg)

(8) 표준상태(STP) ★

① 순수자연과학(물리.화학 등)분야의 표준상태 : 0℃, 1atm(1기압), 기체 1몰(mol)의 부피 22.4L
② 산업환기 분야의 표준상태 : 21℃, 1atm(1기압), 기체 1몰(mol)의 부피 24.1L
③ 산업위생(작업환경) 분야의 표준상태 : 25℃, 1atm(1기압), 기체 1몰(mol)의 부피 24.45L

예제 21

다음은 표준공기(표준상태)에 관한 설명이다. 빈칸에 알맞은 내용을 적으시오. | 기사 2019년 1회 |

구분	온도(℃)	1mol의 부피
순수자연분야	(①)	(②)
산업위생분야	(③)	(④)
산업환기분야	(⑤)	(⑥)

해설

① 0℃, ② 22.4L   ③ 25℃, ④ 24.45L   ⑤ 21℃, ⑥ 24.1L

3 유체의 역학적 원리

(1) 유체역학적 원리의 전제조건 ★

작업환경에서 환기시설 내 기류에는 유체역학적 원리가 적용된다.

① 공기는 건조하다고 가정한다.
② 공기의 압축과 팽창은 무시한다.
③ 환기시설 내외의 열교환은 무시한다.
④ 공기 중에 포함된 유해물질의 무게와 용량은 무시한다.
⑤ 공기는 상대습도를 기준으로 한다.

(2) 연속 방정식(질량보존의 법칙 적용)

정상류로 흐르는 한 단면의 유체 질량은 다른 단면을 통과하는 질량과 같아야 한다.

1) 유량의 계산 ★★★

$$Q = 60 \times A \times V$$

$Q(\text{m}^3/\text{min})$: 유체의 유량
$A(\text{m}^2)$: 유체가 통과하는 단면적
$V(\text{m/sec})$: 유체의 유속

$$Q = A \times V$$

$Q(\text{m}^3/\text{min})$: 유체의 유량, $A(\text{m}^2)$: 유체가 통과하는 단면적, $V(\text{m/min})$: 유체의 유속

$$Q = A_1 V_1 = A_2 V_2$$

$Q(\text{m}^3/\text{min})$: 유체의 유량, A_1, $A_2(\text{m}^2)$: 각각 유체가 통과하는 단면적
V_1, $V_2(\text{m/min})$: 각각 유체의 유속

예제 22

개구의 치수가 1m×0.5m인 후드를 통하여 40m³/min의 공기가 덕트로 유입되도록 설계하려고 한다. 요구되는 덕트의 직경(cm)을 정수로 계산하시오. (단, 덕트의 반송속도는 1,000m/min, 판매되는 덕트의 직경은 1cm 간격이다.)

| 기사 2016년 3회 |

> **해설**

1. $Q = A \times V = \dfrac{\pi \times d^2}{4} \times V$

    $\dfrac{\pi \times d^2}{4} = \dfrac{Q}{V}$

    $\pi \times d^2 \times V = 4Q$

    $d^2 = \dfrac{4Q}{\pi \times V}$

    $d = \sqrt{\dfrac{4Q}{\pi \times V}} = \sqrt{\dfrac{4 \times 40}{\pi \times 1,000}} = 0.2257(\text{m}) \times 100 = 22.57(\text{cm})$

2. 덕트의 직경을 정수로 표시 : 23(cm)

예제 23

유량이 80m³/min인 주관에 유량이 20m³/min인 분지관이 합류하여 흐르고 있다. 합류관 유속이 20m/sec일 경우 해당 합류관의 관의 직경(m)을 계산하시오.

| 기사 2015년 1회 |

> **해설**

$Q = 60 \times A \times V$

$A = \dfrac{Q}{60 \times V}$

$\dfrac{\pi \times d^2}{4} = \dfrac{Q}{60 \times V}$

$\pi \times d^2 \times 60 \times V = 4Q$

$d^2 = \dfrac{4Q}{\pi \times 60 \times V}$

$d = \sqrt{\dfrac{4Q}{\pi \times 60 \times V}} = \sqrt{\dfrac{4 \times (80+20)}{\pi \times 60 \times 20}} = 0.33(\text{m})$

예제 24

작업환경에서 환기시설 내 기류에는 유체역학적 원리가 적용된다. 유체역학의 질량보존의 법칙을 환기시설에 적용하는데 필요한 공기특성(주요 가정) 조건 4가지를 적으시오.

| 기사 2013년 2회 |

> **해설**

① 공기는 건조하다고 가정한다.
② 공기의 압축과 팽창은 무시한다.
③ 환기시설 내외의 열교환은 무시한다.
④ 공기 중에 포함된 유해물질의 무게와 용량은 무시한다.
⑤ 공기는 상대습도를 기준으로 한다.

(3) 베르누이 정리 : 에너지보존의 법칙 적용

1) 유입된 에너지의 총량은 유출된 에너지의 총량과 같다.(국소배기장치 내 에너지 총합은 일정하다.

2) 베르누이 방정식 적용조건(한 조건이라도 만족하지 않을 경우 적용할 수 없다.) ★
   ① 정상 유동
   ② 비압축성(비점성) 유동
   ③ 마찰이 없는 유동(이상 유동)
   ④ 동일한 유선상에서의 유동

(4) 레이놀즈 수

무차원계수로서 유체운동의 특성을 표시한다.

1) 유체의 운동특성 ★
   ① 층류(Laminar flow)
   - 유체가 관내를 아주 느린 속도로 흐를 때는 소용돌이나 선회운동을 일으키지 않고 관 벽에 평행으로 유동한다. 이와 같은 흐름을 층류라고 한다.(규칙적이고 일정한 유체의 흐름 상태)
   - 레이놀즈 수 < 2,100 이하
   - 관성력 < 점성력 (관성력이 점성력의 2,000배 미만인 공기흐름 상태)
   ② 난류(Turbulent flow)
   - 유체의 속도가 빨라지면 관내흐름은 크고 작은 소용돌이가 혼합된 형태로 변하며 혼합상태로 흐른다. 이런 모양의 흐름은 난류라 한다.(소용돌이가 혼합된 불규칙한 유체의 흐름 상태)
   - 레이놀즈 수 > 4,000
   - 관성력 > 점성력 (관성력이 점성력의 4,000배 초과인 공기흐름 상태)

2) 레이놀즈 수(Re)의 계산 ★★★

$$Re = \frac{\rho V d}{\mu} = \frac{V d}{\nu} = \frac{관성력}{점성력}$$

Re : 레이놀즈 수(무차원), ρ : 유체밀도(kg/m³)
d : 관경(m) (상당직경 $D = \frac{2ab}{a+b}$), V : 유체의 유속(m/sec)
μ : 점성계수(kg/m·s (=10Poise)), ν : 동점성계수(m²/sec)

① 레이놀즈 수에 따른 구분 ★

- $Re < 2100$: 층류
- $2100 < Re < 4000$: 천이영역
- $Re > 4000$: 난류

예제 25

덕트의 직경이 10cm, 덕트 내의 유속이 30m/sec인 경우 Reynold수를 계산하시오. (단, 동점성 계수 $1.85 \times 10^{-5} m^2/sec$이다.)

| 기사 2019년 2회, 2012년 3회 |

해설

$$Re = \frac{Vd}{\nu} = \frac{30 \times 0.1}{1.85 \times 10^{-5}} = 162162.16$$

예제 26

표준공기가 흐르는 덕트의 Reynold 수가 40,000일 경우 덕트 내의 유속(m/sec)을 계산하시오. (단, 덕트의 직경 200mm, 점성계수 1.670×10^{-4} poise, 비중 1.203 기준) | 기사 2019년 1회 / 산업 2020년 1회, 2017년 2회, 2014년 1회 |

해설

$$Re = \frac{\rho \times V \times d}{\mu}$$

$$\rho \times V \times d = Re \times \mu$$

$$V = \frac{Re \times \mu}{\rho \times d} = \frac{40,000 \times 1.670 \times 10^{-5}}{1.203 \times 0.2} = 2.78 (m/sec)$$

$$\begin{bmatrix} 10\text{poise} = 1\text{kg/m} \cdot \text{sec} \\ 10 : 1 = 1.670 \times 10^{-4} : x \\ 10x = 1.670 \times 10^{-4} \\ \therefore x = \frac{1.670 \times 10^{-4}}{10} = 1.670 \times 10^{-5} (\text{kg/m} \cdot \text{sec}) \end{bmatrix}$$

예제 27

다음 조건에서 유속(m/sec)을 구하시오. | 기사 2020년 1회 / 산업 2020년 4회 |

- 레이놀즈수 : 2×10^6
- 덕트 직경 : 20cm
- 동점성계수 : $1.5 \times 10^{-5} m^2/sec$

해설

$$Re = \frac{Vd}{\nu}$$

$$V = \frac{Re \times \nu}{d} = \frac{2 \times 10^6 \times 1.5 \times 10^{-5}}{0.2} = 150 (m/sec)$$

예제 28

덕트의 직경이 100mm, 덕트 내의 유속이 10m/sec일 때 Reynold 수를 계산하고, 층류와 난류를 구분하시오.
(단, 20℃, 1기압 기준, 동점성계수는 $1.5 \times 10^{-5} \text{m}^2/\text{sec}$이다.) | 기사 2018년 1회 |

해설

1. $Re = \dfrac{Vd}{\nu} = \dfrac{10 \times 0.1}{1.5 \times 10^{-5}} = 66666.67$

2. $R_e > 4,000$ 이므로 난류로 구분한다.

> [참고]
> 레이놀즈 수에 따른 구분
> - $Re < 2100$: 층류
> - $2100 < Re < 4000$: 천이영역
> - $Re > 4000$: 난류

예제 29

표면이 매끈한 원형 덕트에서 $Re \leq 50,000$인 경우 난류중심속도는 난류속도분포형인 1/7승 법칙의 속도분포를 따른다. 중심속도가 4m/sec인 경우 평균속도(m/sec)를 구하시오. (단, 덕트 반경이 R_0일 때 반경 R은 $0.762R_0$이다.) | 기사 2017년 1회 |

해설

레이놀즈 수가 100,000 이하 난류인 경우의 평균속도

$$\text{평균속도} = \dfrac{R}{R_0} \times \text{중심속도}$$

평균속도 $= \dfrac{R}{R_0} \times \text{중심속도} = \dfrac{0.762R_0}{R_0} \times 4 = 3.05 \, (\text{m/sec})$

예제 30

덕트의 직경이 10mm, 덕트의 Reynolds수가 250,000일 때 덕트 내의 유속(m/s)을 계산하시오. (단, 동점성계수 $1.85 \times 10^{-5} \text{m}^2/\text{sec}$) | 기사 2017년 2회 |

해설

$Re = \dfrac{Vd}{\nu}$

$Re \times \nu = Vd$

$V = \dfrac{Re \times \nu}{d} = \dfrac{250,000 \times (1.85 \times 10^{-5})}{0.01} = 462.50 \, (\text{m/s})$

(10mm = 0.01m)

예제 31

덕트 내의 온도가 18℃이며 덕트의 직경이 20cm, 덕트 내의 공기유속이 15m/sec인 경우 Reynold's수를 계산하시오.(단, 점성 계수는 1.85×10^{-5}kg/m·sec이다.)
| 기사 2022년 3회 |

해설

1. 밀도의 온도보정

   (21℃ (t_1) 에서의 1기압에서의 밀도 1.2(kg/m³)를 18℃ (t_2) 1기압으로 보정)

   보정 후의 밀도 = 보정 전의 밀도 $\times \dfrac{(273+t_1)(P_2)}{(273+t_2)(P_1)} = 1.2 \times \dfrac{(273+21) \times 1}{(273+18) \times 1} = 1.21 (\text{kg/m}^3)$

2. $Re = \dfrac{\rho V d}{\mu} = \dfrac{1.21 \times 15 \times 0.2}{1.85 \times 10^{-5}} = 196216.22$

   (20cm=0.2m)

예제 32

표준공기가 흐르는 덕트 직경이 15cm, 공기 유속이 25m/s일 때 Reynold's 수를 계산하시오. (단, 공기의 점성계수는 1.670×10^{-4}poise이고, 공기밀도는 1.203kg/m³이다.)
| 기사 2014년 1회 |

해설

$Re = \dfrac{\rho \times V \times d}{\mu} = \dfrac{1.203 \times 25 \times 0.15}{1.670 \times 10^{-5}} = 270134.73$

$$\begin{bmatrix} 10\text{poise} = 1\text{kg/m} \cdot \text{sec} \\ 10 : 1 = 1.670 \times 10^{-4} : x \\ 10x = 1.670 \times 10^{-4} \\ \therefore \ x = \dfrac{1.670 \times 10^{-4}}{10} = 1.670 \times 10^{-5} (\text{kg/m} \cdot \text{sec}) \end{bmatrix}$$

예제 33

덕트의 직경이 20cm, 덕트 내의 공기유속이 15m/sec인 경우 Reynold수를 계산하시오. (단, 점성 계수 1.85×10^{-5}kg/m · sec, 공기밀도 1.2kg/m³)
| 기사 2013년 1회, 2021년 1회 / 산업 2017년 2회 |

해설

$Re = \dfrac{\rho V d}{\mu} = \dfrac{1.2 \times 15 \times 0.2}{1.85 \times 10^{-5}} = 194594.59$

예제 34

표준공기가 흐르는 덕트의 Reynold 수가 20,000일 경우 덕트 내의 유속(m/sec)을 계산하시오. (단, 덕트의 직경 150mm, 점성계수 1.670×10^{-4} poise, 비중 1.203 기준) | 기사 2012년 1회 / 산업 2017년 2회, 2021년 1회, 2022년 2회 |

해설

$$Re = \frac{\rho \times V \times d}{\mu}$$

$$\rho \times V \times d = Re \times \mu$$

$$V = \frac{Re \times \mu}{\rho \times d} = \frac{20,000 \times 1.670 \times 10^{-5}}{1.203 \times 0.15} = 1.85 \,(\text{m/sec})$$

$$\begin{bmatrix} 10\text{poise} = 1\text{kg/m} \cdot \text{sec} \\ 10 : 1 = 1.670 \times 10^{-4} : x \\ 10x = 1.670 \times 10^{-4} \\ \therefore \ x = \dfrac{1.670 \times 10^{-4}}{10} = 1.670 \times 10^{-5} \,(\text{kg/m} \cdot \text{sec}) \end{bmatrix}$$

예제 35

유체의 운동특성을 층류와 난류로 구분하여 설명하시오.(단, 관성력과 점성력을 포함하여 설명할 것)

| 산업 2015년 3회 |

(1) 층류(Laminar flow)
(2) 난류(Turbulent flow)

해설

(1) ① 규칙적이고 일정한 유체의 흐름상태(유체가 관내를 아주 느린 속도로 흐를 때는 소용돌이나 선회운동을 일으키지 않고 관 벽에 평행으로 유동한다.)
    ② 관성력 < 점성력(관성력이 점성력의 2,000배 미만인 공기흐름 상태)
(2) ① 소용돌이가 혼합된 불규칙한 유체의 흐름 상태(유체의 속도가 빨라지면 관내흐름은 크고 작은 소용돌이가 혼합된 형태로 변하며 혼합상태로 유동한다.)
    ② 관성력 > 점성력(관성력이 점성력의 4,000배 초과인 공기흐름 상태)

4 오염물질의 농도와 유효비중

(1) 포화농도 ★★

$$포화농도 = \frac{물질의 증기압(mmHg)}{대기압(760mmHg)} \times 10^2 (\%)$$

$$= \frac{물질의 증기압(mmHg)}{대기압(760mmHg)} \times 10^6 (ppm)$$

$$증기\ 위험화\ 지수 = \log(\frac{포화농도}{TLV})$$

예제 36

유기용제 A(TLV : 200ppm, 증기압 : 55mmHg), 유기용제 B(TLV : 150ppm, 증기압 : 75mmHg)의 포화증기농도 및 증기위험화지수(VHI)를 계산하시오. (단, 760mmHg 기준) | 기사 2017년 3회 |

해설

1. 유기용제 A
    - $포화농도 = \dfrac{물질의\ 증기압(mmHg)}{대기압(760mmHg)} \times 10^6 = \dfrac{55}{760} \times 10^6 = 72368.42\,(ppm)$
    - $VHI = \log(\dfrac{72368.42}{200}) = 2.56$

2. 유기용제 B
    - $포화농도 = \dfrac{물질의\ 증기압(mmHg)}{대기압(760mmHg)} \times 10^6 = \dfrac{75}{760} \times 10^6 = 98684.21\,(ppm)$
    - $VHI = \log(\dfrac{98684.21}{150}) = 2.82$

예제 37

어느 유기용제의 증기압이 120mmHg인 경우 포화농도(%)를 계산하시오. | 산업 2019년 2회 |

해설

$$포화농도(\%) = \frac{물질의 증기압(mmHg)}{대기압(760mmHg)} = \frac{120}{760} \times 10^2 = 15.79\,(\%)$$

예제 38

수은의 증기압이 0.025mmHg인 경우 포화농도(ppb)를 구하고 그 값을 g/m³으로 환산하시오. (단, 수은의 원자량: 200.59)

| 산업 2016년 2회 |

해설

21℃, 1기압의 경우

- 노출기준$(mg/m^3) = \dfrac{\text{노출기준(ppm)} \times \text{그램분자량}}{24.1}$

1. 포화농도$(ppb) = \dfrac{\text{물질의 증기압(mmHg)}}{\text{대기압(760mmHg)}} \times 10^9 = \dfrac{0.025}{760} \times 10^9 = 32894.74(ppb)$

2. 노출기준$(\mu g/m^3) = \dfrac{\text{노출기준(ppb)} \times \text{분자량}}{24.1} = \dfrac{32894.74 \times 200.59}{24.1} = 273790.70(\mu g/m^3)$

[참고]

$\mu g = 10^{-6}g$, $mg = 10^{-3}g$

$ppb = 10^{-9}$, $ppm = 10^{-6}$

$\therefore \mu g/m^3 = \dfrac{ppb \times \text{분자량}}{24.1}$, $mg/m^3 = \dfrac{ppm \times \text{분자량}}{24.1}$

(2) 유효비중 ★★

사염화탄소 10,000ppm, 사염화탄소의 증기비중 5.7일 때 유효비중의 계산

> 사염화탄소 10,000ppm은 1%이므로 공기는 99%, 공기비중 1
> 유효비중 = 0.01 × 5.7 + 0.99 × 1 = 1.047

예제 39

작업장 공기 중에 아세톤 2,000ppm이 존재할 경우 공기와 아세톤의 유효비중을 소수셋째자리까지 계산하시오. (단, 아세톤의 증기비중은 2.0, 공기비중은 1.0이다.)

| 기사 2019년 2회 / 산업 2012년 2회 |

해설

1. 작업장 공기 중의 아세톤이 2,000ppm = 0.2%이므로 공기는 99.8%가 된다. (10,000ppm = 1%)
   (공기 = 100 - 0.2 = 99.8%)
2. 아세톤 0.2%(증기비중 2.0), 공기 99.8%(공기비중 1.0)이므로
   유효비중 = 0.002 × 2.0 + 0.998 × 1.0 = 1.002

예제 40

작업장 공기 중에 사염화탄소가 6,000ppm이 존재할 경우 공기와 사염화탄소 혼합물의 유효비중을 소수셋째자리까지 계산하시오. (단, 사염화탄소의 비중은 5.7이며, 공기비중은 1.0이다.)

| 기사 2018년 2회, 2015년 3회 / 산업 2019년 1회, 2021년 2회 |

해설

1. 사염화탄소 6,000ppm = 0.6%이므로 공기는 99.4%가 된다. (10,000ppm = 1%)
   (공기 = 100 - 0.6 = 99.4%)
2. 사염화탄소 0.6%(비중 5.7), 공기 99.4%(비중 1.0)이므로
   유효비중 = 0.006×5.7 + 0.994×1.0 = 1.028

예제 41

작업장 공기 중에 아세톤 1,000ppm, 사염화탄소 1,200ppm이 존재할 경우 공기와 아세톤 및 사염화탄소의 유효비중을 소수셋째자리까지 계산하시오. (단, 아세톤의 증기비중은 2.0, 사염화탄소의 증기비중은 5.7, 공기비중은 1.0이다.)

| 산업 2015년 2회, 2013년 2회 |

해설

1. 작업장 공기 중의 아세톤이 1,000ppm = 0.1%, 사염화탄소 1,200ppm = 0.12%이므로
   공기 = 100 - 0.1 - 0.12 = 99.78(%)가 된다.
   (10,000ppm = 1%)
2. 아세톤 0.1%(증기비중 2.0), 사염화탄소 0.12%(증기비중 5.7), 공기 99.78%(공기비중 1.0)이므로
   유효비중 = 0.001×2.0 + 0.0012×5.7 + 0.9978×1.0 = 1.007

예제 42

작업환경 중의 사염화에틸렌의 농도가 10,000ppm이며, 공기비중은 1, 사염화에틸렌의 비중은 5.7인 경우 유효비중을 계산하고, 세척조에서 발생하는 증기로부터 근로자를 보호하기 위한 국소배기장치의 후드가 세척조 아래가 아닌 세척조 개구면의 위쪽 방향으로 설치하여야 하는 이유를 유효비중을 이용하여 설명하시오.

| 기사 2017년 1회 |

(1) 유효비중
(2) 이유

해설

(1) • 작업환경 중의 사염화에틸렌의 농도가 10,000ppm = 1%이므로 공기는 99%가 된다.
   (공기 = 100 - 1 = 99%)
   • 사염화에틸렌 1%(증기비중 5.7), 공기 99%(공기비중 1.0)이므로
   유효비중 = 0.01×5.7 + 0.99×1 = 1.047
(2) 유효비중 1.047은 공기비중 1과 거의 유사하므로 사염화에틸렌이 공기 중에서 자유롭게 확산 이동한다. 그러므로 후드를 바닥에 설치해서는 안 되고 개구면의 위쪽으로 설치하여야 한다.

(3) 보일-샤를의 법칙 ★

① 보일의 법칙 : 일정한 온도에서 부피와 압력은 반비례한다.

> **암기**
>
> 보일(보일의 법칙)러의 **온도는 일정, 부압**(부피, 압력)에 **반비례**

② 샤를의 법칙 : 일정한 압력에서 온도와 부피는 비례한다.

> **암기**
>
> 밥할 때 **쌀을(샤를) 일정 압력**에서, **부온**(부피, 온도)에 **비례**

$$\frac{P_1 V_1}{T_1} = \frac{P_2 V_2}{T_2}$$

T_1 : 처음 온도(K), T_2 : 나중 온도(K)
P_1 : 처음 압력, P_2 : 나중 압력
V_1 : 처음 부피, V_2 : 나중 부피
(K = 273 + ℃)

> **참고** 게이-루삭의 법칙
>
> 일정한 부피조건에서 압력과 온도는 비례한다.
>
> > **암기**
> >
> > **일부**(일정 부피) **이삭**(게이루삭)**은 온압**(온도, 압력)에 **비례**

02 전체환기

1 전체 환기의 목적 및 종류

(1) 전체 환기의 목적 ★★

① 작업장 전체를 환기시키는 방식으로 공기를 희석하여 유해인자의 농도를 낮춘다.
② 유해물질의 농도를 감소시켜 건강을 유지·증진한다.
③ 화재나 폭발을 예방한다.
④ 실내의 온도와 습도를 조절한다.

(2) 환기방식의 결정 ★

① 오염이 높은 작업장 : 주변에 오염물질의 확산을 방지하기 위하여 실내압을 음압(−)으로 유지하여야 한다.
② 청정공기를 필요로 하는 작업장(전자공업 등) : 오염물질이 포함된 외부공기가 유입되지 않도록 실내압을 양압(+)으로 유지하여야 한다.
③ 중성대(NPL) : 전체환기(자연환기)에서 유입되는 공기 측과 배출되는 공기 측의 실내외 압력차가 0이 되는 지점(공기의 유출입이 없는 면)을 말하며, 높을수록 환기효과가 증대된다.

예제 43

전체 환기를 실시하는 목적 3가지를 적으시오. | 2017년 1회, 2016년 3회 |

해설

① 작업장 전체를 환기시키는 방식으로 공기를 희석하여 유해인자의 농도를 낮춘다.
② 유해물질의 농도를 감소시켜 건강을 유지·증진한다.
③ 화재나 폭발을 예방한다.
④ 실내의 온도와 습도를 조절한다.

예제 44

실내에 환기시설을 설치하는 일반적인 목적 3가지를 적으시오. | 산업 2016년 3회 |

해설

① 실내 오염물질 배출
② 먼지 제거(제진)
③ 온도 및 습도 조절

예제 45

전체 환기장치의 환기방식 중 작업장 실내압을 양압(+)으로 유지하고자 한다. 다음 물음에 답하시오.

| 산업 2020년 1 · 2회, 2015년 1회 |

(1) 요구되는 급기와 배기방식을 1가지씩 적으시오.
(2) 실내압을 양압(+)으로 유지함으로써 얻게 되는 환기효과를 적으시오.
(3) 적용할 수 있는 사업장의 예를 1가지 적으시오.

해설

(1) ① 급기: 기계 환기
    ② 배기: 자연 환기
(2) 청정공기를 유입할 수 있다.
(3) 청정공기를 필요로 하는 전자공업, 수술실 등 의료기관, 식품산업

예제 46

전체환기장치에 관한 다음 물음에 답하시오.

| 산업 2015년 2회 |

(1) 전체 환기장치의 급기와 배기방법을 설명하시오.
(2) 실내압을 양압(+)으로 유지하여야 하는 산업의 종류를 적으시오.

해설

(1) ① 배기 기계력이용 : 급기는 창문 등으로 자연환기를 이용, 배기에만 기계력을 이용하는 방법
    ② 급기 기계력이용 : 배기는 개구부에 의한 자연환기를 이용, 급기에만 기계력을 이용하는 방법
    ③ 급배기 기계력이용 : 급배기에 기계력을 이용하는 방법
(2) 청정공기를 필요로 하는 전자공업, 수술실 등 의료기관, 식품산업

예제 47

자연환기 방식에서 중성대(NPL)를 설명하시오.

| 산업 2019년 2회 |

해설

전체환기(자연환기)에서 유입되는 공기 측과 배출되는 공기 측의 실내외 압력차가 0이 되는 지점(공기의 유출입이 없는 면)을 말하며, 높을수록 환기효과가 증대된다.

예제 48

[보기]의 작업장 조건을 참고하여 물음에 답하시오. | 산업 2016년 3회 |

- 급기량 : 7800m^3/hr
- 배기량 : 9000m^3/hr

(1) 작업장의 압력상태를 설명하시오.
(2) 현 작업장 압력상태에서 우려되는 문제점을 3가지 적으시오.

해설

(1) 급기 < 배기이므로 실내는 음압(-압력)상태이다.
(2) ① 오염된 외부공기가 유입될 수 있다.
    ② 실내의 오염물질 배출 효율이 떨어질 수 있다.
    ③ 실내에 방해기류가 생길 수 있다.
    ④ 안전사고가 발생할 수 있다.

(3) 전체환기(희석환기)가 필요한 경우(적용 조건) ★★

① 유해물질의 독성이 비교적 낮은 경우
② 유해물질의 발생량이 적은 경우
③ 발생원이 이동하는 경우
④ 유해물질이 시간에 따라 균일하게 발생될 경우
⑤ 오염원이 근무자가 근무하는 장소로부터 멀리 떨어져 있는 경우
⑥ 동일한 작업장에 다수의 오염원이 분산되어 있는 경우
⑦ 국소배기로 불가능한 경우
⑧ 가연성 가스의 농축으로 폭발의 위험이 있는 경우
⑨ 유해물질이 증기나 가스일 경우

비교 국소환기장치 설치가 필요한 경우 ★★

- 유해물질의 독성이 강한 경우(TLV가 낮을 때)
- 유해물질의 발생량이 많은 경우
- 발생원이 고정되어 있는 경우
- 발생주기가 균일하지 않은 경우
- 유해물질 발생원과 작업위치가 근접해 있는 경우
- 높은 증기압의 유기용제
- 법적의무 설치사항의 경우

(4) 전체 환기의 종류

자연환기	강제 환기(기계 환기)

• 실내외의 온도차와 바람에 의한 자연 통풍 방식
• 장점
  - 소음ㆍ진동이 없다.
  - 운전에 따른 에너지 비용이 없다.
  - 냉방비 절감효과 가짐
• 단점
  - 계절, 기상조건, 작업장 내부조건 등에 따라 환기량 변화가 크다.
	• 송풍기(fan)를 사용하여 강제적으로 환기하는 방식
	• 장점
	  - **작업환경을 일정하게 유지할 수 있다.**
	  - **환기량의 정확한 예측이 가능**하다
	• 단점
	  - 소음ㆍ진동의 발생
	  - 운전에 따른 에너지 비용이 소요된다.

(5) 전체 환기시설을 설치하는 경우의 기본원칙(강제환기를 실시할 때 환기효과를 제고시킬 수 있는 방법) ★★

① 오염물질 사용량을 조사하여 필요 환기량을 계산한다.
② 필요 환기량은 오염물질이 충분히 희석될 수 있는 양으로 설계한다.
③ 오염물질 배출구는 가능한 한 오염원으로부터 가까운 곳에 설치하여 "점 환기"의 효과를 얻는다.
④ 배출공기를 보충하기 위하여 청정공기를 공급한다.
⑤ 공기배출구와 근로자 작업위치 사이에 오염원이 위치하여야 한다.
    (근로자 작업위치 – 오염원 – 배출구 : 오염원이 근로자를 통과하지 않고 배출되어야 한다.)
⑥ 공기가 급기구를 통하여 들어와서 오염물질이 있는 영역을 통과하여 배기구로 빠져나가도록 설계해야 한다.(공기가 배출되면서 오염장소를 통과하도록 공기배출구와 유입구의 위치를 선정한다.)
⑦ 건물 밖으로 배출된 오염공기가 다시 건물 안으로 유입되지 않도록 배출구 높이를 적절히 설계하고 창문이나 문 근처에 위치하지 않도록 한다.
⑧ 오염된 공기는 작업자가 호흡하기 전에 충분히 희석되도록 한다.
⑨ 오염원 주위에 다른 작업 공정이 있으면 공기배출량을 공급량보다 약간 크게 하여 음압을 형성하여 주위 근로자에게 오염물질이 확산되지 않도록 한다.

예제 49

전체환기 장치를 설치하여야 하는 경우(적용시의 고려사항) 5가지를 적으시오.

| 기사 2019년 2회, 2019년 1회, 2020년 4회, 2020년 3회, 2020년 2회, 2018년 3회, 2015년 1회, 2012년 3회 / 산업 2021년 3회, 2020년 3회, 2018년 2회, 2017년 3회, 2012년 2회 |

해설

① 유해물질의 독성이 비교적 낮은 경우
② 동일한 작업장에 다수의 오염원이 분산되어 있는 경우
③ 유해물질이 시간에 따라 균일하게 발생될 경우
④ 유해물질의 발생량이 적은 경우
⑤ 발생원이 이동하는 경우
⑥ 오염원이 근무자가 근무하는 장소로부터 멀리 떨어져 있는 경우

예제 50

전체 환기시설을 설치하는 경우의 기본원칙 4가지를 적으시오.

| 기사 2022년 2회, 2020년 1회, 2017년 3회, 2016년 2회, 2014년 2회, 2012년 1회 |

해설

① 오염물질 사용량을 조사하여 필요환기량을 계산한다.
② 필요 환기량은 오염물질이 충분히 희석될 수 있는 양으로 설계한다.
③ 오염물질 배출구는 가능한 한 오염원으로부터 가까운 곳에 설치하여 '점 환기'의 효과를 얻는다.
④ 배출공기를 보충하기 위하여 청정공기를 공급한다.
⑤ 공기배출구와 근로자 작업위치 사이에 오염원이 위치하여야 한다.
   (근로자 작업위치 – 오염원 – 배출구 : 오염원이 근로자를 통과하지 않고 배출되어야 한다.)
⑥ 오염된 공기는 작업자가 호흡하기 전에 충분히 희석되도록 한다.

예제 51

국소배기장치(국소환기장치)를 설치하여야 하는 경우(적용조건) 5가지를 적으시오. | 산업 2017년 3회, 2021년 1회 |

해설

① 유해물질의 독성이 강한 경우(TLV가 낮을 때)
② 유해물질의 발생량이 많은 경우
③ 발생원이 고정되어 있는 경우
④ 발생주기가 균일하지 않은 경우
⑤ 유해물질 발생원과 작업위치가 근접해 있는 경우
⑥ 높은 증기압의 유기용제
⑦ 법적의무 설치사항의 경우

예제 52

다음은 환기방식에 관한 내용이다. 괄호에 적합한 용어를 적으시오. | 기사 2016년 2회, 2013년 2회 |

- 전체 환기방식 중 자연환기는 작업장의 개구부를 통하여 바람 및 작업장 내외의 (①), (②) 차이에 의한 (③)으로 행해지는 환기를 말한다.
- 외부공기과 실내공기와의 압력 차이가 0인 부분을 (④)라 하며 환기정도를 좌우하며, 높을수록 환기효율이 양호하다.
- 오염작업장의 경우 배기법을 적용하며 실내압을 (⑤)으로 유지한다. 청정산업의 경우 급기법을 적용하며 실내압은 (⑥)으로 유지한다.

해설

① 온도   ② 압력   ③ 대류작용   ④ 중성대
⑤ 음압   ⑥ 양압

예제 53

아래 환기장치의 배치도를 보고 불량, 양호, 우수로 구분하여 적으시오. | 기사 2015년 1회 / 산업 2015년 3회, 2012년 1회 |

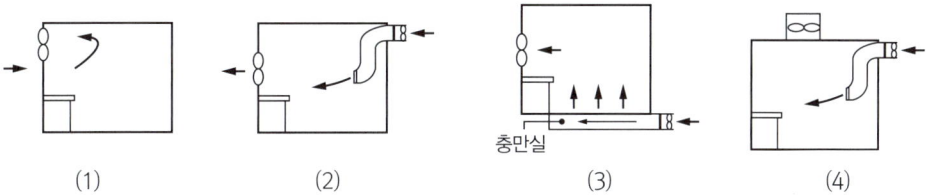

(1)   (2)   (3)   (4)

해설

(1) 불량, (2) 양호, (3) 우수, (4) 양호

[참고]

강제환기 효과를 제고할 수 있는 필요원칙
1. 공기가 급기구를 통하여 들어와서 오염물질이 있는 영역을 통과하여 배기구로 빠져나가도록 설계해야 한다. (공기가 배출되면서 오염장소를 통과하도록 공기배출구와 유입구의 위치를 선정한다.)
2. 건물 밖으로 배출된 오염공기가 다시 건물 안으로 유입되지 않도록 배출구 높이를 적절히 설계하고 창문이나 문 근처에 위치하지 않도록 한다.
3. 공기배출구와 근로자 작업위치 사이에 오염원이 위치하여야 한다.
   (근로자 작업위치 – 오염원 – 배출구 : 오염원이 근로자를 통과하지 않고 배출되어야 한다.)

예제 54

자연환기와 비교하여 강제환기(기계 환기)의 장점 및 단점을 2가지씩 적으시오. | 산업 2016년 3회 |

(1) 장점
(2) 단점

해설

(1) ① 작업환경을 일정하게 유지할 수 있다.
　　② 환기량의 정확한 예측이 가능하다.
(2) ① 소음 · 진동이 발생한다.
　　② 운전에 따른 에너지 비용이 소요된다.

2 전체 환기량(필요 환기량)의 계산

유해물질이 발생원으로부터 작업장 내에서 확산되어 이동하는 경우, **유해물질의 농도가 노출기준 미만으로 유지되도록** 적정한 **필요환기량을 산정**하여야 한다.

(1) 전체환기량(평형상태일 경우)

1) 실제환기량의 계산

$$1.\ Q(\mathrm{m^3/min}) = Q' \times K$$
$$2.\ Q' = \frac{G}{C}$$

Q : 실제환기량($\mathrm{m^3/min}$)
Q' : 유효환기량($\mathrm{m^3/min}$)
K : 안전계수(여유계수 ; 무차원)
G : 유해물질 발생률
C : 공기 중 유해물질 농도

2) 필요환기량의 계산

$$Q(\mathrm{m^3/min}) = \frac{G}{TLV} \times K$$

Q : 필요환기량($\mathrm{m^3/min}$)
G : 유해물질의 발생률($\mathrm{m^3/min}$)
TLV : 허용기준
K : 안전계수(여유계수)

3) 노출기준에 따른 전체환기량의 계산 ★★★

$$Q = \frac{24.1 \times \mathrm{kg/h} \times K \times 10^6}{MW \times TLV}\ (\mathrm{m^3/hr}) \div 60 = (\mathrm{m^3/min})$$

K : 안전계수
MW : 물질의 분자량
$\mathrm{kg/hr}$: 시간당 오염물질 발생량($l/hr \times S$(비중)))
TLV : 노출기준(ppm)
24.1 : 21℃, 1기압에서 공기 1몰의 부피(25℃, 1기압일 경우 24.45)

필요환기량 $Q(\text{m}^3/\text{hr}) = \dfrac{G}{TLV} \times K$

1. 유해물질의 발생률 $G(\text{m}^3/\text{hr})$

   $G = \dfrac{24.1 \times \text{kg/hr}(\text{또는 } L/\text{hr} \times \text{비중})}{MW}$

2. 필요환기량 $Q(\text{m}^3/\text{hr}) = \dfrac{G}{TLV} \times K$

   $= \dfrac{24.1 \times \text{kg/hr}(\text{또는 } L/\text{hr} \times \text{비중})}{MW \times TLV} \times K \times 10^6$

(10^6은 TLV의 단위가 ppm인 경우 ppm을 없애기 위해 곱해준다.)

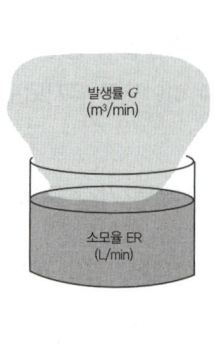

4) 화재 및 폭발방지를 위한 전체 환기량 ★★★

$$Q = \dfrac{24.1 \times \text{kg/h} \times C \times 10^2}{MW \times LEL \times B} \, (\text{m}^3/\text{hr}) \div 60 = (\text{m}^3/\text{min})$$

C : 안전계수(LEL의 25%로 유지할 경우 $C = 4$)
MW : 물질의 분자량
LEL : 폭발농도 하한치(%)
B : 온도에 따른 보정상수(120℃ 미만 $B = 1.0$, 120℃ 이상 $B = 0.7$)
kg/hr : 시간당 오염물질 발생량(kg/hr = l/hr × 비중)
24.1 : 21℃, 1기압에서 공기의 비중(25℃, 1기압일 경우 24.45)

5) 온도에 따른 환기량의 보정

$$Q_2 = Q_1 \times \dfrac{273 + t_2}{273 + t_1}$$

Q_1 : 보정 전의 환기량(m^3/min)
Q_2 : 보정 후의 환기량(m^3/min)
t_1 : 처음(보정 전)온도(℃)
t_2 : 처음(보정 후)온도(℃)

6) 안전계수(K)

① 불안정 혼합을 보정하기 위한 여유계수를 말한다. ★
- K = 안전계수(혼합계수)로써
- K = 1 : 작업장내 공기혼합이 원활한 경우
- K = 2 : 작업장내 공기혼합이 보통인 경우
- K = 3 : 작업장내 공기혼합이 불완전한 경우

② 유해물질의 TLV를 고려(유해물질의 독성 고려)하여 결정한다.
- 독성이 약한 물질 : TLV ≥ 500ppm
- 독성이 중간인 물질 : 100ppm〈TLV〈500ppm
- 독성이 강한 물질 : TLV ≤ 100ppm

③ 환기방식의 효율성을 고려하여 결정한다.
④ 유해물질의 발생률을 고려하여 결정한다.
⑤ 근로자 위치와 발생원과의 거리를 고려하여 결정한다.
⑥ 유해물질 발생점의 위치와 수를 고려하여 결정한다.

예제 55

작업장에서 발생되는 오염물질의 양이 45g/hr이며 오염물질의 노출기준이 12mg/m³인 경우 작업장의 필요 환기량(m³/min)를 계산하시오. | 산업 2015년 3회 |

해설

$$Q(\text{m}^3/\text{min}) = \frac{G}{TLV} = \frac{\frac{750\text{mg}}{\text{min}}}{\frac{12\text{mg}}{\text{m}^3}} = \frac{750\text{mg} \cdot \text{m}^3}{12\text{mg} \cdot \text{min}} = 62.50(\text{m}^3/\text{min})$$

$(45\text{g/hr} = \frac{45000\text{mg}}{60\text{min}} = 750\text{mg/min})$

예제 56

전체 환기량 계산 시 다음의 경우에 적합한 안전계수(혼합계수) K의 값을 적으시오.
| 산업 2020년 1회, 2013년 1회, 2012년 2회 |

(1) 작업장 내 공기혼합이 원활한 경우
(2) 작업장 내 공기혼합이 보통인 경우
(3) 작업장 내 공기혼합이 불완전한 경우

해설

(1) K = 1　　(2) K = 2　　(3) K = 3

예제 57

전체 환기량 계산 시에 적용하는 안전여유계수(여유계수 : K)를 유해물질의 TLV(독성)를 고려하여 결정하는 경우 독성이 강한 물질의 TLV 기준을 적으시오. | 산업 2017년 1회 |

해설

TLV ≤ 100ppm

[참고]
- 독성이 약한 물질 : TLV ≥ 500ppm
- 독성이 중간인 물질 : 100ppm 〈 TLV 〈 500ppm
- 독성이 강한 물질 : TLV ≤ 100ppm

예제 58

어느 작업장에서 톨루엔 4L가 8시간 동안 증발되고 있다. (1) 톨루엔의 발생률(m^3/min)을 계산하시오. (2) 작업장에 전체 환기장치를 설치할 경우 필요환기량(m^3/min)을 계산하시오.(단, 25℃, 1기압, 톨루엔의 분자량은 92.13, 비중은 0.87, TLV=50ppm, 안전계수는 3이다.) | 산업 2024년 2회 |

해설

1. 톨루엔의 발생률

$$G = \frac{24.45 \times kg/hr(=L/hr \times 비중)}{MW} = \frac{24.45 \times (0.5 \times 0.87)}{92.13} = 0.12(m^3/hr)$$

(4L가 8시간 동안 증발 → $\frac{4L}{8hr} = \frac{0.5L}{hr}$)

2. 필요 환기량

$$Q = \frac{G}{TLV} \times K = \frac{0.12}{50} \times 3 \times 10^6 = 7,200(m^3/hr) \div 60 = 120(m^3/min)$$

또는

$$Q = \frac{24.45 \times 0.5 \times 0.87 \times 3 \times 10^6}{92.13 \times 50} \div 60 = 115.44(m^3/min)$$

예제 59

작업 공정에서 톨루엔(분자량 : 86.13, TLV : 100ppm) 150g/hr과 크실렌(분자량 : 98.96, TLV : 50ppm) 300g/hr을 사용하고 있다. 해당 작업장의 필요환기량(m³/hr)을 계산하시오. (단, 25℃, 1기압 기준, 안전계수는 각각 5이며, 두 물질은 상가작용을 한다고 가정한다.)
| 기사 2013년 3회 |

해설

1. 톨루엔의 환기량

$$Q = \frac{24.45 \times \text{kg/h} \times K \times 10^6}{MW \times TLV} = \frac{24.45 \times 0.15 \times 5 \times 10^6}{86.13 \times 100} = 2129.05 \, (\text{m}^3/\text{hr})$$

2. 크실렌의 환기량

$$Q = \frac{24.45 \times \text{kg/h} \times K \times 10^6}{MW \times TLV} = \frac{24.45 \times 0.3 \times 5 \times 10^6}{98.96 \times 50} = 7412.09 \, (\text{m}^3/\text{hr})$$

3. 두 물질은 상가작용을 하므로

총 환기량 = 2129.05 + 7412.09 = 9541.14 (m³/hr)

예제 60

톨루엔(분자량 : 86.13, TLV : 100ppm)과 크실렌(분자량 : 98.96, TLV : 50ppm)을 각각 300g/hr 사용하는 어느 작업장의 필요 환기량(m³/hr)을 계산하시오. (단, 25℃, 1기압 기준, 안전계수는 각각 6이며, 두 물질은 상가작용을 한다고 가정한다.)
| 기사 2020년 4회 |

해설

1. 톨루엔의 환기량

$$Q = \frac{24.45 \times \text{kg/h} \times K \times 10^6}{MW \times TLV} = \frac{24.45 \times 0.3 \times 6 \times 10^6}{86.13 \times 100} = 5109.72 \, (\text{m}^3/\text{hr})$$

2. 크실렌의 환기량

$$Q = \frac{24.45 \times \text{kg/h} \times K \times 10^6}{MW \times TLV} = \frac{24.45 \times 0.3 \times 6 \times 10^6}{98.96 \times 50} = 8894.50 \, (\text{m}^3/\text{hr})$$

3. 두 물질은 상가작용을 하므로

총 환기량 = 5109.72 + 8894.50 = 14,004.22 (m³/hr)

예제 61

톨루엔을 시간당 2kg 사용하는 작업장 내에 전체 환기시설을 설치하는 경우 필요환기량(m³/min)을 계산하시오. (단, 톨루엔의 TLV는 100ppm, 분자량은 92이고, 안전계수 K는 5로 하며 1기압 25℃ 기준임)
| 기사 2020년 3회, 2021년 1회, 2014년 3회 / 산업 2015년 2회 |

해설

$$Q = \frac{24.45 \times \text{kg/h} \times K \times 10^6}{MW \times TLV} \div 60 = \frac{24.45 \times 2 \times 5 \times 10^6}{92 \times 100} \div 60 = 442.93 \, (\text{m}^3/\text{min})$$

예제 62

MEK를 시간당 1L 사용하는 작업장이 있다. 이때 사용된 MEK가 모두 증기로 되었다면 이 작업장에 필요환기량(m^3/hr)을 구하시오. (단, 분자량 72.1 비중 0.805, TLV 200ppm, 안전계수 3, 25℃ 1atm)

| 기사 2020년 1회 / 산업 2018년 3회 |

해설

$$Q = \frac{24.45 \times kg/h \times K \times 10^6}{MW \times TLV} = \frac{24.45 \times (1 \times 0.805) \times 3 \times 10^6}{72.1 \times 200} = 4094.78(m^3/hr)$$

예제 63

어느 작업장에서 TLV 200ppm, 분자량 72.1인 오염물질이 1시간당 1.8L 발생되고 있다. 이 작업장의 전체환기를 위한 필요환기량(m^3/min)을 계산하시오. (단, 안전계수 5, 비중 0.805, 21℃, 1기압 기준)

| 기사 2019년 3회 / 산업 2013년 1회 |

해설

$$Q = \frac{24.1 \times kg/h \times K \times 10^6}{MW \times TLV} \div 60 = \frac{24.1 \times (1.8 \times 0.805) \times 5 \times 10^6}{72.1 \times 200} \div 60 = 201.81(m^3/min)$$

예제 64

메틸에틸케톤(TLV 200ppm, 분자량 72.1)을 시간당 3L 사용하는 작업장 내에 전체 환기시설을 설치하는 경우 필요환기량(m^3/hr)을 계산하시오. (단, 비중 0.805, K = 4, 1기압 25℃를 기준으로 한다.)

| 기사 2018년 1회 / 산업 2018년 2회 |

해설

$$Q = \frac{24.45 \times kg/h \times K \times 10^6}{MW \times TLV} = \frac{24.45 \times (3 \times 0.805) \times 4 \times 10^6}{72.1 \times 200} = 16379.13(m^3/hr)$$

예제 65

어느 작업장에서 MEK(분자량 : 72.1, 비중 : 0.805)과 톨루엔(분자량 : 92.13, 비중 : 0.866)이 매시간당 2L씩 발생되고 있으며, 작업장의 MEK(TLV : 200ppm) 농도는 160ppm, 톨루엔의 농도는(TLV : 100ppm) 80ppm이다.

| 기사 2018년 1회 / 산업 2017년 3회, 2021년 1회, 2022년 2회 |

(1) 각각의 노출지수를 구하여 노출기준을 평가하고, 전체 환기시설 설치여부를 결정하시오.
(2) 각 물질이 상가작용을 할 경우 전체 환기량(m^3/min)을 계산하시오. (단, MEK의 안전계수는 3, 톨루엔의 안전계수는 5이다.)

해설

1. 노출기준 평가
   - 노출지수 $EI = \dfrac{160}{200} + \dfrac{80}{100} = 1.60$
   - 평가 : $EI > 1$이므로 노출기준을 초과함
   - 전체 환기시설 설치여부 : 노출기준을 초과하였으므로 전체 환기장치를 설치하여야 함
2. 전체 환기량(온도, 압력이 주어지지 않을 경우 산업 환기의 표준상태 21℃, 1기압을 기준으로 한다.)
   - MEK의 환기량

   $$Q = \dfrac{24.1 \times kg/h \times K \times 10^6}{MW \times TLV} \div 60 = \dfrac{24.1 \times (2 \times 0.805) \times 3 \times 10^6}{72.1 \times 200} \div 60 = 134.54 \, (m^3/min)$$

   - 톨루엔의 환기량

   $$Q = \dfrac{24.1 \times kg/h \times K \times 10^6}{MW \times TLV} \div 60 = \dfrac{24.1 \times (2 \times 0.866) \times 5 \times 10^6}{92.13 \times 100} \div 60 = 377.56 \, (m^3/min)$$

   - 두 물질은 상가작용을 하므로
     총 환기량 = 134.54 + 377.56 = 512.10 (m³/min)

예제 66

25℃ 1기압의 어느 작업장에서 메틸에틸케톤이 시간당 3L씩 증발하고 있다. 폭발방지를 위한 전체 환기량(m³/min)을 계산하시오. (단, TLV : 200ppm, SG : 0.88, MW : 72.1, K : 4이다) | 기사 2017년 2회 |

해설

$$Q = \dfrac{24.45 \times kg/h \times K \times 10^6}{MW \times TLV} \div 60 = \dfrac{24.45 \times 3 \times 0.88 \times 4 \times 10^6}{72.1 \times 200} \div 60 = 298.42 \, (m^3/min)$$

예제 67

21℃, 1기압의 어느 작업장에서 톨루엔을 1.2kg/hr 사용하고 있다. 해당 작업장에 전체 환기시설을 설치하는 경우 필요 환기량(m³/min)을 계산하시오. (단, 톨루엔의 분자량 92, TLV 50ppm, 비중 0.87, 안전계수 3이다.) | 기사 2016년 1회 / 산업 2016년 3회 |

해설

$$Q = \dfrac{24.1 \times kg/h \times K \times 10^6}{MW \times TLV} \div 60 = \dfrac{24.1 \times 1.2 \times 3 \times 10^6}{92 \times 50} \div 60 = 314.35 \, (m^3/min)$$

예제 68

21℃, 1기압의 어느 작업장에서 톨루엔을 분당 12g 사용하고 있다. 해당 작업장에 전체 환기시설을 설치하는 경우 필요 환기량(m³/min)을 계산하시오. (단, 톨루엔의 분자량 92, TLV 50ppm, 비중 0.87, 안전계수 3이다.)

| 산업 2018년 3회, 2016년 1회 |

해설

$$Q = \frac{24.1 \times kg/h \times K \times 10^6}{MW \times TLV} = \frac{24.1 \times (12 \times 10^{-3}) \times 3 \times 10^6}{92 \times 50} = 188.61 \,(\text{m}^3/\text{min})$$

(분당 12g 사용 → 12g/min → 12×10^{-3} kg/min)

예제 69

21℃, 1기압의 어느 작업장에서 오염물질을 시간당 80g 사용하고 있다. 해당 작업장에 전체 환기시설을 설치하는 경우 필요 환기량(m³/min)을 계산하시오. (단, 오염물질의 분자량 76, TLV 10ppm, 비중 2.6, 안전계수 4이다.)

| 산업 2015년 1회 |

해설

$$Q = \frac{24.1 \times kg/h \times K \times 10^6}{MW \times TLV} \div 60 = \frac{24.1 \times (80 \times 10^{-3}) \times 4 \times 10^6}{76 \times 10} \div 60 = 169.12 \,(\text{m}^3/\text{min})$$

(시간당 80g 사용 → 80g/hr → 80×10^{-3} kg/hr)

예제 70

25℃, 1기압의 어느 작업장에서 톨루엔을 0.8kg/hr 사용하고 있다. 해당 작업장에 전체 환기시설을 설치하는 경우 필요 환기량(m³/min)을 계산하시오. (단, 톨루엔의 분자량 92, TLV 50ppm, 비중 0.87, 안전계수 3이다.)

| 기사 2016년 2회 |

해설

$$Q = \frac{24.45 \times kg/h \times K \times 10^6}{MW \times TLV} \div 60 = \frac{24.45 \times 0.8 \times 3 \times 10^6}{92 \times 50} \div 60 = 212.61 \,(\text{m}^3/\text{min})$$

예제 71

톨루엔이 16L/8hr로 일정하게 증발하는 작업장이 있다. 작업장에 전체 환기장치를 설치할 경우 필요 환기량(m³/min)을 계산하시오. (단, 21℃ 1기압, 톨루엔의 비중은 0.87, 톨루엔의 분자량은 92, 톨루엔의 TLV는 50ppm, 안전계수 4이다.) | 산업 2019년 1회 |

해설

$$Q = \frac{24.1 \times \text{kg/h} \times K \times 10^6}{MW \times TLV} \div 60 = \frac{24.1 \times (2 \times 0.87) \times 4 \times 10^6}{92 \times 50} \div 60 = 607.74 \, (\text{m}^3/\text{min})$$

- 16L/8hr = 2L/hr
- kg/hr = L/hr × 비중

예제 72

화재 및 폭발방지를 위한 전체환기량 계산 시에 적용하는 안전계수(C)와 폭발하한계(LEL)의 관계를 설명하시오. | 산업 2017년 1회 |

해설

작업장의 농도를 폭발하한계(LEL)의 25%로 유지할 경우 안전계수(C)는 4를 적용한다.

예제 73

21℃ 1기압의 어느 작업장에서 온도가 180℃ 되는 건조오븐 내의 크실렌이 시간당 1.0L씩 증발하고 있다. 폭발방지를 위한 실제 환기량(m³/min)을 계산하시오. (단, 크실렌의 LEL : 1%, SG : 0.88, MW : 106, C : 5이다) | 기사 2020년 3회, 2018년 1회 |

해설

1. 21℃ 1기압 기준

$$Q = \frac{24.1 \times \text{kg/h} \times C \times 10^2}{MW \times L \times B} \div 60 = \frac{24.1 \times 1.0 \times 0.88 \times 5 \times 10^2}{106 \times 1 \times 0.7} \div 60 = 2.38 \, (\text{m}^3/\text{min})$$

2. 21℃(t_1)의 환기량 2.38(m³/min)을 180℃(t_2)로 유량 보정

$$Q_2 = Q_1 \times \frac{273 + t_2}{273 + t_1} = 2.38 \times \frac{273 + 180}{273 + 21} = 3.67 \, (\text{m}^3/\text{min})$$

예제 74

21℃ 1기압의 어느 작업장에서 온도가 150℃ 되는 건조오븐 내의 크실렌이 시간당 2.0L씩 증발하고 있다. 폭발방지를 위한 실제 환기량(m³/min)을 계산하시오. (단, 크실렌의 LEL : 1%, SG : 0.88, MW : 106, C : 6이다)

| 기사 2020년 2회, 2013년 2회 |

해설

1. 21℃ 1기압 기준

$$Q = \frac{24.1 \times \text{kg/h} \times C \times 10^2}{MW \times L \times B} \div 60 = \frac{24.1 \times 2.0 \times 0.88 \times 6 \times 10^2}{106 \times 1 \times 0.7} \div 60 = 5.72 (\text{m}^3/\text{min})$$

2. 21℃(t_1)의 환기량 5.72(m³/min)를 150℃(t_2)로 유량 보정

$$Q_2 = Q_1 \times \frac{273 + t_2}{273 + t_1} = 5.72 \times \frac{273 + 150}{273 + 21} = 8.23 (\text{m}^3/\text{min})$$

예제 75

21℃ 1기압의 어느 작업장에서 온도가 120℃ 되는 오븐 내에서 오염물질이 시간당 3L씩 증발하고 있다. 폭발방지를 위한 실제 환기량(m³/min)을 계산하시오. (단, 오염물질의 LEL : 1%, SG : 0.88, MW : 106, C : 5, B : 0.7이다)

| 기사 2015년 1회 / 산업 2016년 2회, 2014년 3회 |

해설

1. 21℃ 1기압 기준

$$Q = \frac{24.1 \times \text{kg/h} \times C \times 10^2}{MW \times L \times B} \div 60 = \frac{24.1 \times 3 \times 0.88 \times 5 \times 10^2}{106 \times 1 \times 0.7} \div 60 = 7.15 (\text{m}^3/\text{min})$$

2. 21℃(t_1)의 환기량 7.15(m³/min)를 120℃(t_2)로 유량 보정

$$Q_2 = Q_1 \times \frac{273 + t_2}{273 + t_1} = 7.15 \times \frac{273 + 120}{273 + 21} = 9.56 (\text{m}^3/\text{min})$$

예제 76

작업장의 온도가 25℃, 1기압이며 200℃의 건조로 내에서 크실렌(MW : 106)이 시간당 1.8L씩 증발하고 있다. 크실렌의 LEL은 1.0%, 비중은 0.88인 경우 폭발방지를 위하여 온도를 보정한 환기량(m³/min)을 계산하시오. (단, 안전계수는 7이다.)

| 기사 2018년 2회, 2016년 3회 / 산업 2014년 2회 |

해설

1. 25℃ 1기압 기준

$$Q = \frac{24.45 \times \text{kg/h} \times C \times 10^2}{MW \times L \times B} \div 60 = \frac{24.45 \times 1.8 \times 0.88 \times 7 \times 10^2}{106 \times 1.0 \times 0.7} \div 60 = 6.01 (\text{m}^3/\text{min})$$

2. 25℃(t_1)의 환기량 6.01(m³/min)을 200℃(t_2)로 유량 보정

$$Q_2 = Q_1 \times \frac{273 + t_2}{273 + t_1} = 6.01 \times \frac{273 + 200}{273 + 25} = 9.54 (\text{m}^3/\text{min})$$

예제 77

온도가 300℃인 건조로 내에서 톨루엔이 시간당 0.3L씩 증발하고 있다. 톨루엔의 LEL은 1.3%이며, 톨루엔의 농도를 LEL의 25% 이하로 유지하고자 할 때 폭발방지를 위한 환기량(m³/min)을 계산하시오. (단, 톨루엔의 비중은 0.87, 분자량은 92이다.) | 기사 2015년 2회, 2013년 2회 / 산업 2013년 2회 |

해설

1. 21℃ 1기압 기준

$$Q = \frac{24.1 \times \text{kg/h} \times C \times 10^2}{MW \times L \times B} \div 60 = \frac{24.1 \times 0.3 \times 0.87 \times 4 \times 10^2}{92 \times 1.3 \times 0.7} \div 60 = 0.50 (\text{m}^3/\text{min})$$

2. 21℃(t_1)의 환기량 0.50(m³/min)을 300℃(t_2)로 유량 보정

$$Q_2 = Q_1 \times \frac{273 + t_2}{273 + t_1} = 0.50 \times \frac{273 + 300}{273 + 21} = 0.97 (\text{m}^3/\text{min})$$

예제 78

온도가 170℃인 제조공정에서 크실렌이 시간당 2.0L씩 증발하고 있다. 폭발방지를 위한 실제 환기량(m³/min)을 계산하시오. (단, 크실렌의 LEL : 1%, SG : 0.88, MW : 106, C : 5이다) | 기사 2013년 1회 / 산업 2013년 1회 |

해설

화재 및 폭발방지를 위한 환기량

1. 21℃ 1기압 기준

$$Q = \frac{24.1 \times \text{kg/h} \times C \times 10^2}{MW \times L \times B} \div 60 = \frac{24.1 \times 2.0 \times 0.88 \times 5 \times 10^2}{106 \times 1 \times 0.7} \div 60 = 4.76 (\text{m}^3/\text{min})$$

2. 21℃(t_1)의 환기량 4.76(m³/min)을 170℃(t_2)로 유량 보정

$$Q_2 = Q_1 \times \frac{273 + t_2}{273 + t_1} = 4.76 \times \frac{273 + 170}{273 + 21} = 7.17 (\text{m}^3/\text{min})$$

(2) 전체환기량(유해물질 농도 증가 시) ★

1) 농도 C에 도달하는 데 걸리는 시간(t)

$$t(\min) = -\frac{V}{Q'}\left[\ln\frac{G - Q' \cdot C}{G}\right]$$

V : 작업장의 기적(m^3)
Q' : 환기량(m^3/min)
G : 유해물질의 발생량(m^3/min)
C : 유해물질농도(ppm)

2) 처음농도 0인 상태에서 t시간 후의 농도(C) ★

$$C(\text{ppm}) = \frac{G(1 - e^{-\frac{Q'}{V}t})}{Q'} \times 10^6$$

V : 작업장의 기적(m^3)
Q' : 유효환기량(m^3/min)
G : 유해물질의 발생량(m^3/min)
t : 시간(min)

(3) 전체환기량(유해물질 농도 감소 시) ★★

1) 유해물질을 나중농도(노출농도) 이하로 환기하는 데 소요되는 시간

$$t(\min) = -\frac{V}{Q'} \times \ln\left(\frac{C_2}{C_1}\right)$$

2) 농도 C_1에서 t(min)시간 후의 농도

$$C_2 = C_1 \times e^{\left(-\frac{Q'}{V}t\right)}$$

V : 작업장의 기적(m^3)
Q' : 환기량(m^3/min)
C_1 : 유해물질 처음농도(ppm)
C_2 : 유해물질 노출기준(ppm)

예제 79

메틸렌글로라이드가 시간당 500g 발생되는 작업장의 부피가 2,000m³, 유효 환기량이 48.5m³/min이다. 작업장 메틸렌글로라이드의 농도가 150mg/m³이 될 때까지 걸리는 시간(min)을 계산하시오. (단, 아래 공식을 이용한다.)

| 기사 2019년 1회 |

$$V\frac{dc}{dt} = G - Q'C$$

V : 작업실의 부피
G : 유해물질의 발생량
Q' : 유효 환기량
C : t시간에서 유해물질의 농도

해설

$$t = -\frac{V}{Q'}\left[\ln\frac{G-Q'C}{G}\right] = -\frac{2{,}000\text{m}^3}{48.5\text{m}^3/\text{min}} \times \left[\ln\frac{500\text{g/hr} - 436.50\text{g/hr}}{500\text{g/hr}}\right] = 85.10(\min)$$

$$\left[Q'C = \frac{48.5\text{m}^3}{\frac{1}{60}\text{hr}} \times \frac{150 \times 10^{-3}\text{g}}{\text{m}^3} = 436.50\text{g/hr}\right]$$

예제 80

용적이 1,800m³인 어느 작업장에서 메틸클로로포름 증기가 0.12m³/min으로 발생하고 있으며, 작업장의 유효 환기량은 65m³/min이다. 작업장의 초기농도가 0인 상태에서 농도 170ppm에 도달하는데 걸리는 시간(min)을 계산하고 1시간 후의 농도(ppm)를 계산하시오.

| 기사 2019년 3회 / 산업 2013년 1회 |

(1) 농도 170ppm에 도달하는 데 걸리는 시간(t)
(2) 처음농도 0인 상태에서 1시간(60min) 후의 농도(C)

해설

(1) $$t = -\frac{V}{Q'}\left[\ln\left(\frac{G-Q'C}{G}\right)\right] = -\frac{1{,}800}{65} \times \left[\ln\left(\frac{0.12 - (65 \times 170 \times 10^{-6})}{0.12}\right)\right] = 2.68(\min)$$

(ppm=10^{-6})

(2) $$C = \frac{G(1-e^{-\frac{Q'}{V}t})}{Q'} = \frac{0.12 \times (1-e^{-\frac{65}{1{,}800} \times 60})}{65} = 0.00163466 \times 10^6 = 1634.66(\text{ppm})$$

예제 81

체적이 2,000m³인 작업장에서 1.5m³/sec의 실외공기가 작업장 안으로 유입되고 있다. 작업장에서 톨루엔 발생이 정지된 순간의 작업장 내 톨루엔의 농도가 80ppm일 때 톨루엔의 농도가 10ppm으로 감소하는 데 걸리는 시간(min) 과 1시간 후의 공기 중의 톨루엔 농도(ppm)를 계산하시오. (단, 실외에서 유입되는 공기량 중 톨루엔의 농도는 0ppm이고, 1차 반응식이 적용된다.) | 기사 2018년 2회 / 산업 2015년 2회 |

해설

1. 톨루엔의 농도가 80ppm에서 10ppm으로 감소하는 데 걸리는 시간(min)

$$t(\min) = -\frac{V}{Q'} \times \ln\left(\frac{C_2}{C_1}\right) = -\frac{2,000}{1.5 \times 60} \times \ln\left(\frac{10}{80}\right) = 46.21(\min)$$

$$\left[\frac{1.5\mathrm{m}^3}{\sec} = \frac{1.5\mathrm{m}^3}{\frac{1}{60}\min} = 1.5\mathrm{m}^3 \times 60(\mathrm{m}^3/\min)\right]$$

2. 1시간 후의 공기 중 농도

$$C_2 = C_1 \times e^{\left(-\frac{Q'}{V} \times t\right)} = 80 \times e^{\left(-\frac{90}{2,000} \times 60\right)} = 5.38(\mathrm{ppm})$$

예제 82

공간의 부피가 2,000m³인 작업장에서 methyle chloroform 증기의 공기 중 농도가 180ppm이다. methyle chloroform 증기의 농도가 35ppm까지 감소하는데 걸리는 시간(min)을 계산하시오. (단, 유효 환기량은 1.6m³/sec이다.) | 기사 2017년 2회 |

해설

$$t(\min) = -\frac{V}{Q'} \times \ln\left(\frac{C_2}{C_1}\right) = -\frac{2,000\mathrm{m}^3}{(1.6 \times 60)\mathrm{m}^3/\min} \times \ln\left(\frac{35}{180}\right) = 34.12(\min)$$

$$\left[\frac{1.6\mathrm{m}^3}{\sec} = \frac{1.6\mathrm{m}^3}{\frac{1}{60}\min} = 1.6\mathrm{m}^3 \times 60(\mathrm{m}^3/\min)\right]$$

예제 83

체적이 200m³인 작업장에서 56m³/sec의 실외공기가 작업장 안으로 유입되고 있다. 작업장에서 톨루엔 발생이 정지된 순간의 작업장 내 톨루엔의 농도가 100mg/m³일 때 톨루엔의 농도가 50mg/m³로 감소하는 데 걸리는 시간(min)을 계산하시오.　　　　　　　　　　　　　　　　　　　| 기사 2017년 3회 / 산업 2013년 2회 |

해설

$$t(\min) = -\frac{V}{Q'} \times \ln\left(\frac{C_2}{C_1}\right) = -\frac{2,000}{56 \times 60} \times \ln\left(\frac{50}{100}\right) = 0.04(\min)$$

$$\left[\frac{56\text{m}^3}{\sec} = \frac{56\text{m}^3}{\frac{1}{60}\min} = 56\text{m}^3 \times 60(\text{m}^3/\min)\right]$$

예제 84

용적이 2,500m³인 어느 작업장에서 유해물질이 700L/hr으로 발생하고 있으며, 작업장의 유효 환기량은 50m³/min이다. 작업장의 초기농도는 고려하지 않고 30분 후의 농도(ppm)를 계산하시오.　　| 기사 2015년 1회 |

해설

$$C = \frac{G(1-e^{-\frac{Q'}{V}t})}{Q'} = \frac{0.01 \times (1-e^{-\frac{50}{2,500} \times 30})}{50} \times 10^6 = 90.24(\text{ppm})$$

$$\left(\frac{700L}{hr} = \frac{700 \times 10^{-3}\text{m}^3}{60\min}\right) = 0.01\text{m}^3/\min$$

예제 85

부피가 3,000m³인 작업장에서 오염물질의 공기 중 농도가 200ppm이다. 오염물질의 농도가 25ppm까지 감소하는데 걸리는 시간(min)을 계산하시오. (단, 유효 환기량은 1.15m³/sec이다.)　　　　　| 기사 2013년 1회 |

해설

$$t(\min) = -\frac{V}{Q'} \times \ln\left(\frac{C_2}{C_1}\right) = -\frac{3,000\text{m}^3}{(1.15 \times 60)\text{m}^3/\min} \times \ln\left(\frac{25}{200}\right) = 90.41(\min)$$

$$\left[\frac{1.15\text{m}^3}{\sec} = \frac{1.15\text{m}^3}{\frac{1}{60}\min} = 1.15\text{m}^3 \times 60(\text{m}^3/\min)\right]$$

예제 86

공간의 부피가 2,000m³인 작업장에서 환기를 실시하여 공기 중 유해물질의 농도가 450ppm에서 45ppm으로 감소되었다. 유해물질의 농도가 감소하는데 걸린 시간(min)을 계산하시오. (단, 유효환기량은 55m³/min이다.)

| 기사 2013년 3회 |

해설

$$t(\min) = -\frac{V}{Q'} \times \ln\left(\frac{C_2}{C_1}\right) = -\frac{2,000\text{m}^3}{55\text{m}^3/\min} \times \ln\left(\frac{45}{450}\right) = 83.73(\min)$$

예제 87

공간의 부피가 2,000m³인 작업장에서 2.15m³/sec 외부공기가 실내로 유입되어 공기 중 오염물질의 농도가 300ppm에서 45ppm으로 감소되었다. 오염물질의 농도가 감소하는데 걸린 시간(min)을 계산하시오.

| 산업 2019년 1회 |

해설

$$t(\min) = \frac{V}{Q'} \times \ln\left(\frac{C_2}{C_1}\right) = -\frac{2,000}{2.15 \times 60} \times \ln\left(\frac{45}{300}\right) = 29.41(\min)$$

$$\left[\frac{2.15\text{m}^3}{\sec} = \frac{2.15\text{m}^3}{\frac{1}{60}\min} = 2.15\text{m}^3 \times 60(\text{m}^3/\min)\right]$$

예제 88

체적이 2500m³인 작업장에서 오염물질의 농도는 80 g/m³이었다. 1시간이 지난 후 오염물질의 농도가 20 g/m³로 감소되었다면 이때의 유효 환기량(m³/hr)을 계산하시오.

| 산업 2016년 1회 |

해설

$$t(\min) = -\frac{V}{Q'} \times \ln\left(\frac{C_2}{C_1}\right)$$

$$t \times Q' = -V \times \ln\left(\frac{C_2}{C_1}\right)$$

$$Q' = \frac{-V \times \ln\left(\frac{C_2}{C_1}\right)}{t} = \frac{-2500 \times \ln\left(\frac{20}{80}\right)}{1} = 3465.74(\text{m}^3/\text{hr})$$

예제 89

체적이 2500m³인 작업장에서 SF_6 가스를 이용하여 작업장의 침투(자연환기)를 측정하였다. t = 0(분)에서 SF_6 가스의 농도는 80 g/m³이었고 t = 80(분)에서 SF_6 가스의 농도는 4 g/m³이었다. 작업장의 침투량(자연 환기량)(m³/hr)을 계산하시오.

| 산업 2019년 1회 |

해설

$$t(\min) = -\frac{V}{Q'} \times \ln\left(\frac{C_2}{C_1}\right)$$

$$t \times Q' = -V \times \ln\left(\frac{C_2}{C_1}\right)$$

$$Q' = \frac{-V \times \ln\left(\frac{C_2}{C_1}\right)}{t} = \frac{-2500 \times \ln\left(\frac{4}{80}\right)}{80} = 93.62(\text{m}^3/\min) \times 60 = 5617.20(\text{m}^3/\text{hr})$$

(4) 전체환기량(이산화탄소 기준)

1) 이산화탄소를 노출기준으로 유지하기 위한 환기량 ★

$$Q(\text{m}^3/\min) = \frac{G \times 10^6}{C} \times K$$

G : CO_2 발생량(m³/min)
C : 노출기준(ppm)
K : 여유계수(보통 10)

2) 이산화탄소에 기인한 환기량 ★

$$Q(\text{m}^3/\text{min}) = \frac{G}{C - C_o} \times 100$$

G : CO_2 발생률(m^3/min)
C : 이산화탄소의 허용농도(%)
C_o : 외부공기중 이산화탄소 농도(%)

$$Q(\text{m}^3/\text{min}) = \frac{G}{C_s - C_o} \times 10^6$$

G : CO_2 발생률(m^3/min)
C_s : 실내 이산화탄소의 농도(ppm)
C_o : 외부공기 중 이산화탄소의 농도(약 330ppm)

3) 시간당 공기교환 횟수(ACH) ★★

$$ACH = \frac{\text{실내환기량}(m^3/\text{min})}{\text{실내 체적}(m^3)} \times 60$$

$$ACH = \frac{\text{실내환기량}(m^3/hr)}{\text{실내 체적}(m^3)}$$

$$ACH(\text{회}) = \frac{\ln(C_1 - C_o) - \ln(C_2 - C_o)}{hr}$$

C_1 : 처음 측정한 이산화탄소 농도
C_2 : 시간경과 후 측정한 이산화탄소 농도
C_o : 외부공기 중 이산화탄소 농도(약 330ppm)

4) 급기 중 외부공기 함량 ★★

$$\% Q_A = \frac{C_r - C_s}{C_r - C_o} \times 100$$

C_r : 재순환 공기 중 이산화탄소 농도
C_s : 급기중 이산화탄소 농도
C_o : 외부 공기 중 이산화탄소 농도(약 330ppm)

급기 중 외부공기 포함량(%) = 100 - 급기 중 재순환량(%)

$$\text{급기 중 재순환량(\%)} = \frac{\text{급기 중 } CO_2 \text{ 농도} - \text{외기 중 } CO_2 \text{ 농도}}{\text{재순환공기 중 } CO_2 \text{ 농도} - \text{외기 중 } CO_2 \text{ 농도}} \times 100$$

예제 90

어느 작업장의 실내 체적이 2,000m³이고 ACH가 8인 경우 실내공기의 환기량(m³/sec)을 계산하시오.

| 기사 2019년 2회, 2013년 3회 |

해설

$$ACH = \frac{실내환기량(m^3/hr)}{실내체적(m^3)}$$

$Q = ACH \times 실내체적(m^3) = 8 \times 2,000 = 16,000(m^3/hr) \div 3,600 = 4.44(m^3/sec)$

(1hr=3600sec)

예제 91

작업장의 체적이 2,100m³이고 실내의 환기량이 25m³/min 인 경우 시간당 공기교환횟수(ACH)를 계산하시오.

| 산업 2013년 2회 |

해설

$$ACH = \frac{실내환기량(m^3/min)}{실내체적(m^3)} \times 60 = \frac{25}{2,100} \times 60 = 0.71(회)$$

예제 92

작업장에서 환기하여야 할 작업장 실내의 체적이 2,000m³인 공간에 300명이 있다. 1인당 호흡량이 30L/hr일 경우 시간당 공기교환횟수(ACH)를 계산하시오. (단, 실내 CO_2 허용기준은 0.1%이며, 외기 중의 CO_2 농도는 0.03%이다.)

| 기사 2019년 2회 / 산업 2014년 3회, 2013년 2회, 2021년 3회 |

해설

$$ACH = \frac{실내환기량}{실내체적} = \frac{12857.14}{2,000} = 6.43(회 \ 또는 \ 회/hr)$$

$$\left[필요환기량(Q) = \frac{M}{C_s - C_o} \times 100 = \frac{(30 \times 10^{-3} m^3/hr) \times 300인}{(0.1 - 0.03)\%} \times 100 = 12857.14(m^3/hr) \right]$$

예제 93

퇴근 후 오후 6시 30분에 측정한 사무실의 CO_2농도는 1,500ppm이며 오후 9시에 측정한 CO_2농도는 500ppm이었다. 외기 중의 CO_2농도가 330ppm일 경우 시간당 공기교환횟수를 계산하시오. | 기사 2022년 1회 |

해설

$$시간당 \ 공기 \ 교환 \ 횟수(ACH) = \frac{\ln(1500-330) - \ln(500-330)}{2.5hr} = 0.77(회)$$

예제 94

30명이 근무하는 사무실의 1인당 CO_2 발생량이 30L/hr이다. 실내의 CO_2 농도가 700ppm이며 외기 중의 CO_2 농도가 300ppm일 경우 필요환기량(m^3/hr)을 계산하시오. | 기사 2020년 3회 |

해설

$$Q = \frac{G}{C_S - C_0} \times 10^6 = \frac{(30 \times 10^{-3}) \times 30}{700 - 300} \times 10^6 = 2250 \, (m^3/hr)$$

예제 95

30명이 생활하는 어느 실내 공간의 기적이 2,500m^3이며, CO_2의 1인당 배출량이 30L/hr일 경우 시간당 공기 교환횟수를 계산하시오. (단, 실내 CO_2 농도는 600ppm, 외기 중의 CO_2 농도는 400ppm이다.) | 기사 2020년 2회 |

해설

$$ACH = \frac{\text{실내 환기량}(Q)}{\text{실내 체적}(m^3)} = \frac{4{,}500}{2{,}500} = 1.80 \, (\text{회 또는 회/hr})$$

$$\left[Q = \frac{G}{C_S - C_0} \times 100 = \frac{(30 \times 10^{-3} m^3/hr) \times 30\text{인}}{(600-400)ppm} \times 10^6 = 4{,}500 \, (m^3/hr) \right]$$

예제 96

재순환공기의 CO_2 농도는 750ppm이고, 급기의 CO_2 농도는 400ppm일 때 급기 중의 외부공기 포함량(%)을 계산하시오. (단, 외부의 CO_2 농도는 300ppm이다.) | 기사 2018년 2회 / 산업 2014년 1회, 2021년 2회 |

해설

$$\%Q_A = \frac{C_r - C_s}{C_r - C_0} \times 100 = \frac{750 - 400}{750 - 300} \times 100 = 77.78 \, (\%)$$

예제 97

40명이 근무하는 어느 사무실의 체적이 2,200m^3이다. 실내 CO_2 농도는 650ppm이며 외기 중의 CO_2 농도는 300ppm일 경우 사무실의 필요환기량(m_3/hr)을 구하시오. (단, 1인당 CO_2 배출량은 40L/hr를 기준으로 한다.) | 기사 2017년 2회 |

해설

$$Q = \frac{G}{C - C_0} \times 10^6 = \frac{(40 \times 10^{-3} m^3/hr) \times 40\text{인}}{(650-300)ppm} \times 10^6 = 4{,}571.43 \, (m^3/hr)$$

예제 98

재순환공기의 농도는 25%이고, 외부공기의 농도는 15%, 급기 중 공기의 농도는 18%인 경우 (1) 급기 중의 재순환량(%)과 (2) 급기 중의 외부공기 포함량(%)을 계산하시오. | 산업 2016년 1회 |

해설

급기 중 외부공기 함량

1. 급기 중 재순환량(%) = $\dfrac{\text{급기 공기의 농도} - \text{외부공기의 농도}}{\text{재순환공기 농도} - \text{외부공기의 농도}} \times 100 = \dfrac{18-15}{25-15} \times 100 = 30(\%)$

2. 급기 중 외부공기 포함량(%) = 100 − 급기 중 재순환량(%) = 100 − 30 = 70(%)

예제 99

용적이 4m×6m×3m인 사무실의 환기를 위하여 직경 18cm의 개구부를 통하여 1.5m/sec의 유속으로 공기를 공급하고 있다. 공기교환횟수(ACH)를 계산하시오. | 기사 2022년 2회, 2017년 2회 |

해설

$ACH = \dfrac{2.29}{4 \times 6 \times 3} \times 60 = 1.91(\text{회 또는 회}/hr)$

$\left[Q = 60 \times A \times V = 60 \times \dfrac{\pi d^2}{4} \times V = 60 \times \dfrac{\pi \times 0.18^2}{4} \times 1.5 = 2.29(\text{m}^3/\text{min}) \right]$

예제 100

25명이 근무하는 어느 사무실의 체적이 2,200m³이다. 실내 CO_2 농도는 600ppm이며 외기 중의 CO_2 농도는 400ppm일 경우 사무실의 시간당 공기교환횟수를 계산하시오.(단, 1인당 CO_2 배출량은 40L/hr를 기준으로 한다.) | 기사 2017년 2회 |

해설

$ACH = \dfrac{\text{실내환기량(Q)}}{\text{실내체적(m}^3)} = \dfrac{5,000}{2,000} = 2.27(\text{회 또는 회}/hr)$

$\left[Q = \dfrac{G}{C-C_0} \times 10^6 = \dfrac{(40 \times 10^{-3}\text{m}^3/\text{hr}) \times 25\text{인}}{(600-400)\text{ppm}} \times 10^6 = 5,000(\text{m}^3/\text{hr}) \right]$

예제 101

실내 용적이 500m³인 사무실에서 30명이 근무하고 있다. CO_2의 1인당 배출량이 30L/hr일 경우 시간당 공기 교환횟수를 계산하시오. (단, CO_2의 허용농도는 0.08%, 외기 중 CO_2의 농도는 0.02%이다.)

| 산업 200년 3회, 2017년 2회 |

해설

$$ACH = \frac{\text{실내 환기량}(Q)}{\text{실내 체적}(m^3)} = \frac{1,500}{500} = 3(\text{회/hr})$$

$$\left[Q = \frac{G}{C_S - C_o} \times 100 = \frac{(30 \times 10^{-3} m^3/hr) \times 30\text{인}}{(0.08 - 0.02)\%} \times 100 = 1,500(m^3/hr) \right]$$

예제 102

공기 중 이산화탄소의 발생량이 0.25m³/hr인 사무실의 필요환기량(m³/hr)을 계산하시오. (단, 외기 중의 이산화탄소의 농도는 0.03%, 이산화탄소의 허용기준은 0.1%이다.)

| 기사 2015년 1회 |

해설

$$Q = \frac{G}{C_S - C_0} \times 10^2 = \frac{0.25}{0.1 - 0.03} \times 10^2 = 357.14(m^3/hr)$$

예제 103

200명이 근무하는 어느 사무실의 체적이 2,000m³이다. 실내 CO_2 농도는 0.1%이며 외기 중의 CO_2 농도는 0.02%일 경우 사무실의 시간당 공기교환횟수를 계산하시오. (단, 1인당 CO_2 배출량은 21L/hr를 기준으로 한다.)

| 기사 2015년 3회, 2014년 3회 / 산업 2016년 3회 |

해설

$$ACH = \frac{\text{실내 환기량}(Q)}{\text{실내 체적}(m^3)} = \frac{5,250}{2,000} = 2.63(\text{회 또는 회/hr})$$

$$\left[Q = \frac{G}{C_S - C_0} \times 100 = \frac{(21 \times 10^{-3} m^3/hr) \times 200\text{인}}{(0.1 - 0.02)\%} \times 100 = 5,250(m^3/hr) \right]$$

예제 104

사무실의 체적이 1,200m³인 공간에서 50명이 근무하고 있다. 실내 CO_2 허용농도는 0.1%이며 외기 중의 CO_2 농도는 0.03%일 경우 사무실의 시간당 공기교환횟수를 계산하시오.(단, 1인당 CO_2 배출량은 21L/hr를 기준으로 한다.)

| 산업 2021년 1회 |

해설

$$ACH = \frac{\text{실내환기량}(Q)}{\text{실내체적}(m^3)} = \frac{1,500}{1,200} = 1.25(\text{회 또는 회/hr})$$

$$\left[Q = \frac{G}{C_S - C_o} \times 100 = \frac{(21 \times 10^{-3} m^3/hr) \times 50\text{인}}{(0.1 - 0.03)\%} \times 100 = 1,500(m^3/hr) \right]$$

예제 105

재순환공기의 CO_2 농도는 650ppm이고, 급기의 CO_2 농도는 450ppm일 때 급기 중의 외부공기 포함량(%)을 계산하시오. (단, 외부의 CO_2 농도는 300ppm이다.)

| 기사 2014년 3회 / 산업 2017년 2·3회, 2022년 1회 |

해설

$$\%Q_A = \frac{C_r - C_s}{C_r - C_0} \times 100 = \frac{650 - 450}{650 - 300} \times 100 = 57.14(\%)$$

예제 106

외기 중의 CO_2 농도는 0.025%, CO_2의 허용농도는 0.06%이다. 실내의 CO_2 발생량이 0.06m³/hr일 경우 필요환기량(m³/hr)을 계산하시오.

| 기사 2013년 2회 |

해설

$$Q = \frac{G}{C_S - C_0} \times 100 = \frac{0.06}{0.06 - 0.025} \times 100 = 171.43(m^3/hr)$$

예제 107

가로 4.5m, 세로 10m, 높이 2.2m인 어느 작업장에서 유속 2m/sec으로 국소배기장치가 가동되고 있다. 국소배기장치의 덕트 직경이 20cm일 경우 시간당 공기교환횟수를 계산하시오.

| 기사 2013년 3회 |

해설

$$ACH = \frac{3.77}{4.5 \times 10 \times 2.2} \times 60 = 2.28(\text{회 또는 회/hr})$$

$$\left[Q = 60 \times A \times V = 60 \times \frac{\pi d^2}{4} \times V = 60 \times \frac{\pi \times 0.2^2}{4} \times 2 = 3.77(m^3/min) \right]$$

(5) 발열 시 필요환기량 ★★

$$Q(\text{m}^3/\text{hr}) = \frac{H_s}{0.3 \Delta t}$$

Δt : 급배기(실내, 외)의 온도차(℃)
H_s : 작업장 내 열부하량(kcal/hr)
0.3 : 정압비열(kcal/m³℃)

(6) 열 배출 시 필요환기량 ★

$$Q(\text{m}^3/\text{hr}) = \frac{H_s}{C_P \times \gamma \times \Delta t}$$

C_p : 공기의 비열(kcal/kg · ℃)
Δt : 외부공기와 작업장내 온도차(℃)
γ : 공기의 비중량
H_s : 작업장 내 열부하량(kcal/hr)

(7) 수증기 부하량에 따른 필요환기량

$$Q = \frac{W}{1.2 \times \Delta G} \times 100$$

Q : 필요환기량(m³/h)
W : 수증기 부하량(kg/h)
ΔG : 작업장내 공기와 급기의 절대 습도 차(kg/kg)

(8) 혼합물질 발생 시의 전체환기량

① 상가작용일 경우 : 각각 유해물질의 환기량을 모두 합하여 필요환기량으로 결정

$$Q = Q_1 + Q_2 + \cdots + Q_n$$

② 독립작용임 경우 : 유해물질 환기량 중 가장 큰 값을 선택하여 필요환기량으로 결정

예제 108

어느 작업장의 내부온도가 25℃, 작업장 내의 열부하량이 300,000kcal/hr이며 외기의 온도가 15℃이다. 이 작업장의 전체 환기를 위한 필요 환기량(m³/min)을 계산하시오.　　| 기사 2019년 1회 / 산업 2017년 1회 |

해설

$$Q = \frac{H_s}{0.3 \Delta t} = \frac{300{,}000}{0.3 \times (25-15)} = 100{,}000 \, (\text{m}^3/\text{hr}) \div 60 = 1{,}666.67 \, (\text{m}^3/\text{min})$$

예제 109

어느 작업장의 내부온도가 32℃, 작업장 내의 열부하량이 250,000kcal/hr이며 외기의 온도가 25℃이다. 이 작업장의 전체 환기를 위한 필요 환기량(m³/hr)을 계산하시오.　　| 산업 2019년 2회, 2016년 2회, 2021년 3회 |

해설

$$Q = \frac{H_s}{0.3 \Delta t} = \frac{250{,}000}{0.3 \times (32-25)} = 119047.62 \, (\text{m}^3/\text{hr})$$

예제 110

작업자 30명이 시간당 100kcal의 열량을 발산하는 어느 작업장에 1HP인 기계가 20대, 30kW의 전등이 2대 켜져 있다. 실내온도가 31℃, 외기온도가 26℃일 경우 실내 온도를 외기온도로 낮추기 위한 필요 환기량(m³/min)을 계산하시오. (단, 1HP = 730kcal/hr, 1kW = 860kcal/hr이며, 작업장 내의 열부하(H_s) = $C_P \times Q \times \Delta t$ 에서 C_P 0.24는 밀도(1.203kg/m³)를 고려하여 계산한다.)　　| 기사 2019년 3회 |

해설

$$Q = \frac{H_s}{C_P \times \gamma \times \Delta t} = \frac{(30 \times 100) + (1 \times 20 \times 730) + (30 \times 860 \times 2)}{(0.24 \times 1.203) \times (31-26)} = 47935.72 \, (\text{m}^3/\text{hr}) \div 60 = 798.93 \, (\text{m}^3/\text{min})$$

예제 111

열원을 사용하는 어느 작업장 내의 열부하량이 18,000kcal/hr이며, 실내 온도는 29℃, 실외온도는 22℃인 경우 해당 작업장의 필요환기량(m³/min)을 계산하시오.　　| 기사 2018년 3회 |

해설

$$Q = \frac{H_s}{0.3 \Delta t} = \frac{18{,}000}{0.3 \times (29-22)} = 8571.43 \, (\text{m}^3/\text{hr}) \div 60 = 142.86 \, (\text{m}^3/\text{min})$$

예제 112

어느 작업장의 내부온도가 26℃, 작업장 내의 열부하량이 240,000kcal/hr이며 외기의 온도가 17℃이다. 이 작업장의 전체환기를 위한 필요환기량(m³/min)을 계산하시오. | 기사 2017년 2회 |

해설

$$Q = \frac{H_s}{0.3 \Delta t} = \frac{240,000}{0.3 \times (26-17)} = 88888.89 \, (\text{m}^3/\text{hr}) \div 60 = 1481.48 \, (\text{m}^3/\text{min})$$

예제 113

작업장의 내부온도가 30℃, 외기의 온도가 20℃이다. 작업장 내의 열부하량이 12,000kcal/hr일 경우 이 작업장의 필요환기량(m³/min)을 계산하시오. | 기사 2015년 3회 |

해설

$$Q = \frac{H_s}{0.3 \Delta t} = \frac{12,000}{0.3 \times (30-20)} = 4,000 \, (\text{m}^3/\text{hr}) \div 60 = 66.67 \, (\text{m}^3/\text{min})$$

예제 114

작업장의 내부온도가 30℃, 외기의 온도가 20℃이다. 작업장 내의 열부하량이 10,000kcal/hr일 경우 이 작업장의 필요환기량(m³/min)을 계산하시오. | 기사 2014년 1회 |

해설

$$Q = \frac{H_s}{0.3 \Delta t} = \frac{10,000}{0.3 \times (30-20)} = 3333.33 \, (\text{m}^3/\text{hr}) \div 60 = 55.56 \, (\text{m}^3/\text{min})$$

예제 115

어느 작업장에 작업자 10명이 시간당 150kcal의 열량을 발산하는 작업을 하고 있다. 또한 2HP인 기계가 20대, 30kW의 전등이 2대 켜져 있다. 실내온도가 32℃, 외기온도가 22℃일 경우 실내 온도를 외기온도로 낮추기 위한 필요 환기량(m³/min)을 계산하시오. (단, 1HP = 730kcal/hr, 1kW = 860kcal/hr이며, 작업장 내의 열부하(Hs) = $C_P \times Q \times \Delta t$에서 C_P 0.24는 밀도(1.203kg/m³)를 고려하여 계산한다.) | 기사 2014년 2회 |

해설

$$Q = \frac{H_s}{C_P \times \gamma \times \Delta t} = \frac{(10 \times 150) + (2 \times 20 \times 730) + (30 \times 860 \times 2)}{(0.24 \times 1.203) \times (32-22)} = 28505.13 \, (\text{m}^3/\text{hr}) \div 60 = 475.09 \, (\text{m}^3/\text{min})$$

예제 116

어느 작업장에 작업자 10명이 시간당 100kcal의 열량을 발산하는 작업을 하고 있다. 또한 2HP인 기계가 15대, 30kW의 전등이 3대 켜져 있다. 실내온도가 30℃, 외기온도가 21℃일 경우 실내 온도를 외기온도로 낮추기 위한 필요 환기량(m³/min)을 계산하시오.(단, 1HP = 641kcal/hr, 1kW = 860kcal/hr이다.)

| 산업 2014년 3회, 2012년 1회 |

해설

$$Q = \frac{H_s}{0.3 \Delta t} = \frac{(10 \times 100) + (2 \times 15 \times 641) + (30 \times 3 \times 860)}{0.3 \times (30 - 21)} (m^3/hr) \div 60 = 602.65 (m^3/min)$$

예제 117

작업장의 내부온도가 30℃, 외기의 온도가 20℃이다. 작업장 내의 열부하량이 25,000kcal/hr일 경우 이 작업장의 필요환기량(m³/hr)을 계산하시오.

| 기사 2013년 2회 |

해설

$$Q = \frac{H_s}{0.3 \Delta t} = \frac{25,000}{0.3 \times (30 - 20)} = 8333.33 (m^3/hr)$$

예제 118

작업장에 A, B, C 3가지 오염물질이 발생하고 있다. A물질 제거에 필요한 환기량은 250m³/min, B물질은 300m³/min, C물질은 350m³/min이다. A와 B물질은 서로 상가작용을 하고, C물질은 독립작용을 하는 경우 작업장에 필요한 전체 환기량(m³/min)을 계산하시오.

| 산업 2015년 1회, 2013년 1회 |

해설

1. A와 B물질은 서로 상가작용을 하므로
   A와 B물질의 환기량 = 250 + 300 = 550(m³/min)
2. C물질은 독립작용을 하므로 A와 B물질의 환기량(550m³/min)과 C물질의 환기량(350m³/min) 중 큰 값이 작업장의 전체 환기량이 된다.
3. 작업장의 전체 환기량 = 550(m³/min)

03 국소환기

1 국소배기 시설의 개요 및 구성

(1) 용어 정의 ★

① 국소배기장치 : 발생원에서 발생되는 유해물질을 후드, 덕트, 공기정화장치, 배풍기 및 배기구를 설치하여 배출하거나 처리하는 장치를 말한다.
② 후드(Hood) : 유해물질을 포집·제거하기 위해 해당 발생원의 가장 근접한 위치에 다양한 형태로 설치하는 구조물로서 국소배기장치의 개구부를 말한다.
③ 덕트(duct) : 오염물질이 함유된 공기를 우송하는 관을 말한다.
④ 플랜지(flange) : 후드 뒤쪽의 공기(후방기류)를 차단하기 위하여 후드에 직각으로 부착하는 판을 말하며, 송풍량을 약 25% 감소시키는 역할을 하다. ★
⑤ 차폐막 : 주변 방해기류(난기류)의 영향을 차단하기 위하여 설치하는 칸막이를 말한다. ★
⑥ 테이퍼(taper, 경사접합구) : 후드와 덕트의 연결부위를 말하며, 급격한 단면 변화로 인한 압력손실을 방지하고 후드 개구면 속도를 균일하게 분포시키는 역할을 한다. ★
⑦ 슬롯(slot) : 가늘고 긴 좁은 통로를 슬롯이라 하며 후드의 폭과 길이의 비가 0.2 이하인 경우를 슬롯형 후드라고 한다.(후드 개구면이 감소되어 개구면 속도가 빨라져서 분진 포집 효율이 좋아진다.) ★
⑧ 분리날개(splitter vane) : 후드 개구부를 몇 개로 나누어 유입하는 형식을 말하며 부식 및 유해물질 축적 등의 단점을 가지는 장치이다. ★
⑨ 플레넘(Plenum : 공기충만실) : 공기의 흐름을 균일하게 유지시켜주기 위한 후드나 덕트의 큰 공간을 말한다.
⑩ 제어속도 : 오염물질을 후드 안으로 흡인하기 위한(제어하기 위한) 공기속도(최소 풍속)를 말한다. ★
⑪ 반송속도 : 덕트를 통하여 이동하는 유해물질을 덕트 내에서 퇴적이 일어나지 않는 상태로 이동시키기 위하여 필요한 최소 속도를 말한다.(오염물질을 운반하는 속도) ★
⑫ 개구속도 : 후드 개구부 전면에서 측정한 공기속도를 말한다. ★
⑬ 무효점(제로점, null pooint) : 입자가 운동에너지를 상실하여 비산속도가 0이 되는 한계점을 의미한다. ★
⑭ 무효점이론 : 환기시설의 제어속도 결정 시 발생원뿐만 아니라 무효점(입자의 비산속도가 0이 되는 지점)까지 흡인할 수 있는 지점이 확대되어야 한다는 이론을 말한다.
⑮ 잠재중심부 : 분출속도를 일정하게 유지하는 지점까지 거리를 말하며 배출구직경의 약 5배 정도 까지가 해당 된다. ★

⑯ **천이부** : 분출속도가 작아지기 시작하여 50%까지 줄어드는 지점을 말하며, 배출구 직경의 약 5~30배 정도까지가 해당된다.
⑰ **완전개구부** : 위치변화에 관계없이 분출속도 분포가 유사한 형태를 보이는 영역을 말한다.
⑱ **덕트의 조도** : 덕트 내면의 거칠기의 정도를 말한다. ★
⑲ **덕트의 상대조도** : 절대표면조도를 덕트 직경으로 나눈 값을 말한다.

$$\text{덕트의 상대조도} = \frac{\text{절대표면조도}}{\text{덕트직경}}$$

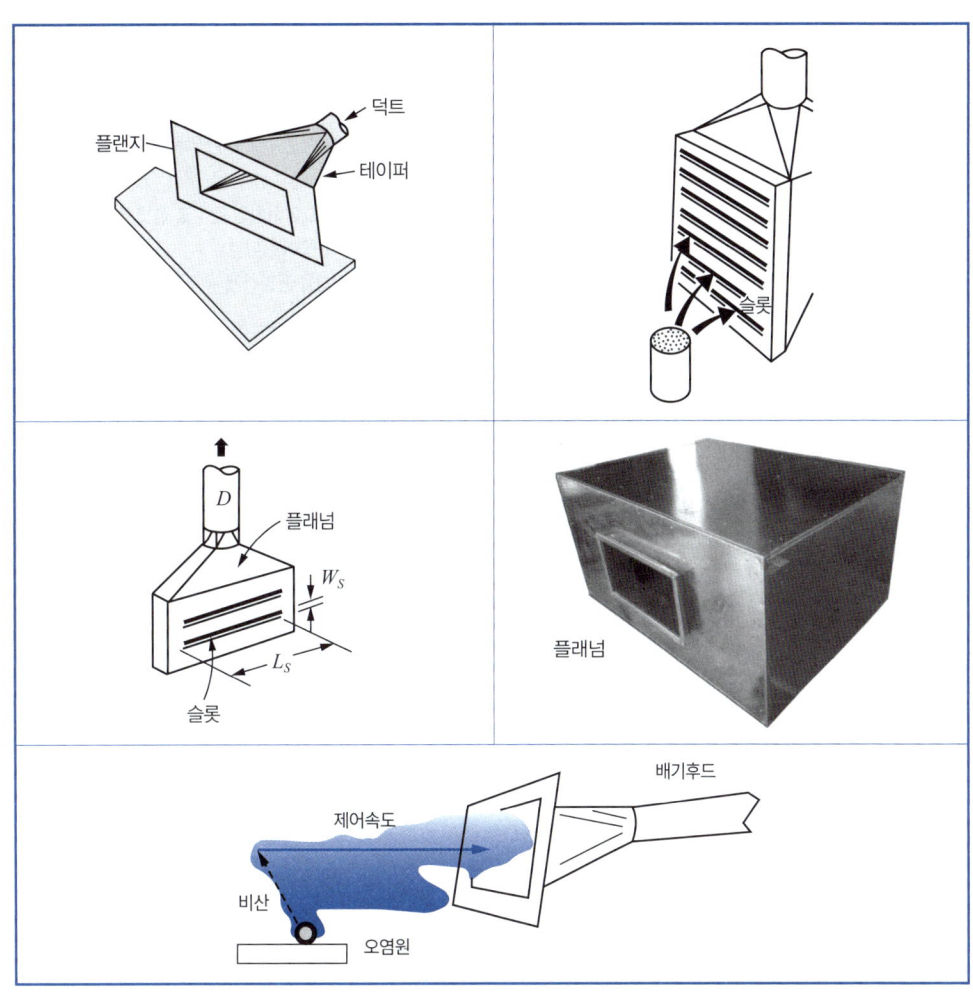

예제 119

국소배기장치와 관련된 다음 [보기]의 용어를 간단히 설명하시오.　　| 기사 2019년 2회, 2017년 3회, 2013년 1회 |

(1) 플랜지
(2) 테이퍼
(3) 슬롯
(4) 충만실
(5) 제어속도

해설

(1) 플랜지(flange) : 후드 뒤쪽의 공기(후방기류)를 차단하기 위하여 후드에 직각으로 부착하는 판을 말하며, 송풍량을 약 25% 감소시키는 역할을 한다.
(2) 테이퍼(taper, 경사접합구) : 후드와 덕트의 연결부위를 말하며, 급격한 단면 변화로 인한 압력손실을 방지하고 후드 개구면 속도를 균일하게 분포시키는 역할을 한다.
(3) 슬롯(slot) : 가늘고 긴 좁은 통로를 슬롯이라 하며 후드의 폭과 길이의 비가 0.2 이하인 경우를 슬롯형 후드라고 한다. (후드 개구면이 감소되어 개구면 속도가 빨라져서 분진 포집 효율이 좋아진다.)
(4) 충만실(플래넘 : Plenum) : 슬롯 후드 뒤쪽에 위치하여 공기의 흐름(압력)을 균일하게 유지시켜주기 위한 후드나 덕트의 큰 공간을 말한다.
(5) 제어속도 : 오염물질을 후드 안으로 흡인하기 위한(제어하기 위한) 공기속도(최소 풍속)를 말한다

예제 120

다음 [보기]의 설명을 읽고 해당하는 용어를 적으시오.　　| 기사 2020년 2회, 2018년 1회 |

(1) 후드와 덕트 연결부위를 말하며, 경사 접합구라고도 한다. 급격한 단면 변화로 인한 압력손실을 방지하고 후드 개구면 속도를 균일하게 분포시키는 역할을 하는 장치이다.
(2) 후드 개구부를 몇 개로 나누어 유입하는 형식을 말하며 부식 및 유해물질 축적 등의 단점을 가지는 장치이다.

해설

(1) 테이퍼(taper, 경사접합구)
(2) 분리날개(splitter vane)

예제 121

산업환기와 관련된 다음 용어를 설명하시오.　　| 산업 2012년 2회, 2015년 2회, 2021년 2회 |

(1) 충만실
(2) 제어속도
(3) 개구속도
(4) 반송속도
(5) 테이퍼
(6) 차폐막

> **해설**
>
> (1) 플래넘(Plenum)
>   - 공기의 흐름을 균일하게 유지시켜주기 위한 후드나 덕트의 큰 공간을 말한다.
>   - 슬롯 후드 뒤쪽에 위치하여 압력을 균일화시키는 역할을 한다.
> (2) 오염물질을 후드 안으로 흡인하기 위한(제어하기 위한) 공기속도(최소 풍속)를 말한다.
> (3) 후드 개구부 전면에서 측정한 공기속도를 말한다.
> (4) 덕트를 통하여 이동하는 유해물질이 덕트 내에서 퇴적이 일어나지 않는 상태로 이동시키기 위하여 필요한 최소 속도를 말한다.(오염물질을 운반하는 속도)
> (5) • 후드와 덕트 연결부위(경사 접합구라고도 한다)를 말한다.
>   • 급격한 단면 변화로 인한 압력손실을 방지하고 후드 개구면 속도를 균일하게 분포시키는 역할을 하는 장치이다.
> (6) 주변 방해기류(난기류)의 영향을 차단하기 위하여 설치하는 칸막이를 말한다.

예제 122

국소배기장치의 "null point 이론"에 대하여 간단히 설명하시오. | 기사 2016년 2회, 2013년 1회 |

> **해설**
>
> 무효점(제로점, null pooint) 이론
> 환기시설의 제어속도 결정 시 발생원뿐만 아니라 무효점까지 흡인할 수 있는 지점이 확대되어야 한다는 이론을 말한다.

예제 123

후드의 분출기류 중 잠재중심부를 설명하시오. | 기사 2015년 2회 |

> **해설**
>
> 분출속도를 일정하게 유지하는 지점까지 거리를 말하며 배출구직경의 약 5배 정도 까지가 해당된다.

예제 124

덕트의 상대조도를 설명하시오. | 기사 2014년 2회 |

> **해설**
>
> - 절대표면조도를 덕트 직경으로 나눈 값을 말한다.
> - 덕트의 상대조도 = $\dfrac{\text{절대표면조도}}{\text{덕트직경}}$

예제 125

덕트의 조도를 설명하시오. | 기사 2012년 1회 |

> **해설**
>
> 덕트 내면의 거칠기의 정도를 말한다.

(2) 국소배기장치를 반드시 설치해야 하는 경우 ★★

① 유해물질 발생량이 많은 경우
② 유해물질 독성이 강한 경우(TLV가 낮은 물질 취급)
③ 근로자의 작업위치가 유해물질 발생원에 근접해 있는 경우
④ 높은 증기압의 유기용제
⑤ 오염물질의 발생주기가 균일하지 않은 경우
⑥ 발생원이 고정되어 있는 경우
⑦ 법적으로 국소배기장치를 설치해야 하는 경우

(3) 국소배기장치의 특징(전체 환기와 비교한 국소 배기의 장점)

① 전체 환기시설은 유해물질이 제거되지 않고 농도만 낮아지나, 국소배기시설은 발생원에서 유해물질을 제거할 수 있다.
② 필요 환기량이 적어 실내에서 배출되는 공기량이 적고, 따라서 보충되어야 할 급기량도 적어지므로 냉난방 비용 면에서 전체 환기시설보다 경제적이다.
③ 유해물질이 소량의 공기 중에 고농도로 포함되어 있으므로 공기정화기를 설치하는데 있어서 경제적이다.
④ 유해물질이 작업장 내로 배출되지 않으므로 유해물질에 의해 기계, 기구, 제품 등이 손상되지 않으며, 유지관리가 용이하다.
⑤ 발생원에 근접하여 배기시키기 때문에 방해기류나 부적절한 급기흐름의 영향을 적게 받는다.

(4) 국소배기시설의 구성

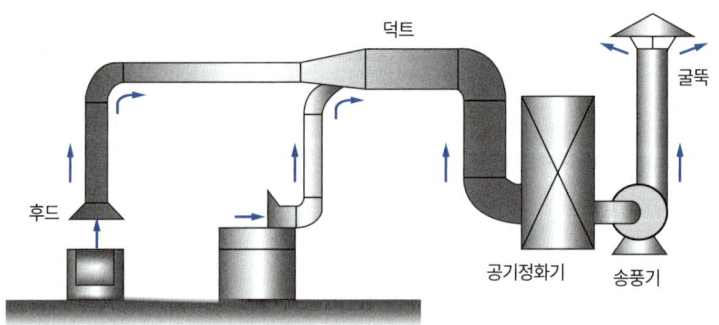

1) 국소배기시설의 구성 ★★

후드(Hood) → 덕트(Duct) → 공기정화기(Air cleaner equipment) → 송풍기(Fan) → 배출구

> **암기**
>
> 후(후드)덕(덕트)한 공기를 송풍해서 배출

2) 국소배기장치의 설계순서 ★★

후드형식 선정 → 제어속도 결정 → 소요 풍량 계산 → 반송속도 결정 → 배관 내경 산출 → 후드의 크기 결정 → 배관의 배치와 설치장소 선정 → 공기정화장치 선정 → 국소배기 계통도와 배치도 작성 → 총 압력 손실량 계산 → 송풍기 선정

> **암기**
>
> 형(형식)제(제어속도) 소풍(소요풍량) 단속(반송속도), 배경(배관내경) 크기결정, 배치 장소 선정, 공정(공기정화장치)한 배치도 작성, 손실(총압력손실량) 계산 후 소풍(송풍기) 선정

예제 126

국소배기장치의 계통도이다. 그림의 괄호에 적합한 국소배기장치 구성요소의 명칭을 적으시오. | 산업 2015년 1회 |

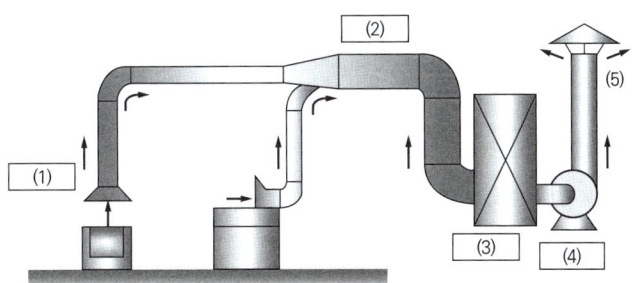

해설

① 후드, ② 덕트, ③ 공기정화장치, ④ 송풍기, ⑤ 배기덕트

예제 127

다음 [보기]는 국소배기장치의 설계순서를 나타내고 있다. ( )에 적합한 내용을 적으시오.

| 기사 2020년 3회, 2018년 2회 / 산업 2020년 1회 |

(①) → 제어속도 결정 → (②) → 반송속도 결정 → (③) → (④) → 배관의 배치와 설치장소 선정 → (⑤) → 국소배기 계통도와 배치도 작성 → (⑥) → 송풍기 선정

해설

① 후드형식 선정
② 소요 풍량 계산
③ 배관 내경 산출
④ 후드의 크기 결정
⑤ 공기정화장치 선정
⑥ 총 압력 손실량 계산

예제 128

[보기]의 장치를 이용하여 국소배기시설의 구성을 순서대로 적으시오.

| 기사 2012년 1회 / 산업 2021년 3회 |

- 후드(Hood)
- 공기정화기(Air cleaner equipment)
- 덕트(Duct)
- 배출구
- 송풍기(Fan)

해설

후드(Hood) → 덕트(Duct) → 공기정화기(Air cleaner equipment) → 송풍기(Fan) → 배출구

예제 129

분진 및 흄 등의 입자상물질이 발생하는 작업장에서 전체 환기장치 보다는 국소 배기장치를 설치해야 하는 이유 3가지를 적으시오.

| 산업 2020년 1·2회, 2016년 1회, 2012년 3회 |

해설

① 전체 환기시설은 유해불실이 세부뇌지 않고 농도민 낮아지니, 국소배기시설은 발생원에서 유해물질을 제거할 수 있다.
② 필요 환기량이 적어 실내에서 배출되는 공기량이 적고, 따라서 보충되어야 할 급기량도 적어지므로 냉난방 비용 면에서 전체 환기시설보다 경제적이다.
③ 유해물질이 소량의 공기 중에 고농도로 포함되어 있으므로 공기정화기를 설치하는데 있어서 경제적이다.
④ 유해물질이 작업장 내로 배출되지 않으므로 유해물질에 의해 기계, 기구, 제품 등이 손상되지 않으며, 유지관리가 용이하다.
⑤ 발생원에 근접하여 배기시키기 때문에 방해기류나 부적절한 급기흐름의 영향을 적게 받는다.

예제 130

분진 및 흄 등의 입자상물질이 발생하는 작업장에서 전체 환기장치 보다는 국소 배기장치를 설치해야 하는 이유 3가지를 적으시오. | 산업 2019년 1회, 2014년 3회, 2021년 2회 |

해설
① 전체 환기를 적용하는 경우 실내의 방해기류에 의해 분진이 재 비산할 우려 있다.
② 전체 환기는 유해물질이 제거되지 않고 농도만 낮아지게 하나, 국소배기시설은 발생원에서 유해물질을 제거할 수 있으므로 입자상물질을 제거하기 위해서는 국소배기가 더 효과적이다.
③ 분진 및 흄 등은 이동성이 낮으므로 국소배기장치를 이용하여 작업장으로 확산되기 전에 발산원에서 바로 제거하는 것이 효율적이다.

2 공기압력 ★★

(1) 압력의 종류

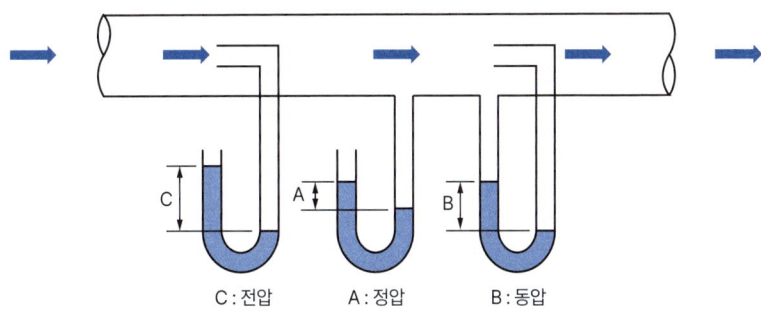

C : 전압   A : 정압   B : 동압

정압 (SP : Static Pressure)	• 덕트 내의 공기가 주위에 미치는 압력으로 모든 방향에서 같은 크기를 나타내는 압력이다. • 공기의 유동이 없을 때 발생하는 압력이며, 송풍기 저항에 대응하는 압력을 말한다.(덕트의 한쪽 끝을 봉인하고 한 쪽을 송풍기로 공기를 압입할 때 생기는 압력) • 대기압보다 낮을 때는 음압(정압 < 대기압이면 (−)압력), 대기압보다 높을 때는 양압(정압 > 대기압이면 (+)압력)이 된다. • 송풍기 앞(흡입관)에서는 음압, 송풍기 뒤(배출관)에서는 양압이 된다.(국소배기장치의 배출구 압력은 항상 대기압보다 높아야 한다.)
동압 (속도압, VP : Velocity Pressure)	• 공기 흐름 방향의 속도에 의해 생기는 압력으로 항상 양압(0 이상의 압력)이다.
전압 (TP : total pressure)	• 전압 = 동압(VP) + 정압(SP)

예제 131

다음 그림에서 속도압을 구하시오. | 기사 2020년 4회 |

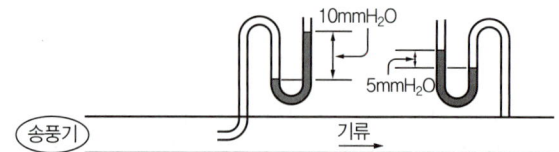

해설

전압 = 10mmH₂O, 정압 = 5mmH₂O이므로
동압(속도압) = 전압 − 정압 = 10 − 5 = 5mmH₂O

예제 132

덕트 내에 작용하는 압력의 종류 3가지를 간단히 설명하시오. | 기사 2020년 4회, 2018년 2회, 2017년 1회 |

해설

① 정압(SP)
  - 덕트 내의 공기가 주위에 미치는 압력으로 모든 방향에서 같은 크기를 나타내는 압력이다.
  - 송풍기 앞에서는 음압, 송풍기 뒤에서는 양압이 된다.
② 동압(속도압, VP)
  - 공기 흐름 방향의 속도에 의해 생기는 압력으로 항상 양압(0 이상의 압력)이다.
③ 전압(TP)
  - 전압 = 동압(VP) + 정압(SP)

예제 133

[보기]의 설명에 해당하는 용어를 적으시오. | 산업 2018년 3회 |

- 덕트 내의 공기가 주위에 미치는 압력으로 모든 방향에서 같은 크기를 나타내는 압력이다.
- 공기의 유농이 없을 때 발생하는 압력이며 송풍기 저항에 대응하는 압력을 말한다.

해설

정압

예제 134

덕트 내의 전압, 정압, 속도압을 피토튜브로 측정하려고 한다. 이 그림에서 전압, 정압, 속도압을 찾고 해당 압력을 쓰시오.

| 기사 2020년 2회, 2017년 2회, 2012년 1회 |

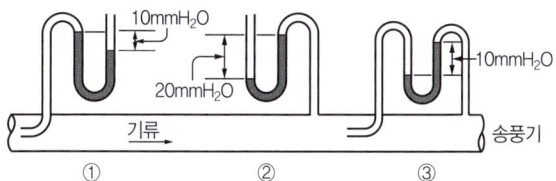

해설

① 전압 : $-20 + 10 = -10\text{mmH}_2\text{O}$
② 정압 : $-20\text{mmH}_2\text{O}$
③ 동압 : $10\text{mmH}_2\text{O}$

예제 135

다음 그림에서 전압, 정압, 속도압에 해당하는 기호를 적고, 각각의 압력을 적으시오.

| 기사 2018년 2회, 2014년 3회 / 산업 2013년 1회 |

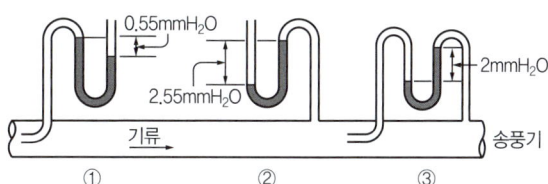

해설

① 전압 = 정압 + 속도압 = $-2.55 + 2 = -0.55\text{mmH}_2\text{O}$
② 정압 : $-2.55\text{mmH}_2\text{O}$
③ 동압 : $2\text{mmH}_2\text{O}$

예제 136

국소배기시스템의 공기압력에 관한 설명이다. 틀린 설명의 번호를 적고 내용을 바르게 고쳐 적으시오.

| 기사 2016년 1회, 2012년 3회 |

① 공기의 흐름은 송풍기 앞(입구)에서는 양압(+)이고, 송풍기 뒤(출구)에서는 음압(-)이다.
② 동압(속도압)은 공기가 이동하는 힘으로 항상 양압(+)이다.
③ 정압은 잠재적인 에너지로 공기의 이동에 소요되며, (+) 또는 (-) 값을 가질 수 있다.
④ 송풍기 배출구의 압력은 항상 대기압보다 낮아야 한다.
⑤ 후드 내의 압력은 일반 작업장의 압력보다 낮아야 한다.

> **해설**
> ① 송풍기 앞에서는 음압(-), 송풍기 뒤에서는 양압(+)이 된다.
> ④ 송풍기 배출구의 압력은 항상 대기압보다 높아야 한다.

예제 137

(1) 압력을 측정하는 마노미터와 피토관의 원리를 그림으로 그리고, (2) 마노미터와 피토관을 이용하여 속도압과 속도를 구하는 원리를 설명하시오. | 기사 2017년 2회 |

> **해설**
>
> **1. 마노미터(manometer)**
>   U자형으로 구부린 유리관에 액체를 넣고 압력차에 의하여 밀려올라간 액체 기둥의 높이 차이를 이용하여 압력을 측정한다.
>
>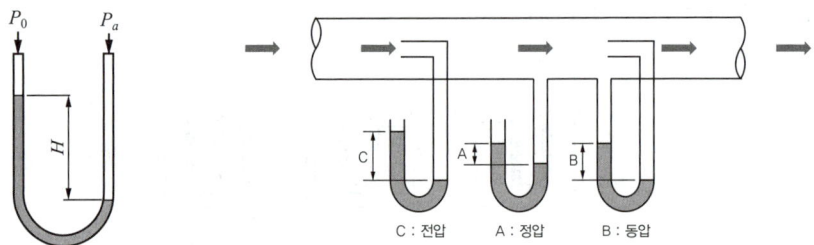
>
> P_0 : 대기압, P_a : 게이지압
>
> **2. 피토관(pitot tube)**
> - 피토관(pitot tube)은 흐르는 유체 내부에 설치하여 그 유체의 속도를 측정하는 장치이다.
> - 넓은 곳을 흐르던 유체가 좁은 피토관에 들어가면 압력이 높아지며 피토관 내/외부에는 압력차이가 생긴다. 압력차는 유체속도의 제곱과 비례하기 때문에 유체의 속도를 구할 수 있다.
>
>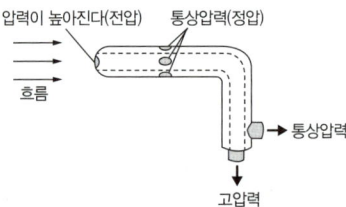
>
> **3. 속도의 계산**
>
> $$V(\text{m/sec}) = 4.043\sqrt{VP}$$
>
> V : 속도
> VP : 속도압(mmHg)

1) 속도압(동압) ★★★

- 속도압$(VP) = \dfrac{\gamma V^2}{2g}$ (mmH$_2$O)
- V(m/sec) $= 4.043\sqrt{VP}$ (21℃, 1기압의 경우에만 적용 가능)

r : 공기비중
V : 유속(m/s)
g : 중력가속도(9.8m/s^2)

2) 정압 ★★

$$\text{후드정압}(SP_h) = VP + \Delta P = VP + (F_h \times VP)$$
$$= VP(1 + F_h) \text{ (mmH}_2\text{O)}$$

VP : 속도압(동압)(mmH$_2$O)
F_h : 압력손실계수$(= \dfrac{1}{\alpha^2} - 1)$
α : 유입계수
ΔP : 압력손실(mmH$_2$O)

- 송풍기 앞에서의 정압은 음압(−), 송풍기 뒤에서의 정압은 양압(+)이 된다. 후드는 송풍기 앞에 위치하므로 후드 정압은 음압(−)이 된다.
- 후드 정압은 후드나 덕트를 수축시키려는 방향(음압)으로 작용하기 때문에 "−"부호를 붙여 표기한다.

3) 후드의 정압과 동압의 측정

후드에서 정압과 동압(속도압)을 동시에 측정하고자 할 때 측정공의 위치는 후드 또는 덕트의 연결부로부터 덕트 직경의 4~6배 떨어진 지점에서 측정한다.

예제 138

한 변의 길이가 0.3m인 정사각형 덕트에서 덕트 내 정압이 30mmH₂O, 전압이 45mmH₂O이다. 이때 덕트 내의 반송속도(m/sec)와 공기유량(m³/min)을 계산하시오. (단, 공기밀도는 1.2kg/m³로 가정한다.)

| 기사 2014년 2회 |

해설

1. 전압 = 정압 + 동압

   동압(속도압) = 전압 − 정압 = 45 − 30 = 15(mmH₂O)

2. 속도압 $(VP) = \dfrac{\gamma \times V^2}{2g}$

   $\gamma \times V^2 = VP \times 2g$

   $V^2 = \dfrac{VP \times 2g}{\gamma}$

   $V = \sqrt{\dfrac{VP \times 2g}{\gamma}} = \sqrt{\dfrac{15 \times 2 \times 9.8}{1.2}} = 15.65 \text{(m/sec)}$

3. $Q = 60 \times A \times V = 60 \times (0.3 \times 0.3) \times 15.65 = 84.51 \text{(m}^3/\text{min)}$

예제 139

15℃, 1기압의 송풍관 내를 15m/sec의 유속으로 공기가 흐를 때 속도압을 계산하시오. (단, 0℃, 1기압의 공기밀도는 1.293이다.)

| 산업 2015년 1회 |

해설

1. 보정 후의 밀도 = 보정 전의 밀도 $\times \dfrac{(273 + t_1)(P_2)}{(273 + t_2)(P_1)}$

   t_1, P_1 : 처음 온도(℃), 처음 압력
   t_2, P_2 : 나중 온도(℃), 나중 압력

2. 속도압 $(VP) = \dfrac{\gamma V^2}{2g} \text{(mmH}_2\text{O)}$

   r : 공기비중
   V : 유속(m/s)
   g : 중력가속도(9.8m/s²)

1. 0℃(t_1), 1기압의 밀도 1.293을 15℃(t_2), 1기압으로 보정

   $1.293 \times \dfrac{(273 + 0) \times 1}{(273 + 15) \times 1} = 1.23 \text{(kg/m}^3)$

2. 속도압 $(VP) = \dfrac{\gamma V^2}{2g} = \dfrac{1.23 \times 15^2}{2 \times 9.8} = 14.12 \text{(mmH}_2\text{O)}$

예제 140

후드의 유입 손실계수가 0.96, 원형 후드 직경이 30cm, 유량이 45m³/min일 때 후드의 정압(mmH₂O)을 계산하시오. (단, 21℃, 1atm 기준) | 기사 2019년 2회 / 산업 2020년 1·2회, 2017년 3회, 2014년 1회 |

해설

$SP_h = VP(1+F_h) = 6.89 \times (1+0.96) = 13.50(\text{mmH}_2\text{O})(-13.50\text{mmH}_2\text{O})$

- $Q = 60 \times A \times V$

  $V = \dfrac{Q}{60 \times A} = \dfrac{Q}{60 \times \dfrac{\pi d^2}{4}} = \dfrac{45}{60 \times \dfrac{\pi \times 0.3^2}{4}} = 10.61(\text{m/sec})$

- $VP = \dfrac{\gamma V^2}{2g} = \dfrac{1.2 \times 10.61^2}{2 \times 9.8} = 6.89(\text{mmH}_2\text{O})$

- 압력손실계수 = 유입손실계수
- 후드정압은 후드나 덕트를 수축시키려는 방향(음압)으로 작용하기 때문에 "−"부호를 붙여 표기한다.

예제 141

후드의 유입손실계수가 0.25, 유량이 0.32m³/sec, 후드 직경이 6.6cm인 원형후드의 정압(mmH₂O)을 계산하시오. | 기사 2017년 3회 / 산업 2013년 1회 |

해설

$SP_h = VP(1+F_h) = 535.58 \times (1+0.25) = 669.48(\text{mmH}_2\text{O})(-669.48\text{mmH}_2\text{O})$

- $Q = AV$

  $V = \dfrac{Q}{A} = \dfrac{Q}{\dfrac{\pi d^2}{4}} = \dfrac{0.32}{\dfrac{\pi \times 0.066^2}{4}} = 93.53(\text{m/sec})$

- $VP = \dfrac{\gamma V^2}{2g} = \dfrac{1.2 \times 93.53^2}{2 \times 9.8} = 535.58(\text{mmH}_2\text{O})$

예제 142

단면적이 0.45m²인 덕트에서 덕트 내 정압은 −45mmH₂O, 전압은 −15mmH₂O이다. 이때 덕트 내의 반송속도(m/sec)와 공기유량(m³/min)을 계산하시오. (단, 공기밀도는 1.2kg/m³로 가정한다.) | 기사 2019년 1회 |

해설

1. 전압 = 정압 + 동압
   동압(속도압) = 전압 − 정압 = −15 − (−45) = 30(mmH₂O)

2. 속도압$(VP) = \dfrac{\gamma \times V^2}{2g}$

   $\gamma \times V^2 = VP \times 2g$

   $V^2 = \dfrac{VP \times 2g}{\gamma}$

$$V = \sqrt{\frac{VP \times 2g}{\gamma}} = \sqrt{\frac{30 \times 2 \times 9.8}{1.2}} = 22.14 \,(\text{m/sec})$$

3. $Q = 60 \times A \times V = 60 \times 0.45 \times 22.14 = 597.78 \,(\text{m}^3/\text{min})$

예제 143

직경이 250mm인 덕트에서 덕트 내 정압은 -45.8mmH$_2$O, 전압은 12.5mmH$_2$O이다. 덕트 내의 유량(m^3/sec)을 계산하시오.(단, 공기밀도는 1.2kg/m^{3}로 가정한다.)

| 산업 2018년 3회, 2014년 3회, 2012년 2회 |

해설

1. 전압 = 정압 + 동압
   동압(속도압) = 전압 − 정압 = 12.5 − (−45.8) = 58.3(mmH$_2$O)

2. 속도압$(VP) = \dfrac{\gamma \times V^2}{2g}$

   $\gamma \times V^2 = VP \times 2g$

   $V^2 = \dfrac{VP \times 2g}{\gamma}$

   $V = \sqrt{\dfrac{VP \times 2g}{\gamma}} = \sqrt{\dfrac{58.3 \times 2 \times 9.8}{1.2}} = 30.86 \,(\text{m/sec})$

3. $Q = A \times V = \dfrac{\pi d^2}{4} \times V = \dfrac{\pi \times 0.25^2}{4} \times 30.86 = 1.51 \,(\text{m}^3/\text{sec})$

예제 144

단면적이 0.38m^{2}인 덕트에서 덕트 내 정압은 -64mmH$_2$O, 전압은 -20mmH$_2$O이다. 이때 덕트 내의 반송속도(m/sec)와 공기유량(m^3/min)을 계산하시오. (단, 공기밀도는 1.2kg/m^{3}로 가정한다.)

| 기사 2020년 3회 / 산업 2020년 3회 |

해설

1. 전압 = 정압 + 동압
   동압(속도압) = 전압 − 정압 = −20 − (−64) = 44(mmH$_2$O)

2. 속도압$(VP) = \dfrac{\gamma \times V^2}{2g}$

   $\gamma \times V^2 = VP \times 2g$

   $V^2 = \dfrac{VP \times 2g}{\gamma}$

   $V = \sqrt{\dfrac{VP \times 2g}{\gamma}} = \sqrt{\dfrac{44 \times 2 \times 9.8}{1.2}} = 26.81 \,(\text{m/sec})$

3. $Q = 60 \times A \times V = 60 \times 0.38 \times 26.81 = 611.27 \,(\text{m}^3/\text{min})$

예제 145

후드의 속도압(동압)이 8.5mmH$_2$O, 정압이 25mmH$_2$O인 경우 유입계수(Ce)를 계산하시오. | 산업 2019년 3회 |

해설

1. 후드정압$(SP_h) = VP(1+F_h) = VP + (VP \times F_h)$

   $VP \times F_h = SP_h - VP$

   $F_h = \dfrac{SP_h - VP}{VP} = \dfrac{25 - 8.5}{8.5} = 1.94 \text{(mmH}_2\text{O)}$

2. $F_h = \dfrac{1}{Ce^2} - 1$

   $\dfrac{1}{Ce^2} = F_h + 1$

   $Ce^2 = \dfrac{1}{F_h + 1}$

   $Ce = \sqrt{\dfrac{1}{F_h + 1}} = \sqrt{\dfrac{1}{1.94 + 1}} = 0.58$

예제 146

피토관으로 덕트 내 유속을 측정하였더니 속도압이 20mmH$_2$O이었다. 덕트 내부온도 270℃, 피토관계수가 0.96일 경우 덕트 내 유속(m/sec)을 계산하시오. (단, 0℃, 1atm의 공기 비중량은 1.3kg/m^{3}이다.)

| 기사 2020년 1회, 2016년 2회 |

해설

1. 속도압$(VP) = \dfrac{\gamma V^2}{2g}$ (mmH$_2$O)

   r : 공기비중
   V : 유속(m/s)
   g : 중력가속도(9.8m/s^2)

2. $V = \sqrt{\dfrac{VP \times 2g}{\gamma}}$

3. 피토관계수가 주어질 경우

   $V = C \times \sqrt{\dfrac{VP \times 2g}{\gamma}}$

   C : 피토관계수

$V = C \times \sqrt{\dfrac{VP \times 2g}{\gamma}} = 0.96 \times \sqrt{\dfrac{20 \times 2 \times 9.8}{0.65}} = 23.58 \text{(m/sec)}$

- 0℃(t_1)의 공기비중량 1.3을 270℃(t_2)로 보정

  보정 후의 비중량 = 보정 전의 비중량 $\times \dfrac{(273+t_1)(P_2)}{(273+t_2)(P_1)} = 1.3 \times \dfrac{273+0}{273+270} = 0.65 \text{(kg/m}^3\text{)}$

예제 147

덕트 내의 공기압력 중 속도압을 설명하고 공기속도와의 관계식을 적으시오.

| 기사 2018년 2회 / 산업 2018년 2·3회, 2016년 1회 |

(1) 속도압
(2) 공기속도와의 관계식

해설

(1) 공기 흐름 방향의 속도에 의해 생기는 압력으로 항상 양압(0 이상의 압력)이다.
(2) $V = 4.043\sqrt{VP}$

[참고]

$$속도압(VP) = \frac{\gamma V^2}{2g} = \frac{1.2 \times V^2}{2 \times 9.81}$$

$$1.2 V^2 = 2 \times 9.81 \times VP$$

$$V^2 = \frac{2 \times 9.81}{1.2} \times VP$$

$$V = \sqrt{\frac{2 \times 9.81}{1.2} \times VP} = 4.043\sqrt{VP}$$

예제 148

정압이 −15mmH$_2$O, 전압이 10mmH$_2$O인 덕트의 유속(m/s)을 계산하시오. (단, 공기비중량은 1.21kg/m^{3}이다.)

| 기사 2013년 1회 |

해설

1. 전압 = 정압 + 속도압(동압)
   속도압 = 전압 − 정압 = 10 − (−15) = 25(mmH$_2$O)

2. $VP = \dfrac{rV^2}{2g}$

   $\gamma V^2 = VP \times 2g$

   $V^2 = \dfrac{VP \times 2g}{\gamma}$

   $V = \sqrt{\dfrac{VP \times 2g}{\gamma}} = \sqrt{\dfrac{25 \times 2 \times 9.8}{1.21}} = 20.12(\text{m/sec})$

예제 149

덕트 내의 속도압이 25mmH₂O이다. 덕트의 유속(m/s)을 계산하시오. | 산업 2019년 1회 |

해설

1. 속도압 $(VP) = \dfrac{rV^2}{2g}$ (mmH₂O)
2. $V(\text{m/sec}) = 4.043\sqrt{VP}$
   r : 공기비중
   V : 유속(m/s)
   g : 중력가속도(9.8m/s^2)

풀이1.

$VP = \dfrac{rV^2}{2g}$

$rV^2 = VP \times 2g$

$V^2 = \dfrac{VP \times 2g}{r}$

$V = \sqrt{\dfrac{VP \times 2g}{r}} = \sqrt{\dfrac{25 \times 2 \times 9.8}{1.2}} = 20.21\,(\text{m/sec})$

풀이2.
$V = 4.043\sqrt{VP} = 4.043 \times \sqrt{25} = 20.22\,(\text{m/sec})$

예제 150

덕트 내 공기의 속도압이 25mmH₂O인 경우 덕트 내 공기의 유속을 계산하시오. (단, 중력가속도 g = 9.81m/sec², 1기압 15℃ 공기의 밀도 1.225kg/m³ 기준) | 산업 2018년 2회, 2021년 3회 |

해설

$VP = \dfrac{rV^2}{2g}$
r : 공기비중
V : 유속(m/s)
g : 중력가속도(9.8m/s^2)

$VP = \dfrac{rV^2}{2g}$

$V = \sqrt{\dfrac{VP \times 2g}{r}} = \sqrt{\dfrac{25 \times 2 \times 9.81}{1.225}} = 20.01\,(\text{m/sec})$

$$\begin{bmatrix} VP = \dfrac{rV^2}{2g} \\ rV^2 = VP \times 2g \\ V^2 = \dfrac{VP \times 2g}{r} \\ V = \sqrt{\dfrac{VP \times 2g}{r}} \end{bmatrix}$$

예제 151

후드의 유입손실계수가 2.5이다. 후드의 유입계수를 계산하시오. | 기사 2020년 2회 |

해설

$F_h = \dfrac{1}{Ce^2} - 1$

$F_h + 1 = \dfrac{1}{Ce^2}$

$Ce^2 = \dfrac{1}{F_h + 1}$

$Ce = \sqrt{\dfrac{1}{F_h + 1}} = \sqrt{\dfrac{1}{2.5 + 1}} = 0.53$

예제 152

유입손실계수가 0.27이고 원형 후드 직경이 6.5cm이며 유량이 0.15m³/sec인 경우 후드의 정압(mmH₂O)을 구하시오. | 기사 2020년 1회 |

해설

$SP_h = VP(1 + F_h) = 125.08 \times (1 + 0.27) = 158.85 \,(\text{mmH}_2\text{O})(-158.85\,\text{mmH}_2\text{O})$

$$\begin{bmatrix} \bullet \; Q(\text{m}^3/\text{sec}) = AV \\ \quad V = \dfrac{Q}{A} = \dfrac{Q}{\dfrac{\pi d^2}{4}} = \dfrac{0.15}{\dfrac{\pi \times 0.065^2}{4}} = 45.20\,(\text{m/sec}) \\ \bullet \; VP = \dfrac{rV^2}{2g} = \dfrac{1.2 \times 45.20^2}{2 \times 9.8} = 125.08\,(\text{mmH}_2\text{O}) \end{bmatrix}$$

예제 153

슬롯형 후드의 길이가 75cm, 높이가 12cm이며, 유량이 70m³/min인 경우 후드의 속도압(mmH₂O)을 계산하시오.
| 기사 2016년 2회 |

해설

$$VP = \frac{rV^2}{2g} = \frac{1.2 \times 12.96^2}{2 \times 9.8} = 10.28 \,(\text{mmH}_2\text{O})$$

$$\left[\begin{array}{l} Q = 60 \times A \times V \\ V = \dfrac{Q}{60 \times A} = \dfrac{70}{60 \times 0.75 \times 0.12} = 12.96 \,(\text{m/sec}) \end{array} \right]$$

예제 154

한 변의 길이가 0.3m인 정사각형 덕트에서 덕트 내 정압이 30mmH₂O, 전압이 45mmH₂O이다. 이때 덕트 내의 반송속도(m/sec)와 공기유량(m³/min)을 계산하시오. (단, 공기밀도는 1.2kg/m³로 가정한다.)
| 기사 2016년 2회, 2014년 2회 |

해설

1. 전압 = 정압 + 동압

   동압(속도압) = 전압 − 정압 = 45 − 30 = 15(mmH₂O)

2. 속도압(VP) = $\dfrac{r \times V^2}{2g}$

   $r \times V^2 = VP \times 2g$

   $V^2 = \dfrac{VP \times 2g}{r}$

   $V = \sqrt{\dfrac{VP \times 2g}{r}} = \sqrt{\dfrac{15 \times 2 \times 9.8}{1.2}} = 15.65 \,(\text{m/sec})$

3. $Q = 60 \times A \times V = 60 \times (0.3 \times 0.3) \times 15.65 = 84.51 \,(\text{m}^3/\text{min})$

예제 155

직경이 15cm인 원형후드의 유입손실계수가 0.75, 유량이 65m³/min 일 때 후드의 정압을 계산하시오. (단, 21℃, 1기압 기준)
| 기사 2013년 3회 |

해설

$SP_h = VP(1 + F_h) = 230.06 \times (1 + 0.75) = 402.61\,(\text{mmH}_2\text{O})\,(-402.61\,\text{mmH}_2\text{O})$

$$\begin{bmatrix} \cdot\ Q = 60 \times AV \\ \quad V = \dfrac{Q}{60 \times A} = \dfrac{Q}{60 \times \dfrac{\pi d^2}{4}} = \dfrac{65}{60 \times \dfrac{\pi \times 0.15^2}{4}} = 61.30 (\text{m/sec}) \\ \cdot\ VP = \dfrac{rV^2}{2g} = \dfrac{1.2 \times 61.30^2}{2 \times 9.8} = 230.06 (\text{mmH}_2\text{O}) \end{bmatrix}$$

예제 156

베르누이 정리에 의한 속도압과 공기속도와의 관계식을 적으시오. (단, 비중량 : 1.2kg$_f$/m^3, 중력가속도 : 9.81m/s^2)

| 기사 2017년 3회 |

해설

공기속도와의 관계식

속도압(VP) = $\dfrac{rV^2}{2g} = \dfrac{1.2 \times V^2}{2 \times 9.81}$

$1.2V^2 = 2 \times 9.81 \times VP$

$V^2 = \dfrac{2 \times 9.81}{1.2} \times VP$

$V = \sqrt{\dfrac{2 \times 9.81}{1.2} \times VP} = 4.043\sqrt{VP}$

예제 157

덕트 직경이 220mm이고, 덕트 내 정압은 −65mmH$_2$O, 전압은 −22mH$_2$O이다. 덕트 내 공기 유량(m^3/sec)을 계산하시오.

| 기사 2017년 3회 |

해설

$Q = A \times V = \dfrac{\pi d^2}{4} \times V = \dfrac{\pi \times 0.22^2}{4} \times 26.51 = 1.01 (\text{m}^3/\text{sec})$

$$\begin{bmatrix} \cdot\ V = 4.043\sqrt{VP} = 4.043 \times \sqrt{43} = 26.51 (\text{m/sec}) \\ \cdot\ TP = SP + VP \\ \quad VP = TP - SP = -22 - (-65) = 43 (\text{mmH}_2\text{O}) \end{bmatrix}$$

예제 158

덕트 내의 공기유량이 150m³/min이고, 덕트 직경이 380mm일 경우 속도압(mmH₂O)을 계산하시오. (단, 공기 밀도는 1.203kg/m³이다.)

| 기사 2016년 1회, 2015년 2회 |

해설

1. $Q = 60 \times A \times V$

$$V = \frac{Q}{60 \times A} = \frac{Q}{60 \times \frac{\pi d^2}{4}} = \frac{150}{60 \times \frac{\pi \times 0.38^2}{4}} = 22.04 \text{(m/s)}$$

2. 속도압$(VP) = \frac{r \times V^2}{2g} = \frac{1.203 \times 22.04^2}{2 \times 9.8} = 29.81 \text{(mmH}_2\text{O)}$

3 후드

(1) 후드

1) 후드의 설치기준

① 후드는 유해물질을 충분히 제어할 수 있는 **구조와 크기**로 하여야 한다.
② 후드는 발생원을 **가능한 한** 포위하는 형태인 **포위식 형식의 구조**로 하고, 발생원을 포위할 수 없을 때는 **발생원과 가장 가까운 위치에 외부식 후드를 설치**하여야 한다.
    다만, 유해물질이 일정한 방향성을 가지고 발생될 때는 레시버식 후드를 설치하여야 한다.
③ **슬로트 후드의 외형단면적이 연결 덕트의 단면적보다 현저히 큰 경우**에는 후드와 덕트 사이에 충만실(Plenum chamber)을 설치하여야 하며, 이때 **충만실의 깊이는 연결덕트 지름의 0.75배 이상**으로 하거나 **충만실의 기류속도를 슬로트 개구면 속도의 0.5배 이내**로 하여야 한다.
④ **후드의 흡입방향**은 가급적 비산 또는 확산된 유해물질이 **작업자의 호흡영역을 통과하지 않도록** 하여야 한다.
⑤ 후드 뒷면에서 주덕트 접속부까지의 **가지덕트 길이는 가능한 한 가지덕트 지름의 3배 이상 되도록** 하여야 한다. 다만, 가지덕트가 장방형덕트인 경우에는 원형덕트의 상당 지름을 이용하여야 한다.
⑥ **후드의 형태와 크기** 등 구조는 후드에서의 **유입손실이 최소화되도록** 하여야 한다.
⑦ 후드가 설비에 직접 연결된 경우 후드의 성능 평가를 위한 **정압 측정구를 후드와 덕트의 접합부분**(hood throat)에서 주덕트 방향으로 1~3직경 정도에 설치한다.

> **비교** 후드 설치기준(산.안.법 기준)
>
> - 유해물질이 **발생하는 곳마다 설치할 것**
> - 유해인자의 발생형태 및 비중, 작업방법 등을 고려하여 당해 **분진 등의 발산원을 제어할 수 있는 구조로 설치**할 것
> - 후드형식은 가능한 한 **포위식 또는 부스식 후드를 설치할 것**
> - 외부식 또는 레시버식에는 당해 분진 등의 **발산원에 가장 가까운 위치에 설치할 것**

2) 국소배기장치의 필요 환기량을 감소시키기 위한 방법 ★

① **가급적 공정의 포위를 최대화**한다.
② 포집형이나 레시버형 후드를 사용할 때에는 **후드를 배출 오염원에 가깝게 설치**한다.
③ 주위 방해기류를 최소화하여 **후드 개구면에서 기류가 균일하게 분포되도록** 설계한다.
④ **오염물질 발생특성을 고려하여** 설계한다.
⑤ **작업조건을 고려하여** 적정하게 **제어속도를 선정**한다.
⑥ 공정에서 발생 또는 **배출되는 오염물질의 절대량을 감소시킨다.**
⑦ **플랜지 등을 설치하여 후드 유입 기류를 조절**한다.

> **암기**
>
> **오염물질 감소시키고, 포위 최대화하여, 적정 제어속도로, 오염원에 가깝게 설치**

3) 후드의 선정요령(후드 선정 시 고려사항) ★

① **필요 환기량을 최소화** 할 것
② **작업자의 호흡영역을 보호**할 것
③ **추천된 설계사양을 사용**할 것
④ **작업자가 사용하기 편리하도록** 만들 것
⑤ 후드 설계 시 일반적인 오류를 범하지 말 것

예제 159

국소배기장치의 필요환기량을 감소시키기 위한 방법 4가지를 적으시오.

| 기사 2020년 3회, 2015년 2회 / 산업 2020년 3회, 2015년 3회, 2012년 1회 |

해설

① 가급적 공정의 포위를 최대화한다.
② 포집형이나 레시버형 후드를 사용할 때에는 후드를 배출 오염원에 가깝게 설치한다.
③ 주위 방해기류를 최소화하여 후드 개구면에서 기류가 균일하게 분포되도록 설계한다.
④ 오염물질 발생특성을 고려하여 설계한다.
⑤ 작업조건을 고려하여 적정하게 제어속도를 선정한다.
⑥ 공정에서 발생 또는 배출되는 오염물질의 절대량을 감소시킨다.
⑦ 플랜지 등을 설치하여 후드 유입 기류를 조절한다.

예제 160

다음은 [보기]의 국소배기장치 중 후드의 설치에 관한 설명이다. 틀린 설명의 번호를 적고 내용을 바르게 고쳐 적으시오.

| 기사 2020년 2회 |

① 필요 환기량을 최대화 할 것
② 후드를 유해물질 발생원에 가깝게 설치한다.
③ 후드는 가급적 공정의 포위를 최대화한다.
④ 후드 내로 유입되는 공기흐름이 작업자의 호흡영역을 보호하도록 후드를 위치시킨다.
⑤ 후드의 개구면적은 완전한 흡입의 조건일 경우 가능한 크게 한다.
⑥ 주위 방해기류를 최소화하여 후드 개구면에서 기류가 균일하게 분포되도록 설계한다.
⑦ 덕트는 후드보다 두꺼운 재질로 한다.

해설

① 필요 환기량을 최소화 할 것
⑤ 후드의 개구면적은 완전한 흡입의 조건일 경우 가능한 작게 한다.
⑦ 후드는 덕트보다 두꺼운 재질로 한다.

예제 161

국소배기장치에서 후드의 선택지침(후드 선정 시 고려사항, 후드 선정 시 전제조건) 4가지를 적으시오.

| 기사 2019년 3회 / 산업 2019년 3회, 2022년 2회 |

해설

① 필요환기량을 최소화할 것
② 작업자의 호흡영역을 보호할 것
③ 추천된 설계사양을 사용할 것
④ 작업자가 사용하기 편리하도록 만들 것

4) 작업장 내 교차기류의 영향 ★

① 작업장 내의 오염된 공기를 다른 곳으로 분산시킨다.
② 침강된 먼지를 비산, 이동시켜 다시 오염되는 결과를 야기한다.
③ 국소배기장치의 제어속도가 영향을 받는다.
④ 작업장의 음압으로 인해 형성된 높은 기류는 근로자에게 불쾌감을 준다.

5) 후드 개구면의 유속을 균일하게 분포시키는 방법(개구면 면속도를 균일하게 분포시키는 방법) ★

① 테이퍼(taper) 부착 : 경사각 60° 이내로 설치
② 슬롯(slot) 사용 : 도금조와 같이 길이가 긴 탱크에 사용
③ 차폐막(차폐덕) 사용
④ 분리날개(spliter vanes) 설치

6) 외부식 후드에서 방해기류를 방지하여 송풍량을 절약하기 위한 방법(설치하는 기구) ★

① 플랜지 설치
② 테이퍼 설치
③ 슬롯 설치

7) 후드에 플랜지를 부착하는 경우 플랜지의 효과

① 동일한 흡인속도를 얻는 데 필요 송풍량이 감소된다.(플랜지를 부착하지 않은 경우보다 송풍량을 25% 감소시킴)
② 불필요한 기류를 차단한다.
③ 후드 전면의 포집 범위가 넓어진다.

8) 후드의 성능 불량의 원인(후드의 흡인능력 부족의 원인) ★

① 송풍기의 용량이 부족한 경우
② 후드 주변에 심한 난기류가 형성된 경우
③ 송풍관 내부에 분진이 과다하게 축적되어 있는 경우

예제 162

국소배기장치 중 후드의 성능 불량의 원인(후드의 흡인능력 부족의 원인) 3가지를 적으시오. | 기사 2020년 4회 |

해설

① 송풍기의 용량이 부족한 경우
② 후드 주변에 심한 난기류가 형성된 경우
③ 송풍관 내부에 분진이 과다하게 축적되어 있는 경우

예제 163

후드에 플랜지를 부착하는 경우 플랜지의 효과 3가지를 적으시오. | 기사 2022년 2회, 2020년 1회 |

해설

① 동일한 흡인속도를 얻는 데 필요 송풍량이 감소된다.(플랜지를 부착하지 않은 경우보다 송풍량을 25% 감소시킴)
② 불필요한 기류를 차단한다.
③ 후드 전면의 포집 범위가 넓어진다.

예제 164

외부식 후드를 설치하는 경우 방해기류를 방지하여 송풍량을 절약하기 위한 방법(설치하는 기구)을 3가지 적으시오. | 기사 2015년 1회 |

해설

① 플랜지 설치
② 테이퍼 설치
③ 슬롯 설치

(2) 후드의 형식 및 종류

형식		특징	비고
포위식 (Enclosing type)	(그림: 발생원)	유해물질의 발생원을 전부 또는 부분적으로 포위하는 후드	• 포위형 (Enclosing type) • 장갑부착상자형 (Glove box hood) • 드래프트 챔버형 (Draft chamber hood) • 건축부스형 등

형식		특징	비고
외부식 (Exterior type)		유해물질의 발생원을 포위하지 않고 발생원 가까운 위치에 설치하는 후드	실기 기출 ★ • 슬로트형 (Slot hood) • 그리드형 (Grid hood) • 푸쉬-풀형 (Push-pull hood) 등
레시버식 (Receiver type)	(a) 유해물질이 일정방향으로 비산하는 경우 (b) 열상승 기류가 있는 경우	유해물질이 발생원에서 상승기류, 관성기류 등 **일정방향의 흐름을 가지고 발생할 때** 설치하는 후드	• 그라인더커버형 (Grinder cover hood) • 캐노피형 (Canopy hood)

1) 포위식(포위형, 부스식) 후드의 특징(장점) 및 종류 ★

① 발생원을 완전히 감싸는 형태로 유해물질을 외부로 나가지 못하게 한다.(오염물질 발생원이 후드 내에 있음)
② 외부기류(난기류)의 영향을 받지 않아 효율이 높다.
③ 필요환기량을 최소한으로 줄일 수 있어 경제적이며 효율적이다.
④ 고농도 분진의 비산, 유기용제, 맹독성물질 등을 취급하는 작업장에 적합하다.
  * 후드 개방면에서 측정한 면속도가 제어속도가 된다.

2) 외부식 후드(포집형 후드)의 특징 및 종류

① 작업 특성상 유해물질의 외부에 설치한 후드, 외부의 오염물질까지 흡인하도록 설계한 후드의 형태이다.
② 송풍기의 규격이 커지고 설치, 운전비용이 많이 든다.
③ 외부 난기류의 영향이 클 경우 포착효율이 떨어진다.

슬롯형 후드		• 후드의 개구면이 좁고 길어서 **폭 : 길이 비율이 0.2 이하인 것**을 슬롯형이라 한다. • 슬롯의 역할 : 공기의 균일한 흡입을 돕는다. • 도금조, 용해, 분무도장 작업 등에 사용된다. • **충만실(플래넘)** : 슬롯 후드 뒤쪽에 위치하여 **압력을 균일화시킨다.** ★ • 플래넘 속도를 슬롯속도의 $\frac{1}{2}$ 이하로 하는 것이 좋다.
루프형 후드		• 주물의 해체작업 등에 사용된다.
그리드형 후드		• 분무도장, 주형털기 등의 작업에 사용된다.
장방형 후드		• 용접, 혼합, 분쇄작업 등에 사용된다. • 개구부의 형상에 따라 원형, 장방형으로 구분한다.
PUSH-PULL형 후드 실기 기출 ★		• 개방조 한 변에서 압축공기를 이용하여 **오염물질이 발생하는 표면에 공기를 불어 반대쪽에 오염물질이 도달하게 한다.**(공기를 불어주고 당겨주는 장치로 구성) • 후드로부터 **멀리 떨어져서 발생하는 유해물질을 후드 가까이 가도록 밀어준다.** • **도금조와 같이 폭이 넓은 경우**(오염물질 발생 면적이 넓어 한쪽 방향에 후드를 설치하는 것으로 충분한 흡인력이 발생되지 않는 경우)에 사용하면 **포집효율을 증가시키면서 필요유량을 감소시킬 수 있다.** ★ • **제어속도는 푸쉬 제트기류에 의해 발생**한다. • 공정에서 **작업물질을 처리조에 넣거나 꺼내는 중에 오염물질이 발생할 수 있다.** • 효율적인 조(tank)의 길이 : 1.2 ~ 2.4m • 외부식 후드가 문제가 되는 경우 공기를 불어주고 당겨주는 장치로 되어있어 **작업자 방해가 적고 적용이 쉽다.**

장점	단점
• 유해물질 발생 작업장의 작업자에게 신선한 공기 공급 • 개방면적이 큰 작업공정에서 필요유량을 대폭 감소시킴	• 설비 및 운전비용 많이 소요 • 설계방법 어려움 • 설계 잘못 시 유해물질을 비산시킬 위험

3) 리시버식 후드

① 리시버식 후드의 종류

캐노피형 후드	커버형 후드	원형 후드
• 열상승기류가 있는 경우 사용 • 용해로, 열처리로, 배소로 등의 가열로에서 가장 많이 사용	• 유해물질이 일정한 방향으로 비산하는 경우 • 연마작업 등에 사용	• 연마작업 등에 사용

② 캐노피형 후드의 후드직경 ★★

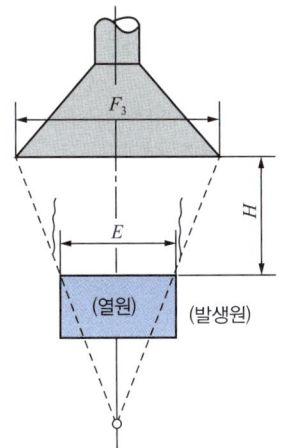

$$F_3 = E + 0.8H$$

$$\frac{H}{E} \leq 0.7$$

F_3 : 후드직경
E : 열원의 직경(사각형은 단변)
H : 후드높이

예제 165

국소배기장치의 후드 중 포위식 후드로 맹독성 물질을 취급할 경우의 장점 3가지를 적으시오. | 기사 2018년 1회 |

해설

① 발생원을 완전히 감싸는 형태로 유해물질을 외부로 나가지 못하게 한다
② 외부기류(난기류)의 영향을 받지 않아 효율이 높다.
③ 필요환기량을 최소한으로 줄일 수 있어 경제적이며 효율적이다.

예제 166

작업 특성상 유해물질의 외부에 설치한 후드로 외부의 오염물질까지 흡인하도록 설계하는 외부식 후드의 종류 3가지와 각각의 적용 작업을 1가지씩 적으시오. | 기사 2017년 1회 |

해설

① 슬롯형 후드 : 도금조, 용해, 분무도장 작업
② 루프형 후드 : 주물의 해체작업
③ 그리드형 후드 : 분무도장, 주형털기 등의 작업

예제 167

후드의 형식 중 [보기]에서 설명하는 후드의 명칭을 적으시오. | 산업 2016년 2회 |

- 외부기류(난기류)의 영향을 받지 않아 국소배기장치의 후드 중 효율이 가장 높다.
- 필요환기량을 최소한으로 줄일 수 있어 경제적이며 효율적이다.
- 고농도 분진의 비산, 유기용제, 맹독성물질 등을 취급하는 작업장에 적합하다.

해설

포위식 후드

예제 168

후드의 형식 중 [보기]에서 설명하는 후드의 명칭을 적으시오. | 산업 2022년 2회 |

- 작업 특성상 유해물질의 외부에 설치한 후드, 외부의 오염물질까지 흡인하도록 설계한 후드의 형태이다.
- 송풍기의 규격이 커지고 설치, 운전비용이 많이 든다.
- 외부 난기류의 영향이 클 경우 포착효율이 떨어진다.

해설

외부식 후드(포집형 후드)

예제 169

[보기]에서 설명하는 국소배기장치 후드의 명칭을 적으시오. | 산업 2024년 2회 |

[보기]

1. 개방조 한 변에서 압축공기를 이용하여 오염물질이 발생하는 표면에 공기를 불어 반대쪽에 오염물질이 도달하게 한다.(공기를 불어주고 당겨주는 장치로 구성)
2. 도금조와 같이 폭이 넓은 경우에 사용하면 포집 효율을 증가시키면서 필요 유량을 감소시킬 수 있다.

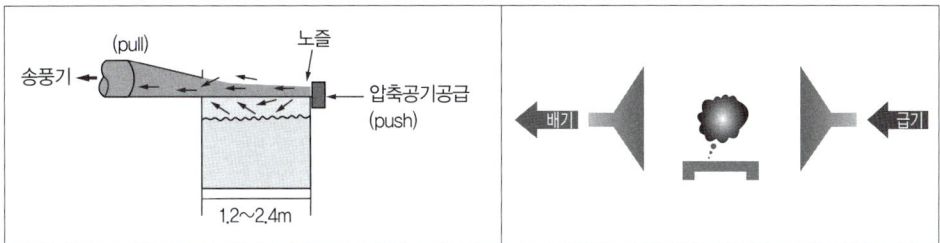

해설

PUSH – PULL형 후드(푸쉬–풀형 후드)

예제 170

PUSH-PULL형 후드의 오염물질 흡입 원리와 후드 개구면의 유속을 균일하게 분포시키는 방법 3가지를 적으시오. | 산업 2018년 2회, 2021년 1회 |

(1) PUSH – PULL형 후드의 오염물질 흡입 원리
(2) 후드 개구면의 유속을 균일하게 분포시키는 방법(개구면 면속도를 균일하게 분포시키는 방법)

해설

(1) 개방조 한 변에서 압축공기를 이용하여 오염물질이 발생하는 표면에 공기를 불어 반대쪽에 오염물질이 도달하게 한다.(공기를 불어주고 당겨주는 장치로 구성)
(2) ① 테이퍼(taper) 부착
　　② 슬롯(slot) 사용
　　③ 차폐막(차폐덕) 사용
　　④ 분리날개 설치

예제 171

그림은 고열작업장에 사용되는 레시버식 캐노피형 후드를 나타낸다. H와 E를 이용하여 후드의 직경(F_3)을 구하는 공식을 적으시오.

| 기사 2018년 1회 |

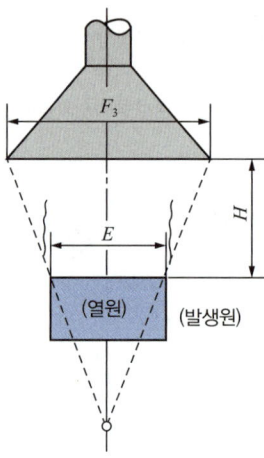

해설

$F_3 = E + 0.8H$

$\begin{bmatrix} F_3 : \text{후드직경} \\ E : \text{열원의 직경(사각형은 단변)} \\ H : \text{후드높이} \end{bmatrix}$

4. $A = \dfrac{\pi d^2}{4} = \dfrac{\pi \times 1.5^2}{4} = 1.77(\text{m}^2)$

5. 열원의 종횡비(γ) = 1

$Q_1(\text{m}^3/\text{min}) = \dfrac{0.57}{\gamma(A\gamma)^{0.33}} \times \Delta t^{0.45} \times Z^{1.5} = \dfrac{0.57}{1 \times (1.77 \times 1)^{0.33}} \times 1579.28^{0.45} \times 3.11^{1.5} = 71.20(\text{m}^3/\text{min})$

예제 172

열상승기류가 있는 고열작업장에 적합한 후드의 종류를 적고, 후드설치 위치를 그림으로 나타내시오.

| 산업 2015년 1회 |

(1) 후드의 종류
(2) 후드설치 위치

해설

(1) 레시버식 캐노피형 후드
(2)

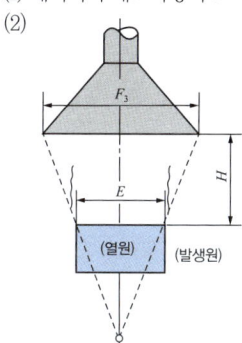

$F_3 = E + 0.8H$
F_3 : 후드직경
E : 열원의 직경(사각형은 단변)
H : 후드높이

예제 173

작업장에 설치된 레시버식 캐노피형 후드의 열원의 직경(E)이 3.2m, 후드의 높이(H)가 1.1m인 경우 후드의 직경(m)을 계산하시오.

| 산업 2012년 2회 |

해설

레시버식 캐노피형 후드

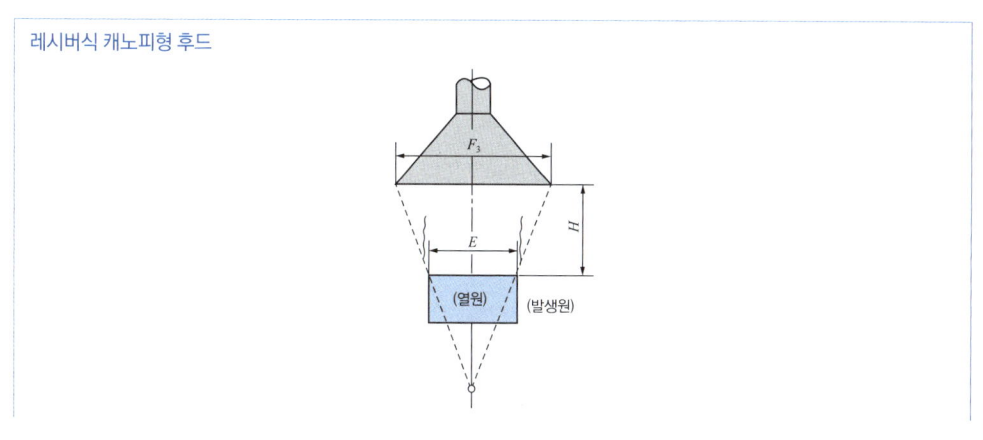

$F_3 = E + 0.8H$

F_3 : 후드직경
E : 열원의 직경(사각형은 단변)
H : 후드높이

$F_3 = E + 0.8H = 3.2 + 0.8 \times 1.1 = 4.08(\text{m})$

예제 174

리시버식 캐노피형 후드의 H = 1.2m, E = 1.5m이며, 열원의 온도가 1,700℃인 경우 [보기]의 조건을 이용하여 열상승기류량을 계산하시오. | 기사 2012년 3회 |

(1) $Q_1(\text{m}^3/\text{min}) = \dfrac{0.57}{\gamma(A\gamma)^{0.33}} \times \Delta t^{0.45} \times Z^{1.5}$

(2) 온도차 Δt 의 계산식

온도차	$H/E \leq 0.7$	$H/E > 0.7$
Δt	$\Delta t = t_m - 20$	$\Delta t = (t_m - 20) \times \{(2E+H)/2.7E\}^{-1.7}$

(3) 가상고도의 계산식

고도비	$H/E \leq 0.7$	$H/E > 0.7$
Z	$Z = 2E$	$Z = 0.74(2E+H)$

(4) 열원의 종횡비(γ) = 1

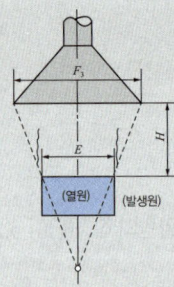

해설

1. $H/E = \dfrac{1.2}{1.5} = 0.8$

2. $H/E > 0.7$ 이므로
   $\Delta t = (t_m - 20) \times \{(2E+H)/2.7E\}^{-1.7} = (1,700 - 20) \times \{(2 \times 1.5 + 1.2)/(2.7 \times 1.5)\}^{-1.7} = 1579.28℃$

3. $H/E > 0.7$ 이므로
   $Z = 0.74(2E+H) = 0.74 \times (2 \times 1.5 + 1.2) = 3.11$

4. $A = \dfrac{\pi d^2}{4} = \dfrac{\pi \times 1.5^2}{4} = 1.77(\text{m}^2)$

5. 열원의 종횡비(γ) = 1
   $Q_1(\text{m}^3/\text{min}) = \dfrac{0.57}{\gamma(A\gamma)^{0.33}} \times \Delta t^{0.45} \times Z^{1.5} = \dfrac{0.57}{1 \times (1.77 \times 1)^{0.33}} \times 1579.28^{0.45} \times 3.11^{1.5} = 71.20(\text{m}^3/\text{min})$

> **예제 175**
>
> 도금조와 같이 상부가 개방되어 있고 오염물질 발생 면적이 넓어 한쪽 방향에 후드를 설치하는 것으로 충분한 흡인력이 발생되지 않는 경우에 사용하면 포집효율을 증가시키면서 필요유량을 감소시킬 수 있는 후드의 형식을 적으시오. | 산업 2021년 1회 |
>
> **해설**
>
> PUSH – PULL형 후드

(2) 제어풍속

1) 제어속도(포착속도) 와 면속도 ★

① **제어속도(포착속도)의 정의** : 후드 전면 또는 후드 개구면에서 유해물질이 함유된 공기를 당해 후드로 흡입시킴으로써 그 지점의 유해물질을 제어할 수 있는 공기속도를 말한다.(오염물질을 후드 안쪽으로 흡인하기 위하여 필요한 최소풍속)

② **면속도** : 후드 근처에서 발생되는 오염물질을 주변의 방해기류를 극복하고 후드 안쪽으로 흡인하기 위한 유체의 속도를 말한다.

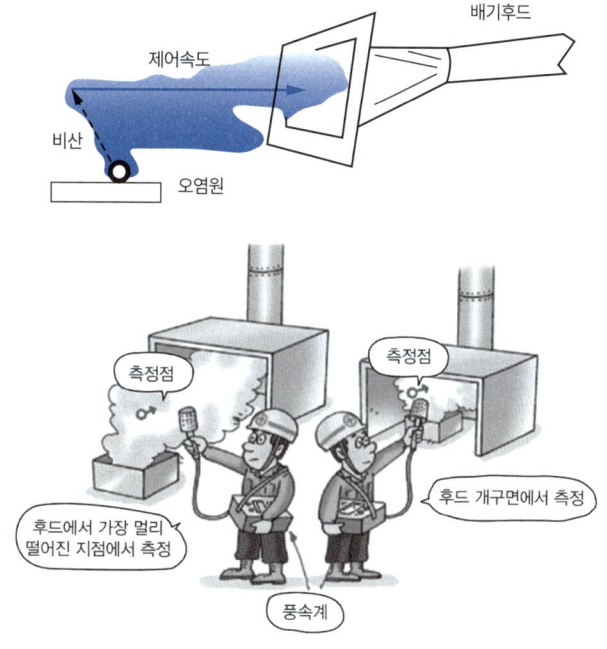

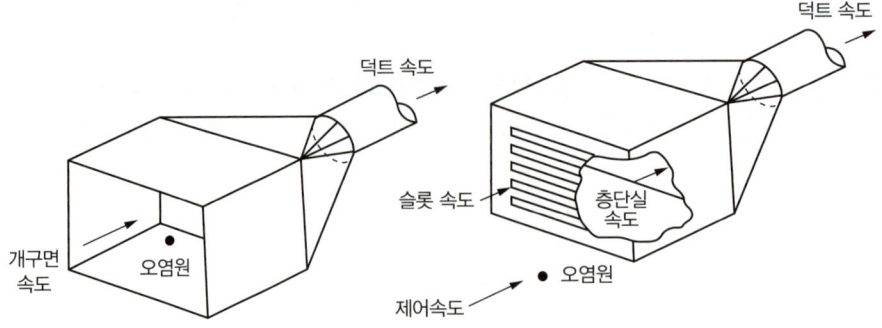

2) 제어속도 결정 시 고려사항(제어속도에 영향을 주는 인자) ★

① 후드의 모양
② 후드에서 오염원까지의 거리
③ 오염물질(유해물질)의 종류 및 확산상태
④ 오염물질(유해물질)의 비산방향 및 비산거리
⑤ 오염물질(유해물질)의 사용량 및 독성 정도
⑥ 작업장 내 방해기류

3) 무효점(제로점, null pooint) 이론 ★

① **무효점** : 입자가 운동에너지를 상실하여 비산속도가 0이 되는 한계점을 의미한다.
② **무효점이론** : 환기시설의 제어속도 결정 시 발생원뿐만 아니라 무효점까지 흡인할 수 있는 지점이 확대되어야 한다는 이론이다.

4) 제어속도범위(ACGIH) ★★

작업조건	작업공정사례	제어속도 (m/sec)
• 움직이지 않는 공기 중에서 속도없이 배출되는 작업조건 • 조용한 대기 중에 실제 거의 속도가 없는 상태로 발산하는 경우의 작업조건	• 액면에서 발생하는 가스나 증기 흄 • 탱크에서 증발, 탈지시설	0.25~0.5
• 비교적 조용한(약간의 공기 움직임) 대기 중에서 저속으로 비산하는 작업조건	• 용접, 도금 작업 • 스프레이도장	0.5~1.0
• 발생기류가 높고(빠른기동) 유해물질이 활발히 발생하는 작업조건	• 스프레이도징, 용기충전 • 컨베이어 적재 • 분쇄기	1.0~2.5
• 초고속기류(대단히 빠른 기동)가 있는 작업장소에 초고속으로 비산하는 경우	• 회전연삭작업 • 연마작업 • 블라스트 작업	2.5~10

제어속도 범위의 하한치를 적용하는 경우	제어속도 범위의 상한치를 적용하는 경우
• 작업장 내 기류가 낮거나 포착하기 좋을 때 • 유해물질이 저 독성일 때 • 물품생산이 간헐적이고 생산량이 적을 때 • 대형 후드로 유동 공기량이 많을 때	• 작업장 내에 방해기류가 존재할 때 • 유해물질이 고독성일 때 • 생산량이 많고 유해물질 사용량이 많을 때 • 소형 후드로 유동 공기량이 국소적일 때

5) 후드의 분출기류 ★

① 잠재중심부 : 분출속도를 일정하게 유지하는 지점까지 거리, 배출구 직경의 약 5배 정도 까지
② 천이부 : 분출속도가 작아지기 시작하여 50%까지 줄어드는 지점, 약 5~30배 정도까지
③ 완전개구부 : 위치변화에 관계없이 분출속도 분포가 유사한 형태를 보이는 영역

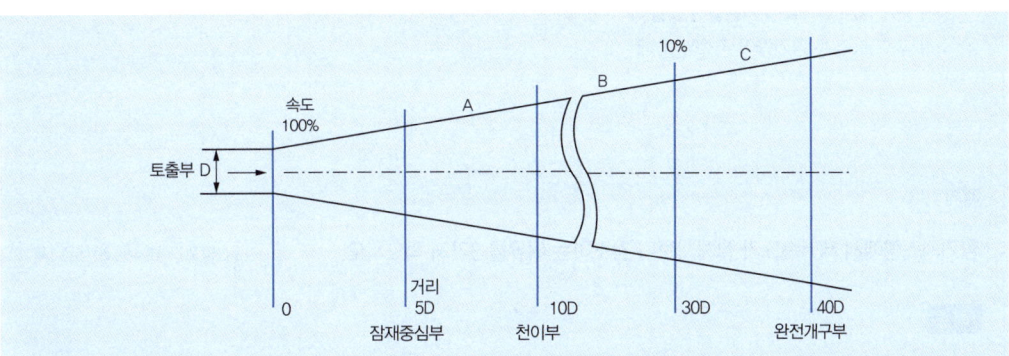

- 송풍기로 공기를 불어줄 때, 공기속도가 덕트 직경의 30배(30D) 지점에서 유속이 10%로 감소하나, 공기를 흡입할 때는 기류의 방향과 관계없이 덕트 직경과 같은 거리에서 10%로 감소한다. ★
- A구간의 유속비율은 80%, B구간의 유속비율은 50%, C구간의 유속비율은 40%이다.

예제 176

국소배기장치의 제어속도(포착속도)의 정의를 적고 제어속도 결정시 고려사항 3가지를 적으시오.

| 기사 2014년 2회 / 산업 2014년 3회 |

(1) 제어속도
(2) 제어속도 결정시 고려사항(제어속도에 영향을 주는 인자)

해설

(1) 오염물질을 후드 안쪽으로 흡인하기 위한 공기속도(유해물질이 함유된 공기를 후드로 흡입시킴으로써 그 지점의 유해물질을 제어할 수 있는 공기속도)
(2) ① 후드의 모양
② 후드에서 오염원까지의 거리

③ 오염물질(유해물질)의 종류 및 확산상태
④ 오염물질(유해물질)의 비산방향 및 비산거리
⑤ 오염물질(유해물질)의 사용량 및 독성 정도
⑥ 작업장 내 방해기류

예제 177

ACGIH의 제어속도 범위 중 제어속도 범위의 상한치를 적용하는 경우 3가지를 적으시오. | 산업 2012년 2회 |

해설

① 작업장 내에 **방해기류가 존재할 때**
② 유해물질이 **고독성일 때**
③ 생산량이 많고 **유해물질 사용량이 많을 때**
④ 소형 후드로 유동 **공기량이 국소적일 때**

예제 178

환기시스템에서 제어속도가 설계시보다 감소하는 이유를 3가지 적으시오. | 산업 2020년 4회, 2015년 1회 |

해설

① 송풍기의 송풍량 부족
② 덕트 내 분진 퇴적
③ 집진장치 내 분진 퇴적

예제 179

[보기]의 작업공정을 제어속도가 증가하는 순서대로 나열하시오. | 산업 2014년 2회 |

① 용접, 도금 및 스프레이도장 작업
② 컨베이어 적재 및 분쇄기
③ 탱크에서 증발, 탈지시설
④ 연마작업 및 블라스트 작업

해설

③ < ① < ② < ④

예제 180

후드의 분출기류에서 분출속도가 작아지기 시작하여 50%까지 줄어드는 지점을 무엇이라고 하는가? | 산업 2019년 1회 |

해설

천이부

예제 181

송풍기의 배기 시에(공기를 불어줄 때) 유속이 10%로 감소되는 거리를 덕트의 직경으로 설명하시오.

| 산업 2016년 2회 |

해설

공기속도가 덕트 직경의 30배(30D) 지점에서 유속이 10%로 감소한다.

[참고]
공기를 흡인할 때는 기류의 방향과 관계없이 덕트 직경과 같은 거리에서 10%로 감소한다.

참고 유해물질별 후드형식과 제어풍속(산업환기설비에 관한 기술지침)

1. 분진 ★

   가. 국소배기장치(연삭기, 드럼 샌더(drum sander) 등의 회전체를 가지는 기계에 관련되어 분진작업을 하는 장소에 설치하는 것은 제외한다)의 제어풍속

분진 작업 장소	포위식 후드의 경우	외부식 후드의 경우		
		측방흡인형	하방흡인형	상방흡입형
암석 등 탄소원료 또는 알루미늄박을 체로 거르는 장소	0.7	–	–	–
주물모래를 재생하는 장소	0.7	–	–	–
주형을 부수고 모래를 터는 장소	0.7	1.3	1.3	–
그 밖의 분진작업장소	0.7	1.0	1.0	1.2

   ※ 비고 : 제어풍속이란 국소배기장치의 모든 후드를 개방한 경우의 제어풍속으로서 다음 각 목의 위치에서 측정한다.
   가. 포위식 후드에서는 후드 개구면
   나. 외부식 후드에서는 해당 후드에 의하여 분진을 빨아들이려는 범위에 서 그 후드 개구면으로부터 가장 먼 거리의 작업위치

나. 국소배기장치 중 연삭기, 드럼 샌더 등의 회전체를 가지는 기계에 관련되어 분진작업을 하는 장소에 설치된 국소배기장치 후드의 설치 방법에 따른 제어풍속

후드의 설치방법	제어풍속(m/sec)
회전체를 가지는 기계 전체를 포위하는 방법	0.5
회전체의 회전으로 발생하는 분진의 흩날림 방향을 후드의 개구면으로 덮는 방법	5.0
회전체만을 포위하는 방법	5.0

※ 비고 : 제어풍속이란 국소배기장치의 모든 후드를 개방한 경우의 제어풍속으로서, 회전체를 정지한 상태에서 후드의 개구면에서의 최소풍속을 말한다.

2. 관리대상 유해물질 ★

분진 작업 장소	후드 형식	제어풍속(m/sec)
가스상태	포위식 포위형	0.4
	외부식 측방흡인형	0.5
	외부식 하방흡인형	0.5
	외부식 상방흡인형	1.0
입자상태	포위식 포위형	0.7
	외부식 측방흡인형	1.0
	외부식 하방흡인형	1.0
	외부식 상방흡인형	1.2

※ 비고
1. "가스 상태"란 관리대상 유해물질이 후드로 빨아들여질 때의 상태가 가스 또는 증기인 경우를 말한다.
2. "입자 상태"란 관리대상 유해물질이 후드로 빨아들여질 때의 상태가 흄, 분진 또는 미스트인 경우를 말한다.
3. "제어풍속"이란 국소배기장치의 모든 후드를 개방한 경우의 제어풍속으로서 다음 각 목에 따른 위치에서의 풍속을 말한다.
   가. 포위식 후드에서는 후드 개구면에서의 풍속
   나. 외부식 후드에서는 해당 후드에 의하여 관리대상 유해물질을 빨아들이려는 범위 내에서 해당 후드 개구면으로부터 가장 먼 거리의 작업위치에서의 풍속

3. 허가대상 유해물질 ★

분진 작업 장소	제어풍속(m/sec)
가스 상태	0.5
입자 상태	1.0

※ 비고
1. 이 표에서 제어풍속이란 국소배기장치의 모든 후드를 개방한 경우의 제어풍속을 말한다.
2. 이 표에서 제어풍속은 후드의 형식에 따라 다음에서 정한 위치에서의 풍속을 말한다.
   가. 포위식 후드에서는 후드 개구면
   나. 외부식 또는 리시버식 후드에서는 유해물질의 가스·증기 또는 분진이 빨려들어가는범위에서 해당 개구면으로부터 가장 먼 작업위치에서의 풍속

예제 182

다음 물음에 적합한 답을 적으시오.　　　　　　　　　　　| 산업 2019년 3회, 2023년 2회 |

(1) 고온 작업에 가장 적합한 후드 형식을 적으시오.
(2) 산업환기 설비에 관한 기술지침에 의한 허가대상 물질을 취급하는 장소에 설치한 후드의 제어풍속을 적으시오.
　① 가스 상태 :
　② 입자 상태 :

해설

(1) 리시버식 캐노피형 후드
(2) ① 0.5(m/sec)
　　② 1.0(m/sec)

4 후드의 필요 환기량

(1) 유해물질발생에 따른 전체환기 필요환기량(후드의 필요 송풍량)

후드형태	명칭	개구면의 세로/ 가로 비율(W/L)	배풍량 (m^3/min)
	외부식 슬로트형	0.2 이하	$Q = 60 \times 3.7 LVX$
	외부식 플렌지부착 슬로트형	0.2 이하	$Q = 60 \times 2.6 LVX$
	외부식 장방형	0.2 이상 또는 원형	$Q = 60 \times V(10X^2 + A)$
	외부식 플렌지부착 장방형	0.2 이상 또는 원형	$Q = 60 \times 0.75V(10X^2 + A)$

후드형태	명칭	개구면의 세로/가로 비율(W/L)	배풍량 (m³/min)
	포위식 부스형	-	$Q = 60 \times VA = 60VWH$
	레시버식 캐노피형	-	$Q = 60 \times 1.4PVD$
	외부식 다단 슬로트형	0.2 이상	$Q = 60 \times V(10X^2 + A)$
	외부식 플렌지부착 다단 슬로트형	0.2 이상	$Q = 60 \times 0.75V(10X^2 + A)$

Q : 배풍량(m³/min), L : 슬로트길이(m), W : 슬로트폭(m), V : 제어풍속(m/s),
A : 후드 단면적(m²), X : 제어거리(m), H : 높이(m)
P : 작업대의 주변길이(m)
D : 작업대와 후드 간의 거리(m)

(2) 후드의 종류별 필요환기량

1) 포위식(부스식) 후드

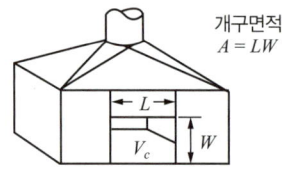

$$Q = 60 \cdot A \cdot V_c = (60 \cdot K \cdot A \cdot V)$$

Q : 필요송풍량(m³/min)
A : 후드 개구면적(m²)($A = \dfrac{\pi d^2}{4}$)
V : 제어속도(m/sec)
K : 불균일에 대한 계수
    (개구면 평균유속과 제어속도의 비, 기류분포가 균일할 때 $K = 1$로 본다.)

2) 외부식 후드(포집형 후드)

① **외부식 후드(자유공간 위치한 원형 및 장방형 후드, 플랜지 미부착)** ★★★

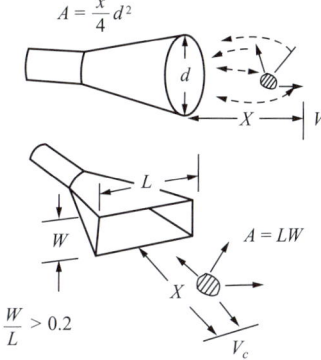

$$Q = 60 \cdot Vc(10X^2 + A) : \text{Dall valle식}$$

Q : 필요송풍량(m³/min)
Vc : 제어속도(m/sec)
A : 개구면적(m²)
X : 후드중심선으로부터 발생원까지의 거리(m)
  (오염원과 후드 간 거리가 덕트 직경의 1.5배 이내일 때만 유효)

② **외부식 후드(자유공간에 위치한 플랜지가 부착된 원형, 장방형 후드)** ★★★

- 플랜지를 부착하면 송풍량을 25% 감소시킬 수 있다. ★

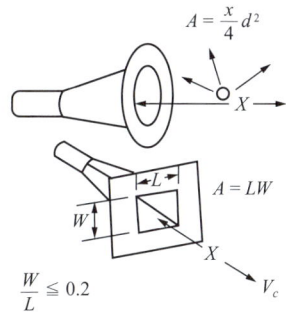

$$Q = 60 \times 0.75 \times Vc \times (10X^2 + A)$$

Q : 필요송풍량(m³/min)
Vc : 제어속도(m/sec)
A : 개구면적(m²)
X : 후드중심선으로부터 발생원까지의 거리(m)
  (오염원과 후드 간 거리가 덕트 직경의 1.5배 이내일 때만 유효)

③ 외부식 후드(작업대 위, 플랜지가 부착된 장방형 후드) ★★★
- 플랜지 부착 + 후드를 작업대에 부착할 경우 송풍량을 50% 감소시킬 수 있다

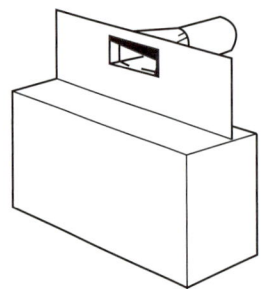 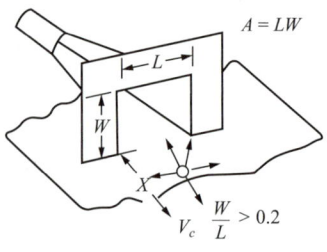

$$Q = 60 \times 0.5 \times Vc(10X^2 + A)$$

Q : 필요송풍량(m^3/min)
Vc : 제어속도(m/sec)
A : 개구면적(m^2)
X : 후드중심선으로부터 발생원까지의 거리(m)
　　(오염원과 후드 간 거리가 덕트 직경의 1.5배 이내일 때만 유효)

④ 외부식 후드(작업대 위의 바닥면에 접하며, 플랜지가 미부착된 장방형 후드) ★★★

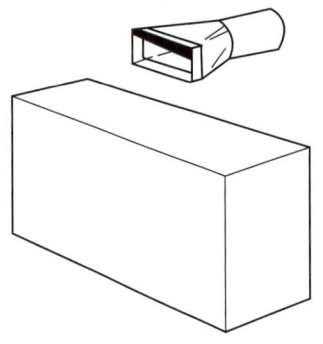 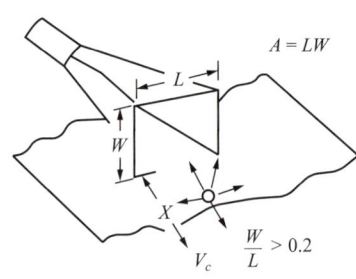

$$Q = 60 \cdot Vc(5X^2 + A)$$

Q : 필요송풍량(m^3/min)
Vc : 제어속도(m/sec)
A : 개구면적(m^2)
X : 후드중심선으로부터 발생원까지의 거리(m)
　　(오염원과 후드 간 거리가 덕트 직경의 1.5배 이내일 때만 유효)

⑤ 외부식 슬롯형 후드(개구면의 세로/가로 비율(W/L)이 0.2 이하인 경우) ★★★

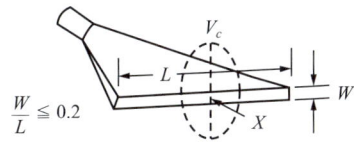

$$Q = 60 \cdot C \cdot L \cdot Vc \cdot X$$

Q : 필요송풍량(m^3/min)
Vc : 제어속도(m/sec)
L : slot 개구면의 길이(m)
X : 포집점까지의 거리(m)
C : 형상계수

* 형상계수
- 전원주 : ACGIH 3.7(일반적인 경우 : 5.0)
- $\frac{3}{4}$ 원주 : 4.1
- $\frac{1}{2}$ 원주(플랜지 부착과 동일) : ACGIH 2.6(일반적인 경우 : 2.8)
- $\frac{1}{4}$ 원주(플랜지 부착+바닥설치) : 1.6

[슬로트 후드의 종류]
① 전 원주 : 후드의 개구부가 플랜지 없이 자유 공간에 위치한 경우
② 3/4 원주 : 작업대 가장자리에 설치한 경우
③ 1/2 원주 : 작업대 중간(바닥)에 설치한 경우
④ 1/4 원주 : 작업대 중간(바닥)에 설치하고 플랜지를 부착한 경우

⑥ 리시버식 캐노피형 후드 ★★

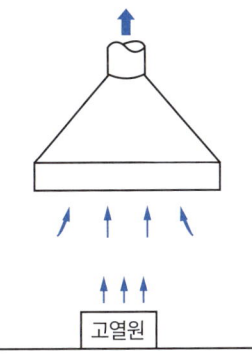

- **난기류가 있는 경우**

$$Q_T = Q_1 \times \{1 + (m \times K_L)\} = Q_1 \times (1 + K_D)$$

Q_T : 필요송풍량(m^3/min)
Q_1 : 열상승기류량(m^3/min)
m : 누출안전계수(난기류 없을 때 : 1)
K_L : 누입한계유량비
K_D : 설계유량비($K_D = m \times K_L$)

- **난기류가 없는 경우**

$$Q_T = Q_1 + Q_2 = Q_1 \times (1 + \frac{Q_2}{Q_1}) = Q_1 \times (1 + K_L)$$

Q_T : 필요송풍량(m^3/min)
Q_1 : 열상승기류량(m^3/min)
Q_2 : 유도기류량(m^3/min)
K_L : 누입한계유량비

- **작업대의 주변길이와 후드간 거리가 주어진 경우 ★**

$$Q = 60 \times 1.4 PVD$$

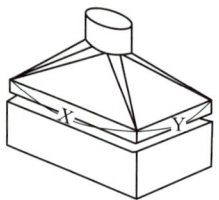

P : 작업대의 주변길이(m)=2×(X+Y)
D : 작업대와 후드 간의 거리(m)
V : 제어속도(m/sec)

예제 183

[보기]에서 제시한 후드 형식에 적합한 필요 송풍량을 계산하는 공식을 적으시오. | 산업 2017년 3회 |

(1) 포위식(부스식) 후드
(2) 외부식 후드(자유공간, 플랜지 미 부착)
(3) 리시버식 캐노피형 후드(난기류가 없는 경우)

해설

(1) 포위식(부스식) 후드
$$Q(\text{m}^3/\text{min}) = 60 \times A \times V_c$$
Q : 필요송풍량(m^3/min)
A : 후드 개구면적(m^2)
V : 제어속도(m/sec)

(2) 외부식 후드(자유공간, 플랜지 미 부착)
$$Q(\text{m}^3/\text{min}) = 60 \times Vc(10 \times X^2 + A)$$
Q : 필요송풍량(m^3/min)
Vc : 제어속도(m/sec)
A : 개구면적(m^2)
X : 후드중심선으로부터 발생원까지의 거리(m)

(3) 리시버식 캐노피형 후드(난기류가 없는 경우)
$$Q_T(\text{m}^3/\text{min}) = Q_1 \times (1 + K_L)$$
Q_T : 필요송풍량(m^3/min)
Q_1 : 열상승기류량(m^3/min)
K_L : 누입한계유량비

예제 184

작업대 위에 플랜지가 부착된 외부식 후드를 설치하려고 한다. [보기]의 조건에 적합한 필요송풍량(m^3/min) 및 플랜지의 폭(cm)을 계산하시오. | 기사 2019년 2회 / 산업 2014년 1회 |

- 후드 중심선으로부터 발생원까지의 거리 : 0.2m
- 후드의 크기 : 20cm × 30cm
- 제어속도 : 2m/sec

해설

1. $Q = 60 \times 0.5 \times Vc(10X^2 + A) = 60 \times 0.5 \times 2 \times [10 \times 0.2^2 + (0.2 \times 0.3)] = 27.60(\text{m}^3/\text{min})$
2. 플랜지의 폭
$$W = \sqrt{A} = \sqrt{20 \times 30} = 24.49(\text{cm})$$

예제 185

폭 60cm, 길이 30cm인 장방형 후드에 플랜지를 설치하려고 한다. | 기사 2020년 2회, 2017년 1회 |

(1) 플랜지의 최소 폭(cm)을 계산하시오.
(2) 플랜지를 설치하는 경우 플랜지가 없는 경우 보다 송풍량을 몇 % 감소시킬 수 있는지 적으시오.

해설

(1) $W = \sqrt{A} = \sqrt{60 \times 30} = 42.43 \text{(cm)}$
(2) 플랜지를 설치하면 송풍량을 약 25% 감소시킬 수 있다.

예제 186

송풍량이 280(m³/min)인 외부식 후드에 플랜지를 부착하였다. 동일한 제어속도를 얻기 위하여 필요한 플랜지를 부착한 경우의 송풍량(m³/min) 계산하시오.(단, 후드 개구면적과 설치위치의 변경은 없다.) | 산업 2020년 4회 |

해설

플랜지를 설치하면 송풍량을 25% 감소시킬 수 있으므로
풀이1. • 플랜지를 부착하여 감소되는 송풍량 = 280 × 0.25 = 70(m³/min)
　　　• 동일한 제어속도를 얻기 위해 필요한 송풍량(플랜지를 부착한 경우) = 280 − 70 = 210(m³/min)
풀이2. $Q_2 = 0.75 \times Q_1 = 0.75 \times 280 = 210 \text{(m}^3\text{/min)}$

예제 187

외부식 후드에서 플렌지가 붙고 공간에 설치된 후드와 플랜지가 붙고 면에 고정 설치된 후드의 필요 공기량을 비교할 때 플렌지가 붙고 면에 고정 설치된 후드는 플랜지가 붙고 공간에 설치된 후드에 비하여 필요공기량을 약 몇 % 절감할 수 있는가? (단, 후드는 장방형 기준) | 기사 2013년 1회 |

해설

1. 외부식 후드(자유공간, 플랜지 부착)
　$Q = 60 \cdot 0.75 \cdot Vc(10X^2 + A)$
2. 외부식 후드(작업대 위 바닥면 위치, 플랜지 부착)
　$Q = 60 \cdot 0.5 \cdot Vc(10X^2 + A)$

필요공기량 절감율 $= \dfrac{0.75 - 0.5}{0.75} \times 100 = 33.33(\%)$

[참고]
• 플랜지를 부착할 경우 송풍량을 25% 감소시킬 수 있다.
• 플랜지 부착 + 후드를 작업대에 부착할 경우 송풍량을 50% 감소시킬 수 있다.

예제 188

후드 개구면에서 발생원까지의 제어거리가 1m, 제어속도가 5m/sec, 후드 개구단면적이 2.4m²일 경우 플랜지가 없는 외부식 후드의 필요송풍량(m³/min)을 계산하시오. | 기사 2019년 1회 / 산업 2020년 4회, 2018년 1·2회 |

해설

$$Q = 60 \times Vc \times (10X^2 + A) = 60 \times 5 \times (10 \times 1^2 + 2.4) = 3,720 (\text{m}^3/\text{min})$$

예제 189

후드 단면적이 0.4m²인 외부식 원형 후드의 제어속도가 0.3m/sec이며 후드와 발생원 간의 거리가 1m일 경우 다음을 계산하시오. | 기사 2017년 1·3회, 2020년 3회 |

(1) 플랜지를 설치하지 않은 경우의 필요 환기량(m³/min)은 얼마인가?
(2) 플랜지를 설치한 경우의 필요 환기량(m³/min)은 얼마인가?

해설

(1) $Q = 60 \times Vc \times (10X^2 + A) = 60 \times 0.3 \times (10 \times 1^2 + 0.4) = 187.20 (\text{m}^3/\text{min})$
(2) $Q = 60 \times 0.75 \times V_c \times (10X^2 + A) = 60 \times 0.75 \times 0.3 \times (10 \times 1^2 + 0.4) = 140.40 (\text{m}^3/\text{min})$

예제 190

자유공간에 플랜지가 부착된 외부식 후드를 설치하려고 한다. 다음 조건에서 필요송풍량(m³/min)을 계산하시오. | 산업 2018년 1회 |

- 후드 개구면으로 부터의 제어거리 : 120cm
- 제어속도 : 0.6m/sec
- 후드의 크기 : 장변 250cm, 단변 80cm

해설

$$Q = 60 \times 0.75 \times Vc(10X^2 + A) = 60 \times 0.75 \times 0.6 \times [10 \times 1.2^2 + (2.5 \times 0.8)] = 442.80 (\text{m}^3/\text{min})$$

예제 191

슬롯후드의 밑변과 높이가 30cm×2.5cm인 플랜지가 부착된 슬롯형 후드를 설치하는 경우 필요 송풍량(m^3/min)을 계산하시오. (단, 제어속도는 2.5m/sec, 오염원까지의 거리는 60cm이다.)

| 기사 2018년 3회 / 산업 2014년 1회 |

해설

$Q = 60 \cdot C \cdot L \cdot Vc \cdot X = 60 \times 2.6 \times 0.3 \times 2.5 \times 0.6 = 70.20 (m^3/min)$

[참고]
플랜지 부착(원주와 동일)시의 형상계수 : 2.6

예제 192

주물 용해로에 레시버식 캐노피 후드를 설치하였다. 열상승 기류량이 23m^3/min, 누입한계 유량비가 2.6일 경우 레시버식 캐노피 후드의 소요 풍량(m^3/min)을 계산하시오.

| 기사 2018년 3회 |

해설

$Q_T = Q_1 \times (1 + K_L) = 23 \times (1 + 2.6) = 82.80 (m^3/min)$

예제 193

고열 배출원이 아닌 탱크 위에 캐노피형 후드를 설치하려고 한다. 후드의 크기는 3.3m×1.7m이며, 제어속도가 0.5m/sec, 배출원에서 후드 개구면까지의 높이는 0.6m일 경우 필요송풍량(m^3/min)을 계산하시오.

| 기사 2024년 3회, 2018년 3회 |

해설

리시버식 캐노피형 후드

$Q(m^3/min) = 60 \times 1.4 \times PVD$

P : 작업대의 주변길이(m)=2×(X+Y)
V : 제어속도(m/sec)
D : 작업대와 후드 간의 거리(m)

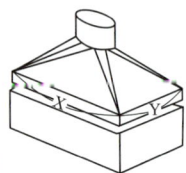

$Q(m^3/min) = 60 \times 1.4 \times PVD = 60 \times 1.4 \times 10 \times 0.5 \times 0.6 = 252 (m^3/min)$
[작업대 주변 길이 $P = 2 \times (3.3 + 1.7) = 10 (m)$]

예제 194

악취가 발생되는 가스를 포집하기 위하여 개구면적이 가로 1.3m, 세로 1.5m의 부스식 후드를 설치하였다. 제어속도는 0.3~0.45m/sec 범위이며 하한 제어속도의 15% 빠른 속도로 포집하고자 하는 경우 필요 흡인량(m^3/min)을 계산하시오. | 기사 2018년 3회 |

해설

$Q = 60 \cdot A \cdot V_c = 60 \times (1.3 \times 1.5) \times (0.3 \times 1.15) = 40.37 (m^3/min)$

(하한 제어 속도의 15% 빠른 속도로 포집 → 0.3×(100%+15%)=0.3×1.15)

예제 195

다음 [보기]에 주어진 후드의 종류 중 효율이 높은 것부터 순서대로 번호를 적으시오. | 기사 2019년 3회 |

① 플랜지가 부착되지 않은 자유공간 상의 외부식 후드
② 플랜지가 부착된 자유공간 상의 외부식 후드
③ 플랜지가 부착된 작업면에 고정된 외부식 후드
④ 포위식 후드

해설

④, ③, ②, ①

예제 196

플랜지가 부착된 외부식 후드와 하방흡입형 후드(오염원이 개구면과 가까울 때)의 필요송풍량(m^3/min) 계산 공식을 적으시오. | 기사 2018년 3회 |

(1) 플랜지가 부착된 외부식 후드
(2) 하방흡입형 후드(오염원이 개구면과 가까울 때) → 포위형(부스식) 후드

해설

(1) $Q = 60 \times 0.75 \times Vc \times (10X^2 + A)$

    Q : 필요송풍량(m^3/min)
    Vc : 제어속도(m/sec)
    A : 개구면적(m^2)
    X : 후드중심선으로부터 발생원까지의 거리(m)

(2) $Q = 60 \cdot A \cdot V_c$

    Q : 필요송풍량(m^3/min)
    A : 후드 개구면적(m^2)($A = \dfrac{\pi d^2}{4}$)
    V_c : 제어속도(m/sec)

[참고]

포위형 후드

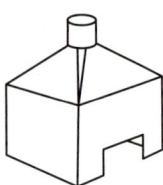

예제 197

작업대 위에 고정하여 플랜지가 부착된 외부식 후드를 설치하려고 한다. 다음 조건에서 필요송풍량(m^3/min)을 계산하시오. | 기사 2017년 2회, 2015년 2회 |

- 후드 개구면으로부터 제어거리 : 0.8m
- 제어속도 : 0.24m/sec
- 후드의 개구면적 : 0.5m^2

해설

$Q = 60 \times 0.5 \times Vc(10X^2 + A) = 60 \times 0.5 \times 0.24 \times (10 \times 0.8^2 + 0.5) = 49.68 (m^3/min)$

예제 198

플랜지가 부착된 외부식 후드가 공간에 설치되어 있다. 후드 단면적이 0.5m^2이며, 제어속도가 0.8m/sec, 후드와 발생원 간의 거리가 1m 일 경우 한 경우의 필요 환기량(m^3/min)은 얼마인가? | 기사 2016년 1회 |

해설

$Q = 60 \times 0.75 \times V_c \times (10X^2 + A) = 60 \times 0.75 \times 0.8 \times (10 \times 1^2 + 0.5) = 378(m^3/min)$

예제 199

다음은 [보기]는 캐노피형(수형) hood와 관련된 용어이다. 각각의 용어를 설명하시오. | 기사 2015년 2회 |

$Q_1, Q_2, Q_2', m, K_L, K_D$

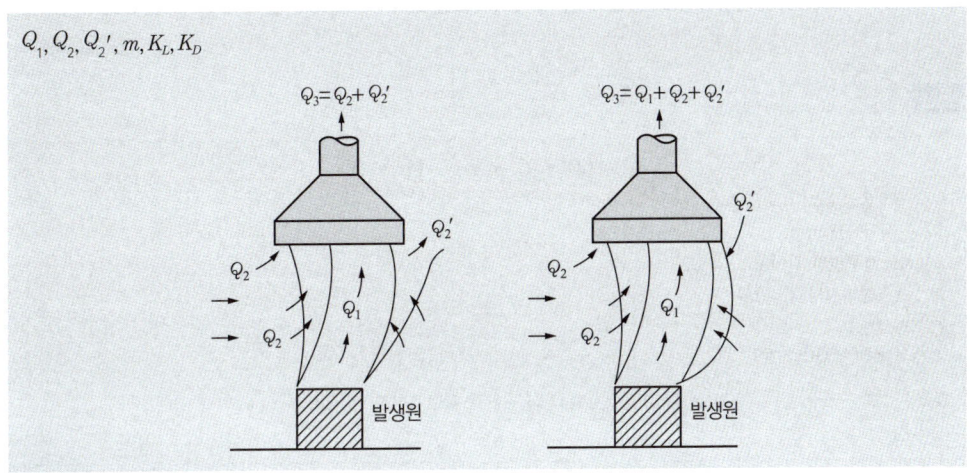

해설

Q_1 : 열상승기류량(m^3/min)

Q_2 : 유도기류량(m^3/min)

Q_2' : 난류로 인한 누출기류량(m^3/min)

m : 누출안전계수

K_L : 누입한계 유량비

K_D : 설계 유량비

예제 200

작업장에 설치된 플랜지가 부착된 슬롯형 후드의 길이가 2.8m, 폭이 0.3m이다. 후드의 제어속도가 0.8m/s이며 포착점까지의 거리가 1.0m일 경우 필요송풍량(m^3/min)을 계산하시오. (단, 1/2원주 슬롯형, C = 2.6을 적용한다.) | 기사 2014년 1회 |

해설

$Q = 60 \cdot C \cdot L \cdot Vc \cdot X = 60 \times 2.6 \times 2.8 \times 0.8 \times 1.0 = 349.44 (m^3/min)$

예제 201

슬롯 후드의 길이가 25cm, 폭이 2.5cm인 슬롯형 후드를 설치하는 경우 필요 송풍량(m³/min)을 ACGIH 기준으로 계산하시오. (단, 플랜지가 없고 공간에 위치, 제어속도는 2.0m/sec, 오염원까지의 거리는 80cm이다.)

| 산업 2024년 2회 |

해설

$$Q = 60 \cdot C \cdot L \cdot Vc \cdot X$$

Q : 필요송풍량(m³/min)
Vc : 제어속도(m/sec)
L : slot 개구면의 길이(m)
X : 포집점까지의 거리(m)
C : 형상계수

※ 형상계수(ACGIH 기준)
전원주 : 3.7, $\frac{3}{4}$원주 : 4.1, $\frac{1}{2}$원주(플랜지 부착과 동일) : 2.6, $\frac{1}{4}$원주(플랜지 부착+바닥 설치) : 1.6

$Q = 60 \cdot C \cdot L \cdot Vc \cdot X$
$= 60 \times 3.7 \times 0.25 \times 2.0 \times 0.8 = 88.80 (\text{m}^3/\text{min})$

※ 플랜지가 없고 공간에 위치 → 전원주

예제 202

고열 발생원 주변에 리시버식 캐노피형 후드를 설치하였다. 열상승 기류량이 30m³/min, 누입한계 유량비 2.0, 누출안전계수 8일 경우 소요 송풍량(m³/min)을 계산하시오. (단, 주변에 난기류가 존재한다.)

| 기사 2014년 2회 / 산업 2018년 1회 |

해설

$Q_T = Q_1 \times \{1 + (m \times K_L)\} = 30 \times \{1 + (8 \times 2.0)\} = 510 (\text{m}^3/\text{min})$

예제 203

고열 발생원 주변에 리시버식 캐노피형 후드를 설치하였다. 열상승 기류량이 30m³/min, 유도기류량이 60m³/min인 경우 누입한계유량비를 계산하시오.

| 산업 2016년 2회 |

해설

$$Q_T = Q_1 + Q_2 = Q_1 \times (1 + \frac{Q_2}{Q_1}) = Q_1 \times (1 + K_L)$$

Q_T : 필요송풍량(m³/min)
Q_1 : 열상승기류량(m³/min)
Q_2 : 유도기류량(m³/min)
K_L : 누입한계유량비($= \frac{Q_2}{Q_1}$)

$K_L = \frac{Q_2}{Q_1} = \frac{60}{30} = 2$

5 덕트

(1) 덕트

오염물질이 함유된 공기를 우송하는 관을 말한다.

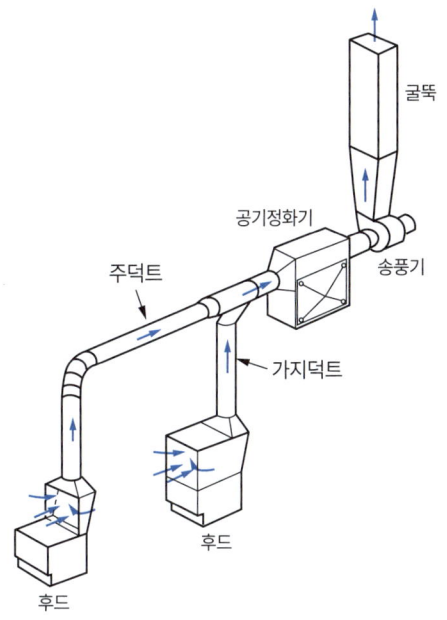

① 덕트의 조도 : 덕트 내면의 거칠기의 정도를 말한다. ★
② 덕트의 상대조도 : 절대표면조도를 덕트 직경으로 나눈 값을 말한다. ★

$$덕트의\ 상대조도 = \frac{절대표면조도}{덕트직경}$$

(2) 덕트 설치기준(산.안.법기준) ★

① 가능하면 길이는 짧게 하고 굴곡부의 수는 적게 할 것
② 접속부의 안쪽은 돌출된 부분이 없도록 할 것
③ 청소구를 설치하는 등 청소하기 쉬운 구조로 할 것
④ 덕트 내부에 오염물질이 쌓이지 않도록 이송속도를 유지할 것
⑤ 연결 부위 등은 외부 공기가 들어오지 않도록 할 것

(3) 덕트 설치의 주요원칙 ★

① 밴드 수는 가능한 적게 한다.
② 구부러짐 전 · 후에는 청소구를 만든다.
③ 덕트는 가급적 짧게 배치한다.
④ 공기 흐름은 하향구배를 원칙으로 한다.
⑤ 가급적 원형 덕트를 사용, 사각 덕트 사용 시에는 정방형을 사용한다.
⑥ 수분이 응축될 경우 덕트 내로 들어가지 않도록 하며 경사나 배수구를 마련한다.
⑦ 덕트와 송풍기 연결부위는 진동을 고려하여 유연한 재질로 한다.
⑧ 후드는 덕트보다 두꺼운 재질을 선택한다.
⑨ 직경이 다른 덕트 연결 시에는 경사 30도 이내의 테이퍼를 부착한다.
⑩ 송풍기를 연결할 때에는 최소 덕트 직경의 6배는 직선구간으로 한다.
⑪ 곡관은 직관보다 0.76mm 정도 두꺼운 재질을 선택한다.
⑫ 가능한 한 곡관의 곡률반경을 크게 한다.(곡률반경은 최소 덕트직경의 1.5배 이상, 주로 2.0 으로 한다.)

(4) 덕트 재질의 선정

유해물질	덕트의 재질
유기용제	아연도금강판
강산, 염소계 용제	스테인리스스틸 강판
알칼리	강판
주물사, 고온가스	**흑피 강판**
전리방사선	중질콘크리트

(5) 덕트의 접속 ★

① 접속부의 내면은 돌기물이 없도록 할 것
② 곡관(Elbow)은 5개 이상의 새우등 곡관으로 연결하거나, 곡관의 중심선 곡률 반경이 덕트지름의 2.5배 내외가 되도록 할 것 ★
③ 주덕트와 가지덕트의 접속은 30° 이내가 되도록 할 것 ★★
④ 확대 또는 축소되는 덕트의 관은 경사각을 15° 이하로 하거나, 확대 또는 축소 전후의 덕트 지름 차이가 5배 이상 되도록 할 것

⑤ 접속부는 덕트 소용돌이(Vortex)기류가 발생하지 않는 구조로 할 것
⑥ 가지덕트가 2개 이상인 경우 주덕트와의 접속은 각각 적절한 방향과 간격을 두고 접속하여 저항이 최소화되는 구조로 하고, 2개 이상의 가지덕트를 확대관 또는 축소관의 동일한 부위에 접속하지 않도록 할 것

(6) 덕트의 배기효율 ★

원형덕트 〉 직사각형 덕트 〉 신축형 덕트

(7) 반송속도 ★

1) "반송속도"라 함은 덕트를 통하여 이동하는 유해물질이 덕트 내에서 퇴적이 일어나지 않는 상태로 이동시키기 위하여 필요한 최소 속도를 말한다.(오염물질을 운반하는 속도)

2) 반송속도의 기준(산업환기설비에 관한 기술지침-2019) ★

유해물질 발생형태	유해 물질 종류	반송속도 (m/sec)
증기 · 가스 · 연기	모든 증기, 가스 및 연기	5.0 ~ 10.0
흄	아연흄, 산화알미늄 흄, 용접흄 등	10.0 ~ 12.5
미세하고 가벼운 분진	미세한 면분진, 미세한 목분진, 종이분진 등	12.5 ~ 15.0
건조한 분진이나 분말	고무분진, 면분진, 가죽분진, 동물털 분진 등	15.0 ~ 20.0
일반 산업분진	그라인더 분진, 일반적인 금속분말분진, 모직물분진, 실리카분진, 주물분진, 석면분진 등	17.5 ~ 20.0
무거운 분진	젖은 톱밥분진, 입자가 혼입된 금속분진, 샌드블라스트분진, 주철보링분진, 납분진	20.0 ~ 22.5
무겁고 습한 분진	습한 시멘트분진, 작은 칩이 혼입된 납분진, 석면덩어리 등	22.5 이상

3) 덕트의 반송속도를 결정할 때 고려해야 할 요소 ★

① 유해물질의 발생형태
② 유해물질의 비중
③ 유해물질의 입경
④ 유해물질의 수분함량
⑤ 덕트의 모양

4) 덕트 취출구의 소음(취출음)을 감소시키는 방법 ★

① 소음기(소음챔버) 설치
② 덕트에 흡음재 설치
③ 취출구의 유속을 감소시킴

예제 204

덕트 내 분진 이송을 위한 반송속도를 결정할 경우 고려하여야 하는 요소 4가지를 적으시오.

| 기사 2020년 1회, 2017년 2회 |

해설

① 유해물질의 발생형태
② 유해물질의 비중
③ 유해물질의 입경
④ 유해물질의 수분함량
⑤ 덕트의 모양

예제 205

덕트 내 분진 이송을 위한 반송속도 결정에서 반송속도를 더 높게 결정하여야 하는 경우 3가지를 적으시오.

| 산업 2021년 2회 |

해설

① 무거운 분진을 이송하는 경우(분진의 비중이 큰 경우)
② 물에 젖은 분진을 이송하는 경우
③ 부착성이 있는 분진을 이송하는 경우
④ 덕트의 길이가 길거나 굴곡부가 많은 경우

예제 206

덕트 취출구에서 토출되는 공기에 의한 소음(취출음)을 감소시키는 방법 2가지를 적으시오.

| 기사 2015년 2회 / 산업 2015년 3회 |

해설

① 소음기(소음챔버) 설치
② 덕트에 흡음재 설치
③ 취출구의 유속을 감소시킴

6 압력손실

(1) 국소배기장치의 총 압력손실을 계산하는 목적 ★

① 국소배기장치의 필요 송풍량을 얻기 위하여
② 후드의 제어속도와 덕트의 반송속도를 얻기 위하여
③ 송풍기의 풍량, 풍압 및 송풍기 형식을 선정하기 위하여

예제 207

국소배기시스템을 설계하는 경우 총 압력손실을 계산하는 목적 3가지를 적으시오. | 기사 2012년 1회 |

해설
① 국소배기장치의 필요 송풍량을 얻기 위하여
② 후드의 제어속도와 덕트의 반송속도를 얻기 위하여
③ 송풍기의 풍량, 풍압 및 송풍기 형식을 선정하기 위하여

---

(1) 후드의 압력손실 ★★★

$$압력손실(\Delta P) = F_h \times VP = \left(\frac{1}{Ce^2} - 1\right) \times \frac{\gamma V^2}{2g} \, (\text{mmH}_2\text{O})$$

F_h : 압력손실계수(유입손실계수)
Ce : 유입계수
VP : 속도압(동압)(mmH$_2$O)
r : 공기비중
V : 유속(m/s)
g : 중력가속도(9.8m/s^2)

$$F_h = \frac{1}{Ce^2} - 1$$

Ce : 유입계수

$$VP = \frac{rV^2}{2g}$$

r : 공기비중
V : 유속(m/s)
g : 중력가속도(9.8m/s^2)

예제 208

그림과 같은 외부식 후드에서 속도압(VP)이 20mmH$_2$O, 압력손실(ΔP)이 2.25mmH$_2$O인 경우 후드의 유입계수를 계산하시오. | 기사 2019년 3회 |

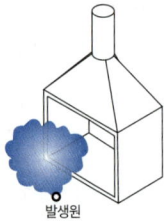
발생원

해설

$$\Delta P = F_h \times VP = (\frac{1}{Ce^2} - 1) \times VP$$

$$(\frac{1}{Ce^2} - 1) = \frac{\Delta P}{VP}$$

$$\frac{1}{Ce^2} = \frac{\Delta P}{VP} + 1 = \frac{\Delta P + VP}{VP}$$

$$Ce^2 = \frac{VP}{\Delta P + VP}$$

$$Ce = \sqrt{\frac{VP}{\Delta P + VP}} = \sqrt{\frac{20}{2.25 + 20}} = 0.95$$

예제 209

속도압이 35mmH$_2$O인 후드의 압력손실이 15mmH$_2$O일 때, 후드의 유입계수를 계산하시오. | 기사 2016년 2회 |

해설

$$\Delta P = (\frac{1}{Ce^2} - 1) \times VP$$

$$(\frac{1}{Ce^2} - 1) = \frac{\Delta P}{VP}$$

$$\frac{1}{Ce^2} = \frac{\Delta P}{VP} + 1 = \frac{\Delta P + VP}{VP}$$

$$Ce^2 = \frac{VP}{\Delta P + VP}$$

$$Ce = \sqrt{\frac{VP}{\Delta P + VP}} = \sqrt{\frac{35}{15 + 35}} = 0.84$$

예제 210

속도압이 35mmH$_2$O인 후드의 유입계수가 0.81인 경우 후드의 압력손실(mmH$_2$O)을 계산하시오.

| 산업 2020년 1회, 2019년 1회 |

해설

압력손실(ΔP) = $(\frac{1}{Ce^2} - 1) \times VP = (\frac{1}{0.81^2} - 1) \times 35 = 18.35(\text{mmH}_2\text{O})$

예제 211

유입손실계수가 0.27이고 원형 후드 직경이 100mm이며 유량이 15m^3/min 인 경우 후드의 압력손실(mmH$_2$O)을 구하시오.

| 산업 2015년 3회 |

해설

압력손실(ΔP) = $F_h \times VP = 0.27 \times 61.98 = 16.73(\text{mmH}_2\text{O})$

1. $Q = 60 \times A \times V$

   $V = \frac{Q}{60 \times A} = \frac{Q}{60 \times \frac{\pi d^2}{4}} = \frac{15}{60 \times \frac{\pi \times 0.1^2}{4}} = 31.83(\text{m/sec})$

2. $V = 4.043 \sqrt{VP}$

   $V^2 = 4.043^2 \times VP$

   $VP = \frac{V^2}{4.043^2} = \frac{31.83^2}{4.043^2} = 61.98(\text{mmH}_2\text{O})$

   또는

   $VP = \frac{rV^2}{2g} = \frac{1.2 \times 31.83^2}{2 \times 9.8} = 62.03(\text{mmH}_2\text{O})$

(2) 덕트의 압력손실

1) 덕트 내에서 압력손실이 발생되는 원인 ★

① 마찰 압력손실
- 덕트 내면과 공기의 접촉에 의해 생성(덕트 내부 면과의 마찰)

② 난류 압력손실
- 공기 속도가 빨라서 난류가 형성되어 생성
- 덕트의 굴곡으로 인한 공기방향의 변화(곡관이나 관의 확대에 따른 공기속도 변화)
- 덕트의 확대, 수축 등으로 인한 단면적의 변화(가지 덕트 단면적의 변화)에 의해 난류가 형성되어 생성

2) 직선 덕트의 압력손실 ★★★

$$압력손실(\Delta P) = F \times VP = \lambda \times \frac{L}{D} \times \frac{\gamma V^2}{2g} \text{ (mmH}_2\text{O)}$$

$$F(압력손실계수) = \lambda \times \frac{L}{D}$$

λ : 관마찰계수(= 4f, f : 마찰계수)
D : 덕트 직경(m)(원형관일 경우)(장방형 덕트일 경우 : 상당직경(등가직경 $= \frac{2ab}{a+b}$)
L : 덕트 길이(m)

$$속도압(VP) = \frac{\gamma \times V^2}{2g}$$

γ : 비중(kg/m^3)
V : 공기속도(m/sec)
g : 중력가속도(m/sec^2)

예제 212

장방형 직관 덕트의 세로 650mm, 가로 250mm이며, 풍량 400m^3/min이 흐르고 있다. 덕트의 길이가 10m, 관마찰계수 0.02, 공기밀도가 1.2kg/m^{3}인 경우 덕트의 압력손실(mmH$_2$O)을 계산하시오.

| 기사 2019년 2회 / 산업 2014년 1회 |

해설

$$\Delta P = \lambda \times \frac{L}{D} \times \frac{\gamma V^2}{2g} = 0.02 \times \frac{10}{0.36} \times \frac{1.2 \times 41.03^2}{2 \times 9.8} = 57.26 \text{(mmH}_2\text{O)}$$

- $D(상당직경) = \frac{2ab}{a+b} = \frac{2 \times 0.65 \times 0.25}{0.65 + 0.25} = 0.36$
- $Q = 60 \times A \times V$

$$V = \frac{Q}{60 \times A} = \frac{400}{60 \times 0.65 \times 0.25} = 41.03 \text{(m/sec)}$$

예제 213

장방형 직관 덕트의 세로 300mm, 가로 650mm이며, 풍량 250m³/min이 흐르고 있다. 덕트의 길이가 4m, 관마찰계수 0.02, 공기밀도가 1.2kg/m³인 경우 덕트의 압력손실(mmH₂O)을 계산하시오.

| 기사 2020년 4회 / 산업 2017년 1회 |

해설

$$\Delta P = \lambda \times \frac{L}{D} \times \frac{\gamma V^2}{2g} = 0.02 \times \frac{4}{0.41} \times \frac{1.2 \times 21.37^2}{2 \times 9.8} = 5.46 \text{(mmH}_2\text{O)}$$

- $D(\text{상당직경}) = \dfrac{2ab}{a+b} = \dfrac{2 \times 0.3 \times 0.65}{0.3 + 0.65} = 0.41$
- $Q = 60 \times A \times V$

  $V = \dfrac{Q}{60 \times A} = \dfrac{250}{60 \times 0.3 \times 0.65} = 21.37 \text{(m/sec)}$

예제 214

직선 덕트의 관 내경이 0.2m, 길이가 40m인 경우 압력손실(mmH₂O)을 계산하시오. (단, 관마찰손실계수는 0.02, 유체 밀도는 1.203kg/m³, 직관 내 유속은 20m/sec이다.)

| 기사 2020년 2회, 2016년 1회 |

해설

$$\Delta P = \lambda \times \frac{L}{D} \times \frac{\gamma V^2}{2g} = 0.02 \times \frac{40}{0.2} \times \frac{1.203 \times 20^2}{2 \times 9.8} = 98.20 \text{(mmH}_2\text{O)}$$

예제 215

어느 장방형 덕트의 장변이 670mm, 단변이 200mm이며 송풍량이 250m³/min일 때 덕트 길이 10m당 압력손실을 계산하시오. (단, 관마찰계수(λ) : 0.02, 공기비중(γ) : 1.2kg/m³이다.)

| 기사 2015년 2회, 2012년 1·3회 |

해설

$$\Delta P = \lambda \times \frac{L}{D} \times \frac{\gamma V^2}{2g} = 0.02 \times \frac{10}{0.31} \times \frac{1.2 \times 31.09^2}{2 \times 9.8} = 38.18 \text{(mmH}_2\text{O)}$$

- 상당직경 $D = \dfrac{2ab}{a+b} = \dfrac{2 \times 0.67 \times 0.2}{0.67 + 0.2} = 0.31 \text{(m)}$
- $Q = 60 \times A \times V$

  $V = \dfrac{Q}{60 \times A} = \dfrac{250}{60 \times (0.67 \times 0.2)} = 31.09 \text{(m/s)}$

예제 216

어느 장방형 덕트의 가로 650mm, 세로 300mm이며 속도압이 150mmH$_2$O일 때 덕트 길이 10m당 압력손실을 계산하시오.(단, 관마찰계수(λ) : 0.02이다.)

| 산업 2019년 3회, 2013년 1회 |

해설

압력손실 $\Delta P = \lambda \times \dfrac{L}{D} \times VP = 0.02 \times \dfrac{10}{0.41} \times 150 = 73.17 \text{(mmH}_2\text{O)}$

$\left[\text{상당직경 } D = \dfrac{2ab}{a+b} = \dfrac{2 \times 0.65 \times 0.3}{0.65 + 0.3} = 0.41 \text{(m)} \right]$

예제 217

원형 덕트에서 덕트의 직경을 1/2로 하면 직관부분의 압력손실은 몇 배로 증가하겠는가? (단, 난기류가 있으며, 유량, 관마찰계수는 일정하다고 가정한다.)

| 기사 2018년 1회 / 산업 2018년 3회, 2021년 1회 |

해설

1. 직경이 D인 경우

   $\Delta P = \lambda \times \dfrac{L}{D} \times \dfrac{\gamma V^2}{2g}$

   (λ, L, g, γ는 상수이므로 무시)

   $\Delta P = \dfrac{V^2}{D} = \dfrac{\left(\dfrac{1}{D^2}\right)^2}{D} = \dfrac{\dfrac{1}{D^4}}{D} = \dfrac{1}{D^5}$

   $\left[\begin{array}{l} Q = AV \\ V = \dfrac{Q}{A} = \dfrac{Q}{\dfrac{\pi D^2}{4}} = \dfrac{4Q}{\pi D^2} \\ Q, \pi \text{는 일정하므로(4는 상수이므로 무시)} \quad \therefore V = \dfrac{1}{D^2} \end{array} \right]$

2. 직경이 $\dfrac{D}{2}$인 경우

   $\Delta P = \dfrac{1}{\left(\dfrac{D}{2}\right)^5} = \dfrac{1}{\dfrac{D^5}{32}} = \dfrac{1 \times 32}{D^5}$

3. $\dfrac{1}{D^5} : \dfrac{1 \times 32}{D^5} = 1 : 32 \quad \therefore 32$배 증가한다.

예제 218

오리피스형 후드에 플랜지를 부착한 경우와 부착하지 않은 경우의 유입손실(압력손실) 계산 공식을 적으시오.

| 기사 2018년 1회 |

(1) 플랜지를 부착한 경우
(2) 플랜지를 부착하지 않은 경우

해설

(1) 압력손실 $\Delta P(\mathrm{mmH_2O}) = 0.93 \times VP$

(2) 압력손실 $\Delta P(\mathrm{mmH_2O}) = 0.49 \times VP$

VP : 속도압(mmH$_2$O)

[참고]

오리피스형 후드

(1) 일반형　　　　　　(2) 플랜지 부착　　　　　(3) 슬롯형

$\Delta P = 0.93 \times VP$　　$\Delta P = 0.49 \times VP$　　$\Delta P = 1.78 \times VP$

예제 219

어느 원형관의 내경이 0.3m, 길이가 10m이며, 송풍량이 150m³/min이다. 직관의 압력손실(mmH$_2$O)을 계산하시오. (단, 관마찰손실계수는 0.02, 유체 밀도는 1.203kg/m³)

| 기사 2015년 1회 / 산업 2013년 1회 |

해설

$$\Delta P = \lambda \times \frac{L}{D} \times \frac{\gamma V^2}{2g} = 0.02 \times \frac{10}{0.3} \times \frac{1.203 \times 35.37^2}{2 \times 9.8} = 51.19(\mathrm{mmH_2O})$$

$$\begin{bmatrix} Q = 60 \times A \times V \\ V = \dfrac{Q}{60 \times A} = \dfrac{Q}{60 \times \dfrac{\pi \times d^2}{4}} = \dfrac{150}{60 \times \dfrac{\pi \times 0.3^2}{4}} = 35.37(\mathrm{m/s}) \end{bmatrix}$$

예제 220

직경이 32cm, 길이가 55cm인 원형 배기구의 속도압이 25mmH$_2$O이다. 마찰계수가 1.18일 때 압력손실(mmH$_2$O)을 계산하시오.

| 산업 2018년 3회 |

> **해설**
>
> $$압력손실(\Delta P) = \lambda \times \frac{L}{D} \times VP = 4 \times f \times \frac{L}{D} \times VP (\text{mmH}_2\text{O})$$
>
> λ : 관마찰계수($= 4f$)
> f : 마찰계수
> D : 덕트 직경(m)(원형관일 경우)(장방형 덕트일 경우 : 상당직경(등가직경) $= \dfrac{2ab}{a+b}$)
> L : 덕트 길이(m)

$$\Delta P = 4 \times f \times \frac{L}{D} \times VP = 4 \times 1.18 \times \frac{55}{32} \times 25 = 202.81 (\text{mmH}_2\text{O})$$

예제 221

직선 원형 덕트의 단면적이 0.00534m², 길이 20m이다. 덕트 내의 유량이 4.8m³/min인 경우 [보기]를 참고하여 속도압 방법을 이용한 압력손실(mmH₂O)을 계산하시오. | 기사 2016년 2회, 기출 2012년 1회 |

> 속도압 법에 의한 마찰손실계수를 계산에서 상수 a, b, c는 다음 값을 적용한다.
> - a : 0.0145
> - b : 0.355
> - c : 0.412

> **해설**
>
> 1. $\Delta P = F_d \times L \times VP$
>
> ΔP : 압력손실(mmH₂O)
> F_d : 마찰손실계수
> L : 관의 길이(m)
> VP : 속도압(mmH₂O)
>
> 2. $F_d = \dfrac{a \times V^b}{Q^c}$
>
> F_d : 마찰손실계수
> V : 속도(m/s)
> Q : 유량(m³/sec)
> a, b, c : 상수

$\Delta P = F_d \times L \times VP = 0.11 \times 20 \times 13.73 = 30.21 (\text{mmH}_2\text{O})$

$$\begin{pmatrix} V = 4.043\sqrt{VP} \\ V^2 = 4.043^2 \times VP \\ VP = \dfrac{V^2}{4.043^2} = \dfrac{14.98^2}{4.043^2} = 13.73(\text{mmH}_2\text{O}) \end{pmatrix}$$

$$\left[\begin{array}{l} 마찰손실계수(F_d) = \dfrac{a \times V^b}{Q^c} = \dfrac{0.0145 \times 14.98^{0.355}}{0.08^{0.412}} = 0.11 \\ \bullet\ Q = 4.8 \text{m}^3/\text{min} \div 60 = 0.08 \text{m}^3/\text{sec} \\ \bullet\ Q(\text{m}^3/\text{sec}) = A \times V, \quad V = \dfrac{Q}{A} = \dfrac{0.08}{0.00534} = 14.98 \text{m/sec} \end{array} \right]$$

예제 222

덕트의 직경이 200mm, 덕트 길이 10m, 관 내의 유속이 8m/sec 일 때 압력손실을 계산하시오. (단, 관마찰계수 (λ) = 0.015 − 0.001log(Re), 동점성계수 : 1.55×10^{-5}m²/sec, 공기비중(γ) : 1.2kg/m³이다.) | 산업 2016년 2회 |

해설

$$\Delta P = \lambda \times \frac{L}{D} \times \frac{\gamma V^2}{2g} = 0.01 \times \frac{10}{0.2} \times \frac{1.2 \times 8^2}{2 \times 9.8} = 1.96 (\text{mmH}_2\text{O})$$

- $Re = \dfrac{Vd}{\nu} = \dfrac{8 \times 0.2}{1.55 \times 10^{-5}} = 103225.81$
- 관마찰계수$(\lambda) = 0.015 - 0.001 \times \log(103225.81) = 0.01$

예제 223

덕트 내에서 발생되는 압력손실의 종류 2가지를 적고 그 원인을 적으시오. | 산업 2019년 2회 |

해설

① 마찰 압력손실
  덕트 내면과 공기의 접촉에 의해 생성(덕트 내부 면과의 마찰)
② 난류 압력손실
  공기 속도가 빨라서 난류를 형성하거나 덕트의 굴곡으로 인한 공기방향의 변화 또는 덕트의 확대, 수축 등으로 인한 단면적의 변화에 의해 난류가 형성되어 생성

3) 곡관의 연결

① 곡관의 덕트직경(D)과 곡률반경(R)의 비(반경비(R/D))를 크게 할수록 압력 손실이 적어진다. ★
② 곡관의 구부러지는 경사는 가능한 한 완만하게 하고 구부러지는 관의 중심선의 반지름이 송풍관 직경의 2.5배 이상이 되도록 한다.
③ 새우등 곡관의 직경이 $(d \leq 15\text{cm})$ 경우에 새우등은 3개 이상, $(d > 15\text{cm})$ 경우에는 새우등 5개 이상을 사용한다. ★★
④ 후드가 곡관 덕트로 연결되는 경우 덕트직경의 4~6배 되는 지점에서 속도압을 측정한다. ★

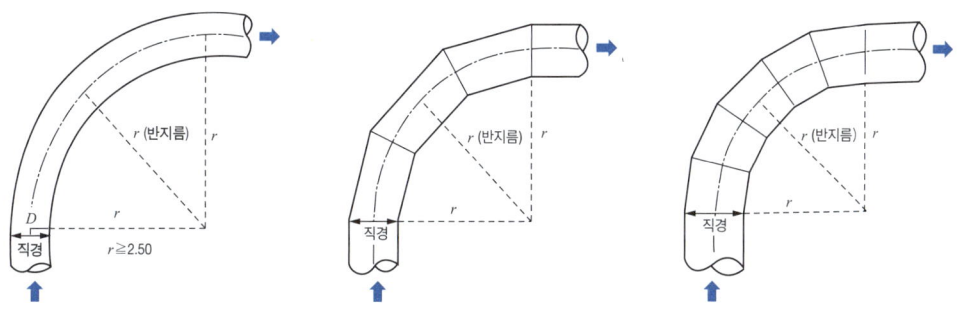

4) 곡관의 압력손실 ★★★

$$압력손실(\triangle P) = \left(\xi \times \frac{\theta}{90°}\right) \times VP(\text{mmH}_2\text{O})$$

ξ : 압력손실계수
θ : 곡관의 각도
VP : 속도압(동압)(mmH$_2$O)

예제 224

직경 40cm, 곡률반경 80cm인 90° 원형곡관의 속도압은 20mmH$_2$O이며, 압력손실계수는 0.27이다. 이 곡관의 곡관 각을 45°로 변경했을 때의 압력손실(mmH$_2$O)을 계산하시오. | 산업 2017년 2회, 2021년 1회 |

해설

$$\triangle P = (\xi \times \frac{\theta}{90}) \times VP = \left(0.27 \times \frac{45°}{90°}\right) \times 20 = 2.70 (\text{mmH}_2\text{O})$$

예제 225

90° 원형곡관의 속도압은 35mmH$_2$O이며, 압력손실계수는 0.32이다. 이 곡관의 곡관 각을 45°로 변경했을 때의 속도(m/sec)를 계산하시오. | 산업 2012년 3회 |

해설

1. 45°로 변경했을 때의 압력손실

$$\triangle P = (\xi \times \frac{\theta}{90}) \times VP = \left(0.32 \times \frac{45°}{90°}\right) \times 35 = 5.60(\text{mmH}_2\text{O})$$

2. 45°로 변경했을 때의 속도압(VP)

$$VP = \frac{\Delta P}{\left(\xi \times \frac{\theta}{90°}\right)} = \frac{5.60}{\left(0.32 \times \frac{45°}{90°}\right)} = 35(\text{mmH}_2\text{O})$$

3. 45°로 변경했을 때의 속도(V)

$$V = 4.043\sqrt{VP} = 4.043 \times \sqrt{35} = 23.92(\text{m/sec})$$

예제 226

다음 표를 참고하여 30°곡관의 압력손실(mmH$_2$O)을 계산하시오. (단, 덕트 직경은 20cm, 곡률반경은 40cm, 속도압은 15mmH$_2$O이다.) | 기사 2020년 4회 / 산업 2020년 3회, 2019년 1회 |

곡률반경비(R/D)	1.25	1.50	1.75	2.0	2.25	2.50	2.75
압력손실계수(ξ)	0.55	0.39	0.32	0.27	0.26	0.22	0.20

해설

압력손실 $(\triangle P) = \left(0.27 \times \dfrac{30°}{90°}\right) \times 15 = 1.35 (\text{mmH}_2\text{O})$

$$\begin{bmatrix} R/D = \dfrac{40}{20} = 2.00 \\ \therefore \text{압력손실계수}(\zeta) = 0.27 \end{bmatrix}$$

예제 227

직사각형 덕트의 폭(W)은 20cm, 높이(D)는 10cm이다. 덕트의 곡률반경(R)이 20cm로 구부러져 90도 곡관으로 설치되어 있다. 덕트 내의 속도압이 18mmH$_2$O일 경우 덕트의 압력손실(mmH$_2$O)을 계산하시오. (단, 압력손실계수(ξ)는 아래 표를 이용한다.)

비 \ 형상비	$\xi = \Delta P/VP$				
반경비	0.25	0.5	1.0	2.0	3.0
0.0	1.50	1.32	1.15	1.04	0.92
0.5	1.36	1.21	1.05	0.95	0.84
1.0	0.45	0.28	0.21	0.21	0.20
1.5	0.28	0.18	0.13	0.13	0.12
2.0	0.24	0.15	0.11	0.11	0.10

| 기사 2018년 2회 / 산업 2014년 2회, 2021년 3회 |

해설

1. • 곡률반경비 $= \dfrac{R}{D} = \dfrac{20}{10} = 2.0$
   • 형상비 $= \dfrac{W}{D} = \dfrac{20}{10} = 2.0$
   • 곡률반경비 2.0, 형상비 2.0이므로 표에 의하여 압력손실계수(ξ) = 0.11이 된다.
2. 압력손실 $(\triangle P) = \left(\xi \times \dfrac{\theta}{90°}\right) \times VP = 0.11 \times \dfrac{90}{90} \times 18 = 1.98 (\text{mmH}_2\text{O})$

예제 228

직사각형 덕트의 폭(W)은 40cm, 높이(D)는 20cm이다. 덕트의 곡률반경(R)이 30cm로 구부러져 70도 곡관으로 설치되어 있다. 덕트 내의 속도압이 15mmH$_2$O일 경우 덕트의 압력손실(mmH$_2$O)을 계산하시오. (단, 압력손실계수(ξ)는 아래 표를 이용한다.)

비 \ 형상비	$\xi = \Delta P/VP$				
반경비	0.25	0.5	1.0	2.0	3.0
0.0	1.50	1.32	1.15	1.04	0.92
0.5	1.36	1.21	1.05	0.95	0.84
1.0	0.45	0.28	0.21	0.21	0.20
1.5	0.28	0.18	0.13	0.13	0.12
2.0	0.24	0.15	0.11	0.11	0.10

| 기사 2014년 2회 |

> **해설**
>
> 1. • 곡률반경비 $= \dfrac{R}{D} = \dfrac{30}{20} = 1.5$
>   • 형상비 $= \dfrac{W}{D} = \dfrac{40}{20} = 2.0$
>   • 곡률반경비 1.5, 형상비 2.0이므로 표에 의하여 압력손실계수(ξ) = 0.13이 된다.
> 2. 압력손실$(\triangle P) = \left(\xi \times \dfrac{\theta}{90°}\right) \times VP = 0.13 \times \dfrac{70}{90} \times 15 = 1.52(\text{mmH}_2\text{O})$

예제 229

[보기]는 곡관의 연결에 관한 내용이다. 괄호에 적합한 숫자를 적으시오. | 기사 2013년 1회 |

> 새우등 곡관의 직경이 ($d \leq 15\text{cm}$) 경우에 새우등은 (①)개 이상, ($d > 15\text{cm}$) 경우에는 새우등 (②)개 이상을 사용한다.

> **해설**
>
> ① 3
> ② 5

5) 곡관 덕트의 압력손실에 영향을 주는 요인 ★

① 반송속도
② 관경 및 곡률 반경비
③ 덕트의 모양, 크기
④ 연결된 송풍관의 상태

예제 230

곡관의 압력손실에 영향을 주는 요인 3가지를 적으시오. | 기사 2016년 1회 |

> **해설**
>
> ① 반송속도
> ② 관경 및 곡률 반경비
> ③ 덕트의 모양, 크기
> ④ 연결된 송풍관의 상태

(3) 합류관의 압력손실

1) 합류관의 연결

① 분지관을 주관에 연결하고자 할 때 30°에 가깝게 한다. ★
② 분지관과 분지관 사이 거리는 덕트 지름의 6배 이상으로 한다.
③ 분지관이 연결되는 주관의 확대각은 15° 이내로 한다. ★
④ 분지관의 수를 가급적 적게하여 압력손실을 줄인다.
⑤ 확대 or 축소되는 원형관의 길이는 확대부 직경과 축소부 직경차의 5배 이상이어야 한다.

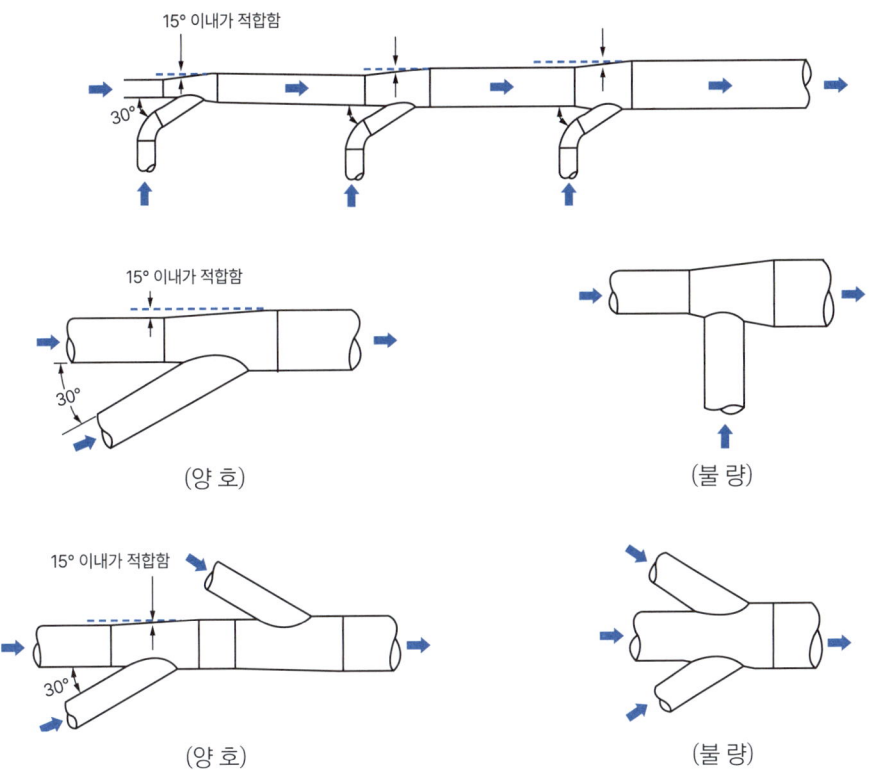

2) 두 개의 덕트가 합류 시의 정압(SP) 개선사항 ★

두 개의 덕트가 합류될 때 정압 차이가 없는 것이 이상적이다.

① $\dfrac{낮은\ SP}{높은\ SP} < 0.8$: 정압이 낮은 덕트 직경 재설계

② $0.8 \leq \dfrac{낮은\ SP}{높은\ SP} < 0.95$: 정압이 낮은 덕트의 유량 조정

③ $0.95 \leq \dfrac{낮은\ SP}{높은\ SP}$: 차이를 무시

3) 합류점에서의 정압균형조절법

1. 낮은 정압과 높은 정압의 비가 20% 이상($\frac{높은 정압}{낮은 정압} \geq 1.2$)인 경우
   - 압력손실이 낮은 분지관(정압의 절대 값이 작은 분지관)을 재설계한다.
   - 덕트의 직경을 더 작은 것으로 줄여 정압을 높인다.
2. 낮은 정압과 높은 정압의 비가 5% 이상 20% 미만($0.5 \leq \frac{높은 정압}{낮은 정압} < 1.2$)인 경우
   - 압력손실이 낮은 분지관(정압의 절대 값이 작은 분지관)의 유량을 증가시킨다.
   - 저항이 작은 분지관을 재설계한다.
   - 보정 후의 유량의 계산

$$Q' = Q\sqrt{\frac{SP_2}{SP_1}}$$

Q' : 보정후의 유량(m³/min)
Q : 보정 전의 유량(m³/min)
SP_1 : 압력손실이 낮은 쪽의 정압(mmH₂O)
SP_2 : 압력손실이 높은 쪽의 정압(mmH₂O)

3. 낮은 정압과 높은 정압의 비가 5% 미만($\frac{높은 정압}{낮은 정압} < 0.5$)인 경우
   - 정압의 차가 크지 않으므로 특별한 조치를 필요로 하지 않는다.

4) 합류관의 압력손실 ★★

$$합류관의 압력손실(\Delta P) = \Delta P_1 + \Delta P_2 = (\xi_1 \times VP_1) + (\xi_2 \times VP_2)$$

ΔP_1 : 주관의 압력손실, ΔP_2 : 분지관의 압력손실
ξ : 압력손실계수, VP : 속도압(동압)(mmH₂O)

(4) 확대관 및 축소관

1) 확대관의 압력손실 ★★

속도압이 감소한 만큼 정압이 증가되어야 하나 속도압 중 정압으로 변환하지 않은 나머지는 압력손실로 나타난다.

$$압력손실(\Delta P) = \xi \times (VP_1 - VP_2)$$

VP_1 : 확대 전의 속도압(mmH₂O), VP_2 : 확대 후의 속도압(mmH₂O)
ξ : 압력손실계수

2) 확대관의 정압 ★

1. 확대측 정압$(SP_2) = SP_1 + [(1-\xi) \times (VP_1 - VP_2)]$
2. 정압회복계수$(R) = 1 - \xi$
3. 정압회복량$(SP_2 - SP_1) = (VP_1 - VP_2) - \Delta P$

SP_1 : 확대 전의 정압(mmH₂O), SP_2 : 확대 후의 정압(mmH₂O)
VP_1 : 확대 전의 속도압(mmH₂O), VP_2 : 확대 후의 속도압(mmH₂O)
ξ : 압력손실계수

예제 231

0.4m³/sec의 유량이 흐르고 있는 확대관의 처음 직경은 150mm, 나중 직경은 250mm이며, 정압 회복계수가 0.76인 경우 다음 물음에 답하시오. | 기사 2018년 3회 |

(1) 확대관의 압력 손실(mmH₂O)을 계산하시오.
(2) 처음 정압이 -35.7mmH₂O일 때 나중 정압(mmH₂O)을 계산하시오.

해설

(1) 압력손실$(\Delta P) = \zeta \times (VP_1 - VP_2) = 0.24 \times (31.36 - 4.06) = 6.55 (\text{mmH}_2\text{O})$

1. 정압회복계수$(R) = 1 - \zeta$
   $\zeta = 1 - R = 1 - 0.76 = 0.24$
2. $Q = AV$
   $V = \dfrac{Q}{A} = \dfrac{Q}{\dfrac{\pi d^2}{4}}$
   - 직경이 150mm일 경우 V_1
     $V_1 = \dfrac{0.4}{\dfrac{\pi \times 0.15^2}{4}} = 22.64 (\text{m/sec})$
   - 직경이 250mm일 경우 V_2
     $V_2 = \dfrac{0.4}{\dfrac{\pi \times 0.25^2}{4}} = 8.15 (\text{m/sec})$
3. $V = 4.043 \sqrt{VP}$
   $V^2 = 4.043^2 VP$
   $VP = \dfrac{V^2}{4.043^2}$
   - 직경이 150mm일 경우 VP_1
     $VP_1 = \dfrac{V^2}{4.043^2} = \dfrac{22.64^2}{4.043^2} = 31.36 (\text{mmH}_2\text{O})$
   - 직경이 250mm일 경우 VP_2
     $VP_2 = \dfrac{V^2}{4.043} = \dfrac{8.15^2}{4.043^2} = 4.06 (\text{mmH}_2\text{O})$

(2) $SP_2 = SP_1 + [R \times (VP_1 - VP_2)]$

$SP_2 = -35.7 + [0.76 \times (31.36 - 4.06)] = -14.95 (\text{mmH}_2\text{O})$

예제 232

원형 확대관의 확대 전의 직경이 20cm이며 확대 후의 직경은 30cm이다. $Q = 0.5\text{m}^3/\text{sec}$이며, 확대 전의 정압이 −31.8mmH₂O인 경우 확대 후의 정압을 계산하시오. (단, 정압회복계수 $R = 0.76$) | 기사 2012년 3회 |

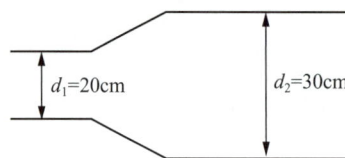

해설

1. 확대측 정압 $(SP_2) = SP_1 + R \times (VP_1 - VP_2)$

   SP_2 : 확대 후의 정압(mmH₂O)
   SP_1 : 확대 전의 정압(mmH₂O)
   VP_1 : 확대 전의 속도압(mmH₂O)
   VP_2 : 확대 후의 속도압(mmH₂O)
   ξ : 압력손실계수
   정압회복계수$(R) = 1 - \xi$

2. $V(\text{m/sec}) = 4.043\sqrt{VP}$

   V : 공기속도(m/sec)
   VP : 속도압(mmH₂O)

3. $Q = A \times V$

   Q : 유체의 유량(m³/sec)
   A : 유체가 통과하는 단면적(m²)
   V : 유체의 유속(m/sec)

$SP_2 = SP_1 + [R \times (VP_1 - VP_2)]$

$SP_2 = -31.8 + [0.76 \times (15.51 - 3.06)] = -22.34 (\text{mmH}_2\text{O})$

$$\begin{bmatrix} V = 4.043 \times \sqrt{VP} \\ V^2 = 4.043^2 \times VP \\ VP = \dfrac{V^2}{4.043^2} \end{bmatrix}$$

1. $VP_1 = \dfrac{15.92^2}{4.043^2} = 15.51 (\text{mmH}_2\text{O})$

   • $Q_1 = A_1 \times V_1$

   $V_1 = \dfrac{Q_1}{A_1} = \dfrac{Q_1}{\dfrac{\pi \times d^2}{4}} = \dfrac{0.5}{\dfrac{\pi \times 0.2^2}{4}} = 15.92 (\text{m/sec})$

2. $VP_2 = \dfrac{7.07^2}{4.043^2} = 3.06 (\text{mmH}_2\text{O})$

   • $Q_2 = A_2 \times V_2$

   $V_2 = \dfrac{Q_2}{A_2} = \dfrac{Q_2}{\dfrac{\pi \times d^2}{4}} = \dfrac{0.5}{\dfrac{\pi \times 0.3^2}{4}} = 7.07 (\text{m/sec})$

예제 233

원형 확대관의 입구 측의 정압은 −25mmH$_2$O, 입구 측의 속도압은 30mmH$_2$O, 확대 후의 출구 측의 속도압은 15mmH$_2$O이었다. | 산업 2016년 3회 |

(1) 압력손실(mmH$_2$O)을 계산하시오
(2) 확대관의 압력손실계수가 0.12인 경우 확대 측의 정압(mmH$_2$O)을 계산하시오.

해설

(1) 압력손실

$$\triangle P = \xi \times (VP_1 - VP_2)$$

VP_1 : 확대 전의 속도압(mmH$_2$O)
VP_2 : 확대 후의 속도압(mmH$_2$O)
ξ : 압력손실계수

압력손실($\triangle P$) = $\xi \times (VP_1 - VP_2) = 0.12 \times (30 - 15) = 1.80 (\text{mmH}_2\text{O})$

(2) 확대 측의 정압

$$SP_2 = SP_1 + R \times (VP_1 - VP_2)$$

SP_1 : 확대 전의 정압(mmH$_2$O)
SP_2 : 확대 후의 정압(mmH$_2$O)
VP_1 : 확대 전의 속도압(mmH$_2$O)
VP_2 : 확대 후의 속도압(mmH$_2$O)
ξ : 압력손실계수
　　정압회복계수(R) = $1 - \xi$

확대측 정압 (SP_2) = $SP_1 + R \times (VP_1 - VP_2) = -25 + 0.88 \times (30 - 15) = -11.80 (\text{mmH}_2\text{O})$

($R = 1 - \xi = 1 - 0.12 = 0.88$)

예제 234

분지관의 조건이 [보기]와 같은 두 분지관이 합류관을 이루도록 설계되어 있다. (1) 조정이 필요한 덕트를 선택하고 (2) 조정된 유량(m³/min)을 계산하시오.　　　　　　　　　　　　　　　　　　　　| 산업 2021년 3회 |

- A덕트 : 유량 120m³/min, 정압 30mmH₂O
- B덕트 : 유량 200m³/min, 정압 25mmH₂O

해설

(1) 보정이 필요한 덕트

- $\dfrac{\text{높은 정압}}{\text{낮은 정압}} = \dfrac{30}{25} = 1.2$

- $\dfrac{\text{높은 정압}}{\text{낮은 정압}} < 1.2$ 이므로 정압이 낮은 B덕트의 유량을 증가시켜야 한다.

(2) 보정된 유량(m³/min)

$$Q' = Q\sqrt{\dfrac{SP_2}{SP_1}} = 200 \times \sqrt{\dfrac{30}{25}} = 219.09\,(\text{m}^3/\text{min})$$

예제 235

분지관의 조건이 [보기]와 같은 두 분지관이 합류관을 이루도록 설계되어 있다. (1) 정압비 (2) 조정된 필요 환기량(m³/min) (3) 합류관의 필요 환기량(m³/min)을 계산하시오.　　　| 산업 2017년 3회, 2021년 2회 |

- A덕트 : 유량 120m³/min, 정압 −30mmH₂O
- B덕트 : 유량 200m³/min, 정압 −35mmH₂O

해설

유량의 보정

1) $\dfrac{\text{높은 정압}}{\text{낮은 정압}} < 1.2$: 정압의 절대값이 작은 분지관의 유량을 증가시킨다.

2) $\dfrac{\text{높은 정압}}{\text{낮은 정압}} \geq 1.2$: 정압의 절대값이 작은 분지관을 재설계한다.

$$\left[\begin{array}{l} Q' = Q\sqrt{\dfrac{SP_2}{SP_1}} \\ Q' : \text{보정 후의 유량(m}^3/\text{min)} \\ Q : \text{보정 전의 유량(m}^3/\text{min)} \\ SP_1 : \text{압력손실(정압의 절대값)이 낮은 쪽의 정압(mmH}_2\text{O)} \\ SP_2 : \text{압력손실(정압의 절대값)이 높은 쪽의 정압(mmH}_2\text{O)} \end{array}\right.$$

3) 합류관의 필요환기량(Q')

$$Q_{\text{합류관}} = Q_{\text{보정}} + \text{한쪽 분지관의 송풍량}$$

(1) 정압비

- $\dfrac{높은정압}{낮은정압} = \dfrac{35}{30} = 1.17$

(2) 조정된 필요 환기량(m³/min)
- $\dfrac{높은정압}{낮은정압} < 1.2$이므로 정압의 절대값이 작은 A덕트의 유량(필요 환기량)을 증가시킨다.

$$Q_{보정} = Q\sqrt{\dfrac{SP_2}{SP_1}} = 120 \times \sqrt{\dfrac{35}{30}} = 129.61(\text{m}^3/\text{min})$$

(3) 합류관의 필요 환기량(m³/min)

$$Q_{합류관} = Q_{보정} + 한쪽\ 분지관의\ 송풍량 = 129.61 + 200 = 329.61(\text{m}^3/\text{min})$$

3) 축소관의 압력손실

정압이 속도압으로 변환되어 정압은 감소하고 속도압은 증가하며 확대관에 비해 압력손실이 작다.(축소각이 45° 이하일 때는 무시)

예제 236

합류관의 각도에 따른 유입손실이 [보기]와 같다. 합류관의 각도를 90°에서 25°로 변경할 경우 압력손실(mmH₂O)은 얼마나 감소되는지 계산하시오. (단, 속도압은 두 경우 모두 25mmH₂O로 가정한다.)

| 기사 2016년 3회, 기출 2019년 3회 |

합류관 각도	25°	90°
압력손실계수	0.12	1.00

해설

1. 90°에서의 압력손실
   압력손실(ΔP) = $F \times VP$ = 1.0 × 25 = 25(mmH₂O)
2. 25°에서의 압력손실
   압력손실(ΔP) = $F \times VP$ = 0.12 × 25 = 3 mmH₂O
3. 25 − 3 = 22(mmH₂O)

예제 237

어느 장방형 덕트의 장변이 25cm, 단변이 30cm이며 송풍량이 350m³/min일 때 덕트 길이 10m당 압력손실을 계산하시오. (단, 관마찰계수(λ) : 0.02, 공기비중(γ) : 1.2kg/m³이다.)

| 기사 2014년 3회 |

해설

$$\Delta P = \lambda \times \dfrac{L}{D} \times \dfrac{\gamma V^2}{2g} = 0.02 \times \dfrac{10}{0.27} \times \dfrac{1.2 \times 77.78^2}{2 \times 9.8} = 274.36(\text{mmH}_2\text{O})$$

- 상당직경 $D = \dfrac{2ab}{a+b} = \dfrac{2 \times 0.25 \times 0.3}{0.25 + 0.3} = 0.27(\text{m})$
- $Q = 60 \times A \times V$

  $V = \dfrac{Q}{60 \times A} = \dfrac{350}{60 \times (0.25 \times 0.3)} = 77.78(\text{m/s})$

예제 238

어느 원형관의 내경이 0.3m, 길이가 10m이며, 송풍량이 150m³/min이다. 직관의 압력손실(mmH₂O)을 계산하시오. (단, 관마찰손실계수는 0.02, 유체 밀도는 1.203kg/m³)

| 기사 2013년 1회 |

해설

$$\Delta P = \lambda \times \frac{L}{D} \times \frac{\gamma V^2}{2g} = 0.02 \times \frac{10}{0.3} \times \frac{1.203 \times 35.37^2}{2 \times 9.8} = 51.19 (\text{mmH}_2\text{O})$$

$$\left[\begin{array}{l} Q = 60 \times A \times V \\ V = \dfrac{Q}{60 \times A} = \dfrac{Q}{60 \times \dfrac{\pi \times d^2}{4}} = \dfrac{150}{60 \times \dfrac{\pi \times 0.3^2}{4}} = 35.37 (\text{m/s}) \end{array} \right]$$

예제 239

원형관의 경우 유체의 평균깊이를 나타내는 수력직경과 수력반경의 관계식을 적고, 수력직경은 수력반경의 몇 배인지를 적으시오.

| 산업 2018년 1회 |

(1) 수력반경(R_h)과 수력직경(D)의 관계식
(2) 수력직경은 수력반경의 몇 배인지를 적으시오.

해설

(1) 수력직경$(D) = 4 \times R_h = \dfrac{4A}{P}$

    R_h : 수력반경
    A : 유로의 단면적(유체가 흐르는 단면적)
    P : 접수길이(유체와 둘러쌓여 있는 곡선의 길이)

(2) 수력직경은 수력반경의 4배이다.

[참고]
수력반지름이나 수력직경은 관의 마찰손실 계산에 사용된다.

7 송풍기

(1) 송풍기의 풍량 조절방법 ★

① 회전수 조절법(회전수 변환법) : 풍량을 크게 바꾸려고 할 때 가장 적절한 방법
② 안내익 조절법(Vane control법) : 송풍기 흡입구에 부착한 방사상 blade의 각도를 변경함으로써 풍량을 조절하는 방법
③ 댐퍼 부착법(Damper 조절법) : 배관 내에 댐퍼를 설치하여 송풍량을 조절하는 방법으로 송풍량 조절이 가장 쉽다.

예제 240

송풍기의 풍량 조절방법 3가지를 적으시오. | 기사 2014년 1회 / 산업 2016년 1회, 2012년 1회 |

해설

① 회전수 조절법
② 안내익 조절법
③ 댐퍼 부착법

---

(2) 송풍기 특성곡선, 성능곡선, 시스템 요구곡선, 동작점 ★

1) 특성곡선

① 송풍기의 종류별 특성을 하나의 선도로 나타낸 것을 말한다.
② 일정한 회전수에서 횡축을 풍량, 종축을 압력, 효율, 소요동력으로 하여 풍량에 따른 이들의 변화 과정을 나타낸 것이다.

2) 성능곡선

송풍기에 부하되는 송풍기 정압에 따라 송풍량이 변하는 경향을 나타내는 곡선을 말한다.

3) 시스템 요구곡선

송풍량에 따라 송풍기 정압이 변하는 경향을 나타내는 곡선을 말한다.

4) 동작점 ★★

① 송풍기 성능곡선과 시스템 요구곡선이 만나는 점을 말한다.
② 송풍기의 압력손실에 따라 송풍량이 변하는 경향을 나타낸다.

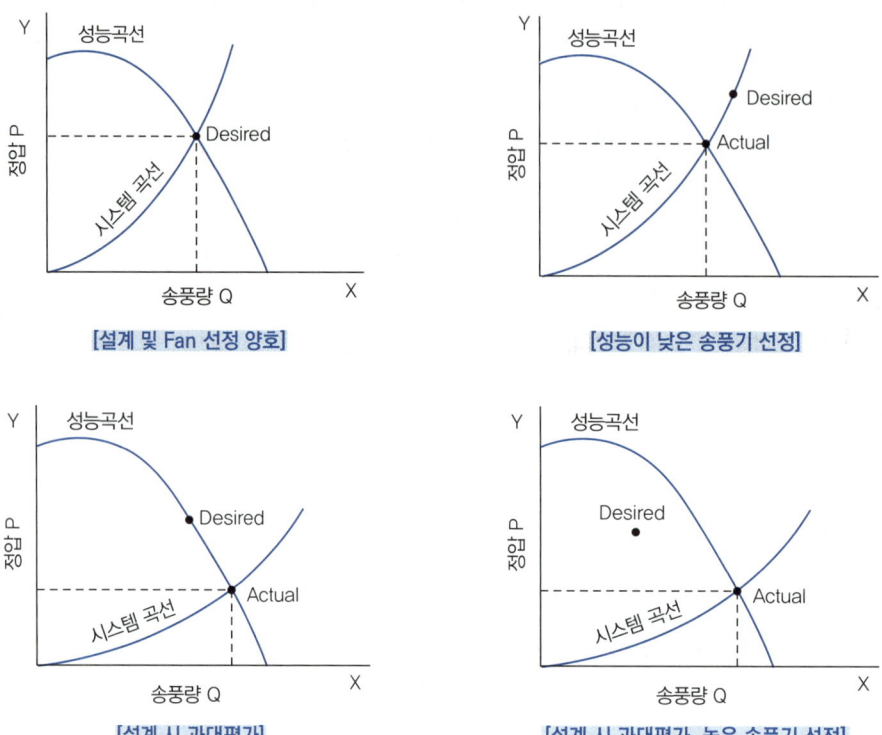

(3) 송풍기 종류 및 특성

1) 기류의 흐름방향에 따른 분류

① 원심식 송풍기
② 축류 송풍기

프로펠러형	덕트연결형

2) 송풍기의 종류별 특징

① 원심력 송풍기 ★

전향날개형 (다익형) 송풍기	• 송풍기의 **임펠러가 다람쥐 쳇바퀴 모양**으로 생겼다. • 송풍기의 **회전날개가 회전방향과 동일한 방향**으로 설치되어 있다. • 임펠러 **회전속도가 상대적으로 낮기 때문에 소음이 작다**.(구조상 고속회전이 어렵고, 큰 동력의 용도에서 적합하지 않다.) • **저가**로 제작이 가능하다. • **큰 압력손실에서 송풍량이 급격하게 떨어지는 단점**이 있다. • **전체환기, 공기조화용**으로 사용된다. • 소형이므로 제한된 장소에 사용이 가능하다.(분지관의 송풍에 적합) • 분진이 많이 함유된 공기 이송 시 임펠러의 불균형을 초래하여 소음, 진동이 발생한다. **암기** 다람쥐 날개는 **회전방향과 동일한 앞쪽(전향)에 많지만(다익형) 속도 느리고 송풍량 떨어져 저가**이다.
방사 날개형 (평판형, 플레이트형) 송풍기	• **날개(깃)가 평판 모양**으로 강도 높게 설계되어 있다. • **깃의 구조가 분진 자체를 정화**할 수 있다. • 시멘트, 미분탄, 곡물, 모래 등의 **고농도 분진함유 공기, 부식성이 강한 공기를 이송**시키는데 많이 이용된다. • 습식 집진장치의 배기에 적합하며 소음은 중간정도이다. **암기** 분진 자체정화 위해 **고농도 분진**을 **평판**(평판형)에 **방사**(방사날개형)

후향 날개형 (터보형, 한계부하형) 송풍기	• 팬의 날이 회전방향에 반대되는 쪽으로 기울어진 형태이다. • 송풍량이 증가해도 동력이 증가하지 않는다. • 압력 변동이 있어도 **풍량의 변화가 비교적 작다.**(하향구배 특성으로 **풍압**이 바뀌어도 풍량의 변화가 적다.) • **소음은 비교적 낮으나 구조가 가장 크다.** • 소요정압이 떨어져도 동력은 크게 상승하지 않으므로 시설저항 및 운전상태가 변하여도 과부하가 걸리지 않는다. • **고농도 분진함유** 공기를 이송시킬 경우 깃 뒷면에 분진이 **퇴적**되어 효율이 떨어진다. • 분진농도가 낮은 공기나 **고농도 분진함유** 공기 이송 시 **집진기 후단에 설치**해야 한다. • 송풍기 중 **효율이 가장 좋다.** 암기 날이 반대로 기울어진 터보형의 한계(한계부하형)는 깃 뒤에 분진쌓여 집진 후(집진기 후단)에 설치, **동풍**(동력, 풍량)에 변화적고 **효율좋다**.

② 축류식 송풍기 ★

프로펠러형	① **송풍관이 없는 가장 간단한 형태**의 송풍기이다. ② 저항이 조금만 증가해도 유량이 현저히 감소한다. ③ 저항이 낮고 송풍량이 많은 전체 환기용으로 사용된다.
튜브형	① **프로펠러형보다 조금 높은 저항에서 공기를 이송**할 수 있다. ② 유해 물질의 퇴적과 날개 마모 시에 **청소와 교환이 용이**하다.
고정날개형	① 축류식 송풍기 중 **가장 효율이 높다.** ② 중·고압을 얻을 수 있다. ③ 설치비용이 저렴하며 동력 소비가 적다.

예제 241

다음에 제시한 송풍기의 특징을 각각 서술하시오. | 기사 2020년 1회 |

(1) 프로펠러형
(2) 튜브형
(3) 고정날개형

해설
(1) 송풍관이 없는 가장 간단한 형태의 송풍기로서 효율이 낮고 대용량 공기 운송에 사용된다.
(2) 임펠러가 튜브 내부에 설치된 송풍기로 프로펠러형보다 조금 높은 저항에서 공기를 이송시킬 수 있다.
(3) 튜브형에 안내날개가 고정된 송풍기로 튜브형 보다 효율이 좋고 높은 압력을 발생시킨다.

예제 242

원심력 송풍기를 날개각도에 따라 3가지로 구분하여 그 종류를 적으시오. | 산업 2021년 1회 |

해설
① 전향날개형(다익형)송풍기
② 방사 날개형(평판형, 플레이트형) 송풍기
③ 후향 날개형(터보형, 한계부하형)송풍기

[참고]
① 전향날개형(다익형)송풍기 : 송풍기의 회전날개가 회전방향과 동일한 방향으로 설치되어 있다.
② 방사 날개형(평판형, 플레이트형) : 송풍기의 날개(깃)가 평판 모양으로 설치되어 있다.
③ 후향 날개형(터보형, 한계부하형)송풍기 : 송풍기의 날개가 회전방향에 반대되는 쪽으로 설치되어 있다.

예제 243

송풍기의 종류 중 축류식 송풍기의 종류를 3가지 적고 각 송풍기의 특징을 간단히 설명하시오. | 기사 2022년 3회 |

해설

프로펠러형	송풍관이 없는 가장 간단한 형태의 송풍기로서 효율이 낮고 대용량 공기 운송에 사용된다.
튜브형	임펠러가 튜브 내부에 설치된 송풍기로 프로펠러형보다 조금 높은 저항에서 공기를 이송시킬 수 있다.
고정날개형	튜브형에 안내날개가 고정된 송풍기로 튜브형 보다 효율이 좋고 높은 압력을 발생시킨다.

(4) 송풍기의 압력

1) 송풍기 전압 및 정압 ★★

① 송풍기 전압(FTP) : 배출구 전압(TP_{out})과 흡입구 전압(TP_{in})의 차

$$FTP = TP_{out} - TP_{in} = (SP_{out} + VP_{out}) - (SP_{in} + VP_{in})$$

② 송풍기 정압(FSP) : 송풍기 전압(FTP)과 속도압(VP_{out})의 차

$$\begin{aligned}FSP &= FTP - VP_{out} \\ &= (SP_{out} - SP_{in}) + (VP_{out} - VP_{in}) - VP_{out} \\ &= (SP_{out} - SP_{in}) - VP_{in} \\ &= (SP_{out} - TP_{in})\end{aligned}$$

*송풍기 입구 쪽의 정압은 (-), 출구 쪽의 정압은 (+)로 나타낸다.

2) 송풍기의 정압이 변화되는 원인 ★

송풍기의 정압이 증가되는 원인	송풍기의 정압이 감소되는 원인
• 공기정화장치에 분진 퇴적 • 덕트계통의 분진 퇴적 • 후드와 덕트의 연결부위가 풀림 • 후드의 댐퍼 닫힘 • 공기정화장치의 분진 취출구 열림	• 송풍기의 능력저하 • 송풍기와 덕트의 연결부위 풀림 • 송풍기 점검 뚜껑의 열림

> **예제 244**
>
> 지하철 송풍기의 입구 측의 정압은 -60mmH₂O, 배출구의 정압은 15mmH₂O, 반송속도는 12.4m/sec이다. 송풍기의 정압(mmH₂O)을 계산하시오. (단, 온도 21℃, 공기 밀도는 1.21kg/m³이다.) | 기사 2019년 2회 |
>
> **해설**
>
> $FSP = (SP_{out} - SP_{in}) - VP_{in} = 15 - (-60) - 9.49 = 65.51(\text{mmH}_2\text{O})$
>
> $\left[VP_{in} = \dfrac{\gamma V^2}{2g} = \dfrac{1.21 \times 12.4^2}{2 \times 9.8} = 9.49(\text{mmH}_2\text{O}) \right]$

예제 245

송풍기의 흡인 측의 정압은 60mmH₂O, 배출구의 정압은 10mmH₂O, 반송속도는 15m/sec이다. 송풍기의 정압(mmH₂O)을 계산하시오. | 기사 2022년 1회 |

해설

$$FSP = (SP_{out} - SP_{in}) - VP_{in} = [10 - (-60)] - 13.78 = 56.22 \, (\text{mmH}_2\text{O})$$

$$\left[VP_{in} = \frac{\gamma V^2}{2g} = \frac{1.2 \times 15^2}{2 \times 9.8} = 13.78 \, (\text{mmH}_2\text{O}) \right]$$

[참고]
① 송풍기 흡인 측의 정압 〈 배출구의 정압이다.
② 이론상 송풍기 흡인 측의 정압은 음압(-)이다.

예제 246

송풍기의 흡입관의 정압이 -45mmH₂O, 동압이 10mmH₂O이며 배출관의 정압이 8mmH₂O, 동압이 16mmH₂O이다. 송풍기의 유효전압(mmH₂O)과 유효정압(mmH₂O)을 계산하시오. | 산업 2015년 1회, 2012년 3회 |

해설

(1) 송풍기의 전압(FTP)

$$FTP = (SP_{out} + VP_{out}) - (SP_{in} + VP_{in}) = (8+16) - (-45+10) = 59 \, (\text{mmH}_2\text{O})$$

(2) 송풍기의 정압(FSP)

$$FSP = (SP_{out} - SP_{in}) - VP_{in} = [8 - (-45)] - 10 = 43 \, (\text{mmH}_2\text{O})$$

예제 247

작업장에 설치된 국소배기장치 송풍기의 정압이 2년 후 많이 증가한 것으로 측정 되었다. 송풍기의 정압이 증가되는 원인 3가지를 적으시오. | 기사 2017년 1회 |

해설

① 공기정화장치에 분진 퇴적
② 덕트계통의 분진 퇴적
③ 후드와 덕트의 연결부위가 풀림
④ 후드의 댐퍼 닫힘
⑤ 공기정화장치의 분진 취출구 열림

예제 248

어느 작업장에 설치된 송풍기의 흡인관 정압이 -70mmH₂O, 동압이 20mmH₂O이며 배출관의 정압이 8mmH₂O, 동압이 16mmH₂O이다. 이 송풍기의 전압을 계산하시오. | 기사 2013년 1회 |

해설

$FTP = (SP_{out} + VP_{out}) - (SP_{in} + VP_{in}) = (8+16) - (-70+20) = 74(mmH_2O)$

예제 249

송풍기의 정압을 계산하는 공식을 설명하시오. | 산업 2017년 1회 |

해설

송풍기 정압(FSP)

$$FSP = (SP_{out} - SP_{in}) - VP_{in}$$

FSP : 송풍기 정압
VP_{in} : 흡입구 동압
SP_{in} : 흡입구 정압
SP_{out} : 배출구 정압

(5) 송풍기 법칙(상사법칙 ; Law of similarity) ★★★

① 풍량은 송풍기 직경의 세제곱, 회전수에 비례한다.

$$Q_2 = Q_1 \left(\frac{D_2}{D_1}\right)^3 \left(\frac{N_2}{N_1}\right)$$

② 풍압(정압)은 송풍기 직경의 제곱, 회전수의 제곱에 비례한다.

$$P_2 = P_1 \left(\frac{D_2}{D_1}\right)^2 \left(\frac{N_2}{N_1}\right)^2 \left(\frac{\rho_2}{\rho_1}\right)$$

③ 동력(축동력)은 송풍기 직경의 다섯 제곱, 회전수의 세제곱에 비례한다.

$$HP_2 = HP_1 \left(\frac{D_2}{D_1}\right)^5 \left(\frac{N_2}{N_1}\right)^3 \left(\frac{\rho_2}{\rho_1}\right)$$

Q_1 : 회전수 변경 전 풍량(m^3/min)
Q_2 : 회전수 변경 후 풍량(m^3/min)
N_1 : 변경 전 회전수(rpm)
N_2 : 변경 후 회전수(rpm)
P_1 : 변경 전 정압(mmH$_2$O)
P_2 : 변경 후 정압(mmH$_2$O)
HP_1 : 변경 전 동력(kW)
HP_2 : 변경 후 동력(kW)
D_1 : 변경 전 직경(m)
D_2 : 변경 후 직경(m)
ρ_1 : 변경 전 효율
ρ_2 : 변경 후 효율

예제 250

송풍기 상사법칙에 의한 송풍기의 회전수와 풍량, 정압, 동력의 관계를 식으로 나타내시오. (단, 공기의 비중은 일정하며, 송풍기의 크기는 같다.) | 산업 2017년 3회, 2020년 1·3회 |

해설

1. $\dfrac{Q_2}{Q_1} = \dfrac{N_2}{N_1}$

2. $\dfrac{P_2}{P_1} = \left(\dfrac{N_2}{N_1}\right)^2$

3. $\dfrac{HP_2}{HP_1} = \left(\dfrac{N_2}{N_1}\right)^3$

Q_1 : 회전수변경 전 풍량(m^3/min)
Q_2 : 회전수변경 후 풍량(m^3/min)
N_1 : 변경 전 회전수(rpm)
N_2 : 변경 후 회전수(rpm)
P_1 : 변경 전 정압(mmH$_2$O)
P_2 : 변경 후 정압(mmH$_2$O)
HP_1 : 변경 전 동력(kW)
HP_2 : 변경 후 동력(kW)

예제 251

송풍기의 회전수와 송풍량, 풍압(정압), 동력(축 동력)의 관계를 설명하시오.

| 산업 2016년 1·2회 |

해설

① 풍량은 송풍기의 회전수에 비례한다.
② 풍압(정압)은 송풍기 회전수의 제곱에 비례한다.
③ 동력(축 동력)은 송풍기 회전수의 세제곱에 비례한다.

[참고]

1. $Q_2 = Q_1 (\frac{D_2}{D_1})^3 (\frac{N_2}{N_1})$

2. $P_2 = P_1 (\frac{D_2}{D_1})^2 (\frac{N_2}{N_1})^2 (\frac{\rho_2}{\rho_1})$

3. $HP_2 = HP_1 (\frac{D_2}{D_1})^5 (\frac{N_2}{N_1})^3 (\frac{\rho_2}{\rho_1})$

예제 252

송풍기의 회전수가 1,000rpm일 때의 송풍량은 30.5m³/min, 정압은 15.8mmH₂O, 동력은 0.6HP이었다. 회전수를 1,500rpm으로 증가시킬 경우의 송풍량(m³/min), 정압(mmH₂O), 동력(HP)을 계산하시오.

| 기사 2020년 2회, 2019년 1회, 2017년 3회, 2015년 1·2회, 2014년 1회, 2013년 3회, 2012년 1회 / 산업 2013년 1회 |

해설

1. $Q_2 = Q_1 \times (\frac{N_2}{N_1}) = 30.5 \times \frac{1,500}{1,000} = 45.75 (\text{m}^3/\text{min})$

2. $P_2 = P_1 \times (\frac{N_2}{N_1})^2 = 15.8 \times (\frac{1,500}{1,000})^2 = 35.55 (\text{mmH}_2\text{O})$

3. $HP_2 = HP_1 \times (\frac{N_2}{N_1})^3 = 0.6 \times (\frac{1,500}{1,000})^3 = 2.03 (\text{HP})$

예제 253

송풍기 정압 40mmH₂O, 송풍량 250m³/min, 동력 8HP일 때 회전수가 500rpm이었다. 시설 증가로 인한 용량 부족으로 회전수를 600rpm으로 변경하였을 경우의 송풍량(m³/min), 정압(mmH₂O), 동력(HP)을 구하시오.

| 기사 2020년 1회, 2019년 3회 |

해설

1. $Q_2 = Q_1 \times (\frac{N_2}{N_1}) = 250 \times \frac{600}{500} = 300 (\text{m}^3/\text{min})$

2. $P_2 = P_1 \times (\dfrac{N_2}{N_1})^2 = 40 \times (\dfrac{600}{500})^2 = 57.60(\text{mmH}_2\text{O})$

3. $HP_2 = HP_1 \times (\dfrac{N_2}{N_1})^3 = 8 \times (\dfrac{600}{500})^3 = 13.82(\text{HP})$

예제 254

덕트 단면적이 0.054m²인 덕트 내의 정압은 −55.4mmH₂O, 전압은 −15.5mmH₂O이며 송풍기 동력은 6.0kW이다. 송풍기의 송풍량이 부족하여 풍량을 15% 증가시켰을 경우 변화된 송풍기 동력을 계산하시오.

| 기사 2018년 2회 |

해설

$\dfrac{Q_2}{Q_1} = \dfrac{N_2}{N_1}$, $\dfrac{HP_2}{HP_1} = \left(\dfrac{N_2}{N_1}\right)^3$ ∴ $\dfrac{HP_2}{HP_1} = (\dfrac{Q_2}{Q_1})^3$

$HP_2 = HP_1 \times (\dfrac{Q_2}{Q_1})^3 = 6.0 \times (\dfrac{82.75 \times 1.15}{82.75})^3 = 9.13(\text{kW})$

$\begin{bmatrix} Q_1 = 60 \times A \times V = 60 \times 0.054 \times 25.54 = 82.75(\text{m}^3/\text{min}) \\ V = 4.043\sqrt{VP} = 4.043 \times \sqrt{39.90} = 25.54(\text{m/sec}) \\ 동압(VP) = 전압(TP) - 정압(SP) = -15.5 - (-55.4) = 39.90(\text{mmH}_2\text{O}) \end{bmatrix}$

예제 255

어느 작업장에서 먼지를 제거하기 위하여 송풍기의 필요 환기량을 300m³/min으로 설치하였다. 설치한 직후 측정한 송풍기의 정압은 50mmH₂O이었으며, 3개월 후 다시 측정한 송풍기의 정압은 25mmH₂O로 낮아졌다. (1) 3개월 후 정압이 변화된 송풍기의 필요 환기량을 계산하시오. (2) 송풍기의 정압이 감소한 원인을 송풍기에서 찾아 2가지를 적으시오.

| 기사 2016년 3회 |

해설

(1) 변화된 송풍기의 필요 환기량

$\dfrac{P_2}{P_1} = (\dfrac{Q_2}{Q_1})^2$

$\dfrac{Q_2}{Q_1} = \sqrt{\dfrac{P_2}{P_1}}$

$Q_2 = Q_1 \times \sqrt{\dfrac{P_2}{P_1}} = 300 \times \sqrt{\dfrac{25}{50}} = 212.13(\text{m}^3/\text{min})$

(2) 송풍기의 정압이 감소한 원인
  ① 송풍기의 능력저하
  ② 송풍기와 덕트의 연결부위 풀림
  ③ 송풍기 점검 뚜껑의 열림

2. $P_2 = P_1 \times (\frac{N_2}{N_1})^2 = 40 \times (\frac{600}{500})^2 = 57.60 (mmH_2O)$

3. $HP_2 = HP_1 \times (\frac{N_2}{N_1})^3 = 8 \times (\frac{600}{500})^3 = 13.82 (HP)$

예제 256

덕트 단면적이 0.054m²인 덕트 내의 정압은 −55.4mmH₂O, 전압은 −15.5mmH₂O이며 송풍기 동력은 6.0kW이다. 송풍기의 송풍량이 부족하여 풍량을 15% 증가시켰을 경우 변화된 송풍기 동력을 계산하시오.

| 기사 2018년 2회 |

해설

$\frac{Q_2}{Q_1} = \frac{N_2}{N_1}$, $\frac{HP_2}{HP_1} = (\frac{N_2}{N_1})^3$ ∴ $\frac{HP_2}{HP_1} = (\frac{Q_2}{Q_1})^3$

$HP_2 = HP_1 \times (\frac{Q_2}{Q_1})^3 = 6.0 \times (\frac{82.75 \times 1.15}{82.75})^3 = 9.13 (kW)$

$\begin{bmatrix} Q_1 = 60 \times A \times V = 60 \times 0.054 \times 25.54 = 82.75 (m^3/min) \\ V = 4.043 \sqrt{VP} = 4.043 \times \sqrt{39.90} = 25.54 (m/sec) \\ 동압(VP) = 전압(TP) - 정압(SP) = -15.5 - (-55.4) = 39.90 (mmH_2O) \end{bmatrix}$

예제 257

어느 작업장에서 먼지를 제거하기 위하여 송풍기의 필요 환기량을 300m³/min으로 설치하였다. 설치한 직후 측정한 송풍기의 정압은 50mmH₂O이었으며, 3개월 후 다시 측정한 송풍기의 정압은 25mmH₂O로 낮아졌다. (1) 3개월 후 정압이 변화된 송풍기의 필요 환기량을 계산하시오. (2) 송풍기의 정압이 감소한 원인을 송풍기에서 찾아 2가지를 적으시오.

| 기사 2016년 3회 |

해설

(1) 변화된 송풍기의 필요 환기량

$\frac{P_2}{P_1} = (\frac{Q_2}{Q_1})^2$

$\frac{Q_2}{Q_1} = \sqrt{\frac{P_2}{P_1}}$

$Q_2 = Q_1 \times \sqrt{\frac{P_2}{P_1}} = 300 \times \sqrt{\frac{25}{50}} = 212.13 (m^3/min)$

(2) 송풍기의 정압이 감소한 원인
 ① 송풍기의 능력저하
 ② 송풍기와 덕트의 연결부위 풀림
 ③ 송풍기 점검 뚜껑의 열림

[참고]

$$Q_2 = Q_1(\frac{D_2}{D_1})^3(\frac{N_2}{N_1}) \rightarrow \frac{Q_2}{Q_1} = \frac{N_2}{N_1}$$

$$P_2 = P_1(\frac{D_2}{D_1})^2(\frac{N_2}{N_1})^2(\frac{\rho_2}{\rho_1}) \rightarrow \frac{P_2}{P_1} = (\frac{N_2}{N_1})^2$$

$$\therefore \frac{P_2}{P_1} = (\frac{Q_2}{Q_1})^2$$

예제 258

회전수가 1,500rpm, 송풍량은 12m³/sec, 압력은 650N/m²인 송풍기의 송풍량을 25m³/sec로 증가시킬 경우 압력(N/m²)을 계산하시오. | 기사 2015년 3회 / 산업 2015년 2회 |

해설

1. $\frac{Q_2}{Q_1} = \frac{N_2}{N_1}$, $\frac{P_2}{P_1} = (\frac{N_2}{N_1})^2$

   $\therefore \frac{P_2}{P_1} = (\frac{Q_2}{Q_1})^2$

2. $\frac{P_2}{P_1} = (\frac{Q_2}{Q_1})^2$

   $P_2 = P_1 \times (\frac{Q_2}{Q_1})^2 = 650 \times (\frac{25}{12})^2 = 2821.18(N/m^2)$

예제 259

송풍기의 정압이 1200N/m²이며, 송풍량은 20m³/sec이다. 송풍기의 송풍량을 32m³/sec로 증가 시킬 경우 송풍기의 정압(N/m²)을 계산하시오. | 산업 209년 2회, 2012년 1회 |

해설

1. $\frac{Q_2}{Q_1} = \frac{N_2}{N_1}$, $\frac{P_2}{P_1} = (\frac{N_2}{N_1})^2$

   $\therefore \frac{P_2}{P_1} = (\frac{Q_2}{Q_1})^2$

2. $\frac{P_2}{P_1} = (\frac{Q_2}{Q_1})^2$

   $P_2 = P_1 \times (\frac{Q_2}{Q_1})^2 = 1200 \times (\frac{32}{20})^2 = 3072(N/m^2)$

예제 260

국소배기장치 후드의 정압이 25mmH$_2$O, 송풍량은 350m^3/min이다. 몇 개월 후에 측정한 후드의 정압이 18mmH$_2$O인 경우 송풍기의 송풍량(m^3/min)을 계산하시오. | 산업 2018년 1회 |

해설

1. $\dfrac{Q_2}{Q_1} = \dfrac{N_2}{N_1}$, $\dfrac{P_2}{P_1} = \left(\dfrac{N_2}{N_1}\right)^2$

   $\therefore \dfrac{P_2}{P_1} = (\dfrac{Q_2}{Q_1})^2$

2. $\dfrac{P_2}{P_1} = (\dfrac{Q_2}{Q_1})^2$

   $\dfrac{Q_2}{Q_1} = \sqrt{\dfrac{P_2}{P_1}}$

   $Q_2 = Q_1 \times \sqrt{\dfrac{P_2}{P_1}} = 350 \times \sqrt{\dfrac{18}{25}} = 296.98 \text{(mmH}_2\text{O)}$

예제 261

회전차 외경이 600mm인 원심 송풍기의 풍량은 200m^3/min, 풍압은 200mmH$_2$O, 축동력은 5kW이다. 회전차 외경이 1,200mm인 동류(상사구조)의 송풍기가 동일한 회전수로 운전된다면 이 송풍기의 풍량, 풍압, 축동력은 얼마인지 계산하시오. (단, 두 경우 모두 표준공기를 취급한다.) | 기사 2013년 2회, 2012년 3회 / 산업 2013년 1회 |

해설

1. $Q_2 = Q_1 \times (\dfrac{D_2}{D_1})^3 = 200 \times (\dfrac{1,200}{600})^3 = 1,600 \text{(m}^3\text{/min)}$

2. $P_2 = P_1 \times (\dfrac{D_2}{D_1})^2 = 200 \times (\dfrac{1,200}{600})^2 = 800 \text{(mmH}_2\text{O)}$

3. $HP_2 = HP_1 \times (\dfrac{D_2}{D_1})^5 = 5 \times (\dfrac{1,200}{600})^5 = 160 \text{(kW)}$

예제 262

어느 작업장에 설치한 송풍기의 송풍량이 300m^3/min, 정압이 60mmH$_2$O, 유속이 15m/min, 회전수가 450rpm, 소요동력이 5.5HP이었다. 몇 년 후 측정한 송풍기의 회전수가 350rpm으로 감소되었을 때 (1) 송풍기의 송풍량을 계산하시오. (2) 송풍기 정압의 증가 또는 감소 여부와 (3) 정압이 증가 또는 감소된 이유를 2가지 설명하시오. (단, 시스템의 과도한 압력 손실은 큰 영향을 미치지 않음)

| 기사 2014년 1회, 2016년 3회 / 산업 2014년 1 · 2회 |

> **해설**
>
> (1) 변화된 송풍기의 송풍량
>
> $Q_2 = Q_1 \left(\dfrac{N_2}{N_1}\right) = 300 \times \dfrac{350}{450} = 233.33 (\text{m}^3/\text{min})$
>
> (2) 송풍기 정압의 증가 또는 감소 여부
>
> - $P_2 = P_1 \left(\dfrac{N_2}{N_1}\right)^2 = 60 \times \left(\dfrac{350}{450}\right)^2 = 36.30 (\text{mmH}_2\text{O})$
> - 정압이 60mmH$_2$O에서 36.30mmH$_2$O로 감소하였다.
>
> (3) 송풍기의 정압이 감소한 원인
> ① 송풍기의 능력저하
> ② 송풍기와 덕트의 연결부위 풀림
> ③ 송풍기 점검 뚜껑의 열림

(6) 송풍기 소요동력의 계산 ★★★

$$HP(\text{kW}) = \dfrac{Q \times P}{6120 \times \eta} \times K$$

Q : 송풍량(m^3/min)
P : 유효전압(정압)(mmH$_2$O)
η : 송풍기 효율
K : 안전여유

예제 263

송풍기의 송풍량이 300m^3/min, 압력(전압)이 160mmH$_2$O일 때 송풍기의 소요동력(kW)을 계산하시오.
(단, 송풍기 효율은 85%이다.) | 기사 2018년 2회 |

> **해설**
>
> $HP(\text{kW}) = \dfrac{Q \times P}{6120 \times \eta} \times K = \dfrac{300 \times 160}{6120 \times 0.85} = 9.23 (\text{kW})$

예제 264

송풍기의 송풍량이 200m^3/min, 압력(전압)이 120mmH$_2$O일 때 송풍기의 소요동력(kW)을 계산하시오.
(단, 송풍기 효율은 70%, 여유율은 1.2이다.) | 기사 2016년 1회, 2014년 2회 |

> **해설**
>
> $HP(\text{kW}) = \dfrac{Q \times P}{6120 \times \eta} \times K = \dfrac{200 \times 120}{6120 \times 0.7} \times 1.2 = 6.72 (\text{kW})$

예제 265

송풍기의 처리 가스량이 3,200m³/hr, 집진장치로부터 송풍기까지의 전압력(전압)이 180mmH₂O일 때 송풍기의 소요동력(kW)을 계산하시오. (단, 송풍기 효율은 70%, 여유율은 1.2이다.) | 산업 2012년 1회 |

해설

$$HP(\text{kW}) = \frac{Q \times P}{6120 \times \eta} \times K = \frac{\frac{3,200}{60} \times 180}{6120 \times 0.7} \times 1.2 = 2.69 (\text{kW})$$

$$(\frac{3,200\text{m}^3}{\text{hr}} = \frac{3,200\text{m}^3}{60\text{min}})$$

예제 266

송풍기의 송풍량이 200m³/min, 흡입관의 정압이 -80mmH₂O, 배출관의 정압이 25mmH₂O, 흡입관과 배출관의 속도압이 10mmH₂O일 때 송풍기의 소요동력(kW)을 계산하시오. (단, 송풍기 효율은 70%, 여유율은 1.2이다.) | 산업 2017년 2회 |

해설

1. 송풍기의 정압
$$FSP = (SP_{out} - SP_{in}) - VP_{in} = [25 - (-80)] - 10 = 95 (\text{mmH}_2\text{O})$$
2. 송풍기의 소요동력
$$HP(\text{kW}) = \frac{Q \times P}{6120 \times \eta} \times K = \frac{200 \times 95}{6120 \times 0.7} \times 1.2 = 5.32 (\text{kW})$$

예제 267

길이가 12m, 반송속도가 12m/sec인 원형 덕트에 제어속도가 0.28m/sec, 크기가 160cm×130cm 인 후드가 연결되어 있다. 후드의 정압손실이 0.02mmH₂O, 공기정화장치의 압력손실이 75mmH₂O, 관마찰손실계수는 0.03이다. 다음 물음에 답하시오. (단, 공기의 밀도는 1.21kg/m³이다.) | 기사 2015년 1회 |

(1) 후드 송풍량(m³/min)을 계산하시오.
(2) 덕트 직경(m)을 계산하시오.
(3) "(2)"에서 계산한 덕트 직경으로 속도를 재계산할 경우의 압력손실(mmH₂O)을 계산하시오.
(4) 송풍기 효율이 80%일 경우 송풍기의 소요동력(kW)을 계산하시오

해설

(1) 후드의 송풍량
$$Q = 60 \times A \times V = 60 \times (1.6 \times 1.3) \times 0.28 = 34.94 (\text{m}^3/\text{min})$$

(2) 덕트의 직경(m)

$$Q = 60 \times A \times V = 60 \times \frac{\pi d^2}{4} \times V$$

$$4Q = 60 \times \pi d^2 V$$

$$d^2 = \frac{4Q}{60 \times \pi V}$$

$$d = \sqrt{\frac{4Q}{60 \times \pi V}} = \sqrt{\frac{4 \times 34.94}{\pi \times 12 \times 60}} = 0.25(\text{m})$$

(3) 속도를 재계산한 압력손실(mmH₂O)
- 덕트의 압력손실

$$\Delta P = \lambda \times \frac{L}{D} \times \frac{\gamma V^2}{2g} = 0.03 \times \frac{12}{0.25} \times \frac{1.21 \times 11.86^2}{2 \times 9.8} = 12.50(\text{mmH}_2\text{O})$$

$$\left(V = \frac{Q}{60 \times A} = \frac{Q}{60 \times \frac{\pi d^2}{4}} = \frac{34.94}{60 \times \frac{\pi \times 0.25^2}{4}} = 11.86(\text{m/sec}) \right)$$

- 총 압력손실

$$\Delta P = 0.02 + 75 + 12.50 = 87.52(\text{mmH}_2\text{O})$$

(4) 송풍기 효율이 80%일 경우 송풍기의 소요동력(kW)

$$HP(\text{kW}) = \frac{Q \times P}{6120 \times \eta} \times K = \frac{34.94 \times 87.52}{6120 \times 0.8} = 0.62(\text{kW})$$

예제 268

플랜지가 부착된 외부식 후드를 설치하려고 한다. [보기]의 조건을 이용하여 (1) 필요송풍량(m³/min) (2) 총 압력손실(mmH₂O) (3) 송풍기의 소요동력을 계산하시오. | 기사 2012년 1회 |

- 후드 중심선으로부터 발생원까지의 거리 : 0.3m
- 후드의 크기 : 30cm×10cm
- 제어속도 : 1m/sec
- 반송속도 : 5m/sec
- 관마찰계수 : 3.0
- 후드의 압력손실 : 0.2mmH₂O
- 총 덕트길이 : 20m
- 공기정화기 압력손실 : 150mmH₂O
- 송풍기 효율 : 85%
- 공기밀도 : 1.2kg/m³

해설

(1) 필요송풍량(m³/min)

$$Q = 60 \times 0.75 \times Vc(10X^2 + A) = 60 \times 0.75 \times 1 \times [10 \times 0.3^2 + (0.3 \times 0.1)] = 41.85(\text{m}^3/\text{min})$$

(2) 총 압력손실(mmH₂O)

총압력손실 = 덕트의 압력손실 + 후드의 압력손실 + 공기정화기의 압력손실
= 218.66 + 0.2 + 150 = 368.86(mmH₂O)

① 덕트의 압력손실

$$\Delta P = \lambda \times \frac{L}{D} \times \frac{\gamma V^2}{2g} = 3.0 \times \frac{20}{0.42} \times \frac{1.2 \times 5^2}{2 \times 9.8} = 218.66 (\text{mmH}_2\text{O})$$

$$\begin{bmatrix} \cdot\ Q = 60 \times A \times V \\ \quad A = \dfrac{Q}{60 \times V} = \dfrac{41.85}{60 \times 5} = 0.14(\text{m}^2) \\ \cdot\ A = \dfrac{\pi d^2}{4} \\ \quad \pi d^2 = 4A \\ \quad d^2 = \dfrac{4A}{\pi} \\ \quad d = \sqrt{\dfrac{4A}{\pi}} = \sqrt{\dfrac{4 \times 0.14}{\pi}} = 0.42(\text{m}) \end{bmatrix}$$

② 후드의 압력손실 : 0.2(mmH$_2$O)
③ 공기정화기의 압력손실 : 150(mmH$_2$O)

(3) 송풍기의 소요동력

$$HP(\text{kW}) = \frac{Q \times P}{6120 \times \eta} = \frac{41.85 \times 368.86}{6120 \times 0.85} = 2.97(\text{kW})$$

8 공기정화장치(집진장치)

(1) 공기정화장치(집진장치)

1) 공기정화장치(집진장치)의 정의

① "공기정화장치"라 함은 후드 및 덕트를 통해 반송된 유해물질을 정화시키는 고정식 또는 이동식의 제진, 집진, 흡수, 흡착, 연소, 산화, 환원방식 등의 처리장치를 말한다.
② 입자상물질을 처리하는 집진장치와 가스상 물질을 처리하는 집진장치로 구분된다.

2) 집진장치의 선정 시 반드시 고려해야 할 사항(집진장치의 선정 및 설계에 영향을 미치는 인자) ★

① 총 에너지 요구량
② 요구되는 집진효율
③ 오염물질의 함진농도와 입경
④ 처리가스의 흐름특성과 용량 및 온도

(2) 입자상 물질의 처리를 위한 집진장치의 종류

1) 중력 집진장치

① 중력에 의한 자연침강(stoke의 법칙)을 이용하여 분리, 포집하는 장치를 말한다.
② 다른 집진장치에 비해 압력손실이 적다.
③ 설치 유지비가 낮고 유지 관리가 용이하다.
④ 전처리 장치로 이용되며 고온가스 처리가 용이하다.

• 침강속도(stoke의 법칙) ★★

$$V(\text{cm/sec}) = \frac{gd^2(\rho_1 - \rho)}{18\mu}$$

d : 입자의 직경(cm), ρ_1 : 입자의 밀도(g/cm^3)
ρ : 가스(공기)의 밀도(g/cm^3), g : 중력가속도(980cm/sec^2)
μ : 점성계수(g/cm·sec)

• Lippman식에 의한 침강속도(입자크기가 1~50μm의 경우 적용) ★★★

$$V(\text{cm/sec}) = 0.003 \times \rho \times d^2$$

V : 침강속도(cm/sec), ρ : 입자 밀도(비중)(g/cm^3)
d : 입자직경(μm)

예제 269

비중이 5.4g/cm^3, 입경이 1.2m인 산화 흄의 침강속도(cm/sec)를 계산하시오.

| 기사 2019년 2회, 2012년 3회 / 산업 2016년 3회 |

해설

$V(\text{cm/sec}) = 0.003 \times \rho \times d^2 = 0.003 \times 5.4 \times 1.2^2 = 0.02(\text{cm/sec})$

예제 270

분진의 입경이 20m이고 밀도가 1.4g/cm^{3}인 입자의 침강속도(cm/sec)를 구하시오. (단, 공기점성계수 1.78×10^{-4}g/cm·sec, 중력가속도 980cm/sec^2, 공기밀도 0.0012g/cm^3) | 기사 2020년 3회, 2016년 3회, 2015년 2회 |

해설

$V = \dfrac{gd^2(\rho_1 - \rho)}{18\mu} = \dfrac{980 \times (0.002)^2 \times (1.4 - 0.0012)}{18 \times 1.78 \times 10^{-4}} = 1.71(\text{cm/sec})$

- $\mu m = 10^{-6}\text{m}$, $\text{cm} = 10^{-2}\text{m}$, ∴ $\mu m = 10^{-4}\text{cm}$
- $20\mu m = 20 \times 10^{-4}\text{cm} = 0.002\text{cm}$

예제 271

높이가 3.5m인 어느 작업장에서 입자의 직경이 1.8m, 비중이 2.0인 입자상 물질이 발생되고 있다. 모든 입자상물질이 바닥에 가라앉은 후 청소를 시작하려고 한다. 몇 분이 지난 후에 시작하여야 하는지를 계산하시오.

| 기사 2016년 3회 |

해설

1. $V = 0.003 \times 2.0 \times 1.8^2 = 0.02 (cm/sec)$
2. 높이가 3.5m(350cm)이고, 초당 0.02cm 가라앉으므로

    $1 : 0.02 = x : 350$

    $0.02x = 350$

    $x = \dfrac{350}{0.02} = 17,500(초) \div 60 = 291.67(분)$

예제 272

입경이 0.002cm, 밀도 1.6g/cm³인 먼지의 침강속도(cm/sec)를 Lippman식을 이용하여 계산하시오.

| 기사 2015년 3회 / 산업 2018년 3회, 2012년 1회 |

해설

$V(cm/sec) = 0.003 \times \rho \times d^2 = 0.003 \times 1.6 \times (0.002 \times 10^4)^2 = 1.92 (cm/sec)$

$$\begin{bmatrix} \mu m = 10^{-6} m, \ cm = 10^{-2} m \\ \therefore \ cm = 10^4 \mu m \end{bmatrix}$$

2) 관성력 집진장치

① 기류의 방향을 급격하게 전환시켰을 때 **입자의 관성력에 의하여 분리 포집**하는 장치를 말한다.
② 큰 입자 제거에 효율적이며 미세입자의 효율은 낮다.
③ 구조 및 원리가 간단하며 운전비용이 적고, 고온가스 중의 입자상 물질제거가 가능하다.

3) 원심력 집진장치(사이클론)

① **원심력 집진장치(사이클론)의 특징** ★
- **함진가스에 선회류를 일으키는 원심력을 이용하여 분진을 분리, 포집**한다.
- 가동부분이 적고 구조가 간단하여 설치비 및 유지, 보수비용이 저렴하다.
- 고온에서 운전이 가능하다.
- 미세한 먼지가 재 비산되기도 한다.

② **블로다운(blow-down)** ★
- 사이클론의 **집진효율을 증대시키기 위한 방법**이다.

- 더스트 박스 및 호퍼부에서 처리가스의 5~10%를 흡인하여 난류현상의 억제 및 원심력을 증대시켜 집진효율을 증대시키는 운전방식을 말한다.

③ 블로다운(blow-down)의 효과 ★
- 사이클론 내의 난류현상 억제(원심력 증대), 집진먼지 비산을 방지한다.
- 사이클론의 집진효율을 증대시킨다.
- 관내 분진부착으로 인한 장치의 폐쇄현상을 방지한다. (가교현상 억제)

예제 273

원심력 집진장치의 블로다운(blow down) 효과를 3가지 적으시오. | 기사 2020년 4회 |

해설
① 사이클론 내의 난류현상 억제(원심력 증대), 집진먼지 비산을 방지한다.
② 사이클론의 집진효율을 증대시킨다.
③ 관내 분진부착으로 인한 장치의 폐쇄현상을 방지한다. (가교현상 억제)

예제 274

원심력 집진장치의 블로다운(blow down)의 정의를 적고, 블로다운(blow down)의 효과를 3가지 적으시오. | 기사 2016년 2회 |

(1) 블로다운(blow down)의 정의
(2) 블로다운(blow down)의 효과

해설
(1) 더스트 박스 및 호퍼부에서 처리가스의 5~10%를 흡인하여 난류현상의 억제 및 원심력을 증대시켜 집진효율을 증대시키는 운전방식을 말한다.
(2) ① 사이클론 내의 난류현상 억제(원심력 증대), 집진먼지 비산을 방지한다.
   ② 사이클론의 집진효율을 증대시킨다.
   ③ 관내 분진부착으로 인한 장치의 폐쇄현상을 방지한다. (가교현상 억제)

예제 275

[보기]의 설명에 해당하는 용어를 적으시오. | 산업 2017년 3회 |

원심력 집진장치(사이클론)의 집진효율을 증대시키기 위한 방법으로 더스트 박스 및 호퍼부에서 처리가스의 5~10%를 흡인하여 난류현상의 억제 및 원심력을 증대시키는 운전방식을 말한다.

해설
블로다운(blow-down)

4) 세정식 집진장치(스크러버)

① 세정식 집진장치(스크러버)의 특징

- 액체를 분사시켜 분진을 수반하는 유해가스를 세정하여 입자의 부착 또는 응집을 일으켜 입자를 분리 포집하는 장치(함진가스를 액적, 액막, 기포 등으로 세정하여 입자 간의 응집을 촉진 시키거나 입자를 부착하여 제거하는 장치)를 말한다.
- 분진과 가스를 동시에 제거할 수 있는 이점을 가지고 있다.
- 상승 확산력이 감소되어 분진의 재 비산 염려가 없다.
- 설치면적이 작아 협소한 장소에 설치가 가능하며 초기비용이 적게 든다.
- 고온가스의 처리가 가능하다.(가스상 물질을 가장 효과적으로 처리한다.)
- 수질 오염원이 된다.(폐수가 발생)
- 한랭기에 동결의 우려 있다.(주위에 안개연무 형성)

② 세정식 집진장치의 분진포집 기전 및 원리

- 충돌
- 차단
- 확산
- 응집

분진포집 기전	분진포집 원리
• 관성충돌 • 직접 흡수 • 확산 • 응집	• 미립자 확산에 의한 입자간 응집 • 배기가스의 증습에 의한 입자간 응집 • 액막, 기포에 입자가 접촉하여 부착 • 액적에 입자가 충돌하여 부착

③ 세정집진장치의 분류

유수식	함진 가스를 집진실 내의 물 또는 액체를 빠른 속도로 통과하게 하여 세정한다. • 임펠러형(선회형) • 분수형(분출형) • 로터형(Rotor형)
가압수식 (加壓水式)	물을 가압 공급하여 함진 가스를 세정한다. • 벤튜리 스크러버(Venturi scrubber) • 제트 스크러버(Jet scrubber) • 분무탑(Spray tower) • 사이클론 스크러버(Cyclone scrubber) • 충전탑(Packed tower)
회전식 (回轉式)	fan의 회전을 이용하여 공급수와 함진 가스를 교반하여 입자를 세정한다. • 타이젠 워셔(Theisen washer) • 임펄스 스크러버(Impulse Scrubber)
정전세정기 (Electrostatic scrubber)	scrubber에 정전기 효과를 병용하는 형식으로 성능이 매우 우수하다. 그러나 고압전류의 절연이 문제가 된다.

예제 276

벤투리 스크러버(Venturi Scrubber)의 분진 포집원리를 설명하시오. | 기사 2016년 3회, 2013년 2회 |

해설

함진공기를 벤투리 관에서 물을 분무하여 물방울로 만들어 분진을 포집하고 사이클론으로 보내어 원심력에 의해 분진을 분리한다.

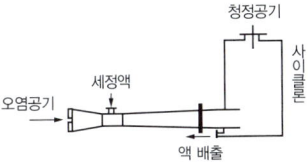

예제 277

액체를 분사시켜 분진을 포집하는 세정식 집진장치의 장점 5가지를 적으시오. | 산업 2020년 4회 |

해설

① 분진과 가스를 동시에 제거할 수 있다.
② 상승 확산력이 감소되어 집진된 분진의 재비산 염려가 없다.
③ 설치면적이 작아 협소한 장소에 설치가 가능하며 초기비용이 적게 든다.
④ 연소성, 폭발성 가스의 처리가 가능하다.
⑤ 고온가스의 처리가 가능하다. (가스상 물질을 가장 효과적으로 처리한다.)

예제 278

[보기]의 설명에 적합한 세정식 집진장치의 형식을 적으시오. | 산업 2019년 1회 |

집진장치의 형식	집진장치의 종류
(①)	• 가스 임펠러형(선회형) • 가스 분수형(분출형) • 로터형(Rotor형)
(②)	• 타이젠 워셔(Theisen washer) • 임펄스 스크러버(Impulse Scrubber)
(③)	• 벤투리 스크러버(Venturi scrubber) • 제트 스크러버(Jet scrubber) • 분무탑(Spray tower)

해설

① 유수식
② 회전식
③ 가압수식

예제 279

세정식 집진장치인 벤투리스크러버의 유지관리를 위한 점검항목 3가지를 적으시오. | 기사 2013년 2회 |

해설

① 슬러지 등의 축적에 의한 노즐 등의 막힘, 파손 등 확인
② 세정액의 분무상태 확인(세정액이 규정량만큼 분무되는지 확인)
③ 목부(slot)의 유속 측정
④ 벤투리관 전후의 압력차 측정

예제 280

세정식 집진장치의 분진포집 원리 4가지를 적으시오. | 기사 2020년 4회 / 산업 2016년 3회 |

해설

① 미립자 확산에 의한 입자간 응집
② 배기가스의 증습에 의한 입자간 응집
③ 액막, 기포에 입자가 접촉하여 부착
④ 액적에 입자가 충돌하여 부착

5) 여과 집진장치(백 필터)

① 여과 집진장치(백 필터)의 특징

- 함진가스를 여과재에 통과시켜 관성충돌, 직접 차단, 확산, 정전기력에 의하여 **입자를 분리 포집**한다.
- 여과속도가 느릴수록 미세입자포집에 유리하다.

② 여과 집진장치의 장·단점 ★

장점 ★	단점
• **집진효율이 높다.(99% 이상)** (미세입자의 집진효율이 비교적 높은 편이다.) • **다양한 용량을 처리할 수 있다.** • 탈진방법과 여과재의 사용에 따른 **설계상의 융통성이 있다.** • **집진효율**이 처리가스의 양과 밀도 **변화에 영향이 적다.** • 설치 **적용범위가 광범위하다.**	• 고온 및 산·알칼리 등의 **부식성물질의 경우 여과재의 수명이 단축**된다. • **습한 가스를 취급할 수 없다.** • 집진장치 중 **압력손실이 가장 크다.** • **여과재 교체비용이 들고**, 작업방법이 어렵다.

암기

여과지(필터)는 다양한 용량을 융통성 있게 설계하여 광범위하게 적용, 효율 높으나 부식성, 습한가스에 압력손실 커서 교체해야 한다.

③ 여과 집진장치의 분진포집 원리 ★
- 충돌
- 차단
- 확산
- 체거름 효과

④ 여과속도 ★

$$U_f(\text{cm/sec}) = \frac{Q}{A} \times 100$$

Q : 총처리 가스량(m³/sec)
A : 총여과면적(m²) (여과포 1개 면적 × 여과포 개수)

6) 전기 집진장치

① **정전력을 이용**하여 입자를 집진하는 장치
② 전기 집진장치의 장·단점 ★

장점	단점
• 광범위한 온도범위에서 적용이 가능하다. • **고온의 입자상물질, 폭발성가스 처리는 가능**하나, 가연성 입자의 처리는 곤란하다. • **고온 가스를 처리할 수 있어 보일러와 철강로 등에 설치**할 수 있다. • **압력손실이 낮으므로 대용량의 가스처리가 가능**하며, 송풍기의 **운전 및 유지비용이 저렴**하다. • **넓은 범위의 입경과 분진농도에 집진효율이 높다.** • 습식으로 집진할 수 있다. • **0.01 μm 정도의 미세 입자의 포집이 가능**하여 높은 집진효율을 얻을 수 있다.(집진장치 중 가장 작은 입자를 처리할 수 있다)	• 초기 **설치비용이 많이 들며 설치공간이 커야 한다.** • **운전조건의 변화에 유연성이 적다.**(전압변동과 같은 **조건변동에 쉽게 적응이 곤란**하다.) • 먼지성상에 따라 **전처리시설이 요구**된다. • 분진포집에 적용되며 **가스상의 오염물질(기체상의 오염물질) 처리는 곤란**하다.

예제 281

집진장치 중 초기 설치비용이 많이 들고 설치공간이 커야 하며, 압력손실이 낮아 대용량의 가스를 처리할 수 있고 운전 및 유지비용이 저렴한 특징을 가지는 집진장치의 명칭을 적으시오. | 기사 2018년 1회 |

해설
전기집진장치

예제 282

집진장치 중 여과 집진장치의 장점을 3가지 적으시오.

| 산업 2019년 2회 |

해설

① 집진효율이 높다.(99% 이상) (미세입자의 집진효율이 비교적 높은 편이다.)
② 다양한 용량을 처리할 수 있다.
③ 탈진방법과 여과재의 사용에 따른 설계상의 융통성이 있다.
④ 집진효율이 처리가스의 양과 밀도 변화에 영향이 적다.
⑤ 설치 적용범위가 광범위하다.

예제 283

여과집진장치에서 여과포의 눈막힘현상을 방지하기 위한 대책을 2가지 적으시오.

| 산업 2014년 1회 |

해설

① 여과집진장치 내의 온도를 산노점 이상으로 유지한다.
② 여과집진장치 정지 후에 탈진을 실시한다.

[참고]
1. 여과포의 눈막힘현상: 처리 가스 중에 수분을 포함한 분진 혹은 점착성 분진 등의 유입에 의하여 여과막 사이가 막혀 압력손실이 증대되는 현상을 말한다.
2. 산노점: 산성가스가 수증기와 결합하여 응축되는 온도(산에 의한 부식이 발생)를 말한다.

③ 집진율 ★★

- 집진율

$$\eta(\%) = (1 - \frac{C_o \cdot Q_o}{C_i \cdot Q_i}) \times 100 = (1 - \frac{C_o}{C_i}) \times 100$$

C_i : 집진장치 입구 분진농도(g/m³)
C_o : 집진장치 출구 분진농도(g/m³)
Q_i : 집진장치 입구 가스유량(m³/hr)
Q_o : 집진장치 출구 가스유량(m³/hr)

- 집진장치 직렬조합 시 총 집진율 ★

$$총\ 집신율(\eta_T) = \eta_1 + \eta_2(1 - \eta_1)$$

η_1 : 1차 집진장치 집진율
η_2 : 2차 집진장치 집진율

$$\text{총 집진율}(\eta_T) = \eta_1 + \eta_2(1 - \frac{\eta_1}{100})$$

η_1 : 1차 집진장치 집진율(%)
η_2 : 2차 집진장치 집진율(%)

- 집진장치가 3개 이상일 경우의 총 집진율

$$\text{총 집진율}(\eta_T) = 1 - [(1-\eta_1)(1-\eta_2)(1-\eta_3)\ldots]$$

η_1 : 첫번째 집진장치 집진율
η_2 : 두번째 집진장치 집진율
η_3 : 세번째 집진장치 집진율

- 동일 효율의 집진장치를 직렬 설치 시 총 집진율 ★

$$\text{총 집진율}(\eta_T) = 1 - (1-\eta_c)^n$$

η_c : 집진장치 집진율
n : 집진장치 개수

예제 284

집진기로 작업장 내의 가스를 포집하는 경우 두 개의 연결된 집진기의 전체 효율이 98%이다. 두 번째 집진기의 포집효율이 92%일 때, 첫 번째 집진기의 포집효율(%)을 계산하시오. | 기사 2020년 3회, 2017년 1회/산업 2013년 1회 |

해설

총 집진율$(\eta_T) = \eta_1 + \eta_2(1-\eta_1)$
$0.98 = \eta_1 + \{0.92 \times (1-\eta_1)\} = \eta_1 + 0.92 - 0.92\eta_1$
$\eta_1 - 0.92\eta_1 = 0.98 - 0.92$
$0.08\eta_1 = 0.06$
$\therefore \eta_1 = \frac{0.06}{0.08} \times 100 = 75(\%)$

예제 285

두 개의 집진기가 연결된 집진기의 총 효율이 95%이고, 첫 번째 집진기의 효율이 70%일 경우 두 번째 집진기의 효율을 계산하시오. | 기사 2014년 1회 |

해설

총 집진율$(\eta_T) = \eta_1 + \eta_2(1-\eta_1)$
$\eta_2(1-\eta_1) = \eta_T - \eta_1$
$\eta_2 = \frac{\eta_T - \eta_1}{1-\eta_1} = \frac{0.95 - 0.7}{1 - 0.7} = 0.8333 \times 100 = 83.33(\%)$

예제 286

집진장치 입구의 분진농도(집진장치 처리 전 분진농도) 3000mg/m³, 집진장치 출구의 분진농도(집진장치 처리 후 분진농도) 250mg/m³이었다. 집진장치의 집진율(분진 저감효율)을 계산하시오. | 산업 2018년 1회 |

해설

$$\eta(\%) = (1 - \frac{C_o}{C_i}) \times 100 = (1 - \frac{250}{3000}) \times 100 = 91.67(\%)$$

예제 287

집진율이 각각 45%, 55%, 63%, 75%인 4개의 집진장치가 직렬연결 되어 있다. 초기농도가 2500mg/m³인 분진이 4개의 집진장치를 통과한 후의 최종농도(mg/m³)를 계산하시오. | 산업 2016년 3회 |

해설

1. 총 집진율(η_T) $= 1 - [(1-\eta_1)(1-\eta_2)(1-\eta_3)\cdots]$
   $= 1 - [(1-0.45)(1-0.55)(1-0.63)(1-0.75)] = 0.9771 \times 100 = 97.71(\%)$
2. 최종농도 $= 2500 \times (1 - 0.9771) = 57.25(\text{mg/m}^3)$

(3) 가스상 물질의 처리를 위한 집진장치의 종류

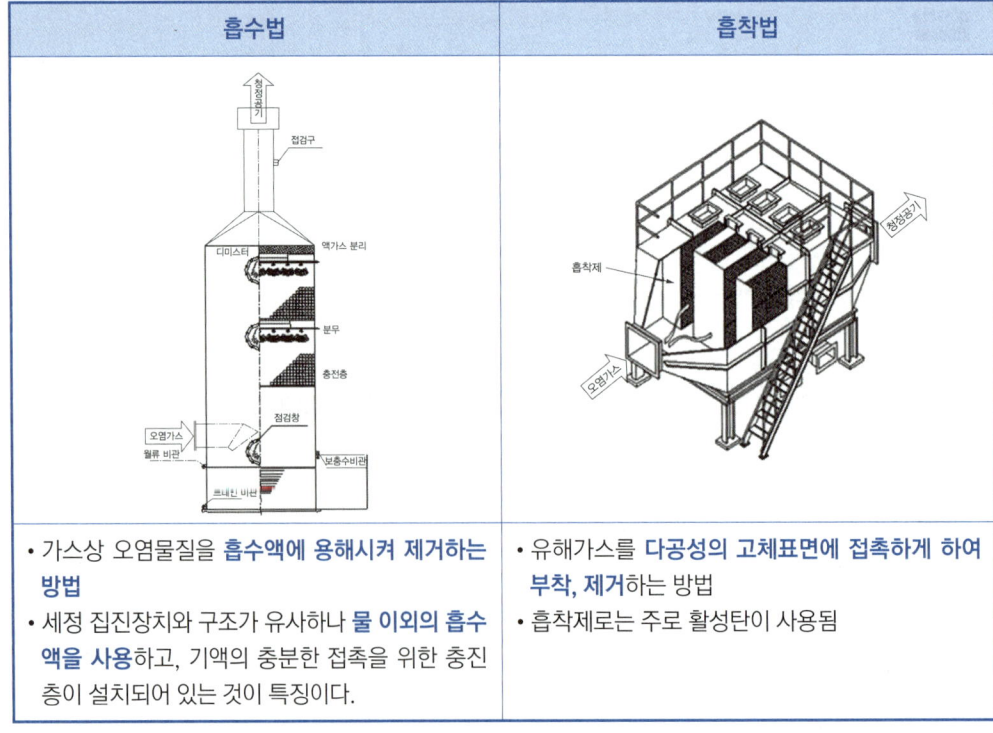

흡수법	흡착법
• 가스상 오염물질을 **흡수액에 용해시켜 제거하는 방법** • 세정 집진장치와 구조가 유사하나 **물 이외의 흡수액을 사용**하고, 기액의 충분한 접촉을 위한 충진층이 설치되어 있는 것이 특징이다.	• 유해가스를 **다공성의 고체표면에 접촉하게 하여 부착, 제거**하는 방법 • 흡착제로는 주로 활성탄이 사용됨

1) 흡수법

① 유해가스를 흡수액과 접촉시켜 용해도에 따른 용해 제거법이다. (가스의 용해도가 중요한 요인이 된다.)

② 제거효율에 영향을 미치는 인자
- 접촉시간(체류시간)
- 기액 접촉 면적
- 흡수제의 농도
- 반응속도

③ 흡수액의 요건
- 용해도가 높을 것
- 화학적으로 안정될 것
- 휘발성이 낮을 것
- 착화성이 없고 무독성일 것
- 가격이 저렴하고 구하기 쉬울 것

④ 흡수탑 충전물의 구비조건 ★
- 표면적이 클 것
- 공극률이 클 것
- 압력손실이 작을 것
- 내구성이 클 것
- 내식성, 내열성이 클 것

2) 흡착법

① 기체가 고체 표면에 달라붙는 성질(흡착성)을 이용하여 오염기체를 제거한다. (회수가치가 있는 불연성 희박농도가스의 처리에 가장 적합)

② 집진장치 중 흡착장치 설계 시 고려사항 ★
- 오염물질의 체류시간(체류시간이 길 것)
- 흡착능력 또는 흡착제의 표면적(흡착능력이 클 것)
- 압력손실(압력손실이 적을 것)
- 불순물 제거(흡착제에 해를 끼치는 불순물을 전처리에 의해 제거할 수 있을 것)

③ 물리적 흡착법 및 화학적 흡착법의 특징

물리적 흡착법★	화학적 흡착법
① 가스와 흡착제가 **반데르발스 결합력**(분자간의 인력)으로 약하게 결합되어 있다. ② 가역반응으로 **흡착제의 재생과 회수가 용이**하다. ③ **흡착열이 낮다.** ④ **다 분자 흡착**이다.	① 가스와 흡착제가 화학적 반응을 하므로 **결합력은 물리적 흡착보다 크다.** ② 비가역반응이므로 **흡착제의 재생 및 오염가스 회수가 불가능**하다. ③ 반응열을 수반하여 **흡착열이 높다.** ④ **단 분자 흡착**이다.

3) 연소법

① 유해가스 처리를 위해 연소법을 적용할 수 있는 경우(적용하기 위한 조건)
- 배출하는 가스량이 많은 경우
- 유해가스의 농도가 낮은 경우
- 가연성 가스, 악취 등을 제거하는 경우

② 연소법의 종류 및 특징

직접연소 (불꽃연소)	• **가연성 가스를 직접 불꽃 중에서 연소**시키는 방법을 말한다. • 온도가 높아서 연료 비용이 많이 소모된다.
간접연소(가열연소, 직접가열 산화법)	• **가연성 물질의 농도가 낮아 직접 연소가 불가능할 때 사용되는 방법**을 말한다. • 배기가스를 예열하고 보조연료를 가열하여 태우는 방법을 말한다.
촉매연소	• 가스 중의 가연성 성분을 Pt, Co, Ni 등의 촉매를 사용하여 300~400℃ 정도의 저온에서 산화 제거하는 방법을 말한다.

예제 288

집진장치의 종류를 원리에 따라 5가지로 적으시오. | 기사 2020년 2회 / 산업 2018년 2·3회, 2020년 4회, 2021년 1회 |

해설

① 중력 집진장치
② 관성력 집진장치
③ 원심력 집진장치
④ 전기 집진장치
⑤ 여과 집진장치
⑥ 세정식 집진장치

예제 289

입자상 물질의 처리를 위한 집진장치의 집진원리(주요 작용기전) 5가지를 적으시오. | 산업 2015년 2회, 2012년 1회 |

해설

① 중력
② 관성력
③ 원심력
④ 여과
⑤ 전기력

예제 290

가스상 물질의 처리를 위한 집진장치(공기정화장치)의 종류(집진원리에 따른 종류) 4가지를 적으시오.

| 산업 2020년 4회, 2018년 2회, 2015년 1회 |

해설

① 흡수장치
② 흡착장치
③ 직접연소장치(불꽃연소장치)
④ 간접연소장치(가열연소장치)
⑤ 촉매연소장치

예제 291

유해가스를 처리하는 원리에 따라 그 방법을 3가지로 구분하여 적으시오. | 산업 2022년 2회 |

해설

① 흡수법
② 흡착법
③ 연소법

예제 292

유해가스 처리를 위해 연소법을 적용할 수 있는 경우(적용하기 위한 조건) 3가지를 적으시오.

| 산업 2021년 1회, 2018년 3회, 2012년 2회 |

해설

① 배출하는 가스량이 많은 경우
② 유해가스의 농도가 낮은 경우
③ 가연성 가스, 악취 등을 제거하는 경우

예제 293

유해가스 흡수 처리 시에 사용하는 흡수액의 구비조건 4가지를 적으시오. | 산업 2020년 1회 |

해설

① 용해도가 클 것
② 휘발성이 적을 것
③ 독성이 없고 화학적으로 안정될 것
④ 부식이 없을 것

예제 294

흡수탑(충진탑)의 충전물(충진제)의 구비조건을 3가지 적으시오. | 산업 2020년 1·2회, 2019년 2회, 2013년 2회 |

해설

① 표면적이 클 것
② 공극률이 클 것
③ 압력손실이 작을 것
④ 내구성이 클 것
⑤ 내식성, 내열성이 클 것

예제 295

집진장치 중 흡착장치 설계 시 고려사항 3가지를 적으시오. | 기사 2020년 2회, 2017년 3회, 2015년 1·2회 |

해설

① 오염물질의 체류시간(체류시간이 길 것)
② 흡착능력 또는 흡착제의 표면적(흡착능력이 클 것)
③ 압력손실(압력손실이 작을 것)
④ 불순물 제거(흡착제에 해를 끼치는 불순물을 전처리에 의해 제거할 수 있을 것)

예제 296

유해가스를 처리하기 위한 흡착법 중 물리적 흡착법의 특징 3가지를 적으시오. | 산업 2024년 1회 |

해설

① 가스와 흡착제가 반데르발스 결합력(분자간의 인력)으로 약하게 결합되어 있다.
② 가역반응으로 흡착제의 재생과 회수가 용이하다.
③ 흡착열이 낮다.
④ 다 분자 흡착이다.

9 배기구

(1) 배기구

오염된 공기를 포집하여 외부로 배출하는 통로를 말한다.

(2) 배기규칙(15-3-15 규칙) ★

① 15 : 배기구와 공기를 유입하는 흡입구는 15m 이상 떨어지게 설치해야 한다.
② 3 : 배기구의 높이는 지붕 꼭대기나 공기유입구보다 3m 이상 높게 설치한다.
③ 15 : 배출되는 공기는 재유입되지 않도록 배출속도를 15m/sec 이상 유지한다.

(3) 배기구 설치기준(산업환기설비 설치에 관한 기술지침)

① 옥외에 설치하는 배기구는 지붕으로부터 1.5m 이상 높게 설치하고, 배출된 공기가 주변 지역에 영향을 미치지 않도록 상부 방향으로 10m/s 이상 속도로 배출하는 등 배출된 유해물질이 당해 작업장으로 재유입되거나 인근의 다른 작업장으로 확산되어 영향을 미치지 않는 구조로 하여야 한다.
② 배기구는 내부식성, 내마모성이 있는 재질로 설치하고, 배기구의 하단에 배수밸브를 설치하여야 한다.

예제 297

배기구는 15-3-15 규칙을 참조하여 설치한다. 배기구의 설치규칙 15-3-15를 설명하시오.

| 기사 2017년 3회, 2021년 1회 |

해설

15 : 배기구와 공기를 유입하는 흡입구는 15m 이상 떨어지게 설치해야 한다.
3 : 배기구의 높이는 지붕 꼭대기나 공기유입구보다 3m 이상 높게 설치한다.
15 : 배출되는 공기는 재 유입되지 않도록 배출속도를 15m/sec 이상 유지한다.

10 단순 국소배기시설의 설계

(1) 국소배기장치의 설계순서 ★★

후드형식 선정 → 제어속도 결정 → 소요풍량 계산 → 반송속도 결정 → 배관 내경 산출 → 후드 크기 결정 → 배관의 배치와 설치장소 설정 → 공기정화장치 선정 → 국소배기 계통도와 배치도 작성 → 총 압력손실량 계산 → 송풍기 선정

> **암기**
>
> 형제 소풍 단속, 배경 크기결정, 배치 장소 선정, 공정한 배치도 작성, 손실 계산 후 소풍 선정
> 형(형식) 제(제어속도) 소풍(소요풍량) 단속(반송속도), 배경(배관내경) 크기결정, 배치 장소 선정, 공정(공기정화장치)한 배치도 작성, 손실 계산 후 소풍(송풍기) 선정

(2) 다중 국소배기시설의 설계

후드가 두 개 이상인 다중 후드 시스템은 후드 합류점에서의 정압을 동일하게 조정하여야 각각의 후드에서 원하는 양의 공기를 흡인할 수 있게 된다.

1) 합류점에서의 압력평형

① 설계방법에 의한 평형법(Balance by Design Method) : 정압조절평형법(유속조절평형법) ★
- 저항에 따라 덕트 직경을 크게 하거나 감소시켜 저항을 줄이거나 증가시키는 방법으로 합류점의 정압이 같아지도록 하는 방법을 말한다.
- 분지관의 수가 적고 고독성 물질, 폭발성 및 방사성 분진을 대상으로 사용할 수 있다.

장점 ★	단점 ★
• 침식, 부식, 분진 퇴적에 의한 덕트 폐쇄가 없다. • 설계 시 잘못 설계된 분지관 또는 저항이 가장 큰 분지관을 쉽게 발견할 수 있다. (최대 저항 경로 선정이 잘못되어도 설계 시 쉽게 발견할 수 있음) • 설계가 정확할 때에는 가장 효율적인 시설이다.	• 설계 시 잘못된 유량을 고치기 어렵다. (임의로 유량을 조절하기 어려움) • 송풍량은 근로자나 운전자의 의도대로 쉽게 변경되지 않는다. • 설계유량 산정이 잘못될 경우 수정은 덕트의 크기 변경을 요한다. • 설계가 복잡하고 시간이 많이 걸린다. • 설치된 후의 개조 및 변경이나 확장에 대한 유연성이 낮다. • 효율 개선 시 전체를 수정해야 한다. • 경우에 따라 전체 필요한 최소유량보다 더 초과될 수 있다.

② 댐퍼를 이용한 평형법(Blast Gate Method) : 저항조절평형법(댐퍼조절평형법, 덕트균형유지법) ★
- 덕트에 **댐퍼를 부착하여 압력을 조정하여 평형을 유지하는 방법**을 말한다.

장점 ★	단점 ★
· 시설설치 후 송풍량의 조절, 덕트위치 **변경이 어렵지 않다**.(임의의 유량 조절 가능) · **최소 설계풍량으로 평형유지가 가능**하다. · 설계계산이 상대적으로 간단하고, 고도의 지식을 요하지 않는다. · 덕트 크기를 바꿀 필요가 없어 반송속도를 그대로 유지한다.	· 평형상태시설에 **댐퍼를 잘못 설치하게 되면 평형상태 파괴를 유발**한다. · **임의로 댐퍼 조정 시 평형상태가 파괴**될 수 있다. · 부분적 **폐쇄댐퍼는 침식, 분진퇴적의 원인**이 된다. · **최대 저항경로 선정이 잘못되어도 설계시 쉽게 발견하기 어렵다**. · 댐퍼가 노출되어 **누구나 쉽게 조절할 수 있어 정상기능을 저해할 우려**있다.

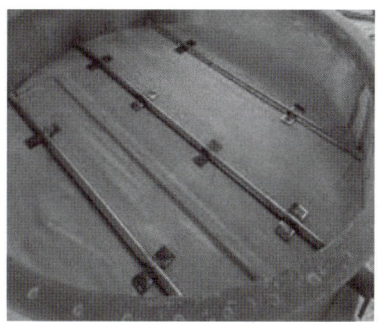
[원형댐퍼]

[사각댐퍼]

예제 298

국소배기시설의 설계 시에 총 압력손실을 계산하는 방법 2가지를 적으시오. | 기사 2019년 1회 |

해설
① 정압조절 평형법(유속조절 평형법)
② 저항조절 평형법(댐퍼조절 평형법, 덕트균형 유지법)

예제 299

합류점에서의 압력평형 방법 중 분지관의 수가 적고 고독성 물질, 폭발성 및 방사성 분진을 대상으로 사용할 수 있는 총 압력손실을 계산하는 방법과 총 압력손실을 계산하는 방법의 장·단점을 각각 2가지씩 적으시오.
| 산업 2015년 3회 |

(1) 총 압력손실을 계산하는 방법
(2) 총 압력손실을 계산하는 방법의 장·단점

> 해설

(1) 정압조절 평형법(유속조절 평형법)
(2)

장점	단점
• 침식, 부식, 분진 퇴적에 의한 덕트 폐쇄가 없다. • 설계 시 잘못 설계된 분지관 또는 저항이 가장 큰 분지관을 쉽게 발견할 수 있다.(최대 저항 경로 선정이 잘못되어도 설계 시 쉽게 발견할 수 있음) • 설계가 정확할 때에는 가장 효율적인 시설이다.	• 설계 시 잘못된 유량을 고치기 어렵다. (임의로 유량을 조절하기 어려움) • 송풍량은 근로자나 운전자의 의도대로 쉽게 변경되지 않는다. • 설계유량 산정이 잘못될 경우 수정은 덕트의 크기 변경을 요한다. • 설계가 복잡하고 시간이 많이 걸린다. • 설치된 후의 개조 및 변경이나 확장에 대한 유연성이 낮다. • 효율 개선 시 전체를 수정해야 한다. • 경우에 따라 전체 필요한 최소유량보다 더 초과될 수 있다.

예제 300

합류점에서의 압력평형 방법(총 압력손실 계산방법) 2가지를 적고 각각의 장, 단점을 2가지씩 적으시오.

| 기사 2015년 2회, 2013년 1·3회, 2012년 1   산업 2020년 3회, 2018년 2회, 2012년 3회 |

> 해설

1. 저항조절 평형법(댐퍼조절 평형법)

장점	단점
• 시설설치 후 송풍량의 조절, 덕트위치 변경이 어렵지 않다.(임의의 유량 조절 가능) • 최소 설계풍량으로 평형유지가 가능하다. • 설계계산이 상대적으로 간단하고, 고도의 지식을 요하지 않는다. • 덕트 크기를 바꿀 필요가 없어 반송속도를 그대로 유지한다.	• 평형상태시설에 댐퍼를 잘못 설치하게 되면 평형상태 파괴 유발 • 임의로 댐퍼 조정 시 평형상태가 파괴될 수 있다. • 부분적 폐쇄댐퍼는 침식, 분진퇴적의 원인이 된다. • 최대 저항경로 선정이 잘못되어도 설계시 쉽게 발견하기 어렵다. • 댐퍼가 노출되어 누구나 쉽게 조절할 수 있어 정상기능을 저해할 우려 있다.

2. 정압조절평형법(유속조절평형법)

장점	단점
• 침식, 부식, 분진 퇴적에 의한 덕트 폐쇄가 없다. • 설계 시 잘못 설계된 분지관 또는 저항이 가장 큰 분지관을 쉽게 발견할 수 있다.(최대 저항 경로 선정이 잘못되어도 설계 시 쉽게 발견할 수 있음) • 설계가 정확할 때에는 가장 효율적인 시설이다.	• 설계 시 잘못된 유량을 고치기 어렵다.(임의로 유량을 조절하기 어려움) • 송풍량은 근로자나 운전자의 의도대로 쉽게 변경되지 않는다. • 설계유량 산정이 잘못될 경우 수정은 덕트의 크기 변경을 요한다. • 설계가 복잡하고 시간이 많이 걸린다. • 설치된 후의 개조 및 변경이나 확장에 대한 유연성이 낮다. • 효율 개선 시 전체를 수정해야 한다. • 경우에 따라 전체 필요한 최소유량보다 더 초과될 수 있다.

11 공기공급 시스템

(1) 공기공급시스템(make-up air) ★

1) "보충용 공기(make-up air)"란 배기로 인하여 부족해진 공기를 작업장에 공급하는 공기를 말한다.

2) 국소배기장치가 효과적인 기능을 발휘하기 위해서는 후드를 통해 배출되는 것과 같은 양의 공기가 외부로부터 보충되어야 한다. 이것을 공기공급시스템(make-up air)라고 한다.

(2) 공기공급시스템의 목적 ★

① 국소배기장치를 적절하게 가동시키기 위하여
② 국소배기장치의 효율 유지를 위하여
③ 작업장 내의 안전사고 예방을 위하여
④ 연료를 절약하기 위하여(에너지 절약)
⑤ 작업장 내의 방해기류(교차기류) 생성 방지를 위하여
⑥ 외부공기가 정화되지 않은 채로 건물 내로 유입되는 것을 막기 위하여

(3) 공기 조화설비(HVAC)

① 공기 조화설비(HVAC)는 Heating(난방), Ventilation(환기), Air Conditioning(공기조화)를 뜻한다.
② 온도, 습도, 청정도, 기류분포를 사용 목적에 적합한 상태로 유지하기 위한 설비이다.

예제 301

국소배기장치에서 공기공급시스템이 필요한 이유 5가지를 적으시오.

| 기사 2020년 3회, 2016년 1회, 2013년 3회 / 산업 2020년 4회, 2018년 2회, 2015년 1·2회, 2013년 1회 |

해설

① 국소배기장치를 적절하게 가동시키기 위하여
② 국소배기장치의 효율 유지를 위하여
③ 작업장 내의 안전사고 예방을 위하여
④ 연료를 절약하기 위하여(에너지 절약)
⑤ 작업장 내의 방해기류(교차기류) 생성 방지를 위하여
⑥ 외부공기가 정화되지 않은 채로 건물 내로 유입되는 것을 막기 위하여

> **예제 302**
> 국소배기장치의 보충용 공기(make-up air)를 설명하시오. | 기사 2019년 3회, 2017년 2회, 2016년 2회 |
>
> **해설**
> 국소배기장치가 효과적인 기능을 발휘하기 위하여 후드를 통해 배출되는 것과 같은 양의 공기가 외부로부터 보충되는 것을 말한다.
>
> **예제 303**
> 공기 조화설비(HVAC)에 대하여 설명하시오. | 기사 2017년 3회 |
>
> **해설**
> - 공기 조화설비(HVAC)는 Heating(난방), Ventilation(환기), Air Conditioning(공기조화)를 뜻한다.
> - 온도, 습도, 청정도, 기류분포를 사용 목적에 적합한 상태로 유지하기 위한 설비이다.

12 국소배기장치의 검사 및 점검

(1) 국소배기장치의 검사 시기

국소배기장치 등의 효율적인 유지관리를 위해 다음에서 정하는 바에 따라 검사를 실시하여야 한다.

① 신규로 설치된 국소배기장치 최초 사용 전
② 국소배기장치 개조 및 수리 후 사용 전
③ 안전검사 대상 국소배기장치
④ 최근 2년간 작업환경측정 결과 노출기준 50% 이상일 경우 해당 국소배기장치

(2) 국소배기장치의 점검

사업주는 국소배기장치를 처음으로 사용하는 경우나 국소배기장치를 분해하여 개조하거나 수리를 한 후 처음으로 사용하는 경우에 다음 각 호에서 정하는 바에 따라 사용 전에 점검하여야 한다.

국소배기장치 ★	공기정화장치
• 덕트와 배풍기의 분진 상태 • 덕트 접속부가 헐거워졌는지 여부 • 흡기 및 배기 능력 • 그 밖에 국소배기장치의 성능을 유지하기 위하여 필요한 사항	• 공기정화장치 내부의 분진상태 • 여과제진장치(濾過除塵裝置)의 여과재 파손 여부 • 공기정화장치의 분진 처리능력 • 그 밖에 공기정화장치의 성능 유지를 위하여 필요한 사항

(2) 국소배기장치의 점검

사업주는 국소배기장치를 처음으로 사용하는 경우나 국소배기장치를 분해하여 개조하거나 수리를 한 후 처음으로 사용하는 경우에 다음 각 호에서 정하는 바에 따라 사용 전에 점검하여야 한다.

국소배기장치 ★	공기정화장치
• 덕트와 배풍기의 분진 상태 • 덕트 접속부가 헐거워졌는지 여부 • 흡기 및 배기 능력 • 그 밖에 국소배기장치의 성능을 유지하기 위하여 필요한 사항	• 공기정화장치 내부의 분진상태 • 여과제진장치(濾過除塵裝置)의 여과재 파손 여부 • 공기정화장치의 분진 처리능력 • 그 밖에 공기정화장치의 성능 유지를 위하여 필요한 사항

예제 304

국소배기장치의 점검항목 중 송풍관(duct)의 점검항목 4가지를 적으시오. | 산업 2020년 1·2회, 2017년 1회 |

해설

① 표면상태 : 덕트 내·외면의 파손, 변형 등으로 인한 설계압력 증가 또는 파손 부분 등에서의 공기 유입, 누출이 없고 이상음, 이상진동이 없을 것
② 덕트 내면상태 : 분진 등의 퇴적으로 인한 이상음, 이상 진동이 없을 것
③ 접속부 : 플랜지의 결합볼트, 너트, 패킹에 손상이 없을 것
④ 댐퍼 : 댐퍼가 손상되지 않고 정상적으로 작동될 것

예제 305

국소배기장치의 사용 전 점검사항 3가지를 적으시오. | 기사 2024년 3회/산업 2012년 2회, 2015년 3회, 2021년 3회 |

해설

① 덕트와 배풍기의 분진 상태
② 덕트 접속부가 헐거워졌는지 여부
③ 흡기 및 배기 능력
④ 그 밖에 국소배기장치의 성능을 유지하기 위하여 필요한 사항

(3) 검사 장비

1) 국소배기장치 성능시험 시 필수장비 ★★.

필수장비 ★★	선택장비
• 발연관(연기발생기 ; smoke tester) • 청음기 또는 청음봉 • 절연저항계 • 표면온도계 및 초자온도계 • 줄자	• 열선풍속계 • 회전속도 측정기 • 만능회로시험기 • 접지저항측정기 • 클램프미터

> **확인** 발연관(smoke tester) ★
>
> 대기 중의 유해한 가스를 측정하기 위한 검지제가 들어있는 유리관으로 염화 제2주석이 공기와 반응하여 흰색 연기를 발생시키는 원리(오염물질의 확산 및 이동을 관찰 가능)이며 후드의 성능을 평가할 수 있는 측정기기이다.

2) 송풍관 내의 풍속측정 계기 ★

① 피토관 : 풍속이 3m/sec를 초과하는 경우에 사용
② 풍차 풍속계 : 풍속이 1m/sec를 초과하는 경우에 사용
③ 열선식 풍속계
④ 그네 날개형 풍속계

3) 공기의 유속(기류) 측정기기 ★

① 피토관(pitot tube)
② 회전 날개형 풍속계(rotating vane anemometer)
③ 그네 날개형 풍속계(swining vane anemometer : 벨로미터)
④ 열선 풍속계(thermal anemometer) : 가장 많이 사용
⑤ 카타온도계(kata thermometer)
⑥ 풍향 풍속계
⑦ 풍차 풍속계

| 확인 | 공기의 유속을 측정하는 기기 중 기류를 냉각시켜 실내 기류를 측정하는 기기 ★ |

- 열선풍속계
- 카타온도계

4) 국소배기장치의 압력측정 장비 ★

① 피토관
② U자 마노미터
③ 경사 마노미터
④ 아네로이드 게이지
⑤ 마크네헬릭 게이지

예제 306
국소배기장치의 압력측정 장비 3가지를 적으시오. | 기사 2019년 2회 |

해설

① 피토관
② U자 마노미터
③ 경사 마노미터
④ 아네로이드 게이지
⑤ 마크네헬릭 게이지

예제 307
국소배기장치 검사장비 중 공기의 유속(기류) 측정에 사용되는 기기 4가지를 적으시오. | 기사 2020년 4회 |

해설

① 피토관
② 회전 날개형 풍속계
③ 그네 날개형 풍속계
④ 열선 풍속계
⑤ 카타온도계
⑥ 풍향 풍속계
⑦ 풍차 풍속계

예제 308

국소배기장치 성능시험 시에 사용하는 필수장비 4가지를 적으시오. | 기사 2020년 3회, 2014년 3회 / 산업 2014년 1회 |

해설

① 발연관(연기발생기 ; smoke tester)
② 청음기 또는 청음봉
③ 절연저항계
④ 표면온도계 및 초자온도계
⑤ 줄자

예제 309

국소배기장치 성능시험 시에 필요에 따라 갖추어야 할 장비 5가지를 적으시오. (단, 발연관, 청음기 또는 청음봉, 절연저항계, 표면온도계 및 초자온도계, 줄자는 제외) | 산업 2019년 1회, 2021년 1회 |

해설

① 열선풍속계
② 회전속도 측정기
③ 만능회로시험기
④ 접지저항측정기
⑤ 클램프미터

예제 310

공기의 유속을 측정하는 기기 중 기류를 냉각시켜 실내 기류를 측정하는 기기의 종류를 2가지 적으시오.
| 기사 2017년 1회 |

해설

① 열선풍속계
② 카타온도계

예제 311

대기 중의 유해한 가스를 측정하기 위한 검지제가 들어있는 유리관으로 염화 제2주석이 공기와 반응하여 흰색 연기를 발생시키는 원리이며 후드의 성능을 평가할 수 있는 측정기의 명칭을 적으시오. | 기사 2016년 1회 |

해설

발연관(smoke tester)

예제 312

국소배기장치 성능시험 장비 중 레시버식 후드의 개구부에서 흡입기류의 방향(오염물질의 확산 및 이동)을 확인할 수 있는 장비의 명칭을 적으시오. | 기사 2016년 2회 / 산업 2014년 2회 |

해설

발연관(연기발생기; smoke tester)

> [참고]
> 발연관은 공기 중의 수분과 반응하여 발생한 연기로 기체의 흐름을 파악할 수 있다.

예제 313

송풍관 내의 풍속을 측정하는 기기의 종류 3가지를 적으시오. | 기사 2014년 2회 / 산업 2015년 3회, 2014년 3회 |

해설

① 피토관
② 풍차 풍속계
③ 열선 풍속계
④ 그네 날개형 풍속계

예제 314

송풍관 내의 풍속을 측정하는 기기의 종류 2가지를 적고 측정범위를 적으시오. | 산업 2015년 2·3회, 2014년 3회 |

해설

① 피토관 : 풍속이 3m/sec를 초과하는 경우에 사용
② 풍차 풍속계 : 풍속이 1m/sec를 초과하는 경우에 사용

예제 315

덕트 내에서의 정압, 동압을 측정하는 표준기기의 명칭을 적으시오. | 산업 2019년 2회 |

해설

피토관(피토튜브)

예제 316

국소배기장치의 덕트 내 기류 측정에 관한 다음 물음에 답하시오. | 산업 2016년 1회 |

(1) 덕트 내의 기류를 측정하는 1차 표준기구의 명칭을 적으시오.
(2) 이 장치로 측정할 수 있는 압력의 종류를 2가지 적으시오.
(3) 측정한 압력으로 유속을 계산하는 방법을 적으시오.

해설

(1) 피토관(피토튜브)
(2) 전압, 정압
(3) 수력직경$(D) = 4 \times R_h = \dfrac{4A}{P}$

R_h : 유속(공기속도)
A : 속도압(mmH$_2$O)

[참고]
피토튜브(Pitot tube)는 전압과 정압의 차이를 측정해서 동압을 확인하여 유속을 측정할 수 있다.

작업 공정 관리 및 개인 보호구

01 작업 공정 관리

1 작업환경 관리방법

(1) 행정적 대책

① 작업시간 및 휴식시간 조정
② 교대근무
③ 작업전환
④ 교육

(2) 공학적 대책

① 대치(대체)
② 격리
③ 환기

(3) 개인보호구의 착용

2 작업환경 개선대책(작업환경 관리의 원칙)

① 대치(대체 : Substitution) ★

공정의 변경	• 분진 비산 작업에 습식공법을 채택한다. • 두들겨 자르던 공정을 톱 절단으로 변경한다. • 고속회전식 그라인더 작업을 저속 연마작업으로 변경한다. • 작은 날개로 고속 회전시키는 것을 큰 날개 저속 회전으로 변경한다. • 페인트 분사 방식에서 합침 방식으로 변경한다. • 유기용제 세척공정을 스팀세척이나 비눗물 사용 공정으로 변경한다. • 압축공기식 임팩트 렌치 작업을 저소음 유압식 렌치로 대치한다. • 소음이 많은 리벳팅 작업을 볼트, 너트 작업으로 대치한다. • 용제를 사용하는 분무도장을 에어스프레이 도장으로 변경한다. • 광산에서는 습식 착암기를 사용하여 파쇄, 연마작업을 한다. • 주물공정에서 쉘 몰드법을 채용한다.
유해물질 변경 (물질의 대체)	• 아조염료의 합성에서 벤지딘을 디클로로벤지딘으로 대신 사용한다. • 금속제품의 탈지(세척작업)에 트리클로로에틸렌을 사용하던 것을 계면활성제로 전환한다. • 성냥제조 시에 황린(백린) 대신 적린을 사용한다. • 단열재(보온재)로 석면을 사용하던 것을 유리섬유, 암면 또는 스티로폼 등을 사용한다. • 분체의 원료를 입자가 작은 것에서 큰 것으로 변경한다. • 분말로 출하되는 원료를 고형상태의 원료로 출하한다. • 유기합성용매로 방향족화합물을 사용하던 것을 지방족화합물로 전환한다. • 세탁 시 세정제로 사용하는 벤젠을 1.1.1-트리클로로에탄으로 변경한다. • 금속제품 도장용으로 유기용제를 수용성 도료로 전환한다. • 세탁 시 화재예방을 위하여 석유나프타 대신 퍼클로로에틸렌(트리-클로로에틸렌)을 사용한다. • 야광시계의 자판을 라듐 대신 인을 사용한다. • 세척작업에서 사염화탄소 대신 트리클로로에틸렌을 사용한다. • 주물공정에서 실리카모래 대신 그린모래로 주형을 채우도록 한다. • 금속표면을 블라스팅 할 때 사용재료로서 모래 대신 철구슬을 사용한다. • 유연 휘발유를 무연 휘발유로 대체한다. • 페인트 내에 들어 있는 납을 아연 성분으로 전환한다. • 페인트 희석제를 석유나프타에서 사염화탄소로 대치한다.
시설의 변경	• 고소음 송풍기를 저소음 송풍기로 교체한다. • 작은 날개 고속 회전의 송풍기 대신 큰 날개 저속 회전하는 송풍기를 사용한다. • 가연성 물질을 저장할 경우 유리병보다는 철제통을 사용한다. • 페인트 도장 시 분사 대신 담금 도장으로 변경한다. • 금속제품 이송 시 롤러의 재질을 철제에서 고무나 플라스틱을 사용한다. • 염화탄화수소 취급장에서 네오프렌 장갑대신 폴리비닐알코올 장갑을 사용한다. • 흄 배출 후드의 창을 안전유리로 교체한다.

② 격리(Isolation) : 작업자와 유해요인 사이에 물리적, 거리적, 시간적인 격리를 의미하며 쉽게 적용할 수 있고 효과도 좋다.

저장물질의 격리	• 인화성이 강한 물질 등 저장 시 **저장탱크 사이에 도랑을 파고 제방을 만들어 격리**한다.
시설의 격리	• **방사능물질**의 경우 **원격조정, 자동화 감시체제**로 변경한다. • **시끄러운 기계류**에 **방음커버** 등을 씌워 격리한다.
공정의 격리	• 자동차의 **도장 공정, 전기도금 공정**을 타공정과 격리한다.
작업자의 격리	• **위생보호구를 착용**한다.

③ 환기(Ventilation) : 국소환기와 전체환기
④ 교육(Education) : 올바른 작업방법에 대한 교육과 습관화

2 작업환경대책 중 작업환경개선의 공학적인 대책

① 대치(대체)
- 공정의 변경
- 유해물질 변경
- 시설의 변경

② 격리
- 저장물질의 격리
- 시설의 격리
- 공정의 격리
- 작업자의 격리

③ 환기
- 국소환기
- 전체환기

예제 01

작업환경관리의 대책(작업환경관리의 원칙) 4가지를 적으시오.　　　　　　　| 기사 2016년 3회 |

해설

① 대치(대체)
② 격리
③ 환기
④ 교육

예제 02

작업환경관리의 원칙 4가지를 적고 각각의 세부방법 1가지씩을 적으시오. | 기사 2022년 2회, 2015년 1회 |

해설

① 대치(대체)
- 공정의 변경
- 유해물질 변경
- 시설의 변경

② 격리
- 저장물질의 격리
- 시설의 격리
- 공정의 격리
- 작업자의 격리

③ 환기
- 국소환기
- 전체환기

④ 교육
- 올바른 작업방법에 대한 근로자 교육과 습관화

예제 03

작업환경관리 대책 중 작업환경개선의 공학적인 대책 3가지를 적으시오. | 산업 2020년 1회, 2022년 2회 |

해설

① 대치(대체)
② 격리
③ 환기

예제 04

작업환경개선의 공학적인 대책 중 대치(대체)의 방법 3가지와 그 예를 1가지씩 적으시오.

| 산업 2020년 1 · 2회, 2021년 3회 |

(1) 공정의 변경
(2) 유해물질 변경
(3) 시설의 변경

해설

(1) ① 고속회전식 그라인더 작업을 저속 연마작업으로 변경한다.
　　② 페인트 분사 방식에서 함침 방식으로 변경한다.

(2) ① 성냥제조 시에 황린(백린) 대신 적린을 사용한다.
　　② 유연 휘발유를 무연 휘발유로 대체한다.
(3) ① 고 소음 송풍기를 저 소음 송풍기로 교체한다.
　　② 작은 날개 고속 회전의 송풍기 대신 큰 날개 저속 회전하는 송풍기를 사용한다.

예제 05

작업환경개선의 공학적인 대책 중 대치(대체)에 해당하는 예를 3가지 적으시오.　　| 산업 2015년 3회 |

해설

① 공정의 변경
② 유해물질 변경
③ 시설의 변경

예제 06

작업환경을 관리하기 위한 행정적 작업환경 관리대책과 공학적 관리대책의 종류를 3가지씩 적으시오.
| 산업 205년 1회, 2022년 1회 |

(1) 행정적 대책
(2) 공학적 대책

해설

(1) ① 작업시간 및 휴식시간 조정
　　② 교대근무
　　③ 작업전환
　　④ 교육
(2) ① 대치(대체)
　　② 격리
　　③ 환기

02 개인 보호구

1 보호구의 개요

(1) 호보호구의 지급 등 ★★ 실기 기출 ★

사업주는 다음 각 호에서 정하는 바에 따라 그 작업조건에 적합한 보호구를 동시에 작업하는 근로자의 수 이상으로 지급하고 이를 착용하도록 하여야 한다.

작업조건에 적합한 보호구	
물체가 떨어지거나 날아올 위험 또는 근로자가 추락할 위험이 있는 작업	안전모
높이 또는 깊이 2미터 이상의 추락할 위험이 있는 장소에서 하는 작업	안전대(安全帶)
물체의 낙하·충격, 물체에의 끼임, 감전 또는 정전기의 대전(帶電)에 의한 위험이 있는 작업	안전화
물체가 흩날릴 위험이 있는 작업	보안경
용접 시 불꽃이나 물체가 흩날릴 위험이 있는 작업	보안면
감전의 위험이 있는 작업	절연용 보호구
고열에 의한 화상 등의 위험이 있는 작업	방열복
선창 등에서 분진(粉塵)이 심하게 발생하는 하역작업	방진마스크
섭씨 영하 18도 이하인 급냉동어창에서 하는 하역작업	방한모·방한복·방한화·방한장갑
물건을 운반하거나 수거·배달하기 위하여 이륜자동차또는 원동기장치 자전거를 운행하는 작업	승차용 안전모
물건을 운반하거나 수거·배달하기 위하여 자전거 등을 운행하는 작업	안전모

(2) 개인보호구 선정 시의 조건(보호구 구비 조건) ★ 실기 기출 ★

① 사용 목적에 적합할 것
② 착용이 간편할 것
③ 작업에 방해되지 않을 것
④ 품질이 우수할 것
⑤ 구조, 끝마무리가 양호할 것
⑥ 유해, 위험에 대한 방호가 완전할 것

(3) 안전인증 대상 보호구의 종류 ★

① 추락 및 감전 위험방지용 안전모
② 안전화
③ 안전장갑
④ 방진마스크
⑤ 방독마스크
⑥ 송기마스크
⑦ 전동식 호흡보호구
⑧ 보호복
⑨ 안전대
⑩ 차광 및 비산물 위험방지용 보안경
⑪ 용접용 보안면
⑫ 방음용 귀마개 또는 귀덮개

> **암기**
> 머리 : 안전모(추락 및 감전 위험방지용)
> 눈 : 차광 및 비산물 위험방지용 보안경
> 코, 입 : 방진마스크, 방독마스크, 송기마스크, 전동식 호흡보호구
> 얼굴 : 용접용 보안면
> 귀 : 방음용 귀마개 또는 귀덮개
> 손 : 안전장갑
> 허리 : 안전대
> 발 : 안전화
> 몸 : 보호복

(4) 자율안전 확인 대상 보호구의 종류

① 안전모(안전인증 대상 제외)
② 보안경(안전인증 대상 제외)
③ 보안면(안전인증 대상 제외)

(5) 안전인증 제품표시의 붙임 ★★★

안전인증제품에는 안전인증 표시 외에 다음 각 목의 사항을 표시한다.

① 형식 또는 모델명
② 규격 또는 등급 등
③ 제조자명
④ 제조번호 및 제조연월
⑤ 안전인증 번호

(6) 개인 보호구 선정 시의 조건(보호구의 구비 조건)

① 사용 목적에 적합할 것
② 착용이 간편할 것
③ 작업에 방해되지 않을 것
④ 품질이 우수할 것
⑤ 구조, 끝마무리가 양호할 것
⑥ 유해, 위험에 대한 방호가 완전할 것

2 호흡용 보호구

(1) 호흡용 보호구

1) 호흡용 보호구의 종류

호흡용 보호구에는 방진마스크, 방독마스크, 송기마스크(호스마스크 및 에어라인 마스크), 공기호흡기, 산소호흡기 등이 있다.

2) 할당보호계수(APF; Assigend Protection Factor) ★

① 보호구 바깥쪽 공기 중 오염물질 농도와 보호구 안쪽 오염물질 농도의 비를 나타낸다.
② APF를 이용하여 보호구에 대한 최대사용농도(MUC; Maximum Use Concentration)를 구할 수 있다.
③ 적절히 밀착된 호흡기보호구를 훈련된 일련의 착용자들이 작업장에서 착용하였을 때 기대되는 최소 보호 정도치(착용자 보호 정도)를 말한다.

④ APF가 100인 보호구를 착용하고 작업장에 들어가면 착용자는 **외부 유해물질로부터 적어도 100배 만큼의 보호를 받을 수 있다는** 의미이다.

⑤ 호흡용 보호구 선정 시 **위해비(HR)보다 할당보호계수(APF)가 큰 보호구를 선택**해야 한다.

★★

$$할당보호계수(APF) = \frac{발생농도(최대사용농도 : MUC)}{노출기준(TLV)}$$

$$할당보호계수 = \frac{방독마스크\ 바깥쪽\ 오염물질\ 농도(C_o)}{방독마스크\ 안쪽\ 오염물질\ 농도(C_i)}$$

3) 보호구의 최대사용농도(MUC ; Maximum Use Concentration)

$$최대사용농도 = TLV \times PF$$

TL : 허용기준(노출기준)
PF : 보호계수(할당 보호계수)

4) 보호구의 위해비(HR : Hazardous Ratio)

공기 중의 오염물질의 농도가 노출기준의 몇 배에 해당하는지를 나타낸다.

$$HR = \frac{C}{TLV}$$

C : 공기 중 유해물질의 농도
TLV : 노출기준

(2) 방진마스크

① "분진 등"이란 분진, 미스트 및 흄을 총칭하는 것으로 물리적 작용 및 화학적 반응에 의해 생성된 고체 또는 액체입자를 말한다.

② "**전면형 방진마스크**"란 분진 등으로부터 **안면부 전체(입, 코, 눈)를 덮을 수 있는 구조의 방진마스크**를 말한다.

③ "**반면형 방진마스크**"란 분진 등으로부터 **안면부의 입과 코를 덮을 수 있는 구조의 방진마스크**를 말한다.

1) 방진마스크의 등급

등급	특급	1급	2급
사용 장소	• 베릴륨 등과 같이 독성이 강한 물질들을 함유한 분진 등 발생장소 • 석면 취급장소	• 특급마스크 착용장소를 제외한 분진 등 발생장소 • 금속흄 등과 같이 열적으로 생기는 분진 등 발생장소 • 기계적으로 생기는 분진 등 발생장소(규소 등과 같이 2급 방진마스크를 착용하여도 무방한 경우는 제외한다)	• 특급 및 1급 마스크 착용장소를 제외한 분진 등 발생 장소
	배기밸브가 없는 안면부여과식 마스크는 특급 및 1급 장소에 사용해서는 안 된다.		

2) 방진마스크의 형태

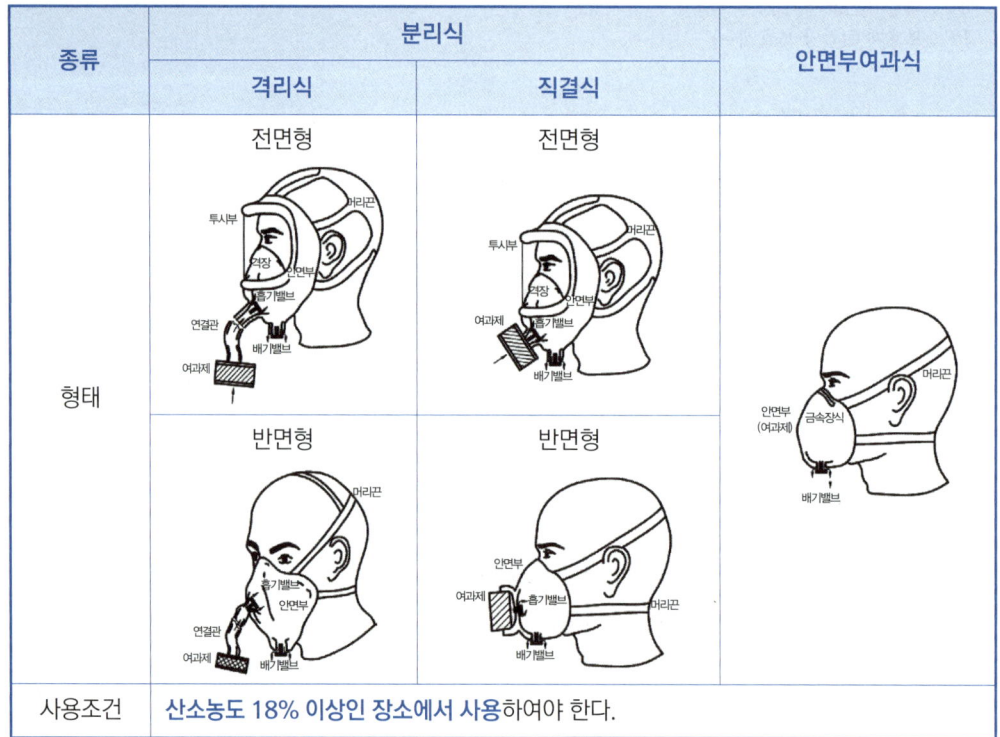

종류	분리식		안면부여과식
	격리식	직결식	
형태	전면형 / 반면형	전면형 / 반면형	
사용조건	산소농도 18% 이상인 장소에서 사용하여야 한다.		

① Neoprene 고무 : 비극성용제, 산, 부식성물질에 사용

3) 여과재 분진 등 포집효율 ★

형태 및 등급		염화나트륨(NaCl) 및 파라핀 오일(Paraffin oil) 시험(%)
분리식	특급	99.95 이상
	1급	94.0 이상
	2급	80.0 이상
안면부 여과식	특급	99.0 이상
	1급	94.0 이상
	2급	80.0 이상

4) 방진마스크의 일반구조

① 착용 시 이상한 압박감이나 고통을 주지 않을 것
② 전면형 : 호흡 시에 투시부가 흐려지지 않을 것
③ 분리식 마스크 : 여과재, 흡기밸브, 배기밸브 및 머리끈을 쉽게 교환할 수 있고 착용자 자신이 안면부와의 밀착성 여부를 수시로 확인할 수 있을 것
④ 안면부여과식 : 여과재로 된 안면부가 사용 중 심하게 변형되지 않을 것
⑤ 안면부여과식 : 여과재를 안면에 밀착시킬 수 있을 것

5) 방진마스크의 선정조건(구비조건) ★

① 흡,배기 저항이 낮을 것(흡,배기 저항 상승률이 낮을 것)
② 포집효율이 높을 것
③ 시야가 확보될 것
④ 중량이 가벼울 것
⑤ 안면 밀착성이 좋을 것
⑥ 피부접촉부 고무질이 좋을 것
⑦ 비휘발성 입자에 대한 보호가 가능할 것
⑧ 여과효율이 우수하려면 필터에 사용되는 섬유의 직경이 작고 조밀하게 압축되어야 한다.

(3) 방독마스크

1) 용어정의

① "파과"란 대응하는 가스에 대하여 정화통 내부의 흡착제가 포화상태가 되어 흡착능력을 상실한 상태를 말한다.

② "파과시간"이란 어느 일정농도의 유해물질 등을 포함한 공기를 일정 유량으로 정화통에 통과하기 시작부터 **파과가 보일 때까지의 시간**을 말한다.
③ "**파과곡선**"이란 파과시간과 유해물질 등에 대한 **농도와의 관계를 나타낸 곡선**을 말한다.
④ "**전면형 방독마스크**"란 유해물질 등으로부터 **안면부 전체(입, 코, 눈)를 덮을 수 있는 구조**의 방독마스크를 말한다.
⑤ "**반면형 방독마스크**"란 유해물질 등으로부터 **안면부의 입과 코를 덮을 수 있는 구조**의 방독마스크를 말한다.
⑥ "**복합용 방독마스크**"란 2종류 이상의 유해물질 등에 대한 제독능력이 있는 방독마스크를 말한다.
⑦ "**겸용 방독마스크**"란 방독마스크(복합용 포함)의 성능에 방진마스크의 성능이 포함된 방독마스크를 말한다.

2) 방독마스크의 종류

종류	시험가스
유기화합물용	시클로헥산(C_6H_{12}), 디메틸에테르(CH_3OCH_3), 이소부탄(C_4H_{10})
할로겐용	염소가스 또는 증기(Cl_2)
황화수소용	황화수소가스(H_2S)
시안화수소용	시안화수소가스(HCN)
아황산용	아황산가스(SO_2)
암모니아용	암모니아가스(NH_3)

3) 방독마스크의 등급

등급	사용장소
고농도	가스 또는 증기의 농도가 100분의 2(암모니아에 있어서는 100분의 3) 이하의 대기 중에서 사용하는 것
중농도	가스 또는 증기의 농도가 100분의 1(암모니아에 있어서는 100분의 1.5) 이하의 대기 중에서 사용하는 것
저농도 최저농도	가스 또는 증기의 농도가 100분의 0.1 이하의 대기 중에서 사용하는 것으로서 **긴급용이 아닌 것**

※ 비고 : 방독마스크는 **산소농도가 18% 이상인 장소**에서 사용하여야 하고, **고농도와 중농도에서 사용하는 방독마스크는 전면형(격리식, 직결식)을 사용**해야 한다.

4) 방독마스크의 형태 및 구조

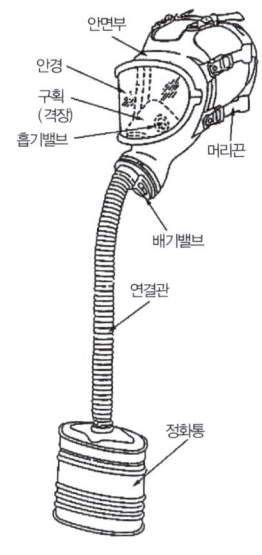

[격리식 전면형]

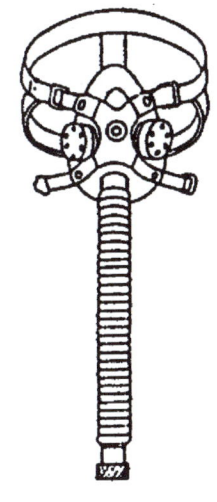

[격리식 반면형]

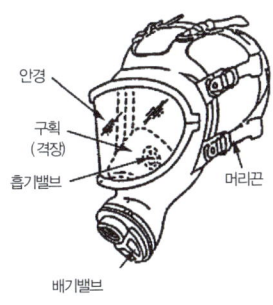

[직결식 전면형(1안식)]

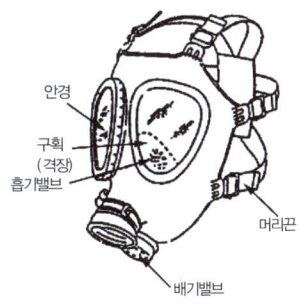

[직결식 전면형(2안식)]

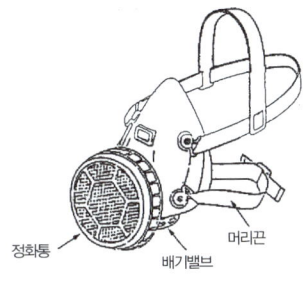

[반면형]

5) 방독마스크 정화통의 유효시간 계산 ★

$$\text{유효시간(파과시간)} = \frac{\text{시험가스농도} \times \text{표준유효시간}}{\text{작업장 공기중 유해가스 농도}} (\text{분})$$

예제 07

작업에 대한 설명을 읽고 작업조건에 적합한 보호구를 [보기]에서 골라 그 번호를 적으시오.　　　| 기사 2022년 3회 |

[보기]
① 방한모·방한복·방한화·방한장갑
② 절연용 보호구
③ 방열복
④ 방진마스크
⑤ 보안면

(1) 섭씨 영하 18도 이하인 급냉동 어창에서 하는 하역작업
(2) 고열에 의한 화상 등의 위험이 있는 작업
(3) 감전의 위험이 있는 작업
(4) 용접 시 불꽃이나 물체가 흩날릴 위험이 있는 작업
(5) 선창 등에서 분진(粉塵)이 심하게 발생하는 하역작업

해설

(1) ①, (2) ③, (3) ②, (4) ⑤, (5) ④

예제 08

개인 보호구 선정 시의 조건(보호구의 구비 조건) 3가지를 적으시오.　　　| 기사 2022년 2회 |

해설

① 사용 목적에 적합할 것
② 착용이 간편할 것
③ 작업에 방해되지 않을 것
④ 품질이 우수할 것
⑤ 구조, 끝마무리가 양호할 것
⑥ 유해, 위험에 대한 방호가 완전할 것

예제 09

방독마스크의 적절한 수명을 결정하기 위하여 톨루엔 농도가 300ppm인 작업장에서 실험한 결과 파과시간이 40분이었다. 다음 물음에 답하시오. | 기사 2014년 1회 |

(1) 톨루엔 농도가 35ppm인 장소에서 동일한 방독마스크를 사용할 경우 적절한 유효시간을 계산하시오.
(2) 방독마스크의 보호계수가 50이며, 방독마스크 내부의 톨루엔 농도가 1.9ppm일 경우 작업장 공기 중 톨루엔의 허용농도를 계산하시오.

해설

(1) 유효시간(파과시간) $= \dfrac{300\text{ppm} \times 40\text{min}}{35\text{ppm}} = 342.86(\text{min})$

(2) 할당보호계수 $= \dfrac{\text{방독마스크 바깥쪽 오염물질 농도}(C_b)}{\text{방독마스크 안쪽 오염물질 농도}(C_i)}$

방독마스크 바깥쪽 농도(작업장 농도) $=$ 할당보호계수 $\times$ 방독마스크 안쪽농도 $= 50 \times 1.9 = 95(\text{ppm})$

예제 10

용해로 취급작업(용해 작업)에 종사하는 작업자가 착용하여야 하는 보호구의 종류를 적고 해당 보호구를 착용하는 목적을 적으시오. | 산업기사 2023년 2회 |

해설

① 방열복 : 고열에 의한 화상 등의 위험으로부터 몸을 보호한다.
② 방열장갑 : 고열에 의한 화상 등의 위험으로부터 손을 보호한다.
③ 방열두건 : 고열에 의한 화상 등의 위험으로부터 머리와 안면부를 보호하고 가시광선 적외선으로부터 눈을 보호한다.

[참고]
방열두건이란 내열원단으로 제조되어 안전모와 안면렌즈가 일체형으로 부착되어 있는 형태의 두건을 말한다.

예제 11

「보호구 안전인증 고시」상의 금속 흄 등과 같이 열적으로 생기는 분진 등 발생장소에서 착용하여야 하는 방진마스크의 등급을 적으시오. | 기사 2024년 2회 |

해설

1급(특급도 가능)

(4) 송기마스크(호스마스크 및 에어라인마스크)

유독가스와 분진으로 오염되지 않는 **신선한 외부공기를 호스를 통하여 호흡하는 형식**이기 때문에 **산소결핍장소에서도 사용 가능**하다.

1) 송기마스크의 종류 및 등급

종류	등급		구분
호스 마스크	폐력흡인형		안면부
	송풍기형	전동	안면부, 페이스실드, 후드
		수동	안면부
에어라인마스크	일정유량형		안면부, 페이스실드, 후드
	디맨드형		안면부
	압력디맨드형		안면부
복합식 에어라인마스크	디맨드형		안면부
	압력디맨드형		안면부

2) 송풍기형 호스 마스크의 분진 포집효율

등급	효율(%)
전동	99.8 이상
수동	95.0 이상

2 눈 보호구

(1) 차광보안경(안전인증 대상)

종류	사용구분
자외선용	자외선이 발생하는 장소
적외선용	적외선이 발생하는 장소
복합용	자외선 및 적외선이 발생하는 장소
용접용	산소용접작업 등과 같이 자외선, 적외선 및 강렬한 가시광선이 발생하는 장소

(2) 자율안전확인 대상 보안경의 사용구분에 따른 종류

종류	사용구분
유리보안경	비산물로부터 눈을 보호하기 위한 것으로 렌즈의 재질이 유리인 것
플라스틱보안경	비산물로부터 눈을 보호하기 위한 것으로 렌즈의 재질이 플라스틱인 것
도수렌즈보안경	비산물로부터 눈을 보호하기 위한 것으로 도수가 있는 것

3 피부 보호구

(1) 피부보호용 도포제

① 피막형 피부보호제(피막형 크림) : 분진, 유리섬유 등에 대한 장해 예방
② 광과민성 물질차단 피부보호제 : 자외선 발생 작업(자외선 예방)
③ 지용성 물질차단 피부보호제 : 지용성 물질 취급 작업(지용성 장해 예방)
④ 수용성 물질차단 피부보호제 : 수용성 물질 취급 작업(수용성 장해 예방)
⑤ 소수성 피부보호제(소수성 크림) : 밀랍, 탈수라노린, 파라핀, 유동파라핀, 탄산마그네슘에 대한 장해 예방
⑥ 차광성 물질차단 피부보호제 : 글리세린, 산화제이철 취급 작업

(2) 보호장구 재질에 따른 적용물질 ★

① Neoprene 고무 : 비극성용제, 산, 부식성물질에 사용
② Vitron : 비극성용제에 사용
③ Nitrile : 비극성용제에 사용
④ 천연고무(latex) : 극성용제 및 수용성 용액에 사용
⑤ Butyl 고무 : 극성용제(알코올, 알데하이드 등)에 사용
⑥ 면 : 고체상물질에 사용(용제에는 사용 못함)
⑦ 가죽 : 찰과상 예방(용제에는 사용 못함)
⑧ Ethylene Vinyl Alcohol : 화학물질 취급 작업에 사용
⑨ Polyvinyl Chloride(PVC) : 수용성 용액에 사용

4 방음 보호구

(1) 귀마개(Ear plug)의 구분

종류	등급	기호	성능
귀마개	1종	EP-1	저음부터 고음까지 차음하는 것
	2종	EP-2	주로 고음을 차음하여 회화음 영역인 저음은 차음하지 않는 것
귀덮개		EM	

(2) 귀마개의 장·단점 ★

장점	단점
• 부피가 작아서 휴대하기 편하다. • 보안경과 안전모 사용에 구애받지 않는다. • 고온작업, 좁은 공간에서도 사용할 수 있다. • 가격이 저렴하다.	• 귀에 질병이 있을 경우 착용이 불가능하다. • 제대로 착용하는 데 시간이 걸리며 요령을 습득해야 한다. • 착용 여부 파악이 곤란하다. • 차음효과가 일반적으로 귀덮개보다 떨어지며 사람에 따라 차이가 있을 수 있다. • 귀마개 오염에 따른 감염 가능성이 있다. • 땀이 많이 날 때는 외이도에 염증유발 가능성이 있다.

(3) 귀덮개의 장·단점 ★

장점	단점
• 고음영역에서 **차음효과가 탁월**하다. • **귀마개보다 차음효과가 일반적으로 크며 차음효과의 개인차가 적다.** • 귀 안에 **염증이 있어도 사용이 가능**하다. • **착용이 쉽고 착용법이 틀리거나 분실할 염려가 적다.** • 동일한 크기의 귀덮개를 대부분의 근로자가 사용할 수 있다. • 멀리서도 **착용 유무를 확인할 수 있다.**	• 고온에서 사용 시에는 **땀이 나서 불편하다.** • **보안경과 동시 착용 시에는 불편**하며 차음효과가 감소한다. • **가격이 비싸고 운반과 보관이 쉽지 않다.** • 오래 사용하여 귀걸이의 탄력성이 줄었을 때나 **귀걸이가 휘었을 때는 차음효과가 떨어진다.**

예제 12

귀마개와 비교한 귀덮개의 장점 4가지를 적으시오. | 기사 2019년 2회 |

해설

① 고음영역에서 차음효과가 탁월하다.
② 귀마개보다 차음효과가 일반적으로 크며 차음효과의 개인차가 적다.
③ 귀 안에 염증이 있어도 사용이 가능하다.
④ 착용이 쉽고 착용법이 틀리거나 분실할 염려가 적다.
⑤ 동일한 크기의 귀덮개를 대부분의 근로자가 사용할 수 있다.
⑥ 멀리서도 착용 유무를 확인할 수 있다.

예제 13

청력보호구 중 귀마개의 장점과 단점을 각각 2가지씩 적으시오. | 기사 2020년 1회 |

해설

장점	단점
• 부피가 작아서 휴대하기 편하다. • 보안경과 안전모 사용에 구애받지 않는다. • 고온작업, 좁은 공간에서도 사용할 수 있다. • 가격이 저렴하다.	• 귀에 질병이 있을 경우 착용이 불가능하다. • 제대로 착용하는데 시간이 걸리며 요령을 습득해야 한다. • 착용 여부 파악이 곤란하다. • 차음효과가 일반적으로 귀덮개보다 떨어지며 사람에 따라 차이가 있을 수 있다. • 귀마개 오염에 따른 감염 가능성이 있다. • 땀이 많이 날 때는 외이도에 염증유발 가능성 있다.

(4) 차음효과 계산 ★★

$$차음효과 = (NRR - 7) \times 0.5$$

NRR : 차음평가수

예제 14

어떤 작업장의 음압 수준이 95dB(A)이고, 근로자는 귀덮개를 착용하고 있다. 귀덮개의 차음평가수는 $NRR = 17$이다. 귀덮개의 차음효과와 근로자가 노출되는 음압수준을 계산하시오. | 기사 2018년 1회 |

해설

- 차음효과 = $(NRR - 7) \times 0.5 = (17-7) \times 0.5 = 5[dB(A)]$
- 근로자가 노출되는 음압수준 = $95 - 5 = 90[dB(A)]$

예제 15

작업장의 음압 수준이 92dB(A)이고, 근로자는 차음평가수(NRR)이 19인 귀덮개를 착용하고 있다. (1) 귀덮개의 차음효과를 계산하고 (2) 근로자가 노출되는 음압(예측)수준[dB(A)]을 계산하시오. (단, OSHA 기준) | 기사 2014년 3회 |

해설

(1) 귀덮개의 차음효과 = $(19 - 7) \times 0.5 = 6[dB(A)]$
(2) 근로자가 노출되는 음압수준 = $92 - 6 = 86[dB(A)]$

예제 16

조선업에서 발생되는 유해인자의 종류를 4가지 적으시오. | 기사 2023년 1회 |

해설

① 용접 흄
② 소음, 진동
③ 분진
④ 유해광선
⑤ 유해가스
⑥ 유기용제

산업위생관리산업기사 실기

04

제4과목 물리적 유해인자 관리

CHAPTER 01 온열조건
CHAPTER 02 이상기압
CHAPTER 03 소음·진동
CHAPTER 04 방사선

CHAPTER 01 온열조건

01 고온

1 온열요소와 지적온도

(1) 온열요소(열 교환에 영향을 미치는 요소)

① 기온(온도)
② 기습(습도)
③ 기류(대류, 풍속)
④ 복사열

예제 01

인체의 열 교환에 영향을 미치는 온열요소 4가지를 적으시오. | 산업 2012년 2회, 2020년 3회 |

해설
① 기온(온도)
② 기습(습도)
③ 기류(대류, 풍속)
④ 복사열

---

1) 기온(온도)

① 섭씨(℃)온도와 Kelvin 온도의 관계

$$K = (℃) + 273$$

② 섭씨(℃)온도와 화씨(℉) 온도의 관계

$$℉ = (\frac{9}{5} \times ℃) + 32$$

2) 기습(습도)

① 포화습도

공기 중의 수증기의 포화정도를 나타내는 것으로 일정 기온에서 공기 속에 최대량의 수증기가 함유된 상태를 말한다.

② 절대습도(수증기밀도 또는 수증기농도)

공기 1m³ 중에 포함된 수증기의 양을 g으로 나타낸 것을 말한다.

③ 상대습도(비교습도)

현재 공기 중에 포함된 수증기량과 포화수증기량의 비를 퍼센트(%)로 나타낸 것을 말한다.

$$상대습도(\%) = \frac{현재\ 수증기압(절대습도)}{포화\ 수증기압} \times 100 \ \star$$

(2) 열평형 방정식(인체의 열교환) ★

$$S(열\ 축적) = M(대사\ 열) - E(증발) \pm R(복사) \pm C(대류) - W(한\ 일)$$

S : 열이득 및 열손실량이며, 열평형 상태에서는 0이다.

예제 02

인체의 열교환을 나타내는 열평형 방정식을 적고 각 요소를 설명하시오.

| 기사 2015년 2회, 2014년 3회 / 산업 2020년 4회, 2016년 3회, 2015년 1회, 2014년 1회, 2013년 2회 |

해설

S(열 축적) = M(대사 열) − E(증발) ± R(복사) ± C(대류) − W(한 일)

예제 03

인체의 열 교환을 나타내는 열평형 방정식에서 기호 S를 설명하시오. | 산업 2014년 2회 |

$$S = M - E \pm R \pm C - W$$

해설

S : 열 축적(열 이득) 및 열손실량(열평형 상태에서 0이다.)

(3) 지적온도(optimum temperature : 적정온도)

1) 지적온도의 정의

① 환경온도를 감각온도로 표시한 것을 지적온도라 한다.
② 생활하는 데 가장 적절한 온도를 말하며 보통 16~20℃를 지적온도라고 한다.

2) 지적온도의 종류

① 주관적 지적온도
② 생리적 지적온도
③ 생산적 지적온도

3) 지적온도의 영향인자 ★

① 성별
② 연령
③ 계절
④ 작업량
⑤ 섭취한 음식물의 종류

(4) 감각온도(실효온도, 유효온도) ★

① 실효온도는 기온(온도), 기습(습도), 기류(대류, 공기유동)의 조건에 따라 결정되는 체감온도(감각온도)를 말한다.
② 상대습도 100%일 때의 온도에서 느끼는 것과 동일한 온감(溫感)을 말한다.

(5) 불쾌지수 ★

$$불쾌지수 = 0.72 \times (건구\ 섭씨온도 + 습구\ 섭씨온도) + 40.6$$

예제 04

인간이 생활하는 데 가장 적절한 온도를 뜻하는 지적온도의 종류를 3가지 적고 각각의 정의를 설명하시오.

| 산업 2020년 1회 |

해설

① 주관적 지적온도 : 감각적으로 쾌적함을 느끼는 온도
② 생리적 지적온도 : 최소의 에너지로 최대의 생리적 기능을 발휘할 수 있는 온도
③ 생산적 지적온도 : 생산능률을 최고로 올릴 수 있는 온도

예제 05

[보기]를 참고하여 온도 32℃, 상대습도 65%에서의 피부온도를 계산하시오. (단, 바람의 영향은 고려하지 않는다.)

| 산업 2016년 2회 |

$$체감온도 = 기온 - 0.4 \times (기온 - 10) \times (1 - \frac{습도}{100})$$

해설

피부온도(체감온도) $= 기온 - 0.4 \times (기온 - 10) \times (1 - \frac{습도}{100}) = 32 - 0.4 \times (32 - 10) \times (1 - \frac{65}{100}) = 28.92(℃)$

[참고]
체감 온도는 바람에 의해 피부에 느껴지는 온도를 말한다.

예제 06

인간이 생활하기에 가장 적절한 온도를 뜻하는 지적온도에 영향을 미치는 5가지 요소를 적으시오.

| 기사 2020년 4회 |

해설

① 성별
② 연령
③ 계절
④ 작업량
⑤ 섭취한 음식물의 종류

예제 07

[보기]에서 제시한 온도를 기준으로 작업장의 불쾌지수를 계산하시오. | 산업 2016년 1회 |

> 습구온도 : 20℃, 흑구온도 : 25℃, 건구온도 : 33℃

해설

불쾌지수 = 0.72 × (건구온도 + 습구온도) + 40.6 = 0.72 × (33 + 20) + 40.6 = 78.76

2 고열장해와 생체영향

(1) 고온에서의 생리적 변화

고온의 일차적 생리적 현상 ★	고온의 이차적 생리적 현상
• 발한(땀) • 불감발한(피부에서 인지되기 전에 증발되는 땀) • 피부혈관의 확장 • 체표면적 증가 • 호흡증가 • 근육이완	• 심혈관 장해 • 신장 장해 • 위장 장해 • 신경계 장해 • 피부기능 변화 • 수분 및 염분 부족

(2) 고열장해 분류 ★★

1) 열성발진(heat rashes), 열성 혈압증 ★

① 가장 흔히 발생하는 피부장해로서 땀띠(plickly heat)라고도 한다.
② 한선(땀샘)에 염증이 생기고 피부에 작은 수포가 형성된다.(범위가 넓어지면 발한에 장해를 줌)

2) 열쇠약(heat prostration)

① 고열작업장에서의 만성적인 건강장해를 말한다.
② 전신권태, 위장장해, 불면, 빈혈 등의 증상

3) 열경련(heat cramp) ★

① 전형적인 열 중증의 형태로 고온환경에서 심한 육체적인 노동을 할 때 혈중 염분농도 저하가 원인이 된다.
② 근육경련, 현기증, 이명, 두통, 구역, 구토 등의 증상이 있다.
③ 수분 및 NaCl을 보충(생리식염수 0.1% 공급)한다.(일시에 염분농도가 높으면 흡수 저하가 일어나므로 식염정제를 공급해서는 안 된다)

4) 열피로(heat exhaustion), 열탈진, 열피비 ★

① 고온 환경에서 장시간 힘든 노동을 할 때 고열에 순환되지 않은 작업자에게 많이 발생한다.
② 과다 발한으로 인한 수분과 염분손실 및 탈수로 인한 혈장량 감소가 원인이다.
③ 심할 경우 허탈로 빠져 의식을 잃을 수도 있다.
④ 휴식 후 5% 포도당을 정맥주사 한다.

5) 열허탈(heat collapse), 열실신(heat synoope) ★

① 고열작업장에 순화되지 못한 작업자가 고열작업을 수행(중근작업을 2시간 이상 하였을 때)하는 경우에 혈액순환 장해로 인하여 신체말단부에 혈액이 과다하게 저류되며 뇌의 혈액흐름이 좋지 못하여 대뇌피질의 혈류량이 부족(뇌의 산소부족)하여 발생한다.
② 저혈압, 뇌의 산소부족으로 실신, 현기증을 느낀다.
③ 시원한 그늘에서 휴식시키고 염분과 수분을 경구로 보충한다.

6) 열사병 ★

① 태양의 복사열에 직접 노출 시에 뇌의 온도 상승으로 체온조절 중추기능 장해(중추신경 마비)를 일으켜서 체내에 열이 축적되어 발생한다.
② 중추신경계의 장해 : 신체내부의 체온조절계통이 기능을 잃어 발생한다.
③ 전신적인 발한정지 : 피부는 땀이 나지 않아 건조하다.
④ 직장온도 상승(40℃ 이상의 직장온도) : 체열방산을 하지 못하여 체온이 41℃에서 43℃까지 상승할 수 있으며 혼수상태에 이를 수 있다.
⑤ 대사열의 증가는 작업부하와 작업환경에서 발생하는 열부하가 원인이 되어 발생하며 열사병을 일으키는 데 크게 관여하고 있다.
⑥ 초기에 조치가 취해지지 못하면 사망에 이를 수도 있다.
⑦ 응급처치법 : 체온을 급히 하강(얼음물에 몸을 담가서 체온을 39℃ 이하로 유지)시킨 후 체열생산 억제를 위하여 항신진대사제를 투여한다.

> **암기**
> - 열성발진(땀띠) → 열쇠약 → 열경련(혈중 염분농도 저하) → 열피로, 열탈진(탈수로 인한 혈장량 감소) → 열허탈(대뇌피질의 혈류량 부족)
> - 열사병 : 체온조절 중추기능 장해

예제 08

다음 [보기]는 고열장해(열중증)에 대한 설명이다. 설명에 해당하는 고열장해(열중증)의 종류를 적으시오.

| 기사 2018년 3회 |

(1) 태양의 복사열에 직접 노출 시에 뇌의 온도 상승으로 체온조절 중추기능 장해를 일으켜서 체내에 열이 축적되어 발생하며 체열방산을 하지 못할 경우 지나친 체온 상승으로 혼수상태에 이를 수 있다.
(2) 고온환경에서 심한 육체적인 노동을 할 때 혈중 염분농도 저하가 원인이 되어 발생하며 대책으로 수분 및 NaCl을 공급하여야 하나 식염정제를 공급해서는 안 된다.

해설
(1) 열사병
(2) 열경련

---

(3) 고온순화(순응)

1) 고온순화의 특징

고온순화란 매일 고온에 장기간 노출되어도 적응되는 것을 말하며 고열에 순화되면 고열 장해를 덜 받게 된다.

① 매일 고온에 지속적으로 폭로 시 4~6일에 주로 이루어지며 고온에 폭로된 지 12~14일에 거의 완성된다.
② 순화방법은 하루 100분씩 폭로하는 것이 가장 이상적이다.(고온폭로 시간이 길다고 고온순화가 빨리 되는 것은 아니다.)
③ 고온순화에 가장 중요한 외부영향요인은 영양과 수분보충이다.
④ 고열에 대한 노출이 없어지면 순화는 없어진다.
⑤ 처음 투입되는 근로자의 경우 매일 작업 활동량이 20%씩 증기시거 5일만에 완성되세 한다.

2) 고온순화 기전(메커니즘) ★

① 체온조절기전의 항진
② 더위에 대한 내성 증가

③ 열생산 감소
④ 열방산 능력 증가

> **예제 09**
> 인체가 매일 고온에 장기간 노출되어도 적응되는 고온순화(순응)의 기전(메커니즘) 4가지를 적으시오.
> | 기사 2017년 1회 |
>
> **해설**
> ① 체온조절기전의 항진
> ② 더위에 대한 내성 증가
> ③ 열생산 감소
> ④ 열방산 능력 증가

3 고열 측정 및 평가

(1) 습구흑구온도지수(Wet-Bulb Globe Temperature : WBGT) ★

근로자가 고열환경에 종사함으로써 받는 열 스트레스 또는 위해를 평가하기 위한 도구(단위 : ℃)로써 기온, 기습 및 복사열을 종합적으로 고려한 지표를 말한다.

(2) 고열의 측정 및 평가

1) 고열 측정기기

고열은 습구흑구온도지수(WBGT)를 측정할 수 있는 기기 또는 이와 동등 이상의 성능을 가진 기기를 사용한다.

2) 고열 측정방법 ★★★

① 측정은 단위작업 장소에서 측정대상이 되는 근로자의 주 작업 위치에서 측정한다.
② 측정기의 위치는 바닥면으로부터 50센티미터 이상, 150센티미터 이하의 위치에서 측정한다.
③ 측정기를 설치한 후 충분히 안정화시킨 상태에서 1일 작업시간 중 가장 높은 고열에 노출되는 1시간을 10분 간격으로 연속하여 측정한다.

3) 고열의 평가

① 습구흑구온도지수(WBGT)의 산출 ★★★

- 옥외(태양광선이 내리쬐는 장소)

$$\text{WBGT}(\text{℃}) = 0.7 \times \text{자연습구온도} + 0.2 \times \text{흑구온도} + 0.1 \times \text{건구온도}$$

- 옥내 또는 옥외(태양광선이 내리쬐지 않는 장소)

$$\text{WBGT}(\text{℃}) = 0.7 \times \text{자연습구온도} + 0.3 \times \text{흑구온도}$$

예제 10

건구온도가 26℃, 자연습구온도가 18℃, 흑구온도가 28℃인 실내 작업장의 습구흑구 온도지수를 계산하시오.

| 기사 2015년 3회 / 산업 2022년 2회 |

해설

WBGT(℃) = 0.7×자연습구온도 + 0.3×흑구온도 = 0.7×18 + 0.3×28 = 21(℃)

예제 11

건구온도가 28℃, 자연습구온도가 20℃, 흑구온도가 30℃인 경우 (1) 옥내의 습구흑구 온도지수를 계산하시오. (2) 옥외(태양광선이 내리쬐는 장소)의 습구흑구 온도지수를 계산하시오. | 산업 2018년 2회, 2021년 2회, 2022년 2회 |

해설

1. 옥외(태양광선이 내리쬐는 장소)
   WBGT(℃) = 0.7×자연습구온도 + 0.2×흑구온도 + 0.1×건구온도
2. 옥내 또는 옥외(태양광선이 내리쬐지 않는 장소)
   WBGT(℃) = 0.7×자연습구온도 + 0.3×흑구온도

(1) 옥내 WBGT(℃) = 0.7×자연습구온도 + 0.3×흑구온도 = 0.7×20 + 0.3×30 = 23(℃)
(2) 옥외(태양광선이 내리쬐는 장소)
   WBGT(℃) = 0.7×자연습구온도 + 0.2×흑구온도 + 0.1×건구온도 = 0.7×20 + 0.2×30 + 0.1×28 = 22.80(℃)

예제 12

태양광선이 내리쬐지 않는 옥외작업장의 건구온도가 40℃이고, 자연습구온도가 32℃이며 흑구온도가 40℃인 경우 습구흑구온도지수(WBGT)를 계산하시오. | 기사 2012년 1회 |

해설

WBGT(℃) = 0.7×자연습구온도 + 0.3×흑구온도 = 0.7×32 + 0.3×40 = 34.40(℃)

> **예제 13**
>
> 다음 물음에 답하시오. | 기사 2013년 3회 |
>
> (1) 실효온도를 설명하시오.
> (2) 습구흑구온도지수의 계산 공식을 설명하시오. (단, 옥내와 옥외를 구분하여 설명할 것)
>
> **해설**
> (1) 실효온도는 기온(온도), 기습(습도), 기류(대류, 공기유동)의 조건에 따라 결정되는 체감온도(감각온도)를 말한다.
> (2) 습구흑구온도지수의 계산 공식
>
> > 1. 옥외(태양광선이 내리쬐는 장소)
> >   WBGT(℃) = 0.7×자연습구온도 + 0.2×흑구온도 + 0.1×건구온도
> > 2. 옥내 또는 옥외(태양광선이 내리쬐지 않는 장소)
> >   WBGT(℃) = 0.7×자연습구온도 + 0.3×흑구온도

② 평균 습구흑구온도지수의 산출

연속작업에 대한 60분 평균 및 간헐작업에 대한 120분 평균 습구흑구온도지수를 각각 다음 식으로 구한다.

$$\text{평균 WBGT}(℃) = \frac{\text{WBGT}_1 \times t_1 + \text{WBGT}_2 \times t_2 + \cdots + \text{WBGT}_n \times t_n}{t_1 + t_2 + \cdots + t_n}$$

WBGT_n : 각 습구흑구온도지수의 측정치(℃), t_n : 각 습구흑구온도지수의 측정시간(분)

③ 고열작업장의 노출기준(WBGT, ℃)

시간당 작업과 휴식비율	작업 강도		
	경작업	중등작업	중(힘든)작업
연속 작업	30.0	26.7	25.0
75% 작업, 25% 휴식 (45분 작업, 15분 휴식)	30.6	28.0	25.9
50% 작업, 50% 휴식 (30분 작업, 30분 휴식)	31.4	29.4	27.9
25% 작업, 75% 휴식 (15분 작업, 45분 휴식)	32.2	31.1	30.0

※ 비고
1. 경작업 : 시간당 200kcal까지의 열량이 소요되는 작업을 말하며, 앉아서 또는 서서 기계의 조정을 하기 위하여 손 또는 팔을 가볍게 쓰는 일 등이 해당됨
2. 중등작업 : 시간당 200~300kcal의 열량이 소요되는 작업을 말하며 물체를 들거나 밀면서 걸어다니는 일 등이 해당됨
3. 중(격심)작업 : 시간당 350~500kcal의 열량이 소요되는 작업을 뜻하며, 곡괭이질 또는 삽질하는 일과 같이 육체적으로 힘든 일 등이 해당됨

예제 14

태양광선이 내리쬐지 않는 옥외작업장의 건구온도가 35℃이고, 자연습구온도가 32℃이며 흑구온도가 40℃이었다.

| 산업 2022년 2회 / 산업 2016년 3회, 2020년 3회 |

(1) 습구흑구온도지수(WBGT)를 계산하시오.
(2) 작업강도가 중등작업으로 연속작업을 하는 경우 고열에 대한 노출기준 초과 여부를 판정하시오.

해설

(1) WBGT(℃) = 0.7 × 자연습구온도 + 0.3 × 흑구온도 = 0.7 × 32 + 0.3 × 40 = 34.40(℃)
(2) 중등작업으로 연속작업인 경우의 노출기준 26.7℃보다 WBGT(34.40℃)가 높으므로 노출기준을 초과하였다.

[참고]
고열작업장의 노출기준(WBGT, ℃)

시간당 작업과 휴식비율	작업 강도		
	경작업	중등작업	중(힘든)작업
연속 작업	30.0	26.7	25.0
75% 작업, 25% 휴식 (45분 작업, 15분 휴식)	30.6	28.0	25.9
50% 작업, 50% 휴식 (30분 작업, 30분 휴식)	31.4	29.4	27.9
25% 작업, 75% 휴식 (15분 작업, 45분 휴식)	32.2	31.1	30.0

예제 15

[보기]는 산업안전보건법에 의한 고열 작업장의 노출기준을 나타내었다. 괄호에 적합한 숫자를 적으시오.

| 산업 2018년 3회, 2020년 4회 |

(WBGT, ℃)

시간당 작업과 휴식비율	작업 강도		
	경작업	중등작업	중(힘든)작업
연속 작업	(③)	26.7	25.0
75% 작업, 25% 휴식 (45분 작업, 15분 휴식)	30.6	(④)	25.9
50% 작업, 50% 휴식 (30분 작업, 30분 휴식)	31.4	29.4	27.9
(①)% 작업, (②)% 휴식 (15분 작업, 45분 휴식)	32.2	31.1	30.0

해설

① 25, ② 75, ③ 30.0, ④ 28.0

> **예제 16**
>
> 작업자가 8시간 작업하는 동안 WBGT 32℃에서 3시간, WBGT 28℃에서 3시간, WBGT 26℃에서 2시간 작업하였다. 작업자의 평균WBGT(℃)를 계산하시오. | 산업 2012년 1회 |
>
> **해설**
>
> $$\text{평균 } WBGT(℃) = \frac{(WBGT_1 \times t_1) + (WBGT_2 \times t_2) + \cdots}{t_1 + t_2 + \cdots}$$
>
> $WBGT_n$: 각 습구흑구온도지수의 측정치(℃)
> t_n : 각 습구흑구온도지수의 측정시간(분)
>
> $$\text{평균 } WBGT(℃) = \frac{(32 \times 3) + (28 \times 3) + (26 \times 2)}{3+3+2} = 29(℃)$$

02 저온

1 저온(한랭환경)에서의 생리적 변화 ★

저온환경의 일차적인 생리적 변화	저온환경의 이차적인 생리적 반응
• 근육긴장의 증가 및 떨림(전율) • 피부혈관의 수축 • 말초혈관의 수축 • 화학적 대사작용의 증가(갑상선 호르몬 분비 증가) • 체표면적의 감소	• 말초냉각 : **말초혈관의 수축으로 표면조직의 냉각**이 진행된다. • 식욕변화 : 저온에서는 **근육활동, 조직대사의 증진으로 식욕이 항진**된다. • 혈압변화 : 피부혈관 수축으로 **혈압은 일시적으로 상승**한다. • 순환기능 : 피부혈관의 수축으로 **순환기능이 감소**된다.

2 한랭환경에 의한 건강장해

(1) 전신체온강하(저체온증 : general hypothermia)

① 전신 체온강하는 **장시간의 한랭 노출과 체열상실에 따라 발생하는 급성 중증장해**이다.
② 저체온증은 몸의 심부온도가 **35℃ 이하**로 내려간 것을 말한다.

(2) 동상의 구분 ★

제1도 동상 (발적)	가려우며 **혈관확장으로 국소 발적**이 생긴다.
제2도 동상 (수포형성과 염증)	수포와 함께 **광범위한 삼출성 염증**이 생긴다.
제3도 동상 (조직괴사 및 괴저)	심부조직까지 동결되어 **조직의 괴사로 인한 괴저**가 발생한다.

(3) 참호족(참수족, 침수족 : trench foot, immersion foot)

① 한랭환경에 장기간 노출됨과 동시에 발이 지속적으로 습기나 물에 잠길 경우 발생한다.
② 지속적인 국소의 산소결핍이 원인이며, 모세혈관 벽이 손상되어 부종, 작열감, 가려움, 심한 동통 등이 나타나며 수포, 궤양이 형성되기도 한다.

CHAPTER 02 이상기압

01 이상기압

1 이상기압의 정의

(1) 용어 정의

① "이상기압"이란 압력이 제곱센티미터당 1킬로그램 이상인 기압을 말한다.
② "고압작업"이란 이상기압에서 잠함공법(潛函工法)이나 그 외의 압기공법(壓氣工法)으로 하는 작업을 말한다.
③ "잠수작업"이란 물속에서 공기압축기나 호흡용 공기통을 이용하여 하는 작업을 말한다.
④ "기압조절실"이란 고압작업에 종사하는 근로자가 작업실에 출입할 때 가압 또는 감압을 받는 장소를 말한다.
⑤ "압력"이란 게이지 압력을 말한다.

(2) 기압의 단위

1) 1기압

$$1\text{기압}(1\text{atm}) = 1.0336\text{kg/cm}^2 = 760\text{mmHg} = 760\text{torr}$$
$$= 10,332\text{mmH}_2\text{O} = 1,013\text{mbar} = 1013.25\text{hPa}$$
$$= 101325\text{Pa} = 14.7\text{psi}$$

2) 수면 하에서의 기압 ★

수면 하에서의 압력은 수심이 10m 깊어질 때마다 1기압씩 더해진다.

예) 수심 10m에서의 압력 : 게이지압 1기압, 절대압 2기압
　　수심 45m에서의 압력 : 게이지압(작용압) 4.5기압, 절대압 5.5기압

2 고압환경에서의 생체영향

(1) 1차적 가압현상

① 생체와 환경 사이의 압력(기압)차이로 인한 기계적 작용을 말한다.
② 울혈, 부종, 출혈, 동통이 생기며 기압 증가에 따른 **부비강, 치아의 압박** 장해를 일으킨다.

(2) 2차적 가압현상

고압 하의 대기가스의 독성 때문에 나타나는 현상 ★★

질소의 마취작용	• 질소가스는 정상기압에서는 비활성이지만 **4기압 이상에서는 마취작용**을 나타낸다. ★★ • 질소 마취증세는 후유증이나 별도의 치료가 필요하지 않으며 **대기압 조건으로 복귀(얕은 수심으로 상승)**하면 사라진다. • 예방으로는 고압환경에서 작업하는 근로자에게 **질소를 헬륨으로 대치한 공기를 호흡시킨다.** ★
산소중독 증세	• **산소분압이 2기압을 넘으면 산소중독 증세가 나타난다.** ★★ • **산소중독 증세**는 가역적인 증세로 고압산소에 대한 노출이 중지되면 증상은 즉시 멈춘다.
이산화탄소의 작용	• 산소의 독성과 질소의 마취작용을 증가시킨다. ★★

3 감압환경에서의 생체영향

(1) 감압병(decompression : 잠함병, 케이슨병) ★

급격한 감압 시에 혈액 속의 **질소가 혈액과 조직에 기포를 형성하여(종격기종, 기흉) 혈액순환** 장해와 조직 손상을 일으킨다.

(2) 감압 시에 조직 내 질소기포 형성량에 영향을 주는 요인 ★★

① 조직에 용해된 가스량
② 혈류를 변화시키는 상태
③ 감압속도
④ 고기압의 노출정도

비교	조직에 용해된 가스량을 결정하는 요인

- 고기압의 노출정도
- 고기압의 노출시간
- 체내 지방량

4 저기압(저압환경)에서의 인체영향

(1) 저기압(저압환경)에서의 인체영향 ★

1) 고공증상
신경장해, 동통성 관절장해, 항공치통, 항공이염, 항공부비감염 등

2) 폐수종 ★
① 진해성 기침과 호흡곤란이 나타나고 폐동맥 혈압이 상승하다가 산소공급과 해면으로의 귀환으로 급속히 소실된다.
② 어른보다 순화 적응 속도가 느린 어린이에게 많이 발생한다.
③ 고공 순화된 사람이 해면에 돌아올 때 자주 발생한다.

3) 고산병
극도의 우울증, 두통, 식욕상실을 보이는 임상 증세군이며 가장 특징적인 것은 흥분성이다.

4) 저산소증(Hypoxia : 산소결핍증)
① 저기압에서 가장 문제가 되는 것은 저산소증(산소결핍증)이다.
② 체내 조직의 산소가 결핍된 상태를 저산소증이라 한다.

5 이상기압에 대한 대책

(1) 고압시간의 제한
① 고압시간은 고압실내작업자에게 가압을 시작한 때부터 감압을 시작하는 때까지의 시간을 말한다.
② 고압시간은 1일 6시간, 1주 34시간을 초과하지 아니할 것 ★

(2) 잠수시간

① 잠수작업자가 잠수를 시작한 때부터 부상을 시작하는 때까지의 시간을 말한다.
② 잠수시간은 1일 6시간, 1주 34시간을 초과하지 아니할 것 ★
③ 감압의 속도는 매분 매제곱센티미터당 0.8킬로그램 이하로 할 것

(3) 감압병 예방 및 치료

① 고압환경에서의 작업시간을 제한(1일 6시간, 주 34시간)하고 고압실내의 작업에서는 탄산가스 분압이 증가하지 않도록 신선한 공기를 송기시킨다.
② 감압이 끝날 무렵에 순수한 산소를 흡입시키면 감압시간을 25% 가량 단축시킬 수 있다.
③ 헬륨은 호흡저항이 작고, 질소보다 확산속도가 크며, 체외로 배출되는 시간이 질소에 비하여 50% 정도 밖에 걸리지 않아 고압환경에서 작업하는 근로자에게 질소를 헬륨으로 대치한 공기를 호흡시켜 감압병을 예방한다. ★
④ 특별히 잠수에 익숙한 사람을 제외하고는 10m/min 속도 정도로 잠수하는 것이 안전하다.
⑤ 감압병이 발생하면 환자를 원래의 고압환경 상태로 바로 복귀시키거나, 인공 고압실에 넣어 혈관 및 조직 속에 발생한 질소의 기포를 용해시킨 후 서서히 감압한다.
⑥ 정상기압보다 1.25기압을 넘지 않는 고압환경에는 아무리 오랫동안 폭로되거나 아무리 빨리 감압하더라도 기포를 형성하지 않는다.
⑦ 적성검사로 부적합자를 색출한다.(비만자의 작업 금지)
⑧ 귀 등의 장해를 예방하기 위해서는 압력을 가하는 속도를 매분당 $0.8kg/cm^2$ 이하가 되도록 한다.

02 산소결핍

1 산소결핍의 개념

(1) 산소결핍

공기 중의 산소농도가 18% 미만인 상태를 말한다. ★

(2) 산소결핍증

산소가 결핍된 공기를 들여 마심으로써 생기는 증상을 말한다.

2 산소결핍의 노출기준

(1) 적정공기

작업장의 적정공기 수준 ★★
① 산소농도의 범위가 18% 이상 23.5% 미만 ② 탄산가스의 농도가 1.5% 미만 ③ 일산화탄소의 농도가 30ppm 미만 ④ 황화수소의 농도가 10ppm 미만

예제 01

다음 [보기]는 산업안전보건법의 기준에 의한 작업장의 적정공기 수준에 관한 설명이다. 괄호에 알맞은 내용을 적으시오.　　　　　　　　　　　　　　　　　　　　　　　　　　　　| 기사 2019년 3회 / 산업 2020년 4회 |

> 적정공기라 함은 산소농도의 범위가 (①)% 이상 (②)% 미만, 탄산가스 농도가 (③)% 미만, 일산화탄소 농도가 (④)ppm 미만, 황화수소 농도가 (⑤)ppm 미만인 공기를 말한다.

해설

① 18
② 23.5
③ 1.5
④ 30
⑤ 10

> **예제 02**
>
> 산업안전보건법에 의한 작업장의 적정공기 수준을 적으시오.　　| 산업 2018년 1회, 2016년 3회, 2014년 1회 |
>
> **해설**
>
> ① 산소농도의 범위가 18% 이상 23.5% 미만
> ② 탄산가스의 농도가 1.5% 미만
> ③ 일산화탄소의 농도가 30ppm 미만
> ④ 황화수소의 농도가 10ppm 미만인 공기

(2) 산소분압의 계산 ★

$$\text{산소분압}(mmHg) = \text{기압}(mmHg) \times \frac{\text{산소농도}(\%)}{100}$$

> **예제 03**
>
> 해면 기준에서 정상적인 대기 중의 산소분압은 약 얼마인가?
>
> **해설**
>
> $\text{산소분압}(mmHg) = 760 \times \frac{21}{100} = 159.60(mmHg)$
>
> (1기압=760mmHg)

3 산소결핍 위험 작업장의 작업 환경 측정 및 관리 대책

(1) 밀폐공간 작업 프로그램의 수립 · 시행

① 사업주는 밀폐공간에 근로자를 종사하도록 하는 경우에 다음 각 호의 내용이 포함된 밀폐공간 작업 프로그램을 수립하여 시행하여야 한다.

밀폐공간 작업 프로그램 내용 ★★
• 사업장 내 **밀폐공간의 위치 파악 및 관리 방안** • **밀폐공간 내** 질식 · 중독 등을 일으킬 수 있는 **유해 · 위험 요인의 파악 및 관리 방안** • 밀폐공간 작업 시 **사전 확인이 필요한 사항에 대한 확인 절차** • **안전보건교육 및 훈련** • 그 밖에 밀폐공간 작업 근로자의 건강장해 예방에 관한 사항

② 사업주는 근로자가 밀폐공간에서 작업을 시작하기 전에 다음 각 호의 사항을 확인하여 근로자가 안전한 상태에서 작업하도록 하여야 하며, 밀폐공간에서의 작업이 종료될 때까지 각 호의 내용을 해당 작업장 출입구에 게시하여야 한다.
- 작업 일시, 기간, 장소 및 내용 등 작업 정보
- 관리감독자, 근로자, 감시인 등 작업자 정보
- 산소 및 유해가스 농도의 측정결과 및 후속조치 사항
- 작업 중 불활성가스 또는 유해가스의 누출 · 유입 · 발생 가능성 검토 및 후속조치 사항
- 작업 시 착용하여야 할 보호구의 종류
- 비상연락체계

(2) 사업주는 근로자가 밀폐공간에서 작업을 하는 경우에 작업을 시작할 때마다 사전에 다음 각 호의 사항을 작업근로자(감시인을 포함한다)에게 알려야 한다. ★

① 산소 및 유해가스농도 측정에 관한 사항
② 환기설비의 가동 등 안전한 작업방법에 관한 사항
③ 보호구의 착용과 사용방법에 관한 사항
④ 사고 시의 응급조치 요령
⑤ 구조요청을 할 수 있는 비상연락처, 구조용 장비의 사용 등 비상시 구출에 관한 사항

(3) 산소 및 유해가스 농도의 측정

① 사업주는 밀폐공간에서 근로자에게 작업을 하도록 하는 경우 작업을 시작(작업을 일시 중단하였다가 다시 시작하는 경우를 포함한다)하기 전에 밀폐공간의 산소 및 유해가스 농도의 측정 및 평가에 관한 지식과 실무경험이 있는 자를 지정하여 그로 하여금 해당 밀폐공간의 산소 및 유해가스 농도를 측정하여 적정공기가 유지되고 있는지를 평가하도록 해야 한다.
② 밀폐공간의 산소 및 유해가스 농도를 측정 및 평가하는 자에 대하여 밀폐공간에서 작업을 시작하기 전에 다음 각 호의 사항의 숙지여부를 확인하고 필요한 교육을 실시해야 한다.

산소 및 유해가스 농도를 측정 및 평가하는 자에 대한 교육 내용
- 밀폐공간의 위험성 - 측정장비의 이상 유무 확인 및 조작 방법 - 밀폐공간 내에서의 산소 및 유해가스 농도 측정방법 - 적정공기의 기준과 평가 방법

③ 사업주는 산소 및 유해가스 **농도를 측정한 결과** 적정공기가 유지되고 있지 아니하다고 평가된 경우에는 **작업장을 환기**시키거나, 근로자에게 **공기호흡기 또는 송기마스크를 지급하여 착용하도록** 하는 등 근로자의 건강장해 예방을 위하여 필요한 조치를 하여야 한다.

(4) 산소결핍 위험 작업장의 작업관리대책 ★

① **환기**
② 작업 전 **산소 및 유해가스 농도 측정**
③ 보호구 착용(공기호흡기, 송기마스크, 안전대나 구명밧줄)
④ 작업 장소에 **근로자를 입장시킬 때와 퇴장시킬 때마다 인원 점검**
⑤ 작업근로자 외 출입금지 조치
⑥ 감시인 배치 및 외부와의 연락설비 설치
⑦ 대피용 기구의 비치(공기호흡기 또는 송기마스크, 사다리 및 섬유로프 등)
⑧ 구출 시 공기호흡기 또는 송기마스크의 사용

예제 04

밀폐공간에 근로자를 종사하도록 하는 경우에 수립·시행하여야 하는 밀폐공간 작업 프로그램에 포함하여야 하는 내용 3가지를 적으시오.(단, 그 밖에 밀폐공간 작업 근로자의 건강장해 예방에 관한 사항은 제외한다.)

| 산업 2021년 1회 |

해설
① 사업장 내 밀폐공간의 위치 파악 및 관리 방안
② 밀폐공간 내 질식·중독 등을 일으킬 수 있는 유해·위험 요인의 파악 및 관리 방안
③ 밀폐공간 작업 시 사전 확인이 필요한 사항에 대한 확인 절차
④ 안전보건교육 및 훈련

예제 05

밀폐공간에서 환기를 실시하는 경우 환기방법(환기시의 주의사항) 3가지를 적으시오.

| 산업 2014년 2회 |

해설
① 작업시작 전에 환기를 실시하고 환기장치의 정상작동 여부 확인 후 작업 실시
② 유해가스가 발생되는 경우에는 지속적으로 환기를 실시
③ 가연성 가스 등이 존재할 때에는 방폭형 모터 및 팬을 사용
④ 정전 등으로 환기가 불가능한 경우는 즉시 외부로 대피할 것

소음 · 진동

01 소음

1 소음의 정의와 단위

(1) 소음의 정의(산업안전보건법의 정의) ★

1) 소음작업

하루 8시간 동안 85dB 이상의 소음이 발생하는 작업을 말한다.

2) 강렬한 소음작업

① 하루 8시간 동안 90dB 이상의 소음이 발생하는 작업
② 하루 4시간 동안 95dB 이상의 소음이 발생하는 작업
③ 하루 2시간 동안 100dB 이상의 소음이 발생하는 작업
④ 하루 1시간 동안 105dB 이상의 소음이 발생하는 작업
⑤ 하루 30분 동안 110dB 이상의 소음이 발생하는 작업
⑥ 하루 15분 동안 115dB 이상의 소음이 발생하는 작업

3) 충격소음

최대음압수준이 120dB(A) 이상인 소음이 1초 이상의 간격으로 발생하는 것을 말한다.

(2) 소음의 단위

1) dB(decibel)

음압수준을 나타낸다.

2) sone

① 감각적인 음의 크기를 나타낸다.
② 1Sone : 1,000Hz, 40dB 음의 크기

3) phon

① 1,000Hz에서 음압수준(dB)을 기준으로 하여 등감곡선을 나타내는 단위이다.
② 1phon : 1,000Hz, 1dB 음의 크기

4) sone과 phon의 관계

- $S(\text{sones}) = 2^{\frac{(L_L - 40)}{10}}$
- $L_L(\text{phons}) = 33.33 \times \log S + 40$

S : 음의 크기(sone)
L_L : 음의 크기 레벨(phon)

(3) 소음의 계산

1) 소음도의 계산

① 합성소음도 ★★★

$$L(\text{dB}) = 10 \times \log(10^{\frac{L_1}{10}} + 10^{\frac{L_2}{10}} + \cdots + 10^{\frac{L_n}{10}})$$

L : 합성소음도(dB)
$L_1 \sim L_2$: 각각 소음원의 소음(dB)

② 소음도 차이

$$L'(\text{dB}) = 10\log(10^{\frac{L_1}{10}} - 10^{\frac{L_2}{10}}) \text{ (단, } L_1 > L_2\text{)}$$

③ 평균소음도 ★

$$\overline{L}(\text{dB}) = 10 \times \log\left[\frac{1}{n}(10^{\frac{L_1}{10}} + 10^{\frac{L_2}{10}} + \cdots + 10^{\frac{L_n}{10}})\right]$$

$\overline{L}$: 평균소음도(dB)
n : 소음원의 개수

예제 01

산업안전보건법에 의한 강렬한 소음작업의 정의이다. 괄호에 적합한 숫자를 적으시오. |산업 2024년 1회|

> 하루 8시간 동안 (   )이상의 소음이 발생하는 작업

해설

90dB

예제 02

작업장에 각각 94dB, 90dB, 95dB, 100dB의 음압수준을 발생하는 소음원이 있다. 이 소음원들이 동시에 가동될 때 발생되는 음압수준(dB)을 계산하시오. |기사 2014년 1회 / 산업 2012년 2회|

해설

$$L = 10 \times \log(10^{\frac{94}{10}} + 10^{\frac{90}{10}} + 10^{\frac{95}{10}} + 10^{\frac{100}{10}}) = 102.22 \text{(dB)}$$

예제 03

각각 95dB, 100dB, 105dB의 음압수준을 발생하는 소음원이 있다. 이 소음원들이 동시에 가동될 때 발생되는 총 음압수준을 계산하시오. |기사 2016년 2회 / 산업 2014년 1회|

해설

$$L = 10 \times \log(10^{\frac{95}{10}} + 10^{\frac{100}{10}} + 10^{\frac{105}{10}}) = 106.51 \text{(dB)}$$

2) 음압수준(SPL: Sound Pressure Level) ★★★

음의 압력 수준으로 단위는 Pa(N/m²)이다.

$$SPL(\text{dB}) = 20 \times \log\left(\frac{P}{P_o}\right)$$

SPL : 음압수준(음압도, 음압레벨) (dB)
P : 대상음의 음압(음압 실효치) (N/m²)
P_o : 기준음압 실효치(2×10^{-5} N/m², 2×10^{-4} dyne/cm²)

> **예제 04**
>
> 음압실효치가 3.2 bar일 때 음압레벨(dB)을 계산하시오.　　| 기사 2017년 2회 / 산업 2017년 1회 |
>
> **해설**
>
> $$SPL(\text{dB}) = 20 \times \log\left(\frac{P}{P_o}\right) = 20 \times \log\left(\frac{3.2 \times 10^{-1} \text{N/m}^2}{2 \times 10^{-5} \text{N/m}^2}\right) = 84.08(\text{dB})$$
>
> 또는
>
> $$SPL(\text{dB}) = 20 \times \log\left(\frac{3.2 \, \text{dyne/cm}^2}{2 \times 10^{-4} \, \text{dyne/cm}^2}\right) = 84.08(\text{dB})$$
>
> - 1바(bar) = 10^5 Pa(= N/m^2) = 10^6 dyne/cm^2
> - 1마이크로바(μbar) = 10^{-6} bar = 10^{-1} Pa(= N/m^2) = 1 dyne/cm^2

3) 음의 세기레벨(SIL: Sound Intensity Level) ★★

① 음의 진행방향에 수직하는 단위면적을 단위시간에 통과하는 음에너지를 음의 세기라 하며 단위는 watt/m^{2}이다.

② 음의 세기는 데시벨(dB) 단위를 사용하며 **기준음의 세기와의 비를 대수 값으로 변환한 것**이다.

$$SIL(\text{dB}) = 10 \times \log\left(\frac{I}{I_o}\right)$$

SIL : 음의 세기레벨(dB)
I : 대상음의 세기(w/m^2)
I_o : 최소가청음 세기(10^{-12} w/m^2)

4) 음향파워레벨(PWL, 음력수준) ★★

음향출력(음향파워, 음력)은 음원으로부터 단위시간당 방출되는 총 음에너지(음원이 발산하는 모든 에너지)를 말하며 단위는 watt이다.

$$PWL(\text{dB}) = 10 \log\left(\frac{W}{W_o}\right)$$

PWL : 음향파워레벨 (dB)
W : 대상음원의 음력(watt)
W_o : 기준음력(10^{-12} watt)

$$\text{PWL의 합(dB)} = 10\log\left(10^{\frac{PWL}{10}} \times n\right)$$

PWL : 음향파워레벨(dB)
n : 동일 소음을 발생시키는 기계의 수

예제 05

음압레벨이 130dB인 음파가 10m² 인 문을 통과할 경우 해당 음파의 음향파워(W)를 계산하시오.

| 기사 2016년 3회 |

해설

1. $PWL = SPL + 10 \times \log S = 130 + 10 \times \log 10 = 140(\text{dB})$

2. $PWL(\text{dB}) = 10\log\left(\dfrac{W}{W_o}\right)$

   $\log\left(\dfrac{W}{W_0}\right) = \dfrac{PWL}{10}$

   $\dfrac{W}{W_0} = 10^{\frac{PWL}{10}}$

   $W = W_0 \times 10^{\frac{PWL}{10}} = 10^{-12} \times 10^{\frac{140}{10}} = 100(\text{Watt})$

예제 06

음파의 음향파워가 10^{-6}(Watt)인 경우 음향파워레벨(PWL)을 계산하시오.

| 산업 2016년 1회 |

해설

$PWL(\text{dB}) = 10 \times \log\left(\dfrac{W}{W_o}\right) = 10 \times \log\left(\dfrac{10^{-6}}{10^{-12}}\right) = 60(\text{dB})$

5) 소음을 내는 기계로부터 거리가 d_2만큼 떨어진 곳의 소음 계산

$$dB_2 = dB_1 - 20 \times \log\left(\dfrac{d_2}{d_1}\right)$$

dB_1 : 소음기계로부터 d_1 떨어진 곳의 소음
dB_2 : 소음기계로부터 d_2 떨어진 곳의 소음

2 소음의 물리적 특성

(1) 음(Sound)의 물리적 특성

① 음의 높낮이는 음의 주파수로 결정된다.
② 건강한 사람의 가청주파수는 20 ~ 20,000Hz이다. ★
③ 같은 크기의 에너지를 가진 소리라도 주파수에 따라 크기를 다르게 느낀다.
④ 언어를 구성하는 주파수(회화음역)는 250 ~ 3,000Hz 정도이다.
④ 초음파 : 주파수가 가청주파수 20kHz보다 커서 인간이 청각을 이용해 들을수 없는 음파를 말한다.

예제 07

건강한 청력을 가진 사람의 가청주파수의 범위를 적으시오. | 기사 2019년 1회 |

해설

20 ~ 20,000Hz

---

(2) 소음 전파과정에서 나타나는 물리적 현상

① 반사
② 흡수
③ 굴절
④ 투과
⑤ 회절

(3) 음속

음파의 전달속도를 말한다.

$$음속(C) = f \times \lambda \; ★$$

C : 음속(m/sec)
f : 주파수(1/sec = Hz)
λ : 파장(m)

$$음속(C) = 331.42 + 0.6 \times t \; ★$$

C : 음속(m/sec)
t : 음전달 매질의 온도(℃)

예제 08

소음 전파과정에서 나타나는 물리적 현상 5가지를 적으시오. | 산업 2014년 1회 |

해설

① 반사 ② 흡수 ③ 굴절 ④ 투과 ⑤ 회절

예제 09

주파수가 600Hz, 음속이 340m/sec인 음의 파장(m)을 계산하시오. | 기사 2015년 3회 |

해설

음속$(C) = f \times \lambda$

$\lambda = \dfrac{C}{f} = \dfrac{340}{600} = 0.57(\mathrm{m})$

예제 10

음의 파장이 20m, 음의 속도가 340m/sec일 경우 음의 주파수(Hz)를 계산하시오.

| 기사 2014년 3회 / 산업 2014년 1회 |

해설

음속$(C) = f \times \lambda$

$f = \dfrac{C}{\lambda} = \dfrac{340}{20} = 17(\mathrm{Hz})$

(4) 음의 지향성

- **지향성** : 음원에서 방출되는 음의 강도가 방향에 따라 변화하는 상태를 말한다.
- **무지향성** : 소리를 모든 방향으로 방출시켜 음의 지향성을 제거하는 것을 말한다.

1) 지향계수(Q : directivity factor)

① 특정 방향에 대한 음의 방향성(지향성)을 나타내는 수치를 말한다.
② 특정방향의 에너지와 평균에너지의 비로서 나타낸다.
③ 음원의 형태, 크기와 주파수에 따라 지향성이 변화한다.

2) 지향지수(DI : directivity index)

① 임의의 음원의 지향성을 dB단위로 표현한 것을 말한다.
② 지향계수를 dB단위로 나타낸 것이다.
③ 지향성이 큰 경우 특정방향 음압레벨과 평균음압레벨과의 차이로 정의한다.

3) 지향계수와 지향지수와의 관계 ★

$$DI(dB) = 10 \times \log Q$$

DI : 지향지수(directivity index), Q : 지향계수(directivity factor)

음원이 자유공간에 떠 있는 경우 (음의 전파가 완전 구체인 경우)		$Q = 1$ $DI = 10 \times \log 1 = 0(dB)$
음원이 반 자유공간 또는 바닥 위에 있는 경우 (음의 전파가 반구인 경우)		$Q = 2$ $DI = 10 \times \log 2 = 3(dB)$
음원이 두면이 만나는 구석 또는 벽 근처 바닥에 있는 경우 (음의 전파가 1/4 구체인 경우)		$Q = 4$ $DI = 10 \times \log 4 = 6(dB)$
음원이 세면이 만나는 구석 또는 각진 모퉁이 바닥에 있는 경우 (음의 전파가 1/8 구체인 경우)		$Q = 8$ $DI = 10 \times \log 8 = 9(dB)$

Q(지향계수) : 음의 방향성(지향성)을 나타내는 수치
DI(지향지수) : 임의의 음원의 지향성을 dB단위로 표현한 것

예제 11

설명에 해당하는 음원의 지향계수를 적으시오. | 산업 2013년 1회, 2012년 3회 |

(1) 음원이 자유공간에 떠 있는 경우(음의 전파가 완전 구체인 경우)
(2) 음원이 반 자유공간 또는 바닥 위에 있는 경우(음의 전파가 반 구체인 경우)
(3) 음원이 두면이 만나는 구석 또는 벽 근처 바닥에 있는 경우(음의 전파가 1/4 구체인 경우)
(4) 음원이 세면이 만나는 구석 또는 각진 모퉁이 바닥에 있는 경우(음의 전파가 1/8 구체인 경우)

해설

(1) $Q = 1$
(2) $Q = 2$
(3) $Q = 4$
(4) $Q = 8$

(5) 거리에 의한 음의 감쇠

1) 점음원의 거리감쇠

① 측정거리에 비하여 음원의 치수가 아주 작은 음원을 점음원이라 한다.
② 점음원은 크기가 무시될 수 있는 음원으로 점음원으로부터의 거리감쇠는 거리의 제곱에 반비례한다.
③ 점음원으로부터 거리가 2배 멀어질 때마다 음압레벨이 6dB(20×log2)씩 감소한다.

$$L_a(dB) = 20\log\left(\frac{r_2}{r_1}\right)$$

r_1, r_2 : 음원으로부터 떨어진 거리(m)

2) 선음원(Line source)의 거리감쇠

① 무수한 점음원들이 직선을 이룰 때를 선음원이라 한다.
② 선음원으로부터 거리가 2배 멀어질 때마다 음압레벨이 3dB(10×log2)씩 감소한다.

$$L_a(dB) = 10 \times \log\left(\frac{S_2}{S_1}\right) = 10 \times \log\left(\frac{r_2}{r_1}\right)$$

r_1, r_2 : 음원으로부터 떨어진 거리(m), S_1, S_2 : 표면적(m^2)

3) 음원에 따른 SPL과 PWL의 관계식

PWL은 거리에 따라 변화되지 않는 절대적인 값이고 SPL은 거리에 따라 변화하는 상대적인 값을 나타낸다.

무지향성 점음원 ★★	무지향성 선음원 ★
• 자유공간(공중, 구면파)에 위치할 때 $SPL(dB) = PWL - 20\log r - 11$ • 반자유공간(바닥, 벽, 천장, 반구면파)에 위치할 때 $SPL(dB) = PWL - 20\log r - 8$	• 자유공간(공중, 구면파)에 위치할 때 $SPL(dB) = PWL - 10\log r - 8$ • 반자유공간(바닥, 벽, 천장, 반구면파)에 위치할 때 $SPL(dB) = PWL - 10\log r - 5$

r : 소음원으로부터의 거리(m)

[참고]
$PWL = SPL + 10 \times \log S$
S: 음파 진행방향에 수직한 표면적(m^2)

예제 12
자유공간에 위치한 음향출력이 1watt인 무지향성 점음원으로 부터 20m 떨어진 곳의 음압수준은 약 얼마인지 계산하시오.

| 기사 2020년 4회, 2014년 3회 / 산업 2020년 3회, 2017년 1회, 2014년 2회 |

해설

$SPL = PWL - 20\log r - 11 = 120 - 20 \times \log 20 - 11 = 82.98 \, (dB)$

$$\left[PWL = 10\log\left(\frac{W}{W_o}\right) = 10 \times \log\frac{1}{10^{-12}} = 120 \, (dB) \right]$$

예제 13
자유공간에 위치한 음향출력이 0.4watt인 점음원으로 부터 30m 떨어진 곳의 음압수준은 약 얼마인지 계산하시오.

| 산업 2020년 1·2회, 2018년 1회, 2015년 1회, 2014년 3회 |

(1) 무지향성 점음원 자유공간
(2) 무지향성 점음원 반자유공간

해설

(1) $SPL = PWL - 20\log r - 11 = 116.02 - 20 \times \log 30 - 11 = 75.48 \, (dB)$

$$\left[PWL = 10\log\left(\frac{W}{W_o}\right) = 10 \times \log\frac{0.4}{10^{-12}} = 116.02 \, (dB) \right]$$

(2) $SPL = PWL - 20\log r - 8 = 116.02 - 20 \times \log 30 - 8 = 78.48 \, (dB)$

(6) 주파수 분석

소음의 특성을 정확히 평가하기 위해 실시하며 **옥타브 밴드 분석기**가 가장 많이 사용된다.

1/1 옥타브 밴드 분석기 ★★	1/3 옥타브 밴드 분석기
$\dfrac{f_U}{f_L} = 2^{\frac{1}{1}},\ f_u = 2f_L$	$\dfrac{f_U}{f_L} = 2^{\frac{1}{3}},\ f_u = 1.26 f_L$
중심주파수(f_c) $= \sqrt{f_L \times f_U} = \sqrt{f_L \times 2f_L} = \sqrt{2}\, f_L$	중심주파수(f_c) $= \sqrt{f_L \times f_U} = \sqrt{f_L \times 1.26 f_L} = \sqrt{1.26}\, f_L$

f_L : 중심주파수 보다 낮은 쪽 주파수
f_U : 중심주파수 보다 높은 쪽 주파수
f_C : 중심주파수

예제 14

1/1 옥타브밴드의 중심주파수가 700Hz인 경우 밴드의 주파수 범위를 계산하시오. | 기사 2017년 1회, 2015년 1회 |

해설

1. $f_c = \sqrt{2}\, f_L$

   $f_L = \dfrac{f_C}{\sqrt{2}} = \dfrac{700}{\sqrt{2}} = 494.97(\text{Hz})$

2. $f_U = 2 \times f_L = 2 \times 494.97 = 989.94(\text{Hz})$
3. 주파수의 범위 : $494.97 \sim 989.94(\text{Hz})$

예제 15

1/1 옥타브밴드의 중심주파수가 800Hz인 경우 밴드의 주파수 범위를 계산하시오. | 기사 2014년 1회 |

해설

1. $f_c = \sqrt{2}\, f_L$

   $f_L = \dfrac{f_C}{\sqrt{2}} = \dfrac{800}{\sqrt{2}} = 565.69(\text{Hz})$

2. $f_U = 2 \times f_L = 2 \times 565.69 = 1131.38(\text{Hz})$
3. 주파수의 범위 : $565.69 \sim 1131.38(\text{Hz})$

3 소음의 생체작용

(1) 소음공해의 특징

① 축적성이 없다.
② 국소적, 다발적이다.
③ 대책 후 처리할 물질이 없다.

(2) 소음이 인체에 미치는 영향(생리적 영향)

① 혈압 증가
② 맥박수 증가
③ 위분비액 감소
④ 집중력 감소
⑤ 청력손실(소음성 난청)

(3) 청력손실

1) 일시성 청력손실

① 강력한 소음에 노출되어 생기는 일시적인 청력 저하 현상으로 4,000~6,000Hz 에서 가장 많이 생긴다.
② 일시적인 청신경세포의 피로현상으로 회복하려면 12~24시간을 요하는 가역적인 청력저하이나 소음성 난청의 경고신호로 볼 수 있다.(일시적인 현상으로 휴식하면 곧바로 회복된다.)

2) 영구성 청력손실(영구성 난청, 소음성 난청)

① 영구적으로 회복되지 않는 청력 손실을 말한다.
② 심한 소음에 반복 노출되면 코르티기관의 손상으로 일시적인 청력 변화가 영구적 청력변화로 변하게 된다.
③ 내이의 세포변성이 주요한 원인이다.
④ 전음계(외이·중이의 장해)가 아니라 감음계(내이 및 신경경로의 장해)의 장해를 말한다.
⑤ 소음성 난청은 4,000~6,000Hz 정도에서 가장 많이 발생한다.(주로 주파수 4,000Hz 영역에서 시작하여 전 영역으로 파급된다.)
⑥ 소음성 난청은 대부분 양측성이며, 감각 신경성 난청에 속한다.
⑦ 강한 소음은 달팽이관 주변의 모세혈관 수축을 일으켜 이 부근에 저산소증을 유발한다.
⑧ 일주일 정도가 지나도록 회복되지 않는 청력치의 감소부분은 영구적 난청에 해당된다.

3) C_5-dip 현상 ★

소음성 난청의 초기단계로서 4,000Hz 부근의 음에 대한 청력저하가 심하게 생기게 되는 현상을 말한다.

예제 16

C_5-dip 현상을 설명하시오 | 기사 2015년 1회, 2021년 1회 |

해설

소음성 난청의 초기단계로서 4,000Hz 부근의 음에 대한 청력저하가 심하게 생기는 현상을 말한다.

---

(4) 소음성 난청(청력손실)에 영향을 미치는 요소

① 개인의 감수성 : 개인의 감수성에 따라 소음반응이 다양하다.
② 음의 강도 : 음압수준이 높을수록 유해하다.
③ 폭로시간(노출시간) : 계속적 노출이 간헐적 노출보다 더 유해하다.
④ 음의 물리적 특성
  • 고주파음이 저주파음보다 더 유해하다.
  • 충격음 및 연속음의 유해성이 더 크다.
⑤ 심한 소음에 반복하여 노출되면 일시적 청력변화는 영구적 청력변화로 변한다.

(5) 평균청력손실의 계산 ★

4분법	6분법
평균청력손실(dB)=$\dfrac{a+2b+c}{4}$	평균청력손실(dB)=$\dfrac{a+2b+2c+d}{6}$

a : 옥타브밴드 중심주파수 500Hz에서의 청력손실(dB)
b : 옥타브밴드 중심주파수 1,000Hz에서의 청력손실(dB)
c : 옥타브밴드 중심주파수 2,000Hz에서의 청력손실(dB)
d : 옥타브밴드 중심주파수 4,000Hz에서의 청력손실(dB)

예제 17

소음성 난청(청력손실)에 영향을 미치는 요소 3가지를 적고 설명하시오.

| 산업 2016년 2회 |

해설

① 개인의 감수성 : 개인의 감수성에 따라 소음반응이 다양하다.
② 음의 강도 : 음압수준이 높을수록 유해하다.
③ 폭로시간(노출시간) : 계속적 노출이 간헐적 노출보다 더 유해하다.
④ 음의 물리적 특성
   - 고주파음이 저주파음보다 더 유해하다.
   - 충격음 및 연속음의 유해성이 더 크다.

예제 18

청력 손실차가 다음과 같을 때, 6분법에 의하여 판정하면 청력손실은 얼마인가?

- 500Hz에서 청력 손실치는 8
- 1000Hz에서 청력 손실치는 12
- 2000Hz에서 청력 손실치는 12
- 4000Hz에서 청력 손실치는 22

해설

$$청력손실 = \frac{a + 2b + 2c + d}{6} = \frac{8 + 2 \times 12 + 2 \times 12 + 22}{6} = 13(\text{dB})$$

4 소음에 대한 노출기준

(1) 국내의 소음 노출기준(소음변화율 : 5dB) ★★

1일 노출시간(hr)	소음수준[dB(A)]
8	90
4	95
2	100
1	105
1/2	110
1/4	115

주 : 115dB(A)를 초과하는 소음 수준에 노출되어서는 안 됨 ★

(2) ACGIH 노출기준(소음변화율 : 3dB)

1일 노출시간(hr)	소음수준[dB(A)]
8	85
4	88
2	91
1	94
1/2	97
1/4	100

(3) 충격소음의 노출기준 ★

1일 노출회수	충격소음의 강도[dB(A)]
100	140
1,000	130
10,000	120

주 : 1. 최대 음압수준이 140dB(A)를 초과하는 충격소음에 노출되어서는 안 됨 ★
    2. 충격소음이라 함은 최대음압수준에 120dB(A) 이상인 소음이 1초 이상의 간격으로 발생하는 것을 말함

5 소음의 측정 및 평가

(1) 소음의 측정

1) 소음계의 종류는 주파수 범위와 청감보정 특성의 허용범위의 정밀도 차이에 의해 정밀소음계, 지시소음계, 간이소음계의 3종류로 분류한다.

2) 개인의 노출량을 측정하는 기기로는 **누적소음노출량측정기(noise dose meter)를 사용하며 노출량(dose)은 노출기준에 대한 백분율(%)로 나타낸다.**

3) 누적소음 노출량측정기의 법정 설정기준과 청감보정 특성 ★

1) 법정 설정기준

① Criteria : 90dB

② Exchange rate : 5dB

③ Threshold : 80dB

2) 청감보정 특성

A특성[dB(A)]

예제 19

소음을 측정하는 누적소음 노출량측정기의 법정 설정기준과 청감보정 특성을 적으시오.

| 산업 2020년 1회, 2021년 1회 |

(1) 법정 설정기준
 ① Criteria :
 ② Exchange rate :
 ③ Threshold :
(2) 청감보정 특성

해설

(1) ① Criteria : 90dB
 ② Exchange rate : 5dB
 ③ Threshold : 80dB
(2) A특성[dB(A)]

(2) 소음계

1) 등청감곡선

① 1kHz의 순음과 같은 크기로 느끼는 각 주파수별 음압레벨을 연결한 선을 등청감곡선이라고 한다.
② 정상 청력을 가진 젊은 사람을 대상으로 한 가지 주파수로 구성된 음에 대하여 느끼는 소리의 크기(Loudness)를 실험한 곡선을 말한다.

2) 청감보정회로

등청감곡선을 역으로 한 보정회로로 소음계에 내장되어 있다.

3) 소음계

① 주파수에 따른 사람의 느낌을 감안하여 A, B, C의 세 가지 특성에서 음압을 측정할 수 있도록 보정되어 있다.

A특성	40phon의 등청감곡선과 비슷하게 주파수에 따른 반응을 보정하여 측정한 음압수준
B특성	70phon의 등청감곡선과 비슷하게 주파수에 따른 반응을 보정하여 측정한 음압수준
C특성	100phon의 등청감곡선과 비슷하게 주파수에 따른 반응을 보정하여 측정한 음압수준

② A, B, C 세 가지 값이 거의 일치하기 시작하는 주파수는 1,000Hz이다. (1,000Hz에서 값은 0이다.)
③ A특성치와 C특성치의 차이가 크면 저주파음이고 차이가 작으면 고주파음이라고 할 수 있다.

예제 20

소음계의 청감보정회로에서 A특성을 설명하시오. | 산업 2019년 1회, 2022년 2회 |

해설

40phon의 등청감곡선에 가깝게 주파수를 보정한 것으로 인간의 청감에 가장 가까운 측정이 가능하여 대부분의 소음 측정에 사용된다.

예제 21

소음계의 A, B, C특성에 해당하는 음압수준(phon)을 적으시오. | 산업 2013년 1회, 2021년 3회 |

해설

① A특성: 40phon
② B특성: 70phon
③ C특성: 100phon

> **예제 22**
>
> 소음계와 누적소음노출량측정기(소음 노출량계)를 설명하시오. | 산업 2017년 1회 |
>
> (1) 소음계
> (2) 누적소음 노출량 측정기
>
> **해설**
> (1) 주파수에 따른 사람의 느낌을 감안하여 A, B, C의 세 가지 특성에서 음압을 측정할 수 있도록 보정되어 있는 기기를 말한다.
> (2) 작업자가 여러 작업장소를 이동하면서 작업하는 경우, 근로자에게 직접 부착하여 작업시간(8시간) 동안 작업자가 노출되는 소음 노출량을 측정하는 기기를 말한다.
>
> [참고]
> 지시소음계
> 소음계의 일종으로서, 마이크로폰으로 수용한 소음을 증폭하여 계기에 직접 폰 또는 데시벨 눈금으로 지시하는 소음계를 말한다.

(2) 소음의 평가

1) 등가소음레벨(등가소음도 ; Leq)

임의의 측정시간 동안 발생한 변동소음의 총에너지를 같은 시간 내의 정상소음의 에너지로 등가하여 얻어진 소음도를 등가소음도라고 한다.

① 등가소음도(Leq) ★

$$\text{Leq} = 16.61 \log \frac{n_1 \times 10^{\frac{L_{A1}}{16.61}} + \cdots + n_n \times 10^{\frac{L_{An}}{16.61}}}{\text{각 소음레벨 측정치의 발생시간 합}}$$

Leq : 등가소음레벨[dB(A)]
L_A : 각 소음레벨의 측정치[dB(A)]
n : 각 소음레벨 측정치의 발생시간(분)

② 일정시간간격 등가소음도(Leq) ★

$$\text{Leq} = 10 \log \frac{1}{n} \sum_{i=1}^{n} 10^{\frac{L_i}{10}}$$

n : 소음레벨측정치의 수
L_i : 각 소음레벨의 측정치[dB(A)]

2) 누적소음폭로량

단위작업장소에서 **소음의 강도가 불규칙적으로 변동하는 소음 등을 누적소음노출량 측정기로 측정**하여 평가한다.

$$누적소음\ 폭로량(D) = \left(\frac{C_1}{T_1} + \frac{C_2}{T_2} + \cdots + \frac{C_n}{T_n}\right) \times 100(\%) \quad ★★$$

D : 누적소음 폭로량(%)
C : 각각의 소음도에 노출되는 시간(hr)
T : 각각의 소음도에 노출될 수 있는 허용노출시간(hr)

$$TWA = 16.61 \times \log\left(\frac{D}{12.5 \times t}\right) + 90$$

TWA : 시간가중 평균 소음수준[dB(A)]
D : 누적소음 폭로량(%)
t : 소음에 노출된 시간

비교

$$La = 90 + 16.61 \times \log\left(\frac{D}{12.5\,T}\right)$$

La : A특성 등가소음레벨[dB(A)]
D : 누적소음 폭로량 측정기의 소음
T : (노출량 판독치) = 포집시간(hr)

예제 23

소음이 발생되는 작업장에서 90dB(A)의 소음에 4시간, 95dB(A)의 소음에 3시간 노출된 경우 소음 노출량(누적소음 폭로량)(%)과 시간가중 평균소음수준[dB(A)]을 계산하시오. | 산업 2015년 3회 |

(1) 소음 노출량(누적소음 폭로량)
(2) 시간가중 평균소음수준

해설

(1) $D(\%) = \left(\frac{C_1}{T_1} + \frac{C_2}{T_2} + \cdots + \frac{C_n}{T_n}\right) \times 100 = \left(\frac{4}{8} + \frac{3}{4}\right) \times 100 = 125(\%)$

(2) $TWA = 16.61 \times \log\left(\frac{D}{12.5 \times t}\right) + 90 = 16.61 \times \log\left(\frac{125}{12.5 \times 7}\right) + 90 = 92.57\,[\text{dB}(A)]$

[참고]
소음의 노출기준

1일 노출시간(hr)	소음강도 dB(A)
8	90
4	95
2	100
1	105
1/2	110
1/4	115

예제 24

변동소음을 측정하여 평가하는 등가소음도(등가소음레벨)의 공식을 적고 구성요소를 설명하시오. | 산업 2016년 2회 |

해설

$$등가소음도(Leq) = 16.61\log \frac{n_1 \times 10^{\frac{L_{A1}}{16.61}} + \cdots + n_n \times 10^{\frac{L_{An}}{16.61}}}{\text{각 소음레벨 측정치의 발생시간 합}}$$

Lep : 등가소음레벨[dB(A)]
L_A : 각 소음레벨의 측정치[dB(A)]
n : 각 소음레벨 측정치의 발생시간(분)

예제 25

어느 작업장에서 190분 동안 측정한 누적소음 폭로량이 50%였다면 시간가중 평균소음수준[dB(A)]은 얼마인지 계산하시오. | 기사 2022년 2회, 2019년 3회 |

해설

$$TWA = 16.61 \times \log\left[\frac{D(\%)}{12.5 \times T}\right] + 90 = 16.61 \times \log\left[\frac{50}{12.5 \times 3.17}\right] + 90 = 91.68\,[dB(A)]$$

(190분 = 3.17시간)

예제 26

소음이 발생되는 작업장에서 4시간 작업하는 동안 90dB(A)의 소음에 노출된 경우 소음 노출량(누적소음 폭로량)(%)을 계산하시오. | 산업 2020년 1·2회, 2012년 1회 |

해설

$$D(\%) = \left(\frac{C_1}{T_1} + \frac{C_2}{T_2} + \cdots + \frac{C_n}{T_n}\right) \times 100 = \frac{4}{8} \times 100 = 50(\%)$$

[참고]
소음의 노출기준

1일 노출시간(hr)	소음강도 dB(A)
8	90
4	95
2	100
1	105
1/2	110
1/4	115

예제 27

소음 측정에 관한 다음 물음에 답하시오. | 산업 2018년 2회 |

(1) 누적소음 노출량 측정기의 설정기준을 적으시오.
(2) 작업자가 8시간 작업하는 동안 85dB에서 2시간, 90dB에서 3시간, 95dB에서 3시간 소음에 노출되었다. 등가소음레벨[dB(A)]을 계산하시오.

해설

(1) ① Criteria : 90dB
    ② Exchange rate : 5dB
    ③ Threshold : 80dB

(2) 등가소음도 $= 16.61 \times \log \dfrac{n_1 \times 10^{\frac{L_{A1}}{16.61}} + \cdots + n_n \times 10^{\frac{L_{An}}{16.61}}}{\text{각 소음레벨 측정치의 발생시간 합}}$

$= 16.61 \times \log \dfrac{(2 \times 10^{\frac{85}{16.61}}) + (3 \times 10^{\frac{90}{16.61}}) + (3 \times 10^{\frac{95}{16.61}})}{8} = 91.61 [\text{dB(A)}]$

(4) 소음의 노출정도 평가 ★★

1) 노출지수

$$EI = \frac{C_1}{T_1} + \frac{C_2}{T_2} + \dots + \frac{C_n}{T_n}$$

C : 소음의 측정치
T : 소음의 노출기준

2) 평가

① $EI > 1$: 노출기준을 초과함
② $EI < 1$: 노출기준을 초과하지 않음

예제 28

어느 작업장에서 근로자가 8시간 작업하는 동안 95dB(A)의 소음에서 3시간(허용기준 : 4시간), 90dB(A)에서 4시간(허용기준 : 8시간) 노출되었고 나머지 시간동안 노출된 소음은 90dB 미만이었을 때 노출기준 초과여부를 판정하시오. | 기사 2017년 1회 |

해설

1. $EI = \dfrac{3}{4} + \dfrac{4}{8} = 1.25$
2. $EI > 1$: 노출기준을 초과하지 않음

예제 29

어느 작업장에서 작업하는 동안 80dB에서 2시간, 85dB에서 3시간, 90dB에서 1시간 40분, 95dB에서 20분 소음에 노출되었다. 소음의 노출지수를 계산하고 노출기준 초과여부를 판단하시오. (단, 소음의 노출기준은 80dB : 24시간, 85dB : 16시간, 90dB : 8시간, 95dB : 4시간으로 한다.) | 기사 2019년 1회 |

해설

1. 노출지수 $(EI) = \dfrac{3}{16} + \dfrac{\left(\dfrac{100}{60}\right)}{8} + \dfrac{\left(\dfrac{20}{60}\right)}{4} = 0.48$
2. $EI < 1$: 노출기준을 초과하지 않음

[참고]
1. 85dB 이상부터 소음작업에 해당하므로 80dB은 소음의 노출지수 계산에 포함되지 않는다.
2. 85dB에서의 노출시간은 90dB 노출시간의 2배로 16시간이 된다.
3. 소음의 노출기준

1일 노출시간(hr)	소음강도 dB(A)
8	90
4	95
2	100
1	105
1/2	110
1/4	115

6 청력보호구

(1) 귀마개

1) 귀마개(Ear plug)의 구분

종류	등급	기호	성능
귀마개	1종	EP-1	저음부터 고음까지 차음하는 것
	2종	EP-2	주로 고음을 차음하여 회화음 영역인 저음은 차음하지 않는 것
귀덮개		EM	

2) 귀마개의 장·단점 ★

장점	단점
• 부피가 작아서 **휴대하기 편하다.** • **보안경과 안전모 사용에 구애받지 않는다.** • **고온작업, 좁은 공간에서도 사용**할 수 있다. • **가격이 저렴**하다.	• 귀에 **질병이 있을 경우 착용이 불가능**하다. • **제대로 착용하는데 시간이 걸리며 요령을 습득해야 한다.** • **착용 여부 파악이 곤란**하다. • **차음효과**가 일반적으로 귀덮개보다 떨어지며 **사람에 따라 차이가 있을 수 있다.** • 귀마개 **오염에 따른 감염 가능성**이 있다. • 땀이 많이 날 때는 **외이도에 염증유발** 가능성이 있다. • 착용여부 파악이 곤란하다.

(2) 귀덮개(Ear muff)

1) 귀덮개의 장·단점

장점	단점
• **고음영역에서 차음효과가 탁월**하다. • **귀마개보다 차음효과가 일반적으로 크며 차음효과의 개인차가 적다.** • 귀 안에 **염증이 있어도 사용이 가능**하다. • **착용이 쉽고 착용법이 틀리거나 분실할 염려가 적다.** • 동일한 크기의 귀덮개를 대부분의 근로자가 사용할 수 있다. • 멀리서도 **착용 유무를 확인할 수 있다.**	• 고온에서 사용 시에는 **땀이 나서 불편**하다. • **보안경과 동시 착용 시에는 불편**하며 차음효과가 감소한다. • **가격이 비싸고 운반과 보관이 쉽지 않다.** • 오래 사용하여 귀걸이의 탄력성이 줄었을 때나 **귀걸이가 휘었을 때는 차음효과가 떨어진다.**

예제 30

청력보호구 중 귀마개의 장점과 단점을 각각 2가지씩 적으시오. | 기사 2020년 1회, 기출 2020년 1회 |

해설

장점	단점
• 부피가 작아서 휴대하기 편하다. • 보안경과 안전모 사용에 구애받지 않는다. • 고온작업, 좁은 공간에서도 사용할 수 있다. • 가격이 저렴하다.	• 귀에 질병이 있을 경우 착용이 불가능하다. • 제대로 착용하는데 시간이 걸리며 요령을 습득해야 한다. • 착용 여부 파악이 곤란하다. • 차음효과가 일반적으로 귀덮개보다 떨어지며 사람에 따라 차이가 있을 수 있다. • 귀마개 오염에 따른 감염 가능성이 있다. • 땀이 많이 날 때는 외이도에 염증유발 가능성 있다.

예제 31

귀마개와 비교한 귀덮개의 장점 4가지를 적으시오. | 기사 2019년 1회 / 산업 2018년 1회 |

해설

① 고음영역에서 차음효과가 탁월하다.
② 귀마개보다 차음효과가 일반적으로 크며 차음효과의 개인차가 작다.
③ 귀 안에 염증이 있어도 사용이 가능하다.
④ 착용이 쉽고 착용법이 틀리거나 분실할 염려가 적다.
⑤ 동일한 크기의 귀덮개를 대부분의 근로자가 사용할 수 있다.
⑥ 멀리서도 착용 유무를 확인할 수 있다.

2) 차음효과 계산 ★★

$$차음효과 = (NRR - 7) \times 0.5$$

NRR : 차음평가지수

예제 32

어떤 작업장의 음압 수준이 95dB(A)이고, 근로자는 귀덮개를 착용하고 있다. 귀덮개의 차음평가수는 NRR = 17이다. 귀덮개의 차음효과와 근로자가 노출되는 음압수준을 계산하시오.

| 기사 2018년 1회 / 산업 2020년 4회, 2016년 1회, 2021년 1회 |

해설
- 차음효과 = $(NRR - 7) \times 0.5 = (17 - 7) \times 0.5 = 5[dB(A)]$
- 근로자가 노출되는 음압수준 = 95 − 5 = 90[dB(A)]

예제 33

작업장의 음압 수준이 92dB(A)이고, 근로자는 차음평가수(NRR)이 19인 귀덮개를 착용하고 있다. (1) 귀덮개의 차음효과를 계산하고 (2) 근로자가 노출되는 음압(예측)수준[dB(A)]을 계산하시오. (단, OSHA 기준)

| 기사 2014년 3회 / 산업 2018년 2회, 2015년 2회, 2021년 1회 |

해설
(1) 귀덮개의 차음효과 = $(19 - 7) \times 0.5 = 6(dB)$
(2) 근로자가 노출되는 음압수준 = 92 − 6 = 86[dB(A)]

---

7 소음관리 및 예방대책

(1) 소음관리대책(방음대책)

1) 음원(소음발생원)대책(가장 적극적인 대책)

① 발생원 제거
② 소음기 설치
③ 소음 발생기구에 방진고무 설치
④ 방음커버 설치
⑤ 흡음덕트 설치

2) 전파경로대책

① 흡음 및 차음처리
② 방음벽 설치
③ 거리감쇠
④ 지향성 변환(음원방향 변경) 등

3) 수음대책(가장 소극적인 대책)

① 마스킹 효과
② 귀마개 착용
③ 이중창 설치 등

예제 34

소음관리대책(방음대책) 중 전파경로대책 3가지를 적으시오.　　　｜산업 2018년 3회｜

해설
① 흡음 및 차음처리
② 방음벽 설치
③ 거리감쇠
④ 지향성 변환(음원방향 변경)

---

(2) 난청발생에 따른 조치

사업주는 소음으로 인하여 근로자에게 소음성 난청 등의 건강장해가 발생하였거나 발생할 우려가 있는 경우에 다음 각 호의 조치를 하여야 한다.

① 해당 작업장의 소음성 난청 발생 원인 조사
② 청력손실을 감소시키고 청력손실의 재발을 방지하기 위한 대책 마련
③ ②에 따른 대책의 이행 여부 확인
④ 작업전환 등 의사의 소견에 따른 조치

(3) 청력보존 프로그램 시행 ★

1) 청력보존 프로그램의 정의

소음노출 평가, 소음노출 기준 초과에 따른 공학적 대책, 청력보호구의 지급과 착용, 소음의 유해성과 예방에 관한 교육, 정기적 청력검사, 기록·관리 사항 등이 포함된 소음성 난청을 예방·관리하기 위한 종합적인 계획을 말한다.

2) 청력보존 프로그램을 시행하여야 하는 사업장

① 근로자가 소음작업, 강렬한 소음작업 또는 충격소음 작업에 종사하는 사업장
② 소음으로 인하여 근로자에게 건강장해가 발생한 사업장

예제 35

소음의 작업환경 측정 결과 소음수준이 소음의 노출기준을 초과하는 사업장 또는 소음으로 인하여 근로자에게 건강장해가 발생한 사업장에서 수립. 시행하여야 하는 소음노출 평가, 청력보호구의 지급과 착용, 소음의 유해성과 예방에 관한 교육 등이 포함된 소음성 난청을 예방·관리하기 위한 종합적인 계획을 무엇이라 하는가?

| 기사 2018년 2회 |

해설

청력보존 프로그램

(4) 흡음대책에 따른 실내소음 저감량

1) 감음량(NR) ★★

$$NR(\text{dB}) = 10\log\left(\frac{A_2}{A_1}\right)$$

NR : 감음량(dB)
A_1 : 흡음처리 전 실내의 총 흡음력(sabin, m^2)
A_2 : 흡음처리 후 실내의 총 흡음력(sabin, m^2)

- 벽체 단위 표면적에 대하여 **벽체무게가 2배 될 때마다 차음효과는 6dB씩 증가**한다.

2) 총 흡음력 및 평균흡음률

- 총 흡음력(sabin, m^2)

$$A = \text{평균 흡음률}(\overline{\alpha}) \times \text{실내면적}(S)$$

- 평균흡음률

$$\text{평균흡음률} = \frac{S_1\alpha_1 + S_2\alpha_2 + \ldots}{S_1 + S_2 + \ldots}$$

S_i : 사용 재료의 면적(m^2)
α_i : 사용 재료의 흡음률

* 흡음재료의 흡음력은 재료의 흡음률, 재료의 표면적으로 표시됨

(5) 잔향시간

① 음원이 정지된 후에 음의 에너지가 $\frac{1}{1,000,000}$ 까지 감쇄될 때까지 걸리는 시간을 말한다.

② 잔향시간은 **실내에서 음원을 끈 순간부터 음압레벨이 60dB 감소되는 데 소요되는 시간**이다.

$$T = K\frac{V}{A} = \frac{0.161\,V}{A}$$

T : 잔향시간(초)
K : 비례상수(0.161)
A : 실내의 총 흡음력(sabin, m^2)
V : 실의 용적(m^3)

예제 36

어느 작업장의 길이는 5m, 폭 3m, 높이가 4m이다. 천장, 벽면, 바닥의 흡음률이 각각 0.1, 0.02, 0.5이라고 할 경우 다음을 계산하시오.　　　　　　　　　　　　　　　　　　　　　　　　　| 기사 2017년 1회 |

(1) 총 흡음력을 계산하시오. (단, 단위를 정확하게 나타낼 것)
(2) 천장, 벽면의 흡음률을 0.4, 0.06로 증가 시켰을 경우의 실내소음 저감량(dB)을 계산하시오.

해설

(1) 총 흡음력(A)

$A = $ 평균흡음률($\overline{\alpha}$) × 실내면적(S) = $0.11 \times 94 = 10.34$(sabin, m²)

$$\left[\begin{array}{l} \overline{\alpha} = \dfrac{(5\times3)\times0.1 + [(5\times4\times2)+(3\times4\times2)]\times0.02 + (5\times3)\times0.5}{(5\times3) + [(5\times4\times2)+(3\times4\times2)] + (5\times3)} = 0.11 \\ S = (5\times3) + [(5\times4\times2)+(3\times4\times2)] + (5\times3) = 94(\text{m}^2) \end{array}\right]$$

(2) 흡음대책 후 흡음량

$A = \overline{\alpha} \times S = 0.18 \times 94 = 16.92$(sabin, m²)

$$\left[\begin{array}{l} \overline{\alpha} = \dfrac{(5\times3)\times0.4 + [(5\times4\times2)+(3\times4\times2)]\times0.06 + (5\times3)\times0.5}{(5\times3) + [(5\times4\times2)+(3\times4\times2)] + (5\times3)} = 0.18 \\ S = (5\times3) + [(5\times4\times2)+(3\times4\times2)] + (5\times3) = 94(\text{m}^2) \end{array}\right]$$

(3) 실내소음 저감량(감음량 : NR)

$NR(\text{dB}) = 10\log\left(\dfrac{A_2}{A_1}\right) = 10 \times \log\left(\dfrac{16.92}{10.34}\right) = 2.14(\text{dB})$

예제 37

전체 면적이 450m²인 작업장의 벽체면적은 250m², 흡음률 0.30이며, 바닥과 천장의 흡음률은 0.20이다. 작업장의 총 흡음력을 계산하시오.　　　　　　　　　　　　　　　　　　　　| 산업 2013년 2회 |

해설

1. 총 흡음력(A)

　　$A = $ 평균 흡음률($\overline{\alpha}$) × 실내면적(S)

2. 평균흡음율 $= \dfrac{S_1\alpha_1 + S_2\alpha_2 + ...}{S_1 + S_2 + ...}$

　　S_i : 사용 재료의 면적(m²)
　　α_i : 사용 재료의 흡음율

총 흡음력 = 평균흡음률($\overline{\alpha}$) × 실내면적(S) = $\dfrac{S_1\alpha_1 + S_2\alpha_2 + ...}{S_1 + S_2 ...} \times S$

　　　　　$= \dfrac{(0.3\times250)+(0.2\times100)+(0.2\times100)}{450} \times 450 = 115(\text{sabin, m}^2)$

$$\left[\text{바닥면적(천장면적)} = \dfrac{\text{전체면적} - \text{벽면적}}{2} = \dfrac{450-250}{2} = 100\text{m}^2\right]$$

예제 38

현재 총 흡음량이 1,500sabins인 작업장에 흡음물질을 첨가하여 2,000sabins을 더할 경우 예측되는 실내소음 저감량을 계산하시오. | 기사 2022년 2회, 2012년 1회, 2017년 2회 / 산업 2022년 2회 |

해설

$$NR(dB) = 10\log\left(\frac{A_2}{A_1}\right) = 10 \times \log\left(\frac{1,500 + 2,000}{1,500}\right) = 3.68(dB)$$

예제 39

작업장의 소음 수준이 95[dB(A)]인 작업장에 흡음처리를 하여 흡음량이 흡음처리 전의 4배가 되었다. 흡음처리 후의 작업장 소음수준[dB(A)]을 계산하시오. | 산업 2012년 1회 |

해설

> **감음량**
>
> $$NR = 10\log\left(\frac{A_2}{A_1}\right)$$
>
> NR : 감음량(dB)
> A_1 : 흡음처리 전 실내의 총 흡음력(sabin, m²)
> A_2 : 흡음처리 후 실내의 총 흡음력(sabin, m²)

1. 흡음처리 후의 감음량

   $$NR = 10\log\left(\frac{A_2}{A_1}\right) = 10 \times \log(4) = 6.02(dB)$$

2. 흡음처리 후의 작업장 소음수준

   $95 - 6.02 = 88.98[dB(A)]$

예제 40

작업장의 부피가 30×90×20m인 어느 작업장에서 음의 잔향시간을 이용하여 작업장의 총 흡음력을 측정하였다. 150dB의 소음을 발생시켰을 때 작업장의 소음이 90dB까지 감소하는 데 3초가 걸렸다. | 기사 2013년 1회 |

(1) 작업장의 총 흡음력(sabin)을 계산하시오.
(2) 작업장의 총 흡음력을 3배로 증가시킬 경우 실내 소음저감량을 계산하시오.

해설

(1) 총 흡음력

$$T(초) = \frac{0.161\,V}{A}$$

$T \times A = 0.161\,V$

$$A = \frac{0.161\,V}{T} = \frac{0.161 \times (30 \times 90 \times 20)}{3} = 2,898(sabin,\ m^2)$$

(2) 실내 소음저감량

$$NR(\text{dB}) = 10\log \times \left(\frac{A_2}{A_1}\right) = 10 \times \log\left(\frac{3 \times 2,898}{2,898}\right) = 4.77(\text{dB})$$

예제 41

흡음재 중 다공질 흡음재료의 종류를 5가지 적으시오.　　　　　　| 산업 2013년 2회 |

해설
① 암면
② 펠트(felt)
③ 발포 수지재료
④ 유리면(Glass Wool)
⑤ 세라믹

02 진동

1 인체에 영향을 주는 진동범위

① 전신진동 : 2~100Hz(공해진동 : 1~90Hz)
② 국소진동 : 8~1,500Hz
③ 수직진동 : 4,000~8,000Hz
④ 수평진동 : 1,000~2,500Hz
⑤ 사람이 느끼는 최소 진동치 : 55±5dB
⑥ 전신은 4Hz, 두부와 견부는 20~30Hz, 안구는 60~90Hz 진동에 공명한다.

2 (전신)진동에 의한 생체반응에 관여하는 인자

① 진동의 강도
② 진동수
③ 진동방향
④ 폭로시간(노출시간)

3 진동증후군(HAVS)에 대한 스톡홀름 워크숍의 분류

단계	증상 및 징후
0단계	• 증상 없음
1단계	• 가벼운 증상 • 하나 또는 그 이상의 손가락 끝부분이 하얗게 변하는 증상이 나타나는 단계
2단계	• 하나 혹은 그 이상의 손가락의 중간부위 이상에 때때로 증상이 나타나는 단계
3단계	• 심각한 증상 • 대부분의 수지들 전체에 빈번하게 증상이 발생하는 단계
4단계	• 매우 심각한 증상 • 대부분의 손가락이 하얗게 변하는 증상과 함께 손끝에서 땀의 분비가 제대로 일어나지 않는 등의 변화가 나타나는 단계

4 레이노(Raynaud's phenonmenon) 현상 ★

국소진동으로 인하여 말초혈관운동 장해가 발생하여 수지가 창백해지고 손이 차며 통증이 오는 현상으로 추운 환경에서 더 잘 발생한다.

5 방진재료

(1) 금속스프링

① 공진 시에 전달률이 매우 좋다.
② 환경요소에 대한 저항이 크다.
③ 저주파 차진에 좋으며 감쇠가 거의 없다.
④ 다양한 형상으로 제작이 가능하며 내구성이 좋다.
⑤ 최대변위가 허용된다.

(2) 방진고무

① 여러 가지 형태로 철물에 부착할 수 있다.
② 고무 자체의 내부 마찰로 적당한 저항을 가지고 고주파 진동의 차진에 양호하다.
③ 공진 시 진폭이 지나치게 커지지 않는다.
④ 내부마찰에 의한 발열 때문에 열화되고 내구성, 내약품성, 내유성, 내열성이 약하다.

⑤ 공기 중의 오존에 의해 산화된다.
⑥ 설계 자료가 잘 되어 있어서 용수철 정수를 광범위하게 선택할 수 있다.
⑦ 소형, 중형 기계에 많이 사용하며, 적절한 방진설계를 하면 높은 효과를 얻을 수 있다.

(3) 코르크

① 재질이 일정하지 않아 정확한 설계가 곤란하고 처짐을 크게 할 수 없다.
② 고유진동수가 10Hz 전후밖에 되지 않아 진동방지보다 고체음의 전파방지에 사용된다.

(4) 펠트(felt)

방진재료보다는 강체간의 고체음 전파방지에 쓰인다.

(5) 공기용수철(공기스프링)

① 부하능력이 광범위하다.
② 압축기 등 부대시설이 필요하다.
③ 하중부하 변화에 따라 고유진동수를 일정하게 유지한다.
④ 구조가 복잡하고 시설비가 많이 든다.(성능은 우수하다.)
⑤ 사용 진폭이 적어 별도의 damper가 필요하다.

6 진동방지(방진) 대책

발생원 대책	• **기초중량을 부가 및 경감**한다. • **진동원을 제거**한다.(가장 적극적인 방법) • 방진재를 이용하여 **탄성지지**한다. • **기진력을 감쇠**시킨다.(**동적 흡진**) • 불평형력의 평형을 유지한다.
전파경로 대책	• **거리감쇠를 크게** 한다. • 수진점 부근에 **방진구를 설치**하여 **전파경로를 차단**한다.
수진측 대책	• 수진측에 탄성지지를 한다. • 수진점의 기초중량을 부가 및 경감한다. • 근로자 작업시간 단축 및 교대제를 실시한다. • 근로자 보건교육을 실시한다.

> **예제 41**
>
> (전신)진동에 의한 생체반응에 관여하는 인자 4가지를 적으시오. | 산업 2019년 3회, 2016년 1회, 2021년 3회 |
>
> **해설**
> ① 진동의 강도
> ② 진동수
> ③ 진동방향
> ④ 폭로시간(노출시간)

7 유해성 등의 주지

사업주는 근로자가 진동작업에 종사하는 경우에 **다음 각 호의 사항을 근로자에게 충분히 알려야 한다.**

① 인체에 미치는 영향과 증상
② 보호구의 선정과 착용방법
③ 진동 기계·기구 관리 및 사용 방법
④ 진동 장해 예방방법

산업위생관리산업기사 실기

방사선

01 전리방사선

1 전리방사선의 종류 및 생물학적 작용

(1) 광자에너지 ★

① 생체를 이온화시키는 최소에너지를 방사선을 구분하는 에너지 경계선으로 한다.
② 전리방사선과 비전리방사선의 경계 에너지의 강도는 12eV이다.
③ 광자에너지(12eV) 이하의 에너지를 가지는 방사선을 비전리방사선(전자파)이라 한다.
④ 광자에너지 이상의 에너지를 가지는 방사선을 전리방사선(이온화방사선)이라 한다.

(2) 전리방사선(이온화 방사선)의 종류 ★

① 전자기 방사선(X-Ray, γ선)
② 입자 방사선(α, β입자, 중성자)

(3) 방사선의 인체투과력 및 전리작용 ★

1) 인체의 투과력 순서

중성자 > X선 or γ > β > α

2) 전리작용(REB : 생물학적 효과) 순서

중성자 > α > β > X선 or γ

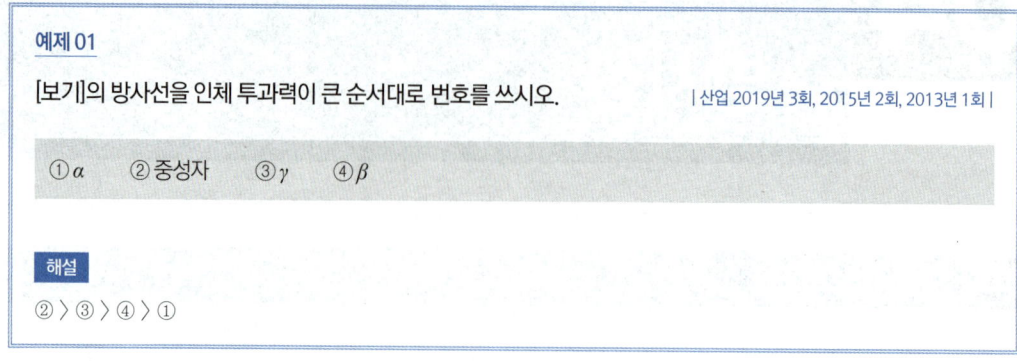

(4) 방사선의 단위 ★

1) 방사성물질의 양(단위시간에 일어나는 방사선 붕괴율)의 단위

① 베크렐(Bq)
- 1초에 한 번의 방사성 붕괴가 일어나는 경우, 즉 **1초에 하나의 방사선 붕괴가 일어나는 방사능의 세기**를 1베크렐(Bq)이라고 한다.

② 큐리(Curie : Ci) ★
- 단위시간에 일어나는 방사선 붕괴율을 나타내며, **초당 3.7×10^{10}개의 원자붕괴가 일어나는 방사능물질의 양**을 뜻한다.
- $1Ci = 3.7 \times 10^{10} Bq$

2) 방사선량(조사선량, 노출선량)의 단위

① 뢴트겐(Roentgen : R) ★
- X선, 감마선의 **조사선량(방사선량)의 단위**로서 공기 중 생성되는 이온의 양을 나타낸다.
- 1R(뢴트겐) : 전리작용에 의하여 **건조한 공기 1kg당 2.58×10^{-4} 쿨롱의 전기량을 만들어내는 γ선 혹은 엑스선의 세기**를 말한다.
- $1R(뢴트겐) = 2.58 \times 10^{-4} (C/kg)$

② C/kg : 방사선량(조사선량, 노출선량)의 SI단위

3) 흡수선량의 단위

① 래드(Rad) ★
- 1rad : **피조사체 1g당 100erg의 에너지 흡수를 일으키는 방사선량**을 말한다.

② Gy(Gray) : 흡수선량의 SI단위
- $1Gy = 100rad = 0.01 J/kg$ ★

4) 선당량(생체실효선량)의 단위

① 렘(rem : Roentgen Equivalent Man) ★
- 1뢴트겐의 X선이 인체에 조사되었을 때 이것을 피폭한 사람의 선량당(생체실효선량)을 나타낸다.
- rem = rad × RBE(상대적 생물학적 효과)

② Sv(Sievert) ★
- 인체가 흡수한 방사선 때문에 일어나는 영향 정도를 수치화한 단위를 말한다.
- 1Sv = 100rem

5) 자속밀도의 단위
- 테슬라(T) : 단위면적을 통과하는 자속(磁束)의 양을 나타낸다.

요약

구분	단위	비고
방사성물질의 양 : 시간당(초) 방사능 붕괴횟수	베크렐(Bq), 큐리(Ci)	$1Ci = 3.7 \times 10^{10} Bq$
방사능 : 방사성 물질이 방사선을 내는 강도	베크렐(Bq)	1Bq = 1초 동안 1개의 원자핵 붕괴시 방사능 강도
흡수선량 : 질량(kg)당 흡수한 방사선 에너지(J)	그레이(Gy), 라드(rad)	1rad = 0.01Gy
방사선량 : 방사선(방사성 물질이 내는 에너지)이 물질을 전리시킨 정도(생성되는 이온의 양)	뢴트겐(R), C/kg(SI 단위)	$1R(뢴트겐) = 2.58 \times 10^{-4}(C/kg)$
선당량(생체실효선량) : 방사선의 생물학적 손상 정도	시버트(Sv), 렘(rem)	1rem = 0.01Sv
등가선량 : 인체 조직에 흡수된 에너지의 양인 흡수선량에 방사선 가중치를 곱한 값	시버트(Sv)	
자속 밀도(자기장의 밀도)	테슬라(T)	

예제 02

[보기]에서 제시하는 방사선 용어의 SI 단위를 적으시오. | 산업 2017년 2회 |

(1) 방사능   (2) 조사선량
(3) 흡수선량 (4) 등가선량

해설
(1) 베크렐(Bq)   (2) C/kg
(3) 그레이(Gy)   (4) 시버트(Sv)

(5) 전리방사선에 대한 감수성이 큰 신체조직 ★

① 세포핵 분열이 계속적인 조직
② 증식력과 재생기전이 왕성한 조직
③ 형태와 기능이 미완성된 조직
④ 유아나 어린이에게 가장 위험

(6) 전리방사선에 대한 인체 내의 감수성 순서 ★★

골수, 임파선, 흉선 및 림프조직(조혈기관), 눈의 수정체 > 피부 등 상피세포 > 혈관 등 내피세포 > 결합조직, 지방조직 > 뼈, 근육조직 > 폐 등 내장기관 > 신경조직

> **암기**
>
> 골인(임파선) 수 상 내 결지 뼈근육 폐내장 신경

(7) 생체성분의 손상이 일어나는 순서

분자수준에서의 손상 > 세포수준의 손상 > 조직, 기관의 손상 > 발암현상

(8) 방사선 피폭의 방호 대책(3대 기본 요소 : 거리, 시간, 차폐)

① 방사선을 차폐한다.
② 노출시간을 줄인다.
③ 가급적 거리를 멀게 한다.

(9) 국제방사선방호위원회(ICRP)의 방사선 노출을 최소화하기 위한 3원칙

① 작업의 최적화(최소화) : 피폭 가능성, 피폭자 수, 개인 선량의 크기 등을 경제 사회적 인자를 고려하여 합리적으로 최소화하여야 함
② 작업의 정당성(정당화) : 피폭상황의 변화가 있는 경우 권면 행위가 손해(위해) 보다 이익이 커야 함
③ 개개인의 노출량의 한계(선량한도 적용) : 관리되는 선원들로 부터 받는 특정 개인의 총 선량은 ICRP가 권고하는 선량한도를 초과하지 않아야 함(의료피폭은 제외)

02 비전리방사선

1 비전리방사선의 종류 및 파장 ★

① 자외선(화학선) : 100 ~ 400nm(1,000 ~ 4,000Å)
② 적외선(열선) : 750 ~ 1,200nm(7,500 ~ 12,000Å)
③ 마이크로파 : 1 ~ 300cm
④ 가시광선 : 400 ~ 760nm(4,000 ~ 7,600Å)

2 자외선(화학선)

① 가시광선과 전리복사선 사이의 파장을 가짐(100 ~ 400nm, 1,000 ~ 4,000Å)
② 일명 화학선이라고 하며 광화학반응으로 단백질과 핵산분자의 파괴, 변성작용을 한다.
③ 태양광선, 고압 수은 증기등, 전기용접 등이 배출원이다.
④ 구름이나 눈에 반사되며, 고층구름이 낀 맑은 날에 가장 많다.
⑤ 대기오염의 지표로도 사용된다.

(1) 자외선의 종류 ★★

근자외선 (UV-A)	• 파장 : 315(300) ~ 400nm[3,150 ~ 4,000Å] • 피부의 색소침착
도르노선 (UV-B)	• 파장 : 280(290) ~ 315(320)nm[2,800 ~ 3,150Å] • 소독작용, 비타민 D형성 등 인체에 유익한 영향(건강선, 생명선) • 피부노화, 홍반, 각막염, 피부암 유발
UV-C	• 파장 : 100 ~ 280nm[1,000 ~ 2,800Å] • 살균작용(살균효과가 있어 수술용 램프로 사용)

(2) 자외선의 인체영향(생물학적 작용) ★

화학선	• 눈과 피부 등에 화학변화를 일으킨다.
광화학적 반응	• 산소분자를 해리하여 오존을 생성하고, 공기 중의 염화탄화수소와 결합하여 포스겐($COCl_2$)을 생성한다. • 트리클로로에틸렌(TCE)을 독성이 강한 포스겐으로 전환시킬 수 있는 광화학적 작용을 한다. (예 : 공기 중에 트리클로로에틸렌(trichloroethylene)이 고농도로 존재하는 작업장에서 아크 용접을 실시하는 경우 트리클로로에틸렌이 포스겐으로 전환된다.)
피부작용	• 피부암 발생 - 280(290)~315(320)nm의 파장에서 피부암이 발생할 수 있다.(자외선 노출에 의한 가장 심각한 만성영향) - 옥외작업을 하면서 콜타르의 유도체, 벤조피렌, 안트라센 화합물과 상호작용하여 피부암을 유발시킨다. • 피부 홍반 형성 및 색소 침착 : 200~290nm에서 홍반작용이 강하다. • 피부의 비후 : 자외선에 의해 진피 두께가 증가한다.
눈에 대한 영향	• 240~310nm 파장에서 결막염, 백내장을 일으킨다. • 급성각막염 발생 : 전기용접, 자외선 살균취급자 등에서 자외선에 의한 전광성 안염(전기성 안염)이 발생된다.(일반적으로 6~12시간에 증상이 최고에 달함)
비타민 D 생성	• 280~320nm의 파장에서는 비타민 D의 생성이 활발해진다. • 광화학적 작용을 일으켜 진피 층에서 비타민 D가 형성된다.
살균작용	• 254~280nm의 파장에서는 강한 살균작용을 나타낸다. • 254nm 파장 정도에서 살균작용이 가장 강하며, 핵단백을 파괴하여 이루어진다.
전신 건강장해	• 자극작용이 있고 적혈구, 백혈구, 혈소판이 증가한다. • 2차적인 증상으로 두통, 흥분, 피로, 불면, 체온 상승이 나타난다.

3 적외선(열선)

750~1,200nm(7,500~12,000Å)

(1) 적외선의 특성

① 태양복사에너지의 52%를 차지한다.
② 열선이라고도 하며 절대온도 이상의 모든 물체는 적외선을 복사한다.
③ 제강, 용접, 야금공정, 초자제조공정, 레이저, 가열램프 작업 등에서 발생된다.
④ 피부조직 온도를 상승시켜 충혈, 혈관확장, 각막손상, 두부장해를 일으킨다.

(2) 적외선의 구분

① 국제 조명위원회(CIE)의 구분)

IR-A	700nm ~ 1,400nm(0.7 m ~ 1.4 m)
IR-B	1,400nm ~ 3,000nm(1.4 m ~ 3 m)
IR-C	3,000nm ~ 1mm(3 m ~ 1,000 m)

② 적외선의 분류
- 근적외선 : 750nm ~ 1,400nm(0.75 ~ 1.4 μm)
- 단적외선 : 1,400nm ~ 3,000nm(1.4 ~ 3.0 μm)
- 중적외선 : 3,000nm ~ 8,000nm(3.0 ~ 8.0 μm)
- 원적외선 : 8,000nm ~ 15,000nm(8.0 ~ 15 μm)
- 극원적외선(극적외선) : 15,000nm 초과(15 μm보다 긴 파장)

(3) 적외선의 인체영향(생물학적 작용)

① 적외선이 신체에 조사되면 일부는 피부에서 반사되고 나머지는 조직에 흡수된다.
② 적외선이 흡수되면 화학반응을 일으키는 것이 아니라 구성분자의 운동에너지를 증가시키므로 조직온도가 상승한다. ★
③ 조직에서의 흡수는 수분함량에 따라 다르다.
④ 1,400nm 이상의 장파장 적외선은 1cm의 수층을 통과하지 못한다.

피부장해	• 적외선의 **피부투과성은 700 ~ 760nm 파장 범위에서 가장 강하다.** • 근적외선은 급성 피부화상, 색소침착 등을 일으킨다. • 조사 부위의 온도가 오르면 **홍반**이 생기고, **혈관 확장, 암 변성을 유발**하며 강력한 조직 조사는 피부와 심부조직에 화상을 일으킨다..
안장해	• **1,400nm(14,000Å) 이상의 적외선은 각막손상**을 일으킨다. • **1,400nm(14,000Å) 이하**의 적외선에 만성 폭로되면 **적외선 백내장**을 일으킨다. • 적외선 **백내장을 초자공, 대장공 백내장**이라 한다.(초자공, 용광로의 근로자들과 대장공들에게 백내장이 수정체의 뒷부분에서 발병) ★
두부장해	• 장기간 조사 시 두통, 자극작용이 있으며, **강력한 적외선은 뇌막자극 증상(의식상실, 열사병) 등을 유발**할 수 있다.

> **예제 03**
>
> 고열로 유리를 녹여 제조하는 업무(초자공)에 종사하던 근로자에게 안 장해가 발생하였다. 안 장해를 유발한 유해물질의 명칭과 질환의 명칭을 적으시오.
>
> | 기사 2016년 1회 |
>
> (1) 유해물질의 명칭 :
> (2) 질환의 명칭 :
>
> **해설**
> (1) 적외선
> (2) 적외선 백내장

4 가시광선

400 ~ 760nm(4,000 ~ 7,600 Å)

조명부족	• 조명부족 하에서 장시간 작업하면 근시, 안정피로, 안구 진탕증을 일으킨다. • 녹내장, 백내장, 망막변성 등 기질적 안질환은 조명부족과 무관하다.
조명과잉	• 장시간에 걸쳐 강렬한 광선에 노출되면 시력장해, 시야협착, 암순응의 저하 등을 일으킨다.

5 마이크로파(Microwave)

마이크로파의 주파수별 인체영향

10,000MHz	피부에 **온감각**을 준다.
1,000 ~ 10,000MHz (파장 : 3 ~ 10cm)	**백내장**을 일으킨다.
300 ~ 1,200MHz	**중추신경(대뇌 측두엽 표면부위)**에 대한 작용이 민감하다.
150 ~ 1,200MHz	**내장조직 손상**을 일으킨다.

6 레이저 광선

1) 레이저 광선의 특성 ★

① 광선증폭을 뜻한다.
② 단일파장으로 단색성이 뛰어나며 강력하고 예리한 지향성을 지닌 광선이다.
③ 레이저광은 출력이 대단히 강력하고 극히 좁은 파장범위(직사광)를 갖기 때문에 쉽게 산란하지 않는다.(위상이 고르고 간섭 현상이 일어나기 쉽다.)
④ 레이저 광선의 종류
  - 지속파
  - 맥동파 : 레이저광 중 에너지의 양을 지속적으로 축적하여 강력한 파동을 발생시키는 것으로 지속파보다 장해정도가 크다.
  - Q-Switch파 : 에너지를 축적하여 강력한 맥동파를 발생하게 한 것

7 극저주파 방사선(Extremely Low Frequency Fields)

① 전기장은 전압(Voltage)에 의해 발생하고, 자기장은 전류(Current)에 의해 발생한다. (극저주파 전기장, 극저주파 자기장으로 구분)
② 작업장에서 발전, 송전, 전기 사용에 의해 발생되며 이들 경로에 있는 발전기에서 전력선, 전기설비, 기계, 기구 등도 잠재적인 노출원이다.
③ 주파수가 1~3,000Hz에 해당되는 것으로 정의되며, 이 범위 중 50~60Hz의 전력선과 관련한 주파수의 범위가 건강과 밀접한 연관이 있다.
④ 특히 교류전기는 1초에 60번씩 극성이 바뀌는 60Hz의 저주파를 나타내므로 이에 대한 노출평가, 생물학적 및 인체영향 연구가 많이 이루어져 왔다.
⑤ 장기노출 시 두통, 불면증 등의 신경장해와 순환기장해가 발생되는 것으로 알려져 있다.

03 조명

1 빛과 밝기의 단위

(1) 조도

1) 조도의 정의 ★

단위 면적에 입사하는 빛의 세기(광량)을 말한다.

$$조도(Lux) = \frac{광도}{(거리)^2}$$

2) 단위 ★

① fc(foot-candle)
- 1촉광의 점광원으로부터 1foot 떨어진 곡면에 비추는 광밀도
- 1루멘의 빛이 1ft²의 평면상에 수직방향으로 비칠 때 그 평면의 빛의 양을 말한다.(1lumen/ft²)
- 1fc = 10lux

② lux(meter-candle)
- 1촉광의 점광원으로부터 1m 떨어진 곡면에 비추는 광밀도
- 1루멘의 빛이 1m²의 평면상에 수직방향으로 비칠 때의 빛의 양을 말한다.(1lumen/m²)

(2) 광도

1) 광도의 정의

광원으로부터 나오는 빛의 세기를 광도라고 한다.

2) 단위 ★

① 칸델라(candela ; cd)
- 101,325N/m² 압력 하에서 백금의 응고섬 온도에 있는 흑체의 1m²인 평평한 표면에서 수직방향의 광도(밝기는 광원으로부터의 거리 제곱에 반비례한다.)를 말한다.

② 촉광(candle)
- 지름이 1인치(2.54cm)되는 촛불이 수평방향으로 비칠 때 빛의 밝기(빛의 광도를 나타내는 단위로 국제촉광을 사용한다.)를 말한다.
- 1촉광 = 4π루멘

(3) 광속

1) 광속의 정의

광원으로부터 나오는 빛의 속도를 광속이라 한다.

2) 단위 ★

루멘(Lumen; lm) : 1촉광의 광원으로부터 한 단위입체각으로 나가는 광속의 단위

(4) 광속발산도(휘도)

1) 광속발산도의 정의

단위 표면적에서 발산 또는 반사되는 빛의 양을 광속발산도라 한다.

2) 단위

① 램버트(Lambert) : 평면 $1ft^2(1cm^2)$에서 1Lumen의 빛을 발하거나 반사시킬 때의 밝기 (1Lambert = $3.18 candle/m^2$)
② 니트(Nit) : 1nt = $1cd/m^2$

(5) 반사율

반사광의 에너지와 입사광의 에너지의 비율을 말한다.

$$반사율(\%) = \frac{광속발산도(fL)}{조명(fc)} \times 100$$

(6) 대비

$$대비(\%) = \frac{배경\ 반사율(Lb) - 표적물체\ 반사율(Lt)}{배경\ 반사율(Lt)} \times 100$$

2 채광 및 조명방법

(1) 채광방법

1) 창의 방향

　① 많은 채광을 요구할 경우 : 남향
　② 조명의 평등을 요하는 작업실 : 북향 or 동북향

2) 창의 높이와 면적

　① 조도는 창을 크게 하는 것보다 창의 높이를 증가시키는 것이 효과적이다.
　② 창의 면적은 방바닥 면적의 15~20%(1/5~1/7)가 적당하다. ★

3) 개각과 입사각(앙각)

　① 실내 각점의 개각은 4~5°가 좋으며, 개각이 클수록 실내는 밝다. ★
　② 입사각은 28° 이상이 좋으며, 입사각이 클수록 실내는 밝다. ★
　③ 개각 1°가 감소했을 때 입사각으로 2~5° 증가가 필요하다.

(2) 조명방법

1) 직접조명과 간접조명

간접조명	직접조명
등기구에서 발산되는 광속의 90% 이상을 천장이나 벽에 투사시켜 이로부터 반사 확산된 광속을 이용하는 조명방식	등기구에서 발산되는 광속의 90% 이상을 직접 작업면에 투사하는 조명방식

2) 전반조명과 국부조명

① **전반조명**
- 조명 기구를 일정한 높이와 간격으로 배치하여 **작업장 전체를 균일하게 밝히는 조명방식**을 말한다.
- **눈부심이 없고 부드러운 빛**을 얻을 수 있다.

② **국부조명**
- **필요한 곳만을 강하게 조명하는 조명법**으로 정밀한 작업 또는 시력을 집중시켜 줄 수 있는 일에 사용하는 조명방식이다.
- 밝고 어둠의 차이가 많아 **눈부심을 일으켜 눈을 피로하게 한다.**
- 국부조명과 전반조명이 병용되는 경우 작업장의 조도를 균일하게 하기 위하여 **전반조명의 조도는 국부조명의 $\frac{1}{10} \sim \frac{1}{5}$ 정도가 적당**하다.

3) 인공조명 시 고려하여야 할 사항

① **광색은 주광색에 가깝게** 한다.
② **가급적 간접 조명이 되도록** 한다.
③ **조도는 작업상 충분히 유지**시킨다.
④ **조명도는 균등히 유지할 수 있어야** 한다.
⑤ **경제적이며 취급이 용이**해야 한다.
⑥ **폭발성 또는 발화성이 없으며** 유해가스를 발생하지 않아야 한다.

예제 04

작업환경을 국부조명으로 설계하는 경우 고려해야 할 요소 3가지를 적으시오. | 산업 2017년 3회 |

해설
① 눈부심과 휘도
② 조도와 조도분포(균일한 밝기)
③ 색채효과(빛의 색)

(3) 법적 조도 기준(산업안전보건법) ★★

① 초정밀 작업 : 750Lux 이상
② 정밀 작업 : 300Lux 이상
③ 보통 작업 : 150Lux 이상
④ 기타 작업 : 75Lux 이상

예제 05

산업안전보건법에 의한 작업장의 적절한 조도기준을 적으시오. | 산업 2018년 2회, 2021년 2회 |

해설

① 초정밀 작업 : 750Lux 이상
② 정밀 작업 : 300Lux 이상
③ 보통 작업 : 150Lux 이상
④ 기타 작업 : 75Lux 이상

산업위생관리산업기사 실기

05

제5과목 산업독성학

CHAPTER 01 입자상 물질
CHAPTER 02 유해화학물질
CHAPTER 03 중금속
CHAPTER 04 인체구조 및 대사

CHAPTER 01 입자상 물질

01 입자상 물질의 종류 및 특성

(1) 입자상 물질의 종류 및 정의 ★

흄(fume)	고체상태의 물질이 용융되어 생긴 금속의 증기가 공기 중에서 응고되어 화학변화(산화)를 일으켜 만들어진 고체의 미립자(금속산화물)
미스트(mist)	공기 중에 부유, 비산되는 액체 미립자를 말하며 입자의 크기는 보통 100 m 이하이다.
먼지(dust)	입자의 크기는 1~100 m 정도의 고체의 미립자가 공기 중에 부유하고 있는 것
연기(smoke)	유해물질이 연소 시에 불완전 연소의 결과로 생기는 미립자로 액체나 고체의 2가지 상태로 존재할 수 있다.(크기는 0.01~1.0 m 정도)
안개(fog)	증기가 응축되어 생성된 액체 입자로 크기는 1~10 m 정도이다.
스모그(smog)	smoke(연기)와 fog(안개)가 결합된 상태를 말한다.
에어로졸(aerosol)	유기물의 불완전 연소에 의한 액체와 고체의 미세한 입자가 공기 중에 부유되어 있는 혼합체를 말한다.
섬유(fiber)	길이가 5 m 이상이고 길이 대 너비의 비가 3 : 1 이상인 가늘고 긴 먼지로 석면섬유, 식물섬유, 유리섬유, 암면 등이 있다.
검댕(soot)	탄소함유 물질의 불완전연소로 생성된 탄소입자의 응집체

(2) 흄(fume)의 발생기전 3단계 ★★

1단계 금속의 증기화	금속이 녹는 점 이상의 열에너지를 받아 공기 중으로 증기화 된다.
2단계 증기물의 산화	금속증기는 공기 중의 산소에 의해 산화물을 형성한다.
3단계 산화물의 응축	온도차에 따라 냉각, 응축되면서 다시 고체인 금속입자가 된다.

예제 01

흄(fume)의 발생기전 3단계를 적으시오. | 기사 2014년 2회 |

해설

- 1단계 : 금속의 증기화
- 2단계 : 증기물의 산화
- 3단계 : 산화물의 응축

예제 02

[보기]의 설명에 해당하는 입자상 물질의 종류를 적으시오. | 산업 2020년 3회 |

> (1) 액체물질의 교반, 스프레이 작업 등에 의해 공기 중에 부유, 비산되는 액체 미립자를 말한다.
> (2) 고체상태의 물질이 용융되어 생긴 금속의 증기가 공기 중에서 응고되어 화학변화(산화)를 일으켜 만들어진 고체의 미립자를 말한다.
> (3) 유해물질이 연소 시에 불완전 연소의 결과로 생기는 미립자(에어로졸의 혼합체)를 말한다.

해설

(1) 미스트(mist)
(2) 흄(fume)
(3) 연기(smoke)

예제 03

입자상 물질 중 섬유의 정의를 적으시오. (단, 길이 대 너비의 비를 포함하여 설명할 것) | 산업 2017년 2회 |

해설

길이가 5 m 이상이고 길이 대 너비의 비가 3 : 1 이상인 가늘고 긴 먼지로 석면 섬유, 식물섬유, 유리섬유, 암면 등이 있다.

(3) ACGIH의 입자상 물질의 입자 크기별 분류 ★★

흡입성 분진 (IPM : Inspirable Particulates Mass)	① 호흡기 어느 부위에 침착하더라도 독성을 일으키는 분진(물질) ② 평균입경 : 100 m(입경범위 : 0~100 m)
흉곽성 분진 (TPM : Thoracic Particulates Mass)	① 기도나 하기도 또는 폐포나 폐기도에 침착하여 독성을 나타내는 분진(물질) ② 평균입경 : 10 m
호흡성 분진 (RPM : Respirable Particulates Mass)	① 호흡기를 통하여 폐포에 축적될 수 있는 크기의 분진[폐포(가스교환 부위)에 침착하여 독성을 나타내는 분진] ② 평균입경 : 4 m ③ 측정목적 : 진폐증, 폐암 등을 일으키는 근로자의 호흡성 분진 노출정도를 파악하기 위함이다. ④ 호흡성 분진의 채취기구 : 10mm nylon cyclone

---

예제 04

ACGIH의 입자상 물질의 크기를 3가지로 분류하고 각각의 평균입경을 적으시오.

| 기사 2019년 1회, 2018년 2회, 2016년 1회, 2014년 2회 |

해설

① 흡입성 분진 : 평균입경 100 m
② 흉곽성 분진 : 평균 입경 10 m
③ 호흡성 분진 : 평균 입경 4 m

예제 05

입자상 물질의 분류 중 (1) 호흡성 분진을 설명하시오. (2) 호흡성 분진의 평균입경을 적으시오. (3) 호흡성 분진의 채취기구를 적으시오.

| 기사 2013년 3회 |

해설

(1) 호흡기를 통하여 폐포에 축적될 수 있는 크기의 분진[폐포(가스교환 부위)에 침착하여 독성을 나타내는 분진]
(2) 4 m
(3) 10mm nylon cyclone

예제 06

ACGIH의 입자상 물질의 입자 크기별 분류 중 호흡성 분진의 정의와 평균 입경을 적고 호흡성 분진의 측정목적을 설명하시오. | 기사 2017년 1회 |

(1) 호흡성 분진의 정의와 평균 입경 :
(2) 측정목적 :

해설

(1) • 정의 : 호흡기를 통하여 폐포에 축적될 수 있는 크기의 분진[폐포(가스교환 부위)에 침착하여 독성을 나타내는 분진]
　　• 평균입경 : 4 m
(2) 진폐증, 폐암 등을 일으키는 근로자의 호흡성 분진 노출정도를 파악하기 위함이다.

예제 07

ACGIH의 구분에 의한 입자상물질 중 호흡성분진(RPM)의 침착기전을 설명하시오. | 기사 2016년 1회 |

해설

호흡기를 통하여 폐포에 축적될 수 있는 크기의 분진[폐포(가스교환 부위)에 침착하여 독성을 나타내는 분진]

02 인체 내 축적 및 제거

(1) 입자상 물질의 호흡기계 축적기전(호흡기 침착 매커니즘) ★★

1) 충돌(관성충돌, Inertial Impaction)

공기흐름의 방향이 바뀌는 경우 입자의 관성 때문에 원래방향대로 이동하다가 흐름이 바뀌는 지점에서 부딪치며 충돌에 의해 침착된다. (5 ~ 30μm 크기의 입자)

2) 침전(중력침강, Sedimentation)

기관지 등 폐의 심층부에서는 공기흐름이 느려지며 이 때 입자는 중력에 의해 낙하하여 축적된다. (1 ~ 5μm 크기의 입자)

3) 차단(interception)

길이가 긴 입자가 호흡기계로 들어오면 그 **입자의 가장자리가 기도의 표면을 스치게 됨으로써 침착**된다.

4) 확산(diffusion)

미세입자의 **무질서한 운동(브라운 운동)에 의해 기체분자와 충돌**하며 **침착**되는 현상으로 전 호흡기계 내에서 일어난다.(1μm 이하의 미세입자)

5) 정전기침강

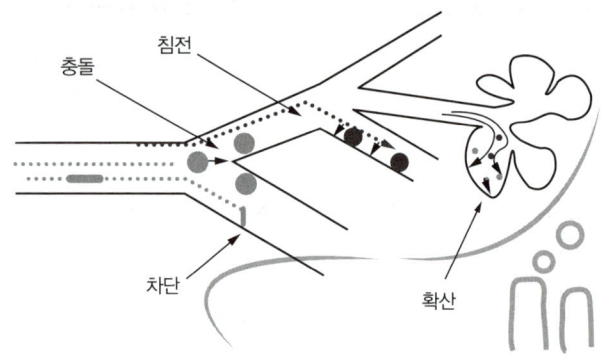

(2) 입자 크기에 따른 침착현상 ★

① 1(0.5)μm 이하 입자 : **확산**현상에 의해 침착된다.
② 1~5(8)μm 입자 : **침강(침전)**현상에 의해 침착된다.
③ 5~30μm 입자 : **관성충돌**에 의해 침착된다.

03 진폐증

(1) 진폐증

① 흡인된 분진이 폐 조직에 축적되어 병적인 변화(폐조직의 섬유화(굳어짐)로 산소교환이 정상적으로 이루어지지 않음)를 일으키는 질환을 총칭하여 진폐증이라 한다.
② 섬유증이란 폐포, 폐포관, 모세기관지 등을 이루고 있는 세포들 사이에 콜라겐 섬유가 증식하는 현상을 말한다.
③ 진폐증을 가장 잘 일으킬 수 있는 섬유성 분진의 크기는 길이가 5~8 m보다 길고, 두께가 0.25~1.5 m보다 얇은 것

(2) 진폐증의 분류

1) 분진 종류에 따른 분류

무기성(광물성)분진에 의한 진폐증	유기성 분진에 의한 진폐증 ★
• 규폐증 • 규조토폐증 • 탄소폐증 • 탄광부 진폐증 • 용접공폐증 • 석면폐증 • 베릴륨폐증 • 활석폐증 • 흑연폐증 • 주석폐증 • 칼륨폐증 • 바륨폐증 • 철폐증	• 농부폐증 • 연초폐증 • 면폐증 • 설탕폐증 • 목재분진폐증 • 모발분진폐증 **암기** 연초 핀 농부의 폐와 모발에서 설탕 나오면 면목 없다.

2) 조직 반응에 따른 분류(병리적 변화)

교원성 진폐증	비교원성 진폐증
• 폐포 조직의 비가역적 변화가 일어난다. • 교원성 간질반응이 심하다. • 규폐증, 석면폐증, 탄광부 진폐증 등이 있다.	• 분진에 의한 조직반응은 가역성이다. • 폐조직이 정상이며 간질반응이 경미하다. • 망상섬유로 구성되어 있다. • 용접공폐증, 주석폐증, 바륨폐증, 칼륨폐증 등이 있다.

(3) 진폐증의 종류 및 특징

1) 규폐증(silicosis) ★

① 이산화규소(SiO_2, 유리규산, 석영) 분진의 흡입으로 폐조직에 섬유화가 나타나는 진폐증을 말한다.
② 이집트의 미라에서도 발견되는 오랜 질병이며, 건축업, 도자기 작업장, 채석장, 석재공장 등의 작업장에서 근무하는 근로자에게 발생한다.
③ 합병증으로 폐암, 폐결핵(규폐결핵증)을 일으키며 폐하엽 부위에 많이 생긴다.

2) 석면폐증(Asbestosis) ★

① 석면을 취급하는 작업자에게 발생되는 진폐증을 말한다.
② 폐암, 악성중피종, 늑막암 등을 일으킨다.
③ 길이가 5~8 m보다 길고, 두께가 0.25~1.5 m보다 얇은 석면이 석면폐증을 잘 일으킨다.

3) 석탄폐증

광부에게 잘 발생되며 규소작용 없이 석탄분진에 의해 생기는 진폐증으로 다른 진폐증보다 증상이 약하다.

4) 농부폐증

① 건초사업장의 작업자에게 발생되는 진폐증을 말한다.
② 체내 반응보다는 직접적인 알레르기 반응을 일으키며 특히 호열성 방선균류의 과민증상이 많이 발생한다.

(4) 진폐증의 독성 병리기전

① 진폐증의 대표적인 병리소견은 섬유증(fibrosis)이다.
② 섬유증이 동반되는 진폐증의 원인물질로는 석면, 알루미늄, 베릴륨, 석탄분진, 실리카 등이 있다.
③ 폐포 대식세포는 분진탐식 과정에서 활성산소유리기에 의한 섬유모세포의 증식을 유도한다.
④ 콜라겐 섬유가 증식하면 폐외 탄력성이 떨어져 호흡곤란, 시속석인 기침, 폐기능 저하를 가져온다.

(5) 분진 발생 작업장의 작업관리 대책 ★

① 분진 발생원 밀폐(분진 발생 방지)
② 습식공법 채택(분진 비산 방지)
③ 작업장 환기(국소배기장치 또는 전체환기장치를 설치)
④ 작업자 방진마스크 착용

예제 08

고농도의 분진 발생 작업장에서 실시하여야 하는 관리대책(분진이 발생되는 작업장의 작업관리 대책) 4가지를 적으시오. | 기사 2016년 2회, 2017년 3회, 2019년 2회 / 산업 2017년 3회, 2019년 2회, 2020년 1·2·4회 |

해설

① 분진 발생원 밀폐(분진 발생 방지)
② 습식공법 채택(분진 비산 방지)
③ 작업장 환기(국소배기장치 또는 전체환기장치를 설치)
④ 작업자 방진마스크 착용

예제 09

용접작업에서 실시하여야 하는 건강보호 대책은 유해광선 차단 대책, 소음 대책, 고열 대책, 용접 흄 및 유해가스 제거위한 환기 대책 등이 있다. [보기]의 설명 중에서 용접 흄에 대한 대책과 유해광선에 대한 대책을 골라 그 번호를 적으시오. | 산업 2019년 3회 |

(1) 용접 흄에 대한 대책 :
(2) 유해광선에 대한 대책 :

① 작업장 조도를 65lux 미만으로 유지한다.
② 용접작업 근로자에게 방음용 귀마개를 제공한다.
③ 인접 작업장에 영향을 미칠 우려가 있는 경우 난연 차광커튼을 설치한다.
④ 용접작업 근로자에게 방진마스크와 송기마스크를 제공한다.
⑤ 환기량을 계산하여 국소배기장치 및 전체환기장치를 가동한다.

해설

(1) ④, ⑤
(2) ③

> **예제 10**
>
> 용접작업의 작업환경 관리 대책 3가지를 적으시오.　　　　　　　　　　　　| 산업 2018년 2회 |
>
> **해설**
> ① 국소배기장치 및 전체환기장치를 설치한다.
> ② 방진마스크나 송기마스크를 착용한다.
> ③ 차광안경을 착용한다.
> ④ 소음이 85 dB(A) 이상 시에는 귀마개 등 보호구를 착용한다.
> ⑤ 주위에서 작업하는 근로자의 시력보호를 위해 차광펜스를 설치한다.
>
> **예제 11**
>
> 용해로 취급작업(용해 작업)에 종사하는 작업자가 착용하여야 하는 보호구의 종류를 적고 해당 보호구를 착용하는 목적을 적으시오.　　　　　　| 산업 2017년 3회 |
>
> **해설**
> ① 방열복: 고열에 의한 화상 등의 위험으로부터 몸을 보호한다.
> ② 방열장갑: 고열에 의한 화상 등의 위험으로부터 손을 보호한다.
> ③ 방열두건: 고열에 의한 화상 등의 위험으로부터 머리와 안면부를 보호하고 가시광선 적외선으로부터 눈을 보호한다.
>
> > [참고]
> > 방열두건이란 내열원단으로 제조되어 안전모와 안면렌즈가 일체형으로 부착되어 있는 형태의 두건을 말한다.

04 석면에 의한 건강장해

(1) 석면의 종류 ★

석면 종류	화학식
백석면(크리소타일) : 사문석계	$Mg_3(Si_2O_5)(OH)_4$
청석면(크로시돌라이트) : 각섬석계	$Na_2Fe_3^{2+}Fe_2^{3+}Si_8O_{22}(OH)_2$
갈석면(아모사이트) : 각섬석계	$(Mg, Fe)_7Si_8O_{22}(OH)_2$
트레모라이트 – 석면	$Ca_2(Mg, Fe)_5Si_8O_{22}(OH)_2$
악티노라이트 – 석면	$Ca_2Mg_5(Si_8O_{22})(OH)_2$
안소필라이트 – 석면	$(Mg, Fe)_7Si_8O_{22}(OH)_2$

예제 12

석면에 대한 다음 물음에 답하시오. | 기사 2017년 3회 |

(1) 다음 설명에 해당하는 석면의 명칭(종류)을 적으시오.
   ① 석면 광물 중 강도가 가장 강하고 취성을 가지며 내산성이 매우 강하다. [화학식 : $Na_2Fe_3^{2+}Fe_2^{3+}Si_8O_{22}(OH)_2$]
   ② 취성을 가지며 내열성이 강하여 과거 보온재로 많이 사용되었다. [화학식 : $(Mg,Fe)_7Si_8O_{22}(OH)_2$]
   ③ 가늘고 부드러워 잘 휘어지며 인장강도가 강하다. [화학식 : $Mg_3(Si_2O_5)(OH)_4$]
(2) 석면해체·제거작업 계획 수립 시에 포함하여야 할 사항 3가지를 적으시오.

해설

(1) ① 청석면
    ② 갈석면
    ③ 백석면
(2) ① 석면 해체·제거작업의 절차와 방법
    ② 석면 흩날림 방지 및 폐기방법
    ③ 근로자 보호조치

예제 13

조선업에서 발생되는 유해인자의 종류를 4가지 적으시오. | 기사 2023년 1회 |

해설

① 용접 흄
② 소음, 진동
③ 분진
④ 유해광선
⑤ 유해가스
⑥ 유기용제

예제 14

노출 시에 심각한 건강장해를 유발하는 석면의 종류 4가지를 적으시오. | 산업 2019년 1회 |

해설

① 청석면
② 갈석면
③ 백석면
④ 트레모라이트 – 석면
⑤ 악티노라이트 – 석면
⑥ 안소필라이트 – 석면

(2) 석면으로 인한 건강장해

① 석면 중 건강에 가장 치명적인 영향을 미치는 것(발암성이 가장 강하다)은 청석면(크로시돌라이트 : crocidolite)이다.
   - 인체에 해로운 순서 : 청석면 〉 갈석면 〉 백석면
② 석면폐증, 폐암, 악성중피종 등을 유발한다. ★

(3) 기관석면조사대상

① 건축물(주택은 제외)의 연면적 합계가 50제곱미터 이상이면서, 그 건축물의 철거·해체하려는 부분의 면적 합계가 50제곱미터 이상인 경우
② 주택(부속건축물을 포함한다.)의 연면적 합계가 200제곱미터 이상이면서, 그 주택의 철거·해체하려는 부분의 면적 합계가 200제곱미터 이상인 경우
③ 설비의 철거·해체하려는 부분에 다음 각 목의 어느 하나에 해당하는 자재(물질을 포함한다.)를 사용한 면적의 합이 15제곱미터 이상 또는 그 부피의 합이 1세제곱미터 이상인 경우
   - 단열재
   - 보온재
   - 분무재
   - 내화피복재
   - 개스킷(Gasket : 누설방지재)
   - 패킹재(Packing : 틈박이재)
   - 실링재(Sealing : 액상 매움재)
   - 그 밖에 가목부터 사목까지의 자재와 유사한 용도로 사용되는 자재로서 고용 노동부장관이 정하여 고시한 자재
④ 파이프 길이의 합이 80미터 이상이면서, 그 파이프의 철거·해체하려는 부분의 보온재로 사용된 길이의 합이 80미터 이상인 경우

(4) 석면조사 제외 대상

① 건축물이나 설비의 철거·해체 부분에 사용된 자재가 설계도서, 자재 이력 등 관련 지료를 통해 석면을 함유하고 있지 않음이 명백하다고 인정되는 경우
② 건축물이나 설비의 철거·해체 부분에 석면이 1퍼센트(무게 퍼센트) 초과하여 함유된 자재를 사용하였음이 명백하다고 인정되는 경우

(5) 석면조사방법 및 판정방법

1) 석면조사방법

① 건축도면, 설비제작도면 또는 사용자재의 이력 등을 통하여 석면 함유 여부에 대한 예비조사를 할 것
② 건축물이나 설비의 해체·제거할 자재 등에 대하여 성질과 상태가 다른 부분들을 각각 구분할 것
③ 시료채취는 구분된 부분들 각각에 대하여 그 크기를 고려하여 채취 수를 달리하여 조사를 할 것

2) 판정방법

구분된 부분들 각각에서 크기를 고려하여 1개만 고형시료를 채취·분석하는 경우에는 그 1개의 결과를 기준으로 해당 부분의 석면 함유 여부를 판정하여야 하며, 2개 이상의 고형시료를 채취·분석하는 경우에는 석면함유율이 가장 높은 결과를 기준으로 해당 부분의 석면 함유 여부를 판정하여야 한다.

(6) 석면농도의 측정방법

① 석면해체·제거작업장 내의 작업이 완료된 상태를 확인한 후 공기가 건조한 상태에서 측정할 것
② 작업장 내에 침전된 분진을 비산(飛散)시킨 후 측정할 것
③ 시료채취기를 작업이 이루어진 장소에 고정하여 공기 중 입자상 물질을 채취하는 지역 시료채취방법으로 측정할 것

(7) 석면해체·제거작업 계획 수립

1) 사업주는 석면해체·제거작업을 하기 전에 일반석면조사 또는 기관석면조사 결과를 확인한 후 다음 각 호의 사항이 포함된 석면해체·제거작업 계획을 수립하고, 이에 따라 작업을 수행하여야 한다.

① 석면 해체·제거작업의 절차와 방법
② 석면 흩날림 방지 및 폐기방법
③ 근로자 보호조치

2) 사업주는 석면해체·제거작업 계획을 수립한 경우에 이를 해당 근로자에게 알려야 하며, 작업장에 대한 석면조사 방법 및 종료일자, 석면조사 결과의 요지를 해당 근로자가 보기 쉬운 장소에 게시하여야 한다.

05 인체 방어기전

(1) 인체 내의 방어기전

먼지가 호흡기계로 들어올 때 인체가 가지고 있는 방어기전을 말한다.

1) 점액 섬모운동(기관지)

기도와 기관지에 침착된 먼지는 점액 섬모운동과 같은 방어작용에 의해 정화된다.(가장 기초적인 방어기전)

2) 대식세포 작용(폐포) ★

① 대식세포는 면역담당세포로서 세균, 이물질 등을 포식, 소화하는 역할을 한다.
② 대식세포가 방출하는 효소의 용해작용으로 제거한다.

예제 15

인체 내의 면역을 담당하는 대식세포의 기능에 손상을 주는 물질 3가지를 적으시오. | 기사 2017년 1회 |

해설

① 담배 연기
② 석면
③ 유해화학물질의 증기

예제 16

인체 내의 방어기전 중 점액 섬모운동의 배출기전을 설명하시오. | 산업 2015년 2회 |

해설

점액은 호흡기(기도와 기관지)를 통하여 흡착된 이물질을 붙잡아서 섬모운동에 의해 배출한다.

유해화학물질

01 유해물질의 종류

(1) 제조 등이 금지되는 유해물질

① β-나프틸아민[91-59-8]과 그 염(β-Naphthylamine and its salts)
② 4-니트로디페닐[92-93-3]과 그 염(4-Nitrodiphenyl and its salts)
③ 백연[1319-46-6]을 함유한 페인트(함유된 중량의 비율이 2퍼센트 이하인 것은 제외한다)
④ 벤젠[71-43-2]을 함유하는 고무풀(함유된 중량의 비율이 5퍼센트 이하인 것은 제외한다)
⑤ 석면(Asbestos; 1332-21-4 등)
⑥ 폴리클로리네이티드 터페닐(Polychlorinated terphenyls : 61788-33-8 등)
⑦ 황린(黃燐)[12185-10-3] 성냥(Yellow phosphorus match)
⑧ 제1호, 제2호, 제5호 또는 제6호에 해당하는 물질을 함유한 혼합물(함유된 중량의 비율이 1퍼센트 이하인 것은 제외한다)
⑨ 「화학물질관리법」 제2조제5호에 따른 금지물질(같은 법 제3조제1항제1호부터 제12호까지의 규정에 해당하는 화학물질은 제외한다)
⑩ 그 밖에 보건상 해로운 물질로서 산업재해보상보험및예방심의위원회의 심의를 거쳐 고용노동부장관이 정하는 유해물질

02 유해물질의 물리, 화학적 특성

(1) 유해물질의 유해요인(인체에 미치는 유해성을 좌우하는 인자) ★

① 유해물질의 농도와 접촉시간
- Haber의 법칙 ★

$$\text{유해지수} = \text{유해물질의 농도} \times \text{접촉시간}$$
$$(K) \qquad (C) \qquad (t)$$

② 근로자의 감수성
③ 작업강도 및 호흡량
④ 기상조건
⑤ 인체 내 침입경로

(2) 유해물 취급상의 안전조치

① 유해물 발생원의 봉쇄
② 유해물의 위치, 작업공정의 변경
③ 작업공정의 은폐 및 작업장의 격리

03 인체 내 축적 및 제거

(1) 유해물질의 인체침입 경로 ★

1) 호흡기

① 유해물질의 인체침입 경로 중 가장 영향이 큰 침입경로이다. ★
② 호흡기의 흡수속도는 그 유해물질의 농도와 용해도로 결정되며, 폐까지 도달하는 양은 그 유해물질의 용해도에 의해 결정된다. ★

2) 피부

피부를 통한 흡수량은 접촉피부면적과 그 유해물질의 유해성과 비례한다.

3) 소화기

04 유해화학 물질에 의한 건강장해

(1) 유기용제

탄소원자를 함유한 화합물로서 다른 물체를 녹이는 성질이 있다.

1) 유기용제의 독성작용(중추신경계에 대한 독성기전) ★

① 탄소사슬의 길이가 길수록 중추신경 억제효과는 증가한다.
② 중추신경 억제작용은 할로겐화하면 크게 증가하고 알코올 작용기에 의하여 다소 증가한다.
③ 탄소사슬의 길이가 길수록 수용성은 감소하고 지용성은 증가한다.
④ 유기용제는 지방에 대한 친화력은 높고 물에 대한 친화력이 낮아 신체조직의 지방부분에 축적이 잘 된다.
⑤ 불포화 화합물은 포화 화합물보다 더 강력한 중추신경 억제물질이다.

> **암기**
>
> 탄소사슬이 길수록, 할로겐족으로 치환할수록, 불포화화합물일수록 독성이 증가한다.
> (중추신경계 억제효과가 크다).

2) 유기화학물질의 중추신경계 작용(마취작용) 순서

① 중추신경계 억제작용 순서 ★
  할로겐화화합물(할로겐족) 〉에테르 〉에스테르 〉유기산 〉알코올 〉알켄 〉알칸
② 중추신경계 자극작용 순서
  아민류 〉유기산 〉케톤 〉알데히드 〉알코올 〉알칸

(2) 유기용제 종류별 독성작용

1) 방향족 탄화수소

① 1개 이상의 벤젠고리로 구성된 화합물(벤젠, 톨루엔, 크실렌 등)이다.
② 지방족 화합물에 비해 독성이 훨씬 강하다.
③ 급성 전신중독 시 독성이 강한 순서
  톨루엔 〉크실렌 〉벤젠
④ 급성독성 시 중추신경계 억제에 의한 마취작용, 만성중독 시는 골수 및 조혈기능 장해(재생불량성 빈혈)를 유발한다.

벤젠	• 방향족 탄화수소 중 저농도에 장기간 노출(만성 중독) 시에 독성이 가장 강하다. • 골수 및 조혈장해(재생불량성 빈혈증)를 유발한다. ★ • 벤젠은 저농도로 장기간 폭로 시 혈액장해, 간장장해, 재생불량성 빈혈, 백혈병을 일으킨다. • 연료, 합성고무 등의 원료로 사용된다. • 벤젠은 주로 페놀로 대사되며 페놀은 벤젠의 생물학적 노출지표로 이용된다.
톨루엔	• 방향족 탄화수소 중 급성전신 중독 시 독성이 가장 강하다. • 중추신경계 억제, 뇌손상을 유발한다.

2) 다환(다핵) 방향족 탄화수소류(PAHs)

① 석유, 석탄 등에 포함되어 있으며, 석탄연료 배출물, 자동차 연료 배출가스 등 흡연 및 연소공정에서 주로 생성된다.
② 벤젠고리가 2개 이상 연결되어 있고 대사가 거의 되지 않는 방향족 고리로 구성되어 있다.
③ 나프탈렌, 벤조피렌 등이 해당된다.

3) 할로겐화탄화수소

① 중추신경계의 억제에 의한 마취작용이 특히 심하다.
② 고농도에 노출되면 중추신경계 장해 외에 간장과 신장장해를 유발한다.
③ 신장장해 증상으로 감뇨, 혈뇨 등이 발생하며 완전 무뇨증이 되면 사망할 수도 있다.
④ 사염화탄소, 클로로포름, 염화비닐 등이 있다.

사염화탄소 (CCl_4) ★	• 피부를 통하여 인체에 흡수된다. • 고농도로 폭로되면 중추신경계 장해 외에 간장이나 신장에 장해가 일어나 황달, 단백뇨, 혈뇨 등의 증상이 생긴다. • 간에 대한 독성작용이 특히 심하여 중심소엽성 괴사를 일으킨다. • 가열하면 포스겐이나 염소(염화수소)로 분해된다. **암기** 간 신(간과 신장) 사염화를 소괴(중심소엽성 괴사) 합니다.
염화비닐 ★	• 장기간 노출된 경우 간조직 세포에 섬유화 증상이 나타난다. • 간에 혈관육종(hemangiosarcoma)을 일으킨다. ★ • 장기간 흡입한 근로자에게 레이노 현상이 나타나며 자체의 독성보다 대사산물에 의한 독성작용이 있다. **암기** 연비(염화비닐) 6종(혈관육종)

염화에틸렌	• 화기 등에 접촉하면 유독성의 포스겐이 발생하여 폐수종을 일으킨다.
염화탄화수소 ★	• 간장해를 일으킨다. 암기 염탄(염화탄화수소) 간장(간 장해)
클로로포름	• 약품을 정제하기 위한 추출제 혹은 냉동제 및 합성수지에 이용된다.
트리클로로에틸렌	• 무색의 휘발성 용액 • 도금 사업장에서 금속표면의 탈지 및 세정용으로 사용된다. • 간 및 신장장해를 일으킨다. • 스티븐슨존슨 증후군을 일으킨다.

4) 알코올류

메탄올 (CH_3OH)	• 메탄올은 호흡기 및 피부를 통해 흡수된다. • 플라스틱, 필름제조와 휘발유첨가제 등 공업용제로 사용된다. • 자극성이 있고, 신경독성물질로 시신경장해, 중추신경억제를 일으킨다. ★ • 시각장해의 기전은 메탄올의 대사산물인 포름알데하이드가 망막조직을 손상시키는 것이다. • 메탄올이 시각장해 독성을 나타내는 대사단계 메탄올 → 포름알데하이드 → 포름산 → 이산화탄소 • 메탄올 중독 시 중탄산염의 투여와 혈액투석치료가 도움이 된다.
에탄올 (C_2H_5OH)	• 국소자극제로 중추신경에 대한 영향이 크다. • 골격에 근병증을 유발, 간경화증을 유발시켜 간암으로 진행한다.
에틸렌 글리콜 ($C_6H_6O_2$)	• 용제, 부동액, 추출제에 이용된다. • 노출 초기에는 호흡 마비 증상, 말기에는 단백뇨, 신부전 증상을 일으킨다.

(3) 기타 유해화학물질의 주요 독성

1) 이황화탄소(CS_2) : 중추신경 및 말초 신경장해, 생식기능장해 ★

① 인조견, 셀로판, 사염화탄소의 생산, 수지와 고무제품의 용제, 실험실에서 추출용 등의 시약에 사용된다.

② 장기간 고농도에 폭로되면 신경행동학적 이상(중추신경계의 특징적인 독성작용), 말초신경장해(파킨슨 증후군), 기질적 뇌손상(급성 뇌병증), 시각·청각장해 등 감각 및 운동신경에 장해를 유발한다.

2) 알데히드(알데하이드)류

① 호흡기에 대한 자극작용이 심하다.
② 포름알데하이드는 자극적인 냄새가 나는 무색의 기체로서 다발성골수종이나 악성흑색종 및 호흡기계 암의 원인이 된다.

3) 노르말헥산

① 페인트, 신너, 잉크 등의 용제로 사용된다.
② 장기간 폭로 시 다발성말초신경장해(앉은뱅이 증후군)을 유발한다.
③ 체내 대사과정을 거쳐 2,5-Hexanedione의 형태로 배설된다.
④ 2000년대 전자부품 사업장에서 외국인 근로자에게 다발성말초신경병증(앉은뱅이병)을 집단으로 유발시켰다.

4) 메틸부틸케톤(MBK)

말초신경장해

5) 결정형실리카

폐암유발

6) 사카린

방광암 촉진제

7) 아민

중추신경자극 작용이 가장 심하다.

8) 벤지딘

① 염료 및 합성고무경화제의 제조에 사용된다.
② 급성중독 : 피부염, 급성방광염
③ 만성중독 : 방광암, 요로계 종양

9) 에틸렌글리콜에테르

생식기장해

(4) 자극제와 질식제(생리적 작용에 의한 분류)

1) 자극제 ★

① 흡입하거나 피부 및 눈과 접촉 시에 자극을 일으키는 물질을 자극제라 한다.
② 호흡기계 자극성물질은 유해물질의 용해도에 따라 상기도 점막 자극제, 상기도 점막 및 폐조직 자극제, 종말 기관지 및 폐포점막 자극제로 구분한다.

상기도 점막 자극제	물에 잘 녹는 물질로 암모니아, 크롬산, 염화수소, 불화수소, 아황산가스 등이 있다.
상기도 점막 및 폐조직 자극제	물에 대한 용해도가 중등도인 물질로 염소, 브롬, 요오드, 플루오르, 염소산화물, 오존, 이황화탄소 등이 있다..
종말 기관지 및 폐포점막 자극제	물에 잘 녹지 않는 물질로 이산화질소, 3염화비소, 포스겐 등이 있다.

예제 01

[보기]의 내용을 읽고 괄호에 적합한 용어를 적으시오. | 기사 2016년 2회 |

가스상 물질은 ( )에 따라 인체 내에서 침착되는 부분이 달라진다. 이산화황은 상기도에 침착되며, 오존 및 이황화탄소는 폐포에 침착된다.

해설

용해도

---

2) 질식제 ★

질식제는 조직 내의 산화작용을 방해하며 단순 질식제와 화학적 질식제로 구분한다.

단순 질식제	• 생리적으로는 아무 작용도 하지 않으나 공기 중에 많이 존재하여 산소분압을 저하시켜 조직에 필요한 산소의 공급부족을 초래한다. • 수소, 이산화탄소(CO_2), 질소, 헬륨, 메탄, 에탄, 프로판, 에틸렌, 아세틸렌 등
화학적 질식제	• 혈액 중의 혈색소와 결합하여 산소운반 능력을 방해하거나 조직이 산소를 받아들이는 능력을 잃게하여 내질식을 일으킨다. • 일산화탄소(CO), 황화수소(H_2S), 시안화수소(HCN), 아닐린, 염소, 포스겐 등

05 감작물질과 피부질환

(1) 감작물질

인체의 과민 반응(또는 민감성 면역 반응)을 일으킬수 있는 물질(체내에서 알레르기 반응을 일으키는 물질)을 의미한다.

(2) 직업성 피부질환

작업환경 내 유해인자에 노출되어 피부 및 부속기관에 병변이 발생되거나 악화되는 질환을 직업성 피부질환이라 한다.

① 대부분은 화학물질에 의한 **접촉피부염**이다.
② 자극에 의한 원발성 피부염이 직업성 피부질환 중 가장 많은 부분을 차지한다. ★

직접요인	간접요인
• 물리적 요인 : 온도, 자외선 및 유해광선, 진동 등 • 화학적 요인 : 원발성 및 알레르기성 접촉 피부염물질 등 • 생물학적 요인 : 바이러스, 진균 등	• 인종 • 피부 종류 • 연령 • 성별 • 계절 및 기후 • 개인의 청결상태 등

(3) 접촉성 피부염

화학물질이 피부와 접촉하여 화학물질과 피부의 상호작용에 의해 표피에 세포간 부종 또는 해면화가 나타나는 피부의 염증상태를 말한다.

① 외부물질과의 직접 접촉에 의하여 발생하는 피부염을 말한다.
② 작업장에서 가장 발생이 빈번한 직업성 피부질환은 접촉성 피부염이다.
③ 첩포시험은 알레르기성 접촉 피부염의 감작물질을 색출하는 임상시험이다. ★

자극성 접촉피부염	• 작업장에서 발생빈도가 가장 높은 피부질환이다. • 접촉피부염의 대부분을 차지한다. • 증상은 다양하지만 홍반과 부종을 동반하는 것이 특징이다. • 원인물질은 수분, 합성 화학물질, 생물성 화학물질, 부식성 화학물질, 금속성 물질 등이다. • 과거 노출경험과는 무관하다.

알레르기성 접촉피부염	• 특정 물질에 알레르기성 체질이 있는 사람에게만 발생하여 일반적인 보호 기구로 개선되지 않는다.(면역학적 기전과 관련 있다) • 진단이 쉽지 않으며 진단에 병력이 가장 중요하고 첩포시험을 시행한다. • 항원에 재노출되었을 때 세포매개성 과민 반응에 의하여 나타나는 부작용의 결과이다.
알레르기성 접촉피부염	• 극소량 노출 시에도 피부염이 발생한다. • 노출 후 알레르기원으로 작용하기까지 약 2~3주의 유도기를 가진다. • 알레르기 반응을 일으키는 세포는 대식세포, 림프구, 랑게르한스세포 등이다. • 원인물질 : 니켈, 수은, 코발트, 포르말린, 방향족탄화수소, 크롬화합물, 베릴륨 등이 있다.

(4) 피부의 색소질환(Disorder of pigmentation)

1) 색소 침착물질

① 타르, 벤조피렌, 광독성 식물
③ 금속: 무기비소, 은, 금, 비스무스, 수은
④ 방사선: 자외선, 적외선, 마이크로파, 이온화방사선

2) 색소 감소물질

① 페놀
② 하이드로퀴논

3) 예방법

① 화학물질이 비산하는 작업공정·장비 등을 밀폐, 격리
② 보호구의 착용(불침투성 보호 장갑, 불침투성 보호복 등)
③ 보호크림 도포
④ 독성이 작은 물질로 대체

예제 02

물질의 노출로 인하여 피부의 색소를 증가시키는 물질과 색소를 감소시키는 물질을 1가지씩 적고 색소 침착을 예방하기 위한 방법을 1가지 적으시오. | 기사 2024년 3회 |

해설

(1) 색소 침착물질
　　① 타르
　　② 벤조피렌

(2) 색소 감소물질
　① 페놀
　② 하이드로퀴논
(3) 예방법
　① 화학물질이 비산하는 **작업공정·장비 등을 밀폐, 격리**
　② **보호구의 착용**(불침투성 보호 장갑, 불침투성 보호복 등)
　③ **보호크림 도포**
　④ **독성이 작은 물질로 대체**

06 독성물질의 생체작용

(1) 독성

화학물질이 체내에 흡수되어 초래되는 바람직하지 않은 영향의 범위

(2) 유해물질의 독성을 결정하는 인자 ★

① 인체 내 침입경로
② 유해물질의 농도 및 노출시간
③ 물리, 화학적 특성
④ 작업강도
⑤ 기상조건

예제 03

유해물질의 독성을 결정하는 인자 5가지를 적으시오.　　　　　| 기사 2019년 2회 |

해설
① 인체 내 **침입경로**
② 유해물질의 농도 및 노출시간
③ 물리, 화학적 특성
④ 작업강도
⑤ 기상조건

(3) 화학물의 피부흡수 특성에 영향을 주는 요소

① 노출된 화학물질의 양
② 화학물질의 특성
③ 노출시간
④ 발한
⑤ 주변온도

(4) 혈액독성

① 혈액이 항상성을 유지하지 못하고 이상증상이 일어나는 것을 혈액독성이라 한다.
② 혈액의 독성물질이란 적혈구의 산소운반 기능을 방해하는 물질을 말한다.
③ 혈구용적이 정상치보다 높으면 탈수증과 다혈구증이 의심된다.
④ 백혈구수가 정상치보다 낮으면 재생 불량성 빈혈이 의심된다.
⑤ 혈소판수가 정상치보다 낮으면 골수기능 저하가 의심된다.

(5) 금속독성

① 금속의 대부분은 이온상태로 작용한다.
② 생리과정에 이온상태의 금속이 활용되는 정도는 용해도에 달려있다.
③ 금속이온과 유기화합물 사이의 강한 결합력은 배설율에도 영향을 미치게 한다.
④ 용해성 금속염은 생체 내 여러 가지 물질과 작용하여 지용성 화합물로 전환된다.

(6) 독성실험

1) 독성실험 단계

제1단계 (동물에 대한 급성노출실험)	• 치사성과 기관장해에 대한 양-반응곡선을 작성한다. • 눈과 피부에 대한 자극성 실험을 한다. • 변이원성에 대하여 1차적인 스크리닝 실험을 한다.
제2단계 (동물에 대한 만성노출실험)	• 상승작용과 가승작용 및 상쇄작용에 대하여 시험한다. • 생식영향(생식독성)과 산아장해(최기형성)를 시험한다. • 거동(행동)특성을 시험한다. • 장기독성을 시험한다. • 변이원성에 대하여 2차적인 스크리닝 실험을 한다.

2) 독극물의 측정 단위(독성실험 용어)

① MLD : 실험 동물 가운데 **한 마리를 치사시키는 데 필요한 최소의 양**
② LD_{50}(Lethal Dose) : 1회 투여로 인하여 7~10일 이내에 **실험 동물의 50%를 치사시키는 양**, 실험동물 체중 1kg당 mg으로 나타낸다.
③ LC_{50}(Lethal Concentration) : **실험 동물의 50%가 사망하는 유해 물질의 농도**
④ LT_{50} : 일정 농도에서 실험 동물의 50%가 사망하는 데 소요되는 시간
⑤ EC_{50}(Effective Concentration) : 투여량 농도에 대한 과반수 영향농도를 말한다.
⑥ IC_{50}(Inhibition Concentration) : 투여량 농도에 대한 과반수 활성억제농도를 말한다.
⑦ **무영향농도** : 투여량 또는 투여농도에 있어서 어떠한 영향도 나타나지 않는 양 또는 농도를 말한다.
⑧ TD_{50}(Toxic Dose) : 실험 동물의 50%에 독성을 나타내는 양
⑨ ED_{50}(Effective Dose) : 실험 동물의 50%가 일정한 반응을 일으키는 양
⑩ **유효량(ED)** : 실험동물 대상으로 투여 시 **독성은 초래하지 않지만 가역적인 반응이 나타나는 양**
⑪ **안전역(Margin of Safety, MOS)** : 화학물질의 투여에 의한 독성범위 ★

$$안전역 = \frac{중독량}{유효량} = \frac{TD_{50}}{ED_{50}} = \frac{LD_{01}}{ED_{99}}$$

- 인체에 흡수되는 **전신노출량과 인체에 유해한 영향을 나타내지 않을 것으로 판단되는 양을 비교한 값**이다.
- 최대유효용량(ED_{99})에 대한 최소치사용량(LD_{01})의 비교이다.
- 독성이 처음 나타나기 전에 주어질 수 있는 의약품의 양을 나타낸다.
- **안전역이 1 이상일 경우 안전하다고 평가**한다.

⑫ TI(Therapeutic Index) : 생물학적인 활성을 갖는 약물의 안정성을 평가하는 데 이용하는 치료지수

$$치료지수(TI) = \frac{LD_{50}}{ED_{50}} = \frac{치사량}{유효량}$$

(7) 화학물질 노출기준 용어

① NEL(No Effect Level) : **무 작용량**
   - 실험동물에서 **어떠한 독성도 나타나지 않은 수준**을 말한다.
② NOEL(No Observed Effect Level) : **무관찰 작용량**
   - 만성독성 시험에 구해지는 지표로서 **투여하는 전 기간에 걸쳐 독성이 관찰되지 않는 양**

③ NOAEL(No Observed Adverse Effect Level) : 무관찰 부작용량
- 독성 실험에서 어떠한 악영향(부작용)도 관찰되지 않은 수준

④ LOEL(Lowest Observed Effect Level) : 최소관찰 작용량
- 독성을 나타내는 최소량

⑤ LOAEL(Lowest Observed Adverse Effect Level) : 최소관찰 부작용량
- 악영향(부작용)을 나타내는 최소량

(8) 체내흡수량(SHD : Safe Human Dose)

동물실험에서 구해진 역치량(ThD 혹은 NOEL)을 사람에게 안전한 양으로 추정한 양을 말한다.

$$\text{체내흡수량[SHD](mg)} = C \times T \times V \times R \;\; \star\star\star$$

C : 공기 중 유해물질 농도(mg/m³)
T : 노출시간(hr)
V : 폐환기율(호흡률 m³/hr)
R : 체내 잔유율(보통 1.0)

$$\text{SHD} = \frac{ThD(\text{mg/kg/day}) \times 몸무게(\text{kg})}{\text{SF}}$$

ThD : 독성물질에 대한 역치
SF : 안전인자

예제 04

tetrachloroethylene(TWA : 25ppm, M.W : 165.80)을 사용하고 있는 작업장에서 체중 75kg인 근로자가 중노동(호흡률 1.55m³/hr) 1시간, 경노동(호흡률 0.86m³/hr) 7시간을 하고 있다. 작업장에 폭로된 농도가 20ppm일 경우 이 근로자의 하루 폭로량(mg/kg)을 계산하시오. (단, 온도는 25℃, 1기압 기준, tetrachloroethylene의 폐흡수율(체내 잔류율)은 75%이다.) | 기사 2017년 1회 |

해설

1. 공기 중의 유해물질 농도

$$\text{mg/m}^3 = \frac{\text{ppm} \times MW}{24.45} = \frac{20 \times 165.80}{24.45} = 135.62(\text{mg/m}^3)$$

2. 작업자의 유해물질 흡수량

체내흡수량(mg) = $C \times T \times V \times R$

- 중노동시의 흡수량 = $135.62 \times 1 \times 1.55 \times 0.75 = 157.66(\text{mg})$
- 경노동시의 흡수량 = $135.62 \times 7 \times 0.86 \times 0.75 = 612.32(\text{mg})$
- 체내 총 흡수량 = $157.66 + 612.32 = 769.98(\text{mg})$

3. 하루 폭로량(mg/kg)

$$\frac{769.98\text{mg}}{75\text{kg}} = 10.27(\text{mg/kg})$$

예제 05

어떤 독성물질의 안전흡수량은 체중(kg)당 0.04mg이다. 하루 8시간 작업하는 동안 체중 72kg인 사람이 이 물질의 흡수를 안전흡수량 이하로 유지하려면 해당 물질의 공기 중 농도(mg/m³)는 얼마 이하이어야 하는가? (단, 작업 시 폐환기율은 0.98m³/hr, 체내잔류율은 1.0로 가정한다.)

| 기사 2012년 1회, 2014년 2회, 2016년 2회, 2020년 2·3회 / 산업 2014년 2회, 2021년 1회 |

해설

체내흡수량(mg) $= C \times T \times V \times R$

$C = \dfrac{\text{mg}}{T \times V \times R} = \dfrac{0.04\text{mg/kg} \times 72\text{kg}}{8\text{hr} \times 0.98\text{m}^3/\text{hr} \times 1.0} = 0.37(\text{mg/m}^3)$

(9) 발암물질

종양을 유발할 수 있는 화학물질 및 각종인자를 말한다.

선행발암물질 (Procarcinogen)	대사과정에 의해서 변화된 후에만 발암성을 나타내는 물질 • PAH • Nitrosamine
직접발암물질 (Direct carcinogen)	대사되지 않은 본래의 형태로도 암을 발생시킬 수 있는 물질 • 알킬화화합물 • 방사선
초발암물질 (Cocarcinogen)	자신은 발암물질이 아니나 다른 발암물질을 활성화시키는 물질

1) 국제암연구위원회(IARC)의 발암물질 구분

국제암연구위원회(IARC)의 발암물질 구분 ★★
• Group 1 : 인체 발암성 물질 　인간 발암성에 대해 충분한 증거가 있는 물질 • Group 2A : 인체 발암성 추정물질 　인간 발암성에 대한 제한된 증거와 동물실험에서 충분한 증거가 있는 물질 • Group 2B : 인체 발암성 가능 물질 　인간 발암성에 대한 증거가 제한적이고 동물실험에서 불충분한 증거가 있는 물질 • Group 3 : 인체 발암성 미분류물질 　인간 발암성에 대한 증거가 부적당하고 동물실험에서는 부적당하거나 제한된 증거가 있는 물질 • Group 4 : 인체 비발암성 추정물질 　인간과 동물실험에서 발암성이 없다는 증거가 있는 물질

> **암기**
>
> 암연구(국제암연구위원회)해서 발암(발암성) 추(추정) 가(가능)하고 미분류물질은 비발암 추정

2) 국제암연구위원회(IARC)의 발암물질 구분 ★★★

ACGIH의 발암성 물질 구분
• A1 : 인체발암성 확인물질 • A2 : 인체발암성 의심물질(추정물질) • A3 : 동물발암성 확인물질, 인체발암성 모름 • A4 : 인체발암성 미분류(인체 발암가능성이 있으나 자료가 부족) 물질 • A5 : 인체발암성 미의심 물질

> **암기**
>
> 미국(ACGIH)에서 인체 확인(인체발암성 확인)하니 발암의심(인체발암성 의심), 동물확인으론 인체 모름, 인체 자료 부족하면(미분류) 미의심

> **예제 06**
>
> 국제암연구위원회(IARC)의 발암물질을 구분하고 설명하시오. | 기사 2014년 2회 |
>
> **해설**
>
> Group 1 : 인체 발암성 물질
> - 인간 발암성에 대해 충분한 증거가 있는 물질
>
> Group 2A : 인체 발암성 추정물질
> - 인간 발암성에 대한 제한된 증거와 동물실험에서 충분한 증거가 있는 물질
>
> Group 2B : 인체 발암성 가능 물질
> - 인간 발암성에 대한 증거가 제한적이고 동물실험에서 불충분한 증거가 있는 물질
>
> Group 3 : 인체 발암성 미분류물질
> - 인간 발암성에 대한 증거가 부적당하고 동물실험에서는 부적당하거나 제한된 증거가 있는 물질
>
> Group 4 : 인체 비발암성 추정물질
> - 인간과 동물실험에서 발암성이 없다는 증거가 있는 물질한
>
> **암기**
>
> 암연구(국제암연구위원회)해서 발암(발암성) 추(추정) 가(가능)하고 미분류물질은 비발암 추정

3) 우리나라의 발암물질 구분 ★★★

	우리나라 노동부고시의 발암성 물질 구분
	(화학물질 및 물리적인자의 노출기준, 화학물질의 분류 · 표시 및 물질안전보건자료에 관한 기준)
1A	사람에게 충분한 발암성 증거가 있는 물질
1B	시험동물에서 발암성 증거가 충분히 있거나, 시험동물과 사람 모두에서 제한된 발암성 증거가 있는 물질
2	사람이나 동물에서 제한된 증거가 있지만, 구분1로 분류하기에는 증거가 충분하지 않은 물질

> **참고** 화학물질의 분류 · 표시 및 물질안전보건자료에 관한 기준
>
> - Skin 표시 물질은 점막과 눈 그리고 경피로 흡수되어 전신 영향을 일으킬 수 있는 물질을 말함(피부자극성을 뜻하는 것이 아님) ★
> - 화학물질이 IARC 등의 발암성 등급과 NTP의 R등급을 모두 갖는 경우에는 NTP의 R등급은 고려하지 아니함
> - 혼합용매추출은 에틸에테르, 톨루엔, 메탄올을 부피비 1 : 1 : 1로 혼합한 용매나 이와 동등 이상의 용매로 추출한 물질을 말함
> - 노출기준이 설정되지 않은 물질의 경우 이에 대한 노출이 가능한 한 낮은 수준이 되도록 관리하여야 함

4) 암 발생 다단계이론(발암과정)

① 개시 단계(Initiation) : 비가역적인 세포 변화가 생기는 단계
② 촉진 단계(promotion) : 세포분열을 통해 돌연변이가 유전자 내에서 분리되는 단계
③ 전환 단계(conversion)
④ 진행 단계(progression)

07 표적장기 독성

(1) 폭로물질에 대하여 간장이 표적장기가 되는 이유

① 혈액의 흐름이 매우 풍부하기 때문에 혈액을 통해서 쉽게 침투가 가능하다.
② 복잡한 생화학 반응 등 매우 복잡한 기능을 수행함에 따라 기능의 손상가능성이 매우 높다.
③ 소화기계로 부터 혈액을 공급받으므로 소화기로 부터 흡수된 독성물질이 흡수된다.
④ 각종 대사효소가 집중적으로 분포되어 있고, 이들 효소활동에 의해 다양한 대사 물질이 만들어지지 때문에 다른 기관에 비해 독성물질의 노출가능성이 매우 높다.

중금속

01 인체 내 축적 및 제거

(1) 금속의 체내 흡수과정(금속에 대한 노출 경로)

1) 호흡기를 통한 흡수
대부분 호흡기를 통해서 입자상 물질(흄, 먼지, 미스트)의 형태로 흡수된다.

2) 소화기를 통한 흡수
① 작업장 내에서 휴식시간에 오염된 음료수, 음식 등에 오염된 채로 입을 통해 들어온 금속이 소화관을 통해서 흡수될 수 있다.
② 입을 통해 인체로 들어온 금속이 소화관에서 흡수되는 작용
  • 단순확산 또는 촉진확산
  • 특이적 수송과정
  • 음세포작용

3) 피부에서의 흡수
유기납(4-에틸납, 4-메틸납)은 피부를 통해 흡수될 수 있다.

(2) 금속의 독성기전

① 효소의 억제 : 대부분의 독성금속은 단백질과 직접 반응하여 효소구조와 기능을 변화시킨다.
② 금속 평형의 파괴 : 어떤 금속이 지나치게 공급되면 생물학적 단계의 필수금속이 과잉되거나 고갈된다.
③ 간접영향 : 대부분이 금속은 세포성분의 억할을 변화시킨다.
④ 필수 금속성분의 대체 : 필수금속과 화학적으로 유사한 독성금속이 필수금속을 대체할 수 있다.

(3) 금속의 배설

① 신장 : 금속의 가장 중요한 배설경로는 신장이다. ★
② 소화기계 : 금속 배설의 두 번째 주요경로는 소화기계이다.
③ 장간순환 : 금속은 소장을 따라 내려가는 중 혈액 속으로 재흡수되기도 하고 간으로 되돌아가서 배설되기도 한다.
④ 기타 경로 : 머리카락, 땀, 타액, 손톱, 발톱 등

02 중금속에 의한 건강장해 및 표적장기

(1) 납(Pb)

1) 납중독이 발생할 수 있는 작업장

연제련, 축전지 제조업, 페인트 안료 제조(광명단 제조업), 도자기 제조업 등에서 노출될 수 있다.

2) 납의 흡수 및 축적

① 무기납은 호흡기, 입, 피부로 흡수될 수 있으며 피부를 통한 흡수는 흡수효율이 낮다.
② 유기납의 경우 주로 피부를 통하여 흡수된다.
③ 인체에 침입한 납(Pb)은 주로 뼈에 축적된다.
④ 혈중 납 양은 체내에 축적된 납의 총량을 반영해 주진 못하며 최근에 흡수된 납 양을 나타낸다.

3) 납중독의 증세

대표적인 임상증상은 위장계통장해, 신경근육계통의 장해, 중추신경계통의 장해 등 크게 3가지로 나눌 수 있다.

납중독의 증세 ★	• 위장계통 장해(소화기 장해) • 중추신경 및 말초신경 장해 • 피로, 근육통 등 신경 및 근육계통의 장해 • 빈혈, 혈색소 저하 등 조혈기능 장해 • 만성 신장기능 장해 • 세포의 효소작용 방해 : 포르피린과 헴(heme)의 합성에 관여하는 효소를 억제한다.

납중독의 증세 ★	• 골수침입 • 연산통 • 소아이미증(영유아의 납중독증으로 학습장해 및 기능저하 초래)
납의 체내 흡수시의 기타증상	• 혈색소 양 저하 • 망상적혈구(갓 생산된 적혈구, 미성숙 적혈구) 수의 증가 • 적혈구의 호염기성 반점 • 적혈구 내 protoporphyrin 증가 • 소변 중 코프로포르피린(coprophyrin) 증가 • 소변 중 델타 아미노레블린산(ALA) 증가 • 소변 중 δ-ALAD 활성치가 저하 • 혈청 내 철 증가

4) 납중독 진단검사

① 소변 중 코프로포르피린 배설량 측정
② 혈액검사(적혈구 측정, 전혈비중 측정)
③ 혈중 ZPP(Zinc protoporphyrin)의 측정
④ 소변 중 ALA(헴의 전구물질)을 측정

5) 납중독 확인 시험 ★

① 혈액 중의 납 농도
② 헴(Heme)의 대사 : Heme의 합성에 관여하는 효소 등 세포의 효소작용을 방해한다.
③ 말초신경의 신경 전달속도 : 신경전달 속도를 저하시킨다.
④ Ca-EDTA 이동시험 : Ca-EDTA 투여 후 요 채취하여 체내의 납량을 측정한다.
⑤ ALA(Amino Levulinic Acid) 축적

6) 납중독의 치료 ★

① 납중독은 금속에 대해 킬레이트작용을 하는 화합물로 치료한다.
② 배설촉진제인 Ca-EDTA 및 페니실라민(Penicillamine)을 투여한다.
③ 납중독 치료에 사용되는 납 배설촉진제는 신장이 나쁜 사람에게는 금기로 되어있다.

(2) 수은

1) 수은의 특징 ★

① 수은은 상온에서 액체 상태로 존재하는 유일한 금속이다.
② 금속수은, 무기수은, 유기수은(알킬수은) 등이 있다.
③ 뇌홍(뇌산 수은)의 제조에 사용된다.
④ 온도계 제조, 농약, 살충제 제조업, 치과용 아말감 산업 등에서 노출될 수 있다.
⑤ 연금술, 의약품 등에 가장 오래 사용해 왔던 중금속 중의 하나이며, 17세기 유럽에서 신사용 중 절모자를 제조하는 데 사용하여 근육경련을 일으켰다.

2) 수은의 인체영향

① 소화관으로는 2~7%의 소량으로 흡수되며, 금속형태는 뇌, 혈액, 심근에 많이 분포된다.
② 체내에 흡수된 수은은 주로 신장에 축적된다. ★
③ 무기수은염류는 호흡기나 경구 어느 경로라도 흡수된다.
④ 알킬수은화합물(유기수은)의 독성은 무기수은화합물의 독성보다 훨씬 강하다.(유기수은은 무기수은에 비해 독성이 10배 가량 강하고, 중추신경을 침범한다.)
⑤ 알킬수은화합물(유기수은) 중 메틸수은은 미나마타(minamata)병을 일으킨다.
⑦ 전리된 수은이온이 단백질을 침전시키고 thiol기(-SH)를 가진 효소작용을 억제하여 독성을 나타낸다.

3) 수은중독 증상 ★

① 식욕부진, 구내염
② 근육 진전(떨림), 수전증
③ 정신장해(뇌 증상)
④ 신기능부전
⑤ 시신경장해, 수족신경마비, 보행장해

4) 수은중독 치료 ★

① 급성중독
  • 우유와 계란흰자 먹인 후 위세척(단백질과 해당 물질을 결합시켜 침전시킨다)
② 만성중독
  • 수은취급을 즉시 중지하고 BAL을 투여(EDTA의 투여는 금지)
  • N-acetyl-D-Penicillamine 투여

5) 수은배설

① 금속수은은 대변보다 소변으로 배설이 잘 된다. ★
② 유기수은(알킬수은) 화합물은 대변, 땀으로 배설된다. ★
③ 유기수은은 담즙을 통해 소화관으로 배설되지만 소화관에서 재흡수도 일어난다.
④ 금속수은 및 무기수은의 배설경로는 서로 상이하지 않다.

6) 수은중독의 예방대책

① 수은 주입과정을 밀폐공간 안에서 자동화한다.
② 작업장 내에서 음식물을 먹거나 흡연을 금지한다.
③ 작업장에 흘린 수은은 신체가 닿지 않는 방법으로 즉시 제거한다.

(3) 카드뮴(Cd)

1) 카드뮴의 특징 ★

① 부드럽고 연성이 있는 금속으로 납광물이나 아연광물을 제련할 때 부산물로 얻어진다.
② 니켈, 카드뮴 전지, 알루미늄과의 합금, 살균제, 페인트 등에 사용된다.

2) 카드뮴의 흡수 및 축적

① 호흡기를 통한 독성이 경구독성보다 8배 정도 강하다.
② 체내에 흡수된 카드뮴은 혈장단백질과 결합하여 간으로 이송되고, 간에서 서서히 배출되어 최종적으로 신장에 축적된다.(체내에 흡수된 카드뮴의 50~75%는 간 및 신장에 축적되며 일부는 장관벽에 축적된다.)
③ 체내에 노출되면 metallothionein이라는 단백질을 합성하여 노출된 중금속의 독성을 감소시킨다.
④ 소변 속의 카드뮴 배설량은 카드뮴 흡수를 나타내는 지표가 된다.

3) 카드뮴의 중독증세

칼슘대사에 장해를 주어 신결석을 동반한 신증후군이 나타나고, 다량의 칼슘배설이 일어나 뼈의 통증, 골연화증 및 골수공증과 같은 골격계 장해(이타이이타이병)를 유발한다. ★

급성중독 증세	• 카드뮴 흄이나 먼지에 급성 노출되면 호흡기가 손상(화학적 천식)되며 사망에 이르기도 한다.

만성중독 증세	• 기능장해가 처음 나타나는 기관은 신장이다. • 골격계장해(골연화증, 골다공증, 골절 등) • 폐기능장해(폐기종) : 폐활량 감소, 잔기량(호흡 시 폐에 남아있는 가스의 양) 증가 및 호흡곤란의 폐증세가 나타나며, 이 증세는 노출기간과 노출농도에 의해 좌우된다. • 단백뇨 • 칼슘대사 장해를 일으켜 신결석을 동반한 증후군이 나타나고 다량의 칼슘배설이 일어난다.

4) 카드뮴 중독의 치료 ★

① 치료제로 BAL 및 Ca-EDTA 등 금속의 배설제를 사용하는 경우 신장 독성을 증가시키므로 투여를 금한다.
② 산소흡입, 스테로이드를 투여한다.
③ 비타민 D를 피하 주사한다.

(4) 크롬(Cr)

1) 크롬의 흡수 및 배설

① 크롬제련, 도금 및 합금, 도장, 용접, 스테인리스강 가공공정 등에서 노출될 수 있다.
② 2가 크롬은 매우 불안정하다.
③ 3가 크롬은 매우 안정된 상태로 피부 흡수가 어렵고 세포 내에서 세포핵과 결합할 때만 발암성을 가진다.
④ 6가 크롬은 쉽게 피부를 통과하여 6가 크롬이 3가 크롬보다 더 독성이 강하고 발암성이 크다.
⑤ 세포막을 통과한 6가 크롬은 세포 내에서 수 분 내지 수 시간 만에 발암성을 가진 3가 형태로 환원된다.
⑥ 6가에서 3가로의 환원이 세포질에서 일어나면 독성이 적으나 DNA의 근위부에서 일어나면 강한 변이원성을 나타낸다.
⑦ 산업장의 노출의 관점에서 보면 6가 크롬이 더 해롭다.
⑧ 호흡기, 소화기, 피부를 통해 체내에 흡수되며 호흡기가 가장 중요하다.
⑨ 체내에 흡수되어 간, 신장, 폐 등에 축적되며 주로 소변을 통하여 배설된다.

2) 크롬의 중독증세 ★

급성중독 증세	• 신장장해(신장장해로 과뇨증이 오며 더 진전되면 무뇨증을 일으켜 요독증으로 사망할 수 있다)
만성중독 증세	• 피부증상(접촉성 피부염) • 호흡기 증상(크롬 폐증) • 폐암 • 6가크롬 : 비중격천공증, 비강암을 유발한다.

3) 크롬 중독의 치료 ★

① 크롬 섭취 시에 응급조치로 우유와 비타민 C를 섭취한다.
② 만성 크롬중독인 경우 특별한 치료방법이 없다.

(5) 비소(As)

1) 비소의 특징

① 은빛 광택을 내는 비금속이다.
② 농약, 살충제 및 목재 방부제 등에서 노출되며 호흡기 노출이 가장 위험하다.
③ 무기비소가 유기비소보다 독성이 강하다.
④ 무기비소 중 3가가 5가보다 독성이 강하다.(삼산화비소가 가장 위험)

2) 비소의 흡수 및 배설

① 체내에 흡수되어 피부, 체모, 골격 등에 축적된다.(뼈에는 비산칼륨 형태로 축적되며 주로 모발, 손톱 등에 축적된다.)
② 대부분 소변으로 배출되고, 일부는 대변으로 배출되며 극히 일부는 모발, 피부를 통해서 배설된다.

3) 비소의 중독증세

① 가장 중요한 만성질환은 발암작용으로 피부암, 폐암을 일으킨다.
② 체내에서 –SH기를 갖는 효소작용을 저해시켜 세포호흡에 장해를 일으킨다.
③ 체내에서 –SH기 그룹과 유기적인 결합을 일으켜서 독성을 나타낸다.
④ 용혈성 빈혈, 신장장해, 흑피증을 유발한다.

4) 비소중독의 치료

급성 중독자에게 활성탄과 하제를 투여하고 구토를 유발시키며, 확진되면 Dimercaprol로 치료를 시작한다.

(6) 망간(Mn)

1) 망간의 노출 및 흡수

① 전기용접봉 제조업, 도자기 제조업, 철강제조업, 합금제조업 등에서 발생한다.(금속망간의 직업성 노출은 철강제조 분야에서 많다.)
② 망간은 호흡기, 소화기, 피부를 통하여 흡수되고 호흡기 노출이 주 경로이다.

2) 망간의 중독 증세 ★★

① 망간의 노출이 계속되면 중추신경계 장해로 파킨슨증후군을 유발한다.
② 언어장해, 균형감각상실, 보행장해, 신장염, 신경염 등의 증세가 발생한다.
③ 이산화망간 흄에 급성 폭로되면 열, 오한, 호흡곤란 등의 증상을 특징으로 하는 금속열을 일으킨다.

(7) 베릴륨(Be)

① 가장 가벼운 금속 중 하나이다.
② 만성중독
  • 'Neighborhood cases'라고 불리우며 육아 종양, 화학적 폐렴 및 폐암을 일으킨다.
③ 급성중독
  • 염화물, 황화물, 불화물과 같은 용해성 베릴륨화합물은 급성중독을 일으킨다.
  • 폐부종, 접촉성 피부염, 인후염, 기관지염 등을 일으킨다.

(8) 니켈(Ni)

① 도금, 합금, 전지, 제강 등의 생산과정에서 노출된다.
② 급성중독 : 접촉성 피부염, 복통 및 설사 등 소화기 증상, 현기증 및 두통 등 신경학적 증상, 폐부종 및 폐렴 등 호흡기 증상
③ 만성중독 : 폐암 및 비강암, 비중격 천공증
④ 니켈의 체내 축적 시 아연, 비타민 E, 셀레늄 등과 같은 황 함유 아미노산이 도움된다.

(9) 아연(Zn)

① 용접, 전지제조, 도금 등의 작업에서 노출될 수 있다.
② 전신(계통)적 장해를 일으킨다.
③ 산화 아연 흄에 노출 시에 금속열을 일으킨다.

(10) 금속열(Metal fume fever) ★

① 흄 형태의 고농도의 금속산화물(산화금속 흄)을 흡입함으로써 발병된다.
② 감기증상과 비슷하여 오한, 구토감, 기침, 전신위약감 등의 증상이 있으며, 월요일 출근 후에 심해져서 월요일 열(monday fever)이라고도 한다.
③ 아연, 구리, 마그네슘, 망간, 납, 니켈, 카드뮴, 안티몬 등이 금속열을 일으킨다.
④ 용접, 전기도금, 제련과정에서 발생하는 경우가 많다.
⑤ 금속열은 하루 정도가 지나면 증상은 회복되며 대부분 특별한 후유증 없이 서너 시간 만에 열이 내린다.

CHAPTER 04

인체구조 및 대사

❋ 산업위생관리산업기사 실기

01 유해물질의 흡수경로, 분포작용, 대사기전

(1) 유해물질의 흡수, 운반, 대사작용

① 체내로 흡수된 유해물질은 혈액을 통하여 신체 각 부위의 조직으로 운반된다.
② 유해물질은 대부분 간에서 대사되며 대사작용에 의해 유해물질의 독성이 감소 또는 증가한다. ★
③ 유해화학물질이 체내에서 해독(분해)되는 경우 중요한 작용을 하는 것은 효소이다. ★
④ 흡수된 유해물질은 수용성으로 대사된다.

(2) 체내 흡수된 화학물질의 분포

① 간장과 신장은 화학물질과 결합하는 능력이 매우 크고, 다른 기관에 비하여 월등히 많은 양의 독성 물질을 농축할 수 있다.
② 유기성 화학물질은 지용성이 높아 세포막을 쉽게 통과하여 지방조직에 독성 물질이 잘 농축된다.

(3) 유해물질의 흡수에서 배설까지의 과정

① 흡수된 유해물질은 원래의 형태든, 대사산물의 형태로든 배설되기 위하여 수용성으로 대사된다.
② 흡수된 유해화학물질은 다양한 비특이적 효소에 의하여 이루어지는 유해물질의 대사로 수용성이 증가되어 체외로 배출이 용이하게 된다.
③ 간은 화학물질을 대사시키고, 콩팥과 함께 배설시키는 기능을 가지고 있는 것과 관련하여 다른 장기보다도 여러 유해물질의 농도가 높다.

(4) 신장을 통한 배설

① 신장을 통한 배설은 사구체 여과, 세뇨관 재흡수, 그리고 세뇨관 분비에 의해 제거된다.
② 세뇨관을 통한 분비는 선택적으로 작용하며 능동 및 수동수송 방식으로 이루어진다.
③ 세뇨관 내의 물질은 재흡수에 의해 혈중으로 돌아갈 수 있으며, 아미노산과 당류 등은 능동투과에 의하여 재흡수되고 독성물질 및 그 대사산물은 단순 확산에 의하여 재흡수된다.
④ 사구체를 통한 여과는 심장의 박동으로 생성되는 혈압 등의 정수압(hydro-staticpressure)의 차이에 의하여 일어난다.

02 화학반응의 용량-반응

(1) 화학물질의 양-반응 관계(Dose-response relationship)

1) 양(Dose)

동물시험에서 투여되는 화학물질의 양 또는 근로자들이 노출되는 유해인자 농도(양)를 말한다.

① 노출량
② 근로자의 유해물질 흡입량
③ 공기 중 유해물질 농도 × 노출기간
  • Haber의 법칙

> 유해지수 = 유해물질의 농도 × 접촉시간

2) 반응(Response)

실험동물이 나타내는 양적/질적 영향 또는 **근로자가 나타내는 건강상의 영향의 정도**를 말한다.

① 질병단계
② 질병 전 단계
③ 심리생리적 반응단계

3) 양-반응관계 곡선

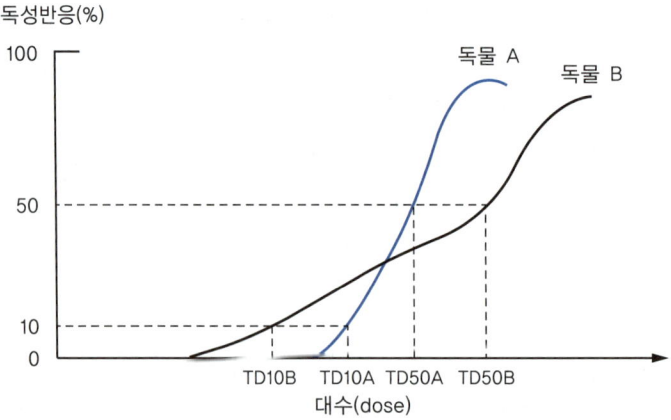

• TD10에서는 B물질의 용량이 A물질보다 더 낮아 B물질의 독성이 더 높다.
• TD50에서는 A물질의 용량이 B물질보다 더 낮아 A물질의 독성이 더 높다.

예제 01

어떤 사업장에서 신규 화학물질 A와 B에 대하여 전문 연구기관에서 독성에 관한 동물실험을 실시하였다. 용량-반응곡선이 다음 그림과 같을 경우 A, B 물질의 독성을 TD_{10}, TD_{50}을 기준으로 설명하시오. (단, TD는 동물실험에서 동물이 사망하지는 않으나 조직 등에 손상을 입는 정도의 양을 말한다.) | 기사 2019년 2회 |

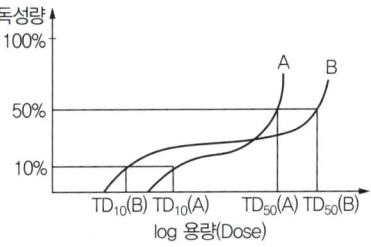

해설
- TD_{10}에서는 B물질의 용량이 A물질보다 더 낮아 B물질의 독성이 더 높다.
- TD_{50}에서는 A물질의 용량이 B물질보다 더 낮아 A물질의 독성이 더 높다.

(2) 기관장해 3단계

1단계 : 항상성 유지단계	• 유해인자 노출에 대하여 적응할 수 있는 단계 • 정상상태를 유지할 수 있는 단계
2단계 : 보상단계	• 방어기전을 동원하여 기능장해를 방어할 수 있는 단계
3단계 : 고장단계	• 보상이 불가능하여 기관이 파괴되는 단계

(3) 위해도 평가(위해성 평가 : Risk Assessment)

1) 위해도(risk)

유해물질의 특정농도나 용량에 노출된 개인 혹은 집단에게 유해한 결과가 발생할 확률(probability) 또는 가능성(likelihood)을 말한다.

- OECD의 기준

$$위해도(Risk) = 유해성(Hazard) \times 노출량(Exposure)$$

2) 위해성(위해도) 평가(Risk Assessment)

유해물질 노출로 나타나게 되는 건강유해 가능성을 평가하는 프로세스를 말한다.

3) 위해도 평가의 단계

- 1단계 : 유해성 확인
- 2단계 : 노출량 – 반응 평가/종민감도분포 평가
- 3단계 : 노출 평가
- 4단계 : 위해도 결정

예제 02

위해도 평가의 단계를 순서대로 적으세요.　　　　　　　　　　　　　　　　　| 기사 2014년 3회 |

해설
- 1단계 : 유해성 확인
- 2단계 : 노출량–반응 평가/종민감도분포 평가
- 3단계 : 노출 평가
- 4단계 : 위해도 결정

---

03 유해물질 해독작용

(1) 독성물질의 생체변환

① 생체변환의 기전은 **기존의 화합물보다 인체에서 제거하기 쉬운 대사물질로 변화시키는 것**이다.
② 생체 내 변환은 **독성물질이나 약물의 제거에 대한 첫 번째 기전이며, 1상 반응과 2상 반응으로 구분**된다.
③ 1상 반응은 **산화, 환원, 가수분해 등의 과정**을 통해 이루어진다.
④ 2상 반응은 **1상 반응을 거친 물질을 더욱 수용성으로 만드는 포합반응**이다.

04 생물학적 모니터링

(1) 생물학적 모니터링의 정의

1) 생물학적 모니터링의 정의
   ① 근로자의 유해인자에 대한 노출 정도를 소변, 호기, 혈액 중에서 그 물질이나 대사산물을 측정함으로써 노출 정도를 추정하는 방법을 의미한다.
   ② 근로자의 생체시료로부터 유해물질의 대사산물, 유해물질 자체 및 생화학적 변화산물을 분석하여 유해물질의 체내흡수정도 및 건강영향 가능성을 평가하기 위하여 실시한다.

2) 생물학적 노출지수(폭로지수 : BEI, ACGIH) ★★
   ① 혈액, 소변, 호기, 모발 등 생체시료로부터 유해물질에 대한 근로자의 노출량을 평가하는 기준으로 BEI를 사용한다.
   ② 유해물질의 대사산물, 유해물질 자체 및 생화학적 변화 등을 총칭한다.

3) 내재용량
   ① 최근에 흡수된 화학물질의 양을 나타낸다.
   ② 과거 수개월 동안 흡수된 화학물질의 양을 의미한다.
   ③ 체내 주요 조직이나 부위의 작용과 결합한 화학물질의 양을 의미한다.

(2) 생물학적 모니터링의 목적

① 유해물질의 인체침입경로, 근로시간에 따른 노출량 등의 정보를 제공한다.
② 개인위생보호구의 효율성 평가 및 기술적 대책, 위생관리에 대한 평가에 이용한다.
③ 근로자 보호를 위한 개선 대책을 적절히 평가한다.

(3) 생물학적 모니터링의 생물학적 결정인자 ★★

① 근로자의 체액에서의 화학물질이나 대사산물
② 조직에 작용하는 화학물질 양(표적분자에 실제 활성인 화학물질)
③ 건강상 영향을 초래하지 않는 조직 또는 부위(내재용량)

(4) 생물학적 모니터링(생물학적 노출지수 : BEI)의 특징

① 화학물질이 건강상 영향을 나타내는 조직이나 부위에 결합된 양을 나타낸다.
② 건강에 영향을 미치는 바람직하지 않은 노출상태를 파악하는 것이다.(개인의 작업특성, 습관 등에 따른 노출의 차이도 평가할 수 있다.)
③ 시료는 소변, 호기 및 혈액 등이 주로 이용된다.
   - 유기용제 노출을 평가할 때는 소변을 가장 많이 이용한다.
   - 혈액에서 휘발성 물질의 생물학적 노출지수는 정맥 중의 농도를 말한다. ★
   - 배출이 빠르고 반감기가 5분 이내의 물질에 대해서는 시료채취 시기가 대단히 중요하다.
④ 호흡기계 및 피부흡수, 소화기계를 통한 유해인자의 종합적인 흡수 정도를 평가할 수 있다.
⑤ 최근 노출량이나 과거로부터 축적된 노출량을 간접적으로 파악하는 방법이다. ★
⑥ 건강상의 위험은 생물학적 검체에서 물질별 결정인자를 생물학적 노출지수와 비교하여 평가된다.
   - 결정인자는 공기 중에서 흡수된 화학물질에 의하여 생긴 가역적인 생화학적 변화이다.
⑦ 생물학적 모니터링에는 노출에 대한 모니터링과 건강상의 영향에 대한 모니터링으로 나눌 수 있다.
⑧ 근로자가 노출기준 값을 넘는다고 하여 반드시 건강장해가 있는 것은 아니며, 노출 기준 값 이하에서도 건강장해가 발생할 수 있다. ★
⑨ 직업성 질환 여부를 정확히 평가하는 것은 아니다. ★
⑩ 측정결과 해석이 명확하지 않을 수 있다.
⑪ 작업환경측정에서 설정한 공기 중의 허용기준(TLV)보다 훨씬 적은 생물학적 노출지수(BEI)가 있다. ★
⑫ 생물학적 시료를 분석하는 것은 작업환경 측정(개인시료 결과)보다 훨씬 복잡하고 취급이 어렵다.(측정결과 해석이 복잡하고 어렵다.)

(5) 생물학적 모니터링의 장·단점 ★

장점	단점
• 건강상의 위험을 보다 정확하게 평가를 할 수 있다. • 모든 노출 경로에 의한 흡수정도를 평가할 수 있다. • 작업환경측정(개인시료)보다 더 직접적으로 근로자 노출을 추정할 수 있다.	• 시료채취의 어려움 : 근로자로부터 시료를 직접 채취하기 때문에 시료의 채취 및 분석이 어렵다. • 근로자의 생물학적 차이 : 근로자마다 생물학적 차이가 나타날 수 있다. • 유기시료의 특이성과 복잡성 : 유기시료의 특이성이 존재한다. • 분석의 어려움 및 오염 : 분석이 어렵고 시료가 오염될 수 있다. • 작업 이외의 다른 요인에 의한 노출 여부에 영향을 받는다.

(6) 생물학적 노출지수(BEI) 이용상의 주의점 ★

① 생물학적 감시기준으로 사용되는 노출기준이며 생물학적 모니터링의 기준 값으로 사용된다.
② 주 5일, 1일 8시간 기준, 허용농도(TLV)에 해당하는 농도에 노출되었을 때의 농도이다.
　(작업시간 증가 시 노출지수를 그대로 적용해서는 안 된다.)
③ 위험하거나 위험하지 않은 물질을 명확하게 구별하는 것은 아니다.
④ 환경오염에 대한 노출을 결정하는 데 이용해서는 안 된다.
⑤ 직업병이나 중독 정도를 평가하는 데 이용해서는 안 된다.

(7) 생체시료별 특징

소변	• 비파괴적으로 시료채취가 가능하다. • 많은 양의 시료확보가 가능하다. • 시료채취 과정에서 오염될 가능성이 높다. • 불규칙한 소변 배설량으로 농도보정이 필요하다. • 채취시료는 신속하게 검사한다.
혈액	• 시료채취 과정에서 오염될 가능성이 적다. • 정맥혈을 기준으로 하며 동맥혈에는 적용할 수 없다. • 채취 시 고무마개의 혈액흡착을 고려하여야 한다. • 휘발성 물질시료의 손실방지를 위하여 최대용량을 채취해야 한다. • 분석방법 선택 시 특정물질의 단백질 결합을 고려해야 한다. • 보관, 처치에 주의를 요한다. • 시료채취 시 근로자가 부담을 가질 수 있다. • 약물동력학적 변이 요인들의 영향을 받는다.
호기	• 폐포공기가 혼합된 호기 시료에서 측정한다. • 노출 전, 후의 시료를 채취한다. • 수증기에 의한 수분응축의 영향을 고려한다. • 반감기가 짧으므로 노출 직후 채취한다. • 노출 후 혼합 호기의 농도는 폐포 내 호기 농도의 $\frac{2}{3}$ 정도이다.

예제 03

생물학적 모니터링에서 사용되는 생체시료의 종류 3가지를 적으시오. | 기사 2016년 2회 |

해설

① 소변
② 혈액
③ 호기

예제 04

생물학적 모니터링에서 사용하는 생체시료 중 호기를 잘 사용하지 않는 이유 2가지를 적으시오. | 기사 2016년 1회 |

해설

① 수증기에 의한 수분응축의 영향이 있다.
② 반감기가 짧으므로 노출 직후 채취해야 한다.

예제 05

다음 [보기]는 생물학적 모니터링에 관한 설명이다. 틀린 설명을 찾아 바르게 고치시오. | 기사 2013년 2회 |

(1) 근로자의 생체시료로부터 유해물질에 대한 근로자의 노출량을 평가한다.
(2) 생물학적 시료를 분석하는 것은 작업환경 측정보다 훨씬 간편하고 쉽다.
(3) 개인의 작업특성 및 습관에 따른 노출의 차이는 평가할 수 없다.
(4) 시료는 근로자의 소변, 호기 및 혈액 등이 주로 이용된다.

해설

(2) 생물학적 시료를 분석하는 것은 작업환경 측정보다 훨씬 복잡하고 취급이 어렵다.
(3) 개인의 작업특성 및 습관에 따른 노출의 차이를 평가할 수 있다.

(8) 화학물질의 생물학적 노출지표물질 ★★★

화학물질	생물학적 노출지표물질(체내대사산물)	시료채취 시기
톨루엔	혈액. 호기의 톨루엔, 소변 중 o-크레졸(오르소-크레졸)	작업종료 시
벤젠	소변 중 페놀, 소변 중 t,t-뮤코닉산 (t,t-Muconic acid)	작업종료 시
크실렌	소변 중 메틸마뇨산	작업종료 시
니트로벤젠	혈중 메타헤모글로빈	작업종료 시
에틸벤젠	소변 중 만델린산	작업종료 시
이황화탄소	소변 중 TTCA	당일 작업종료 2시간 전부터 작업종료 사이에 채취
메탄올	소변 중 메탄올	작업종료 시
노말헥산(N-헥산)	소변 중 n-헥산, 소변 중 2.5-hexanedione	작업종료 시
아세톤	소변 중 아세톤	작업종료 시
납	혈중 납, 소변 중 납	중요치 않음
카드뮴	혈중 카드뮴, 소변 중 카드뮴	중요치 않음
일산화탄소	호기 중 일산화탄소, 혈중 카르복시헤모글로빈	작업종료 후 15분 이내
스티렌	소변 중 만델린산	작업종료 시
테트라클로로에틸렌	소변 중 트리클로로초산(삼염화초산)	주말작업 종료 시
트리클로로에탄	소변 중 트리클로로초산(삼염화초산)	주말작업 종료 시
사염화 에틸렌	소변 중 트리클로로초산(삼염화초산), 요중 삼염화 에탄올	주말작업 종료 시
N,N-디메틸포름아미드	소변 중 N-메틸포름아미드	작업종료 시
트리클로로에틸렌 (삼염화에틸렌)	소변 중 트리클로로초산(삼염화초산), 트리클로로에탄올(삼염화에탄올)	주말작업 종료 직후
수은	혈중 총 무기수은	작업시작 전
크롬	소변 중 크롬	4~5일간 연속작업 종료 2시간 전~작업직 후
methyl n-butyl ketone	소변 중 2, 5-hexanedione	작업종료 시
디클로로메탄	혈중 카복시헤모글로빈	작업종료 시
클로로벤젠	소변 중 총 클로로카테콜	작업종료 시

> **암기**
>
> 크레용(O-크레졸) 묻은 털(톨루엔)에 벤(벤젠) 페놀, 메틸마녀(메틸마뇨산) 크시더니(크실렌) 니트로벤(니트로벤젠) 메타헤모(메타헤모글로빈), 에틸벤(에틸벤젠) 만델린, 스틸벤(스티렌) 만델린, 이황화탄(이황화탄소) TTCA, 일산화탄(일산화탄소) 헤모글로(카르복시 헤모글로빈)

예제 06

톨루엔의 생물학적 노출지표물질 중 뇨 중 대사산물을 적으시오. | 산업 2018년 2회 |

해설

o-크레졸(오르소-크레졸)

예제 07

생물학적 노출지표물질이 o-크레졸이며 폭발의 위험성을 가지는 무색 액체인 화학물질의 명칭을 적으시오.(단, 화학물질의 분자량은 92.13g이다.) | 기사 2020년 4회, 2015년 1회 |

해설

톨루엔

예제 08

다음 표는 화학물질별 생물학적 노출지표물질을 나타낸다. 괄호에 적합한 용어를 적으시오. | 기사 2014년 3회 / 산업 2024년 2회, 2014년 3회 |

작업종료 시	생물학적 검체대상	생물학적 노출지표물질(체내대사산물)	시료채취 시기
에틸벤젠	소변	(①)	작업종료 시
아세톤	(②)	아세톤	작업종료 시
카드뮴	혈액, 소변	(③)	중요치 않음
일산화탄소	호기, 혈액	호기 중 (④), 혈 중 카르복시헤모글로빈	작업종료 후 15분 이내
크롬	소변	크롬	(⑤)
클로로벤젠	소변	(⑥)	작업종료 시

해설

① 만델린산
② 소변
③ 카드뮴
④ 일산화탄소
⑤ 4~5일간 연속작업 종료 2시간 전~작업직후
⑥ 총 클로로카테콜

예제 09

벤젠과 톨루엔의 뇨 중 대사산물을 각각 적으시오. | 기사 2021년 1회 |

해설

(1) 벤젠 : 페놀 또는 t,t-뮤코닉산
(2) 톨루엔 : o-크레졸

예제 10

[보기]에서 제시하는 물질의 생물학적 노출지표물질과 시료채취시기를 적으시오. | 산업 2017년 2회 |

(1) 톨루엔
(2) 벤젠
(3) 일산화탄소
(4) 아세톤
(5) 크롬

해설

화학물질	생물학적 노출지표물질(체내대사산물)	시료채취 시기
톨루엔	• 혈액, 호기의 톨루엔 • 소변 중 o-크레졸(오르소-크레졸)	작업종료 시
벤젠	• 소변 중 페놀 • 소변 중 t,t-뮤코닉산(t,t-Muconic acid)	작업종료 시
아세톤	• 소변 중 아세톤	작업종료 시
일산화탄소	• 호기 중 일산화탄소 • 혈 중 카르복시헤모글로빈	작업종료 후 15분 이내
크롬	• 소변 중 크롬	4~5일간 연속작업 종료 2시간 전~작업직후

(9) 혼합물질의 화학적 상호작용 ★★★

독립작용 (Independent effect)	• 각각의 독성물질이 서로 다른 조직이나 기관에 영향을 미치는 경우로 각 물질의 반응양상이 달라 서로 독립적인 작용을 한다. • 예) 톨루엔과 황산, 납과 황산, 질산과 카드뮴, 이산화황과 시안화수소
상가작용 (Additive effect)	• 두 물질에 동시 노출될 경우의 독성은 단독물질 독성의 합과 같다. • 2 + 3 = 5
상승작용 (Synergistic effect)	• 두 물질에 동시 노출될 경우의 독성은 단독물질 독성의 합보다 크게 증가한다. • 2 + 3 = 20 • 예) 사염화탄소와 에탄올, 흡연자가 석면에 노출 시
가승작용 (잠재작용, 강화작용) (Potentiation)	• 독성이 없던 물질을 독성이 있는 물질과 혼합하면 독성이 강해진다. • 2 + 0 = 5 • 예) 이소프로필알코올은 간에 독성을 나타내지 않으나 이것이 사염화탄소와 동시에 노출 시 독성을 나타낸다.

길항작용
(Antagonism)
	• 두 물질이 서로의 작용을 방해하여 두 물질에 동시 노출될 경우의 독성은 단독물질의 독성보다 약해진다.
	• 2 + 3 = 1
	• 예) 교감신경과 부교감 신경의 서로 반대되는 작용
	• 길항작용의 종류
	  – 배분적(분배적) 길항작용 : 물질의 흡수, 대사 등에 변화를 일으켜 독성이 낮아진다.
	  – 기능적 길항작용 : 생체 내에서 서로 반대되는 기능을 가져 독성이 낮아진다.
	  – 화학적 길항작용 : 화학적인 상호반응에 의해 독성이 낮아진다.
	  – 수용적 길항작용 : 두 화학물질이 체내에서 같은 수용체에 결합하여 경쟁관계를 가짐으로써 독성이 낮아진다.

예제 11

두 가지 이상의 화학물질에 동시에 노출되는 경우 각 물질 간 화학적 상호작용이 나타나게 된다. 혼합물질의 화학적 상호작용의 종류 4가지를 적고 설명하시오. | 산업 2017년 3회, 2021년 1회 |

(1) 독립작용 :
(2) 상가작용 :
(3) 상승작용 :
(4) 가승작용 :
(5) 길항작용 :

해설

(1) 각각의 독성물질이 서로 다른 조직이나 기관에 영향을 미치는 경우로 각 물질의 반응양상이 달라 서로 독립적인 작용을 한다.
(2) 두 물질에 동시 노출될 경우의 독성은 단독물질 독성의 합과 같다.(2 + 3 = 5)
(3) 두 물질에 동시 노출될 경우의 독성은 단독물질 독성의 합보다 크게 증가한다.(2 + 3 = 20)
(4) 독성이 없던 물질을 독성이 있는 물질과 혼합하면 독성이 강해진다.(2 + 0 = 5) (잠재작용, 강화작용)
(5) 두 물질이 서로의 작용을 방해하여 두 물질에 동시 노출될 경우의 독성은 단독물질의 독성보다 약해진다.(2+3=1)

예제 12

혼합물질의 화학적 상호작용 중 길항작용의 종류 3가지를 적고 설명하시오. | 기사 2015년 2회, 2013년 2회 / 산업 2021년 2회 |

해설

① 배분적(분배적) 길항작용 : 물질의 흡수, 대사 등에 변화를 일으켜 독성이 낮아진다.
② 기능적 길항작용 : 생체 내에서 서로 반대되는 기능을 가져 독성이 낮아진다.
③ 화학적 길항작용 : 화학적인 상호반응에 의해 독성이 낮아진다.
④ 수용적 길항작용 : 두 화학물질이 체내에서 같은 수용체에 결합하여 경쟁관계를 가짐으로써 독성이 낮아진다.

> **예제 13**
>
> 혼합물질의 화학적 상호작용 중 상가작용, 길항작용, 상승작용을 설명하고 적용 예를 적으시오. | 기사 2012년 3회 |
>
> (1) 상가작용 :
> (2) 길항작용 :
> (3) 상승작용 :
>
> **해설**
> (1) • 두 물질에 동시 노출될 경우의 독성은 단독물질 독성의 합과 같다.(2 + 3 = 5)
>   • 예) 알코올과 에테르의 혼용사용
> (2) • 두 물질이 서로의 작용을 방해하여 두 물질에 동시 노출될 경우의 독성은 단독물질의 독성보다 약해진다.(2+3=1)
>   • 예) 교감 신경과 부교감 신경의 서로 반대되는 작용
> (3) • 두 물질에 동시 노출될 경우의 독성은 단독물질 독성의 합보다 크게 증가한다.(2 + 3 = 20)
>   • 예) 사염화탄소와 에탄올, 흡연자가 석면에 노출 시

05 산업역학

(1) 용어정의

1) 환자군

어떤 특정질환이나 문제를 가진 집단을 말한다.

2) 대조군(정상군)

질환이나 문제를 일으키지 않은 집단을 말한다.

3) 유병률

어떤 시점에서 이미 존재하는 질병의 비율(인구집단 내에 존재하는 환자의 비례적인 분율)을 나타낸다.

$$\text{유병률}(P) = \text{발생률}(I) \times \text{평균이환기간}(D)$$

단, 유병률은 10% 이하, 발생률과 평균이환기간이 시간 경과에 따라 일정하여야 한다.

4) 발생률

특정기간 위험에 노출된 인구집단 중 새로 발생한 환자수의 비례적인 분율(위험에 노출된 인구 중 질병에 걸릴 확률)을 나타낸다.

5) 위험도

집단에 소속된 구성원 개개인이 일정기간 내에 질병이 발생할 확률을 나타낸다.

① 상대위험도(비교위험도) ★

- 비노출군에 비하여 노출군에서 질병에 걸릴 위험이 얼마나 큰지를 나타낸다.

$$\text{상대위험비(비교위험도)} = \frac{\text{노출군에서 질병발생률}}{\text{비노출군에서 질병발생률}} = \frac{\text{위험폭로집단발병율}}{\text{비위험폭로집단발병율}}$$

- 상대위험비 = 1 : 노출과 질병 사이의 연관성 없음
- 상대위험비 > 1 : 위험의 증가
- 상대위험비 < 1 : 질병에 대한 방어효과가 있음

> **암기**
>
> 상노비(상대위험군 = 노출군/비노출군)

② 기여위험도(귀속위험도) ★

- 유해요인에 노출될 때 얼마만큼의 환자수가 증가하였는가를 나타낸다.
- 질병발생의 요인을 제거하였을 때 질병발생이 얼마나 감소될 것인가를 나타낸다.

1. 기여위험도 = 노출군에서의 질병발생률 − 비노출군에서의 질병발생률
2. 기여분율 = $\dfrac{\text{노출군에서의 질병발생률} - \text{비노출군에서의 질병발생률}}{\text{노출군에서의 질병발생률}} = \dfrac{\text{상대위험비} - 1}{\text{상대위험비}}$

> **암기**
>
> - 기위 노비(기여위험율 = 노출군 − 비노출군)
> - 기노 비노(기여분율 = 노출군 − 비노출군 / 노출군)

예제 14

노출군에서의 질병 발생률이 $\frac{20}{100}$, 비노출군에서의 질병 발생률이 $\frac{10}{100}$일 때 기여위험도를 계산하시오.

| 기사 2015년 2회 |

해설

기여위험도 = 노출군에서의 질병발생률 − 비노출군에서의 질병발생률 = $\frac{20}{100} - \frac{10}{100} = \frac{10}{100} = 0.10$

예제 15

유해인자에 노출된 근로자의 질병발생률이 2.5이고 동일한 유해인자에 노출되지 않은 일반일들의 질병발생률이 1.5일 때 상대위험비를 계산하시오.

| 기사 2016년 2회 |

해설

상대위험비(비교위험도) = $\dfrac{\text{노출군에서 질병발생률}}{\text{비노출군에서 질병발생률}} = \dfrac{2.5}{1.5} = 1.67$

예제 16

질병에 대한 코호트 연구 결과이다. 상대위험비를 계산하시오.

| 산업 2013년 1회 |

구분	환자군	대조군
노출	5	15
비노출	2	25

해설

상대위험비(비교위험도) = $\dfrac{\text{노출군에서 질병발생률}}{\text{비노출군에서 질병발생률}} = \dfrac{0.25}{0.07} = 3.57$

- 비노출군에서의 질병발생률 = $\dfrac{2}{2+25} = 0.07$
- 노출군에서의 질병발생률 = $\dfrac{5}{5+15} = 0.25$

6) 표준사망비(SMR)

작업인원의 사망률을 일반집단의 사망률과의 비로 나타낸다.

- SMR > 1이면 표준인구집단에 비해 더 많은 사망자가 발생
- SMR < 1이면 표준인구집단에 비해 더 적은 사망자가 발생했다는 의미

7) 교차비

특성을 지닌 사람들의 수와 특성을 지니지 않은 사람들의 수와의 비를 나타낸다. ★

> **암기**
>
> 특성 교차

- 교차비 = $\dfrac{\text{환자군에서의 노출대응비}}{\text{대조군에서의 노출대응비}}$
- 대응비 = $\dfrac{\text{노출 또는 질병의 발생확률}}{\text{노출 또는 질병의 비발생확률}}$

- 교차비 = 1인 경우 요인과 질병 사이의 관계가 없음을 의미
- 교차비 > 1인 경우 요인에의 노출이 질병발생을 증가시킴을 의미
- 교차비 < 1인 경우 요인에의 노출이 질병발생을 방어시킴을 의미

(2) 역학연구의 오류

1) 계통적 오류 ★

① 측정자의 편견, 측정기기의 문제점, 정보의 오류 등으로부터 발생한다.
② 표본수를 증가시키더라도 오류를 감소, 제거시킬 수 없다.
③ 연구를 반복하여도 똑같은 오류가 발생된다.

2) 무작위 오류

① 측정방법의 부정확성 때문에 발생한다.
② 표본수를 증가시킴으로써 무작위 오류를 감소시킬 수 있다.

3) 역학연구의 계통적 오류를 발생시키는 편견의 종류

① **선택편견** : 유해인자에 대한 노출과 비노출 그룹의 설정 시의 잘못
② **정보편견** : 잘못된 정보에 의한 편견
③ **혼란편견** : 원인과 결과를 혼란시키는 변수로 인한 편견
④ **관찰편견** : 검증되지 않은 측정방법으로 자료 수집, 해석 시에 나타나는 편견

(3) 민감도와 특이도 ★

① 민감도 : 실제 노출된 사람이 측정결과 '노출된 것'으로 나타날 확률
② 특이도 : 실제 노출되지 않은 사람이 측정결과 '노출되지 않은 것'으로 나타날 확률
③ 가음성률(민감도의 상대적 개념) : 1−민감도
④ 가양성률(특이도의 상대적 개념) : 1−특이도

구분		실제값(질병)		합계
		양성	음성	
검사법	양성	A	B	A+B
	음성	C	D	C+D
합계		A+C	B+D	

- 민감도 $= \dfrac{A}{A+C}$
- 가음성률 $= \dfrac{C}{A+C}$
- 가양성률 $= \dfrac{B}{B+D}$
- 특이도 $= \dfrac{D}{B+D}$

(4) 노출인년(person-years of exposure)

조사 근로자를 1년 동안 관찰한 수치로 환산한 것을 말한다.

$$\text{노출인년} = \text{노출자 수} \times \text{연간 근무시간} = \text{노출자 수} \times \dfrac{\text{조사개월 수}}{12\text{개월}}$$

예제 17

[보기]에 주어진 근로자들의 조사년한을 1년 동안 관찰한 수치로 환산한 노출인년(person-years of exposure)으로 나타내시오. | 기사 2019년 1회 |

1. 3년 동안 노출된 근로자의 수 : 12명
2. 1년 동안 노출된 근로자의 수 : 16명
3. 6개월 동안 노출된 근로자의 수 : 9명

해설

$$노출인년 = 노출자수 \times \frac{조사 개월 수}{12개월} = (12 \times \frac{36}{12}) + (16 \times \frac{12}{12}) + (9 \times \frac{6}{12}) = 56.50(인년)$$

예제 18

[보기]는 벤젠에 노출된 근로자 수를 나타내고 있다. [보기]의 조건을 이용하여 노출인년(preson-years of exposure)을 계산하시오. | 기사 2013년 2회 |

1. 2년 동안 노출된 근로자의 수 : 5명
2. 6개월 동안 노출된 근로자의 수 : 10명

해설

$$노출인년 = 노출자수 \times \frac{조사 개월 수}{12개월} = (5 \times \frac{24}{12}) + (10 \times \frac{6}{12}) = 15(인년)$$

06 과년도기출문제

※ 산업위생관리산업기사 실기

- 2012년 1회 / 2회 / 3회
- 2013년 1회 / 2회
- 2014년 1회 / 2회 / 3회
- 2015년 1회 / 2회 / 3회
- 2016년 1회 / 2회 / 3회
- 2017년 1회 / 2회 / 3회
- 2018년 1회 / 2회 / 3회
- 2019년 1회 / 2회 / 3회
- 2020년 1회 / 2회 / 3회 / 4회
- 2021년 1회 / 2회 / 3회
- 2022년 1회 / 2회 / 3회
- 2023년 1회 / 2회 / 3회
- 2024년 1회 / 2회 / 3회

2012년 1회 과년도기출문제

01 국소배기장치의 필요환기량을 감소시키기 위한 방법 4가지를 적으시오.

① 가급적 공정의 포위를 최대화한다.
② 포집형이나 레시버형 후드를 사용할 때에는 후드를 배출 오염원에 가깝게 설치한다.
③ 주위 방해기류를 최소화하여 후드 개구면에서 기류가 균일하게 분포되도록 설계한다.
④ 오염물질 발생특성을 고려하여 설계한다.
⑤ 작업조건을 고려하여 적정하게 제어속도를 선정한다.
⑥ 공정에서 발생 또는 배출되는 오염물질의 절대량을 감소시킨다.
⑦ 플랜지 등을 설치하여 후드 유입 기류를 조절한다.

암기법
오염물질 감소시키고, 포위 최대화하여, 적정 제어속도로, 오염원에 가깝게 설치

02 유량 및 용량을 보정하는 데 사용되는 장치 중 1차 표준기구의 종류 4가지를 적으시오.

① 비누거품미터
② 폐활량계
③ 가스치환병
④ 유리피스톤미터
⑤ 흑연피스톤미터
⑥ 피토튜브

암기법
1차 비누로 폐활량 재고, 가스치환하여, 유리.흑연 먹였더니 피토했다.

03 130℃ 1기압의 어느 작업장에서 유해물질이 시간당 2L 증발하고 있다. 폭발방지를 위한 실제 환기량(m³/min)을 계산하시오. (단, 유해물질의 LEL : 1%, 비중 : 0.88, MW : 106, 안전계수 : 10, B : 0.7을 기준으로 한다.)

화재 및 폭발방지를 위한 환기량

$$Q = \frac{24.1 \times kg/h \times C \times 10^2}{MW \times LEL \times B} (m^3/hr) \div 60 = (m^3/min)$$

- C : 안전계수(LEL의 25%로 유지할 경우 $C = 4$)
- MW : 물질의 분자량
- LEL : 폭발농도 하한치(%)
- B : 온도에 따른 보정상수(120℃ 미만 $B = 1.0$, 120℃ 이상 $B = 0.7$)
- kg/hr : 시간당 오염물질 발생량($l/hr \times S$(비중))
- 24.1 : 21℃, 1기압에서 공기의 비중(25℃, 1기압일 경우 24.45)

1. 21℃ 1기압 기준

$$Q = \frac{24.1 \times kg/h \times C \times 10^2}{MW \times L \times B} \div 60 = \frac{24.1 \times 2 \times 0.88 \times 10 \times 10^2}{106 \times 1 \times 0.7} \div 60 = 9.53(m^3/min)$$

(kg/h = L/h × 비중)

2. 21℃(t_1)의 유량 9.53(m³/min)를 130℃(t_2)로 보정

$$Q = Q_1 \times \frac{(273 + t_2)(P_1)}{(273 + t_1)(P_2)}$$

$$= 9.53 \times \frac{273 + 130}{273 + 21} = 13.06(m^3/min)$$

04 입자상 물질의 처리를 위한 집진장치의 집진원리(주요 작용기전) 4가지를 적으시오.

① 중력
② 관성력
③ 원심력
④ 여과
⑤ 전기력

05 송풍기의 처리 가스량이 3,200m³/hr, 집진장치로부터 송풍기까지의 전압력(전압)이 180mmH$_2$O일 때 송풍기의 소요동력(kW)을 계산하시오. (단, 송풍기 효율은 70%, 여유율은 1.2이다.)

$$HP(kW) = \frac{Q \times P}{6120 \times \eta} \times K$$

- Q : 송풍량(m³/min)
- P : 유효전압(풍압)(mmH$_2$O)
- η : 송풍기 효율
- K : 안전여유

$$HP(kW) = \frac{Q \times P}{6120 \times \eta} \times K = \frac{\frac{3,200}{60} \times 180}{6120 \times 0.7} \times 1.2 = 2.69(kW)$$

$$\left(\frac{3,200 m^3}{hr} = \frac{3,200 m^3}{60 mih} \right)$$

06 송풍기의 풍량 조절방법 3가지를 적으시오.

① 회전수 조절법
② 안내익 조절법
③ 댐퍼 부착법

07 소음이 발생되는 작업장에서 4시간 작업하는 동안 90dB(A)의 소음에 노출된 경우 소음 노출량(누적소음 폭로량)(%)을 계산하시오.

누적소음폭로량

$$D(\%) = \left(\frac{C_1}{T_1} + \frac{C_2}{T_2} + \cdots + \frac{C_n}{T_n} \right) \times 100$$

- D : 누적소음 폭로량(%)
- C : 각각의 소음도에 노출되는 시간(hr)
- T : 각각의 소음도에 노출될 수 있는 허용노출시간(hr)

$$D = \left(\frac{C_1}{T_1} + \frac{C_2}{T_2} + \cdots + \frac{C_n}{T_n} \right) \times 100 = \frac{4}{8} \times 100 = 50(\%)$$

*참고
소음의 노출기준

1일 노출시간 (hr)	소음강도 dB(A)
8	90
4	95
2	100
1	105
1/2	110
1/4	115

08 송풍기의 정압이 1200N/m²이며, 송풍량은 20m³/sec이다. 송풍기의 송풍량을 32m³/sec로 증가 시킬 경우 송풍기의 정압(N/m²)을 계산하시오.

> 1. $\dfrac{Q_2}{Q_1} = \dfrac{N_2}{N_1}$
>
> 2. $\dfrac{P_2}{P_1} = \left(\dfrac{N_2}{N_1}\right)^2$
>
> 3. $\dfrac{HP_2}{HP_1} = \left(\dfrac{N_2}{N_1}\right)^3$
>
> - Q_1 : 회전 수 변경 전 풍량(m³/min)
> - Q_2 : 회전 수 변경 후 풍량(m³/min)
> - N_1 : 변경 전 회전수(rpm)
> - N_2 : 변경 후 회전수(rpm)
> - P_1 : 변경 전 풍압(mmH$_2$O)
> - P_2 : 변경 후 풍압(mmH$_2$O)
> - HP_1 : 변경 전 동력(kW)
> - HP_2 : 변경 후 동력(kW)

1. $\dfrac{Q_2}{Q_1} = \dfrac{N_2}{N_1}, \dfrac{P_2}{P_1} = \left(\dfrac{N_2}{N_1}\right)^2 \therefore \dfrac{P_2}{P_1} = \left(\dfrac{Q_2}{Q_1}\right)^2$

2. $\dfrac{P_2}{P_1} = \left(\dfrac{Q_2}{Q_1}\right)^2$

$P_2 = P_1 \times \left(\dfrac{Q_2}{Q_1}\right)^2 = 1{,}200 \times \left(\dfrac{32}{20}\right)^2 = 3072(N/m^3)$

09 아래 환기장치의 배치도를 보고 불량, 양호, 우수로 구분하여 적으시오.

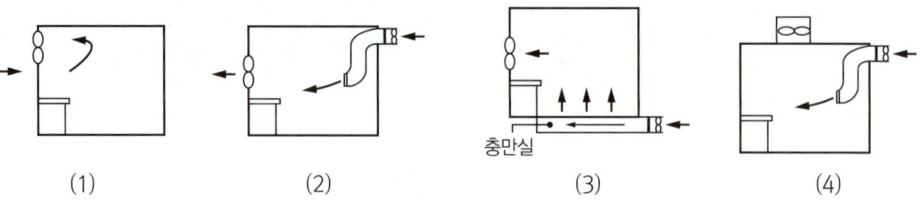

(1) 불량
(2) 양호
(3) 우수
(4) 양호

10 작업장의 소음 수준이 95[dB(A)]인 작업장에 흡음처리를 하여 흡음량이 흡음처리 전의 4배가 되었다. 흡음처리 후의 작업장 소음수준[dB(A)]을 계산하시오.

(1) 흡음처리 후의 감음량
(2) 흡음처리 후의 작업장 소음수준

> **감음량**
>
> $NR(dB) = 10 \times \log\left(\dfrac{A_2}{A_1}\right)$
>
> - NR : 감음량(dB)
> - A_1 : 흡음처리 전 실내의 총 흡음력(sabin)
> - A_2 : 흡음처리 후 실내의 총 흡음력(sabin)

(1) $NR = 10 \times \log\left(\dfrac{A_2}{A_1}\right) = 10 \times \log(4) = 6.02(dB)$

(2) $95 - 6.02 = 88.98[dB(A)]$

11 다음 작업환경 측정 인자의 단위 표시 기준을 적으시오.

(1) 석면
(2) 가스 및 증기
(3) 분진

> (1) 개/cm³(세제곱센티미터당 섬유개수)
> (2) mg/m³ 또는 ppm
> (3) mg/m³ 또는 ppm

★ 참고
작업환경 측정의 단위 표시
① 석면 : 개/cm³(세제곱센티미터 당 섬유개수)
② 가스, 증기, 분진, 흄, 미스트 : mg/m³ 또는 ppm
③ 고열(복사열 포함) : 습구·흑구온도지수를 구하여 ℃로 표시
④ 소음 : [dB(A)]

12 공기 중에 3가지 혼합물의 구성 비율이 [보기]와 같을 경우 혼합된 오염물질의 농도(mg/m³)를 계산하시오.

- A(TLV : 150mg/m³, 공기 중 구성비율 30%)
- B(TLV : 250mg/m³, 공기 중 구성비율 30%)
- C(TLV : 750mg/m³, 공기 중 구성비율 40%)

> 혼합물의 노출기준(mg/m³) = $\dfrac{1}{\dfrac{f_a}{TLV_a} + \dfrac{f_b}{TLV_b} + \cdots + \dfrac{f_n}{TLV_n}}$
>
> - f_a, f_b, f_n : 액체 혼합물에서의 각 성분 무게(중량) 구성비
> - TLV_a, TLV_b, TLV_n : 해당 물질의 노출기준(mg/m³)

혼합분진의 노출기준 = $\dfrac{1}{\dfrac{0.3}{150} + \dfrac{0.3}{250} + \dfrac{0.4}{750}}$ = 267.86(mg/m³)

또는

혼합분진의 노출기준 = $\dfrac{100}{\dfrac{30}{150} + \dfrac{30}{250} + \dfrac{40}{750}}$ = 267.86(mg/m³)

13 어느 작업장에 작업자 10명이 시간당 100kcal의 열량을 발산하는 작업을 하고 있다. 또한 2HP인 기계가 15대, 30kW의 전등이 3대 켜져 있다. 실내온도가 30℃, 외기온도가 21℃일 경우 실내 온도를 외기온도로 낮추기 위한 필요 환기량(m^3/min)을 계산하시오. (단, 1HP = 641kcal/hr, 1kW = 860kcal/hr이다.)

> **발열 시 필요 환기량**
>
> $$Q(m^3/hr) = \frac{H_s}{0.3 \triangle t}$$
>
> - $\triangle t$: 급배기(실내, 외)의 온도차(℃)
> - H_s : 작업장내 열부하량(kcal/hr)
> - 0.3 : 정압비열(kcal/m^3℃)

$$Q(m^3/min) = \frac{H_s}{0.3 \triangle t} \div 60 = \frac{(10 \times 100) + (2 \times 15 \times 641) + (30 \times 3 \times 860)}{0.3 \times (30-21)} \div 60 = 602.65(m^3/min)$$

14 0℃, 2기압 조건에서 어떤 가스의 부피가 100m^3일 경우 293K, 680mmHg 조건에서의 해당 가스의 부피(m^3)를 계산하시오.

> **부피의 온도, 압력보정**
>
> $$V_2 = V_1 \times \frac{T_2 P_1}{T_1 P_2} = V_1 \times \frac{(273+t_2)(P_1)}{(273+t_1)(P_2)}$$
>
> - V_1 : 처음 부피(보정 전 부피), V_2 : 나중 부피(보정 후 부피)
> - $T_1(K)$: 처음 온도(273 + t_1), $T_2(K)$: 나중 온도(273 + t_2)
> - P_1 : 처음 압력, P_2 : 나중 압력

0℃(t_1), 2기압(2 × 760mmHg)(P_1)에서의 부피 100m^3를 293K(t_2), (680mmHg)(P_2)로 보정

$$V_2 = V_1 \times \frac{(273+t_2)(P_1)}{(273+t_1)(P_2)}$$

$$= 100 \times \frac{293 \times (2 \times 760)}{(273+0) \times 680} = 239.91(m^3)$$

(1기압 = 760mmHg)

15 금속제품의 탈지 및 포장과정에서 근로자가 트리클로로에틸렌(TLV 50ppm) 65ppm과 아세톤(TLV 50ppm) 75ppm을 사용하였다. 두 물질은 상가작용을 할 경우 (1) 노출지수를 계산하고 노출기준 초과 여부를 설명하시오. (2) 혼합공기의 허용농도를 계산하시오.

> 1. 노출지수
>
> $$EI = \frac{C_1}{T_1} + \frac{C_2}{T_2} + \cdots + \frac{C_n}{T_n}$$
>
> - C : 화학물질 각각의 측정치
> - T : 화학물질 각각의 노출기준
>
> 2. 평가
> - $EI > 1$: 노출기준을 초과함
> - $EI < 1$: 노출기준을 초과하지 않음
>
> 3. 혼합물의 TLV-TWA
>
> $$TLV\text{-}TWA = \frac{C_1 + C_2 + \cdots + C_n}{EI}$$

1. 노출지수 $EI = \frac{65}{50} + \frac{75}{50} = 2.80$, 노출기준 초과여부 : $EI > 1$ 이므로 노출기준을 초과함

2. $TLV\text{-}TWA = \frac{65 + 75}{2.80} = 50\text{(ppm)}$

16 입경이 0.002cm, 밀도 1.6g/cm³인 먼지의 침강속도(cm/sec)를 Lippman식을 이용하여 계산하시오.

> Lippman식에 의한 침강속도
>
> $V(\text{cm/sec}) = 0.003 \times \rho \times d^2$
>
> - V : 침강속도(cm/sec)
> - ρ : 입자 밀도(비중) (g/cm³)
> - d : 입자직경(μm)

$V(\text{cm/sec}) = 0.003 \times \rho \times d^2 = 0.003 \times 1.6 \times (0.002 \times 10^4)^2 = 1.92(\text{cm/sec})$

$\left[\begin{array}{l} \mu m = 10^{-6}m,\ cm = 10^{-2}m \\ \therefore cm = 10^4 \mu m \end{array} \right.$

17 작업자가 8시간 작업하는 동안 WBGT 32℃에서 3시간, WBGT 28℃에서 3시간, WBGT 26℃에서 2시간 작업하였다. 작업자의 평균WBGT(℃)를 계산하시오.

$$평균\ WBGT(℃) = \frac{(WBGT_1 \times t_1) + (WBGT_2 \times t_2) + \ldots}{t_1 + t_2 + \ldots}$$

- $WBGT_n$: 각 습구흑구온도지수의 측정치(℃)
- t_n : 각 습구흑구온도지수의 측정시간(분)

$$평균\ WBGT(℃) = \frac{(32 \times 3) + (28 \times 3) + (26 \times 2)}{3 + 3 + 2} = 29(℃)$$

18 작업환경측정을 수행하는 경우 동일노출그룹(유사노출그룹 : HEG)을 설정하는 목적 3가지를 적으시오.

① 시료채취 수를 경제적으로 하기 위함이다.
② 모든 근로자를 유사한 노출그룹별로 구분하고 그룹별로 대표적인 근로자를 선택하여 측정하면 측정하지 않은 근로자의 노출농도까지도 추정할 수 있다.(모든 근로자의 노출 정도를 추정하고자 하는 데 있다.)
③ 해당 근로자가 속한 동일노출그룹의 노출농도를 근거로 노출원인 및 농도를 추정할 수 있다.
④ 작업장에서 모니터링하고 관리해야 할 우선적인 그룹을 결정하기 위함이다.

2012년 2회 과년도기출문제

01 인체의 열 교환에 영향을 미치는 온열요소 4가지를 적으시오.

① 기온(온도)
② 기습(습도)
③ 기류(대류, 풍속)
④ 복사열

02 직경이 250mm인 덕트에서 덕트 내 정압은 −45.8mmH₂O, 전압은 12.5mmH₂O이다. 덕트 내의 유량(m³/sec)을 계산하시오. (단, 공기밀도는 1.2kg/m³로 가정한다.)

1. 속도압$(VP) = \dfrac{\gamma V^2}{2g}$(mmH₂O)

   $V(\text{m/sec}) = 4.043\sqrt{VP}$
   - r : 공기비중
   - V : 유속(m/s)
   - g : 중력가속도(9.8m/s²)
2. $Q = A \times V$
   - Q : 유체의 유량(m³/sec)
   - A : 유체가 통과하는 단면적(m²)
   - V : 유체의 유속(m/sec)

1. 전압 = 정압 + 동압
   동압(속도압) = 전압 − 정압 = 12.5 − (−45.8) = 58.3(mmH₂O)
2. 속도압$(VP) = \dfrac{\gamma V^2}{2g}$

   $\gamma \times V^2 = VP \times 2g$

   $V^2 = \dfrac{VP \times 2g}{\gamma}$

   $V = \sqrt{\dfrac{VP \times 2g}{\gamma}} = \sqrt{\dfrac{58.3 \times 2 \times 9.8}{1.2}} = 30.86(\text{m/sec})$
3. $Q = A \times V = \dfrac{\pi d^2}{4} \times V = \dfrac{\pi \times 0.25^2}{4} \times 30.86 = 1.51(\text{m}^3/\text{sec})$

03 원자흡광도계에서 바닥상태의 원자를 들뜬상태의 원자로 만드는 방법(시료의 원자화 방법) 3가지를 적으시오.

> ① 불꽃 원자화법
> ② 전열 원자화법
> ③ 글로우 방전 원자화법
> ④ 수소화물 생성 원자화법
> ⑤ 찬-증기 원자화법

04 유해가스 처리를 위해 연소법을 적용할 수 있는 경우(적용하기 위한 조건) 3가지를 적으시오.

> ① 배출하는 가스량이 많은 경우
> ② 유해가스의 농도가 낮은 경우
> ③ 가연성 가스, 악취 등을 제거하는 경우

05 건구온도가 26℃, 자연습구온도가 20℃, 흑구온도가 28℃이었다.

(1) 옥내의 습구흑구 온도지수를 계산하시오.
(2) 옥외(태양광선이 내리쬐는 장소)의 습구흑구 온도지수를 계산하시오.
(3) 작업장 고온의 영향 평가를 위하여 고열을 측정하는 경우 측정기의 위치를 적으시오.

> **습구흑구온도지수(WBGT)의 산출**
>
> 1. 옥외(태양광선이 내리쬐는 장소)
>   WBGT(℃) = 0.7 × 자연습구온도 + 0.2 × 흑구온도 + 0.1 × 건구온도
> 2. 옥내 또는 옥외(태양광선이 내리쬐지 않는 장소)
>   WBGT(℃) = 0.7 × 자연습구온도 + 0.3 × 흑구온도
>
> (1) 옥내 WBGT(℃) = 0.7 × 자연습구온도 + 0.3 × 흑구온도 = 0.7 × 20 + 0.3 × 28 = 22.40(℃)
> (2) 옥외 WBGT(℃) = 0.7 × 자연습구온도 + 0.2 × 흑구온도 + 0.1 × 건구온도 = 0.7 × 20 + 0.2 × 28 + 0.1 × 26 = 22.20(℃)
> (3) 고열 측정기의 위치
>   바닥 면으로부터 50센티미터 이상, 150센티미터 이하의 위치에서 측정한다.

★참고
1. 고열 측정기기
    고열은 습구흑구온도지수(WBGT)를 측정할 수 있는 기기 또는 이와 동등 이상의 성능을 가진 기기를 사용한다.
2. 고열 측정방법
    • 측정은 단위작업 장소에서 측정대상이 되는 근로자의 주 작업 위치에서 측정한다.
    • 측정기의 위치는 바닥 면으로부터 50센티미터 이상, 150센티미터 이하의 위치에서 측정한다.
    • 측정기를 설치한 후 충분히 안정화 시킨 상태에서 1일 작업시간 중 가장 높은 고열에 노출되는 1시간을 10분 간격으로 연속하여 측정한다

06 저유량 펌프로 작업장 공기 $0.6m^3$ 중의 납을 채취한 후 20mL의 10% 질산에 용해시켰다. 원자흡광광도계로 분석한 납의 농도가 $48\mu g/mL$인 경우 작업장 공기 중의 납의 농도(mg/m^3)를 계산하시오.

금속의 농도 계산

$$C(mg/m^3) = \frac{(여과지의\ 금속농도 \times 시료의\ 최종\ 용액\ 부피) - (공시료의\ 금속농도 \times 공시료의\ 최종\ 용액\ 부피)}{공기\ 채취량 \times 회수율}$$

$$mg/m^3 = \frac{금속농도 \times 용액\ 부피}{공기\ 채취량} = \frac{\frac{48 \times 10^{-3}mg}{mL} \times 20mL}{0.6m^3} = 1.60(mg/m^3)$$

($\mu g = 10^{-3}mg$)

07 작업장 내 오염물질의 농도가 45ppm이었다. mg/m^3 단위로 환산된 농도를 계산하시오. (단, 오염물질의 분자량 72g, 21℃ 1기압 기준)

ppm과 mg/m^3의 상호 농도변환

1. 0℃, 1기압의 경우

    노출기준$(mg/m^3) = \frac{노출기준(ppm) \times 그램분자량}{22.4}$

2. 21℃, 1기압의 경우

    노출기준$(mg/m^3) = \frac{노출기준(ppm) \times 그램분자량}{24.1}$

3. 25℃, 1기압의 경우

    노출기준$(mg/m^3) = \frac{노출기준(ppm) \times 그램분자량}{24.45}$

노출기준 $= \frac{45 \times 72}{24.1} = 134.44(mg/m^3)$

08 작업장에 설치된 레시버식 캐노피형 후드의 열원의 직경(E)이 3.2m, 후드의 높이(H)가 1.1m인 경우 후드의 직경(m)을 계산하시오.

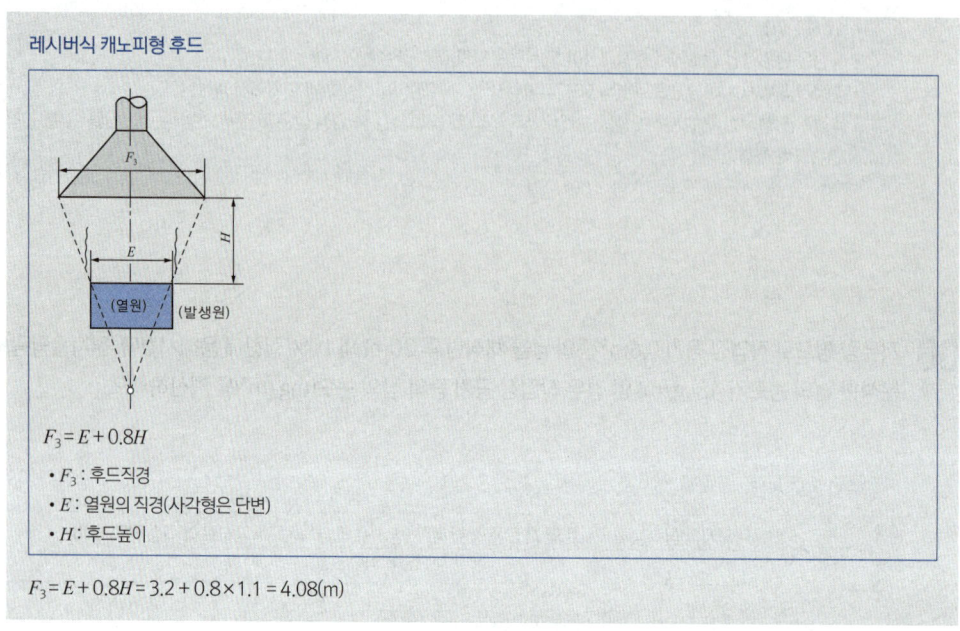

$F_3 = E + 0.8H = 3.2 + 0.8 \times 1.1 = 4.08(m)$

09 건강진단 실시 결과에 따른 건강진단 결과를 구분하여 설명하시오.

① A : 건강관리상 사후관리가 필요 없는 근로자(건강한 근로자)
② C_1 : 직업성 질병으로 진전될 우려가 있어 추적검사 등 관찰이 필요한 근로자(직업병 요관찰자)
③ C_2 : 일반질병으로 진전될 우려가 있어 추적관찰이 필요한 근로자(일반질병 요관찰자)
④ D_1 : 직업성 질병의 소견을 보여 사후관리가 필요한 근로자(직업병 유소견자)
⑤ D_2 : 일반질병의 소견을 보여 사후관리가 필요한 근로자(일반질병 유소견자)
⑥ R : 질병이 의심되는 근로자(제2차 건강진단 대상자)

10 다음 조건에서 유속(m/sec)을 구하시오.

- 레이놀즈수 : 2×10^6
- 덕트 직경 : 20cm
- 동점성계수 : $1.5 \times 10^{-5} m^2/sec$

$$Re = \frac{\rho V d}{\mu} = \frac{Vd}{\nu} = \frac{관성력}{점성력}$$

- Re : 레이놀즈 수(무차원)
- ρ : 유체밀도(kg/m³)
- d : 관경(m) (상당직경 $D = \frac{2ab}{a+b}$)
- V : 유체의 유속(m/sec)
- μ : 점성계수(kg/m·s(= 10Poise))
- ν : 동점성계수(m²/sec)

$$Re = \frac{Vd}{\nu}$$

$$V = \frac{Re \times \nu}{d} = \frac{2 \times 10^6 \times 1.5 \times 10^{-5}}{0.2} = 150(m/sec)$$

11 전체 환기장치를 설치하여야 하는 경우(적용시의 고려사항, 적용조건) 5가지를 적으시오.

① 유해물질의 독성이 비교적 낮은 경우
② 동일한 작업장에 다수의 오염원이 분산되어 있는 경우
③ 유해물질이 시간에 따라 균일하게 발생될 경우
④ 유해물질의 발생량이 적은 경우
⑤ 발생원이 이동하는 경우
⑥ 오염원이 근무자가 근무하는 장소로부터 멀리 떨어져 있는 경우

12 작업장 공기 중에 아세톤 2,000ppm이 존재할 경우 공기와 아세톤의 유효비중을 소수셋째자리까지 계산하시오. (단, 아세톤의 증기비중은 2.0, 공기비중은 1.0이다.)

1. 작업장 공기 중의 아세톤이 2,000ppm = 0.2%이므로 공기는 99.8%가 된다.(10,000ppm= 1 %)
   (공기 = 100% − 0.2% = 99.8%)
2. 아세톤 0.2%(증기비중 2.0), 공기 99.8%(공기비중 1.0)이므로
   유효비중 = $0.002 \times 2.0 + 0.998 \times 1.0 = 1.002$

13 작업장에 각각 94dB, 90dB, 95dB, 100dB의 음압수준을 발생하는 소음원이 있다. 이 소음원들이 동시에 가동될 때 발생되는 음압수준(dB)을 계산하시오.

> 합성소음도
>
> $$L(dB) = 10 \times \log(10^{\frac{L_1}{10}} + 10^{\frac{L_2}{10}} + \cdots + 10^{\frac{L_n}{10}})$$
>
> - L : 합성소음도(dB)
> - $L_1 \sim L_2$: 각각 소음원의 소음(dB)
>
> $$L = 10 \times \log\left(10^{\frac{94}{10}} + 10^{\frac{90}{10}} + 10^{\frac{95}{10}} + 10^{\frac{100}{10}}\right) = 102.22(dB)$$

14 국소배기장치의 사용 전 점검사항 3가지를 적으시오.

> ① 덕트와 배풍기의 분진 상태
> ② 덕트 접속부가 헐거워졌는지 여부
> ③ 흡기 및 배기 능력
> ④ 그 밖에 국소배기장치의 성능을 유지하기 위하여 필요한 사항

15 산업환기와 관련된 다음 용어를 설명하시오.

(1) 충만실
(2) 제어속도
(3) 개구속도
(4) 반송속도
(5) 테이퍼

> (1) 충만실(플래넘 : Plenum)
>   - 공기의 흐름을 균일하게 유지시켜주기 위한 후드나 덕트의 큰 공간을 말한다.
>   - 슬롯 후드 뒤쪽에 위치하여 압력을 균일화시키는 역할을 한다.
> (2) 오염물질을 후드 안으로 흡인하기 위한(제어하기 위한) 공기속도(최소 풍속)를 말한다.
> (3) 후드 개구부 전면에서 측정한 공기속도를 말한다.
> (4) 덕트를 통하여 이동하는 유해물질이 덕트 내에서 퇴적이 일어나지 않는 상태로 이동시키기 위하여 필요한 최소 속도를 말한다.(오염물질을 운반하는 속도)
> (5) 후드와 덕트 연결부위(경사 접합구라고도 한다)를 말한다.
>   - 급격한 단면 변화로 인한 압력손실을 방지하고 후드 개구면 속도를 균일하게 분포시키는 역할을 하는 장치이다.

16 전체 환기량 계산 시 다음의 경우에 적합한 안전계수(혼합계수) K의 값을 적으시오.

(1) 작업장 내 공기혼합이 원활한 경우
(2) 작업장 내 공기혼합이 보통인 경우
(3) 작업장 내 공기혼합이 불완전인 경우

 (1) K=1
 (2) K=2
 (3) K=3

17 ACGIH의 제어속도 범위 중 제어속도 범위의 상한치를 적용하는 경우 3가지를 적으시오.

① 작업장 내에 방해기류가 존재할 때
② 유해물질이 고독성일 때
③ 생산량이 많고 유해물질 사용량이 많을 때
④ 소형 후드로 유동 공기량이 국소적일 때

2012년 3회 과년도기출문제

01 다음 용어를 간단히 설명하시오.

(1) 단위작업장소
(2) 정확도
(3) 정밀도

> (1) 작업환경측정 대상이 되는 작업장 또는 공정에서 정상적인 작업을 수행하는 동일 노출집단의 근로자가 작업을 하는 장소를 말한다.
> (2) 분석치가 참값에 얼마나 접근하였는가 하는 수치상의 표현을 말한다.
> (3) 일정한 물질에 대해 반복측정·분석을 했을 때 나타나는 자료 분석치의 변동크기가 얼마나 작은가 하는 수치상의 표현을 말한다.

02 송풍기의 흡입관의 정압이 −45mmH$_2$O, 동압이 10mmH$_2$O이며 배출관의 정압이 8mmH$_2$O, 동압이 16mmH$_2$O이다. 송풍기의 유효전압(mmH$_2$O)과 유효정압(mmH$_2$O)을 계산하시오.

> 1. 송풍기 전압(FTP) : 배출구 전압(TP_{out})과 흡입구 전압(TP_{in})의 차
> $$FTP = TP_{out} - TP_{in}$$
> $$= (SP_{out} + VP_{out}) - (SP_{in} + VP_{in})$$
>
> 2. 송풍기 정압(FSP) : 송풍기 전압(FTP)과 속도압(VP_{out})의 차
> $$FSP = FTP - VP_{out}$$
> $$= (SP_{out} - SP_{in}) + (VP_{out} - VP_{in}) - VP_{out}$$
> $$= (SP_{out} - SP_{in}) - VP_{in}$$
> $$= (SP_{out} - TP_{in})$$
>
> 1. 송풍기의 전압(FTP)
> $FTP = (SP_{out} + VP_{out}) - (SP_{in} + VP_{in}) = (8 + 16) - (-45 + 10) = 59(mmH_2O)$
> 2. 송풍기의 정압(FSP)
> $FSP = (SP_{out} - SP_{in}) - VP_{in} = [8 - (-45)] - 10 = 43(mmH_2O)$

03 [보기]의 방사선을 인체 투과력이 큰 순서대로 번호를 쓰시오.

① α
② 중성자
③ γ
④ β

② 〉 ③ 〉 ④ 〉 ①

* 참고
1. 인체 투과력 순서
   중성자 〉 X선 or γ 〉 β 〉 α
2. 전리작용 순서
   중성자 〉 α 〉 β 〉 X선 or γ

04 설명에 해당하는 음원의 지향계수를 적으시오.

(1) 음원이 자유공간에 떠 있는 경우(음의 전파가 완전 구체인 경우)
(2) 음원이 반 자유공간 또는 바닥 위에 있는 경우(음의 전파가 반 구체인 경우)
(3) 음원이 두면이 만나는 구석 또는 벽 근처 바닥에 있는 경우(음의 전파가 1/4 구체인 경우)
(4) 음원이 세면이 만나는 구석 또는 각진 모퉁이 바닥에 있는 경우(음의 전파가 1/8 구체인 경우)

(1) $Q = 1$
(2) $Q = 2$
(3) $Q = 4$
(4) $Q = 8$

05 [보기]의 측정치를 이용하여 기하표준편차(GSD)를 계산하시오.

> 16, 24, 30.6, 55.4

> **1. 기하평균**
> $$\log(GM) = \frac{\log X_1 + \log X_2 + \cdots + \log X_n}{N}$$
> $$G.M = \sqrt[N]{X_1 \cdot X_2 \cdots X_n}$$
> - X_n : 측정치
> - N : 측정치 개수
>
> **2. 기하표준편차**
> $$\log(GSD) = \left[\frac{(\log X_1 - \log GM)^2 + (\log X_2 - \log GM)^2 + \cdots + (\log X_N - \log GM)^2}{N-1}\right]^{0.5}$$
> - GSD : 기하표준편차
> - GM : 기하평균
> - N : 측정치의 수
> - X_i : 측정치

1. 기하평균 $G.M = \sqrt[4]{16 \times 24 \times 30.6 \times 55.4} = 28.40$
2. 기하표준편차
$$\log(GSD) = \left[\frac{(\log 16 - \log 28.40)^2 + (\log 24 - \log 28.40)^2 + (\log 30.6 - \log 28.40)^2 + (\log 55.4 - \log 28.40)^2}{4-1}\right]^{0.5} = 0.23$$
$GSD = 10^{0.13} = 1.70$

06 작업장에 A, B, C 3가지 오염물질이 발생하고 있다. A물질 제거에 필요한 환기량은 250m³/min, B물질은 300m³/min, C물질은 350m³/min이다. A와 B물질은 서로 상가작용을 하고, C물질은 독립작용을 하는 경우 작업장에 필요한 전체 환기량을 계산하시오.

> **1. 상가작용일 경우** : 각각 유해물질의 환기량을 모두 합하여 필요환기량으로 결정
> $Q = Q_1 + Q_2 + \cdots + Q_n$
> **2. 독립작용일 경우** : 유해물질 환기량 중 가장 큰 값을 선택하여 필요환기량으로 결정

1. A와 B물질은 서로 상가작용을 하므로
   A와 B물질의 환기량 = 250 + 300 = 550(m³/min)
2. C물질은 독립작용을 하므로 A와 B물질의 환기량(550m³/min)과 C물질의 환기량(350m³/min) 중 큰 값이 작업장의 전체 환기량이 된다.
3. 작업장의 전체 환기량 = 550(m³/min)

07 ACGIH의 입자상 물질의 입자 크기별 분류 중 (1) 호흡성 분진의 정의와 평균 입경을 적고 (2) 호흡성 분진의 측정목적을 설명하시오.

> (1) • 정의 : 호흡기를 통하여 폐포에 축적될 수 있는 크기의 분진[폐포(가스교환 부위)에 침착하여 독성을 나타내는 분진]
>   • 평균입경 : 4μm
> (2) 진폐증, 폐암 등을 일으키는 근로자의 호흡성 분진 노출정도를 파악하기 위함이다.

08 90° 원형곡관의 속도압은 35mmH$_2$O 이며, 압력손실계수는 0.32이다. 이 곡관의 곡관 각을 45°로 변경했을 때의 속도(m/sec)를 계산하시오.

> 압력손실($\triangle P$) = $\left(\xi \times \dfrac{\theta}{90°}\right) \times VP$(mmH$_2$O)
>
> • ξ : 압력손실계수
> • θ : 곡관의 각도
> • VP : 속도압(동압)(mmH$_2$O)

1. 45°로 변경했을 때의 압력손실

$$\triangle P = \left(0.32 \times \dfrac{45°}{90°}\right) \times 35 = 5.60 \text{(mmH}_2\text{O)}$$

2. 45°로 변경했을 때의 속도압(VP)

$$\triangle P = \left(\xi \times \dfrac{\theta}{90°}\right) \times VP$$

$$VP = \dfrac{\triangle P}{\left(\xi \times \dfrac{\theta}{90°}\right)} = \dfrac{5.60}{\left(0.32 \times \dfrac{45°}{90°}\right)} = 35 \text{(mmH}_2\text{O)}$$

3. 45°로 변경했을 때의 속도(V)

$$V = 4.043\sqrt{VP} = 4.043 \times \sqrt{35} = 23.92 \text{(m/sec)}$$

09 합류점에서의 압력평형 방법(총 압력손실 계산방법) 중 정압조절 평형법(유속조절 평형법)의 장·단점을 각각 3가지씩 적으시오.

장점	단점
• 침식, 부식, 분진 퇴적에 의한 덕트 폐쇄가 없다. • 설계 시 잘못 설계된 분지관 또는 저항이 가장 큰 분지관을 쉽게 발견할 수 있다.(최대 저항 경로 선정이 잘못되어도 설계 시 쉽게 발견할 수 있음) • 설계가 정확할 때에는 가장 효율적인 시설이다.	• 설계 시 잘못된 유량을 고치기 어렵다. (임의로 유량을 조절하기 어려움) • 송풍량은 근로자나 운전자의 의도대로 쉽게 변경되지 않는다. • 설계유량 산정이 잘못될 경우 수정은 덕트의 크기 변경을 요한다. • 설계가 복잡하고 시간이 많이 걸린다. • 설치된 후의 개조 및 변경이나 확장에 대한 유연성이 낮다. • 효율 개선 시 전체를 수정해야 한다. • 경우에 따라 전체 필요한 최소유량보다 더 초과될 수 있다.

10 부피가 15,000m³인 작업장에서 톨루엔 3L가 증발하였다. 작업장 내의 톨루엔 농도(ppm)를 계산하시오. (단, 톨루엔의 분자량 92.14, 비중 0.879, 21℃ 1기압 기준)

> **ppm과 mg/m³의 상호 농도변환**
>
> 1. 0℃, 1기압의 경우
>
> $$\text{노출기준}(mg/m^3) = \frac{\text{노출기준}(ppm) \times \text{그램분자량}}{22.4}$$
>
> 2. 21℃, 1기압의 경우
>
> $$\text{노출기준}(mg/m^3) = \frac{\text{노출기준}(ppm) \times \text{그램분자량}}{24.1}$$
>
> 3. 25℃, 1기압의 경우
>
> $$\text{노출기준}(mg/m^3) = \frac{\text{노출기준}(ppm) \times \text{그램분자량}}{24.45}$$

1. $mg/m^3 = \dfrac{(3 \times 10^6 \times 0.879)mg}{15,000m^3} = 175.80(mg/m^3)$

$$\left[\begin{array}{l} L \times \text{비중} = kg, \ kg = 10^6 mg \\ (3 \times 0.879)kg = (3 \times 0.879 \times 10^6)mg \end{array} \right]$$

2. $mg/m^3 = \dfrac{\text{노출기준}(ppm) \times \text{그램분자량}}{24.1}$

$ppm = \dfrac{mg/m^3 \times 24.1}{\text{분자량}} = \dfrac{175.80 \times 24.1}{92.14} = 45.98(ppm)$

11 소음계의 A, B, C특성에 해당하는 음압수준(phon)을 적으시오.

① A특성 : 40phon
② B특성 : 70phon
③ C특성 : 100phon

12 전체 환기장치와 비교한 국소 배기장치의 장점을 3가지 적으시오.

① 전체 환기시설은 유해물질이 제거되지 않고 농도만 낮아지나, 국소배기시설은 발생원에서 유해물질을 제거할 수 있다.
② 필요 환기량이 적어 실내에서 배출되는 공기량이 적고, 따라서 보충되어야 할 급기량도 적어지므로 냉난방 비용면에서 전체 환기시설보다 경제적이다.
③ 유해물질이 소량의 공기 중에 고농도로 포함되어 있으므로 공기정화기를 설치하는데 있어서 경제적이다.
④ 유해물질이 작업장 내로 배출되지 않으므로 유해물질에 의해 기계, 기구, 제품 등이 손상되지 않으며, 유지관리가 용이하다.
⑤ 발생원에 근접하여 배기시키기 때문에 방해기류나 부적절한 급기흐름의 영향을 적게 받는다.

13 작업장 내 오염물질의 농도가 45ppm이었다. mg/m^3 단위로 환산된 농도를 계산하시오. (단, 오염물질의 분자량 72, 21℃ 1기압 기준)

ppm과 mg/m^3의 상호 농도변환

1. 0℃, 1기압의 경우
   노출기준(mg/m^3) = $\dfrac{노출기준(ppm) \times 그램분자량}{22.4}$

2. 21℃, 1기압의 경우
   노출기준(mg/m^3) = $\dfrac{노출기준(ppm) \times 그램분자량}{24.1}$

3. 25℃, 1기압의 경우
   노출기준(mg/m^3) = $\dfrac{노출기준(ppm) \times 그램분자량}{24.45}$

노출기준 = $\dfrac{45 \times 72}{24.1}$ = 134.44(mg/m^3)

14 ACGIH(미국정부산업위생전문가 협의회)의 허용 농도(TLV) 적용시의 주의 사항 5가지를 적으시오.

① 대기오염평가 및 지표(관리)에 적용할 수 없다.
② 24시간 노출 또는 정상 작업시간을 초과한 노출에 대한 독성 평가에는 적용할 수 없다.
③ 기존의 질병이나 신체적 조건을 판단(증명 또는 반응자료)하기 위한 척도로 사용될 수 없다.
④ 작업조건이 다른 나라에서 ACGIH-TLV를 그대로 사용할 수 없다.
⑤ 안전농도와 위험농도를 정확히 구분하는 경계선이 아니다.
⑥ 독성의 강도를 비교할 수 있는 지표는 아니다.
⑦ 반드시 산업보건(위생) 전문가에 의하여 설명(해석), 적용되어야 한다.
⑧ 피부로 흡수되는 양은 고려하지 않은 기준이다.
⑨ 산업장의 유해조건을 평가하기 위한 지침이며 건강장해를 예방하기 위한 지침이다.

암기법
1. 대기오염, 정상작업 초과, 질병 판단에 사용 ×
2. 안전·위험농도 구분, 독성강도 비교 ×

15 작업장 공기 중에 carbon tetrachloride(TLV = 10ppm) 8ppm, 1,2-dichloroethane(TLV = 50ppm) 12ppm, 1,2-dibromoethane(TLV = 20ppm) 11ppm이 존재하고 있다. 해당 작업장 공기 중 혼합물의 노출기준을 계산하고 노출기준 초과여부를 평가하시오. (단, 혼합물은 서로 상가작용을 한다.)

1. 노출지수
$$EI = \frac{C_1}{T_1} + \frac{C_2}{T_2} + \cdots + \frac{C_n}{T_n}$$
- C : 화학물질 각각의 측정치
- T : 화학물질 각각의 노출기준

2. 평가
- $EI > 1$: 노출기준을 초과함
- $EI < 1$: 노출기준을 초과하지 않음

3. 혼합물의 TLV-TWA
$$TLV-TWA = \frac{C_1 + C_2 + \cdots + C_n}{EI}$$

1. 노출지수 $EI = \frac{8}{10} + \frac{12}{50} + \frac{11}{20} = 1.59$

   $EI > 1$이므로 노출기준을 초과함

2. $TLV-TWA = \frac{8+12+11}{1.59} = 19.50 \text{(ppm)}$

16 집진기로 작업장 내의 가스를 포집하는 경우 두 개의 연결된 집진기의 전체 효율이 98%이다. 두 번째 집진기의 포집효율이 92%일 때, 첫 번째 집진기의 포집효율(%)을 계산하시오.

> **집진장치의 직렬조합 시 총 집진율**
> 1. 총집진율(η_T) = $\eta_1 + \eta_2(1-\eta_1)$
>   - η_1 : 1차 집진장치 집진율
>   - η_2 : 2차 집진장치 집진율
> 2. 총집진율(η_T) = $\eta_1 + \eta_2(1-\frac{\eta_1}{100})$
>   - η_1 : 1차 집진장치 집진율(%)
>   - η_2 : 2차 집진장치 집진율(%)

총집진율(η_T) = $\eta_1 + \eta_2(1-\eta_1)$
$0.98 = \eta_1 + \{0.92 \times (1-\eta_1)\} = \eta_1 + 0.92 - 0.92\eta_1$
$\eta_1 - 0.92\eta_1 = 0.98 - 0.92$
$0.08\eta_1 = 0.06$
∴ $\eta_1 = \frac{0.06}{0.08} \times 100 = 75(\%)$

2013년 1회 과년도기출문제

01 작업장의 공기 중 오염물질을 여과지로 포집한 후 분석한 결과 시료채취 후 여과지에서는 36.4μg, 공시료 여과지에서는 2.2μg이 검출되었다. 시료포집 pump의 유량을 1.5L/min로 하여 오전 9시부터 오후 3시까지 채취할 경우 공기 중 오염물질의 농도(μg/m³)를 계산하시오. (단, 회수율은 99%이다.)

1. $C(\mu g/m^3) = \dfrac{(36.4 - 2.2)\mu g}{\dfrac{1.5 \times 10^{-3} m^3}{min} \times (6 \times 60)min} = 63.33(\mu g/m^3)$

2. 회수율(탈착효율) = $\dfrac{검출량}{주입량}$

   주입량 = $\dfrac{검출량}{회수율} = \dfrac{63.33}{0.99} = 63.97(\mu g/m^3)$

또는
회수율이 99%이므로 100%일 때의 농도
$0.99 : 63.33 = 1 : x$
$0.99x = 63.33$
$x = \dfrac{63.33}{0.99} = 63.97(mg/m^3)$

02 회전차 외경이 600mm인 원심 송풍기의 풍량은 200m³/min, 풍압은 200mmH₂O, 축동력은 5kW이다. 회전차 외경이 1,200mm인 동류(상사구조)의 송풍기가 동일한 회전수로 운전된다면 이 송풍기의 풍량, 풍압, 축동력은 얼마인지 계산하시오. (단, 두 경우 모두 표준공기를 취급한다.)

송풍기의 상사법칙

1. $Q_2 = Q_1 \left(\dfrac{D_2}{D_1}\right)^3 \left(\dfrac{N_2}{N_1}\right)$

2. $P_2 = P_1 \left(\dfrac{D_2}{D_1}\right)^2 \left(\dfrac{N_2}{N_1}\right)^2 \left(\dfrac{\rho_2}{\rho_1}\right)$

3. $HP_2 = HP_1 \left(\dfrac{D_2}{D_1}\right)^5 \left(\dfrac{N_2}{N_1}\right)^3 \left(\dfrac{\rho_2}{\rho_1}\right)$

- Q_1 : 회전 수 변경 전 풍량(m³/min)
- Q_2 : 회전 수 변경 후 풍량(m³/min)
- N_1 : 변경 전 회전수(rpm)
- N_2 : 변경 후 회전수(rpm)
- P_1 : 변경 전 정압(mmH₂O)
- P_2 : 변경 후 정압(mmH₂O)
- HP_1 : 변경 전 동력(kW)
- HP_2 : 변경 후 동력(kW)
- D_1 : 변경 전 직경(m)
- D_2 : 변경 후 직경(m)
- ρ_1 : 변경 전 효율
- ρ_2 : 변경 후 효율

---

1. $Q_2 = Q_1 \times \left(\dfrac{D_2}{D_1}\right)^3 = 200 \times \left(\dfrac{1,200}{600}\right)^3 = 1,600 \text{(m}^3\text{/min)}$

2. $P_2 = P_1 \times \left(\dfrac{D_2}{D_1}\right)^2 = 200 \times \left(\dfrac{1,200}{600}\right)^2 = 800 \text{(mmH}_2\text{O)}$

3. $HP_2 = HP_1 \times \left(\dfrac{D_2}{D_1}\right)^5 = 5 \times \left(\dfrac{1,200}{600}\right)^5 = 160 \text{(kW)}$

03 용적이 1,800m³인 어느 작업장에서 메틸클로로포름 증기가 0.12m³/min으로 발생하고 있으며, 작업장의 유효 환기량은 65m³/min이다. 작업장의 초기농도가 0인 상태에서 농도 170ppm에 도달하는데 걸리는 시간(min)을 계산하고 1시간 후의 농도(ppm)를 계산하시오.

> 1. 농도 C에 도달하는 데 걸리는 시간(t)
> $$t(\text{min}) = -\frac{V}{Q'}\left[\ln\left(\frac{G-Q'C}{G}\right)\right]$$
> 2. 처음농도 0인 상태에서 t시간 후의 농도(C)
> $$C(\text{ppm}) = \frac{G(1-e^{-\frac{Q'}{V}\times t})}{Q'} \times 10^6$$
> - V : 작업장의 기적(m³)
> - Q' : 유효환기량(m³/min)
> - G : 유해물질의 발생량(m³/min)
> - C : 유해물질농도(ppm)
> - t : 시간(min)

1. 농도 170ppm에 도달하는 데 걸리는 시간(t)

$$t = -\frac{1,800}{65} \times \left[\ln\left(\frac{0.12-(65\times 170\times 10^{-6})}{0.12}\right)\right] = 2.68(\text{min})$$

2. 처음농도 0인 상태에서 1시간(60min) 후의 농도(C)

$$C = \frac{0.12\times(1-e^{-\frac{65}{1,800}\times 60})}{65}\times 10^6 = 1634.66(\text{ppm})$$

04 21℃, 1atm에서의 공기밀도는 1.2kg/m³이다. 온도가 30℃, 압력이 740mmHg일 경우 공기밀도(kg/m³)를 계산하시오.

21℃(t_1) 1atm(760mmHg)(P_1)의 밀도 1.2(kg/m³)를 30℃(t_2), 740mmHg(P_2)로 보정

보정 후의 밀도 = 보정 전의 밀도 $\times \dfrac{(273+t_1)(P_2)}{(273+t_2)(P_1)}$

$$1.2 \times \frac{(273+21)\times 740}{(273+30)\times 760} = 1.13(\text{kg/m}^3)$$

> ★참고
>
> 1. 밀도보정계수 $= \dfrac{(273+t_1)(P_2)}{(273+t_2)(P_1)}$
>
> 2. 보정된 밀도 = 보정 전의 밀도 × 밀도 보정 계수 = 보정 전의 밀도 × $\dfrac{(273+t_1)(P_2)}{(273+t_2)(P_1)}$
>
> - t_1, P_1 : 처음 온도, 처음 압력
> - t_2, P_2 : 나중 온도, 나중 압력
>
> 밀도보정계수 $= \dfrac{(273+21)(740)}{(273+30)(760)} = 0.94$
>
> (1atm = 1기압 = 760mmHg)

05 소음계의 A, B, C특성에 해당하는 음압수준(phon)을 적으시오.

① A특성 : 40phon
② B특성 : 70phon
③ C특성 : 100phon

06 작업장 내 오염물질의 농도가 45ppm이었다. mg/m³ 단위로 환산된 농도를 계산하시오. (단, 오염물질의 분자량 72g, 21℃ 1기압 기준)

ppm과 mg/m³의 상호 농도변환
1. 0℃, 1기압의 경우

$$노출기준(mg/m^3) = \frac{노출기준(ppm) \times 그램분자량}{22.4}$$

2. 21℃, 1기압의 경우

$$노출기준(mg/m^3) = \frac{노출기준(ppm) \times 그램분자량}{24.1}$$

3. 25℃, 1기압의 경우

$$노출기준(mg/m^3) = \frac{노출기준(ppm) \times 그램분자량}{24.45}$$

노출기준 $= \dfrac{45 \times 72}{24.1} = 134.44(mg/m^3)$

07 온도가 170℃ 인 제조공정에서 크실렌이 시간당 2.0kg씩 증발하고 있다. 폭발방지를 위한 실제 환기량(m^3/min)을 계산하시오. (단, 크실렌의 LEL : 1%, SG : 0.88, MW : 106, C : 5이다)

> $Q = \dfrac{24.1 \times kg/h \times C \times 10^2}{MW \times L \times B}(m^3/hr) \div 60 = (m^3/min)$
>
> - C : 안전계수(LEL의 25%로 유지할 경우 $C=4$)
> - MW : 물질의 분자량
> - LEL : 폭발농도 하한치(%)
> - B : 온도에 따른 보정상수(120℃ 미만 $B=1.0$, 120℃ 이상 $B=0.7$)
> - kg/hr : 시간당 오염물질 발생량
> - l/hr : S(비중)
> - 24.1 : 21℃, 1기압에서 공기의 비중(25℃, 1기압일 경우 24.45)

1. 21℃ 1기압 기준

$Q = \dfrac{24.1 \times kg/h \times C \times 10^2}{MW \times L \times B} \div 60 = \dfrac{24.1 \times 2.0 \times 5 \times 10^2}{106 \times 1 \times 0.7} \div 60 = 5.41(m^3/min)$

(kg/h = L/hr × 비중)

2. 21℃(t_1)에서의 유량 5.41(m^3/min)을 170℃(t_2)로 보정

$Q_2 = Q_1 \times \dfrac{(273+t_2)(P_1)}{(273+t_1)(P_2)} = 5.41 \times \dfrac{273+170}{273+21} = 8.15(m^3/min)$

08 시료채취의 방법 중 여과포집에 기여하는 6가지 기전(여과포집 원리)을 적으시오.

> ① 직접차단(간섭 : interception)
> ② 관성충돌(intertial impaction)
> ③ 확산(diffusion)
> ④ 중력침강(gravitional settling)
> ⑤ 정전기 침강(electrostatic settling)
> ⑥ 체질(sieving)

09 어느 장방형 덕트의 가로 650mm, 세로 300mm이며 속도압이 150mmH$_2$O일 때 덕트 길이 10m당 압력손실을 계산하시오. (단, 관마찰계수(λ) : 0.02이다.)

> 압력손실($\triangle P$) = $F \times VP = \lambda \times \dfrac{L}{D} \times \dfrac{\gamma V^2}{2g}$ (mmH$_2$O)
>
> F(압력손실계수) = $\lambda \times \dfrac{L}{D}$
> - λ : 관마찰계수(4f, f : 마찰계수)
> - D : 덕트 직경(m)(원형관일 경우) (장방형 덕트일 경우 : 상당직경(등가직경) = $\dfrac{2ab}{a+b}$)
> - L : 덕트 길이(m)

$\triangle P = \lambda \times \dfrac{L}{D} \times VP = 0.02 \times \dfrac{10}{0.41} \times 150 = 73.17$(mmH$_2$O)

상당직경 $D = \dfrac{2ab}{a+b} = \dfrac{2 \times 0.65 \times 0.3}{0.65 + 0.3} = 0.41$(m)

10 벤젠 0.4ppm(TLV : 0.5ppm), 톨루엔 55ppm(TLV : 50ppm), 크실렌 85ppm(TLV : 100ppm)이 발생되는 작업장이 있다. 혼합공기의 노출기준(ppm)을 계산하고 노출기준 초과여부를 평가하시오. (단, 세 물질은 서로 상가 작용을 한다.)

> 1. 노출지수
>
> $EI = \dfrac{C_1}{T_1} + \dfrac{C_2}{T_2} + \cdots + \dfrac{C_n}{T_n}$
> - C : 화학물질 각각의 측정치
> - T : 화학물질 각각의 노출기준
>
> 2. 평가
> - $EI > 1$: 노출기준을 초과함
> - $EI < 1$: 노출기준을 초과하지 않음
>
> 3. 혼합물의 TLV-TWA
>
> $TLV-TWA = \dfrac{C_1 + C_2 + \cdots + C_n}{EI}$

1. 노출지수 $EI = \dfrac{0.4}{0.5} + \dfrac{55}{50} + \dfrac{85}{100} = 2.75$
2. 혼합물의 노출기준 = $\dfrac{0.4 + 55 + 85}{2.75} = 51.05$(ppm)
3. 노출기준 초과여부 : $EI > 1$이므로 노출기준을 초과함

11 전체환기량 계산 시 다음의 경우에 적합한 안전계수(혼합계수) K의 값을 적으시오.

(1) 작업장 내 공기혼합이 원활한 경우
(2) 작업장 내 공기혼합이 보통인 경우
(3) 작업장 내 공기혼합이 불완전인 경우

> (1) K = 1
> (2) K = 2
> (3) K = 3

12 먼지의 가상직경 중 공기역학적 직경을 설명하시오.

> 공기역학적 직경(aero-dynamic diameter)
> 대상 입자와 침강속도가 같고 밀도가 $1g/cm^3$이며, 구형인 먼지의 직경으로 환산한 직경

> *참고
> 질량 중위 직경(mass median diameter)
> 입자 크기별로 농도를 측정하여 50%의 누적분포에 해당하는 입자의 크기

> 암기법
> 가상 공기는 밀도1, 구형이며 질량중위는 50% 입자농도

13 후드의 유입계수가 0.65, 후드의 송풍량이 0.123m³/sec, 후드 직경이 12cm인 원형후드의 정압(mmH₂O)을 계산하시오. (단, 공기밀도는 1.21kg/m³)

> 1. 후드정압(SP_h) $= VP + \triangle P = VP + (F_h \times VP) = VP(1+F_h)$ (mmH₂O)
>   - VP : 속도압, 동압($=\dfrac{\gamma V^2}{2g}$)(mmH₂O)
>   - F_h : 압력손실계수($=\dfrac{1}{Ce^2}-1$)
>   - Ce : 유입계수
>   - $\triangle P$: 압력손실(mmH₂O)
> 2. $Q = A \times V$
>   - Q : 유체의 유량(m³/sec)
>   - A : 유체가 통과하는 단면적(m²)
>   - V : 유체의 유속(m/sec)

$SP_h = VP(1+F_h) = 7.31 \times (1+1.37) = 17.32$(mmH₂O) (−17.32mmH₂O)

1. Q(m³/sec) $= A \times V$

$$V = \dfrac{Q}{A} = \dfrac{Q}{\dfrac{\pi \times d^2}{4}} = \dfrac{0.123}{\dfrac{\pi \times 0.12^2}{4}} = 10.88\text{(m/sec)}$$

(12cm = 0.12m)

2. $VP = \dfrac{\gamma V^2}{2g} = \dfrac{1.21 \times 10.88^2}{2 \times 9.8} = 7.31$(mmH₂O)

3. $F_h = \dfrac{1}{Ce^2} - 1 = \dfrac{1}{0.65^2} - 1 = 1.37$

★ 참고
후드의 정압은 후드나 덕트를 수축시키려는 방향(음압)으로 작용하여 "−"부호를 붙여 나타낸다.

14 기하표준편차와 기하평균을 계산하는 방법 중 그래프를 이용하는 방법을 설명하시오.

① 기하표준편차

$$GSD = \dfrac{84.1\%\text{에 해당하는 값}}{50\%\text{에 해당하는 값}} \text{ 또는 } \dfrac{50\%\text{에 해당하는 값}}{15.9\%\text{에 해당하는 값}}$$

② 기하평균 : 누적분포에서 50%에 해당하는 값

15 국소배기장치에서 공기공급시스템이 필요한 이유 5가지를 적으시오.

① 국소배기장치를 적절하게 가동시키기 위하여
② 국소배기장치의 효율 유지를 위하여
③ 작업장 내의 안전사고 예방을 위하여
④ 연료를 절약하기 위하여(에너지 절약)
⑤ 작업장 내의 방해기류(교차기류) 생성 방지를 위하여
⑥ 외부공기가 정화되지 않은 채로 건물 내로 유입되는 것을 막기 위하여

16 다음 그림에서 전압, 정압, 속도압에 해당하는 기호를 적고, 각각의 압력을 적으시오.

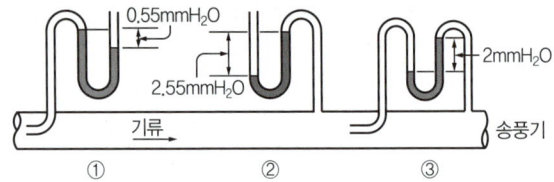

(1) 전압 : ①
    전압 = 정압 + 속도압 = -2.55 + 2 = -0.55(mmH₂O)
(2) 정압 : ②, -2.55(mmH₂O)
(3) 동압 : ③, 2(mmH₂O)

17 시료채취의 방법 중 여과포집에 기여하는 6가지 기전(여과포집 원리)을 적으시오.

① 직접차단(간섭 : interception)
② 관성충돌(intertial impaction)
③ 확산(diffusion)
④ 중력침강(gravitional settling)
⑤ 정전기 침강(electrostatic settling)
⑥ 체질(sieving)

18 작업장 공기 중의 납 농도 측정에 사용되는 시료채취용 여과지 및 사용되는 분석기기의 종류를 한 가지씩 적으시오.

(1) 사용되는 시료채취용 여과지
(2) 분석기기의 종류

> (1) MCE 막 여과지
> (2) 원자흡광광도계

19 질병에 대한 코호트 연구 결과이다. 상대위험비를 계산하시오.

구분	환자군	대조군
노출	5	15
비노출	2	25

> 상대위험비(비교위험도) = $\dfrac{\text{노출군에서 질병발생률}}{\text{비노출군에서 질병발생률}}$ = $\dfrac{\text{위험폭로집단 발병율}}{\text{비위험폭로집단 발병율}}$
>
> • 상대위험비 = 1인 경우 노출과 질병 사이의 연관성 없음을 의미
> • 상대위험비 > 1인 경우 위험의 증가를 의미
> • 상대위험비 < 1인 경우 질병에 대한 방어효과가 있음을 의미
>
> 상대위험비 = $\dfrac{\text{노출군에서 질병발생률}}{\text{비노출군에서 질병발생률}}$ = $\dfrac{0.25}{0.07}$ = 3.57
>
> • 비노출군에서 질병발생률 = $\dfrac{2}{2+25}$ = 0.07
> • 노출군에서 질병발생률 = $\dfrac{5}{5+15}$ = 0.25

20 공기 중에 A(TLV : 10mg/m³), B(TLV : 25mg/m³), C(TLV : 0.5mg/m³) 3가지 오염물질이 1 : 2 : 4의 비율로 혼합되어 발생하고 있다. 혼합된 오염물질의 농도(mg/m³)를 계산하시오.

풀이 1

혼합분진의 노출기준 = $\dfrac{1}{\dfrac{7}{10} + \dfrac{2}{25} + \dfrac{4}{0.5}}$ = 0.86(mg/m³)

※ 풀이 1의 분모 첫 항은 $\dfrac{1/7}{10}$, 두 번째 항은 $\dfrac{2/7}{25}$, 세 번째 항은 $\dfrac{4/7}{0.5}$ 이다.

풀이 2

혼합분진의 노출기준 = $\dfrac{1}{\dfrac{0.1429}{10} + \dfrac{0.2857}{25} + \dfrac{0.5714}{0.5}}$ = 0.86(mg/m³)

또는

혼합분진의 노출기준 = $\dfrac{100}{\dfrac{14.29}{10} + \dfrac{28.57}{25} + \dfrac{57.14}{0.5}}$ = 0.86(mg/m³)

- $A : \dfrac{1}{7} \times 100 = 14.29(\%)$
- $B : \dfrac{2}{7} \times 100 = 28.57(\%)$
- $C : \dfrac{4}{7} \times 100 = 57.14(\%)$

21 어느 원형관의 내경이 0.3m, 길이가 10m이며, 송풍량이 150m³/min이다. 직관의 압력손실(mmH₂O)을 계산하시오. (단, 관마찰손실계수는 0.02, 유체 밀도는 1.203kg/m³)

압력손실($\triangle P$) = $F \times VP = \lambda \times \dfrac{L}{D} \times \dfrac{\gamma V^2}{2g}$ (mmH₂O)

1. F(압력손실계수) = $\lambda \times \dfrac{L}{D}$
   - λ : 관마찰계수($4f, f$: 마찰계수)
   - D : 덕트 직경(m)(원형관일 경우) (장방형 덕트일 경우 : 상당직경(등가직경) = $\dfrac{2ab}{a+b}$)
   - L : 덕트 길이(m)

2. 속도압(VP) = $\dfrac{\gamma \times V^2}{2g}$
   - γ : 비중(kg/m³)
   - V : 공기속도(m/sec)
   - g : 중력가속도(m/sec²)

$\triangle P = \lambda \times \dfrac{L}{D} \times \dfrac{\gamma V^2}{2g} = 0.02 \times \dfrac{10}{0.3} \times \dfrac{1.203 \times 35.37^2}{2 \times 9.8} = 51.19$(mmH₂O)

Q(m³/min) = $60 \times A \times V$

$V = \dfrac{Q}{60 \times A} = \dfrac{Q}{60 \times \dfrac{\pi \times d^2}{4}} = \dfrac{150}{60 \times \dfrac{\pi \times 0.3^2}{4}} = 35.37$(m/s)

2013년 2회 과년도기출문제

01 작업장의 체적이 2,100m³이고 실내의 환기량이 25m³/min 인 경우 시간당 공기교환횟수(ACH)를 계산하시오.

> 시간당 공기교환 횟수(ACH)
>
> - $ACH = \dfrac{\text{실내 환기량}(m^3/min)}{\text{실내 체적}(m^3)} \times 60$
> - $ACH = \dfrac{\text{실내 환기량}(m^3/hr)}{\text{실내 체적}(m^3)}$
>
> $ACH = \dfrac{\text{실내 환기량}(m^3/min)}{\text{실내 체적}(m^3)} \times 60 = \dfrac{25}{2,100} \times 100 = 1.19$(회 또는 회/hr)

02 흡음재 중 다공질 흡음재료의 종류를 5가지 적으시오.

> ① 암면
> ② 펠트(felt)
> ③ 발포 수지재료
> ④ 유리면(Glass Wool)
> ⑤ 세라믹

03 체적이 200m³인 작업장에서 56m³/sec의 실외공기가 작업장 안으로 유입되고 있다. 작업장에서 톨루엔 발생이 정지된 순간의 작업장 내 톨루엔의 농도가 100mg/m³일 때 톨루엔의 농도가 50mg/m³으로 감소하는 데 걸리는 시간(min)을 계산하시오.

> **유해물질을 나중농도(노출농도) 이하로 환기하는 데 소요되는 시간**
>
> $$t(\text{min}) = -\frac{V}{Q'} \times \ln\left(\frac{C_2}{C_1}\right)$$
>
> - V : 작업장의 기적(m³)
> - Q' : 환기량(m³/min)
> - C_1 : 유해물질 처음농도(ppm)
> - C_2 : 유해물질 나중농도(노출기준)(ppm)

$$t = -\frac{200}{3,360} \times \ln\left(\frac{50}{100}\right) = 0.04(\text{min})$$

(56m³/sec × 60 = 3,360m³/min)

04 흡음처리 전 작업장의 총 흡음력은 2,989(sabin)이다. 작업장의 총 흡음력을 3배로 증가시킬 경우 실내 소음저감량을 계산하시오.

> **감음량**
>
> $$NR(\text{dB}) = 10\log\left(\frac{A_2}{A_1}\right)$$
>
> - NR : 감음량(dB)
> - A_1 : 흡음처리 전 실내의 총 흡음력(sabin, m²)
> - A_2 : 흡음처리 후 실내의 총 흡음력(sabin, m²)
>
> * 벽체 단위 표면적에 대하여 **벽체무게가 2배 될 때마다 차음효과는 6dB씩** 증가한다.

$$NR(\text{dB}) = 10\log \times \left(\frac{A_2}{A_1}\right) = 10 \times \log\left(\frac{3 \times 2,989}{2,989}\right) = 4.77(\text{dB})$$

또는

$$NR(\text{dB}) = 10\log \times \left(\frac{A_2}{A_1}\right) = 10 \times \log(3) = 4.77(\text{dB})$$

05 온도가 300℃인 건조로 내에서 톨루엔이 시간당 0.3L씩 증발하고 있다. 톨루엔의 LEL은 1.3%이며, 톨루엔의 농도를 LEL의 25% 이하로 유지하고자 할 때 폭발방지를 위한 환기량(m^3/min)을 계산하시오. (단, 톨루엔의 비중은 0.87, 분자량은 92이며, 온도보정은 고려하지 않는다.)

$$Q = \frac{24.1 \times kg/h \times C \times 10^2}{MW \times LEL \times B} (m^3/hr) \div 60 = (m^3/min)$$

- C : 안전계수(LEL의 25%로 유지할 경우 C = 4)
- MW : 물질의 분자량
- LEL : 폭발농도 하한치(%)
- B : 온도에 따른 보정상수(120℃ 미만 B = 1.0, 120℃ 이상 B = 0.7)
- kg/hr : 시간당 오염물질 발생량(l/hr × S(비중))
- 24.1 : 21℃, 1기압에서 공기의 비중(25℃, 1기압일 경우 24.45)

산업환기의 표준상태(21℃ 1기압) 기준

$$Q = \frac{24.1 \times kg/h \times C \times 10^2}{MW \times LEL \times B} \div 60 = \frac{24.1 \times 0.3 \times 0.87 \times 4 \times 10^2}{92 \times 1.3 \times 0.7} \div 60 = 0.50(m^3/min)$$

(kg/h = L/h × 비중)

06 액체 상태의 벤젠 3.2L가 공기 중으로 모두 증발했다고 가정하였을 경우 벤젠 증기의 용량(L)을 계산하시오. (단, 25℃ 1기압이며, 비중 0.879, 분자량 78.11이다.)

$$부피(L) = \frac{(3.2 \times 1,000 \times 0.879)g \times 24.45L}{78.11g} = 880.46(L)$$

- L × 비중 = kg, (3.2 × 0.879)kg = (3.2 × 1,000 × 0.879)g
- 25℃ 1기압 기체 1몰의 부피 : 24.45L

또는

24.45L : 78.11g = xL : (3.2 × 1,000 × 0.879)g
24.45 × (3.2 × 1,000 × 0.879) = 78.11 × x

$$x = \frac{24.45 \times (3.2 \times 1,000 \times 0.879)}{78.11} = 880.46(L)$$

07 산업안전보건법에 의한 작업환경측정 시에 사용되는 시료의 채취방법 5가지를 적으시오.

① 액체채취방법
② 고체채취방법
③ 직접채취방법
④ 냉각응축채취방법
⑤ 여과채취방법

08 인체의 열교환을 나타내는 열평형 방정식을 적고 각 요소를 설명하시오.

S(열 축적) = M(대사 열) - E(증발) ± R(복사) ± C(대류) - W(한 일)

09 공기 중에 파라티온(TLV : $0.1mg/m^3$)과 EPN(TLV : $0.5mg/m^3$)이 1 : 5의 비율로 존재하는 경우 혼합 분진의 TLV(mg/m^3)를 계산하시오. (단, 두 분진은 서로 상가작용을 한다고 가정한다.)

액체 혼합물의 허용농도(노출기준)

$$mg/m^3 = \frac{1}{\frac{f_a}{TLV_a} + \frac{f_b}{TLV_b} + \cdots + \frac{f_n}{TLV_n}}$$

- f_a, f_b, f_n : 액체 혼합물에서의 각 성분 무게(중량) 구성비(%)
- TLV_a, TLV_b, TLV_n : 해당 물질의 노출기준(mg/m^3)

풀이 1

혼합분진의 노출기준 = $\dfrac{1}{\dfrac{\frac{1}{6}}{0.1} + \dfrac{\frac{5}{6}}{0.5}}$ = 0.30(mg/m^3)

풀이 2

혼합분진의 노출기준 = $\dfrac{1}{\dfrac{0.1667}{0.1} + \dfrac{0.8333}{0.5}}$ = 0.30(mg/m^3)

또는

혼합분진의 노출기준 = $\dfrac{100}{\dfrac{16.67}{0.1} + \dfrac{83.33}{0.5}}$ = 0.30(mg/m^3)

- 파라티온의 중량비 $\dfrac{1}{6} \times 100 = 16.67(\%)$
- $EPND$의 중량비 $\dfrac{5}{6} \times 100 = 83.33(\%)$

10 화학분석에 관한 일반사항 중 [보기]의 내용을 간단히 설명하시오.

(1) 시험조작 중 "즉시"란?
(2) "감압 또는 진공"이란?
(3) "약"이란?

> (1) 30초 이내에 표시된 조작을 하는 것을 말한다.
> (2) 15mmHg 이하를 뜻한다.
> (3) 무게 또는 부피에 대하여 ±10% 이상의 차가 있지 아니한 것을 말한다.

11 작업장 공기 중에 아세톤 1,000ppm, 사염화탄소 1,200ppm이 존재할 경우 공기와 아세톤 및 사염화탄소의 유효비중을 소수셋째자리까지 계산하시오. (단, 아세톤의 증기비중은 2.0, 사염화탄소의 증기비중은 5.7, 공기비중은 1.0이다.)

> 1. 작업장 공기 중의 아세톤이 1,000ppm = 0.1%, 사염화탄소 1,200ppm = 0.12%이므로
>   공기 = 100 - 0.1 - 0.12 = 99.78(%)가 된다.
>   (10,000ppm = 1%)
> 2. 아세톤 0.1%(증기비중 2.0), 사염화탄소 0.12%(증기비중 5.7), 공기 99.78%(공기비중 1.0)이므로
>   유효비중 = 0.001 × 2.0 + 0.0012 × 5.7 + 0.9978 × 1.0 = 1.007

12 온도 90℃, 압력 750mmHg 상태인 관내로 200m³/min의 유량이 흐르고 있다. 0℃, 1atm에서의 유량(m³/min)을 계산하시오.

> 유량의 온도, 압력 보정[90℃(T_1), 750mmHg(P_1) → 0℃(T_2), 1atm = 760mmHg(P_2)]
>
> $$V_2 = V_1 \times \frac{T_2 P_1}{T_1 P_2}$$
>
> 90℃(t_1), 750mmHg(P_1)의 유량 200m³/min를 0℃(t_2), 1atm(760mmHg)(P_2)로 보정
>
> $$Q_2 = Q_1 \times \frac{(273 + t_2)P_1}{(273 + t_1)P_2}$$
>
> $$Q_2 = 200 \times \frac{(273 + 0) \times 750}{(273 + 90) \times 760} = 148.43 (m^3/min)$$
>
> (1atm = 760mmHg)

13 전체 면적이 450m²인 작업장의 벽체면적은 250m², 흡음률 0.3이며, 바닥과 천장의 흡음률은 0.2이다. 작업장의 총 흡음력을 계산하시오.

> 1. 총 흡음력(A)
> $A(sabin, m^2)$ = 평균흡음률($\bar{\alpha}$) × 실내면적(S)
> 2. 평균흡음률 = $\dfrac{S_1 \alpha_1 + S_2 \alpha_2 + \cdots}{S_1 + S_2 + \cdots}$
>   - S_i : 사용 재료의 면적(m²)
>   - α_i : 사용 재료의 흡음률
>
> 총 흡음력(A) = 평균흡음률($\bar{\alpha}$) × 실내면적(S) = $\dfrac{S_1 \alpha_1 + S_2 \alpha_2 + \cdots}{S_1 + S_2 + \cdots} \times S$
>
> $= \dfrac{(0.3 \times 250) + (0.2 \times 100) + (0.2 \times 100)}{450} \times 450 = 115(sabin, m^2)$
>
> [바닥면적(천장면적) = $\dfrac{\text{전체 면적} - \text{벽 면적}}{2} = \dfrac{450 - 250}{2} = 100 m^2$]

14 금속제품의 탈지 및 포장과정에서 근로자가 트리클로로에틸렌(TLV 50ppm) 65ppm과 아세톤(TLV 50ppm) 75ppm을 사용하였다. 두 물질은 상가작용을 할 경우 (1) 노출지수를 계산하고 노출기준 초과 여부를 설명하시오. (2) 혼합공기의 허용농도를 계산하시오.

> 1. 노출지수
> $$EI = \frac{C_1}{T_1} + \frac{C_2}{T_2} + \cdots + \frac{C_n}{T_n}$$
> - C : 화학물질 각각의 측정치
> - T : 화학물질 각각의 노출기준
>
> 2. 평가
> - $EI > 1$: 노출기준을 초과함
> - $EI < 1$: 노출기준을 초과하지 않음
>
> 3. 혼합물의 TLV-TWA
> $$TLV-TWA = \frac{C_1 + C_2 + \cdots + C_n}{EI}$$

1. 노출지수 $EI = \frac{65}{50} + \frac{75}{50} = 2.80$, 노출기준 초과여부 : $EI > 1$ 이므로 노출기준을 초과함
2. $TLV-TWA = \frac{65 + 75}{2.80} = 50$(ppm)

15 트리클로로에틸렌(TLV = 50ppm)이 존재하는 작업환경에서 작업시간이 1일 10시간일 경우 보정된 허용농도를 계산하시오. (단, Brief와 Scala의 보정방법을 적용한다.)

> **Brief와 Scala의 보정방법**
>
> 1. $RF = \left(\frac{8}{H}\right) \times \frac{24-H}{16}$
> 2. [일주일 ; $RF = \left(\frac{40}{H}\right) \times \frac{168-H}{128}$]
> 3. 보정된 노출기준 = RF × 노출기준(허용농도)
>   - H : 비정상적인 작업시간(노출시간/일) ; 노출시간/주
>   - 16 : 휴식시간 의미(128 ; 일주일 휴식시간 의미)

1. $RF = \left(\frac{8}{H}\right) \times \frac{24-H}{16} = \left(\frac{8}{10}\right) \times \frac{24-10}{16} = 0.7$
2. 보정된 노출기준 = RF × 허용농도 = 0.7 × 50 = 35(ppm)

16 송풍기의 회전수가 1,000rpm일 때의 송풍량은 30.5m³/min, 정압은 15.8mmH₂O, 동력은 0.6HP이었다. 회전수를 1,500rpm으로 증가시킬 경우의 송풍량(m³/min), 정압(mmH₂O), 동력(HP)을 계산하시오.

> 1. $Q_2 = Q_1 (\frac{D_2}{D_1})^3 (\frac{N_2}{N_1})$
> 2. $P_2 = P_1 (\frac{D_2}{D_1})^2 (\frac{N_2}{N_1})^2 (\frac{\rho_2}{\rho_1})$
> 3. $HP_2 = HP_1 (\frac{D_2}{D_1})^5 (\frac{N_2}{N_1})^3 (\frac{\rho_2}{\rho_1})$
>
> - Q_1 : 회전 수 변경 전 풍량(m³/min)
> - Q_2 : 회전 수 변경 후 풍량(m³/min)
> - N_1 : 변경 전 회전수(rpm)
> - N_2 : 변경 후 회전수(rpm)
> - P_1 : 변경 전 정압(mmH₂O)
> - P_2 : 변경 후 정압(mmH₂O)
> - HP_1 : 변경 전 동력(kW)
> - HP_2 : 변경 후 동력(kW)
> - D_1 : 변경 전 직경(m)
> - D_2 : 변경 후 직경(m)
> - ρ_1 : 변경 전 효율
> - ρ_2 : 변경 후 효율

1. $Q_2 = Q_1 \times (\frac{N_2}{N_1}) = 30.5 \times \frac{1,500}{1,000} = 45.75 (m^3/min)$
2. $P_2 = P_1 \times (\frac{N_2}{N_1})^2 = 15.8 \times (\frac{1,500}{1,000})^2 = 35.55 (mmH_2O)$
3. $HP_2 = HP_1 \times (\frac{N_2}{N_1})^3 = 0.6 \times (\frac{1,500}{1,000})^3 = 2.03 (HP)$

17 혼합물질의 화학적 상호작용 중 길항작용의 종류 3가지를 적고 설명하시오.

> ① 배분적(분배적) 길항작용 : 물질의 흡수, 대사 등에 변화를 일으켜 독성이 낮아진다.
> ② 기능적 길항작용 : 생체 내에서 서로 반대되는 기능을 가져 독성이 낮아진다.
> ③ 화학적 길항작용 : 화학적인 상호반응에 의해 독성이 낮아진다.
> ④ 수용적 길항작용 : 두 화학물질이 체내에서 같은 수용체에 결합하여 경쟁관계를 가짐으로써 독성이 낮아진다.

18 흡수탑(충진탑)의 충전물(충진제)의 구비조건을 3가지 적으시오.

> ① 표면적이 클 것
> ② 공극률이 클 것
> ③ 압력손실이 작을 것
> ④ 내구성이 클 것
> ⑤ 내식성, 내열성이 클 것

19 작업장에서 환기하여야 할 작업장 실내의 체적이 2,000m³인 공간에 300명이 있다. 1인당 호흡량이 30L/hr일 경우 시간당 공기교환횟수(ACH)를 계산하시오. (단, 실내 CO_2 허용기준은 0.1%이며, 외기 중의 CO_2 농도는 0.03%이다.)

> **1. 시간당 공기교환 횟수(ACH)**
>
> $$ACH = \frac{\text{실내 환기량}(m^3/min)}{\text{실내 체적}(m^3)} \times 60$$
>
> $$ACH = \frac{\text{실내 환기량}(m^3/hr)}{\text{실내 체적}(m^3)}$$
>
> **2. 실내환기량**
>
> $$Q(m^3/min) = \frac{G}{C_s - C_0} \times 100$$
>
> - G : CO_2 발생률(m^3/min)
> - C_s : 이산화탄소의 허용농도(%)
> - C_0 : 외부공기 중 이산화탄소의 농도(%)

$$ACH = \frac{12857.14}{2,000} = 6.43 \text{(회 또는 회/hr)}$$

$$\left[\text{필요환기량}(Q) = \frac{G}{C_s - C_0} \times 100 = \frac{(30 \times 10^{-3} m^3/hr) \times 300\text{인}}{(0.1 - 0.03)\%} \times 100 = 12857.14(m^3/hr) \right.$$
$$\left. (L = 10^{-3} m^3) \right]$$

20 그림을 참고하여 입자 직경에 적합한 포집기전을 적으시오.

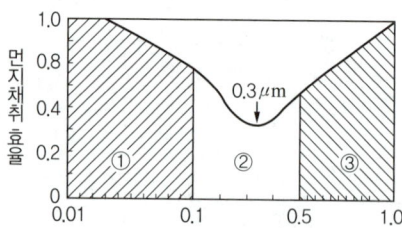

① 확산
② 확산, 직접차단

★참고
입자크기별 여과기전
① 입경 0.1㎛ 미만 입자 : 확산
② 입경 0.1~0.5㎛ : 확산, 직접차단(간섭)
③ 입경 0.5㎛ 이상 : 관성충돌, 직접차단(간섭)
④ 가장 낮은 채집효율을 가지는 입경 : 0.3㎛

2014년 1회 과년도기출문제

01 가스상 물질을 측정하는 경우 검지관방식으로 측정할 수 있는 경우 3가지를 적으시오.

① 예비조사 목적인 경우
② 검지관방식 외에 다른 측정방법이 없는 경우
③ 발생하는 가스상 물질이 단일물질인 경우

02 표준공기가 흐르는 덕트의 Reynold 수가 40,000일 경우 덕트 내의 유속(m/sec)을 계산하시오. (단, 덕트의 직경 200mm, 점성계수 1.670×10^{-4} poise, 비중 1.203 기준)

레이놀즈 수(Re)의 계산

$$Re = \frac{\rho V d}{\mu} = \frac{V d}{v} = \frac{관성력}{점성력}$$

- Re : 레이놀즈 수(무차원)
- ρ : 유체밀도(kg/m^3)
- d : 관경(m) (상당직경 $D = \frac{2ab}{a+b}$)
- V : 유체의 유속(m/sec)
- μ : 점성계수(kg/m·s(= 10Poise))
- v : 동점성계수(m^2/sec)

$$Re = \frac{\rho \times V \times d}{\mu}$$

$\rho \times V \times d = Re \times \mu$

$$V = \frac{Re \times \mu}{\rho \times d} = \frac{40,000 \times 1.670 \times 10^{-5}}{1.203 \times 0.2} = 2.78 \text{(m/sec)}$$

$\Big[$
10poise = 1kg/m · sec
10 : 1 = 1.670×10^{-4} : x
$10x = 1.670 \times 10^{-4}$
$\therefore x = \frac{1.670 \times 10^{-4}}{10} = 1.670 \times 10^{-5}$(kg/m · sec)
$\Big]$

03 국소배기장치 성능시험 시에 사용하는 필수장비 4가지를 적으시오.

> ① 발연관(연기발생기 ; smoke tester)
> ② 청음기 또는 청음봉
> ③ 절연저항계
> ④ 표면온도계 및 초자온도계
> ⑤ 줄자

04 작업대 위에 플랜지가 부착된 외부식 후드를 설치하려고 한다. [보기]를 참고하여 필요송풍량(m^3/min) 및 플랜지의 폭(cm)을 계산하시오.

> - 후드 중심선으로부터 발생원까지의 거리 : 0.2m
> - 후드의 크기 : 20cm×30cm
> - 제어속도 : 2m/sec

> 플랜지 부착+후드를 작업대에 부착할 경우 송풍량을 50% 감소시킬 수 있다.
> $Q = 60 \times 0.5 \times Vc \times (10X^2 + A)$
> - Q : 필요송풍량(m^3/min)
> - Vc : 제어속도(m/sec)
> - A : 개구면적(m^2)
> - X : 후드중심선으로부터 발생원까지의 거리(m) (오염원과 후드간 거리가 덕트 직경의 1.5배 이내일 때만 유효)

1. $Q = 60 \times 0.5 \times 2 \times [10 \times 0.2^2 + (0.2 \times 0.3)] = 27.60(m^3/min)$
2. 플랜지의 폭
   $W = \sqrt{A} = \sqrt{20 \times 30} = 24.49(cm)$

05 소음 전파과정에서 나타나는 물리적 현상 5가지를 적으시오.

① 반사
② 흡수
③ 굴절
④ 투과
⑤ 회절

06 유기용제 작업장에서 측정한 톨루엔 농도가 65, 150, 175, 63, 83, 112, 58, 49, 205, 178 ppm일 때 산술평균과 기하평균값은 약 몇 ppm인지 계산하시오.

1. 산술평균

$$M = \frac{X_1 + X_2 + X_3 + \cdots + X_n}{N}$$

- M : 산술평균
- X_n : 측정치
- N : 측정치 개수

2. 기하평균(GM)

$$\log(GM) = \frac{\log X_1 + \log X_2 + \cdots + \log X_n}{N}$$

$$G.M = \sqrt[N]{X_1 \cdot X_2 \cdots X_n}$$

- X_n : 측정치
- N : 측정치 개수

1. 산술평균

$$M = \frac{65 + 150 + 175 + 63 + 83 + 112 + 58 + 49 + 205 + 178}{10} = 113.80\text{(ppm)}$$

2. 기하평균

$$G.M = \sqrt[10]{65 \times 150 \times 175 \times 63 \times 83 \times 112 \times 58 \times 49 \times 205 \times 178} = 100.36\text{(ppm)}$$

07 작업장에 설치한 송풍기의 필요 환기량이 300m³/min이었다. 설치한 직후 측정한 송풍기의 정압은 35mmH₂O이었으며, 3개월 후 다시 측정한 송풍기의 정압은 8mmH₂O로 낮아졌다.

(1) 3개월 후 정압이 변화된 송풍기의 필요 환기량을 계산하시오.
(2) 송풍기의 정압이 감소한 원인을 송풍기에서 찾아 2가지를 적으시오.

> 1. $\dfrac{Q_2}{Q_1} = \dfrac{N_2}{N_1}$
> 2. $\dfrac{P_2}{P_1} = \left(\dfrac{N_2}{N_1}\right)^2$
> 3. $\dfrac{HP_2}{HP_1} = \left(\dfrac{N_2}{N_1}\right)^3$
> - Q_1 : 회전 수 변경 전 풍량(m³/min)
> - Q_2 : 회전 수 변경 후 풍량(m³/min)
> - N_1 : 변경 전 회전수(rpm)
> - N_2 : 변경 후 회전수(rpm)
> - P_1 : 변경 전 풍압(mmH₂O)
> - P_2 : 변경 후 풍압(mmH₂O)
> - HP_1 : 변경 전 동력(kW)
> - HP_2 : 변경 후 동력(kW)

(1) $\dfrac{P_2}{P_1} = \left(\dfrac{Q_2}{Q_1}\right)^2$

$\dfrac{Q_2}{Q_1} = \sqrt{\dfrac{P_2}{P_1}}$

$Q_2 = Q_1 \times \sqrt{\dfrac{P_2}{P_1}} = 300 \times \sqrt{\dfrac{8}{35}} = 143.43 \text{(m}^3\text{/min)}$

(2) 송풍기의 정압이 감소한 원인
① 송풍기의 능력저하
② 송풍기와 덕트의 연결부위 풀림
③ 송풍기 점검 뚜껑의 열림

> **★ 참고**
>
> $Q_2 = Q_1 \left(\dfrac{D_2}{D_1}\right)^3 \left(\dfrac{N_2}{N_1}\right) \rightarrow \dfrac{Q_2}{Q_1} = \dfrac{N_2}{N_1}$
>
> $P_2 = P_1 \left(\dfrac{D_2}{D_1}\right)^2 \left(\dfrac{N_2}{N_1}\right)^2 \left(\dfrac{\rho_2}{\rho_1}\right) \rightarrow \dfrac{P_2}{P_1} = \left(\dfrac{N_2}{N_1}\right)^2$
>
> $\therefore \dfrac{P_2}{P_1} = \left(\dfrac{Q_2}{Q_1}\right)^2$

08 재순환공기의 CO_2 농도는 750ppm이고, 급기의 CO_2 농도는 400ppm일 때 급기 중의 외부공기 포함량(%)을 계산하시오. (단, 외부의 CO_2 농도는 300ppm이다.)

급기 중 외부공기 함량

$$\%Q_A = \frac{C_r - C_s}{C_r - C_0} \times 100$$

- C_r : 재순환 공기 중 이산화탄소 농도
- C_s : 급기 중 이산화탄소 농도
- C_0 : 외부 공기 중 이산화탄소 농도(약 330ppm)

$$\%Q_A = \frac{750 - 400}{750 - 300} \times 100 = 77.78(\%)$$

09 작업장의 온도가 25℃, 1기압이며 200℃의 건조로 내에서 크실렌(MW : 106)이 시간당 1.8L씩 증발하고 있다. 크실렌의 LEL은 1.0%, 비중은 0.88인 경우 폭발방지를 위하여 온도를 보정한 환기량(m^3/min)을 계산하시오.(단, 안전계수는 7이다.)

1. 노출기준(TLV)에 따른 전체 환기량

$$Q = \frac{24.1 \times kg/h \times C \times 10^2}{MW \times LEL \times B} (m^3/hr) \div 60 = (m^3/min)$$

- C : 안전계수
- MW : 물질의 분자량
- kg/hr : 시간당 오염물질 발생량($l/hr \times S$(비중))
- LEL : 폭발농도 하한치(%)
- B : 온도에 따른 보정상수(120℃ 미만 B = 1.0, 120℃ 이상 B = 0.7)
- 24.1 : 21℃, 1기압에서 공기의 비중(25℃, 1기압일 경우 24.45)

2. 온도에 따른 환기량의 보정

$$Q_2 = Q_1 \times \frac{273 + t_2}{273 + t_1}$$

- Q_1 : 보정 전의 환기량
- t_1 : 처음온도(℃)
- t_2 : 나중온도(℃)

1. 25℃ 1기압 기준

$$Q = \frac{24.45 \times kg/h \times C \times 10^2}{MW \times LEL \times B} \div 60 = \frac{24.45 \times 1.8 \times 0.88 \times 7 \times 10^2}{106 \times 1.0 \times 0.7} \div 60 = 6.09(m^3/min)$$

2. 25℃(t_1)에서의 유량 6.01(m^3/min)을 200℃(t_2)로 보정

$$Q_2 = Q_1 \times \frac{(273 + t_2)(P_1)}{(273 + t_1)(P_2)}$$

$$= 6.09 \times \frac{273 + 200}{273 + 25} = 9.67(m^3/min)$$

10 후드의 유입계수가 0.65, 유량이 15.6m³/min, 후드 직경이 10cm인 원형후드의 정압(mmH₂O)을 계산하시오. (단, 공기밀도는 1.2kg/m³)

후드정압$(SP_h) = VP + \triangle P = VP + (F_h \times VP) = VP(1 + F_h)$ (mmH₂O)

- VP : 속도압(동압)(mmH₂O)
- F_h : 압력손실계수$(= \frac{1}{Ce^2} - 1)$
- Ce : 유입계수
- $\triangle P$: 압력손실(mmH₂O)

$SP_h = VP(1 + F_h) = 67.08 \times (1 + 1.37) = 158.98 \text{mmH}_2\text{O} (-158.98 \text{mmH}_2\text{O})$

1. $Q(\text{m}^3/\text{min}) = 60 \times A \times V$

   $V = \dfrac{Q}{60 \times A} = \dfrac{Q}{60 \times \dfrac{\pi \times d^2}{4}} = \dfrac{15.6}{60 \times \dfrac{\pi \times 0.1^2}{4}} = 33.10 \text{(m/sec)}$

2. $VP = \dfrac{\gamma V^2}{2g} = \dfrac{1.2 \times 33.10^2}{2 \times 9.8} = 67.08 \text{(mmH}_2\text{O)}$

3. $F_h = \dfrac{1}{Ce^2} - 1 = \dfrac{1}{0.65^2} - 1 = 1.37$

★ 참고
후드의 정압은 후드나 덕트를 수축시키려는 방향(음압)으로 작용하여 "-" 부호를 붙여 나타낸다.

---

11 각각 95dB, 100dB, 105dB의 음압수준을 발생하는 소음원이 있다. 이 소음원들이 동시에 가동될 때 발생되는 총 음압수준을 계산하시오.

합성소음도

$L(\text{dB}) = 10 \times \log(10^{\frac{L_1}{10}} + 10^{\frac{L_2}{10}} + \cdots + 10^{\frac{L_n}{10}})$

- L : 합성소음도(dB)
- $L_1 \sim L_2$: 각각 소음원의 소음(dB)

$L = 10 \times \log\left(10^{\frac{95}{10}} + 10^{\frac{100}{10}} + 10^{\frac{105}{10}}\right) = 106.51 \text{(dB)}$

12 산업안전보건법에 의한 작업장의 적정 공기수준을 적으시오.

① 산소농도의 범위가 18% 이상 23.5% 미만
② 탄산가스의 농도가 1.5% 미만
③ 일산화탄소의 농도가 30ppm 미만
④ 황화수소의 농도가 10ppm 미만인 공기

13 여과집진장치에서 여과포의 눈막힘현상을 방지하기 위한 대책을 2가지 적으시오.

① 여과집진장치 내의 온도를 산노점 이상으로 유지한다.
② 여과집진장치 정지 후에 탈진을 실시한다.

★ 참고
1. 여과포의 눈막힘현상
   처리 가스 중에 수분을 포함한 분진 혹은 점착성 분진 등의 유입에 의하여 여과막 사이가 막혀 압력손실이 증대되는 현상을 말한다.
2. 산노점
   산성가스가 수증기와 결합하여 응축되는 온도(산에 의한 부식이 발생)를 말한다.

14 다음은 「화학물질 및 물리적 인자의 노출기준」에 의한 작업환경 측정 시간에 관한 내용이다. 괄호에 적합한 숫자를 적으시오.

시간가중평균기준(TWA)이 설정되어 있는 대상물질을 측정하는 경우에는 1일 작업시간 동안 (①)시간 이상 연속 측정하거나 작업시간을 등간격으로 나누어 (②)시간 이상 연속 분리하여 측정하여야 한다.

① 6
② 6

15 음의 파장이 20m, 음의 속도가 340m/sec일 경우 음의 주파수(Hz)를 계산하시오.

음속(C) = $f \times \lambda$
- C : 음속(m/sec)
- f : 주파수(1/sec = Hz)
- λ : 파장(m)

$f = \dfrac{C}{\lambda} = \dfrac{340}{20} = 17(Hz)$

16 장방형 직관 덕트의 세로 650mm, 가로 250mm이며, 풍량 400m³/min이 흐르고 있다. 덕트의 길이가 10m, 관마찰계수 0.02, 공기밀도가 1.2kg/m³인 경우 덕트의 압력손실(mmH$_2$O)을 계산하시오.

압력손실($\triangle P$) = $F \times VP = \lambda \times \dfrac{L}{D} \times \dfrac{\gamma V^2}{2g}$ (mmH$_2$O)

1. F(압력손실계수) = $\lambda \times \dfrac{L}{D}$
   - λ : 관마찰계수($4f$, f : 마찰계수)
   - D : 덕트 직경(m)(원형관일 경우) (장방형 덕트일 경우 : 상당직경(등가직경) = $\dfrac{2ab}{a+b}$)
   - L : 덕트 길이(m)

2. 속도압(VP) = $\dfrac{\gamma \times V^2}{2g}$
   - γ : 공기비중
   - V : 공기속도(m/sec)
   - g : 중력가속도(9.8m/sec²)

3. $Q = 60 \times A \times V$
   - Q : 유체의 유량(m³/min)
   - A : 유체가 통과하는 단면적(m²)
   - V : 유체의 유속(m/sec)

$\triangle P = \lambda \times \dfrac{L}{D} \times \dfrac{\gamma V^2}{2g} = 0.02 \times \dfrac{10}{0.36} \times \dfrac{1.2 \times 41.03^2}{2 \times 9.8} = 57.26$(mmH$_2$O)

- D(상당직경) = $\dfrac{2ab}{a+b} = \dfrac{2 \times 0.65 \times 0.25}{0.65 + 0.25} = 0.36$
- $Q = 60 \times A \times V$
  $V = \dfrac{Q}{60 \times A} = \dfrac{400}{60 \times 0.65 \times 0.25} = 41.03$(m/sec)

17 근육운동에 필요한 에너지원의 대사과정 중 혐기성 대사 과정을 순서대로 나타내었다. 괄호에 적합한 내용을 적으시오.

> (①) → (②) → (③) or Glucose(포도당)

① ATP(아데노신 삼인산)
② CP(크레아틴 인산)
③ 글리코겐(Glycogen)

18 180℃, 700mmHg 조건에서 어떤 가스의 부피가 155m³일 경우 산업환기 표준상태에서의 해당 가스의 부피(m³)를 계산하시오.

부피의 온도, 압력보정

$$V_2 = V_1 \times \frac{T_2 P_1}{T_1 P_2}$$

- V_1 : 처음부피
- T_1 : 처음온도(273 + ℃)
- P_1 : 처음압력
- V_2 : 나중부피
- T_2 : 나중온도(273 + ℃)
- P_2 : 나중압력

180℃(t_1), 700mmHg(P_1)의 부피 155(m³)을 21℃(t_2), 760mmHg(P_2)로 보정

$$V_2 = V_1 \times \frac{(273 + t_2) P_1}{(273 + t_1) P_2}$$

$$= 155 \times \frac{(273 + 21) \times 700}{(273 + 180) \times 760} = 92.65 (m^3)$$

★참고

1. 보일-샤를의 법칙

$$\frac{P_1 V_1}{T_1} = \frac{P_2 V_2}{T_2}$$

$$T_1 P_2 V_2 = T_2 P_1 V_1$$

$$V_2 = V_1 \times \frac{T_2 P_1}{T_1 P_2}$$

$$[T(K) = 273 + ℃]$$

2. 산업환기 표준상태 : 21℃, 1기압(760mmH₂O)

19 인체의 열교환을 나타내는 열평형 방정식을 적고 각 요소를 설명하시오.

> S(열 축적) = M(대사 열) − E(증발) ± R(복사) ± C(대류) − W(한 일)

20 슬롯후드의 밑변과 높이가 30cm×2.5cm인 플랜지가 부착된 슬롯형 후드를 설치하는 경우 필요 송풍량(m^3/min)을 계산하시오. (단, 제어속도는 2.5m/sec, 오염원까지의 거리는 60cm이다.)

> $Q = 60 \cdot C \cdot L \cdot Vc \cdot X$
> - Q : 필요송풍량(m^3/min)
> - Vc : 제어속도(m/sec)
> - L : slot 개구면의 길이(m)
> - X : 포집점까지의 거리(m)
> - C : 형상계수
>
> * 형상계수
> 전원주 : 3.7, $\frac{3}{4}$원주 : 4.1, $\frac{1}{2}$(플랜지 부착과 동일) : 2.6, $\frac{1}{4}$원주 : 1.6
>
> $Q = 60 \times 2.6 \times 0.3 \times 2.5 \times 0.6 = 70.20(m^3/min)$

2014년 2회 과년도기출문제

01 국소배기장치 성능시험 시 사용하는 장비 중 오염물질의 확산 및 이동을 관찰할 수 있으며, 후드의 성능을 평가할 수 있는 측정기기의 명칭을 적으시오.

발연관(연기발생기 ; smoke tester)

02 93.5°F, 770mmHg의 조건에서 어느 가스의 부피는 3.8m³이다. 표준상태에서의 부피로 환산하시오.

1. 섭씨온도(℃) = $\frac{5}{9}$[화씨온도(°F) − 32]
   - 93.5(°F)의 섭씨온도
   $℃ = \frac{5}{9} \times (93.5 - 32) = 34.17(℃)$

2. 34.17℃(t_1), 770mmHg(P_1)의 부피 3.8(m³)를 21℃(t_2), 760mmHg(P_2)로 보정
   $V_2 = V_1 \times \frac{(273 + t_2)P_1}{(273 + t_1)P_2}$
   $= 3.8 \times \frac{(273 + 21) \times 770}{(273 + 34.17) \times 760} = 3.68(m^3)$

★참고
표준상태 : 21℃, 1기압(760mmHg)

03 MEK(분자량 : 72)의 농도가 30ppm일 때 mg/m³ 단위로 환산된 농도를 계산하시오. (단, 25℃ 1기압 기준)

> **ppm과 mg/m³의 상호 농도변환**
> 1. 0℃, 1기압의 경우
> $$\text{노출기준(mg/m}^3) = \frac{\text{노출기준(ppm)} \times \text{그램분자량}}{22.4}$$
> 2. 21℃, 1기압의 경우
> $$\text{노출기준(mg/m}^3) = \frac{\text{노출기준(ppm)} \times \text{그램분자량}}{24.1}$$
> 3. 25℃, 1기압의 경우
> $$\text{노출기준(mg/m}^3) = \frac{\text{노출기준(ppm)} \times \text{그램분자량}}{24.45}$$

$$\text{노출기준} = \frac{30 \times 72}{24.45} = 88.34 (\text{mg/m}^3)$$

04 인체의 열 교환을 나타내는 열평형 방정식에서 기호 S를 설명하시오.

$$S = M - E \pm R \pm C - W$$

S : 열 축적(열 이득) 및 열손실량

> ***참고**
> **열평형 방정식**
> S(열 축적) = M(대사 열) − E(증발) ± R(복사) ± C(대류) − W(한 일)
> • S : 열 이득 및 열손실량이며, 열평형 상태에서는 0이다.

05 덕트 내의 전압, 정압, 속도압을 피토튜브로 측정하려고 한다. 이 그림에서 전압, 정압, 속도압을 찾고 해당 압력을 쓰시오.

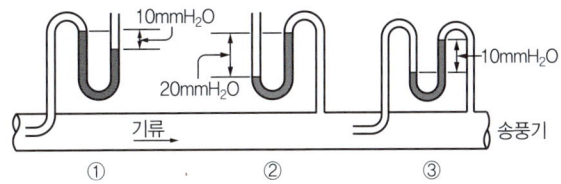

① 전압 : -20 + 10 = -10mmH$_2$O
② 정압 : -20mmH$_2$O
③ 동압 : 10mmH$_2$O

06 [보기]의 작업공정을 제어속도가 증가하는 순서대로 나열하시오.

① 용접, 도금 및 스프레이도장 작업
② 컨베이어 적재 및 분쇄기
③ 탱크에서 증발, 탈지시설
④ 연마작업 및 블라스트 작업

③ < ① < ② < ④

★ 참고

작업조건	작업공정사례	제어속도(m/sec)
• 움직이지 않는 공기 중에서 속도 없이 배출되는 작업조건 • 조용한 대기 중에 실제 거의 속도가 없는 상태로 발산하는 경우의 작업조건	• 액면에서 발생하는 가스나 증기 흄 • 탱크에서 증발, 탈지시설	0.25 ~ 0.5
• 비교적 조용한(약간의 공기 움직임) 대기 중에서 저속으로 비산하는 작업조건	• 용접, 도금 작업 • 스프레이도장	0.5 ~ 1.0
• 발생기류가 높고(빠른기동) 유해물질이 활발히 발생하는 작업조건	• 스프레이도장, 용기충전 • 컨베이어 적재 • 분쇄기	1.0 ~ 2.5
• 초고속기류(대단히 빠른 기동)가 있는 작업 장소에 초고속으로 비산하는 경우	• 회전연삭작업 • 연마작업 • 블라스트 작업	2.5 ~ 10

07 어느 작업장에 설치한 송풍기의 송풍량이 300m³/min, 정압이 60mmH₂O, 유속이 15m/min, 회전수가 450rpm, 소요동력이 5.5HP이었다. 몇 년 후 측정한 송풍기의 회전수가 350rpm으로 감소되었을 때 (1) 송풍기의 송풍량을 계산하시오. (2) 송풍기 정압의 증가 또는 감소 여부와 (3) 정압이 증가 또는 감소된 이유를 2가지 설명하시오. (단, 시스템의 과도한 압력 손실은 큰 영향을 미치지 않음)

---

1. $Q_2 = Q_1 (\frac{D_2}{D_1})^3 (\frac{N_2}{N_1})$

2. $P_2 = P_1 (\frac{D_2}{D_1})^2 (\frac{N_2}{N_1})^2 (\frac{\rho_2}{\rho_1})$

3. $HP_2 = HP_1 (\frac{D_2}{D_1})^5 (\frac{N_2}{N_1})^3 (\frac{\rho_2}{\rho_1})$

- Q_1 : 회전 수 변경 전 풍량(m³/min)
- Q_2 : 회전 수 변경 후 풍량(m³/min)
- N_1 : 변경 전 회전수(rpm)
- N_2 : 변경 후 회전수(rpm)
- P_1 : 변경 전 정압(mmH₂O)
- P_2 : 변경 후 정압(mmH₂O)
- HP_1 : 변경 전 동력(kW)
- HP_2 : 변경 후 동력(kW)
- D_1 : 변경 전 직경(m)
- D_2 : 변경 후 직경(m)
- ρ_1 : 변경 전 효율
- ρ_2 : 변경 후 효율

---

(1) 변화된 송풍기의 송풍량

$Q_2 = Q_1 \times (\frac{N_2}{N_1}) = 300 \times \frac{350}{450} = 233.33$(m³/min)

(2) 송풍기 정압의 증가 또는 감소 여부

- $P_2 = P_1 \times (\frac{N_2}{N_1})^2 = 60 \times (\frac{350}{450})^2 = 36.30$(mmH₂O)
- 정압이 60mmH₂O에서 36.30mmH₂O로 감소하였다.

(3) 송풍기의 정압이 감소한 원인
　① 송풍기의 능력저하
　② 송풍기와 덕트의 연결부위 풀림
　③ 송풍기 점검 뚜껑의 열림

08 자유공간에 위치한 음향출력이 1watt인 무지향성 점음원으로 부터 20m 떨어진 곳의 음압수준은 약 얼마인지 계산하시오.

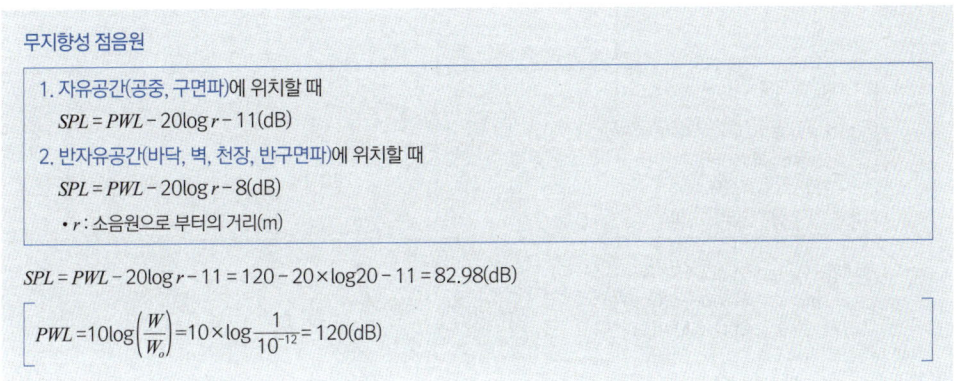

무지향성 점음원
1. 자유공간(공중, 구면파)에 위치할 때
   $SPL = PWL - 20\log r - 11$ (dB)
2. 반자유공간(바닥, 벽, 천장, 반구면파)에 위치할 때
   $SPL = PWL - 20\log r - 8$ (dB)
   • r : 소음원으로 부터의 거리(m)

$SPL = PWL - 20\log r - 11 = 120 - 20 \times \log 20 - 11 = 82.98$ (dB)

$\left[PWL = 10\log\left(\dfrac{W}{W_o}\right) = 10 \times \log \dfrac{1}{10^{-12}} = 120 \text{(dB)} \right]$

09 그림은 활성탄관의 구조이다. 괄호에 적합한 재료의 명칭을 적으시오.

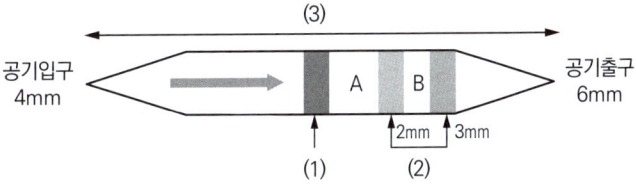

(1) 유리섬유
(2) 우레탄 폼
(3) 유리관

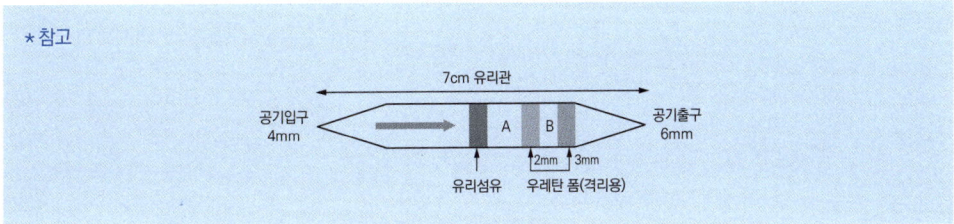

★참고

10 어떤 독성물질의 안전흡수량은 체중(kg)당 0.04mg이다. 하루 8시간 작업하는 동안 체중 72kg인 사람이 이 물질의 흡수를 안전흡수량 이하로 유지하려면 해당 물질의 공기 중 농도(mg/m^3)는 얼마 이하이어야 하는가? (단, 작업 시 폐환기율은 0.98m^3/hr, 체내잔류율은 1.0으로 가정한다.)

> 체내흡수량[SHD](mg) = $C \times T \times V \times R$
> - C : 공기 중 유해물질 농도(mg/m^3)
> - T : 노출시간(hr)
> - V : 폐환기율(호흡률 m^3/hr)
> - R : 체내 잔유율(보통 1.0)
>
> 체내흡수량(mg) = $C \times T \times V \times R$
> $$C = \frac{mg}{T \times V \times R} = \frac{0.04mg/kg \times 72kg}{8hr \times 0.98m^3/hr \times 1.0} = 0.37(mg/m^3)$$

11 여과지 중 MCE 막 여과지(Mixed cellulose ester membrane filter)를 금속 흄 채취에 사용할 수 있는 이유를 2가지 적으시오.

> ① 산에 쉽게 용해되므로 입자상 물질 중의 금속을 채취하여 원자흡광광도법으로 분석하는데 적당하다.
> ② 유해물질이 여과지의 표면에 주로 침착되어 석면 등 현미경 분석을 위한 시료채취에 유리하다.

12 직사각형 덕트의 폭(W)은 20cm, 높이(D)는 10cm이다. 덕트의 곡률반경(R)이 20cm로 구부러져 90도 곡관으로 설치되어 있다. 덕트 내의 속도압이 18mmH$_2$O일 경우 덕트의 압력손실(mmH$_2$O)을 계산하시오. (단, 압력손실계수(ξ)는 아래 표를 이용한다.)

반경비 \ 형상비	$\xi = \Delta P / VP$				
	0.25	0.5	1.0	2.0	3.0
0.0	1.50	1.32	1.15	1.04	0.92
0.5	1.36	1.21	1.05	0.95	0.84
1.0	0.45	0.28	0.21	0.21	0.20
1.5	0.28	0.18	0.13	0.13	0.12
2.0	0.24	0.15	0.11	0.11	0.10

> 압력손실($\triangle P$) = $\left(\xi \times \dfrac{\theta}{90°}\right) \times VP$ (mmH$_2$O)
>
> - ξ : 압력손실계수
> - θ : 곡관의 각도
> - VP : 속도압(동압)(mmH$_2$O)

1. • 곡률반경비 = $\dfrac{R}{D} = \dfrac{20}{10} = 2.0$
   • 형상비 = $\dfrac{W}{D} = \dfrac{20}{10} = 2.0$
   • 곡률반경비 2.0, 형상비 2.0이므로 표에 의하여 압력손실계수(ξ) = 0.11이 된다.
2. 압력손실($\triangle P$) = $\left(\xi \times \dfrac{\theta}{90°}\right) \times VP = 0.11 \times \dfrac{90}{90} \times 18 = 1.98$ (mmH$_2$O)

13 밀폐공간에서 환기를 실시하는 경우 환기방법(환기시의 주의사항) 3가지를 적으시오.

> ① 작업시작 전에 환기를 실시하고 환기장치의 정상작동 여부 확인 후 작업을 실시한다.
> ② 유해가스가 발생되는 경우에는 지속적으로 환기를 실시한다.
> ③ 가연성 가스 등이 존재할 때에는 방폭형 모터 및 팬을 사용한다.
> ④ 정전 등으로 환기가 불가능한 경우는 즉시 외부로 대피한다.

14 다음 작업환경 측정 인자의 단위 표시 기준을 적으시오.

(1) 석면
(2) 가스, 증기, 분진, 흄, 미스트
(3) 고열(복사열 포함)
(4) 소음

> (1) 개/cm³(세제곱센티미터당 섬유개수)
> (2) mg/m³ 또는 ppm
> (3) 습구·흑구온도지수를 구하여 ℃로 표시
> (4) [dB(A)]

15 작업대 위에 플랜지가 부착된 외부식 후드를 설치하려고 한다. [보기]를 참고하여 필요송풍량(m³/min)을 계산하시오.

- 후드 중심선으로부터 발생원까지의 거리 : 1m
- 후드의 크기 : 30cm×40cm
- 제어속도 : 2.5m/sec

> **외부식 후드(작업대 위, 플랜지가 부착된 후드)**
> 플랜지 부착 + 후드를 작업대에 부착할 경우 송풍량을 50% 감소시킬 수 있다.
>
> $Q = 60 \times 0.5 \times V_c \times (10X^2 + A)$
>
> - Q : 필요송풍량(m³/min)
> - V_c : 제어속도(m/sec)
> - A : 개구면적(m²)
> - X : 후드중심선으로부터 발생원까지의 거리(m) (오염원과 후드간 거리가 덕트 직경의 1.5배 이내일 때만 유효)
>
> $Q = 60 \times 0.5 \times 2.5 \times [10 \times 1^2 + (0.3 \times 0.4)] = 759(\text{m}^3/\text{min})$

16 먼지의 가상직경 중 공기역학적 직경을 설명하시오.

> 공기역학적 직경(aero-dynamic diameter)
> 대상 입자와 침강속도가 같고 밀도가 $1g/cm^3$이며, 구형인 먼지의 직경으로 환산한 직경

> * 참고
> 질량 중위 직경(mass median diameter)
> 입자 크기별로 농도를 측정하여 50%의 누적분포에 해당하는 입자의 크기

> **암기법**
> 가상 공기는 밀도1, 구형이며 질량중위는 50% 입자농도

17 변이계수(CV)의 정의를 적고 공식을 설명하시오.

(1) 정의
(2) 공식

> (1) 통계집단의 측정값들에 대한 균일성, 정밀성 정도를 표현한다.
> (2) $CV(\%) = \dfrac{표준편차}{산술평균} \times 100$

18 ACGIH에서 TLV 설정, 개정 시에 이용되는 자료(노출기준 설정의 이론적 배경, 설정근거) 3가지를 적으시오.

> ① 화학구조상의 유사성 자료
> ② 동물실험 자료
> ③ 인체실험 자료
> ④ 산업장 역학조사 자료

> * 참고
> ACGIH에서 노출기준(TLV) 설정의 이론적 배경, 설정근거 3가지
> 1. 화학구조상의 유사성과 연계하여 설정
> 2. 동물실험 자료를 근거로 설정
> 3. 인체실험 자료를 근거로 설정
> 4. 산업장 역학조사 자료를 근거로 설정

2014년 3회 과년도기출문제

01 ACGIH의 입자상 물질의 크기를 3가지로 분류하고 각각의 평균입경을 적으시오.

① 흡입성 분진 : 평균입경 100μm
② 흉곽성 분진 : 평균입경 10μm
③ 호흡성 분진 : 평균입경 4μm

02 직경이 250mm인 덕트에서 덕트 내 정압은 -30.5mmH$_2$O, 전압은 22.7mmH$_2$O이다. 덕트 내의 유량(m^3/min)을 계산하시오. (단, 공기밀도는 1.2kg/m^{3}로 가정한다.)

$Q = 60 \times A \times V$
- Q : 유체의 유량(m^3/min)
- A : 유체가 통과하는 단면적(m^2)
- V : 유체의 유속(m/sec)

1. 전압 = 정압 + 동압
   동압(속도압) = 전압 - 정압 = 22.7 - (-30.5) = 53.20(mmH$_2$O)

2. 속도압$(VP) = \dfrac{\gamma \times V^2}{2g}$

   $\gamma \times V^2 = VP \times 2g$

   $V^2 = \dfrac{VP \times 2g}{\gamma}$

   $V = \sqrt{\dfrac{VP \times 2g}{\gamma}} = \sqrt{\dfrac{53.20 \times 2 \times 9.8}{1.2}} = 29.48$(m/sec)

3. $Q = 60 \times A \times V = 60 \times \dfrac{\pi d^2}{4} \times V = 60 \times \dfrac{\pi \times 0.25^2}{4} \times 29.48 = 86.83$(m^3/min)

03 170℃, 650mmHg 조건에서 어떤 가스의 부피가 120m³일 경우 21℃, 760mmHg 조건에서의 해당 가스의 부피(m³)를 계산하시오.

부피의 온도, 압력보정

$$V_2 = V_1 \times \frac{T_2 P_1}{T_1 P_2}$$

- V_1 : 처음부피
- V_2 : 나중부피
- T_1 : 처음온도(273 + ℃)
- T_2 : 나중온도(273 + ℃)
- P_1 : 처음압력
- P_2 : 나중압력

170℃(t_1), 650mmHg(P_1)의 부피 120(m³)를 21℃(t_2), 760mmHg(P_2)로 보정

$$V_2 = V_1 \times \frac{(273 + t_2)P_1}{(273 + t_1)P_2}$$

$$= 120 \times \frac{(273 + 21) \times 650}{(273 + 170) \times 760} = 68.11(m^3)$$

★참고
보일-샤를의 법칙

$$\frac{P_1 V_1}{T_1} = \frac{P_2 V_2}{T_2}$$

$$T_1 P_2 V_2 = T_2 P_1 V_1$$

$$V_2 = V_1 \times \frac{T_2 P_1}{T_1 P_2}$$

[$T(K) = 273 + ℃$]

04 [보기]는 미국산업위생학회(AIHA)의 산업위생의 정의이다. 괄호에 적합한 용어를 적으시오.

근로자나 일반 대중에게 질병, 건강장애와 안녕방해, 심각한 불쾌감 및 능률 저하 등을 초래하는 작업환경 요인과 스트레스를 (①), (②), (③)하고 (④)하는 과학과 기술이다.

① 예측
② 측정
③ 평가
④ 관리

05 시료채취, 측정시간, 회수율, 시료분석 등에 의한 오차가 각각 10%, 5%, 11%, −4%이다.

(1) 누적오차를 계산하시오.
(2) 시료채취, 측정시간, 회수율, 시료분석 중 오차를 최소화하기 위하여 최우선으로 개선하여야 하는 항목의 명칭을 적으시오.

(1) 누적오차

$$누적오차(E_c) = \sqrt{E_1^2 + E_2^2 + E_3^2 + \cdots + E_n^2}$$

- E_c : 누적오차(%)
- $E_1, E_2, E_3 \sim E_n$: 각각 요소의 오차율(%)

누적오차$(E_c) = \sqrt{10^2 + 5^2 + 11^2 + (-4)^2} = 16.19(\%)$

(2) 최우선으로 개선하여야 하는 항목의 명칭 : 회수율

★참고
오차의 절대 값이 가장 큰 항목부터 우선적으로 개선하여야 오차를 줄일 수 있다.

06 국소배기장치의 (1) 제어속도(포착속도)의 정의를 적고 (2) 제어속도 결정시 고려사항 3가지를 적으시오.

(1) 오염물질을 후드 안쪽으로 흡인하기 위한 공기속도(유해물질이 함유된 공기를 후드로 흡입시킴으로써 그 지점의 유해물질을 제어할 수 있는 공기속도)
(2) 제어속도에 영향을 주는 인자
  ① 후드의 모양
  ② 후드에서 오염원까지의 거리
  ③ 오염물질(유해물질)의 종류 및 확산상태
  ④ 오염물질(유해물질)의 비산방향 및 비산거리
  ⑤ 오염물질(유해물질)의 사용량 및 독성 정도
  ⑥ 작업장 내 방해기류

07 어느 작업장에 작업자 10명이 시간당 100kcal의 열량을 발산하는 작업을 하고 있다. 또한 2HP인 기계가 15대, 30kW의 전등이 3대 켜져 있다. 실내온도가 30℃, 외기온도가 21℃일 경우 실내 온도를 외기온도로 낮추기 위한 필요 환기량(m³/min)을 계산하시오. (단, 1HP = 641kcal/hr, 1kW = 860kcal/hr이다.)

$$Q = \frac{H_s}{0.3\Delta t} \text{(m}^3\text{/hr)}$$

- Δt : 급배기(실내, 외)의 온도차(℃)
- H_s : 작업장내 열부하량(kcal/hr)
- 0.3 : 정압비열(kcal/m³℃)

$$Q(\text{m}^3/\text{min}) = \frac{H_s}{0.3\Delta t} \div 60 = \frac{(10 \times 100) + (2 \times 15 \times 641) + (30 \times 3 \times 860)}{0.3 \times (30-21)} \div 60 = 602.65 (\text{m}^3/\text{min})$$

08 산업안전보건법에 의한 보건관리자의 직무 5가지를 적으시오.

① 해당 사업장 보건교육계획의 수립 및 보건교육 실시에 관한 보좌 및 지도 · 조언
② 위험성평가에 관한 보좌 및 지도 · 조언
③ 물질안전보건자료의 게시 또는 비치에 관한 보좌 및 지도 · 조언
④ 사업장 순회점검, 지도 및 조치 건의
⑤ 산업재해 발생의 원인 조사 · 분석 및 재발 방지를 위한 기술적 보좌 및 지도 · 조언
⑥ 산업재해에 관한 통계의 유지 · 관리 · 분석을 위한 보좌 및 지도 · 조언
⑦ 업무 수행 내용의 기록 · 유지

암기법

1. 보건교육계획 수립 및 실시
2. 위험성평가
3. 물질안전보건자료
4. 사업장 점검
5. 재해 원인조사
6. 재해통계
7. 업무기록

09 작업장 공기 중에 acetone 300ppm(TLV : 500ppm), heptane 250ppm(TLV : 400ppm), methyl ethyl ketone 100ppm(TLV : 200ppm)이 완전 혼합되었다고 가정할 때 혼합물질의 노출기준을 계산하고 노출기준 초과여부를 평가하시오. (단, 각각의 물질은 서로 상가작용을 한다.)

> 1. 노출지수
> $$EI = \frac{C_1}{T_1} + \frac{C_2}{T_2} + \cdots + \frac{C_n}{T_n}$$
> - C : 화학물질 각각의 측정치
> - T : 화학물질 각각의 노출기준
>
> 2. 평가
> - $EI > 1$: 노출기준을 초과함
> - $EI < 1$: 노출기준을 초과하지 않음
>
> 3. 혼합물의 TLV-TWA
> $$TLV-TWA = \frac{C_1 + C_2 + \cdots + C_n}{EI}$$

1. $EI = \frac{300}{500} + \frac{250}{400} + \frac{100}{200} = 1.73$
2. $EI > 1$ 이므로 노출기준을 초과함
3. $TLV-TWA = \frac{300 + 250 + 100}{1.73} = 375.72(ppm)$

10 자유공간에 위치한 음향출력이 0.4watt인 점음원으로 부터 30m 떨어진 곳의 음압수준(SPL)은 약 얼마인지 계산하시오. (단, 무지향성 점음원 자유공간 기준)

무지향성 점음원	무지향성 선음원
① 자유공간(공중, 구면파)에 위치할 때 $SPL(dB) = PWL - 20\log r - 11$	① 자유공간(공중, 구면파)에 위치할 때 $SPL(dB) = PWL - 10\log r - 8$
② 반자유공간(바닥, 벽, 천장, 반구면파)에 위치할 때 $SPL(dB) = PWL - 20\log r - 8$	② 반자유공간(바닥, 벽, 천장, 반구면파)에 위치할 때 $SPL(dB) = PWL - 10\log r - 5$
• r : 소음원으로 부터의 거리(m)	• r : 소음원으로 부터의 거리(m)

$SPL = PWL - 20\log r - 11 = 116.02 - 20 \times \log 30 - 11 = 75.48(dB)$

$PWL = 10\log\left(\frac{W}{W_o}\right) = 10 \times \log\frac{0.4}{10^{-12}} = 116.02(dB)$

11 흡광광도법(분광광도계)에 적용되는 Lambert-Beer의 법칙을 설명하시오.

> 흡광도는 빛이 지나가는 시료의 두께에 비례하고 빛이 지나가는 시료의 농도에 비례한다.

> **★참고**
>
> $A = \log(\frac{I_0}{I}) = \varepsilon \times c \times d$
>
> - I_0 : 물체에 입사하는 빛의 세기
> - I : 물체를 투과한 빛의 세기
> - ε : 분자흡광계수
> - c : 몰농도
> - d : 흡수층의 두께

12 고체흡착관에서 파과를 판단하는 기준을 설명하시오.

> 보통 앞 층의 1/10 이상이 뒤 층으로 넘어갈 경우 파과가 일어났다고 본다.

13 작업장에서 환기하여야 할 작업장 실내의 체적이 2,000m³인 공간에 300명이 있다. 1인당 호흡량이 30L/hr일 경우 시간당 공기교환횟수(ACH)를 계산하시오. (단, 실내 CO_2 허용기준은 0.1%이며, 외기 중의 CO_2 농도는 0.03%이다.)

> **1. 시간당 공기교환 횟수(ACH)**
>
> $ACH = \dfrac{\text{실내 환기량(m}^3\text{/min)}}{\text{실내 체적(m}^3\text{)}} \times 60$
>
> $ACH = \dfrac{\text{실내 환기량(m}^3\text{/hr)}}{\text{실내 체적(m}^3\text{)}}$
>
> **2. 실내환기량**
>
> $Q(\text{m}^3/\text{min}) = \dfrac{G}{C_s - C_0} \times 100$
>
> - G : CO_2 발생률(m³/min)
> - C_s : 이산화탄소의 허용농도(%)
> - C_0 : 외부공기 중 이산화탄소의 농도(%)

$ACH = \dfrac{12857.14}{2,000} = 6.43 \text{(회)}$

$\left[\text{필요환기량}(Q) = \dfrac{G}{C_s - C_0} \times 100 = \dfrac{(30 \times 10^{-3} \text{m}^3/\text{hr}) \times 300\text{인}}{(0.1 - 0.03)\%} \times 100 = 12857.14 (\text{m}^3/\text{hr}) \right]$

14 가스상 물질 중 휘발성 유기화합물(VOC)의 처리방법 2가지를 설명하시오.

① 직접연소(불꽃연소)법 : 가연성 가스를 직접 불꽃 중에서 연소시키는 방법
② 촉매연소 : 가스 중의 가연성성분을 촉매를 사용하여 300~400℃ 정도의 저온에서 산화 제거하는 방법

15 송풍관 내의 풍속을 측정하는 기기의 종류 3가지를 적으시오.

① 피토관
② 풍차 풍속계
③ 열선식 풍속계
④ 그네 날개형 풍속계

16 0.001N-NaOH의 pH를 계산하시오.

1. $NaOH \rightarrow Na^+ + OH^-$
   $NaOH$는 OH^-가 1가의 이온이므로 $0.001N$ $NaOH = 0.001M$ $NaOH$가 된다.
2. $pOH = \log(\frac{1}{OH^-}) = \log(\frac{1}{0.001}) = 3$
   $pH = 14 - (3) = 11$

★참고
1. $pH = \log(\frac{1}{H^+}) = -\log(H^+)$
2. $pOH = \log(\frac{1}{OH^-}) = -\log(OH^-)$
3. $pH + pOH = 14$

17 다음 표는 화학물질별 생물학적 노출지표물질을 나타낸다. 괄호에 적합한 용어를 적으시오.

화학물질	생물학적 검체대상	생물학적 노출지표물질 (체내대사산물)	시료채취 시기
에틸벤젠	소변	(①)	작업종료 시
아세톤	(②)	아세톤	작업종료 시
카드뮴	혈액, 소변	(③)	중요치 않음
일산화탄소	호기, 혈액	호기 중 (④), 혈 중 카르복시헤모글로빈	작업종료 후 15분 이내
크롬	소변	크롬	(⑤)
클로로벤젠	소변	(⑥)	작업종료 시

① 만델린산
② 소변
③ 카드뮴
④ 일산화탄소
⑤ 4~5일간 연속작업 종료 2시간 전~작업 직후
⑥ 총 클로로카테콜

18 작업환경 측정에 관한 다음 용어를 정의하시오.

(1) 개인시료채취
(2) 지역시료채취

(1) 개인시료채취기를 이용하여 가스 · 증기 · 분진 · 흄(fume) · 미스트(mist) 등을 근로자의 호흡위치(호흡기를 중심으로 반경 30cm인 반구)에서 채취하는 것을 말한다.
(2) 시료채취기를 이용하여 가스 · 증기 · 분진 · 흄(fume) · 미스트(mist) 등을 근로자의 작업행동 범위에서 호흡기 높이에 고정하여 채취하는 것을 말한다.

19 분진 및 흄 등의 입자상물질이 발생하는 작업장에서 전체 환기장치 보다는 국소 배기장치를 설치해야 하는 이유 3가지를 적으시오.

> ① 전체환기를 적용하는 경우 실내의 방해기류에 의해 분진이 재 비산할 우려 있다.
> ② 전체 환기는 유해물질이 제거되지 않고 농도만 낮아지게 하나, 국소배기시설은 유해물질을 제거할 수 있으므로 입자상물질을 제거하기 위해서는 국소배기가 더 효과적이다.
> ③ 분진 및 흄 등은 이동성이 낮으므로 국소배기장치를 이용하여 작업장으로 확산되기 전에 발생원에서 바로 제거하는 것이 효율적이다.

20 21℃, 1기압의 어느 작업장에서 톨루엔을 1.2kg/hr 사용하고 있다. 해당 작업장에 전체 환기시설을 설치하는 경우 필요 환기량(m³/min)을 계산하시오. (단, 톨루엔의 분자량 92, TLV 50ppm, 비중 0.87, 안전계수 3이다.)

> $$Q = \frac{24.45 \times kg/h \times K \times 10^6}{MW \times TLV} (m^3/hr) \div 60 = (m^3/min)$$
> - K : 안전계수
> - MW : 물질의 분자량
> - kg/hr : 시간당 오염물질 발생량($l/hr \times S$(비중))
> - TLV : 노출기준(ppm)
> - 24.45 : 25℃, 1기압에서 공기의 비중(21℃, 1기압일 경우 24.1)
>
> $$Q = \frac{24.1 \times kg/h \times K \times 10^6}{MW \times TLV} \div 60 = \frac{24.1 \times 1.2 \times 3 \times 10^6}{92 \times 50} \div 60 = 314.35 (m^3/min)$$

2015년 1회 과년도기출문제

01 열상승기류가 있는 고열작업장에 적합한 (1) 후드의 종류를 적고, (2) 후드설치 위치를 그림으로 나타내시오.

(1) 후드의 종류
(2) 후드설치 위치

(1) 레시버식 캐노피형 후드
(2) 후드설치 위치

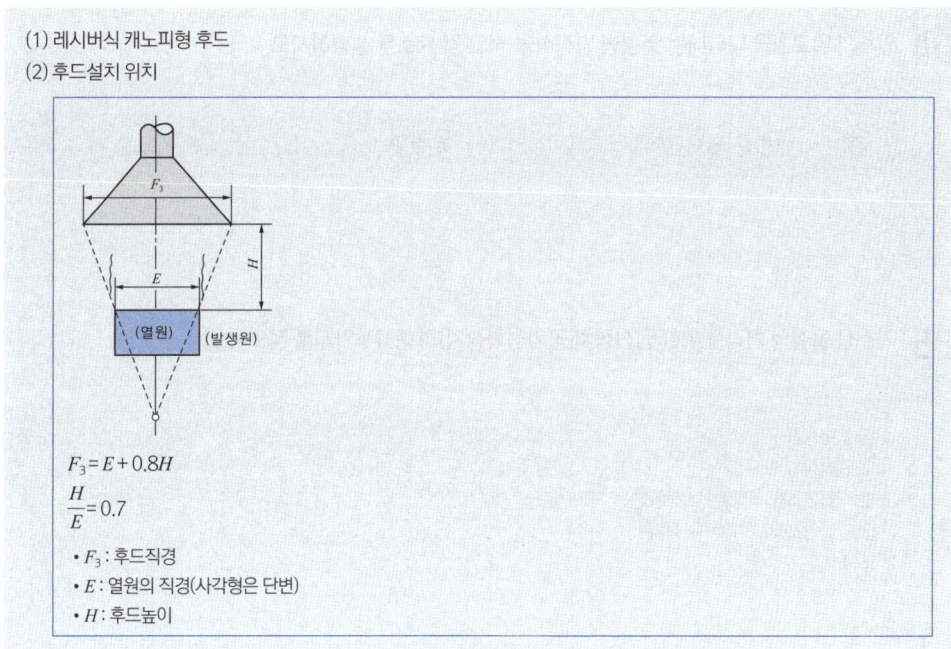

$F_3 = E + 0.8H$

$\dfrac{H}{E} = 0.7$

- F_3 : 후드직경
- E : 열원의 직경(사각형은 단변)
- H : 후드높이

02 환기시스템에서 제어속도가 설계시보다 감소하는 이유를 3가지 적으시오.

① 송풍기의 송풍량 부족
② 덕트 내 분진 퇴적
③ 집진장치 내 분진 퇴적

03 [보기]는 압력에 대한 단위를 나타내고 있다. 괄호에 적합한 숫자를 적으시오.

> [보기]
> 1기압(atm) = (①)mmHg = (②)mmH$_2$O = (③)kPa = (④)밀리바(mb) = 1.0332kgf/cm^2

① 760
② 10332
③ 101.325
④ 1013.25

04 인체의 열교환을 나타내는 열평형 방정식을 적고 각 요소를 설명하시오.

S(열 축적) = M(대사 열) − E(증발) ± R(복사) ± C(대류) − W(한 일)

05 가스상 물질의 처리를 위한 집진장치(공기정화장치)의 종류 4가지를 적으시오.

① 흡수장치
② 흡착장치
③ 직접연소장치(불꽃연소장치)
④ 간접연소장치(가열연소장치)
⑤ 촉매연소장치

06 국소배기장치에서 공기공급시스템이 필요한 이유 5가지를 적으시오.

① 국소배기장치를 적절하게 가동시키기 위하여
② 국소배기장치의 효율 유지를 위하여
③ 작업장 내의 안전사고 예방을 위하여
④ 연료를 절약하기 위하여(에너지 절약)
⑤ 작업장 내의 방해기류(교차기류) 생성 방지를 위하여
⑥ 외부공기가 정화되지 않은 채로 건물 내로 유입되는 것을 막기 위하여

07 석면의 시료채취에서 (1) open face를 설명하고 (2) open face를 사용하는 목적을 설명하시오.

(1) 3단 카세트의 상단부 뚜껑을 열어(open face) 카세트의 열린 면이 작업장 바닥 쪽을 향하도록 시료를 채취하는 것을 말한다.
(2) 여과지에 골고루 석면을 포집하기 위한 목적이다.

08 건강진단 실시 결과에 따른 건강진단 결과를 구분하여 설명하시오.

① A : 건강관리상 사후관리가 필요 없는 근로자(건강한 근로자)
② C_1 : 직업성 질병으로 진전될 우려가 있어 추적검사 등 관찰이 필요한 근로자(직업병 요관찰자)
③ C_2 : 일반질병으로 진전될 우려가 있어 추적관찰이 필요한 근로자(일반질병 요관찰자)
④ D_1 : 직업성 질병의 소견을 보여 사후관리가 필요한 근로자(직업병 유소견자)
⑤ D_2 : 일반질병의 소견을 보여 사후관리가 필요한 근로자(일반질병 유소견자)
⑥ R : 질병이 의심되는 근로자(제2차 건강진단 대상자)

09 21℃, 1기압의 어느 작업장에서 오염물질을 시간당 80g 사용하고 있다. 해당 작업장에 전체 환기시설을 설치하는 경우 필요 환기량(m³/min)을 계산하시오. (단, 오염물질의 분자량 76, TLV 10ppm, 비중 2.6, 안전계수 4이다.)

$$Q = \frac{24.45 \times kg/h \times K \times 10^6}{MW \times TLV}(m^3/hr) \div 60 = (m^3/min)$$

- K : 안전계수
- MW : 물질의 분자량
- kg/hr : 시간당 오염물질 발생량(l/hr × S(비중))
- TLV : 노출기준(ppm)
- 24.45 : 25℃, 1기압에서 공기의 비중(21℃, 1기압일 경우 24.1)

$$Q = \frac{24.1 \times kg/h \times K \times 10^6}{MW \times TLV} \div 60 = \frac{24.1 \times (80 \times 10^{-3}) \times 4 \times 10^6}{76 \times 10} \div 60 = 169.12(m^3/min)$$

(시간당 80g 사용 → 80g/hr → 80 × 10⁻³kg/hr)

10 작업환경을 관리하기 위한 행정적 작업환경 관리대책과 공학적 관리대책의 종류를 3가지씩 적으시오.

(1) 행정적 대책
(2) 공학적 대책

(1) ① 작업시간 및 휴식시간 조정
② 교대근무
③ 작업전환
④ 교육
(2) ① 대치(대체)
② 격리
③ 환기

11 송풍기의 흡입관의 정압이 -45mmH$_2$O, 동압이 10mmH$_2$O이며 배출관의 정압이 8mmH$_2$O, 동압이 16mmH$_2$O이다. 송풍기의 유효전압(mmH$_2$O)과 유효정압(mmH$_2$O)을 계산하시오.

> 1. **송풍기 전압(FTP)**: 배출구 전압(TP_{out})과 흡입구 전압(TP_{in})의 차
> $$FTP = TP_{out} - TP_{in}$$
> $$= (SP_{out} + VP_{out}) - (SP_{in} + VP_{in})$$
> 2. **송풍기 정압(FSP)**: 송풍기 전압(FTP)과 속도압(VP_{out})의 차
> $$FSP = FTP - VP_{out}$$
> $$= (SP_{out} - SP_{in}) + (VP_{out} - VP_{in}) - VP_{out}$$
> $$= (SP_{out} - SP_{in}) - VP_{in}$$
> $$= (SP_{out} - TP_{in})$$

1. 송풍기의 전압(FTP)
   $FTP = (8 + 16) - (-45 + 10) = 59 \text{(mmH}_2\text{O)}$
2. 송풍기의 정압(FSP)
   $FSP = (SP_{out} - SP_{in}) - VP_{in} = [8 - (-45)] - 10 = 43 \text{(mmH}_2\text{O)}$

12 작업환경 측정 방법 중 개인시료 채취의 정의를 적고 개인시료 채취시의 측정위치를 적으시오.

(1) 개인시료 채취의 정의
(2) 측정위치

> (1) 개인시료 채취기를 이용하여 가스 · 증기 · 분진 · 흄(fume) · 미스트(mist) 등을 근로자의 호흡위치에서 채취하는 것을 말한다.
> (2) 호흡기를 중심으로 반경 30cm인 반구

13 15℃, 1기압의 송풍관 내를 15m/sec의 유속으로 공기가 흐를 때 속도압(mmH$_2$O)을 계산하시오. (단, 0℃, 1기압의 공기밀도는 1.293이다.)

> 1. 나중밀도(보정된 밀도) = 처음밀도(T_1, P_1에서의 밀도) × $\dfrac{(273+T_1)(P_2)}{(273+T_2)(P_1)}$
> - T_1 : 처음 온도
> - T_2 : 나중 온도
> - P_1 : 처음 압력
> - P_2 : 나중 압력
>
> 2. 속도압(VP) = $\dfrac{\gamma V^2}{2g}$ (mmH$_2$O)
> - r : 공기비중
> - V : 유속(m/s)
> - g : 중력가속도(9.8m/s^2)

1. 0℃(t_1)의 밀도 1.293(kg/m^3)을 15℃(t_2)로 보정

   보정 후의 밀도 = 보정 전의 밀도 × $\dfrac{(273+t_1)(P_2)}{(273+t_2)(P_1)}$

   $= 1.293 \times \dfrac{(273+0) \times 1}{(273+15) \times 1} = 1.23$(kg/m^3)

2. 속도압(VP) = $\dfrac{\gamma V^2}{2g} = \dfrac{1.23 \times 15^2}{2 \times 9.8} = 14.12$(mmH$_2$O)

14 작업장에 A, B, C 3가지 오염물질이 발생하고 있다. A물질 제거에 필요한 환기량은 250m^3/min, B물질은 300m^3/min, C물질은 350m^3/min이다. A와 B물질은 서로 상가작용을 하고, C물질은 독립작용을 하는 경우 작업장에 필요한 전체 환기량을 계산하시오.

> 1. 상가작용일 경우 : 각각 유해물질의 환기량을 모두 합하여 필요환기량으로 결정
> $Q = Q_1 + Q_2 + \cdots + Q_n$
> 2. 독립작용일 경우 : 유해물질 환기량 중 가장 큰 값을 선택하여 필요환기량으로 결정

1. A와 B물질은 서로 상가작용을 하므로
   A와 B물질의 환기량 = 250 + 300 = 550(m^3/min)
2. C물질은 독립작용을 하므로 A와 B물질의 환기량(550m^3/min)과 C물질의 환기량(350m^3/min) 중 큰 값이 작업장의 전체 환기량이 된다.
3. 작업장의 전체 환기량 = 550(m^3/min)

15 작업환경 측정 시에 대상물질의 발생시간 동안 측정하여야 하는 경우 3가지를 적으시오.

① 대상물질의 발생시간이 6시간 이하인 경우
② 불규칙작업으로 6시간 이하의 작업
③ 발생원에서의 발생시간이 간헐적인 경우

★ 참고
시간가중평균기준(TWA)이 설정되어 있는 대상물질을 측정하는 경우에는 1일 작업시간동안 6시간 이상 연속 측정하거나 작업시간을 등간격으로 나누어 6시간 이상 연속 분리하여 측정하여야 한다.
다만, 다음 각 호의 어느 하나에 해당하는 경우에는 대상물질의 발생시간 동안 측정 할 수 있다.

대상물질의 발생시간 동안 측정하여야 하는 경우
1. 대상물질의 발생시간이 6시간 이하인 경우
2. 불규칙작업으로 6시간 이하의 작업
3. 발생원에서의 발생시간이 간헐적인 경우

16 자유공간에 위치한 음향출력이 0.4watt인 점음원으로 부터 30m 떨어진 곳의 음압수준은 약 얼마인지 계산하시오.

(1) 무지향성 점음원 자유공간
(2) 무지향성 점음원 반자유공간

무지향성 점음원	무지향성 선음원
① 자유공간(공중, 구면파)에 위치할 때 $SPL = PWL - 20\log r - 11$(dB) ② 반자유공간(바닥, 벽, 천장, 반구면파)에 위치할 때 $SPL = PWL - 20\log r - 8$(dB) • r : 소음원으로 부터의 거리(m)	① 자유공간(공중, 구면파)에 위치할 때 $SPL = PWL - 10\log r - 8$(dB) ② 반자유공간(바닥, 벽, 천장, 반구면파)에 위치할 때 $SPL = PWL - 10\log r - 5$(dB) • r : 소음원으로 부터의 거리(m)

(1) $SPL = PWL - 20\log r - 11 = 116.02 - 20 \times \log 30 - 11 = 75.48$(dB)

$$\left[PWL = 10\log\left(\frac{W}{W_o}\right) = 10 \times \log\frac{0.4}{10^{-12}} = 116.02\text{(dB)} \right]$$

(2) $SPL = PWL - 20\log r - 8 = 116.02 - 20 \times \log 30 - 8 = 78.48$(dB)

17 국소배기장치의 계통도이다. 그림의 괄호에 적합한 국소배기장치 구성요소의 명칭을 적으시오.

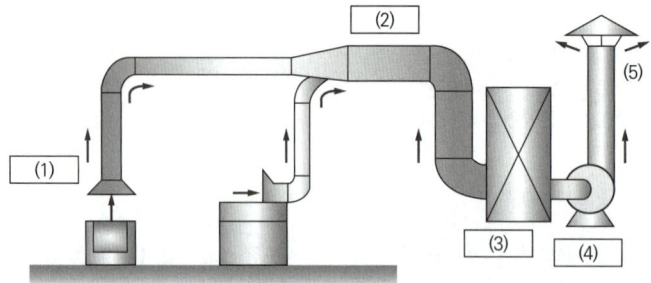

(1) 후드
(2) 덕트
(3) 공기정화장치
(4) 송풍기
(5) 배기덕트

18 다음 설명에 해당하는 가상직경의 종류를 적으시오.

① 대상 입자와 침강속도가 같고 밀도가 $1g/cm^3$이며, 구형인 먼지의 직경으로 환산한 직경을 말한다.
② 입자의 역학적 특성(침강속도, 종단속도)에 의해 측정되는 먼지 크기이다.
③ 직경분립충돌기(cascade impactor)를 이용하여 입자의 크기 및 형태 등을 분리한다.

공기역학적 직경(aero-dynamic diameter)

★참고
질량 중위 직경(mass median diameter)
입자 크기별로 농도를 측정하여 50%의 누적분포에 해당하는 입자의 크기

암기법
가상 공기는 밀도1, 구형이며 질량중위는 50% 입자농도

01 작업장 공기 중에 아세톤 1,000ppm, 사염화탄소 1,200ppm이 존재할 경우 공기와 아세톤 및 사염화탄소의 유효비중을 소수셋째자리까지 계산하시오. (단, 아세톤의 증기비중은 2.0, 사염화탄소의 증기비중은 5.7, 공기비중은 1.0이다.)

> 1. 작업장 공기 중의 아세톤이 1,000ppm = 0.1%, 사염화탄소 1,200ppm = 0.12% 이므로
>   공기 = 100 − 0.1 − 0.12 = 99.78(%)가 된다.
>   (10,000ppm = 1%)
> 2. 아세톤 0.1%(증기비중 2.0), 사염화탄소 0.12%(증기비중 5.7), 공기 99.78%(공기비중 1.0)이므로
>   유효비중 = 0.001 × 2.0 + 0.0012 × 5.7 + 0.9978 × 1.0 = 1.007

02 국소배기장치에서 공기공급시스템이 필요한 이유 5가지를 적으시오.

> ① 국소배기장치를 적절하게 가동시키기 위하여
> ② 국소배기장치의 효율 유지를 위하여
> ③ 작업장 내의 안전사고 예방을 위하여
> ④ 연료를 절약하기 위하여(에너지 절약)
> ⑤ 작업장 내의 방해기류(교차기류) 생성 방지를 위하여
> ⑥ 외부공기가 정화되지 않은 채로 건물 내로 유입되는 것을 막기 위하여

03 작업장의 음압 수준이 92dB(A)이고, 근로자는 차음평가수(NRR)이 19인 귀덮개를 착용하고 있다. (1) 귀덮개의 차음효과를 계산하고 (2) 근로자가 노출되는 음압(예측)수준[dB(A)]을 계산하시오. (단, OSHA 기준)

> 차음효과 $= (NRR - 7) \times 0.5$
> - NRR : 차음평가지수
>
> (1) 귀덮개의 차음효과 $= (19 - 7) \times 0.5 = 6(dB)$
> (2) 근로자가 노출되는 음압수준 $= 92 - 6 = 86[dB(A)]$

04 벤젠을 취급하던 근로자가 실수로 벤젠 2L를 바닥에 흘렸다. 공기 중으로 증발한 벤젠의 증기용량(L)를 계산하시오. (단, 작업장은 0℃, 1기압이며, 벤젠의 비중 0.879, 분자량 78.11이다.)

> 부피$(L) = \dfrac{(2 \times 1,000 \times 0.879)\text{g} \times 22.4L}{78.11\text{g}} = 504.15(L)$
>
> - $L \times$ 비중 = kg, $2L \times 0.879 = (2 \times 0.879)$kg $= (2 \times 1,000 \times 0.879)$g
> - 0℃ 1기압 기체 1몰의 부피 : $22.4L$

05 [보기]는 작업환경측정시의 시료채취 근로자 수에 관한 내용이다. 괄호에 적합한 숫자를 적으시오.

> 단위작업 장소에서 최고 노출근로자 2명 이상에 대하여 동시에 개인 시료채취 방법으로 측정하되, 단위작업 장소에 근로자가 1명인 경우에는 그러하지 아니하며, 동일 작업근로자수가 10명을 초과하는 경우에는 매 (①)명당 1명 이상 추가하여 측정하여야 한다. 다만, 동일 작업근로자수가 (②)명을 초과하는 경우에는 최대 시료채취 근로자수를 (③)명으로 조정할 수 있다.

① 5
② 100
③ 20

06

톨루엔을 시간당 2kg 사용하는 작업장 내에 전체 환기시설을 설치하는 경우 필요환기량(m^3/min)을 계산하시오. (단, 톨루엔의 TLV는 100ppm, 분자량은 92이고, 안전계수 K는 5로 하며 1기압 25℃ 기준임)

$$Q = \frac{24.45 \times kg/h \times K \times 10^6}{MW \times TLV} (m^3/hr) \div 60 = (m^3/min)$$

- K : 안전계수
- MW : 물질의 분자량
- kg/hr : 시간당 오염물질 발생량($l/hr \times S$(비중))
- TLV : 노출기준(ppm)
- 24.45 : 25℃, 1기압에서 공기의 비중(21℃, 1기압일 경우 24.1)

$$Q = \frac{24.45 \times 2 \times 5 \times 10^6}{92 \times 100} \div 60 = 442.93 (m^3/min)$$

07

[보기]의 방사선을 인체 투과력이 큰 순서대로 번호를 쓰시오.

① α
② 중성자
③ γ
④ β

② 〉 ③ 〉 ④ 〉 ①

*참고
1. 인체 투과력 순서
   중성자 〉 X선 or γ 〉 β 〉 α
2. 전리작용 순서
   중성자 〉 α 〉 β 〉 X선 or γ

08 회전수가 1,500rpm, 송풍량은 12m³/sec, 압력은 650N/m²인 송풍기의 송풍량을 25m³/sec로 증가 시킬 경우 압력(N/m²)을 계산하시오.

> 1. $\dfrac{Q_2}{Q_1} = \dfrac{N_2}{N_1}$
>
> 2. $\dfrac{P_2}{P_1} = (\dfrac{N_2}{N_1})^2$
>
> 3. $\dfrac{HP_2}{HP_1} = (\dfrac{N_2}{N_1})^3$
>
> - Q_1 : 회전 수 변경 전 풍량(m³/min)
> - Q_2 : 회전 수 변경 후 풍량(m³/min)
> - N_1 : 변경 전 회전수(rpm)
> - N_2 : 변경 후 회전수(rpm)
> - P_1 : 변경 전 정압(mmH₂O)
> - P_2 : 변경 후 정압(mmH₂O)
> - HP_1 : 변경 전 동력(kW)
> - HP_2 : 변경 후 동력(kW)

1. $\dfrac{Q_2}{Q_1} = \dfrac{N_2}{N_1}$, $\dfrac{P_2}{P_1} = (\dfrac{N_2}{N_1})^2$ ∴ $\dfrac{P_2}{P_1} = (\dfrac{Q_2}{Q_1})^2$

2. $\dfrac{P_2}{P_1} = (\dfrac{Q_2}{Q_1})^2$

$P_2 = P_1 \times (\dfrac{Q_2}{Q_1})^2 = 650 \times (\dfrac{25}{12})^2 = 2821.18(N/m^2)$

09 작업환경측정 시에 공시료를 채취하는 목적을 1가지 적으시오.

> 유해물질 등을 측정 시에 측정오차를 보정하기 위하여 채취한다.

10 유해인자의 포집방법 중 흡착법과 흡수법을 적용할 수 있는 물질과 채취기구를 적으시오.

> (1) 흡착법
>   ① 적용물질 : 유기용제, 알코올류, 아민류 등
>   ② 채취기구 : 고체흡착관(활성탄관, 실리카겔관)
> (2) 흡수법
>   ① 적용물질 : 고체흡착관(활성탄관, 실리카겔관)으로 흡착이 되지 않는 증기, 산 등
>   ② 채취기구 : 임핀저, 버블러

11 공기역학적 직경을 설명할 수 있는 이론을 적으시오.

> stoke의 법칙

> ★참고
> 공기역학적 직경은 입자의 침강속도(stoke의 법칙)에 의해 측정되는 먼지 크기이다.

12 체적이 2,000m³인 작업장에서 1.5m³/sec의 실외공기가 작업장 안으로 유입되고 있다. 작업장에서 톨루엔 발생이 정지된 순간의 작업장 내 톨루엔의 농도가 80ppm일 때 톨루엔의 농도가 10ppm으로 감소하는 데 걸리는 시간(min) 과 1시간 후의 공기 중의 톨루엔 농도(ppm)를 계산하시오. (단, 실외에서 유입되는 공기량 중 톨루엔의 농도는 0ppm이고, 1차 반응식이 적용된다.)

1. 유해물질을 나중농도(노출농도) 이하로 환기하는 데 소요되는 시간

$$t(\min) = -\frac{V}{Q'} \times \ln\left(\frac{C_2}{C_1}\right)$$

- V : 작업장의 기적(m³)
- Q' : 환기량(m³/min)
- C_1 : 유해물질 처음농도(ppm)
- C_2 : 유해물질 노출기준(ppm)

2. 농도 C_1에서 t(min) 시간 후의 농도(C_2)

$$C_2 = C_1 \times e^{(-\frac{Q'}{V} \times t)}$$

1. 톨루엔의 농도가 80ppm에서 10ppm으로 감소하는 데 걸리는 시간(min)

$$t(\min) = -\frac{V}{Q'} \times \ln\left(\frac{C_2}{C_1}\right) = -\frac{2,000}{1.5 \times 60} \times \ln\left(\frac{10}{80}\right) = 46.21(\min)$$

$$\left[\frac{1.5\text{m}^3}{\text{sec}} = \frac{1.5\text{m}^3}{\frac{1}{60}\text{min}} = 1.5 \times 60 (\text{m}^3/\min)\right]$$

2. 1시간 후의 공기 중 농도

$$C_2 = C_1 \times e^{(-\frac{Q'}{V} \times t)} = 80 \times e^{(-\frac{1.5 \times 60}{2,000} \times 60)} = 5.38(\text{ppm})$$

13 인체 내의 방어기전 중 점액 섬모운동의 배출기전을 설명하시오.

점액은 호흡기(기도와 기관지)를 통하여 흡착된 이물질을 붙잡아서 섬모운동에 의해 배출한다.

14 입자상 물질의 처리를 위한 집진장치의 집진원리 5가지를 적으시오.

> ① 중력
> ② 관성력
> ③ 원심력
> ④ 여과
> ⑤ 전기력

15 전체 환기장치에 관한 다음 물음에 답하시오.

(1) 전체 환기장치의 급기와 배기방법을 설명하시오.
(2) 실내압을 양압(+)으로 유지하여야 하는 산업의 종류를 적으시오.

> (1) ① 배기 기계력 이용 : 급기는 창문 등으로 자연환기를 이용, 배기에만 기계력을 이용하는 방법
>   ② 급기 기계력 이용 : 배기는 개구부에 의한 자연환기를 이용, 급기에만 기계력을 이용하는 방법
>   ③ 급배기 기계력 이용 : 급배기에 기계력을 이용하는 방법이다.
> (2) 청정공기를 필요로 하는 전자공업, 수술실 등 의료기관, 식품산업

16 국소배기장치의 (1) 제어속도(포착속도)의 정의와 (2) 반송속도의 정의를 적으시오.

> (1) 오염물질을 후드 안쪽으로 흡인하기 위한 공기속도(유해물질이 함유된 공기를 후드로 흡입시킴으로써 그 지점의 유해물질을 제어할 수 있는 공기속도)
> (2) 오염물질을 덕트 내에서 운반하기 위한 속도(덕트를 통하여 이동하는 유해물질이 덕트 내에서 퇴적이 일어나지 않는 상태로 이동시키기 위하여 필요한 최소 속도)

2015년 3회 과년도기출문제

01 작업환경개선의 공학적인 대책 중 대치(대체)의 방법 3가지와 그 예를 1가지씩 적으시오.

> (1) 공정의 변경
> ① 고속회전식 그라인더 작업을 저속 연마작업으로 변경한다.
> ② 페인트 분사 방식에서 함침 방식으로 변경한다.
> (2) 유해물질 변경
> ① 성냥제조 시에 황린(백린) 대신 적린을 사용한다.
> ② 유연 휘발유를 무연 휘발유로 대체한다.
> (3) 시설의 변경
> ① 고 소음 송풍기를 저 소음 송풍기로 교체한다.
> ② 작은 날개 고속 회전의 송풍기 대신 큰 날개 저속 회전하는 송풍기를 사용한다.

02 작업자들이 퇴근한 직후에 측정한 CO_2 농도는 650ppm이었고, 2시간이 경과한 후에 측정한 CO_2 농도는 450ppm이었다. 작업장의 시간당 공기교환횟수를 계산하시오. (단, 외부 공기 중의 CO_2 농도는 330ppm이다.)

> $$ACH(회) = \frac{\ln(C_1 - C_0) - \ln(C_2 - C_0)}{hr}$$
> - C_1 : 처음 측정한 이산화탄소 농도
> - C_2 : 시간경과 후 측정한 이산화탄소 농도
> - C_0 : 외부공기 중 이산화탄소 농도(약 330ppm)
>
> $$ACH(회) = \frac{\ln(650 - 330) - \ln(450 - 330)}{2} = 0.49(회)$$

03 소음이 발생되는 작업장에서 90dB(A)의 소음에 4시간, 95dB(A)의 소음에 3시간 노출된 경우 (1) 소음 노출량(누적소음 폭로량)(%)과 (2) 시간가중 평균소음수준[dB(A)]을 계산하시오.

---

1. 누적소음폭로량$(D) = \left(\dfrac{C_1}{T_1} + \dfrac{C_2}{T_2} + \cdots + \dfrac{C_n}{T_n}\right) \times 100(\%)$
   - D : 누적소음 폭로량(%)
   - C : 각 소음레벨측정치(dB)
   - T : 각 폭로허용시간(TLV)(min)

2. $TWA[\text{dB(A)}] = 16.61 \times \log\left[\dfrac{D(\%)}{12.5 \times t}\right] + 90$
   - TWA : 시간가중 평균 소음수준[dB(A)]
   - D : 누적소음 폭로량(%)
   - t : 소음에 노출된 시간

(1) $D = \left(\dfrac{4}{8} + \dfrac{3}{4}\right) \times 100 = 125(\%)$

(2) $TWA = 16.61 \times \log\left[\dfrac{125}{12.5 \times 7}\right] + 90 = 92.57[\text{dB(A)}]$

★ 참고
소음의 노출기준

1일 노출시간 (hr)	소음강도 dB(A)
8	90
4	95
2	100
1	105
1/2	110
1/4	115

04 유체의 운동특성을 층류와 난류로 구분하여 설명하시오. (단, 관성력과 점성력을 포함하여 설명할 것)

(1) 층류
(2) 난류

---

(1) ① 규칙적이고 일정한 유체의 흐름상태(유체가 관내를 아주 느린 속도로 흐를 때는 소용돌이나 선회운동을 일으키지 않고 관 벽에 평행으로 유동)
　② 관성력 〈 점성력(관성력이 점성력의 2,000배 미만인 공기흐름 상태)
(2) ① 소용돌이가 혼합된 불규칙한 유체의 흐름 상태(유체의 속도가 빨라지면 관내흐름은 크고 작은 소용돌이가 혼합된 형태로 변하며 혼합상태로 유동)
　② 관성력 〉 점성력(관성력이 점성력의 4,000배 초과인 공기흐름 상태)

05 다음 데이터를 이용하여 기하표준편차를 계산하시오.

누적 분포	해당 데이터
15.9%	0.4
50%	0.8
84.1%	1.6

> **기하표준편차**
> 1. 그래프를 이용하는 방법
>
> $$GSD = \frac{84.1\%\text{에 해당하는 값}}{50\%\text{에 해당하는 값}} \quad \text{또는} \quad \frac{50\%\text{에 해당하는 값}}{15.9\%\text{에 해당하는 값}}$$
>
> 2. 계산에 의한 방법
>
> $$\log(GSD) = \left[\frac{(\log X_1 - \log GM)^2 + (\log X_2 - \log GM)^2 + \cdots + (\log X_N - \log GM)^2}{N-1}\right]^{0.5}$$
>
> - GSD : 기하표준편차
> - GM : 기하평균
> - N : 측정치의 수
> - X_i : 측정치

$$GSD = \frac{84.1\%\text{에 해당하는 값}}{50\%\text{에 해당하는 값}} \quad \text{또는} \quad \frac{50\%\text{에 해당하는 값}}{15.9\%\text{에 해당하는 값}} = \frac{1.6}{0.8} \quad \text{또는} \quad \frac{0.8}{0.4} = 2$$

06 입경분립충돌기(직경분립충돌기 : Cascade impactor)를 이용하여 시료채취를 하는 경우 마일러여과지(Mylar substrate)에 그리스를 뿌리는 이유를 설명하시오.

> 시료의 되튐현상을 방지한다.

07 1기압, 0℃에서 공기밀도는 1.293kg/m³이다. 1기압, 50℃에서의 공기밀도(kg/m³)를 계산하시오.

> 1. 밀도보정계수 = $\dfrac{(273+t_1)(P_2)}{(273+t_2)(P_1)}$
> 2. 보정 후의 밀도 = 보정 전의 밀도 × 밀도보정계수 = 보정 전의 밀도 × $\dfrac{(273+t_1)(P_2)}{(273+t_2)(P_1)}$
>
> • t_1, P_1 : 처음 온도, 처음 압력
> • t_2, P_2 : 나중 온도, 나중 압력

0℃(t_1)의 밀도 1.293(kg/m³)을 50℃(t_2)로 보정

보정 후의 밀도 = 보정 전의 밀도 × $\dfrac{(273+t_1)(P_2)}{(273+t_2)(P_1)}$

$= 1.293 \times \dfrac{(273+0)\times 1}{(273+50)\times 1} = 1.09(kg/m^3)$

08 송풍관 내의 풍속을 측정하는 기기인 피토관과 풍차 풍속계의 측정범위를 적으시오.

① 피토관 : 풍속이 3m/sec를 초과하는 경우에 사용
② 풍차 풍속계 : 풍속이 1m/sec를 초과하는 경우에 사용

09 작업장에서 발생되는 오염물질의 양이 45g/hr이며 오염물질의 노출기준이 12mg/m³인 경우 작업장의 필요환기량(m³/min)를 계산하시오.

> 필요 환기량의 계산
>
> $Q(m^3/min) = \dfrac{G}{TLV} \times K$
>
> • Q : 필요환기량(m³/min)
> • G : 유해물질의 발생률(m³/min)
> • TLV : 허용기준
> • K : 안전계수(여유계수)

$Q = \dfrac{G}{TLV} = \dfrac{\dfrac{750mg}{min}}{\dfrac{12mg}{m^3}} = \dfrac{750mg \cdot m^3}{12mg \cdot min} = 62.50(m^3/min)$

$(45g/hr = \dfrac{45000mg}{60min} = 750mg/min)$

10 송풍기의 회전수가 500rpm일 때의 송풍량은 300m³/min, 정압은 100mmH₂O, 동력은 5.5kw이었다. 회전수를 600rpm으로 증가시킬 경우의 송풍량(m³/min), 정압(mmH₂O), 동력(kW)을 계산하시오.

---

1. $Q_2 = Q_1 \left(\dfrac{D_2}{D_1}\right)^3 \left(\dfrac{N_2}{N_1}\right)$

2. $P_2 = P_1 \left(\dfrac{D_2}{D_1}\right)^2 \left(\dfrac{N_2}{N_1}\right)^2 \left(\dfrac{\rho_2}{\rho_1}\right)$

3. $HP_2 = HP_1 \left(\dfrac{D_2}{D_1}\right)^5 \left(\dfrac{N_2}{N_1}\right)^3 \left(\dfrac{\rho_2}{\rho_1}\right)$

- Q_1 : 회전 수 변경 전 풍량(m³/min)
- Q_2 : 회전 수 변경 후 풍량(m³/min)
- N_1 : 변경 전 회전수(rpm)
- N_2 : 변경 후 회전수(rpm)
- P_1 : 변경 전 정압(mmH₂O)
- P_2 : 변경 후 정압(mmH₂O)
- HP_1 : 변경 전 동력(kW)
- HP_2 : 변경 후 동력(kW)
- D_1 : 변경 전 직경(m)
- D_2 : 변경 후 직경(m)
- ρ_1 : 변경 전 효율
- ρ_2 : 변경 후 효율

1. $Q_2 = Q_1 \times \left(\dfrac{N_2}{N_1}\right) = 300 \times \left(\dfrac{600}{500}\right) = 360 \text{(m}^3\text{/min)}$

2. $P_2 = P_1 \times \left(\dfrac{N_2}{N_1}\right)^2 = 100 \times \left(\dfrac{600}{500}\right)^2 = 144 \text{(mmH}_2\text{O)}$

3. $HP_2 = HP_1 \times \left(\dfrac{N_2}{N_1}\right)^3 = 5.5 \times \left(\dfrac{600}{500}\right)^3 = 9.50 \text{(kW)}$

---

11 PVC 막 여과지(Polyvinyl Chloride membrane filter)를 총 먼지 등의 중량분석에 사용할 수 있는 가장 큰 이유를 설명하시오.

흡습성이 낮아 분진의 중량분석에 사용할 수 있다.

12 아래 환기장치의 배치도를 보고 불량, 양호, 우수로 구분하여 적으시오.

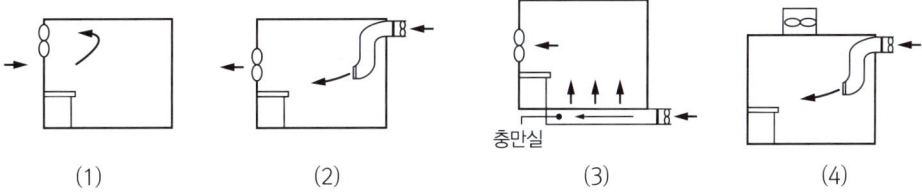

(1) 불량
(2) 양호
(3) 우수
(4) 양호

13 유입손실계수가 0.27이고 원형 후드 직경이 100mm이며 유량이 15m³/min인 경우 후드의 압력손실(mmH$_2$O)을 구하시오.

> 1. 압력손실($\triangle P$) = $F_h \times VP$(mmH$_2$O)
>   - F_h : 압력손실계수(유입손실계수)
>   - VP : 속도압(동압)(mmH$_2$O)
> 2. 속도압
> $$VP(mmH_2O) = \frac{\gamma V^2}{2g}$$
> V(m/sec) = 4.043$\sqrt{VP}$
>   - γ : 공기비중
>   - V : 유속(m/s)
>   - g : 중력가속도(9.8m/s²)

$\triangle P$ = 0.27 × 61.98 = 16.73(mmH$_2$O)

1. $Q = 60 \times A \times V$

   $V = \dfrac{Q}{60 \times A} = \dfrac{Q}{60 \times \frac{\pi \times d^2}{4}} = \dfrac{15}{60 \times \frac{\pi \times 0.1^2}{4}} = 31.83$(m/sec)

2. $V = 4.043\sqrt{VP}$

   $V^2 = 4.043^2 \times VP$

   $VP = \dfrac{V^2}{4.043^2} = \dfrac{31.83^2}{4.043^2} = 61.98$(mmH$_2$O)

14 노출기준 고시의 노출기준의 정의를 적으시오.

> 근로자가 유해인자에 노출되는 경우 노출기준 이하 수준에서는 거의 모든 근로자에게 건강상 나쁜 영향을 미치지 아니하는 기준을 말한다.

15 전신피로(산업피로)의 생리학적 원인 3가지를 적으시오.

> ① 산소공급 부족
> ② 혈중 포도당(글루코오스)농도 저하(가장 큰 원인)
> ③ 근육 내 글리코겐 양의 감소
> ④ 혈중 젖산농도의 증가
> ⑤ 작업강도의 증가

16 국소배기장치의 사용 전 점검사항 3가지를 적으시오.

> ① 덕트와 배풍기의 분진 상태
> ② 덕트 접속부가 헐거워졌는지 여부
> ③ 흡기 및 배기 능력
> ④ 그 밖에 국소배기장치의 성능을 유지하기 위하여 필요한 사항

17 수동식 확산 흡착배지를 시료채취펌프 대신 사용할 수 있는 법칙의 명칭을 적으시오.

> 픽스의(Fick's) 확산 제1법칙

> ★참고
> 수동식 시료채취는 Fick's 확산 제1법칙에 의하여 농도 차에 대한 오염물질의 이동(확산) 속도로 공기 중 가스와 증기를 포집한다.

18 합류점에서의 압력평형 방법 중 분지관의 수가 적고 고독성 물질, 폭발성 및 방사성 분진을 대상으로 사용할 수 있는 (1) 총 압력손실을 계산하는 방법을 적으시오. (2) 총 압력손실을 계산하는 방법의 장·단점을 각각 2가지씩 적으시오.

(1) 정압조절 평형법(유속조절 평형법)

(2)

장점	단점
• 침식, 부식, 분진 퇴적에 의한 덕트 폐쇄가 없다. • 설계 시 잘못 설계된 분지관 또는 저항이 가장 큰 분지관을 쉽게 발견할 수 있다.(최대 저항 경로 선정이 잘못되어도 설계 시 쉽게 발견할 수 있음) • 설계가 정확할 때에는 가장 효율적인 시설이다.	• 설계 시 잘못된 유량을 고치기 어렵다. (임의로 유량을 조절하기 어려움) • 송풍량은 근로자나 운전자의 의도대로 쉽게 변경되지 않는다. • 설계유량 산정이 잘못될 경우 수정은 덕트의 크기 변경을 요한다. • 설계가 복잡하고 시간이 많이 걸린다. • 설치된 후의 개조 및 변경이나 확장에 대한 유연성이 낮다. • 효율 개선 시 전체를 수정해야 한다. • 경우에 따라 전체 필요한 최소유량보다 더 초과될 수 있다.

2016년 1회 과년도기출문제

01 [보기]에서 제시한 온도를 기준으로 작업장의 불쾌지수를 계산하시오.

> 습구온도 : 20℃, 흑구온도 : 25℃, 건구온도 : 33℃

불쾌지수 = 0.72×(건구온도 + 습구온도) + 40.6 = 0.72×(33 + 20) + 40.6 = 78.76

02 교대근무와 서캐디안 리듬(circadian rhythm)의 관계(미치는 영향)를 설명하시오.

서캐디안 리듬(circadian rhythm)은 하루 24시간을 주기로 반복되는 생체리듬을 뜻하며 교대근무에서는 서캐디안 리듬의 교란이 발생되어 수면장해 등 건강에 나쁜 영향을 줄 수 있다.

03 재순환공기의 농도는 25%이고, 외부공기의 농도는 15%, 급기 중 공기의 농도는 18%인 경우 (1) 급기 중의 재순환량(%)과 (2) 급기 중의 외부공기 포함량(%)을 계산하시오.

> 급기 중 외부공기 함량
>
> 1. $\%Q_A = \dfrac{C_r - C_s}{C_r - C_0} \times 100$
>   - C_r : 재순환 공기 중 이산화탄소 농도
>   - C_s : 급기 중 이산화탄소 농도
>   - C_0 : 외부 공기 중 이산화탄소 농도(약 330ppm)
> 2. 급기 중 외부공기 포함량(%) = 100 − 급기 중 재순환량(%)
> 3. 급기 중 재순환량(%) = $\dfrac{급기\ 공기의\ 농도 - 외부공기의\ 농도}{재순환공기\ 농도 - 외부공기의\ 농도} \times 100$

1. 급기 중 재순환량(%) = $\dfrac{18 - 15}{25 - 15} \times 100 = 30(\%)$
2. 급기 중 외부공기 포함량(%) = 100 − 30 = 70(%)

04 송풍기의 회전수와 송풍량, 풍압(정압), 동력(축 동력)의 관계를 설명하시오.

> ① 풍량은 송풍기의 회전수에 비례한다.
> ② 풍압(정압)은 송풍기 회전수의 제곱에 비례한다.
> ③ 동력(축 동력)은 송풍기 회전수의 세제곱에 비례한다.

★참고

1. $Q_2 = Q_1 \left(\dfrac{D_2}{D_1}\right)^3 \left(\dfrac{N_2}{N_1}\right)$

2. $P_2 = P_1 \left(\dfrac{D_2}{D_1}\right)^2 \left(\dfrac{N_2}{N_1}\right)^2 \left(\dfrac{\rho_2}{\rho_1}\right)$

3. $HP_2 = HP_1 \left(\dfrac{D_2}{D_1}\right)^5 \left(\dfrac{N_2}{N_1}\right)^3 \left(\dfrac{\rho_2}{\rho_1}\right)$

- Q_1 : 회전 수 변경 전 풍량(m³/min)
- Q_2 : 회전 수 변경 후 풍량(m³/min)
- N_1 : 변경 전 회전수(rpm)
- N_2 : 변경 후 회전수(rpm)
- P_1 : 변경 전 정압(mmH₂O)
- P_2 : 변경 후 정압(mmH₂O)
- HP_1 : 변경 전 동력(kW)
- HP_2 : 변경 후 동력(kW)

05 벤젠을 취급하던 근로자가 실수로 벤젠 2L를 바닥에 흘렸다. 공기 중으로 증발한 벤젠의 증기용량(L)를 계산하시오. (단, 작업장은 0℃, 1기압이며, 벤젠의 비중 0.879, 분자량 78.11이다.)

부피(L) = $\dfrac{(2 \times 1{,}000 \times 0.879)g \times 22.4L}{78.11g}$ = 504.15(L)

- L × 비중 = kg, (2 × 0.879)kg = (2 × 1,000 × 0.879)g
- 0℃ 1기압 기체 1몰의 부피 : 22.4L

또는
22.4L : 78.11g = x : (2 × 1,000 × 0.879)g
78.11 × x = 22.4 × 2 × 1,000 × 0.879
x = $\dfrac{22.4 \times 2 \times 1{,}000 \times 0.879}{78.11}$ = 504.15(L)

06 노출기준의 종류인 TLV-TWA, TLV-STEL, TLV-C를 각각 설명하시오.

① TLV-TWA(시간가중평균노출기준) : 1일 8시간 및 1주일 40시간 동안의 평균 농도로서, 모든 근로자가 나쁜 영향을 받지 않고 노출될 수 있는 농도이다.
② TLV-STEL(단시간노출기준) : 15분간의 시간가중평균노출 값(근로자가 1회에 15분간 유해인자에 노출되는 경우의 기준)을 말한다.
③ TLV-C(최고노출기준) : 근로자가 1일 작업시간동안 잠시라도 노출되어서는 아니 되는 기준을 말한다.

07 21℃, 1기압의 어느 작업장에서 톨루엔을 분당 12g 사용하고 있다. 해당 작업장에 전체 환기시설을 설치하는 경우 필요 환기량(m^3/min)을 계산하시오. (단, 톨루엔의 분자량 92, TLV 50ppm, 비중 0.87, 안전계수 3이다.)

노출기준(TLV)에 따른 전체 환기량

$$Q = \frac{24.1 \times kg/h \times K \times 10^6}{MW \times TLV}(m^3/hr) \div 60 = (m^3/min)$$

- K : 안전계수
- MW : 물질의 분자량
- kg/hr : 시간당 오염물질 발생량($l/hr \times S$(비중))
- TLV : 노출기준(ppm)
- 24.1 : 21℃, 1기압에서 공기의 비중(25℃, 1기압일 경우 24.45)

$$Q = \frac{24.1 \times kg/h \times K \times 10^6}{MW \times TLV} = \frac{24.1 \times (12 \times 10^{-3}) \times 3 \times 10^6}{92 \times 50} = 188.61(m^3/min)$$

(시간당 12g 사용 → 12g/min → 12×10^{-3}kg/min)

08 송풍기의 풍량 조절방법 3가지를 적으시오.

① 회전수 조절법
② 안내익 조절법
③ 댐퍼 부착법

09 음파의 음향파워가 10^{-6}(Watt)인 경우 음향파워레벨(PWL)을 계산하시오.

> $PWL(dB) = 10\log\left(\dfrac{W}{W_o}\right)$
> - PWL : 음향파워레벨(dB)
> - W : 대상음원의 음력(W)
> - W_o : 기준음력(10^{-12}Watt)

$PWL = 10 \times \log\left(\dfrac{10^{-6}}{10^{-12}}\right) = 60(dB)$

10 덕트의 직경이 150mm, 덕트 내의 유속이 2.5m/sec인 경우 (1) Reynold수를 계산하고 (2) 유체흐름의 종류를 적으시오. (단, 동점성 계수 1.5×10^{-5}m²/sec, 20℃, 1기압 기준)

> $Re = \dfrac{\rho V d}{\mu} = \dfrac{V d}{\nu} = \dfrac{\text{관성력}}{\text{점성력}}$
> - Re : 레이놀즈 수(무차원)
> - ρ : 유체밀도(kg/m³)
> - d : 관경(m) (상당직경 $D = \dfrac{2ab}{a+b}$)
> - V : 유체의 유속(m/sec)
> - μ : 점성계수(kg/m·s(= 10Poise))
> - ν : 동점성계수(m²/sec)

(1) Reynold수

$Re = \dfrac{Vd}{\nu} = \dfrac{2.5 \times 0.15}{1.5 \times 10^{-5}} = 25{,}000$

(2) 유체흐름의 종류

$Re > 4000$이므로 : 난류

> **★참고**
> - $Re < 2100$: 층류
> - $2100 < Re < 4000$: 천이영역
> - $Re > 4000$: 난류

11 국소배기장치의 덕트 내 기류 측정에 관한 다음 물음에 답하시오.

(1) 덕트 내의 기류를 측정하는 1차 표준기구의 명칭을 적으시오.
(2) 이 장치로 측정할 수 있는 압력의 종류를 2가지 적으시오.
(3) 측정한 압력으로 유속을 계산하는 방법을 적으시오.

> (1) 피토관(피토튜브)
> (2) 전압, 정압
> (3) $V(\text{m/sec}) = 4.043\sqrt{VP}$
>   - V : 속도
>   - VP : 속도압(mmH$_2$O)

> ★ 참고
> 피토튜브(Pitot tube)는 전압과 정압의 차이를 측정해서 동압을 확인하여 유속을 측정할 수 있다.

12 (전신)진동에 의한 생체반응에 관여하는 인자 4가지를 적으시오.

> ① 진동의 강도
> ② 진동수
> ③ 진동방향
> ④ 폭로시간(노출시간)

13 체적이 2500m³인 작업장에서 오염물질의 농도는 80μg/m³이었다. 1시간이 지난 후 오염물질의 농도가 20μg/m³로 감소되었다면 이때의 유효환기량(m³/hr)을 계산하시오.

> 유해물질을 나중농도(노출농도) 이하로 환기하는 데 소요되는 시간
>
> $$t(hr) = -\frac{V}{Q'} \times \ln\left(\frac{C_2}{C_1}\right)$$
>
> - V : 작업장의 기적(m³)
> - Q' : 환기량(m³/hr)
> - C_1 : 유해물질 처음농도(ppm)
> - C_2 : 유해물질 노출기준(ppm)

$$t(hr) = -\frac{V}{Q'} \times \ln\left(\frac{C_2}{C_1}\right)$$

$$t \times Q' = -V \times \ln\left(\frac{C_2}{C_1}\right)$$

$$Q' = \frac{-V \times \ln\left(\frac{C_2}{C_1}\right)}{t} = \frac{-2500 \times \ln\left(\frac{20}{80}\right)}{1} = 3465.74 \,(m^3/hr)$$

14 어떤 작업장의 음압 수준이 95dB(A)이고, 근로자는 귀덮개를 착용하고 있다. 귀덮개의 차음평가수는 NRR = 17이다. 귀덮개의 차음효과와 근로자가 노출되는 음압수준을 계산하시오.

> 차음효과 = (NRR − 7) × 0.5
> - NRR : 차음평가지수

1. 차음효과 = (17 − 7) × 0.5 = 5[dB(A)]
2. 근로자가 노출되는 음압수준 = 95 − 5 = 90[dB(A)]

15 전체 환기장치와 비교한 국소 배기장치의 장점을 3가지 적으시오.

> ① 전체 환기시설은 유해물질이 제거되지 않고 농도만 낮아지나, 국소배기시설은 발생원에서 유해물질을 제거할 수 있다.
> ② 필요 환기량이 적어 실내에서 배출되는 공기량이 적고, 따라서 보충되어야 할 급기량도 적어지므로 냉난방 비용면에서 전체 환기시설보다 경제적이다.
> ③ 유해물질이 소량의 공기 중에 고농도로 포함되어 있으므로 공기정화기를 설치하는데 있어서 경제적이다.
> ④ 유해물질이 작업장 내로 배출되지 않으므로 유해물질에 의해 기계, 기구, 제품 등이 손상되지 않으며, 유지관리가 용이하다.
> ⑤ 발생원에 근접하여 배기시키기 때문에 방해기류나 부적절한 급기흐름의 영향을 적게 받는다.

16 소음 측정에 사용하는 누적소음 노출량 측정기의 설정기준을 적고, 청감보정 특성을 적으시오.

(1) 누적소음 노출량 측정기의 설정기준
(2) 청감보정 특성

> (1) ① Criteria : 90dB
>   ② Exchange rate : 5dB
>   ③ Threshold : 80dB
> (2) A특성[dB(A)]

17 덕트 내의 공기압력 중 속도압을 설명하고 공기속도와의 관계식을 적으시오.

(1) 속도압
(2) 공기속도와의 관계식

> (1) 공기 흐름 방향의 속도에 의해 생기는 압력으로 항상 양압(0 이상의 압력)이다.
> (2) $V = 4.043\sqrt{VP}$

> ★참고
> • 속도압$(VP) = \dfrac{\gamma V^2}{2g} = \dfrac{1.2 \times V^2}{2 \times 9.81}$
> $1.2V^2 = 2 \times 9.81 \times VP$
> $V^2 = \dfrac{2 \times 9.81}{1.2} \times VP$
> $V = \sqrt{\dfrac{2 \times 9.81}{1.2} \times VP} = 4.043\sqrt{VP}$

18 작업환경 측정에 관한 다음 용어를 정의하시오.

(1) 개인시료채취
(2) 지역시료채취

> (1) 개인시료채취기를 이용하여 가스·증기·분진·흄(fume)·미스트(mist) 등을 근로자의 호흡위치(호흡기를 중심으로 반경 30cm인 반구)에서 채취하는 것을 말한다.
> (2) 시료채취기를 이용하여 가스·증기·분진·흄(fume)·미스트(mist) 등을 근로자의 작업행동 범위에서 호흡기 높이에 고정하여 채취하는 것을 말한다.

2016년 2회 과년도기출문제

01 소음성 난청(청력손실)에 영향을 미치는 요소 3가지를 적고 설명하시오.

① 개인의 감수성 : 개인의 감수성에 따라 소음반응이 다양하다.
② 음의 강도 : 음압수준이 높을수록 유해하다.
③ 폭로시간(노출시간) : 계속적 노출이 간헐적 노출보다 더 유해하다.
④ 음의 물리적 특성
  - 고주파음이 저주파음보다 더 유해하다.
  - 충격음 및 연속음의 유해성이 더 크다.

02 작업자들이 퇴근한 직후에 측정한 CO_2 농도는 1,250ppm이었고, 3시간이 경과한 후에 측정한 CO_2농도는 450ppm이었다. 작업장의 시간당 공기교환횟수를 계산하시오. (단, 외부 공기 중의 CO_2농도는 330ppm이다.)

$$ACH(회) = \frac{\ln(C_1 - C_0) - \ln(C_2 - C_0)}{hr}$$

- C_1 : 처음 측정한 이산화탄소 농도
- C_2 : 시간경과 후 측정한 이산화탄소 농도
- C_0 : 외부공기 중 이산화탄소 농도(약 330ppm)

$$ACH(회) = \frac{\ln(1,250 - 330) - \ln(450 - 330)}{3} = 0.68(회)$$

03 [보기]를 참고하여 온도 32℃, 상대습도 65%에서의 피부온도(℃)를 계산하시오. (단, 바람의 영향은 고려하지 않는다.)

$$체감온도 = 기온 - 0.4 \times (기온 - 10) \times (1 - \frac{습도(\%)}{100})$$

피부온도(체감온도) $= 32 - 0.4 \times (32 - 10) \times (1 - \frac{65}{100}) = 28.92(℃)$

★참고
체감 온도는 바람에 의해 피부에 느껴지는 온도를 말한다.

04 0.001N-NaOH의 pH를 계산하시오.

1. NaOH → Na$^+$ + OH$^-$
   NaOH는 OH$^-$가 1가의 이온이므로 0.001N NaOH = 0.001M NaOH가 된다.
2. pOH $= \log(\frac{1}{OH^-}) = \log(\frac{1}{0.001}) = 3$
   pH $= 14 - (3) = 11$

★참고
1. pH $= \log(\frac{1}{H^+}) = -\log(H^+)$
2. pOH $= \log(\frac{1}{OH^-}) = -\log(OH^-)$
3. pH + pOH = 14

05 활성탄과 비교한 실리카겔의 장점 3가지를 적으시오.

① 매우 유독한 이황화탄소를 탈착 용매로 사용하지 않는다.
② 극성물질을 채취한 경우 물, 메탄올 등 다양한 용매로 쉽게 탈착된다.
③ 추출액이 화학분석이나 기기분석에 방해물질로 작용하는 경우가 많지 않다.
④ 활성탄으로 채취가 어려운 아닐린, 오르쏘-톨루이딘 등의 아민류나 몇몇 무기물질의 채취가 가능하다.

* 참고
실리카겔관의 장·단점

장점	단점
• 극성물질을 채취한 경우 물, 메탄올 등 다양한 용매로 쉽게 탈착된다. • 추출액이 화학분석이나 기기분석에 방해물질로 작용하는 경우가 많지 않다. • 활성탄으로 채취가 어려운 아닐린, 오르쏘-톨루이딘 등의 아민류나 몇몇 무기물질의 채취가 가능하다. • 매우 유독한 이황화탄소를 탈착 용매로 사용하지 않는다.	• 수분을 잘 흡수(친수성)하여 습도의 증가에 따라 흡착용량이 감소된다.

06 ACGIH에서는 독성자료가 부족하여 TLV-STEL이 설정되어 있지 않는 물질에 대해서 TLV-TWA 외에 적절한 단시간 상한치를 적용하고 있다. 노출농도와 노출시간 규정사항 2가지를 적으시오.

① TLV-TWA농도의 3배인 경우 30분 이하로 노출
② TLV-TWA농도의 5배인 경우 잠시라도 노출되어서는 안 된다.

07 송풍기의 배기 시에(공기를 불어줄 때) 유속이 10%로 감소되는 거리를 덕트의 직경으로 설명하시오.

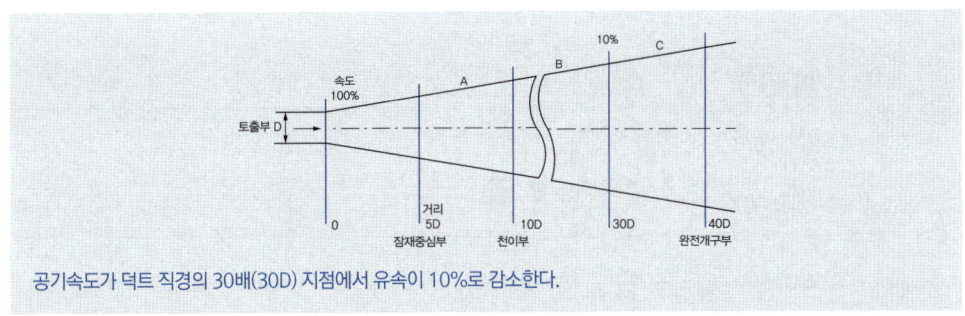

공기속도가 덕트 직경의 30배(30D) 지점에서 유속이 10%로 감소한다.

★참고
공기를 흡인할 때는 기류의 방향과 관계없이 덕트 직경과 같은 거리에서 10%로 감소한다.

08 작업공정 중에 소음을 90dB에서 4시간, 105dB에서 2시간 작업하였다. 소음 노출지수를 계산하시오.

1. 노출지수

$$EI = \frac{C_1}{T_1} + \frac{C_2}{T_2} + \cdots + \frac{C_n}{T_n}$$

- C : 화학물질 각각의 측정치
- T : 화학물질 각각의 노출기준

2. 평가
- $EI > 1$: 노출기준을 초과함
- $EI < 1$: 노출기준을 초과하지 않음

3. 혼합물의 TLV-TWA

$$TLV-TWA = \frac{C_1 + C_2 + \cdots + C_n}{EI}$$

$$EI = \frac{4}{8} + \frac{2}{1} = 2.5$$

★참고
소음의 노출기준(소음변화율 : 5dB)

1일 노출시간 (hr)	소음강도 dB(A)
8	90
4	95
2	100
1	105
1/2	110
1/4	115

09 수은의 증기압이 0.025mmHg인 경우 포화농도(ppb)를 구하고 그 값을 $\mu g/m^3$으로 환산하시오. (단, 수은의 원자량 : 200.59, 21℃ 1기압 기준)

> 21℃, 1기압의 경우
> - 노출기준(mg/m^3) = $\dfrac{\text{노출기준(ppm)} \times \text{그램분자량}}{24.1}$
> - 노출기준($\mu g/m^3$) = $\dfrac{\text{노출기준(ppb)} \times \text{그램분자량}}{24.1}$

1. 포화농도(ppb) = $\dfrac{\text{물질의 증기압(mmHg)}}{\text{대기압(760mmHg)}} \times 10^9 = \dfrac{0.025}{760} \times 10^9 = 32894.74\text{(ppb)}$
2. 노출기준($\mu g/m^3$) = $\dfrac{\text{노출기준(ppb)} \times \text{그램분자량}}{24.1} = \dfrac{32894.74 \times 200.59}{24.1} = 273790.70(\mu g/m^3)$

★참고
- ppm = 10^{-6}, ppb = 10^{-9}

10 덕트의 직경이 200mm, 덕트 길이 10m, 관 내의 유속이 8m/sec일 때 압력손실을 계산하시오. (단, 관마찰계수(λ) = 0.015 − 0.001log(Re), 동점성계수 : $1.55 \times 10^{-5} m^2/sec$, 공기비중($\gamma$) : $1.2kg/m^3$이다.)

> $Re = \dfrac{\rho V d}{\mu} = \dfrac{Vd}{\nu} = \dfrac{\text{관성력}}{\text{점성력}}$
> - Re : 레이놀즈 수(무차원)
> - ρ : 유체밀도(kg/m^3)
> - d : 관경(m) (상당직경 $D = \dfrac{2ab}{a+b}$)
> - V : 유체의 유속(m/sec)
> - μ : 점성계수(kg/m · s(= 10Poise))
> - ν : 동점성계수(m^2/sec)

$\triangle P = \lambda \times \dfrac{L}{D} \times \dfrac{\gamma V^2}{2g} = 0.01 \times \dfrac{10}{0.2} \times \dfrac{1.2 \times 8^2}{2 \times 9.8} = 1.96(mmH_2O)$

- $Re = \dfrac{Vd}{\nu} = \dfrac{8 \times 0.2}{1.55 \times 10^{-5}} = 103225.81$
- 관마찰계수(λ) = 0.015 − 0.001 × log(103225.81) = 0.01

11 변동소음을 측정하여 평가하는 등가소음도(등가소음레벨)의 공식을 적고 구성요소를 설명하시오.

> **등가소음도**
>
> $$L_{eq} = 16.61 \log \frac{n_1 \times 10^{\frac{L_{A1}}{16.61}} + \cdots + n_n \times 10^{\frac{L_{An}}{16.61}}}{\text{각 소음레벨 측정치의 발생시간 합}}$$
>
> - L_{eq} : 등가소음레벨[dB(A)]
> - L_A : 각 소음레벨의 측정치[dB(A)]
> - n : 각 소음레벨 측정치의 발생시간(분)

12 어느 작업장의 내부온도가 32℃, 작업장 내의 열부하량이 250,000kcal/hr이며 외기의 온도가 25℃이다. 이 작업장의 전체 환기를 위한 필요 환기량(m³/hr)을 계산하시오.

> **발열 시 필요 환기량**
>
> $$Q = \frac{H_s}{0.3 \Delta t} \, (m^3/hr)$$
>
> - Δt : 급배기(실내, 외)의 온도차(℃)
> - H_s : 작업장내 열부하량(kcal/hr)
> - 0.3 : 정압비열(kcal/m³℃)
>
> $$Q = \frac{H_s}{0.3 \Delta t} = \frac{250,000}{0.3 \times (32-25)} = 119047.62 \, (m^3/hr)$$

13 후드의 형식 중 [보기]에서 설명하는 후드의 명칭을 적으시오.

> [보기]
> ① 외부기류(난기류)의 영향을 받지 않아 국소배기장치의 후드 중 효율이 가장 높다.
> ② 필요환기량을 최소한으로 줄일 수 있어 경제적이며 효율적이다.
> ③ 고농도 분진의 비산, 유기용제, 맹독성물질 등을 취급하는 작업장에 적합하다.

포위식 후드

14 온도 170℃, 압력 550mmHg 상태인 관내로 50m³/min의 유량이 흐르고 있다. 0℃, 1atm에서의 유량(m³/min)을 계산하시오.

170℃(t_1) 550mmHg(P_1)에서의 유량 50(m³/min)을 0℃(t_2) 1atm(760mmHg)(P_2)로 보정

$$Q_2 = Q_1 \times \frac{(273+t_2)(P_1)}{(273+t_1)(P_2)}$$

$$= 50 \times \frac{(273+0) \times 550}{(273+170) \times 760} = 22.30 \text{(m}^3/\text{min)}$$

(1atm = 1기압 = 760mmHg)

* 참고
보일-샤를의 법칙

$$\frac{P_1 V_1}{T_1} = \frac{P_2 V_2}{T_2}$$

$$V_2 = V_1 \times \frac{T_2 P_1}{T_1 P_2}$$

15 고열 발생원 주변에 리시버식 캐노피형 후드를 설치하였다. 열상승 기류량이 30m³/min, 유도기류량이 60m³/min인 경우 누입한계유량비를 계산하시오.

$$Q_T = Q_1 + Q_2 = Q_1 \times (1 + \frac{Q_2}{Q_1}) = Q_1 \times (1 + K_L)$$

- Q_T : 필요송풍량(m³/min)
- Q_1 : 열상승기류량(m³/min)
- Q_2 : 유도기류량(m³/min)
- K_L : 누입한계유량비($= \frac{Q_2}{Q_1}$)

$$K_L = \frac{Q_2}{Q_1} = \frac{60}{30} = 2$$

16 송풍기의 회전수와 송풍량, 풍압(정압), 동력(축 동력)의 관계를 설명하시오.

① 풍량은 송풍기의 회전수에 비례한다.
② 풍압(정압)은 송풍기 회전수의 제곱에 비례한다.
③ 동력(축 동력)은 송풍기 회전수의 세제곱에 비례한다.

★ 참고

1. $Q_2 = Q_1 \left(\dfrac{D_2}{D_1}\right)^3 \left(\dfrac{N_2}{N_1}\right)$

2. $P_2 = P_1 \left(\dfrac{D_2}{D_1}\right)^2 \left(\dfrac{N_2}{N_1}\right)^2 \left(\dfrac{\rho_2}{\rho_1}\right)$

3. $HP_2 = HP_1 \left(\dfrac{D_2}{D_1}\right)^5 \left(\dfrac{N_2}{N_1}\right)^3 \left(\dfrac{\rho_2}{\rho_1}\right)$

- Q_1 : 회전 수 변경 전 풍량(m³/min)
- Q_2 : 회전 수 변경 후 풍량(m³/min)
- N_1 : 변경 전 회전수(rpm)
- N_2 : 변경 후 회전수(rpm)
- P_1 : 변경 전 정압(mmH$_2$O)
- P_2 : 변경 후 정압(mmH$_2$O)
- HP_1 : 변경 전 동력(kW)
- HP_2 : 변경 후 동력(kW)

17 다음에서 제시하는 물질에 적합한 시료채취방법 및 분석방법을 적으시오.

(1) 호흡성분진
(2) 입자상물질(석면, 광물성분진 및 용접 흄을 제외)
(3) 용접 흄
(4) 석면

(1) • 시료채취방법 : 여과채취방법
    • 분석방법 : 중량분석방법
(2) • 시료채취방법 : 여과채취방법
    • 분석방법 : 중량분석방법
(3) • 시료채취방법 : 여과채취방법
    • 분석방법 : 중량분석방법, 원자흡광광도계, 유도결합프라스마
(4) • 시료채취방법 : 여과채취방법
    • 분석방법 : 계수방법

* 참고
① 호흡성분진은 호흡성분진용 분립장치 또는 호흡성분진을 채취할 수 있는 기기를 이용한 여과채취방법으로 측정할 것
② 입자상 물질은 여과채취방법으로 측정한 후 중량분석방법이나 유해물질 종류에 따른 적합한 방법으로 분석할 것
③ 용접 흄은 여과채취방법으로 측정하되 용접보안면을 착용한 경우에는 그 내부에서 시료를 채취하고 중량분석방법과 원자흡광광도계 또는 유도결합프라스마를 이용한 방법으로 분석할 것
④ 석면의 농도는 여과채취방법으로 측정하고 계수방법 또는 이와 동등 이상의 분석방법으로 분석할 것

2016년 3회 과년도기출문제

01 세정식 집진장치의 분진포집 원리 4가지를 적으시오.

① 미립자 확산에 의한 입자간 응집
② 배기가스의 증습에 의한 입자간 응집
③ 액막, 기포에 입자가 접촉하여 부착
④ 액적에 입자가 충돌하여 부착

★ 참고
1. 세정식 집진장치
   함진가스를 액적, 액막, 기포 등으로 세정하여 입자 간의 응집을 촉진 시키거나 입자를 부착하여 제거하는 장치를 말한다.
2. 세정식 집진장치의 분진포집 기전
   ① 관성충돌
   ② 직접흡수
   ③ 확산
   ④ 응집

02 가스상 물질의 측정방법 중 검지관을 사용하여 측정할 경우 측정위치 3가지를 적으시오.

① 해당 작업근로자의 호흡기
② 가스상 물질 발생원에 근접한 위치
③ 근로자 작업행동 범위의 주 작업 위치에서의 근로자 호흡기 높이

03 전체 환기를 실시하는 목적 3가지를 적으시오.

① 작업장 전체를 환기시키는 방식으로 공기를 희석하여 유해인자의 농도를 낮춘다.
② 유해물질의 농도를 감소시켜 건강을 유지·증진한다.
③ 화재나 폭발을 예방한다.
④ 실내의 온도와 습도를 조절한다.

04 자연환기와 비교하여 강제환기(기계 환기)의 장점 및 단점을 2가지씩 적으시오.

　(1) 장점
　(2) 단점

> (1) ① 작업환경을 일정하게 유지할 수 있다.
> 　　② 환기량의 정확한 예측이 가능하다.
> (2) ① 소음·진동이 발생한다.
> 　　② 운전에 따른 에너지 비용이 소요된다.

05 인체의 열교환을 나타내는 열평형 방정식을 적고 각 요소를 설명하시오.

> S(열 축적) = M(대사 열) − E(증발) ± R(복사) ± C(대류) − W(한 일)

06 지하철 송풍기의 입구 측의 정압은 15mmH$_2$O, 배출구의 정압은 65mmH$_2$O, 유속은 300m/min이다. 송풍기의 정압(mmH$_2$O)을 계산하시오. (단, 온도 21℃, 공기 밀도는 1.21kg/m³이다.)

> $FSP = (SP_{out} - SP_{in}) - VP_{in}$
> - FTP : 송풍기 전압
> - VP_{in} : 흡입구 동압
> - SP_{in} : 흡입구 정압
> - SP_{out} : 배출구 정압
>
> $FSP = (65 - 15) - 1.54 = 48.46(mmH_2O)$
>
> $\left[VP_{in} = \dfrac{\gamma V^2}{2g} = \dfrac{1.21 \times (\dfrac{300}{60})^2}{2 \times 9.8} = 1.54(mmH_2O) \right.$
>
> $\left. (300m/min = \dfrac{300m}{60sec}) \right]$

07 집진율이 각각 45%, 55%, 63%, 75%인 4개의 집진장치가 직렬연결 되어 있다. 초기농도가 2500mg/m³인 분진이 4개의 집진장치를 통과한 후의 최종농도(mg/m³)를 계산하시오.

> **집진장치가 3개 이상일 경우의 총 집진율**
>
> 총집진율(η_T) = 1 − [(1 − η_1)(1 − η_2)(1 − η_3) ...]
> - η_1 : 첫번째 집진장치 집진율(%)
> - η_2 : 두번째 집진장치 집진율(%)
> - η_3 : 세번째 집진장치 집진율(%)
>
> 1. 총집진율(η_T) = 1 − [(1 − 0.45)(1 − 0.55)(1 − 0.63)(1 − 0.75)] = 0.9771 × 100 = 97.71(%)
> 2. 최종농도 = 2500 × (1 − 0.9771) = 57.25(mg/m³)

08 21℃, 1기압의 어느 작업장에서 톨루엔을 1.2kg/hr 사용하고 있다. 해당 작업장에 전체 환기시설을 설치하는 경우 필요 환기량(m³/min)을 계산하시오. (단, 톨루엔의 분자량 92, TLV 50ppm, 비중 0.87, 안전계수 3이다.)

> $Q = \dfrac{24.45 \times kg/h \times K \times 10^6}{MW \times TLV}$ (m³/hr) ÷ 60 = (m³/min)
>
> - K : 안전계수
> - MW : 물질의 분자량
> - kg/hr : 시간당 오염물질 발생량($l/hr \times S$(비중))
> - TLV : 노출기준(ppm)
> - 24.45 : 25℃, 1기압에서 공기의 비중(21℃, 1기압일 경우 24.1)

$Q = \dfrac{24.1 \times kg/h \times K \times 10^6}{MW \times TLV} ÷ 60 = \dfrac{24.1 \times 1.2 \times 3 \times 10^6}{92 \times 50} ÷ 60 = 314.35$(m³/min)

09 산업안전보건법에 의한 작업장의 적정공기 수준을 적으시오.

> ① 산소농도의 범위가 18% 이상 23.5% 미만
> ② 탄산가스의 농도가 1.5% 미만
> ③ 일산화탄소의 농도가 30ppm 미만
> ④ 황화수소의 농도가 10ppm 미만인 공기

10 작업 중에 유해물질(TLV-TWA : 65ppm)을 1일 9시간 취급하고 있다. Brief and Scala의 보정법을 적용하여 보정된 허용기준을 계산하시오.

> **Brief와 Scala의 보정방법**
>
> 1. $RF = \left(\dfrac{8}{H}\right) \times \dfrac{24-H}{16}$
> 2. [일주일 ; $RF = \left(\dfrac{40}{H}\right) \times \dfrac{168-H}{128}$]
> 3. 보정된 노출기준 = RF × 노출기준(허용농도)
>   - H : 비정상적인 작업시간(노출시간/일 ; 노출시간/주)
>   - 16 : 휴식시간 의미(128 ; 일주일 휴식시간 의미)
>
> 1. $RF = \left(\dfrac{8}{H}\right) \times \dfrac{24-H}{16} = \left(\dfrac{8}{9}\right) \times \dfrac{24-9}{16} = 0.83$
> 2. 보정된 노출기준 = RF × 허용농도 = 0.83 × 65 = 53.95(ppm)

11 200명이 근무하는 어느 사무실의 체적이 2,000m³이다. 실내 CO_2농도는 0.1%이며 외기 중의 CO_2농도는 0.02%일 경우 사무실의 시간당 공기교환횟수를 계산하시오. (단, 1인당 CO_2 배출량은 21L/hr를 기준으로 한다.)

> 1. $ACH = \dfrac{\text{실내 환기량(m}^3\text{/min)}}{\text{실내 체적(m}^3\text{)}} \times 60$
> 2. $ACH = \dfrac{\text{실내 환기량(m}^3\text{/hr)}}{\text{실내 체적(m}^3\text{)}}$
>
> $ACH = \dfrac{\text{실내 환기량}(Q)}{\text{실내 체적(m}^3\text{)}} = \dfrac{5{,}250}{2{,}000} = 2.63$(회 또는 회/hr)
>
> $\left[Q = \dfrac{G}{C_s - C_0} \times 100 = \dfrac{(21 \times 10^{-3}\text{m}^3\text{/hr}) \times 200\text{인}}{(0.1-0.02)\%} \times 10^2 = 5{,}250(\text{m}^3\text{/hr}) \right]$

12 작업환경 측정 방법 중 개인시료 채취의 정의를 적고 개인시료 채취시의 측정위치를 적으시오.

(1) 개인시료 채취의 정의
(2) 측정위치

> (1) 개인시료 채취기를 이용하여 가스·증기·분진·흄(fume)·미스트(mist) 등을 근로자의 호흡위치에서 채취하는 것을 말한다.
> (2) 호흡기를 중심으로 반경 30cm인 반구

13 비중이 5.4g/cm³, 입경이 1.2μm인 산화 흄의 침강속도(cm/sec)를 계산하시오.

> Lippman식에 의한 침강속도(입자크기가 1~50μm 경우 적용)
>
> $V(\text{cm/sec}) = 0.003 \times \rho \times d^2$
>
> - V : 침강속도(cm/sec)
> - ρ : 입자 밀도(비중)(g/cm³)
> - d : 입자직경(μm)
>
> $V(\text{cm/sec}) = 0.003 \times \rho \times d^2 = 0.003 \times 5.4 \times 1.2^2 = 0.02(\text{cm/sec})$

14 실내오염의 원인 중 생물학적 요인 5가지를 적으시오.

① 바이러스
② 곰팡이
③ 세균
④ 꽃가루
⑤ 진드기

15 원형 확대관의 입구 측의 정압은 −25mmH$_2$O, 입구 측의 속도압은 30mmH$_2$O, 확대 후의 출구 측의 속도압은 15mmH$_2$O이었다.

(1) 압력손실(mmH$_2$O)을 계산하시오.
(2) 확대관의 압력손실계수가 0.12인 경우 확대 측의 정압(mmH$_2$O)을 계산하시오.

1. 압력손실($\triangle P$) = $\xi \times (VP_1 - VP_2)$
   - VP_1 : 확대 전의 속도압(mmH$_2$O)
   - VP_2 : 확대 후의 속도압(mmH$_2$O)
   - ξ : 압력손실계수
2. 확대측 정압(SP_2) = $SP_1 + R \times (VP_1 - VP_2)$
   - SP_1 : 확대 전의 정압(mmH$_2$O)
   - SP_2 : 확대 후의 정압(mmH$_2$O)
   - VP_1 : 확대 전의 속도압(mmH$_2$O)
   - VP_2 : 확대 후의 속도압(mmH$_2$O)
   - ξ : 압력손실계수
   정압회복계수(R) = $1 - \xi$

(1) 압력손실($\triangle P$) = $0.12 \times (30 - 15)$ = 1.80(mmH$_2$O)
(2) 확대측 정압(SP_2) = $-25 + 0.88 \times (30 - 15)$ = −11.80(mmH$_2$O)
   ($R = 1 - \xi = 1 - 0.12 = 0.88$)

16 태양광선이 내리쬐지 않는 옥외작업장의 건구온도가 35℃이고, 자연습구온도가 32℃이며 흑구온도가 40℃인 경우 (1) 습구흑구온도지수(WBGT)를 계산하시오. (2) 작업강도가 중등작업으로 연속작업을 하는 경우 고열에 대한 노출기준 초과 여부를 판정하시오.

습구흑구온도지수(WBGT)의 산출
1. 옥외(태양광선이 내리쬐는 장소)
   WBGT(℃) = 0.7 × 자연습구온도 + 0.2 × 흑구온도 + 0.1 × 건구온도
2. 옥내 또는 옥외(태양광선이 내리쬐지 않는 장소)
   WBGT(℃) = 0.7 × 자연습구온도 + 0.3 × 흑구온도

(1) WBGT(℃) = 0.7 × 자연습구온도 + 0.3 × 흑구온도 = 0.7 × 32 + 0.3 × 40 = 34.40(℃)
(2) 중등작업으로 연속작업인 경우의 노출기준 26.7℃보다 WBGT(34.40℃)가 높으므로 노출기준을 초과하였다.

★참고
고열작업장의 노출기준(WBGT, ℃)

시간당 작업과 휴식비율	작업 강도		
	경작업	중등작업	중(힘든)작업
연속 작업	30.0	26.7	25.0
75% 작업, 25% 휴식 (45분 작업, 15분 휴식)	30.6	28.0	25.9
50% 작업, 50% 휴식 (30분 작업, 30분 휴식)	31.4	29.4	27.9
25% 작업, 75% 휴식 (15분 작업, 45분 휴식)	32.2	31.1	30.0

17 실내에 환기시설을 설치하는 일반적인 목적 3가지를 적으시오.

① 실내 오염물질 배출
② 먼지 제거(제진)
③ 온도 및 습도 조절

18 [보기]의 작업장 조건을 참고하여 물음에 답하시오.

- 급기량 : 7800m³/hr
- 배기량 : 9000m³/hr

(1) 작업장의 압력상태를 설명하시오.
(2) 현 작업장 압력상태에서 우려되는 문제점을 3가지 적으시오.

> (1) 급기 < 배기이므로 실내는 음압(-압력)상태이다.
> (2) ① 오염된 외부공기가 유입될 수 있다.
>   ② 실내의 오염물질 배출 효율이 떨어질 수 있다.
>   ③ 실내에 방해기류가 생길 수 있다.
>   ④ 안전사고가 발생할 수 있다.

2017년 1회 과년도기출문제

01 임핀저, 버블러 등의 흡수용액을 이용하여 시료를 포집(액체포집방법)할 때 흡수효율을 높이는 방법 3가지를 적으시오.

① 포집용액의 온도를 낮추어 오염물질의 휘발성을 제한한다.
② 흡수액의 양을 늘린다.
③ 두 개 이상의 버블러를 직렬 연결한다.
④ 시료채취속도를 낮춘다.(기포의 체류시간을 길게 한다.)
⑤ 가는 구멍이 많은 Fritted 버블러 등 채취효율이 좋은 기구를 사용한다.(기포와 액체의 접촉면적을 크게 한다.)
⑥ 액체의 교반을 강하게 한다.
⑦ 시료채취 유량을 낮춘다.

02 장방형 직관 덕트의 세로 300mm, 가로 650mm이며, 풍량 250m³/min이 흐르고 있다. 덕트의 길이가 4m, 관마찰계수 0.02, 공기밀도가 1.2kg/m³인 경우 덕트의 압력손실(mmH₂O)을 계산하시오.

압력손실($\triangle P$) = $F \times VP = \lambda \times \dfrac{L}{D} \times \dfrac{\gamma V^2}{2g}$ (mmH₂O)

1. F(압력손실계수) = $\lambda \times \dfrac{L}{D}$
   - λ : 관마찰계수($4f, f$: 마찰계수)
   - D : 덕트 직경(m)(원형관일 경우) (장방형 덕트일 경우 : 상당직경(등가직경) = $\dfrac{2ab}{a+b}$)
   - L : 덕트 길이(m)

2. $Q = 60 \times A \times V$
   - Q : 유체의 유량(m³/min)
   - A : 유체가 통과하는 단면적(m²)
   - V : 유체의 유속(m/sec)

$$\triangle P = \lambda \times \frac{L}{D} \times \frac{\gamma V^2}{2g} = 0.02 \times \frac{4}{0.41} \times \frac{1.2 \times 21.37^2}{2 \times 9.8} = 5.46(mmH_2O)$$

- D(상당직경) $= \frac{2ab}{a+b} = \frac{2 \times 0.3 \times 0.65}{0.3 + 0.65} = 0.41$
- $Q = 60 \times A \times V$

$$V = \frac{Q}{60 \times A} = \frac{250}{60 \times 0.3 \times 0.65} = 21.37(m/sec)$$

03 음압실효치가 20μbar일 때 음압레벨(dB)을 계산하시오.

$$SPL(dB) = 20 \times \log\left(\frac{P}{P_o}\right)$$

- SPL : 음압수준(음압도, 음압레벨) (dB)
- P : 대상음의 음압(음압 실효치) (N/m^2)
- P_o : 기준음압 실효치 (2×10^{-5}N/m^2, 2×10^{-4}dyne/cm^2)

$$SPL = 20 \times \log\left(\frac{P}{P_o}\right) = 20 \times \log\left(\frac{20 \times 10^{-1}\text{N/m}^2}{2 \times 10^{-5}\text{N/m}^2}\right) = 100(dB)$$

- 1바(bar) = 10^5Pa(= N/m^2) = 10^6dyne/cm^2
- 1마이크로바(bar) = 10^{-6}bar = 10^{-1}Pa(= N/m^2) = 1dyne/cm^2

04 「화학물질 및 물리적 인자의 노출기준」고시에서 정하는 작업환경 측정에 관한 내용이다. 물음에 답하시오.

(1) 시간가중평균기준(TWA)이 설정되어 있는 대상물질을 측정하는 경우의 작업환경 측정 시간을 설명하시오. (단, 대상물질의 발생시간 동안 측정하는 경우 제외)
(2) 시료채취방법을 설명하시오. (단, 지역 시료채취 방법으로 측정하는 경우 제외)
(3) 동일 작업 근로자수가 10명인 경우 시료채취 근로자수를 적고, 산출근거를 설명시오.

> (1) 1일 작업시간동안 6시간 이상 연속 측정하거나 작업시간을 등간격으로 나누어 6시간 이상 연속 분리하여 측정하여야 한다.
> (2) 단위작업 장소에서 최고 노출근로자 2명 이상에 대하여 동시에 개인 시료채취 방법으로 측정한다.
> (3) • 시료채취 근로자수 : 2명
>   • 산출근거 : 동일 작업근로자수가 10명을 초과하는 경우에는 매 5명당 1명 이상 추가하여 측정하여야 한다.

> ★참고
> 1. 동일 작업근로자수가 100명을 초과하는 경우에는 최대 시료채취 근로자수를 20명으로 조정할 수 있다.
> 2. 지역 시료채취 방법으로 측정을 하는 경우 단위작업장소 내에서 2개 이상의 지점에 대하여 동시에 측정하여야 한다.
>   다만, 단위작업 장소의 넓이가 50평방미터 이상인 경우에는 매 30평방미터마다 1개 지점 이상을 추가로 측정하여야 한다.

05 전체 환기를 실시하는 목적 3가지를 적으시오.

> ① 작업장 전체를 환기시키는 방식으로 공기를 희석하여 유해인자의 농도를 낮춘다.
> ② 유해물질의 농도를 감소시켜 건강을 유지 · 증진한다.
> ③ 화재나 폭발을 예방한다.
> ④ 실내의 온도와 습도를 조절한다.

06 유해물질(TLV = 190ppm)이 존재하는 작업환경에서 작업시간이 1일 10시간일 경우 보정된 허용농도를 계산하시오. (단, Brief와 Scala의 보정방법을 적용한다.)

> **Brief와 Scala의 보정방법**
> 1. $RF = \left(\dfrac{8}{H}\right) \times \dfrac{24-H}{16}$
> 2. [일주일 ; $RF = \left(\dfrac{40}{H}\right) \times \dfrac{168-H}{128}$]
> 3. 보정된 노출기준 = RF × 노출기준(허용농도)
>   - H : 비정상적인 작업시간(노출시간/일) ; 노출시간/주
>   - 16 : 휴식시간 의미(128 ; 일주일 휴식시간 의미)

1. $RF = \left(\dfrac{8}{H}\right) \times \dfrac{24-H}{16} = \left(\dfrac{8}{10}\right) \times \dfrac{24-10}{16} = 0.7$
2. 보정된 노출기준 = RF × 허용농도 = 0.7 × 190 = 133(ppm)

07 검지관으로 측정 가능한 유해물질의 농도범위가 AL(감시기준) ~ PEL(노출 허용기준)인 경우 검지관의 정확도를 적으시오.

±35%

> ★참고
> 검지관의 정확도
> - PEL(노출 허용기준) 이상 : ± 25%
> - AL(감시기준) 초과 PEL(노출 허용기준) 미만 : ± 35%
> - AL(감시기준) 이하 : ± 50%

08 자유공간에 위치한 음향출력이 1watt인 무지향성 점음원으로 부터 20m 떨어진 곳의 음압수준은 약 얼마인지 계산하시오.

무지향성 점음원

1. 자유공간(공중, 구면파)에 위치할 때
   $SPL = PWL - 20\log r - 11 (\text{dB})$
2. 반자유공간(바닥, 벽, 천장, 반구면파)에 위치할 때
   $SPL = PWL - 20\log r - 8 (\text{dB})$
   - r : 소음원으로 부터의 거리(m)

$SPL = PWL - 20\log r - 11 = 120 - 20 \times \log 20 - 11 = 82.98 (\text{dB})$

$\left[PWL = 10\log\left(\dfrac{W}{W_o}\right) = 10 \times \log\dfrac{1}{10^{-12}} = 120 (\text{dB}) \right]$

09 국소배기장치 성능시험 시 필수장비 4가지를 적으시오.

① 발연관(연기발생기 ; smoke tester)
② 청음기 또는 청음봉
③ 절연저항계
④ 표면온도계 및 초자온도계
⑤ 줄자

10 어느 작업장의 내부온도가 25℃, 작업장 내의 열부하량이 300,000kcal/hr이며 외기의 온도가 15℃이다. 이 작업장의 전체 환기를 위한 필요 환기량(m³/min)을 계산하시오.

발열 시 필요 환기량

$Q = \dfrac{H_s}{0.3 \triangle t} (\text{m}^3/\text{hr})$

- $\triangle t$: 급배기(실내, 외)의 온도차(℃)
- H_s : 작업장내 열부하량(kcal/hr)
- 0.3 : 정압비열(kcal/m³℃)

$Q = \dfrac{H_s}{0.3 \triangle t} = \dfrac{300,000}{0.3 \times (25-15)} = 100,000 (\text{m}^3/\text{hr}) \div 60 = 1,666.67 (\text{m}^3/\text{min})$

11 송풍기의 정압을 계산하는 공식을 설명하시오.

> **송풍기 정압(FSP)**
>
> $FSP = FTP - VP_{out}$
> $\quad\quad = (SP_{out} - SP_{in}) + (VP_{out} - VP_{in}) - VP_{out}$
> $\quad\quad = (SP_{out} - SP_{in}) - VP_{in}$
> $\quad\quad = (SP_{out} - TP_{in})$
>
> - FSP : 송풍기 전압
> - VP_{in} : 흡입구 동압
> - VP_{out} : 배출구 동압
> - SP_{in} : 흡입구 정압
> - SP_{out} : 배출구 정압
> - TP_{in} : 흡입구 전압

12 VDT작업(영상표시단말기 취급작업)의 올바른 자세에 관한 다음 물음에 답하시오.

(1) 화면과 근로자의 눈과의 거리(시거리)
(2) 팔꿈치의 내각

> (1) 40센티미터 이상
> (2) 90도 이상

> ★ 참고
> (1) 영상표시단말기 취급근로자의 시선은 화면상단과 눈높이가 일치할 정도로 하고 작업 화면상의 시야는 수평선상으로부터 아래로 10도 이상 15도 이하에 오도록 하며 화면과 근로자의 눈과의 거리(시거리 : Eye-Screen Distance)는 40센티미터 이상을 확보할 것
> (2) 위팔(Upper Arm)은 자연스럽게 늘어뜨리고, 작업자의 어깨가 들리지 않아야 하며, 팔꿈치의 내각은 90도 이상이 되어야 하고, 아래팔(Forearm)은 손등과 수평을 유지하여 키보드를 조작할 것, 아래팔은 손등과 일직선을 유지하여 손목이 꺾이지 않도록 한다.

13 ACGIH(미국정부산업위생전문가 협의회)의 허용 농도(TLV) 적용시의 주의 사항 4가지를 적으시오.

① 대기오염평가 및 지표(관리)에 적용할 수 없다.
② 24시간 노출 또는 정상 작업시간을 초과한 노출에 대한 독성 평가에는 적용할 수 없다.
③ 기존의 질병이나 신체적 조건을 판단(증명 또는 반응자료)하기 위한 척도로 사용될 수 없다.
④ 작업조건이 다른 나라에서 ACGIH-TLV를 그대로 사용할 수 없다.
⑤ 안전농도와 위험농도를 정확히 구분하는 경계선이 아니다.
⑥ 독성의 강도를 비교할 수 있는 지표는 아니다.
⑦ 반드시 산업보건(위생) 전문가에 의하여 설명(해석), 적용되어야 한다.
⑧ 피부로 흡수되는 양은 고려하지 않은 기준이다.
⑨ 산업장의 유해조건을 평가하기 위한 지침이며 건강장해를 예방하기 위한 지침이다.

암기법

1. 대기오염, 정상작업 초과, 질병 판단에 사용×
2. 안전·위험농도 구분, 독성강도 비교 ×
3. 산업보건전문가에 의해 적용

14 0℃, 2기압 조건에서 어떤 가스의 부피가 100m³일 경우 293K, 680mmHg 조건에서의 해당 가스의 부피(m³)를 계산하시오.

부피의 온도, 압력보정

$$V_2 = V_1 \times \frac{T_2 P_1}{T_1 P_2} = V_1 \times \frac{(273 + t_2) P_1}{(273 + t_1) P_2}$$

- V_1 : 처음 부피(보정 전 부피), V_2 : 나중 부피(보정 후 부피)
- $T_1(K)$: 처음 온도$(273 + t_1)$, $T_2(K)$: 나중 온도$(273 + t_2)$
- P_1 : 처음 압력, P_2 : 나중 압력

0℃(t_1), 2기압$(2 \times 760 mmHg)(P_1)$에서의 부피 100m³를 293K(t_2), (680mmHg)(P_2)로 보정

$$V_2 = V_1 \times \frac{(273 + t_2)(P_1)}{(273 + t_1)(P_2)} = 100 \times \frac{293 \times (2 \times 760)}{(273 + 0) \times 680} = 239.91 (m^3)$$

(1기압 = 760mmH₂O)

★참고
보일-샤를의 법칙

$$\frac{P_1 V_1}{T_1} = \frac{P_2 V_2}{T_2}$$

$$T_1 P_2 V_2 = T_2 P_1 V_1$$

$$V_2 = V_1 \times \frac{T_2 P_1}{T_1 P_2}$$

15 화재 및 폭발방지를 위한 전체환기량 계산 시에 적용하는 안전계수(C)와 폭발하한계(LEL)의 관계를 설명하시오.

> 작업장의 농도를 폭발하한계(LEL)의 25%로 유지할 경우 안전계수(C)는 4를 적용한다.

16 소음계와 누적소음노출량측정기(소음 노출량계)를 설명하시오.

(1) 소음계
(2) 누적소음 노출량 측정기

> (1) 주파수에 따른 사람의 느낌을 감안하여 A, B, C의 세 가지 특성에서 음압을 측정할 수 있도록 보정되어 있는 기기를 말한다.
> (2) 작업자가 여러 작업장소를 이동하면서 작업하는 경우, 근로자에게 직접 부착하여 작업시간(8시간) 동안 작업자가 노출되는 소음 노출량을 측정하는 기기를 말한다.

> ★ 참고
> 지시소음계
> 소음계의 일종으로서, 마이크로폰으로 수용한 소음을 증폭하여 계기에 직접 폰 또는 데시벨 눈금으로 지시하는 소음계를 말한다.

17 전체 환기량 계산 시에 적용하는 안전여유계수(여유계수 : K)를 유해물질의 TLV(독성)를 고려하여 결정하는 경우 독성이 강한 물질의 TLV 기준을 적으시오.

> TLV ≤ 100ppm

> ★ 참고
> • 독성이 약한 물질 : TLV ≥ 500ppm
> • 독성이 중간인 물질 : 100ppm < TLV < 500ppm
> • **독**성이 강한 물실 : TLV ≤ 100ppm

18 국소배기장치의 점검항목 중 송풍관(duct)의 점검항목 4가지를 적으시오.

① 표면상태 : 덕트 내·외면의 파손, 변형 등으로 인한 설계압력 증가 또는 파손 부분 등에서의 공기 유입, 누출이 없고 이상음, 이상 진동이 없을 것
② 덕트 내면상태 : 분진 등의 퇴적으로 인한 이상 음, 이상 진동이 없을 것
③ 접속부 : 플랜지의 결합볼트, 너트, 패킹에 손상이 없을 것
④ 댐퍼 : 댐퍼가 손상되지 않고 정상적으로 작동될 것

2017년 2회 과년도기출문제

01 작업환경측정의 예비조사에서 작성하는 측정계획서에 포함하여야 하는 내용 3가지를 적으시오.

① 원재료의 투입과정부터 최종 제품 생산 공정까지의 주요공정 도식
② 해당 공정별 작업내용 및 화학물질 사용실태, 그 밖에 작업방법·운전조건 등을 고려한 유해인자 노출 가능성
③ 측정대상 공정, 측정대상 유해인자 및 발생주기, 측정 대상 공정의 종사 근로자 현황
④ 유해인자별 측정방법 및 측정 소요기간 등 작업환경측정에 필요한 사항

02 송풍기의 송풍량이 200m³/min, 흡입관의 정압이 −80mmH$_2$O, 배출관의 정압이 25mmH$_2$O, 흡입관과 배출관의 속도압이 10mmH$_2$O일 때 송풍기의 소요동력(kW)을 계산하시오. (단, 송풍기 효율은 70%, 여유율은 1.2이다.)

1. 송풍기 정압(FSP)

$$FSP = FTP - VP_{out}$$
$$= (SP_{out} - SP_{in}) + (VP_{out} - VP_{in}) - VP_{out}$$
$$= (SP_{out} - SP_{in}) - VP_{in}$$
$$= (SP_{out} - TP_{in})$$

2. 송풍기의 소요동력

$$HP(kW) = \frac{Q \times P}{6120 \times \eta} \times K$$

- Q : 송풍량(m³/min)
- P : 유효전압(풍압)(mmH$_2$O)
- η : 송풍기 효율
- K : 안전여유

1. 송풍기의 정압(FSP)
   $FTP - (SP_{out} - SP_{in}) - VP_{in} = [25 - (-80)] - 10 = 95(\text{mmH}_2\text{O})$
2. 송풍기의 소요동력
   $HP = \dfrac{200 \times 95}{6120 \times 0.7} \times 1.2 = 5.32(\text{kW})$

03 다음에서 제시하는 물질의 생물학적 노출지표물질과 시료채취 시기를 적으시오.

(1) 톨루엔
(2) 벤젠
(3) 아세톤
(4) 일산화탄소
(5) 크롬

화학물질	생물학적 노출지표물질(체내대사산물)	시료채취 시기
톨루엔	혈액. 호기의 톨루엔, 소변 중 o-크레졸(오르소-크레졸)	작업종료 시
벤젠	소변 중 페놀, 소변 중 t,t-뮤코닉산(t,t-Muconic acid)	작업종료 시
아세톤	소변 중 아세톤	작업종료 시
일산화탄소	호기 중 일산화탄소, 혈 중 카르복시헤모글로빈	작업종료 후 15분 이내
크롬	소변 중 크롬	4~5일간 연속작업 종료 2시간 전~작업직후

04 21℃, 1atm에서의 공기밀도는 1.2kg/m³이다. 온도가 30℃, 압력이 740mmHg일 경우 밀도보정계수를 계산하시오.

1. 밀도보정계수 $= \dfrac{(273+t_1)(P_2)}{(273+t_2)(P_1)}$

2. 보정 후의 밀도 = 보정 전의 밀도 × 밀도보정계수 = 보정 전의 밀도 $\times \dfrac{(273+t_1)(P_2)}{(273+t_2)(P_1)}$

   - t_1, P_1 : 처음 온도, 처음 압력
   - t_2, P_2 : 나중 온도, 나중 압력

21℃(t_1) 1atm(760mmHg)(P_1)에서의 밀도 1.2(kg/m³)를 30℃(t_2), 740mmHg(P_2)로 보정

밀도보정계수 $= \dfrac{(273+21)(740)}{(273+30)(760)} = 0.94$

(1atm = 1기압 = 760mmHg)

* 참고
보정된 밀도
$1.2 \times \dfrac{(273+21)\times 740}{(273+30)\times 760} = 1.13(kg/m^3)$

05 재순환공기의 CO_2 농도는 650ppm이고, 급기의 CO_2농도는 450ppm일 때 급기 중의 외부공기 포함량(%)을 계산하시오. (단, 외부의 CO_2농도는 300ppm이다.)

> 급기 중 외부공기 함량
>
> $$\%Q_A = \frac{C_r - C_s}{C_r - C_0} \times 100$$
>
> - C_r : 재순환 공기 중 이산화탄소 농도
> - C_s : 급기 중 이산화탄소 농도
> - C_0 : 외부 공기 중 이산화탄소 농도(약 330ppm)
>
> $$\%Q_A = \frac{650 - 450}{650 - 300} \times 100 = 57.14(\%)$$

06 다음에서 제시하는 방사선 용어의 SI 단위를 적으시오.

(1) 방사능
(2) 조사선량
(3) 흡수선량
(4) 등가선량

> (1) 베크렐(Bq)
> (2) C/kg
> (3) 그레이(Gy)
> (4) 시버트(Sv)

07 직경 40cm, 곡률반경 80cm인 90° 원형곡관의 속도압은 20mmH$_2$O이며, 압력손실계수는 0.27이다. 이 곡관의 곡관 각을 45°로 변경했을 때의 압력손실을 계산하시오.

> 압력손실$(\triangle P) = \left(\xi \times \frac{\theta}{90°}\right) \times VP(\text{mmH}_2\text{O})$
>
> - ξ : 압력손실계수
> - θ : 곡관의 각도
> - VP : 속도압(동압)(mmH$_2$O)
>
> $$\triangle P = \left(0.27 \times \frac{45°}{90°}\right) \times 20 = 2.70(\text{mmH}_2\text{O})$$

08 작업장에서 측정한 톨루엔을 분석하기 위해서 검량선을 [보기]와 같이 구했다. 시료를 분석한 결과 면적이 32,345였고 공시료는 0이었다. 채취된 톨루엔의 농도(μg/mL)을 계산하시오..

$$Y(면적) = 78{,}723 \times 농도 + 816.2$$

$Y(면적) = 78{,}723 \times 농도(\mu g/mL) + 816.2$
$Y - 816.2 = 78{,}723 \times 농도$
$농도 = \dfrac{Y - 816.2}{78{,}723} = \dfrac{32{,}345 - 816.2}{78{,}723} = 0.40(\mu g/mL)$

09 덕트의 직경이 20cm, 덕트 내의 공기유속이 15m/sec인 경우 Reynold수를 계산하시오. (단, 점성 계수 1.85×10^{-5} kg/m·sec, 공기밀도 1.2kg/m^3)

1. $Re = \dfrac{\rho V d}{\mu} = \dfrac{Vd}{\nu} = \dfrac{관성력}{점성력}$
   - Re : 레이놀즈 수(무차원)
   - ρ : 유체밀도(kg/m^3)
   - d : 관경(m) (상당직경 $D = \dfrac{2ab}{a+b}$)
   - V : 유체의 유속(m/sec)
   - μ : 점성계수(kg/m·s(= 10Poise))
   - ν : 동점성계수(m^2/sec)

2. 레이놀즈 수에 따른 구분
   $Re < 2100$: 층류
   $2100 < Re < 4000$: 천이영역
   $Re > 4000$: 난류

$Re = \dfrac{\rho V d}{\mu} = \dfrac{1.2 \times 15 \times 0.2}{1.85 \times 10^{-5}} = 194594.59$

10 크로마토그래피 분석에 사용되는 용어 중 다음을 설명하시오.

(1) 크로마토그램
(2) 분해능

> (1) 크로마토그래피에 의해 분리되어 나오는 물질의 변화를 시간에 따라 나타낸 그래프를 말한다.
> (2) 아주 작은 차이를 분별해 낼 수 있는(얼마나 세밀한 분석을 할 수 있는지를 나타내는) 분석기기의 능력을 말한다.

11 실내 용적이 500m³인 사무실에서 30명이 근무하고 있다. CO_2의 1인당 배출량이 30L/hr일 경우 시간당 공기 교환횟수를 계산하시오. (단, CO_2의 허용농도는 0.08%, 외기 중 CO_2의 농도는 0.02%이다.)

> 시간당 공기교환 횟수(ACH)
>
> 1. $ACH = \dfrac{실내\ 환기량(m^3/hr)}{실내\ 체적(m^3)}$
>
> 2. $Q = \dfrac{G}{C_s - C_0} \times 100 (m^3/min)$
>   - G : CO_2 발생률(m^3/min)
>   - C_s : 이산화탄소의 허용농도(%)
>   - C_0 : 외부공기 중 이산화탄소의 농도(%)
>
> $ACH = \dfrac{실내\ 환기량(Q)}{실내\ 체적(m^3)} = \dfrac{1,500}{500} = 3$(회 또는 회/hr)
>
> $\left[Q = \dfrac{G}{C_s - C_0} \times 100 = \dfrac{(30 \times 10^{-3} m^3/hr) \times 30인}{(0.08 - 0.02)\%} \times 100 = 1,500(m^3/hr) \right]$

12 다음 [보기]는 「사무실 공기관리지침」의 내용이다. 괄호에 적합한 내용을 적으시오..

> 사무실 공기질의 측정결과는 측정치 전체에 대한 (①)을 오염물질별 관리기준과 비교하여 평가한다. 다만, 이산화탄소는 각 지점에서 측정한 측정치 중 (②)을 기준으로 비교 · 평가한다.

> ① 평균값
> ② 최고값

13 입자상 물질 중 섬유의 정의를 적으시오. (단, 길이 대 너비의 비를 포함하여 설명할 것)

> 길이가 5μm 이상이고 길이 대 너비의 비가 3 : 1 이상인 가늘고 긴 먼지로 석면 섬유, 식물섬유, 유리섬유, 암면 등이 있다.

14 두 가지 이상의 화학물질에 동시에 노출되는 경우 각 물질 간 화학적 상호작용이 나타나게 된다. 혼합물질의 화학적 상호작용의 종류 4가지를 적고 설명하시오.

(1) 독립작용
(2) 상가작용
(3) 상승작용
(4) 가승작용
(5) 길항작용

> (1) 각각의 독성물질이 서로 다른 조직이나 기관에 영향을 미치는 경우로 각 물질의 반응양상이 달라 서로 독립적인 작용을 한다.
> (2) 두 물질에 동시 노출될 경우의 독성은 단독물질 독성의 합과 같다.(2+3=5)
> (3) 두 물질에 동시 노출될 경우의 독성은 단독물질 독성의 합보다 크게 증가한다.(2+3=20)
> (4) 독성이 없던 물질을 독성이 있는 물질과 혼합하면 독성이 강해진다.(2+0=5) (잠재작용, 강화작용)
> (5) 두 물질이 서로의 작용을 방해하여 두 물질에 동시 노출될 경우의 독성은 단독물질 독성보다 약해진다.(2+3=1)

15 표준공기가 흐르는 덕트의 Reynold 수가 40,000일 경우 덕트 내의 유속(m/sec)을 계산하시오. (단, 덕트의 직경 200mm, 점성계수 1.670×10^{-4}poise, 비중 1.203 기준)

$$Re = \frac{\rho Vd}{\mu} = \frac{Vd}{v} = \frac{관성력}{점성력}$$

- Re : 레이놀즈 수(무차원)
- ρ : 유체밀도(kg/m³)
- d : 관경(m) (상당직경 $D = \frac{2ab}{a+b}$)
- V : 유체의 유속(m/sec)
- μ : 점성계수(kg/m · s(= 10Poise))
- v : 동점성계수(m²/sec)

$$Re = \frac{\rho \times V \times d}{\mu}$$

$\rho \times V \times d = Re \times \mu$

$$V = \frac{Re \times \mu}{\rho \times d} = \frac{40{,}000 \times 1.670 \times 10^{-5}}{1.203 \times 0.2} = 2.78 \text{(m/sec)}$$

[
10poise = 1kg/m · sec
$10 : 1 = 1.670 \times 10^{-4} : x$
$10x = 1.670 \times 10^{-4}$
$\therefore x = \frac{1.670 \times 10^{-4}}{10} = 1.670 \times 10^{-5}$(kg/m · sec)
]

2017년 3회 과년도기출문제

01 고농도의 분진 발생 작업장에서 실시하여야 하는 관리대책(분진이 발생되는 작업장의 작업관리 대책) 4가지를 적으시오.

> ① 분진 발생원 밀폐(분진 발생 방지)
> ② 습식공법 채택(분진 비산 방지)
> ③ 작업장 환기(국소배기장치 또는 전체 환기장치를 설치)
> ④ 작업자 방진마스크 착용

02 재순환공기의 CO_2 농도는 650ppm이고, 급기의 CO_2농도는 450ppm일 때 급기 중의 외부공기 포함량(%)을 계산하시오. (단, 외부의 CO_2농도는 300ppm이다.)

> **급기 중 외부공기 함량**
>
> $$\%Q_A = \frac{C_r - C_s}{C_r - C_0} \times 100$$
>
> - C_r : 재순환 공기 중 이산화탄소 농도
> - C_s : 급기 중 이산화탄소 농도
> - C_0 : 외부 공기 중 이산화탄소 농도(약 330ppm)
>
> $$\%Q_A = \frac{650 - 450}{650 - 300} \times 100 = 57.14(\%)$$

03 작업환경 측정 방법 중 개인시료 채취의 정의를 적고 개인시료 채취시의 측정위치를 적으시오.

(1) 개인시료 채취의 정의
(2) 측정위치

> (1) 개인시료 채취기를 이용하여 가스·증기·분진·흄(fume)·미스트(mist) 등을 근로자의 호흡위치에서 채취하는 것을 말한다.
> (2) 호흡기를 중심으로 반경 30cm인 반구

04 [보기]에서 제시한 후드 형식에 적합한 필요 송풍량을 계산하는 공식을 적으시오.

(1) 포위식(부스식) 후드
(2) 외부식 후드(자유공간, 플랜지 미 부착)
(3) 리시버식 캐노피형 후드(난기류가 없는 경우)

> (1) 포위식(부스식) 후드
>
> $Q = 60 \times A \times V_c \,(\text{m}^3/\text{min})$
> - Q : 필요송풍량(m^3/min)
> - A : 후드 개구면적(m^2)
> - V : 제어속도(m/sec)
>
> (2) 외부식 후드(자유공간, 플랜지 미 부착)
>
> $Q(\text{m}^3/\text{min}) = 60 \times Vc \times (10X^2 + A)$
> - Q : 필요송풍량(m^3/min)
> - Vc : 제어속도(m/sec)
> - A : 개구면적(m^2)
> - X : 후드중심선으로부터 발생원까지의 거리(m)
>
> (3) 리시버식 캐노피형 후드(난기류가 없는 경우)
>
> $Q_T(\text{m}^3/\text{min}) = Q_1 \times (1 + K_L)$
> - Q_T : 필요송풍량(m^3/min)
> - Q_1 : 열상승기류량(m^3/min)
> - K_L : 누입한계유량비

05 송풍기 상사법칙에 의한 송풍기의 회전수와 풍량, 정압, 동력의 관계를 식으로 나타내시오. (단, 공기의 비중은 일정하며, 송풍기의 크기는 같다.)

> 1. $\dfrac{Q_2}{Q_1} = \dfrac{N_2}{N_1}$
>
> 2. $\dfrac{P_2}{P_1} = \left(\dfrac{N_2}{N_1}\right)^2$
>
> 3. $\dfrac{HP_2}{HP_1} = \left(\dfrac{N_2}{N_1}\right)^3$
>
> - Q_1 : 회전 수 변경 전 풍량(m³/min)
> - Q_2 : 회전 수 변경 후 풍량(m³/min)
> - N_1 : 변경 전 회전수(rpm)
> - N_2 : 변경 후 회전수(rpm)
> - P_1 : 변경 전 정압(mmH₂O)
> - P_2 : 변경 후 정압(mmH₂O)
> - HP_1 : 변경 전 동력(kW)
> - HP_2 : 변경 후 동력(kW)

06 어느 작업장에서 MEK(분자량 : 72.1, 비중 : 0.805)이 시간당 2,400mL, 톨루엔(분자량 : 92.13, 비중 : 0.866)이 시간당 1,200mL씩 발생되고 있으며, 작업장의 MEK(TLV : 200ppm) 농도는 160ppm, 톨루엔의 농도는(TLV : 100ppm) 80ppm이다.

(1) 각각의 노출지수를 구하여 노출기준을 평가하고, 전체 환기시설 설치여부를 결정하시오.
(2) 각 물질이 상가작용을 할 경우 전체 환기량(m³/min)을 계산하시오. (단, MEK의 안전계수는 3, 톨루엔의 안전계수는 5이다.)

> 1. 노출지수
>
> $EI = \dfrac{C_1}{T_1} + \dfrac{C_2}{T_2} + \cdots + \dfrac{C_n}{T_n}$
>
>   - C : 화학물질 각각의 측정치
>   - T : 화학물질 각각의 노출기준
>
> 2. 평가
>   - $EI \rangle 1$: 노출기준을 초과함
>   - $EI \langle 1$: 노출기준을 초과하지 않음
>
> 3. 혼합물의 TLV-TWA
>
> $TLV-TWA = \dfrac{C_1 + C_2 + \cdots + C_n}{EI}$

(1) 노출기준 평가
- 노출지수 $EI = \dfrac{160}{200} + \dfrac{80}{100} = 1.60$
- 평가 : $EI > 1$이므로 노출기준을 초과함
- 전체 환기시설 설치여부 : 노출기준을 초과하였으므로 전체 환기장치를 설치하여야 함

(2) 전체 환기량(온도, 압력이 주어지지 않을 경우 산업 환기의 표준상태 21℃, 1기압을 기준으로 한다.)
- MEK의 환기량
$$Q = \dfrac{24.1 \times kg/h \times K \times 10^6}{MW \times TLV} \div 60 = \dfrac{24.1 \times (2.4 \times 0.805) \times 3 \times 10^6}{72.1 \times 200} \div 60 = 161.45(m^3/min)$$
(2,400mL = 2.4L)

- 톨루엔의 환기량
$$Q = \dfrac{24.1 \times kg/h \times K \times 10^6}{MW \times TLV} \div 60 = \dfrac{24.1 \times (1.2 \times 0.866) \times 5 \times 10^6}{92.13 \times 100} \div 60 = 226.53(m^3/min)$$
(1,200mL = 1.2L)

- 두 물질은 상가작용을 하므로
총 환기량 = 161.45 + 266.53 = 387.98(m^3/min)

07 [보기]의 설명에 해당하는 용어를 적으시오.

> 원심력 집진장치(사이클론)의 집진효율을 증대시키기 위한 방법으로 더스트 박스 및 호퍼부에서 처리가스의 5~10%를 흡인하여 난류현상의 억제 및 원심력을 증대시키는 운전방식을 말한다.

블로다운(blow-down)

08 후드의 유입 손실계수가 0.96, 원형 후드 직경이 30cm, 유량이 45m³/min일 때 후드의 정압(mmH$_2$O)을 계산하시오. (단, 21℃, 1atm 기준)

> 후드정압(SP_h) = $VP + \triangle P = VP + (F_h \times VP) = VP(1 + F_h)$ (mmH$_2$O)
> - VP : 속도압(동압)(mmH$_2$O)
> - F_h : 압력손실계수(= $\frac{1}{Ce^2} - 1$)
> - Ce : 유입계수
> - $\triangle P$: 압력손실(mmH$_2$O)

$SP_h = VP(1 + F_h) = 6.89 \times (1 + 0.96) = 13.50$ (mmH$_2$O)

1. $Q = 60 \times A \times V$

$V = \dfrac{Q}{60 \times A} = \dfrac{Q}{60 \times \dfrac{\pi \times d^2}{4}} = \dfrac{45}{60 \times \dfrac{\pi \times 0.3^2}{4}} = 10.61$ (m/sec)

2. $VP = \dfrac{\gamma V^2}{2g} = \dfrac{1.2 \times 10.61^2}{2 \times 9.8} = 6.89$ (mmH$_2$O)

* 압력손실계수 = 유입손실계수

09 석면의 시료채취에서 (1) open face를 설명하고 (2) open face를 사용하는 목적을 설명하시오.

> (1) 3단 카세트의 상단부 뚜껑을 열어(open face) 카세트의 열린 면이 작업장 바닥 쪽을 향하도록 시료를 채취하는 것을 말한다.
> (2) open face 사용목적
>   여과지에 골고루 석면을 포집하기 위한 목적이다.

10 국소배기장치(국소환기장치)를 설치하여야 하는 경우(적용조건) 5가지를 적으시오.

> ① 유해물질의 독성이 강한 경우(TLV가 낮을 때)
> ② 유해물질의 발생량이 많은 경우
> ③ 발생원이 고정되어 있는 경우
> ④ 발생주기가 균일하지 않은 경우
> ⑤ 유해물질 발생원과 작업위치가 근접해 있는 경우
> ⑥ 높은 증기압의 유기용제
> ⑦ 법적의무 설치사항의 경우

11 석면 시료채취에 사용할 수 있는 (1) 여과지의 종류 (2) 공극의 크기 (3) 직경을 적으시오.

(1) MCE 여과지
(2) 0.8μm
(3) 25mm

★ 참고
[석면에 대한 작업환경측정·분석 기술지침, 2019. 12.]
석면의 시료채취매체 : MCE 여과지, 공극 0.8μm, 직경 25mm, 약 5cm 길이의 카울이 장착된 전도성 있는 3단 카세트 홀더

12 작업환경 측정 시에 대상물질의 발생시간 동안 측정하여야 하는 경우 3가지를 적으시오.

① 대상물질의 발생시간이 6시간 이하인 경우
② 불규칙작업으로 6시간 이하의 작업
③ 발생원에서의 발생시간이 간헐적인 경우

★ 참고
시간가중평균기준(TWA)이 설정되어 있는 대상물질을 측정하는 경우에는 1일 작업시간동안 6시간 이상 연속 측정하거나 작업시간을 등간격으로 나누어 6시간 이상 연속 분리하여 측정하여야 한다.
다만, 다음 각 호의 어느 하나에 해당하는 경우에는 대상물질의 발생시간 동안 측정할 수 있다.

대상물질의 발생시간 동안 측정하여야 하는 경우
1. 대상물질의 발생시간이 6시간 이하인 경우
2. 불규칙작업으로 6시간 이하의 작업
3. 발생원에서의 발생시간이 간헐적인 경우

13 분지관의 조건이 [보기]와 같은 두 분지관이 합류관을 이루도록 설계되어 있다. (1) 정압비 (2) 조정된 필요 환기량(m^3/min) (3) 합류관의 필요 환기량(m^3/min)을 계산하시오.

- A덕트 : 유량 120m^3/min, 정압 −30mmH_2O
- B덕트 : 유량 200m^3/min, 정압 −35mmH_2O

유량의 보정

1. $\dfrac{\text{높은 정압}}{\text{낮은 정압}} < 1.2$: 정압의 절대값이 작은 분지관의 유량을 증가시킨다.

2. $\dfrac{\text{높은 정압}}{\text{낮은 정압}} \geq 1.2$: 정압의 절대값이 작은 분지관을 재설계한다.

$$Q' = Q\sqrt{\dfrac{SP_2}{SP_1}}$$

- Q' : 보정 후의 유량(m^3/min)
- Q : 보정 전의 유량(m^3/min)
- SP_1 : 압력손실(정압의 절대값)이 낮은 쪽의 정압(mmH_2O)
- SP_2 : 압력손실(정압의 절대값)이 높은 쪽의 정압(mmH_2O)

3. 합류관의 필요 환기량(Q')

$Q_{\text{합류관}} = Q_{\text{보정}}$ + 한쪽 분지관의 송풍량

(1) 정압비

- $\dfrac{\text{높은 정압}}{\text{낮은 정압}} = \dfrac{35}{30} = 1.17$

(2) 조정된 필요 환기량(m^3/min)

- $\dfrac{\text{높은 정압}}{\text{낮은 정압}} < 1.20$이므로 정압의 절대값이 작은 A덕트의 유량을 증가시킨다.

$Q_{\text{보정}} = Q\sqrt{\dfrac{SP_2}{SP_1}} = 120 \times \sqrt{\dfrac{35}{30}} = 129.61(m^3/min)$

(3) 합류관의 필요 환기량(m^3/min)

$Q_{\text{합류관}} = Q_{\text{보정}}$ + 한쪽 분지관의 송풍량 = 129.61 + 200 = 329.61(m^3/min)

14 전체환기 장치를 설치하여야 하는 경우(적용시의 고려사항, 적용조건) 5가지를 적으시오.

① 유해물질의 독성이 비교적 낮은 경우
② 동일한 작업장에 다수의 오염원이 분산되어 있는 경우
③ 유해물질이 시간에 따라 균일하게 발생될 경우
④ 유해물질의 발생량이 적은 경우
⑤ 발생원이 이동하는 경우
⑥ 오염원이 근무자가 근무하는 장소로부터 멀리 떨어져 있는 경우

15 작업환경을 국부조명으로 설계하는 경우 고려해야 할 요소 3가지를 적으시오.

> ① 눈부심과 휘도
> ② 조도와 조도분포(균일한 밝기)
> ③ 색채효과(빛의 색)

16 용해로 취급작업(용해 작업)에 종사하는 작업자가 착용하여야 하는 보호구의 종류를 적고 해당 보호구를 착용하는 목적을 적으시오.

> ① 방열복 : 고열에 의한 화상 등의 위험으로부터 몸을 보호한다.
> ② 방열장갑 : 고열에 의한 화상 등의 위험으로부터 손을 보호한다.
> ③ 방열두건 : 고열에 의한 화상 등의 위험으로부터 머리와 안면부를 보호하고 가시광선 적외선으로부터 눈을 보호한다.

> ★ 참고
> 방열두건
> 내열원단으로 제조되어 안전모와 안면렌즈가 일체형으로 부착되어 있는 형태의 두건을 말한다.

17 170℃, 650mmHg 조건에서 어떤 가스의 부피가 120m³일 경우 21℃, 760mmHg 조건에서의 해당 가스의 부피(m³)를 계산하시오.

> 보일-샤를의 법칙
>
> $$\frac{P_1 V_1}{T_1} = \frac{P_2 V_2}{T_2}$$
>
> $$T_1 P_2 V_2 = T_2 P_1 V_1$$
>
> $$V_2 = V_1 \times \frac{T_2 P_1}{T_1 P_2}$$
>
> $[T(K) = 273 + ℃]$
>
> 170℃(t_1), 650mmHg(P_1)에서의 부피 120m³를 21℃(t_2), 760mmHg(P_2)로 보정
>
> $$V_2 = V_1 \times \frac{(273 + t_2)(P_1)}{(273 + t_1)(P_2)}$$
>
> $$= 120 \times \frac{(273 + 21) \times 650}{(273 + 170) \times 760} = 68.11 (m^3)$$

18 흡착제를 사용하는 흡착장치 설계 시 고려사항 3가지를 쓰시오.

① 오염물질의 체류시간이 길 것
② 흡착능력(흡착제의 표면적)이 클 것
③ 압력손실이 적을 것
④ 흡착제에 해를 끼치는 가스 중의 불순물을 전처리에 의해 제거할 수 있을 것

2018년 1회 과년도기출문제

01 국소배기장치와 관련된 다음 [보기]의 용어를 간단히 설명하시오.

(1) 플랜지
(2) 테이퍼
(3) 충만실(플래넘)

> (1) 플랜지(flange) : 후드 뒤쪽의 공기(후방기류)를 차단하기 위하여 후드에 직각으로 부착하는 판을 말하며, 송풍량을 약 25% 감소시키는 역할을 한다.
> (2) 테이퍼(taper, 경사접합구) : 후드와 덕트의 연결부위를 말하며, 급격한 단면 변화로 인한 압력손실을 방지하고 후드 개구면 속도를 균일하게 분포시키는 역할을 한다.
> (3) 충만실(플래넘 : Plenum)
> • 공기의 흐름을 균일하게 유지시켜주기 위한 후드나 덕트의 큰 공간을 말한다.
> • 슬롯 후드 뒤쪽에 위치하여 압력을 균일화시키는 역할을 한다.

02 자유공간에 플랜지가 부착된 외부식 후드를 설치하려고 한다. 다음 조건에서 필요송풍량(m^3/min)을 계산하시오.

- 후드 개구면으로 부터의 제어거리 120cm
- 제어속도 0.6m/sec
- 후드의 크기 : 장변 250cm, 단변 80cm

> 외부식 후드(자유공간에 위치한 플랜지가 부착된 원형, 장방형 후드)의 필요송풍량
>
> $Q = 60 \times 0.75 \times V_C \times (10X^2 + A)$
>
> • Q : 필요송풍량(m^3/min)
> • V_C : 제어속도(m/sec)
> • A : 개구면적(m^2)
> • X : 후드중심선으로부터 발생원까지의 거리(m) (오염원과 후드간 거리가 덕트 직경의 1.5배 이내일 때만 유효)
>
> $Q = 60 \times 0.75 \times 0.6 \times [10 \times 1.2^2 + (2.5 \times 0.8)] = 442.80(m^3/min)$

03 국소배기장치 후드의 정압이 25mmH$_2$O, 송풍량은 350m^3/min이다. 몇개월 후에 측정한 후드의 정압이 18mmH$_2$O인 경우 송풍기의 송풍량(m^3/min)을 계산하시오.

> 1. $\dfrac{Q_2}{Q_1} = \dfrac{N_2}{N_1}$
> 2. $\dfrac{P_2}{P_1} = \left(\dfrac{N_2}{N_1}\right)^2$
> 3. $\dfrac{HP_2}{HP_1} = \left(\dfrac{N_2}{N_1}\right)^3$
>   - Q_1 : 회전 수 변경 전 풍량(m^3/min)
>   - Q_2 : 회전 수 변경 후 풍량(m^3/min)
>   - N_1 : 변경 전 회전수(rpm)
>   - N_2 : 변경 후 회전수(rpm)
>   - P_1 : 변경 전 풍압(mmH$_2$O)
>   - P_2 : 변경 후 풍압(mmH$_2$O)
>   - HP_1 : 변경 전 동력(kW)
>   - HP_2 : 변경 후 동력(kW)

1. $\dfrac{Q_2}{Q_1} = \dfrac{N_2}{N_1}$, $\dfrac{P_2}{P_1} = \left(\dfrac{N_2}{N_1}\right)^2$ ∴ $\dfrac{P_2}{P_1} = \left(\dfrac{Q_2}{Q_1}\right)^2$

2. $\dfrac{P_2}{P_1} = \left(\dfrac{Q_2}{Q_1}\right)^2$

$\dfrac{Q_2}{Q_1} = \sqrt{\dfrac{P_2}{P_1}}$

$Q_2 = Q_1 \times \sqrt{\dfrac{P_2}{P_1}} = 350 \times \sqrt{\dfrac{18}{25}} = 296.98$(m^3/min)

04 귀마개와 비교한 귀덮개의 장점 4가지를 적으시오.

> ① 고음영역에서 차음효과가 탁월하다.
> ② 귀마개보다 차음효과가 일반적으로 크며 차음효과의 개인차가 적다.
> ③ 귀 안에 염증이 있어도 사용이 가능하다.
> ④ 착용이 쉽고 착용법이 틀리거나 분실할 염려가 적다.
> ⑤ 동일한 크기의 귀덮개를 대부분의 근로자가 사용할 수 있다.
> ⑥ 멀리서도 착용 유무를 확인할 수 있다.

05 작업자 20명이 시간당 100kcal의 열량을 발산하는 어느 작업장에 1HP인 기계가 20대, 15kW의 전등이 2대 켜져 있다. 실내온도가 31℃, 외기온도가 26℃일 경우 실내 온도를 외기온도로 낮추기 위한 필요 환기량(m³/min)을 계산하시오. (단, 1HP = 641kcal/hr, 1kW = 860kcal/hr이다.)

$$Q = \frac{H_s}{0.3 \triangle t} (m^3/hr)$$

- $\triangle t$: 급배기(실내, 외)의 온도차(℃)
- H_s : 작업장내 열부하량(kcal/hr)
- 0.3 : 정압비열(kcal/m³℃)

$$Q = \frac{(20 \times 100) + (1 \times 20 \times 641) + (15 \times 2 \times 860)}{0.3 \times (31 - 26)} = 27080(m^3/hr) \div 60 = 451.33(m^3/min)$$

06 고열 발생원 주변에 리시버식 캐노피형 후드를 설치하였다. 열상승 기류량이 30m³/min, 누입한계 유량비 2.0, 누출안전계수 8일 경우 소요 송풍량(m³/min)을 계산하시오. (단, 주변에 난기류가 존재한다.)

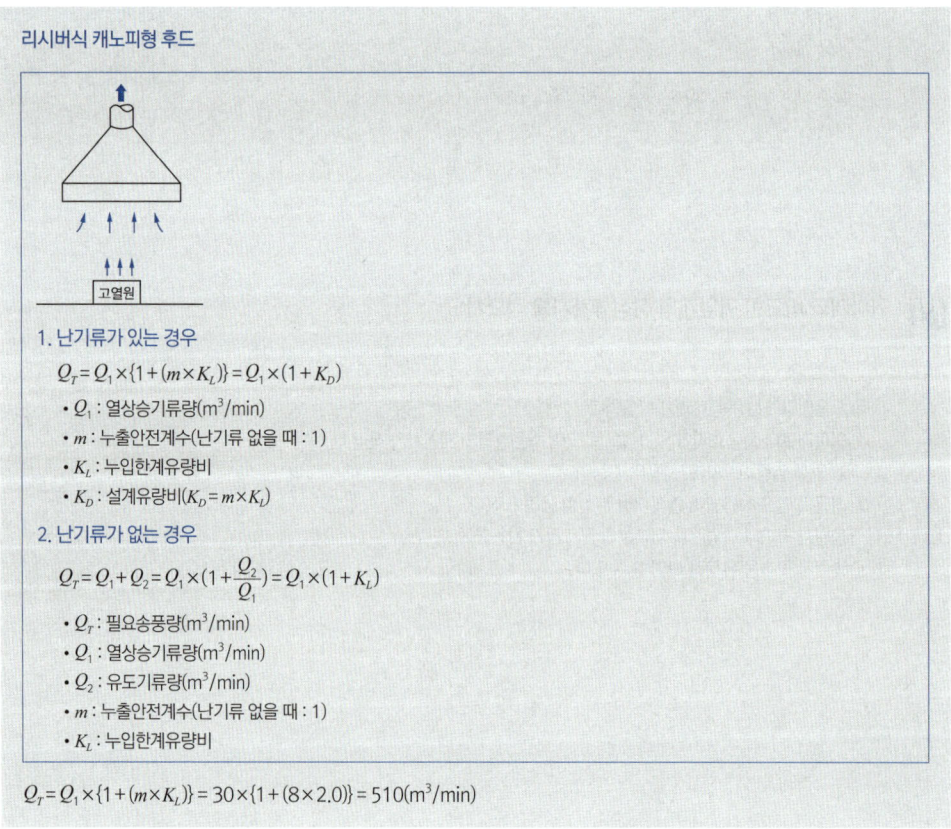

리시버식 캐노피형 후드

1. 난기류가 있는 경우

$$Q_T = Q_1 \times \{1 + (m \times K_L)\} = Q_1 \times (1 + K_D)$$

- Q_1 : 열상승기류량(m³/min)
- m : 누출안전계수(난기류 없을 때 : 1)
- K_L : 누입한계유량비
- K_D : 설계유량비($K_D = m \times K_L$)

2. 난기류가 없는 경우

$$Q_T = Q_1 + Q_2 = Q_1 \times (1 + \frac{Q_2}{Q_1}) = Q_1 \times (1 + K_L)$$

- Q_T : 필요송풍량(m³/min)
- Q_1 : 열상승기류량(m³/min)
- Q_2 : 유도기류량(m³/min)
- m : 누출안전계수(난기류 없을 때 : 1)
- K_L : 누입한계유량비

$Q_T = Q_1 \times \{1 + (m \times K_L)\} = 30 \times \{1 + (8 \times 2.0)\} = 510(m^3/min)$

07 전체 환기장치의 환기방식 중 작업장 실내압을 양압(+)으로 유지하고자 한다. 다음 물음에 답하시오.

(1) 요구되는 급기와 배기방식을 1가지씩 적으시오.
(2) 실내압을 양압(+)으로 유지함으로써 얻게 되는 환기효과를 적으시오.
(3) 적용할 수 있는 사업장의 예를 1가지 적으시오.

> (1) ① 급기 : 기계 환기
>   ② 배기 : 자연 환기
> (2) 작업장 내에 청정공기를 유입할 수 있다.
> (3) 청정공기를 필요로 하는 전자공업, 수술실 등 의료기관, 식품산업

08 집진장치 입구의 분진농도(집진장치 처리 전 분진농도) 3000mg/m³, 집진장치 출구의 분진농도(집진장치 처리 후 분진농도) 250mg/m³이었다. 집진장치의 집진율(분진 저감효율)을 계산하시오.

> **집진율**
>
> $$\eta(\%) = (1 - \frac{C_o \cdot Q_o}{C_i \cdot Q_i}) \times 100 = (1 - \frac{C_o}{C_i}) \times 100$$
>
> - C_i : 집진장치 입구 분진농도(g/m³)
> - C_o : 집진장치 출구 분진농도(g/m³)
> - Q_i : 집진장치 입구 가스유량(m³/hr)
> - Q_o : 집진장치 출구 가스유량(m³/hr)
>
> $$\eta(\%) = (1 - \frac{C_o}{C_i}) \times 100 = (1 - \frac{250}{3,000}) \times 100 = 91.67(\%)$$

09 MEK(분자량 : 72)의 농도가 30ppm일 때 mg/m³ 단위로 환산된 농도를 계산하시오. (단, 25℃ 1기압 기준)

> **ppm과 mg/m³의 상호 농도변환**
> 1. 0℃, 1기압의 경우
> $$노출기준(mg/m^3) = \frac{노출기준(ppm) \times 그램분자량}{22.4}$$
> 2. 21℃, 1기압의 경우
> $$노출기준(mg/m^3) = \frac{노출기준(ppm) \times 그램분자량}{24.1}$$
> 3. 25℃, 1기압의 경우
> $$노출기준(mg/m^3) = \frac{노출기준(ppm) \times 그램분자량}{24.45}$$

$$노출기준 = \frac{30 \times 72}{24.45} = 88.34(mg/m^3)$$

10 흡수탑(충진탑)의 충전물(충진제)의 구비조건을 3가지 적으시오.

① 표면적이 클 것
② 공극률이 클 것
③ 압력손실이 작을 것
④ 내구성이 클 것
⑤ 내식성, 내열성이 클 것

11 국소배기장치의 제어속도(포착속도)의 정의를 적으시오.

오염물질을 후드 안쪽으로 흡인하기 위한 공기속도(유해물질이 함유된 공기를 후드로 흡입시킴으로써 그 지점의 유해물질을 제어할 수 있는 공기속도)

12 어느 작업자가 8시간 작업하는 동안 습구흑구온도지수(WBGT)가 3시간 동안 31℃, 4시간 동안 28℃, 1시간 동안 26℃이었다면 평균 WBGT를 계산하시오.

$$\text{평균 WBGT}(\text{℃}) = \frac{\text{WBGT}_1 \times t_1 + \cdots + \text{WBGT}_n \times t_n}{t_1 + \cdots + t_n}$$

- WBGT_n : 각 습구흑구온도지수의 측정치(℃)
- t_n : 각 습구흑구온도지수치의 발생시간(분)

$$\text{평균 WBGT}(\text{℃}) = \frac{(3 \times 31 + 4 \times 28 + 1 \times 26)}{8} = 28.88(\text{℃})$$

13 작업환경개선의 공학적인 대책 중 대치(대체)에 해당하는 예를 3가지 적으시오.

① 공정의 변경
② 유해물질 변경
③ 시설의 변경

14 작업환경 측정 대상 유해인자 중 분진의 종류를 7가지 적으시오.

① 광물성 분진(Mineral dust)
② 곡물 분진(Grain dust)
③ 면 분진(Cotton dust)
④ 목재 분진(Wood dust)
⑤ 석면 분진(Asbestos dusts)
⑥ 용접 흄(Welding fume)
⑦ 유리섬유(Glass fiber dust)

15 자유공간에 위치한 후드 단면적이 3.3m²인 직사각형 외부식 후드를 설치하는 경우 다음 조건에 적합한 필요환기량(m³/min)을 계산하시오. (단, 제어속도는 0.5m/sec, 후드로부터 발생원까지의 거리는 180cm이다.)

> **외부식 후드(자유공간 위치한 원형 및 장방형 후드, 플랜지 미부착)의 필요송풍량**
>
> $$Q = 60 \cdot Vc \times (10X^2 + A)$$
>
> - Q : 필요송풍량(m³/min)
> - Vc : 제어속도(m/sec)
> - A : 개구면적(m²)
> - X : 후드중심선으로부터 발생원까지의 거리(m) (오염원과 후드간 거리가 덕트 직경의 1.5배 이내일 때만 유효)
>
> $Q = 60 \times 0.5 \times (10 \times 1.8^2 + 3.3) = 1071$ (m³/min)

16 원형관의 경우 유체의 평균깊이를 나타내는 (1) 수력직경(D)과 수력반경(R_h)의 관계식을 적고, (2) 수력직경은 수력반경의 몇 배인지를 적으시오.

> (1) 수력반경(R_h)과 수력직경(D)의 관계식
>
> $$수력직경(D) = 4 \times R_h = \frac{4A}{P}$$
>
> - R_h : 수력반경
> - A : 유로의 단면적(유체가 흐르는 단면적)
> - P : 접수길이(유체와 둘러쌓여 있는 곡선의 길이)
>
> (2) 수력직경은 수력반경의 4배이다.

> ★참고
> 수력반지름이나 수력직경은 관의 마찰손실 계산에 사용된다.

17 산업안전보건법의 기준에 의한 작업장의 적정공기 수준 중 [보기]에서 제시하는 물질의 적정 공기수준을 적으시오.

(1) 탄산가스
(2) 황화수소
(3) 일산화탄소

> (1) 1.5% 미만
> (2) 10ppm 미만
> (3) 30ppm 미만

> ★참고
> 작업장의 적정공기 수준
> • 산소농도의 범위가 18% 이상 23.5% 미만
> • 탄산가스의 농도가 1.5% 미만
> • 일산화탄소의 농도가 30ppm 미만
> • 황화수소의 농도가 10ppm 미만

18 음향출력이 1watt인 점음원으로 부터 20m 떨어진 곳의 음압수준은 약 얼마인지 계산하시오.

(1) 무지향성 점음원, 자유공간
(2) 무지향성 점음원, 반자유공간

무지향성 점음원	무지향성 선음원
① 자유공간(공중, 구면파)에 위치할 때 $SPL = PWL - 20\log r - 11$(dB) ② 반자유공간(바닥, 벽, 천장, 반구면파)에 위치할 때 $SPL = PWL - 20\log r - 8$(dB) • r : 소음원으로 부터의 거리(m)	① 자유공간(공중, 구면파)에 위치할 때 $SPL = PWL - 10\log r - 8$(dB) ② 반자유공간(바닥, 벽, 천장, 반구면파)에 위치할 때 $SPL = PWL - 10\log r - 5$(dB) • r : 소음원으로 부터의 거리(m)

(1) $SPL = PWL - 20\log r - 11 = 120 - 20 \times \log 20 - 11 = 82.98$(dB)

$$\left[PWL = 10\log\left(\frac{W}{W_o}\right) = 10 \times \log\frac{1}{10^{-12}} = 120(dB) \right]$$

(2) $SPL = PWL - 20\log r - 8 = 120 - 20 \times \log 20 - 8 = 85.98$(dB)

2018년 2회 과년도기출문제

01 다음 물음에 답하시오.

(1) PUSH-PULL형 후드의 오염물질 흡입 원리를 설명하시오.
(2) 후드 개구면의 유속을 균일하게 분포시키는 방법(개구면 면속도를 균일하게 분포시키는 방법) 3가지를 적으시오.

> (1) 개방조 한 변에서 압축공기를 이용하여 오염물질이 발생하는 표면에 공기를 불어 반대쪽에 오염물질이 도달하게 한다.(공기를 불어주고 당겨주는 장치로 구성)
> (2) ① 테이퍼(taper) 부착
>   ② 슬롯(slot) 사용
>   ③ 차폐막(차폐덕) 사용
>   ④ 분리날개 설치

02 활성탄 2000kg을 이용하여 톨루엔(MW : 92.14) 증기 250ppm을 함유한 공기 350m³/min을 흡착하려고 한다. 흡착에 필요한 시간을 계산하시오. (단, 활성탄의 톨루엔 흡착률 0.2kg/kg(활성탄), 활성탄의 톨루엔 증기 흡착률 90%, 온도 25℃ 기준)

1. 톨루엔 250ppm → mg/m³

$$mg/m^3 = \frac{ppm \times 분자량}{24.45} = \frac{250 \times 92.14}{24.45} = 942.13(mg/m^3)$$

2. 톨루엔의 흡착량(kg/hr)

> 25℃, 1기압일 때
> - $mg/m^3 = \frac{ppm \times 분자량}{24.45}$
> - $ppm = mg/m^3 \times \frac{24.45(L)}{분자량}$

- $\frac{350m^3}{min} \times \frac{942.13 \times 10^{-6} kg}{m^3} \times 60 = 19.78(kg/hr)$

  (942.13mg = 942.13 × 10⁻⁶kg)

- 톨루엔 증기 흡착률이 90%이므로

  $100 : 19.78 = 90 : x$

  $100x = 19.78 \times 90$

  $x = \frac{19.78 \times 90}{100} = 17.80(kg/hr)$

3. 활성탄 2,000kg이 흡착할 수 있는 톨루엔의 양

   $\frac{0.2kg}{kg} \times 2000kg = 400(kg)$

4. 활성탄 2000kg으로 톨루엔을 흡착하는데 걸리는 시간

   17.80(kg/hr) → 1시간에 톨루엔 17.80kg을 흡착함

   톨루엔 400kg 흡착 → x시간

   $17.80 : 1 = 400 : x$

   $17.80x = 400$

   $x = \frac{400}{17.80} = 22.47(hr)$

03 국소배기장치에서 공기공급시스템이 필요한 이유 5가지를 적으시오.

> ① 국소배기장치를 적절하게 가동시키기 위하여
> ② 국소배기장치의 효율 유지를 위하여
> ③ 작업장 내의 안전사고 예방을 위하여
> ④ 연료를 절약하기 위하여(에너지 절약)
> ⑤ 작업장 내의 방해기류(교차기류) 생성 방지를 위하여
> ⑥ 외부공기가 정화되지 않은 채로 건물 내로 유입되는 것을 막기 위하여

04 화학물질의 노출기준에 관한 다음 물음에 답하시오.

(1) 우리나라 화학물질의 노출기준 중 "SKIN"표시물질의 의미를 적으시오.
(2) 노출기준에 피부(Skin)표시를 하여야 하는 물질 3가지를 적으시오.

> (1) "Skin" 표시 물질은 점막과 눈 그리고 경피로 흡수되어 전신 영향을 일으킬 수 있는 물질을 말한다.
> (2) ① 손이나 팔에 의한 흡수가 몸 전체 흡수에 지대한 영향을 주는 물질
>   ② 반복하여 피부에 도포했을 때 전신작용을 일으키는 물질
>   ③ 급성동물실험 결과 피부 흡수에 의한 치사량이 비교적 낮은 물질
>   ④ 옥탄올 – 물 분배계수가 높아 피부 흡수가 용이한 물질
>   ⑤ 피부 흡수가 전신작용에 중요한 역할을 하는 물질

05 합류점에서의 압력평형 방법(총 압력손실 계산방법) 중 정압조절 평형법(유속조절 평형법)의 장·단점을 각각 3가지씩 적으시오.

장점	단점
• 침식, 부식, 분진 퇴적에 의한 덕트 폐쇄가 없다. • 설계 시 잘못 설계된 분지관 또는 저항이 가장 큰 분지관을 쉽게 발견할 수 있다.(최대 저항 경로 선정이 잘못되어도 설계 시 쉽게 발견할 수 있음) • 설계가 정확할 때에는 가장 효율적인 시설이다.	• 설계 시 잘못된 유량을 고치기 어렵다. (임의로 유량을 조절하기 어려움) • 송풍량은 근로자나 운전자의 의도대로 쉽게 변경되지 않는다. • 설계유량 산정이 잘못될 경우 수정은 덕트의 크기 변경을 요한다. • 설계가 복잡하고 시간이 많이 걸린다. • 설치된 후의 개조 및 변경이나 확장에 대한 유연성이 낮다. • 효율 개선 시 전체를 수정해야 한다. • 경우에 따라 전체 필요한 최소유량보다 더 초과될 수 있다.

06

벤젠 0.4ppm(TLV : 0.5ppm), 톨루엔 55ppm(TLV : 50ppm), 크실렌 85ppm(TLV : 100ppm)이 발생되는 작업장이 있다. 혼합공기의 노출기준(ppm)을 계산하고 노출기준 초과여부를 평가하시오. (단, 세 물질은 서로 상가 작용을 한다.)

---

1. 노출지수

$$EI = \frac{C_1}{T_1} + \frac{C_2}{T_2} + \cdots + \frac{C_n}{T_n}$$

- C : 화학물질 각각의 측정치
- T : 화학물질 각각의 노출기준

2. 평가
- $EI > 1$: 노출기준을 초과함
- $EI < 1$: 노출기준을 초과하지 않음

3. 혼합물의 TLV-TWA

$$TLV-TWA = \frac{C_1 + C_2 + \cdots + C_n}{EI}$$

---

1. 노출지수 $EI = \dfrac{0.4}{0.5} + \dfrac{55}{50} + \dfrac{85}{100} = 2.75$

2. 혼합물의 노출기준 $= \dfrac{0.4 + 55 + 85}{2.75} = 51.05\text{(ppm)}$

3. 노출기준 초과여부 : $EI > 1$ 이므로 노출기준을 초과함

07

산업안전보건법에 의한 작업장의 적절한 조도기준을 적으시오.

---

① 초정밀 작업 : 750Lux 이상
② 정밀 작업 : 300Lux 이상
③ 보통 작업 : 150Lux 이상
④ 기타 작업 : 75Lux 이상

08 톨루엔의 생물학적 노출지표물질 중 뇨 중 대사산물을 적으시오.

o-크레졸(오르소-크레졸)

★참고

화학물질	생물학적 노출지표물질(체내대사산물)	시료채취 기
톨루엔	혈액, 호기의 톨루엔, 소변 중 o-크레졸(오르소-크레졸)	작업종료 시
벤젠	소변 중 페놀, 소변 중 t,t-뮤코닉산(t,t-Muconic acid)	작업종료 시
크실렌	소변 중 메틸마뇨산	작업종료 시
니트로벤젠	혈중 메타헤모글로빈	작업종료 시
에틸벤젠	소변 중 만델린산	작업종료 시

09 작업장의 음압 수준이 92dB(A)이고, 근로자는 차음평가수(NRR)이 19인 귀덮개를 착용하고 있다. (1) 귀덮개의 차음효과를 계산하고 (2) 근로자가 노출되는 음압(예측)수준[dB(A)]을 계산하시오. (단, OSHA 기준)

차음효과 = (NRR − 7) × 0.5
- NRR : 차음평가지수

(1) 귀덮개의 차음효과 = (19 − 7) × 0.5 = 6(dB)
(2) 근로자가 노출되는 음압수준 = 92 − 6 = 86[dB(A)]

10 전체환기 장치를 설치하여야 하는 경우(적용시의 고려사항) 5가지를 적으시오.

① 유해물질의 독성이 비교적 낮은 경우
② 동일한 작업장에 다수의 오염원이 분산되어 있는 경우
③ 유해물질이 시간에 따라 균일하게 발생될 경우
④ 유해물질의 발생량이 적은 경우
⑤ 발생원이 이동하는 경우
⑥ 오염원이 근무자가 근무하는 장소로부터 멀리 떨어져 있는 경우

11 후드 개구면에서 발생원까지의 제어거리가 1m, 제어속도가 0.5m/sec, 후드 직경이 50cm인 경우 플랜지가 없는 외부식 후드의 필요송풍량(m^3/min)을 계산하시오.

> **외부식 후드(자유공간 위치한 원형 및 장방형 후드, 플랜지 미부착)의 필요송풍량**
>
> $Q = 60 \cdot Vc \times (10X^2 + A)$
>
> - Q : 필요송풍량(m^3/min)
> - Vc : 제어속도(m/sec)
> - A : 개구면적(m^2)
> - X : 후드중심선으로부터 발생원까지의 거리(m) (오염원과 후드간 거리가 덕트 직경의 1.5배 이내일 때만 유효)

$Q = 60 \times Vc \times (10X^2 + A) = 60 \times 0.5 \times \left(10 \times 1^2 + \dfrac{\pi \times 0.5^2}{4}\right) = 305.89(m^3/min)$

(0.5m = 50cm)

12 건구온도가 28℃, 자연습구온도가 20℃, 흑구온도가 30℃인 경우 (1) 옥내의 습구흑구 온도지수를 계산하시오. (2) 옥외(태양광선이 내리쬐는 장소)의 습구흑구 온도지수를 계산하시오.

> 1. 옥외(태양광선이 내리쬐는 장소)
>   WBGT(℃) = 0.7 × 자연습구온도 + 0.2 × 흑구온도 + 0.1 × 건구온도
> 2. 옥내 또는 옥외(태양광선이 내리쬐지 않는 장소)
>   WBGT(℃) = 0.7 × 자연습구온도 + 0.3 × 흑구온도

(1) 옥내 WBGT(℃) = 0.7 × 자연습구온도 + 0.3 × 흑구온도 = 0.7 × 20 + 0.3 × 30 = 23(℃)
(2) 옥외 WBGT(℃) = 0.7 × 자연습구온도 + 0.2 × 흑구온도 + 0.1 × 건구온도 = 0.7 × 20 + 0.2 × 30 + 0.1 × 28 = 22.80(℃)

13 톨루엔이 16L/8hr로 일정하게 증발하는 작업장이 있다. 작업장에 전체 환기장치를 설치할 경우 필요 환기량(m^3/min)을 계산하시오. (단, 21℃ 1기압, 톨루엔의 비중은 0.87, 톨루엔의 분자량은 92, 톨루엔의 TLV는 50ppm, 안전계수 4이다.)

$$Q = \frac{24.45 \times kg/h \times K \times 10^6}{MW \times TLV}(m^3/hr) \div 60 = (m^3/min)$$

- K : 안전계수
- MW : 물질의 분자량
- kg/hr : 시간당 오염물질 발생량(l/hr×S(비중))
- TLV : 노출기준(ppm)
- 24.45 : 25℃, 1기압에서 공기의 비중(21℃, 1기압일 경우 24.1)

$$Q = \frac{24.1 \times kg/h \times K \times 10^6}{MW \times TLV} \div 60 = \frac{24.1 \times (2 \times 0.87) \times 4 \times 10^6}{92 \times 50} \div 60 = 607.74(m^3/min)$$

- 16L/8hr = 2L/hr
- kg/hr = L/hr × 비중

14 용접작업의 작업환경 관리 대책 3가지를 적으시오.

① 국소배기장치 및 전체환기장치를 설치한다.
② 방진마스크나 송기마스크를 착용한다.
③ 차광안경을 착용한다.
④ 소음이 85 dB(A) 이상 시에는 귀마개 등 보호구를 착용한다.
⑤ 주위에서 작업하는 근로자의 시력보호를 위해 차광펜스를 설치한다.

15 덕트 내 공기의 속도압이 25mmH₂O인 경우 덕트 내 공기의 유속을 계산하시오. (단, 중력가속도 $g = 9.81$m/sec², 1기압 15℃ 공기의 밀도 1.225kg/m³ 기준)

$$VP = \frac{rV^2}{2g}$$
- λ : 공기비중
- V : 유속(m/s)
- g : 중력가속도

$$VP = \frac{rV^2}{2g}$$
$$V = \sqrt{\frac{VP \times 2g}{r}} = \sqrt{\frac{25 \times 2 \times 9.81}{1.225}} = 20.01(\text{m/sec})$$

$$\begin{bmatrix} VP = \dfrac{rV^2}{2g} \\ rV^2 = VP \times 2g \\ V^2 = \dfrac{VP \times 2g}{r} \\ V = \sqrt{\dfrac{VP \times 2g}{r}} \end{bmatrix}$$

16 소음 측정에 관한 다음 물음에 답하시오.

(1) 누적소음 노출량 측정기의 설정기준을 적으시오.
(2) 작업자가 8시간 작업하는 동안 85dB에서 2시간, 90dB에서 3시간, 95dB에서 3시간 소음에 노출되었다. 등가소음레벨[dB(A)]을 계산하시오.

(1) ① Criteria : 90dB
　② Exchange rate : 5dB
　③ Threshold : 80dB
(2) 등가소음도

$$\text{Leq} = 16.61 \log \frac{n_1 \times 10^{\frac{L_{A1}}{16.61}} + \cdots + n_n \times 10^{\frac{L_{An}}{16.61}}}{\text{각 소음레벨 측정치의 발생시간 합}}$$

- Leq : 등가소음레벨[dB(A)]
- L_A : 각 소음레벨의 측정치[dB(A)]
- n : 각 소음레벨 측정치의 발생시간(분)

$$\text{등가소음도} = 16.61 \times \log \frac{(2 \times 10^{\frac{85}{16.61}}) + (3 \times 10^{\frac{90}{16.61}}) + (3 \times 10^{\frac{95}{16.61}})}{2+3+3} = 91.61[\text{dB(A)}]$$

17 입자상 물질의 처리를 위한 집진장치의 종류를 4가지 적으시오.

① 중력 집진장치
② 관성력 집진장치
③ 원심력 집진장치
④ 세정식 집진장치
⑤ 여과 집진장치
⑥ 전기 집진장치

18 메틸에틸케톤(TLV 200ppm, 분자량 72.1)을 시간당 3L 사용하는 작업장 내에 전체 환기시설을 설치하는 경우 필요환기량(m³/hr)을 계산하시오. (단, 비중 0.805, $K = 4$, 1기압 25℃를 기준으로 한다.)

$$Q = \frac{24.45 \times \text{kg/h} \times K \times 10^6}{MW \times TLV} (\text{m}^3/\text{hr}) \div 60 = (\text{m}^3/\text{min})$$

- K : 안전계수
- MW : 물질의 분자량
- kg/hr : 시간당 오염물질 발생량(l/hr × S(비중))
- TLV : 노출기준(ppm)
- 24.45 : 25℃, 1기압에서 공기의 비중(21℃, 1기압일 경우 24.1)

$$Q = \frac{24.45 \times (3 \times 0.805) \times 4 \times 10^6}{72.1 \times 200} = 16379.13(\text{m}^3/\text{hr})$$

2018년 3회 과년도기출문제

01 덕트 내의 공기압력 중 속도압을 설명하고 공기속도와의 관계식을 적으시오.

(1) 속도압
(2) 공기속도와의 관계식

> (1) 공기 흐름 방향의 속도에 의해 생기는 압력으로 항상 양압(0 이상의 압력)이다.
> (2) $V = 4.043\sqrt{VP}$

> ★참고
>
> - 속도압$(VP) = \dfrac{\gamma V^2}{2g} = \dfrac{1.2 \times V^2}{2 \times 9.81}$
>
> $1.2V^2 = 2 \times 9.81 \times VP$
>
> $V^2 = \dfrac{2 \times 9.81}{1.2} \times VP$
>
> $V = \sqrt{\dfrac{2 \times 9.81}{1.2} \times VP} = 4.043\sqrt{VP}$

02 소음관리대책(방음대책) 중 전파경로대책 3가지를 적으시오.

> ① 흡음 및 차음처리
> ② 방음벽 설치
> ③ 거리감쇠
> ④ 지향성 변환(음원방향 변경)

03 벤젠을 취급하던 근로자가 실수로 벤젠 2L를 바닥에 흘렸다. 공기 중으로 증발한 벤젠의 증기용량(L)를 계산하시오. (단, 작업장은 0℃, 1기압이며, 벤젠의 비중 0.879, 분자량 78.11이다.)

$$\text{부피}(L) = \frac{(2{,}000 \times 0.879)g \times 22.4L}{78.11g} = 504.15(L)$$

- $L \times$ 비중 = kg, (2×0.879)kg = $(2 \times 1{,}000 \times 0.879)$g
- 0℃ 1기압 기체 1몰의 부피 : $22.4L$

04 작업자들이 퇴근한 직후에 측정한 CO_2 농도는 1,250ppm이었고, 3시간이 경과한 후에 측정한 CO_2 농도는 450ppm이었다. 작업장의 시간당 공기교환횟수를 계산하시오. (단, 외부 공기 중의 CO_2 농도는 330ppm이다.)

시간당 공기교환 횟수(ACH)

$$ACH(\text{회}) = \frac{\ln(C_1 - C_o) - \ln(C_2 - C_o)}{hr}$$

- C_1 : 처음 측정한 이산화탄소 농도
- C_2 : 시간경과 후 측정한 이산화탄소 농도
- C_o : 외부공기 중 이산화탄소 농도(약 330ppm)

$$ACH(\text{회}) = \frac{\ln(C_1 - C_o) - \ln(C_2 - C_o)}{hr} = \frac{\ln(1{,}250 - 330) - \ln(450 - 330)}{3} = 0.68(\text{회 또는 회/hr})$$

05 [보기]의 설명에 해당하는 분석기기의 명칭을 적으시오.

물질에 흡수되는 빛의 양(흡광도)이 그 물질의 농도에 따라 다른 원리를 이용하여 일정한 파장에서 시료용액의 흡광도를 측정하여 그 파장에서 빛을 흡수하는 물질의 양을 정량하는 분석기기를 말한다.

분광광도계(흡광광도계)

06 입경이 0.002cm, 밀도 1.6g/cm³인 먼지의 침강속도(cm/sec)를 Lippman식을 이용하여 계산하시오.

> **Lippman식에 의한 침강속도**
>
> $V(\text{cm/sec}) = 0.003 \times \rho \times d^2$
> - V : 침강속도(cm/sec)
> - ρ : 입자 밀도(비중)(g/cm³)
> - d : 입자직경(μm)

$V(\text{cm/sec}) = 0.003 \times \rho \times d^2 = 0.003 \times 1.6 \times (0.002 \times 10^4)^2 = 1.92(\text{cm/sec})$

$\left[\begin{array}{l} \mu\text{m} = 10^{-6}\text{m, cm} = 10^{-2}\text{m} \\ \therefore \text{cm} = 10^4 \mu\text{m} \end{array} \right.$

07 직경이 32cm, 길이가 55cm인 원형 배기구의 속도압이 25mmH₂O이다. 마찰계수가 1.18일 때 압력손실(mmH₂O)을 계산하시오.

> 압력손실$(\triangle P) = \lambda \times \dfrac{L}{D} \times VP = 4 \times f \times \dfrac{L}{D} \times VP$(mmH₂O)
> - λ : 관마찰계수(= 4f)
> - f : 마찰계수
> - D : 덕트 직경(m)(원형관일 경우) (장방형 덕트일 경우 : 상당직경(등가직경) = $\dfrac{2ab}{a+b}$)
> - L : 덕트 길이(m)

$\triangle P = 4 \times f \times \dfrac{L}{D} \times VP = 4 \times 1.18 \times \dfrac{55}{32} \times 25 = 202.81(\text{mmH}_2\text{O})$

08 톨루엔을 시간당 2kg 사용하는 작업장 내에 전체 환기시설을 설치하는 경우 필요환기량(m³/min)을 계산하시오. (단, 톨루엔의 TLV는 100ppm, 분자량은 92이고, 안전계수 K는 5로 하며 1기압 25℃ 기준임)

$Q = \dfrac{24.45 \times \text{kg/h} \times K \times 10^6}{MW \times TLV} \div 60 = \dfrac{24.45 \times 2 \times 5 \times 10^6}{92 \times 100} \div 60 = 442.93(\text{m}^3/\text{min})$

09 직경이 250mm인 덕트에서 덕트 내 정압은 −45.8mmH$_2$O, 전압은 12.5mmH$_2$O이다. 덕트 내의 유량(m^3/sec)을 계산하시오. (단, 공기밀도는 1.2kg/m^{3}로 가정한다.)

1. 전압 = 정압 + 동압
   동압(속도압) = 전압 − 정압 = 12.5 − (−45.8) = 58.30(mmH$_2$O)

2. 속도압$(VP) = \dfrac{\gamma \times V^2}{2g}$

   $\gamma \times V^2 = VP \times 2g$

   $V^2 = \dfrac{VP \times 2g}{\gamma}$

   $V = \sqrt{\dfrac{VP \times 2g}{\gamma}} = \sqrt{\dfrac{58.3 \times 2 \times 9.8}{1.2}} = 30.86 \text{(m/sec)}$

3. Q(m^3/sec) $= A \times V = \dfrac{\pi d^2}{4} \times V = \dfrac{\pi \times 0.25^2}{4} \times 30.86 = 1.51$(m^3/sec)

   (250mm = 0.25m)

10 노출기준의 종류인 TLV-TWA, TLV-STEL, TLV-C를 각각 설명하시오.

① TLV-TWA(시간가중평균노출기준) : 1일 8시간 및 1주일 40시간 동안의 평균 농도로서, 모든 근로자가 나쁜 영향을 받지 않고 노출될 수 있는 농도이다.
② TLV-STEL(단시간노출기준) : 15분간의 시간가중평균노출 값(근로자가 1회에 15분간 유해인자에 노출되는 경우의 기준)을 말한다.
③ TLV-C(최고노출기준) : 근로자가 1일 작업시간동안 잠시라도 노출되어서는 아니 되는 기준을 말한다.

11 덕트의 단면적이 0.025m²이며 덕트 내 정압이 -25mmH₂O, 전압이 -10.2mmH₂O이다. 이때 덕트 내의 반송속도(m/sec)와 공기유량(m³/min)을 계산하시오. (단, 공기밀도는 1.2kg/m³로 가정한다.)

> 1. 속도압$(VP) = \dfrac{\gamma V^2}{2g}$(mmH₂O)
>   - r : 공기비중
>   - V : 유속(m/s)
>   - g : 중력가속도(9.8m/s²)
> 2. $Q = 60 \times A \times V$
>   - Q : 유체의 유량(m³/min)
>   - A : 유체가 통과하는 단면적(m²)
>   - V : 유체의 유속(m/sec)

1. 전압 = 정압 + 동압
   동압(속도압) = 전압 - 정압 = -10.2 - (-25) = 14.80(mmH₂O)
2. 속도압$(VP) = \dfrac{\gamma \times V^2}{2g}$

   $\gamma \times V^2 = VP \times 2g$

   $V^2 = \dfrac{VP \times 2g}{\gamma}$

   $V = \sqrt{\dfrac{VP \times 2g}{\gamma}} = \sqrt{\dfrac{14.80 \times 2 \times 9.8}{1.2}} = 15.55$(m/sec)
3. $Q = 60 \times A \times V = 60 \times 0.025 \times 15.55 = 23.33$(m³/min)

12 [보기]는 산업안전보건법에 의한 고열 작업장의 노출기준을 나타내었다. 괄호에 적합한 내용을 적으시오.

(WBGT, ℃)

시간당 작업과 휴식비율	작업 강도		
	경작업	중등작업	중(힘든)작업
연속 작업	(③)	26.7	25.0
75% 작업, 25% 휴식 (45분 작업, 15분 휴식)	30.6	(④)	25.9
50% 작업, 50% 휴식 (30분 작업, 30분 휴식)	31.4	29.4	27.9
(①)% 작업, (②)% 휴식 (15분 작업, 45분 휴식)	32.2	31.1	30.0

① 25
② 75
③ 30.0
④ 28.0

13 원형 덕트에서 덕트의 직경을 1/2로 하면 직관부분의 압력손실은 몇 배로 증가하겠는가? (단, 난기류가 있으며, 유량, 관마찰계수는 일정하다고 가정한다.)

> 압력손실($\triangle P$) = $\lambda \times \dfrac{L}{D} \times VP = 4 \times f \times \dfrac{L}{D} \times VP$ (mmH$_2$O)
> - λ : 관마찰계수(= $4f$)
> - f : 마찰계수
> - D : 덕트 직경(m)(원형관일 경우) (장방형 덕트일 경우 : 상당직경(등가직경) = $\dfrac{2ab}{a+b}$)
> - L : 덕트 길이(m)

1. 직경이 D인 경우

$$\triangle P = \lambda \times \dfrac{L}{D} \times \dfrac{\gamma V^2}{2g}$$

(λ, L, g, γ는 상수이므로 무시)

$$\triangle P = \dfrac{V^2}{D} = \dfrac{\left(\dfrac{1}{D^2}\right)^2}{D} = \dfrac{\dfrac{1}{D^4}}{D} = \dfrac{1}{D^5}$$

$$\begin{cases} Q = A \times V \\ V = \dfrac{Q}{A} = \dfrac{Q}{\dfrac{\pi D^2}{4}} = \dfrac{4Q}{\pi D^2} \\ Q, \pi \text{는 일정하므로} \\ V = \dfrac{4}{D^2} \text{ (4는 상수이므로 무시)}, \quad \therefore V = \dfrac{1}{D^2} \end{cases}$$

2. 직경이 $\dfrac{D}{2}$인 경우

$$\triangle P = \dfrac{1}{\left(\dfrac{D}{2}\right)^5} = \dfrac{1}{\dfrac{D^5}{32}} = \dfrac{1 \times 32}{D^5}$$

3. $\dfrac{1}{D^5} : \dfrac{1 \times 32}{D^5} = 1 : 32$ ∴ 32배 증가한다.

14 유해가스 처리를 위해 연소법을 적용할 수 있는 경우(적용하기 위한 조건) 3가지를 적으시오.

① 배출하는 가스량이 많은 경우
② 유해가스의 농도가 낮은 경우
③ 가연성 가스, 악취 등을 제거하는 경우

15 작업환경측정의 예비조사에서 작성하여야 하는 측정계획서에 포함하여야 하는 내용 3가지를 적으시오.

① 원재료의 투입과정부터 최종 제품 생산 공정까지의 주요공정 도식
② 해당 공정별 작업내용 및 화학물질 사용실태, 그 밖에 작업방법·운전조건 등을 고려한 유해인자 노출 가능성
③ 측정대상 공정, 측정대상 유해인자 및 발생주기, 측정 대상 공정의 종사 근로자 현황
④ 유해인자별 측정방법 및 측정 소요기간 등 작업환경측정에 필요한 사항

16 [보기]의 설명에 해당하는 용어를 적으시오.

- 덕트 내의 공기가 주위에 미치는 압력으로 모든 방향에서 같은 크기를 나타내는 압력이다.
- 공기의 유동이 없을 때 발생하는 압력이며 송풍기 저항에 대응하는 압력을 말한다.

정압

17 21℃, 1기압의 어느 작업장에서 톨루엔을 분당 12g 사용하고 있다. 해당 작업장에 전체 환기시설을 설치하는 경우 필요 환기량(m³/min)을 계산하시오. (단, 톨루엔의 분자량 92, TLV 50ppm, 비중 0.87, 안전계수 3이다.)

$$Q = \frac{24.45 \times kg/h \times K \times 10^6}{MW \times TLV}(m^3/hr) \div 60 = (m^3/min)$$

- K : 안전계수
- MW : 물질의 분자량
- kg/hr : 시간당 오염물질 발생량($l/hr \times S$(비중))
- TLV : 노출기준(ppm)
- 24.45 : 25℃, 1기압에서 공기의 비중(21℃, 1기압일 경우 24.1)

$$Q = \frac{24.1 \times kg/h \times K \times 10^6}{MW \times TLV} = \frac{24.1 \times (12 \times 10^{-3}) \times 3 \times 10^6}{92 \times 50} = 188.61(m^3/min)$$

(분당 12g 사용 → 12g/min → 12×10^{-3}kg/min)

18 후드 및 덕트를 통해 반송된 유해물질을 정화시키는 원리에 따른 집진장치의 종류를 5가지 적으시오.

① 중력 집진장치
② 관성력 집진장치
③ 원심력 집진장치
④ 세정식 집진장치
⑤ 여과 집진장치
⑥ 전기 집진장치

2019년 1회 과년도기출문제

01 노출 시에 심각한 건강장해를 유발하는 석면의 종류 4가지를 적으시오.

① 청석면
② 갈석면
③ 백석면
④ 트레모라이트 석면
⑤ 악티노라이트 석면
⑥ 안소필라이트 석면

02 170℃, 650mmHg 조건에서 어떤 가스의 부피가 120m³일 경우 21℃, 760mmHg 조건에서의 해당 가스의 부피(m³)를 계산하시오.

> 부피의 온도, 압력보정
>
> $$V_2 = V_1 \times \frac{T_2 P_1}{T_1 P_2} = V_1 \times \frac{(273+t_2)P_1}{(273+t_1)P_2}$$
>
> - V_1 : 처음 부피(보정 전 부피), V_2 : 나중 부피(보정 후 부피)
> - $T_1(K)$: 처음온도($273+t_1$), $T_2(K)$: 나중 온도($273+t_2$)
> - P_1 : 처음 압력, P_2 : 나중 압력

170℃(t_1), 650mmHg(P_1)에서의 부피 120(m³)를 21℃(t_2), 760mmHg(P_2)로 보정

$$V_2 = V_1 \times \frac{(273+t_2)(P_1)}{(273+t_1)(P_2)} = 120 \times \frac{(273+21) \times 650}{(273+170) \times 760} = 68.11(m^3)$$

03 입자상물질의 측정방법 중 입자상물질의 크기를 측정하는 방법 2가지를 적으시오.

① 현미경 측정법
② 체 분석법(표준체 측정법 : standard sieving analysis)
③ 관성 충돌법

04 톨루엔이 16L/8hr로 일정하게 증발하는 작업장이 있다. 작업장에 전체 환기장치를 설치할 경우 필요 환기량(m^3/min)을 계산하시오. (단, 21℃ 1기압, 톨루엔의 비중은 0.87, 톨루엔의 분자량은 92, 톨루엔의 TLV는 50ppm, 안전계수 4이다.)

$$Q = \frac{24.45 \times kg/h \times K \times 10^6}{MW \times TLV}(m^3/hr) \div 60 = (m^3/min)$$

- K : 안전계수
- MW : 물질의 분자량
- kg/hr : 시간당 오염물질 발생량(l/hr×S(비중))
- TLV : 노출기준(ppm)
- 24.45 : 25℃, 1기압에서 공기의 비중(21℃, 1기압일 경우 24.1)

$$Q = \frac{24.1 \times kg/h \times K \times 10^6}{MW \times TLV} \div 60 = \frac{24.1 \times (2 \times 0.87) \times 4 \times 10^6}{92 \times 50} \div 60 = 607.74(m^3/min)$$

- 16L/8hr = 2L/hr
- kg/hr = L/hr × 비중

05 후드의 분출기류에서 분출속도가 작아지기 시작하여 50%까지 줄어드는 지점을 무엇이라고 하는가?

천이부

★ 참고
후드의 분출기류
① 잠재중심부 : 분출속도를 일정하게 유지하는 지점까지 거리, 배출구 직경의 약 5배 정도 까지
② 완전개구부 : 위치변화에 관계없이 분출속도 분포가 유사한 형태를 보이는 영역

06 속도압이 35mmH₂O인 후드의 유입계수가 0.81인 경우 후드의 압력손실(mmH₂O)을 계산하시오.

압력손실$(\triangle P) = F_h \times VP = (\frac{1}{Ce^2} - 1) \times \frac{\gamma V^2}{2g}$ (mmH₂O)

- F_h : 압력손실계수(유입손실계수)
- Ce : 유입계수
- VP : 속도압(동압)(mmH₂O)
- γ : 공기비중
- V : 유속(m/s)
- g : 중력가속도(9.8m/s²)

$\triangle P = (\frac{1}{Ce^2} - 1) \times VP = (\frac{1}{0.81^2} - 1) \times 35 = 18.35$(mmH₂O)

07 국소배기장치 성능시험 시에 필요에 따라 갖추어야 할 장비 5가지를 적으시오. (단, 발연관, 청음기 또는 청음봉, 절연저항계, 표면온도계 및 초자온도계, 줄자는 제외)

① 열선풍속계
② 회전속도 측정기
③ 만능회로시험기
④ 접지저항 측정기
⑤ 클램프미터

08 유량 및 용량을 보정하는 데 사용되는 장치 중 1차 표준기구의 종류 4가지를 적으시오.

① 비누거품미터
② 폐활량계
③ 가스치환병
④ 유리피스톤미터
⑤ 흑연피스톤미터
⑥ 피토튜브

암기법
1차 비누로 폐활량 재고, 가스치환하여, 유리.흑연 먹였더니 피토했다.

★ 참고
2차 표준기구의 종류
① 로타미터
② 습식 테스트미터
③ 건식 가스미터
④ 오리피스미터
⑤ 열선기류계

암기법
2 열로 걸어가는 습관 테스트하는 오리
2(2차기구) 열(열선기류계)로(로타미터) 걸어가는(건식가스미터) 습관 테스트(습식테스트미터)하는 오리(오리피스미터)

09 작업장 공기 중에 사염화탄소가 6,000ppm이 존재할 경우 공기와 사염화탄소 혼합물의 유효비중을 소수셋째자리까지 계산하시오. (단, 사염화탄소의 비중은 5.7이며, 공기비중은 1.0이다.)

1. 사염화탄소 6,000ppm = 0.6%이므로 공기는 99.4%가 된다.(10,000ppm = 1%)
   (공기 = 100 - 0.6 = 99.4%)
2. 사염화탄소 0.6%(비중 5.7), 공기 99.4%(비중 1.0)이므로 유효비중 = $0.006 \times 5.7 + 0.994 \times 1.0 = 1.028$

10 작업장 공기 중에 acetone 300ppm(TLV : 500ppm), heptane 250ppm(TLV : 400ppm), methyl ethyl ketone 100ppm(TLV : 200ppm)이 완전 혼합되었다고 가정할 때 혼합물질의 노출기준을 계산하고 노출기준 초과여부를 평가하시오. (단, 각각의 물질은 서로 상가작용을 한다.)

> 1. 노출지수
>
> $$EI = \frac{C_1}{T_1} + \frac{C_2}{T_2} + \cdots + \frac{C_n}{T_n}$$
>
> - C : 화학물질 각각의 측정치
> - T : 화학물질 각각의 노출기준
>
> 2. 평가
> - $EI > 1$: 노출기준을 초과함
> - $EI < 1$: 노출기준을 초과하지 않음
>
> 3. 혼합물의 TLV-TWA
>
> $$TLV-TWA = \frac{C_1 + C_2 + \cdots + C_n}{EI}$$

1. $EI = \dfrac{300}{500} + \dfrac{250}{400} + \dfrac{100}{200} = 1.73$

2. $EI > 1$ 이므로 노출기준을 초과함

3. $TLV-TWA = \dfrac{300 + 250 + 100}{1.73} = 375.72(\text{ppm})$

11 공간의 부피가 2,000m³인 작업장에서 2.15m³/sec 외부공기가 실내로 유입되어 공기 중 오염물질의 농도가 300ppm에서 45ppm으로 감소되었다. 오염물질의 농도가 감소하는데 걸린 시간(min)을 계산하시오.

> **유해물질을 나중농도 이하로 환기하는데 소요되는 시간**
>
> $$t(\min) = -\frac{V}{Q'} \times \ln\left(\frac{C_2}{C_1}\right)$$
>
> - V : 작업장의 기적(m³)
> - Q' : 유효환기량(m³/min)
> - C_1 : 유해물질의 처음농도(ppm)
> - C_2 : 유해물질의 나중농도(ppm)

$$t(\min) = -\frac{V}{Q'} \times \ln\left(\frac{C_2}{C_1}\right) = -\frac{2,000\text{m}^3}{\frac{2.15\text{m}^3}{\frac{1}{60}\text{min}}} \times \ln\left(\frac{45}{300}\right) = 29.41(\min)$$

12 [보기]의 설명에 적합한 세정식 집진장치의 형식을 적으시오.

집진장치의 형식	집진장치의 종류
(①)	• 가스 임펠러형(선회형) • 가스 분수형(분출형) • 로터형(Rotor형)
(③)	• 타이젠 워셔(Theisen washer) • 임펄스 스크러버(Impulse Scrubber)
(⑤)	• 벤튜리 스크러버(Venturi scrubber) • 제트 스크러버(Jet scrubber) • 분무탑(Spray tower)

① 유수식
② 회전식
③ 가압수식

13 흡광광도법(분광광도계)에 사용되는 흡수셀 재질 3가지와 사용할 수 있는 파장범위를 적으시오.

① 유리 : 가시부 및 근적외부 파장범위
② 석영 : 자외부 파장범위
③ 플라스틱제 : 근적외부 파장 범위

14 덕트 내의 속도압이 25mmH₂O이다. 덕트의 유속(m/s)을 계산하시오.

> 1. 속도압$(VP) = \dfrac{\gamma V^2}{2g}$ (mmH₂O)
> 2. $V(m/sec) = 4.043\sqrt{VP}$
>   - r : 공기비중
>   - V : 유속(m/s)
>   - g : 중력가속도(9.8m/s²)

풀이 1

$VP = \dfrac{\gamma V^2}{2g}$

$\gamma \times V^2 = VP \times 2g$

$V^2 = \dfrac{VP \times 2g}{\gamma}$

$V = \sqrt{\dfrac{VP \times 2g}{\gamma}} = \sqrt{\dfrac{25 \times 2 \times 9.8}{1.2}} = 20.21(m/sec)$

풀이 2

$V = 4.043\sqrt{VP} = 4.043 \times \sqrt{25} = 20.22(m/sec)$

15 분진 및 흄 등의 입자상물질이 발생하는 작업장에서 전체 환기장치 보다는 국소 배기장치를 설치해야 하는 이유 3가지를 적으시오.

① 전체환기를 적용하는 경우 실내의 방해기류에 의해 분진이 재 비산할 우려 있다.
② 전체 환기는 유해물질이 제거되지 않고 농도만 낮아지게 하나, 국소배기시설은 유해물질을 제거할 수 있으므로 입자상물질을 제거하기 위해서는 국소배기가 더 효과적이다.
③ 분진 및 흄 등은 이동성이 낮으므로 국소배기장치를 이용하여 작업장으로 확산되기 전에 발생원에서 바로 제거하는 것이 효율적이다.

16 다음 표를 참고하여 30도 곡관의 압력손실(mmH₂O)을 계산하시오. (단, 덕트 직경은 20cm, 곡률반경은 40cm, 속도압은 15mmH₂O이다.)

곡률반경비(R/D)	1.25	1.50	1.75	2.00	2.25	2.50	2.75
압력손실계수(ξ)	0.55	0.39	0.32	0.27	0.26	0.22	0.20

곡관의 압력손실

$$\triangle P = \left(\xi \times \frac{\theta}{90°}\right) \times VP \text{(mmH}_2\text{O)}$$

- ξ : 압력손실계수
- θ : 곡관의 각도
- VP : 속도압(동압)(mmH₂O)

$$\triangle P = \left(0.27 \times \frac{30°}{90°}\right) \times 15 = 1.35 \text{(mmH}_2\text{O)}$$

$$R/D = \frac{40}{20} = 2.00$$

∴ 압력손실계수(ξ) = 0.27

17 체적이 2500m³인 작업장에서 SF₆ 가스를 이용하여 작업장의 침투(자연환기)를 측정하였다. t = 0(분)에서 SF₆ 가스의 농도는 80μg/m³이었고 t = 80(분)에서 SF₆ 가스의 농도는 4μg/m³이었다. 작업장의 침투량(자연 환기량)(m³/hr)을 계산하시오.

유해물질을 나중농도(노출농도) 이하로 환기하는 데 소요되는 시간

$$t(\min) = -\frac{V}{Q'} \times \ln\left(\frac{C_2}{C_1}\right)$$

- V : 작업장의 기적(m³)
- Q' : 환기량(m³/min)
- C_1 : 유해물질 처음농도(ppm)
- C_2 : 유해물질 노출기준(ppm)

$$t(\min) = -\frac{V}{Q'} \times \ln\left(\frac{C_2}{C_1}\right)$$

$$t \times Q' = -V \times \ln\left(\frac{C_2}{C_1}\right)$$

$$Q' = \frac{-V \times \ln\left(\frac{C_2}{C_1}\right)}{t} = \frac{-2500 \times \ln\left(\frac{4}{80}\right)}{80} = 93.62 \text{(m}^3/\text{min)} \times 60 = 5617.20 \text{(m}^3/\text{hr)}$$

18 소음계의 청감보정회로에서 A특성을 설명하시오.

> 40phon의 등청감곡선에 가깝게 주파수를 보정한 것으로 인간의 청감에 가장 가까운 측정이 가능하여 대부분의 소음 측정에 사용된다.

2019년 2회 과년도기출문제

01 건강진단 실시 결과에 따른 건강관리 구분 기호를 설명하시오.

(1) A
(2) C_1
(3) C_2
(4) D_1
(5) D_2
(6) R

> (1) 건강관리상 사후관리가 필요 없는 근로자(건강한 근로자)
> (2) 직업성 질병으로 진전될 우려가 있어 추적검사 등 관찰이 필요한 근로자(직업병 요관찰자)
> (3) 일반질병으로 진전될 우려가 있어 추적관찰이 필요한 근로자(일반질병 요관찰자)
> (4) 직업성 질병의 소견을 보여 사후관리가 필요한 근로자(직업병 유소견자)
> (5) 일반질병의 소견을 보여 사후관리가 필요한 근로자(일반질병 유소견자)
> (6) 질병이 의심되는 근로자(제2차 건강진단 대상자)

02 오염물질이 발생하는 작업장에 외부식 후드를 설치하였다. 후드 개구면에서 발생원까지의 제어거리가 30cm, 제어속도가 1.2m/sec, 후드 직경이 25cm인 경우의 (1) 필요송풍량(m^3/min)을 계산하시오. (2) 덕트 내의 유속(m/sec)을 계산하시오. (3) 후드의 유입손실계수가 0.75인 경우 후드의 정압(mmH_2O)을 계산하시오.

---

1. 외부식 후드(자유공간 위치한 원형 및 장방형 후드, 플랜지 미부착)의 필요송풍량
   $Q = 60 \cdot Vc(10X^2 + A)$: Dalla valle 식
   - Q : 필요송풍량(m^3/min)
   - Vc : 제어속도(m/sec)
   - A : 개구면적(m^2)
   - X : 후드중심선으로부터 발생원까지의 거리(m) (오염원과 후드간 거리가 덕트 직경의 1.5배 이내일 때만 유효)
2. $Q = 60 \times A \times V$
   - Q : 유체의 유량(m^3/min)
   - A : 유체가 통과하는 단면적(m^2)
   - V : 유체의 유속(m/sec)
3. 속도압(VP) = $\dfrac{\gamma V^2}{2g}$(mmH_2O)
   - γ : 공기비중
   - V : 유속(m/s)
   - g : 중력가속도(9.8m/s^2)
4. 후드정압(SP_h) = $VP(1 + F_h)$ (mmH_2O)
   - VP : 속도압(동압)(mmH_2O)
   - F_h : 압력손실계수(= $\dfrac{1}{Ce^2} - 1$)

---

(1) 필요송풍량
$$Q = 60 \times Vc \times (10X^2 + A) = 60 \times Vc \times (10X^2 + \dfrac{\pi \times d^2}{4}) = 60 \times 1.2 \times (10 \times 0.3^2 + \dfrac{\pi \times 0.25^2}{4}) = 68.33(m^3/min)$$

(2) 덕트 내의 유속(m/sec)
$Q = 60 \times A \times V$
$$V = \dfrac{Q}{60 \times A} = \dfrac{Q}{60 \times \dfrac{\pi d^2}{4}} = \dfrac{68.33}{60 \times \dfrac{\pi \times 0.25^2}{4}} = 23.20(m/sec)$$

(3) 후드정압(mmH_2O)
$SP_h = VP(1 + F_h) = 32.95 \times (1 + 0.75) = 57.66(mmH_2O)$

$$\left[VP = \dfrac{\gamma V^2}{2g} = \dfrac{1.2 \times 23.20^2}{2 \times 9.8} = 32.95(mmH_2O) \right]$$

03 [보기]에서 국소배기장치의 (1) 압력이 가장 높아야 하는 곳을 적고 (2) 그 이유를 설명하시오.

> 작업장 내 공기 – 후드의 내부 – 후드와 공기정화장치 사이 – 공기정화장치와 송풍기 사이 – 송풍기 뒤 – 작업장 외부 공기

(1) 압력이 가장 높아야 하는 곳
(2) 이유

> (1) 가장 압력이 높아야 하는 위치: 송풍기의 뒤
> (2) 이유: 송풍기의 앞쪽 정압(후드에서 송풍기 입구까지의 흡인(-))보다 뒤쪽 정압(송풍기 출구에서 굴뚝까지의 토출(+))이 높아야 후드에서 흡인한 오염된 공기를 굴뚝으로 보낼 수 있다.

04 공기흡입유량, 측정시간, 회수율 및 시료분석 등에 의한 오차가 각각 10%, 5%, 11%, 4%일 때 공기흡입유량에 대한 오차를 10% 감소시킨 경우 누적오차가 얼마나 감소하였는지(%)를 계산하시오.

> 누적오차(E_c) = $\sqrt{E_1^2 + E_2^2 + E_3^2 + \cdots + E_n^2}$
> - E_c : 누적오차(%)
> - $E_1, E_2, E_3 \sim E_n$: 각각 요소의 오차율(%)

1. 공기흡입유량에 대한 오차를 감소시키기 전의 누적오차
   누적오차(E_c) = $\sqrt{10^2 + 5^2 + 11^2 + 4^2}$ = 16.19(%)
2. 공기흡입유량에 대한 오차를 10% 감소시킨 후의 누적오차
   누적오차(E_c) = $\sqrt{9^2 + 5^2 + 11^2 + 4^2}$ = 15.59(%)
   [공기유량에 대한 오차를 10% 감소시킴 : 10 − (10×0.1) = 9(%)]
3. 감소된 누적오차
   16.19 − 15.59 = 0.60(%)

05 송풍기의 정압이 1200N/m²이며, 송풍량은 20m³/sec이다. 송풍기의 송풍량을 32m³/sec로 증가시킬 경우 송풍기의 정압(N/m²)을 계산하시오.

> 1. $\dfrac{Q_2}{Q_1} = \dfrac{N_2}{N_1}$
> 2. $\dfrac{P_2}{P_1} = \left(\dfrac{N_2}{N_1}\right)^2$
> 3. $\dfrac{HP_2}{HP_1} = \left(\dfrac{N_2}{N_1}\right)^3$
>
> - Q_1 : 회전 수 변경 전 풍량(m³/min)
> - Q_2 : 회전 수 변경 후 풍량(m³/min)
> - N_1 : 변경 전 회전수(rpm)
> - N_2 : 변경 후 회전수(rpm)
> - P_1 : 변경 전 풍압(mmH₂O)
> - P_2 : 변경 후 풍압(mmH₂O)
> - HP_1 : 변경 전 동력(kW)
> - HP_2 : 변경 후 동력(kW)

1. $\dfrac{Q_2}{Q_1} = \dfrac{N_2}{N_1}$, $\dfrac{P_2}{P_1} = \left(\dfrac{N_2}{N_1}\right)^2$ ∴ $\dfrac{P_2}{P_1} = \left(\dfrac{Q_2}{Q_1}\right)^2$

2. $\dfrac{P_2}{P_1} = \left(\dfrac{Q_2}{Q_1}\right)^2$

$P_2 = P_1 \times \left(\dfrac{Q_2}{Q_1}\right)^2 = 1{,}200 \times \left(\dfrac{32}{20}\right)^2 = 3072(\text{N/m}^2)$

06 덕트 내에서 발생되는 압력손실의 종류 2가지를 적고 그 원인을 적으시오.

> ① 마찰 압력손실
> - 덕트 내면과 공기의 접촉에 의해 생성된다.(덕트 내부 면과의 마찰)
>
> ② 난류 압력손실
> - 공기 속도가 빨라서 난류를 형성하거나 덕트의 굴곡으로 인한 공기방향의 변화 또는 덕트의 확대, 수축 등으로 인한 단면적의 변화에 의해 난류가 형성되어 생성된다.

07 어느 작업장에서 작업 중에 유해물질(TLV-TWA : 85ppm)을 1일 10시간 취급하고 있다. Brief and Scala의 보정법을 적용하여 보정된 허용기준을 계산하시오.

> **Brief와 Scala의 보정방법**
>
> 1. $RF = \left(\dfrac{8}{H}\right) \times \dfrac{24-H}{16}$
> 2. [일주일 ; $RF = \left(\dfrac{40}{H}\right) \times \dfrac{168-H}{128}$]
> 3. 보정된 노출기준 = RF × 노출기준(허용농도)
>   - H : 비정상적인 작업시간(노출시간/일) ; 노출시간/주
>   - 16 : 휴식시간 의미(128 ; 일주일 휴식시간 의미)
>
> 1. $RF = \left(\dfrac{8}{H}\right) \times \dfrac{24-H}{16} = \left(\dfrac{8}{10}\right) \times \dfrac{24-10}{16} = 0.70$
> 2. 보정된 노출기준 = RF × 허용농도 = 0.70 × 85 = 59.50(ppm)

08 집진장치 중 여과 집진장치의 장점을 3가지 적으시오.

> ① 집진효율이 높다.(99% 이상) (미세입자의 집진효율이 비교적 높은 편이다.)
> ② 다양한 용량을 처리할 수 있다.
> ③ 탈진방법과 여과재의 사용에 따른 설계상의 융통성이 있다.
> ④ 집진효율이 처리가스의 양과 밀도 변화에 영향이 적다.
> ⑤ 설치 적용범위가 광범위하다.

09 어느 작업장의 내부온도가 32℃, 작업장 내의 열부하량이 250,000kcal/hr이며 외기의 온도가 25℃이다. 이 작업장의 전체 환기를 위한 필요 환기량(m³/hr)을 계산하시오.

> $Q = \dfrac{H_s}{0.3 \Delta t}$ (m³/hr)
> - Δt : 급배기(실내, 외)의 온도차(℃)
> - H_s : 작업장내 열부하량(kcal/hr)
> - 0.3 : 정압비열(kcal/m³℃)
>
> $Q = \dfrac{250,000}{0.3 \times (32-25)} = 119047.62$(m³/hr)

10 노출기준 중 TLV-STEL(단시간노출기준)을 설명하시오.

> 15분간의 시간가중평균노출 값(근로자가 1회에 15분간 유해인자에 노출되는 경우의 기준)을 말한다.

11 어느 유기용제의 증기압이 120mmHg인 경우 포화농도(%)를 계산하시오.

$$포화농도 = \frac{물질의\ 증기압(mmHg)}{대기압(760mmHg)} \times 10^2 (\%)$$

$$= \frac{물질의\ 증기압(mmHg)}{대기압(760mmHg)} \times 10^6 (ppm)$$

$$포화농도(\%) = \frac{물질의\ 증기압(mmHg)}{대기압(760mmHg)} = \frac{120}{760} \times 10^2 = 15.79(\%)$$

12 작업환경측정의 예비조사에서 작성하여야 하는 측정계획서에 포함하여야 하는 내용 3가지를 적으시오.

> ① 원재료의 투입과정부터 최종 제품 생산 공정까지의 주요공정 도식
> ② 해당 공정별 작업내용 및 화학물질 사용실태, 그 밖에 작업방법·운전조건 등을 고려한 유해인자 노출 가능성
> ③ 측정대상 공정, 측정대상 유해인자 및 발생주기, 측정 대상 공정의 종사 근로자 현황
> ④ 유해인자별 측정방법 및 측정 소요기간 등 작업환경측정에 필요한 사항

13 국소배기장치에서 공기공급시스템이 필요한 이유 5가지를 적으시오.

> ① 국소배기장치를 적절하게 가동시키기 위하여
> ② 국소배기장치의 효율 유지를 위하여
> ③ 작업장 내의 안전사고 예방을 위하여
> ④ 연료를 절약하기 위하여(에너지 절약)
> ⑤ 작업장 내의 방해기류(교차기류) 생성 방지를 위하여
> ⑥ 외부공기가 정화되지 않은 채로 건물 내로 유입되는 것을 막기 위하여

14 비누거품미터로 보정한 결과 1,200cc의 공간에서 비누거품이 도달하는 시간을 측정하였다. 4번 측정한 결과가 23.4초, 22.1초, 24.4초, 24.1초인 경우 펌프의 평균유량(L/min)을 계산하시오.

> 유량(L/min) = $\dfrac{\text{비누거품이 통과한 용량(L)}}{\text{비누거품이 통과한 시간(min)}}$
>
> 1. 소요되는 평균시간
>   평균시간 = $\dfrac{23.4 + 22.1 + 24.4 + 24.1}{4}$ = 23.50(sec)
> 2. 유량(L/min) = $\dfrac{\text{비누거품이 통과한 용량(L)}}{\text{비누거품이 통과한 시간(min)}}$ = $\dfrac{1.2L}{23.50 \times \dfrac{1}{60} \text{min}}$ = 3.06(L/min)
>
>   (1000cc = 1L, ∴ 1200cc = 1.2L)

15 고농도의 분진 발생 작업장에서 실시하여야 하는 관리대책(분진이 발생되는 작업장의 작업관리 대책) 4가지를 적으시오.

> ① 분진 발생원 밀폐(분진 발생 방지)
> ② 습식공법 채택(분진 비산 방지)
> ③ 작업장 환기(국소배기장치 또는 전체환기장치를 설치)
> ④ 작업자 방진마스크 착용

16 염화수소(HCl), 불화수소(HF), 아황산가스(SO_2) 등 흡착제에 쉽게 흡착되는 가스의 시료채취에 사용되는 (1) 시료채취 매체를 적으시오. (2) 시료채취 매체를 사용하여야 하는 이유를 설명하시오.

> (1) 시료채취 매체: 고체흡착관
> (2) 이유:
> • 염화수소(HCl), 불화수소(HF)는 실리카겔에 흡착되며, 아황산가스(SO_2)는 활성탄에 흡착(물리적 흡착)된다.

17 덕트 내에서의 정압, 동압을 측정하는 표준기기의 명칭을 적으시오.

> 피토관(피토튜브)

18 자연환기 방식에서 중성대(NPL)를 설명하시오.

> 유입되는 공기 측과 배출되는 공기 측의 실내외 압력차가 0이 되는 지점(공기의 유출입이 없는 면)을 말하며, 높을수록 환기 효과가 증대된다.

2019년 3회 과년도기출문제

01 (전신)진동에 의한 생체반응에 관여하는 인자 4가지를 적으시오.

① 진동의 강도
② 진동수
③ 진동방향
④ 폭로시간(노출시간)

02 어느 장방형 덕트의 가로 650mm, 세로 300mm이며 속도압이 150mmH₂O일 때 덕트 길이 10m당 압력손실을 계산하시오. (단, 관마찰계수(λ) : 0.02이다.)

압력손실($\triangle P$) = $F \times VP = \lambda \times \dfrac{L}{D} \times \dfrac{\gamma V^2}{2g}$ (mmH₂O)

1. F (압력손실계수) = $\lambda \times \dfrac{L}{D}$
   - λ : 관마찰계수($4f$, f : 마찰계수)
   - D : 덕트 직경(m)(원형관일 경우) (장방형 덕트일 경우 : 상당직경(등가직경) = $\dfrac{2ab}{a+b}$)
   - L : 덕트 길이(m)

2. 속도압(VP) = $\dfrac{\gamma \times V^2}{2g}$
   - γ : 비중(kg/m³)
   - V : 공기속도(m/sec)
   - g : 중력가속도(m/sec²)

$\triangle P = \lambda \times \dfrac{L}{D} \times VP = 0.02 \times \dfrac{10}{0.41} \times 150 = 73.17$ (mmH₂O)

상당직경 $D = \dfrac{2ab}{a+b} = \dfrac{2 \times 0.65 \times 0.3}{0.65 + 0.3} = 0.41$ (m)

03 가스상물질의 처리방법 중 연소법의 종류 3가지를 적으시오.

① 직접연소(불꽃연소)
② 간접연소(가열연소)
③ 촉매연소

04 1기압, 0℃에서 공기밀도는 1.293kg/m³이다. 1기압, 50℃에서의 공기밀도(kg/m³)를 계산하시오.

밀도의 온도, 압력 보정

1. 밀도(ρ) = $\dfrac{질량}{부피}$ (g/cm³, kg/m³)

2. 보정 후의 밀도 = 보정 전의 밀도 = $\dfrac{(273+t_1)(P_2)}{(273+t_2)(P_1)}$

   · t_1, P_1 : 처음 온도, 처음 압력
   · t_2, P_2 : 나중 온도, 나중 압력

0℃(t_1)에서의 밀도 1.293(kg/m³)을 50℃(t_2)로 보정

보정 후의 밀도 = 보정 전의 밀도 × $\dfrac{(273+t_1)(P_2)}{(273+t_2)(P_1)}$

= $1.293 \times \dfrac{(273+0) \times 1}{(273+50) \times 1} = 1.09$(kg/m³)

05 다음 설명에 해당하는 가상직경의 종류를 적으시오.

① 대상 입자와 침강속도가 같고 밀도가 1g/cm³이며, 구형인 먼지의 직경으로 환산한 직경을 말한다.
② 입자의 역학적 특성(침강속도, 종단속도)에 의해 측정되는 먼지 크기이다.
③ 직경분립충돌기(cascade impactor)를 이용하여 입자의 크기 및 형태 등을 분리한다.

공기역학적 직경

★참고
질량 중위 직경(mass median diameter)
입자 크기별로 농도를 측정하여 50%의 누적분포에 해당하는 입자의 크기

암기법
가상 공기는 밀도1, 구형이며 질량중위는 50% 입자농도

06 저유량 펌프로 작업장 공기 $0.6m^3$ 중의 납을 채취한 후 20mL의 10% 질산에 용해시켰다. 원자흡광광도계로 분석한 납의 농도가 $48\mu g/mL$인 경우 작업장 공기 중의 납의 농도(mg/m^3)를 계산하시오.

$$mg/m^3 = \frac{\text{여과지의 금속농도} \times \text{시료의 최종 용액 부피}}{\text{공기 채취량}} = \frac{\frac{48 \times 10^{-3}mg}{mL} \times 20mL}{0.6m^3} = 1.60(mg/m^3)$$

$(\mu g = 10^{-3}mg)$

07 전체환기 장치를 설치하여야 하는 경우(적용조건) 5가지를 적으시오.

① 유해물질의 독성이 비교적 낮은 경우
② 동일한 작업장에 다수의 오염원이 분산되어 있는 경우
③ 유해물질이 시간에 따라 균일하게 발생될 경우
④ 유해물질의 발생량이 적은 경우
⑤ 발생원이 이동하는 경우
⑥ 오염원이 근무자가 근무하는 장소로부터 멀리 떨어져 있는 경우

08 후드의 속도압(동압)이 $8.5mmH_2O$, 정압이 $25mmH_2O$인 경우 유입계수(Ce)를 계산하시오.

후드정압$(SP_h) = VP(1 + F_h)(mmH_2O)$
- VP : 속도압(동압)(mmH_2O)
- F_h : 압력손실계수$(= \frac{1}{Ce^2} - 1)$
- Ce : 유입계수
- $\triangle P$: 압력손실(mmH_2O)

1. 후드정압$(SP_h) = VP(1 + F_h) = VP + (VP \times F_h)$
$VP \times F_h = SP_h - VP$
$F_h = \frac{SP_h - VP}{VP} = \frac{25 - 8.5}{8.5} = 1.94$

2. $F_h = \frac{1}{Ce^2} - 1$
$\frac{1}{Ce^2} = F_h + 1$
$Ce^2 = \frac{1}{F_h + 1}$
$Ce = \sqrt{\frac{1}{F_h + 1}} = \sqrt{\frac{1}{1.94 + 1}} = 0.58$

09 입경분립충돌기(직경분립충돌기 : Cascade impactor)를 이용하여 시료채취를 하는 경우 마일러여과지(Mylar substrate)에 그리스를 뿌리는 이유를 설명하시오.

> 시료의 되튐현상을 방지한다.

10 자연환기 방식에서 중성대(NPL)를 설명하시오.

> 유입되는 공기 측과 배출되는 공기 측의 실내외 압력차가 0이 되는 지점(공기의 유출입이 없는 면)을 말하며, 높을수록 환기효과가 증대된다.

11 인체의 열 교환에 영향을 미치는 온열요소 4가지를 적으시오.

> ① 기온(온도)
> ② 기습(습도)
> ③ 기류(대류, 풍속)
> ④ 복사열

12 후드의 선택지침(후드 선정 시 고려사항, 후드 선정 시 전제조건) 4가지를 적으시오.

> ① 필요환기량을 최소화할 것
> ② 작업자의 호흡영역을 보호할 것
> ③ 추천된 설계사양을 사용할 것
> ④ 작업자가 사용하기 편리하도록 만들 것
> ⑤ 후드 설계 시 일반적인 오류를 범하지 말 것

13 시료채취를 위한 여과지 중 막 여과지의 종류를 3가지 적으시오.

① MCE 막 여과지
② PVC 막 여과지
③ PTFE 막 여과지
④ 은막 여과지
⑤ nucleopore 여과지

14 [보기]의 방사선을 인체 투과력이 큰 순서대로 번호를 쓰시오.

| ① α ② 중성자 ③ γ ④ β |

② > ③ > ④ > ①

*참고
1. 인체 투과력 순서 : 중성자 > X선 or γ > β > α
2. 전리작용 순서 : 중성자 > α > β > X선 or γ

15 용접작업에서 실시하여야 하는 건강보호 대책은 유해광선 차단 대책, 소음 대책, 고열 대책, 용접 흄 및 유해가스 제거위한 환기 대책 등이 있다. [보기]의 설명 중에서 용접 흄에 대한 대책과 유해광선에 대한 대책을 골라 그 번호를 적으시오.

① 작업장 조도를 65lux 미만으로 유지한다.
② 용접작업 근로자에게 방음용 귀마개를 제공한다.
③ 인접 작업장에 영향을 미칠 우려가 있는 경우 난연 차광커튼을 설치한다.
④ 용접작업 근로자에게 방진마스크와 송기마스크를 제공한다.
⑤ 환기량을 계산하여 국소배기장치 및 전체환기장치를 가동한다.

(1) 용접 흄에 대한 대책
(2) 유해광선에 대한 대책

(1) ④, ⑤
(2) ③

16 가스상 물질의 측정방법 중 검지관 방식으로 측정할 수 있는 경우 3가지를 적으시오.

> ① 예비조사 목적인 경우
> ② 검지관방식 외에 다른 측정방법이 없는 경우
> ③ 발생하는 가스상 물질이 단일물질인 경우

17 다음 물음에 적합한 답을 적으시오.

(1) 고온 작업에 가장 적합한 후드 형식을 적으시오.
(2) 산업환기 설비에 관한 기술지침에 의한 허가대상 물질을 취급하는 장소에 설치한 후드의 제어풍속을 적으시오.
　① 가스 상태
　② 입자 상태

> (1) 리시버식 캐노피형 후드
> (2) ① 가스 상태 : 0.5(m/sec)
> 　　② 입자 상태 : 1.0(m/sec)

18 온도 170℃, 압력 550mmHg 상태인 관내로 50m³/min의 유량이 흐르고 있다. 0℃, 1atm에서의 유량(m³/min)을 계산하시오.

> 170℃(t_1), 550mmHg(P_1) 에서의 유량 50(m³/min)을 0℃(t_2), 1atm(760mmHg)(P_2)로 보정
> $$Q_2 = Q_1 \times \frac{(273+t_2)(P_1)}{(273+t_1)(P_2)}$$
> $$= 50 \times \frac{(273+0) \times 550}{(273+170) \times 760} = 22.30 (m^3/min)$$
> (1기압 = 760mmH₂O)

2020년 1회 과년도기출문제

산업위생관리산업기사 실기

01 ACGIH에서 TLV 설정, 개정 시에 이용되는 자료(노출기준 설정의 이론적 배경, 설정근거) 3가지를 적으시오.

> ① 화학구조상의 유사성 자료
> ② 동물실험 자료
> ③ 인체실험 자료
> ④ 산업장 역학조사 자료

> ★ 참고
> ACGIH에서 노출기준(TLV) 설정의 이론적 배경, 설정근거 3가지
> 1. 화학구조상의 유사성과 연계하여 설정
> 2. 동물실험 자료를 근거로 설정
> 3. 인체실험 자료를 근거로 설정
> 4. 산업장 역학조사 자료를 근거로 설정

02 소음을 측정하는 누적소음 노출량측정기의 법정 설정기준과 청감보정 특성을 적으시오.

(1) 법정 설정기준
(2) 청감보정 특성

> (1) ① Criteria : 90dB
>   ② Exchange rate : 5dB
>   ③ Threshold : 80dB
> (2) A특성[dB(A)]

03 어느 작업장에서 TLV 200ppm, 분자량 72.1인 오염물질이 1시간당 2L 발생되고 있다. 이 작업장의 전체환기를 위한 필요환기량(m^3/min)을 계산하시오. (단, 안전계수 6, 비중 0.805, 21℃, 1기압 기준)

$$Q = \frac{24.45 \times kg/h \times K \times 10^6}{MW \times TLV}(m^3/hr) \div 60 = (m^3/min)$$

- K : 안전계수
- MW : 물질의 분자량
- kg/hr : 시간당 오염물질 발생량($l/hr \times S$(비중))
- TLV : 노출기준(ppm)
- 24.45 : 25℃, 1기압에서 공기의 비중(21℃, 1기압일 경우 24.1)

$$Q = \frac{24.1 \times kg/h \times K \times 10^6}{MW \times TLV} \div 60 = \frac{24.1 \times (2.0 \times 0.805) \times 6 \times 10^6}{72.1 \times 200} \div 60 = 269.08(m^3/min)$$

04 도금조와 같이 상부가 개방되어 있고 오염물질 발생 면적이 넓어 한쪽 방향에 후드를 설치하는 것으로 충분한 흡인력이 발생되지 않는 경우에 사용하면 포집효율을 증가시키면서 필요유량을 감소시킬 수 있는 후드의 형식을 적으시오.

PUSH – PULL형 후드

05 재순환공기의 CO_2 농도는 750ppm이고, 급기의 CO_2농도는 400ppm일 때 급기 중의 외부공기 포함량(%)을 계산하시오. (단, 외부의 CO_2농도는 300ppm이다.)

급기 중 외부공기 함량

$$\%Q_A = \frac{C_r - C_s}{C_r - C_0} \times 100$$

- C_r : 재순환 공기 중 이산화탄소 농도
- C_s : 급기 중 이산화탄소 농도
- C_0 : 외부 공기 중 이산화탄소 농도(약 330ppm)

$$\%Q_A = \frac{750 - 400}{750 - 300} \times 100 = 77.78(\%)$$

06 표준공기가 흐르는 덕트의 Reynold 수가 40,000일 경우 덕트 내의 유속(m/sec)을 계산하시오. (단, 덕트의 직경 200mm, 점성계수 1.670×10^{-4}poise, 비중 1.203 기준)

$$Re = \frac{\rho V d}{\mu} = \frac{Vd}{v} = \frac{관성력}{점성력}$$

- Re : 레이놀즈 수(무차원)
- ρ : 유체밀도(kg/m³)
- d : 관경(m) (상당직경 $D = \frac{2ab}{a+b}$)
- V : 유체의 유속(m/sec)
- μ : 점성계수(kg/m·s(= 10Poise))
- v : 동점성계수(m²/sec)

$$Re = \frac{\rho \times V \times d}{\mu}$$

$\rho \times V \times d = Re \times \mu$

$$V = \frac{Re \times \mu}{\rho \times d} = \frac{40{,}000 \times 1.670 \times 10^{-5}}{1.203 \times 0.2} = 2.67 \text{(m/sec)}$$

(200mm = 0.2m)

$\Big[$ 10poise = 1kg/m · sec
$10 : 1 = 1.670 \times 10^{-4} : x$
$10x = 1.670 \times 10^{-4}$
$\therefore x = \dfrac{1.670 \times 10^{-4}}{10} = 1.670 \times 10^{-5}$(kg/m · sec) $\Big]$

07 다음 [보기]의 내용을 국소배기장치의 설계순서에 따라 번호를 나열하시오.

① 제어속도 결정
② 반송속도 결정
③ 소요 풍량 계산
④ 후드형식 선정
⑤ 후드의 크기 결정
⑥ 배관의 배치와 설치장소 선정
⑦ 배관 내경 산출
⑧ 총 압력 손실량 계산
⑨ 국소배기 계통도와 배치도 작성
⑩ 송풍기 선정
⑪ 공기정화장치 선정

④ → ① → ③ → ② → ⑦ → ⑤ → ⑥ → ⑪ → ⑨ → ⑧ → ⑩

★ 참고
후드형식 선정 → 제어속도 결정 → 소요 풍량 계산 → 반송속도 결정 → 배관 내경 산출 → 후드의 크기 결정 → 배관의 배치와 설치장소 선정 → 공기정화장치 선정 → 국소배기 계통도와 배치도 작성 → 총 압력 손실량 계산 → 송풍기 선정

암기법
형(형식)제(제어속도) 소풍(소요풍량) 단속(반송속도), 배경(배관내경) 크기결정, 배치 장소 선정, 공정(공기정화장치)한 배치도 작성, 손실(총압력손실) 계산 후 소풍(송풍기) 선정

08 시료채취의 방법 중 여과포집에 기여하는 6가지 기전(여과포집 원리)을 적으시오.

① 직접차단(간섭 : interception)
② 관성충돌(intertial impaction)
③ 확산(diffusion)
④ 중력침강(gravitional settling)
⑤ 정전기 침강(electrostatic settling)
⑥ 체질(sieving)

09 일산화탄소 10ppm은 몇 mg/m³인가? (단, 0℃ 1기압 기준)

> 1. 0℃, 1기압 기준
>   - $mg/m^3 = \dfrac{ppm \times 분자량}{22.4}$
>   - $ppm = mg/m^3 \times \dfrac{22.4(L)}{분자량}$
> 2. 21℃, 1기압 기준
>   - $mg/m^3 = \dfrac{ppm \times 분자량}{24.1}$
>   - $ppm = mg/m^3 \times \dfrac{24.1(L)}{분자량}$
> 3. 25℃, 1기압 기준
>   - $mg/m^3 = \dfrac{ppm \times 분자량}{24.45}$
>   - $ppm = mg/m^3 \times \dfrac{24.45(L)}{분자량}$

$mg/m^3 = \dfrac{10 \times 28}{22.4} = 12.50(mg/m^3)$

[일산화탄소(CO)의 분자량 = 12 + 16 = 28(g)]

10 유해가스 흡수 처리 시에 사용하는 흡수액의 구비조건 4가지를 적으시오. (단, 비용에 대한 부분은 제외한다.)

① 용해도가 클 것
② 휘발성이 적을 것
③ 독성이 없고 화학적으로 안정될 것
④ 부식이 없을 것

11 밀폐공간에 근로자를 종사하도록 하는 경우에 수립·시행하여야 하는 밀폐공간 작업 프로그램에 포함하여야 하는 내용 3가지를 적으시오. (단, 그 밖에 밀폐공간 작업 근로자의 건강장해 예방에 관한 사항은 제외한다.)

① 사업장 내 밀폐공간의 위치 파악 및 관리 방안
② 밀폐공간 내 질식·중독 등을 일으킬 수 있는 유해·위험 요인의 파악 및 관리 방안
③ 밀폐공간 작업 시 사전 확인이 필요한 사항에 대한 확인 절차
④ 안전보건교육 및 훈련

12 1기압, 0℃에서 공기밀도는 1.293kg/m³이다. 1기압, 50℃에서의 공기밀도(kg/m³)를 계산하시오.

> **밀도의 온도, 압력 보정**
>
> 1. 밀도(ρ) = $\dfrac{질량}{부피}$ (g/cm³, kg/m³)
>
> 2. 보정 후의 밀도 = 보정 전의 밀도 × $\dfrac{(273+t_1)(P_2)}{(273+t_2)(P_1)}$
>   - t_1, P_1 : 처음 온도, 처음 압력
>   - t_2, P_2 : 나중 온도, 나중 압력
>
> 0℃(t_1)에서의 밀도 1.293(kg/m³)을 50℃(t_2)로 보정
>
> 보정 후의 밀도 = 보정 전의 밀도 × $\dfrac{(273+t_1)(P_2)}{(273+t_2)(P_1)}$
>
> = 1.293 × $\dfrac{(273+0) \times 1}{(273+50) \times 1}$ = 1.09(kg/m³)

13 작업환경관리 대책 중 작업환경개선의 공학적인 대책 3가지를 적으시오.

① 대치(대체)
② 격리
③ 환기

> **★ 참고**
> **작업환경 개선대책(작업환경 관리의 원칙)**
> 1. 대치(대체)
>   - 공정의 변경
>   - 유해물질 변경
>   - 시설의 변경
> 2. 격리
>   - 저장물질의 격리
>   - 시설의 격리
>   - 공정의 격리
>   - 작업자의 격리
> 3. 환기
>   - 국소환기
>   - 전체환기
> 4. 교육
>   - 올바른 작업방법에 대한 근로자 교육과 습관화

14 속도압이 35mmH₂O인 후드의 유입계수가 0.81인 경우 후드의 압력손실(mmH₂O)을 계산하시오.

> 압력손실($\triangle P$) = $F_h \times VP$ = $(\dfrac{1}{Ce^2} - 1) \times \dfrac{\gamma V^2}{2g}$ (mmH₂O)
> - F_h : 압력손실계수(유입손실계수)
> - Ce : 유입계수
> - VP : 속도압(동압)(mmH₂O)
> - γ : 공기비중
> - V : 유속(m/s)
> - g : 중력가속도(9.8m/s²)
>
> $\triangle P = (\dfrac{1}{Ce^2} - 1) \times VP = (\dfrac{1}{0.81^2} - 1) \times 35 = 18.35$ (mmH₂O)

15 인간이 생활하는 데 가장 적절한 온도를 뜻하는 지적온도의 종류를 3가지 적고 각각의 정의를 설명하시오.

> ① 주관적 지적온도 : 감각적으로 쾌적함을 느끼는 온도
> ② 생리적 지적온도 : 최소의 에너지로 최대의 생리적 기능을 발휘할 수 있는 온도
> ③ 생산적 지적온도 : 생산능률을 최고로 올릴 수 있는 온도

16 송풍기 상사법칙에 의한 송풍기의 회전수와 풍량, 정압, 동력의 관계를 식으로 나타내시오. (단, 공기의 비중은 일정하며, 송풍기의 크기는 같다.)

> 1. $\dfrac{Q_2}{Q_1} = \dfrac{N_2}{N_1}$
> 2. $\dfrac{P_2}{P_1} = (\dfrac{N_2}{N_1})^2$
> 3. $\dfrac{HP_2}{HP_1} = (\dfrac{N_2}{N_1})^3$
>   - Q_1 : 회전수 변경 전 풍량(m³/min)
>   - Q_2 : 회전수 변경 후 풍량(m³/min)
>   - N_1 : 변경 전 회전수(rpm)
>   - N_2 : 변경 후 회전수(rpm)
>   - P_1 : 변경 전 정압(mmH₂O)
>   - P_2 : 변경 후 정압(mmH₂O)
>   - HP_1 : 변경 전 동력(kW)
>   - HP_2 : 변경 후 동력(kW)

17 어느 작업장에서 MEK(분자량 : 72.1, 비중 : 0.805)과 톨루엔(분자량 : 92.13, 비중 : 0.866)이 매시간당 2000mL씩 발생되고 있으며, 작업장의 MEK(TLV : 200ppm) 농도는 120ppm, 톨루엔의 농도는(TLV : 100ppm) 75ppm이다. (단, MEK의 안전계수는 5, 톨루엔의 안전계수는 6이며, 25℃ 1기압을 기준으로 한다.)

(1) 각각의 노출지수를 구하여 노출기준 초과 여부를 평가하시오.
(2) 각 물질이 상가작용을 할 경우 전체 환기량(m^3/min)을 계산하시오

---

(1) 노출지수 및 노출기준 초과 여부 평가

1. 노출지수

$$EI = \frac{C_1}{T_1} + \frac{C_2}{T_2} + \cdots + \frac{C_n}{T_n}$$

- C : 화학물질 각각의 측정치
- T : 화학물질 각각의 노출기준

2. 평가
- $EI > 1$: 노출기준을 초과함
- $EI < 1$: 노출기준을 초과하지 않음

3. 혼합물의 TLV-TWA

$$TLV\text{-}TWA = \frac{C_1 + C_2 + \cdots + C_n}{EI}$$

- 노출지수 $EI = \frac{120}{200} + \frac{75}{100} = 1.35$
- 평가 : $EI > 1$이므로 노출기준을 초과함

(2) 전체 환기량

$$Q = \frac{24.45 \times kg/h \times K \times 10^6}{MW \times TLV}(m^3/hr) \div 60 = (m^3/min)$$

- K : 안전계수
- MW : 물질의 분자량
- kg/hr : 시간당 오염물질 발생량(l/hr × S(비중))
- TLV : 노출기준(ppm)
- 24.45 : 25℃, 1기압에서 공기의 비중(21℃, 1기압일 경우 24.1)

- MEK의 환기량

$$Q = \frac{24.45 \times (2 \times 0.805) \times 5 \times 10^6}{72.1 \times 200} \div 60 = 227.49(m^3/min)$$

(2,000mL = 2L)

- 톨루엔의 환기량

$$Q = \frac{24.45 \times (2 \times 0.866) \times 6 \times 10^6}{92.13 \times 100} \div 60 = 459.65(m^3/min)$$

- 두 물질은 상가작용을 하므로
총 환기량 = 227.49 + 459.65 = 687.14(m^3/min)

18 전체환기량 계산 시 다음의 경우에 적합한 안전계수(혼합계수) K의 값을 적으시오.

(1) 작업장 내 공기혼합이 원활한 경우
(2) 작업장 내 공기혼합이 보통인 경우
(3) 작업장 내 공기혼합이 불완전한 경우

> (1) K = 1
> (2) K = 2
> (3) K = 3

2020년 2회 과년도기출문제

01 음향출력이 1watt인 점음원으로 부터 20m 떨어진 곳의 음압수준은 약 얼마인지 계산하시오.

(1) 무지향성 점음원, 자유공간
(2) 무지향성 점음원, 반자유공간

무지향성 점음원	무지향성 선음원
① 자유공간(공중, 구면파)에 위치할 때 $SPL = PWL - 20\log r - 11$(dB) ② 반자유공간(바닥, 벽, 천장, 반구면파)에 위치할 때 $SPL = PWL - 20\log r - 8$(dB) • r : 소음원으로 부터의 거리(m)	① 자유공간(공중, 구면파)에 위치할 때 $SPL = PWL - 10\log r - 8$(dB) ② 반자유공간(바닥, 벽, 천장, 반구면파)에 위치할 때 $SPL = PWL - 10\log r - 5$(dB) • r : 소음원으로 부터의 거리(m)

(1) $SPL = PWL - 20\log r - 11 = 120 - 20 \times \log 20 - 11 = 82.98$(dB)

$$PWL = 10\log\left(\frac{W}{W_o}\right) = 10 \times \log\frac{1}{10^{-12}} = 120 \text{(dB)}$$

(2) $SPL = PWL - 20\log r - 8 = 120 - 20 \times \log 20 - 8 = 85.98$(dB)

02 작업환경대책 중 작업환경개선의 공학적인 대책 3가지를 적으시오.

① 대치(대체)
② 격리
③ 환기

★참고
작업환경 개선대책(작업환경 관리의 원칙)
1. 대치(대체)
   • 공정의 변경
   • 유해물질 변경
   • 시설의 변경
2. 격리
   • 저장물질의 격리
   • 시설의 격리
   • 공정의 격리
   • 작업자의 격리
3. 환기
   • 국소환기
   • 전체환기
4. 교육
   • 올바른 작업방법에 대한 근로자 교육과 습관화

03 후드의 유입손실계수가 0.65, 유량이 32m³/min, 후드 직경이 12cm인 원형후드의 정압(mmH₂O)을 계산하시오.

> 1. 후드정압(SP_h) = $VP + \triangle P = VP + (F_h \times VP) = VP(1 + F_h)$ (mmH₂O)
>   - VP : 속도압(동압)(mmH₂O)
>   - F_h : 압력손실계수(= $\frac{1}{Ce^2} - 1$)
>   - Ce : 유입계수
>   - $\triangle P$: 압력손실(mmH₂O)
> 2. $Q = 60 \times A \times V$
>   - Q : 유체의 유량(m³/min)
>   - A : 유체가 통과하는 단면적(m²)
>   - V : 유체의 유속(m/sec)

$SP_h = VP(1 + F_h) = 136.17 \times (1 + 0.65) = 224.68$ (mmH₂O)

> 1. $Q = 60 \times A \times V$
>
> $V = \dfrac{Q}{60 \times A} = \dfrac{Q}{60 \times \dfrac{\pi d^2}{4}} = \dfrac{32}{60 \times \dfrac{\pi \times 0.12^2}{4}} = 47.16$ (m/sec)
>
> 2. $VP = \dfrac{\gamma V^2}{2g} = \dfrac{1.2 \times 47.16^2}{2 \times 9.8} = 136.17$ (mmH₂O)

04 흡수탑(충진탑)의 충전물(충진제)의 구비조건을 3가지 적으시오.

① 표면적이 클 것
② 공극률이 클 것
③ 압력손실이 작을 것
④ 내구성이 클 것
⑤ 내식성, 내열성이 클 것

05 어느 작업장에서 작업 중에 유해물질(TLV-TWA : 85ppm)을 1일 10시간 취급하고 있다. Brief and Scala의 보정법을 적용하여 보정된 허용기준을 계산하시오.

> **Brief와 Scala의 보정방법**
>
> 1. $RF = \left(\dfrac{8}{H}\right) \times \dfrac{24-H}{16}$
>
>   [일주일 ; $RF = \left(\dfrac{40}{H}\right) \times \dfrac{168-H}{128}$]
>
> 2. 보정된 노출기준 = RF × 노출기준(허용농도)
>   - H : 비정상적인 작업시간(노출시간/일) ; 노출시간/주
>   - 16 : 휴식시간 의미(128 ; 일주일 휴식시간 의미)

1. $RF = \left(\dfrac{8}{H}\right) \times \dfrac{24-H}{16} = \left(\dfrac{8}{10}\right) \times \dfrac{24-10}{16} = 0.70$
2. 보정된 노출기준 = RF × 허용농도 = 0.70 × 85 = 59.50(ppm)

06 작업자들이 퇴근한 직후에 측정한 CO_2 농도는 1,250ppm이었고, 3시간이 경과한 후에 측정한 CO_2 농도는 450ppm이었다. 작업장의 시간당 공기교환횟수를 계산하시오. (단, 외부 공기 중의 CO_2 농도는 330ppm이다.)

> **시간당 공기교환 횟수(ACH)**
>
> $ACH(회) = \dfrac{\ln(C_1 - C_o) - \ln(C_2 - C_o)}{hr}$
>
> - C_1 : 처음 측정한 이산화탄소 농도
> - C_2 : 시간경과 후 측정한 이산화탄소 농도
> - C_o : 외부공기 중 이산화탄소 농도(약 330ppm)

$ACH(회) = \dfrac{\ln(1{,}250 - 330) - \ln(450 - 330)}{3} = 0.68(회 또는 회/hr)$

07 어느 작업장에 설치된 송풍기의 흡입관의 정압이 −60mmH$_2$O, 동압이 20mmH$_2$O이며 배출관의 정압이 15mmH$_2$O, 동압이 25mmH$_2$O이며 유량이 130m^3/min이다. 송풍기의 동력(kW)를 계산하시오. (단, 송풍기의 효율은 0.85, 안전여유율 1.1)

> 1. 송풍기 정압(FSP) : 송풍기 전압(FTP)과 속도압(VP_{out})의 차
> $$FSP = FTP - VP_{out}$$
> $$= (SP_{out} - SP_{in}) + (VP_{out} - VP_{in}) - VP_{out}$$
> $$= (SP_{out} - SP_{in}) - VP_{in}$$
> $$= (SP_{out} - TP_{in})$$
>
> 2. 송풍기의 소요동력
> $$HP(kW) = \frac{Q \times P}{6120 \times \eta} \times K$$
> - Q : 송풍량(m^3/min)
> - P : 유효전압(풍압)(mmH$_2$O)
> - η : 송풍기 효율
> - K : 안전여유
>
> 1. $FSP = (SP_{out} - SP_{in}) - VP_{in} = 15 - (-60) - 20 = 55$(mmH$_2$O)
> 2. $HP(kW) = \frac{Q \times P}{6120 \times \eta} \times K = \frac{130 \times 55}{6120 \times 0.85} \times 1.1 = 1.51$(kW)

08 국소배기장치의 점검항목 중 송풍관(duct)의 점검항목 4가지를 적으시오.

> ① 표면상태 : 덕트 내 · 외면의 파손, 변형 등으로 인한 설계압력 증가 또는 파손 부분 등에서의 공기 유입, 누출이 없고 이상음, 이상진동이 없을 것
> ② 덕트 내면상태 : 분진 등의 퇴적으로 인한 이상음, 이상 진동이 없을 것
> ③ 접속부 : 플랜지의 결합볼트, 너트, 패킹에 손상이 없을 것
> ④ 댐퍼 : 댐퍼가 손상되지 않고 정상적으로 작동될 것

09 태양광선이 내리쬐지 않는 실내작업장의 건구온도가 27℃이고, 자연습구온도가 33℃이며 흑구온도가 41℃인 경우 습구흑구온도지수(WBGT)를 계산하시오.

> **습구흑구온도지수(WBGT)의 산출**
> 1. 옥외(태양광선이 내리쬐는 장소)
>   WBGT(℃) = 0.7 × 자연습구온도 + 0.2 × 흑구온도 + 0.1 × 건구온도
> 2. 옥내 또는 옥외(태양광선이 내리쬐지 않는 장소)
>   WBGT(℃) = 0.7 × 자연습구온도 + 0.3 × 흑구온도
>
> WBGT(℃) = 0.7 × 자연습구온도 + 0.3 × 흑구온도 = 0.7 × 33 + 0.3 × 41 = 35.40(℃)

10 전체 환기장치와 비교한 국소 배기장치의 장점을 3가지 적으시오.

> ① 전체 환기시설은 유해물질이 제거되지 않고 농도만 낮아지나, 국소배기시설은 발생원에서 유해물질을 제거할 수 있다.
> ② 필요 환기량이 적어 실내에서 배출되는 공기량이 적고, 따라서 보충되어야 할 급기량도 적어지므로 냉난방 비용면에서 전체 환기시설보다 경제적이다.
> ③ 유해물질이 소량의 공기 중에 고농도로 포함되어 있으므로 공기정화기를 설치하는데 있어서 경제적이다.
> ④ 유해물질이 작업장 내로 배출되지 않으므로 유해물질에 의해 기계, 기구, 제품 등이 손상되지 않으며, 유지관리가 용이하다.
> ⑤ 발생원에 근접하여 배기시키기 때문에 방해기류나 부적절한 급기흐름의 영향을 적게 받는다.

11 소음이 발생되는 작업장에서 4시간 작업하는 하는 동안 90dB(A)의 소음에 노출된 경우 소음 노출량(누적소음 폭로량)(%)을 계산하시오.

누적소음폭로량(%)

$$D(\%) = \left(\frac{C_1}{T_1} + \frac{C_2}{T_2} + \cdots + \frac{C_n}{T_n}\right) \times 100$$

- D : 누적소음 폭로량(%)
- C : 각각의 소음도에 노출되는 시간(hr)
- T : 각각의 소음도에 노출될 수 있는 허용노출시간(hr)

$$D = \frac{4}{8} \times 100 = 50(\%)$$

★ 참고
소음의 노출기준

1일 노출시간 (hr)	소음강도 dB(A)
8	90
4	95
2	100
1	105
1/2	110
1/4	115

12 [보기]는 산업안전보건법에 의한 작업환경 측정 횟수에 관한 내용이다. 괄호에 적합한 내용을 적으시오.

사업주는 작업장 또는 작업공정이 신규로 가동되거나 변경되는 등으로 작업환경측정 대상 작업장이 된 경우에는 그 날부터 (①) 이내에 작업환경측정을 하고, 그 후 반기(半期)에 (②) 이상 정기적으로 작업환경을 측정해야 한다. 다만, 작업환경측정 결과가 다음 각 호의 어느 하나에 해당하는 작업장 또는 작업공정은 해당 유해인자에 대하여 그 측정일 부터 (③)에 (④) 이상 작업환경측정을 해야 한다.
1. 화학적 인자(고용노동부장관이 정하여 고시하는 물질만 해당한다)의 측정치가 노출기준을 초과하는 경우
2. 화학적 인자(고용노동부장관이 정하여 고시하는 물질은 제외한다)의 측정치가 노출기준을 2배 이상 초과하는 경우

① 30일
② 1회
③ 3개월
④ 1회

13 고농도의 분진 발생 작업장에서 실시하여야 하는 관리대책(분진이 발생되는 작업장의 작업관리 대책) 4가지를 적으시오.

> ① 분진 발생원 밀폐(분진 발생 방지)
> ② 습식공법 채택(분진 비산 방지)
> ③ 작업장 환기(국소배기장치 또는 전체환기장치를 설치)
> ④ 작업자 방진마스크 착용

14 국소배기장치와 관련된 다음 [보기]의 용어를 간단히 설명하시오.

(1) 플랜지
(2) 테이퍼
(3) 충만실(플래넘)

> (1) 플랜지(flange) : 후드 뒤쪽의 공기(후방기류)를 차단하기 위하여 후드에 직각으로 부착하는 판을 말하며, 송풍량을 약 25% 감소시키는 역할을 한다.
> (2) 테이퍼(taper, 경사접합구) : 후드와 덕트의 연결부위를 말하며, 급격한 단면 변화로 인한 압력손실을 방지하고 후드 개구면 속도를 균일하게 분포시키는 역할을 한다.
> (3) 충만실(플래넘 : Plenum)
> • 공기의 흐름을 균일하게 유지시켜주기 위한 후드나 덕트의 큰 공간을 말한다.
> • 슬롯 후드 뒤쪽에 위치하여 압력을 균일화시키는 역할을 한다.

15 노출기준의 종류인 TLV-TWA, TLV-STEL, TLV-C를 각각 설명하시오.

> ① TLV-TWA(시간가중평균노출기준) : 1일 8시간 및 1주일 40시간 동안의 평균 농도로서, 모든 근로자가 나쁜 영향을 받지 않고 노출될 수 있는 농도이다.
> ② TLV-STEL(단시간노출기준) : 15분간의 시간가중평균노출 값(근로자가 1회에 15분간 유해인자에 노출되는 경우의 기준)을 말한다.
> ③ TLV-C(최고노출기준) : 근로자가 1일 작업시간동안 잠시라도 노출되어서는 아니 되는 기준을 말한다.

16 다음 [보기]의 내용을 국소배기장치의 설계순서에 따라 번호를 나열하시오.

> ① 제어속도 결정　　② 반송속도 결정
> ③ 소요 풍량 계산　　④ 후드형식 선정
> ⑤ 총 압력 손실량 계산　⑥ 송풍기 선정
> ⑦ 공기정화장치 선정

④ → ① → ③ → ② → ⑦ → ⑤ → ⑥

＊참고
후드형식 선정 → 제어속도 결정 → 소요 풍량 계산 → 반송속도 결정 → 배관 내경 산출 → 후드의 크기 결정 → 배관의 배치와 설치장소 선정 → 공기정화장치 선정 → 국소배기 계통도와 배치도 작성 → 총 압력 손실량 계산 → 송풍기 선정

암기법
형(형식)제(제어속도) 소풍(소요풍량) 단속(반송속도), 배경(배관내경) 크기결정, 배치 장소 선정, 공정(공기정화장치)한 배치도 작성, 손실(총압력손실) 계산 후 소풍(송풍기) 선정

17 전체 환기장치의 환기방식 중 작업장 실내압을 양압(+)으로 유지하고자 한다. 다음 물음에 답하시오.

(1) 요구되는 급기와 배기방식을 1가지씩 적으시오.
(2) 실내압을 양압(+)으로 유지함으로써 얻게 되는 환기효과를 적으시오.
(3) 적용할 수 있는 사업장의 예를 1가지 적으시오.

(1) ① 급기 : 기계 환기
　　② 배기 : 자연 환기
(2) 청정공기를 유입할 수 있다.
(3) 청정공기를 필요로 하는 전자공업, 수술실 등 의료기관, 식품산업

18 저용량 에어 샘플러(low volume air sampler)로 공기 중의 납을 시료채취 한 결과 총 흡인유량이 180L일 때 납의 정량치는 12μg이었다. 공기 중 납의 농도(mg/m³)를 계산하시오. (단, 회수율은 95%이다.)

1. $\dfrac{mg}{m^3} = \dfrac{12 \times 10^{-3} mg}{180 \times 10^{-3} m^3} = 0.0667 (mg/m^3)$

   - $\mu g = 10^{-3} mg$
   - $L = 10^{-3} m^3$

2. 회수율이 95%이므로 100%일 때의 농도
   $0.95 : 0.0667 = 1 : x$
   $0.95x = 0.0667$
   $x = \dfrac{0.0667}{0.95} = 0.07 (mg/m^3)$

★ 참고
mg/m³을 소수 둘째자리 값(0.07)으로 대입할 경우 회수율 95% 값과 100% 값이 동일하여 소수 넷째자리 값(0.0667)으로 대입하여 계산함

2020년 3회 과년도기출문제

산업위생관리산업기사 실기

01 작업환경 측정 방법 중 개인시료 채취의 정의를 적고 개인시료 채취시의 측정위치를 적으시오.

(1) 개인시료 채취의 정의
(2) 측정위치

> (1) 개인시료 채취기를 이용하여 가스 · 증기 · 분진 · 흄(fume) · 미스트(mist) 등을 근로자의 호흡위치에서 채취하는 것을 말한다.
> (2) 호흡기를 중심으로 반경 30cm인 반구

02 [보기]의 설명에 해당하는 입자상 물질의 종류를 적으시오.

(1) 액체물질의 교반, 스프레이 작업 등에 의해 공기 중에 부유, 비산되는 액체 미립자를 말한다.
(2) 고체상태의 물질이 용융되어 생긴 금속의 증기가 공기 중에서 응고되어 화학변화(산화)를 일으켜 만들어진 고체의 미립자를 말한다.
(3) 유해물질이 연소 시에 불완전 연소의 결과로 생기는 미립자(에어로졸의 혼합체)를 말한다.

> (1) 미스트(mist)
> (2) 흄(fume)
> (3) 연기(smoke)

03 송풍기 상사법칙에 의한 송풍기의 회전수와 풍량, 정압, 동력의 관계를 식으로 나타내시오. (단, 공기의 비중은 일정하며, 송풍기의 크기는 같다.)

1. $\dfrac{Q_2}{Q_1} = \dfrac{N_2}{N_1}$

2. $\dfrac{P_2}{P_1} = \left(\dfrac{N_2}{N_1}\right)^2$

3. $\dfrac{HP_2}{HP_1} = \left(\dfrac{N_2}{N_1}\right)^3$

- Q_1 : 회전 수 변경 전 풍량(m³/min)
- Q_2 : 회전 수 변경 후 풍량(m³/min)
- N_1 : 변경 전 회전수(rpm)
- N_2 : 변경 후 회전수(rpm)
- P_1 : 변경 전 정압(mmH₂O)
- P_2 : 변경 후 정압(mmH₂O)
- HP_1 : 변경 전 동력(kW)
- HP_2 : 변경 후 동력(kW)

04 총 압력손실 계산방법 중 정압조절평형법(유속조절평형법)의 장, 단점을 3가지씩 적으시오.

장점	단점
• 침식, 부식, 분진 퇴적에 의한 덕트 폐쇄가 없다. • 설계 시 잘못 설계된 분지관 또는 저항이 가장 큰 분지관을 쉽게 발견할 수 있다.(최대 저항 경로 선정이 잘못되어도 설계 시 쉽게 발견할 수 있음) • 설계가 정확할 때에는 가장 효율적인 시설이다.	• 설계 시 잘못된 유량을 고치기 어렵다. (임의로 유량을 조절하기 어려움) • 송풍량은 근로자나 운전자의 의도대로 쉽게 변경되지 않는다. • 설계유량 산정이 잘못될 경우 수정은 덕트의 크기 변경을 요한다. • 설계가 복잡하고 시간이 많이 걸린다. • 설치된 후의 개조 및 변경이나 확장에 대한 유연성이 낮다. • 효율 개선 시 전체를 수정해야 한다. • 경우에 따라 전체 필요한 최소유량보다 더 초과될 수 있다.

05 태양광선이 내리쬐지 않는 옥외작업장의 건구온도가 35℃이고, 자연습구온도가 32℃이며 흑구온도가 40℃인 경우 (1) 습구흑구온도지수(WBGT)를 계산하시오. (2) 작업강도가 중등작업으로 연속작업을 하는 경우 고열에 대한 노출기준 초과 여부를 판정하시오.

(1) WBGT(℃) = 0.7 × 자연습구온도 + 0.3 × 흑구온도 = 0.7 × 32 + 0.3 × 40 = 34.40(℃)
(2) 중등작업으로 연속작업인 경우의 노출기준 26.7℃보다 WBGT(34.40℃)가 높으므로 노출기준을 초과하였다.

★ 참고
고열작업장의 노출기준(WBGT, ℃)

시간당 작업과 휴식비율	작업 강도		
	경작업	중등작업	중(힘든)작업
연속 작업	30.0	26.7	25.0
75% 작업, 25% 휴식 (45분 작업, 15분 휴식)	30.6	28.0	25.9
50% 작업, 50% 휴식 (30분 작업, 30분 휴식)	31.4	29.4	27.9
25% 작업, 75% 휴식 (15분 작업, 45분 휴식)	32.2	31.1	30.0

06

다음 표는 쾌적한 사무실 공기를 유지하기 위한 사무실 오염물질의 관리기준을 나타낸다. 괄호에 적합한 관리기준을 적으시오.

오염물질	관리기준
미세먼지(PM10)	(①)
일산화탄소(CO)	(②)
총 휘발성 유기화합물	(③)

① $100\mu g/m^3$
② 10ppm
③ $500\mu g/m^3$

*참고

오염물질	관리기준
미세먼지(PM10)	$100\mu g/m^3$
초미세먼지(PM2.5)	$50\mu g/m^3$
이산화탄소(CO_2)	1,000ppm
일산화탄소(CO)	10ppm
이산화질소(NO_2)	0.1ppm
포름알데히드(HCHO)	$100\mu g/m^3$
총휘발성유기화합물(TVOC)	$500\mu g/m^3$
라돈(radon)	$148Bq/m^3$
총부유세균	$800CFU/m^3$
곰팡이	$500CFU/m^3$

암기법

이질 0.1, 일탄 10/ 초먼 50, 포름알·미먼 100/ 라돈 148, 휘유, 곰팡이 500/ 부유 800, 이탄 1000
(라돈 Bq/m^3, 부유 CFU/m^3, 초먼·미먼·포름알·휘유 $\mu g/m^3$, 나머지 ppm)

07 전체환기 장치를 설치하여야 하는 경우(적용시의 고려사항, 적용조건) 5가지를 적으시오.

① 유해물질의 독성이 비교적 낮은 경우
② 동일한 작업장에 다수의 오염원이 분산되어 있는 경우
③ 유해물질이 시간에 따라 균일하게 발생될 경우
④ 유해물질의 발생량이 적은 경우
⑤ 발생원이 이동하는 경우
⑥ 오염원이 근무자가 근무하는 장소로부터 멀리 떨어져 있는 경우

08 실내 용적이 500m³인 사무실에서 30명이 근무하고 있다. CO_2의 1인당 배출량이 30L/hr일 경우 시간당 공기 교환횟수를 계산하시오. (단, CO_2의 허용농도는 0.08%, 외기 중 CO_2의 농도는 0.02%이다.)

시간당 공기교환 횟수(ACH)

1. $ACH = \dfrac{\text{실내 환기량}(m^3/hr)}{\text{실내 체적}(m^3)}$

2. $Q(m^3/min) = \dfrac{G}{C_s - C_o} \times 100$

   - G : CO_2 발생률(m^3/min)
   - C_s : 이산화탄소의 허용농도(%)
   - C_o : 외부공기 중 이산화탄소의 농도(%)

$ACH = \dfrac{\text{실내 환기량}(Q)}{\text{실내 체적}(m^3)} = \dfrac{1,500}{500} = 3(\text{회 또는 회/hr})$

$\left[Q = \dfrac{G}{C_s - C_o} \times 100 = \dfrac{(30 \times 10^{-3} m^3/hr) \times 30\text{인}}{(0.08 - 0.02)\%} \times 100 = 1,500(m^3/hr) \right]$

09 음향출력이 1watt인 점음원으로 부터 20m 떨어진 곳의 음압수준은 약 얼마인지 계산하시오. (단, 무지향성 점음원, 자유공간)

> **무지향성 점음원**
> 1. 자유공간(공중, 구면파)에 위치할 때
> $SPL = PWL - 20\log r - 11$ (dB)
> 2. 반자유공간(바닥, 벽, 천장, 반구면파)에 위치할 때
> $SPL = PWL - 20\log r - 8$ (dB)
>   - r : 소음원으로 부터의 거리(m)
>
> $SPL = PWL - 20\log r - 11 = 120 - 20 \times \log 20 - 11 = 82.98$ (dB)
>
> $\left[PWL = 10\log\left(\dfrac{W}{W_o}\right) = 10 \times \log\dfrac{1}{10^{-12}} = 120\text{(dB)} \right]$

10 인체의 열 교환에 영향을 미치는 온열요소 4가지를 적으시오.

> ① 기온(온도)
> ② 기습(습도)
> ③ 기류(대류, 풍속)
> ④ 복사열

11 속도압이 35mmH₂O인 덕트 내의 공기의 유속(m/sec)을 계산하시오. (단, 공기밀도는 1.203kg/m³이다.)

$$VP = \frac{\gamma V^2}{2g}$$
- γ : 공기비중
- V : 유속(m/s)
- g : 중력가속도(9.8m/s²)

$VP = \dfrac{\gamma V^2}{2g}$

$V = \sqrt{\dfrac{VP \times 2g}{\gamma}} = \sqrt{\dfrac{35 \times 2 \times 9.8}{1.203}} = 23.88 \text{(m/sec)}$

$\left[\begin{array}{l} VP = \dfrac{\gamma V^2}{2g} \\ \gamma V^2 = VP \times 2g \\ V^2 = \dfrac{VP \times 2g}{\gamma} \\ V = \sqrt{\dfrac{VP \times 2g}{\gamma}} \end{array}\right]$

12 산업안전보건법에 의한 작업환경측정 시에 사용되는 시료의 채취방법 5가지를 적으시오.

① 액체채취방법
② 고체채취방법
③ 직접채취방법
④ 냉각응축채취방법
⑤ 여과채취방법

13 21℃, 1atm에서의 공기밀도는 1.203kg/m³이다. 온도가 30℃, 압력이 740mmHg일 경우 공기밀도(kg/m³)를 계산하시오.

> **밀도의 온도, 압력 보정**
>
> 1. 밀도(ρ) = $\dfrac{질량}{부피}$ (g/cm³, kg/m³)
>
> 2. 보정 후의 밀도 = 보정 전의 밀도 × $\dfrac{(273+t_1)(P_2)}{(273+t_2)(P_1)}$
>
>   • t_1, P_1 : 처음 온도, 처음 압력
>   • t_2, P_2 : 나중 온도, 나중 압력
>
> 21℃(t_1), 1atm(760mmHg)(P_1)에서의 밀도 1.2kg/m³를 30℃(t_2), 740mmHg(P_2)로 보정
>
> 보정 후의 밀도 = 보정 전의 밀도 × $\dfrac{(273+t_1)(P_2)}{(273+t_2)(P_1)}$
>
> $= 1.2 \times \dfrac{(273+21) \times 740}{(273+30) \times 760} = 1.13 \text{(kg/m}^3\text{)}$
>
> (1atm = 1기압 = 760mmHg)

14 여과포집방법에서 여과지 선정 시 구비조건 5가지를 적으시오.

> ① 포집효율(채취효율)이 높을 것(입경 0.3μm의 입자를 95% 이상 포집할 것)
> ② 압력손실이 적을 것(포집 시의 흡인저항이 낮을 것)
> ③ 파손되지 않고 잘 찢어지지 않을 것
> ④ 흡습률이 낮을 것
> ⑤ 가볍고 1매당 무게의 차이가 적을 것
> ⑥ 분석상 방해가 되는 물질을 함유하지 않을 것

15 국소배기장치의 필요 환기량을 감소시키기 위한 방법 3가지를 적으시오.

> ① 가급적 공정의 포위를 최대화한다.
> ② 포집형이나 레시버형 후드를 사용할 때에는 후드를 배출 오염원에 가깝게 설치한다.
> ③ 주위 방해기류를 최소화하여 후드 개구면에서 기류가 균일하게 분포되도록 설계한다.
> ④ 오염물질 발생특성을 고려하여 설계한다.
> ⑤ 작업조건을 고려하여 적정하게 제어속도를 선정한다.
> ⑥ 공정에서 발생 또는 배출되는 오염물질의 절대량을 감소시킨다.
> ⑦ 플랜지 등을 설치하여 후드 유입 기류를 조절한다.

16 작업장 공기 중에 혼합된 3가지 물질의 구성비율과 노출기준이 [보기]와 같을 때 혼합물의 노출기준(mg/m³)을 계산하시오.

물질 명	구성비율(%)	노출기준(mg/m³)
A	20	760
B	30	1,200
C	50	950

> 액체 혼합물의 구성성분(%)을 알 때 혼합물의 허용농도(노출기준)
>
> $$\text{혼합물의 노출기준(mg/m}^3\text{)} = \frac{1}{\frac{f_a}{TLV_a} + \frac{f_b}{TLV_b} + \cdots + \frac{f_n}{TLV_n}}$$
>
> - f_a, f_b, f_n : 액체 혼합물에서의 각 성분 무게(중량) 구성비
> - TLV_a, TLV_b, TLV_n : 해당 물질의 노출기준(mg/m³)

노출기준 = $\dfrac{1}{\dfrac{0.2}{760} + \dfrac{0.3}{1,200} + \dfrac{0.5}{950}}$ = 962.03(mg/m³)

또는

노출기준 = $\dfrac{100}{\dfrac{20}{760} + \dfrac{30}{1,200} + \dfrac{50}{950}}$ = 962.03(mg/m³)

17 덕트 단면적이 0.042m²이고, 덕트 내 정압은 -65mmH₂O, 전압은 -22mmH₂O이다.

(1) 덕트 내의 반송속도(m/sec)를 계산하시오.
(2) 덕트 내의 공기 유량(m³/min)을 계산하시오.

---

1. 속도압$(VP) = \dfrac{\gamma V^2}{2g}$(mmH₂O)

   V(m/sec) $= 4.043\sqrt{VP}$
   - γ : 공기비중
   - V : 유속(m/s)
   - g : 중력가속도(9.8m/s²)

2. $Q = 60 \times A \times V$
   - Q : 유체의 유량(m³/min)
   - A : 유체가 통과하는 단면적(m²)
   - V : 유체의 유속(m/sec)

---

1. TP(전압) $= SP$(정압) $+ VP$(동압)

   $VP = TP - SP = -22 - (-65) = 43$(mmH₂O)

   $V = 4.043\sqrt{VP} = 4.043 \times \sqrt{43} = 26.51$(m/sec)

2. $Q = 60 \times A \times V = 60 \times 0.042 \times 26.51 = 66.81$(m³/min)

★참고

$$\begin{bmatrix} VP = \dfrac{\gamma \times V^2}{2g} \\ VP \times 2g = \gamma V^2 \\ V^2 = \dfrac{VP \times 2g}{\gamma} \\ V = \sqrt{\dfrac{VP \times 2g}{\gamma}} = \sqrt{\dfrac{43 \times 2 \times 9.8}{1.2}} = 26.50 \text{(m/sec)} \end{bmatrix}$$

2020년 4회 과년도기출문제

01 어떤 작업장의 음압 수준이 100dB(A)이고, 근로자는 차음평가수(NRR)가 17인 귀덮개를 착용하고 있다. 귀덮개의 차음효과와 근로자가 노출되는 음압수준을 계산하시오.

> 차음효과 = (NRR − 7) × 0.5
> • NRR : 차음평가지수

차음효과 = (17 − 7) × 0.5 = 5[dB(A)]
근로자가 노출되는 음압수준 = 100 − 5 = 95[dB(A)]

02 국소배기장치에서 공기공급시스템이 필요한 이유 5가지를 적으시오.

① 국소배기장치를 적절하게 가동시키기 위하여
② 국소배기장치의 효율 유지를 위하여
③ 작업장 내의 안전사고 예방을 위하여
④ 연료를 절약하기 위하여(에너지 절약)
⑤ 작업장 내의 방해기류(교차기류) 생성 방지를 위하여
⑥ 외부공기가 정화되지 않은 채로 건물 내로 유입되는 것을 막기 위하여

03 송풍량이 280(m³/min)인 외부식 후드에 플랜지를 부착하려고 한다. 동일한 제어속도를 얻기 위하여 필요한 플랜지를 부착한 경우의 송풍량(m³/min)을 계산하시오. (단, 후드 개구면적과 설치위치의 변경은 없다.)

플랜지를 설치하면 송풍량을 25% 감소시킬 수 있으므로
1. 플랜지를 부착하여 감소되는 송풍량 = 280 × 0.25 = 70(m³/min)
2. 동일한 제어속도를 얻기 위해 필요한 송풍량(플랜지를 부착한 경우) = 280 − 70 = 210(m³/min)

04 노출기준의 종류인 TLV-TWA, TLV-STEL, TLV-C를 각각 설명하시오.

> ① TLV-TWA(시간가중평균노출기준) : 1일 8시간 및 1주일 40시간 동안의 평균 농도로서, 모든 근로자가 나쁜 영향을 받지 않고 노출될 수 있는 농도이다.
> ② TLV-STEL(단시간노출기준) : 15분간의 시간가중평균노출 값(근로자가 1회에 15분간 유해인자에 노출되는 경우의 기준)을 말한다.
> ③ TLV-C(최고노출기준) : 근로자가 1일 작업시간동안 잠시라도 노출되어서는 아니 되는 기준을 말한다.

05 작업자들이 퇴근한 직후에 측정한 CO_2 농도는 1,250ppm이었고, 3시간이 경과한 후에 측정한 CO_2농도는 450ppm이었다. 작업장의 시간당 공기교환횟수를 계산하시오. (단, 외부 공기 중의 CO_2농도는 330ppm이다.)

> 시간당 공기교환 횟수(ACH)
>
> $$ACH(회) = \frac{\ln(C_1 - C_o) - \ln(C_2 - C_o)}{hr}$$
>
> - C_1 : 처음 측정한 이산화탄소 농도
> - C_2 : 시간경과 후 측정한 이산화탄소 농도
> - C_o : 외부공기 중 이산화탄소 농도(약 330ppm)
>
> $$ACH(회) = \frac{\ln(1,250 - 330) - \ln(450 - 330)}{3} = 0.68(회 \text{ 또는 } 회/hr)$$

06 전체환기 장치의 적용조건(설치하여야 하는 경우, 적용시의 고려사항) 5가지를 적으시오.

> ① 유해물질의 독성이 비교적 낮은 경우
> ② 동일한 작업장에 다수의 오염원이 분산되어 있는 경우
> ③ 유해물질이 시간에 따라 균일하게 발생될 경우
> ④ 유해물질의 발생량이 적은 경우
> ⑤ 발생원이 이동하는 경우
> ⑥ 오염원이 근무자가 근무하는 장소로부터 멀리 떨어져 있는 경우

07 고농도의 분진 발생 작업장에서 실시하여야 하는 관리대책(분진이 발생되는 작업장의 작업관리 대책) 4가지를 적으시오.

① 분진 발생원 밀폐(분진 발생 방지)
② 습식공법 채택(분진 비산 방지)
③ 작업장 환기(국소배기장치 또는 전체환기장치를 설치)
④ 작업자 방진마스크 착용

08 작업장 공기 중에 acetone 300ppm(TLV : 500ppm), heptane 250ppm(TLV : 400ppm), methyl ethyl ketone 100ppm(TLV : 200ppm)이 완전 혼합되었다고 가정할 때 혼합물질의 노출기준을 계산하고 노출기준 초과여부를 평가하시오. (단, 각각의 물질은 서로 상가작용을 한다.)

1. 노출지수

$$EI = \frac{C_1}{T_1} + \frac{C_2}{T_2} + \cdots + \frac{C_n}{T_n}$$

- C : 화학물질 각각의 측정치
- T : 화학물질 각각의 노출기준

2. 평가
- $EI > 1$: 노출기준을 초과함
- $EI < 1$: 노출기준을 초과하지 않음

3. 혼합물의 TLV-TWA

$$TLV-TWA = \frac{C_1 + C_2 + \cdots + C_n}{EI}$$

1. $EI = \dfrac{300}{500} + \dfrac{250}{400} + \dfrac{100}{200} = 1.73$
2. $EI > 1$ 이므로 노출기준을 초과함
3. $TLV-TWA = \dfrac{300 + 250 + 100}{1.73} = 375.72$ (ppm)

09 다음 [보기]는 산업안전보건법의 기준에 의한 작업장의 적정공기 수준에 관한 설명이다. 괄호에 알맞은 내용을 적으시오.

> 적정공기라 함은 산소농도의 범위가 18% 이상 (①)% 미만, 탄산가스 농도가 (②)% 미만, 일산화탄소 농도가 (③)ppm미만, 황화수소 농도가 (④)ppm 미만인 공기를 말한다.

① 23.5
② 1.5
③ 30
④ 10

10 후드 및 덕트를 통해 반송된 유해물질을 정화시키는 원리에 따른 집진장치의 종류를 5가지 적으시오.

① 중력 집진장치
② 관성력 집진장치
③ 원심력 집진장치
④ 세정식 집진장치
⑤ 여과 집진장치
⑥ 전기 집진장치

11 인체의 열교환을 나타내는 열평형 방정식을 적고 각 요소를 설명하시오.

S(열 축적) = M(대사 열) − E(증발) ± R(복사) ± C(대류) − W(한 일)

12 환기시스템에서 제어속도가 설계시보다 감소하는 이유를 3가지 적으시오.

① 송풍기의 송풍량 부족
② 덕트 내 분진 퇴적
③ 집진장치 내 분진 퇴적

13 [보기]는 산업안전보건법에 의한 고열 작업장의 노출기준을 나타내었다. 괄호에 적합한 내용을 적으시오.

(WBGT, ℃)

시간당 작업과 휴식비율	작업 강도		
	경작업	중등작업	중(힘든)작업
연속 작업	(③)	26.7	25.0
75% 작업, 25% 휴식 (45분 작업, 15분 휴식)	30.6	(④)	25.9
50% 작업, 50% 휴식 (30분 작업, 30분 휴식)	31.4	29.4	27.9
(①)% 작업, (②)% 휴식 (15분 작업, 45분 휴식)	32.2	31.1	30.0

① 25
② 75
③ 30.0
④ 28.0

14 어느 작업장에서 MEK(분자량 : 72.1, 비중 : 0.805)과 톨루엔(분자량 : 92.13, 비중 : 0.866)이 매시간당 2000mL씩 발생되고 있으며, 작업장의 MEK(TLV : 200ppm) 농도는 120ppm, 톨루엔의 농도는(TLV : 100ppm) 75ppm이다. (단, MEK의 안전계수는 5, 톨루엔의 안전계수는 6이며, 25℃ 1기압을 기준으로 한다.)

(1) 각각의 노출지수를 구하여 노출기준 초과 여부를 평가하시오.
(2) 각 물질이 상가작용을 할 경우 전체 환기량(m³/min)을 계산하시오

(1) 노출지수 및 노출기준 초과 여부 평가

1. 노출지수
$$EI = \frac{C_1}{T_1} + \frac{C_2}{T_2} + \cdots + \frac{C_n}{T_n}$$
 - C : 화학물질 각각의 측정치
 - T : 화학물질 각각의 노출기준

2. 평가
 - $EI > 1$: 노출기준을 초과함
 - $EI < 1$: 노출기준을 초과하지 않음

3. 혼합물의 TLV-TWA
$$TLV-TWA = \frac{C_1 + C_2 + \cdots + C_n}{EI}$$

- 노출지수 $EI = \frac{120}{200} + \frac{75}{100} = 1.35$
- 평가 : $EI > 1$이므로 노출기준을 초과함

(2) 전체 환기량(온도, 압력이 주어지지 않을 경우 산업 환기의 표준상태 21℃, 1기압을 기준으로 한다.)

$$Q = \frac{24.45 \times kg/h \times K \times 10^6}{MW \times TLV}(m^3/hr) \div 60 = (m^3/min)$$

 - K : 안전계수
 - MW : 물질의 분자량
 - kg/hr : 시간당 오염물질 발생량($l/hr \times S$(비중))
 - TLV : 노출기준(ppm)
 - 24.45 : 25℃, 1기압에서 공기의 비중(21℃, 1기압일 경우 24.1)

- MEK의 환기량
$$Q = \frac{24.45 \times (2 \times 0.805) \times 5 \times 10^6}{72.1 \times 200} \div 60 = 227.49(m^3/min)$$
(2,000mL = 2L)

- 톨루엔의 환기량
$$Q = \frac{24.45 \times (2 \times 0.866) \times 6 \times 10^6}{92.13 \times 100} \div 60 = 459.65(m^3/min)$$

- 두 물질은 상가작용을 하므로
총 환기량 = 227.49 + 459.65 = 687.14(m³/min)

15 후드 개구면에서 발생원까지의 제어거리가 1m, 제어속도가 0.5m/sec, 후드 직경이 50cm인 경우 플랜지가 없는 외부식 후드의 필요송풍량(m^3/min)을 계산하시오.

> 외부식 후드(자유공간 위치한 원형 및 장방형 후드, 플랜지 미부착)의 필요송풍량
>
> $Q = 60 \cdot Vc \times (10X^2 + A)$: Dalla valle식
>
> - Q : 필요송풍량(m^3/min)
> - Vc : 제어속도(m/sec)
> - A : 개구면적(m^2)
> - X : 후드중심선으로부터 발생원까지의 거리(m) (오염원과 후드간 거리가 덕트 직경의 1.5배 이내일 때만 유효)
>
> $Q = 60 \times Vc \times (10X^2 + \dfrac{\pi d^2}{4}) = 60 \times 0.5 \times (10 \times 1^2 + \dfrac{\pi \times 0.5^2}{4}) = 305.89(m^3/min)$

16 다음 조건에서 유속(m/sec)을 구하시오.

> - 레이놀즈수 : 2×10^6
> - 덕트 직경 : 20cm
> - 동점성계수 : $1.5 \times 10^{-5} m^2$/sec

> $Re = \dfrac{\rho Vd}{\mu} = \dfrac{Vd}{v} = \dfrac{관성력}{점성력}$
>
> - Re : 레이놀즈 수(무차원)
> - ρ : 유체밀도(kg/m^3)
> - d : 관경(m) (상당직경 $D = \dfrac{2ab}{a+b}$)
> - V : 유체의 유속(m/sec)
> - μ : 점성계수(kg/m·s(= 10Poise))
> - v : 동점성계수(m^2/sec)

$Re = \dfrac{Vd}{v}$

$V = \dfrac{Re \times v}{d} = \dfrac{2 \times 10^6 \times 1.5 \times 10^{-5}}{0.2} = 150(m/sec)$

17 활성탄관으로 톨루엔을 분석한 결과 활성탄관 앞 층에서 20mg, 뒤 층에서 0.05mg의 톨루엔이 검출되었다.

(1) 활성탄관의 앞 층과 뒤 층을 구분하는 목적을 적으시오.
(2) 공기의 채취유량이 350L인 경우 톨루엔의 농도(ppm)를 계산하시오. (단, 톨루엔의 분자량 92.13g, 25℃, 1기압 기준)

(1) 파과로 인한 오염물질의 과소평가를 방지하기 위함이다.
(2) 톨루엔의 농도(ppm)

ppm과 mg/m^3의 상호 농도변환
- 25℃, 1기압의 경우

$$노출기준(mg/m^3) = \frac{노출기준(ppm) \times 그램분자량}{24.45}$$

$$ppm = \frac{mg/m^3 \times 24.45}{분자량}$$

1. $mg/m^3 = \frac{(20 + 0.05)mg}{(350 \times 10^{-3})m^3} = 57.29(mg/m^3)$

  ($L = 10^{-3}m^3$)

2. $ppm = \frac{57.29 \times 24.45}{92.13} = 15.20(ppm)$

18 액체를 분사시켜 분진을 포집하는 세정식 집진장치의 장점 5가지를 적으시오.

① 분진과 가스를 동시에 제거할 수 있다.
② 상승 확산력이 감소되어 분진의 재비산 염려가 없다.
③ 설치면적이 작아 협소한 장소에 설치가 가능하며 초기비용이 적게 든다.
④ 연소성, 폭발성 가스의 처리가 가능하다.
⑤ 고온가스의 처리가 가능하다. (가스상 물질을 가장 효과적으로 처리한다.)

2021년 1회 과년도기출문제

01 소음을 측정하는 누적소음 노출량측정기의 법정 설정기준과 청감보정 특성을 적으시오.

(1) 법정 설정기준
(2) 청감보정 특성

(1) ① Criteria : 90dB
② Exchange rate : 5dB
③ Threshold : 80dB
(2) A특성[dB(A)]

02 시료채취의 방법 중 여과포집에 기여하는 6가지 기전(여과포집 원리)을 적으시오.

① 직접차단(간섭 : interception)
② 관성충돌(intertial impaction)
③ 확산(diffusion)
④ 중력침강(gravitional settling)
⑤ 정전기 침강(electrostatic settling)
⑥ 체질(sieving)

03 국소배기장치 성능시험 시에 필요에 따라 갖추어야 할 장비 5가지를 적으시오. (단, 발연관, 청음기 또는 청음봉, 절연저항계, 표면온도계 및 초자온도계, 줄자는 제외)

① 열선풍속계
② 회전속도 측정기
③ 만능회로시험기
④ 접지저항 측정기
⑤ 클램프미터

★참고
국소배기장치 성능시험 시에 사용하는 필수장비
① 발연관(연기발생기 ; smoke tester)
② 청음기 또는 청음봉
③ 절연저항계
④ 표면온도계 및 초자온도계
⑤ 줄자

04 유리규산을 채취하여 X-선 회절법으로 분석하는데 적절하고 6가 크롬, 산화아연 등의 채취에 이용되며, 총 먼지 등의 중량분석을 위한 측정에 이용되는 여과지의 명칭을 적으시오.

PVC 막 여과지

★참고
PVC 막 여과지(Polyvinyl Chloride membrane filter)
- 수분의 영향이 크지 않고 가벼워 공해성 먼지, 총 먼지 등의 중량분석을 위한 측정에 이용된다.(흡습성이 낮아 분진의 중량분석에 사용)
- 유리규산을 채취하여 X-선 회절법으로 분석하는데 적절하고 6가 크롬, 산화아연(아연산화물)의 채취에 이용된다.
- 채취 시에 입자를 반발하여 채취효율을 떨어뜨리는 단점이 있어 채취 전 필터를 세정용액으로 세정하여 오차를 줄일 수 있다.

암기법
TV(PVC막여과지)에 "사내아이(산아)(산화아연) 6명(6가크롬) 먼저(먼지) 유괴(유리규산)"라고 나옴

05 직경 40cm, 곡률반경 80cm인 90° 원형곡관의 속도압은 20mmH₂O이며, 압력손실계수는 0.27이다. 이 곡관의 곡관 각을 45°로 변경했을 때의 압력손실을 계산하시오.

압력손실$(\triangle P) = \left(\xi \times \dfrac{\theta}{90°}\right) \times VP (\text{mmH}_2\text{O})$

- ξ : 압력손실계수
- θ : 곡관의 각도
- VP : 속도압(동압)(mmH₂O)

$\triangle P = \left(0.27 \times \dfrac{45°}{90°}\right) \times 20 = 2.70 (\text{mmH}_2\text{O})$

06 원형 덕트에서 덕트의 직경을 1/2로 하면 직관부분의 압력손실은 몇 배로 증가하겠는가? (단, 난기류가 있으며, 유량, 관마찰계수는 일정하다고 가정한다.)

압력손실$(\triangle P) = F \times VP = \lambda \times \dfrac{L}{D} \times \dfrac{\gamma V^2}{2g} (\text{mmH}_2\text{O})$

1. F(압력손실수) $= \lambda \times \dfrac{L}{D}$
   - λ : 관마찰계수($4f, f$: 마찰계수)
   - D : 덕트 직경(m)(원형관일 경우) (장방형 덕트일 경우 : 상당직경(등가직경) $= \dfrac{2ab}{a+b}$)
   - L : 덕트 길이(m)
2. 속도압$(VP) = \dfrac{\gamma \times V^2}{2g}$
   - γ : 비중(kg/m³)
   - V : 공기속도(m/sec)
   - g : 중력가속도(m/sec²)

1. 직경이 D인 경우

$\triangle P = \lambda \times \dfrac{L}{D} \times \dfrac{\gamma V^2}{2g}$

(λ, L, g, γ는 상수이므로 무시)

$\triangle P = \dfrac{V^2}{D} = \dfrac{(\frac{1}{D^2})^2}{D} = \dfrac{\frac{1}{D^4}}{D} = \dfrac{1}{D^5}$

$\begin{bmatrix} Q = A \times V \\ V = \dfrac{Q}{A} = \dfrac{Q}{\frac{\pi D^2}{4}} = \dfrac{4Q}{\pi D^2} \\ Q, \pi \text{는 일정하므로} \\ V = \dfrac{4}{D^2} \text{(4는 상수이므로 무시)}, \therefore V = \dfrac{1}{D^2} \end{bmatrix}$

2. 직경이 $\frac{2}{D}$인 경우

$$\triangle P = \frac{1}{(\frac{D}{2})^5} = \frac{1}{\frac{D^5}{32}} = \frac{1 \times 32}{D^5}$$

3. $\frac{1}{D^5} : \frac{1 \times 32}{D^5} = 1 : 32$ ∴ 32배 증가한다.

07 작업장 공기 중에 A물질 25ppm(TLV : 10ppm), B물질 60ppm(TLV : 150ppm), C물질 30ppm(TLV : 100ppm)이 발생되고 있다. 세 물질이 서로 상가 작용을 할 경우 혼합공기의 노출기준(ppm)을 계산하고 노출기준 초과여부를 평가하시오.

① 노출지수 $EI = \frac{25}{10} + \frac{60}{150} + \frac{30}{100} = 3.20$

② 혼합물의 노출기준 = $\frac{25 + 60 + 30}{3.20}$ = 35.94(ppm)

③ 노출기준 초과여부 : $EI > 1$이므로 노출기준을 초과함

08 어느 작업장에서 MEK(분자량 : 72.1, 비중 : 0.805)이 시간당 2,400mL, 톨루엔(분자량 : 92.13, 비중 : 0.866)이 시간당 1,200mL씩 발생되고 있으며, 작업장의 MEK(TLV : 200ppm) 농도는 160ppm, 톨루엔의 농도는(TLV : 100ppm) 80ppm이다.

(1) 각각의 노출지수를 구하여 노출기준을 평가하고, 전체 환기시설 설치여부를 결정하시오.
(2) 각 물질이 상가작용을 할 경우 전체 환기량(m^3/min)을 계산하시오. (단, MEK의 안전계수는 3, 톨루엔의 안전계수는 5이며, 21℃ 1기압 기준)

(1) 노출지수 평가

1. 노출지수

$$EI = \frac{C_1}{T_1} + \frac{C_2}{T_2} + \cdots + \frac{C_n}{T_n}$$

 · C : 화학물질 각각의 측정치
 · T : 화학물질 각각의 노출기준

2. 평가
 · $EI > 1$: 노출기준을 초과함
 · $EI < 1$: 노출기준을 초과하지 않음

3. 혼합물의 TLV-TWA

$$TLV-TWA = \frac{C_1 + C_2 + \cdots + C_n}{EI}$$

· 노출지수 $EI = \frac{160}{200} + \frac{80}{100} = 1.60$
· 평가 : $EI > 1$이므로 노출기준을 초과함
· 전체 환기시설 설치여부 : 노출기준을 초과하였으므로 전체 환기장치를 설치하여야 함

(2) 전체 환기량

$$Q = \frac{24.45 \times kg/h \times K \times 10^6}{MW \times TLV} (m^3/hr) \div 60 = (m^3/min)$$

 · K : 안전계수
 · MW : 물질의 분자량
 · kg/hr : 시간당 오염물질 발생량(l/hr×S(비중))
 · TLV : 노출기준(ppm)
 · 24.45 : 25℃, 1기압에서 공기의 비중(21℃, 1기압일 경우 24.1)

· MEK의 환기량

$$Q = \frac{24.1 \times (2.4 \times 0.805) \times 3 \times 10^6}{72.1 \times 200} \div 60 = 161.45(m^3/min)$$

(2,400mL = 2.4L)

· 톨루엔의 환기량

$$Q = \frac{24.1 \times (1.2 \times 0.866) \times 5 \times 10^6}{92.13 \times 100} \div 60 = 226.53(m^3/min)$$

(1,200mL = 1.2L)

· 두 물질은 상가작용을 하므로
총 환기량 = 161.45 + 226.53 = 387.98(m^3/min)

09 유해가스 처리를 위해 연소법을 적용할 수 있는 경우(적용하기 위한 조건) 3가지를 적으시오.

> ① 배출하는 가스량이 많은 경우
> ② 유해가스의 농도가 낮은 경우
> ③ 가연성 가스, 악취 등을 제거하는 경우

10 표준공기가 흐르는 덕트의 Reynold 수가 20,000일 경우 덕트 내의 유속(m/sec)을 계산하시오. (단, 덕트의 직경 150mm, 점성계수 1.670×10^{-4} poise, 비중 1.203 기준)

> $Re = \dfrac{\rho Vd}{\mu} = \dfrac{Vd}{v} = \dfrac{관성력}{점성력}$
>
> • Re : 레이놀즈 수(무차원)
> • ρ : 유체밀도(kg/m³)
> • d : 관경(m) (상당직경 $D = \dfrac{2ab}{a+b}$)
> • V : 유체의 유속(m/sec)
> • μ : 점성계수(kg/m · s(= 10Poise))
> • v : 동점성계수(m²/sec)

$Re = \dfrac{\rho \times V \times d}{\mu}$

$\rho \times V \times d = Re \times \mu$

$V = \dfrac{Re \times \mu}{\rho \times d} = \dfrac{20{,}000 \times 1.670 \times 10^{-5}}{1.203 \times 0.15} = 1.85 \text{(m/sec)}$

$\begin{bmatrix} \text{10poise} = 1\text{kg/m} \cdot \text{sec} \\ 10 : 1 = 1.670 \times 10^{-4} : x \\ 10x = 1.670 \times 10^{-4} \\ \therefore x = \dfrac{1.670 \times 10^{-4}}{10} = 1.670 \times 10^{-5}\text{(kg/m} \cdot \text{sec)} \end{bmatrix}$

11 국소배기장치(국소환기장치)를 설치하여야 하는 경우(적용조건) 5가지를 적으시오.

① 유해물질의 독성이 강한 경우(TLV가 낮을 때)
② 유해물질의 발생량이 많은 경우
③ 발생원이 고정되어 있는 경우
④ 발생주기가 균일하지 않은 경우
⑤ 유해물질 발생원과 작업위치가 근접해 있는 경우
⑥ 높은 증기압의 유기용제
⑦ 법적의무 설치사항 경우

12 작업 중에 유해물질(TLV-TWA : 100ppm)을 1일 12시간 취급하고 있다. Brief and Scala의 보정법을 적용하여 (1) 보정계수를 계산하고 (2) 보정된 허용기준을 계산하시오.

Brief와 Scala의 보정방법

1. $RF = \left(\dfrac{8}{H}\right) \times \dfrac{24-H}{16}$
2. [일주일 ; $RF = \left(\dfrac{40}{H}\right) \times \dfrac{168-H}{128}$]
3. 보정된 노출기준 = RF × 노출기준(허용농도)
   - H : 비정상적인 작업시간(노출시간/일) ; 노출시간/주
   - 16 : 휴식시간 의미(128 ; 일주일 휴식시간 의미)

1. 보정계수
$RF = \left(\dfrac{8}{H}\right) \times \dfrac{24-H}{16} = \left(\dfrac{8}{12}\right) \times \dfrac{24-12}{16} = 0.50$

2. 보정된 노출기준 = RF × 허용농도 = 0.50 × 100 = 50(ppm)

13 어느 작업장에서 톨루엔(분자량 : 92.13, 허용기준 : 188mg/m³)을 분당 20g 사용하고 있다. 톨루엔의 시간당 발생률(L/hr)을 계산하시오. (단, 25℃, 1기압 기준)

- 톨루엔의 분자량은 92.13g/mol, 25℃, 1기압에서 기체 1몰의 부피는 24.45L이므로 톨루엔 20g의 부피는
  $92.13g : 24.45L = 20g : xL$
  $92.13x = 24.45 \times 20$
  $x = \dfrac{24.45 \times 20}{92.13} = 5.31(L)$
- 분당 발생률(L/min) = 5.31L/min
- 시간당 발생률(L/hr) = $\dfrac{5.31L}{\frac{1}{60}hr}$ = 318.60(L/hr)

14 사무실의 체적이 1,200m³인 공간에서 50명이 근무하고 있다. 실내 CO_2 허용농도는 0.1%이며 외기 중의 CO_2농도는 0.03%일 경우 사무실의 시간당 공기교환횟수를 계산하시오. (단, 1인당 CO_2 배출량은 21L/hr를 기준으로 한다.)

시간당 공기교환 횟수(ACH)

1. $ACH = \dfrac{\text{실내 환기량}(m^3/hr)}{\text{실내 체적}(m^3)}$
2. $Q = \dfrac{G}{C_s - C_o} \times 100 (m^3/min)$
   - G : CO_2 발생률(m^3/min)
   - C_s : 이산화탄소의 허용농도(%)
   - C_o : 외부공기 중 이산화탄소의 농도(%)

$ACH = \dfrac{\text{실내 환기량}(Q)}{\text{실내 체적}(m^3)} = \dfrac{1,500}{1,200} = 1.25$ (회 또는 회/hr)

$\left[Q = \dfrac{G}{C_s - C_o} \times 100 = \dfrac{(21 \times 10^{-3} m^3/hr) \times 50인}{(0.1 - 0.03)\%} \times 100 = 1,500(m^3/hr) \right]$

15 두 가지 이상의 화학물질에 동시에 노출되는 경우 각 물질 간 화학적 상호작용이 나타나게 된다. 혼합물질의 화학적 상호작용의 종류 4가지를 적고 설명하시오.

(1) 독립작용
(2) 상가작용
(3) 상승작용
(4) 가승작용
(5) 길항작용

> (1) 독립작용 : 각각의 독성물질이 서로 다른 조직이나 기관에 영향을 미치는 경우로 각 물질의 반응양상이 달라 서로 독립적인 작용을 한다.
> (2) 상가작용 : 두 물질에 동시 노출될 경우의 독성은 단독물질 독성의 합과 같다.(2+3=5)
> (3) 상승작용 : 두 물질에 동시 노출될 경우의 독성은 단독물질 독성의 합보다 크게 증가한다.(2+3=20)
> (4) 가승작용(잠재작용, 강화작용) : 독성이 없던 물질을 독성이 있는 물질과 혼합하면 독성이 강해진다.(2+0=5)
> (5) 길항작용 : 두 물질이 서로의 작용을 방해하여 두 물질에 동시 노출될 경우의 독성은 단독물질의 독성보다 약해진다.(2+3=1)

16 외부식 후드에서 방해기류를 방지하여 후드 개구면의 유속을 균일하게 분포시키는 방법(개구면 면속도를 균일하게 분포시키는 방법) 3가지를 적으시오.

> ① 테이퍼(taper) 부착
> ② 슬롯(slot) 사용
> ③ 차폐막(차폐덕) 사용
> ④ 분리날개 설치

17 어떤 독성물질의 안전흡수량은 체중(kg)당 0.04mg이다. 하루 8시간 작업하는 동안 체중 72kg인 사람이 이 물질의 흡수를 안전흡수량 이하로 유지하려면 해당 물질의 공기 중 농도(mg/m³)는 얼마 이하이어야 하는가? (단, 작업 시 폐환기율은 0.98m³/hr, 체내잔류율은 1.0로 가정한다.)

> 체내흡수량[SHD](mg) = $C \times T \times V \times R$
> - C : 공기 중 유해물질 농도(mg/m³)
> - T : 노출시간(hr)
> - V : 폐환기율(호흡률 m³/hr)
> - R : 체내 잔유율(보통 1.0)

체내흡수량(mg) = $C \times T \times V \times R$
$C = \dfrac{mg}{T \times V \times R} = \dfrac{0.04\text{mg/kg} \times 72\text{kg}}{8\text{hr} \times 0.98\text{m}^3/\text{hr} \times 1.0} = 0.37(\text{mg/m}^3)$

18 어떤 작업장의 음압 수준이 95dB(A)이고, 근로자는 귀덮개를 착용하고 있다. 귀덮개의 차음평가수는 NRR = 17이다. 귀덮개의 차음효과와 근로자가 노출되는 음압수준을 계산하시오.

> 차음효과 = $(NRR - 7) \times 0.5$
> - NRR : 차음평가지수

차음효과 = $(NRR - 7) \times 0.5 = (17 - 7) \times 0.5 = 5[\text{dB(A)}]$
근로자가 노출되는 음압수준 = 95 − 5 = 90[dB(A)]

2021년 2회 과년도기출문제

01 ACGIH의 입자상 물질의 크기를 3가지로 분류하고 각각의 평균입경을 적으시오.

① 흡입성 분진 : 평균입경 100μm
② 흉곽성 분진 : 평균입경 10μm
③ 호흡성 분진 : 평균입경 4μm

02 입자상 물질의 크기를 결정하는 방법 중 기하학적 직경(물리적 직경)의 종류 3가지를 적으시오.

① 마틴직경
② 페렛직경
③ 등면적직경

03 분진 등 입자상 물질의 처리를 위한 집진장치의 종류를 4가지 적으시오.

① 중력 집진장치
② 관성력 집진장치
③ 원심력 집진장치
④ 세정식 집진장치
⑤ 여과 집진장치
⑥ 전기 집진장치

04 벤젠을 취급하던 근로자가 실수로 벤젠 2L를 바닥에 흘렸다. 공기 중으로 증발한 벤젠의 증기용량(L)를 계산하시오. (단, 작업장은 0℃, 1기압이며, 벤젠의 비중 0.879, 분자량 78.11이다.)

> 부피$(L) = \dfrac{(2 \times 1,000 \times 0.879)g \times 22.4L}{78.11g} = 504.15(L)$
>
> - $L \times$ 비중 = kg, (2×0.879)kg = $(2 \times 1,000 \times 0.879)$g
> - 0℃ 1기압 기체 1몰의 부피 : 22.4L
>
> 또는
> $22.4L : 78.11g = x : (2 \times 1,000 \times 0.879)g$
> $78.11 \times x = 22.4 \times 2 \times 1,000 \times 0.879$
> $x = \dfrac{22.4 \times 2 \times 1,000 \times 0.879}{78.11} = 504.15(L)$

05 건구온도가 28℃, 자연습구온도가 20℃, 흑구온도가 30℃인 경우 (1) 옥내의 습구흑구 온도지수를 계산하시오. (2) 옥외(태양광선이 내리쬐는 장소)의 습구흑구 온도지수를 계산하시오.

> 1. 옥외(태양광선이 내리쬐는 장소)
>   WBGT(℃) = 0.7 × 자연습구온도 + 0.2 × 흑구온도 + 0.1 × 건구온도
> 2. 옥내 또는 옥외(태양광선이 내리쬐지 않는 장소)
>   WBGT(℃) = 0.7 × 자연습구온도 + 0.3 × 흑구온도
>
> (1) 옥내 WBGT(℃) = 0.7 × 자연습구온도 + 0.3 × 흑구온도 = 0.7 × 20 + 0.3 × 30 = 23(℃)
> (2) 옥외 WBGT(℃) = 0.7 × 자연습구온도 + 0.2 × 흑구온도 + 0.1 × 건구온도 = 0.7 × 20 + 0.2 × 30 + 0.1 × 28 = 22.80(℃)

06 분진 및 흄 등의 입자상물질이 발생하는 작업장에서 전체 환기장치 보다는 국소 배기장치를 설치해야 하는 이유 3가지를 적으시오.

> ① 전체환기를 적용하는 경우 실내의 방해기류에 의해 분진이 재 비산할 우려 있다.
> ② 전체 환기는 유해물질이 제거되지 않고 농도만 낮아지게 하나, 국소배기시설은 유해물질을 제거할 수 있으므로 입자상물질을 제거하기 위해서는 국소배기가 더 효과적이다.
> ③ 분진 및 흄 등은 이동성이 낮으므로 국소배기장치를 이용하여 작업장으로 확산되기 전에 발생원에서 바로 제거하는 것이 효율적이다.

07 산업안전보건법에 의한 작업장의 적절한 조도기준을 적으시오.

> ① 초정밀 작업 : 750Lux 이상
> ② 정밀 작업 : 300Lux 이상
> ③ 보통 작업 : 150Lux 이상
> ④ 기타 작업 : 75Lux 이상

08 산업안전보건법에 의한 작업환경 측정 횟수에 관한 내용이다. 괄호에 적합한 내용을 적으시오.

> 사업주는 작업장 또는 작업공정이 신규로 가동되거나 변경되는 등으로 작업환경측정 대상 작업장이 된 경우에는 그 날부터 (①) 이내에 작업환경측정을 하고, 그 후 반기(半期)에 (②) 이상 정기적으로 작업환경을 측정해야 한다. 다만, 작업환경측정 결과가 다음 각 호의 어느 하나에 해당하는 작업장 또는 작업공정은 해당 유해인자에 대하여 그 측정일 부터 (③)에 (④) 이상 작업환경측정을 해야 한다.
> 1. 화학적 인자(고용노동부장관이 정하여 고시하는 물질만 해당한다)의 측정치가 노출기준을 초과하는 경우
> 2. 화학적 인자(고용노동부장관이 정하여 고시하는 물질은 제외한다)의 측정치가 노출기준을 2배 이상 초과하는 경우

> ① 30일
> ② 1회
> ③ 3개월
> ④ 1회

09 혼합물질의 화학적 상호작용 중 길항작용의 종류 3가지를 적고 설명하시오.

> ① 배분적(분배적) 길항작용 : 물질의 흡수, 대사 등에 변화를 일으켜 독성이 낮아진다.
> ② 기능적 길항작용 : 생체 내에서 서로 반대되는 기능을 가져 독성이 낮아진다.
> ③ 화학적 길항작용 : 화학적인 상호반응에 의해 독성이 낮아진다.
> ④ 수용적 길항작용 : 두 화학물질이 체내에서 같은 수용체에 결합하여 경쟁관계를 가짐으로써 독성이 낮아진다.

10 덕트 내 분진 이송을 위한 반송속도 결정에서 반송속도를 더 높게 결정하여야 하는 경우 3가지를 적으시오.

① 무거운 분진을 이송하는 경우(분진의 비중이 큰 경우)
② 물에 젖은 분진을 이송하는 경우
③ 부착성이 있는 분진을 이송하는 경우
④ 덕트의 길이가 길거나 굴곡부가 많은 경우

11 원심력 송풍기를 날개각도에 따라 3가지로 구분하여 그 종류를 적으시오.

① 전향날개형(다익형) 송풍기
② 방사 날개형(평판형,플레이트형) 송풍기
③ 후향 날개형(터보형,한계부하형) 송풍기

★ 참고
① 전향날개형(다익형) 송풍기 : 송풍기의 회전날개가 회전방향과 동일한 방향으로 설치되어 있다.
② 방사 날개형(평판형,플레이트형) 송풍기의 날개(깃)가 평판 모양으로 설치되어 있다.
③ 후향 날개형(터보형,한계부하형) 송풍기 : 송풍기의 날개가 회전방향에 반대되는 쪽으로 설치되어 있다.

12 재순환공기의 CO_2 농도는 750ppm이고, 급기의 CO_2농도는 400ppm일 때 급기 중의 외부공기 포함량(%)을 계산하시오. (단, 외부의 CO_2농도는 300ppm이다.)

급기 중 외부공기 함량

$$\%Q_A = \frac{C_r - C_s}{C_r - C_0} \times 100$$

- C_r : 재순환 공기 중 이산화탄소 농도
- C_s : 급기 중 이산화탄소 농도
- C_0 : 외부 공기 중 이산화탄소 농도(약 330ppm)

$$\%Q_A = \frac{C_r - C_s}{C_r - C_0} \times 100 = \frac{750 - 400}{750 - 300} \times 100 = 77.78(\%)$$

13 산업환기와 관련된 다음 용어를 설명하시오.

(1) 충만실
(2) 제어속도
(3) 개구속도
(4) 테이퍼
(5) 차폐막

> (1) 충만실(플래넘 : Plenum)
>   - 공기의 흐름을 균일하게 유지시켜주기 위한 후드나 덕트의 큰 공간을 말한다.
>   - 슬롯 후드 뒤쪽에 위치하여 압력을 균일화시키는 역할을 한다.
> (2) 제어속도
>   오염물질을 후드 안으로 흡인하기 위한(제어하기 위한) 공기속도(최소 풍속)를 말한다.
> (3) 개구속도
>   후드 개구부 전면에서 측정한 공기속도를 말한다.
> (4) 테이퍼
>   - 후드와 덕트 연결부위(경사 접합구라고도 한다)를 말한다.
>   - 급격한 단면 변화로 인한 압력손실을 방지하고 후드 개구면 속도를 균일하게 분포시키는 역할을 하는 장치이다.
> (5) 차폐막
>   주변 방해기류(난기류)의 영향을 차단하기 위하여 설치하는 칸막이를 말한다.

14 작업장 공기 중에 사염화탄소가 6,000ppm이 존재할 경우 공기와 사염화탄소 혼합물의 유효비중을 소수셋째자리까지 계산하시오. (단, 사염화탄소의 비중은 5.7이며, 공기비중은 1.0이다.)

> 1. 사염화탄소 6,000ppm = 0.6%이므로 공기는 99.4%가 된다.(10,000ppm = 1%)
>   (공기 = 100% − 0.6% = 99.4%)
> 2. 사염화탄소 0.6%(비중 5.7), 공기 99.4%(비중 1.0)이므로 유효비중 = 0.006 × 5.7 + 0.994 × 1.0 = 1.028

15 작업환경 측정 시에 대상물질의 발생시간 동안 측정하여야 하는 경우 3가지를 적으시오.

① 대상물질의 발생시간이 6시간 이하인 경우
② 불규칙작업으로 6시간 이하의 작업
③ 발생원에서의 발생시간이 간헐적인 경우

*참고
시간가중평균기준(TWA)이 설정되어 있는 대상물질을 측정하는 경우에는 1일 작업시간동안 6시간 이상 연속 측정하거나 작업시간을 등간격으로 나누어 6시간 이상 연속 분리하여 측정하여야 한다.
다만, 다음 각 호의 어느 하나에 해당하는 경우에는 대상물질의 발생시간 동안 측정 할 수 있다.

대상물질의 발생시간 동안 측정하여야 하는 경우
1. 대상물질의 발생시간이 6시간 이하인 경우
2. 불규칙작업으로 6시간 이하의 작업
3. 발생원에서의 발생시간이 간헐적인 경우

16 작업자들이 퇴근한 직후에 측정한 CO_2 농도는 1,250ppm이었고, 3시간이 경과한 후에 측정한 CO_2농도는 450ppm이었다. 작업장의 시간당 공기교환횟수를 계산하시오. (단, 외부 공기 중의 CO_2농도는 330ppm이다.)

$$ACH(회) = \frac{\ln(C_1 - C_o) - \ln(C_2 - C_o)}{hr}$$

- C_1 : 처음 측정한 이산화탄소 농도
- C_2 : 시간경과 후 측정한 이산화탄소 농도
- C_o : 외부공기 중 이산화탄소 농도(약 330ppm)

$$ACH(회) = \frac{\ln(C_1 - C_o) - \ln(C_2 - C_o)}{hr} = \frac{\ln(1,250 - 330) - \ln(450 - 330)}{3} = 0.68(회 \text{ 또는 } 회/hr)$$

17 작업장의 음압 수준이 92dB(A)이고, 근로자는 차음평가수(NRR)이 19인 귀덮개를 착용하고 있다. (1) 귀덮개의 차음효과를 계산하고 (2) 근로자가 노출되는 음압(예측)수준[dB(A)]을 계산하시오. (단, OSHA 기준)

차음효과 = $(NRR - 7) \times 0.5$
- NRR : 차음평가지수

(1) 귀덮개의 차음효과 = $(19 - 7) \times 0.5 = 6(dB)$
(2) 근로자가 노출되는 음압수준 = $92 - 6 = 86[dB(A)]$

18 분지관의 조건이 [보기]와 같은 두 분지관이 합류관을 이루도록 설계되어 있다. (1) 정압비 (2) 조정된 필요 환기량(m³/min) (3) 합류관의 필요 환기량(m³/min)을 계산하시오.

> - A덕트 : 유량 120m³/min, 정압 −30mmH$_2$O
> - B덕트 : 유량 200m³/min, 정압 −35mmH$_2$O

유량의 보정

1. $\dfrac{\text{높은 정압}}{\text{낮은 정압}} < 1.2$: 정압의 절대값이 작은 분지관의 유량을 증가시킨다.

2. $\dfrac{\text{높은 정압}}{\text{낮은 정압}} \geq 1.2$: 정압의 절대값이 작은 분지관을 재설계한다.

$$Q' = Q\sqrt{\dfrac{SP_2}{SP_1}}$$

- Q' : 보정 후의 유량(m³/min)
- Q : 보정 전의 유량(m³/min)
- SP_1 : 압력손실(정압의 절대값)이 낮은 쪽의 정압(mmH$_2$O)
- SP_2 : 압력손실(정압의 절대값)이 높은 쪽의 정압(mmH$_2$O)

3. 합류관의 필요 환기량(Q')

$Q_{\text{합류관}} = Q_{\text{보정}} +$ 한쪽 분지관의 송풍량

(1) 정압비

- $\dfrac{\text{높은 정압}}{\text{낮은 정압}} = \dfrac{35}{30} = 1.17$

(2) 조정된 필요 환기량(m³/min)

- $\dfrac{\text{높은 정압}}{\text{낮은 정압}} < 1.2$이므로 정압의 절대값이 작은 A덕트의 유량을 증가시킨다.

$Q_{\text{보정}} = Q\sqrt{\dfrac{SP_2}{SP_1}} = 120 \times \sqrt{\dfrac{35}{30}} = 129.61(\text{m}^3/\text{min})$

(3) 합류관의 필요 환기량(m³/min)

$Q_{\text{합류관}} = Q_{\text{보정}} +$ 한쪽 분지관의 송풍량 $= 129.61 + 200 = 329.61(\text{m}^3/\text{min})$

2021년 3회 과년도기출문제

01 작업환경측정의 예비조사에서 작성하는 측정계획서에 포함하여야 하는 내용 3가지를 적으시오.

> ① 원재료의 투입과정부터 최종 제품 생산 공정까지의 주요공정 도식
> ② 해당 공정별 작업내용 및 화학물질 사용실태, 그 밖에 작업방법·운전조건 등을 고려한 유해인자 노출 가능성
> ③ 측정대상 공정, 측정대상 유해인자 및 발생주기, 측정 대상 공정의 종사 근로자 현황
> ④ 유해인자별 측정방법 및 측정 소요기간 등 작업환경측정에 필요한 사항

02 유해물질(TLV = 190ppm)이 존재하는 작업환경에서 작업시간이 1일 10시간일 경우 보정된 허용농도를 계산하시오. (단, Brief와 Scala의 보정방법을 적용한다.)

> **Brief와 Scala의 보정방법**
>
> 1. $RF = \left(\dfrac{8}{H}\right) \times \dfrac{24-H}{16}$
> 2. [일주일 ; $RF = \left(\dfrac{40}{H}\right) \times \dfrac{168-H}{128}$]
> 3. 보정된 노출기준 = RF × 노출기준(허용농도)
>   - H : 비정상적인 작업시간(노출시간/일) ; 노출시간/주
>   - 16 : 휴식시간 의미(128 ; 일주일 휴식시간 의미)
>
> 1. $RF = \left(\dfrac{8}{H}\right) \times \dfrac{24-H}{16} = \left(\dfrac{8}{10}\right) \times \dfrac{24-10}{16} = 0.7$
> 2. 보정된 노출기준 = RF × 허용농도 = 0.7 × 190 = 133(ppm)

03 국소배기장치의 사용 전 점검사항 3가지를 적으시오.

① 덕트와 배풍기의 분진 상태
② 덕트 접속부가 헐거워졌는지 여부
③ 흡기 및 배기 능력
④ 그 밖에 국소배기장치의 성능을 유지하기 위하여 필요한 사항

04 용접작업의 작업환경 관리 대책 3가지를 적으시오.

① 국소배기장치 및 전체환기장치를 설치한다.
② 방진마스크나 송기마스크를 착용한다.
③ 차광안경을 착용한다.
④ 소음이 85 dB(A) 이상 시에는 귀마개 등 보호구를 착용한다.
⑤ 주위에서 작업하는 근로자의 시력 보호를 위해 차광펜스를 설치한다.

05 온도 170℃, 압력 550mmHg 상태인 관내로 50m³/min의 유량이 흐르고 있다. 0℃, 1atm에서의 유량(m³/min)을 계산하시오.

170℃(t_1), 550mmHg(P_1) 에서의 유량 50(m³/min)을 0℃(t_2), 1atm(760mmHg)(P_2)로 보정

$$Q_2 = Q_1 \times \frac{(273 + t_2)(P_1)}{(273 + t_1)(P_2)}$$

$$= 50 \times \frac{(273 + 0) \times 550}{(273 + 170) \times 760} = 22.30 (m^3/min)$$

(1atm = 1기압 = 760mmHg)

06 소음계의 A, B, C특성에 해당하는 음압수준(phon)을 적으시오.

① A특성 : 40phon
② B특성 : 70phon
③ C특성 : 100phon

07 송풍기의 흡입구의 정압은 −25mmH$_2$O, 배출구의 정압은 30mmH$_2$O, 유속은 1,200m/min이다. 송풍기의 정압(mmH$_2$O)을 계산하시오. (단, 중력가속도 : 9.81m/sec^2, 공기 밀도는 1.21kg/m^{3}이다.)

1. $FSP = (SP_{out} - SP_{in}) - VP_{in}$
   - FTP : 송풍기 전압
   - VP_{in} : 흡입구 동압
   - SP_{in} : 흡입구 정압
   - SP_{out} : 배출구 정압

2. $VP = \dfrac{\gamma V^2}{2g}$
   - γ : 공기비중
   - V : 유속(m/s)
   - g : 중력가속도

$FSP = (SP_{out} - SP_{in}) - VP_{in} = (30 - (-25)) - 24.67 = 30.33(\text{mmH}_2\text{O})$

$VP_{in} = \dfrac{\gamma V^2}{2g} = \dfrac{1.21 \times (\dfrac{1,200}{60})^2}{2 \times 9.81} = 24.67(\text{mmH}_2\text{O})$

$(1,200\text{m/min} = \dfrac{1,200\text{m}}{60\text{sec}})$

08 [보기]의 장치를 이용하여 국소배기시설의 구성을 순서대로 적으시오.

> - 후드(Hood)
> - 공기정화기(Air cleaner equipment)
> - 덕트(Duct)
> - 배출구
> - 송풍기(Fan)

후드(Hood) → 덕트(Duct) → 공기정화기(Air cleaner equipment) → 송풍기(Fan) → 배출구

암기법
후덕한 공기를 송풍해서 배출

09 염소(Cl_2)가스나 이산화질소(NO_2)가스와 같이 흡수제에 쉽게 흡수되지 않는 물질(흡착제에 쉽게 용해되는 물질)의 시료채취에 사용되는 (1) 시료채취 매체를 적으시오. (2) 시료채취 매체를 사용하여야 하는 이유를 설명하시오.

(1) 고체흡착관
(2) 염소 가스는 실리카겔에 흡착되며, 이산화질소 가스는 활성탄에 흡착(물리적 흡착)된다.

10 작업환경개선의 공학적인 대책 중 대치(대체)의 방법 3가지와 그 예를 1가지씩 적으시오.

(1) 공정의 변경
  ① 고속회전식 그라인더 작업을 저속 연마작업으로 변경한다.
  ② 페인트 분사 방식에서 합침 방식으로 변경한다.
(2) 유해물질 변경
  ① 성냥제조 시에 황린(백린) 대신 적린을 사용한다.
  ② 유연 휘발유를 무연 휘발유로 대체한다.
(3) 시설의 변경
  ① 고 소음 송풍기를 저 소음 송풍기로 교체한다.
  ② 작은 날개 고속 회전의 송풍기 대신 큰 날개 저속 회전하는 송풍기를 사용한다.

11 어느 작업장의 내부온도가 32℃, 작업장 내의 열부하량이 250,000kcal/hr이며 외기의 온도가 25℃이다. 이 작업장의 전체 환기를 위한 필요 환기량(m³/hr)을 계산하시오.

발열 시 필요 환기량

$$Q = \frac{H_s}{0.3 \Delta t} (m^3/hr)$$

- Δt : 급배기(실내, 외)의 온도차(℃)
- H_s : 작업장내 열부하량(kcal/hr)
- 0.3 : 정압비열(kcal/m³℃)

$$Q = \frac{250,000}{0.3 \times (32-25)} = 119047.62(m^3/hr)$$

12 직사각형 덕트의 폭(W)은 20cm, 높이(D)는 10cm이다. 덕트의 곡률반경(R)이 20cm로 구부러져 90도 곡관으로 설치되어 있다. 덕트 내의 속도압이 18mmH$_2$O일 경우 덕트의 압력손실(mmH$_2$O)을 계산하시오. (단, 압력손실계수(ξ)는 아래 표를 이용한다.)

반경비 \ 형상비	0.25	0.5	1.0	2.0	3.0
			$\xi = \Delta P/VP$		
0.0	1.50	1.32	1.15	1.04	0.92
0.5	1.36	1.21	1.05	0.95	0.84
1.0	0.45	0.28	0.21	0.21	0.20
1.5	0.28	0.18	0.13	0.13	0.12
2.0	0.24	0.15	0.11	0.11	0.10

압력손실(ΔP) = $\left(\xi \times \frac{\theta}{90°}\right) \times VP$ (mmH$_2$O)

- ξ : 압력손실계수
- θ : 곡관의 각도
- VP : 속도압(동압)(mmH$_2$O)

1. • 곡률반경비 = $\frac{R}{D} = \frac{20}{10} = 2.0$
   • 형상비 = $\frac{W}{D} = \frac{20}{10} = 2.0$
   • 곡률반경비 2.0, 형상비 2.0이므로 표에 의하여 압력손실계수(ξ) = 0.11이 된다.
2. 압력손실(ΔP) = $\left(\xi \times \frac{\theta}{90°}\right) \times VP = 0.11 \times \frac{90}{90} \times 18 = 1.98$(mmH$_2$O)

13 작업장에서 환기하여야 할 작업장 실내의 체적이 2,000m³인 공간에 300명이 있다. 1인당 호흡량이 30L/hr일 경우 시간당 공기교환횟수(ACH)를 계산하시오. (단, 실내 CO_2 허용기준은 0.1%이며, 외기 중의 CO_2 농도는 0.03%이다.)

> 1. 시간당 공기교환 횟수(ACH)
> $$ACH = \frac{\text{실내 환기량}(m^3/min)}{\text{실내 체적}(m^3)} \times 60$$
> $$ACH = \frac{\text{실내 환기량}(m^3/hr)}{\text{실내 체적}(m^3)}$$
>
> 2. 실내환기량
> $$Q(m^3/min) = \frac{G}{C_s - C_o} \times 100$$
> - G : CO_2 발생률(m^3/min)
> - C_s : 이산화탄소의 허용농도(%)
> - C_o : 외부공기 중 이산화탄소의 농도(%)
>
> $ACH = \dfrac{12857.14}{2,000} = 6.43$(회 또는 회/hr)
>
> $\left[\text{필요환기량}(Q) = \dfrac{G}{C_s - C_o} \times 100 = \dfrac{(30 \times 10^{-3} m^3/hr) \times 300인}{(0.1 - 0.03)\%} \times 100 = 12857.14(m^3/hr)\right]$

14 비누거품미터로 보정한 결과 1,200cc의 공간에서 비누거품이 도달하는 시간을 측정하였다. 4번 측정한 결과가 23.4초, 22.1초, 24.4초, 24.1초인 경우 펌프의 평균유량(L/min)을 계산하시오.

> $$\text{유량}(L/min) = \frac{\text{비누거품이 통과한 용량}(L)}{\text{비누거품이 통과한 시간}(min)}$$
>
> 1. 소요되는 평균시간
> $$\text{평균시간} = \frac{23.4 + 22.1 + 24.4 + 24.1}{4} = 23.50(\text{sec})$$
>
> 2. 유량(L/min) = $\dfrac{\text{비누거품이 통과한 용량}(L)}{\text{비누거품이 통과한 시간}(min)} = \dfrac{1.2L}{23.50 \times \dfrac{1}{60} min} = 3.06(L/min)$
>
> $\left[\begin{array}{l} 1000cc = 1L, \quad \therefore \ 1200cc = 1.2L \\ 1\text{sec} = \dfrac{1}{60}\text{min} \end{array}\right]$

15 작업장에 전체환기 장치를 적용하는 조건 4가지를 적으시오.

① 유해물질의 독성이 비교적 낮은 경우
② 동일한 작업장에 다수의 오염원이 분산되어 있는 경우
③ 유해물질이 시간에 따라 균일하게 발생될 경우
④ 유해물질의 발생량이 적은 경우
⑤ 발생원이 이동하는 경우
⑥ 오염원이 근무자가 근무하는 장소로부터 멀리 떨어져 있는 경우

16 덕트 내 공기의 속도압이 25mmH$_2$O인 경우 덕트 내 공기의 유속을 계산하시오. (단, 중력가속도 g = 9.81m/sec^2, 1기압 15℃ 공기의 밀도 1.225kg/m^3 기준)

$$VP = \frac{rV^2}{2g}$$
- r : 공기비중
- V : 유속(m/s)
- g : 중력가속도

$$VP = \frac{rV^2}{2g}$$

$$V = \sqrt{\frac{VP \times 2g}{r}} = \sqrt{\frac{25 \times 2 \times 9.81}{1.225}} = 20.01 \text{(m/sec)}$$

$$VP = \frac{rV^2}{2g}$$
$$rV^2 = VP \times 2g$$
$$V^2 = \frac{VP \times 2g}{r}$$
$$V = \sqrt{\frac{VP \times 2g}{r}}$$

17 (전신)진동에 의한 생체반응에 관여하는 인자 4가지를 적으시오.

① 진동의 강도
② 진동수
③ 진동방향
④ 폭로시간(노출시간)

18 분진이 발생되는 작업장의 공기 600L를 채취하여 여과지로 분진 농도를 측정하였다. 시료 채취 전 여과지의 무게는 3.04mg이었으며, 시료채취 후 여과지의 무게는 18.06mg이었다. 이 작업장의 분진 농도(mg/m^3)를 계산하시오.

$$mg/m^3 = \frac{(18.06 - 3.04)mg}{600 \times 10^{-3} m^3} = 25.03(mg/m^3)$$

($L = 10^{-3} m^3$)

2022년 1회 과년도기출문제

01 다음 [보기]는 산업안전보건법의 기준에 의한 작업장의 적정 공기수준에 관한 설명이다. 괄호에 알맞은 내용을 적으시오.

> 적정공기라 함은 산소농도의 범위가 (①)% 이상 (②)% 미만, 탄산가스 농도가 (③)% 미만, 일산화탄소 농도가 (④)ppm 미만, 황화수소 농도가 (⑤)ppm 미만인 공기를 말한다.

① 18
② 23.5
③ 1.5
④ 30
⑤ 10

02 21℃, 1기압에서 사염화탄소의 증기압은 110mmHg이다. 이 경우 사염화탄소의 포화농도(ppm)를 계산하시오.

$$\text{포화농도} = \frac{\text{물질의 증기압(mmHg)}}{\text{대기압(760mmHg)}} \times 10^2 (\%)$$

$$= \frac{\text{물질의 증기압(mmHg)}}{\text{대기압(760mmHg)}} \times 10^6 (\text{ppm})$$

포화농도(%) = $\frac{\text{물질의 증기압(mmHg)}}{\text{대기압(760mmHg)}} = \frac{110}{760} \times 10^6 = 144736.84(\text{ppm})$

03 덕트 직경은 20cm, 중심선 반지름은 40cm이며, 덕트 내 유속이 15m/s인 60° 곡관의 압력손실(mmH$_2$O)을 계산하시오. (단, 공기의 비중이 1.2이다.)

곡률 반경비	1.25	1.50	1.75	2.00	2.25	2.50	2.75
압력손실계수	0.55	0.39	0.32	0.27	0.26	0.22	0.20

곡관의 압력손실($\triangle P$) = $\left(\xi \times \dfrac{\theta}{90°}\right) \times VP$(mmH$_2$O)

- ξ : 압력 손실 계수
- θ : 곡관의 각도
- VP : 속도압(동압)(mmH$_2$O)

압력손실($\triangle P$) = $\left(0.27 \times \dfrac{60°}{90°}\right) \times 13.78 = 2.48$(mmH$_2$O)

1. R/D = $\dfrac{40}{20}$ = 2.00

   ∴ 압력 손실 계수(ξ) = 0.27

2. $VP = \dfrac{\xi V^2}{2g} = \dfrac{1.2 \times 15^2}{2 \times 9.8} = 13.78$(mmH$_2$O)

04 덕트 내에서의 정압, 동압을 측정하는 표준기기의 명칭을 적으시오.

피토관(피토튜브)

05 활성탄 2000kg을 이용하여 톨루엔(MW : 92.14) 증기 250ppm을 함유한 공기 350m³/min을 흡착하려고 한다. 흡착에 필요한 시간을 계산하시오. (단, 활성탄의 톨루엔 흡착률 0.2kg/kg(활성탄), 활성탄의 톨루엔 증기 흡착률 90%, 온도 25℃ 기준)

1. 톨루엔 250ppm → mg/m³

   > 25℃, 1기압일 때
   > - $mg/m^3 = \dfrac{ppm \times 분자량}{24.45}$
   > - $ppm = mg/m^3 \times \dfrac{24.45(L)}{분자량}$

   $mg/m^3 = \dfrac{ppm \times 분자량}{24.45} = \dfrac{250 \times 92.14}{24.45} = 942.13(mg/m^3)$

2. 톨루엔의 흡착량(kg/hr)
   - $\dfrac{350m^3}{min} \times \dfrac{942.13 \times 10^{-6} kg}{m^3} \times 60 = 19.78(kg/hr)$

   ($942.13mg = 942.13 \times 10^{-6} kg$)

   - 톨루엔 증기 흡착률이 90%이므로

   $100 : 19.78 = 90 : x$

   $100x = 19.78 \times 90$

   $x = \dfrac{19.78 \times 90}{100} = 17.80(kg/hr)$

3. 활성탄 2,000kg이 흡착할 수 있는 톨루엔의 양

   $\dfrac{0.2kg}{kg} \times 2000kg = 400(kg)$

4. 활성탄 2000kg으로 톨루엔을 흡착하는데 걸리는 시간

   $17.80(kg/hr)$ → 1시간에 톨루엔 17.80kg을 흡착함

   톨루엔 400kg 흡착 → x시간

   $17.80 : 1 = 400 : x$

   $17.80x = 400$

   $x = \dfrac{400}{17.80} = 22.47(hr)$

06 [보기]의 설명에 적합한 세정식 집진장치의 형식을 적으시오.

집진장치의 형식	집진장치의 종류
(①)	• 가스 임펠러형(선회형) • 가스 분수형(분출형) • 로터형(Rotor형)
(③)	• 타이젠 워셔(Theisen washer) • 임펄스 스크러버(Impulse Scrubber)
(⑤)	• 벤튜리 스크러버(Venturi scrubber) • 제트 스크러버(Jet scrubber) • 분무탑(Spray tower)

① 유수식
② 회전식
③ 가압수식

07 벤젠 0.4ppm(TLV : 0.5ppm), 톨루엔 55ppm(TLV : 50ppm), 크실렌 85ppm(TLV : 100ppm)이 발생되는 작업장이 있다. 혼합공기의 노출기준(ppm)을 계산하고 노출기준 초과여부를 평가하시오. (단, 세 물질은 서로 상가 작용을 한다.)

1. 노출지수 $EI = \dfrac{0.4}{0.5} + \dfrac{55}{50} + \dfrac{85}{100} = 2.75$
2. 혼합물의 노출기준 $= \dfrac{0.4 + 55 + 85}{2.75} = 51.05(\text{ppm})$
3. 노출기준 초과여부 : $EI > 1$이므로 노출기준을 초과함

08 [보기]의 방사선을 인체 투과력이 큰 순서대로 번호를 쓰시오.

> ① α 　　　　　　　　② 중성자
> ③ γ 　　　　　　　　④ β

② 〉 ③ 〉 ④ 〉 ①

> ★참고
> 방사선의 인체투과력 및 전리작용
> 1. 인체의 투과력 순서
>   중성자 〉 X선 or γ 〉 β 〉 α
> 2. 전리작용(REB : 생물학적 효과) 순서
>   중성자 α 〉 β 〉 X선 or γ

09 입경이 0.004cm, 밀도 1.4g/cm³인 먼지의 침강속도(cm/sec)를 Lippman식을 이용하여 계산하시오.

> Lippman식에 의한 침강속도
>
> $V(cm/sec) = 0.003 \times \rho \times d^2$
> - V : 침강속도(cm/sec)
> - ρ : 입자 밀도(비중) (g/cm³)
> - d : 입자직경(μm)
>
> $V(cm/sec) = 0.003 \times \rho \times d^2 = 0.003 \times 1.4 \times (0.004 \times 10^4)^2 = 6.72(cm/sec)$
>
> [$\mu m = 10^{-6}$m, cm $= 10^{-2}$m
> ∴ cm $= 10^4 \mu m$]

10 전체환기 장치를 설치하여야 하는 경우(적용조건) 5가지를 적으시오.

> ① 유해물질의 독성이 비교적 낮은 경우
> ② 동일한 작업장에 다수의 오염원이 분산되어 있는 경우
> ③ 유해물질이 시간에 따라 균일하게 발생될 경우
> ④ 유해물질의 발생량이 적은 경우
> ⑤ 발생원이 이동하는 경우
> ⑥ 오염원이 근로자가 근무하는 장소로부터 멀리 떨어져 있는 경우

11 어느 작업장에서 MEK를 8시간동안 32L씩 사용하고 있다. 작업장의 용적이 20m×5m×6m인 경우 ACGIH 계산식에 의한 필요환기량(m³/min)을 계산하시오.(단, MEK의 분자량 72.1, TLV 200ppm, 비중 0.805, 안전계수 3이다.)

$$Q = \frac{24.1 \times kg/h \times C \times 10^2}{MW \times L \times B} \text{ (m}^3\text{/hr)} \div 60 = \text{(m}^3\text{/min)}$$

- C : 안전계수(LEL의 25%로 유지할 경우 $C = 4$)
- MW : 물질의 분자량
- LEL : 폭발농도 하한치(%)
- B : 온도에 따른 보정상수(120℃미만 $B = 1.0$, 120℃이상 $B = 0.7$)
- kg/hr : 시간당 오염물질 발생량($l/hr \times S$(비중))

$$Q = \frac{24.1 \times kg/h \times K \times 10^6}{MW \times TLV} \div 60 = \frac{24.1 \times (4 \times 0.805) \times 3 \times 10^6}{72.1 \times 200} \div 60 = 269.08 \text{(m}^3\text{/min)}$$

- 8시간 동안 32L 사용 → 1시간당 $4L\left(\frac{32}{8}L\right)$ 사용 → 4L/hr

12 덕트 내 공기의 속도압이 5mmH₂O인 경우 덕트 내 공기의 유속을 계산하시오. (단, 중력가속도 $g = 9.81$m/sec², 1기압 15℃ 공기의 밀도 1.225kg/m³ 기준)

$$VP = \frac{rV^2}{2g}$$

- r : 공기비중
- V : 유속(m/s)
- g : 중력가속도

$$VP = \frac{rV^2}{2g}$$

$$V = \sqrt{\frac{VP \times 2g}{r}} = \sqrt{\frac{5 \times 2 \times 9.81}{1.225}} = 8.95 \text{(m/sec)}$$

$$VP = \frac{rV^2}{2g}$$
$$rV^2 = VP \times 2g$$
$$V^2 = \frac{VP \times 2g}{r}$$
$$V = \sqrt{\frac{VP \times 2g}{r}}$$

13 용접작업에서 실시하여야 하는 건강보호 대책은 유해광선 차단 대책, 소음 대책, 고열 대책, 용접 흄 및 유해가스 제거위한 환기 대책 등이 있다. [보기]의 설명 중에서 용접 흄에 대한 대책과 유해광선에 대한 대책을 골라 그 번호를 적으시오.

> ① 작업장 조도를 65lux 미만으로 유지한다.
> ② 용접작업 근로자에게 방음용 귀마개를 제공한다.
> ③ 인접 작업장에 영향을 미칠 우려가 있는 경우 난연 차광커튼을 설치한다.
> ④ 용접작업 근로자에게 방진마스크와 송기마스크를 제공한다.
> ⑤ 환기량을 계산하여 국소배기장치 및 전체환기장치를 가동한다.
> ⑥ 아크의 조도에 적합한 차광번호의 차광안경을 착용한다.

(1) 용접 흄에 대한 대책
(2) 유해광선에 대한 대책

(1) ④, ⑤
(2) ③, ⑥

14 유량 및 용량을 보정하는 데 사용되는 장치 중 2차 표준기구의 종류 4가지를 적으시오.

① 로타미터
② 습식 테스트미터
③ 건식 가스미터
④ 오리피스미터
⑤ 열선기류계

15 집진장치 중 여과 집진장치의 장점을 3가지 적으시오.

① 집진효율이 높다.(99% 이상) (미세입자의 집진효율이 비교적 높은 편이다.)
② 다양한 용량을 처리할 수 있다.
③ 탈진방법과 여과재의 사용에 따른 설계상의 융통성이 있다.
④ 집진효율이 처리가스의 양과 밀도 변화에 영향이 적다.
⑤ 설치 적용범위가 광범위하다.

16 시료채취를 위한 여과지 중 막 여과지의 종류를 3가지 적으시오.

① MCE 막 여과지
② PVC 막 여과지
③ PTFE 막 여과지
④ 은막 여과지
⑤ nucleopore 여과지

17 가스상 물질의 처리방법 중 연소법의 종류 3가지를 적으시오.

① 직접연소(불꽃연소)
② 간접연소(가열연소)
③ 촉매연소

18 국소배기시스템의 공기압력 중 흡인덕트 내(송풍기 앞)에서는 음압(-), 배기덕트(송풍기뒤)에서는 양압(+)이 되는 압력의 종류를 적으시오.

정압

2022년 2회 과년도기출문제

01 국소배기장치의 후드 선정 시 고려사항 4가지를 적으시오.

① 필요환기량을 최소화할 것
② 작업자의 호흡영역을 보호할 것
③ 추천된 설계사양을 사용할 것
④ 작업자가 사용하기 편리하도록 만들 것
⑤ 후드 설계 시 일반적인 오류를 범하지 말 것

02 후드의 형식 중 [보기]에서 설명하는 후드의 명칭을 적으시오.

① 작업 특성상 유해물질의 외부에 설치한 후드, 외부의 오염물질까지 흡인하도록 설계한 후드의 형태이다.
② 송풍기의 규격이 커지고 설치, 운전비용이 많이 든다.
③ 외부 난기류의 영향이 클 경우 포착효율이 떨어진다.

외부식 후드(포집형 후드)

03 표준공기가 흐르는 덕트의 직경이 150mm이며, Reynold 수가 20,000일 경우 덕트 내의 유속(m/sec)을 계산하시오. (단, 20°C, 1기압 기준 점성계수 1.670×10^{-4} poise, 공기밀도 $1.2 kg/m^3$)

$$Re = \frac{\rho V d}{\mu} = \frac{Vd}{v} = \frac{관성력}{점성력}$$

- Re : 레이놀즈 수(무차원)
- ρ : 유체밀도(kg/m^3)
- d : 관경(m) (상당직경 $D = \frac{2ab}{a+b}$)
- V : 유체의 유속(m/sec)
- μ : 점성계수($kg/m \cdot s$(= 10Poise))
- v : 동점성계수(m^2/sec)

$$Re = \frac{\rho \times V \times d}{\mu}$$

$\rho \times V \times d = Re \times \mu$

$$V = \frac{Re \times \mu}{\rho \times d} = \frac{20,000 \times 1.670 \times 10^{-5}}{1.2 \times 0.15} = 1.86(m/sec)$$

$$\left[\begin{array}{l} 10 poise = 1 kg/m \cdot sec \\ 10 : 1 = 1.670 \times 10^{-4} : x \\ 10x = 1.670 \times 10^{-4} \\ \therefore x = \frac{1.670 \times 10^{-4}}{10} = 1.670 \times 10^{-5}(kg/m \cdot sec) \end{array} \right.$$

04 작업환경측정의 예비조사에서 작성하여야 하는 측정계획서에 포함하여야 하는 내용(측정계획서에서 시행하는 내용) 3가지를 적으시오.

① 원재료의 투입과정부터 최종 제품 생산 공정까지의 주요공정 도식
② 해당 공정별 작업내용 및 화학물질 사용실태, 그 밖에 작업방법 · 운전조건 등을 고려한 유해인자 노출 가능성
③ 측정대상 공정, 측정대상 유해인자 및 발생주기, 측정 대상 공정의 종사 근로자 현황
④ 유해인자별 측정방법 및 측정 소요기간 등 작업환경측정에 필요한 사항

05 현재 총 흡음량이 1,500sabins인 작업장에 흡음물질을 첨가하여 2,000sabins을 더할 경우 예측되는 실내 소음 저감량을 계산하시오.

> $NR = 10\log\left(\dfrac{A_2}{A_1}\right)$
> - NR : 감음량(dB)
> - A_1 : 흡음처리 전 실내의 총 흡음력(sabin, m²)
> - A_2 : 흡음처리 후 실내의 총 흡음력(sabin, m²)
>
> $NR = 10 \times \log\left(\dfrac{A_2}{A_1}\right) = 10 \times \log\left(\dfrac{1,500 + 2,000}{1,500}\right) = 3.68\text{(dB)}$

06 21℃ 1기압의 작업장에서 MEK(분자량 : 72.1, 비중 : 0.805)과 톨루엔(분자량 : 92.13, 비중 : 0.866)이 매시간당 2L씩 발생되고 있으며, 작업장의 MEK(TLV : 200ppm) 농도는 160ppm, 톨루엔의 농도는(TLV : 100ppm) 80ppm이다.

(1) 각각의 노출지수를 구하여 노출기준을 평가하고, 전체 환기시설 설치여부를 결정하시오.
(2) 각 물질이 상가작용을 할 경우 전체 환기량(m³/min)을 계산하시오. (단, MEK의 안전계수는 3, 톨루엔의 안전계수는 5이다.)

> (1) 노출지수 평가
>
> 1. 노출지수
> $EI = \dfrac{C_1}{T_1} + \dfrac{C_2}{T_2} + \cdots + \dfrac{C_n}{T_n}$
>   - C : 화학물질 각각의 측정치
>   - T : 화학물질 각각의 노출기준
>
> 2. 평가
>   - $EI > 1$: 노출기준을 초과함
>   - $EI < 1$: 노출기준을 초과하지 않음
>
> 3. 혼합물의 TLV-TWA
> $TLV-TWA = \dfrac{C_1 + C_2 + \cdots + C_n}{EI}$
>
> - 노출지수 $EI = \dfrac{160}{200} + \dfrac{80}{100} = 1.60$
> - 평가 : $EI > 1$이므로 노출기준을 초과함
> - 전체 환기시설 설치여부 : 노출기준을 초과하였으므로 전체 환기장치를 설치하여야 함

(2) 전체 환기량

$$Q = \frac{24.45 \times kg/h \times K \times 10^6}{MW \times TLV} (m^3/hr) \div 60 = (m^3/min)$$

- K : 안전계수
- MW : 물질의 분자량
- kg/hr : 시간당 오염물질 발생량($l/hr \times S$(비중))
- TLV : 노출기준(ppm)
- 24.45 : 25℃, 1기압에서 공기의 비중(21℃, 1기압일 경우 24.1)

- MEK의 환기량
$$Q = \frac{24.1 \times (2 \times 0.805) \times 3 \times 10^6}{72.1 \times 200} \div 60 = 134.54 (m^3/min)$$

- 톨루엔의 환기량
$$Q = \frac{24.1 \times (2 \times 0.866) \times 5 \times 10^6}{92.13 \times 100} \div 60 = 377.56 (m^3/min)$$

- 두 물질은 상가작용을 하므로
총 환기량 = 134.54 + 377.56 = 512.10(m^3/min)

07 작업환경관리 대책 중 작업환경개선의 공학적인 대책 3가지를 적으시오.

① 대치(대체)
② 격리
③ 환기

08 전체 환기량 계산 시 다음의 경우에 적합한 안전계수(혼합계수) K의 값을 적으시오.

(1) 작업장 내 공기혼합이 원활한 경우
(2) 작업장 내 공기혼합이 보통인 경우
(3) 작업장 내 공기혼합이 불완전한 경우

(1) K = 1
(2) K = 2
(3) K = 3

09 액체 상태의 벤젠 1L가 공기 중으로 모두 증발했다고 가정하였을 경우 벤젠 증기의 용량(L)을 계산하시오. (단, 25℃ 1기압이며, 비중 0.879, 분자량 78.11이다.)

$$부피(L) = \frac{(1,000 \times 0.879)g \times 24.45L}{78.11g} = 275.14(L)$$

- $L \times$ 비중 $=$ kg, (1×0.879)kg $= (1,000 \times 0.879)$g
- 25℃ 1기압 기체 1몰의 부피 : 24.45L

10 입자상물질의 측정방법 중 입자상물질의 크기를 측정하는 방법 2가지를 적으시오.

① 현미경 측정법
② 체분석법(표준체 측정법 : standard sieving analysis)
③ 관성충돌법

11 유해가스를 처리하는 원리에 따라 그 방법을 3가지로 구분하여 적으시오.

① 흡수법
② 흡착법
③ 연소법

12 재순환공기의 CO_2 농도는 650ppm이고, 급기의 CO_2농도는 450ppm일 때 급기 중의 외부공기 포함량(%)을 계산하시오. (단, 외부의 CO_2농도는 300ppm이다.)

$$\%Q_A = \frac{C_r - C_s}{C_r - C_0} \times 100$$

- C_r : 재순환 공기 중 이산화탄소 농도
- C_s : 급기 중 이산화탄소 농도
- C_0 : 외부 공기 중 이산화탄소 농도(약 330ppm)

$$\%Q_A = \frac{650 - 450}{650 - 300} \times 100 = 57.14(\%)$$

13 소음계의 청감보정회로에서 A특성을 설명하시오.

> 40phon의 등청감곡선에 가깝게 주파수를 보정한 것으로 인간의 청감에 가장 가까운 측정이 가능하여 대부분의 소음 측정에 사용된다.

14 건구온도가 28℃, 자연습구온도가 20℃, 흑구온도가 30℃인 경우 (1) 옥내의 습구흑구 온도지수를 계산하시오. (2) 옥외(태양광선이 내리쬐는 장소)의 습구흑구 온도지수를 계산하시오.

> 1. 옥외(태양광선이 내리쬐는 장소)
>   WBGT(℃) = 0.7 × 자연습구온도 + 0.2 × 흑구온도 + 0.1 × 건구온도
> 2. 옥내 또는 옥외(태양광선이 내리쬐지 않는 장소)
>   WBGT(℃) = 0.7 × 자연습구온도 + 0.3 × 흑구온도
>
> (1) 옥내 WBGT(℃) = 0.7 × 자연습구온도 + 0.3 × 흑구온도 = 0.7 × 20 + 0.3 × 30 = 23(℃)
> (2) 옥외 WBGT(℃) = 0.7 × 자연습구온도 + 0.2 × 흑구온도 + 0.1 × 건구온도 = 0.7 × 20 + 0.2 × 30 + 0.1 × 28 = 22.80(℃)

15 전신피로(산업피로)의 생리학적 원인 3가지를 적으시오.

> ① 산소공급 부족
> ② 혈중 포도당(글루코오스)농도 저하(가장 큰 원인)
> ③ 근육 내 글리코겐 양의 감소
> ④ 혈중 젖산농도의 증가

16 시료채취의 방법 중 여과포집에 기여하는 6가지 기전(여과포집 원리)을 적으시오.

① 직접차단(간섭 : interception)
② 관성충돌(intertial impaction)
③ 확산(diffusion)
④ 중력침강(gravitional settling)
⑤ 정전기 침강(electrostatic settling)
⑥ 체질(sieving)

17 [보기]는 작업환경측정시의 시료채취 근로자 수에 관한 내용이다. 괄호에 적합한 숫자를 적으시오.

단위작업 장소에서 최고 노출근로자 2명 이상에 대하여 동시에 개인 시료채취 방법으로 측정하되, 단위작업 장소에 근로자가 1명인 경우에는 그러하지 아니하며, 동일 작업근로자수가 10명을 초과하는 경우에는 매 (①)명당 1명 이상 추가하여 측정하여야 한다. 다만, 동일 작업근로자수가 (②)명을 초과하는 경우에는 최대 시료채취 근로자수를 (③)명으로 조정할 수 있다.

① 5
② 100
③ 20

18 작업환경 측정 대상 유해인자 중 분진의 종류를 7가지 적으시오.

① 광물성 분진(Mineral dust)
② 곡물 분진(Grain dust)
③ 면 분진(Cotton dust)
④ 목재 분진(Wood dust)
⑤ 석면 분진(Asbestos dusts)
⑥ 용접 흄(Welding fume)
⑦ 유리섬유(Glass fiber dust)

2022년 3회 과년도기출문제

01 상시 사용하는 근로자의 건강관리를 위하여 실시하는 일반 건강진단 실시 시기를 적으시오.

(1) 사무직 종사 근로자(판매업무 종사하는 근로자 제외)
(2) 그 밖의 근로자

① 2년에 1회 이상
② 1년에 1회 이상

02 오염물질이 발생하는 작업장에 외부식 후드를 설치하였다. 후드 개구면에서 발생원까지의 제어거리가 30cm, 제어속도가 1.2m/sec, 후드 직경이 25cm인 경우의 (1) 필요송풍량(m^3/min)을 계산하시오. (2) 덕트 내의 유속(m/sec)을 계산하시오. (3) 후드의 유입손실계수가 0.75인 경우 후드의 정압(mmH_2O)을 계산하시오. (단, 21℃, 1기압 기준)

1. 외부식 후드(자유공간 위치한 원형 및 장방형 후드, 플랜지 미부착)의 필요송풍량
   $Q = 60 \cdot Vc(10X^2 + A)$: Dalla valle 식
   - Q : 필요송풍량(m^3/min)
   - Vc : 제어속도(m/sec)
   - A : 개구면적(m^2)
   - X : 후드중심선으로부터 발생원까지의 거리(m) (오염원과 후드간 거리가 덕트 직경의 1.5배 이내일 때만 유효)
2. $Q = 60 \times A \times V$
   - Q : 유체의 유량(m^3/min)
   - A : 유체가 통과하는 단면적(m^2)
   - V : 유체의 유속(m/sec)
3. 속도압(VP) = $\dfrac{\gamma V^2}{2g}$ (mmH_2O)
   - γ : 공기비중
   - V : 유속(m/s)
   - g : 중력가속도(9.8m/s^2)
4. 후드정압(SP_h) = $VP(1 + F_h)$ (mmH_2O)
   - VP : 속도압(동압)(mmH_2O)
   - F_h : 압력손실계수(= $\dfrac{1}{Ce^2} - 1$)

(1) 필요송풍량

$$Q = 60 \times Vc \times (10X^2 + A) = 60 \times Vc \times (10X^2 + \frac{\pi \times d^2}{4}) = 60 \times 1.2 \times (10 \times 0.3^2 + \frac{\pi \times 0.25^2}{4}) = 68.33 (m^3/min)$$

(2) 덕트 내의 유속(m/sec)

$$Q = 60 \times A \times V$$

$$V = \frac{Q}{60 \times A} = \frac{Q}{60 \times \frac{\pi d^2}{4}} = \frac{68.33}{60 \times \frac{\pi \times 0.25^2}{4}} = 23.20 (m/sec)$$

(3) 후드정압(mmH$_2$O)

$$SP_h = VP(1 + F_h) = 32.95 \times (1 + 0.75) = 57.66 (mmH_2O)$$

$$\left[VP = \frac{\gamma V^2}{2g} = \frac{1.2 \times 23.20^2}{2 \times 9.8} = 32.95 (mmH_2O) \right]$$

03 국소배기장치에서 공기공급시스템이 필요한 이유 5가지를 적으시오.

① 국소배기장치를 적절하게 가동시키기 위하여
② 국소배기장치의 효율 유지를 위하여
③ 작업장 내의 안전사고 예방을 위하여
④ 연료를 절약하기 위하여(에너지 절약)
⑤ 작업장 내의 방해기류(교차기류) 생성 방지를 위하여
⑥ 외부공기가 정화되지 않은 채로 건물 내로 유입되는 것을 막기 위하여

04 노출기준의 종류인 TLV-TWA, TLV-STEL, TLV-C를 각각 설명하시오.

① TLV-TWA(시간가중평균노출기준) : 1일 8시간 및 1주일 40시간 동안의 평균 농도로서, 모든 근로자가 나쁜 영향을 받지 않고 노출될 수 있는 농도이다.
② TLV-STEL(단시간노출기준) : 15분간의 시간가중평균노출 값(근로자가 1회에 15분간 유해인자에 노출되는 경우의 기준) 을 말한다.
③ TLV-C(최고노출기준) : 근로자가 1일 작업시간동안 잠시라도 노출되어서는 아니 되는 기준을 말한다.

05 자유공간에 위치한 음향출력이 0.4watt인 점음원으로 부터 30m 떨어진 곳의 음압수준(dB)은 약 얼마인지 계산하시오.

(1) 무지향성 점음원 자유공간
(2) 무지향성 점음원 반자유공간

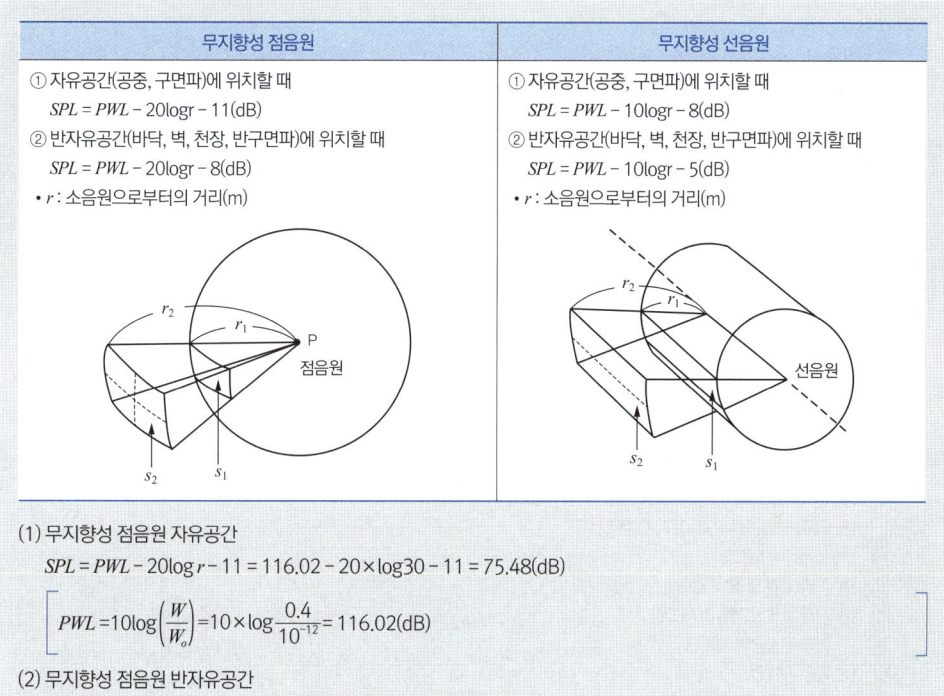

(1) 무지향성 점음원 자유공간
$SPL = PWL - 20\log r - 11 = 116.02 - 20 \times \log 30 - 11 = 75.48$(dB)

$$\left[PWL = 10\log\left(\frac{W}{W_o}\right) = 10 \times \log\frac{0.4}{10^{-12}} = 116.02(dB) \right]$$

(2) 무지향성 점음원 반자유공간
$SPL = PWL - 20\log r - 8 = 116.02 - 20 \times \log 30 - 8 = 78.48$(dB)

06 다음 [보기]는 「사무실 공기관리지침」의 내용이다. 괄호에 적합한 내용을 적으시오.

> 사무실 공기질의 측정결과는 측정치 전체에 대한 (①)을 오염물질별 관리기준과 비교하여 평가한다. 다만, 이산화탄소는 각 지점에서 측정한 측정치 중 (②)을 기준으로 비교·평가한다.

① 평균값
② 최고값

07 부품 조립작업, 포장, 세탁업무 등 주로 손목을 많이 사용하는 근로자의 근골격계 유해요인을 평가하는데 사용되는 평가도구를 적으시오.

JSI

08 산업안전보건법에 의하여 화학물질 및 화학제품 제조업(의약품 제외)에서 안전보건관리책임자를 두어야 하는 사업의 규모(선임기준)을 적으시오.

> 상시근로자 50인 이상의 사업

★ 참고
안전보건관리책임자를 두어야 할 사업의 종류 및 규모

사업의 종류	규모
1. 토사석 광업 2. 식료품 제조업, 음료 제조업 3. 목재 및 나무제품 제조업;가구 제외 4. 펄프, 종이 및 종이제품 제조업 5. 코크스, 연탄 및 석유정제품 제조업 6. 화학물질 및 화학제품 제조업;의약품 제외 7. 의료용 물질 및 의약품 제조업 8. 고무 및 플라스틱제품 제조업 9. 비금속 광물제품 제조업 10. 1차 금속 제조업 11. 금속가공제품 제조업;기계 및 가구 제외 12. 전자부품, 컴퓨터, 영상, 음향 및 통신장비 제조업 13. 의료, 정밀, 광학기기 및 시계 제조업 14. 전기장비 제조업 15. 기타 기계 및 장비 제조업 16. 자동차 및 트레일러 제조업 17. 기타 운송장비 제조업 18. 가구 제조업 19. 기타 제품 제조업 20. 서적, 잡지 및 기타 인쇄물 출판업 21. 해체, 선별 및 원료 재생업 22. 자동차 종합 수리업, 자동차 전문 수리업	상시 근로자 50명 이상
23. 농업 24. 어업 25. 소프트웨어 개발 및 공급업 26. 컴퓨터 프로그래밍, 시스템 통합 및 관리업 26의2. 영상ㆍ오디오물 제공 서비스업 27. 정보서비스업 28. 금융 및 보험업 29. 임대업;부동산 제외 30. 전문, 과학 및 기술 서비스업(연구개발업은 제외한다) 31. 사업지원 서비스업 32. 사회복지 서비스업	상시 근로자 300명 이상
33. 건설업	공사금액 20억원 이상
34. 제1호부터 제26호까지, 제26호의2 및 제27호부터 제33호까지의 사업을 제외한 사업	상시 근로자 100명 이상

09 소음이 발생되는 작업장에서 3시간 작업하는 하는 동안 95dB(A)의 소음에 노출된 경우 소음 노출량(누적소음 폭로량)(%)을 계산하시오.

누적소음폭로량

$$D(\%) = \left(\frac{C_1}{T_1} + \frac{C_2}{T_2} + \cdots + \frac{C_n}{T_n}\right) \times 100$$

- D : 누적소음 폭로량(%)
- C : 각각의 소음도에 노출되는 시간(hr)
- T : 각각의 소음도에 노출될 수 있는 허용노출시간(hr)

$$D = \left(\frac{C_1}{T_1} + \frac{C_2}{T_2} + \cdots + \frac{C_n}{T_n}\right) \times 100 = \frac{3}{4} \times 100 = 75(\%)$$

*참고
소음의 노출기준

1일 노출시간 (hr)	소음강도 dB(A)
8	90
4	95
2	100
1	105
1/2	110
1/4	115

10 시료채취의 방법 중 입자상 물질의 여과 채취기전(여과포집 원리) 5가지를 적으시오.

① 직접차단(간섭 : interception)
② 관성충돌(intertial impaction)
③ 확산(diffusion)
④ 중력침강(gravitional settling)
⑤ 정전기 침강(electrostatic settling)
⑥ 체질(sieving)

11 21℃, 1atm에서의 공기밀도는 1.203kg/m³이다. 온도가 18℃, 압력이 770mmHg일 경우 공기밀도(kg/m³)를 계산하시오.

> 보정 후의 밀도 = 보정 전의 밀도 × $\dfrac{(273+t_1)P_2}{(273+t_2)P_1}$
>
> • t_1, P_1 : 처음 온도, 처음 압력
> • t_2, P_2 : 나중 온도, 나중 압력
>
> 21℃(t_1)의 1atm(760mmHg)(P_1)에서의 밀도 1.203kg/m³를 18℃(t_2), 770mmHg(P_2)로 보정
>
> $1.203 \times \dfrac{(273+21) \times 770}{(273+18) \times 760} = 1.23(\text{kg/m}^3)$
>
> (1atm = 1기압 = 760mmHg)

12 집진장치 중 전기 집진장치의 장점을 3가지 적으시오.

> ① 광범위한 온도범위에서 적용이 가능하다.
> ② 고온의 입자상물질, 폭발성가스 처리가 가능하다.
> ③ 고온 가스를 처리할 수 있어 보일러와 철강로 등에 설치할 수 있다.
> ④ 압력손실이 낮으므로 대용량의 가스처리가 가능하다.
> ⑤ 송풍기의 운전 및 유지비용이 저렴하다.
> ⑥ 넓은 범위의 입경과 분진농도에 집진효율이 높다.

> **암기법**
> 전기는 효율 높고, 저렴하고, 대용량의 고온가스 처리하며 광범위하게 적용한다.

13 어느 작업장에서 이황화탄소를 시간당 80g을 사용하고 있다. 작업장 내의 이황화탄소 농도를 허용기준 이하로 낮추기 위한 필요환기량(m^3/min)을 계산하시오. (단, 이황화탄소의 분자량은 76, 허용기준은 10ppm이며, 21℃ 1기압 기준, 안전계수는 4이다.)

$$Q = \frac{24.45 \times kg/h \times K \times 10^6}{MW \times TLV} (m^3/hr) \div 60 = (m^3/min)$$

- K : 안전계수
- MW : 물질의 분자량
- kg/hr : 시간당 오염물질 발생량($l/hr \times S$(비중))
- TLV : 노출기준(ppm)
- 24.45 : 25℃, 1기압에서 공기의 비중(21℃, 1기압일 경우 24.1)

$$Q = \frac{24.1 \times kg/h \times K \times 10^6}{MW \times TLV} \div 60 = \frac{24.1 \times (80 \times 10^{-3}) \times 4 \times 10^6}{76 \times 10} \div 60 = 169.12(m^3/min)$$

(시간당 80g 사용 → 80g/hr → 80×10^{-3}kg/hr)

14 밀폐공간에 근로자를 종사하도록 하는 경우에 수립·시행하여야 하는 밀폐공간 작업 프로그램에 포함하여야 하는 내용 3가지를 적으시오. (단, 그 밖에 밀폐공간 작업 근로자의 건강장해 예방에 관한 사항은 제외한다.)

① 사업장 내 밀폐공간의 위치 파악 및 관리 방안
② 밀폐공간 내 질식·중독 등을 일으킬 수 있는 유해·위험 요인의 파악 및 관리 방안
③ 밀폐공간 작업 시 사전 확인이 필요한 사항에 대한 확인 절차
④ 안전보건교육 및 훈련

15 후드의 분출기류에서 분출속도가 작아지기 시작하여 50%까지 줄어드는 지점을 무엇이라고 하는가?

천이부

*참고
후드의 분출기류
① 잠재중심부 : 분출속도를 일정하게 유지하는 지점까지 거리, 배출구 직경의 약 5배 정도 까지
② 완전개구부 : 위치변화에 관계없이 분출속도 분포가 유사한 형태를 보이는 영역

16 (전신)진동에 의한 생체반응에 관여하는 인자 4가지를 적으시오.

① 진동의 강도
② 진동수
③ 진동방향
④ 폭로시간(노출시간)

17 작업장의 총 흡음량을 흡음처리 전의 3배로 증가시킬 경우 실내 소음저감량을 계산하시오.

감음량

$$NR(dB) = 10 \times \log\left(\frac{A_2}{A_1}\right)$$

- NR : 감음량(dB)
- A_1 : 흡음처리 전 실내의 총 흡음력(sabin)
- A_2 : 흡음처리 후 실내의 총 흡음력(sabin)

$$NR = 10 \times \log\left(\frac{A_2}{A_1}\right) = 10 \times \log(3) = 4.77(dB)$$

18 [보기]는 국소배기장치의 공기 이동위치를 나타낸다. (1) 가장 압력이 높아야 하는 위치를 찾고 (2) 그 이유를 설명하시오.

① 후드의 내부
② 작업장의 내부
③ 작업장의 외부(대기)
④ 후드와 공기정화장치 사이
⑤ 송풍기의 뒤
⑥ 공기정화장치와 송풍기 사이

(1) ⑤(송풍기의 뒤)
(2) 송풍기의 앞쪽 정압(후드에서 송풍기 입구까지의 흡인(-))보다 뒤쪽 정압(송풍기 출구에서 굴뚝까지의 토출(+))이 높아야 후드에서 흡인한 오염된 공기를 굴뚝으로 보낼 수 있다.

2023년 1회 과년도기출문제

01 인체의 열 교환에 영향을 미치는 온열요소 4가지를 적으시오.

① 기온(온도)
② 기습(습도)
③ 기류(대류, 풍속)
④ 복사열

02 어느 작업장에서 작업 중에 유해물질(TLV-TWA : 85ppm)을 1일 10시간 취급하고 있다. Brief and Scala의 보정법을 적용하여 보정된 허용기준을 계산하시오.

Brief와 Scala의 보정방법

1. $RF = \left(\dfrac{8}{H}\right) \times \dfrac{24-H}{16}$
2. [일주일 ; $RF = \left(\dfrac{40}{H}\right) \times \dfrac{168-H}{128}$]
3. 보정된 노출기준 = RF × 노출기준(허용농도)
   - H : 비정상적인 작업시간(노출시간/일 ; 노출시간/주)
   - 16 : 휴식시간 의미(128 ; 일주일 휴식시간 의미)

1. $RF = \left(\dfrac{8}{H}\right) \times \dfrac{24-H}{16} = \left(\dfrac{8}{10}\right) \times \dfrac{24-10}{16} = 0.70$
2. 보정된 노출기준 = RF × 허용농도 = 0.70 × 85 = 59.50(ppm)

03 산업안전보건법에 의한 작업환경측정 시에 사용되는 시료의 채취방법 5가지를 적으시오.

① 액체채취방법
② 고체채취방법
③ 직접채취방법
④ 냉각응축채취방법
⑤ 여과채취방법

04 170℃, 650mmHg 조건에서 어떤 가스의 부피가 120m³일 경우 21℃, 760mmHg 조건에서의 해당 가스의 부피(m³)를 계산하시오.

170℃(t_1), 650mmHg(P_1) 에서의 부피 120m³을 21℃(t_2), 760mmHg(P_2)로 보정

$$V_2 = V_1 \times \frac{(273+t_2)(P_1)}{(273+t_1)(P_2)}$$

$$= 120 \times \frac{(273+21) \times 650}{(273+170) \times 760} = 68.11(m^3)$$

★참고
보일-샤를의 법칙

$$\frac{P_1 V_1}{T_1} = \frac{P_2 V_2}{T_2}$$

$$T_1 P_2 V_2 = T_2 P_1 V_1$$

$$V_2 = V_1 \times \frac{T_2 P_1}{T_1 P_2}$$

($T_1 = 273+t_1$, $T_2 = 273+t_2$)

05 흡수탑(충진탑)의 충전물(충진제)의 구비조건을 3가지 적으시오.

① 표면적이 클 것
② 공극률이 클 것
③ 압력손실이 작을 것
④ 내구성이 클 것
⑤ 내식성, 내열성이 클 것

06 다음 조건에서 유속(m/sec)을 구하시오.

- 레이놀즈수 : 2×10^6
- 덕트 직경 : 15cm
- 동점성계수 : $1.5 \times 10^{-5} m^2/sec$

$$Re = \frac{Vd}{v}$$

$$V = \frac{Re \times v}{d} = \frac{2 \times 10^6 \times 1.5 \times 10^{-5}}{0.15} = 200(m/sec)$$

07 전체환기 장치를 설치하여야 하는 경우(적용시의 고려사항, 적용조건) 5가지를 적으시오.

① 유해물질의 독성이 비교적 낮은 경우
② 동일한 작업장에 다수의 오염원이 분산되어 있는 경우
③ 유해물질이 시간에 따라 균일하게 발생될 경우
④ 유해물질의 발생량이 적은 경우
⑤ 발생원이 이동하는 경우
⑥ 오염원이 근무자가 근무하는 장소로부터 멀리 떨어져 있는 경우

08 실내 용적이 450m³인 사무실에서 20명이 근무하고 있다. CO_2의 1인당 배출량이 30L/hr일 경우 시간당 공기 교환횟수를 계산하시오. (단, CO_2의 허용농도는 0.08%, 외기 중 CO_2의 농도는 0.02%이다.)

시간당 공기교환 횟수(ACH)

1. $ACH = \dfrac{\text{실내 환기량}(m^3/hr)}{\text{실내 체적}(m^3)}$

2. $Q(m^3/min) = \dfrac{G}{C_s - C_o} \times 100$
   - G : CO_2 발생률(m^3/min)
   - C_s : 이산화탄소의 허용농도(%)
   - C_o : 외부공기 중 이산화탄소의 농도(%)

$ACH = \dfrac{\text{실내 환기량}(Q)}{\text{실내 체적}(m^3)} = \dfrac{1,000}{450} = 2.22$(회 또는 회/hr)

$\left[Q = \dfrac{G}{C_s - C_o} \times 100 = \dfrac{(30 \times 10^{-3} m^3/hr) \times 20인}{(0.08 - 0.02)\%} \times 100 = 1,000(m^3/hr) \right]$

09 작업대 위에 플랜지가 부착된 외부식 후드를 설치하려고 한다. [보기]를 참고하여 필요송풍량(m^3/min)을 계산하시오.

> - 후드 중심선으로부터 발생원까지의 거리 : 1.5m
> - 후드의 크기 : 20cm×35cm
> - 제어속도 : 2.0m/sec

플랜지 부착+후드를 작업대에 부착할 경우 송풍량을 50% 감소시킬 수 있다.

$Q = 60 \times 0.5 \times Vc \times (10X^2 + A)$
- Q : 필요송풍량(m^3/min)
- Vc : 제어속도(m/sec)
- A : 개구면적(m^2)
- X : 후드중심선으로부터 발생원까지의 거리(m) (오염원과 후드간 거리가 덕트 직경의 1.5배 이내일 때만 유효)

$Q = 60 \times 0.5 \times Vc(10X^2 + A) = 60 \times 0.5 \times 2.0 \times [10 \times 1.5^2 + (0.2 \times 0.35)] = 1354.20(m^3/min)$

10 국소배기장치 성능시험 시에 사용하는 필수장비 4가지를 적으시오.

① 발연관(연기발생기 : smoke tester)
② 청음기 또는 청음봉
③ 절연저항계
④ 표면온도계 및 초자온도계
⑤ 줄자

11 90° 원형곡관의 속도압은 28mmH_2O 이며, 압력손실계수는 0.32이다. 이 곡관의 곡관 각을 60°로 변경했을 때의 속도(m/sec)를 계산하시오.

1. 60°로 변경했을 때의 압력손실

$\Delta P = (\xi \times \dfrac{\theta}{90}) \times VP = \left(0.32 \times \dfrac{60°}{90°}\right) \times 28 = 5.97 \,(mmH_2O)$

2. 60°로 변경했을 때의 속도압(VP)

$\Delta P = \left(\xi \times \dfrac{\theta}{90°}\right) \times VP$

$VP = \dfrac{\Delta P}{\left(\xi \times \dfrac{\theta}{90°}\right)} = \dfrac{5.97}{\left(0.32 \times \dfrac{60°}{90°}\right)} = 27.98 \,(mmH_2O)$

3. 60°로 변경했을 때의 속도(V)

$V = 4.043\sqrt{VP} = 4.043 \times \sqrt{27.98} = 21.39 \,(m/sec)$

12 태양광선이 내리쬐지 않는 실내작업장의 건구온도가 26℃이고, 자연습구온도가 31℃이며 흑구온도가 40℃인 경우 습구흑구온도지수(WBGT)를 계산하시오.

> **습구흑구온도지수(WBGT)의 산출**
> 1. 옥외(태양광선이 내리쬐는 장소)
>   WBGT(℃) = 0.7 × 자연습구온도 + 0.2 × 흑구온도 + 0.1 × 건구온도
> 2. 옥내 또는 옥외(태양광선이 내리쬐지 않는 장소)
>   WBGT(℃) = 0.7 × 자연습구온도 + 0.3 × 흑구온도
>
> WBGT(℃) = 0.7 × 자연습구온도 + 0.3 × 흑구온도 = 0.7 × 31 + 0.3 × 40 = 33.70(℃)

13 건강진단 실시 결과에 따른 건강진단 결과를 구분하여 설명하시오.

> ① A : 건강관리상 사후관리가 필요 없는 근로자(건강한 근로자)
> ② C1 : 직업성 질병으로 진전될 우려가 있어 추적검사 등 관찰이 필요한 근로자(직업성 질병 요관찰자)
> ③ C2 : 일반질병으로 진전될 우려가 있어 추적관찰이 필요한 근로자(일반질병 요관찰자)
> ④ D1 : 직업성 질병의 소견을 보여 사후관리가 필요한 근로자(직업성 질병 유소견자)
> ⑤ D2 : 일반질병의 소견을 보여 사후관리가 필요한 근로자(일반질병 유소견자)
> ⑥ R : 질병이 의심되는 근로자(제2차 건강진단 대상자)

14 노출기준의 종류 중 TLV-STEL, TLV-C를 각각 설명하시오.

> 1. TLV-STEL(단시간노출기준) : 15분간의 시간가중평균노출 값(근로자가 1회에 15분간 유해인자에 노출되는 경우의 기준)을 말한다.
> 2. TLV-C(최고노출기준) : 근로자가 1일 작업시간동안 잠시라도 노출되어서는 아니 되는 기준을 말한다.

> ★ 참고
> TLV-TWA(시간가중평균노출기준) : 1일 8시간 및 1주일 40시간 동안의 평균 농도로서, 모든 근로자가 나쁜 영향을 받지 않고 노출될 수 있는 농도이다.

15 입자상 물질의 크기를 결정하는 방법 중 기하학적 직경(물리적 직경)의 종류 3가지를 적으시오.

① 마틴직경
② 페렛직경
③ 등면적직경

16 작업장 공기 중에 acetone 300ppm(TLV : 500ppm), heptane 250ppm(TLV : 400ppm), methyl ethyl ketone 100ppm(TLV : 200ppm)이 완전 혼합되었다고 가정할 때 혼합물질의 노출기준을 계산하고 노출기준 초과여부를 평가하시오.(단, 각각의 물질은 서로 상가작용을 한다.)

1. 노출지수
$$EI = \frac{C_1}{T_1} + \frac{C_2}{T_2} + \cdots + \frac{C_n}{T_n}$$
- C : 화학물질 각각의 측정치
- T : 화학물질 각각의 노출기준

2. 평가
- $EI > 1$: 노출기준을 초과함
- $EI < 1$: 노출기준을 초과하지 않음

3. 혼합물의 TLV-TWA
$$TLV-TWA = \frac{C_1 + C_2 + \cdots + C_n}{EI}$$

1. 노출지수 $EI = \frac{300}{500} + \frac{250}{400} + \frac{100}{200} = 1.73$
2. 노출기준 초과여부 : $EI > 1$ 이므로 노출기준을 초과함

★참고
혼합물의 노출기준
$$TLV-TWA = \frac{300 + 250 + 100}{1.73} = 375.72\text{(ppm)}$$

17 후드 및 덕트를 통해 반송된 유해물질을 정화시키는 원리에 따른 집진장치의 종류를 5가지 적으시오.

① 중력 집진장치
② 관성력 집진장치
③ 원심력 집진장치
④ 세정식 집진장치
⑤ 여과 집진장치
⑥ 전기 집진장치

18 국소배기장치의 점검항목 중 송풍관(duct)의 점검항목 4가지를 적으시오.

① 표면상태
② 덕트 내면상태
③ 접속부
④ 댐퍼

★참고
① 표면상태 : 덕트 내·외면의 파손, 변형으로 등으로 인한 설계압력 증가 또는 파손 부분 등에서의 공기 유입, 누출이 없고 이상음, 이상진동이 없을 것
② 덕트 내면상태 : 분진 등의 퇴적으로 인한 이상음, 이상 진동이 없을 것
③ 접속부 : 플랜지의 결합볼트, 너트, 패킹에 손상이 없을 것
④ 댐퍼 : 댐퍼가 손상되지 않고 정상적으로 작동될 것

2023년 2회 과년도기출문제

01 유해가스 처리를 위해 연소법을 적용할 수 있는 경우(적용하기 위한 조건) 3가지를 적으시오.

① 배출하는 가스량이 많은 경우
② 유해가스의 농도가 낮은 경우
③ 가연성 가스, 악취 등을 제거하는 경우

02 국소배기장치에서 제어속도(포착속도)의 정의를 적으시오.

제어속도 : 오염물질을 후드 안쪽으로 흡인하기 위한 공기속도(유해물질이 함유된 공기를 후드로 흡입시킴으로써 그 지점의 유해물질을 제어할 수 있는 공기속도)

03 귀마개와 비교한 귀덮개의 장점 3가지를 적으시오.

① 고음영역에서 차음효과가 탁월하다.
② 귀마개보다 차음효과가 일반적으로 크며 차음효과의 개인차가 적다.
③ 귀 안에 염증이 있어도 사용이 가능하다.
④ 착용이 쉽고 착용법이 틀리거나 분실할 염려가 적다.
⑤ 동일한 크기의 귀덮개를 대부분의 근로자가 사용할 수 있다.
⑥ 멀리서도 착용 유무를 확인할 수 있다.

04 작업환경개선의 공학적인 대책 중 대치(대체)에 해당하는 예를 3가지 적으시오.

① 공정의 변경
② 유해물질 변경
③ 시설의 변경

05 덕트의 직경이 20cm, 덕트 내의 공기유속이 15m/sec인 경우 Reynold수를 계산하시오.(단, 점성 계수 1.85×10^{-5} kg/m·sec, 공기밀도 1.2kg/m³)

$$Re = \frac{\rho Vd}{\mu} = \frac{Vd}{v} = \frac{관성력}{점성력}$$

- Re : 레이놀즈 수(무차원)
- ρ : 유체밀도(kg/m³)
- d : 관경(m) (상당직경 $D = \frac{2ab}{a+b}$)
- V : 유체의 유속(m/sec)
- μ : 점성계수(kg/m·s(= 10Poise))
- v : 동점성계수(m²/sec)

$$Re = \frac{\rho Vd}{\mu} = \frac{1.2 \times 15 \times 0.2}{1.85 \times 10^{-5}} = 194594.59$$

(20cm = 0.2m)

06 국소배기장치의 사용 전 점검사항 3가지를 적으시오.

① 덕트와 배풍기의 분진 상태
② 덕트 접속부가 헐거워졌는지 여부
③ 흡기 및 배기 능력
④ 그 밖에 국소배기장치의 성능을 유지하기 위하여 필요한 사항

07 작업장에 설치된 레시버식 캐노피형 후드의 열원의 직경(E)이 2.7m, 후드의 높이(H)가 0.8m인 경우 후드의 직경(m)을 계산하시오.

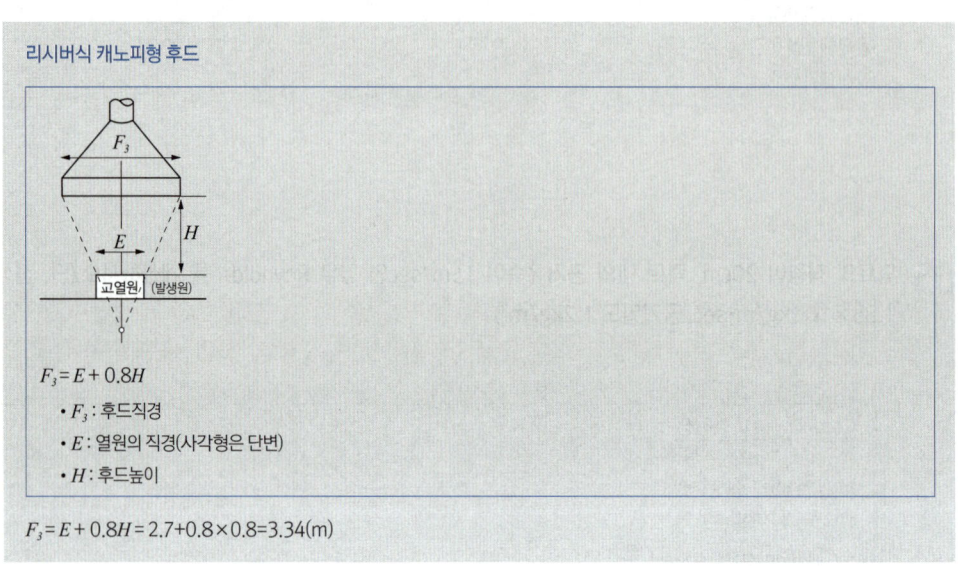

리시버식 캐노피형 후드

$F_3 = E + 0.8H$
- F_3 : 후드직경
- E : 열원의 직경(사각형은 단변)
- H : 후드높이

$F_3 = E + 0.8H = 2.7 + 0.8 \times 0.8 = 3.34(m)$

08 자연환기와 비교하여 강제환기(기계 환기)의 장점 및 단점을 2가지씩 적으시오.

(1) 장점
① 작업환경을 일정하게 유지할 수 있다.
② 환기량의 정확한 예측이 가능하다.
(2) 단점
① 소음·진동이 발생한다.
② 운전에 따른 에너지 비용이 소요된다.

09 다음 작업환경 측정 인자의 단위 표시 기준을 적으시오.

(1) 석면 :

(2) 가스, 증기, 분진, 흄, 미스트 :

(3) 고열(복사열 포함) :

(4) 소음 :

> (1) 석면 : 개/cm³(세제곱센티미터당 섬유개수)
> (2) 가스, 증기, 분진, 흄, 미스트 : mg/m³ 또는 ppm
> (3) 고열(복사열 포함) : 습구·흑구온도지수를 구하여 ℃로 표시
> (4) 소음 : [dB(A)]

10 용해로 취급작업(용해 작업)에 종사하는 작업자가 착용하여야 하는 보호구의 종류를 적고 해당 보호구를 착용하는 목적을 적으시오.

> ① 방열복 : 고열에 의한 화상 등의 위험으로부터 몸을 보호한다.
> ② 방열장갑 : 고열에 의한 화상 등의 위험으로부터 손을 보호한다.
> ③ 방열두건 : 고열에 의한 화상 등의 위험으로부터 머리와 안면부를 보호하고 가시광선 적외선으로부터 눈을 보호한다.

> ★참고
> 방열두건이란 내열원단으로 제조되어 안전모와 안면렌즈가 일체형으로 부착되어 있는 형태의 두건을 말한다.

11 MEK(분자량 : 72)의 농도가 30ppm일 때 mg/m³ 단위로 환산된 농도를 계산하시오. (단, 25℃ 1기압 기준)

> ppm과 mg/m³의 상호 농도변환
> 1. 0℃, 1기압의 경우
> $$노출기준(mg/m^3) = \frac{노출기준(ppm) \times 그램분자량}{22.4}$$
> 2. 21℃, 1기압의 경우
> $$노출기준(mg/m^3) = \frac{노출기준(ppm) \times 그램분자량}{24.1}$$
> 3. 25℃, 1기압의 경우
> $$노출기준(mg/m^3) = \frac{노출기준(ppm) \times 그램분자량}{24.45}$$

노출기준 = $\frac{30 \times 72}{24.45}$ = 88.34(mg/m³)

12 산업환기 설비에 관한 기술지침에 의한 허가대상 물질을 취급하는 장소에 설치한 후드의 제어풍속을 적으시오.

(1) 가스 상태 :

(2) 입자 상태 :

> (1) 가스 상태 : 0.5(m/sec)
> (2) 입자 상태 : 1.0(m/sec)

13 석면의 시료채취에서 (1) open face를 설명하고 (2) open face를 사용하는 목적을 설명하시오.

> (1) open face
> 3단 카세트의 상단부 뚜껑을 열어(open face) 카세트의 열린 면이 작업장 바닥 쪽을 향하도록 시료를 채취하는 것을 말한다.
> (2) open face 사용목적
> 여과지에 골고루 석면을 포집하기 위한 목적이다.

14 작업자들이 퇴근한 직후에 측정한 CO_2농도는 1,250ppm이었고, 3시간이 경과한 후에 측정한 CO_2농도는 450ppm이었다. 작업장의 시간당 공기교환횟수를 계산하시오. (단, 외부 공기 중의 CO_2농도는 330ppm이다.)

> **시간당 공기교환 횟수(ACH)**
>
> $$ACH(회) = \frac{\ln(C_1 - C_o) - \ln(C_2 - C_o)}{hr}$$
>
> - C_1 : 처음 측정한 이산화탄소 농도
> - C_2 : 시간경과 후 측정한 이산화탄소 농도
> - C_o : 외부공기 중 이산화탄소 농도(약 330ppm)
>
> $$ACH(회) = \frac{\ln(C_1 - C_o) - \ln(C_2 - C_o)}{hr} = \frac{\ln(1{,}250 - 330) - \ln(450 - 330)}{3} = 0.68(회 \text{ 또는 } 회/hr)$$

15 작업환경 측정에 관한 시료채취방법을 설명하고 있다. 괄호에 적합한 내용을 적으시오.

> (1) 개인시료채취 : 개인시료채취기를 이용하여 가스·증기·분진·흄(fume)·미스트(mist) 등을 근로자의 호흡위치 [(①)를 중심으로 (②)]에서 채취하는 것을 말한다.
> (2) 지역시료채취 : 시료채취기를 이용하여 가스·증기·분진·흄(fume)·미스트(mist) 등을 근로자의 작업행동 범위에서 (③) 높이에 고정하여 채취하는 것을 말한다.

① 호흡기   ② 반경 30cm인 반구   ③ 호흡기

16 집진장치 입구의 분진농도(집진장치 처리 전 분진농도) 500mg/m³, 집진장치 출구의 분진농도(집진장치 처리 후 분진농도) 100mg/m³이었다. 집진장치의 집진율(분진 저감효율)을 계산하시오.

> **집진율**
>
> $$\eta(\%) = (1 - \frac{C_o \cdot Q_o}{C_i \cdot Q_i}) \times 100 = (1 - \frac{C_o}{C_i}) \times 100$$
>
> - C_i : 집진장치 입구 분진농도(g/m³)
> - C_o : 집진장치 출구 분진농도(g/m³)
> - Q_i : 집진장치 입구 가스유량(m³/hr)
> - Q_o : 집진장치 출구 가스유량(m³/hr)
>
> $$\eta(\%) = (1 - \frac{C_o}{C_i}) \times 100 = (1 - \frac{100}{500}) \times 100 = 80(\%)$$

17 두 가지 이상의 화학물질에 동시에 노출되는 경우 각 물질 간 화학적 상호작용이 나타나게 된다. 혼합물질의 화학적 상호작용의 종류 3가지를 적고 설명하시오.

> (1) 독립작용: 각각의 독성물질이 서로 다른 조직이나 기관에 영향을 미치는 경우로 각 물질의 반응양상이 달라 서로 독립적인 작용을 한다.
> (2) 상가작용: 두 물질에 동시 노출될 경우의 독성은 단독물질 독성의 합과 같다.(2 + 3 = 5)
> (3) 상승작용: 두 물질에 동시 노출될 경우의 독성은 단독물질 독성의 합보다 크게 증가한다.(2 + 3 = 20)
> (4) 가승작용(잠재작용, 강화작용): 독성이 없던 물질을 독성이 있는 물질과 혼합하면 독성이 강해진다.(2 + 0 = 5)
> (5) 길항작용: 두 물질이 서로의 작용을 방해하여 두 물질에 동시 노출될 경우의 독성은 단독물질의 독성보다 약해진다. (2 + 3 = 1)

18 21℃, 1기압의 어느 작업장에서 톨루엔을 1.2kg/hr 사용하고 있다. 해당 작업장에 전체 환기시설을 설치하는 경우 필요 환기량(m³/min)을 계산하시오. (단, 톨루엔의 분자량 92, TLV 50ppm, 비중 0.87, 안전계수 3이다.)

> $Q = \dfrac{24.1 \times \text{kg/h} \times K \times 10^6}{MW \times TLV}$ (m³/hr) ÷ 60 = (m³/min)
>
> - K : 안전계수
> - MW : 물질의 분자량
> - kg/hr : 시간당 오염물질 발생량(l/hr × S(비중))
> - TLV : 노출기준(ppm)
> - 24.1 : 21℃, 1기압에서 공기의 비중(25℃, 1기압일 경우 24.45)
>
> $Q = \dfrac{24.1 \times \text{kg/h} \times K \times 10^6}{MW \times TLV} \div 60 = \dfrac{24.1 \times 1.2 \times 3 \times 10^6}{92 \times 50} \div 60 = 314.35$ (m³/min)

2023년 3회 과년도기출문제

01 작업장에 A, B, C 3가지 오염물질이 발생하고 있다. A물질 제거에 필요한 환기량은 250m³/min, B물질은 300m³/min, C물질은 350m³/min이다. A와 B물질은 서로 상가작용을 하고, C물질은 독립작용을 하는 경우 작업장에 필요한 전체 환기량을 계산하시오.

1. A와 B물질은 서로 상가작용을 하므로
   A와 B물질의 환기량 = 250 + 300 = 550(m³/min)
2. C물질은 독립작용을 하므로 A와 B물질의 환기량(550m³/min)과 C물질의 환기량(350m³/min) 중 큰 값이 작업장의 전체 환기량이 된다.
3. 작업장의 전체 환기량 = 550(m³/min)

★ 참고

혼합물질 발생 시의 전체 환기량
① 상가작용일 경우 : 각각 유해물질의 환기량을 모두 합하여 필요환기량으로 결정
   $Q = Q_1 + Q_2 + \cdots + Q_n$
② 독립작용일 경우 : 유해물질 환기량 중 가장 큰 값을 선택하여 필요환기량으로 결정

02 후드의 유입손실계수가 0.25, 유량이 0.32m³/sec, 후드 직경이 6.6cm인 원형후드의 정압(mmH$_2$O)을 계산하시오.

1. 후드정압(SP_h) = $VP + \triangle P = VP + (F_h \times VP) = VP(1+F_h)$ (mmH$_2$O)
   - VP : 속도압(동압)(mmH$_2$O)
   - F_h : 압력손실계수(= $\frac{1}{Ce^2} - 1$)
   - Ce : 유입계수
   - $\triangle P$: 압력손실(mmH$_2$O)

2. $Q = 60 \times A \times V$
   - Q : 유체의 유량(m³/min)
   - A : 유체가 통과하는 단면적(m²)
   - V : 유체의 유속(m/sec)

$SP_h = VP(1+F_h) = 535.58 \times (1+0.25) = 669.48$(mmH$_2$O) (−669.48mmH$_2$O)

1. Q(m³/hr) $= AV$

   $V = \dfrac{Q}{A} = \dfrac{Q}{\dfrac{\pi d^2}{4}} = \dfrac{0.32}{\dfrac{\pi \times 0.066^2}{4}} = 93.53$(m/sec)

   (6.6cm = 0.066m)

2. $VP = \dfrac{\gamma V^2}{2g} = \dfrac{1.2 \times 93.53^2}{2 \times 9.8} = 535.58$(mmH$_2$O)

*유입손실계수 = 압력손실계수

> ★ 참고
> 후드의 정압은 후드나 덕트를 수축시키려는 방향(음압)으로 작용하여 "−" 부호를 붙여 나타낸다.

03 작업장의 크기가 3m×8m×3m인 사무실의 환기를 위하여 직경 20cm의 개구부를 통하여 2.5m/sec의 유속으로 공기를 공급하고 있다. 작업장의 공기교환횟수(ACH)를 계산하시오.

$ACH = \dfrac{\text{실내 환기량(m}^3\text{/min)}}{\text{실내체적(m}^3\text{)}} = \dfrac{4.71}{3 \times 8 \times 3} \times 60 = 3.93$(회 또는 회/hr)

- $Q = 60 \times A \times V = 60 \times \dfrac{\pi d^2}{4} \times V = 60 \times \dfrac{\pi \times 0.2^2}{4} \times 2.5 = 4.71$(m³/min)
- 20cm = 0.2m

04 국소배기장치를 처음으로 사용하는 경우나 국소배기장치를 분해하여 개조하거나 수리를 한 후 처음으로 사용하는 경우에 사용 전에 점검하여야 한다. 국소배기장치의 사용 전 점검사항 3가지를 적으시오.

> ① 덕트와 배풍기의 분진 상태
> ② 덕트 접속부가 헐거워졌는지 여부
> ③ 흡기 및 배기 능력
> ④ 그 밖에 국소배기장치의 성능을 유지하기 위하여 필요한 사항

05 전체환기장치를 설치하여야 하는 경우(적용시의 고려사항, 적용조건) 5가지를 적으시오.

> ① 유해물질의 독성이 비교적 낮은 경우
> ② 동일한 작업장에 다수의 오염원이 분산되어 있는 경우
> ③ 유해물질이 시간에 따라 균일하게 발생될 경우
> ④ 유해물질의 발생량이 적은 경우
> ⑤ 발생원이 이동하는 경우
> ⑥ 오염원이 근무자가 근무하는 장소로부터 멀리 떨어져 있는 경우

06 작업환경 측정에 관한 다음 용어를 정의하시오.

(1) 개인시료채취

(2) 지역시료채취

> (1) 개인시료채취 : 개인시료 채취기를 이용하여 가스·증기·분진·흄(fume)·미스트(mist) 등을 근로자의 호흡위치(호흡기를 중심으로 반경 30㎝인 반구)에서 채취하는 것을 말한다.
> (2) 지역시료채취 : 시료채취기를 이용하여 가스·증기·분진·흄(fume)·미스트(mist) 등을 근로자의 작업행동 범위에서 호흡기 높이에 고정하여 채취하는 것을 말한다.

07 플랜지가 부착된 외부식 후드가 공간에 설치되어 있다. 후드 단면적이 1.1m²이며, 제어속도가 0.7m/sec, 후드와 발생원 간의 거리가 1.2m일 경우의 필요 환기량(m³/min)은 얼마인가?

$$Q = 60 \times 0.75 \times V_c \times (10X^2 + A) = 60 \times 0.75 \times 0.7 \times (10 \times 1.2^2 + 1.1) = 488.25 (m^3/min)$$

08 어느 작업장에서 작업 중에 벤젠 3ppm(TLV : 10ppm), 톨루엔 65ppm(TLV : 50ppm), 크실렌 60ppm(TLV : 100ppm)이 발생되고 있다. 혼합공기의 허용농도(ppm)을 계산하고 허용농도(노출기준) 초과여부를 평가하시오. (단, 세 물질은 서로 상가 작용을 한다.)

1. 노출지수 $EI = \dfrac{3}{10} + \dfrac{65}{50} + \dfrac{60}{100} = 2.20$

2. 혼합물의 노출기준 = $\dfrac{3 + 65 + 60}{2.20} = 58.18(ppm)$

3. 노출기준 초과여부 : $EI > 1$ 이므로 노출기준을 초과함

09 단위작업 장소에서의 근로자수가 28명인 식품제조업에서 작업환경측정을 실시하는 경우 시료채취 근로자수를 계산하시오.

1. 10명까지 : 2명
2. 10명을 초과하는 경우 매 5명당 1명 추가이므로
   11~15명 : 2+1 = 3명
   16~20명 : 3+1 = 4명
   21~25명 : 4+1 = 5명
   26~30명 : 5+1 = 6명
3. 근로자수가 28명이므로 시료채취 근로자수는 6명이 된다.

> ★참고
> 시료채취 근로자 수
> ① 단위작업 장소에서 최고 노출근로자 2명 이상에 대하여 동시에 개인 시료채취 방법으로 측정하되, 단위작업 장소에 근로자가 1명인 경우에는 그러하지 아니하며, 동일 작업근로자수가 10명을 초과하는 경우에는 매 5명당 1명 이상 추가하여 측정하여야 한다. 다만, 동일 작업근로자수가 100명을 초과하는 경우에는 최대 시료채취 근로자수를 20명으로 조정할 수 있다.
> ② 지역 시료채취 방법으로 측정을 하는 경우 단위작업 장소 내에서 2개 이상의 지점에 대하여 동시에 측정하여야 한다. 다만, 단위작업 장소의 넓이가 50평방미터 이상인 경우에는 매 30평방미터마다 1개 지점 이상을 추가로 측정하여야 한다.

10 덕트 직경은 20cm, 중심선 반지름은 40cm이며, 덕트 내 유속이 15m/s인 60° 곡관의 압력손실(mmH₂O)을 계산하시오. (단, 공기의 비중이 1.2이다.)

곡률반경비(R/D)	1.25	1.50	1.75	2.00	2.25	2.50	2.75
압력손실계수(ξ)	0.55	0.39	0.32	0.27	0.26	0.22	0.20

곡관의 압력손실

$$\triangle P = \left(\xi \times \frac{\theta}{90°}\right) \times VP (\text{mmH}_2\text{O})$$

- ξ : 압력손실계수
- θ : 곡관의 각도
- VP : 속도압(동압)(mmH₂O)

압력손실 $\triangle P = \left(0.27 \times \frac{60°}{90°}\right) \times 13.78 = 2.48 (\text{mmH}_2\text{O})$

1. $R/D = \frac{40}{20} = 2.00$
   ∴ 압력손실계수(ξ) = 0.27
2. $VP = \frac{\gamma V^2}{2g} = \frac{1.2 \times 15^2}{2 \times 9.8} = 13.78 (\text{mmH}_2\text{O})$

11 건구온도가 26℃, 자연습구온도가 18℃, 흑구온도가 28℃인 실내 작업장의 습구흑구 온도지수를 계산하시오.

습구흑구온도지수(WBGT)의 산출

1. 옥외(태양광선이 내리쬐는 장소)
   WBGT(℃) = 0.7×자연습구온도 + 0.2×흑구온도 + 0.1×건구온도
2. 옥내 또는 옥외(태양광선이 내리쬐지 않는 장소)
   WBGT(℃) = 0.7×자연습구온도 + 0.3×흑구온도

WBGT(℃) = 0.7×자연습구온도 + 0.3×흑구온도 = 0.7×18 + 0.3×28 = 21(℃)

12 먼지의 가상직경 중 공기역학적 직경을 설명하시오.

> 공기역학적 직경(aero-dynamic diameter) : 대상 입자와 침강속도가 같고 밀도가 $1g/cm^3$이며, 구형인 먼지의 직경으로 환산한 직경

> ★참고
> 질량 중위 직경(mass median diameter) : 입자 크기별로 농도를 측정하여 50%의 누적분포에 해당하는 입자의 크기

> [암기법]
> 가상 공기는 밀도1, 구형이며 질량중위는 50% 입자농도

13 국소배기장치의 보충용 공기(make-up air)를 설명하시오.

> 국소배기장치가 효과적인 기능을 발휘하기 위하여 후드를 통해 배출되는 것과 같은 양의 공기가 외부로부터 보충되는 것을 말한다.

14 유해물질이 고체흡착관의 앞 층에 포화된 다음 뒤 층에 흡착되기 시작하며 기류를 따라 흡착관을 빠져나가는 현상을 무엇이라고 하는지 쓰시오.

> 파과

15 분진의 입경이 $20\mu m$이고 밀도가 $1.4g/cm^3$인 입자의 침강속도(cm/sec)를 구하시오.(단, 공기점성계수 1.78×10^{-4}g/cm·sec, 중력가속도 980cm/sec², 공기밀도 0.0012g/cm³)

$$V = \frac{gd^2(\rho_1 - \rho)}{18\mu} = \frac{980 \times (20 \times 10^{-4})^2 \times (1.4 - 0.0012)}{18 \times 1.78 \times 10^{-4}}$$
$$= 1.71 (cm/\sec)$$
$$\begin{pmatrix} \mu m = 10^{-6}m, cm = 10^{-2}m, \therefore \mu m = 10^{-4}cm \\ 20\mu m = 20 \times 10^{-4}cm \end{pmatrix}$$

16 [보기]의 설명에 해당하는 분석기기의 명칭을 적으시오.

> 물질에 흡수되는 빛의 양(흡광도)이 그 물질의 농도에 따라 다른 원리를 이용하여 일정한 파장에서 시료용액의 흡광도를 측정하여 그 파장에서 빛을 흡수하는 물질의 양을 정량하는 분석기기를 말한다.

분광광도계(흡광광도계)

17 유해가스의 처리를 위한 연소법 중 가연성 가스의 농도가 매우 낮아 직접 연소시킬 수 없을 때 사용하는 방법으로 보조 연료가 필요하며 오염가스 농도가 연료하한치의 50% 이상일 경우 적합한 방법의 명칭을 적으시오.

가열연소법(가열소각법)

★ 참고
① 직접연소법 : 가연성가스를 직접 불꽃 중에서 연소시킴
② 가열연소법 : 가연성물질의 농도가 낮아 직접연소가 곤란한 경우 사용
③ 촉매연소법 : Pt, Co, Ni 등의 촉매를 사용하여 300~400℃ 정도의 저온에서 산화제거하는 방법

18 실내 환기시설을 설치하는 통상적인 목적(산업환기의 목적) 3가지를 적으시오.

① 유해물질의 농도를 허용농도 이하로 낮춘다. (오염물질로부터 건강보호)
② 온도와 습도를 조절한다. (불필요한 고열 제거)
③ 화재나 폭발을 방지한다.
④ 작업생산능률을 향상시킨다.

2024년 1회 과년도기출문제

01 국소배기장치(국소환기장치)를 설치하여야 하는 경우(적용조건) 5가지를 적으시오.

① 유해물질의 독성이 강한 경우(TLV가 낮을 때)
② 유해물질의 발생량이 많은 경우
③ 발생원이 고정되어 있는 경우
④ 발생주기가 균일하지 않은 경우
⑤ 유해물질 발생원과 작업위치가 근접해 있는 경우
⑥ 높은 증기압의 유기용제
⑦ 법적의무 설치사항 경우

02 산업안전보건법에 의한 강렬한 소음작업의 정의이다. 괄호에 적합한 숫자를 적으시오.

하루 8시간 동안 (   ) 이상의 소음이 발생하는 작업

90dB

*참고
(1) 소음작업: 하루 8시간동안 85dB 이상의 소음이 발생하는 작업을 말한다.
(2) 강렬한 소음작업
  ① 하루 8시간동안 90dB 이상의 소음이 발생하는 작업
  ② 하루 4시간동안 95dB 이상의 소음이 발생하는 작업
  ③ 하루 2시간동안 100dB 이상의 소음이 발생하는 작업
  ④ 하루 1시간동안 105dB 이상의 소음이 발생하는 작업
  ⑤ 하루 30분동안 110dB 이상의 소음이 발생하는 작업
  ⑥ 하루 15분동안 115dB 이상의 소음이 발생하는 작업
(3) 충격소음: 최대음압수준 120dB(A) 이상인 소음이 1초 이상의 간격으로 발생하는 것을 말한다.

03 (1) 그림에서 보여주는 흡착관의 명칭을 적으시오.

(2) 흡착관의 구조 중 괄호에 적합한 재료의 명칭을 적으시오.

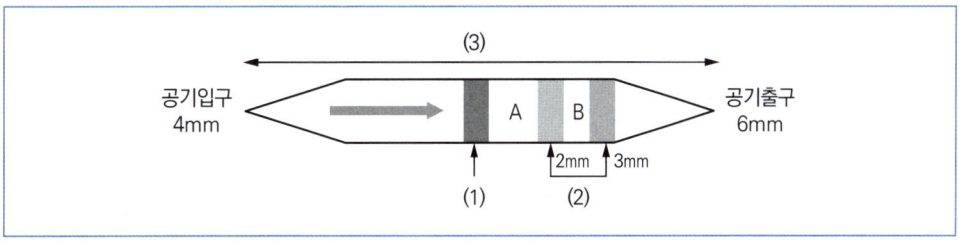

(1) 흡착관의 명칭: 활성탄관
(2) ① 유리섬유 ② 우레탄 폼 ③ 유리관

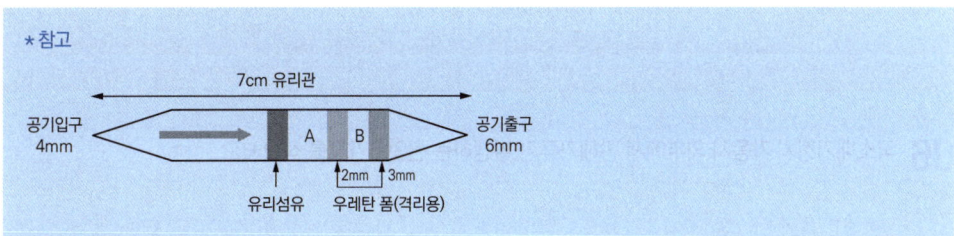

04 자연환기 방식에서 중성대(NPL)를 설명하시오.

전체 환기(자연환기)에서 유입되는 공기 측과 배출되는 공기 측의 실내외 압력차가 0이 되는 지점(공기의 유출입이 없는 면)을 말하며, 높을수록 환기효과가 증대된다.

05 유해가스를 처리하기 위한 흡착법 중 물리적 흡착법의 특징 3가지를 적으시오.

① 가스와 흡착제가 반데르발스 결합력(분자간의 인력)으로 약하게 결합되어 있다.
② 가역반응으로 흡착제의 재생과 회수가 용이하다.
③ 흡착열이 낮다.
④ 다 분자 흡착이다.

★ 참고
화학적 흡착의 특징
① 가스와 흡착제가 화학적 반응을 하므로 결합력은 물리적 흡착보다 크다.
② 비가역반응이므로 흡착제의 재생 및 오염가스 회수가 불가능하다.
③ 반응열을 수반하여 흡착열이 높다.
④ 단 분자 흡착이다.

06 국소배기장치 가동시 외부에서 방해기류가 발생하는 원인 3가지를 적으시오.

① 작업장 내의 개구부에 의한 기류
② 고열작업 시 열에 의한 기류
③ 원료의 이동작업 시 발생하는 기류

07 (1) 입자상 물질의 크기를 결정하는 방법 중 기하학적 직경(물리적 직경)의 종류 3가지를 적으시오.

(2) 입자상물질의 측정방법 중 입자상물질의 크기를 측정하는 방법 2가지를 적으시오.

(1) ① 마틴직경
② 페렛직경
③ 등면적직경

(2) ① 현미경 측정법
② 체분석법(표준체 측정법:standard sieving analysis)
③ 관성충돌법

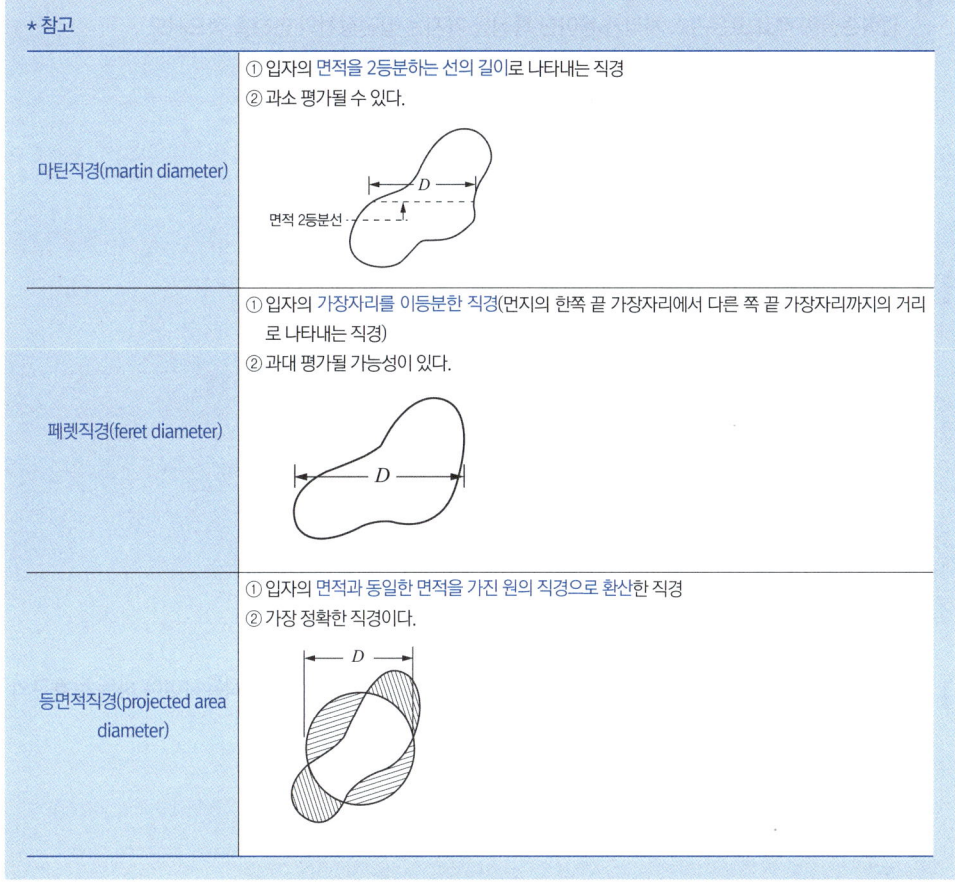

★참고

마틴직경(martin diameter)	① 입자의 면적을 2등분하는 선의 길이로 나타내는 직경 ② 과소 평가될 수 있다.
페렛직경(feret diameter)	① 입자의 가장자리를 이등분한 직경(먼지의 한쪽 끝 가장자리에서 다른 쪽 끝 가장자리까지의 거리로 나타내는 직경) ② 과대 평가될 가능성이 있다.
등면적직경(projected area diameter)	① 입자의 면적과 동일한 면적을 가진 원의 직경으로 환산한 직경 ② 가장 정확한 직경이다.

08 신너를 사용하고 있는 작업장이지만 기록일지에는 신너의 유해성과 배출량이 기록되어 있지 않아 유해인자에 대하여 제대로 인지하지 못하였다. 본인이 보건관리자로 해당 작업장에 처음 출근을 하였다면 가장 먼저 수행하여야 할 업무는 무엇인지 3가지를 적으시오.

> ① 작업장에서 노출 가능한 유해인자 및 유해인자의 유해성 확인
> ② 작업장 유해인자의 농도 측정
> ③ 노출기준과 측정 농도의 비교

09 집진장치 중 중력에 의한 자연침강(stoke의 법칙)을 이용하여 분리, 포집하는 장치로서 다른 집진장치에 비해 압력손실이 적고 고온가스 처리가 용이한 특징을 가지는 집진장치의 명칭을 적으시오.

> 중력집진장치

10 국소배기시설(장치)의 구성요소 5가지를 적으시오.

> 후드(Hood) → 덕트(Duct) → 공기정화기(Air cleaner equipment) → 송풍기(Fan) → 배출구

> **암기법**
> 후(후드) 덕(덕트)한 공기를 송풍해서 배출

11 유해물질 취급 작업 시 피부로 유해물질이 흡수되는 것을 방지하기 위하여 착용하여야 하는 보호구의 종류 3가지를 적으시오.

> ① 불침투성 보호복
> ② 보호장갑
> ③ 보호장화

> **★참고**
> 1. 사업주는 근로자가 피부 자극성 또는 부식성 관리대상 유해물질을 취급하는 경우에 불침투성 보호복·보호장갑·보호장화 및 피부보호용 바르는 약품을 갖추어 두고, 이를 사용하도록 하여야 한다.
> 2. 사업주는 근로자가 관리대상 유해물질이 흩날리는 업무를 하는 경우에 보안경을 지급하고 착용하도록 하여야 한다.

12 작업장의 음압 수준이 105dB(A)이고, 근로자는 차음평가수(NRR)가 19인 귀덮개를 착용하고 있다. (1) 귀덮개의 차음효과를 계산하고 (2) 근로자가 노출되는 음압(예측)수준[dB(A)]을 계산하시오. (단, OSHA 기준)

> 차음효과 = (NRR − 7) × 0.5
> • NRR : 차음평가지수
>
> (1) 귀덮개의 차음효과 = (19 − 7) × 0.5 = 6[dB(A)]
> (2) 근로자가 노출되는 음압수준 = 105 − 6 = 99[dB(A)]

13 21℃, 1기압의 어느 작업장에서 MEK(분자량: 72.1, 비중: 0.805)과 톨루엔(분자량: 92.13, 비중: 0.866)이 매 시간당 2L씩 발생되고 있으며, 작업장의 MEK(TLV: 200ppm) 농도는 160ppm, 톨루엔의 농도는(TLV: 100ppm) 80ppm이다.

(1) 각각의 노출지수를 구하여 노출기준을 평가하고, 전체 환기시설 설치여부를 결정하시오.

(2) 각 물질이 상가작용을 할 경우 전체 환기량(m³/min)을 계산하시오.(단, MEK의 안전계수는 3, 톨루엔의 안전계수는 5이다.)

> 1. 노출기준 평가
> • 노출지수 EI = $\frac{160}{200} + \frac{80}{100} = 1.60$
> • 평가
>   EI 〉 1이므로 노출기준을 초과함
> • 전체 환기시설 설치여부: 노출기준을 초과하였으므로 전체 환기장치를 설치하여야 함
> 2. 전체 환기량(온도, 압력이 주어지지 않을 경우 산업 환기의 표준상태 21℃, 1기압을 기준으로 한다.)
>
> $$Q = \frac{24.45 \times kg/h \times K \times 10^6}{MW \times TLV} \text{ (m}^3\text{/hr)} \div 60 = \text{(m}^3\text{/min)}$$
>
> • K : 안전계수
> • MW : 물질의 분자량
> • kg/hr : 시간당 오염물질 발생량(l/hr × S(비중))
> • TLV : 노출기준(ppm)
> • 24.45 : 25℃, 1기압에서 공기의 비중(21℃, 1기압일 경우 24.1)
>
> ① MEK의 환기량
> $Q = \frac{24.1 \times kg/h \times K \times 10^6}{MW \times TLV} \div 60 = \frac{24.1 \times (2 \times 0.805) \times 3 \times 10^6}{72.1 \times 200} \div 60 = 134.54(\text{m}^3/\text{min})$
>
> ② 톨루엔의 환기량
> $Q = \frac{24.1 \times kg/h \times K \times 10^6}{MW \times TLV} \div 60 = \frac{24.1 \times (2 \times 0.866) \times 5 \times 10^6}{92.13 \times 100} \div 60 = 377.56(\text{m}^3/\text{min})$
>
> ③ 두 물질은 상가작용을 하므로
>   총 환기량 = 134.54 + 377.56 = 512.10(m³/min)

14 송풍기의 회전수가 400rpm일 때의 송풍량은 280m³/min, 정압은 80mmH₂O, 동력은 6.5kw이었다. 회전수를 500rpm으로 증가시킬 경우의 송풍량(m³/min), 정압(mmH₂O), 동력(kw)을 계산하시오.

$$1.\ Q_2 = Q_1 \left(\frac{D_2}{D_1}\right)^3 \left(\frac{N_2}{N_1}\right)$$

$$2.\ P_2 = P_1 \left(\frac{D_2}{D_1}\right)^2 \left(\frac{N_2}{N_1}\right)^2 \left(\frac{\rho_2}{\rho_1}\right)$$

$$3.\ HP_2 = HP_1 \left(\frac{D_2}{D_1}\right)^5 \left(\frac{N_2}{N_1}\right)^3 \left(\frac{\rho_2}{\rho_1}\right)$$

- Q_1 : 회전수 변경 전 풍량(m³/min)
- Q_2 : 회전수 변경 후 풍량(m³/min)
- N_1 : 변경 전 회전수(rpm)
- N_2 : 변경 후 회전수(rpm)
- P_1 : 변경 전 정압(mmH₂O)
- P_2 : 변경 후 정압(mmH₂O)
- HP_1 : 변경 전 동력(kw)
- HP_2 : 변경 후 동력(kw)
- D_1 : 변경 전 직경(m)
- D_2 : 변경 후 직경(m)
- ρ_1 : 변경 전 효율
- ρ_2 : 변경 후 효율

$$1.\ Q_2 = Q_1 \times \left(\frac{N_2}{N_1}\right) = 280 \times \frac{500}{400} = 350(m^3/min)$$

$$2.\ P_2 = P_1 \times \left(\frac{N_2}{N_1}\right)^2 = 80 \times \left(\frac{500}{400}\right)^2 = 125(mmH_2O)$$

$$3.\ HP_2 = HP_1 \times \left(\frac{N_2}{N_1}\right)^3 = 6.5 \times \left(\frac{500}{400}\right)^3 = 12.70(kw)$$

15 어떤 독성물질의 안전흡수량은 체중(kg)당 0.04mg이다. 하루 8시간 작업하는 동안 체중 72kg인 사람이 이 물질의 흡수를 안전흡수량 이하로 유지하려면 해당 물질의 공기 중 농도(mg/m³)는 얼마 이하이어야 하는가? (단, 작업 시 폐환기율은 0.98m³/hr, 체내잔류율은 1.0로 가정한다.)

체내흡수량[SHD](mg) = $C \times T \times V \times R$

- C : 공기중 유해물질 농도(mg/m³)
- T : 노출시간(hr)
- V : 폐환기율(호흡률 m³/hr)
- R : 체내잔류율(보통 1.0)

체내흡수량(mg) = $C \times T \times V \times R$

$$C = \frac{mg}{T \times V \times R} = \frac{0.04mg/kg \times 72kg}{8hr \times 0.98m^3/hr \times 1.0} = 0.37(mg/m^3)$$

16 관의 직경이 250mm, 송풍량이 80m³/min인 관내 표준공기의 속도압을 계산하시오.

> 1. $Q = 60 \times A \times V$
>   - $Q(m^3/min)$: 유체의 유량
>   - $A(m^2)$: 유체가 통과하는 단면적
>   - $V(m/sec)$: 유체의 유속
>
> 2. 속도압$(VP) = \dfrac{\gamma V^2}{2g}$ (mmH$_2$O)
>   - γ : 공기비중
>   - V : 유속(m/s)
>   - g : 중력가속도(9.8m/s²)

1. $Q = 60 \times A \times V$

   $V = \dfrac{Q}{60 \times A} = \dfrac{Q}{60 \times \dfrac{\pi \times d^2}{4}} = \dfrac{80}{60 \times \dfrac{\pi \times 0.25^2}{4}} = 27.16 \text{(m/sec)}$

2. 속도압$(VP) = \dfrac{\gamma \times V^2}{2g} = \dfrac{1.2 \times 27.16^2}{2 \times 9.8} = 45.16 \text{(mmH}_2\text{O)}$

17 직경이 250mm인 덕트에서 덕트 내 정압은 −45.8mmH$_2$O, 전압은 12.5mmH$_2$O이다. 덕트 내의 유량(m³/sec)을 계산하시오.(단, 공기밀도는 1.2kg/m³로 가정한다.)

1. 전압 = 정압 + 동압
   동압(속도압) = 전압 − 정압 = 12.5 − (−45.8) = 58.30(mmH$_2$O)

2. 속도압$(VP) = \dfrac{\gamma \times V^2}{2g}$

   $\gamma \times V^2 = VP \times 2g$

   $V^2 = \dfrac{VP \times 2g}{\gamma}$

   $V = \sqrt{\dfrac{VP \times 2g}{\gamma}} = \sqrt{\dfrac{58.30 \times 2 \times 9.8}{1.2}} = 30.86 \text{(m/sec)}$

3. $Q = A \times V = \dfrac{\pi \times d^2}{4} \times V = \dfrac{\pi \times 0.25^2}{4} \times 30.86 = 1.51 \text{(m}^3\text{/sec)}$

18 국소배기장치에서 공기공급시스템이 필요한 이유 5가지를 적으시오.

① 국소배기장치를 적절하게 가동시키기 위하여
② 국소배기장치의 효율 유지를 위하여
③ 작업장 내의 안전사고 예방을 위하여
④ 연료를 절약하기 위하여(에너지 절약)
⑤ 작업장 내의 방해기류(교차기류) 생성 방지를 위하여
⑥ 외부공기가 정화되지 않은 채로 건물 내로 유입되는 것을 막기 위하여

2024년 2회 과년도기출문제

01 다음 표는 화학물질별 생물학적 노출지표물질을 나타낸다. 괄호에 적합한 용어를 적으시오.

화학물질	생물학적 검체대상	생물학적 노출지표물질 (체내대사산물)	시료채취 시기
에틸벤젠	소변	(①)	작업종료 시
아세톤	(②)	아세톤	작업종료 시
카드뮴	혈액, 소변	(③)	중요치 않음
일산화탄소	호기, 혈액	호기 중 일산화탄소, 혈중 (④)	작업종료 시
크롬	소변	크롬	(⑤)
클로로벤젠	소변	(⑥)	작업종료 시

① 만델린산
② 소변
③ 카드뮴
④ 카르복시헤모글로빈
⑤ 4~5일간 연속작업 종료 2시간 전~작업직후
⑥ 총 클로로카테콜

02 어느 작업장에서 작업 중에 유해물질(TLV-TWA: 185mg/m³)을 1일 10시간 취급하고 있다. Brief and Scala의 보정법을 적용하여 보정된 허용기준을 계산하시오.

> **Brief와 Scala의 보정방법**
>
> ① $RF = \left(\dfrac{8}{H}\right) \times \dfrac{24-H}{16}$
>
> ② [일주일; $RF = \left(\dfrac{40}{H}\right) \times \dfrac{168-H}{128}$]
>
> ③ 보정된 노출기준 = RF × 노출기준(허용농도)
>
> - H : 비정상적인 작업시간(노출시간/일); 노출시간/주
> - 16 : 휴식시간 의미(128; 일주일 휴식시간 의미)

1. $RF = \left(\dfrac{8}{H}\right) \times \dfrac{24-H}{16} = \left(\dfrac{8}{10}\right) \times \dfrac{24-10}{16} = 0.70$
2. 보정된 노출기준 = RF × 허용농도 = 0.70 × 185 = 129.50(mg/m³)

03 어느 작업장에서 톨루엔 4L가 8시간 동안 증발되고 있다. (1) 톨루엔의 발생률(m^3/min)을 계산하시오. (2) 작업장에 전체 환기장치를 설치할 경우 필요환기량(m^3/min)을 계산하시오.(단, 25℃, 1기압, 톨루엔의 분자량은 92.13, 비중은 0.87, TLV=50ppm, 안전계수는 3이다.)

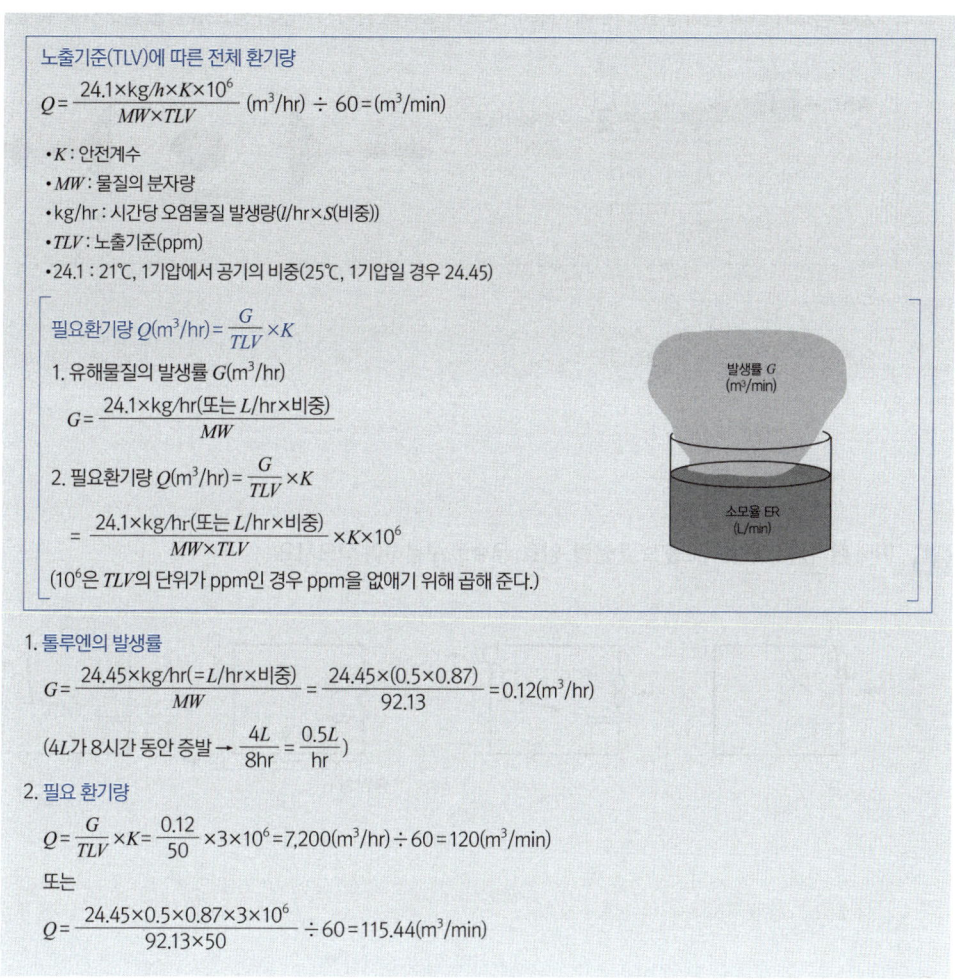

노출기준(TLV)에 따른 전체 환기량

$$Q = \frac{24.1 \times kg/h \times K \times 10^6}{MW \times TLV} \ (m^3/hr) \div 60 = (m^3/min)$$

- K : 안전계수
- MW : 물질의 분자량
- kg/hr : 시간당 오염물질 발생량($l/hr \times S$(비중))
- TLV : 노출기준(ppm)
- 24.1 : 21℃, 1기압에서 공기의 비중(25℃, 1기압일 경우 24.45)

필요환기량 $Q(m^3/hr) = \frac{G}{TLV} \times K$

1. 유해물질의 발생률 $G(m^3/hr)$

$$G = \frac{24.1 \times kg/hr (또는 L/hr \times 비중)}{MW}$$

2. 필요환기량 $Q(m^3/hr) = \frac{G}{TLV} \times K$

$$= \frac{24.1 \times kg/hr (또는 L/hr \times 비중)}{MW \times TLV} \times K \times 10^6$$

(10^6은 TLV의 단위가 ppm인 경우 ppm을 없애기 위해 곱해 준다.)

1. 톨루엔의 발생률

$$G = \frac{24.45 \times kg/hr(=L/hr \times 비중)}{MW} = \frac{24.45 \times (0.5 \times 0.87)}{92.13} = 0.12(m^3/hr)$$

(4L가 8시간 동안 증발 → $\frac{4L}{8hr} = \frac{0.5L}{hr}$)

2. 필요 환기량

$$Q = \frac{G}{TLV} \times K = \frac{0.12}{50} \times 3 \times 10^6 = 7,200(m^3/hr) \div 60 = 120(m^3/min)$$

또는

$$Q = \frac{24.45 \times 0.5 \times 0.87 \times 3 \times 10^6}{92.13 \times 50} \div 60 = 115.44(m^3/min)$$

04 [보기]에서 설명하는 국소배기장치 후드의 명칭을 적으시오.

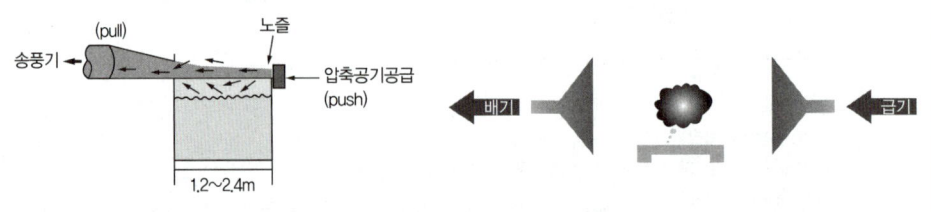

1. 개방조 한 변에서 압축공기를 이용하여 오염물질이 발생하는 표면에 공기를 불어 반대쪽에 오염물질이 도달하게 한다.(공기를 불어주고 당겨주는 장치로 구성)
2. 도금조와 같이 폭이 넓은 경우에 사용하면 포집 효율을 증가시키면서 필요 유량을 감소시킬 수 있다.

PUSH-PULL형 후드(푸쉬-풀형 후드)

05 아래 환기장치의 배치도를 보고 불량, 양호, 우수로 구분하여 적으시오.

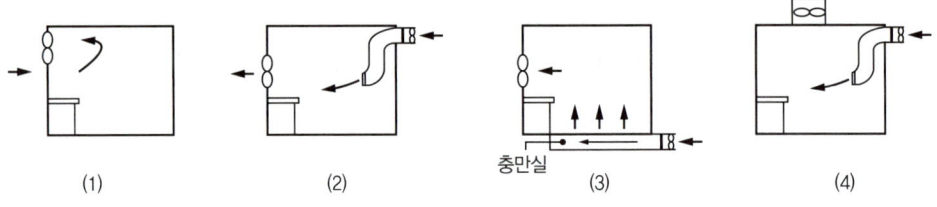

(1) 불량 (2) 양호 (3) 우수 (4) 양호

06. 속도압이 15mmH₂O인 후드의 유입계수가 0.81인 경우 후드의 압력손실(mmH₂O)을 계산하시오.

$$압력손실(\triangle P) = F_h \times VP = \left(\frac{1}{Ce^2} - 1\right) \times \frac{\gamma V^2}{2g} \text{ (mmH}_2\text{O)}$$

- F_h : 압력손실계수(유입손실계수)
- Ce : 유입계수
- VP : 속도압(동압)(mmH₂O)
- γ : 공기비중
- V : 유속(m/s)
- g : 중력가속도(9.8m/s²)

$$압력손실(\triangle P) = \left(\frac{1}{Ce^2} - 1\right) \times VP = \left(\frac{1}{0.81^2} - 1\right) \times 15 = 7.86 \text{(mmH}_2\text{O)}$$

07. 분진 등 입자상 물질의 처리를 위한 집진장치의 종류를 4가지 적으시오.

① 중력 집진장치
② 관성력 집진장치
③ 원심력 집진장치
④ 세정식 집진장치
⑤ 여과 집진장치
⑥ 전기 집진장치

08. 온도 21℃, 압력 700mmHg에서 온도 38℃, 압력 1atm으로 변화될 경우 밀도보정계수를 계산하시오.

밀도의 온도, 압력 보정(21℃(t_1), 700mmHg)(P_1) → 38℃(t_2), 1atm(760mmHg)(P_2)

$$밀도보정계수 = \frac{(273+t_1)(P_2)}{(273+t_2)(P_1)} = \frac{(273+21)(760)}{(273+38)(700)} = 1.03$$

(1atm = 1기압 = 760mmHg)

09 저유량 펌프로 작업장 공기 1m³ 중의 납을 채취한 후 10mL의 10% 질산에 용해시켰다. 원자흡광광도계로 분석한 납의 농도가 50μg/mL인 경우 작업장 공기 중의 납의 농도(mg/m³)를 계산하시오.

$$mg/m^3 = \frac{\text{분석농도} \times \text{용해부피}}{\text{채취한 공기량}} = \frac{\frac{50 \times 10^{-3} mg}{mL} \times 10 mL}{1 m^3} = 0.50 (mg/m^3)$$

($\mu g = 10^{-3} mg$)

10 벤젠 0.4ppm(TLV : 0.5ppm), 톨루엔 55ppm(TLV : 50ppm), 크실렌 85ppm(TLV : 100ppm)이 발생되는 작업장이 있다. 혼합공기의 노출지수(EI)를 계산하고 노출기준 초과여부를 평가하시오. (단, 세 물질은 서로 상가 작용을 한다.)

① 노출지수 EI $= \frac{0.4}{0.5} + \frac{55}{50} + \frac{85}{100} = 2.75$
② 노출기준 초과여부 : EI 〉 1이므로 노출기준을 초과함

11 슬롯후드의 길이가 25cm, 폭이 2.5cm인 슬롯형 후드를 설치하는 경우 필요 송풍량(m³/min)을 ACGIH 기준으로 계산하시오. (단, 플랜지가 없고 공간에 위치, 제어속도는 2.0m/sec, 오염원까지의 거리는 80cm이다.)

$Q = 60 \cdot C \cdot L \cdot V_c \cdot X$
- Q : 필요송풍량(m³/min)
- V_c : 제어속도(m/sec)
- L : slot 개구면의 길이(m)
- X : 포집점까지의 거리(m)
- C : 형상계수

*형상계수(ACGIH 기준)

전원주 : 3.7, $\frac{3}{4}$ 원주 : 4.1, $\frac{1}{2}$ 원주(플랜지 부착과 동일) : 2.6, $\frac{1}{4}$ 원주(플랜지 부착+바닥 설치) : 1.6

$Q = 60 \cdot C \cdot L \cdot V_c \cdot X$
$= 60 \times 3.7 \times 0.25 \times 2.0 \times 0.8 = 88.80 (m^3/min)$

※ 플랜지가 없고 공간에 위치 → 전원주

12 소음 청감보정회로 중 A특성과 C특성의 실생활 활용 예를 1가지씩 적으시오.

> A 특성: 실생활 소음 측정에 사용
> C 특성: 기계의 주파수 등을 측정할 때 사용

13 두 가지 이상의 화학물질에 동시에 노출되는 경우 각 물질 간 화학적 상호작용이 나타나게 된다. 혼합물질의 화학적 상호작용의 종류 4가지를 적고 설명하시오.

> (1) 독립작용: 각각의 독성물질이 서로 다른 조직이나 기관에 영향을 미치는 경우로 각 물질의 반응양상이 달라 서로 독립적인 작용을 한다.
> (2) 상가작용: 두 물질에 동시 노출될 경우의 독성은 단독물질 독성의 합과 같다.(2+3=5)
> (3) 상승작용: 두 물질에 동시 노출될 경우의 독성은 단독물질 독성의 합보다 크게 증가한다.(2+3=20)
> (4) 가승작용(잠재작용, 강화작용): 독성이 없던 물질을 독성이 있는 물질과 혼합하면 독성이 강해진다.(2+0=5)
> (5) 길항작용: 두 물질이 서로의 작용을 방해하여 두 물질에 동시 노출될 경우의 독성은 단독물질의 독성보다 약해진다.(2+3=1)

14 송풍기의 정압이 감소한 원인을 송풍기에서 찾아 2가지를 적으시오.

> ① 송풍기의 능력저하
> ② 송풍기와 덕트의 연결부위 풀림
> ③ 송풍기 점검 뚜껑의 열림

15 국소배기시설(장치)의 구성요소 5가지를 순서대로 적으시오.

> 후드(Hood) → 덕트(Duct) → 공기정화기(Air cleaner equipment) → 송풍기(Fan) → 배출구

> **암기법**
> 후(후드) 덕(덕트)한 공기를 송풍해서 배출

16 〔보기〕는 입자상 물질의 정의이다. 설명에 해당하는 입자상 물질의 명칭을 적으시오.

> (1) 공기 중에 부유, 비산되는 액체 미립자를 말하며 입자의 크기는 보통 100㎛ 이하이다.
> (2) 금속의 증기가 공기 중에서 응고되어 화학변화를 일으켜 만들어진 고체의 미립자를 말한다.
> (3) 유해물질이 연소 시에 불완전 연소의 결과로 생기는 미립자로 액체나 고체의 2가지 상태로 존재할 수 있다.

(1) 미스트(mist) (2) 흄(fume) (3) 연기(smoke)

★참고
입자상 물질의 종류 및 정의

먼지(dust)	입자의 크기는 1~100㎛ 정도의 고체의 미립자가 공기 중에 부유하고 있는 것
안개(fog)	증기가 응축되어 생성된 액체 입자로 크기는 1~10㎛ 정도이다.
스모그(smog)	smoke(연기)와 fog(안개)가 결합된 상태를 말한다.
에어로졸(aerosol)	유기물의 불완전 연소에 의한 액체와 고체의 미세한 입자가 공기 중에 부유되어 있는 혼합체를 말한다.
섬유(fiber)	길이가 5㎛ 이상이고 길이 대 너비의 비가 3:1 이상인 가늘고 긴 먼지로 석면 섬유, 식물섬유, 유리섬유, 암면 등이 있다.
검댕(soot)	탄소함유 물질의 불완전연소로 생성된 탄소입자의 응집체

17 고열 발생원 주변에 리시버식 캐노피형 후드를 설치하였다. 열상승 기류량이 30m³/min, 유도기류량이 45m³/min인 경우 누입한계유량비를 계산하시오.

$$Q_T = Q_1 + Q_2 = Q_1 \times \left(1 + \frac{Q_2}{Q_1}\right) = Q_1 \times (1 + K_L)$$

- Q_T : 필요송풍량(m³/min)
- Q_1 : 열상승기류량(m³/min)
- Q_2 : 유도기류량(m³/min)
- K_L : 누입한계유량비 $\left(= \frac{Q_2}{Q_1}\right)$

$$K_L = \frac{Q_2}{Q_1} = \frac{45}{30} = 1.50$$

18 유속이 25m/sec인 송풍기 앞쪽에서의 정압이 9mmH$_2$O이다. 동압을 계산하여 송풍기의 전압(mmH$_2$O)을 구하시오.

> 1. 전압(TP) = 정압(SP) + 동압(VP)
>
> 2. 속도압$(VP) = \dfrac{\gamma V^2}{2g}$ (mmH$_2$O)
>   - γ : 공기비중
>   - V : 공기속도(m/sec)
>   - g : 중력가속도(9.8m/s^2)
>
> 또는
> V(m/sec) = 4.043$\sqrt{VP}$

1. 동압$(VP) = \dfrac{\gamma \times V^2}{2g} = \dfrac{1.2 \times 25^2}{2 \times 9.8} = 38.27$(mmH$_2$O)
2. 전압(TP) = 정압(SP) + 동압(VP) = −9 + 38.27 = 29.27(mmH$_2$O)

*송풍기 흡인 측의 정압〈배출구의 정압이므로 이론상 송풍기 흡인 측의 정압은 음압(−)이다.

> *참고
> V(m/sec) = 4.043$\sqrt{VP}$
> $V^2 = 4.043^2 \times VP$
> $VP = \dfrac{V^2}{4.043^2} = \dfrac{25^2}{4.043^2} = 38.24$(mmH$_2$O)

2024년 3회 과년도기출문제

01 국소배기장치의 사용 전 점검사항 3가지를 적으시오.

① 덕트와 배풍기의 분진 상태
② 덕트 접속부가 헐거워졌는지 여부
③ 흡기 및 배기 능력
④ 그 밖에 국소배기장치의 성능을 유지하기 위하여 필요한 사항

02 후드의 형식 중 [보기]에서 설명하는 후드의 명칭을 적으시오.

① 작업 특성상 유해물질의 외부에 설치한 후드, 외부의 오염물질까지 흡인하도록 설계한 후드의 형태이다.
② 송풍기의 규격이 커지고 설치, 운전비용이 많이 든다.
③ 외부 난기류의 영향이 클 경우 포착효율이 떨어진다.

외부식 후드(포집형 후드)

03 전체 환기를 실시하는 목적 3가지를 적으시오.

① 작업장 전체를 환기시키는 방식으로 공기를 희석하여 유해인자의 농도를 낮춘다.
② 유해물질의 농도를 감소시켜 건강을 유지·증진한다.
③ 화재나 폭발을 예방한다.
④ 실내의 온도와 습도를 조절한다.

04 송풍기의 회전수가 1,000rpm일 때의 송풍량은 30.5m³/min, 정압은 15.8mmH₂O, 동력은 0.6HP이었다. 회전수를 1,500rpm으로 증가시킬 경우의 송풍량(m³/min), 정압(mmH₂O), 동력(HP)을 계산하시오.

> 1. $Q_2 = Q_1 \left(\dfrac{D_2}{D_1}\right)^3 \left(\dfrac{N_2}{N_1}\right)$
> 2. $P_2 = P_1 \left(\dfrac{D_2}{D_1}\right)^2 \left(\dfrac{N_2}{N_1}\right)^2 \left(\dfrac{\rho_2}{\rho_1}\right)$
> 3. $HP_2 = HP_1 \left(\dfrac{D_2}{D_1}\right)^5 \left(\dfrac{N_2}{N_1}\right)^3 \left(\dfrac{\rho_2}{\rho_1}\right)$
>
> - Q_1 : 회전수 변경 전 풍량(m³/min)
> - Q_2 : 회전수 변경 후 풍량(m³/min)
> - N_1 : 변경 전 회전수(rpm)
> - N_2 : 변경 후 회전수(rpm)
> - P_1 : 변경 전 정압(mmH₂O)
> - P_2 : 변경 후 정압(mmH₂O)
> - HP_1 : 변경 전 동력(kw)
> - HP_2 : 변경 후 동력(kw)
> - D_1 : 변경 전 직경(m)
> - D_2 : 변경 후 직경(m)
> - ρ_1 : 변경 전 효율
> - ρ_2 : 변경 후 효율

1. $Q_2 = Q_1 \times \left(\dfrac{N_2}{N_1}\right) = 30.5 \times \dfrac{1,500}{1,000} = 45.75 \,(\text{m}^3/\text{min})$
2. $P_2 = P_1 \times \left(\dfrac{N_2}{N_1}\right)^2 = 15.8 \times \left(\dfrac{1,500}{1,000}\right)^2 = 35.55 \,(\text{mmH}_2\text{O})$
3. $HP_2 = HP_1 \times \left(\dfrac{N_2}{N_1}\right)^3 = 0.6 \times \left(\dfrac{1,500}{1,000}\right)^2 = 2.03 \,(\text{HP})$

05 원심력 송풍기를 날개각도에 따라 3가지로 구분하여 그 종류를 적으시오.

> ① 전향날개형(다익형) 송풍기
> ② 방사 날개형(평판형, 플레이트형) 송풍기
> ③ 후향 날개형(터보형, 한계부하형) 송풍기

> ★참고
> ① 전향날개형(다익형)송풍기: 송풍기의 회전날개가 회전방향과 동일한 방향으로 설치되어 있다.
> ② 방사 날개형(평판형, 플레이트형): 송풍기의 날개(깃)가 평판 모양으로 설치되어 있다.
> ③ 후향 날개형(터보형, 한계부하형)송풍기: 송풍기의 날개가 회전방향에 반대되는 쪽으로 설치되어 있다.

06 가스상 물질을 측정하는 경우 검지관 방식으로 측정할 수 있는 경우 3가지를 적으시오.

① 예비조사 목적인 경우
② 검지관방식 외에 다른 측정방법이 없는 경우
③ 발생하는 가스상 물질이 단일물질인 경우

07 [보기]는 산업안전보건법에 의한 고열 작업장의 노출기준을 나타내었다. 괄호에 적합한 숫자를 적으시오.

(WBGT, ℃)

시간당 작업과 휴식비율	작업 강도		
	경작업	중등작업	중(힘든)작업
연속 작업	(③)	26.7	25.0
75% 작업, 25% 휴식 (45분 작업, 15분 휴식)	30.6	(④)	25.9
50% 작업, 50% 휴식 (30분 작업, 30분 휴식)	31.4	29.4	27.9
(①)% 작업, (②)% 휴식 (15분 작업, 45분 휴식)	32.2	31.1	30.0

① 25 ② 75 ③ 30.0 ④ 28.0

08 덕트의 단면적이 0.025m²이며 덕트 내 정압이 -25mmH₂O, 전압이 -10.2mmH₂O이다. 이때 덕트 내의 반송속도(m/sec)와 공기유량(m³/min)을 계산하시오.(단, 공기밀도는 1.2kg/m³로 가정한다.)

1. 전압 = 정압 + 동압
   동압(속도압) = 전압 - 정압 = -10.2 - (-25) = 14.80(mmH₂O)

2. 속도압$(VP) = \dfrac{\gamma \times V^2}{2g}$

   $\gamma \times V^2 = VP \times 2g$

   $V^2 = \dfrac{VP \times 2g}{\gamma}$

   $V = \sqrt{\dfrac{VP \times 2g}{\gamma}} = \sqrt{\dfrac{14.80 \times 2 \times 9.8}{1.2}} = 15.55 \text{(m/sec)}$

3. Q(m³/min) = 60 × A × V = 60 × 0.025 × 15.55 = 23.33(m³/sec)

09 ACGIH에서는 독성자료가 부족하여 TLV-STEL이 설정되어 있지 않는 물질에 대해서 TLV-TWA 외에 적절한 단시간 상한치를 적용하고 있다. 노출농도와 노출시간 규정사항 2가지를 적으시오.

> ① TLV-TWA농도의 3배인 경우 30분 이하로 노출
> ② TLV-TWA농도의 5배인 경우 잠시라도 노출되어서는 안 된다.

10 고농도의 분진 발생 작업장에서 실시하여야 하는 관리대책(분진이 발생되는 작업장의 작업관리 대책) 4가지를 적으시오.

> ① 분진 발생원 밀폐(분진 발생 방지)
> ② 습식공법 채택(분진 비산 방지)
> ③ 작업장 환기(국소배기장치 또는 전체환기장치를 설치)
> ④ 작업자 방진마스크 착용

11 두 가지 이상의 화학물질에 동시에 노출되는 경우 각 물질 간 화학적 상호작용이 나타나게 된다. 혼합물질의 화학적 상호작용의 종류 4가지를 적고 설명하시오.

> (1) 독립작용: 각각의 독성물질이 서로 다른 조직이나 기관에 영향을 미치는 경우로 각 물질의 반응양상이 달라 서로 독립적인 작용을 한다.
> (2) 상가작용: 두 물질에 동시 노출될 경우의 독성은 단독물질 독성의 합과 같다.(2+3=5)
> (3) 상승작용: 두 물질에 동시 노출될 경우의 독성은 단독물질 독성의 합보다 크게 증가한다.(2+3=20)
> (4) 가승작용(잠재작용, 강화작용): 독성이 없던 물질을 독성이 있는 물질과 혼합하면 독성이 강해진다.(2+0=5)
> (5) 길항작용: 두 물질이 서로의 작용을 방해하여 두 물질에 동시 노출될 경우의 독성은 단독물질의 독성보다 약해진다.(2+3=1)

12 어떤 작업장의 음압 수준이 95dB(A)이고, 근로자는 귀덮개를 착용하고 있다. 귀덮개의 차음평가수는 NRR=17이다. 귀덮개의 차음효과와 근로자가 노출되는 음압수준을 계산하시오.

(1) 차음효과 = (NRR − 7) × 0.5 = (17 − 7) × 0.5 = 5[dB(A)]
(2) 근로자가 노출되는 음압수준 = 95 − 5 = 90[dB(A)]

13 액체 상태의 벤젠 3.2L가 공기 중으로 모두 증발했다고 가정하였을 경우 벤젠 증기의 용량(L)을 계산하시오. (단, 25℃ 1기압이며, 비중 0.879, 분자량 78.11이다.)

$$\text{부피}(L) = \frac{(3.2 \times 1000 \times 0.879)g \times 24.45L}{78.11g} = 880.46(L)$$

- $L \times$ 비중 = kg, (3.2×0.879)kg = $(3.2 \times 1000 \times 0.879)$g
- 25℃ 1기압 기체 1몰의 부피 : 24.45L

또는
$24.45L : 78.11g = xL : (3.2 \times 1000 \times 0.879)g$
$24.45 \times (3.2 \times 1000 \times 0.879) = 78.11 \times x$
$$x = \frac{24.45 \times (3.2 \times 1000 \times 0.879)}{78.11} = 880.46(L)$$

14 산업안전보건법에 의한 작업장의 적정공기 수준을 적으시오.

① 산소농도의 범위가 18% 이상 23.5% 미만
② 탄산가스의 농도가 1.5% 미만
③ 일산화탄소의 농도가 30ppm 미만
④ 황화수소의 농도가 10ppm 미만인 공기

15 덕트의 직경이 20cm, 덕트 내의 공기유속이 15m/sec인 경우 Reynold수를 계산하시오. (단, 점성 계수 1.85×10^{-5} kg/m·sec, 공기밀도 1.2kg/m³)

$$Re = \frac{\rho V d}{\mu} = \frac{V d}{\nu} = \frac{관성력}{점성력}$$

- Re : 레이놀즈 수(무차원)
- ρ : 유체밀도(kg/m³)
- d : 관경(m) (상당직경 $D = \frac{2ab}{a+b}$)
- V : 유체의 유속(m/sec)
- μ : 점성계수(kg/m·s(=10Poise))
- ν : 동점성계수(m²/sec)

$$Re = \frac{\rho V d}{\mu} = \frac{1.2 \times 15 \times 0.2}{1.85 \times 10^{-5}} = 194594.59$$

16 작업장에서 환기하여야 할 작업장 실내의 체적이 2,000m³인 공간에 300명이 있다. 1인당 호흡량이 30L/hr일 경우 시간당 공기교환횟수(ACH)를 계산하시오. (단, 실내 CO_2 허용기준은 0.1%이며, 외기 중의 CO_2 농도는 0.03%이다.)

1. 시간당 공기교환 횟수(ACH)
   - $ACH = \frac{실내 환기량(m^3/min)}{실내 체적(m^3)} \times 60$
   - $ACH = \frac{실내 환기량(m^3/hr)}{실내 체적(m^3)}$

2. 실내환기량
   $Q(m^3/min) = \frac{G}{C_s - C_0} \times 100$
   - G : CO_2 발생률(m³/min)
   - C_s : 이산화탄소의 허용농도(%)
   - C_0 : 외부공기 중 이산화탄소의 농도(%)

$$ACH = \frac{실내 환기량}{실내 체적} = \frac{12857.14}{2,000} = 6.43(회 또는 회/hr)$$

$$필요환기량(Q) = \frac{G}{C_s - C_0} \times 100 = \frac{(30 \times 10^{-3} m^3/hr) \times 300인}{(0.1 - 0.03)\%} \times 100 = 12857.14(m^3/hr)$$

17 비누거품미터로 보정한 결과 1,200cc의 공간에서 비누거품이 도달하는 시간을 측정하였다. 4번 측정한 결과가 23.4초, 22.1초, 24.4초, 24.1초인 경우 펌프의 평균유량(L/min)을 계산하시오.

$$유량(L/min) = \frac{비누거품이\ 통과한\ 용량(L)}{비누거품이\ 통과한\ 시간(min)}$$

1. 소요되는 평균시간

$$평균시간 = \frac{23.4 + 22.1 + 24.4 + 24.1}{4} = 23.50(sec)$$

2. 유량 $= \dfrac{비누거품이\ 통과한\ 용량(L)}{비누거품이\ 통과한\ 시간(min)} = \dfrac{1.2L}{23.50 \times \dfrac{1}{60} min} = 3.06(L/min)$

(1000cc = 1L, ∴ 1200cc = 1.2L)

18 화재 및 폭발방지를 위한 전체환기량 계산 시에 적용하는 안전계수(C)와 폭발하한계(LEL)의 관계를 설명하시오.

작업장의 농도를 폭발하한계(LEL)의 25%로 유지할 경우 안전계수(C)는 4를 적용한다.

산업위생관리산업기사 실기

07

핵심 계산문제 풀이

핵심 계산문제 풀이

01 1일 8시간 동안 물체를 운반하는 작업자의 육체적 작업능력(PWC)이 16kcal/min이다. 작업대사량이 9kcal/min, 휴식 시의 대사량이 1.4kcal/min일 경우 이 작업자의 휴식시간과 작업시간을 계산하시오. (단, Hertig식 적용)

> **피로예방을 위한 적정 휴식시간비(Hertig식)**
>
> 1. $T_{rest}(\%) = \left[\dfrac{E_{max} - E_{task}}{E_{rest} - E_{task}}\right] \times 100$
>
> 2. 작업시간 = 60분 - 휴식시간
>   - $T_{rest}(\%)$: 피로예방을 위한 적정 휴식시간 비(60분을 기준하여 산정)
>   - E_{max} : 1일 8시간 작업에 적합한 작업대사량[육체적 작업능력(PWC)의 1/3]
>   - E_{rest} : 휴식 중 소모 대사량
>   - E_{task} : 해당 작업의 작업대사량

1. $T_{rest}(\%) = \left[\dfrac{5.33-9.0}{1.4-9.0}\right] \times 100 = 48.29(\%)$

   ($E_{max} = \dfrac{PWC}{3} = \dfrac{16}{3} = 5.33\text{kcal/min}$)

2. 휴식시간 = 60 × 0.4829 = 28.97(분)

3. 작업시간 = 60 - 28.97 = 31.03(분)

02 작업장 공기 중에 벤젠 0.25ppm(TLV : 0.5ppm), 톨루엔 25ppm(TLV : 50ppm), 크실렌 60ppm(TLV : 100ppm)이 발생되고 있다. 세 물질이 서로 상가 작용을 할 경우 혼합공기의 노출기준(ppm)을 계산하고 노출기준 초과 여부를 평가하시오.

> 1. 노출지수
> $$EI = \frac{C_1}{T_1} + \frac{C_2}{T_2} + \cdots + \frac{C_n}{T_n}$$
> - C : 화학물질 각각의 측정치
> - T : 화학물질 각각의 노출기준
>
> 2. 평가
> - $EI > 1$: 노출기준을 초과함
> - $EI < 1$: 노출기준을 초과하지 않음
>
> 3. 혼합물의 TLV-TWA
> $$TLV-TWA = \frac{C_1 + C_2 + \cdots + C_n}{EI}$$

1. 노출지수 $EI = \frac{0.25}{0.5} + \frac{25}{50} + \frac{60}{100} = 1.60$

2. 혼합물의 노출기준 $= \frac{0.25 + 25 + 60}{1.60} = 53.28(ppm)$

3. 노출기준 초과 여부 : $EI > 1$ 이므로 노출기준을 초과함

03 어느 작업장에서 작업 중 소음이 80dB에서 4시간, 85dB에서 2시간, 95dB에서 30분, 90dB에서 10분 발생하였다. 소음의 노출지수를 계산하고 허용기준 초과 여부를 판단하시오. (단, TLV는 80dB(24시간), 85dB(16시간), 95dB(4시간), 90dB(8시간)을 기준으로 한다.)

> 소음의 노출정도 평가
> 1. 노출지수 $(EI) = \frac{C_1}{T_1} + \frac{C_2}{T_2} + \cdots + \frac{C_n}{T_n}$
> - C : 소음의 측정치
> - T : 소음의 노출기준
>
> 2. 평가
> - $EI > 1$: 노출기준을 초과함
> - $EI < 1$: 노출기준을 초과하지 않음

1. 노출지수 $(EI) = \frac{2}{16} + \frac{\left(\frac{30}{60}\right)}{4} + \frac{\left(\frac{10}{60}\right)}{8} = 0.27$

2. $EI < 1$: 노출기준을 초과하지 않음

＊참고

1. 85dB 이상부터 소음작업에 해당하므로 80dB은 소음의 노출지수 계산에 포함되지 않는다.

2. 소음의 노출기준

1일 노출시간 (hr)	소음강도 dB(A)
8	90
4	95
2	100
1	105
1/2	110
1/4	115

04 에틸벤젠(TLV=100ppm)이 존재하는 작업환경에서 작업시간이 1일 10시간일 경우 보정된 허용농도를 계산하시오. (단, Brief와 Scala의 보정방법을 적용한다.)

Brief와 Scala의 보정방법

1. $RF = \left(\dfrac{8}{H}\right) \times \dfrac{24-H}{16}$

2. [일주일] ; $RF = \left(\dfrac{40}{H}\right) \times \dfrac{168-H}{128}$

3. 보정된 노출기준 = RF × 노출기준(허용농도)
   - H : 비정상적인 작업시간(노출시간/일) ; 노출시간/주
   - 16 : 휴식시간 의미(128 ; 일주일 휴식시간 의미)

1. $RF = \left(\dfrac{8}{H}\right) \times \dfrac{24-H}{16} = \left(\dfrac{8}{10}\right) \times \dfrac{24-10}{16} = 0.7$

2. 보정된 노출기준 = RF × 허용농도 = 0.7 × 100 = 70(ppm)

05 작업장 내의 분진을 유리섬유 여과지로 3회 채취하여 얻은 평균값이 27.5mg이며, 분진포집 전의 여과지를 3회 측정한 값이 22.3mg이었다. 포집유량이 5.0L/min, 포집시간이 60min일 경우 이 작업장의 분진농도(mg/m^3)을 계산하시오.

$$mg/m^3 = \frac{(27.5-22.3)mg}{\frac{5\times 10^{-3}m^3}{min}\times 60min} = 17.33(mg/m^3)$$

$(L = 10^{-3}m^3)$

06 금속제품의 탈지공정에서 사용하는 TCE의 노출농도가 50ppm이다. 활성탄관을 이용하여 분당 0.15L씩 채취할 경우 채취에 소요되는 최소채취시간(min)을 계산하시오. (단, 25℃, 1기압이며, TCE의 분자량은 131.39, LOQ는 0.5mg이다.)

ppm과 mg/m^3의 상호 농도변환

1. 0℃, 1기압일 때
   - 노출기준(mg/m^3) = $\frac{ppm \times 분자량}{22.4}$
   - ppm = $mg/m^3 \times \frac{22.4(L)}{분자량}$

2. 21℃, 1기압일 때
   - 노출기준(mg/m^3) = $\frac{ppm \times 분자량}{24.1}$
   - ppm = $mg/m^3 \times \frac{24.1(L)}{분자량}$

3. 25℃, 1기압일 때
   - 노출기준(mg/m^3) = $\frac{ppm \times 분자량}{24.45}$
   - ppm = $mg/m^3 \times \frac{24.45(L)}{분자량}$

1. 노출기준(mg/m^3) = $\frac{ppm \times 분자량}{24.45} = \frac{50 \times 131.39}{24.45} = 268.69(mg/m^3)$

2. 분당 0.15씩 채취 → 0.15L/min = $\frac{0.15 \times 10^{-3}m^3}{min}$

$$268.69(mg/m^3) = \frac{0.5mg}{\frac{0.15\times 10^{-3}m^3}{min}\times x\,min}$$

$0.5 = 268.69 \times 0.15 \times 10^{-3} \times x$

$x = \frac{0.5}{268.69 \times 0.15 \times 10^{-3}} = 12.41(min)$

07 활성탄관을 이용하여 톨루엔(MW : 92.14)을 0.25L/min으로 200분 동안 측정한 후 분석한 양이 활성탄관의 앞층에서 3.31mg, 뒤층에서 0.11mg이 검출되었다. 탈착효율이 95%라고 할 때 활성탄관의 파과여부와 공기 중 톨루엔의 농도(ppm)를 계산하시오. (단, 25℃, 1기압 기준)

> 25℃, 1기압일 때
>
> - $mg/m^3 = \dfrac{ppm \times 분자량}{24.45}$
>
> - $ppm = mg/m^3 \times \dfrac{24.45(L)}{분자량}$

1. 파과 여부

    $\dfrac{뒷층의\ 검출량}{앞층의\ 검출량} = \dfrac{0.11}{3.31} \times 100 = 3.32(\%)$

    → 10%를 초과하지 않았으므로 파과 되지 않음

2. • $mg/m^3 = \dfrac{ppm \times 분자량}{24.45}$

    $\dfrac{(3.31+0.11)\,mg}{\dfrac{(0.25 \times 10^{-3})m^3}{min} \times 200\,min} = \dfrac{ppm \times 92.14}{24.45}$

    $ppm \times 92.14 \times 0.25 \times 10^{-3} \times 200 = 3.42 \times 24.45$

    $ppm = \dfrac{3.42 \times 24.45}{92.14 \times 0.25 \times 10^{-3} \times 220} = 18.15(ppm)$

    • 탈착효율 = $\dfrac{검출량}{주입량}$

    주입량 = $\dfrac{검출량}{탈착효율} = \dfrac{18.15}{0.95} = 19.11(ppm)$

    또는 탈착효율이 95%일 때의 농도가 18.15ppm이므로 100%일 때의 농도

    $0.95 : 18.15 = 1 : 5X$

    $0.95X = 18.15$

    $X = \dfrac{18.15}{0.95} = 19.11(ppm)$

08 공기시료 채취용 pump는 비누거품미터로 보정한다. 1,000cc의 공간에 비누거품이 도달하는 데 소요되는 시간을 4번 측정한 결과 25.2초, 25.5초, 25.9초, 25.4초였을 때 이 펌프의 평균유량(L/min)을 구하시오.

> 유량(L/min) = $\dfrac{비누거품이\ 통과한\ 용량(L)}{비누거품이\ 통과한\ 시간(min)}$

1. 소요되는 평균시간

   평균시간 = $\dfrac{25.2 + 25.4 + 25.5 + 25.9}{4}$ = 25.50(sec)

2. 유량(L/min) = $\dfrac{\text{비누거품이 통과한 용량(L)}}{\text{비누거품이 통과한 시간(min)}}$ = $\dfrac{1L}{25.50 \times \dfrac{1}{60} \text{min}}$ = 2.35(L/min)

- $1L = 1,000cc$
- $1\text{sec} = \dfrac{1}{60}\text{min}$

09 비중이 6.6g/cm³, 입경이 2.4μm인 산화 흄의 침강속도(cm/sec)를 계산하시오.

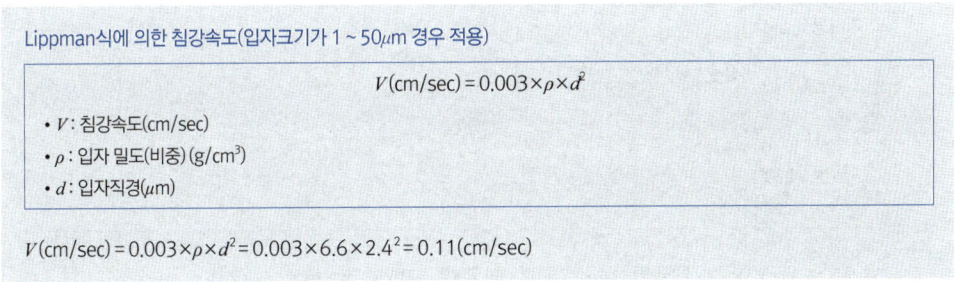

Lippman식에 의한 침강속도(입자크기가 1~50μm 경우 적용)

$$V(\text{cm/sec}) = 0.003 \times \rho \times d^2$$

- V : 침강속도(cm/sec)
- ρ : 입자 밀도(비중)(g/cm³)
- d : 입자직경(μm)

$V(\text{cm/sec}) = 0.003 \times \rho \times d^2 = 0.003 \times 6.6 \times 2.4^2 = 0.11(\text{cm/sec})$

10 높이가 3m인 어느 작업장에서 입자의 직경이 2μm, 비중이 2.5인 입자상 물질이 발생되고 있다. 모든 입자상 물질이 바닥에 가라앉은 후 청소를 시작하려고 한다. 몇 분이 지난 후에 시작하여야 하는지를 계산하시오.

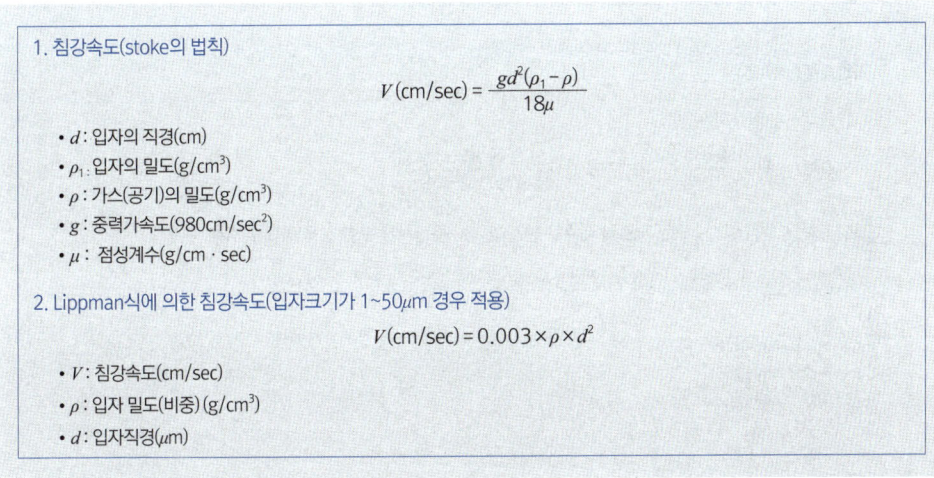

1. 침강속도(stoke의 법칙)

$$V(\text{cm/sec}) = \dfrac{gd^2(\rho_1 - \rho)}{18\mu}$$

- d : 입자의 직경(cm)
- ρ_1 : 입자의 밀도(g/cm³)
- ρ : 가스(공기)의 밀도(g/cm³)
- g : 중력가속도(980cm/sec²)
- μ : 점성계수(g/cm · sec)

2. Lippman식에 의한 침강속도(입자크기가 1~50μm 경우 적용)

$$V(\text{cm/sec}) = 0.003 \times \rho \times d^2$$

- V : 침강속도(cm/sec)
- ρ : 입자 밀도(비중)(g/cm³)
- d : 입자직경(μm)

1. $V = 0.003 \times 2.5 \times 2^2 = 0.03\,(\text{cm/sec})$

2. 높이가 3m(300cm)이고, 초당 0.03cm 가라앉으므로

    $1 : 0.03 = x : 300$

    $0.03\,x = 300$

    $x = \dfrac{300}{0.03} = 10{,}000(초) \div 60 = 166.67(분)$

11 유기용제 작업장에서 10회 측정한 톨루엔 농도는 다음과 같다. 기하평균을 계산하시오.

20, 25, 27, 28, 30, 42, 27, 52, 58, 20	단위 : mg/m³

기하평균(GM)

1. $\log(GM) = \dfrac{\log X_1 + \log X_2 + \cdots + \log X_n}{N}$

2. $G.M = \sqrt[N]{X_1 \cdot X_2 \cdots X_n}$

   • X_n : 측정치
   • N : 측정치 개수

$G.M = \sqrt[10]{(20 \times 25 \times 27 \times 28 \times 30 \times 42 \times 27 \times 52 \times 58 \times 20)} = 30.83\,(\text{mg/m}^3)$

12 측정 값에 대한 데이터가 다음과 같을 때 기하표준편차(GSD)를 계산하시오.

0.4, 1.5, 15, 78

기하표준편차(GSD)

1. 그래프를 이용하는 방법

   $GSD = \dfrac{84.1\%\text{에 해당하는 값}}{50\%\text{에 해당하는 값}}$ 또는 $\dfrac{50\%\text{에 해당하는 값}}{15.9\%\text{에 해당하는 값}}$

2. 계산에 의한 방법 : 모든 자료를 대수로 변환하여 표준편차를 구한 값을 역대수 취해 구한다.

   $\log(GSD) = \left[\dfrac{(\log X_1 - \log GM)^2 + (\log X_2 - \log GM)^2 + \cdots + (\log X_N - \log GM)^2}{N-1}\right]^{0.5}$

   • GSD : 기하표준편차
   • GM : 기하평균
   • N : 측정치의 수
   • X_i : 측정치

1. 기하평균
$$G.M = \sqrt[N]{X_1 \cdot X_2 \cdots X_n} = \sqrt[4]{0.4 \times 1.5 \times 15 \times 78} = 5.15$$

2. 기하표준편차
$$\log(GSD) = \left[\frac{(\log X_1 - \log GM)^2 + (\log X_2 - \log GM)^2 + \cdots + (\log X_N - \log GM)^2}{N-1}\right]^{0.5}$$

$$\log(GSD) = \left[\frac{(\log 0.4 - \log 5.15)^2 + (\log 1.5 - \log 5.15)^2 + (\log 15 - \log 5.15)^2 + (\log 78 - \log 5.15)^2}{4-1}\right]^{0.5} = 1.02$$

$$GSD = 10^{1.02} = 10.47$$

---

13 표준공기가 흐르는 덕트의 Reynold 수가 30,000일 경우 덕트 내의 유속(m/sec)을 계산하시오. (단, 덕트의 직경 150mm, 점성계수 1.670×10^{-4} poise, 비중 1.203 기준)

레이놀즈 수(Re)의 계산

$$Re = \frac{\rho V d}{\mu} = \frac{Vd}{\nu} = \frac{관성력}{점성력}$$

- Re : 레이놀즈 수(무차원)
- ρ : 유체밀도(kg/m³)
- d : 관경(m) (상당직경 $D = \frac{2ab}{a+b}$)
- V : 유체의 유속(m/sec)
- μ : 점성계수(kg/m·s(= 10Poise))
- ν : 동점성계수(m²/sec)

$$Re = \frac{\rho \times V \times d}{\mu}$$

$$\rho \times V \times d = Re \times \mu$$

$$V = \frac{Re \times \mu}{\rho \times d} = \frac{30,000 \times 1.670 \times 10^{-5}}{1.203 \times 0.15} = 2.78 \text{(m/sec)}$$

(150mm = 0.15m)

$$\begin{array}{l}
10\text{poise} = 1\text{kg/m} \cdot \text{sec} \\
10 : 1 = 1.670 \times 10^{-4} : x \\
10x = 1.670 \times 10^{-4} \\
\therefore x = \frac{1.670 \times 10^{-4}}{10} = 1.670 \times 10^{-5} \text{(kg/m} \cdot \text{sec)}
\end{array}$$

14 덕트의 직경이 20cm, 덕트 내의 유속이 25m/sec인 경우 (1) Reynold 수를 계산하시오. (단, 동점성 계수 $1.85 \times 10^{-5} m^2/sec$) (2) 유체 흐름의 종류를 적으시오.

> **1. 레이놀즈 수(Re)의 계산**
>
> $$Re = \frac{\rho Vd}{\mu} = \frac{Vd}{\nu} = \frac{관성력}{점성력}$$
>
> - Re : 레이놀즈 수(무차원)
> - ρ : 유체밀도(kg/m³)
> - d : 관경(m) (상당직경 $D = \frac{2ab}{a+b}$)
> - V : 유체의 유속(m/sec)
> - μ : 점성계수(kg/m·s(=10Poise))
> - ν : 동점성계수(m²/sec)
>
> **2. 레이놀즈 수에 따른 구분**
>
> $Re < 2100$: 층류
> $2100 < Re < 4000$: 천이영역
> $Re > 4000$: 난류

1. Reynold수

(1) $Re = \frac{Vd}{\nu} = \frac{25 \times 0.2}{1.85 \times 10^{-5}} = 270270.27$

(20cm = 0.2m)

2. 레이놀즈 수의 구분

$Re > 4000$이므로 : 난류

15 덕트 내의 온도가 18℃이며 덕트의 직경이 20cm, 덕트 내의 공기유속이 15m/sec인 경우 Reynold's 수를 계산하시오. (단, 점성 계수는 1.85×10^{-5} kg/m·sec이다.)

> **1. 밀도의 온도, 압력 보정**
>
> 보정 후의 밀도 = 보정 전의 밀도 $\times \frac{(273+t_1)(P_2)}{(273+t_2)(P_1)}$
>
> - t_1 : 처음 온도
> - t_2 : 나중 온도
> - P_1 : 처음 압력
> - P_2 : 나중 압력

2. $Re = \dfrac{\rho V d}{\mu} = \dfrac{Vd}{\nu} = \dfrac{관성력}{점성력}$

- Re : 레이놀즈 수(무차원)
- ρ : 유체밀도(kg/m^3)
- d : 관경(m) (상당직경 $D = \dfrac{2ab}{a+b}$)
- V : 유체의 유속(m/sec)
- μ : 점성계수(kg/m·s(= 10Poise))
- ν : 동점성계수(m^2/sec)

1. 밀도의 온도보정

   [21℃(t_1) 1기압에서의 밀도 1.2(kg/m^3)를 18℃(t_2) 1기압으로 보정]

   보정 후의 밀도 $= 1.2 \times \dfrac{(273+21) \times 1}{(273+18) \times 1} = 1.21 \text{(kg/m}^3\text{)}$

2. $Re = \dfrac{\rho V d}{\mu} = \dfrac{1.21 \times 15 \times 0.2}{1.85 \times 10^{-5}} = 196216.22$

16 150℃, 700mmHg 조건에서 어떤 가스의 부피가 100m^{3}일 경우 21℃, 760mmHg 조건에서의 해당 가스의 부피(m^3)를 계산하시오.

150℃(t_1), 700mmHg(P_1)에서의 부피 100m^{3}을 21℃(t_2), 760mmHg(P_2)로 보정

$V_2 = V_1 \times \dfrac{(273+t_2) \times (P_1)}{(273+t_1) \times (P_2)}$

$= 100 \times \dfrac{(273+21) \times 700}{(273+150) \times 760} = 64.02 \text{(m}^3\text{)}$

★ 참고
보일-샤를의 법칙

$\dfrac{P_1 V_1}{T_1} = \dfrac{P_2 V_2}{T_2}$

$T_1 P_2 V_2 = T_2 P_1 V_1$

$V_2 = V_1 \times \dfrac{T_2 P_1}{T_1 P_2}$

($T = 273 + $ ℃)

17 작업장 공기 중에 아세톤 3,000ppm이 존재할 경우 공기와 아세톤의 유효비중을 소수셋째자리까지 계산하시오. (단, 아세톤의 증기비중은 2.0, 공기비중은 1.0이다.)

1. 작업장 공기 중의 아세톤이 3,000ppm = 0.3%이므로 공기는 99.7%가 된다. (10,000ppm = 1%)
   (공기 = 100% − 0.3% = 99.7%)
2. 아세톤 0.3%(증기비중 2.0), 공기 99.7%(공기비중 1.0)이므로
   유효비중 = 0.003 × 2.0 + 0.997 × 1.0 = 1.003

18 21℃, 1기압의 상태에서 부피가 2,000m³인 공간에 벤젠(비중 0.88, 분자량 78) 4L가 모두 증발하였다고 가정하였을 경우 공기 중에 벤젠이 차지하는 비율(%)을 계산하시오.

1. 부피(L) = $\dfrac{4 \times 0.88 \times 1,000g \times 24.1L}{78g}$ = 1087.59(L)

   - $L \times$ 비중 = kg, (4 × 0.88)kg = (4 × 1,000 × 0.88)g
   - 25℃ 1기압 기체 1몰의 부피 : 24.1L

2. 공기 중에 벤젠이 차지하는 비율

   $\dfrac{1087.59 \times 10^{-3}m^3}{2,000m^3} \times 100 = 0.05(\%)$

   ($L = 10^{-3}m^3$)

19 유기용제 A(TLV : 100ppm, 증기압 : 25mmHg), 유기용제 B(TLV : 250ppm, 증기압 : 100mmHg)의 포화증기농도 및 증기위험화지수(VHI)를 계산하시오. (단, 760mmHg 기준)

1. 포화농도

   포화농도 = $\dfrac{\text{물질의 증기압(mmHg)}}{\text{대기압(760mmHg)}} \times 10^2(\%) = \dfrac{\text{물질의 증기압(mmHg)}}{\text{대기압(760mmHg)}} \times 10^6(\text{ppm})$

2. 증기위험화지수(VHI)

   $VHI = \log\left(\dfrac{C}{TLV}\right)$

   - C : 포화농도
   - TLV : 노출기준

1. 유기용제 A
- 포화농도 = $\dfrac{\text{물질의 증기압(mmHg)}}{\text{대기압(760mmHg)}} \times 10^6 = \dfrac{25}{760} \times 10^6 = 32894.74\text{(ppm)}$
- $VHI = \log(\dfrac{32894.74}{100}) = 2.52$

2. 유기용제 B
- 포화농도 = $\dfrac{\text{물질의 증기압(mmHg)}}{\text{대기압(760mmHg)}} \times 10^6 = \dfrac{100}{760} \times 10^6 = 131578.95\text{(ppm)}$
- $VHI = \log(\dfrac{131578.95}{150}) = 2.58$

20 21℃ 1기압의 어느 작업장에서 온도가 150℃ 되는 건조오븐 내의 크실렌이 시간당 1.5L씩 증발하고 있다. 폭발방지를 위한 실제 환기량(m³/min)을 계산하시오.
(단, 크실렌의 LEL : 1%, SG : 0.88, MW : 106, C : 5이다)

화재 및 폭발방지를 위한 환기량

$$Q = \dfrac{24.1 \times \text{kg/h} \times C \times 10^2}{MW \times L \times B} \text{(m}^3\text{/hr)} \div 60 = \text{(m}^3\text{/min)}$$

- C : 안전계수(LEL의 25%로 유지할 경우 $C = 4$)
- MW : 물질의 분자량
- LEL : 폭발농도 하한치(%)
- B : 온도에 따른 보정상수(120℃ 미만 $B = 1.0$, 120℃ 이상 $B = 0.7$)
- kg/hr : 시간당 오염물질 발생량(l/hr × S(비중))
- 24.1 : 21℃, 1기압에서 공기의 비중(25℃, 1기압일 경우 24.45)

1. 21℃ 1기압 기준

$Q = \dfrac{24.1 \times \text{kg/h} \times C \times 10^2}{MW \times L \times B} = \dfrac{24.1 \times 1.5 \times 0.88 \times 5 \times 10^2}{106 \times 1 \times 0.7} \div 60 = 3.57\text{(m}^3\text{/min)}$

2. 21℃(t_1)의 유량 3.57(m³/min)를 150℃(t_2)로 보정

$Q_2 = Q_1 \times \dfrac{(273 + t_2) \times (P_1)}{(273 + t_1) \times (P_2)}$

$= 3.57 \times \dfrac{273 + 150}{273 + 21} = 5.14\text{(m}^3\text{/min)}$

21 톨루엔(분자량 : 86.13, TLV : 100ppm)과 크실렌(분자량 : 98.96, TLV : 50ppm)을 각각 200g/hr 사용하는 어느 작업장의 필요 환기량(m³/hr)을 계산하시오. (단, 25℃, 1기압 기준, 안전계수는 각각 7이며, 두 물질은 상가작용을 한다고 가정한다.)

$$Q = \frac{24.45 \times kg/h \times K \times 10^6}{MW \times TLV} (m^3/hr) \div 60 = (m^3/min)$$

- K : 안전계수
- MW : 물질의 분자량
- kg/hr : 시간당 오염물질 발생량($l/hr \times S$(비중))
- TLV : 노출기준(ppm)
- 24.45 : 25℃, 1기압에서 공기의 비중(21℃, 1기압일 경우 24.1)

1. 톨루엔의 환기량

$$Q = \frac{24.45 \times kg/h \times K \times 10^6}{MW \times TLV} = \frac{24.45 \times 0.2 \times 7 \times 10^6}{86.13 \times 100} = 3974.23(m^3/hr)$$

(200g/hr = 0.2kg/hr)

2. 크실렌의 환기량

$$Q = \frac{24.45 \times kg/h \times K \times 10^6}{MW \times TLV} = \frac{24.45 \times 0.2 \times 7 \times 10^6}{98.96 \times 50} = 6917.95(m^3/hr)$$

3. 두 물질은 상가작용을 하므로

총 환기량 = 3974.23 + 6917.95 = 10,892.18(m³/hr)

22 클로로포름(비중 1.476, 분자량 119.39)과 메틸에틸케톤(비중 0.805, 분자량 72.1)을 사용하는 작업장이 있다. 클로로포름은 시간당 299mL 사용하고 있으며, 메틸에틸케톤은 시간당 2L 사용하고 있다. 각각의 환기량(m³/min)을 계산하시오. 또한 두 물질이 독립작용을 할 경우 전체 환기량(m³/min)을 계산하시오. (단, 클로로포름의 TLV는 10ppm, 안전계수는 6이며 메틸에틸케톤의 TLV는 200ppm, 안전계수는 4이다.)

$$Q = \frac{24.45 \times kg/h \times K \times 10^6}{MW \times TLV} (m^3/hr) \div 60 = (m^3/min)$$

- K : 안전계수
- MW : 물질의 분자량
- kg/hr : 시간당 오염물질 발생량($l/hr \times S$(비중))
- TLV : 노출기준(ppm)
- 24.45 : 25℃, 1기압에서 공기의 비중(21℃, 1기압일 경우 24.1)

1. 클로로포름의 환기량

$$Q = \frac{24.1 \times (299 \times 10^{-3} \times 1.476) \times 6 \times 10^6}{119.39 \times 10} \div 60 = 890.85(m^3/min)$$

- L/hr × 비중 = kg/hr
- 299mL = 299 × 10^{-3}L

2. 메틸에틸케톤의 환기량

$$Q = \frac{24.1 \times (2 \times 0.805) \times 4 \times 10^6}{72.1 \times 200} \div 60 = 179.39(m^3/min)$$

3. 두 물질은 독립작용을 하므로(독립작용일 경우 환기량 중 가장 큰 값이 필요 환기량이 된다.)
   전체 환기량 = 890.85(m^3/min)

23 30명이 근무하는 어느 사무실의 체적이 2,000m^{3}이다. 실내 CO_2 농도는 700ppm며 외기 중의 CO_2 농도는 400ppm일 경우 사무실의 시간 당 공기교환 횟수를 계산하시오.
(단, 1인당 CO_2 배출량은 40L/hr를 기준으로 한다.)

1. $ACH = \dfrac{\text{실내 환기량}(Q)}{\text{실내 체적}(m^3)} \times 60$

   - Q : (m^3/min)

   $ACH = \dfrac{\text{실내 환기량}(Q)}{\text{실내 체적}(m^3)}$

   - Q : (m^3/hr)

2. 이산화탄소에 기인한 환기량

   $Q(m^3/min) = \dfrac{G}{C_S - C_0} \times 10^6$

   - G : CO_2 발생률(m^3/min)
   - C_S : 실내 이산화탄소 농도(ppm)
   - C_0 : 외부 공기 중 이산화탄소 농도(약 330ppm)

$ACH = \dfrac{\text{실내 환기량}(m^3/hr)}{\text{실내 체적}(m^3)} = \dfrac{4,000}{2,000} = 2(\text{회}) \text{ 또는 }(\text{회/hr})$

(1hr = 3,600sec)

$Q = \dfrac{G}{C_S - C_0} \times 100 = \dfrac{(40 \times 10^{-3} m^3/hr) \times 30\text{인}}{(700 - 400)\text{ppm}} \times 10^6 = 4,000(m^3/hr)$

24 어느 작업장의 실내 체적이 1,000m³이고 ACH가 10인 경우 실내공기의 환기량(m³/sec)을 계산하시오.

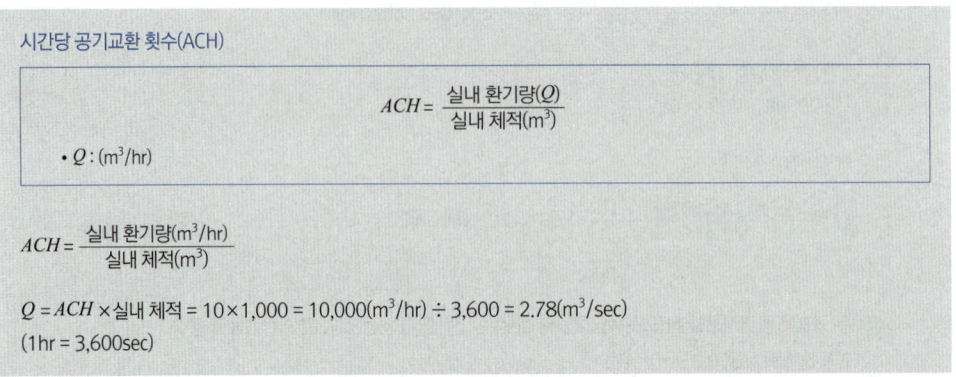

25 재순환공기의 CO_2 농도는 650ppm이고, 급기의 CO_2 농도는 450ppm일 때 급기 중의 외부공기 포함량(%)을 계산하시오. (단, 외부의 CO_2 농도는 300ppm이다.)

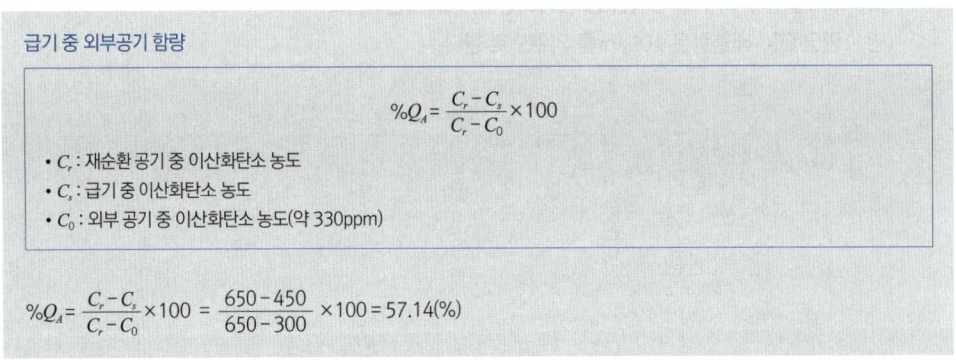

26 어느 작업장의 내부온도가 30℃, 작업장 내의 열부하량이 200,000kcal/hr이며 외기의 온도가 20℃이다. 이 작업장의 전체 환기를 위한 필요환기량(m³/min)을 계산하시오.

$$Q = \frac{H_s}{0.3\triangle t}(m^3/hr)$$

- $\triangle t$: 급배기(실내, 외)의 온도 차(℃)
- H_s : 작업장 내 열부하량(kcal/hr)
- 0.3 : 정압비열(kcal/m³℃)

$$Q = \frac{H_s}{0.3\triangle t} = \frac{200,000}{0.3\times(30-20)} = 66,666.67(m^3/hr) \div 60 = 1,111.11(m^3/min)$$

27 공간의 부피가 1,500m³인 작업장에서 methyle chloroform 증기의 공기 중 농도가 200ppm이다. methyle chloroform 증기의 농도가 25ppm까지 감소하는데 걸리는 시간(min)을 계산하시오.
(단, 유효 환기량은 1.3m³/sec이다.)

> **유해물질 농도 감소 시**
>
> $$t(\text{min}) = -\frac{V}{Q'} \times \ln\left(\frac{C_2}{C_1}\right)$$
>
> - V : 작업장의 기적(m³)
> - Q' : 환기량(m³/min)
> - C_1 : 유해물질 처음농도(ppm)
> - C_2 : 유해물질 나중농도(ppm)

$$t(\text{min}) = -\frac{V}{Q'} \times \ln\left(\frac{C_2}{C_1}\right) = -\frac{1,500\text{m}^3}{(1.3\times 60)\text{m}^3/\text{min}} \times \ln\left(\frac{25}{200}\right) = 39.99(\text{min})$$

$$\left[\frac{1.3\text{m}^3}{\text{sec}} = \frac{1.3\text{m}^3}{\frac{1}{60}\text{min}} = 1.3\times 60 (\text{m}^3/\text{min})\right]$$

28 체적이 1,000m³인 작업장에서 0.5m³/sec의 실외공기가 작업장 안으로 유입되고 있다. 작업장에서 톨루엔 발생이 정지된 순간의 작업장 내 톨루엔의 농도가 50ppm일 때 톨루엔의 농도가 10ppm으로 감소하는 데 걸리는 시간(min) 과 1시간 후의 공기 중의 톨루엔 농도(ppm)를 계산하시오.
(단, 실외에서 유입되는 공기량 중 톨루엔의 농도는 0ppm이고, 1차 반응식이 적용된다.)

> **유해물질 농도 감소 시**
>
> 1. 유해물질을 나중농도(노출농도 이하)로 환기하는 데 소요되는 시간
>
> $$t(\text{min}) = -\frac{V}{Q'} \times \ln\left(\frac{C_2}{C_1}\right)$$
>
> - V : 작업장의 기적(m³)
> - Q' : 환기량(m³/min)
> - C_1 : 유해물질 처음농도(ppm)
> - C_2 : 유해물질 노출기준(ppm)
>
> 2. 농도 C_1에서 $t(\text{min})$ 시간 후의 농도(C_2)
>
> $$C_2 = C_1 \times e^{\left(-\frac{Q'}{V}t\right)}$$

1. 톨루엔의 농도가 50ppm에서 10ppm으로 감소하는 데 걸리는 시간(min)

$$t = -\frac{V}{Q'} \times \ln\left(\frac{C_2}{C_1}\right) = -\frac{1,000}{0.5\times 60} \times \ln\left(\frac{10}{50}\right) = 53.65(\text{min})$$

$$\left[\frac{0.5\text{m}^3}{\text{sec}} = \frac{0.5\text{m}^3}{\frac{1}{60}\text{min}} = 0.5\times 60 (\text{m}^3/\text{min})\right]$$

2. 1시간 후의 공기 중 농도

$$C_2 = C_1 \times e^{(-\frac{Q}{V}t')} = 50 \times e^{(-\frac{0.5 \times 60}{1,000} \times 60)} = 8.26(ppm)$$

(1시간 = 60min)

29 단면적이 0.38m²인 덕트에서 덕트 내 정압은 ⁻64mmH$_2$O, 전압은 ⁻20mmH$_2$O이다. 이때 덕트 내의 반송속도(m/sec)와 공기유량(m³/min)을 계산하시오. (단, 공기밀도는 1.2kg/m³로 가정한다.)

---

1. 전압 = 동압(VP) + 정압(SP)

2. $Q = 60 \times A \times V$
   - Q(m³/min) : 유체의 유량
   - A(m²) : 유체가 통과하는 단면적
   - V(m/sec) : 유체의 유속

3. 속도압(VP) = $\dfrac{\gamma V^2}{2g}$ (mmH$_2$O)
   - r : 공기비중
   - V : 유속(m/s)
   - g : 중력가속도(9.8m/s²)

---

1. 전압 = 정압 + 동압
   동압(속도압) = 전압 - 정압 = -20 - (-64) = 44(mmH$_2$O)

2. 속도압(VP) = $\dfrac{\gamma V^2}{2g}$

   $\gamma \times V^2 = VP \times 2g$

   $V^2 = \dfrac{VP \times 2g}{\gamma}$

   $V = \sqrt{\dfrac{VP \times 2g}{\gamma}} = \sqrt{\dfrac{44 \times 2 \times 9.8}{1.2}} = 26.81$(m/sec)

3. $Q = 60 \times A \times V = 60 \times 0.38 \times 26.81 = 611.27$(m³/min)

30 덕트 직경이 150mm이고, 덕트 내 정압은 -63mmH$_2$O, 전압은 -30mmH$_2$O이다. 덕트 내 공기 유량(m^3/sec)을 계산하시오.

1. $Q = A \times V$
   - Q(m^3/sec) : 유체의 유량
   - A(m^2) : 유체가 통과하는 단면적
   - V(m/sec) : 유체의 유속

2. $V = 4.043\sqrt{VP}$
   - r : 공기비중
   - V : 유속(m/s)
   - g : 중력가속도(9.8m/s^2)

3. 전압(TP) = 정압(SP) + 동압(VP)

풀이 1.

$$Q = A \times V = \frac{\pi d^2}{4} \times V = \frac{\pi \times 0.15^2}{4} \times 23.23 = 0.41 \text{(m}^3\text{/sec)}$$

(150mm = 15m)

- $V = 4.043\sqrt{VP} = 4.043 \times \sqrt{33} = 23.23$(m/sec)
- $TP = SP + VP$
  $VP = TP - SP = -30 - (-63) = 33$(mmH$_2$O)

풀이 2.

$$Q = A \times V = \frac{\pi d^2}{4} \times V = \frac{\pi \times 0.15^2}{4} \times 23.22 = 0.41 \text{(m}^3\text{/sec)}$$

$$VP = \frac{\gamma V^2}{2g}$$
$$\gamma \times V^2 = VP \times 2g$$
$$V^2 = \frac{VP \times 2g}{\gamma}$$
$$V = \sqrt{\frac{VP \times 2g}{\gamma}} = \sqrt{\frac{33 \times 2 \times 9.8}{1.2}} = 23.22 \text{(m/sec)}$$

31 후드의 유입손실계수가 0.27, 유량이 0.12m³/sec, 후드 직경이 8.8cm인 원형후드의 정압(mmH₂O)을 계산하시오.

후드정압(SP_h) = $VP + \triangle P = VP + (F_h \times VP)$
  = $VP(1 + F_h)$ (mmH₂O)

- VP : 속도압(동압)(mmH₂O)
- F_h : 압력손실계수(= $\frac{1}{Ce^2} - 1$)
- Ce : 유입계수
- $\triangle P$: 압력손실(mmH₂O)
- 후드 정압은 후드나 덕트를 수축시키려는 방향(음압)으로 작용하기 때문에 "−" 부호를 붙여 표기한다.

$SP_h = VP(1 + F_h) = 23.83 \times (1 + 0.27) = 30.27$ (mmH₂O)(−30.27mmH₂O)

1. Q(m³/sec) = $A \times V$

   $V = \dfrac{Q}{A} = \dfrac{Q}{\dfrac{\pi \times d^2}{4}} = \dfrac{0.12}{\dfrac{\pi \times 0.088^2}{4}} = 19.73$(m/sec)

   (8.8cm = $\dfrac{8.8}{100}$m = 0.088m)

2. $VP = \dfrac{\gamma V^2}{2g} = \dfrac{1.2 \times 19.73^2}{2 \times 9.8} = 23.83$(mmH₂O)

   (유입 손실계수 = 압력 손실계수)

32 직경이 20cm인 원형후드의 유입손실계수가 0.65, 유량이 40m³/min 일 때 후드의 정압을 계산하시오. (단, 21℃, 1기압 기준)

1. 후드정압(SP_h) = $VP + \triangle P = VP + (F_h \times VP)$
   = $VP(1 + F_h)$ (mmH₂O)

   - VP : 속도압(동압)(mmH₂O)
   - F_h : 압력손실계수(= $\dfrac{1}{Ce^2} - 1$)
   - Ce : 유입계수
   - $\triangle P$: 압력손실(mmH₂O)

2. $Q = 60 \times A \times V$

   - Q(m³/min) : 유체의 유량
   - A(m²) : 유체가 통과하는 단면적
   - V(m/sec) : 유체의 유속

$$SP_h = VP(1+F_h) = 27.57 \times (1+0.65) = 45.49(mmH_2O)(-45.49mmH_2O)$$

1. $Q = 60 \times A \times V$

$$V = \frac{Q}{60 \times A} = \frac{Q}{60 \times \frac{\pi \times d^2}{4}} = \frac{40}{60 \times \frac{\pi \times 0.2^2}{4}} = 21.22(m/sec)$$

(20cm = 0.2m)

2. $V = \frac{\gamma V^2}{2g} = \frac{1.2 \times 21.22^2}{2 \times 9.8} = 27.57(mmH_2O)$

33 어느 직선 덕트의 관 내경이 0.3m, 길이가 50m인 경우 압력손실(mmH$_2$O)을 계산하시오.
(단, 관마찰손실계수는 0.02, 유체 밀도는 1.203kg/m³, 직관 내 유속은 10m/sec이다.)

직선 덕트의 압력손실

압력손실$(\triangle P) = F \times VP = \lambda \times \frac{L}{D} \times \frac{\gamma V^2}{2g}(mmH_2O)$

1. F(압력손실계수) $= \lambda \times \frac{L}{D}$
   - λ : 관마찰계수(무차원)
   - D : 덕트 직경(m)(원형관일 경우) (장방형 덕트일 경우 : 상당직경(등가직경) $= \frac{2ab}{a+b}$)
   - L : 덕트 길이(m)

2. 속도압$(VP) = \frac{\gamma \times V^2}{2g}$
   - r : 비중(kg/m³)
   - V : 공기속도(m/sec)
   - g : 중력가속도(m/sec²)

$\triangle P = \lambda \times \frac{L}{D} \times \frac{\gamma V^2}{2g} = 0.02 \times \frac{50}{0.3} \times \frac{1.203 \times 10^2}{2 \times 9.8} = 20.46(mmH_2O)$

34 어느 장방형 덕트의 장변이 670mm, 단변이 200mm이며 송풍량이 250m³/min일 때 덕트 길이 10m당 압력손실을 계산하시오.(단, 관마찰계수(λ) : 0.02, 공기비중(γ) : 1.2kg/m³ 이다.)

직선 덕트의 압력손실

$$\text{압력손실}(\triangle P) = F \times VP = \lambda \times \frac{L}{D} \times \frac{\gamma V^2}{2g} (\text{mmH}_2\text{O})$$

1. F(압력손실계수) $= \lambda \times \dfrac{L}{D}$
   - λ : 관마찰계수(무차원)
   - D : 덕트 직경(m)(원형관일 경우) (장방형 덕트일 경우 : 상당직경(등가직경) $= \dfrac{2ab}{a+b}$)
   - L : 덕트 길이(m)

2. $Q = 60 \times A \times V$
   - Q(m³/min) : 유체의 유량
   - A(m²) : 유체가 통과하는 단면적
   - V(m/sec) : 유체의 유속

$$\triangle P = \lambda \times \frac{L}{D} \times \frac{\gamma V^2}{2g} = 0.02 \times \frac{10}{0.31} \times \frac{1.2 \times 31.09^2}{2 \times 9.8} = 38.18 (\text{mmH}_2\text{O})$$

- 상당직경 $D = \dfrac{2ab}{a+b} = \dfrac{2 \times 0.67 \times 0.2}{0.67 + 0.2} = 0.31(\text{m})$
  (670mm = 0.67m, 200mm = 0.2m)
- $Q = 60 \times A \times V$

$$V = \frac{Q}{60 \times A} = \frac{250}{60 \times (0.67 \times 0.2)} = 31.09 (\text{m/s})$$

35 후드의 압력손실계수는 0.44, 전압은 20mmH₂O, 정압은 15mmH₂O일 경우 후드의 압력손실을 계산하시오.

후드의 압력손실

$$\text{압력손실}(\triangle P) = F_h \times VP = \left(\frac{1}{Ce^2} - 1\right) \times \frac{\gamma V^2}{2g} (\text{mmH}_2\text{O})$$

- F_h : 압력손실계수(유입손실계수)
- Ce : 유입계수
- VP : 속도압(동압)(mmH₂O)
- r : 공기비중
- V : 유속(m/s)
- g : 중력가속도(9.8m/s²)

압력손실($\triangle P$) = $F_h \times VP$ = 0.44×5 = 2.20(mmH$_2$O)

전압 = 정압 + 동압
동압 = 전압 − 정압 = 20 − 15 = 5(mmH$_2$O)

36 합류관의 각도에 따른 유입손실이 [보기]와 같다. 합류관의 각도를 90°에서 30°로 변경할 경우 압력손실(mmH$_2$O)은 얼마나 감소되는지 계산하시오. (단, 속도압은 두 경우 모두 10mmH$_2$O로 가정한다.)

합류관 각도	15°	30°	90°
압력손실계수	0.09	0.18	1.00

압력손실($\triangle P$) = $F \times VP = \lambda \times \dfrac{L}{D} \times \dfrac{\gamma V^2}{2g}$ (mmH$_2$O)

1. F(압력손실계수) = $\lambda \times \dfrac{L}{D}$

 - λ : 관마찰계수(무차원)
 - D : 덕트 직경(m)(원형관일 경우) (장방형 덕트일 경우 : 상당직경(등가직경) = $\dfrac{2ab}{a+b}$)
 - L : 덕트 길이(m)

2. 속도압(VP) = $\dfrac{\gamma V^2}{2g}$ (mmH$_2$O)

 - r : 비중(kg/m^3)
 - V : 공기속도(m/sec)
 - g : 중력가속도(m/sec^2)

1. 90°에서의 압력손실

    압력손실($\varDelta P$) = $F \times VP$ = 1.0×10 = 10(mmH$_2$O)

2. 30°에서의 압력손실

    압력손실($\varDelta P$) = $F \times VP$ = 0.18×10 = 1.8(mmH$_2$O)

3. 10 − 1.8 = 8.2(mmH$_2$O)

37 원형 확대관의 확대 전의 직경이 20cm이며 확대 후의 직경은 30cm이다. $Q = 0.5m^3/sec$ 이며, 확대 전의 정압이 $-31.8mmH_2O$인 경우 확대 후의 정압을 계산하시오. (단, 정압회복계수 $R = 0.76$)

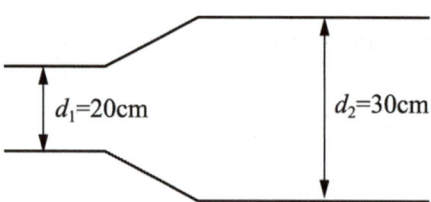

> 1. 확대측 정압$(SP_2) = SP_1 + [R \times (VP_1 - VP_2)]$
>   - SP_1 : 확대 전의 정압(mmH_2O)
>   - SP_2 : 확대 후의 정압(mmH_2O)
>   - VP_1 : 확대 전의 속도압(mmH_2O)
>   - VP_2 : 확대 후의 속도압(mmH_2O)
>   - ξ : 압력손실계수
>
>   정압회복계수$(R) = 1 - \xi$
>
> 2. $V(m/sec) = 4.043\sqrt{VP}$
>   - V : 공기속도(m/sec)
>   - VP : 속도압(mmH_2O)
>
> 3. $Q = A \times V$
>   - $Q(m^3/sec)$: 유체의 유량
>   - $A(m^2)$: 유체가 통과하는 단면적
>   - $V(m/sec)$: 유체의 유속

$SP_2 = SP_1 + [R \times (VP_1 - VP_2)]$
$SP_2 = -31.8 + [0.76 \times (15.51 - 3.06)] = -22.34(mmH_2O)$

$$V = 4.043 \times \sqrt{VP}$$
$$V^2 = 4.043^2 \times VP$$
$$VP = \frac{V^2}{4.043^2}$$

1. $VP_1 = \dfrac{15.92^2}{4.043^2} = 15.51(mmH_2O)$
   - $Q_1(m^3/sec) = A_1 \times V_1$
   $$V_1 = \frac{Q_1}{A_1} = \frac{Q_1}{\frac{\pi \times d^2}{4}} = \frac{0.5}{\frac{\pi \times 0.2^2}{4}} = 15.92(m/sec)$$

2. $VP_2 = \dfrac{7.07^2}{4.043^2} = 3.06(mmH_2O)$
   - $Q_2(m^3/sec) = A_2 \times V_2$
   $$V_2 = \frac{Q_2}{A_2} = \frac{Q_2}{\frac{\pi \times d^2}{4}} = \frac{0.5}{\frac{\pi \times 0.3^2}{4}} = 7.07(m/sec)$$

38 후드 단면적이 0.5m²인 외부식 원형 후드의 제어속도가 0.5m/sec이며 후드와 발생원 간의 거리가 1m 일 경우 다음을 계산하시오.

(1) 플랜지를 설치하지 않은 경우의 필요 환기량(m³/min)은 얼마인가?
(2) 플랜지를 설치한 경우의 필요 환기량(m³/min)은 얼마인가?

> 1. 외부식 후드(자유공간 위치한 원형 및 장방형 후드, 플랜지 미 부착)의 필요송풍량
> $$Q = 60 \times Vc \times (10X^2 + A)$$
>
> 2. 외부식 후드(자유공간에 위치한 플랜지가 부착된 원형, 장방형 후드)의 필요송풍량
> $$Q = 60 \times 0.75 \times Vc \times (10X^2 + A)$$
>
> - Q : 필요송풍량(m³/min)
> - Vc : 제어속도(m/sec)
> - A : 개구면적(m²)
> - X : 후드중심선으로부터 발생원까지의 거리(m) (오염원과 후드간 거리가 덕트 직경의 1.5배 이내일 때만 유효)

(1) 플랜지를 설치하지 않은 경우의 필요 환기량(m³/min)
$$Q = 60 \times Vc \times (10X^2 + A) = 60 \times 0.5 \times (10 \times 1^2 + 0.5) = 315(m^3/min)$$

(2) 플랜지를 설치한 경우의 필요 환기량(m³/min)
$$Q = 60 \times 0.75 \times Vc \times (10X^2 + A) = 60 \times 0.75 \times 0.5 \times (10 \times 1^2 + 0.5) = 236.25(m^3/min)$$

39 후드 개구면에서 발생원까지의 제어거리가 0.5m, 제어속도가 6m/sec, 후드 개구단면적이 1.2m² 일 경우 플랜지가 없는 외부식 후드의 필요송풍량(m³/min)을 계산하시오.

> 외부식 후드(자유공간 위치한 원형 및 장방형 후드, 플랜지 미부착)의 필요송풍량
> $$Q = 60 \times Vc \times (10X^2 + A) \quad \text{Dalla valle식}$$
>
> - Q : 필요송풍량(m³/min)
> - Vc : 제어속도(m/sec)
> - A : 개구면적(m²)
> - X : 후드중심선으로부터 발생원까지의 거리(m) (오염원과 후드간 거리가 덕트 직경의 1.5배 이내일 때만 유효)

$$Q = 60 \times Vc \times (10X^2 + A) = 60 \times 6 \times (10 \times 0.5^2 + 1.2) = 1,332(m^3/min)$$

40 작업대 위에 플랜지가 부착된 외부식 후드를 설치하려고 한다. [보기]의 조건에 적합한 필요송풍량(m^3/min) 및 플랜지의 폭(cm)을 계산하시오.

[보기]
- 후드 중심선으로부터 발생원까지의 거리 : 0.3m
- 후드의 크기 : 30cm×10cm
- 제어속도 : 1m/sec

외부식 후드(작업대 위, 플랜지가 부착된 후드)의 필요 송풍량

$$Q = 60 \times 0.5 \times Vc \times (10X^2 + A)$$

- Q : 필요송풍량(m^3/min)
- Vc : 제어속도(m/sec)
- A : 개구면적(m^2)
- X : 후드중심선으로부터 발생원까지의 거리(m) (오염원과 후드간 거리가 덕트 직경의 1.5배 이내일 때만 유효)

1. $Q = 60 \times 0.5 \times Vc \times (10X^2 + A) = 60 \times 0.5 \times 1 \times [10 \times 0.3^2 + (0.3 \times 0.1)] = 27.90(m^3/min)$

2. 플랜지의 폭
$W = \sqrt{A} = \sqrt{30 \times 10} = 17.32(cm)$

41 작업대 위에 고정하여 플랜지가 부착된 외부식 후드를 설치하려고 한다. 다음 조건에서 필요송풍량(m^3/min)을 계산하시오.

[보기]
- 후드 개구면으로부터 제어거리 : 0.7m
- 제어속도 : 0.35m/sec
- 후드의 개구면적 : 0.6m^2

외부식 후드(작업대 위, 플랜지가 부착된 후드)의 필요 송풍량

$$Q = 60 \times 0.5 \times Vc \times (10X^2 + A)$$

- Q : 필요송풍량(m^3/min)
- Vc : 제어속도(m/sec)
- A : 개구면적(m^2)
- X : 후드중심선으로부터 발생원까지의 거리(m) (오염원과 후드간 거리가 덕트 직경의 1.5배 이내일 때만 유효)

1. $Q = 60 \times 0.5 \times Vc \times (10X^2 + A) = 60 \times 0.5 \times 0.35 \times (10 \times 0.7^2 + 0.6) = 57.75(m^3/min)$

42 주물 용해로에 레시버식 캐노피 후드를 설치하였다. 열상승 기류량이 15m³/min, 누입한계 유량비가 3.5일 경우 레시버식 캐노피 후드의 소요 풍량(m³/min)을 계산하시오.

> **리시버식 캐노피형 후드**
>
> $$Q_T = Q_1 + Q_2 = Q_1 \times (1 + \frac{Q_2}{Q_1}) = Q_1 \times (1 + K_L)$$
>
> - Q_T : 필요 송풍량(m³/min)
> - Q_1 : 열상승 기류량(m³/min)
> - Q_2 : 유도 기류량(m³/min)
> - K_L : 누입 한계 유량비
>
> $Q_T = Q_1 \times (1 + K_L) = 15 \times (1 + 3.5) = 67.50 (m^3/min)$

43 악취가 발생되는 가스를 포집하기 위하여 개구면적 가로 1.5m, 세로 1m의 부스식 후드를 설치하였다. 제어속도는 0.25 ~ 0.5m/sec 범위이며 하한 제어속도의 20% 빠른 속도로 포집하고자 하는 경우 필요 흡인량(m³/min)을 계산하시오.

> **포위식(부스식) 후드**
>
>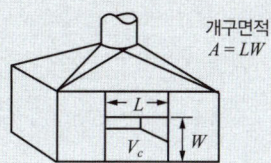
>
> $$Q = 60 \cdot A \cdot V_c = (60 \cdot K \cdot A \cdot V)$$
>
> - Q : 필요 송풍량(m³/min)
> - A : 후드 개구면적(m²) ($A = \frac{\pi d^2}{4}$)
> - V_c : 제어속도(m/sec)
> - K : 균일에 대한 계수(개구면 평균유속과 제어속도의 비, 기류분포가 균일할 때 K = 1로 본다.)
>
> $Q = 60 \cdot A \cdot V_c = 60 \times (1.5 \times 1) \times (0.25 \times 1.2) = 27 (m^3/min)$

44 지하철 송풍기의 입구 측의 정압은 -70mmH$_2$O, 배출구의 정압은 20mmH$_2$O, 반송속도는 13.5m/sec 이다. 송풍기의 정압(mmH$_2$O)을 계산하시오. (단, 온도 21℃, 공기 밀도는 1.21kg/m^{3}이다.)

> **송풍기 정압**
>
> $$FSP = FTP - VP_{out}$$
> $$= (SP_{out} - SP_{in}) + (VP_{out} - VP_{in}) - VP_{out}$$
> $$= (SP_{out} - SP_{in}) - VP_{in}$$
> $$= (SP_{out} - TP_{in})$$

$FSP = (SP_{out} - SP_{in}) - VP_{in} = [20 - (-70)] - 11.25 = 78.75 \text{(mmH}_2\text{O)}$

$$VP_{in} = \frac{\gamma V^2}{2g} = \frac{1.21 \times 13.5^2}{2 \times 9.8} = 11.25 \text{(mmH}_2\text{O)}$$

45 어느 작업장에 설치된 송풍기의 흡입관 정압이 -90mmH$_2$O, 동압이 15mmH$_2$O이며 배출관의 정압이 15mmH$_2$O, 동압이 13mmH$_2$O이다. 이 송풍기의 전압을 계산하시오.

> **송풍기 전압(FTP)** : 배출구 전압(TP_{out})과 흡입구 전압(TP_{in})의 차
>
> $$FTP = TP_{out} - TP_{in}$$
> $$= (SP_{out} + VP_{out}) - (SP_{in} + VP_{in})$$

$FTP = (SP_{out} + VP_{out}) - (SP_{in} + VP_{in}) = (15 + 13) - (-90 + 15) = 103 \text{(mmH}_2\text{O)}$

46 송풍기의 회전수가 1,000rpm일 때의 송풍량은 28.3m³/min, 정압은 21.6mmH₂O, 동력은 0.5kw이었다. 회전수를 1,125rpm으로 증가시킬 경우의 송풍량(m³/min), 정압(mmH₂O), 동력(kw)을 계산하시오.

1. $Q_2 = Q_1 (\frac{D_2}{D_1})^3 (\frac{N_2}{N_1})$

2. $P_2 = P_1 (\frac{D_2}{D_1})^2 (\frac{N_2}{N_1})^2 (\frac{\rho_2}{\rho_1})$

3. $HP_2 = HP_1 (\frac{D_2}{D_1})^5 (\frac{N_2}{N_1})^3 (\frac{\rho_2}{\rho_1})$

- Q_1 : 회전 수 변경 전 풍량(m³/min)
- Q_2 : 회전 수 변경 후 풍량(m³/min)
- N_1 : 변경 전 회전수(rpm)
- N_2 : 변경 후 회전수(rpm)
- P_1 : 변경 전 정압(mmH₂O)
- P_2 : 변경 후 정압(mmH₂O)
- HP_1 : 변경 전 동력(kW)
- HP_2 : 변경 후 동력(kW)
- D_1 : 변경 전 직경(m)
- D_2 : 변경 후 직경(m)
- ρ_1 : 변경 전 효율
- ρ_2 : 변경 후 효율

1. $Q_2 = Q_1 \times (\frac{N_2}{N_1}) = 28.3 \times (\frac{1,125}{1,000}) = 31.84(m^3/min)$

2. $P_2 = P_1 \times (\frac{N_2}{N_1})^2 = 21.6 \times (\frac{1,125}{1,000})^2 = 27.34(mmH_2O)$

3. $HP_2 = HP_1 \times (\frac{N_2}{N_1})^3 = 0.5 \times (\frac{1,125}{1,000})^3 = 0.71(HP)$

47 송풍기의 송풍량이 200m³/min, 압력(전압)이 120mmH₂O일 때 송풍기의 소요동력(kW)을 계산하시오. (단, 송풍기 효율은 70%이다.)

송풍기 소요동력의 계산

$$HP(kW) = \frac{Q \times P}{6120 \times \eta} \times K$$

- Q : 송풍량(m³/min)
- P : 유효전압(풍압)(mmH₂O)
- η : 송풍기 효율
- K : 안전여유

$HP(kW) = \frac{Q \times P}{6120 \times \eta} \times K = \frac{200 \times 120}{6120 \times 0.7} = 5.60(kW)$

48 회전수가 1,200rpm, 송풍량은 8m³/sec, 압력은 830N/m²인 송풍기의 송풍량을 12m³/sec로 증가 시킬 경우 압력(N/m²)을 계산하시오.

---

1. $\dfrac{Q_2}{Q_1} = \dfrac{N_2}{N_1} \rightarrow Q_2 = Q_1 (\dfrac{D_2}{D_1})^3 (\dfrac{N_2}{N_1})$

2. $\dfrac{P_2}{P_1} = (\dfrac{D_2}{D_1})^2,\ \dfrac{P_2}{P_1} = (\dfrac{N_2}{N_1})^2,\ \dfrac{P_2}{P_1} = \dfrac{\rho_2}{\rho_1} \rightarrow P_2 = P_1 (\dfrac{D_2}{D_1})^2 (\dfrac{N_2}{N_1})^2 (\dfrac{\rho_2}{\rho_1})$

3. $\dfrac{HP_2}{HP_1} = (\dfrac{N_2}{N_1})^3,\ \dfrac{HP_2}{HP_1} = (\dfrac{D_2}{D_1})^5,\ \dfrac{HP_2}{HP_1} = \dfrac{\rho_2}{\rho_1} \rightarrow HP_2 = HP_1 (\dfrac{D_2}{D_1})^5 (\dfrac{N_2}{N_1})^3 (\dfrac{\rho_2}{\rho_1})$

- Q_1 : 회전 수 변경 전 풍량(m³/min)
- Q_2 : 회전 수 변경 후 풍량(m³/min)
- N_1 : 변경 전 회전수(rpm)
- N_2 : 변경 후 회전수(rpm)
- P_1 : 변경 전 정압(mmH₂O)
- P_2 : 변경 후 정압(mmH₂O)
- HP_1 : 변경 전 동력(kW)
- HP_2 : 변경 후 동력(kW)
- D_1 : 변경 전 직경(m)
- D_2 : 변경 후 직경(m)
- ρ_1 : 변경 전 효율
- ρ_2 : 변경 후 효율

---

1. $\dfrac{Q_2}{Q_1} = \dfrac{N_2}{N_1} \rightarrow \dfrac{P_2}{P_1} = (\dfrac{N_2}{N_1})^2 \quad \therefore \dfrac{P_2}{P_1} = (\dfrac{Q_2}{Q_1})^2$

2. $\dfrac{P_2}{P_1} = (\dfrac{Q_2}{Q_1})^2$

$P_2 = P_1 \times (\dfrac{Q_2}{Q_1})^2 = 830 \times (\dfrac{12}{8})^2 = 1867.50(N/m^2)$

---

49 집진기로 작업장 내의 가스를 포집하는 경우 두 개의 연결된 집진기의 전체 효율이 99%이다. 두 번째 집진기의 포집효율이 95%일 때, 첫 번째 집진기의 포집효율(%)을 계산하시오.

집진장치의 직렬조합 시 총 집진율

총 집진율$(\eta_T) = \eta_1 + \eta_2(1 - \eta_1)$

- η_1 : 1차 집진장치 집진율
- η_2 : 2차 집진장치 집진율

$$총집진율(\eta_T) = \eta_1 + \eta_2(1-\eta_1)$$
$$0.99 = \eta_1 + \{0.95 \times (1-\eta_1)\} = \eta_1 + 0.95 - 0.95\eta_1$$
$$\eta_1 - 0.95\eta_1 = 0.99 - 0.95$$
$$0.5\eta_1 = 0.04$$
$$\therefore \eta_1 = \frac{0.04}{0.5} = 0.08 \times 100 = 8(\%)$$

50 두 개의 집진기가 연결된 집진기의 총 효율이 95%이고, 첫 번째 집진기의 효율이 70%일 경우 두 번째 집진기의 효율을 계산하시오.

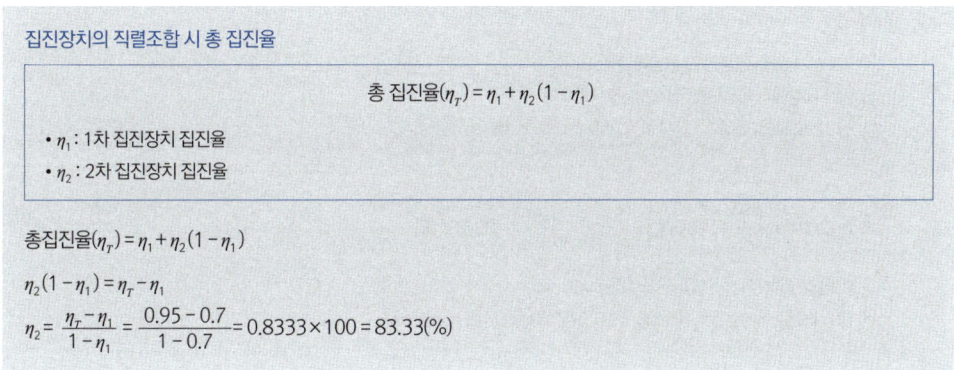

$$총집진율(\eta_T) = \eta_1 + \eta_2(1-\eta_1)$$
$$\eta_2(1-\eta_1) = \eta_T - \eta_1$$
$$\eta_2 = \frac{\eta_T - \eta_1}{1-\eta_1} = \frac{0.95 - 0.7}{1 - 0.7} = 0.8333 \times 100 = 83.33(\%)$$

51 방독마스크의 적절한 수명을 결정하기 위하여 톨루엔 농도가 500ppm인 작업장에서 실험한 결과 파과시간이 50분이었다. 다음 물음에 답하시오.

(1) 톨루엔 농도가 20ppm인 장소에서 동일한 방독마스크를 사용할 경우 적절한 유효시간을 계산하시오.

(2) 방독마스크의 보호계수가 50이며, 방독마스크 내부의 톨루엔 농도가 2ppm일 경우 작업장 공기 중 톨루엔의 허용농도를 계산하시오.

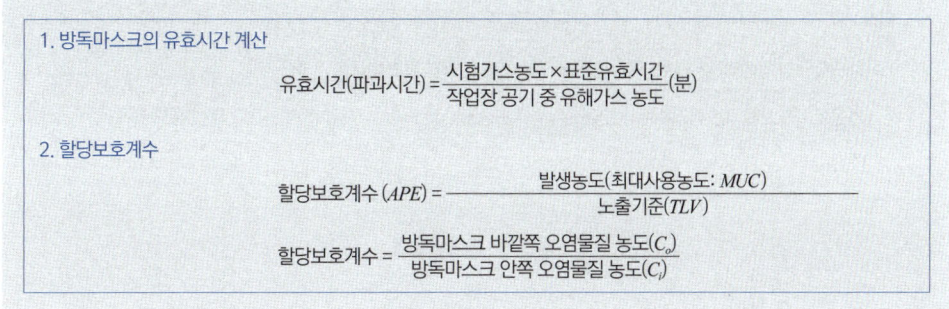

(1) 유효시간(파과시간) = $\dfrac{500\text{ppm} \times 50\text{min}}{20\text{ppm}}$ = 1,250(min)

(2) 할당보호계수 = $\dfrac{\text{방독마스크 바깥쪽 오염물질 농도}(C_o)}{\text{방독마스크 안쪽 오염물질 농도}(C_i)}$

방독마스크 바깥쪽 농도(작업장 농도) = 할당보호계수 × 방독마스크 안쪽농도 = 50 × 2 = 100(ppm)

52 음압실효치가 2.6μbar일 때 음압레벨(dB)을 계산하시오.

$$SPL(\text{dB}) = 20 \times \log\left(\dfrac{P}{P_o}\right)$$

- SPL : 음압수준(음압도, 음압레벨) (dB)
- P : 대상음의 음압(음압 실효치) (N/m²)
- P_o : 기준음압 실효치 (2×10⁻⁵N/m², 2×10⁻⁴dyne/cm²)

$SPL = 20 \times \log\left(\dfrac{P}{P_o}\right) = 20 \times \log\left(\dfrac{2.6 \times 10^{-1} \text{N/m}^2}{2 \times 10^{-5} \text{N/m}^2}\right) = 82.28(\text{dB})$

- 1바(bar) = 10⁵Pa(= N/m²) = 10⁶dyne/cm²
- 1마이크로바(μbar) = 10⁻⁶bar = 10⁻¹Pa(= N/m²) = 1dyne/cm²

53 어떤 작업장의 음압 수준이 100dB(A)이고, 근로자는 귀덮개를 착용하고 있다. 귀덮개의 차음평가수는 NRR = 19이다. 귀덮개의 차음효과와 근로자가 노출되는 음압수준을 계산하시오.

차음효과 = (NRR - 7) × 0.5

- NRR : 차음평가지수

(1) 귀덮개의 차음효과 = (NRR - 7) × 0.5 = (19 - 7) × 0.5 = 6[dB(A)]

(2) 근로자가 노출되는 음압수준 = 100 - 6 = 94[dB(A)]

54 음향출력이 1watt인 점음원으로 부터 10m 떨어진 곳의 음압수준은 약 얼마인지 계산하시오.
(단, 무지향성 점음원, 자유공간)

> 1. 무지향성 점음원
> ① 자유공간(공중, 구면파)에 위치할 때
> $SPL(\text{dB}) = PWL - 20\log r - 11$
> ② 반자유공간(바닥, 벽, 천장, 반구면파)에 위치할 때
> $SPL(\text{dB}) = PWL - 20\log r - 8$
> r : 소음원으로 부터의 거리(m)
>
> 2. $PWL(\text{dB}) = 10 \times \log\left(\dfrac{W}{W_o}\right)$
> - PWL : 음향파워레벨(dB)
> - W : 대상음원의 음력(watt)
> - W_o : 기준음력(10^{-12} watt)

$SPL = PWL - 20\log r - 11 = 120 - 20 \times \log 10 - 11 = 89(\text{dB})$

$$\left[PWL = 10\log\left(\dfrac{W}{W_o}\right) = 10 \times \log\dfrac{1}{10^{-12}} = 120(\text{dB}) \right]$$

55 자유공간에 위치한 무지향성 선음원의 음향출력이 1watt이다. 이 음원으로부터 40m 떨어진 지점에서의 음압 레벨을 계산하시오.

> 1. 무지향성 선음원
> ① 자유공간(공중, 구면파)에 위치할 때
> $SPL(\text{dB}) = PWL - 10\log r - 8$
> ② 반자유공간(바닥, 벽, 천장, 반구면파)에 위치할 때
> $SPL(\text{dB}) = PWL - 10\log r - 5$
> r : 소음원으로 부터의 거리(m)
>
> 2. 음향파워레벨
> $PWL(\text{dB}) = 10 \times \log\left(\dfrac{W}{W_o}\right)$
> - PWL : 음향파워레벨(dB)
> - W : 대상음원의 음력(watt)
> - W_o : 기준음력(10^{-12} watt)

$SPL = PWL - 10\log r - 8 = 120 - 10 \times \log 40 - 8 = 95.98(\text{dB})$

$$\left[PWL = 10\log\left(\dfrac{W}{W_o}\right) = 10 \times \log\dfrac{1}{10^{-12}} = 120(\text{dB}) \right]$$

56 음압레벨이 120dB인 음파가 면적이 10m²인 창문을 통과할 경우 해당 음파의 음향파워(W)를 계산하시오.

> 1. $PWL(dB) = SPL + 10 \times \log S$
>   - S : 음파의 확산면적
>
> 2. $PWL(dB) = 10\log\left(\dfrac{W}{W_o}\right)$
>   - PWL : 음향파워레벨(dB)
>   - W : 대상음원의 음력(W)
>   - W_o : 기준음력(10^{-12}Watt)

1. $PWL = SPL + 10 \times \log S = 120 + 10 \times \log 10 = 130(dB)$
2. $PWL(dB) = 10\log\left(\dfrac{W}{W_o}\right)$

   $\log\left(\dfrac{W}{W_o}\right) = \dfrac{PWL}{10}$

   $\dfrac{W}{W_o} = 10^{\frac{PWL}{10}}$

   $W = W_o \times 10^{\frac{PWL}{10}} = 10^{-12} \times 10^{\frac{130}{10}} = 10(\text{Watt})$

57 어느 작업장에서 10초 간격으로 측정한 소음의 측정치가 다음 [보기]와 같을 경우 등가소음도(Leq)를 계산하시오.

[보기]
측정치[dB(A)] : 69, 81, 80, 77, 72, 75

등가소음도(Leq)

① 등가소음도(Leq) = $16.61 \log \dfrac{n_1 \times 10^{\frac{L_{A1}}{16.61}} + \cdots + n_n \times 10^{\frac{L_{An}}{16.61}}}{\text{각 소음레벨 측정치의 발생시간 합}}$

- Leq : 등가 소음레벨[dB(A)]
- L_A : 각 소음레벨의 측정치[dB(A)]
- n : 각 소음레벨 측정치의 발생시간(분)

② 일정시간 간격 등가소음도(Leq) = $10 \log \dfrac{1}{n} \sum_{i=1}^{n} 10^{\frac{L_i}{10}}$

- n : 소음레벨측정치의 수
- L_i : 각 소음레벨의 측정치[dB(A)]

일정시간간격 등가소음도(Leq) =

$$10\log\frac{1}{n}\sum_{i=1}^{n}10^{\frac{L_i}{10}} = 10\times\log\left[\frac{1}{6}\times(10^{\frac{69}{10}}+10^{\frac{81}{10}}+10^{\frac{80}{10}}+10^{\frac{77}{10}}+10^{\frac{72}{10}}+10^{\frac{75}{10}})\right] = 77.42\,[\text{dB(A)}]$$

58 1/1 옥타브밴드의 중심주파수가 500Hz인 경우 밴드의 주파수 범위를 계산하시오.

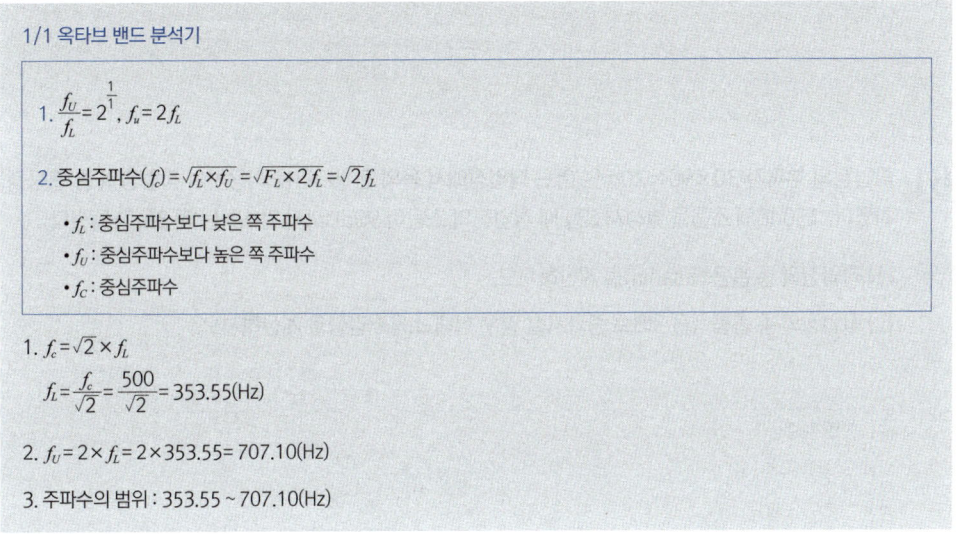

1. $f_c = \sqrt{2} \times f_L$

   $f_L = \dfrac{f_c}{\sqrt{2}} = \dfrac{500}{\sqrt{2}} = 353.55(\text{Hz})$

2. $f_U = 2 \times f_L = 2 \times 353.55 = 707.10(\text{Hz})$

3. 주파수의 범위 : 353.55 ~ 707.10(Hz)

59 주파수가 500Hz, 음속이 340m/sec인 음의 파장(m)을 계산하시오.

음속$(C) = f \times \lambda$

- C : 음속(m/sec)
- f : 주파수(1/sec = Hz)
- λ : 파장(m)

음속$(C) = f \times \lambda$

$\lambda = \dfrac{C}{f} = \dfrac{340}{500} = 0.68(\text{m})$

60 음의 파장이 20m, 음의 속도가 340m/sec일 경우 음의 주파수(Hz)를 계산하시오.

> 음속$(C) = f \times \lambda$
> - C : 음속(m/sec)
> - f : 주파수(1/sec = Hz)
> - λ : 파장(m)

음속$(C) = f \times \lambda$

$f = \dfrac{C}{\lambda} = \dfrac{340}{20} = 17(Hz)$

61 작업장의 부피가 30×90×20m인 어느 작업장에서 음의 잔향시간을 이용하여 작업장의 총 흡음력을 측정하였다. 150dB의 소음을 발생시켰을 때 작업장의 소음이 90dB까지 감소하는 데 3초가 걸렸다.

(1) 작업장의 총 흡음력(sabin)을 계산하시오.
(2) 작업장의 총 흡음력을 3배로 증가시킬 경우 실내 소음저감량을 계산하시오..

> 1. 잔향시간
>
> $T(초) = K\dfrac{V}{A} = \dfrac{0.161V}{A}$
>
> - T : 잔향시간(초)
> - K : 비례상수(0.161)
> - A : 실내의 총 흡음력(sabin, m²)
> - V : 실의 용적(m³)
>
> 2. 실내소음 저감량(감음량 : NR)
>
> $NR(dB) = 10\log\left(\dfrac{A_2}{A_1}\right)$
>
> - NR : 감음량(dB)
> - A_1 : 흡음처리 전 실내의 총 흡음력(sabin, m²)
> - A_2 : 흡음처리 후 실내의 총 흡음력(sabin, m²)

(1) 총 흡음력

$T(초) = \dfrac{0.161V}{A}$

$T \times A = 0.161V$

$A = \dfrac{0.161V}{T} = \dfrac{0.161 \times (30 \times 90 \times 20)}{3} = 2,898(\text{sabin, m}^2)$

(2) 실내소음 저감량

$NR(dB) = 10\log \times \left(\dfrac{A_2}{A_1}\right) = 10\log \times \left(\dfrac{3 \times 2,898}{2,898}\right) = 4.77(dB)$

> *참고
> 잔향시간 : 음압 레벨이 60dB만큼 감소하는 데 걸리는 시간

62 건구온도가 28℃, 자연습구온도가 20℃, 흑구온도가 30℃인 경우 (1) 옥내의 습구흑구 온도지수를 계산하시오. (2) 옥외(태양광선이 내리쬐는 장소)의 습구흑구 온도지수를 계산하시오.

> 1. 옥외(태양광선이 내리쬐는 장소)
>   WBGT(℃) = 0.7×자연습구온도 + 0.2×흑구온도 + 0.1×건구온도
>
> 2. 옥내 또는 옥외(태양광선이 내리쬐지 않는 장소)
>   WBGT(℃) = 0.7×자연습구온도 + 0.3×흑구온도

(1) 옥내
WBGT(℃) = 0.7×자연습구온도 + 0.3×흑구온도 = 0.7×20 + 0.3×30 = 23(℃)

(2) 옥외(태양광선이 내리쬐는 장소)
WBGT(℃) = 0.7×자연습구온도 + 0.2×흑구온도 + 0.1×건구온도 = 0.7×20 + 0.2×30 + 0.1×28 = 22.80(℃)

63 어떤 물질의 독성에 관한 인체실험 결과 안전흡수량이 체중 kg당 0.06mg으로 나타났다. 체중이 70kg인 사람이 1일 8시간 작업하는 동안 이 물질의 체내흡수를 안전흡수량 이하로 유지하려면 이 물질의 공기 중 농도(mg/m³)를 얼마 이하로 유지하여야 하는가? (단, 작업 시 폐환기율은 0.98m³/hr, 체내잔류율은 1.0으로 가정한다.)

> 체내흡수량[SHD](mg) = $C \times T \times V \times R$
>
> C : 공기 중 유해물질 농도(mg/m³)
> T : 노출시간(hr)
> V : 폐환기율(호흡률 m³/hr)
> R : 체내 잔유율(보통 1.0)

체내흡수량(mg) = $C \times T \times V \times R$

$C = \dfrac{mg}{T \times V \times R} = \dfrac{0.06mg/kg \times 70kg}{8hr \times 0.98m^3/hr \times 1.0} = 0.54(mg/m^3)$

64 노출군에서의 질병 발생률이 $\frac{10}{100}$, 비노출군에의 질병 발생률이 $\frac{1}{100}$일 때 기여위험도를 계산하시오.

> 1. 기여위험도 = 노출군에서의 질병발생률 − 비노출군에서의 질병발생률
>
> 2. 기여분율 = $\dfrac{\text{노출군에서의 질병발생률} - \text{비노출군에서의 질병발생률}}{\text{노출군에서의 질병발생률}}$ = $\dfrac{\text{상대위험비} - 1}{\text{상대위험비}}$
>
> **암기법**
> 기노 비노(기여분율 = 노출군 − 비노출군/노출군)

기여위험도 = 노출군에서의 질병발생률 − 비노출군에서의 질병발생률 = $\dfrac{10}{100} - \dfrac{1}{100} = \dfrac{9}{100} = 0.09$

65 [보기]에 주어진 근로자들의 조사년한을 1년 동안 관찰한 수치로 환산한 노출인년(person-years of exposure)으로 나타내시오.

> [보기]
> 1. 3년 동안 노출된 근로자의 수 : 10명
> 2. 1년 동안 노출된 근로자의 수 : 20명
> 3. 6개월 동안 노출된 근로자의 수 : 8명

> 노출인년 = 노출자 수 × 연간 근무시간 = 노출자 수 × $\dfrac{\text{조사 개월 수}}{12\text{개월}}$

노출인년 = 노출자 수 × $\dfrac{\text{조사 개월 수}}{12\text{개월}}$ = $(10 \times \dfrac{36}{12}) + (20 \times \dfrac{12}{12}) + (8 \times \dfrac{6}{12})$ = 54(인년)

산업위생관리산업기사 실기

초 판 인 쇄 | 2023년 2월 1일
초 판 발 행 | 2023년 2월 10일
개정 1판 발행 | 2024년 2월 5일
개정 2판 발행 | 2025년 3월 25일

지 은 이 | 최윤정
발 행 인 | 조규백
발 행 처 | 도서출판 구민사
　　　　　(07293) 서울특별시 영등포구 문래북로 116, 604호(문래동3가 46, 트리플렉스)
전　　화 | (02) 701-7421
팩　　스 | (02) 3273-9642
홈페이지 | www.kuhminsa.co.kr

신고번호 | 제 2012-000055호 (1980년 2월4일)
I S B N | 979-11-6875-546-8 13500

정　　가 | 42,000원

※ 낙장 및 파본은 구입하신 서점에서 바꿔드립니다.
※ 본 서를 허락없이 부분 또는 전부를 무단복제, 게제행위는 저작권법에 저촉됩니다.

21 어떤 작업장의 음압 수준이 95dB(A)이고, 근로자는 귀덮개를 착용하고 있다. 귀덮개의 차음평가수는 NRR=17이다. 귀덮개의 차음효과와 근로자가 노출되는 음압수준을 계산하시오.
| 기출 2024년 3회, 2021년 2회, 2020년 4회, 2016년 1회 |

1. 차음효과 = $(NRR-7) \times 0.5 = (17-7) \times 0.5 = 5[dB(A)]$
2. 근로자가 노출되는 음압수준 = $95 - 5 = 90[dB(A)]$

22 흡음처리 전 작업장의 총흡음력은 2,989(sabin, m²)이다. 작업장의 총 흡음력을 3배로 증가시킬 경우 실내 소음저감량을 계산하시오.
| 기출 2013년 2회 |

감음량

$$NR = 10\log\left(\frac{A_2}{A_1}\right)$$

- NR : 감음량(dB)
- A_1 : 흡음처리 전 실내의 총 흡음력(sabin, m²)
- A_2 : 흡음처리 후 실내의 총 흡음력(sabin, m²)
* 벽체 단위 표면적에 대하여 벽체 무게가 2배 될 때마다 차음 효과는 6dB씩 증가한다.

$NR(dB) = 10\log \times \left(\frac{A_2}{A_1}\right) = 10 \times \log(\frac{3 \times 2,989}{2,989}) = 4.77(dB)$

또는 $NR(dB) = 10\log \times \left(\frac{A_2}{A_1}\right) = 10 \times \log(3) = 4.77(dB)$

23 작업장의 총 흡음량을 흡음처리 전의 3배로 증가시킬 경우 실내 소음저감량을 계산하시오.
| 기출 2022년 3회 |

$NR(dB) = 10\log \times \left(\frac{A_2}{A_1}\right) = 10 \times \log(3) = 4.77(dB)$

24 작업장의 소음 수준이 95[dB(A)]인 작업장에 흡음처리를 하여 흡음량이 흡음처리 전의 4배가 되었다. 흡음처리 후의 작업장 소음수준[dB(A)]을 계산하시오.
| 기출 2012년 1회 |

1. 흡흠처리 후의 감음량
$NR = 10\log\left(\frac{A_2}{A_1}\right) = 10 \times \log(4) = 6.02(dB)$

2. 흡음처리 후의 작업장 소음수준
$95 - 6.02 = 88.98[dB(A)]$

25 전체 면적이 450m²인 작업장의 벽체면적은 250m², 흡음률 0.3이며, 바닥과 천장의 흡음률은 0.2이다. 작업장의 총 흡음력을 계산하시오.
| 기출 2013년 2회 |

> 1. 총 흡음력(A)
> $A(\text{sabin, m}^2) = $ 평균 흡음률$(\overline{\alpha}) \times $ 실내면적(S)
> 2. 평균 흡음률 $= \dfrac{S_1\alpha_1 + S_2\alpha_2 + ...}{S_1 + S_2 + ...}$
>   - S_i : 사용 재료의 면적(m²)
>   - α_i : 사용 재료의 흡음률

총 흡음력 = 평균 흡음률$(\overline{\alpha}) \times $실내면적$(S) = \dfrac{S_1\alpha_1 + S_2\alpha_2 + ...}{S_1 + S_2 ...} \times S$

$= \dfrac{(0.3 \times 250) + (0.2 \times 100) + (0.2 \times 100)}{450} \times 450 = 115(\text{sabin, m}^2)$

$\left[\text{바닥면적(천장면적)} = \dfrac{\text{전체 면적} - \text{벽 면적}}{2} = \dfrac{450 - 250}{2} = 100m^2 \right]$

26 어떤 독성물질의 안전흡수량은 체중(kg)당 0.04mg이다. 하루 8시간 작업하는 동안 체중 72kg인 사람이 이 물질의 흡수를 안전흡수량 이하로 유지하려면 해당 물질의 공기 중 농도(mg/m³)는 얼마 이하이어야 하는가? (단, 작업 시 폐환기율은 0.98m³/hr, 체내잔류율은 1.0로 가정한다.)
| 기출 2024년 1회, 2021년 1회, 2014년 2회 |

> 체내흡수량[SHD](mg)$= C \times T \times V \times R$
> - C : 공기 중 유해물질 농도(mg/m³)
> - T : 노출시간(hr)
> - V : 폐환기율(호흡률 m³/hr)
> - R : 체내 잔류율(보통 1.0)

체내흡수량(mg)$= C \times T \times V \times R$

$C = \dfrac{mg}{T \times V \times R} = \dfrac{0.04\text{mg/kg} \times 72\text{kg}}{8\text{hr} \times 0.98\text{m}^3/\text{hr} \times 1.0} = 0.37(\text{mg/m}^3)$

27 질병에 대한 코호트 연구 결과이다. 상대위험비를 계산하시오.　　|기출 2013년 1회|

구분	환자군	대조군
노출	5	15
비노출	2	25

$$\text{상대위험비 (비교위험도)} = \frac{\text{노출군에서 질병발생률}}{\text{비노출군에서 질병발생률}} = \frac{\text{위험폭로집단발병율}}{\text{비위험폭로집단발병율}}$$

- 상대위험비 = 1인 경우 노출과 질병 사이의 연관성 없음을 의미
- 상대위험비 > 1인 경우 위험의 증가를 의미
- 상대위험비 < 1인 경우 질병에 대한 방어효과가 있음을 의미

$$\text{상대위험비} = \frac{\text{노출군에서 질병발생률}}{\text{비노출군에서 질병발생률}} = \frac{0.25}{0.07} = 3.57$$

- 비노출군에서의 질병발생률 $= \frac{2}{2+25} = 0.07$
- 노출군에서의 질병발생률 $= \frac{5}{5+15} = 0.25$

01 실기기출 **암기형** 문제   002

02 실기기출 **계산형** 문제   072

실기기출 암기형 문제

제1과목 | 산업위생학 개론

01 [보기]는 미국산업위생학회(AIHA)의 산업위생의 정의이다. 괄호에 적합한 용어를 적으시오.

| 기출 2014년 3회 |

> 근로자나 일반 대중에게 질병, 건강장애와 안녕 방해, 심각한 불쾌감 및 능률 저하 등을 초래하는 작업환경 요인과 스트레스를 (①), (②), (③)하고 (④)하는 과학과 기술이다.

① 예측
② 측정
③ 평가
④ 관리

* 참고
산업위생 전문가의 윤리강령(미국산업위생학술원 : AAIH)
① 산업위생 전문가로서의 책임
② 근로자에 대한 책임
③ 기업주와 고객에 대한 책임
④ 일반 대중에 대한 책임

암기법
전문가의 윤리는 전문 근로자에게 고기 대접

02 근육운동에 필요한 에너지원의 대사과정 중 혐기성 대사 과정을 순서대로 나타내었다. 괄호에 적합한 내용을 적으시오.
| 기출 2014년 1회 |

(①) → (②) → (③) or Glucose(포도당)

① ATP(아데노신 삼인산)
② CP(크레아틴 인산)
③ 글리코겐(Glycogen)

* 참고
근육운동(노동)에 필요한 에너지원(근육의 대사과정)

혐기성 대사(Anaerobic metabolism)	호기성 대사(Aerobic metabolism)

1. 근육에 저장된 화학적 에너지
2. 혐기성 대사 순서★
  ATP(아데노신 삼인산) → CP(크레아틴 인산)
  → Glycogen(글리코겐) or Glucose(포도당)
	1. 대사과정(구연산 회로)을 거쳐 생성된 에너지
	2. 호기성 대사 과정
	  포도당
	  단백질 + 산소 → 에너지원
	  지 방

03 VDT 작업(영상표시단말기 취급작업)의 올바른 자세에 관한 다음 물음에 답하시오.
| 기출 2017년 1회 |

(1) 화면과 근로자의 눈과의 거리(시거리)
(2) 팔꿈치의 내각

(1) 40센티미터 이상
(2) 90도 이상

* 참고
(1) 영상표시단말기 취급근로자의 시선은 화면상단과 눈높이가 일치할 정도로 하고 작업 화면상의 시야는 수평선상으로부터 아래로 10도 이상 15도 이하에 오도록 하며 화면과 근로자의 눈과의 거리(시거리: Eye-Screen Distance)는 40센티미터 이상을 확보할 것
(2) 위팔(Upper Arm)은 자연스럽게 늘어뜨리고, 작업자의 어깨가 들리지 않아야 하며, 팔꿈치의 내각은 90도 이상이 되어야 하고, 아래팔(Forearm)은 손등과 수평을 유지하여 키보드를 조작할 것, 아래팔은 손등과 일직선을 유지하여 손목이 꺾이지 않도록 한다.

04 부품 조립작업, 포장, 세탁업무 등 주로 손목을 많이 사용하는 근로자의 근골격계 유해요인을 평가하는데 사용되는 평가도구를 적으시오.　　　　　　　　　　　　　| 기출 2022년 3회 |

> JSI

05 전신피로(산업피로)의 생리학적 원인 3가지를 적으시오.　　| 기출 2015년 3회, 2022년 2회 |

> ① 산소공급 부족
> ② 혈중 포도당(글루코오스)농도 저하(가장 큰 원인)
> ③ 근육 내 글리코겐 양의 감소
> ④ 혈중 젖산농도의 증가

> *참고
> 피로의 3단계
>
> | 1단계 : 보통 피로 | • 하룻밤 자고나면 완전히 회복된다. |
> |---|---|
> | 2단계 : 과로 | • 다음날까지도 피로 상태가 지속되며 단기간 휴식으로 회복될 수 있는 단계로 발병단계는 아니다. |
> | 3단계 : 곤비 | • 과로의 축적으로 단기간 휴식을 통해서는 회복될 수 없는 발병단계
• 심한 노동 후의 피로현상으로 병적인 상태 |

06 교대근무와 서캐디안 리듬(circadian rhythm)의 관계(미치는 영향)를 설명하시오.
　　　　　　　　　　　　　　　　　　　　　　　　　　　　　　　　　　| 기출 2016년 1회 |

> 서캐디안 리듬(circadian rhythm)은 하루 24시간을 주기로 반복되는 생체리듬을 뜻하며 교대근무에서는 서캐디안 리듬의 교란이 발생되어 수면장해 등 건강에 나쁜 영향을 줄 수 있다.

07 실내오염의 원인 중 생물학적 요인 5가지를 적으시오.　　　　　　　| 기출 2016년 3회 |

> ① 바이러스
> ② 세균
> ③ 곰팡이
> ④ 바퀴벌레
> ⑤ 꽃가루
> ⑥ 진드기

08 다음 [보기]는 「사무실 공기관리지침」의 내용이다. 괄호에 적합한 내용을 적으시오.

| 기출 2017년 2회 |

> 사무실 공기질의 측정결과는 측정치 전체에 대한 (①)을 오염물질별 관리기준과 비교하여 평가한다. 다만, 이산화탄소는 각 지점에서 측정한 측정치 중 (②)을 기준으로 비교·평가한다.

① 평균값
② 최고값

*참고
1. 시료채취 및 측정지점
   공기의 측정시료는 사무실 안에서 공기의 질이 가장 나쁠 것으로 예상되는 2곳 이상에서 채취하고, 측정은 사무실 바닥면으로부터 0.9미터 이상 1.5m 이하의 높이에서 한다. 다만, 사무실 면적이 500m²를 초과하는 경우에는 500m²당 1곳씩 추가하여 채취한다.
2. 측정결과의 평가
   사무실 공기질의 측정결과는 측정치 전체에 대한 평균값을 오염물질별 관리기준과 비교하여 평가한다. 다만, 이산화탄소는 각 지점에서 측정한 측정치 중 최고값을 기준으로 비교·평가한다.

09 다음 표는 쾌적한 사무실 공기를 유지하기 위한 사무실 오염물질의 관리기준을 나타낸다. 괄호에 적합한 관리기준을 적으시오.

| 기출 2020년 3회 |

오염물질	관리기준
미세먼지(PM10)	(①)
일산화탄소(CO)	(②)
총 휘발성 유기화합물	(③)

① $100\mu g/m^3$, ② 10ppm, ③ $500\mu g/m^3$

*참고
1. 사무실 공기관리지침의 오염물질 관리기준

오염물질	관리기준
미세먼지(PM10)	$100\mu g/m^3$
초미세먼지(PM2.5)	$50\mu g/m^3$
이산화탄소(CO_2)	1,000ppm
일산화탄소(CO)	10ppm
이산화질소(NO_2)	0.1ppm
포름알데히드(HCHO)	$100\mu g/m^3$
총휘발성유기화합물(TVOC)	$500\mu g/m^3$
라돈(radon)	$148Bq/m^3$
총부유세균	$800CFU/m^3$
곰팡이	$500CFU/m^3$

> **암기법**
> 이질 0.1, 일탄 10/ 초먼 50, 포름알·미먼 100/ 라돈 148, 휘유, 곰팡이 500/ 부유 800, 이탄 1000
> (라돈 Bq/m³, 부유 CFU/m³ 초먼.미먼·포름알·휘유 μ/m³, 나머지 ppm)

2. 사무실 공기질의 측정 등

오염물질	측정횟수 (측정시기)	시료채취시간
미세먼지 (PM10)	연 1회 이상	업무시간 동안 (6시간 이상 연속 측정)
초미세먼지 (PM2.5)	연 1회 이상	업무시간 동안 (6시간 이상 연속 측정)
이산화탄소 (CO_2)	연 1회 이상	업무시작 후 2시간 전후 및 종료 전 2시간 전후 (각각 10분간 측정)
일산화탄소 (CO)	연 1회 이상	업무시작 후 1시간 전후 및 종료 전 1시간 전후 (각각 10분간 측정)
이산화질소 (NO_2)	연 1회 이상	업무시작 후 1시간~종료 1시간 전 (1시간 측정)
포름알데히드 (HCHO)	연 1회 이상 및 신축(대수선 포함)건물 입주 전	업무시작 후 1시간~종료 1시간 전 (30분간 2회 측정)
총 휘발성 유기화합물 (TVOC)	연 1회 이상 및 신축(대수선 포함)건물 입주 전	업무시작 후 1시간~종료 1시간 전 (30분간 2회 측정)
라돈 (radon)	연 1회 이상	3일 이상~3개월 이내 연속 측정
총 부유세균	연 1회 이상	업무시작 후 1시간~종료 1시간 전 (최고 실내온도에서 1회 측정)
곰팡이	연 1회 이상	업무시작 후 1시간~종료 1시간 전 (최고 실내온도에서 1회 측정)

> **암기법**
> 일(일산화탄소) 1, 1, 10 / 이(이산화탄소) 2, 2, 10 / 포름알(포름알데히드), 휘유(총휘발성유기화합물) 1, 1, 30, 2회 / 부유(총부유세균), 곰팡이 1, 1, 최고1 / 이질(이산화질소) 1, 1, 1시간 / 라돈 3일, 3월 / 초먼(초미세먼지), 미먼(미세먼지) 업무 6시간

10 산업안전보건법에 의한 보건관리자의 직무 5가지를 적으시오. | 기출 2014년 3회 |

> ① 해당 사업장 보건교육계획의 수립 및 보건교육 실시에 관한 보좌 및 지도·조언
> ② 위험성평가에 관한 보좌 및 지도·조언
> ③ 물질안전보건자료의 게시 또는 비치에 관한 보좌 및 지도·조언
> ④ 사업장 순회점검, 지도 및 조치 건의
> ⑤ 산업재해 발생의 원인 조사·분석 및 재발 방지를 위한 기술적 보좌 및 지도·조언
> ⑥ 산업재해에 관한 통계의 유지·관리·분석을 위한 보좌 및 지도·조언
> ⑦ 업무 수행 내용의 기록·유지

> **암기법**
> 1. 보건교육계획 수립 및 실시
> 2. 위험성평가
> 3. 물질안전보건자료
> 4. 사업장 점검
> 5. 재해 원인조사
> 6. 재해통계
> 7. 업무기록

11 신너를 사용하고 있는 작업장이지만 기록일지에는 신너의 유해성과 배출량이 기록되어 있지 않아 유해인자에 대하여 제대로 인지하지 못하였다. 본인이 보건관리자로 해당 작업장에 처음 출근을 하였다면 가장 먼저 수행하여야 할 업무는 무엇인지 3가지를 적으시오.

| 기출 2024년 1회 |

> ① 작업장에서 노출 가능한 유해인자 및 유해인자의 유해성 확인
> ② 작업장 유해인자의 농도 측정
> ③ 노출기준과 측정 농도의 비교

12 건강진단 실시 결과에 따른 건강진단 결과를 구분하여 설명하시오.

| 기출 2019년 2회, 2015년 1회, 2012년 2회, 2023년 1회 |

> ① A : 건강관리상 사후관리가 필요 없는 근로자(건강한 근로자)
> ② C1 : 직업성 질병으로 진전될 우려가 있어 추적검사 등 관찰이 필요한 근로자(직업병 요관찰자)
> ③ C2 : 일반질병으로 진전될 우려가 있어 추적관찰이 필요한 근로자(일반질병 요관찰자)
> ④ D1 : 직업성 질병의 소견을 보여 사후관리가 필요한 근로자(직업병 유소견자)
> ⑤ D2 : 일반질병의 소견을 보여 사후관리가 필요한 근로자(일반질병 유소견자)
> ⑥ R : 질병이 의심되는 근로자(제2차 건강진단 대상자)

13 노출기준 고시의 노출기준의 정의를 적으시오.

| 기출 2015년 3회 |

> 근로자가 유해인자에 노출되는 경우 노출기준 이하 수준에서는 거의 모든 근로자에게 건강상 나쁜 영향을 미치지 아니하는 기준을 말한다.

14 상시 사용하는 근로자의 건강관리를 위하여 실시하는 일반 건강진단 실시 시기를 적으시오.

| 기출 2022년 3회 |

(1) 사무직 종사 근로자(판매업무 종사하는 근로자 제외)
(2) 그 밖의 근로자

(1) 2년에 1회 이상
(2) 1년에 1회 이상

15 산업안전보건법에 의하여 화학물질 및 화학제품 제조업(의약품 제외)에서 안전보건관리책임자를 두어야 하는 사업의 규모(선임기준)을 적으시오.

| 기출 2022년 3회 |

상시근로자 50인 이상의 사업

*참고
안전보건관리책임자를 두어야 할 사업의 종류 및 규모

사업의 종류	규모
1. 토사석 광업 2. 식료품 제조업, 음료 제조업 3. 목재 및 나무제품 제조업; 가구 제외 4. 펄프, 종이 및 종이제품 제조업 5. 코크스, 연탄 및 석유정제품 제조업 6. 화학물질 및 화학제품 제조업;의약품 제외 7. 의료용 물질 및 의약품 제조업 8. 고무 및 플라스틱제품 제조업 9. 비금속 광물제품 제조업 10. 1차 금속 제조업 11. 금속가공제품 제조업; 기계 및 가구 제외 12. 전자부품, 컴퓨터, 영상, 음향 및 통신장비 제조업 13. 의료, 정밀, 광학기기 및 시계 제조업 14. 전기장비 제조업 15. 기타 기계 및 장비 제조업 16. 자동차 및 트레일러 제조업 17. 기타 운송장비 제조업 18. 가구 제조업 19. 기타 제품 제조업 20. 서적, 잡지 및 기타 인쇄물 출판업 21. 해체, 선별 및 원료 재생업 22. 자동차 종합 수리업, 자동차 전문 수리업	상시 근로자 50명 이상

사업의 종류	규모
23. 농업 24. 어업 25. 소프트웨어 개발 및 공급업 26. 컴퓨터 프로그래밍, 시스템 통합 및 관리업 26의 2. 영상·오디오물 제공 서비스업 27. 정보서비스업 28. 금융 및 보험업 29. 임대업 ; 부동산 제외 30. 전문, 과학 및 기술 서비스업(연구개발업은 제외한다) 31. 사업지원 서비스업 32. 사회복지 서비스업	상시 근로자 300명 이상
33. 건설업	공사금액 20억원 이상
34. 제1호부터 제26호까지, 제26호의2 및 제27호부터 제33호까지의 사업을 제외한 사업	상시 근로자 100명 이상

16 노출기준의 종류인 TLV-TWA, TLV-STEL, TLV-C를 각각 설명하시오.

| 기출 2018년 3회, 2016년 1회, 2023년 1회 |

① TLV-TWA(시간가중평균노출기준) : 1일 8시간 및 1주일 40시간 동안의 평균 농도로서, 모든 근로자가 나쁜 영향을 받지 않고 노출될 수 있는 농도이다.
② TLV-STEL(단시간노출기준) : 15분간의 시간가중평균노출 값(근로자가 1회에 15분간 유해인자에 노출되는 경우의 기준)을 말한다.
③ TLV-C(최고노출기준) : 근로자가 1일 작업시간 동안 잠시라도 노출되어서는 아니 되는 기준을 말한다.

17 ACGIH(미국정부산업위생전문가 협의회)의 허용 농도(TLV) 적용시의 주의 사항 5가지를 적으시오.

| 기출 2017년 1회, 2013년 1회 |

① 대기오염평가 및 지표(관리)에 적용할 수 없다.
② 24시간 노출 또는 정상 작업시간을 초과한 노출에 대한 독성 평가에는 적용할 수 없다.
③ 기존의 질병이나 신체적 조건을 판단(증명 또는 반응자료)하기 위한 척도로 사용될 수 없다.
④ 작업조건이 다른 나라에서 ACGIH-TLV를 그대로 사용할 수 없다.
⑤ 안전농도와 위험농도를 정확히 구분하는 경계선이 아니다.
⑥ 독성의 강도를 비교할 수 있는 지표는 아니다.
⑦ 반드시 산업보건(위생) 전문가에 의하여 설명(해석), 적용되어야 한다.
⑧ 피부로 흡수되는 양은 고려하지 않은 기준이다.
⑨ 산업장의 유해조건을 평가하기 위한 지침이며 건강장해를 예방하기 위한 지침이다.

> **암기법**
> 1. 대기오염, 정상작업 초과, 질병 판단에 사용 ×
> 2. 안전·위험농도 구분, 독성강도 비교 ×
> 3. 산업보건전문가에 의해 적용

17 ACGIH에서는 독성자료가 부족하여 TLV-STEL이 설정되어 있지 않은 물질에 대해서 TLV-TWA 외에 적절한 단시간 상한치를 적용하고 있다. 노출농도와 노출시간 규정사항 2가지를 적으시오.

| 기출 2016년 2회 |

① TLV-TWA농도의 3배인 경우 30분 이하로 노출
② TLV-TWA농도의 5배인 경우 잠시라도 노출되어서는 안 된다.

18 화학물질의 노출기준에 관한 다음 물음에 답하시오.

| 기출 2018년 2회 |

(1) 우리나라 화학물질의 노출기준 중 "SKIN" 표시 물질의 의미를 적으시오.
(2) 노출기준에 피부(Skin)표시를 하여야 하는 물질 3가지를 적으시오.

(1) "Skin" 표시 물질은 점막과 눈 그리고 경피로 흡수되어 전신 영향을 일으킬 수 있는 물질을 말한다.
(2) ① 손이나 팔에 의한 흡수가 몸 전체 흡수에 지대한 영향을 주는 물질
② 반복하여 피부에 도포했을 때 전신작용을 일으키는 물질
③ 급성동물실험 결과 피부 흡수에 의한 치사량이 비교적 낮은 물질
④ 옥탄올-물 분배계수가 높아 피부 흡수가 용이한 물질
⑤ 피부 흡수가 전신작용에 중요한 역할을 하는 물질

제2과목 작업위생측정 및 평가

01 산업안전보건법에 의한 작업환경측정 시에 사용되는 시료의 채취방법 5가지를 적으시오.
| 기출 2020년 3회, 2023년 1회 |

① 액체채취방법
② 고체채취방법
③ 직접채취방법
④ 냉각응축채취방법
⑤ 여과채취방법

02 작업환경 측정에 관한 다음 용어를 정의하시오.
| 기출 2016년 1회, 2014년 3회, 2023년 3회 |

(1) 개인시료채취
(2) 지역시료채취

(1) 개인시료채취기를 이용하여 가스·증기·분진·흄(fume)·미스트(mist) 등을 근로자의 호흡위치(호흡기를 중심으로 반경 30cm인 반구)에서 채취하는 것을 말한다.
(2) 시료채취기를 이용하여 가스·증기·분진·흄(fume)·미스트(mist) 등을 근로자의 작업행동 범위에서 호흡기 높이에 고정하여 채취하는 것을 말한다.

03 다음 용어의 정의를 적으시오.
| 기출 2020년 3회, 2013년 1회, 2012년 3회 |

(1) 단위작업장소
(2) 정확도
(3) 정밀도
(4) 개인시료채취
(5) 지역시료채취
(6) 정도관리

(1) 작업환경측정대상이 되는 작업장 또는 공정에서 정상적인 작업을 수행하는 동일 노출집단의 근로자가 작업을 하는 장소를 말한다.
(2) 분석치가 참값에 얼마나 접근하였는가 하는 수치상의 표현을 말한다.
(3) 일정한 물질에 대해 반복측정·분석을 했을 때 나타나는 자료 분석치의 변동크기가 얼마나 작은가 하는 수치상의 표현을 말한다.

(4) 개인시료채취기를 이용하여 가스·증기·분진·흄(fume)·미스트(mist) 등을 근로자의 호흡위치(호흡기를 중심으로 반경 30cm인 반구)에서 채취하는 것을 말한다.
(5) 시료채취기를 이용하여 가스·증기·분진·흄(fume)·미스트(mist) 등을 근로자의 작업행동 범위에서 호흡기 높이에 고정하여 채취하는 것을 말한다.
(6) 작업환경측정·분석치에 대한 정확성과 정밀도를 확보하기 위하여 지정측정기관의 작업환경측정·분석능력을 평가하고, 그 결과에 따라 지도·교육 그 밖에 측정·분석능력 향상을 위하여 행하는 모든 관리적 수단을 말한다.

04 작업환경 측정 대상 유해인자 중 분진의 종류를 7가지 적으시오. | 기출 2022년 2회, 2019년 2회 |

① 광물성 분진
② 곡물 분진
③ 면 분진
④ 목재 분진
⑤ 석면 분진
⑥ 용접 흄
⑦ 유리섬유

05 산업안전보건법에 의한 작업환경 측정 횟수에 관한 내용이다. 괄호에 적합한 내용을 적으시오.
| 기출 2021년 2회, 2020년 1·2회 |

사업주는 작업장 또는 작업공정이 신규로 가동되거나 변경되는 등으로 작업환경측정 대상 작업장이 된 경우에는 그 날부터 (①) 이내에 작업환경측정을 하고, 그 후 반기(半期)에 (②) 이상 정기적으로 작업환경을 측정해야 한다. 다만, 작업환경측정 결과가 다음 각 호의 어느 하나에 해당하는 작업장 또는 작업공정은 해당 유해인자에 대하여 그 측정일부터 (③)에 (④) 이상 작업환경측정을 해야 한다.
1. 화학적 인자(고용노동부장관이 정하여 고시하는 물질만 해당한다)의 측정치가 노출기준을 초과하는 경우
2. 화학적 인자(고용노동부장관이 정하여 고시하는 물질은 제외한다)의 측정치가 노출기준을 2배 이상 초과하는 경우

① 30일
② 1회
③ 3개월
④ 1회

06 작업환경 측정 방법 중 개인시료 채취의 정의를 적고 개인시료 채취 시의 측정위치를 적으시오.

| 기출 2016년 3회, 2015년 1회 |

(1) 개인시료 채취의 정의
(2) 측정위치

(1) 개인시료 채취기를 이용하여 가스·증기·분진·흄(fume)·미스트(mist) 등을 근로자의 호흡위치에서 채취하는 것을 말한다.
(2) 호흡기를 중심으로 반경 30cm인 반구

*참고
호흡위치 기준
① 우리나라 : 호흡기를 중심으로 반경 30cm인 반구
② OSHA : 어깨 전방으로 직경 6~9inch인 반구

07 작업환경 측정에 관한 시료채취방법을 설명하고 있다. 괄호에 적합한 내용을 적으시오.

| 기출 2023년 2회 |

(1) 개인 시료채취 : 개인 시료채취기를 이용하여 가스·증기·분진·흄(fume)·미스트(mist) 등을 근로자의 호흡위치 [(①)를 중심으로 (②)]에서 채취하는 것을 말한다.
(2) 지역 시료채취 : 시료채취기를 이용하여 가스·증기·분진·흄(fume)·미스트(mist) 등을 근로자의 작업행동 범위에서 (③) 높이에 고정하여 채취하는 것을 말한다.

① 호흡기
② 반경 30cm인 반구
③ 호흡기

08 작업환경측정의 예비조사에서 작성하여야 하는 측정계획서에 포함하여야 하는 내용(측정계획서에서 시행하는 내용) 3가지를 적으시오.

| 기출 2022년 2회, 2021년 3회, 2019년 2회, 2018년 3회, 2017년 2회 |

① 원재료의 투입과정부터 최종 제품 생산 공정까지의 주요공정 도식
② 해당 공정별 작업내용 및 화학물질 사용실태, 그 밖에 작업방법·운전조건 등을 고려한 유해인자 노출 가능성
③ 측정대상 공정, 측정대상 유해인자 및 발생주기, 측정 대상 공정의 종사 근로자 현황
④ 유해인자별 측정방법 및 측정 소요기간 등 작업환경측정에 필요한 사항

09 작업환경측정을 수행하는 경우 동일노출그룹(유사노출그룹 : HEG)을 설정하는 목적 3가지를 적으시오.
| 기출 2015년 3회, 2012년 1회 |

① 시료채취 수를 경제적으로 하기 위함이다.
② 모든 근로자를 유사한 노출그룹별로 구분하고 그룹별로 대표적인 근로자를 선택하여 측정하면 측정하지 않은 근로자의 노출농도까지도 추정할 수 있다. (모든 근로자의 노출 정도를 추정하고자 하는 데 있다.)
③ 해당 근로자가 속한 동일노출그룹의 노출농도를 근거로 노출원인 및 농도를 추정할 수 있다.
④ 작업장에서 모니터링하고 관리해야 할 우선적인 그룹을 결정하기 위함이다.

10 다음은 「화학물질 및 물리적 인자의 노출기준」에 의한 작업환경 측정 시간에 관한 내용이다. 괄호에 적합한 숫자를 적으시오.
| 기출 2014년 1회 |

시간가중평균기준(TWA)이 설정되어 있는 대상물질을 측정하는 경우에는 1일 작업시간 동안 (①)시간 이상 연속 측정하거나 작업시간을 등간격으로 나누어 (②)시간 이상 연속 분리하여 측정하여야 한다.

① 6
② 6

11 작업환경 측정 시에 대상물질의 발생시간 동안 측정하여야 하는 경우 3가지를 적으시오.
| 기출 2021년 2회, 2017년 3회, 2015년 1회 |

① 대상물질의 발생시간이 6시간 이하인 경우
② 불규칙작업으로 6시간 이하의 작업
③ 발생원에서의 발생시간이 간헐적인 경우

*참고
시간가중평균기준(TWA)이 설정되어 있는 대상물질을 측정하는 경우에는 1일 작업시간 동안 6시간 이상 연속 측정하거나 작업시간을 등간격으로 나누어 6시간 이상 연속 분리하여 측정하여야 한다. 다만, 다음 각 호의 어느 하나에 해당하는 경우에는 대상물질의 발생시간 동안 측정할 수 있다.

대상물질의 발생시간 동안 측정하여야 하는 경우
1. 대상물질의 발생시간이 6시간 이하인 경우
2. 불규칙작업으로 6시간 이하의 작업
3. 발생원에서의 발생시간이 간헐적인 경우

12 [보기]는 작업환경측정 시의 시료채취 근로자 수에 관한 내용이다. 괄호에 적합한 숫자를 적으시오.
| 기출 2015년 2회 |

> 단위작업 장소에서 최고 노출근로자 (①)명 이상에 대하여 동시에 개인 시료채취 방법으로 측정하되, 단위작업 장소에 근로자가 1명인 경우에는 그러하지 아니하며, 동일 작업근로자수가 (②)명을 초과하는 경우에는 매 (③)명당 (④)명 이상 추가하여 측정하여야 한다. 다만, 동일 작업근로자수가 (⑤)명을 초과하는 경우에는 최대 시료채취 근로자수를 (⑥)명으로 조정할 수 있다.

① 2
② 10
③ 5
④ 1
⑤ 100
⑥ 20

13 단위작업 장소에서의 근로자 수가 28명인 식품제조업에서 작업환경측정을 실시하는 경우 시료채취 근로자 수를 계산하시오.
| 기출 2023년 1회 |

> 1. 10명까지 : 2명
> 2. 10명을 초과하는 경우 매 5명당 1명 추가이므로
>   11~15명 : 2 + 1 = 3명
>   16~20명 : 3 + 1 = 4명
>   21~25명 : 4 + 1 = 5명
>   26~30명 : 5 + 1 = 6명
> 3. 근로자 수가 28명이므로 시료채취 근로자 수는 6명이 된다.

14 「화학물질 및 물리적 인자의 노출기준」고시에서 정하는 작업환경 측정에 관한 내용이다. 물음에 답하시오.
| 기출 2017년 1회 |

> (1) 시간가중평균기준(TWA)이 설정되어 있는 대상물질을 측정하는 경우의 작업환경 측정 시간을 설명하시오. (단, 대상물질의 발생시간 동안 측정하는 경우 제외)
> (2) 시료채취방법을 설명하시오. (단, 지역 시료채취 방법으로 측정하는 경우 제외)
> (3) 동일 작업 근로자수가 10명인 경우 시료채취 근로자수를 적고, 산출근거를 설명시오.

(1) 1일 작업시간 동안 6시간 이상 연속 측정하거나 작업시간을 등간격으로 나누어 6시간 이상 연속 분리하여 측정하여야 한다.
(2) 단위작업 장소에서 최고 노출근로자 2명 이상에 대하여 동시에 개인 시료채취 방법으로 측정한다.
(3) • 시료채취 근로자수 : 2명
 • 산출근거 : 동일 작업근로자수가 10명을 초과하는 경우에는 매 5명당 1명 이상 추가하여 측정하여야 한다.

*참고
1. 동일 작업근로자 수가 100명을 초과하는 경우에는 최대 시료채취 근로자 수를 20명으로 조정할 수 있다.
2. 지역 시료채취 방법으로 측정을 하는 경우 단위작업장소 내에서 2개 이상의 지점에 대하여 동시에 측정하여야 한다.
 다만, 단위작업 장소의 넓이가 50평방미터 이상인 경우에는 매 30평방미터마다 1개 지점 이상을 추가로 측정하여야 한다.

15 다음 작업환경 측정 인자의 단위 표시 기준을 적으시오.

| 기출 2012년 1회, 2014년 2회, 2023년 2회 |

(1) 석면
(2) 가스, 증기, 분진, 흄, 미스트
(3) 고열(복사열 포함)
(4) 소음

(1) 개/cm^3(세제곱센티미터당 섬유개수)
(2) mg/m^3 또는 ppm
(3) 습구·흑구온도지수를 구하여 ℃로 표시
(4) [dB(A)]

16 작업장 고온의 영향 평가를 위하여 고열을 측정하는 경우 측정기의 위치를 적으시오.

| 기출 2012년 2회 |

바닥 면으로부터 50센티미터 이상, 150센티미터 이하의 위치에서 측정한다.

> **※ 참고**
> 1. 고열 측정기기
>   고열은 습구흑구온도지수(WBGT)를 측정할 수 있는 기기 또는 이와 동등 이상의 성능을 가진 기기를 사용한다.
> 2. 고열 측정방법
>   ① 측정은 단위작업 장소에서 측정대상이 되는 근로자의 주 작업 위치에서 측정한다.
>   ② 측정기의 위치는 바닥 면으로부터 50센티미터 이상, 150센티미터 이하의 위치에서 측정한다.
>   ③ 측정기를 설치한 후 충분히 안정화 시킨 상태에서 1일 작업시간 중 가장 높은 고열에 노출되는 1시간을 10분 간격으로 연속하여 측정한다.

17 가스상 물질의 측정방법 중 검지관을 사용하여 측정할 경우 측정위치 3가지를 적으시오.
| 기출 2016년 3회 |

> ① 해당 작업근로자의 호흡기
> ② 가스상 물질 발생원에 근접한 위치
> ③ 근로자 작업행동 범위의 주 작업 위치에서의 근로자 호흡기 높이

18 가스상 물질을 측정하는 경우 검지관 방식으로 측정할 수 있는 경우 3가지를 적으시오.
| 기출 2019년 3회, 2014년 1회 |

> ① 예비조사 목적인 경우
> ② 검지관방식 외에 다른 측정방법이 없는 경우
> ③ 발생하는 가스상 물질이 단일물질인 경우

19 다음은 입자상물질의 작업환경 측정방법을 설명하고 있다. ( )에 알맞은 용어를 적으시오.
| 기출 2013년 1회 |

> 용접 흄은 (①) 방법으로 측정하되, 용접보안면을 착용한 경우에는 그 내부에서 채취하고 중량분석방법과 원자흡광광도계 또는 (②)를 이용한 방법으로 분석한다.

> ① 여과채취
> ② 유도결합플라스마

20 입자상물질의 측정방법 중 입자상물질의 크기를 측정하는 방법 2가지를 적으시오.

| 기출 2019년 1회, 2022년 2회 |

① 현미경 측정법
② 체분석법(표준체 측정법 : standard sieving analysis)
③ 관성충돌법

21 [보기]에서 제시하는 물질에 적합한 시료채취방법 및 분석방법을 적으시오. | 기출 2016년 2회 |

(1) 호흡성분진
(2) 입자상물질(석면, 광물성분진 및 용접 흄을 제외)
(3) 용접 흄
(4) 석면

(1) • 시료채취방법 : 여과채취방법
 • 분석방법 : 중량분석방법
(2) • 시료채취방법 : 여과채취방법
 • 분석방법 : 중량분석방법
(3) • 시료채취방법 : 여과채취방법
 • 분석방법 : 중량분석방법, 원자흡광광도계, 유도결합프라스마
(4) • 시료채취방법 : 여과채취방법
 • 분석방법 : 계수방법

* 참고
(1) 호흡성분진은 호흡성분진용 분립장치 또는 호흡성분진을 채취할 수 있는 기기를 이용한 여과채취방법으로 측정할 것
(2) 입자상 물질은 여과채취방법으로 측정한 후 중량분석방법이나 유해물질 종류에 따른 적합한 방법으로 분석할 것
(3) 용접 흄은 여과채취방법으로 측정하되 용접보안면을 착용한 경우에는 그 내부에서 시료를 채취하고 중량분석방법과 원자흡광광도계 또는 유도결합프라스마를 이용한 방법으로 분석할 것
(4) 석면의 농도는 여과채취방법으로 측정하고 계수방법 또는 이와 동등 이상의 분석방법으로 분석할 것

22 유량 및 용량을 보정하는 데 사용되는 1차 표준기구 및 2차 표준기구의 정의와 정확도를 설명하시오.

| 기출 2018년 1회 |

(1) 1차 표준기구
(2) 2차 표준기구

(1) 1차 표준기구(primary standard)
   ① 물리적 차원인 공간의 부피를 직접 측정할 수 있는 기구를 말한다. (직접 공기량을 측정하는 유량계)
   ② 정확도 : ±1% 이내

(2) 2차 표준기구(2ndary standard)
   ① 공간의 부피를 직접 측정할 수 없으며 1차 표준 기구를 기준으로 보정해서 사용해야 하는 기구들을 말한다.
   ② 정확도 : ±5% 이내

23 유량 및 용량을 보정하는 데 사용되는 장치 중 1차 표준기구의 종류 4가지를 적으시오.

|기출 2019년 1회, 2012년 1회|

① 비누거품미터
② 폐활량계
③ 가스치환병
④ 유리피스톤미터
⑤ 흑연피스톤미터
⑥ 피토튜브

암기법
1차 비누로 폐활량 재고, 가스치환하여, 유리.흑연 먹였더니 피토했다.

24 유량 및 용량을 보정하는 데 사용되는 장치 중 2차 표준기구의 종류 4가지를 적으시오.

|기출 200022년 1회|

① 로타미터
② 습식 테스트미터
③ 건식 가스미터
④ 오리피스미터
⑤ 열선기류계

암기법
2 열로 걸어가는 습관 테스트하는 오리
2(2차 기구) 열(열선기류계)로(로타미터) 걸어가는(건식가스미터) 습관 테스트(습식테스트미터)하는 오리 (오리피스미터)

25 작업환경측정 시에 공시료를 채취하는 목적을 1가지 적으시오. |기출 2015년 2회|

유해물질 등을 측정 시에 측정오차를 보정하기 위하여 채취한다.

26 화학분석에 관한 일반사항 중 [보기]의 내용을 간단히 설명하시오. | 기출 2013년 2회 |

> (1) 시험조작 중 "즉시"란?
> (2) "감압 또는 진공"이란?
> (3) "약"이란?

> (1) 30초 이내에 표시된 조작을 하는 것을 말한다.
> (2) 15mmHg 이하를 뜻한다.
> (3) 무게 또는 부피에 대하여 ±10% 이상의 차가 있지 아니한 것을 말한다.

27 흡광광도법(분광광도계)에 사용되는 흡수셀 재질 3가지와 사용할 수 있는 파장 범위를 적으시오. | 기출 2019년 2회 |

> ① 유리 : 가시부 및 근적외부 파장 범위
> ② 석영 : 자외부 파장 범위
> ③ 플라스틱제 : 근적외부 파장 범위

28 흡광광도법(분광광도계)에 적용되는 Lambert-Beer의 법칙을 설명하시오. | 기출 2014년 3회 |

> 흡광도는 빛이 지나가는 시료의 두께에 비례하고 빛이 지나가는 시료의 농도에 비례한다.
>
> * 참고
>
> $$A = \log\left(\frac{I_0}{I}\right) = \epsilon \times c \times d$$
>
> - I_0 : 물체에 입사하는 빛의 세기
> - I : 물체를 투과한 빛의 세기
> - ϵ : 분자흡광계수
> - c : 몰농도
> - d : 흡수층의 두께

29 [보기]의 설명에 해당하는 분석기기의 명칭을 적으시오. | 기출 2018년 3회, 2023년 3회 |

> 물질에 흡수되는 빛의 양(흡광도)이 그 물질의 농도에 따라 다른 원리를 이용하여 일정한 파장에서 시료용액의 흡광도를 측정하여 그 파장에서 빛을 흡수하는 물질의 양을 정량하는 분석기기를 말한다.

분광광도계(흡광광도계)

30 크로마토그래피 분석에 사용되는 용어 중 다음을 설명하시오. | 기출 2017년 2회 |

> (1) 크로마토그램
> (2) 분해능

> (1) 크로마토그래피에 의해 분리되어 나오는 물질의 변화를 시간에 따라 나타낸 그래프를 말한다.
> (2) 아주 작은 차이를 분별해 낼 수 있는(얼마나 세밀한 분석을 할 수 있는지를 나타내는) 분석기기의 능력을 말한다.

31 원자흡광광도계에서 바닥상태의 원자를 들뜬상태의 원자로 만드는 방법(시료의 원자화 방법) 3가지를 적으시오. | 기출 2012년 2회 |

> ① 불꽃 원자화법
> ② 전열 원자화법
> ③ 글로우 방전 원자화법
> ④ 수소화물 생성 원자화법
> ⑤ 찬-증기 원자화법

32 유해물질이 고체흡착관의 앞 층에 포화된 다음 뒤 층에 흡착되기 시작하며 기류를 따라 흡착관을 빠져나가는 현상을 무엇이라고 하는지 쓰시오. | 기출 2023년 1회 |

> 파과

33 고체흡착관에서 파과를 판단하는 기준을 설명하시오. | 기출 2014년 3회 |

> 보통 앞 층의 1/10 이상이 뒤 층으로 넘어갈 경우 파과가 일어났다고 본다.

34 흡착제를 사용하는 흡착장치 설계 시 고려사항 3가지를 쓰시오. | 기출 2017년 3회 |

① 오염물질의 체류시간이 길 것
② 흡착능력(흡착제의 표면적)이 클 것
③ 압력손실이 적을 것
④ 흡착제에 해를 끼치는 가스 중의 불순물을 전처리에 의해 제거할 수 있을 것

35 유해인자의 포집방법 중 흡착법과 흡수법을 적용할 수 있는 물질과 채취기구를 적으시오.
| 기출 2015년 2회 |

(1) 흡착법
(2) 흡수법

(1) • 적용물질 : 유기용제, 알코올류, 아민류 등
  • 채취기구 : 고체흡착관(활성탄관, 실리카겔관)
(2) • 적용물질 : 고체흡착관(활성탄관, 실리카겔관)으로 흡착이 되지 않는 증기, 산 등
  • 채취기구 : 임핀저, 버블러

36 염화수소(HCl), 불화수소(HF), 아황산가스(SO_2) 등 흡착제에 쉽게 흡착되는 가스의 시료채취에 사용되는 (1) 시료채취 매체를 적으시오. (2) 시료채취 매체를 사용하여야 하는 이유를 설명하시오.
| 기출 2019년 2회 |

(1) 시료채취 매체 : 고체흡착관

(2) 이유
염화수소(HCl), 불화수소(HF)는 실리카겔에 흡착되며, 아황산가스(SO_2)는 활성탄에 흡착(물리적 흡착)된다.

37 활성탄과 비교한 실리카겔의 장점 3가지를 적으시오. | 기출 2016년 2회 |

① 매우 유독한 이황화탄소를 탈착 용매로 사용하지 않는다.
② 극성물질을 채취한 경우 물, 메탄올 등 다양한 용매로 쉽게 탈착된다.
③ 추출액이 화학분석이니 기기분석에 방해물질로 작용하는 경우가 많지 않다.
④ 활성탄으로 채취가 어려운 아닐린, 오르쏘-톨루이딘 등의 아민류나 몇몇 무기물질의 채취가 가능하다.

38 (1) 그림에서 보여주는 흡착관의 명칭을 적으시오.
(2) 흡착관의 구조 중 괄호에 적합한 재료의 명칭을 적으시오. | 기출 2024년 1회, 2014년 2회 |

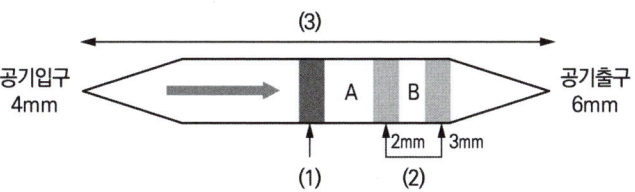

(1) 흡착관의 명칭 : 활성탄관
(2) ① 유리섬유 ② 우레탄 폼 ③ 유리관

* 참고

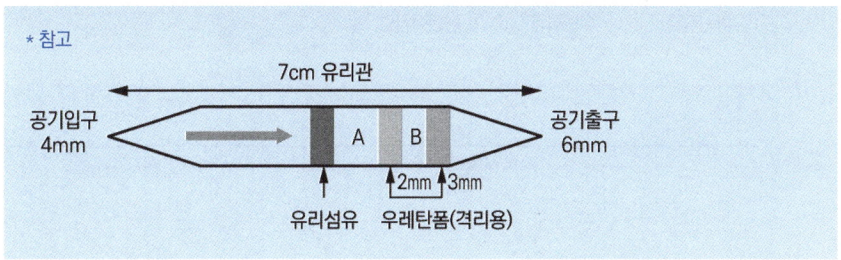

39 ACGIH의 입자상 물질의 크기를 3가지로 분류하고 각각의 평균입경을 적으시오.
| 기출 2021년 2회, 2018년 2회, 2014년 3회 |

① 흡입성 분진 : 평균 입경 $100\mu m$
② 흉곽성 분진 : 평균 입경 $10\mu m$
③ 호흡성 분진 : 평균 입경 $4\mu m$

* 참고

흡입성 분진 (IPM : Inspirable Particulates Mass)	• 호흡기 어느 부위에 침착하더라도 독성을 일으키는 분진(물질) • 평균입경 : $100\mu m$(입경범위 : $0~100\mu m$)
흉곽성 분진 (TPM : Thoracic Particulates Mass)	• 기도나 하기도 또는 폐포나 폐기도에 침착하여 독성을 나타내는 분진(물질) • 평균입경 : $10\mu m$
호흡성 분진 (RPM : Respirable Particulates Mass)	• 호흡기를 통하여 폐포에 축적될 수 있는 크기의 분진[폐포(가스교환 부위)에 침착하여 독성을 나타내는 분진] • 평균입경 : $4\mu m$ • 측정목적 : 진폐증, 폐암 등을 일으키는 근로자의 호흡성 분진 노출정도를 파악하기 위함이다. • 호흡성 분진의 채취기구 : 10mm nylon cyclone

40 ACGIH의 입자상 물질의 입자 크기별 분류 중 (1) 호흡성 분진의 정의와 평균 입경을 적고 (2) 호흡성 분진의 측정목적을 설명하시오.
| 기출 2012년 3회 |

(1) • 정의 : 호흡기를 통하여 폐포에 축적될 수 있는 크기의 분진[폐포(가스교환 부위)에 침착하여 독성을 나타내는 분진]
 • 평균 입경 : 4μm
(2) 진폐증, 폐암 등을 일으키는 근로자의 호흡성 분진 노출정도를 파악하기 위함이다.

41 입자상 물질의 크기를 결정하는 방법 중 기하학적 직경(물리적 직경)의 종류 3가지를 적으시오
| 기출 2024년 1회, 2021년 2회, 2023년 1회 |

① 마틴직경 ② 페렛직경 ③ 등면적직경

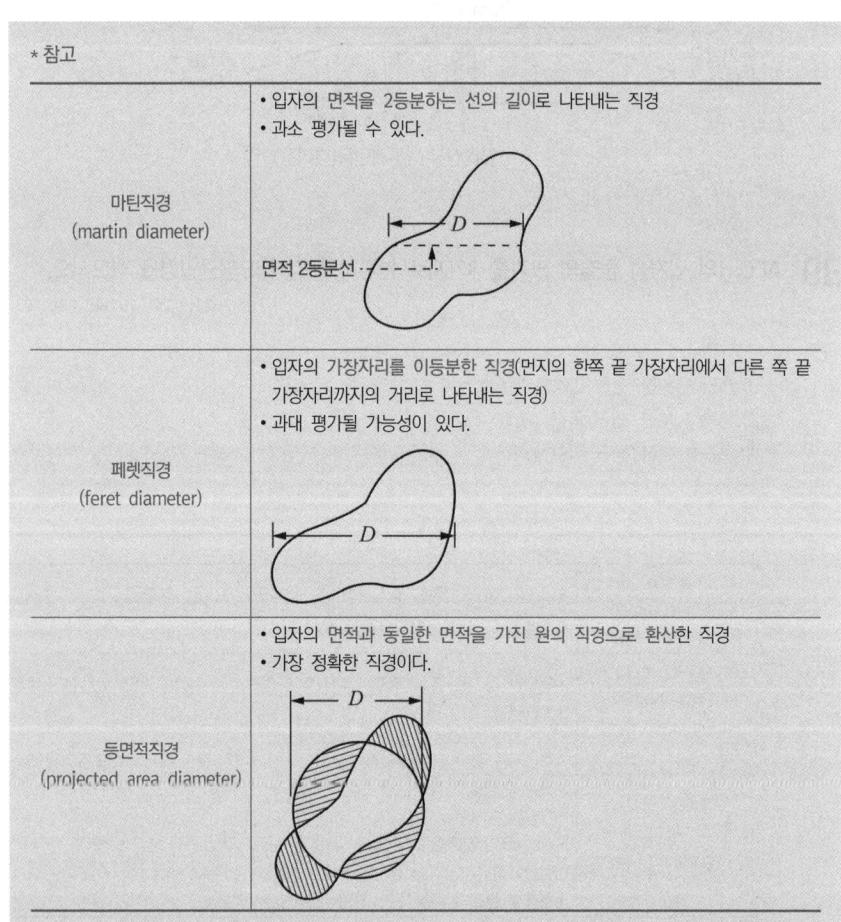

42. 먼지의 가상직경 중 공기역학적 직경을 설명하시오.
| 기출 2015년 1회, 2014년 2회, 2013년 1회, 2023년 3회 |

공기역학적 직경(aero-dynamic diameter)
대상 입자와 침강속도가 같고 밀도가 $1g/cm^3$이며, 구형인 먼지의 직경으로 환산한 직경

* 참고
질량 중위 직경(mass median diameter)
입자 크기별로 농도를 측정하여 50%의 누적분포에 해당하는 입자의 크기

[암기법]
가상 공기는 밀도1, 구형이며 질량중위는 50% 입자농도

43. 다음 설명에 해당하는 가상직경의 종류를 적으시오.
| 기출 2019년 3회, 2015년 1회 |

① 대상 입자와 침강속도가 같고 밀도가 $1g/cm^3$이며, 구형인 먼지의 직경으로 환산한 직경을 말한다.
② 입자의 역학적 특성(침강속도, 종단속도)에 의해 측정되는 먼지 크기이다.
③ 직경분립충돌기(cascade impactor)를 이용하여 입자의 크기 및 형태 등을 분리한다.

공기역학적 직경

44. 공기역학적 직경을 설명할 수 있는 이론을 적으시오.
| 기출 2015년 2회 |

stoke의 법칙

* 참고
공기역학적 직경은 입자의 침강속도(stoke의 법칙)에 의해 측정되는 먼지 크기이다.

45 시료채취의 방법 중 여과포집에 기여하는 6가지 기전(여과포집 원리)을 적으시오.

| 기출 2022년 2회, 2021년 1회, 2020년 1회, 2013년 1회, 2013년 2회 |

① 직접차단(간섭 : interception)
② 관성충돌(intertial impaction)
③ 확산(diffusion)
④ 중력침강(gravitional settling)
⑤ 정전기 침강(electrostatic settling)
⑥ 체질(sieving)

46 그림을 참고하여 입자 직경에 적합한 포집기전을 적으시오. | 기출 2013년 2회 |

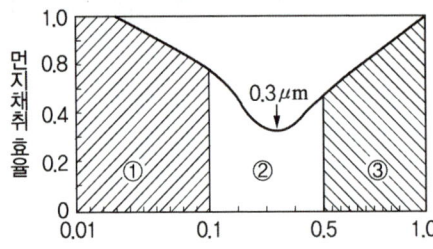

① 확산
② 확산, 직접차단
③ 관성충돌, 직접차단

47 입경분립충돌기(직경분립충돌기 : Cascade impactor)를 이용하여 시료채취를 하는 경우 마일러여과지(Mylar substrate)에 그리스를 뿌리는 이유를 설명하시오.

| 기출 2020년 3회, 2015년 3회 |

시료의 되튐 현상을 방지한다.

48 입자상물질의 측정방법 중 입자상물질의 크기를 측정하는 방법 2가지를 적으시오

| 기출 2019년 1회 |

① 현미경 측정법
② 체분석법(표준체 측정법 : standard sieving analysis)
③ 관성충돌법

49 작업장 공기 중의 납 농도 측정에 사용되는 (1) 시료채취용 여과지 및 (2) 사용되는 분석기기의 종류를 한 가지씩 적으시오. | 기출 2013년 1회 |

(1) MCE 막 여과지
(2) 원자흡광광도계

50 여과지 중 MCE 막 여과지(Mixed cellulose ester membrane filter)를 금속 흄 채취에 사용할 수 있는 이유를 2가지 적으시오. | 기출 2014년 2회 |

① 산에 쉽게 용해되므로 입자상 물질 중의 금속을 채취하여 원자흡광광도법으로 분석하는데 적당하다.
② 유해물질이 여과지의 표면에 주로 침착되어 석면 등 현미경 분석을 위한 시료채취에 유리하다.

51 석면 시료채취에 사용할 수 있는 (1) 여과지의 종류 (2) 공극의 크기 (3) 직경을 적으시오. | 기출 2017년 3회 |

(1) MCE 막 여과지
(2) 0.8μm
(3) 25mm

* 참고
석면에 대한 작업환경측정·분석 기술지침(2019. 12.)
석면의 시료채취 매체 : MCE 여과지, 공극 0.8μm, 직경 25mm, 약 5cm 길이의 카울이 장착된 전도성 있는 3단 카세트 홀더

52 석면의 시료채취에서 (1) open face를 설명하고 (2) open face를 사용하는 목적을 설명하시오. | 기출 2017년 3회, 2015년 1회, 2023년 2회 |

(1) 3단 카세트의 상단부 뚜껑을 열어(open face) 카세트의 열린 면이 작업장 바닥 쪽을 향하도록 시료를 채취하는 것을 말한다.
(2) 여과지에 골고루 석면을 포집하기 위한 목적이다.

53 시료채취를 위한 여과지 중 막 여과지의 종류를 3가지 적으시오. | 기출 2019년 3회 |

> ① MCE 막 여과지
> ② PVC 막 여과지
> ③ PTFE 막 여과지
> ④ 은막 여과지
> ⑤ nucleopore 여과지

54 PVC 막 여과지(Polyvinyl Chloride membrane filter)를 총 먼지 등의 중량분석에 사용할 수 있는 가장 큰 이유를 설명하시오. | 기출 2015년 3회 |

> 흡습성이 낮아 분진의 중량분석에 사용할 수 있다.

55 유리규산을 채취하여 X-선 회절법으로 분석하는데 적절하고 6가 크롬, 산화아연 등의 채취에 이용되며, 총 먼지 등의 중량분석을 위한 측정에 이용되는 여과지의 명칭을 적으시오. | 기출 2021년 1회 |

> PVC 막 여과지

56 수동식 확산 흡착배지를 시료채취펌프 대신 사용할 수 있는 법칙의 명칭을 적으시오. | 기출 2015년 3회 |

> 픽스의(Fick's) 확산 제1법칙
>
> * 참고
> 수동식 시료채취는 Fick's 확산 제1법칙에 의하여 농도 차에 대한 오염물질의 이동(확산) 속도로 공기 중 가스와 증기를 포집한다.

57 검지관으로 측정 가능한 유해물질의 농도범위가 AL(감시기준) ~ PEL(노출 허용기준)인 경우 검지관의 정확도를 적으시오. | 기출 2017년 1회 |

> ±35%

* 참고
검지관의 정확도

PEL(노출 허용기준) 이상	±25%
AL(감시기준) 초과 PEL(노출 허용기준) 미만	±35%
AL(감시기준) 이하	±50%

58 가스상 물질 중 휘발성 유기화합물(VOC)의 처리방법 2가지를 설명하시오.

| 기출 2015년 3회, 기사 2014년 3회 |

① 직접연소(불꽃연소)법 : 가연성 가스를 직접 불꽃 중에서 연소시키는 방법
② 촉매연소 : 가스 중의 가연성성분을 촉매를 사용하여 300~400℃ 정도의 저온에서 산화 제거하는 방법

59 유해가스를 처리하기 위한 흡착법 중 물리적 흡착법의 특징 3가지를 적으시오.

| 기출 2024년 1회 |

① 가스와 흡착제가 반데르발스 결합력(분자간의 인력)으로 약하게 결합되어 있다.
② 가역반응으로 흡착제의 재생과 회수가 용이하다.
③ 흡착열이 낮다.
④ 다 분자 흡착이다.

* 참고
화학적 흡착의 특징
① 가스와 흡착제가 화학적 반응을 하므로 결합력은 물리적 흡착보다 크다.
② 비가역반응이므로 흡착제의 재생 및 오염가스 회수가 불가능하다.
③ 반응열을 수반하여 흡착열이 높다.
④ 단 분자 흡착이다.

60 변이계수(CV)의 정의를 적고 공식을 설명하시오.

| 기출 2014년 2회 |

(1) 정의
(2) 공식

(1) 통계집단의 측정값들에 대한 균일성, 정밀성 정도를 표현한다.
(2) $CV(\%) = \dfrac{\text{표준편차}}{\text{산술평균}} \times 100$

61 기하표준편차와 기하평균을 계산하는 방법 중 그래프를 이용하는 방법을 설명하시오.

| 기출 2013년 1회 |

1. 기하표준편차

$$GSD = \frac{84.1\% \text{에 해당하는 값}}{50\% \text{에 해당하는 값}} \text{ 또는 } \frac{50\% \text{에 해당하는 값}}{15.9\% \text{에 해당하는 값}}$$

2. 기하평균 : 누적분포에서 50%에 해당하는 값

제3과목　산업환기

01 [보기]는 압력에 대한 단위를 나타내고 있다. 괄호에 적합한 숫자를 적으시오.

| 기출 2015년 1회 |

> 1기압(atm) = (①)mmHg = (②)mmH$_2$O = (③)kPa
> = (④)밀리바(mb) = 1.0332kgf/cm^2

① 760
② 10332
③ 101.325
④ 1013.25

02 유체의 운동특성을 층류와 난류로 구분하여 설명하시오. (단, 관성력과 점성력을 포함하여 설명할 것)

| 기출 2015년 3회 |

(1) 층류
(2) 난류

(1) 층류(Laminar flow)
 ① 규칙적이고 일정한 유체의 흐름상태(유체가 관내를 아주 느린 속도로 흐를 때는 소용돌이나 선회운동을 일으키지 않고 관 벽에 평행으로 유동)
 ② 관성력 < 점성력 (관성력이 점성력의 2,000배 미만인 공기흐름 상태)
(2) 난류(Turbulent flow)
 ① 소용돌이가 혼합된 불규칙한 유체의 흐름 상태(유체의 속도가 빨라지면 관내흐름은 크고 작은 소용돌이가 혼합된 형태로 변하며 혼합상태로 유동)
 ② 관성력 > 점성력(관성력이 점성력의 4,000배 초과인 공기흐름 상태)

03 전체 환기를 실시하는 목적 3가지를 적으시오.　　| 기출 2024년 3회, 2017년 1회, 2016년 3회 |

① 작업장 전체를 환기시키는 방식으로 공기를 희석하여 유해인자의 농도를 낮춘다.
② 유해물질의 농도를 감소시켜 건강을 유지·증진한다.
③ 화재나 폭발을 예방한다.
④ 실내의 온도와 습도를 조절한다.

04 실내에 환기시설을 설치하는 일반적인 목적 3가지를 적으시오. |기출 2023년 3회, 2016년 3회|

① 실내 오염물질 배출
② 먼지 제거(제진)
③ 온도 및 습도 조절

05 전체 환기장치의 환기방식 중 작업장 실내압을 양압(+)으로 유지하고자 한다. 다음 물음에 답하시오. |기출 2020년 1·2회, 2015년 1회|

(1) 요구되는 급기와 배기방식을 1가지씩 적으시오.
(2) 실내압을 양압(+)으로 유지함으로써 얻게 되는 환기효과를 적으시오.
(3) 적용할 수 있는 사업장의 예를 1가지 적으시오.

(1) ① 급기 : 기계 환기
② 배기 : 자연 환기
(2) 청정공기를 유입할 수 있다.
(3) 청정공기를 필요로 하는 전자공업, 수술실 등 의료기관, 식품산업

06 전체환기장치에 관한 다음 물음에 답하시오. |기출 2015년 2회|

(1) 전체 환기장치의 급기와 배기방법을 설명하시오.
(2) 실내압을 양압(+)으로 유지하여야 하는 산업의 종류를 적으시오.

(1) ① 배기 기계력이용 : 급기는 창문 등으로 자연환기를 이용, 배기에만 기계력을 이용하는 방법
② 급기 기계력이용 : 배기는 개구부에 의한 자연환기를 이용, 급기에만 기계력을 이용하는 방법
③ 급배기 기계력이용 : 급배기에 기계력을 이용하는 방법이다.
(2) 양압(+)으로 유지하여야 하는 산업의 종류 : 청정공기를 필요로 하는 전자공업, 수술실 등 의료기관, 식품산업

07 자연환기 방식에서 중성대(NPL)를 설명하시오. |기출 2024년 1회, 2019년 2회|

선제환기(자연환기)에서 유입되는 공기 측과 배출되는 공기 측의 실내외 압력 차가 0이 되는 지점(공기의 유출입이 없는 면)을 말하며, 높을수록 환기효과가 증대된다.

08 [보기]의 작업장 조건을 참고하여 물음에 답하시오.
| 기출 2016년 3회 |

- 급기량 : 7800m³/hr
- 배기량 : 9000m³/hr

(1) 작업장의 압력상태를 설명하시오.
(2) 현 작업장 압력상태에서 우려되는 문제점을 3가지 적으시오.

(1) 급기 < 배기이므로 실내는 음압(-압력)상태이다.
(2) ① 오염된 외부 공기가 유입될 수 있다.
　　② 실내의 오염물질 배출 효율이 떨어질 수 있다.
　　③ 실내에 방해기류가 생길 수 있다.
　　④ 안전사고가 발생할 수 있다.

09 전체환기 장치를 설치하여야 하는 경우(적용시의 고려사항, 적용조건) 5가지를 적으시오.
| 기출 2021년 3회, 2020년 3회, 2020년 4회, 2019년 3회, 2017년 3회, 2012년 2회, 2021년 3회, 2023년 1회, 2023년 3회 |

① 유해물질의 독성이 비교적 낮은 경우
② 동일한 작업장에 다수의 오염원이 분산되어 있는 경우
③ 유해물질이 시간에 따라 균일하게 발생될 경우
④ 유해물질의 발생량이 적은 경우
⑤ 발생원이 이동하는 경우
⑥ 오염원이 근무자가 근무하는 장소로부터 멀리 떨어져 있는 경우

★ 참고
전체 환기시설을 설치하는 경우의 기본원칙
① 오염물질 사용량을 조사하여 필요 환기량을 계산한다.
② 필요 환기량은 오염물질이 충분히 희석될 수 있는 양으로 설계한다.
③ 오염물질 배출구는 가능한 한 오염원으로부터 가까운 곳에 설치하여 '점 환기'의 효과를 얻는다.
④ 배출공기를 보충하기 위하여 청정공기를 공급한다.
⑤ 공기배출구와 근로자 작업위치 사이에 오염원이 위치하여야 한다.
　　(근로자 작업위치 – 오염원 – 배출구 : 오염원이 근로자를 통과하지 않고 배출되어야 한다.)
⑥ 오염된 공기는 작업자가 호흡하기 전에 충분히 희석되도록 한다.

10 국소배기장치(국소환기장치)를 설치하여야 하는 경우(적용조건) 5가지를 적으시오.

| 기출 2024년 1회, 2021년 1회, 2017년 3회 |

① 유해물질의 독성이 강한 경우(TLV가 낮을 때)
② 유해물질의 발생량이 많은 경우
③ 발생원이 고정되어 있는 경우
④ 발생주기가 균일하지 않은 경우
⑤ 유해물질 발생원과 작업위치가 근접해 있는 경우
⑥ 높은 증기압의 유기용제
⑦ 법적의무 설치사항 경우

11 아래 환기장치의 배치도를 보고 불량, 양호, 우수로 구분하여 적으시오.

| 기출 2024년 2회, 2015년 3회, 2012년 1회 |

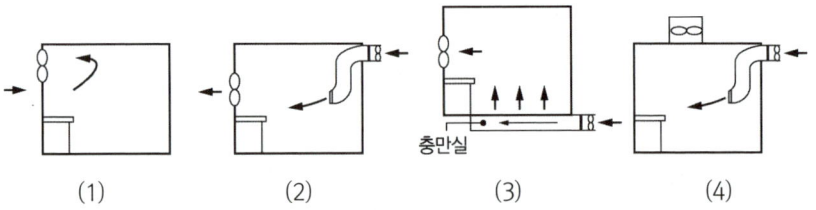

(1)   (2)   (3)   (4)

(1) 불량
(2) 양호
(3) 우수
(4) 양호

12 자연환기와 비교하여 강제환기(기계 환기)의 장점 및 단점을 2가지씩 적으시오.

| 기출 2016년 3회, 2023년 2회 |

(1) 장점
(2) 단점

(1) ① 작업환경을 일정하게 유지할 수 있다.
　　② 환기량의 정확한 예측이 가능하다.
(2) ① 소음·진동이 발생한다.
　　② 운전에 따른 에너지 비용이 소요된다.

13 전체 환기장치와 비교한 국소 배기장치의 장점을 3가지 적으시오.

| 기출 2020년 1·2회, 2016년 1회, 2012년 3회 |

① 전체 환기시설은 유해물질이 제거되지 않고 농도만 낮아지나, 국소배기시설은 발생원에서 유해물질을 제거할 수 있다.
② 필요 환기량이 적어 실내에서 배출되는 공기량이 적고, 따라서 보충되어야 할 급기량도 적어지므로 냉난방 비용면에서 전체 환기시설보다 경제적이다.
③ 유해물질이 소량의 공기 중에 고농도로 포함되어 있으므로 공기정화기를 설치하는데 있어서 경제적이다.
④ 유해물질이 작업장 내로 배출되지 않으므로 유해물질에 의해 기계, 기구, 제품 등이 손상되지 않으며, 유지관리가 용이하다.
⑤ 발생원에 근접하여 배기시키기 때문에 방해기류나 부적절한 급기흐름의 영향을 적게 받는다.

14 분진 및 흄 등의 입자상물질이 발생하는 작업장에서 전체 환기장치 보다는 국소 배기장치를 설치해야 하는 이유 3가지를 적으시오.

| 기출 2019년 1회 |

① 전체환기를 적용하는 경우 실내의 방해기류에 의해 분진이 재 비산할 우려 있다.
② 전체 환기는 유해물질이 제거되지 않고 농도만 낮아지게 하나, 국소배기시설은 유해물질을 제거할 수 있으므로 입자상물질을 제거하기 위해서는 국소배기가 더 효과적이다.
③ 분진 및 흄 등은 이동성이 낮으므로 국소배기장치를 이용하여 작업장으로 확산되기 전에 발생원에서 바로 제거하는 것이 효율적이다.

15 전체환기량 계산 시 다음의 경우에 적합한 안전계수(혼합계수) K의 값을 적으시오.

| 기출 2022년 2회, 2020년 1회, 2013년 1회, 2012년 2회 |

(1) 작업장 내 공기혼합이 원활한 경우
(2) 작업장 내 공기혼합이 보통인 경우
(3) 작업장 내 공기혼합이 불완전한 경우

(1) $K=1$
(2) $K=2$
(3) $K=3$

16 전체 환기량 계산 시에 적용하는 안전여유계수(여유계수 : K)를 유해물질의 TLV(독성)를 고려 결정하는 경우 독성이 강한 물질의 TLV 기준을 적으시오. | 기출 2017년 1회 |

> TLV ≤ 100ppm
>
> * 참고
> • 독성이 약한 물질 : TLV ≥ 500ppm
> • 독성이 중간인 물질 : 100ppm < TLV < 500ppm
> • 독성이 강한 물질 : TLV ≤ 100ppm

17 화재 및 폭발방지를 위한 전체 환기량 계산 시에 적용하는 안전계수(C)와 폭발하한계(LEL)의 관계를 설명하시오. | 기출 2024년 3회, 2017년 1회 |

> 작업장의 농도를 폭발하한계(LEL)의 25%로 유지할 경우 안전계수(C)는 4를 적용한다.

18 산업환기와 관련된 다음 용어를 설명하시오. | 기출 2015년 2회, 2012년 2회 |

> (1) 충만실
> (2) 제어속도
> (3) 개구속도
> (4) 반송속도
> (5) 테이퍼

> (1) 플래넘 : Plenum
>   • 공기의 흐름을 균일하게 유지시켜주기 위한 후드나 덕트의 큰 공간을 말한다.
>   • 슬롯 후드 뒤쪽에 위치하여 압력을 균일화시키는 역할을 한다.
> (2) 오염물질을 후드 안으로 흡인하기 위한(제어하기 위한) 공기속도(최소 풍속)를 말한다.
> (3) 후드 개구부 전면에서 측정한 공기속도를 말한다.
> (4) 덕트를 통하여 이동하는 유해물질이 덕트 내에서 퇴적이 일어나지 않는 상태로 이동시키기 위하여 필요한 최소 속도를 말한다.(오염물질을 운반하는 속도)
> (5) • 후드와 덕트 연결부위(경사 집합구라고도 한다)를 말한다.
>   • 급격한 단면 변화로 인한 압력손실을 방지하고 후드 개구면 속도를 균일하게 분포시키는 역할을 하는 장치이다.

19 국소배기장치의 계통도이다. 그림의 괄호에 적합한 국소배기장치 구성요소의 명칭을 적으시오.

| 기출 2015년 1회 |

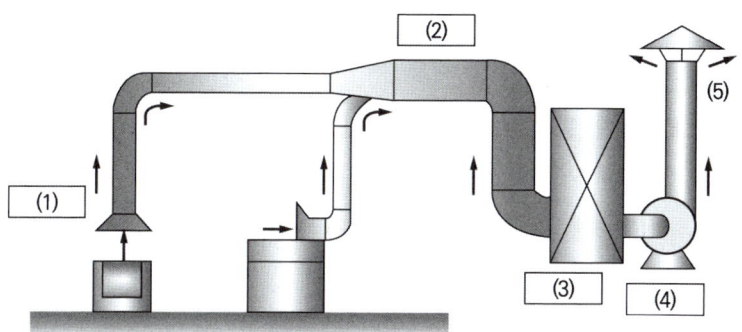

(1) 후드
(2) 덕트
(3) 공기정화장치
(4) 송풍기
(5) 배기덕트

20 다음 [보기]는 국소배기장치의 설계순서를 나타내고 있다. (   )에 적합한 내용을 적으시오.

| 기출 2020년 1회 |

(①) → 제어속도 결정 → (②) → 반송속도 결정 → (③) → (④) → 배관의 배치와 설치장소 선정 → (⑤) → 국소배기 계통도와 배치도 작성 → (⑥) → 송풍기 선정

① 후드형식 선정
② 소요 풍량 계산
③ 배관 내경 산출
④ 후드의 크기 결정
⑤ 공기정화장치 선정
⑥ 총 압력 손실량 계산

* 참고
후드형식 선정 → 제어속도 결정 → 소요 풍량 계산 → 반송속도 결정 → 배관 내경 산출 → 후드의 크기 결정 → 배관의 배치와 설치장소 선정 → 공기정화장치 선정 → 국소배기 계통도와 배치도 작성 → 총 압력 손실량 계산 → 송풍기 선정

> **암기법**
> 형(형식)제(제어속도) 소풍(소요풍량) 단속(반송속도), 배경(배관내경) 크기결정, 배치 장소 선정, 공정(공기정화장치)한 배치도 작성, 손실(총압력손실) 계산 후 소풍(송풍기) 선정

21 국소배기시설의 구성요소 5가지를 순서대로 적으시오.

| 기출 2024년 1회, 2024년 2회, 2021년 3회 |

후드(Hood) → 덕트(Duct) → 공기정화기(Air cleaner equipment) → 송풍기(Fan) → 배출구

> **암기법**
> 후(후드) 덕(덕트)한 공기를 송풍해서 배출

22 덕트 내에 작용하는 압력의 종류 3가지를 간단히 설명하시오.

| 기출 2020년 4회, 2018년 2회, 2017년 1회 |

① 정압(SP)
  • 덕트 내의 공기가 주위에 미치는 압력으로 모든 방향에서 같은 크기를 나타내는 압력이다.
  • 송풍기 앞에서는 음압, 송풍기 뒤에서는 양압이 된다.
② 동압(속도압, VP)
  • 공기 흐름 방향의 속도에 의해 생기는 압력으로 항상 양압(0 이상의 압력)이다.
③ 전압(TP)
  • 전압 = 동압(VP)+정압(SP)

23 [보기]의 설명에 해당하는 용어를 적으시오.

| 기출 2022년 1회, 2018년 3회 |

• 덕트 내의 공기가 주위에 미치는 압력으로 모든 방향에서 같은 크기를 나타내는 압력이다.
• 공기의 유동이 없을 때 발생하는 압력이며 송풍기 저항에 대응하는 압력을 말한다.
• 흡인덕트 내(송풍기 앞)에서는 음압(-), 배기덕트(송풍기뒤)에서는 양압(+)이 된다.

정압

24 국소배기시스템의 공기압력에 관한 설명이다. 틀린 설명의 번호를 적고 내용을 바르게 고쳐 적으시오.
| 기출 2016년 1회, 2012년 3회 |

> ① 공기의 흐름은 송풍기 앞(입구)에서는 양압(+) 이고, 송풍기 뒤(출구)에서는 음압(-)이다.
> ② 동압(속도압)은 공기가 이동하는 힘으로 항상 양압(+)이다.
> ③ 정압은 잠재적인 에너지로 공기의 이동에 소요되며, (+) 또는 (-) 값을 가질 수 있다.
> ④ 송풍기 배출구의 압력은 항상 대기압보다 낮아야 한다.
> ⑤ 후드 내의 압력은 일반 작업장의 압력보다 낮아야 한다.

① 송풍기 앞에서는 음압(-), 송풍기 뒤에서는 양압(+)이 된다.
④ 송풍기 배출구의 압력은 항상 대기압보다 높아야 한다.

25 [보기]는 국소배기장치의 공기 이동 위치를 나타낸다. (1) 가장 압력이 높아야 하는 위치를 찾고 (2) 그 이유를 설명하시오.
| 기출 2022년 3회 |

> ① 후드의 내부
> ② 작업장의 내부
> ③ 작업장의 외부(대기)
> ④ 후드와 공기정화장치 사이
> ⑤ 송풍기의 뒤
> ⑥ 공기정화장치와 송풍기 사이

(1) ⑤(송풍기의 뒤)
(2) 송풍기의 앞쪽 정압(후드에서 송풍기 입구까지의 흡인(-))보다 뒤쪽 정압(송풍기 출구에서 굴뚝까지의 토출(+))이 높아야 후드에서 흡인한 오염된 공기를 굴뚝으로 보낼 수 있다.

26 환기시스템에서 제어속도가 설계시보다 감소하는 이유를 3가지 적으시오.
| 기출 2020년 4회, 2015년 1회 |

① 송풍기의 송풍량 부족
② 덕트 내 분진 퇴적
③ 집진장치 내 분진 퇴적

27 덕트 내의 공기압력 중 속도압을 설명하고 공기속도와의 관계식을 적으시오.

| 기출 2018년 2·3회, 2016년 1회 |

1. 속도압 : 공기 흐름 방향의 속도에 의해 생기는 압력으로 항상 양압(0 이상의 압력)이다.
2. 공기속도와의 관계식 : $V = 4.043\sqrt{VP}$

*참고

속도압$(VP) = \dfrac{\gamma V^2}{2g} = \dfrac{1.2 \times V^2}{2 \times 9.81}$

$1.2 V^2 = 2 \times 9.81 \times VP$

$V^2 = \dfrac{2 \times 9.81}{1.2} \times VP$

$V = \sqrt{\dfrac{2 \times 9.81}{1.2} \times VP} = 4.043\sqrt{VP}$

28 국소배기장치의 필요환기량을 감소시키기 위한 방법 3가지를 적으시오.

| 기출 2020년 3회, 2015년 3회, 2012년 1회 |

① 가급적 공정의 포위를 최대화한다.
② 포집형이나 레시버형 후드를 사용할 때에는 후드를 배출 오염원에 가깝게 설치한다.
③ 주위 방해기류를 최소화하여 후드 개구면에서 기류가 균일하게 분포되도록 설계한다.
④ 오염물질 발생특성을 고려하여 설계한다.
⑤ 작업조건을 고려하여 적정하게 제어속도를 선정한다.
⑥ 공정에서 발생 또는 배출되는 오염물질의 절대량을 감소시킨다.
⑦ 플랜지 등을 설치하여 후드 유입 기류를 조절한다.

29 국소배기장치의 (1) 제어속도(포착속도)의 정의와 (2) 반송속도의 정의를 적으시오.

| 기출 2015년 2회 |

(1) 오염물질을 후드 안쪽으로 흡인하기 위한 공기속도(유해물질이 함유된 공기를 후드로 흡입시킴으로써 그 지점의 유해물질을 제어할 수 있는 공기속도)
(2) 오염물질을 덕트 내에서 운반하기 위한 속도(덕트를 통하여 이동하는 유해물질이 덕트 내에서 퇴적이 일어나지 않는 상태로 이동시키기 위하여 필요한 최소 속도)

30 국소배기장치 가동 시 외부에서 방해기류가 발생하는 원인 3가지를 적으시오.
| 기출 2024년 1회 |

① 작업장 내의 개구부에 의한 기류
② 고열작업 시 열에 의한 기류
③ 원료의 이동 작업 시 발생하는 기류

31 국소배기장치에서 후드의 선택지침(후드 선정 시 고려사항, 후드 선정 시 전제조건) 4가지를 적으시오.
| 기출 2022년 2회, 2019년 3회 |

① 필요 환기량을 최소화할 것
② 작업자의 호흡 영역을 보호할 것
③ 추천된 설계 사양을 사용할 것
④ 작업자가 사용하기 편리하도록 만들 것
⑤ 후드 설계 시 일반적인 오류를 범하지 말 것

32 후드의 형식 중 [보기]에서 설명하는 후드의 명칭을 적으시오.
| 기출 2016년 2회 |

① 외부기류(난기류)의 영향을 받지 않아 국소배기장치의 후드 중 효율이 가장 높다.
② 필요환기량을 최소한으로 줄일 수 있어 경제적이며 효율적이다.
③ 고농도 분진의 비산, 유기용제, 맹독성물질 등을 취급하는 작업장에 적합하다.

포위식 후드

33 후드의 형식 중 [보기]에서 설명하는 후드의 명칭을 적으시오.
| 기출 2024년 3회, 2022년 2회 |

① 작업 특성상 유해물질의 외부에 설치한 후드, 외부의 오염물질까지 흡인하도록 설계한 후드의 형태이다.
② 송풍기의 규격이 커지고 설치, 운전비용이 많이 든다.
③ 외부 난기류의 영향이 클 경우 포착효율이 떨어진다.

외부식 후드(포집형 후드)

34 다음 물음에 답하시오. | 기출 2021년 1회, 2018년 2회 |

(1) PUSH-PULL형 후드의 오염물질 흡입 원리를 설명하시오.
(2) 후드 개구면의 유속을 균일하게 분포시키는 방법(개구면 면속도를 균일하게 분포시키는 방법) 3가지를 적으시오.

---

(1) 개방조 한 변에서 압축공기를 이용하여 오염물질이 발생하는 표면에 공기를 불어 반대쪽에 오염물질이 도달하게 한다. (공기를 불어주고 당겨주는 장치로 구성)
(2) ① 테이퍼(taper) 부착
② 슬롯(slot) 사용
③ 차폐막(차폐덕) 사용
④ 분리날개 설치

35 [보기]에서 설명하는 국소배기장치 후드의 명칭을 적으시오. | 기출 2024년 2회, 2021년 1회 |

1. 개방조 한 변에서 압축공기를 이용하여 오염물질이 발생하는 표면에 공기를 불어 반대쪽에 오염물질이 도달하게 한다.(공기를 불어주고 당겨주는 장치로 구성)
2. 도금조와 같이 상부가 개방되어 있고 오염물질 발생 면적이 넓어 한쪽 방향에 후드를 설치하는 것으로 충분한 흡인력이 발생되지 않는 경우에 사용하면 포집효율을 증가시키면서 필요 유량을 감소시킬 수 있다.

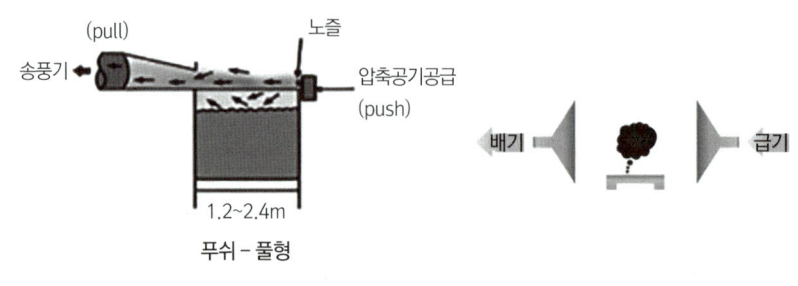

PUSH - PULL형 후드(푸쉬 - 풀형 후드)

36 열상승기류가 있는 고열 작업장에 적합한 (1) 후드의 종류를 적고, (2) 후드설치 위치를 그림으로 나타내시오.
| 기출 2015년 1회 |

(1) 레시버식 캐노피형 후드
(2)

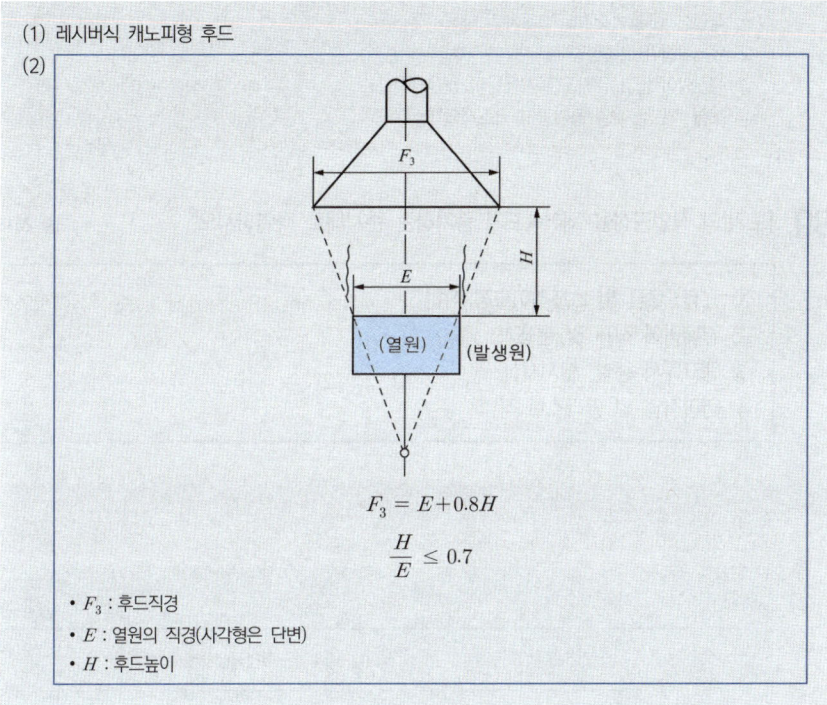

$$F_3 = E + 0.8H$$
$$\frac{H}{E} \leq 0.7$$

- F_3 : 후드직경
- E : 열원의 직경(사각형은 단변)
- H : 후드높이

37 국소배기장치의 (1) 제어속도(포착속도)의 정의를 적고 (2) 제어속도 결정 시 고려사항 3가지를 적으시오.
| 기출 2014년 3회, 2023년 2회 |

(1) 오염물질을 후드 안쪽으로 흡인하기 위한 공기속도(유해물질이 함유된 공기를 후드로 흡입시킴으로써 그 지점의 유해물질을 제어할 수 있는 공기속도)
(2) ① 후드의 모양
② 후드에서 오염원까지의 거리
③ 오염물질(유해물질)의 종류 및 확산상태
④ 오염물질(유해물질)의 비산방향 및 비산거리
⑤ 오염물질(유해물질)의 사용량 및 독성 정도
⑥ 작업장 내 방해기류

38 ACGIH의 제어속도 범위 중 제어속도 범위의 상한치를 적용하는 경우 3가지를 적으시오.

| 기출 2012년 2회 |

① 작업장 내에 방해기류가 존재할 때
② 유해물질이 고독성일 때
③ 생산량이 많고 유해물질 사용량이 많을 때
④ 소형 후드로 유동 공기량이 국소적일 때

39 [보기]의 작업공정을 제어속도가 증가하는 순서대로 나열하시오.

| 기출 2018년 1회 |

① 용접, 도금 및 스프레이도장 작업
② 컨베이어 적재 및 분쇄기
③ 탱크에서 증발, 탈지시설
④ 연마작업 및 블라스트 작업

③ < ① < ② < ④

* 참고

작업조건	작업공정사례	제어속도 (m/sec)
• 움직이지 않는 공기 중에서 속도 없이 배출되는 작업조건 • 조용한 대기 중에 실제 거의 속도가 없는 상태로 발산하는 경우의 작업조건	• 액면에서 발생하는 가스나 증기 흄 • 탱크에서 증발, 탈지시설	0.25~0.5
• 비교적 조용한(약간의 공기 움직임) 대기 중에서 저속으로 비산하는 작업조건	• 용접, 도금 작업 • 스프레이도장	0.5~1.0
• 발생기류가 높고(빠른기동) 유해물질이 활발히 발생하는 작업조건	• 스프레이도장, 용기충전 • 컨베이어 적재 • 분쇄기	1.0~2.5
• 초고속기류(대단히 빠른 기동)가 있는 작업 장소에 초고속으로 비산하는 경우	• 회전연삭작업 • 연마작업 • 블라스트 작업	2.5~10

40
후드의 분출기류에서 분출속도가 작아지기 시작하여 50%까지 줄어드는 지점을 무엇이라고 하는가?
| 기출 2019년 1회 |

천이부

★ 참고
후드의 분출기류
① 잠재중심부 : 분출속도를 일정하게 유지하는 지점까지 거리, 배출구 직경의 약 5배 정도 까지
② 완전개구부 : 위치변화에 관계없이 분출속도 분포가 유사한 형태를 보이는 영역

41
송풍기의 배기 시에(공기를 불어줄 때) 유속이 10%로 감소되는 거리를 덕트의 직경으로 설명하시오.
| 기출 2016년 2회 |

공기속도가 덕트 직경의 30배(30D) 지점에서 유속이 10%로 감소한다.

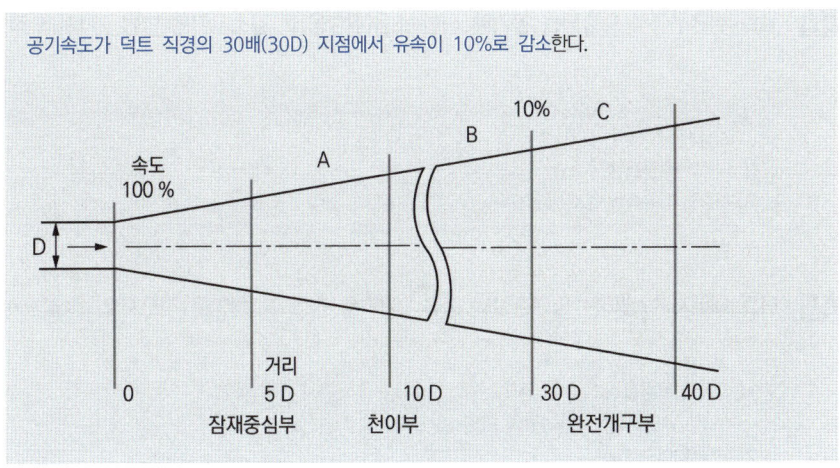

★ 참고
공기를 흡인할 때는 기류의 방향과 관계없이 덕트 직경과 같은 거리에서 10%로 감소한다.

42
다음 물음에 적합한 답을 적으시오.
| 기출 2019년 3회, 2023년 2회 |

(1) 고온 작업에 가장 적합한 후드 형식을 적으시오.
(2) 산업환기 설비에 관한 기술지침에 의한 허가대상 물질을 취급하는 장소에 설치한 후드의 제어풍속을 적으시오.
　① 가스 상태 :
　② 입자 상태 :

(1) 리시버식 캐노피형 후드
(2) ① 0.5(m/sec)
　　② 1.0(m/sec)

43 덕트 내 분진 이송을 위한 반송속도 결정에서 반송속도를 더 높게 결정하여야 하는 경우 3가지를 적으시오. |기출 2021년 2회|

① 무거운 분진을 이송하는 경우(분진의 비중이 큰 경우)
② 물에 젖은 분진을 이송하는 경우
③ 부착성이 있는 분진을 이송하는 경우
④ 덕트의 길이가 길거나 굴곡부가 많은 경우

44 덕트 취출구에서 토출되는 공기에 의한 소음(취출음)을 감소시키는 방법 2가지를 적으시오.
|기출 2015년 3회|

① 소음기(소음챔버) 설치
② 덕트에 흡음재 설치
③ 취출구의 유속을 감소시킴

45 덕트 내에서 발생되는 압력손실의 종류 2가지를 적고 그 원인을 적으시오. |기출 2019년 2회|

① 마찰 압력손실
　• 덕트 내면과 공기의 접촉에 의해 생성(덕트 내부 면과의 마찰)
② 난류 압력손실
　• 공기 속도가 빨라서 난류를 형성하거나 덕트의 굴곡으로 인한 공기방향의 변화 또는 덕트의 확대, 수축 등으로 인한 단면적의 변화에 의해 난류가 형성되어 생성

46 송풍기의 풍량 조절방법 3가지를 적으시오. |기출 2016년 1회, 2012년 1회|

① 회전수 조절법
② 안내익 조절법
③ 댐퍼 부착법

47 원심력 송풍기를 날개각도에 따라 3가지로 구분하여 그 종류를 적으시오.

| 기출 2024년 3회, 2021년 1회 |

① 전향날개형(다익형)송풍기
② 방사 날개형(평판형,플레이트형) 송풍기
③ 후향 날개형(터보형,한계부하형)송풍기

*참고
① 전향날개형(다익형)송풍기 : 송풍기의 회전날개가 회전방향과 동일한 방향으로 설치되어 있다.
② 방사 날개형(평판형,플레이트형) 송풍기의 날개(깃)가 평판 모양으로 설치되어 있다.
③ 후향 날개형(터보형,한계부하형)송풍기 : 송풍기의 날개가 회전방향에 반대되는 쪽으로 설치되어 있다.

48 송풍기의 정압이 감소한 원인을 송풍기에서 찾아 2가지를 적으시오.

| 기출 2024년 2회, 2014년 1회 |

① 송풍기의 능력 저하
② 송풍기와 덕트의 연결부위 풀림
③ 송풍기 점검 뚜껑의 열림

49 송풍기의 회전수와 송풍량, 풍압(정압), 동력(축 동력)의 관계를 설명하시오.

| 기출 2016년 1회, 2016년 2회 |

① 풍량은 송풍기의 회전수에 비례한다.
② 풍압(정압)은 송풍기 회전수의 제곱에 비례한다.
③ 동력(축 동력)은 송풍기 회전수의 세제곱에 비례한다.

*참고

1. $Q_2 = Q_1 (\frac{D_2}{D_1})^3 (\frac{N_2}{N_1})$

2. $P_2 = P_1 (\frac{D_2}{D_1})^2 (\frac{N_2}{N_1})^2 (\frac{\rho_2}{\rho_1})$

3. $HP_2 = HP_1 (\frac{D_2}{D_1})^5 (\frac{N_2}{N_1})^3 (\frac{\rho_2}{\rho_1})$

- Q_1 : 회전수 변경 전 풍량(m³/min)
- Q_2 : 회전수 변경 후 풍량(m³/min)
- N_1 : 변경 전 회전수(rpm)
- N_2 : 변경 후 회전수(rpm)
- P_1 : 변경 전 정압(mmH$_2$O)
- P_2 : 변경 후 정압(mmH$_2$O)
- HP_1 : 변경 전 동력(kW)
- HP_2 : 변경 후 동력(kW)

50 [보기]의 설명에 해당하는 용어를 적으시오. |기출 2017년 3회|

> 원심력 집진장치(사이클론)의 집진효율을 증대시키기 위한 방법으로 더스트 박스 및 호퍼부에서 처리가스의 5~10%를 흡인하여 난류현상의 억제 및 원심력을 증대시키는 운전방식을 말한다.

블로다운(blow-down)

51 후드 및 덕트를 통해 반송된 유해물질을 정화시키는 원리에 따른 집진장치의 종류를 5가지 적으시오. |기출 2021년 1회, 2020년 4회, 2018년 2회, 2018년 3회, 2023년 1회|

① 중력 집진장치 ② 관성력 집진장치
③ 원심력 집진장치 ④ 세정식 집진장치
⑤ 여과 집진장치 ⑥ 전기 집진장치

52 액체를 분사시켜 분진을 포집하는 세정식 집진장치의 장점 5가지를 적으시오. |기출 2020년 4회|

① 분진과 가스를 동시에 제거할 수 있다.
② 상승 확산력이 감소되어 집진된 분진의 재비산 염려가 없다.
③ 설치면적이 작아 협소한 장소에 설치가 가능하며 초기비용이 적게 든다.
④ 연소성, 폭발성 가스의 처리가 가능하다.
⑤ 고온가스의 처리가 가능하다. (가스상 물질을 가장 효과적으로 처리한다.)

53 [보기]의 설명에 적합한 세정식 집진장치의 형식을 적으시오. |기출 2019년 1회|

집진장치의 형식	집진장치의 종류
(①)	• 가스 임펠러형(선회형) • 가스 분수형(분출형) • 로터형(Rotor형)
(②)	• 타이젠 워셔(Theisen washer) • 임펄스 스크러버(Impulse Scrubber)
(③)	• 벤튜리 스크러버(Venturi scrubber) • 제트 스크러버(Jet scrubber) • 분무탑(Spray tower)

① 유수식   ② 회전식   ③ 가압수식

54. 세정식 집진장치의 분진포집 원리 4가지를 적으시오. | 기출 2016년 3회 |

① 미립자 확산에 의한 입자 간 응집
② 배기가스 증습에 의한 입자 간 응집
③ 액막, 기포에 입자가 접촉하여 부착
④ 액적에 입자가 충돌하여 부착

＊참고
세정식 집진장치의 분진포집 원리
① 충돌
② 차단
③ 확산
④ 응집

55. 집진장치 중 여과 집진장치의 장점을 3가지 적으시오. | 기출 2019년 2회 |

① 집진효율이 높다. (99% 이상) (미세입자의 집진효율이 비교적 높은 편이다.)
② 다양한 용량을 처리할 수 있다.
③ 탈진방법과 여과재의 사용에 따른 설계상의 융통성이 있다.
④ 집진효율이 처리가스의 양과 밀도 변화에 영향이 적다.
⑤ 설치 적용범위가 광범위하다.

56. 집진장치 중 전기 집진장치의 장점을 3가지 적으시오. | 기출 2022년 3회 |

① 광범위한 온도범위에서 적용이 가능하다.
② 고온의 입자상물질, 폭발성가스 처리가 가능하다.
③ 고온 가스를 처리할 수 있어 보일러와 철강로 등에 설치할 수 있다.
④ 압력손실이 낮으므로 대용량의 가스처리가 가능하다.
⑤ 송풍기의 운전 및 유지비용이 저렴하다.
⑥ 넓은 범위의 입경과 분진농도에 집진효율이 높다.

암기법
전기는 효율 높고, 저렴하고, 대용량의 고온가스 처리하며 광범위하게 적용한다.

57 분진 등 입자상 물질의 처리를 위한 집진장치의 종류를 4가지 적으시오.

| 기출 2024년 2회, 2021년 1회, 2018년 2회 |

① 중력 집진장치
② 관성력 집진장치
③ 원심력 집진장치
④ 세정식 집진장치
⑤ 여과 집진장치
⑥ 전기 집진장치

58 입자상 물질의 처리를 위한 집진장치의 집진원리(주요 작용기전) 5가지를 적으시오.

| 기출 2015년 2회, 2012년 1회 |

① 중력
② 관성력
③ 원심력
④ 여과
⑤ 전기력

59 가스상 물질의 처리를 위한 집진장치(공기정화장치)의 종류 4가지를 적으시오.

| 기출 2018년 2회, 2015년 1회 |

① 흡수장치
② 흡착장치
③ 직접연소장치(불꽃연소장치)
④ 간접연소장치(가열연소장치)
⑤ 촉매연소장치

60 집진장치 중 중력에 의한 자연침강(stoke의 법칙)을 이용하여 분리, 포집하는 장치로서 다른 집진장치에 비해 압력손실이 적고 고온가스 처리가 용이한 특징을 가지는 집진장치의 명칭을 적으시오.

| 기출 2024년 1회 |

중력집진장치

61 여과집진장치에서 여과포의 눈막힘현상을 방지하기 위한 대책을 2가지 적으시오.
| 기출 2014년 1회 |

① 여과집진장치 내의 온도를 산노점 이상으로 유지한다.
② 여과집진장치 정지 후에 탈진을 실시한다.

★ 참고
1. 여과포의 눈막힘현상 : 처리 가스 중에 수분을 포함한 분진 혹은 점착성 분진 등의 유입에 의하여 여과막 사이가 막혀 압력손실이 증대되는 현상을 말한다.
2. 산노점 : 산성가스가 수증기와 결합하여 응축되는 온도(산에 의한 부식이 발생)를 말한다.

62 흡수탑(충진탑)의 충전물(충진제)의 구비조건을 3가지 적으시오.
| 기출 2020년 1·2회, 2019년 2회, 2013년 2회, 2023년 1회 |

① 표면적이 클 것
② 공극률이 클 것
③ 압력손실이 작을 것
④ 내구성이 클 것
⑤ 내식성, 내열성이 클 것

63 가스상 물질의 처리를 위한 집진장치(공기정화장치)의 종류 4가지를 적으시오.
| 기출 2015년 1회 |

① 흡수장치
② 흡착장치
③ 직접연소장치(불꽃연소장치)
④ 간접연소장치(가열연소장치)
⑤ 촉매연소장치

64 유해가스를 처리하는 원리에 따라 그 방법을 3가지로 구분하여 적으시오. | 기출 2022년 2회 |

① 흡수법
② 흡착법
③ 연소법

65 유해가스 처리를 위해 연소법을 적용할 수 있는 경우(적용하기 위한 조건) 3가지를 적으시오.

| 기출 2021년 1회, 2018년 3회, 2012년 2회, 2023년 2회 |

① 배출하는 가스량이 많은 경우
② 유해가스의 농도가 낮은 경우
③ 가연성 가스, 악취 등을 제거하는 경우

66 유해가스의 처리에 있어서 연소법으로 처리할 때 3가지 방법을 적으시오. | 기출 2023년 3회 |

① 직접연소법
② 가열연소법
③ 촉매연소법

* 참고
① 직접연소법 : 가연성가스를 직접 불꽃 중에서 연소시킴
② 가열연소법 : 가연성물질의 농도 낮아 직접연소가 곤란한 경우 사용
③ 촉매연소법 : Pt, Co, Ni 등의 촉매 사용하여 300~400℃ 정도의 저온에서 산화제거하는 방법

67 유해가스 흡수 처리 시에 사용하는 흡수액의 구비조건 4가지를 적으시오. | 기출 2020년 1회 |

① 용해도가 클 것
② 휘발성이 적을 것
③ 독성이 없고 화학적으로 안정될 것
④ 부식이 없을 것

68 흡수탑(충진탑)의 충전물(충진제)의 구비조건을 3가지 적으시오.

| 기출 2020년 1·2회, 2019년 2회, 2013년 2회 |

① 표면적이 클 것
② 공극률이 클 것
③ 압력손실이 작을 것
④ 내구성이 클 것
⑤ 내식성, 내열성이 클 것

69 합류점에서의 압력평형 방법 중 분지관의 수가 적고 고독성 물질, 폭발성 및 방사성 분진을 대상으로 사용할 수 있는 (1) 총 압력손실을 계산하는 방법을 적으시오. (2) 총 압력손실을 계산하는 방법의 장·단점을 각각 2가지씩 적으시오. | 기출 2018년 2회, 2015년 3회 |

(1) 정압조절 평형법(유속조절 평형법)

(2)

장점	• 침식, 부식, 분진 퇴적에 의한 덕트 폐쇄가 없다. • 설계 시 잘못 설계된 분지관 또는 저항이 가장 큰 분지관을 쉽게 발견할 수 있다. (최대 저항 경로 선정이 잘못되어도 설계 시 쉽게 발견할 수 있음) • 설계가 정확할 때에는 가장 효율적인 시설이다.
단점	• 설계 시 잘못된 유량을 고치기 어렵다. (임의로 유량을 조절하기 어려움) • 송풍량은 근로자나 운전자의 의도대로 쉽게 변경되지 않는다. • 설계 유량 산정이 잘못될 경우 수정은 덕트의 크기 변경을 요한다. • 설계가 복잡하고 시간이 많이 걸린다. • 설치된 후의 개조 및 변경이나 확장에 대한 유연성이 낮다. • 효율 개선 시 전체를 수정해야 한다. • 경우에 따라 전체 필요한 최소유량보다 더 초과될 수 있다.

70 합류점에서의 압력평형 방법 중 저항조절평형법(댐퍼조절평형법, 덕트균형유지법)의 장·단점을 각각 2가지씩 적으시오. | 기출 2015년 3회 |

장점	• 시설설치 후 송풍량의 조절, 덕트위치 변경이 어렵지 않다. (임의의 유량 조절 가능) • 최소 설계풍량으로 평형유지가 가능하다. • 설계계산이 상대적으로 간단하고, 고도의 지식을 요하지 않는다. • 덕트 크기를 바꿀 필요가 없어 반송속도를 그대로 유지한다.
단점	• 평형상태시설에 댐퍼를 잘못 설치하게 되면 평형상태 파괴 유발 • 임의로 댐퍼 조정 시 평형상태가 파괴될 수 있다. • 부분적 폐쇄댐퍼는 침식, 분진퇴적의 원인이 된다. • 최대 저항경로 선정이 잘못되어도 설계시 쉽게 발견하기 어렵다. • 댐퍼가 노출되어 누구나 쉽게 조절할 수 있어 정상기능을 저해할 우려 있다.

71 국소배기장치의 보충용 공기(make-up air)를 설명하시오. | 기출 2023년 3회 |

국소배기장치가 효과적인 기능을 발휘하기 위하여 후드를 통해 배출되는 것과 같은 양의 공기가 외부로부터 보충되는 것을 말한다.

72 국소배기장치에서 공기공급시스템이 필요한 이유 5가지를 적으시오.
| 기출 2024년 1회, 2020년 4회, 2019년 2회, 2018년 2회, 2015년 1·2회, 2013년 1회 |

① 국소배기장치를 적절하게 가동시키기 위하여
② 국소배기장치의 효율 유지를 위하여
③ 작업장 내의 안전사고 예방을 위하여
④ 연료를 절약하기 위하여(에너지 절약)
⑤ 작업장 내의 방해기류(교차기류) 생성 방지를 위하여
⑥ 외부공기가 정화되지 않은 채로 건물 내로 유입되는 것을 막기 위하여

73 국소배기장치의 사용 전 점검사항 3가지를 적으시오.
| 기출 2024년 3회, 2023년 2회, 2023년 3회, 2021년 3회, 2015년 3회, 2012년 2회 |

① 덕트와 배풍기의 분진 상태
② 덕트 접속부가 헐거워졌는지 여부
③ 흡기 및 배기 능력
④ 그 밖에 국소배기장치의 성능을 유지하기 위하여 필요한 사항

74 국소배기장치의 점검항목 중 송풍관(duct)의 점검항목 4가지를 적으시오.
| 기출 2020년 1·2회, 2017년 1회, 2023년 1회 |

① 표면상태 : 덕트 내.외면의 파손, 변형 등으로 인한 설계압력 증가 또는 파손 부분 등에서의 공기 유입, 누출이 없고 이상음, 이상진동이 없을 것
② 덕트 내면상태 : 분진 등의 퇴적으로 인한 이상음, 이상 진동이 없을 것
③ 접속부 : 플랜지의 결합볼트, 너트, 패킹에 손상이 없을 것
④ 댐퍼 : 댐퍼가 손상되지 않고 정상적으로 작동될 것

75 국소배기장치 성능시험 시에 사용하는 필수장비 4가지를 적으시오. | 기출 2014년 1회 |

① 발연관(연기발생기 ; smoke tester)
② 청음기 또는 청음봉
③ 절연저항계
④ 표면온도계 및 초자온도계
⑤ 줄자

76 국소배기장치 성능시험 시에 필요에 따라 갖추어야 할 장비 5가지를 적으시오.
(단, 발연관, 청음기 또는 청음봉, 절연저항계, 표면온도계 및 초자온도계, 줄자는 제외)
| 기출 2021년 1회, 2019년 1회 |

① 열선풍속계
② 회전속도 측정기
③ 만능회로 시험기
④ 접지저항 측정기
⑤ 클램프미터

77 국소배기장치 성능시험 시 사용하는 장비 중 오염물질의 확산 및 이동을 관찰할 수 있으며, 후드의 성능을 평가할 수 있는 측정기기의 명칭을 적으시오. | 기출 2014년 2회 |

발연관(연기발생기 : smoke tester)

78 송풍관 내의 풍속을 측정하는 기기의 종류 3가지를 적으시오. | 기출 2015년 3회, 2014년 3회 |

① 피토관
② 풍차 풍속계
③ 열선식 풍속계
④ 그네 날개형 풍속계

79 송풍관 내의 풍속을 측정하는 기기의 종류 2가지를 적고 측정범위를 적으시오.
| 기출 2015년 2·3회, 2014년 3회 |

① 피토관 : 풍속이 3m/sec를 초과하는 경우에 사용
② 풍차 풍속계 : 풍속이 1m/sec를 초과하는 경우에 사용

78 덕트 내에서의 정압, 동압을 측정하는 표준기기의 명칭을 적으시오. | 기출 2019년 2회 |

피토관(피토튜브)

80 국소배기장치의 덕트 내 기류 측정에 관한 다음 물음에 답하시오. | 기출 2016년 1회 |

> (1) 덕트 내의 기류를 측정하는 1차 표준기구의 명칭을 적으시오.
> (2) 이 장치로 측정할 수 있는 압력의 종류를 2가지 적으시오.
> (3) 측정한 압력으로 유속을 계산하는 방법을 적으시오.

(1) 피토관(피토튜브)
(2) 전압, 정압
(3) $V(\text{m/sec}) = 4.043\sqrt{VP}$
- V : 유속(공기속도)
- VP : 속도압(mmH$_2$O)

* 참고
피토튜브(Pitot tube)는 전압과 정압의 차이를 측정해서 동압을 확인하여 유속을 측정할 수 있다.

81 작업환경관리 대책 중 작업환경개선의 공학적인 대책 3가지를 적으시오. | 기출 2020년 1회 |

① 대치(대체)
② 격리
③ 환기

* 참고
① 대치(대체)
- 공정의 변경
- 유해물질 변경
- 시설의 변경

② 격리
- 저장물질의 격리
- 시설의 격리
- 공정의 격리
- 작업자의 격리

③ 환기
- 국소환기
- 전체환기

82 작업환경개선의 공학적인 대책 중 대치(대체)에 해당하는 예를 3가지 적으시오.

| 기출 2020년 1·2회, 2018년 1회, 2023년 2회 |

① 공정의 변경
② 유해물질 변경
③ 시설의 변경

83 작업환경개선의 공학적인 대책 중 대치(대체)의 방법 3가지와 그 예를 1가지씩 적으시오.

| 기출 2020년 1·2회, 2021년 1회 |

(1) 공정의 변경
  ① 고속회전식 그라인더 작업을 저속 연마작업으로 변경한다.
  ② 페인트 분사 방식에서 합침 방식으로 변경한다.
(2) 유해물질 변경
  ① 성냥제조 시에 황린(백린) 대신 적린을 사용한다.
  ② 유연 휘발유를 무연 휘발유로 대체한다.
(3) 시설의 변경
  ① 고 소음 송풍기를 저 소음 송풍기로 교체한다.
  ② 작은 날개 고속 회전의 송풍기 대신 큰 날개 저속 회전하는 송풍기를 사용한다.

84 작업환경을 관리하기 위한 행정적 작업환경 관리대책과 공학적 관리대책의 종류를 3가지씩 적으시오.

| 기출 2015년 1회 |

(1) 행정적 대책
  ① 작업시간 및 휴식시간 조정
  ② 교대근무
  ③ 작업전환
  ④ 교육

(2) 공학적 대책
  ① 대치(대체)
  ② 격리
  ③ 환기

제4과목 물리적 유해인자관리 및 산업독성학

01 인체의 열 교환에 영향을 미치는 온열요소 4가지를 적으시오.
| 기출 2020년 3회, 2012년 2회, 2023년 1회 |

① 기온(온도)
② 기습(습도)
③ 기류(대류, 풍속)
④ 복사열

02 인체의 열교환을 나타내는 열평형 방정식을 적고 각 요소를 설명하시오.
| 기출 2020년 4회, 2016년 3회, 2015년 1회, 2014년 1회, 2013년 2회 |

S(열 축적) = M(대사 열) − E(증발) ± R(복사) ± C(대류) − W(한 일)

03 인체의 열 교환을 나타내는 열평형 방정식에서 기호 S를 설명하시오.
| 기출 2014년 2회 |

$$S = M - E \pm R \pm C - W$$

S : 열 축적(열 이득) 및 열손실량

04 인간이 생활하는 데 가장 적절한 온도를 뜻하는 지적온도의 종류를 3가지 적고 각각의 정의를 설명하시오.
| 기출 2020년 1회 |

① 주관적 지적온도 : 감각적으로 쾌적함을 느끼는 온도
② 생리적 지적온도 : 최소의 에너지로 최대의 생리적 기능을 발휘할 수 있는 온도
③ 생산적 지적온도 : 생산능률을 최고로 올릴 수 있는 온도

05

[보기]는 산업안전보건법에 의한 고열 작업장의 노출기준을 나타내었다. 괄호에 적합한 숫자를 적으시오.

| 기출 2024년 3회, 2020년 4회, 2018년 3회 |

(WBGT, ℃)

시간당 작업과 휴식비율	작업 강도		
	경작업	중등작업	중(힘든)작업
연속 작업	(③)	26.7	25.0
75% 작업, 25% 휴식 (45분 작업, 15분 휴식)	30.6	(④)	25.9
50% 작업, 50% 휴식 (30분 작업, 30분 휴식)	31.4	29.4	27.9
(①)% 작업, (②)% 휴식 (15분 작업, 45분 휴식)	32.2	31.1	30.0

① 25
② 75
③ 30.0
④ 28.0

06

산업안전보건법에 의한 작업장의 적정공기 수준을 적으시오.

| 기출 2024년 3회, 2020년 4회, 2018년 1회, 2016년 3회, 2014년 1회 |

① 산소농도의 범위가 18% 이상 23.5% 미만
② 탄산가스의 농도가 1.5% 미만
③ 일산화탄소의 농도가 30ppm 미만
④ 황화수소의 농도가 10ppm 미만인 공기

07

밀폐공간에 근로자를 종사하도록 하는 경우에 수립·시행하여야 하는 밀폐공간 작업 프로그램에 포함하여야 하는 내용 3가지를 적으시오. (단, 그 밖에 밀폐공간 작업 근로자의 건강장해 예방에 관한 사항은 제외한다.)

| 기출 2020년 1회 |

① 사업장 내 밀폐공간의 위치 파악 및 관리 방안
② 밀폐공간 내 질식·중독 등을 일으킬 수 있는 유해·위험 요인의 파악 및 관리 방안
③ 밀폐공간 작업 시 사전 확인이 필요한 사항에 대한 확인 절차
④ 안전보건교육 및 훈련

08 밀폐공간에서 환기를 실시하는 경우 환기방법(환기시의 주의사항) 3가지를 적으시오.

|기출 2014년 2회|

① 작업시작 전에 환기를 실시하고 환기장치의 정상작동 여부 확인 후 작업 실시
② 유해가스가 발생되는 경우에는 지속적으로 환기를 실시
③ 가연성 가스 등이 존재할 때에는 방폭형 모터 및 팬을 사용
④ 정전 등으로 환기가 불가능한 경우는 즉시 외부로 대피할 것

09 소음 전파과정에서 나타나는 물리적 현상 5가지를 적으시오.

|기출 2014년 1회|

① 반사
② 흡수
③ 굴절
④ 투과
⑤ 회절

10 설명에 해당하는 음원의 지향계수를 적으시오.

|기출 2013년 1회, 2012년 3회|

(1) 음원이 자유공간에 떠 있는 경우(음의 전파가 완전 구체인 경우)
(2) 음원이 반 자유공간 또는 바닥 위에 있는 경우(음의 전파가 반 구체인 경우)
(3) 음원이 두면이 만나는 구석 또는 벽 근처 바닥에 있는 경우(음의 전파가 1/4 구체인 경우)
(4) 음원이 세면이 만나는 구석 또는 각진 모퉁이 바닥에 있는 경우(음의 전파가 1/8 구체인 경우)

(1) $Q=1$
(2) $Q=2$
(3) $Q=4$
(4) $Q=8$

11 소음성 난청(청력손실)에 영향을 미치는 요소 3가지를 적고 설명하시오. | 기출 2016년 2회 |

① 개인의 감수성 : 개인의 감수성에 따라 소음반응이 다양하다.
② 음의 강도 : 음압수준이 높을수록 유해하다.
③ 폭로시간(노출시간) : 계속적 노출이 간헐적 노출보다 더 유해하다.
④ 음의 물리적 특성
  • 고주파음이 저주파음보다 더 유해하다.
  • 충격음 및 연속음의 유해성이 더 크다.

12 소음을 측정하는 누적소음 노출량측정기의 (1) 법정 설정기준과 (2) 청감보정 특성을 적으시오. | 기출 2021년 1회, 2020년 1회 |

(1) ① Criteria : 90dB
    ② Exchange rate : 5dB
    ③ Threshold : 80dB
(2) A특성[dB(A)]

13 소음계의 청감보정회로에서 A 특성을 설명하시오. | 기출 2019년 1회 |

40phon의 등청감곡선에 가깝게 주파수를 보정한 것으로 인간의 청감에 가장 가까운 측정이 가능하여 대부분의 소음 측정에 사용된다.

14 소음계의 A, B, C 특성에 해당하는 음압수준(phon)을 적으시오. | 기출 2013년 1회, 2022년 2회 |

① A 특성 : 40phon
② B 특성 : 70phon
③ C 특성 : 100phon

15 소음 청감보정회로 중 A 특성과 C 특성의 실생활 활용 예를 1가지씩 적으시오. | 기출 2024년 2회 |

① A 특성 : 실생활 소음 측정에 사용
② C 특성 : 기계의 주파수 등을 측정할 때 사용

16 산업안전보건법에 의한 강렬한 소음작업의 정의이다. 괄호에 적합한 숫자를 적으시오.

|기출 2024년 1회|

> 하루 8시간 동안 (   )이상의 소음이 발생하는 작업

90dB

*참고
(1) 소음 작업 : 하루 8시간 동안 85dB 이상의 소음이 발생하는 작업을 말한다.

(2) 강렬한 소음 작업
① 하루 8시간 동안 90dB 이상의 소음이 발생하는 작업
② 하루 4시간 동안 95dB 이상의 소음이 발생하는 작업
③ 하루 2시간 동안 100dB 이상의 소음이 발생하는 작업
④ 하루 1시간 동안 105dB 이상의 소음이 발생하는 작업
⑤ 하루 30분 동안 110dB 이상의 소음이 발생하는 작업
⑥ 하루 15분 동안 115dB 이상의 소음이 발생하는 작업

(3) 충격소음 : 최대 음압 수준 120dB(A) 이상인 소음이 1초 이상의 간격으로 발생하는 것을 말한다.

17 소음계와 누적소음노출량측정기(소음 노출량계)를 설명하시오.

|기출 2017년 1회|

> (1) 소음계
> (2) 누적소음 노출량 측정기

(1) 주파수에 따른 사람의 느낌을 감안하여 A, B, C의 세 가지 특성에서 음압을 측정할 수 있도록 보정되어 있는 기기를 말한다.
(2) 작업자가 여러 작업장소를 이동하면서 작업하는 경우, 근로자에게 직접 부착하여 작업시간(8시간) 동안 작업자가 노출되는 소음 노출량을 측정하는 기기를 말한다.

*참고
지시소음계
소음계의 일종으로서, 마이크로폰으로 수용한 소음을 증폭하여 계기에 직접 폰 또는 데시벨 눈금으로 지시하는 소음계를 말한다.

18 변동소음을 측정하여 평가하는 등가소음도(등가소음레벨)의 공식을 적고 구성요소를 설명하시오.　　　| 기출 2016년 2회 |

$$등가소음도(Leq) = 16.61 \log \frac{n_1 \times 10^{\frac{L_{A1}}{16.61}} + \cdots + n_n \times 10^{\frac{L_{An}}{16.6}}}{각 소음레벨 측정치의 발생시간 합}$$

- Leq : 등가소음레벨[dB(A)]
- L_A : 각 소음레벨의 측정치[dB(A)]
- n : 각 소음레벨 측정치의 발생시간(분)

19 귀마개와 비교한 귀덮개의 장점 4가지를 적으시오.　　　| 기출 2018년 1회, 2023년 2회 |

① 고음영역에서 차음효과가 탁월하다.
② 귀마개보다 차음효과가 일반적으로 크며 차음효과의 개인차가 적다.
③ 귀 안에 염증이 있어도 사용이 가능하다.
④ 착용이 쉽고 착용법이 틀리거나 분실할 염려가 적다.
⑤ 동일한 크기의 귀덮개를 대부분의 근로자가 사용할 수 있다.
⑥ 멀리서도 착용 유무를 확인할 수 있다.

＊참고
귀마개의 장·단점

장점	• 부피가 작아서 휴대하기 편하다. • 보안경과 안전모 사용에 구애받지 않는다. • 고온작업, 좁은 공간에서도 사용할 수 있다. • 가격이 저렴하다.
단점	• 귀에 질병이 있을 경우 착용이 불가능하다. • 제대로 착용하는데 시간이 걸리며 요령을 습득해야 한다. • 착용 여부 파악이 곤란하다. • 차음효과가 일반적으로 귀덮개보다 떨어지며 사람에 따라 차이가 있을 수 있다. • 귀마개 오염에 따른 감염 가능성이 있다. • 땀이 많이 날 때는 외이도에 염증유발 가능성 있다.

20 소음관리대책(방음대책) 중 전파경로대책 3가지를 적으시오.　　　| 기출 2018년 3회 |

① 흡음 및 차음처리
② 방음벽 설치
③ 거리감쇠
④ 지향성 변환(음원방향 변경)

21 흡음재 중 다공질 흡음재료의 종류를 5가지 적으시오. |기출 2013년 2회|

① 암면
② 펠트(felt)
③ 발포 수지재료
④ 유리면(Glass Wool)
⑤ 세라믹

22 (전신)진동에 의한 생체반응에 관여하는 인자 4가지를 적으시오.
|기출 2021년 3회, 2019년 3회, 2016년 1회|

① 진동의 강도
② 진동수
③ 진동방향
④ 폭로시간(노출시간)

23 [보기]의 방사선을 인체 투과력이 큰 순서대로 번호를 쓰시오.
|기출 2019년 3회, 2015년 2회, 2012년 3회|

① α
② 중성자
③ γ
④ β

② > ③ > ④ > ①

24 [보기]에서 제시하는 방사선 용어의 SI 단위를 적으시오. |기출 2017년 2회|

(1) 방사능
(2) 조사선량
(3) 흡수선량
(4) 등가선량

(1) 베크렐(Bq)
(2) C/kg
(3) 그레이(Gy)
(4) 시버트(Sv)

25 작업환경을 국부조명으로 설계하는 경우 고려해야 할 요소 3가지를 적으시오.
| 기출 2017년 3회 |

① 눈부심과 휘도
② 조도와 조도분포(균일한 밝기)
③ 색채효과(빛의 색)

26 산업안전보건법에 의한 작업장의 적절한 조도기준을 적으시오. | 기출 2021년 2회, 2018년 2회 |

① 초정밀 작업 : 750Lux 이상
② 정밀 작업 : 300Lux 이상
③ 보통 작업 : 150Lux 이상
④ 기타 작업 : 75Lux 이상

27 [보기]의 설명에 해당하는 입자상 물질의 종류를 적으시오. | 기출 2020년 3회 |

(1) 액체물질의 교반, 스프레이 작업 등에 의해 공기 중에 부유, 비산되는 액체 미립자를 말한다.
(2) 고체상태의 물질이 용융되어 생긴 금속의 증기가 공기 중에서 응고되어 화학변화(산화)를 일으켜 만들어진 고체의 미립자를 말한다.
(3) 유해물질이 연소 시에 불완전 연소의 결과로 생기는 미립자(에어로졸의 혼합체)를 말한다.

(1) 미스트(mist)
(2) 흄(fume)
(3) 연기(smoke)

28 입자상 물질 중 섬유의 정의를 적으시오. (단, 길이 대 너비의 비를 포함하여 설명할 것)
| 기출 2017년 2회 |

길이가 5㎛ 이상이고 길이 대 너비의 비가 3 : 1 이상인 가늘고 긴 먼지로 석면 섬유, 식물섬유, 유리섬유, 암면 등이 있다.

29 고농도의 분진 발생 작업장에서 실시하여야 하는 관리대책(분진이 발생되는 작업장의 작업관리 대책) 4가지를 적으시오. | 기출 2024년 3회, 2020년 1·2회, 2020년 4회, 2019년 2회, 2017년 3회 |

① 분진 발생원 밀폐(분진 발생 방지)
② 습식공법 채택(분진 비산 방지)
③ 작업장 환기(국소배기장치 또는 전체환기장치를 설치)
④ 작업자 방진마스크 착용

30 용접작업에서 실시하여야 하는 건강보호 대책은 유해광선 차단 대책, 소음 대책, 고열 대책, 용접 흄 및 유해가스 제거 위한 환기 대책 등이 있다. [보기]의 설명 중에서 용접 흄에 대한 대책과 유해광선에 대한 대책을 골라 그 번호를 적으시오. | 기출 2022년 1회, 2019년 3회 |

① 작업장 조도를 65lux 미만으로 유지한다.
② 용접작업 근로자에게 방음용 귀마개를 제공한다.
③ 인접 작업장에 영향을 미칠 우려가 있는 경우 난연 차광커튼을 설치한다.
④ 용접작업 근로자에게 방진마스크와 송기마스크를 제공한다.
⑤ 환기량을 계산하여 국소배기장치 및 전체 환기장치를 가동한다.
⑥ 아크의 조도에 적합한 차광번호의 차광안경을 착용한다.

(1) 용접 흄에 대한 대책
(2) 유해광선에 대한 대책

(1) ④, ⑤
(2) ③, ⑥

31 용접작업의 작업환경 관리 대책 3가지를 적으시오. | 기출 2018년 2회 |

① 국소배기장치 및 전체환기장치를 설치한다.
② 방진마스크나 송기마스크를 착용한다.
③ 차광안경을 착용한다.
④ 소음이 85dB(A) 이상 시에는 귀마개 등 보호구를 착용한다.
⑤ 주위에서 작업하는 근로자의 시력보호를 위해 차광펜스를 설치한다.

32 용해로 취급작업(용해 작업)에 종사하는 작업자가 착용하여야 하는 보호구의 종류를 적고 해당 보호구를 착용하는 목적을 적으시오. | 기출 2017년 3회, 2023년 2회 |

① 방열복 : 고열에 의한 화상 등의 위험으로부터 몸을 보호한다.
② 방열장갑 : 고열에 의한 화상 등의 위험으로부터 손을 보호한다.
③ 방열두건 : 고열에 의한 화상 등의 위험으로부터 머리와 안면부를 보호하고 가시광선 적외선으로부터 눈을 보호한다.

* 참고
방열두건이란 내열원단으로 제조되어 안전모와 안면렌즈가 일체형으로 부착되어 있는 형태의 두건을 말한다.

33 유해물질 취급 작업 시 피부로 유해물질이 흡수되는 것을 방지하기 위하여 착용하여야 하는 보호구의 종류 3가지를 적으시오. | 기출 2024년 1회 |

① 불침투성 보호복 ② 보호장갑 ③ 보호장화

* 참고
1. 사업주는 근로자가 피부 자극성 또는 부식성 관리대상 유해물질을 취급하는 경우에 불침투성 보호복·보호장갑·보호장화 및 피부보호용 바르는 약품을 갖추어 두고, 이를 사용하도록 하여야 한다.
2. 사업주는 근로자가 관리대상 유해물질이 흩날리는 업무를 하는 경우에 보안경을 지급하고 착용하도록 하여야 한다.

34 노출 시에 심각한 건강장해를 유발하는 석면의 종류 4가지를 적으시오. | 기출 2019년 4회 |

① 청석면
② 갈석면
③ 백석면
④ 트레모라이트-석면
⑤ 악티노라이트-석면
⑥ 안소필라이트-석면

35 인체 내의 방어기전 중 점액 섬모운동의 배출기전을 설명하시오. | 기출 2015년 2회 |

점액은 호흡기(기도와 기관지)를 통하여 흡착된 이물질을 붙잡아서 섬모운동에 의해 배출한다.

36 톨루엔의 생물학적 노출지표물질 중 뇨 중 대사산물을 적으시오. | 기출 2018년 2회 |

o-크레졸(오르소-크레졸)

*참고
화학물질의 생물학적 노출지표물질

화학물질	생물학적 노출지표물질(체내대사산물)	시료채취 시기
톨루엔	혈액, 호기의 톨루엔, 소변 중 o-크레졸(오르소-크레졸)	작업종료 시
벤젠	소변 중 페놀, 소변 중 t,t-뮤코닉산(t,t-Muconic acid)	작업종료 시
크실렌	소변 중 메틸마뇨산	작업종료 시
니트로벤젠	혈중 메타헤모글로빈	작업종료 시
에틸벤젠	소변 중 만델린산	작업종료 시
이황화탄소	소변 중 TTCA	당일 작업종료 2시간 전부터 작업종료 사이에 채취
메탄올	소변 중 메탄올	
노말헥산(N-헥산)	소변 중 n-헥산, 소변 중 2.5-hexanedione	작업종료 시
아세톤	소변 중 아세톤	작업종료 시
납	혈중 납, 소변 중 납	중요치 않음
카드뮴	혈 중 카드뮴, 소변 중 카드뮴	중요치 않음
일산화탄소	호기 중 일산화탄소, 혈 중 카르복시헤모글로빈	작업종료 후 15분 이내
스티렌	소변 중 만델린산	작업종료 시
테트라클로로에틸렌	소변 중 트리클로로초산(삼염화초산)	주말작업 종료 시
트리클로로에탄	소변 중 트리클로로초산(삼염화초산)	주말작업 종료 시
사염화 에틸렌	소변 중 트리클로로초산(삼염화초산), 요중 삼염화 에탄올	주말작업 종료 시
N,N-디메틸포름아미드	소변 중 N-메틸포름아미드	작업종료 시
트리클로로에틸렌 (삼염화에틸렌)	소변 중 트리클로로초산(삼염화 초산), 트리클로로에탄올(삼염화에탄올)	주말작업 종료 직후
수은	혈중 총 무기수은	작업시작 전
크롬	소변 중 크롬	4~5일간 연속작업 종료 2시간 전~작업 직후
methyl n-butyl ketone	소변 중 2, 5-hexanedione	작업종료 시
디클로로메탄	혈중 카복시헤모글로빈	작업종료 시
클로로벤젠	소변 중 총 클로로카테콜	작업종료 시

암기법

크레용(O-크레졸) 묻은 털(톨루엔)에 벤(벤젠) 페놀, 메틸마녀(메틸마뇨산) 크시더니(크실렌) 니트로벤(니트로벤젠) 메타헤모(메타헤모글로빈), 에틸벤(에틸벤젠) 만델린, 스틸벤(스티렌) 만델린, 이황화탄(이황화탄소) TTCA, 일산화탄(일산화탄소) 헤모글로(카르복시헤모글로빈)

37 다음 표는 화학물질별 생물학적 노출지표물질을 나타낸다. 괄호에 적합한 용어를 적으시오.

| 기출 2024년 2회, 2014년 3회 |

화학물질	생물학적 검체대상	생물학적 노출지표물질 (체내대사산물)	시료채취 시기
에틸벤젠	소변	(①)	작업종료 시
아세톤	(②)	아세톤	작업종료 시
카드뮴	혈액, 소변	(③)	중요치 않음
일산화탄소	호기, 혈액	호기 중 (④), 혈 중 카르복시헤모글로빈	작업종료 후 15분 이내
크롬	소변	크롬	(⑤)
클로로벤젠	소변	(⑥)	작업종료 시

① 만델린산
② 소변
③ 카드뮴
④ 일산화탄소
⑤ 4~5일간 연속작업 종료 2시간 전~작업 직후
⑥ 총 클로로카테콜

38 [보기]에서 제시하는 물질의 생물학적 노출지표 물질과 시료채취 시기를 적으시오.

| 기출 2017년 2회 |

(1) 톨루엔
(2) 벤젠
(3) 일산화탄소
(4) 아세톤
(5) 크롬

화학물질	생물학적 노출지표물질(체내대사산물)	시료채취 시기
톨루엔	• 혈액, 호기의 톨루엔 • 소변 중 o-크레졸(오르소-크레졸)	작업종료 시
벤젠	• 소변 중 페놀 • 소변 중 t,t-뮤코닉산(t,t-Muconic acid)	작업종료 시
아세톤	• 소변 중 아세톤	작업종료 시
일산화탄소	• 호기 중 일산화탄소 • 혈 중 카르복시헤모글로빈	작업종료 후 15분 이내
크롬	• 소변 중 크롬	4~5일간 연속작업 종료 2시간 전~작업 직후

39 두 가지 이상의 화학물질에 동시에 노출되는 경우 각 물질 간 화학적 상호작용이 나타나게 된다. 혼합물질의 화학적 상호작용의 종류 4가지를 적고 설명하시오.

| 기출 2024년 2·3회, 2023년 3회, 2023년 2회, 2021년 1회, 2017년 2회 |

(1) 독립작용 : 각각의 독성물질이 서로 다른 조직이나 기관에 영향을 미치는 경우로 각 물질의 반응양상이 달라 서로 독립적인 작용을 한다.
(2) 상가작용 : 두 물질에 동시 노출될 경우의 독성은 단독물질 독성의 합과 같다. (2+3=5)
(3) 상승작용 : 두 물질에 동시 노출될 경우의 독성은 단독물질 독성의 합보다 크게 증가한다. (2+3=20)
(4) 가승작용(잠재작용, 강화작용) : 독성이 없던 물질을 독성이 있는 물질과 혼합하면 독성이 강해진다. (2+0=5)
(5) 길항작용 : 두 물질이 서로의 작용을 방해하여 두 물질에 동시 노출될 경우의 독성은 단독물질의 독성보다 약해진다. (2+3=1)

40 혼합물질의 화학적 상호작용 중 길항작용의 종류 3가지를 적고 설명하시오.

| 기출 2021년 2회 |

① 배분적(분배적) 길항작용 : 물질의 흡수, 대사 등에 변화를 일으켜 독성이 낮아진다.
② 기능적 길항작용 : 생체 내에서 서로 반대되는 기능을 가져 독성이 낮아진다.
③ 화학적 길항작용 : 화학적인 상호반응에 의해 독성이 낮아진다.
④ 수용적 길항작용 : 두 화학물질이 체내에서 같은 수용체에 결합하여 경쟁관계를 가짐으로써 독성이 낮아진다.

41 [보기]는 입자상 물질의 정의이다. 설명에 해당하는 입자상 물질의 명칭을 적으시오.

| 기출 2024년 2회 |

(1) 공기 중에 부유, 비산되는 액체 미립자를 말하며 입자의 크기는 보통 100㎛ 이하이다.
(2) 금속의 증기가 공기 중에서 응고되어 화학변화를 일으켜 만들어진 고체의 미립자를 말한다.
(3) 유해물질이 연소 시에 불완전 연소의 결과로 생기는 미립자로 액체나 고체의 2가지 상태로 존재할 수 있다.

(1) 미스트(mist)
(2) 흄(fume)
(3) 연기(smoke)

*참고
입자상 물질의 종류 및 정의

종류	정의
먼지(dust)	입자의 크기는 1~100㎛ 정도의 고체의 미립자가 공기 중에 부유하고 있는 것
안개(fog)	증기가 응축되어 생성된 액체 입자로 크기는 1~10㎛ 정도이다.
스모그(smog)	smoke(연기)와 fog(안개)가 결합된 상태를 말한다.
에어로졸(aerosol)	유기물의 불완전 연소에 의한 액체와 고체의 미세한 입자가 공기 중에 부유되어 있는 혼합체를 말한다.
섬유(fiber)	길이가 5㎛ 이상이고 길이 대 너비의 비가 3 : 1 이상인 가늘고 긴 먼지로 석면 섬유, 식물섬유, 유리섬유, 암면 등이 있다.
검댕(soot)	탄소함유 물질의 불완전연소로 생성된 탄소입자의 응집체

실기기출 계산형 문제

제1과목 │ 산업위생학 개론

01 어느 작업장에서 작업 중에 유해물질(TLV-TWA : 85ppm)을 1일 10시간 취급하고 있다. Brief and Scala의 보정법을 적용하여 보정된 허용기준을 계산하시오.
| 기출 2024년 2회, 2023년 1회, 2020년 1·2회, 2019년 2회 |

> **Brief와 Scala의 보정방법**
> 1. $RF = \left(\dfrac{8}{H}\right) \times \dfrac{24-H}{16}$
> 2. [일주일 ; $RF = \left(\dfrac{40}{H}\right) \times \dfrac{168-H}{128}$]
> 3. 보정된 노출기준 = RF × 노출기준(허용농도)
>   - H : 비정상적인 작업시간(노출시간/일); 노출시간/주
>   - 16 : 휴식시간 의미(128; 일주일 휴식시간 의미)

1. $RF = \left(\dfrac{8}{H}\right) \times \dfrac{24-H}{16} = \left(\dfrac{8}{10}\right) \times \dfrac{24-10}{16} = 0.70$
2. 보정된 노출기준 = RF × 허용농도 = 0.70 × 85 = 59.50(ppm)

02 트리클로로에틸렌(TLV=50ppm)이 존재하는 작업환경에서 작업시간이 1일 10시간일 경우 보정된 허용농도를 계산하시오. (단, Brief와 Scala의 보정방법을 적용한다.) | 기출 2013년 2회 |

1. $RF = \left(\dfrac{8}{H}\right) \times \dfrac{24-H}{16} = \left(\dfrac{8}{10}\right) \times \dfrac{24-10}{16} = 0.7$
2. 보정된 노출기준 = RF × 허용농도 = 0.7 × 50 = 35(ppm)

03 유해물질(TLV=190ppm)이 존재하는 작업환경에서 작업시간이 1일 10시간일 경우 보정된 허용농도를 계산하시오. (단, Brief와 Scala의 보정방법을 적용한다.)

| 기출 2021년 3회, 2017년 1회 |

1. $RF = \left(\dfrac{8}{H}\right) \times \dfrac{24-H}{16} = \left(\dfrac{8}{10}\right) \times \dfrac{24-10}{16} = 0.7$
2. 보정된 노출기준 = RF × 허용농도 = 0.7 × 190 = 133 (ppm)

04 작업 중에 유해물질(TLV-TWA : 65ppm)을 1일 9시간 취급하고 있다. Brief and Scala의 보정법을 적용하여 보정된 허용기준을 계산하시오.

| 기출 2016년 3회 |

1. $RF = \left(\dfrac{8}{H}\right) \times \dfrac{24-H}{16} = \left(\dfrac{8}{9}\right) \times \dfrac{24-9}{16} = 0.83$
2. 보정된 노출기준 = RF × 허용농도 = 0.83 × 65 = 53.95(ppm)

05 작업 중에 유해물질(TLV-TWA : 100ppm)을 1일 12시간 취급하고 있다. Brief and Scala의 보정법을 적용하여 보정계수를 계산하고, 보정된 허용기준을 계산하시오.

| 기출 2021년 1회 |

1. 보정계수 $RF = \left(\dfrac{8}{H}\right) \times \dfrac{24-H}{16} = \left(\dfrac{8}{12}\right) \times \dfrac{24-12}{16} = 0.50$
2. 보정된 노출기준 = RF × 허용농도 = 0.50 × 100 = 50(ppm)

제2과목 작업위생측정 및 평가

01 벤젠 0.4ppm(TLV : 0.5ppm), 톨루엔 55ppm(TLV : 50ppm), 크실렌 85ppm(TLV : 100ppm)이 발생되는 작업장이 있다. 혼합공기의 노출기준(ppm)을 계산하고 노출기준 초과여부를 평가하시오. (단, 세 물질은 서로 상가 작용을 한다.)
| 기출 2018년 2회, 2023년 3회 |

> 1. 노출지수 $EI = \dfrac{C_1}{T_1} + \dfrac{C_2}{T_2} + ... + \dfrac{C_n}{T_n}$
>   - C : 화학물질 각각의 측정치
>   - T : 화학물질 각각의 노출기준
> 2. 평가
>   - $EI > 1$: 노출기준을 초과함
>   - $EI < 1$: 노출기준을 초과하지 않음
> 3. 혼합물의 TLV-TWA
> $$TLV-TWA = \dfrac{C_1 + C_2 + ... + C_n}{EI}$$

1. 노출지수 $EI = \dfrac{0.4}{0.5} + \dfrac{55}{50} + \dfrac{85}{100} = 2.75$
2. 혼합물의 노출기준 $= \dfrac{0.4 + 55 + 85}{2.75} = 51.05(\text{ppm})$
3. 노출기준 초과여부 : $EI > 1$이므로 노출기준을 초과함

02 금속제품의 탈지 및 포장과정에서 근로자가 트리클로로에틸렌(TLV 50ppm) 65ppm과 아세톤(TLV 50ppm) 75ppm을 사용하였다. 두 물질은 상가작용을 할 경우 (1) 노출지수를 계산하고 노출기준 초과 여부를 설명하시오. (2) 혼합공기의 허용농도를 계산하시오.
| 기출 2013년 2회, 2012년 1회 |

(1) $EI = \dfrac{65}{50} + \dfrac{75}{50} = 2.80$, 노출기준 초과여부 : $EI > 1$이므로 노출기준을 초과함

(2) $\dfrac{65 + 75}{2.80} = 50(\text{ppm})$

03 작업장 공기 중에 A물질 25ppm(TLV : 10ppm), B물질 60ppm(TLV : 150ppm), C물질 30ppm(TLV : 100ppm)이 발생되고 있다. 세 물질이 서로 상가 작용을 할 경우 혼합공기의 노출기준(ppm)을 계산하고 노출기준 초과여부를 평가하시오. | 기출 2021년 1회 |

1. 노출지수 $EI = \dfrac{25}{10} + \dfrac{60}{150} + \dfrac{30}{100} = 3.20$

2. 혼합물의 노출기준 $= \dfrac{25 + 60 + 30}{3.20} = 35.94\text{(ppm)}$

3. 노출기준 초과여부 : $EI > 1$이므로 노출기준을 초과함

04 작업장 공기 중에 acetone 300ppm(TLV : 500ppm), heptane 250ppm(TLV : 400ppm), methyl ethyl ketone 100ppm(TLV : 200ppm)이 완전 혼합되었다고 가정할 때 혼합물질의 노출기준을 계산하고 노출기준 초과여부를 평가하시오. (단, 각각의 물질은 서로 상가작용을 한다.) | 기출 2020년 4회, 2019년 1회, 2014년 3회, 2023년 1회 |

1. $EI = \dfrac{300}{500} + \dfrac{250}{400} + \dfrac{100}{200} = 1.73$

2. $EI > 1$이므로 노출기준을 초과함

3. 혼합물의 노출기준

$TLV - TWA = \dfrac{300 + 250 + 100}{1.73} = 375.72\text{(ppm)}$

05 벤젠 0.4ppm(TLV : 0.5ppm), 톨루엔 55ppm(TLV : 50ppm), 크실렌 85ppm(TLV : 100ppm)이 발생되는 작업장이 있다. 혼합공기의 노출기준(ppm)을 계산하고 노출기준 초과여부를 평가하시오. (단, 세 물질은 서로 상가 작용을 한다.) | 기출 2024년 2회, 2022년 1회, 2013년 1회 |

1. 노출지수 $EI = \dfrac{0.4}{0.5} + \dfrac{55}{50} + \dfrac{85}{100} = 2.75$

2. 혼합물의 노출기준 $= \dfrac{0.4 + 55 + 85}{2.75} = 51.05\text{(ppm)}$

3. 노출기준 초과여부 : $EI > 1$이므로 노출기준을 초과함

06 작업장 공기 중에 carbon tetrachloride(TLV = 10ppm) 8ppm, 1,2-dichloroethane(TLV = 50ppm) 12ppm, 1,2-dibromoethane(TLV = 20ppm) 11ppm이 존재하고 있다. 해당 작업장 공기 중 혼합물의 노출기준을 계산하고 노출기준 초과여부를 평가하시오.
(단, 혼합물은 서로 상가작용을 한다.) | 기출 2012년 3회 |

1. 노출지수 $EI = \dfrac{C_1}{T_1} + \dfrac{C_2}{T_2} + \ldots + \dfrac{C_n}{T_n} = \dfrac{8}{10} + \dfrac{12}{50} + \dfrac{11}{20} = 1.59$

    $EI > 1$이므로 노출기준을 초과함

2. $TLV - TWA = \dfrac{8 + 12 + 11}{1.59} = 19.50 \text{(ppm)}$

07 작업공정 중에 소음을 90dB에서 4시간, 105dB에서 2시간 작업하였다. 소음 노출지수를 계산하시오. | 기출 2016년 2회 |

$$\text{노출지수}(EI) = \dfrac{C_1}{T_1} + \dfrac{C_2}{T_2} + \ldots + \dfrac{C_n}{T_n} = \dfrac{4}{8} + \dfrac{2}{1} = 2.50$$

* 참고
소음의 노출기준(소음변화율 : 5dB)

1일 노출시간(hr)	소음수준[dB(A)]
8	90
4	95
2	100
1	105
1/2	110
1/4	115

08 작업장 공기 중에 혼합된 3가지 물질의 구성비율과 노출기준이 [보기]와 같을 때 혼합물의 노출기준(mg/m³)을 계산하시오. | 기출 2020년 3회 |

물질명	구성비율(%)	노출기준(mg/m³)
A	20	760
B	30	1,200
C	50	950

> 액체 혼합물의 구성성분(%)을 알 때 혼합물의 허용농도(노출기준)
>
> $$\text{혼합물의 노출기준(mg/m}^3) = \frac{1}{\dfrac{f_a}{TLV_a} + \dfrac{f_b}{TLV_b} + \cdots\cdots + \dfrac{f_n}{TLV_n}}$$
>
> - f_a, f_b, f_n : 액체 혼합물에서의 각 성분 무게(중량) 구성비
> - TLV_a, TLV_b, TLV_n : 해당 물질의 노출기준(mg/m³)

$$\text{노출기준} = \frac{1}{\dfrac{0.2}{760} + \dfrac{0.3}{1,200} + \dfrac{0.5}{950}} = 962.03 \, (\text{mg/m}^3)$$

또는

$$\text{노출기준} = \frac{100}{\dfrac{20}{760} + \dfrac{30}{1,200} + \dfrac{50}{950}} = 962.03 \, (\text{mg/m}^3)$$

09 공기 중에 3가지 혼합물의 구성 비율이 [보기]와 같을 경우 혼합된 오염물질의 농도(mg/m³)를 계산하시오. | 기출 2012년 1회 |

- A(TLV : 150mg/m³, 공기 중 구성비율 30%)
- B(TLV : 250mg/m³, 공기 중 구성비율 30%)
- C(TLV : 750mg/m³, 공기 중 구성비율 40%)

$$\text{혼합분진의 노출기준} = \frac{1}{\dfrac{0.3}{150} + \dfrac{0.3}{250} + \dfrac{0.4}{750}} = 267.86 \, (\text{mg/m}^3)$$

또는

$$\text{혼합분진의 노출기준} = \frac{100}{\dfrac{30}{150} + \dfrac{30}{250} + \dfrac{40}{750}} = 267.86 \, (\text{mg/m}^3)$$

10 공기 중에 파라타온(TLV : 0.1mg/m³)과 EPN(TLV : 0.5mg/m³)이 1 : 5의 비율로 존재하는 경우 혼합 분진의 TLV(mg/m³)를 계산하시오. (단, 두 분진은 서로 상가작용을 한다고 가정한다.)

| 기출 2013년 2회 |

풀이 1. 혼합분진의 노출기준 $= \dfrac{1}{\dfrac{\frac{1}{6}}{0.1} + \dfrac{\frac{5}{6}}{0.5}} = 0.30(mg/m^3)$

풀이 2. 혼합분진의 노출기준 $= \dfrac{1}{\dfrac{0.1667}{0.1} + \dfrac{0.8333}{0.5}} = 0.30(mg/m^3)$

또는 혼합분진의 노출기준 $= \dfrac{100}{\dfrac{16.67}{0.1} + \dfrac{83.33}{0.5}} = 0.30(mg/m^3)$

- 파라티온의 중량비 : $\dfrac{1}{6} \times 100 = 16.67(\%)$
- EPND의 중량비 : $\dfrac{5}{6} \times 100 = 83.33(\%)$

11 공기 중에 A(TLV : 10mg/m³), B(TLV : 25mg/m³), C(TLV : 0.5mg/m³) 3가지 오염물질이 1 : 2 : 4의 비율로 혼합되어 발생하고 있다. 혼합된 오염물질의 농도(mg/m³)를 계산하시오.

| 기출 2013년 1회 |

풀이 1. 혼합분진의 노출기준 $= \dfrac{1}{\dfrac{\frac{1}{7}}{10} + \dfrac{\frac{2}{7}}{25} + \dfrac{\frac{4}{7}}{0.5}} = 0.86(mg/m^3)$

풀이 2. 혼합분진의 노출기준 $= \dfrac{1}{\dfrac{0.1429}{10} + \dfrac{0.2857}{25} + \dfrac{0.5714}{0.5}} = 0.86(mg/m^3)$

또는 혼합분진의 노출기준 $= \dfrac{100}{\dfrac{14.29}{10} + \dfrac{28.57}{25} + \dfrac{57.14}{0.5}} = 0.86(mg/m^3)$

- A : $\dfrac{1}{7} \times 100 = 14.29\%$
- B : $\dfrac{2}{7} \times 100 = 28.57\%$
- C : $\dfrac{4}{7} \times 100 = 57.14\%$

12 MEK(분자량 : 72)의 농도가 30ppm일 때 mg/m³ 단위로 환산된 농도를 계산하시오.
(단, 25℃ 1기압 기준) | 기출 2018년 1회, 2014년 2회, 2023년 2회 |

> ppm과 mg/m³의 상호 농도변환
> 1. 0℃, 1기압의 경우
>   노출기준(mg/m³) = $\dfrac{\text{노출기준(ppm)} \times \text{그램분자량}}{22.4}$
> 2. 21℃, 1기압의 경우
>   노출기준(mg/m³) = $\dfrac{\text{노출기준(ppm)} \times \text{그램분자량}}{24.1}$
> 3. 25℃, 1기압의 경우
>   노출기준(mg/m³) = $\dfrac{\text{노출기준(ppm)} \times \text{그램분자량}}{24.45}$

노출기준 = $\dfrac{30 \times 72}{24.45}$ = 88.34(mg/m³)

13 작업장 내 오염물질의 농도가 45ppm이었다. mg/m³ 단위로 환산된 농도를 계산하시오.
(단, 오염물질의 분자량 72g, 21℃ 1기압 기준) | 기출 2013년 1회, 2012년 2회 |

> ppm과 mg/m³의 상호 농도변환
> 1. 0℃, 1기압의 경우
>   노출기준(mg/m³) = $\dfrac{\text{노출기준(ppm)} \times \text{그램분자량}}{22.4}$
> 2. 21℃, 1기압의 경우
>   노출기준(mg/m³) = $\dfrac{\text{노출기준(ppm)} \times \text{그램분자량}}{24.1}$
> 3. 25℃, 1기압의 경우
>   노출기준(mg/m³) = $\dfrac{\text{노출기준(ppm)} \times \text{그램분자량}}{24.45}$

노출기준(mg/m³) = $\dfrac{\text{ppm} \times \text{분자량}}{24.1}$ = $\dfrac{45 \times 72}{24.1}$ = 134.44(mg/m³)

14 일산화탄소 10ppm은 몇 mg/m³인가? (단, 0℃ 1기압 기준) |기출 2020년 1회|

> 1. 0℃, 1기압 기준
>   - $mg/m^3 = \dfrac{ppm \times 분자량}{22.4}$
>   - $ppm = mg/m^3 \times \dfrac{22.4(L)}{분자량}$
> 2. 21℃, 1기압 기준
>   - $mg/m^3 = \dfrac{ppm \times 분자량}{24.1}$
>   - $ppm = mg/m^3 \times \dfrac{24.1(L)}{분자량}$
> 3. 25℃, 1기압 기준
>   - $mg/m^3 = \dfrac{ppm \times 분자량}{24.45}$
>   - $ppm = mg/m^3 \times \dfrac{24.45(L)}{분자량}$

$mg/m^3 = \dfrac{ppm \times 분자량}{22.4} = \dfrac{10 \times 28}{22.4} = 12.50(mg/m^3)$

[일산화탄소(CO)의 분자량 = 12 + 16 = 28(g)]

15 비누거품미터로 보정한 결과 1,200cc의 공간에서 비누거품이 도달하는 시간을 측정하였다. 4번 측정한 결과가 23.4초, 22.1초, 24.4초, 24.1초인 경우 펌프의 평균유량(L/min)을 계산하시오. |기출 2024년 3회, 2021년 3회, 2019년 2회|

> $유량(L/min) = \dfrac{비누거품이\ 통과한\ 용량(L)}{비누거품이\ 통과한\ 시간(min)}$

1. 소요되는 평균시간

    평균시간 $= \dfrac{23.4 + 22.1 + 24.4 + 24.1}{4} = 23.50(sec)$

2. 유량 $= \dfrac{비누거품이\ 통과한\ 용량(L)}{비누거품이\ 통과한\ 시간(min)} = \dfrac{1.2L}{23.50 \times \dfrac{1}{60} min} = 3.06(L/min)$

    (1000cc = 1L, ∴ 1200cc = 1.2L)

16 부피가 15,000m³인 작업장에서 톨루엔 3L가 증발하였다. 작업장 내의 톨루엔 농도(ppm)를 계산하시오. (단, 톨루엔의 분자량 92.14, 비중 0.879, 21℃ 1기압 기준) | 기출 2012년 3회 |

1. $mg/m^3 = \dfrac{(3 \times 0.879 \times 10^6)mg}{15,000m^3} = 175.80(mg/m^3)$

$$\begin{bmatrix} L \times 비중 = kg, \ kg = 10^6 mg \\ (3 \times 0.879)kg = (3 \times 0.879 \times 10^6)mg \end{bmatrix}$$

2. $mg/m^3 = \dfrac{노출기준(ppm) \times 그램분자량}{24.1}$

$ppm = \dfrac{mg/m^3 \times 24.1}{분자량} = \dfrac{175.80 \times 24.1}{92.14} = 45.98(ppm)$

17 분진이 발생되는 작업장의 공기 600L를 채취하여 여과지로 분진 농도를 측정하였다. 시료 채취 전 여과지의 무게는 3.04mg이었으며, 시료채취 후 여과지의 무게는 18.06mg이었다. 이 작업장의 분진 농도(mg/m³)를 계산하시오. | 기출 2021년 3회 |

$mg/m^3 = \dfrac{(18.06 - 3.04)mg}{600 \times 10^{-3} m^3} = 25.03(mg/m^3)$

$(L = 10^{-3} m^3)$

18 작업장 내의 분진을 여과지로 채취한 값이 30.25mg이며, 분진포집 전의 여과지를 측정한 값이 12.72mg이었다. 분진 포집유량이 3.8L/min, 포집시간이 80min일 경우 이 작업장 공기 중의 분진농도(mg/m³)을 계산하시오. | 기출 2020년 3회 |

$mg/m^3 = \dfrac{(30.25 - 12.72)mg}{\dfrac{3.8 \times 10^{-3} m^3}{min} \times 80min} = 57.66(mg/m^3)$

$(L = 10^{-3} m^3)$

19 저용량 에어 샘플러(low volume air sampler)로 공기 중의 납을 시료채취 한 결과 총 흡인유량이 180L일 때 납의 정량치는 12μg이었다. 공기 중 납의 농도(mg/m³)를 계산하시오. (단, 회수율은 95%이다.)

| 기출 2020년 2회 |

1. $\dfrac{mg}{m^3} = \dfrac{12 \times 10^{-3} mg}{180 \times 10^{-3} m^3} = 0.0667 (mg/m^3)$

   $\left[\begin{array}{l} \cdot \ \mu g = 10^{-3} mg \\ \cdot \ L = 10^{-3} m^3 \end{array} \right]$

2. 회수율이 95%이므로 100%일 때의 농도

   $0.95 : 0.0667 = 1 : x$

   $0.95x = 0.0667$

   $x = \dfrac{0.0667}{0.95} = 0.07 (mg/m^3)$

> * 참고
> mg/m³을 소수 둘째자리 값(0.07)으로 대입할 경우 회수율 95% 값과 100% 값이 동일하여 소수 넷째자리 값(0.0667)으로 대입하여 계산함

20 저유량 펌프로 작업장 공기 0.6m³ 중의 납을 채취한 후 20mL의 10% 질산에 용해시켰다. 원자흡광광도계로 분석한 납의 농도가 48μg/mL인 경우 작업장 공기 중의 납의 농도(mg/m³)를 계산하시오.

| 기출 2024년 2회, 2019년 3회, 2012년 2회 |

$mg/m^3 = \dfrac{\text{여과지의 금속농도} \times \text{시료의 최종용액 부피}}{\text{채취한 공기량}} = \dfrac{\dfrac{48 \times 10^{-3} mg}{mL} \times 20mL}{0.6m^3} = 1.60 (mg/m^3)$

($\mu g/m^3 = 10^{-3} mg$)

21 작업장의 공기 중 오염물질을 여과지로 포집한 후 분석한 결과 시료채취 후 여과지에서는 36.4μg, 공시료 여과지에서는 2.2μg이 검출되었다. 시료포집 pump의 유량을 1.5L/min로 하여 오전 9시부터 오후 3시까지 채취할 경우 공기 중 오염물질의 농도($\mu g/m^3$)를 계산하시오.
(단, 회수율은 99%이다.) | 기출 2013년 1회 |

1. $C(\mu g/m^3) = \dfrac{(36.4 - 2.2)\mu g}{\dfrac{1.5 \times 10^{-3} m^3}{min} \times (6 \times 60) min} = 63.33(\mu g/m^3)$

2. 회수율(탈착효율) = $\dfrac{검출량}{주입량}$

   주입량 = $\dfrac{검출량}{회수율} = \dfrac{63.33}{0.99} = 63.97(\mu g/m^3)$

   또는 회수율이 99%이므로 100%일 때의 농도
   $0.99 : 63.33 = 1 : x$
   $0.99x = 66.33$
   $x = \dfrac{63.33}{0.99} = 63.97(mg/m^3)$

22 활성탄관으로 톨루엔을 분석한 결과 활성탄관 앞 층에서 20mg, 뒤 층에서 0.05mg의 톨루엔이 검출되었다.(단, 톨루엔의 분자량 92.13g, 25℃, 1기압 기준) | 기출 2020년 4회 |

(1) 활성탄관의 앞 층과 뒤 층을 구분하는 목적을 적으시오.
(2) 공기의 채취유량이 350L인 경우 톨루엔의 농도(ppm)를 계산하시오.

(1) 파과로 인한 오염물질의 과소평가를 방지하기 위함이다.
(2) ppm과 mg/m^3의 상호 농도변환

> 25℃, 1기압 기준
> • 노출기준(mg/m^3) = $\dfrac{노출기준(ppm) \times 그램분자량}{24.45}$
> • ppm = $\dfrac{mg/m^3 \times 24.45}{분자량}$

• $mg/m^3 = \dfrac{(20 + 0.05)mg}{(350 \times 10^{-3})m^3} = 57.29(mg/m^3)$
  ($L = 10^{-3} m^3$)
• ppm = $\dfrac{mg/m^3 \times 24.45}{분자량} = \dfrac{57.29 \times 24.45}{92.13} = 15.20(ppm)$

★ 참고
보통 앞 층의 1/10 이상이 뒤 층으로 넘어갈 경우 파과가 일어났다고 본다.

23 활성탄 2000kg을 이용하여 톨루엔(MW : 92.14) 증기 250ppm을 함유한 공기 350m³/min을 흡착하려고 한다. 흡착에 필요한 시간을 계산하시오. (단, 활성탄의 톨루엔 흡착률 0.2kg/kg(활성탄), 활성탄의 톨루엔 증기 흡착률 90%, 온도 25℃ 기준) | 기출 2018년 2회 |

1. 톨루엔 250ppm → mg/m³

   $mg/m^3 = \dfrac{ppm \times 분자량}{24.45} = \dfrac{250 \times 92.14}{24.45} = 942.13(mg/m^3)$

2. 톨루엔의 흡착량(kg/hr)

   > 25℃, 1기압일 때
   > - $mg/m^3 = \dfrac{ppm \times 분자량}{24.45}$
   > - $ppm = mg/m^3 \times \dfrac{24.45(L)}{분자량}$

   - $\dfrac{350m^3}{min} \times \dfrac{942.13 \times 10^{-6}kg}{m^3} \times 60 = 19.78(kg/hr)$

     $(942.13mg = 942.13 \times 10^{-6}kg)$

   - 톨루엔 증기 흡착률이 90%이므로

     $100 : 19.78 = 90 : x$

     $100x = 19.78 \times 90$

     $x = \dfrac{19.78 \times 90}{100} = 17.80(kg/hr)$

3. 활성탄 2000kg이 흡착할 수 있는 톨루엔의 양

   $\dfrac{0.2kg}{kg} \times 2000kg = 400(kg)$

4. 활성탄 2000kg으로 톨루엔을 흡착하는데 걸리는 시간

   17.80(kg/hr) → 1시간에 톨루엔 17.80kg을 흡착함

   톨루엔 400kg 흡착 → x시간

   $17.80 : 1 = 400 : x$

   $17.80x = 400$

   $x = \dfrac{400}{17.80} = 22.47(hr)$

24 어느 작업장에서 톨루엔(분자량 : 92.13, 허용기준 : 188mg/m³)을 분당 20g 사용하고 있다. 톨루엔의 시간당 발생률(L/hr)을 계산하시오. (단, 25℃, 1기압 기준) | 기출 2021년 1회 |

1. 톨루엔의 분자량은 92.13g/mol, 25℃, 1기압에서 기체 1몰의 부피는 24.45L이므로 톨루엔 20g의 부피는
    $92.13g : 24.45L = 20g : xL$
    $92.13x = 24.45 \times 20$
    $x = \dfrac{24.45 \times 20}{92.13} = 5.31(L)$
2. 분당 발생률(L/min) = 5.31L/min
3. 시간당 발생률(L/hr) = $\dfrac{5.31L}{\frac{1}{60}hr}$ = 318.60(L/hr)

25 작업장에서 측정한 톨루엔을 분석하기 위해서 검량선을 [보기]와 같이 구했다. 시료를 분석한 결과 면적이 32,345였고 공시료는 0이었다. 채취된 톨루엔의 농도(μg/mL)을 계산하시오.
| 기출 2017년 2회 |

Y(면적) = 78,723 × 농도 + 816.2

Y(면적) = 78,723 × 농도 + 816.2
$Y - 816.2 = 78,723 \times $ 농도
농도 = $\dfrac{Y - 816.2}{78,723} = \dfrac{32,345 - 816.2}{78,723} = 0.40(\mu g/mL)$

26 0.001N-NaOH의 pH를 계산하시오.　　|기출 2016년 2회, 2014년 3회|

1. NaOH → Na$^+$ + OH$^-$
   NaOH는 OH$^-$가 1가의 이온이므로
   0.001N NaOH = 0.001M NaOH가 된다.

2. pOH = $\log(\frac{1}{OH^-}) = \log(\frac{1}{0.001}) = 3$
   pH = 14 − (3) = 11

★ 참고

1. pH = $\log(\frac{1}{H^+}) = \log(H^+)$

2. pOH = $\log(\frac{1}{OH^-}) = -\log(OH^-)$

3. pH + pOH = 14

27 시료채취, 측정시간, 회수율, 시료분석 등에 의한 오차가 각각 10%, 5%, 11%, −4%이다.
　　|기출 2014년 3회|

(1) 누적오차를 계산하시오.
(2) 시료채취, 측정시간, 회수율, 시료분석 중 오차를 최소화하기 위하여 최우선으로 개선하여야 하는 항목의 명칭을 적으시오.

(1) 누적오차

$$누적오차(E_c) = \sqrt{E_1^2 + E_2^2 + E_3^2 + \cdots + E_n^2}$$

- E_c : 누적오차(%)
- $E_1, E_2, E_3 \sim E_n$: 각각 요소의 오차율(%)

누적오차$(E_c) = \sqrt{10^2 + 5^2 + 11^2 + (-4)^2} = 16.19(\%)$

(2) 회수율

★ 참고
오차의 절대 값이 가장 큰 항목부터 우선적으로 개선하여야 오차를 줄일 수 있다.

28 공기흡입유량, 측정시간, 회수율 및 시료분석 등에 의한 오차가 각각 10%, 5%, 11%, 4%일 때 공기흡입유량에 대한 오차를 10% 감소시킨 경우 누적오차가 얼마나 감소하였는지(%)를 계산하시오.

| 기출 2019년 2회 |

$$누적오차(E_c) = \sqrt{E_1^2 + E_2^2 + E_3^2 + \cdots + E_n^2}$$

- E_c : 누적오차(%)
- $E_1, E_2, E_3 \sim E_n$: 각각 요소의 오차율(%)

1. 공기흡입유량에 대한 오차를 감소시키기 전의 누적오차
   $$누적오차(E_c) = \sqrt{(10)^2 + (5)^2 + (11)^2 + (4)^2} = 16.19(\%)$$
2. 공기흡입유량에 대한 오차를 10% 감소시킨 후의 누적오차
   $$누적오차(E_c) = \sqrt{(9)^2 + (5)^2 + (11)^2 + (4)^2} = 15.59(\%)$$
   [공기유량에 대한 오차를 10% 감소시킴 : $10 - (10 \times 0.1) = 9(\%)$]
3. 감소된 누적오차
   $16.19 - 15.59 = 0.60(\%)$

29 다음 데이터를 이용하여 기하표준편차를 계산하시오.

| 기출 2015년 3회 |

누적 분포	해당 데이터
15.9%	0.4
50%	0.8
84.1%	1.6

기하표준편차

1. 그래프를 이용하는 방법
   $$GSD = \frac{84.1\%에\ 해당하는\ 값}{50\%에\ 해당하는\ 값} = \frac{50\%에\ 해당하는\ 값}{15.9\%에\ 해당하는\ 값}$$
2. 계산에 의한 방법
   $$\log(GSD) = \left[\frac{(\log X_1 - \log GM)^2 + (\log X_2 - \log GM)^2 + \cdots + (\log X_N - \log GM)^2}{N-1}\right]^{0.5}$$
   - GSD : 기하표준편차
   - GM : 기하평균
   - N : 측정치의 수 수
   - X_i : 측정치

$$GSD = \frac{84.1\%에\ 해당하는\ 값}{50\%에\ 해당하는\ 값}\ 또는\ \frac{50\%에\ 해당하는\ 값}{15.9\%에\ 해당하는\ 값} = \frac{1.6}{0.8}\ 또는\ \frac{0.8}{0.4} = 2$$

30 유기용제 작업장에서 측정한 톨루엔 농도가 65, 150, 175, 63, 83, 112, 58, 49, 205, 178ppm일 때 산술평균과 기하평균값은 약 몇 ppm인지 계산하시오. | 기출 2014년 1회 |

> 1. 산술평균
> $$M = \frac{X_1 + X_2 + X_3 + \cdots + X_n}{N}$$
> - M : 산술평균
> - X_n : 측정치
> - N : 측정치 개수
>
> 2. 기하평균(GM)
> - $\log(GM) = \dfrac{\log X_1 + \log X_2 + \cdots + \log X_n}{N}$
> - $G.M = \sqrt[N]{X_1 \cdot X_2 \cdots X_n}$
> - X_n : 측정치
> - N : 측정치 개수

1. 산술평균

$$M = \frac{65 + 150 + 175 + 63 + 83 + 112 + 58 + 49 + 205 + 178}{10} = 113.80 \text{(ppm)}$$

2. 기하평균

$$G.M = \sqrt[10]{(65 \times 150 \times 175 \times 63 \times 83 \times 112 \times 58 \times 49 \times 205 \times 178)} = 100.36 \text{(ppm)}$$

제3과목 산업환기

01 1기압, 0℃에서 공기밀도는 1.293kg/m³이다. 1기압, 50℃에서의 공기밀도(kg/m³)를 계산하시오.

| 기출 2020년 1회, 2019년 3회, 2015년 3회 |

> 밀도의 온도, 압력 보정
>
> 1. 밀도(ρ) = $\dfrac{질량}{부피}$ (g/cm³, kg/m³)
>
> 2. 보정 후의 밀도 = 보정 전의 밀도 × $\dfrac{(273+t_1)(P_2)}{(273+t_2)(P_1)}$
>
>   - t_1 : 처음 온도
>   - t_2 : 나중 온도
>   - P_1 : 처음 압력
>   - P_2 : 나중 압력
>
> 0℃(t_1)에서의 밀도 1.293(kg/m³)을 50℃(t_2)로 보정
>
> 보정 후의 밀도 = 보정 전의 밀도 × $\dfrac{(273+t_1)(P_2)}{(273+t_2)(P_1)}$
>
> $= 1.293 \times \dfrac{(273+0) \times 1}{(273+50) \times 1} = 1.09(kg/m^3)$

02 21℃, 1atm에서의 공기밀도는 1.203kg/m³이다. 온도가 30℃, 압력이 740mmHg일 경우 공기밀도(kg/m³)를 계산하시오.

| 기출 2020년 1·3회 |

> 21℃(t_1), 1atm(760mmHg)(P_1)에서의 밀도 1.2kg/m³를 30℃(t_2), 740mmHg(P_2)로 보정
>
> 보정 후의 밀도 = 보정 전의 밀도 × $\dfrac{(273+t_1)(P_2)}{(273+t_2)(P_1)}$
>
> $= 1.2 \times \dfrac{(273+21) \times 740}{(273+30) \times 760} = 1.13(kg/m^3)$
>
> (1atm = 1기압 = 760mmHg)

03 21℃, 1atm에서의 공기밀도는 1.2kg/m³이다. 온도가 30℃, 압력이 740mmHg일 경우 밀도 보정계수를 계산하시오.

| 기출 2024년 2회, 2013년 1회, 2020년 1·3회 |

밀도의 온도, 압력 보정[21℃(t_1), 1atm(=760mmHg)(P_1) → 30℃(t_2), 740mmHg(P_2)]

밀도보정계수 $= \dfrac{(273+t_1)(P_2)}{(273+t_2)(P_1)}$

$= \dfrac{(273+21)(740)}{(273+30)(760)} = 0.94$

(1atm = 1기압 = 760mmHg)

★ 참고
보정된 밀도

$1.2 \times \dfrac{(273+21) \times 740}{(273+30) \times 760} = 1.13 (kg/m^3)$

04 0℃, 2기압 조건에서 어떤 가스의 부피가 100m³일 경우 293K, 680mmHg 조건에서의 해당 가스의 부피(m³)를 계산하시오.

| 기출 2017년 1회, 2012년 1회 |

부피의 온도, 압력 보정

$$V_2 = V_1 \times \dfrac{T_2 P_1}{T_1 P_2} = V_1 \times \dfrac{(273+t_2)P_1}{(273+t_1)P_2}$$

- V_1 : 처음 부피(보정 전 부피)
- V_2 : 나중 부피(보정 후 부피)
- $T_1(K)$: 처음 온도($273+t_1$)
- $T_2(K)$: 나중 온도($273+t_2$)
- P_1 : 처음 압력
- P_2 : 나중 압력

0℃(t_1), 2기압(2×760mmHg)(P_1)에서의 부피 100m³를 293K, (680mmHg)(P_2)로 보정

$V_2 = V_1 \times \dfrac{(273+t_2)(P_1)}{(273+t_1)(P_2)}$

$= 100 \times \dfrac{293 \times (2 \times 760)}{(273+0) \times 680} = 239.91 (m^3)$

(1기압 = 760mmHg)

> ★ 참고
> 보일-샤를의 법칙
> $$\frac{P_1 V_1}{T_1} = \frac{P_2 V_2}{T_2}$$
> $$T_1 P_2 V_2 = T_2 P_1 V_1$$
> $$V_2 = V_1 \times \frac{T_2 P_1}{T_1 P_2}$$
> $(T = 273 + ℃)$

05 180℃, 700mmHg 조건에서 어떤 가스의 부피가 155m³일 경우 산업환기 표준상태에서의 해당 가스의 부피(m³)를 계산하시오. | 기출 2014년 1회 |

180℃(t_1), 700mmHg(P_1)의 부피 155(m³)을 21℃(t_2), 760mmHg(P_2)로 보정

$$Q_2 = Q_1 \times \frac{(273 + t_2)(P_1)}{(273 + t_1)(P_2)}$$
$$= 155 \times \frac{(273 + 21) \times 700}{(273 + 180) \times 760} = 92.65(m^3)$$

> ★ 참고
> 1. 보일-샤를의 법칙
> $$\frac{P_1 V_1}{T_1} = \frac{P_2 V_2}{T_2}$$
> $$T_1 P_2 V_2 = T_2 P_1 V_1$$
> $$V_2 = V_1 \times \frac{T_2 P_1}{T_1 P_2}$$
> $(T = 273 + ℃)$
>
> 2. 산업환기 표준상태
>   21℃, 1기압(760mmH₂O)

06 170℃, 650mmHg 조건에서 어떤 가스의 부피가 120m³일 경우 21℃, 760mmHg 조건에서의 해당 가스의 부피(m³)를 계산하시오. | 기출 2019년 3회, 2017년 3회, 2014년 3회, 2023년 1회 |

> 부피의 온도, 압력 보정[170℃(t_1), 650mmHg(P_1) → 21℃(t_2), 760mmHg(P_2)]
>
> $$V_2 = V_1 \times \frac{T_2 P_1}{T_1 P_2} = V_1 \times \frac{(273+t_2)P_1}{(273+t_1)P_2}$$
>
> $$V_2 = 120 \times \frac{(273+21) \times 650}{(273+170) \times 760} = 68.11(m^3)$$

> * 참고
> 보일-샤를의 법칙
>
> $$\frac{P_1 V_1}{T_1} = \frac{P_2 V_2}{T_2}$$
>
> $$T_1 P_2 V_2 = T_2 P_1 V_1$$
>
> $$V_2 = V_1 \times \frac{T_2 P_1}{T_1 P_2}$$
>
> ($T = 273 + ℃$)

07 93.5℉, 770mmHg의 조건에서 어느 가스의 부피는 3.8m³이다. 표준상태에서의 부피로 환산하시오. | 기출 2014년 2회 |

> 1. 섭씨온도(℃) = $\frac{5}{9}$[화씨온도(℉) − 32]
> 2. 화씨온도(℉) = $\left[\frac{9}{5} \times 섭씨온도(℃)\right]$ + 32

1. 섭씨온도(℃) = $\frac{5}{9}$[화씨온도(℉) − 32]

   93.5(℉)의 섭씨온도

   $$℃ = \frac{5}{9} \times (93.5 - 32) = 34.17(℃)$$

2. 34.17℃(t_1), 770mmHg(P_1)의 부피 3.8(m³)을 21℃(t_2), 760mmHg(P_2)로 보정

   $$V_2 = V_1 \times \frac{(273+t_2)P_1}{(273+t_1)P_2}$$

   $$= 3.8 \times \frac{(273+21) \times 770}{(273+34.17) \times 760} = 3.68(m^3)$$

* 참고
$$\frac{P_1 V_1}{T_1} = \frac{P_2 V_2}{T_2}$$
$$V_2 = V_1 \times \frac{T_2 P_1}{T_1 P_2}$$

08 온도 90℃, 압력 750mmHg 상태인 관내로 200m³/min의 유량이 흐르고 있다. 0℃, 1atm에서의 유량(m³/min)을 계산하시오. | 기출 2013년 2회 |

유량(부피)의 온도, 압력 보정[90℃(t_1), 750mmHg(P_1) → 0℃(t_2), 1atm=760mmHg(P_2)]
$$Q_2 = Q_1 \times \frac{T_2 P_1}{T_1 P_2} = Q_1 \times \frac{(273+t_2) P_1}{(273+t_1) P_2}$$
$$= 200 \times \frac{(273+0) \times 750}{(273+90) \times 760} = 148.43 (\text{m}^3/\text{min})$$
(1atm = 760mmHg)

* 참고
$$\frac{P_1 V_1}{T_1} = \frac{P_2 V_2}{T_2}$$
$$T_1 P_2 V_2 = T_2 P_1 V_1$$
$$V_2 = V_1 \times \frac{T_2 P_1}{T_1 P_2}$$

09 온도 170℃, 압력 550mmHg 상태인 관내로 50m³/min의 유량이 흐르고 있다. 0℃, 1atm에서의 유량(m³/min)을 계산하시오. | 기출 2019년 3회, 2016년 2회, 2021년 3회 |

유량(부피)의 온도, 압력 보정[170℃(t_1), 550mmHg(P_1) → 0℃(t_2), 1atm=760mmHg(P_2)]
$$Q_2 = Q_1 \times \frac{T_2 P_1}{T_1 P_2} = Q_1 \times \frac{(273+t_2) P_1}{(273+t_1) P_2}$$
$$= 50 \times \frac{(273+0) \times 550}{(273+170) \times 760} = 22.30 (\text{m}^3/\text{min})$$

* 참고
$$\frac{P_1 V_1}{T_1} = \frac{P_2 V_2}{T_2}$$
$$V_2 = V_1 \times \frac{T_2 P_1}{T_1 P_2}$$

10 덕트의 직경이 20cm, 덕트 내의 공기유속이 15m/sec인 경우 Reynold수를 계산하시오. (단, 점성 계수 1.85×10^{-5}kg/m·sec, 공기밀도 1.2kg/m³)

| 기출 2024년 3회, 2023년 2회, 2017년 2회 |

$$Re = \frac{\rho Vd}{\mu} = \frac{Vd}{\nu}$$

- Re : 레이놀즈 수(무차원)
- ρ : 유체밀도(kg/m³)
- d : 관경(m)(상당직경 $D = \frac{2ab}{a+b}$)
- V : 유체의 유속(m/sec)
- μ : 점성계수(kg/m·s(= 10Poise))
- ν : 동점성계수(m²/sec)

$$Re = \frac{\rho Vd}{\mu} = \frac{1.2 \times 15 \times 0.2}{1.85 \times 10^{-5}} = 194594.59$$

11 덕트의 직경이 150mm, 덕트 내의 유속이 2.5m/sec인 경우 (1) Reynold수를 계산하고 (2) 유체흐름의 종류를 적으시오. (단, 동점성 계수 1.5×10^{-5}m²/sec, 20℃, 1기압 기준)

| 기출 2016년 1회 |

(1) $Re = \frac{Vd}{\nu} = \frac{2.5 \times 0.15}{1.5 \times 10^{-5}} = 25,000$

(2) $Re > 4,000$이므로 : 난류

★참고
레이놀즈 수에 따른 구분
- $Re < 2100$: 층류
- $2100 < Re < 4000$: 천이영역
- $Re > 4000$: 난류

12 표준공기가 흐르는 덕트의 직경이 150mm이며, Reynold 수가 20,000일 경우 덕트 내의 유속 (m/sec)을 계산하시오. (단, 20℃, 1기압 기준 점성계수 1.670×10^{-4} poise, 공기밀도 1.2kg/m^3)

| 기출 2022년 2회, 2021년 1회, 2017년 2회 |

$$Re = \frac{\rho \times V \times d}{\mu}$$
$$\rho \times V \times d = Re \times \mu$$
$$V = \frac{Re \times \mu}{\rho \times d} = \frac{20{,}000 \times 1.670 \times 10^{-5}}{1.2 \times 0.15} = 1.86 \text{(m/sec)}$$

$$\begin{bmatrix} 10 \text{poise} = 1 \text{kg/m} \cdot \text{sec} \\ 10 : 1 = 1.670 \times 10^{-4} : x \\ 10x = 1.670 \times 10^{-4} \\ \therefore x = \frac{1.670 \times 10^{-4}}{10} = 1.670 \times 10^{-5} \text{(kg/m} \cdot \text{sec)} \end{bmatrix}$$

13 표준공기가 흐르는 덕트의 Reynold 수가 40,000일 경우 덕트 내의 유속(m/sec)을 계산하시오. (단, 덕트의 직경 200mm, 점성계수 1.670×10^{-4} poise, 비중 1.203 기준)

| 기출 2020년 1회, 2017년 2회, 2014년 1회 |

$$Re = \frac{\rho \times V \times d}{\mu}$$
$$\rho \times V \times d = Re \times \mu$$
$$V = \frac{Re \times \mu}{\rho \times d} = \frac{40{,}000 \times 1.670 \times 10^{-5}}{1.203 \times 0.2} = 2.78 \text{(m/sec)}$$
(200mm = 0.2m)

$$\begin{bmatrix} 10 \text{poise} = 1 \text{kg/m} \cdot \text{sec} \\ 10 : 1 = 1.670 \times 10^{-4} : x \\ 10x = 1.670 \times 10^{-4} \\ \therefore x = \frac{1.670 \times 10^{-4}}{10} = 1.670 \times 10^{-5} \text{(kg/m} \cdot \text{sec)} \end{bmatrix}$$

14 다음 조건에서 유속(m/sec)을 구하시오. | 기출 2020년 4회, 2012년 2회, 2023년 1회 |

- 레이놀즈수 : 2×10^6
- 덕트 직경 : 20cm
- 동점성계수 : $1.5 \times 10^{-5} m^2/sec$

$$Re = \frac{Vd}{\nu}$$

$$V = \frac{Re \times \nu}{d} = \frac{2 \times 10^6 \times 1.5 \times 10^{-5}}{0.2} = 150 (m/sec)$$

15 작업장 공기 중에 아세톤 2,000ppm이 존재할 경우 공기와 아세톤의 유효비중을 소수셋째자리까지 계산하시오. (단, 아세톤의 증기비중은 2.0, 공기비중은 1.0이다.) | 기출 2012년 2회 |

1. 작업장 공기 중의 아세톤이 2,000ppm=0.2%이므로 공기는 99.8%가 된다. (10,000ppm=1%)
   (공기 = 100% - 0.2% = 99.8%)
2. 아세톤 0.2%(증기비중 2.0), 공기 99.8%(공기비중 1.0)이므로
   유효비중 = $0.002 \times 2.0 + 0.998 \times 1.0 = 1.002$

16 작업장 공기 중에 사염화탄소가 6,000ppm이 존재할 경우 공기와 사염화탄소 혼합물의 유효비중을 소수셋째자리까지 계산하시오. (단, 사염화탄소의 비중은 5.7이며, 공기비중은 1.0이다.) | 기출 2021년 2회, 2019년 1회 |

1. 사염화탄소 6,000ppm=0.6%이므로 공기는 99.4%가 된다. (10,000ppm=1%)
   (공기 = 100% - 0.6% = 99.4%)
2. 사염화탄소 0.6%(비중 5.7), 공기 99.4%(비중 1.0)이므로
   유효비중=$0.006 \times 5.7 + 0.994 \times 1.0 = 1.028$

17 작업장 공기 중에 아세톤 1,000ppm, 사염화탄소 1,200ppm이 존재할 경우 공기와 아세톤 및 사염화탄소의 유효비중을 소수셋째자리까지 계산하시오. (단, 아세톤의 증기비중은 2.0, 사염화탄소의 증기비중은 5.7, 공기비중은 1.0이다.) | 기출 2015년 2회, 2013년 2회 |

1. 작업장 공기 중의 아세톤이 1,000ppm=0.1%, 사염화탄소 1,200ppm=0.12%이므로
   공기 = 100 - 0.1 - 0.12 = 99.78(%)가 된다. (10,000ppm=1%)
2. 아세톤 0.1%(증기비중 2.0), 사염화탄소 0.12%(증기비중 5.7), 공기 99.78%(공기비중 1.0)이므로
   유효비중 = $0.001 \times 2.0 + 0.0012 \times 5.7 + 0.9978 \times 1.0 = 1.007$

18 어느 유기용제의 증기압이 120mmHg인 경우 포화농도(%)를 계산하시오. | 기출 2019년 2회 |

$$포화농도 = \frac{물질의\ 증기압(mmHg)}{대기압(760mmHg)} \times 10^2 (\%) = \frac{물질의\ 증기압(mmHg)}{대기압(760mmHg)} \times 10^6 (ppm)$$

$$포화농도 = \frac{물질의\ 증기압(mmHg)}{대기압(760mmHg)} \times 10^2 = \frac{120}{760} \times 10^2 = 15.79(\%)$$

19 21℃, 1기압에서 사염화탄소의 증기압은 110mmHg이다. 이 경우 사염화탄소의 포화농도(ppm)를 계산하시오.

$$포화농도(\%) = \frac{물질의\ 증기압(mmHg)}{대기압(760mmHg)} = \frac{110}{760} \times 10^6 = 144736.84(ppm)$$

20 수은의 증기압이 0.025mmHg인 경우 포화농도(ppb)를 구하고 그 값을 $\mu g/m^3$으로 환산하시오. (단, 수은의 원자량 : 200.59, 21℃ 1기압 기준) | 기출 2016년 2회 |

21℃, 1기압의 경우
- 노출기준$(mg/m^3) = \dfrac{노출기준(ppm) \times 그램분자량}{24.1}$
- 노출기준$(\mu g/m^3) = \dfrac{노출기준(ppb) \times 그램분자량}{24.1}$

1. $포화농도(ppb) = \dfrac{물질의\ 증기압(mmHg)}{대기압(760mmHg)} \times 10^9 = \dfrac{0.025}{760} \times 10^9 = 32894.74(ppb)$

2. $노출기준(\mu g/m^3) = \dfrac{노출기준(ppb) \times 그램분자량}{24.1} = \dfrac{32894.74 \times 200.59}{24.1} = 273790.70(\mu g/m^3)$

★ 참고
- ppm = 10^{-6}, ppb = 10^{-9}

21 액체 상태의 벤젠 3.2L가 공기 중으로 모두 증발했다고 가정하였을 경우 벤젠 증기의 용량(L)을 계산하시오. (단, 25℃ 1기압이며, 비중 0.879, 분자량 78.11이다.)

| 기출 2024년 3회, 2013년 2회 |

$$\text{부피}(L) = \frac{(3.2 \times 1000 \times 0.879)\text{g} \times 24.45\text{L}}{78.11\text{g}} = 880.46(L)$$

- $L \times$ 비중 $= \text{kg}(3.2L = (3.2 \times 0.879)\text{kg} = (3.2 \times 1000 \times 0.879)\text{g})$
- 25℃ 1기압 기체 1몰의 부피 : 24.45L

또는

$24.45L : 78.11g = xL : (3.2 \times 1000 \times 0.879)g$

$24.45 \times (3.2 \times 1000 \times 0.879) = 78.11 \times x$

$x = \dfrac{24.45 \times (3.2 \times 1000 \times 0.879)}{78.11} = 880.46(L)$

22 벤젠을 시간당 2L 사용하는 작업장에서 공기 중으로 벤젠이 증발하고 있다. 0℃ 1기압에서의 벤젠 증발량(L/hr)을 계산하시오. (단, 벤젠의 비중 0.879, 분자량 78.11이다.)

| 기출 2021년 2회, 2018년 3회, 2016년 1회, 2015년 2회 |

$$\text{부피}(L) = \frac{(2,000 \times 0.879)\text{g} \times 22.4\text{L}}{78.11\text{g}} = 504.15(L/\text{hr})$$

- $L \times$ 비중 $= \text{kg}(2L = (2 \times 0.879)\text{kg} = (2 \times 1000 \times 0.879)\text{g}$
- 0℃ 1기압 기체 1몰의 부피 : 22.4L

또는

$22.4L : 78.11g = xL : (2 \times 1000 \times 0.879)g$

$22.4 \times (2 \times 1000 \times 0.879) = 78.11 \times x$

$x = \dfrac{22.4 \times (2 \times 1000 \times 0.879)}{78.11} = 504.15(L)$

23 액체 상태의 벤젠 1L가 공기 중으로 모두 증발했다고 가정하였을 경우 벤젠 증기의 용량(L)을 계산하시오. (단, 25℃ 1기압이며, 비중 0.879, 분자량 78.11이다.) | 기출 2022년 2회 |

$$\text{부피}(L) = \frac{(1,000 \times 0.879)\text{g} \times 24.45\text{L}}{78.11\text{g}} = 275.14(L)$$

- $L \times$ 비중 $= (1 \times 0.879)\text{kg} = (1000 \times 0.879)\text{g}$
- 25℃ 1기압 기체 1몰의 부피 : 24.45L

또는

$24.45L : 78.11g = xL : (1000 \times 0.879)g$

$24.45 \times (1000 \times 0.879) = 78.11 \times x$

$x = \dfrac{24.45 \times (1000 \times 0.879)}{78.11} = 275.14(L)$

24 작업장에서 발생되는 오염물질의 양이 45g/hr이며 오염물질의 노출기준이 12mg/m³인 경우 작업장의 필요환기량(m³/min)를 계산하시오.
| 기출 2015년 3회 |

필요 환기량의 계산

$$Q(\text{m}^3/\text{min}) = \dfrac{G}{TLV} \times K$$

- Q : 필요환기량(m³/min)
- G : 유해물질의 발생률(m³/min)
- TLV : 허용기준
- K : 안전계수(여유계수)

$Q(\text{m}^3/\text{min}) = \dfrac{G}{TLV} = \dfrac{\dfrac{750\text{mg}}{\text{min}}}{\dfrac{12\text{mg}}{\text{m}^3}} = \dfrac{750\text{mg} \cdot \text{m}^3}{12\text{mg} \cdot \text{min}} = 62.50(\text{m}^3/\text{min})$

$(45\text{g/hr} = \dfrac{45000\text{mg}}{60\text{min}} = 750\text{mg/min})$

25 어느 작업장에서 톨루엔 4L가 8시간 동안 증발되고 있다.
 (1) 톨루엔의 발생률(m³/min)을 계산하시오.
 (2) 작업장에 전체 환기장치를 설치할 경우 필요 환기량(m³/min)을 계산하시오.
  (단, 25℃, 1기압, 톨루엔의 분자량은 92.13, 비중은 0.87, TLV = 50ppm, 안전계수는 3이다.)
| 기출 2024년 2회 |

노출기준(TLV)에 따른 전체 환기량

$$Q = \dfrac{24.1 \times kg/h \times K \times 10^6}{MW \times TLV} \ (\text{m}^3/\text{hr}) \div 60 = (\text{m}^3/\text{min})$$

- K : 안전계수
- MW : 물질의 분자량
- kg/h : 시간당 오염물질 발생량($l/hr \times S$(비중))
- TLV : 노출기준(ppm)
- 24.1 : 21℃, 1기압에서 공기의 비중(25℃, 1기압일 경우 24.45)

필요 환기량 $Q(m^3/hr) = \dfrac{G}{TLV} \times K$

1. 유해물질의 발생률 $G(m^3/hr)$

   $G = \dfrac{24.1 \times kg/hr (\text{또는 } L/hr \times \text{비중})}{MW}$

2. 필요 환기량 $Q(m^3/hr) = \dfrac{G}{TLV} \times K$

   $= \dfrac{24.1 \times kg/hr (\text{또는 } L/hr \times \text{비중})}{MW \times TLV} \times K \times 10^6$

   (10^6은 TLV의 단위가 ppm인 경우 ppm을 없애기 위해 곱해준다.)

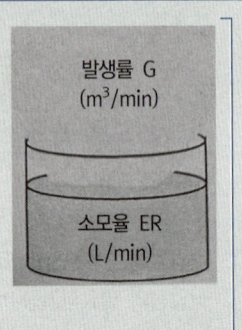

1. 톨루엔의 발생률

   $G = \dfrac{24.45 \times kg/hr(= L/hr \times \text{비중})}{MW} = \dfrac{24.45 \times (0.5 \times 0.87)}{92.13} = 0.12(m^3/hr)$

   (4L가 8시간 동안 증발 → $\dfrac{4L}{8hr} = \dfrac{0.5L}{hr}$)

2. 필요 환기량

   $Q = \dfrac{G}{TLV} \times K = \dfrac{0.12}{50} \times 3 \times 10^6 = 7,200(m^3/hr) \div 60 = 120(m^3/min)$

   또는

   $Q = \dfrac{24.45 \times 0.5 \times 0.87 \times 3 \times 10^6}{92.13 \times 50} \div 60 = 115.44(m^3/min)$

26 전체 환기량 계산 시 다음의 경우에 적합한 안전계수(혼합계수) K의 값을 적으시오.

| 기출 2020년 1회 |

(1) 작업장 내 공기혼합이 원활한 경우
(2) 작업장 내 공기혼합이 보통인 경우
(3) 작업장 내 공기혼합이 불완전한 경우

(1) $K = 1$
(2) $K = 2$
(3) $K = 3$

27 실내 용적이 500m³인 사무실에서 30명이 근무하고 있다. CO_2의 1인당 배출량이 30L/hr일 경우 시간당 공기 교환횟수를 계산하시오. (단, CO_2의 허용농도는 0.08%, 외기 중 CO_2의 농도는 0.02%이다.) | 기출 2020년 3회, 2017년 2회, 2023년 1회 |

> 시간당 공기교환 횟수(ACH)
> 1. $ACH = \dfrac{\text{실내 환기량}(m^3/hr)}{\text{실내 체적}(m^3)}$
> 2. $Q(m^3/min) = \dfrac{G}{C_S - C_0} \times 100$
>   - G : CO_2 발생률(m^3/min)
>   - C_S : 이산화탄소의 허용농도(%)
>   - C_o : 외부공기 중 이산화탄소의 농도(%)

$ACH = \dfrac{\text{실내 환기량}(Q)}{\text{실내 체적}(m^3)} = \dfrac{1,500}{500} = 3$(회 또는 회/hr)

$$\left[Q = \dfrac{G}{C_S - C_0} \times 100 = \dfrac{(30 \times 10^{-3} m^3/hr) \times 30인}{(0.08 - 0.02)\%} \times 100 = 1,500(m^3/hr) \right]$$

28 작업장의 크기가 3m×8m×3m인 사무실의 환기를 위하여 직경 20cm의 개구부를 통하여 2.5m/sec의 유속으로 공기를 공급하고 있다. 작업장의 공기교환횟수(ACH)를 계산하시오.

$ACH = \dfrac{\text{실내 환기량}(Q)}{\text{실내 체적}(m^3)} = \dfrac{4.71}{3 \times 8 \times 3} \times 60 = 3.93$(회)

$$\left[Q = 60 \times A \times V = 60 \times \dfrac{\pi d^2}{4} \times V = 60 \times \dfrac{\pi \times 0.2^2}{4} \times 2.5 = 4.71 (m^3/min) \right]$$

29 작업장에서 환기하여야 할 작업장 실내의 체적이 2,000m³인 공간에 300명이 있다. 1인당 호흡량이 30L/hr일 경우 시간당 공기교환횟수(ACH)를 계산하시오. (단, 실내 CO_2 허용기준은 0.1%이며, 외기 중의 CO_2 농도는 0.03%이다.)

| 기출 2024년 3회, 2021년 3회, 2014년 3회, 2013년 2회 |

> 1. 시간당 공기교환 횟수(ACH)
> - $ACH = \dfrac{\text{실내 환기량}(m^3/min)}{\text{실내 체적}(m^3)} \times 60$
> - $ACH = \dfrac{\text{실내 환기량}(m^3/hr)}{\text{실내 체적}(m^3)}$
>
> 2. 실내환기량
> $Q(m^3/min) = \dfrac{G}{C_S - C_0} \times 100$
> - G : CO_2 발생률(m^3/min)
> - C_S : 이산화탄소의 허용농도(%)
> - C_o : 외부공기 중 이산화탄소의 농도(%)

$ACH = \dfrac{\text{실내 환기량}(m^3/min)}{\text{실내 체적}(m^3)} \times 60 = \dfrac{12857.14}{2,000} = 6.43$(회 또는 회/hr)

$\text{필요환기량}(Q) = \dfrac{G}{C_S - C_o} \times 100 = \dfrac{(30 \times 10^{-3} m^3/hr) \times 300\text{인}}{(0.1 - 0.03)\%} \times 100 = 12857.14(m^3/hr)$

30 작업장의 체적이 2,100m³이고 실내의 환기량이 25m³/min 인 경우 시간당 공기교환횟수(ACH)를 계산하시오.

| 기출 2013년 2회 |

> 시간당 공기교환 횟수(ACH)
> - $ACH = \dfrac{\text{실내 환기량}(m^3/min)}{\text{실내 체적}(m^3)} \times 60$
> - $ACH = \dfrac{\text{실내 환기량}(m^3/hr)}{\text{실내 체적}(m^3)}$

$ACH = \dfrac{\text{실내 환기량}(m^3/min)}{\text{실내 체적}(m^3)} \times 60 = \dfrac{25}{2,100} \times 60 = 0.71$(회 또는 회/hr)

31 200명이 근무하는 어느 사무실의 체적이 2,000m³이다. 실내 CO_2 농도는 0.1%이며 외기 중의 CO_2 농도는 0.02%일 경우 사무실의 시간당 공기교환횟수를 계산하시오.
(단, 1인당 CO_2 배출량은 21L/hr를 기준으로 한다.)

| 기출 2016년 3회 |

$$ACH = \frac{\text{실내 환기량(m}^3\text{/hr)}}{\text{실내 체적(m}^3\text{)}} = \frac{5,250}{2,000} = 2.63 \text{(회 또는 회/hr)}$$

$$\left[Q = \frac{G}{C_S - C_0} \times 100 = \frac{(21 \times 10^{-3} \text{m}^3\text{/hr}) \times 200\text{인}}{(0.1 - 0.02)\%} \times 100 = 5,250 (\text{m}^3\text{/hr}) \right]$$

32 사무실의 체적이 1,200m³인 공간에서 50명이 근무하고 있다. 실내 CO_2 허용농도는 0.1%이며 외기 중의 CO_2 농도는 0.03%일 경우 사무실의 시간당 공기교환횟수를 계산하시오.
(단, 1인당 CO_2 배출량은 21L/hr를 기준으로 한다.)

| 기출 2021년 1회 |

시간당 공기교환 횟수(ACH)

1. $ACH = \dfrac{\text{실내 환기량(m}^3\text{/hr)}}{\text{실내 체적(m}^3\text{)}}$

2. $Q(\text{m}^3/\text{min}) = \dfrac{G}{C_S - C_0} \times 100$

  - G : CO_2 발생률(m³/min)
  - C_S : 이산화탄소의 허용농도(%)
  - C_o : 외부공기 중 이산화탄소의 농도(%)

$$ACH = \frac{\text{실내 환기량(m}^3\text{/hr)}}{\text{실내 체적(m}^3\text{)}} = \frac{1,500}{1,200} = 1.25 \text{(회 또는 회/hr)}$$

$$\left[Q = \frac{G}{C_S - C_0} \times 100 = \frac{(21 \times 10^{-3} \text{m}^3\text{/hr}) \times 50\text{인}}{(0.1 - 0.03)\%} \times 100 = 1,500 (\text{m}^3\text{/hr}) \right]$$

33 재순환공기의 CO_2 농도는 750ppm이고, 급기의 CO_2 농도는 400ppm일 때 급기 중의 외부공기 포함량(%)을 계산하시오. (단, 외부의 CO_2 농도는 300ppm이다.)

| 기출 2014년 1회, 2021년 2회 |

급기 중 외부공기 함량

$$\%Q_A = \frac{C_r - C_s}{C_r - C_0} \times 100$$

- C_r : 재순환 공기 중 이산화탄소 농도
- C_s : 급기중 이산화탄소 농도
- C_0 : 외부 공기 중 이산화탄소 농도(약 330ppm)

$$\%Q_A = \frac{C_r - C_s}{C_r - C_0} \times 100 = \frac{750 - 400}{750 - 300} \times 100 = 77.78(\%)$$

34 재순환공기의 CO_2 농도는 650ppm이고, 급기의 CO_2 농도는 450ppm일 때 급기 중의 외부공기 포함량(%)을 계산하시오. (단, 외부의 CO_2 농도는 300ppm이다.)

| 기출 2022년 2회, 2017년 2·3회 |

급기 중 외부공기 함량

$$\%Q_A = \frac{C_r - C_s}{C_r - C_0} \times 100$$

- C_r : 재순환 공기 중 이산화탄소 농도
- C_s : 급기중 이산화탄소 농도
- C_0 : 외부 공기 중 이산화탄소 농도(약 330ppm)

$$\%Q_A = \frac{C_r - C_s}{C_r - C_0} \times 100 = \frac{650 - 450}{650 - 300} \times 100 = 57.14(\%)$$

35 재순환공기의 CO_2 농도는 750ppm이고, 급기의 CO_2 농도는 400ppm일 때 급기 중의 외부공기 포함량(%)을 계산하시오. (단, 외부의 CO_2 농도는 300ppm이다.) | 기출 2020년 1회 |

$$\%Q_A = \frac{C_r - C_s}{C_r - C_0} \times 100 = \frac{750 - 400}{750 - 300} \times 100 = 77.78(\%)$$

36 재순환공기의 농도는 25%이고, 외부공기의 농도는 15%, 급기 중 공기의 농도는 18%인 경우 (1) 급기 중의 재순환량(%)과 (2) 급기 중의 외부공기 포함량(%)을 계산하시오.

| 기출 2016년 1회 |

> **급기 중 외부공기 함량**
>
> 1. $\%Q_A = \dfrac{C_r - C_s}{C_r - C_0} \times 100$
>   - C_r : 재순환 공기 중 이산화탄소 농도
>   - C_s : 급기중 이산화탄소 농도
>   - C_0 : 외부 공기 중 이산화탄소 농도(약 330ppm)
> 2. 급기 중 외부공기 포함량(%) = 100 - 급기 중 재순환량(%)
> 3. 급기 중 재순환량(%) = $\dfrac{\text{급기 공기의 농도} - \text{외부공기의 농도}}{\text{재순환공기 농도} - \text{외부공기의 농도}} \times 100$

1. 급기 중 재순환량(%) = $\dfrac{\text{급기 공기의 농도} - \text{외부공기의 농도}}{\text{재순환공기 농도} - \text{외부공기의 농도}} \times 100 = \dfrac{18-15}{25-15} \times 100 = 30(\%)$
2. 급기 중 외부공기 포함량(%) = 100 - 급기 중 재순환량(%) = 100 - 30 = 70(%)

37 작업자들이 퇴근한 직후에 측정한 CO_2 농도는 1,250ppm이었고, 3시간이 경과한 후에 측정한 CO_2농도는 450ppm이었다. 작업장의 시간당 공기교환횟수를 계산하시오. (단, 외부 공기 중의 CO_2농도는 330ppm이다.) | 기출 2021년 2회, 2020년 1·2·4회, 2018년 3회, 2016년 2회, 2023년 2회 |

> **시간당 공기교환 횟수(ACH)**
>
> $$ACH(\text{회}) = \dfrac{\ln(C_1 - C_O) - \ln(C_2 - C_O)}{hr}$$
>
> - C_1 : 처음 측정한 이산화탄소 농도
> - C_2 : 시간경과 후 측정한 이산화탄소 농도
> - C_O : 외부공기 중 이산화탄소 농도(약 330ppm)

$ACH(\text{회}) = \dfrac{\ln(C_1 - C_O) - \ln(C_2 - C_O)}{hr}$

$= \dfrac{\ln(1,250 - 330) - \ln(450 - 330)}{3} = 0.68$(회 또는 회/hr)

38 작업자들이 퇴근한 직후에 측정한 CO_2 농도는 650ppm이었고, 2시간이 경과한 후에 측정한 CO_2농도는 450ppm이었다. 작업장의 시간당 공기교환횟수를 계산하시오. (단, 외부 공기 중의 CO_2농도는 330ppm이다.)
| 기출 2015년 3회 |

$$ACH(회) = \frac{\ln(C_1 - C_O) - \ln(C_2 - C_O)}{hr}$$

- C_1 : 처음 측정한 이산화탄소 농도
- C_2 : 시간경과 후 측정한 이산화탄소 농도
- C_O : 외부공기 중 이산화탄소 농도(약 330ppm)

$$ACH(회) = \frac{\ln(C_1 - C_O) - \ln(C_2 - C_O)}{hr}$$
$$= \frac{\ln(650-330) - \ln(450-330)}{2} = 0.49(회 \text{ 또는 } 회/hr)$$

39 공간의 부피가 2,000m³인 작업장에서 2.15m³/sec 외부공기가 실내로 유입되어 공기 중 오염물질의 농도가 300ppm에서 45ppm으로 감소되었다. 오염물질의 농도가 감소하는데 걸린 시간(min)을 계산하시오.
| 기출 2019년 1회 |

유해물질을 나중농도(노출농도) 이하로 환기하는 데 소요되는 시간

$$t(\min) = -\frac{V}{Q'} \times \ln\left(\frac{C_2}{C_1}\right)$$

- V : 작업장의 기적(m³)
- Q' : 환기량(m³/min)
- C_1 : 유해물질 처음농도(ppm)
- C_2 : 유해물질 노출기준(ppm)

$$t(\min) = -\frac{V}{Q'} \times \ln\left(\frac{C_2}{C_1}\right) = -\frac{2,000\text{m}^3}{\frac{2.15\text{m}^3}{\frac{1}{60}\min}} \times \ln\left(\frac{45}{300}\right) = 29.41 \text{ (min)}$$

40 체적이 2500m³인 작업장에서 오염물질의 농도는 80μg/m³이었다. 1시간이 지난 후 오염물질의 농도가 20μg/m³로 감소되었다면 이때의 유효환기량(m³/hr)을 계산하시오.
| 기출 2016년 1회 |

$$t(hr) = -\frac{V}{Q} \times \ln\left(\frac{C_2}{C_1}\right)$$

$$t \times Q' = -V \times \ln\left(\frac{C_2}{C_1}\right)$$

$$Q' = \frac{-V \times \ln\left(\frac{C_2}{C_1}\right)}{t} = \frac{-2500 \times \ln\left(\frac{20}{80}\right)}{1} = 3465.74(m^3/hr)$$

41 체적이 2500m³인 작업장에서 SF_6 가스를 이용하여 작업장의 침투(자연환기)를 측정하였다. $t=0$(분)에서 SF_6 가스의 농도는 80μg/m³이었고 $t=80$(분)에서 SF_6 가스의 농도는 4μg/m³이었다. 작업장의 침투량(자연 환기량)(m³/hr)을 계산하시오.
| 기출 2019년 1회 |

$$t(min) = -\frac{V}{Q} \times \ln\left(\frac{C_2}{C_1}\right)$$

$$t \times Q' = -V \times \ln\left(\frac{C_2}{C_1}\right)$$

$$Q' = \frac{-V \times \ln\left(\frac{C_2}{C_1}\right)}{t} = \frac{-2500 \times \ln\left(\frac{4}{80}\right)}{80} = 93.62(m^3/min) \times 60 = 5617.20(m^3/hr)$$

42 체적이 200m³인 작업장에서 56m³/sec의 실외공기가 작업장 안으로 유입되고 있다. 작업장에서 톨루엔 발생이 정지된 순간의 작업장 내 톨루엔의 농도가 100mg/m³일 때 톨루엔의 농도가 50mg/m³으로 감소하는 데 걸리는 시간(min)을 계산하시오.
| 기출 2013년 2회 |

$$t(min) = -\frac{V}{Q} \times \ln\left(\frac{C_2}{C_1}\right) = -\frac{200}{3,360} \times \ln\left(\frac{50}{100}\right) = 0.04(min)$$

$(56m^3/sec \times 60 = 3,360 m^3/min)$

43 체적이 2,000m³인 작업장에서 1.5m³/sec의 실외공기가 작업장 안으로 유입되고 있다. 작업장에서 톨루엔 발생이 정지된 순간의 작업장 내 톨루엔의 농도가 80ppm일 때 톨루엔의 농도가 10ppm으로 감소하는 데 걸리는 시간(min)과 1시간 후의 공기 중의 톨루엔 농도(ppm)를 계산하시오. (단, 실외에서 유입되는 공기량 중 톨루엔의 농도는 0ppm이고, 1차 반응식이 적용된다.)

| 기출 2015년 2회 |

> 1. 유해물질을 나중농도(노출농도) 이하로 환기하는 데 소요되는 시간
>
> $$t(\min) = -\frac{V}{Q'} \times \ln\left(\frac{C_2}{C_1}\right)$$
>
> - V : 작업장의 기적(m³)
> - Q' : 환기량(m³/min)
> - C_1 : 유해물질 처음농도(ppm)
> - C_2 : 유해물질 노출기준(ppm)
>
> 2. 농도 C_1에서 $t(\min)$ 시간 후의 농도(C_2)
>
> $$C_2 = C_1 \times e^{(-\frac{Q}{V} \times t)}$$

1. 톨루엔의 농도가 80ppm에서 10ppm으로 감소하는 데 걸리는 시간(min)

$$t(\min) = -\frac{V}{Q'} \times \ln\left(\frac{C_2}{C_1}\right) = -\frac{2,000}{1.5 \times 60} \times \ln\left(\frac{10}{80}\right) = 46.21(\min)$$

$$\left[\frac{1.5m^3}{\sec} = \frac{1.5m^3}{\frac{1}{60}\min} = 1.5 \times 60(m^3/\min)\right]$$

2. 1시간 후의 공기 중 농도

$$C_2 = C_1 \times e^{(-\frac{Q}{V} \times t)} = 80 \times e^{(-\frac{1.5 \times 60}{2,000} \times 60)} = 5.38(\text{ppm})$$

44 용적이 1,800m³인 어느 작업장에서 메틸클로로포름 증기가 0.12m³/min으로 발생하고 있으며, 작업장의 유효 환기량은 65m³/min이다. 작업장의 초기농도가 0인 상태에서 농도 170ppm에 도달하는데 걸리는 시간(min)을 계산하고 1시간 후의 농도(ppm)를 계산하시오.

| 기출 2013년 1회 |

1. 농도 170ppm에 도달하는 데 걸리는 시간(t)

$$t = -\frac{V}{Q'}\left[\ln\left(\frac{G-Q'C}{G}\right)\right] = -\frac{1,800}{65} \times \left[\ln\left(\frac{0.12-(65 \times 170 \times 10^{-6})}{0.12}\right)\right] = 2.68(\min)$$

(ppm = 10^{-6})

2. 처음 농도 0인 상태에서 1시간(60min) 후의 농도(C)

$$C = \frac{G(1-e^{-\frac{Q'}{V}t})}{Q'} = \frac{0.12 \times (1-e^{-\frac{65}{1,800} \times 60})}{65} \times 10^6 = 1634.66(\text{ppm})$$

45 톨루엔이 16L/8hr로 일정하게 증발하는 작업장이 있다. 작업장에 전체 환기장치를 설치할 경우 필요 환기량(m^3/min)을 계산하시오. (단, 21℃ 1기압, 톨루엔의 비중은 0.87, 톨루엔의 분자량은 92, 톨루엔의 TLV는 50ppm, 안전계수 4이다.) | 기출 2019년 1회 |

$$Q = \frac{24.45 \times kg/h \times K \times 10^6}{MW \times TLV} (m^3/hr) \div 60 = (m^3/min)$$

- K : 안전계수
- MW : 물질의 분자량
- kg/hr : 시간당 오염물질 발생량($l/hr \times S$(비중))
- TLV : 노출기준(ppm)
- 24.45 : 25℃, 1기압에서 공기의 비중(21℃, 1기압일 경우 24.1)

$$Q = \frac{24.1 \times kg/h \times K \times 10^6}{MW \times TLV} \div 60 = \frac{24.1 \times (2 \times 0.87) \times 4 \times 10^6}{92 \times 50} \div 60 = 607.74(m^3/min)$$

- 16L/8hr = 2L/hr
- kg/hr = L/hr × 비중

46 어느 작업장에서 TLV 200ppm, 분자량 72.1인 오염물질이 1시간당 2L 발생되고 있다. 이 작업장의 전체환기를 위한 필요환기량(m^3/min)을 계산하시오. (단, 안전계수 6, 비중 0.805, 21℃, 1기압 기준) | 기출 2020년 1회 |

$$Q = \frac{24.1 \times kg/h \times K \times 10^6}{MW \times TLV} \div 60 = \frac{24.1 \times (2.0 \times 0.805) \times 6 \times 10^6}{72.1 \times 200} \div 60 = 269.08(m^3/min)$$

47 톨루엔을 시간당 2kg 사용하는 작업장 내에 전체 환기시설을 설치하는 경우 필요환기량(m^3/min)을 계산하시오. (단, 톨루엔의 TLV는 100ppm, 분자량은 92이고, 안전계수 K는 5로 하며 1기압 25℃ 기준임) | 기출 2018년 3회, 2015년 2회 |

$$Q = \frac{24.45 \times kg/h \times K \times 10^6}{MW \times TLV} \div 60 = \frac{24.45 \times 2 \times 5 \times 10^6}{92 \times 100} \div 60 = 442.93(m^3/min)$$

48 21℃, 1기압의 어느 작업장에서 톨루엔을 분당 12g 사용하고 있다. 해당 작업장에 전체 환기시설을 설치하는 경우 필요 환기량(m³/min)을 계산하시오. (단, 톨루엔의 분자량 92, TLV 50ppm, 비중 0.87, 안전계수 3이다.)
| 기출 2018년 3회, 2016년 1회 |

$$Q = \frac{24.1 \times \text{kg/h} \times K \times 10^6}{MW \times TLV} = \frac{24.1 \times (12 \times 10^{-3}) \times 3 \times 10^6}{92 \times 50} = 188.61 (\text{m}^3/\text{min})$$

(분당 12g 사용 → 12g/min → 12×10^{-3} kg/min)

49 21℃, 1기압의 어느 작업장에서 오염물질을 시간당 80g 사용하고 있다. 해당 작업장에 전체 환기시설을 설치하는 경우 필요 환기량(m³/min)을 계산하시오. (단, 오염물질의 분자량 76, TLV 10ppm, 비중 2.6, 안전계수 4이다.)
| 기출 2015년 1회 |

$$Q = \frac{24.1 \times \text{kg/h} \times K \times 10^6}{MW \times TLV} \div 60 = \frac{24.1 \times (80 \times 10^{-3}) \times 4 \times 10^6}{76 \times 10} \div 60 = 169.12 (\text{m}^3/\text{min})$$

(시간당 80g 사용 → 80g/hr → 80×10^{-3} kg/hr)

50 톨루엔이 16L/8hr로 일정하게 증발하는 작업장이 있다. 작업장에 전체 환기장치를 설치할 경우 필요 환기량(m³/min)을 계산하시오. (단, 21℃ 1기압, 톨루엔의 비중은 0.87, 톨루엔의 분자량은 92, 톨루엔의 TLV는 50ppm, 안전계수 4이다.)
| 기출 2019년 1회 |

$$Q = \frac{24.1 \times \text{kg/h} \times K \times 10^6}{MW \times TLV} \div 60 = \frac{24.1 \times (2 \times 0.87) \times 4 \times 10^6}{92 \times 50} \div 60 = 607.74 (\text{m}^3/\text{min})$$

- 16L/8hr = 2L/hr
- kg/hr = L/hr × 비중

51 21℃, 1기압의 어느 작업장에서 톨루엔을 1.2kg/hr 사용하고 있다. 해당 작업장에 전체 환기시설을 설치하는 경우 필요 환기량(m³/min)을 계산하시오. (단, 톨루엔의 분자량 92, TLV 50ppm, 비중 0.87, 안전계수 3이다.)
| 기출 2016년 3회, 2014년 3회, 2023년 2회 |

$$Q = \frac{24.1 \times \text{kg/h} \times K \times 10^6}{MW \times TLV} \div 60 = \frac{24.1 \times 1.2 \times 3 \times 10^6}{92 \times 50} \div 60 = 314.35 (\text{m}^3/\text{min})$$

52 어느 작업장에서 MEK를 8시간동안 32L씩 사용하고 있다. 작업장의 용적이 20m×5m×6m인 경우 ACGIH 계산식에 의한 필요환기량(m^3/min)을 계산하시오.(단, MEK의 분자량 72.1, TLV 200ppm, 비중 0.805, 안전계수 3이다.)

$$Q = \frac{24.1 \times kg/h \times K \times 10^6}{MW \times TLV} \div 60 = \frac{24.1 \times (4 \times 0.805) \times 3 \times 10^6}{72.1 \times 200} \div 60 = 269.08(m^3/min)$$

- 8시간 동안 32L 사용 → 1시간당 4L($\frac{32}{8}L$) 사용 → 4L/hr
- kg/hr = L/hr × 비중

53 21℃, 1기압의 어느 작업장에서 MEK(분자량 : 72.1, 비중 : 0.805)과 톨루엔(분자량 : 92.13, 비중 : 0.866)이 매시간당 2L씩 발생되고 있으며, 작업장의 MEK(TLV : 200ppm) 농도는 160ppm, 톨루엔의 농도는(TLV : 100ppm) 80ppm이다.

| 기출 2024년 1회, 2022년 2회, 2021년 1회, 2017년 3회 |

(1) 각각의 노출지수를 구하여 노출기준을 평가하고, 전체 환기시설 설치여부를 결정하시오.
(2) 각 물질이 상가작용을 할 경우 전체 환기량(m^3/min)을 계산하시오.
 (단, MEK의 안전계수는 3, 톨루엔의 안전계수는 5이다.)

(1) 노출기준 평가
- 노출지수 $EI = \frac{160}{200} + \frac{80}{100} = 1.60$
- 평가 : $EI > 1$이므로 노출기준을 초과함
- 전체 환기시설 설치여부 : 노출기준을 초과하였으므로 전체 환기장치를 설치하여야 함

(2) 전체 환기량(온도, 압력이 주어지지 않을 경우 산업 환기의 표준상태 21℃, 1기압을 기준으로 한다.)

$$Q = \frac{24.45 \times kg/h \times K \times 10^6}{MW \times TLV}(m^3/hr) \div 60 = (m^3/min)$$

- K : 안전계수
- MW : 물질의 분자량
- kg/hr : 시간당 오염물질 발생량($l/hr \times S$(비중))
- TLV : 노출기준(ppm)
- 24.45 : 25℃, 1기압에서 공기의 비중(21℃, 1기압일 경우 24.1)

① MEK의 환기량
$$Q = \frac{24.1 \times kg/h \times K \times 10^6}{MW \times TLV} \div 60 = \frac{24.1 \times (2 \times 0.805) \times 3 \times 10^6}{72.1 \times 200} \div 60 = 134.54(m^3/min)$$

② 톨루엔의 환기량
$$Q = \frac{24.1 \times kg/h \times K \times 10^6}{MW \times TLV} \div 60 = \frac{24.1 \times (2 \times 0.866) \times 5 \times 10^6}{92.13 \times 100} \div 60 = 377.56(m^3/min)$$

③ 두 물질은 상가작용을 하므로
총 환기량 = 134.54 + 377.56 = 512.10(m^3/min)

54 작업장에 A, B, C 3가지 오염물질이 발생하고 있다. A 물질 제거에 필요한 환기량은 250m³/min, B 물질은 300m³/min, C 물질은 350m³/min이다. A와 B 물질은 서로 상가작용을 하고, C 물질은 독립작용을 하는 경우 작업장에 필요한 전체 환기량을 계산하시오.

| 기출 2015년 1회, 2012년 3회 |

> 1. 상가작용일 경우 : 각각 유해물질의 환기량을 모두 합하여 필요환기량으로 결정
> $Q = Q_1 + Q_2 + \cdots + Q_n$
> 2. 독립작용일 경우 : 유해물질 환기량 중 **가장 큰 값을 선택**하여 필요환기량으 로 결정

1. A와 B물질은 서로 상가작용을 하므로
   A와 B물질의 환기량 = 250 + 300 = 550(m³/min)
2. C물질은 독립작용을 하므로 A와 B물질의 환기량(550m³/min)과 C물질의 환기량(350m³/min) 중 큰 값이 작업장의 전체 환기량이 된다.
3. 작업장의 전체 환기량 = 550(m³/min)

55 130℃ 1기압의 어느 작업장에서 유해물질이 시간당 2L 증발하고 있다. 폭발방지를 위한 실제 환기량(m³/min)을 계산하시오. (단, 유해물질의 LEL : 1%, 비중 : 0.88, MW : 106, 안전계수 : 10, B : 0.7을 기준으로 한다.)

| 기출 2012년 1회 |

> **화재 및 폭발방지를 위한 환기량**
>
> $$Q = \frac{24.1 \times kg/h \times C \times 10^2}{MW \times \leq L \times B} \text{(m}^3\text{/hr)} \div 60 = \text{(m}^3\text{/min)}$$
>
> - C : 안전계수(LEL의 25%로 유지할 경우 $C = 4$)
> - MW : 물질의 분자량
> - LEL : 폭발농도 하한치(%)
> - B : 온도에 따른 보정상수(120℃ 미만 $B = 1.0$, 120℃ 이상 $B = 0.7$)
> - kg/hr : 시간당 오염물질 발생량(L/hr × 비중)
> - 24.1 : 21℃, 1기압에서 공기의 비중(25℃, 1기압일 경우 24.45)

1. 21℃ 1기압 기준

   $Q = \frac{24.1 \times kg/h \times C \times 10^2}{MW \times \leq L \times B} \div 60 = \frac{24.1 \times 2 \times 0.88 \times 10 \times 10^2}{106 \times 1 \times 0.7} \div 60 = 9.53 \text{(m}^3\text{/min)}$

   (kg/h = L/hr × 비중)

2. 21℃(t_1)의 유량 9.53(m³/min)를 130℃(t_2)로 보정

   $Q_2 = Q_1 \times \frac{(273 + t_2)(P_1)}{(273 + t_1)(P_2)}$

   $= 9.53 \times \frac{273 + 130}{273 + 21} = 13.06 \text{(m}^3\text{/min)}$

* 참고

$$\frac{P_1 V_1}{T_1} = \frac{P_2 V_2}{T_2}$$

$$T_1 P_2 V_2 = T_2 P_1 V_1$$

$$V_2 = V_1 \times \frac{T_2 P_1}{T_1 P_2}$$

56 작업장의 온도가 25℃, 1기압이며 200℃의 건조로 내에서 크실렌(MW : 106)이 시간당 1.8L씩 증발하고 있다. 크실렌의 LEL은 1.0%, 비중은 0.88인 경우 폭발방지를 위하여 온도를 보정한 환기량(m³/min)을 계산하시오. (단, 안전계수는 7이다.)　　　　　　　　　| 기출 2014년 1회 |

1. 21℃ 1기압 기준

$$Q = \frac{24.45 \times kg/h \times C \times 10^2}{MW \times \leq L \times B} \div 60 = \frac{24.45 \times 1.8 \times 0.88 \times 7 \times 10^2}{106 \times 1.0 \times 0.7} \div 60 = 6.01 (m^3/min)$$

2. 25℃(t_1)에서의 유량 6.01(m³/min)를 200℃(t_2)로 보정

$$Q_2 = Q_1 \times \frac{(273 + t_2)(P_1)}{(273 + t_1)(P_2)}$$

$$= 6.09 \times \frac{273 + 200}{273 + 25} = 9.67 (m^3/min)$$

57 온도가 170℃ 인 제조공정에서 크실렌이 시간당 2.0kg씩 증발하고 있다. 폭발방지를 위한 실제 환기량(m³/min)을 계산하시오. (단, 크실렌의 LEL : 1%, SG : 0.88, MW : 106, C : 5 이다)　　　　　　　　　　　　　　　　　　　　　　　| 기출 2013년 1회 |

1. 21℃ 1기압 기준

$$Q = \frac{24.1 \times kg/h \times C \times 10^2}{MW \times \leq L \times B} \div 60 = \frac{24.1 \times 2.0 \times 5 \times 10^2}{106 \times 1 \times 0.7} \div 60 = 5.41 (m^3/min)$$

(kg/h = L/hr × 비중)

2. 21℃(t_1)에서의 유량 5.41(m³/min)를 170℃(t_2)로 보정

$$Q_2 = Q_1 \times \frac{(273 + t_2)(P_1)}{(273 + t_1)(P_2)}$$

$$= 5.41 \times \frac{273 + 170}{273 + 21} = 8.15 (m^3/min)$$

58 온도가 300°C인 건조로 내에서 톨루엔이 시간당 0.3L씩 증발하고 있다. 톨루엔의 LEL은 1.3%이며, 톨루엔의 농도를 LEL의 25% 이하로 유지하고자 할 때 폭발방지를 위한 환기량(m³/min)을 계산하시오. (단, 톨루엔의 비중은 0.87, 분자량은 92이며, 온도보정은 고려하지 않는다.)

| 기출 2013년 2회 |

산업환기의 표준상태(21°C 1기압) 기준

$$Q = \frac{24.1 \times kg/h \times C \times 10^2}{MW \times \leq L \times B} \div 60 = \frac{24.1 \times 0.3 \times 0.87 \times 4 \times 10^2}{92 \times 1.3 \times 0.7} \div 60 = 0.50 (m^3/min)$$

(kg/hr = L/hr × 비중)

59 어느 작업장의 내부온도가 32°C, 작업장 내의 열부하량이 250,000kcal/hr이며 외기의 온도가 25°C이다. 이 작업장의 전체 환기를 위한 필요 환기량(m³/hr)을 계산하시오.

| 기출 2019년 2회 |

$$Q(m^3/hr) = \frac{H_s}{0.3 \Delta t}$$

- Δt : 급배기(실내, 외)의 온도차(°C)
- H_s : 작업장 내 열부하량(kcal/hr)
- 0.3 : 정압비열(kcal/m³°C)

$$Q = \frac{H_s}{0.3 \Delta t} = \frac{250,000}{0.3 \times (32-25)} = 119047.62 (m^3/hr)$$

60 어느 작업장의 내부온도가 25°C, 작업장 내의 열부하량이 300,000kcal/hr이며 외기의 온도가 15°C이다. 이 작업장의 전체 환기를 위한 필요 환기량(m³/min)을 계산하시오.

| 기출 2017년 1회 |

$$Q = \frac{H_s}{0.3 \Delta t} = \frac{300,000}{0.3 \times (25-15)} = 100,000 (m^3/hr) \div 60 = 1,666.67 (m^3/min)$$

61 어느 작업장의 내부온도가 32°C, 작업장 내의 열부하량이 250,000kcal/hr이며 외기의 온도가 25°C이다. 이 작업장의 전체 환기를 위한 필요 환기량(m³/hr)을 계산하시오.

| 기출 2019년 2회, 2016년 2회, 2021년 3회 |

$$Q = \frac{H_s}{0.3 \Delta t} = \frac{250,000}{0.3 \times (32-25)} = 119047.62 (m^3/hr)$$

62 어느 작업장에 작업자 10명이 시간당 100kcal의 열량을 발산하는 작업을 하고 있다. 또한 2HP인 기계가 15대, 30kW의 전등이 3대 켜져 있다. 실내온도가 30℃, 외기온도가 21℃일 경우 실내 온도를 외기온도로 낮추기 위한 필요 환기량(m^3/min)을 계산하시오. (단, 1HP = 641kcal/hr, 1kW = 860kcal/hr이다.)

| 기출 2014년 3회, 2012년 1회 |

$$Q(m^3/min) = \frac{H_s}{0.3 \Delta t} \div 60$$

$$= \frac{(10 \times 100) + (2 \times 15 \times 641) + (30 \times 3 \times 860)}{0.3 \times (30-21)} \div 60 = 602.65 (m^3/min)$$

63 덕트 내의 전압, 정압, 속도압을 피토튜브로 측정하려고 한다. 이 그림에서 전압, 정압, 속도압을 찾고 해당 압력을 쓰시오.

| 기출 2014년 2회 |

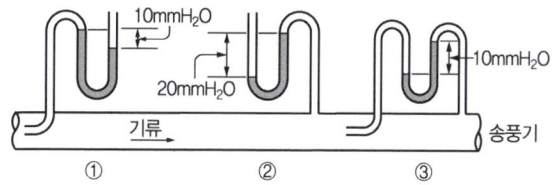

① 전압 $-20 + 10 = -10 mmH_2O$
② 정압 $-20 mmH_2O$
③ 동압 $10 mmH_2O$

64 다음 그림에서 전압, 정압, 속도압에 해당하는 기호를 적고, 각각의 압력을 적으시오.

| 기출 2013년 1회 |

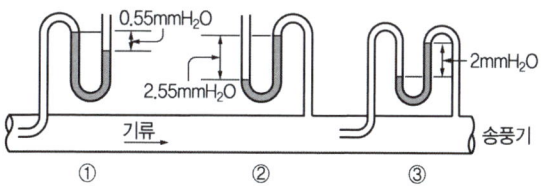

① 전압 = 정압 + 속도압 = $-2.55 + 2 = -0.55 mmH_2O$
② 정압 $-2.55 mmH_2O$
③ 동압 $2 mmH_2O$

65 덕트 내의 속도압이 25mmH₂O이다. 덕트의 유속(m/s)을 계산하시오. | 기출 2019년 1회 |

1. 속도압 $(VP) = \dfrac{r \times V^2}{2g}$ (mmH₂O)
2. V(m/sec) $= 4.043\sqrt{VP}$
   - r : 공기비중
   - V : 유속(m/s)
   - g : 중력가속도(9.8m/s²)

풀이1. $VP = \dfrac{rV^2}{2g}$

$\gamma V^2 = VP \times 2g$

$V^2 = \dfrac{VP \times 2g}{\gamma}$

$V = \sqrt{\dfrac{VP \times 2g}{\gamma}} = \sqrt{\dfrac{25 \times 2 \times 9.8}{1.2}} = 20.21$(m/sec)

풀이2. $V = 4.043\sqrt{VP} = 4.043 \times \sqrt{25} = 20.22$(m/sec)

66 덕트 내 공기의 속도압이 25mmH₂O인 경우 덕트 내 공기의 유속을 계산하시오. (단, 중력가속도 g=9.81m/sec², 1기압 15℃ 공기의 밀도 1.225kg/m³ 기준) | 기출 2018년 2회, 2020년 3회 |

$$VP = \dfrac{r \times V^2}{2g}$$

- r : 공기비중
- V : 유속(m/s)
- g : 중력가속도

$VP = \dfrac{rV^2}{2g}$

$V = \sqrt{\dfrac{VP \times 2g}{r}} = \sqrt{\dfrac{25 \times 2 \times 9.81}{1.225}} = 20.01$(m/sec)

$\left[\begin{array}{l} VP = \dfrac{rV^2}{2g} \\ rV^2 = VP \times 2g \\ V^2 = \dfrac{VP \times 2g}{r} \\ V = \sqrt{\dfrac{VP \times 2g}{r}} \end{array}\right]$

67 15℃, 1기압의 송풍관 내를 15m/sec의 유속으로 공기가 흐를 때 속도압(mmH₂O)을 계산하시오. (단, 0℃, 1기압의 공기밀도는 1.293이다.)

| 기출 2015년 1회 |

밀도의 온도, 압력 보정

1. 보정 후의 밀도 = 보정 전의 밀도 × $\dfrac{(273+t_1)(P_2)}{(273+t_2)(P_1)}$

   - t_1 : 처음 온도
   - t_2 : 나중 온도
   - P_1 : 처음 압력
   - P_2 : 나중 압력

2. 속도압(VP) = $\dfrac{\gamma V^2}{2g}$ (mmH₂O)

   - r : 공기비중
   - V : 유속(m/s)
   - g : 중력가속도(9.8m/s²)

1. 0℃(t_1)에서의 밀도 1.293(kg/m³)를 15℃(t_2)로 보정

   보정 후의 밀도 = 보정 전의 밀도 × $\dfrac{(273+t_1)(P_2)}{(273+t_2)(P_1)}$

   $= 1.293 \times \dfrac{(273+0) \times 1}{(273+15) \times 1} = 1.23$(kg/m³)

2. 속도압(VP) = $\dfrac{\gamma V^2}{2g} = \dfrac{1.23 \times 15^2}{2 \times 9.8} = 14.12$(mmH₂O)

68 관의 직경이 250mm, 송풍량이 80m³/min인 관내 표준공기의 속도압을 계산하시오.

| 기출 2024년 1회 |

1. $Q = 60 \times A \times V$

   - Q : 유체의 유량(m³/min)
   - A : 유체가 통과하는 단면적(m²)
   - V : 유체의 유속 (m/sec)

2. 속도압(VP) = $\dfrac{\gamma V^2}{2g}$ (mmH₂O)

   - γ : 공기비중
   - V : 유속(m/s)
   - g : 중력가속도(9.8m/s²)

1. $Q = 60 \times A \times V$

   $V = \dfrac{Q}{60 \times A} = \dfrac{Q}{60 \times \dfrac{\pi \times d^2}{4}} = \dfrac{80}{60 \times \dfrac{\pi \times 0.25^2}{4}} = 27.16$(m/sec)

2. 속도압(VP) = $\dfrac{\gamma \times V^2}{2g}$ = $\dfrac{1.2 \times 27.16^2}{2 \times 9.8}$ = 45.16(mmH$_2$O)

69 덕트 단면적이 0.042m^{2}이고, 덕트 내 정압은 -65mmH$_2$O, 전압은-22mmH$_2$O이다. (1) 덕트 내의 반송속도(m/sec)를 계산하시오. (2) 덕트 내의 공기 유량(m^3/min)을 계산하시오.

| 기출 2020년 3회 |

1. 속도압(VP) = $\dfrac{\gamma V^2}{2g}$ (mmH$_2$O)

   V(m/sec) = $4.043\sqrt{VP}$
   - γ : 공기비중
   - V : 유속(m/s)
   - g : 중력가속도(9.8m/s^2)
2. $Q = 60 \times A \times V$
   - Q : 유체의 유량(m^3/min)
   - A : 유체가 통과하는 단면적(m^2)
   - V : 유체의 유속 (m/sec)

1. TP(전압) = SP(정압) + VP(동압)
   $VP = TP - SP = -22 - (-65) = 43$(mmH$_2$O)
   $V = 4.043\sqrt{VP} = 4.043 \times \sqrt{43} = 26.51$(m/sec)
2. $Q = 60 \times A \times V = 60 \times 0.042 \times 26.51 = 66.81$(m^3/min)

*참고

$VP = \dfrac{rV^2}{2g}$

$VP \times 2g = rV^2$

$V^2 = \dfrac{VP \times 2g}{r}$

$V = \sqrt{\dfrac{VP \times 2g}{r}} = \sqrt{\dfrac{43 \times 2 \times 9.8}{1.2}} = 26.50$(m/sec)

70 직경이 250mm인 덕트에서 덕트 내 정압은 -30.5mmH₂O, 전압은 22.7mmH₂O이다. 덕트 내의 유량(m³/min)을 계산하시오. (단, 공기밀도는 1.2kg/m³로 가정한다.) | 기출 2014년 3회 |

1. 전압 = 정압 + 동압
   동압(속도압) = 전압 - 정압 = 22.7 - (-30.5) = 53.20(mmH₂O)

2. 속도압$(VP) = \dfrac{\gamma \times V^2}{2g}$

   $\gamma \times V^2 = VP \times 2g$

   $V^2 = \dfrac{VP \times 2g}{\gamma}$

   $V = \sqrt{\dfrac{VP \times 2g}{\gamma}} = \sqrt{\dfrac{53.20 \times 2 \times 9.8}{1.2}} = 29.48$(m/sec)

3. $Q = 60 \times A \times V = 60 \times \dfrac{\pi d^2}{4} \times V = 60 \times \dfrac{\pi \times 0.25^2}{4} \times 29.48 = 86.83$(m³/min)

71 직경이 250mm인 덕트에서 덕트 내 정압은 -45.8mmH₂O, 전압은 12.5mmH₂O이다. 덕트 내의 유량(m³/sec)을 계산하시오. (단, 공기밀도는 1.2kg/m³로 가정한다.)

| 기출 2024년 1회, 2018년 3회, 2012년 2회 |

1. 전압 = 정압 + 동압
   동압(속도압) = 전압 - 정압 = 12.5 - (-45.8) = 58.30(mmH₂O)

2. 속도압$(VP) = \dfrac{\gamma \times V^2}{2g}$

   $\gamma \times V^2 = VP \times 2g$

   $V^2 = \dfrac{VP \times 2g}{\gamma}$

   $V = \sqrt{\dfrac{VP \times 2g}{\gamma}} = \sqrt{\dfrac{58.30 \times 2 \times 9.8}{1.2}} = 30.86$(m/sec)

3. Q(m³/sec) $= A \times V = \dfrac{\pi d^2}{4} \times V = \dfrac{\pi \times 0.25^2}{4} \times 30.86 = 1.51$(m³/sec)

   (250mm = 0.25m)

72 덕트의 단면적이 0.025m²이며 덕트 내 정압이 −25mmH₂O, 전압이 −10.2mmH₂O이다. 이때 덕트 내의 반송속도(m/sec)와 공기유량(m³/min)을 계산하시오. (단, 공기밀도는 1.2kg/m³로 가정한다.)
| 기출 2024년 3회, 2018년 3회 |

1. 전압 = 정압 + 동압
   동압(속도압) = 전압 − 정압 = −10.2 − (−25) = 14.80(mmH₂O)
2. 속도압$(VP) = \dfrac{\gamma \times V^2}{2g}$

   $\gamma \times V^2 = VP \times 2g$

   $V^2 = \dfrac{VP \times 2g}{\gamma}$

   $V = \sqrt{\dfrac{VP \times 2g}{\gamma}} = \sqrt{\dfrac{14.80 \times 2 \times 9.8}{1.2}} = 15.55 \text{(m/sec)}$
3. $Q(m^3/min) = 60 \times A \times V = 60 \times 0.025 \times 15.55 = 23.33(m^3/min)$

73 후드의 유입손실계수가 0.65, 유량이 32m³/min, 후드 직경이 12cm인 원형후드의 정압(mmH₂O)을 계산하시오.
| 기출 2020년 2회, 2017년 3회 |

1. 후드정압$(SP_h) = VP + \Delta P = VP + (F_h \times VP) = VP(1 + F_h)$(mmH₂O)
   - VP : 속도압(동압)(mmH₂O)
   - F_h : 압력손실계수$(= \dfrac{1}{Ce^2} - 1)$
   - Ce : 유입계수
   - ΔP : 압력손실(mmH₂O)
2. $Q = 60 \times A \times V$
   - Q : 유체의 유량(m³/min)
   - A : 유체가 통과하는 단면적(m²)
   - V : 유체의 유속 (m/sec)

$SP_h = VP(1 + F_h) = 136.17 \times (1 + 0.65) = 224.68$(mmH₂O)

1. $Q = 60 \times A \times V$

   $V = \dfrac{Q}{60 \times A} = \dfrac{Q}{60 \times \dfrac{\pi d^2}{4}} = \dfrac{32}{60 \times \dfrac{\pi \times 0.12^2}{4}} = 47.16$(m/sec)

2. $VP = \dfrac{\gamma V^2}{2g} = \dfrac{1.2 \times 47.16^2}{2 \times 9.8} = 136.17$(mmH₂O)

74 후드의 유입계수가 0.65, 유량이 15.6m³/min, 후드 직경이 10cm인 원형후드의 정압(mmH₂O)을 계산하시오. (단, 공기밀도는 1.2kg/m³) | 기출 2014년 1회 |

$$SP_h = VP(1+F_h) = 67.08 \times (1+1.37) = 158.98 (\text{mmH}_2\text{O})(-158.98 \text{mmH}_2\text{O})$$

1. $Q(\text{m}^3/\text{min}) = 60 \times A \times V$

   $V = \dfrac{Q}{60 \times A} = \dfrac{Q}{60 \times \dfrac{\pi d^2}{4}} = \dfrac{15.6}{60 \times \dfrac{\pi \times 0.1^2}{4}} = 33.10 (\text{m/sec})$

2. $VP = \dfrac{\gamma V^2}{2g} = \dfrac{1.2 \times 33.10^2}{2 \times 9.8} = 67.08 (\text{mmH}_2\text{O})$

3. $F_h = \dfrac{1}{Ce^2} - 1 = \dfrac{1}{0.65^2} - 1 = 1.37$

* 참고
후드의 정압은 후드나 덕트를 수축시키는 방향(음압)으로 작용하여 "-" 부호를 붙여 나타낸다.

75 후드의 유입계수가 0.65, 후드의 송풍량이 0.123m³/sec, 후드 직경이 12cm인 원형후드의 정압(mmH₂O)을 계산하시오. (단, 공기밀도는 1.21kg/m³) | 기출 2023년 3회, 2013년 1회 |

$$SP_h = VP(1+F_h) = 7.31 \times (1+1.37) = 17.32 (\text{mmH}_2\text{O})(-17.32 \text{mmH}_2\text{O})$$

1. $Q(\text{m}^3/\text{sec}) = A \times V$

   $V = \dfrac{Q}{A} = \dfrac{Q}{\dfrac{\pi d^2}{4}} = \dfrac{0.123}{\dfrac{\pi \times 0.12^2}{4}} = 10.88 (\text{m/sec})$

   (12cm = 0.12m)

2. $VP = \dfrac{\gamma V^2}{2g} = \dfrac{1.21 \times 10.88^2}{2 \times 9.8} = 7.31 (\text{mmH}_2\text{O})$

3. $F_h = \dfrac{1}{Ce^2} - 1 = \dfrac{1}{0.65^2} - 1 = 1.37$

* 참고
후드의 정압은 후드나 덕트를 수축시키는 방향(음압)으로 작용하여 "-" 부호를 붙여 나타낸다.

76 후드의 속도압(동압)이 8.5mmH₂O, 정압이 25mmH₂O인 경우 유입계수(Ce)를 계산하시오.

| 기출 2019년 3회 |

> 후드정압 $= VP(1+F_h)$ (mmH₂O)
> - VP : 속도압(동압)(mmH₂O)
> - F_h : 압력손실계수 $(= \dfrac{1}{Ce^2} - 1)$
> - Ce : 유입계수
> - ΔP : 압력손실(mmH₂O)

1. 후드정압$(SP_h) = VP(1+F_h) = VP + (VP \times F_h)$

    $VP \times F_h = SP_h - VP$

    $F_h = \dfrac{SP_h - VP}{VP} = \dfrac{25 - 8.5}{8.5} = 1.94$

2. $F_h = \dfrac{1}{Ce^2} - 1$

    $\dfrac{1}{Ce^2} = F_h + 1$

    $Ce^2 = \dfrac{1}{F_h + 1}$

    $Ce = \sqrt{\dfrac{1}{F_h + 1}} = \sqrt{\dfrac{1}{1.94 + 1}} = 0.58$

77 작업장에 설치된 레시버식 캐노피형 후드의 열원의 직경(E)이 3.2m, 후드의 높이(H)가 1.1m인 경우 후드의 직경(m)을 계산하시오. | 기출 2012년 2회, 2023년 2회 |

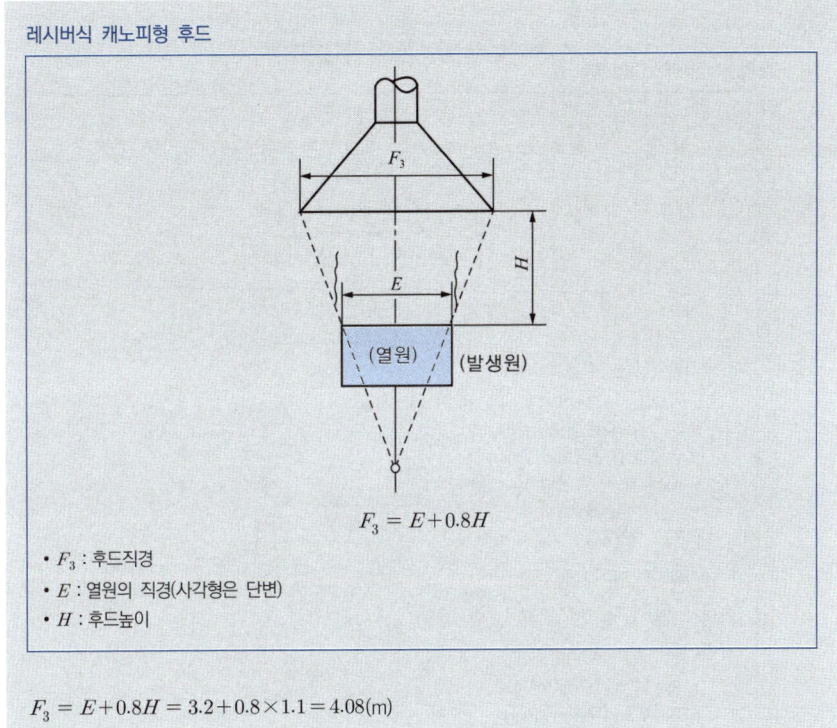

레시버식 캐노피형 후드

$F_3 = E + 0.8H$

- F_3 : 후드직경
- E : 열원의 직경(사각형은 단변)
- H : 후드높이

$F_3 = E + 0.8H = 3.2 + 0.8 \times 1.1 = 4.08(m)$

78 고열 발생원 주변에 리시버식 캐노피형 후드를 설치하였다. 열상승 기류량이 30m³/min, 누입한계 유량비 2.0, 누출안전계수 8일 경우 소요 송풍량(m³/min)을 계산하시오. (단, 주변에 난기류가 존재한다.)

| 기출 2018년 1회 |

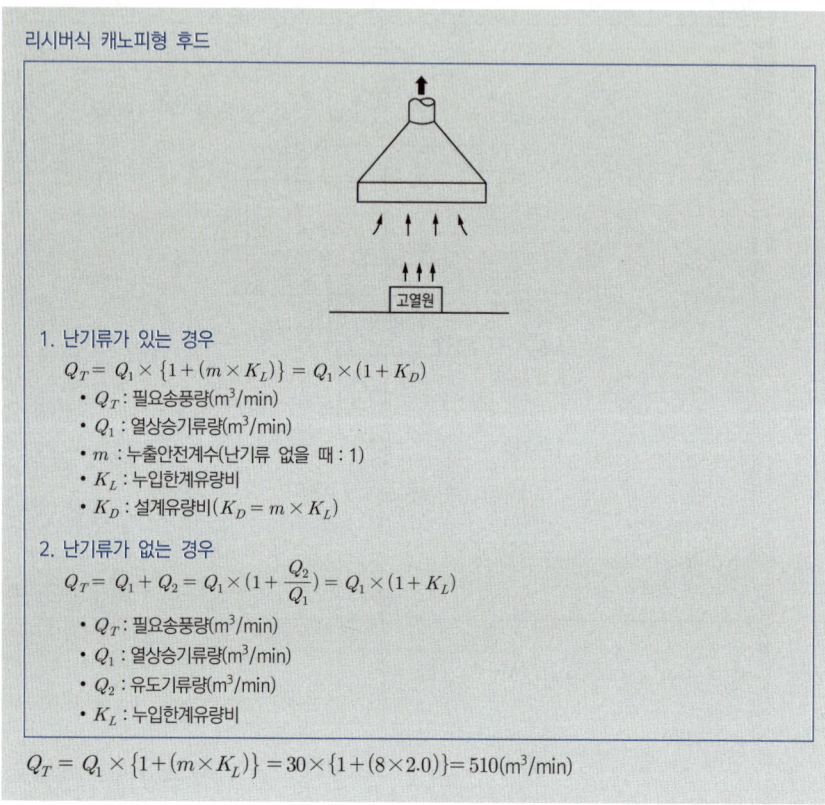

$Q_T = Q_1 \times \{1+(m \times K_L)\} = 30 \times \{1+(8 \times 2.0)\} = 510 \text{(m}^3/\text{min)}$

79 고열 발생원 주변에 리시버식 캐노피형 후드를 설치하였다. 열상승 기류량이 30m³/min, 유도기류량이 60m³/min인 경우 누입한계유량비를 계산하시오. | 기출 2024년 2회, 2016년 2회 |

$$Q_T = Q_1 + Q_2 = Q_1 \times (1 + \frac{Q_2}{Q_1}) = Q_1 \times (1 + K_L)$$

- Q_T : 필요송풍량(m³/min),
- Q_1 : 열상승기류량(m³/min)
- Q_2 : 유도기류량(m³/min)
- K_L : 누입한계유량비($= \frac{Q_2}{Q_1}$)

$K_L = \frac{Q_2}{Q_1} = \frac{60}{30} = 2$

80 [보기]에서 제시한 후드 형식에 적합한 필요 송풍량을 계산하는 공식을 적으시오.

| 기출 2017년 3회 |

(1) 포위식(부스식) 후드
(2) 외부식 후드(자유공간, 플랜지 미 부착)
(3) 리시버식 캐노피형 후드(난기류가 없는 경우)

(1) 포위식(부스식) 후드

$$Q(m^3/min) = 60 \times A \times V_c$$

- Q : 필요송풍량(m^3/min)
- A : 후드 개구면적(m^2)
- V : 제어속도(m/sec)

(2) 외부식 후드(자유공간, 플랜지 미 부착)

$$Q(m^3/min) = 60 \times Vc(10 \times X^2 + A)$$

- Q : 필요송풍량(m^3/min)
- Vc : 제어속도(m/sec)
- A : 개구면적(m^2)
- X : 후드중심선으로부터 발생원까지의 거리(m)

(3) 리시버식 캐노피형 후드(난기류가 없는 경우)

$$Q_T(m^3/min) = Q_1 \times (1 + K_L)$$

- Q_T : 필요송풍량(m^3/min)
- Q_1 : 열상승기류량(m^3/min)
- K_L : 누입한계유량비

81 후드 개구면에서 발생원까지의 제어거리가 1m, 제어속도가 0.5m/sec, 후드 직경이 50cm인 경우 플랜지가 없는 외부식 후드의 필요송풍량(m^3/min)을 계산하시오.

| 기출 2020년 4회, 2018년 2회 |

외부식 후드(자유공간 위치한 원형 및 장방형 후드, 플랜지 미부착)의 필요 송풍량

$$Q = 60 \cdot Vc(10X^2 + A)$$

- Q : 필요송풍량(m^3/min)
- Vc : 제어속도(m/sec)
- A : 개구면적(m^2)
- X : 후드중심선으로부터 발생원까지의 거리(m)
  (오염원과 후드 간 거리가 덕트 직경의 1.5배 이내일 때만 유효)

$$Q = 60 \times Vc \times (10X^2 + A) = 60 \times 0.5 \times (10 \times 1^2 + \frac{\pi \times 0.5^2}{4}) = 305.89(m^3/min)$$

82 자유공간에 위치한 후드 단면적이 3.3m²인 직사각형 외부식 후드를 설치하는 경우 다음 조건에 적합한 필요 환기량(m³/min)을 계산하시오. (단, 제어속도는 0.5m/sec, 후드로부터 발생원까지의 거리는 180cm이다.)
| 기출 2018년 1회 |

$$Q = 60 \times Vc \times (10X^2 + A) = 60 \times 0.5 \times (10 \times 1.8^2 + 3.3) = 1071 (m^3/min)$$

83 자유공간에 플랜지가 부착된 외부식 후드를 설치하려고 한다. 다음 조건에서 필요송풍량(m³/min)을 계산하시오.
| 기출 2018년 1회, 2023년 2회 |

- 후드 개구면으로 부터의 제어거리 120cm
- 제어속도 0.6m/sec
- 후드의 크기 : 장변 250cm, 단변 80cm

외부식 후드(자유공간에 위치한 플랜지가 부착된 원형, 장방형 후드)의 필요 송풍량

$$Q = 60 \times 0.75 \times Vc \times (10X^2 + A)$$

- Q : 필요송풍량(m³/min)
- Vc : 제어속도(m/sec)
- A : 개구면적(m²)
- X : 후드중심선으로부터 발생원까지의 거리(m)
  (오염원과 후드 간 거리가 덕트 직경의 1.5배 이내일 때만 유효)

$$Q = 60 \times 0.75 \times Vc(10X^2 + A) = 60 \times 0.75 \times 0.6 \times [10 \times 1.2^2 + (2.5 \times 0.8)] = 442.80 (m^3/min)$$

84 오염물질이 발생하는 작업장에 외부식 후드를 설치하였다. 후드 개구면에서 발생원까지의 제어거리가 30cm, 제어속도가 1.2m/sec, 후드 직경이 25cm인 경우의 (1) 필요송풍량(m^3/min)을 계산하시오. (2) 덕트 내의 유속(m/sec)을 계산하시오. (3) 후드의 유입손실계수가 0.75인 경우 후드의 정압(mmH_2O)을 계산하시오.

| 기출 2019년 2회 |

---

1. 외부식 후드(자유공간 위치한 원형 및 장방형 후드, 플랜지 미부착)의 필요 송풍량
   $Q = 60 \times 0.75 \times Vc \times (10X^2 + A)$
   - Q : 필요송풍량(m^3/min)
   - Vc : 제어속도(m/sec)
   - A : 개구면적(m^2)
   - X : 후드중심선으로부터 발생원까지의 거리(m)
     (오염원과 후드 간 거리가 덕트 직경의 1.5배 이내일 때만 유효)

2. $Q = 60 \times A \times V$
   - Q : 유체의 유량(m^3/min)
   - A : 유체가 통과하는 단면적(m^2)
   - V : 유체의 유속 (m/sec)

3. 속도압(VP) = $\dfrac{\gamma V^2}{2g}$ (mmH_2O)
   - γ : 공기비중
   - V : 유속(m/s)
   - g : 중력가속도(9.8m/s^2)

4. 후드정압(SP_h) = $VP(1 + F_h)$ (mmH_2O)
   - VP : 속도압(동압)(mmH_2O)
   - F_h : 압력손실계수($= \dfrac{1}{Ce^2} - 1$)

---

(1) 필요송풍량

$Q = 60 \times Vc \times (10X^2 + A) = 60 \times 1.2 \times (10 \times 0.3^2 + \dfrac{\pi \times 0.25^2}{4}) = 68.33 (m^3/min)$

(2) 덕트 내의 유속(m/sec)

$Q = 60 \times A \times V$

$V = \dfrac{Q}{60 \times A} = \dfrac{Q}{60 \times \dfrac{\pi d^2}{4}} = \dfrac{68.33}{60 \times \dfrac{\pi \times 0.25^2}{4}} = 23.20 (m/sec)$

(3) 후드의 정압(mmH_2O)

$SP_h = VP(1 + F_h) = 32.95 \times (1 + 0.75) = 57.66 (mm H_2O)$

$\left[VP = \dfrac{\gamma V^2}{2g} = \dfrac{1.2 \times 23.20^2}{2 \times 9.8} = 32.95 (mm H_2O) \right]$

85 작업대 위에 플랜지가 부착된 외부식 후드를 설치하려고 한다. [보기]를 참고하여 필요송풍량(m^3/min)을 계산하시오.
| 기출 2014년 2회, 2023년 1회 |

> - 후드 중심선으로부터 발생원까지의 거리 : 1m
> - 후드의 크기 : 30cm×40cm
> - 제어속도 : 2.5m/sec

> 플랜지 부착+후드를 작업대에 부착할 경우 송풍량을 50% 감소시킬 수 있다
>
> $$Q = 60 \times 0.5 \times Vc(10X^2 + A)$$
>
> - Q : 필요송풍량(m^3/min)
> - Vc : 제어속도(m/sec)
> - A : 개구면적(m^2)
> - X : 후드중심선으로부터 발생원까지의 거리(m)
>   (오염원과 후드 간 거리가 덕트 직경의 1.5배 이내일 때만 유효)
>
> $Q = 60 \times 0.5 \times Vc(10X^2 + A) = 60 \times 0.5 \times 2.5 \times [10 \times 1^2 + (0.3 \times 0.4)] = 759(m^3/min)$

86 송풍량이 280(m^3/min)인 외부식 후드에 플랜지를 부착하려고 한다. 동일한 제어속도를 얻기 위하여 필요한 플랜지를 부착한 경우의 송풍량(m^3/min) 계산하시오. (단, 후드 개구면적과 설치 위치의 변경은 없다.)
| 기출 2020년 4회 |

> 플랜지를 설치하면 송풍량을 25% 감소시킬 수 있으므로
> 1. 플랜지를 부착하여 감소되는 송풍량 = $280 \times 0.25 = 70(m^3/min)$
> 2. 동일한 제어속도를 얻기 위해 필요한 송풍량(플랜지를 부착한 경우) = $280 - 70 = 210(m^3/min)$

87 슬롯후드의 밑변과 높이가 30cm×2.5cm인 플랜지가 부착된 슬롯형 후드를 설치하는 경우 필요 송풍량(m^3/min)을 계산하시오. (단, 제어속도는 2.5m/sec, 오염원까지의 거리는 60cm 이다.)
| 기출 2014년 1회 |

> $$Q = 60 \cdot C \cdot L \cdot Vc \cdot X$$
>
> - Q : 필요송풍량(m^3/min)
> - Vc : 제어속도(m/sec)
> - L : slot 개구면의 길이(m)
> - X : 포집점까지의 거리(m)
> - C : 형상계수
>
> ※ 형상계수
> 전원주 : 3.7, $\frac{3}{4}$ 원주 : 4.1, $\frac{1}{2}$ 원주(플랜지 부착과 동일) : 2.6, $\frac{1}{4}$ 원주(플랜지 부착 + 바닥 설치) : 1.6
>
> $Q = 60 \cdot C \cdot L \cdot Vc \cdot X = 60 \times 2.6 \times 0.3 \times 2.5 \times 0.6 = 70.20(m^3/min)$

88 슬롯후드의 길이가 25cm, 폭이 2.5cm인 슬롯형 후드를 설치하는 경우 필요 송풍량(m^3/min)을 ACGIH 기준으로 계산하시오. (단, 플랜지가 없고 공간에 위치, 제어속도는 2.0m/sec, 오염원까지의 거리는 80cm이다.)

| 기출 2024년 2회 |

$$Q = 60 \cdot C \cdot L \cdot Vc \cdot X$$

- Q : 필요송풍량(m^3/min)
- Vc : 제어속도(m/sec)
- L : slot 개구면의 길이(m)
- X : 포집점까지의 거리(m)
- C : 형상계수

※ 형상계수(ACGIH 기준)
전원주 : 3.7, $\frac{3}{4}$ 원주 : 4.1, $\frac{1}{2}$ 원주(플랜지 부착과 동일) : 2.6, $\frac{1}{4}$ 원주(플랜지 부착 + 바닥 설치) : 1.6

$Q = 60 \cdot C \cdot L \cdot Vc \cdot X = 60 \times 3.7 \times 0.25 \times 2.0 \times 0.8 = 88.80 (m^3/min)$

※ 플랜지가 없고 공간에 위치 → 전원주

89 속도압이 35mmH$_2$O인 후드의 유입계수가 0.81인 경우 후드의 압력손실(mmH$_2$O)을 계산하시오.

| 기출 2024년 2회, 2020년 1회, 2019년 1회 |

$$압력손실(\Delta P) = F_h \times VP = (\frac{1}{Ce^2} - 1) \times \frac{\gamma V^2}{2g} (mmH_2O)$$

- F_h : 압력손실계수(유입손실계수)
- Ce : 유입계수
- VP : 속도압(동압)(mmH$_2$O)
- r : 공기비중
- V : 유속(m/s)
- g : 중력가속도(9.8m/s^2)

압력손실(ΔP) = $(\frac{1}{Ce^2} - 1) \times VP = (\frac{1}{0.81^2} - 1) \times 35 = 18.35 (mmH_2O)$

90 유입손실계수가 0.27이고 원형 후드 직경이 100mm이며 유량이 15m³/min 인 경우 후드의 압력손실(mmH₂O)을 구하시오.

| 기출 2015년 3회 |

---

1. 압력손실계수 $(\triangle P) = F_h \times VP$ (mmH₂O)
    - F_h : 압력손실계수(유입손실계수)
    - VP : 속도압(동압)(mmH₂O)
2. 속도압

$$VP = \frac{\gamma \times V^2}{2g} \text{(mmH}_2\text{O)}$$

$V(\text{m/sec}) = 4.043\sqrt{VP}$
- γ : 공기비중
- V : 유속(m/s)
- g : 중력가속도(9.8m/s²)

압력손실 $(\triangle P) = F_h \times VP = 0.27 \times 61.98 = 16.73$(mmH₂O)

1. $Q = 60 \times A \times V$

$$V = \frac{Q}{60 \times A} = \frac{Q}{60 \times \frac{\pi d^2}{4}} = \frac{15}{60 \times \frac{\pi \times 0.1^2}{4}} = 31.83 \text{(m/sec)}$$

2. $V = 4.043\sqrt{VP}$

$V^2 = 4.043^2 \times VP$

$$VP = \frac{V^2}{4.043^2} = \frac{31.83^2}{4.043^2} = 61.98 \text{(mmH}_2\text{O)}$$

91 어느 장방형 덕트의 가로 650mm, 세로 300mm이며 속도압이 150mmH₂O일 때 덕트 길이 10m당 압력손실을 계산하시오. (단, 관마찰계수(λ) : 0.02이다.) |기출 2019년 3회, 2013년 1회|

$$\text{압력손실}(\Delta P) = F \times VP = \lambda \times \frac{L}{D} \times \frac{\gamma V^2}{2g} \text{(mmH}_2\text{O)}$$

1. F(압력손실계수) $= \lambda \times \frac{L}{D}$
   - λ : 관마찰계수($= 4f$, f : 마찰계수)
   - D : 덕트 직경(m)(원형관일 경우)(장방형 덕트일 경우 : 상당직경(등가직경) $= \frac{2ab}{a+b}$)
   - L : 덕트 길이(m)

2. 속도압$(VP) = \frac{\gamma \times V^2}{2g}$
   - γ : 비중(kg/m³)
   - V : 공기속도(m/sec)
   - g : 중력가속도(m/sec²)

$$\Delta P = \lambda \times \frac{L}{D} \times VP = 0.02 \times \frac{10}{0.41} \times 150 = 73.17 \text{(mmH}_2\text{O)}$$

[상당직경 $D = \frac{2ab}{a+b} = \frac{2 \times 0.65 \times 0.3}{0.65 + 0.3} = 0.41$(m)]

92 장방형 직관 덕트의 세로 300mm, 가로 650mm이며, 풍량 250m³/min이 흐르고 있다. 덕트의 길이가 4m, 관마찰계수 0.02, 공기밀도가 1.2kg/m³인 경우 덕트의 압력손실 (mmH₂O)을 계산하시오. |기출 2017년 1회|

$$\Delta P = \lambda \times \frac{L}{D} \times \frac{\gamma V^2}{2g} = 0.02 \times \frac{4}{0.41} \times \frac{1.2 \times 21.37^2}{2 \times 9.8} = 5.46 \text{(mmH}_2\text{O)}$$

[
1. D(상당직경) $= \frac{2ab}{a+b} = \frac{2 \times 0.3 \times 0.65}{0.3 + 0.65} = 0.41$
2. $Q = 60 \times A \times V$
   $V = \frac{Q}{60 \times A} = \frac{250}{60 \times 0.3 \times 0.65} = 21.37 \text{(m/sec)}$
]

93 장방형 직관 덕트의 세로 650mm, 가로 250mm이며, 풍량 400m³/min이 흐르고 있다. 덕트의 길이가 10m, 관마찰계수 0.02, 공기밀도가 1.2kg/m³인 경우 덕트의 압력손실 (mmH₂O)을 계산하시오.

|기출 2014년 1회|

$$\Delta P = \lambda \times \frac{L}{D} \times \frac{\gamma V^2}{2g} = 0.02 \times \frac{10}{0.36} \times \frac{1.2 \times 41.03^2}{2 \times 9.8} = 57.26 (\text{mmH}_2\text{O})$$

1. D(상당직경) $= \dfrac{2ab}{a+b} = \dfrac{2 \times 0.65 \times 0.25}{0.65 + 0.25} = 0.36$

2. $Q(m^3/\min) = 60 \times A \times V$

$$V = \frac{Q}{60 \times A} = \frac{400}{60 \times 0.65 \times 0.25} = 41.03 (\text{m/sec})$$

94 어느 원형관의 내경이 0.3m, 길이가 10m이며, 송풍량이 150m³/min이다. 직관의 압력손실 (mmH₂O)을 계산하시오. (단, 관마찰손실계수는 0.02, 유체 밀도는 1.203kg/m³)

|기출 2013년 1회|

$$\Delta P = \lambda \times \frac{L}{D} \times \frac{\gamma V^2}{2g} = 0.02 \times \frac{10}{0.3} \times \frac{1.203 \times 35.37^2}{2 \times 9.8} = 51.19 (\text{mmH}_2\text{O})$$

$Q(m^3/\min) = 60 \times A \times V$

$$V = \frac{Q}{60 \times A} = \frac{Q}{60 \times \dfrac{\pi \times d^2}{4}} = \frac{150}{60 \times \dfrac{\pi \times 0.3^2}{4}} = 35.37 (\text{m/s})$$

95 원형 덕트에서 덕트의 직경을 1/2로 하면 직관부분의 압력손실은 몇 배로 증가하겠는가? (단, 난기류가 있으며, 유량, 관마찰계수는 일정하다고 가정한다.) | 기출 2018년 3회, 2021년 1회 |

1. 직경이 D인 경우

$$\Delta P = \lambda \times \frac{L}{D} \times \frac{\gamma V^2}{2g}$$

(λ, L, g, γ는 상수이므로 무시)

$$\Delta P = \frac{V^2}{D} = \frac{(\frac{1}{D^2})^2}{D} = \frac{\frac{1}{D^4}}{D} = \frac{1}{D^5}$$

$$\begin{bmatrix} Q = AV \\ V = \frac{Q}{A} = \frac{Q}{\frac{\pi D^2}{4}} = \frac{4Q}{\pi D^2} \\ Q, \pi \text{는 일정하므로} \\ V = \frac{4}{D^2} \text{ (4는 상수이므로 무시)}, \therefore V = \frac{1}{D^2} \end{bmatrix}$$

2. 직경이 $\frac{D}{2}$인 경우

$$\Delta P = \frac{1}{(\frac{D}{2})^5} = \frac{1}{\frac{D^5}{32}} = \frac{1 \times 32}{D^5}$$

3. $\frac{1}{D^5} : \frac{1 \times 32}{D^5} = 1 : 32$ ∴ 32배 증가한다.

96 직경이 32cm, 길이가 55cm인 원형 배기구의 속도압이 25mmH$_2$O이다. 마찰계수가 1.18일 때 압력손실(mmH$_2$O)을 계산하시오. | 기출 2018년 3회 |

$$\text{압력손실}(\Delta P) = \lambda \times \frac{L}{D} \times VP = 4 \times f \times \frac{L}{D} \times VP \text{(mmH}_2\text{O)}$$

- λ : 관마찰계수($= 4f$)
- f : 마찰계수
- D : 덕트 직경(m)(원형관일 경우)(장방형 덕트일 경우 : 상당직경(등가직경)$= \frac{2ab}{a+b}$)
- L : 덕트 길이(m)

$$\Delta P = 4 \times f \times \frac{L}{D} \times VP = 4 \times 1.18 \times \frac{55}{32} \times 25 = 202.81 \text{(mmH}_2\text{O)}$$

97 덕트의 직경이 200mm, 덕트 길이 10m, 관 내의 유속이 8m/sec 일 때 압력손실을 계산하시오. (단, 관마찰계수(λ)=0.015-0.001log(Re), 동점성계수 : 1.55×10^{-5}m^2/sec, 공기비중(γ) : 1.2kg/m^3 이다.)

| 기출 2016년 2회 |

$$Re = \frac{\rho Vd}{\mu} = \frac{Vd}{\nu}$$

- Re : 레이놀즈 수(무차원)
- ρ : 유체밀도(kg/m^3)
- d : 관경(m)(상당직경 $D = \frac{2ab}{a+b}$)
- V : 유체의 유속(m/sec)
- μ : 점성계수(kg/m·s(= 10Poise))
- ν : 동점성계수(m^2/sec)

$$\Delta P = \lambda \times \frac{L}{D} \times \frac{\gamma V^2}{2g} = 0.01 \times \frac{10}{0.2} \times \frac{1.2 \times 8^2}{2 \times 9.8} = 1.96 \text{(mmH}_2\text{O)}$$

$$Re = \frac{Vd}{\nu} = \frac{8 \times 0.2}{1.55 \times 10^{-5}} = 103225.81$$

∴ 관마찰계수(λ) $= 0.015 - 0.001 \times \log(103225.81) = 0.01$

98 직경 40cm, 곡률반경 80cm인 90° 원형곡관의 속도압은 20mmH$_2$O이며, 압력손실계수는 0.27이다. 이 곡관의 곡관 각을 45°로 변경했을 때의 압력손실을 계산하시오.

| 기출 2017년 2회 |

$$압력손실(\Delta P) = \left(\xi \times \frac{\theta}{90°}\right) \times VP$$

- ξ : 압력손실계수
- θ : 곡관의 각도
- VP : 속도압(동압)(mmH$_2$O)

$$\Delta P = \left(\xi \times \frac{\theta}{90}\right) \times VP = \left(0.27 \times \frac{45°}{90°}\right) \times 20 = 2.70 \text{(mmH}_2\text{O)}$$

99 직경(D)이 20cm, 곡률반경(R)이 60cm인 90° 원형곡관의 속도압은 25mmH$_2$O이다. 이 곡관의 압력손실(mmH$_2$O)을 계산하시오. (단, 곡률반경비 3인 경우 압력손실계수는 0.22이다.)

- 곡률반경비 = $\dfrac{R}{D} = \dfrac{60}{20} = 3.0$
- 곡률반경비 3.0에서의 압력손실계수는 0.22이므로
- 압력손실($\triangle P$) = $\left(\xi \times \dfrac{\theta}{90°}\right) \times VP = \left(0.22 \times \dfrac{90}{90}\right) \times 25 = 5.50 \text{(mmH}_2\text{O)}$

100 90° 원형곡관의 속도압은 35mmH$_2$O이며, 압력손실계수는 0.32이다. 이 곡관의 곡관 각을 45°로 변경했을 때의 속도(m/sec)를 계산하시오. |기출 2012년 3회, 2023년 1회|

1. 45°로 변경했을 때의 압력손실
$\triangle P = \left(\xi \times \dfrac{\theta}{90°}\right) \times VP = \left(0.32 \times \dfrac{45°}{90°}\right) \times 35 = 5.60 \text{(mmH}_2\text{O)}$

2. 45°로 변경했을 때의 속도압(VP)
$\triangle P = \left(\xi \times \dfrac{\theta}{90°}\right) \times VP$
$VP = \dfrac{\triangle P}{\left(\xi \times \dfrac{\theta}{90°}\right)} = \dfrac{5.60}{\left(0.32 \times \dfrac{45°}{90°}\right)} = 35 \text{(mmH}_2\text{O)}$

3. 45°로 변경했을 때의 속도(V)
$V = 4.043\sqrt{VP} = 4.043 \times \sqrt{35} = 23.92 \text{(m/sec)}$

101 다음 표를 참고하여 30도 곡관의 압력손실(mmH$_2$O)을 계산하시오. (단, 덕트 직경은 20cm, 곡률반경은 40cm, 속도압은 15mmH$_2$O이다.)

|기출 2023년 3회, 2019년 1회|

곡률반경비(R/D)	1.25	1.50	1.75	2.00	2.25	2.50	2.75
압력손실계수(ζ)	0.55	0.39	0.32	0.27	0.26	0.22	0.20

압력손실($\triangle P$) = $\left(0.27 \times \dfrac{30°}{90°}\right) \times 15 = 1.35 \text{(mmH}_2\text{O)}$

$R/D = \dfrac{40}{20} = 2.00$
∴ 압력손실계수(ζ) = 0.27

102 직사각형 덕트의 폭(W)은 20cm, 높이(D)는 10cm이다. 덕트의 곡률반경(R)이 20cm로 구부러져 90도 곡관으로 설치되어 있다. 덕트 내의 속도압이 18mmH₂O일 경우 덕트의 압력손실(mmH₂O)을 계산하시오. (단, 압력손실계수(ξ)는 아래 표를 이용한다.) | 기출 2021년 3회, 2014년 2회 |

반경비 \ 형상비	$\xi = \Delta P / VP$				
	0.25	0.5	1.0	2.0	3.0
0.0	1.50	1.32	1.15	1.04	0.92
0.5	1.36	1.21	1.05	0.95	0.84
1.0	0.45	0.28	0.21	0.21	0.20
1.5	0.28	0.18	0.13	0.13	0.12
2.0	0.24	0.15	0.11	0.11	0.10

1. • 곡률반경비 $= \dfrac{R}{D} = \dfrac{20}{10} = 2.0$
   • 형상비 $= \dfrac{W}{D} = \dfrac{20}{10} = 2.0$
   • 곡률반경비 2.0, 형상비 2.0이므로 표에 의하여 압력손실계수(ξ) = 0.11이 된다.
2. 압력손실 $(\Delta P) = \left(\xi \times \dfrac{\theta}{90°}\right) \times VP = 0.11 \times \dfrac{90}{90} \times 18 = 1.98 \text{(mmH}_2\text{O)}$

103 원형 확대관의 입구 측의 정압은 -25mmH₂O, 입구 측의 속도압은 30mmH₂O, 확대 후의 출구 측의 속도압은 15mmH₂O이었다. (1) 압력손실(mmH₂O)을 계산하시오. (2) 확대관의 압력손실계수가 0.12인 경우 확대 측의 정압(mmH₂O)을 계산하시오. | 기출 2016년 3회 |

(1) 압력손실

압력손실 $(\Delta P) = \xi \times (VP_1 - VP_2)$

• VP_1 : 확대 전의 속도압(mmH₂O)
• VP_2 : 확대 후의 속도압(mmH₂O)
• ξ : 압력손실계수

압력손실 $(\Delta P) = \xi \times (VP_1 - VP_2) = 0.12 \times (30 - 15) = 1.80 \text{(mmH}_2\text{O)}$

(2) 확대 측의 정압

확대측 정압 $(SP_2) = SP_1 + R \times (VP_1 - VP_2)$

• SP_1 : 확대 전의 정압(mmH₂O)
• SP_2 : 확대 후의 정압(mmH₂O)
• VP_1 : 확대 전의 속도압(mmH₂O)
• VP_2 : 확대 후의 속도압(mmH₂O)
• ξ : 압력손실계수
정압회복계수 $(R) = 1 - \xi$

확대측 정압 $(SP_2) = SP_1 + R \times (VP_1 - VP_2) = -25 + 0.88 \times (30 - 15) = -11.80 \text{(mmH}_2\text{O)}$
$(R = 1 - \xi = 1 - 0.12 = 0.88)$

104 원형관의 경우 유체의 평균깊이를 나타내는 (1) 수력직경(D)과 수력반경(R_h)의 관계식을 적고, (2) 수력직경은 수력반경의 몇 배인지를 적으시오. | 기출 2018년 1회 |

> (1) 수력반경(R_h)과 수력직경(D)의 관계식
>
> $$수력직경(D) = 4 \times R_h = \frac{4A}{P}$$
>
> - R_h : 수력반경
> - A : 유로의 단면적(유체가 흐르는 단면적)
> - P : 접수길이(유체와 둘러쌓여 있는 곡선의 길이)
>
> (2) 수력직경은 수력반경의 4배이다.

*참고
수력반지름이나 수력직경은 관의 마찰손실 계산에 사용된다.

105 분지관의 조건이 [보기]와 같은 두 분지관이 합류관을 이루도록 설계되어 있다. (1) 정압비 (2) 조정된 필요 환기량(m³/min) (3) 합류관의 필요 환기량(m³/min)을 계산하시오. | 기출 2017년 3회, 2021년 2회 |

> - A 덕트 : 유량 120m³/min, 정압 −30mmH₂O
> - B 덕트 : 유량 200m³/min, 정압 −35mmH₂O

> 유량의 보정
>
> 1. $\dfrac{높은\ 정압}{낮은\ 정압} < 1.2$: 정압의 절대 값이 작은 분지관의 유량을 증가시킨다.
>
> 2. $\dfrac{높은\ 정압}{낮은\ 정압} \geq 1.2$: 정압의 절대 값이 작은 분자관을 재설계한다.
>
> $$Q_{보정} = Q\sqrt{\frac{SP_2}{SP_1}}$$
>
> - $Q_{보정}$: 보정 후의 유량(m³/min)
> - Q : 보정 전의 유량(m³/min)
> - SP_1 : 압력손실(정압의 절대값)이 낮은 쪽의 정압(mmH₂O)
> - SP_2 : 압력손실(정압의 절대값)이 높은 쪽의 정압(mmH₂O)
>
> 3. 합류관의 필요 환기량(Q')
>
> $Q_{합류관} = Q_{보정} +$ 한쪽 분지관의 송풍량

(1) 정압비

$$\frac{\text{높은 정압}}{\text{낮은 정압}} = \frac{35}{30} = 1.17$$

(2) 조정된 필요 환기량(m³/min)

$\frac{\text{높은 정압}}{\text{낮은 정압}} < 1.2$이므로 정압의 절대값이 작은 A덕트의 유량을 증가시킨다.

$$Q_{보정} = Q\sqrt{\frac{SP_2}{SP_1}} = 120 \times \sqrt{\frac{35}{30}} = 129.61(\text{m}^3/\text{min})$$

(3) 합류관의 필요 환기량(m³/min)

$$Q_{합류관} = Q_{보정} + \text{한쪽 분지관의 송풍량} = 129.61 + 200 = 329.61(\text{m}^3/\text{min})$$

106 유속이 25m/sec인 송풍기 앞쪽에서의 정압이 9mmH₂O이다. 동압을 계산하여 송풍기의 전압 (mmH₂O)을 구하시오. | 기출 2024년 2회 |

> 1. 전압(TP) = 정압(SP) + 동압(VP)
> 2. 속도압(VP) = $\frac{\gamma V^2}{2g}$ (mmH_2O)
>   - r : 공기비중
>   - V : 유속(m/s)
>   - g : 중력가속도(9.8m/s²)
>
>   또는 $V(m/\sec) = 4.043\sqrt{VP}$

1. 동압(VP) = $\frac{\gamma V^2}{2g} = \frac{1.2 \times 25^2}{2 \times 9.8} = 38.27(\text{mmH}_2\text{O})$
2. 전압(TP) = 정압(SP) + 동압(VP) = $-9 + 38.27 = 29.27(\text{mmH}_2\text{O})$

★ **참고**

1. $V(m/\sec) = 4.043\sqrt{VP}$

   $V^2 = 4.043^2 \times VP$

   $VP = \frac{V^2}{4.043^2} = \frac{25^2}{4.043^2} = 38.24(\text{mmH}_2\text{O})$

2. 송풍기 흡인 측이 전압 < 배출구의 정압이므로 이론상 송풍기 흡인 측의 정압은 음압(-)이다.

107 송풍기의 정압을 계산하는 공식을 설명하시오. |기출 2017년 1회|

송풍기 정압(FSP)

$$FSP = FTP - VP_{out}$$
$$= (SP_{out} - SP_{in}) + (VP_{out} - VP_{in}) - VP_{out}$$
$$= (SP_{out} - SP_{in}) - VP_{in}$$
$$= (SP_{out} - TP_{in})$$

- FTP : 송풍기 전압
- VP_{in} : 흡입구 동압
- VP_{out} : 배출구 동압
- SP_{in} : 흡입구 정압
- SP_{out} : 배출구 정압
- TP_{in} : 흡입구 전압

108 지하철 송풍기의 입구 측의 정압은 15mmH₂O, 배출구의 정압은 65mmH₂O, 유속은 300m/min이다. 송풍기의 정압(mmH₂O)을 계산하시오. (단, 온도 21℃, 공기 밀도는 1.21kg/m³이다.) |기출 2016년 3회|

$$FSP = (SP_{out} - SP_{in}) - VP_{in} = (65 - 15) - 1.54 = 48.46 \text{(mmH}_2\text{O)}$$

$$VP_{in} = \frac{\gamma V^2}{2g} = \frac{1.21 \times (\frac{300}{60})^2}{2 \times 9.8} = 1.54 \text{(mmH}_2\text{O)}$$

$$(300\text{m/min} = \frac{300\text{m}}{60\text{sec}})$$

109 송풍기의 흡입구의 정압은 -25mmH₂O, 배출구의 정압은 30mmH₂O, 유속은 1,200m/min이다. 송풍기의 정압(mmH₂O)을 계산하시오. (단, 중력가속도 : 9.81m/sec², 공기 밀도는 1.21kg/m³이다.)

| 기출 2021년 3회 |

1. $FSP = (SP_{out} - SP_{in}) - VP_{in}$
   - FTP : 송풍기 전압
   - VP_{in} : 흡입구동압
   - SP_{in} : 흡입구 정압
   - SP_{out} : 배출구 정압
2. $VP = \dfrac{\gamma V^2}{2g}$
   - γ : 공기비중
   - V : 유속(m/s)
   - g : 중력가속도

$FSP = (SP_{out} - SP_{in}) - VP_{in} = (30 - (-25)) - 24.67 = 30.33 (\text{mmH}_2\text{O})$

$VP_{in} = \dfrac{\gamma V^2}{2g} = \dfrac{1.21 \times (\frac{1,200}{60})^2}{2 \times 9.81} = 24.67 (\text{mmH}_2\text{O})$

$(1,200\text{m/min} = \dfrac{1,200\text{m}}{60\text{sec}})$

110 송풍기의 흡입관의 정압이 -45mmH₂O, 동압이 10mmH₂O이며 배출관의 정압이 8mmH₂O, 동압이 16mmH₂O이다. 송풍기의 유효전압(mmH₂O)과 유효정압(mmH₂O)을 계산하시오.

| 기출 2015년 1회, 2012년 3회 |

1. 송풍기 정압(FTP) : 배출구 전압(TP_{out})과 흡입구 전압(TP_{in})의 차
   $FTP = TP_{out} - TP_{in}$
   $\quad = (SP_{out} + VP_{out}) - (SP_{in} + VP_{in})$
2. 송풍기 정압(FSP) : 송풍기 전압(FTP)과 속도압(VP_{out})의 차
   $FSP = FTP - VP_{out}$
   $\quad = (SP_{out} - SP_{in}) + (VP_{out} - VP_{in}) - VP_{out}$
   $\quad = (SP_{out} - SP_{in}) - VP_{in}$
   $\quad = (SP_{out} - TP_{in})$

1. 송풍기의 전압(FTP)
   $FTP = (SP_{out} + VP_{out}) - (SP_{in} + VP_{in}) = (8 + 16) - (-45 + 10) = 59 (\text{mmH}_2\text{O})$
2. 송풍기의 정압(FSP)
   $FSP = (SP_{out} - SP_{in}) - VP_{in} = [8 - (-45)] - 10 = 43 (\text{mmH}_2\text{O})$

111 어느 작업장에 설치된 송풍기의 흡입관의 정압이 -60mmH$_2$O, 동압이 20mmH$_2$O이며 배출관의 정압이 15mmH$_2$O, 동압이 25mmH$_2$O이며 유량이 130m^3/min이다. 송풍기의 동력(kW)를 계산하시오. (단, 송풍기의 효율은 0.85, 안전여유율 1.1) | 기출 2020년 1·2회 |

> 1. 송풍기 정압(FSP) : 송풍기 전압(FTP)과 속도압(VP_{out})의 차
> $$FSP = FTP - VP_{out}$$
> $$= (SP_{out} - SP_{in}) + (VP_{out} - VP_{in}) - VP_{out}$$
> $$= (SP_{out} - SP_{in}) - VP_{in}$$
> $$= (SP_{out} - TP_{in})$$
>
> 2. 송풍기의 소요동력
> $$HP(kW) = \frac{Q \times P}{6120 \times \eta} \times K$$
> - Q : 송풍량(m^3/min)
> - P : 유효전압(풍압)(mmH$_2$O)
> - η : 송풍기 효율
> - K : 안전여유

1. $FSP = (SP_{out} - SP_{in}) - VP_{in} = 15 - (-60) - 20 = 55$(mmH$_2$O)
2. $HP(kW) = \dfrac{Q \times P}{6120 \times \eta} \times K = \dfrac{130 \times 55}{6120 \times 0.85} \times 1.1 = 1.51$(kW)

112 송풍기 상사법칙에 의한 송풍기의 회전수와 풍량, 정압, 동력의 관계를 식으로 나타내시오. (단, 공기의 비중은 일정하며, 송풍기의 크기는 같다.) | 기출 2020년 1회, 2020년 3회, 2017년 3회 |

> 1. $\dfrac{Q_2}{Q_1} = \dfrac{N_2}{N_1}$
> 2. $\dfrac{P_2}{P_1} = \left(\dfrac{N_2}{N_1}\right)^2$
> 3. $\dfrac{HP_2}{HP_1} = \left(\dfrac{N_2}{N_1}\right)^3$
>
> - Q_1 : 회전수 변경 전 풍량(m^3/min)
> - Q_2 : 회전수 변경 후 풍량(m^3/min)
> - N_1 : 변경 전 회전수(rpm)
> - N_2 : 변경 후 회전수(rpm)
> - P_1 : 변경 전 정압(mmH$_2$O)
> - P_2 : 변경 후 정압(mmH$_2$O)
> - HP_1 : 변경 전 동력(kW)
> - HP_2 : 변경 후 동력(kW)

113 송풍기의 정압이 1200N/m² 이며, 송풍량은 20m³/sec이다. 송풍기의 송풍량을 32m³/sec로 증가시킬 경우 송풍기의 정압(N/m²)을 계산하시오. | 기출 2019년 2회, 2012년 1회 |

1. $\dfrac{Q_2}{Q_1} = \dfrac{N_2}{N_1}$, $\dfrac{P_2}{P_1} = \left(\dfrac{N_2}{N_1}\right)^2$ ∴ $\dfrac{P_2}{P_1} = (\dfrac{Q_2}{Q_1})^2$

2. $\dfrac{P_2}{P_1} = (\dfrac{Q_2}{Q_1})^2$

$P_2 = P_1 \times (\dfrac{Q_2}{Q_1})^2 = 1200 \times (\dfrac{32}{20})^2 = 3072(\text{N/m}^2)$

114 회전수가 1,500rpm, 송풍량은 12m³/sec, 압력은 650N/m²인 송풍기의 송풍량을 25m³/sec로 증가시킬 경우 압력(N/m²)을 계산하시오. | 기출 2015년 2회 |

1. $\dfrac{Q_2}{Q_1} = \dfrac{N_2}{N_1}$, $\dfrac{P_2}{P_1} = \left(\dfrac{N_2}{N_1}\right)^2$ ∴ $\dfrac{P_2}{P_1} = (\dfrac{Q_2}{Q_1})^2$

2. $\dfrac{P_2}{P_1} = (\dfrac{Q_2}{Q_1})^2$

$P_2 = P_1 \times (\dfrac{Q_2}{Q_1})^2 = 650 \times (\dfrac{25}{12})^2 = 2821.18(\text{N/m}^2)$

115 송풍기의 회전수가 500rpm일 때의 송풍량은 300m³/min, 정압은 100mmH₂O, 동력은 5.5kw이었다. 회전수를 600rpm으로 증가시킬 경우의 송풍량(m³/min), 정압(mmH₂O), 동력(kw)을 계산하시오.

| 기출 2024년 1회, 2015년 3회 |

---

1. $Q_2 = Q_1 (\frac{D_2}{D_1})^3 (\frac{N_2}{N_1})$

2. $P_2 = P_1 (\frac{D_2}{D_1})^2 (\frac{N_2}{N_1})^2 (\frac{\rho_2}{\rho_1})$

3. $HP_2 = HP_1 (\frac{D_2}{D_1})^5 (\frac{N_2}{N_1})^3 (\frac{\rho_2}{\rho_1})$

- Q_1 : 회전수 변경 전 풍량(m³/min)
- Q_2 : 회전수 변경 후 풍량(m³/min)
- N_1 : 변경 전 회전수(rpm)
- N_2 : 변경 후 회전수(rpm)
- P_1 : 변경 전 정압(mmH₂O)
- P_2 : 변경 후 정압(mmH₂O)
- HP_1 : 변경 전 동력(kW)
- HP_2 : 변경 후 동력(kW)
- D_1 : 변경 전 직경(m)
- D_2 : 변경 후 직경(m)
- ρ_1 : 변경 전 효율
- ρ_2 : 변경 후 효율

---

1. $Q_2 = Q_1 \times (\frac{N_2}{N_1}) = 300 \times \frac{600}{500} = 360 (m^3/min)$

2. $P_2 = P_1 \times (\frac{N_2}{N_1})^2 = 100 \times (\frac{600}{500})^2 = 144 (mmH_2O)$

3. $HP_2 = HP_1 \times (\frac{N_2}{N_1})^3 = 5.5 \times (\frac{600}{500})^3 = 9.50 (kW)$

116 송풍기의 회전수가 1,000rpm일 때의 송풍량은 30.5m³/min, 정압은 15.8mmH₂O, 동력은 0.6HP이었다. 회전수를 1,500rpm으로 증가시킬 경우의 송풍량(m³/min), 정압(mmH₂O), 동력(HP)을 계산하시오.

| 기출 2024년 3회, 2013년 2회 |

1. $Q_2 = Q_1 \times (\frac{N_2}{N_1}) = 30.5 \times \frac{1,500}{1,000} = 45.75 (m^3/min)$
2. $P_2 = P_1 \times (\frac{N_2}{N_1})^2 = 15.8 \times (\frac{1,500}{1,000})^2 = 35.55 (mmH_2O)$
3. $HP_2 = HP_1 \times (\frac{N_2}{N_1})^3 = 0.6 \times (\frac{1,500}{1,000})^3 = 2.03 (HP)$

117 회전차 외경이 600mm인 원심 송풍기의 풍량은 200m³/min, 풍압은 200mmH₂O, 축동력은 5Kw이다. 회전차 외경이 1,200mm인 동류(상사구조)의 송풍기가 동일한 회전수로 운전된다면 이 송풍기의 풍량, 풍압, 축동력은 얼마인지 계산하시오. (단, 두 경우 모두 표준공기를 취급한다.)

| 기출 2013년 1회 |

1. $Q_2 = Q_1 \times (\frac{D_2}{D_1})^3 = 200 \times (\frac{1,200}{600})^3 = 1,600 (m^3/min)$
2. $P_2 = P_1 (\frac{D_2}{D_1})^2 = 200 \times (\frac{1,200}{600})^2 = 800 (mmH_2O)$
3. $HP_2 = HP_1 \times (\frac{D_2}{D_1})^5 = 5 \times (\frac{1,200}{600})^5 = 160 (kW)$

118 어느 작업장에 설치한 송풍기의 송풍량이 300m³/min, 정압이 60mmH₂O, 유속이 15m/min, 회전수가 450rpm, 소요동력이 5.5HP이었다. 몇 년 후 측정한 송풍기의 회전수가 350rpm으로 감소되었을 때 (1) 송풍기의 송풍량을 계산하시오. (2) 송풍기 정압의 증가 또는 감소 여부와 (3) 정압이 증가 또는 감소된 이유를 2가지 설명하시오.(단, 시스템의 과도한 압력 손실은 큰 영향을 미치지 않음)

| 기출 2014년 2회 |

(1) $Q_2 = Q_1 (\frac{N_2}{N_1}) = 300 \times \frac{350}{450} = 233.33 (m^3/min)$

(2) • $P_2 = P_1 (\frac{N_2}{N_1})^2 = 60 \times (\frac{350}{450})^2 = 36.30 (mmH_2O)$

   • 정압이 60mmH₂O에서 36.30mmH₂O로 감소하였다.

(3) ① 송풍기의 능력저하
   ② 송풍기와 덕트의 연결부위 풀림
   ③ 송풍기 점검 뚜껑의 열림

119 작업장에 설치한 송풍기의 필요 환기량이 300m³/min이었다. 설치한 직후 측정한 송풍기의 정압은 35mmH₂O이었으며, 3개월 후 다시 측정한 송풍기의 정압은 8mmH₂O로 낮아졌다.

| 기출 2014년 1회 |

(1) 3개월 후 정압이 변화된 송풍기의 필요 환기량을 계산하시오.
(2) 송풍기의 정압이 감소한 원인을 송풍기에서 찾아 2가지를 적으시오.

(1) $\dfrac{P_2}{P_1} = \left(\dfrac{Q_2}{Q_1}\right)^2$

$\dfrac{Q_2}{Q_1} = \sqrt{\dfrac{P_2}{P_1}}$

$Q_2 = Q_1 \times \sqrt{\dfrac{P_2}{P_1}} = 300 \times \sqrt{\dfrac{8}{35}} = 143.43 \text{(m}^3\text{/min)}$

(2) ① 송풍기의 능력저하
② 송풍기와 덕트의 연결부위 풀림
③ 송풍기 점검 뚜껑의 열림

★ 참고

$Q_2 = Q_1 \left(\dfrac{D_2}{D_1}\right)^3 \left(\dfrac{N_2}{N_1}\right) \rightarrow \dfrac{Q_2}{Q_1} = \dfrac{N_2}{N_1}$

$P_2 = P_1 \left(\dfrac{D_2}{D_1}\right)^2 \left(\dfrac{N_2}{N_1}\right)^2 \left(\dfrac{\rho_2}{\rho_1}\right) \rightarrow \dfrac{P_2}{P_1} = \left(\dfrac{N_2}{N_1}\right)^2$

$\therefore \dfrac{P_2}{P_1} = \left(\dfrac{Q_2}{Q_1}\right)^2$

120 국소배기장치 후드의 정압이 25mmH₂O, 송풍량은 350m³/min이다. 몇 개월 후에 측정한 후드의 정압이 18mmH₂O인 경우 송풍기의 송풍량(m³/min)을 계산하시오. | 기출 2018년 1회 |

1. $\dfrac{Q_2}{Q_1} = \dfrac{N_2}{N_1}$, $\dfrac{P_2}{P_1} = \left(\dfrac{N_2}{N_1}\right)^2$ $\therefore \dfrac{P_2}{P_1} = \left(\dfrac{Q_2}{Q_1}\right)^2$

2. $\dfrac{P_2}{P_1} = \left(\dfrac{Q_2}{Q_1}\right)^2$

$\dfrac{Q_2}{Q_1} = \sqrt{\dfrac{P_2}{P_1}}$

$Q_2 = Q_1 \times \sqrt{\dfrac{P_2}{P_1}} = 350 \times \sqrt{\dfrac{18}{25}} = 296.98 \text{(m}^3\text{/min)}$

121 송풍기의 송풍량이 200m³/min, 흡입관의 정압이 −80mmH₂O, 배출관의 정압이 25mmH₂O, 흡입관과 배출관의 속도압이 10mmH₂O일 때 송풍기의 소요동력(kW)을 계산하시오. (단, 송풍기 효율은 70%, 여유율은 1.2이다.) | 기출 2017년 2회 |

> 1. 송풍기 정압(FSP)
> $$FSP = FTP - VP_{out}$$
> $$= (SP_{out} - SP_{in}) + (VP_{out} - VP_{in}) - VP_{out}$$
> $$= (SP_{out} - SP_{in}) - VP_{in}$$
> $$= (SP_{out} - TP_{in})$$
>
> 2. 송풍기의 소요동력
> $$HP(kW) = \frac{Q \times P}{6120 \times \eta} \times K$$
> - Q : 송풍량(m³/min)
> - P : 유효전압(풍압)(mmH₂O)
> - η : 송풍기 효율
> - K : 안전여유

1. 송풍기 정압(FSP)
$$FSP = (SP_{out} - SP_{in}) - VP_{in} = [25 - (-80)] - 10 = 95 \text{(mmH}_2\text{O)}$$
2. 송풍기의 소요동력
$$HP(kW) = \frac{Q \times P}{6120 \times \eta} \times K = \frac{200 \times 95}{6120 \times 0.7} \times 1.2 = 5.32 \text{(kW)}$$

122 송풍기의 처리 가스량이 3,200m³/hr, 집진장치로부터 송풍기까지의 전압력(전압)이 180mmH₂O일 때 송풍기의 소요동력(kW)을 계산하시오. (단, 송풍기 효율은 70%, 여유율은 1.2이다.) | 기출 2012년 1회 |

$$HP(kW) = \frac{Q \times P}{6120 \times \eta} \times K = \frac{\frac{3,200}{60} \times 180}{6120 \times 0.7} \times 1.2 = 2.69 \text{(kW)}$$

$$\left(\frac{3,200 \text{m}^3}{\text{hr}} = \frac{3,200 \text{m}^3}{60 \text{min}} \right)$$

123 집진기로 작업장 내의 가스를 포집하는 경우 두 개의 연결된 집진기의 전체 효율이 98%이다. 두 번째 집진기의 포집효율이 92%일 때, 첫 번째 집진기의 포집효율(%)을 계산하시오.

| 기출 2012년 3회 |

> **집진장치 직렬조합 시 총 집진율**
>
> 1. 총 집진율(η_T) = $\eta_1 + \eta_2(1-\eta_1)$
>   - η_1 : 1차 집진장치 집진율
>   - η_2 : 2차 집진장치 집진율
> 2. 총 집진율(η_T) = $\eta_1 + \eta_2(1-\dfrac{\eta_1}{100})$
>   - η_1 : 1차 집진장치 집진율(%)
>   - η_2 : 2차 집진장치 집진율(%)

총 집진율(η_T) = $\eta_1 + \eta_2(1-\eta_1)$
$0.98 = \eta_1 + \{0.92 \times (1-\eta_1)\} = \eta_1 + 0.92 - 0.92\eta_1$
$\eta_1 - 0.92\eta_1 = 0.98 - 0.92$
$0.08\eta_1 = 0.06$
$\therefore \eta_1 = \dfrac{0.06}{0.08} \times 100 = 75(\%)$

124 집진장치 입구의 분진농도(집진장치 처리 전 분진농도) 3000mg/m³, 집진장치 출구의 분진농도(집진장치 처리 후 분진농도) 250mg/m³이었다. 집진장치의 집진율(분진 저감효율)을 계산하시오.

| 기출 2018년 1회 |

> **집진율**
>
> $$\eta(\%) = (1 - \dfrac{C_o \cdot Q_o}{C_i \cdot Q_i}) \times 100 = (1 - \dfrac{C_o}{C_i}) \times 100$$
>
> - C_i : 집진장치 입구 분진농도(g/m³)
> - C_o : 집진장치 출구 분진농도(g/m³)
> - Q_i : 집진장치 입구 가스유량(m³/hr)
> - Q_o : 집진장치 출구 가스유량(m³/hr)

$\eta(\%) = (1 - \dfrac{C_o}{C_i}) \times 100 = (1 - \dfrac{250}{3000}) \times 100 = 91.67(\%)$

125 집진율이 각각 45%, 55%, 63%, 75%인 4개의 집진장치가 직렬연결 되어 있다. 초기농도가 $2500mg/m^3$인 분진이 4개의 집진장치를 통과한 후의 최종농도(mg/m^3)를 계산하시오.

| 기출 2016년 3회 |

> **집진장치가 3개 이상일 경우의 총 집진율**
> $$총\ 집진율(\eta_T) = 1 - [(1-\eta_1)(1-\eta_2)(1-\eta_3)\cdots]$$
> - η_1 : 첫번째 집진장치 집진율(%)
> - η_2 : 두번째 집진장치 집진율(%)
> - η_3 : 세번째 집진장치 집진율(%)

1. 총 집진율$(\eta_T) = 1 - [(1-\eta_1)(1-\eta_2)(1-\eta_3)\cdots]$
   $= 1 - [(1-0.45)(1-0.55)(1-0.63)(1-0.75)] = 0.9771 \times 100 = 97.71(\%)$
2. 최종농도 $= 2500 \times (1-0.9771) = 57.25(mg/m^3)$

126 입경이 0.002cm, 밀도 $1.6g/cm^3$인 먼지의 침강속도(cm/sec)를 Lippman식을 이용하여 계산하시오.

| 기출 2018년 3회, 2012년 1회 |

> **Lippman식에 의한 침강속도**
> $$V(cm/sec) = 0.003 \times \rho \times d^2$$
> - V : 침강속도(cm/sec)
> - ρ : 입자 밀도(비중)(g/cm^3)
> - d : 입자직경(μm)

$V(cm/sec) = 0.003 \times \rho \times d^2 = 0.003 \times 1.6 \times (0.002 \times 10^4)^2 = 1.92(cm/sec)$

$\mu m = 10^{-6} m,\ cm = 10^{-2} m$
$\therefore cm = 10^4 \mu m$

> **★참고**
> **침강속도(stoke의 법칙)**
> $$V(cm/sec) = \frac{gd^2(\rho_1 - \rho)}{18\mu}$$
> - d : 입자의 직경(cm)
> - ρ_1 : 입자의 밀도(g/cm^3)
> - ρ : 가스(공기)의 밀도(g/cm^3)
> - g : 중력가속도($980cm/sec^2$)
> - μ : 점성계수($g/cm \cdot sec$)

127 비중이 5.4g/cm³, 입경이 1.2μm인 산화 흄의 침강속도(cm/sec)를 계산하시오.

| 기출 2016년 3회 |

$$V(\text{cm/sec}) = 0.003 \times \rho \times d^2 = 0.003 \times 5.4 \times 1.2^2 = 0.02(\text{cm/sec})$$

128 분진의 입경이 20μm이고 밀도가 1.4g/cm³인 입자의 침강속도(cm/sec)를 구하시오.
(단, 공기점성계수 1.78×10^{-4} g/cm · sec, 중력가속도 980cm/sec², 공기밀도 0.0012g/cm³)

$$V = \frac{gd^2(\rho_1 - \rho)}{18\mu} = \frac{980 \times (20 \times 10^{-4})^2 \times (1.4 - 0.0012)}{18 \times 1.78 \times 10^{-4}}$$
$$= 1.71(cm/\text{sec})$$

$$\left[\begin{array}{l} \mu m = 10^{-6} m,\ cm = 10^{-2} m\ \therefore \mu m = 10^{-4} cm \\ 20\mu m = 20 \times 10^{-4} cm \end{array}\right]$$

제4과목 물리적 유해인자관리 및 산업독성학

01 [보기]를 참고하여 온도 32℃, 상대습도 65%에서의 피부온도(℃)를 계산하시오.
(단, 바람의 영향은 고려하지 않는다.) | 기출 2016년 2회 |

$$체감온도 = 기온 - 0.4 \times (기온 - 10) \times (1 - \frac{습도(\%)}{100})$$

$$피부온도(체감온도) = 기온 - 0.4 \times (기온 - 10) \times (1 - \frac{습도}{100})$$
$$= 32 - 0.4 \times (32 - 10) \times (1 - \frac{65}{100}) = 28.92(℃)$$

*참고
체감 온도는 바람에 의해 피부에 느껴지는 온도를 말한다.

02 [보기]에서 제시한 온도를 기준으로 작업장의 불쾌지수를 계산하시오. | 기출 2016년 1회 |

- 습구온도 : 20℃
- 흑구온도 : 25℃
- 건구온도 : 33℃

$$불쾌지수 = 0.72 \times (건구 섭씨온도 + 습구 섭씨온도) + 40.6$$
$$불쾌지수 = 0.72 \times (건구온도 + 습구온도) + 40.6 = 0.72 \times (33 + 20) + 40.6 = 78.76$$

03 태양광선이 내리쬐지 않는 실내작업장의 건구온도가 27℃이고, 자연습구온도가 33℃이며 흑구온도가 41℃인 경우 습구흑구온도지수(WBGT)를 계산하시오. | 기출 2023년 1회, 2020년 2회 |

습구흑구온도지수(WBGT)의 산출

1. 옥외(태양광선이 내리쬐는 장소)
   WBGT(℃) = 0.7 × 자연습구온도 + 0.2 × 흑구온도 + 0.1 × <u>건구온도</u>

2. 옥내 또는 옥외(태양광선이 내리쬐지 않는 장소)
   WBGT(℃) = 0.7 × 자연습구온도 + 0.3 × 흑구온도

$$WBGT(℃) = 0.7 \times 자연습구온도 + 0.3 \times 흑구온도 = 0.7 \times 33 + 0.3 \times 41 = 35.40(℃)$$

04 건구온도가 28℃, 자연습구온도가 20℃, 흑구온도가 30℃인 경우 (1) 옥내의 습구흑구 온도지수를 계산하시오. (2) 옥외(태양광선이 내리쬐는 장소)의 습구흑구 온도지수를 계산하시오.

| 기출 2022년 2회, 2021년 2회, 2018년 2회 |

(1) WBGT(℃) = 0.7×자연습구온도 + 0.3×흑구온도 = 0.7×20 + 0.3×30 = 23(℃)
(2) WBGT(℃) = 0.7×자연습구온도 + 0.2×흑구온도 + 0.1×건구온도
= 0.7×20 + 0.2×30 + 0.1×28 = 22.80(℃)

05 건구온도가 26℃, 자연습구온도가 18℃, 흑구온도가 28℃인 실내 작업장의 습구흑구 온도지수를 계산하시오.

| 기출 2023년 3회, 2022년 2회, 2015년 3회 |

WBGT(℃) = 0.7×자연습구온도 + 0.3×흑구온도 = 0.7×18 + 0.3×28 = 21(℃)

06 태양광선이 내리쬐지 않는 옥외작업장의 건구온도가 35℃이고, 자연습구온도가 32℃이며 흑구온도가 40℃인 경우 (1) 습구흑구온도지수(WBGT)를 계산하시오. (2) 작업강도가 중등작업으로 연속작업을 하는 경우 고열에 대한 노출기준 초과 여부를 판정하시오.

| 기출 2020년 3회, 2016년 3회 |

(1) WBGT(℃) = 0.7×자연습구온도 + 0.3×흑구온도 = 0.7×32 + 0.3×40 = 34.40(℃)
(2) 중등작업으로 연속작업인 경우의 노출기준 26.7℃보다 WBGT(34.40℃)가 높으므로 노출기준을 초과하였다.

*참고
고열작업장의 노출기준(WBGT, ℃)

시간당 작업과 휴식비율	작업 강도		
	경작업	중등작업	중(힘든)작업
연속 작업	30.0	26.7	25.0
75% 작업, 25% 휴식 (45분 작업, 15분 휴식)	30.6	28.0	25.9
50% 작업, 50% 휴식 (30분 작업, 30분 휴식)	31.4	29.4	27.9
25% 작업, 75% 휴식 (15분 작업, 45분 휴식)	32.2	31.1	30.0

07 작업자가 8시간 작업하는 동안 WBGT 32℃에서 3시간, WBGT 28℃에서 3시간, WBGT 26℃에서 2시간 작업하였다. 작업자의 평균WBGT(℃)를 계산하시오. | 기출 2012년 1회 |

$$평균\ WBGT(℃) = \frac{WBGT_1 \times t_1 + \cdots + WBGT_n \times t_n}{t_1 + \cdots + t_n}$$

- $WBGT_n$: 각 습구흑구온도지수의 측정치(℃)
- T_n : 각 습구흑구온도지수치의 발생시간(분)

$$평균\ WBGT(℃) = \frac{(32 \times 3) + (28 \times 3) + (26 \times 2)}{3+3+2} = 29(℃)$$

08 어느 작업자가 8시간 작업하는 동안 습구흑구온도지수(WBGT)가 3시간 동안 31℃, 4시간 동안 28℃, 1시간 동안 26℃이었다면 평균 WBGT를 계산하시오. | 기출 2018년 1회 |

$$평균\ WBGT(℃) = \frac{WBGT_1 \times t_1 + \cdots + WBGT_n \times t_n}{t_1 + \cdots + t_n} = \frac{(3 \times 31 + 4 \times 28 + 1 \times 26)}{8} = 28.88(℃)$$

09 각각 95dB, 100dB, 105dB의 음압수준을 발생하는 소음원이 있다. 이 소음원들이 동시에 가동될 때 발생되는 총 음압수준을 계산하시오. | 기출 2014년 1회 |

합성소음도

$$L(dB) = 10 \times \log(10^{\frac{L_1}{10}} + 10^{\frac{L_2}{10}} + \cdots + 10^{\frac{L_n}{10}})$$

- $L_1 \sim L_n$: 각각 소음원의 소음(dB)

$$L = 10 \times \log(10^{\frac{95}{10}} + 10^{\frac{100}{10}} + 10^{\frac{105}{10}}) = 106.51(dB)$$

10 작업장에 각각 94dB, 90dB, 95dB, 100dB의 음압수준을 발생하는 소음원이 있다. 이 소음원들이 동시에 가동될 때 발생되는 음압수준(dB)을 계산하시오. | 기출 2012년 2회 |

$$L = 10 \times \log(10^{\frac{94}{10}} + 10^{\frac{90}{10}} + 10^{\frac{95}{10}} + 10^{\frac{100}{10}}) = 102.22(dB)$$

11 음파의 음향파워가 10^{-6}(Watt)인 경우 음향파워레벨(PWL)을 계산하시오. |기출 2016년 1회|

$$PWL(dB) = 10\log\left(\frac{W}{W_0}\right)$$

- PWL : 음향파워레벨(dB)
- W : 대상음원의 음력(watt)
- W_0 : 기준음력(10^{-12}watt)

$$PWL(dB) = 10 \times \log\left(\frac{W}{W_0}\right) = 10 \times \log\left(\frac{10^{-6}}{10^{-12}}\right) = 60(dB)$$

12 음압실효치가 20μbar일 때 음압레벨(dB)을 계산하시오. |기출 2017년 1회|

$$SPL(dB) = 20 \times \log\left(\frac{P}{P_o}\right)$$

- SPL : 음압수준(음압도, 음압레벨)(dB)
- P : 대상음의 음압(음압 실효치)(N/m²)
- P_o : 기준음압 실효치(2×10^{-5}N/m², 2×10^{-4}dyne/cm²)

$$SPL(dB) = 20 \times \log\left(\frac{P}{P_o}\right) = 20 \times \log\left(\frac{20 \times 10^{-1} N/m^2}{2 \times 10^{-5} N/m^2}\right) = 100(dB)$$

- 1바(bar) = 10^5 Pa(=N/m²) = 10^6 dyne/cm²
- 1마이크로바(μbar) = 10^{-6} bar = 10^{-1} Pa(=N/m²) = 1 dyne/cm²

13 음의 파장이 20m, 음의 속도가 340m/sec일 경우 음의 주파수(Hz)를 계산하시오.
|기출 2014년 1회|

$$음속(C) = f \times \lambda$$

- C : 음속(m/sec)
- f : 주파수(1/sec = Hz)
- λ : 파장(m)

음속(C) = $f \times \lambda$

$$f = \frac{C}{\lambda} = \frac{340}{20} = 17(Hz)$$

14 자유공간에 위치한 음향출력이 1watt인 무지향성 점음원으로 부터 20m 떨어진 곳의 음압수준은 약 얼마인지 계산하시오.
| 기출 2020년 3회, 2017년 1회 |

무지향성 점음원	무지향성 선음원
① 자유공간(공중, 구면파)에 위치할 때 $SPL = PWL - 20\log r - 11 \text{(dB)}$ ② 반자유공간(바닥, 벽, 천장, 반구면파)에 위치할 때 $SPL = PWL - 20\log r - 8 \text{(dB)}$	① 자유공간(공중, 구면파)에 위치할 때 $SPL = PWL - 10\log r - 8 \text{(dB)}$ ② 반자유공간(바닥, 벽, 천장, 반구면파)에 위치할 때 $SPL = PWL - 10\log r - 5 \text{(dB)}$

r : 소음원으로 부터의 거리(m)

$SPL = PWL - 20\log r - 11 = 120 - 20 \times \log 20 - 11 = 82.98 \text{(dB)}$

$$\left[PWL = 10\log\left(\frac{W}{W_o}\right) = 10 \times \log\frac{1}{10^{-12}} = 120 \text{(dB)} \right]$$

15 음향출력이 1watt인 점음원으로 부터 20m 떨어진 곳의 음압수준은 약 얼마인지 계산하시오.
| 기출 2020년 1·2회, 2018년 1회 |

(1) 무지향성 점음원, 자유공간
(2) 무지향성 점음원, 반자유공간

(1) 무지향성 점음원 자유공간
  $SPL = PWL - 20\log r - 11 = 120 - 20 \times \log 20 - 11 = 82.98 \text{(dB)}$

$$\left[PWL = 10\log\left(\frac{W}{W_o}\right) = 10 \times \log\frac{1}{10^{-12}} = 120 \text{(dB)} \right]$$

(2) 무지향성 점음원 반자유공간
  $SPL = PWL - 20\log r - 8 = 120 - 20 \times \log 20 - 8 = 85.98 \text{(dB)}$

16 자유공간에 위치한 음향출력이 0.4watt인 점음원으로 부터 30m 떨어진 곳의 음압수준은 약 얼마인지 계산하시오.
| 기출 2022년 3회, 2015년 1회, 2014년 3회 |

(1) 무지향성 점음원 자유공간
(2) 무지향성 점음원 반자유공간

(1) 무지향성 점음원 자유공간

$SPL = PWL - 20\log r - 11 = 116.02 - 20 \times \log 30 - 11 = 75.48(dB)$

$$\left[PWL = 10\log\left(\frac{W}{W_o}\right) = 10 \times \log\frac{0.4}{10^{-12}} = 116.02(dB) \right]$$

(2) 무지향성 점음원 반자유공간

$SPL = PWL - 20\log r - 8 = 116.02 - 20 \times \log 30 - 8 = 78.48(dB)$

17 소음이 발생되는 작업장에서 90dB(A)의 소음에 4시간, 95dB(A)의 소음에 3시간 노출된 경우 (1) 소음 노출량(누적소음 폭로량)(%)과 (2) 시간가중 평균소음수준[dB(A)]을 계산하시오.

| 기출 2015년 3회|

1. 누적소음폭로량

$$D(\%) = \left(\frac{C_1}{T_1} + \frac{C_2}{T_2} + \ldots + \frac{C_n}{T_n}\right) \times 100$$

- D : 누적소음 폭로량
- C : 각각의 소음도에 노출되는 시간(hr)
- T : 각각의 소음도에 노출될 수 있는 허용노출시간(hr)

2. $TWA = 16.61 \times \log\left(\frac{D}{12.5 \times t}\right) + 90$

- TWA : 시간가중평균소음수준[dB(A)]
- D : 누적소음노출량(%)
- t : 소음에 노출된 시간

(1) $D(\%) = \left(\frac{C_1}{T_1} + \frac{C_2}{T_2} + \ldots + \frac{C_n}{T_n}\right) \times 100 = \left(\frac{4}{8} + \frac{3}{4}\right) \times 100 = 125(\%)$

(2) $TWA = 16.61 \times \log\left(\frac{D}{12.5 \times t}\right) + 90 = 16.61 \times \log\left(\frac{125}{12.5 \times 7}\right) + 90 = 92.57[dB(A)]$

★ 참고
소음의 노출기준

1일 노출시간(hr)	소음강도[dB(A)]
8	90
4	95
2	100
1	105
1/2	110
1/4	115

18 소음이 발생되는 작업장에서 4시간 작업하는 하는 동안 90dB(A)의 소음에 노출된 경우 소음 노출량(누적소음 폭로량)(%)을 계산하시오. | 기출 2020년 2회, 2012년 1회, 2015년 3회, 2022년 3회 |

$$D(\%) = \left(\frac{C_1}{T_1} + \frac{C_2}{T_2} + \cdots + \frac{C_n}{T_n}\right) \times 100 = \frac{4}{8} \times 100 = 50(\%)$$

19 소음 측정에 관한 다음 물음에 답하시오. | 기출 2018년 2회 |

(1) 누적소음 노출량 측정기의 설정기준을 적으시오.
(2) 작업자가 8시간 작업하는 동안 85dB에서 2시간, 90dB에서 3시간, 95dB에서 3시간 소음에 노출되었다. 등가소음레벨[dB(A)]을 계산하시오.

(1) ① Criteria : 90dB
② Exchange rate : 5dB
③ Threshold : 80dB

(2) 등가소음도

$$등가소음도(Leq) = 16.61 \log \frac{n_1 \times 10^{\frac{L_{A1}}{16.61}} + \cdots + n_n \times 10^{\frac{L_{An}}{16.6}}}{각\ 소음레벨\ 측정치의\ 발생시간\ 합}$$

- Leq : 등가소음레벨[dB(A)]
- L_A : 각 소음레벨의 측정치[dB(A)]
- n : 각 소음레벨 측정치의 발생시간(분)

$$등가소음도(Leq) = 16.61 \log \frac{n_1 \times 10^{\frac{L_{A1}}{16.61}} + \cdots + n_n \times 10^{\frac{L_{An}}{16.6}}}{각\ 소음레벨\ 측정치의\ 발생시간\ 합}$$

$$= 16.61 \times \log \frac{(2 \times 10^{\frac{85}{16.61}}) + (3 \times 10^{\frac{90}{16.61}}) + (3 \times 10^{\frac{95}{16.61}})}{2+3+3} = 91.61[dB(A)]$$

20 작업장의 음압 수준이 92dB(A)이고, 근로자는 차음평가수(NRR)이 19인 귀덮개를 착용하고 있다. 귀덮개의 차음효과를 계산하고 근로자가 노출되는 음압(예측)수준[dB(A)]을 계산하시오. (단, OSHA 기준) | 기출 2024년 1회, 2021년 2회, 2018년 2회, 2015년 2회 |

$$차음효과 = (NRR-7) \times 0.5$$

- NRR : 차음평가지수

1. 귀덮개의 차음효과 = $(19-7) \times 0.5 = 6[dB(A)]$
2. 근로자가 노출되는 음압수준 = $92 - 6 = 86[dB(A)]$